SCHÜLERDUDEN

Die Duden-Bibliothek für den Schüler

Rechtschreibung und Wortkunde
Vom 4. Schuljahr an. 319 Seiten mit einem
Wörterverzeichnis mit 15 000 Stichwörtern.

Bedeutungswörterbuch
Bedeutung und Gebrauch der Wörter.
447 Seiten mit über 500 Abbildungen.

Grammatik
Eine Sprachlehre mit Übungen und Lösungen. 412 Seiten.

Fremdwörterbuch
Herkunft und Bedeutung der Fremdwörter.
466 Seiten.

Die richtige Wortwahl
Ein vergleichendes Wörterbuch sinn-
verwandter Ausdrücke. 480 Seiten mit rund
13 000 Wörtern.

Die Literatur
Ein Sachlexikon für die Schule. 480 Seiten.
2 000 Stichwörter, zahlreiche Abbildungen.
Register.

Die Mathematik I
Ein Lexikon für Schulmathematik, Sekun-
darstufe I (5.–10. Schuljahr). 540 Seiten mit
über 1 000 meist zweifarbigen Abbildungen.
Register.

Die Mathematik II
11.–13. Schuljahr. Einführung in die moderne Analysis und Vektorrechnung.
458 Seiten mit 237 Abbildungen. Register.

Die Physik
Ein Lexikon der gesamten Schulphysik.
490 Seiten. 1 700 Stichwörter, 400 Abbildungen. Register.

Die Chemie
Ein Lexikon der gesamten Schulchemie.
424 Seiten. 1 600 Stichwörter, 800 Abbildungen. Register.

Die Biologie
Das Grundwissen der Biologie von A bis Z.
464 Seiten. 2 500 Stichwörter, zahlreiche
Abbildungen.

Die Geographie
Ein Lexikon der gesamten Schul-Erdkunde.
420 Seiten. 1 800 Stichwörter, 200 Abbildungen und Tabellen.

Die Musik
Ein Sachlexikon der Musik. 464 Seiten.
2 500 Stichwörter. 350 Notenbeispiele und
Bilder. Register.

Die Geschichte
Ein Sachlexikon für die Schule. 504 Seiten.
2 400 Stichwörter, 150 Abbildungen.
Personen- und Sachregister.

...l.
...undungen. Regi-

Die Religionen
Ein Lexikon aller Religionen der Welt.
464 Seiten, 4 000 Stichwörter, 200 Abbildungen, Register.

Das Wissen von A - Z
Ein allgemeines Lexikon für die Schule.
568 Seiten. 8 000 Stichwörter, 1 000 Abbildungen und Zeichnungen im Text, davon
350 farbig auf 24 Bildtafeln.

Das große Duden-Schülerlexikon
Verständliche Antwort auf Tausende von
Fragen. 704 Seiten, rund 10 000 Stichwörter.
1 500 Abbildungen, Zeichnungen und
Graphiken im Text.

SCHÜLERDUDEN-ÜBUNGSBÜCHER

**Band 1: Aufgaben zur modernen
Schulmathematik mit Lösungen I**
Bis 10. Schuljahr. Mengenlehre und Elemente der Logik. 260 Seiten mit Abbildungen und mehrfarbigen Beilagen.

**Band 2: Aufgaben zur modernen
Schulmathematik mit Lösungen II**
11.–13. Schuljahr. Ausbau der Struktur-
theorien – Analysis. Analytische Geometrie.
270 Seiten mit Abbildungen.

**Band 3: Übungen zur deutschen
Rechtschreibung I**
Die Schreibung schwieriger Laute.
Mit Lösungsschlüssel. 239 Seiten.

**Band 4: Übungen zur deutschen
Rechtschreibung II**
Groß- und Kleinschreibung.
Mit Lösungsschlüssel. 256 Seiten.

Band 5: Übungen zur deutschen Sprache I
Grammatische Übungen. Mit Lösungsschlüssel. 239 Seiten.

**Band 6: Aufgaben zur Schulphysik mit
Lösungen**
Bis 10. Schuljahr. 200 vollständig gelöste
Aufgaben. 208 Seiten.

Band 7: Übungen zur Schulbiologie
Mehr als 400 Aufgaben mit Lösungen.
224 Seiten mit 180 Abbildungen.

**Band 8: Übungen zur deutschen
Rechtschreibung III**
Die Zeichensetzung. Mit Lösungsschlüssel.
205 Seiten.

Bibliographisches Institut
Mannheim/Wien/Zürich

DUDEN
Band 3

Der Duden in 10 Bänden
Das Standardwerk zur deutschen Sprache

Herausgegeben vom Wissenschaftlichen Rat
der Dudenredaktion:
Dr. Günther Drosdowski, Prof. Dr. Paul Grebe,
Dr. Rudolf Köster, Dr. Wolfgang Müller,
Dr. Werner Scholze-Stubenrecht

1. Rechtschreibung
2. Stilwörterbuch
3. Bildwörterbuch
4. Grammatik
5. Fremdwörterbuch
6. Aussprachewörterbuch
7. Etymologie
8. Sinn- und sachverwandte Wörter
9. Zweifelsfälle der deutschen Sprache
10. Bedeutungswörterbuch

DUDEN

Bildwörterbuch
der deutschen Sprache

3., vollständig neu bearbeitete Auflage

Bearbeitet von Kurt Dieter Solf
und Joachim Schmidt
in Zusammenarbeit mit den Fachredaktionen
des Bibliographischen Instituts

DUDEN BAND 3

Bibliographisches Institut Mannheim/Wien/Zürich
Dudenverlag

Redaktionelle Bearbeitung:
Kurt Dieter Solf
Graphische Bearbeitung:
Joachim Schmidt

CIP-Kurztitelaufnahme der Deutschen Bibliothek

Der Duden in 10 [zehn] Bänden: d. Standardwerk zur
deutschen Sprache / hrsg. vom Wissenschaftl. Rat d.
Dudenred.: Günther Drosdowski . . . – Mannheim,
Wien, Zürich: Bibliographisches Institut.
Frühere Ausg. u. d. T.: Der Große Duden.
NE: Drosdowski, Günther [Hrsg.]

Bd. 3. → Duden „Bildwörterbuch der deutschen Sprache".

Duden „Bildwörterbuch der deutschen Sprache" / bearb.
von Kurt Dieter Solf u. Joachim Schmidt in Zsarb. mit d.
Fachred. d. Bibliogr. Inst. – 3., vollst. neu bearb. Aufl. –
Mannheim, Wien, Zürich: Bibliographisches Institut,
1977.
(Der Duden in 10 [zehn] Bänden; Bd. 3)
ISBN 3-411-00913-6
NE: Solf, Kurt Dieter [Bearb.]; Bildwörterbuch der
deutschen Sprache.

© Bibliographisches Institut AG, Mannheim 1977
Satz: Bibliographisches Institut AG und
Beltz-Druck, Hemsbach (Photosatz Linotron 505 TC)
Druck und Einband: Klambt-Druck GmbH, Speyer
Printed in Germany
ISBN 3-411-00913-6

Vorwort

Was ein Bildwörterbuch will, braucht heute, wo das Medium „Bild"
immer stärkere Bedeutung gewinnt und audiovisuelle Informations-
träger sehr oft traditionellen Lehrmitteln den Rang ablaufen, kaum
noch erläutert zu werden: Die bildliche Information ist nicht nur
„anschaulicher", sie ist oft auch präziser als die Umschreibung eines
Wortinhalts. Ein Bild sagt mehr als tausend Worte, dieses alte
chinesische Sprichwort bewahrheitet sich in vielfältiger Weise, nicht
nur für den normalen Sprachteilhaber, mehr noch für den, der sich erst
eine Sprache erschließen und aneignen will, für den Schüler oder den
Ausländer. Was schließlich den Wortbestand von Fachsprachen
anlangt, etwa der Medizin oder der Luftfahrttechnik, so sind wir ihm
gegenüber alle „Ausländer". Immer wieder suchen wir nach Begriffs-
erklärungen, die uns eindeutig und zweifelsfrei nur das Bild geben
kann. Das Bildwörterbuch der deutschen Sprache hat darum eine
wichtige Aufgabe innerhalb der Reihe des Dudens in zehn Bänden,
des Standardwerks über die deutsche Sprache.
Als dieses Bildwörterbuch 1935 zum ersten Mal erschien, wurde es ein
Welterfolg. Es wurde von ausländischen Verlagen aufgegriffen und
zur Grundlage eines universalen Systems korrespondierender Bild-
wörterbücher gemacht, das alle wichtigen Verkehrssprachen der Welt
umfaßt. Auch die Bearbeitung, die wir jetzt vorlegen, baut auf den
bewährten Grundsätzen auf: Verdeutlichung der Wortinhalte durch
Zeichnungen, die zu Themengruppen („Sachbereiche") zusammen-
gefaßt sind. Damit ergibt sich eine Wortschatzgliederung, die natür-
liche Zusammenhänge aufzeigt und die Wortinhalte klar und einfach
bestimmt. Sie tritt ergänzend neben die Sachgruppen- oder die
Wortfeldanordnung. Die Themengruppen sind im Inhaltsverzeichnis
übersichtlich zusammengestellt. Daneben führt das alphabetische
Stichwortregister unmittelbar zum Einzelwort und seiner Darstellung.
Seit der letzten Bearbeitung dieses Dudenbandes sind fast zwanzig
Jahre vergangen. Somit war eine grundlegende Neubearbeitung des
Stichwort- und des Bildmaterials notwendig geworden. Trotzdem
haben wir, wo es sinnvoll war, den Zusammenhang mit dem Früheren
bewahrt. Wir haben insbesonders die Einteilung nach den Sachgebie-
ten weitgehend beibehalten und die Konzeption der Bildtafeln in
bewußter Anlehnung an die der früheren Ausgaben gestaltet.

Herbst 1977

Der Wissenschaftliche Rat
der Dudenredaktion

Inhaltsverzeichnis

Die arabischen Ziffern sind die Nummern der Bildtafeln

Atom, Weltall, Erde

Atom I   1
Atom II   2
Astronomie I   3
Astronomie II   4
Astronomie III   5
Mondlandung   6
Die Atmosphäre   7
Meteorologie I (Wetterkunde)   8
Meteorologie II (Wetterkunde) und
   Klimakunde   9
Meteorologische Instrumente   10
Allgemeine Geographie I   11
Allgemeine Geographie II   12
Allgemeine Geographie III   13
Landkarte I   14
Landkarte II   15

Mensch und soziale Umwelt

Mensch I   16
Mensch II   17
Mensch III   18
Mensch IV   19
Mensch V   20
Erste Hilfe (Unfallhilfe)   21
Arzt I   22
Arzt II   23
Zahnarzt   24
Krankenhaus I   25
Krankenhaus II   26
Krankenhaus III   27
Säuglingspflege und
   Babyausstattung   28
Kinderkleidung   29
Damenkleidung I
   (Winterkleidung)   30
Damenkleidung II
   (Sommerkleidung)   31
Wäsche, Nachtkleidung   32
Herrenkleidung
   (Männerkleidung)   33
Haar- und Barttrachten   34
Kopfbedeckungen   35
Schmuck   36
Haus und Haustypen   37
Dach und Heizkeller   38
Küche   39
Küchengeräte   40
Diele   41
Wohnzimmer   42
Schlafzimmer   43
Eßzimmer   44

Tafelzubehör   45
Apartment   46
Kinderzimmer   47
Kindergarten (Kindertagesstätte)   48
Bad und Toilette   49
Haushaltsgeräte   50

Natur als Umwelt, Land- und Forstwirtschaft

Ziergarten   51
Nutzgarten   52
Zimmerpflanzen   53
Pflanzenvermehrung   54
Gärtnerei (Gartenbaubetrieb)   55
Gartengeräte   56
Gemüsepflanzen   57
Beeren- und Kernobst   58
Steinobst und Nüsse   59
Gartenblumen   60
Unkräuter   61
Bauernhof   62
Landwirtschaft   63
Landwirtschaftliche Maschinen
   (Landmaschinen) I   64
Landwirtschaftliche Maschinen
   (Landmaschinen) II   65
Landwirtschaftliche Geräte   66
Beregnung   67
Feldfrüchte   68
Futterpflanzen   69
Hunderassen   70
Pferd I   71
Pferd II   72
Haustiere   73
Geflügelhaltung, Eierproduktion   74
Viehhaltung   75
Molkerei   76
Bienen und Bienenzucht   77
Weinbau   78
Weinkeller   79
Garten- und Ackerschädlinge   80
Hausungeziefer, Vorratsschädlinge und
   Schmarotzer   81
Fortschädlinge   82
Schädlingsbekämpfung   83
Forstwirtschaft I   84
Forstwirtschaft II   85
Jagd   86
Jagdwaffen, Jagdgeräte   87
Wild   88
Fischzucht und Angelsport   89
Seefischerei   90

Handwerk und Industrie

Mühlen 91
Mälzerei und Brauerei I 92
Brauerei II 93
Schlachthof 94
Schlachttierteile 95
Fleischerei 96
Bäckerei 97
Lebensmittelgeschäft 98
Supermarkt 99
Schuhmacher 100
Schuhe 101
Handarbeiten 102
Damenschneider 103
Herrenschneider 104
Damenfriseur 105
Herrenfriseur 106
Tabakwaren und
  Rauchutensilien 107
Gold- und Silberschmied 108
Uhrmacher 109
Uhren 110
Optiker 111
Optische Geräte I 112
Optische Geräte II 113
Fotografie I 114
Fotografie II 115
Fotografie III 116
Schmalfilm 117
Bauplatz I 118
Bauplatz II 119
Zimmerer (Zimmermann) 120
Dach, Holzverbände 121
Dach und Dachdecker 122
Fußboden, Decke, Treppenbau 123
Glaser 124
Klempner 125
Installateur 126
Elektroinstallateur 127
Tapezierer 128
Maler und Lackierer 129
Böttcher und Behälterbauer 130
Kürschner 131
Tischler I 132
Tischler II 133
Heimwerker 134
Drechsler (Elfenbeinschnitzer) 135
Korbmacher (Korbflechter) 136
Schmied I 137
Schmied II
  (Landfahrzeugtechnik) 138
Freiform- und Gesenkschmiede
  (Warmmassivumformung) 139
Schlosser 140
Autogenschweißer 141
Elektroschweißer 142
Profile, Schrauben und
  Maschinenteile 143
Steinkohlenbergwerk 144
Erdöl 145

Offshore-Bohrung 146
Eisenhüttenwerk 147
Eisengießerei und Walzwerk 148
Werkzeugmaschinen I 149
Werkzeugmaschinen II 150
Konstruktionsbüro
  (Zeichnerbüro) 151
Kraftwerk I 152
Kraftwerk II 153
Kernenergie 154
Neuzeitliche Energiequellen 155
Kokerei 156
Sägewerk 157
Steinbruch 158
Ziegelei (Ziegelwerk) 159
Zementwerk (Zementfabrik) 160
Porzellanherstellung 161
Glasherstellung 162
Baumwollspinnerei I 163
Baumwollspinnerei II 164
Weberei I 165
Weberei II 166
Wirkerei, Strickerei 167
Ausrüstung von Textilien 168
Chemiefasern I 169
Chemiefasern II 170
Textile Bindungen 171
Papierherstellung I 172
Papierherstellung II 173

Graphisches Gewerbe

Setzerei I 174
Setzerei II 175
Setzerei III (Lichtsatz) 176
Fotoreproduktion 177
Galvanoplastik und
  Klischeeherstellung 178
Offsetkopie 179
Offsetdruck 180
Buchdruck 181
Tiefdruck 182
Buchbinderei I 183
Buchbinderei II 184
Buchbinderei III 185

Verkehrs- und Nachrichtenwesen, Informationstechnik

Pferdewagen 186
Fahrrad 187
Zweiräder 188
Motorrad (Kraftrad) 189
Verbrennungsmotoren 190
Automobil I 191
Automobil II 192
Automobil III 193
Lastkraftwagen, Omnibusse 194
Kfz-Werkstatt 195
Tankstelle 196

Straßenbahn, elektrische
   Überlandbahn 197
Straßenquerschnitt 198
Müllbeseitigung,
   Straßenreinigung 199
Straßenbau I 200
Straßenbau II 201
Eisenbahnstrecke I 202
Eisenbahnstrecke II
   (Signalanlagen) 203
Bahnhofshalle 204
Bahnsteig 205
Güterbahnhof 206
Eisenbahnfahrzeuge
   (Schienenfahrzeuge) I 207
Eisenbahnfahrzeuge
   (Schienenfahrzeuge) II 208
Eisenbahnfahrzeuge
   (Schienenfahrzeuge) III 209
Eisenbahnfahrzeuge
   (Schienenfahrzeuge) IV 210
Eisenbahnfahrzeuge
   (Schienenfahrzeuge) V 211
Eisenbahnfahrzeuge
   (Schienenfahrzeuge) VI 212
Eisenbahnfahrzeuge
   (Schienenfahrzeuge) VII 213
Bergbahnen 214
Brücken 215
Fluß und Flußbau 216
Wasserbau 217
Historische Schiffstypen 218
Segelschiff I 219
Segelschiff II 220
Schiffstypen 221
Schiffbau 222
Motorschiff 223
Navigation 224
Hafen I 225
Hafen II 226
Bergen und Schleppen 227
Rettungswesen 228
Flugzeuge I 229
Flugzeuge II 230
Flugzeuge III 231
Flugzeuge IV 232
Flughafen 233
Raumfahrt I 234
Raumfahrt II 235
Post I 236
Post II (Telefon und Telegrafie) 237
Rundfunk (Hör- und
   Fernsehfunk) I 238
Rundfunk (Hör- und
   Fernsehfunk) II 239
Rundfunk III (Fernsehtechnik) 240
Unterhaltungselektronik 241
Unterrichts- und
   Informationstechnik 242
Audiovision (AV) 243
Rechenzentrum 244

Büro, Bank, Börse

Büro I 245
Büro II 246
Büro III 247
Büro IV 248
Büro V 249
Bank 250
Börse 251

Öffentlichkeit und Gemeinwesen

Geld (Münzen und Scheine) 252
Fahnen und Flaggen 253
Heraldik, Kronen 254
Bundeswehr I (Heer) 255
Bundeswehr II (Luftwaffe I) 256
Bundeswehr III (Luftwaffe II) 257
Kriegsschiffe I (Bundesmarine) 258
Kriegsschiffe II (moderne
   Kampfschiffe) 259
Schule I (Grund- und
   Hauptschule) 260
Schule II (Höhere Schule) 261
Universität 262
Wahl 263
Polizei 264
Gaststätten I 265
Gaststätten II 266
Hotel 267
Stadt (Innenstadt) 268
Wasserversorgung 269
Feuerwehr 270
Kaufhaus (Warenhaus) 271
Park 272

Freizeit, Spiel, Sport

Kinderspielplatz 273
Kurbad 274
Roulett 275
Brett- und Gesellschaftsspiele 276
Billard 277
Camping 278
Surfing, Tauchen 279
Bäder I (Strandbad) 280
Bäder II (Freizeitzentrum) 281
Schwimmsport 282
Rudern und Paddeln 283
Segeln I 284
Segeln II 285
Motorboote, Wasserski 286
Segelflug 287
Flugsport 288
Pferdesport 289
Rad- und Motorsport 290
Ballspiele I (Fußball) 291
Ballspiele II 292
Ballspiele III 293
Fechten 294
Freiübungen 295

8

Gerätturnen I   296
Gerätturnen II (Turnen der
    Frauen)   297
Leichtathletik   298
Schwerathletik   299
Bergsport   300
Wintersport I (Skisport)   301
Wintersport II   302
Wintersport III   303
Winterlandschaft   304
Verschiedene Sportarten   305

**Unterhaltung, Show, Kultur und
Kunst**

Karneval (Fasching, Fastnacht)   306
Zirkus   307
Rummelplatz   308
Flohmarkt   309
Film I   310
Film II   311
Film III   312
Film IV   313
Ballett   314
Theater I   315
Theater II   316
Diskothek   317
Nachtlokal   318
Stierkampf, Rodeo   319
Musiknotation I   320
Musiknotation II   321
Musikinstrumente I   322
Musikinstrumente II   323
Musikinstrumente III   324
Musikinstrumente IV   325
Musikinstrumente V   326
Fabelwesen   327
Vorgeschichte   328
Ritterwesen (Rittertum)   329
Kirche I   330
Kirche II   331
Kirche III   332
Kunst I   333
Kunst II   334
Kunst III   335
Kunst IV   336
Kunst V   337
Mal- und Zeichenatelier   338
Bildhaueratelier   339
Graphische Kunst   340
Schrift I   341
Schrift II   342
Farbe   343
Mathematik I   344

Mathematik II   345
Mathematik III (Geometrie I)   346
Mathematik IV (Geometrie II)   347
Mathematik V (Mengenlehre)   348
Chemielabor (chemisches
    Laboratorium) I   349
Chemielabor (chemisches
    Laboratorium) II   350
Kristalle, Kristallkunde   351
Völkerkunde I   352
Völkerkunde II   353
Völkerkunde III   354
Kostüme, Kleidermoden   355

Tiere und Pflanzen

Zoo (Zoologischer Garten)   356
Wirbellose Tiere   357
Gliedertiere   358
Vögel I   359
Vögel II (einheimische Vögel)   360
Vögel III (Sperlingsvögel)   361
Vögel IV (Greifvögel)   362
Vögel V (exotische Vögel)   363
Fische, Lurche   364
Schmetterlinge   365
Säugetiere I   366
Säugetiere II   367
Säugetiere III   368
Tiefseefauna   369
Allgemeine Botanik   370
Laubhölzer   371
Nadelhölzer   372
Ziersträucher und Zierbäume I   373
Ziersträucher und Zierbäume II   374
Wiesenblumen und Blumen am
    Wegrand I   375
Wiesenblumen und Blumen am
    Wegrand II   376
Wald-, Moor- und
    Heidepflanzen   377
Alpen-, Wasser- und
    Sumpfpflanzen   378
Giftpflanzen   379
Heilpflanzen   380
Speisepilze   381
Tropische Genußmittel- und
    Gewürzpflanzen   382
Industriepflanzen   383
Südfrüchte   384
Zur Einrichtung des Buches
    Seite   672
Register Seite   673

1 Atom I

1–8 Atommodelle *n*
1 das Atommodell des Wasserstoffs *m* (H):
2 der Atomkern, ein Proton *n*
3 das Elektron
4 der Elektronenspin
5 das Atommodell des Heliums *n* (He):
6 die Elektronenschale
7 das Pauli-Prinzip
8 die abgeschlossene Elektronenschale des Na-Atoms *n* (Natriumatoms)
9–14 Molekülstrukturen *f* (Gitterstrukturen)
9 der Kochsalzkristall
10 das Chlorion
11 das Natriumion
12 der Cristobalitkristall
13 das Sauerstoffatom
14 das Siliciumatom
15 die „Energietreppe" (mögliche Quantensprünge *m*) des Wasserstoffatoms *n*
16 der Atomkern (das Proton)
17 das Elektron
18 das Energieniveau des Grundzustands *m*
19 der angeregte Zustand
20–25 die Quantensprünge *m*
20 die Lyman-Serie
21 die Balmer-Serie
22 die Paschen-Serie
23 die Brackett-Serie
24 die Pfund-Serie
25 das freie Elektron
26 das Bohr-Sommerfeldsche Atommodell des H-Atoms *n*
27 die Elektronenbahnen *f* des Elektrons *n*
28 **der spontane Zerfall** eines radioaktiven Materials *n*
29 der Atomkern
30 *u.* 31 das Alphateilchen (α, die Alphastrahlung, der Heliumatomkern)
30 das Neutron
31 das Proton
32 das Betateilchen(β, die Betastrahlung, das Elektron)
33 die Gammastrahlung (γ, eine harte Röntgenstrahlung)
34 **die Kernspaltung:**
35 der schwere Atomkern
36 der Neutronenbeschuß
37 *u.* 38 die Kernbruchstücke *n*
39 das freigesetzte Neutron
40 die Gammastrahlung (γ)
41 **die Kettenreaktion**
42 das kernspaltende Neutron
43 der Kern vor der Spaltung
44 das Kernbruchstück
45 das freigesetzte Neutron
46 die wiederholte Kernspaltung
47 das Kernbruchstück
48 **die kontrollierte Kettenreaktion in einem Atomreaktor** *m*
49 der Atomkern eines spaltbaren Elements *n*
50 der Beschuß durch ein Neutron *n*
51 das Kernbruchstück (der neue Atomkern)
52 das freiwerdende Neutron
53 die absorbierten Neutronen *n*
54 der Moderator, eine Bremsschicht aus Graphit *m*
55 die Wärmeableitung (Energiegewinnung)
56 die Röntgenstrahlung
57 der Beton- und Bleischutzmantel
58 **die Blasenkammer** zur Sichtbarmachung der Bahnspuren *f* energiereicher ionisierender Teilchen *n*
59 die Lichtquelle
60 die Kamera
61 das Expansionsgefäß
62 der Lichtstrahlengang
63 der Magnet
64 der Strahlungseintritt
65 der Spiegel
66 die Kammer

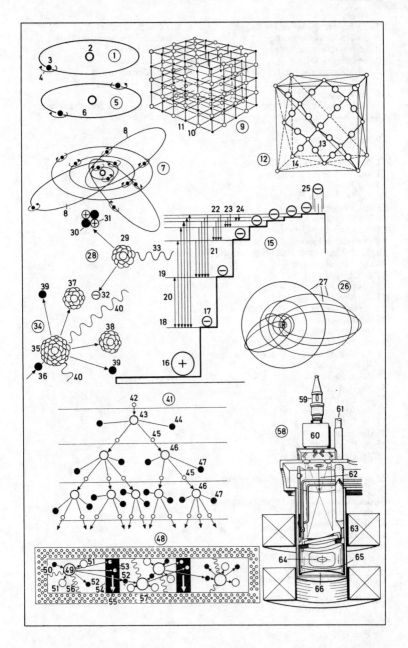

2 Atom II

1–23 **Strahlungsmeßgeräte** *n*
1 das Strahlenschutzmeßgerät
2 die Ionisationskammer
3 die Innenelektrode
4 der Meßbereichswähler
5 das Instrumentengehäuse
6 das Ableseinstrument
7 die Nullpunkteinstellung
8–23 Dosimeter *n*
8 das Filmdosimeter
9 der (das) Filter
10 der Film
11 das Fingerring-Filmdosimeter
12 der (das) Filter
13 der Film
14 der Deckel mit Filter *m od. n*
15 das Taschendosimeter
16 die Schauöffnung
17 die Ionisationskammer
18 die Taschenklemme
19 das Zählrohrgerät (der Geigerzähler)
20 die Zählrohrfassung
21 das Zählrohr
22 das Instrumentengehäuse
23 der Meßbereichswähler
24 die Wilsonsche Nebelkammer
25 der Kompressionsboden
26 die Nebelkammeraufnahme
27 der Nebelstreifen einer Alphapartikel
28 **die Kobaltbestrahlungsapparatur** (*ugs.* Kobaltbombe)
29 das Säulenstativ
30 die Halteseile *n*
31 der Strahlenschutzkopf
32 der Abdeckschieber
33 die Lamellenblende
34 das Lichtvisier
35 die Pendelvorrichtung
36 der Bestrahlungstisch
37 die Laufschiene
38 **der Kugelmanipulator** (Manipulator)
39 der Handgriff
40 der Sicherungsflügel (Feststellhebel)
41 das Handgelenk
42 die Führungsstange
43 die Klemmvorrichtung
44 die Greifzange
45 das Schlitzbrett
46 die Bestrahlungsschutzwand, eine Bleisiegelwand [im Schnitt]
47 der Greifarm eines Parallelmanipulators *m* (Master-Slave-Manipulators)
48 der Staubschutz
49 **das Zyklotron**
50 die Gefahrenzone
51 der Magnet
52 die Pumpen *f* zur Entleerung der Vakuumkammer

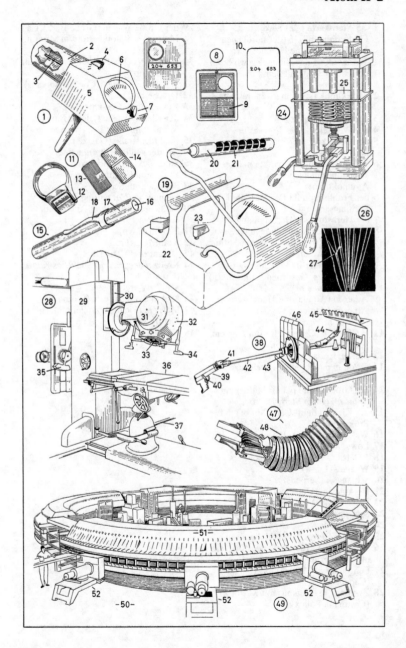

3 Astronomie I

1–35 Sternkarte *f* **des nördlichen Fixsternhimmels** *m* (der nördlichen Hemisphäre), eine Himmelskarte

1–8 Einteilung des Himmelsgewölbes *n*

1 der Himmelspol mit dem Polarstern *m* (Nordstern)

2 die Ekliptik (scheinbare Jahresbahn der Sonne)

3 der Himmelsäquator

4 der Wendekreis des Krebses *m*

5 der Grenzkreis der Zirkumpolarsterne *m*

6 u. **7** die Äquinoktialpunkte *m* (die Tagundnachtgleiche, das Äquinoktium)

6 der Frühlingspunkt (Widderpunkt, Frühlingsanfang)

7 der Herbstpunkt (Herbstanfang)

8 der Sommersonnenwendepunkt (Sommersolstitialpunkt, das Solstitium, die Sonnenwende)

9–48 Sternbilder *n* (*Vereinigung von Fixsternen* **m**, *Gestirnen* **n** *zu Bildern*) **u. Sternnamen** *m*

9 Adler *m* (Aquila) mit Hauptstern *m* Altair *m* (Atair)

10 Pegasus *m*

11 Walfisch *m* (Cetus) mit Mira *f*, einem veränderlichen Stern *m*

12 Fluß *m* Eridanus

13 Orion *m* mit Rigel *m*, Beteigeuze u. Bellatrix *f*

14 der Große Hund (Canis Major) mit Sirius *m, einem Stern 1. Größe*

15 der Kleine Hund (Canis Minor) mit Prokyon *m*

16 Wasserschlange *f* (Hydra)

17 Löwe *m* (Leo) mit Regulus *m*

18 Jungfrau *f* (Virgo) mit Spika *f*

19 Waage *f* (Libra)

20 Schlange *f* (Serpens)

21 Herkules *m* (Hercules)

22 Leier *f* (Lyra) mit Wega *f*

23 Schwan *m* (Cygnus) mit Deneb *m*

24 Andromeda *f*

25 Stier *m* (Taurus) mit Aldebaran *m*

26 die Plejaden *f* (das Siebengestirn), ein offener Sternhaufen

27 Fuhrmann *m* (Auriga) mit Kapella *f* (Capella)

28 Zwillinge *m* (Gemini) mit Kastor *m* (Castor) u. Pollux *m*

29 der Große Wagen (Große Bär, Ursa Major *f*) mit Doppelstern *m* Mizar u. Alkor *m*

30 Bootes *m* (Ochsentreiber) mit Arktur *m* (Arcturus)

31 Nördliche Krone *f* (Corona Borealis)

32 Drache *m* (Draco)

33 Kassiopeia *f* (Cassiopeia)

34 der Kleine Wagen (Kleine Bär, Ursa Minor *f*) mit dem Polarstern *m*

35 die Milchstraße (Galaxis)

36–48 der südliche Sternhimmel

36 Steinbock *m* (Capricornus)

37 Schütze *m* (Sagittarius)

38 Skorpion *m* (Scorpius)

39 Kentaur *m* (Centaurus)

40 Südliches Dreieck *n* (Triangulum Australe)

41 Pfau *m* (Pavo)

42 Kranich *m* (Grus)

43 Oktant *m* (Octans)

44 Kreuz *n* des Südens, Südliches Kreuz (Crux *f*)

45 Schiff *n* (Argo *f*)

46 Kiel *m* des Schiffes *n* (Carina *f*)

47 Maler *m* (Pictor, Staffelei *f*, Machina Pictoris)

48 Netz *n* (Reticulum)

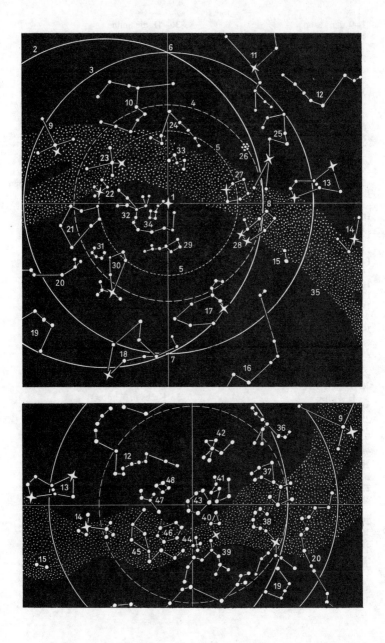

4 Astronomie II

1–9 der Mond
1 die Mondbahn (der Mondumlauf um die Erde)
2–7 die Mondphasen f (der Mondwechsel)
2 der Neumond
3 die Mondsichel (der zunehmende Mond)
4 der Halbmond (das erste Mondviertel)
5 der Vollmond
6 der Halbmond (das letzte Mondviertel)
7 die Mondsichel (der abnehmende Mond)
8 die Erde (Erdkugel)
9 die Richtung der Sonnenstrahlen m
10–21 die scheinbare Sonnenbahn zu Beginn m der Jahreszeiten f
10 die Himmelsachse
11 der Zenit
12 die Horizontalebene
13 der Nadir
14 der Ostpunkt
15 der Westpunkt
16 der Nordpunkt
17 der Südpunkt
18 die scheinbare Sonnenbahn am 21. Dezember m
19 die scheinbare Sonnenbahn 21. März m u. 23. September m
20 die scheinbare Sonnenbahn am 21. Juni m
21 die Dämmerungsgrenze
22–28 die Drehbewegungen f der Erdachse
22 die Achse der Ekliptik
23 die Himmelssphäre
24 die Bahn des Himmelspols m (Präzession f und Nutation f)
25 die instantane Rotationsachse
26 der Himmelspol
27 die mittlere Rotationsachse
28 die Polhodie
29–35 Sonnen- und Mondfinsternis [nicht maßstäblich]
29 die Sonne
30 die Erde
31 der Mond
32 die Sonnenfinsternis
33 die Totalitätszone
34 u. **35** die Mondfinsternis
34 der Halbschatten
35 der Kernschatten

36–41 die Sonne
36 die Sonnenscheibe
37 Sonnenflecken m
38 Wirbel m in der Umgebung von Sonnenflecken m
39 die Korona (Corona), der bei totaler Sonnenfinsternis oder mit Spezialinstrumenten n beobachtbare Sonnenrand
40 Protuberanzen f
41 der Mondrand bei totaler Sonnenfinsternis
42–52 die Planeten m (das Planetensystem, Sonnensystem) [nicht maßstäblich] und die Planetenzeichen n (Planetensymbole)
42 die Sonne
43 der Merkur
44 die Venus
45 die Erde mit dem Erdmond m, ein Satellit m (Trabant)
46 der Mars mit zwei Monden m
47 die Planetoiden m (Asteroiden)
48 der Jupiter mit 14 Monden m
49 der Saturn mit 9 Monden m
50 der Uranus mit fünf Monden m
51 der Neptun mit zwei Monden m
52 der Pluto
53–64 die Tierkreiszeichen n (Zodiakussymbole)
53 Widder m (Aries)
54 Stier m (Taurus)
55 Zwillinge m (Gemini)
56 Krebs m (Cancer)
57 Löwe m (Leo)
58 Jungfrau f (Virgo)
59 Waage f (Libra)
60 Skorpion m (Scorpius)
61 Schütze m (Sagittarius)
62 Steinbock m (Capricornus)
63 Wassermann m (Aquarius)
64 Fische m (Pisces)

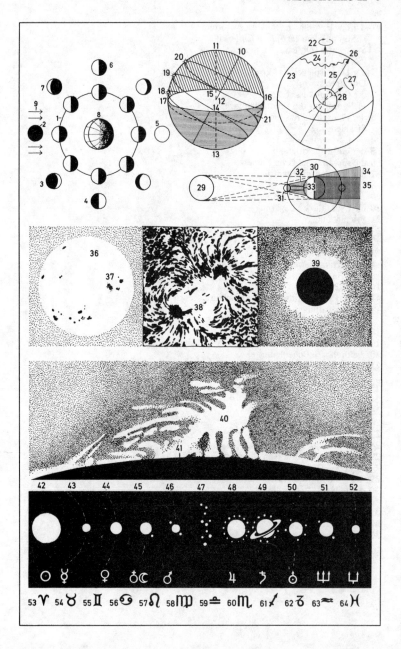

5 Astronomie III

1–16 das Europäische Südobservatorium
(ESO) auf dem *La Silla* in *Chile*, eine
Sternwarte (Observatorium *n*)
[Schnitt]
1 der Hauptspiegel von 3,6 m
Durchmesser *m*
2 die Primärfokuskabine mit der
Halterung für die Sekundärspiegel *m*
3 der Planspiegel für den Coudé-
Strahlengang
4 die Cassegrain-Kabine
5 der Gitterspektograph
6 die spektrographische Kamera
7 der Stundenachsenantrieb
8 die Stundenachse
9 das Hufeisen der Montierung
10 die hydraulische Lagerung
11 Primär- und
Sekundärfokuseinrichtungen *f*
12 das Kuppeldach (die Drehkuppel)
13 der Spalt (Beobachtungsspalt)
14 das vertikal bewegliche Spaltsegment
15 der Windschirm
16 der Siderostat
17–29 das Planetarium *Stuttgart* [Schnitt]
17 der Verwaltungs-, Werkstatt- und
Magazinbereich
18 die Stahlspinne
19 die glasvertafelte Pyramide
20 die drehbare Bogenleiter
21 die Projektionskuppel
22 die Lichtblende
23 der Planetariumsprojektor
24 der Versenkschacht
25 das Foyer
26 der Filmvorführraum
27 die Filmvorführkabine
28 der Gründungspfahl
29–33 das Sonnenobservatorium *Kitt
Peak* bei *Tucson, Ariz.* [Schnitt]
29 der Sonnenspiegel (Heliostat)
30 der teilweise unterirdische
Beobachtungsschacht
31 der wassergekühlte Windschutzschild
32 der Konkavspiegel
33 der Beobachtungs- und
Spektographenraum

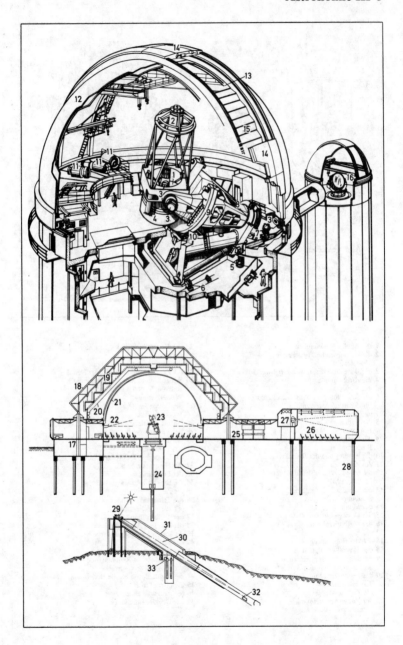

6 Mondlandung

1 die Apollo-Raumeinheit
2 die Betriebseinheit (das Service Module, SM)
3 die Düse des Hauptraketentriebwerks n
4 die Richtantenne
5 der Steuerraketensatz
6 die Sauerstoff- und Wasserstofftanks m für die Bordenergieanlage
7 der Treibstofftank
8 die Radiatoren m der Bordenergieanlage
9 die Kommandoeinheit (Apollo-Raumkapsel)
10 die Einstiegluke der Raumkapsel
11 der Astronaut
12 die Mondlandeeinheit (das Lunar Module, LM)
13 die Mondoberfläche, eine Stauboberfläche
14 der Mondstaub
15 der Gesteinsbrocken
16 der Meteoritenkrater
17 die Erde
18–27 der Raumanzug
18 das Sauerstoffnotgerät
19 die Sonnenbrillentasche [mit Sonnenbrille f für den Bordgebrauch]
20 das Lebenserhaltungsgerät, ein Tornistergerät n
21 die Zugangsklappe
22 der Raumanzughelm mit Lichtschutzblenden f

23 der Kontrollkasten des Tornistergeräts n
24 die Tasche für die Stablampe
25 die Zugangsklappe für das Spülventil
26 Schlauch- und Kabelanschlüsse m für Radio n, Ventilierung f und Wasserkühlung f
27 die Tasche für Schreibutensilien n, Werkzeug u. ä.
28–36 die Abstiegsstufe
28 der Verbindungsbeschlag
29 der Treibstofftank
30 das Triebwerk
31 die Landegestell-Spreizmechanik
32 das Hauptfederbein
33 der Landeteller
34 die Ein- und Ausstiegsplattform
35 die Zugangsleiter
36 der Triebwerkskardan
37–47 die Aufstiegsstufe
37 der Treibstofftank
38 die Ein- und Ausstiegsluke
39 die Lageregelungstriebwerke n
40 das Fenster
41 der Besatzungsraum
42 die Rendezvous-Radarantenne
43 der Trägheitsmeßwertgeber
44 die Richtantenne für die Bodenstelle
45 die obere Luke
46 die Anflugantenne
47 der Dockingeinschnitt

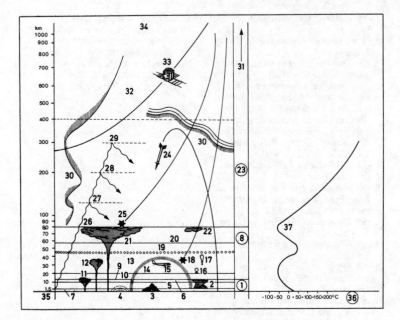

1 **die Troposphäre**
2 Gewitterwolken *f*
3 der höchste Berg *Mount Everest* [8 882 m]
4 der Regenbogen
5 die Starkwindschicht
6 die Nullschicht (Umkehr *f* der senkrechten Luftbewegungen *f*)
7 die Grundschicht
8 **die Stratosphäre**
9 die Tropopause
10 die Trennschicht (Schicht schwächerer Luftbewegungen *f*)
11 die Atombombenexplosion
12 die Wasserstoffbombenexplosion
13 die Ozonschicht
14 die Schallwellenausbreitung
15 das Stratosphärenflugzeug
16 der bemannte Ballon
17 der Meßballon
18 der Meteor
19 die Obergrenze der Ozonschicht
20 die Nullschicht
21 der Krakatau-Ausbruch
22 leuchtende Nachtwolken *f*

23 **die Ionosphäre**
24 der Forschungsraketenbereich
25 die Sternschnuppe
26 die Kurzwelle (Hochfrequenz)
27 die E-Schicht
28 die F_1-Schicht
29 die F_2-Schicht
30 das Polarlicht
31 **die Exosphäre**
32 die Atomschicht
33 der Meßsatellitenbereich
34 der Übergang zum Weltraum *m*
35 die Höhenskala
36 die Temperaturskala
37 die Temperaturlinie

8 Meteorologie I (Wetterkunde)

1–19 Wolken *f* und Witterung *f* (Wetter *n*)

1–4 die Wolken einheitlicher Luftmassen *f*

1 der Kumulus (Cumulus, Cumulus humilis), eine Quellwolke (flache Haufenwolke, Schönwetterwolke)

2 der Cumulus congestus, eine stärker quellende Haufenwolke

3 der Stratokumulus (Stratocumulus), eine tiefe, gegliederte Schichtwolke

4 der Stratus (Hochnebel), eine tiefe, gleichförmige Schichtwolke

5–12 die Wolken *f* an Warmfronten *f*

5 die Warmfront

6 der Zirrus (Cirrus), eine hohe bis sehr hohe Eisnadelwolke, dünn, mit sehr mannigfaltigen Formen *f*

7 der Zirrostratus (Cirrostratus), eine Eisnadelschleierwolke

8 der Altostratus, eine mittelhohe Schichtwolke

9 der Altostratus praecipitans, eine Schichtwolke mit Niederschlag *m* (Fallstreifen) in der Höhe

10 der Nimbostratus, eine Regenwolke, vertikal sehr mächtige Schichtwolke, aus der Niederschlag *m* (Regen oder Schnee) fällt

11 der Fraktostratus (Fractostratus), ein Wolkenfetzen *m* unterhalb des Nimbostratus *m*

12 der Fraktokumulus (Fractocumulus), ein Wolkenfetzen *m* wie 11, jedoch mit quelligen Formen *f*

13–17 die Wolken *f* an Kaltfronten *f*

13 die Kaltfront

14 der Zirrokumulus (Cirrocumulus), eine feine Schäfchenwolke

15 der Altokumulus (Altocumulus), eine grobe Schäfchenwolke

16 der Altocumulus castellanus und der Altocumulus floccus, Unterformen zu 15

17 der Kumulonimbus (Cumulonimbus), eine vertikal sehr mächtige Quellwolke, bei Wärmegewittern *n* unter 1–4 einzuordnen

18 *u.* 19 die Niederschlagsformen *f*

18 der Landregen oder der verbreitete Schneefall, ein gleichförmiger Niederschlag *m*

19 der Schauerniederschlag (Schauer), ein ungleichmäßiger (strichweise auftretender) Niederschlag *m*

schwarze Pfeile = Kaltluft; weiße Pfeile = Warmluft

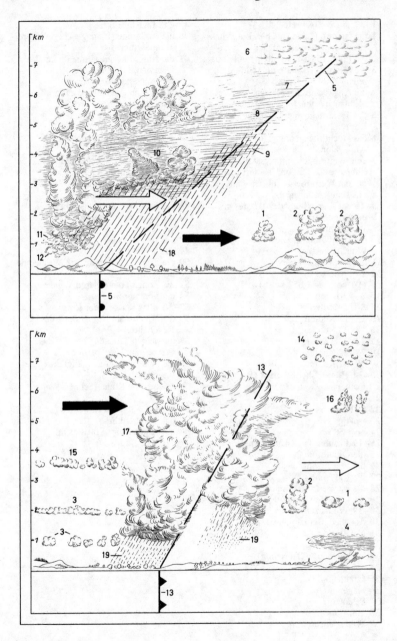

9 Meteorologie II (Wetterkunde) und Klimakunde

1–39 die Wetterkarte
1 die Isobare (Linie gleichen Luftdrucks
m im Meeresniveau n)
2 die Pliobare (Isobare über 1 000 mbar)
3 die Miobare (Isobare unter 1 000
mbar)
4 die Angabe des Luftdrucks m in
Millibar n (mbar)
5 das Tiefdruckgebiet (Tief, die Zyklone,
Depression)
6 das Hochdruckgebiet (Hoch, die
Antizyklone)
7 eine Wetterbeobachtungsstelle
(meteorolog. Station, Wetterstation)
od. ein Wetterbeobachtungsschiff n
8 die Temperaturangabe
9–19 die Darstellung des Windes m
9 der Windpfeil zur Bez. der
Windrichtung
10 die Windfahne zur Bez. der
Windstärke
11 die Windstille (Kalme)
12 1–2 Knoten m
(1 Knoten = 1,852 km/h)
13 3–7 Knoten
14 8–12 Knoten
15 13–17 Knoten
16 18–22 Knoten
17 23–27 Knoten
18 28–32 Knoten
19 58–62 Knoten
20–24 Himmelsbedeckung f (Bewölkung)
20 wolkenlos
21 heiter
22 halbbedeckt
23 wolkig
24 bedeckt
25–29 Fronten f u. Luftströmungen f
25 die Okklusion
26 die Warmfront
27 die Kaltfront
28 die warme Luftströmung
29 die kalte Luftströmung
30–39 Wettererscheinungen f
30 das Niederschlagsgebiet
31 Nebel m
32 Regen m
33 Sprühregen m (Nieseln n)
34 Schneefall m
35 Graupeln n
36 Hagel m
37 Schauer m
38 Gewitter n
39 Wetterleuchten n

40–58 die Klimakarte
40 die Isotherme (Linie gleicher mittlerer
Temperatur)
41 die Nullisotherme (Linie durch alle
Orte m mit 0°C mittlerer
Jahrestemperatur)
42 die Isochimene (Linie gleicher
mittlerer Wintertemperatur)
43 die Isothere (Linie gleicher
Sommertemperatur)
44 die Isohelie (Linie gleicher
Sonnenscheindauer)
45 die Isohyete (Linie gleicher
Niederschlagssumme)
46–52 die Windsysteme n
46 u. 47 die Kalmengürtel m
46 der äquatoriale Kalmengürtel
47 die subtrop. Stillengürtel m
(Roßbreiten f)
48 der Nordostpassat
49 der Südostpassat
50 die Zonen f der veränderl. Westwinde
m
51 die Zonen f der polaren Winde m
52 der Sommermonsun
53–58 die Klimate n der Erde
53 das äquatoriale Klima: der trop.
Regengürtel
54 die beiden Trockengürtel m: die
Wüsten- und Steppenzonen f
55 die beiden warm-gemäßigten
Regengürtel m
56 das boreale Klima (Schnee-Wald-
Klima)
57 u. 58 die polaren Klimate n
57 das Tundrenklima
58 das Klima ewigen Frostes m

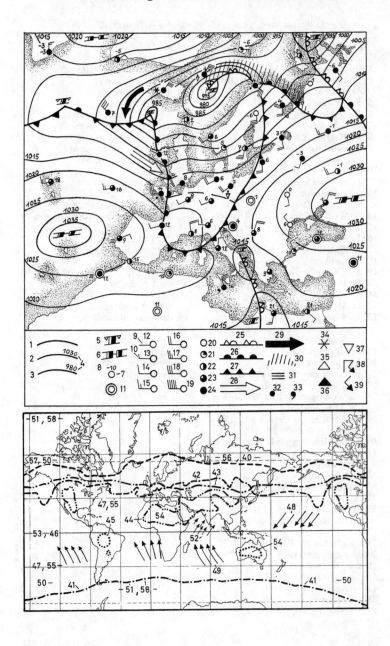

10 Meteorologische Instrumente

1 das Quecksilberbarometer, ein Heberbarometer n, ein Flüssigkeitsbarometer n
2 die Quecksilbersäule
3 die Millibarteilung (Millimeterteilung)
4 der Barograph, ein selbstschreibendes Aneroidbarometer
5 die Trommel
6 der Dosensatz
7 der Schreibhebel
8 der Hygrograph
9 das Feuchtigkeitsmeßelement (die Haarharfe)
10 die Standkorrektion
11 die Amplitudeneinstellung
12 der Schreibarm
13 die Schreibfeder
14 die Wechselräder n für das Uhrwerk
15 der Ausschalter für den Schreibarm
16 die Trommel
17 die Zeiteilung
18 das Gehäuse
19 der Thermograph
20 die Trommel
21 der Schreibhebel
22 das Meßelement
23 das Silverdisk-Pyrheliometer, ein Instrument n zur Messung der Energie der Sonnenstrahlen m
24 die Silberscheibe
25 das Thermometer
26 die isolierende Holzverkleidung
27 der Tubus, mit Diaphragma n
28 das Windmeßgerät (der Windmesser, das Anemometer)
29 das Gerät zur Anzeige der Windgeschwindigkeit f
30 der Schalenstern mit Hohlschalen f
31 das Gerät zur Anzeige der Windrichtung f
32 die Windfahne
33 das Aspirationspsychrometer
34 das „trockene" Thermometer
35 das „feuchte" Thermometer
36 das Strahlungsschutzrohr
37 das Saugrohr
38 der schreibende Regenmesser
39 das Schutzgehäuse
40 das Auffanggefäß
41 das Regendach
42 die Registriervorrichtung
43 das Heberrohr
44 der Niederschlagsmesser (Regenmesser)
45 das Auffanggefäß
46 der Sammelbehälter
47 das Meßglas
48 das Schneekreuz
49 die Thermometerhütte
50 der Hygrograph
51 der Thermograph
52 das Psychrometer
53 u. 54 Extremthermometer n
53 das Maximumthermometer
54 das Minimumthermometer
55 das Radiosondengespann
56 der Wasserstoffballon
57 der Fallschirm
58 der Radarreflektor mit Abstandsschnur f
59 der Instrumentenkasten mit Radiosonde f (ein Kurzwellensender m) und Antenne f
60 das Transmissometer, ein Sichtweitenmeßgerät n
61 das Registriergerät
62 der Sender
63 der Empfänger
64 der Wettersatellit (ITOS-Satellit)
65 Wärmeregulierungsklappen f
66 der Solarzellenausleger
67 die Fernsehkamera
68 die Antenne
69 der Sonnensensor
70 die Telemetrieantenne
71 das Radiometer

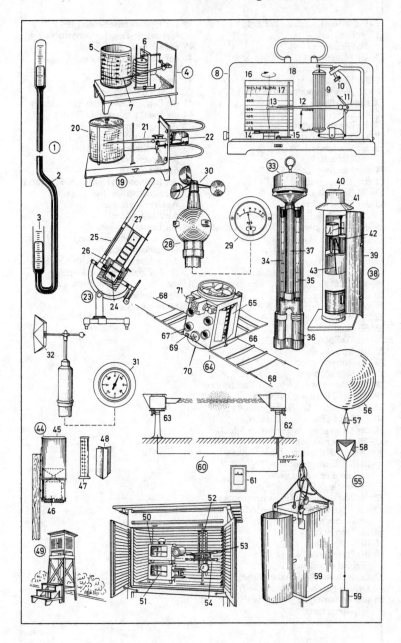

11 Allgemeine Geographie I

1–5 der Schalenaufbau der Erde
1 die Erdkruste
2 die Fließzone
3 der Mantel
4 die Zwischenschicht
5 der Kern (Erdkern)
6–12 die hypsometr. Kurve der Erdoberfläche
6 die Gipfelung
7 die Kontinentaltafel
8 der Schelf (Kontinentalsockel)
9 der Kontinentalabhang
10 die Tiefseetafel
11 der Meeresspiegel
12 der Tiefseegraben
13–28 der Vulkanismus
13 der Schildvulkan
14 die Lavadecke (der Deckenerguß)
15 der tätige Vulkan, ein Stratovulkan *m* (Schichtvulkan)
16 der Vulkankrater (Krater)
17 der Schlot (Eruptionskanal)
18 der Lavastrom
19 der Tuff (die vulkan. Lockermassen *f*)
20 der Subvulkan
21 der Geysir (Geiser, die Springquelle)
22 die Wasser-und-Dampf-Fontäne
23 die Sinterterrassen *f*
24 der Wallberg
25 das Maar
26 der Tuffwall
27 die Schlotbrekzie
28 der Schlot des erloschenen Vulkans *m*
29–31 der Tiefenmagmatismus
29 der Batholit (das Tiefengestein)
30 der Lakkolith, eine Intrusion
31 der Lagergang, eineErzlagerstätte
32–38 das Erdbeben
(*Arten*: das tekton. Beben, vulkan. Beben, Einsturzbeben)
und die Erdbebenkunde
(Seismologie)
32 das Hypozentrum (der Erdbebenherd)
33 das Epizentrum (der Oberflächenpunkt senkrecht über dem Hypozentrum *n*)
34 die Herdtiefe
35 der Stoßstrahl
36 die Oberflächenwellen *f* (Erdbebenwellen)
37 die Isoseiste (Verbindungslinie *f* der Orte *m* gleicher Bebenstärke *f*)
38 das Epizentralgebiet (makroseism. Schüttergebiet)

39 der Horizontalseismograph
(Seismometer *n*, Erdbebenmesser *m*)
40 der magnetische Dämpfer
41 der Justierknopf für die Eigenperiode des Pendels *n*
42 das Federgelenk für die Pendelaufhängung
43 die Pendelmasse (stationäre Masse)
44 die Induktionsspulen *f* für den Anzeigestrom des Registriergalvanometers *n*
45–54 Erdbebenwirkungen *f* (die Makroseismik)
45 der Wasserfall
46 der Bergrutsch (Erdrutsch, Felssturz)
47 der Schuttstrom (das Ablagerungsgebiet)
48 die Abrißnische
49 der Einsturztrichter
50 die Geländeverschiebung (der Geländeabbruch)
51 der Schlammerguß (Schlammkegel)
52 die Erdspalte (der Bodenriß)
53 die Flutwelle, bei Seebeben *n*
54 der gehobene Strand (die Strandterrasse)

1–33 Geologie
1 die Lagerung der Sedimentgesteine *n*
2 das Streichen
3 das Fallen (die Fallrichtung)
4–20 die Gebirgsbewegungen *f*
4–11 das Bruchschollengebirge
4 die Verwerfung (der Bruch)
5 die Verwerfungslinie
6 die Sprunghöhe
7 die Überschiebung
8–11 zusammengesetzte Störungen *f*
8 der Staffelbruch
9 die Pultscholle
10 der Horst
11 der Grabenbruch
12–20 das Faltengebirge
12 die stehende Falte
13 die schiefe Falte
14 die überkippte Falte
15 die liegende Falte
16 der Sattel (die Antiklinale)
17 die Sattelachse
18 die Mulde (Synklinale)
19 die Muldenachse
20 das Bruchfaltengebirge
21 **das gespannte** (artesische) **Grundwasser**
22 die wasserführende Schicht
23 das undurchlässige Gestein
24 das Einzugsgebiet
25 die Brunnenröhre
26 das emporquellende Wasser, ein artesischer Brunnen *m*
27 **die Erdöllagerstätte** an einer Antiklinale
28 die undurchlässige Schicht
29 die poröse Schicht als Speichergestein *n*
30 das Erdgas, eine Gaskappe
31 das Erdöl
32 das Wasser (Randwasser)
33 der Bohrturm
34 **das Mittelgebirge**
35 die Bergkuppe
36 der Bergrücken (Kamm)
37 der Berghang (Abhang)
38 die Hangquelle
39–47 das Hochgebirge
39 die Bergkette, ein Bergmassiv *n*
40 der Gipfel (Berggipfel, die Bergspitze)
41 die Felsschulter
42 der Bergsattel
43 die Wand (Steilwand)

44 die Hangrinne
45 die Schutthalde (das Felsgeröll)
46 der Saumpfad
47 der Paß (Bergpaß)
48–56 das Gletschereis
48 das Firnfeld (Kar)
49 der Talgletscher
50 die Gletscherspalte
51 das Gletschertor
52 der Gletscherbach
53 die Seitenmoräne (Wallmoräne)
54 die Mittelmoräne
55 die Endmoräne
56 der Gletschertisch

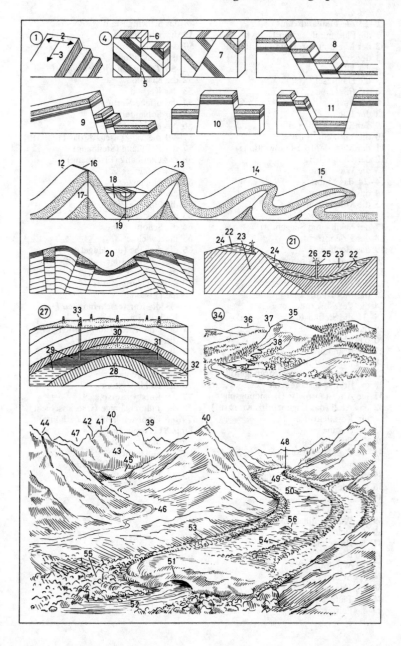

13 Allgemeine Geographie III

1–13 die Flußlandschaft
1 die Flußmündung, ein Delta *n*
2 der Mündungsarm, ein Flußarm *m*
3 der See
4 das Ufer
5 die Halbinsel
6 die Insel
7 die Bucht
8 der Bach
9 der Schwemmkegel
10 die Verlandungszone
11 der Mäander (die Flußwindung)
12 der Umlaufberg
13 die Wiesenaue
14–24 das Moor
14 das Flachmoor
15 die Muddeschichten *f*
16 das Wasserkissen
17 der Schilf- und Seggentorf
18 der Erlenbruchtorf
19 das Hochmoor
20 die jüngere Moostorfmasse
21 der Grenzhorizont
22 die ältere Moostorfmasse
23 der Moortümpel
24 die Verwässerungszone
25–31 die Steilküste
25 die Klippe
26 das Meer (die See)
27 die Brandung
28 das Kliff (der Steilhang)
29 das Brandungsgeröll (Strandgeröll)
30 die Brandungshohlkehle
31 die Abrasionsplatte (Brandungsplatte)
32 das Atoll (das Lagunenriff, Kranzriff),
   ein Korallenriff *n*
33 die Lagune
34 der Strandkanal
35–44 die Flachküste (Strandebene, der
   Strand)
35 der Strandwall (die Flutgrenze)
36 die Uferwellen *f*
37 die Buhne
38 der Buhnenkopf
39 die Wanderdüne, eine Düne
40 die Sicheldüne
41 die Rippelmarken *f*
42 die Kupste
43 der Windflüchter
44 der Strandsee
45 der Cañon
46 das Plateau (die Hochfläche)
47 die Felsterrasse

48 das Schichtgestein
49 die Schichtstufe
50 die Kluft
51 der Cañonfluß
52–56 Talformen *f [Querschnitt]*
52 die Klamm
53 das Kerbtal
54 das offene Kerbtal
55 das Sohlental
56 das Muldental
57–70 die Tallandschaft (das Flußtal)
57 der Prallhang (Steilhang)
58 der Gleithang (Flachhang)
59 der Tafelberg
60 der Höhenzug
61 der Fluß
62 die Flußaue (Talaue)
63 die Felsterrasse
64 die Schotterterrasse
65 die Tallehne
66 die Anhöhe (der Hügel)
67 die Talsohle (der Talgrund)
68 das Flußbett
69 die Ablagerungen *f*
70 die Felssohle
71–83 die Karsterscheinungen *f* im
   Kalkstein *m*
71 die Doline, ein Einsturztrichter *m*
72 das Polje
73 die Flußversickerung
74 die Karstquelle
75 das Trockental
76 das Höhlensystem
77 der Karstwasserspiegel
78 die undurchlässige Gesteinsschicht
79 die Tropfsteinhöhle (Karsthöhle)
80 u. 81 Tropfsteine *m*
80 der Stalaktit
81 der Stalagmit
82 die Sintersäule (Tropfsteinsäule)
83 der Höhlenfluß

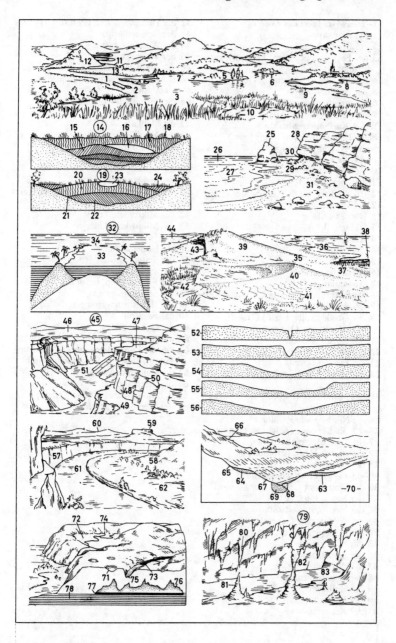

14 Landkarte I

1–7 das Gradnetz der Erde
1 der Äquator
2 ein Breitenkreis *m*
3 der Pol (Nordpol oder Südpol *m*), ein Erdpol *m*
4 der Meridian (Längenhalbkreis)
5 der Nullmeridian
6 die geographische Breite
7 die geographische Länge
8 u. 9 Kartennetzentwürfe *m*
8 die Kegelprojektion
9 die Zylinderprojektion
10–45 die Erdkarte (Weltkarte)
10 die Wendekreise *m*
11 die Polarkreise *m*
12–18 die Erdteile *m* (Kontinente)
12 u. 13 Amerika *n*
12 Nordamerika *n*
13 Südamerika *n*
14 Afrika *n*
15 u. 16 Eurasien *n*
15 Europa *n*
16 Asien *n*
17 Australien *n*
18 die Antarktis
19–26 das Weltmeer
19 der Große (Stille, Pazif.) Ozean
20 der Atlantische Ozean
21 das Nördl. Eismeer
22 das Südl. Eismeer
23 der Indische Ozean
24 die Straße von Gibraltar, eine Meeresstraße
25 das Mittelmeer (europäische Mittelmeer)
26 die Nordsee, ein Randmeer *n*
27–29 die Legende (Zeichenerklärung)
27 die kalte Meeresströmung
28 die warme Meeresströmung
29 der Maßstab
30–45 die Meeresströmungen *f*
30 der Golfstrom
31 der Kuroschio
32 der Nordäquatorialstrom
33 der Äquatoriale Gegenstrom
34 der Südäquatorialstrom
35 der Brasilstrom
36 der Somalistrom
37 der Agulhasstrom
38 der Ostaustralstrom
39 der Kalifornische Strom
40 der Labradorstrom
41 der Kanarienstrom

42 der Humboldtstrom (Perustrom)
43 der Benguellastrom
44 die Westwinddrift
45 der Westaustralstrom
46–62 die Vermessung (Landesvermessung, Erdmessung, Geodäsie)
46 die Nivellierung (geometrische Höhenmessung)
47 die Meßlatte
48 das Nivellierinstrument, ein Zielfernrohr *n*
49 der trigonometrische Punkt
50 das Standgerüst
51 das Signalgerüst
52–62 der Theodolit, ein Winkelmeßgerät *n*
52 der Mikrometerknopf
53 das Mikroskopokular
54 der Höhenfeintrieb
55 die Höhenklemme
56 der Seitenfeintrieb
57 die Seitenklemme
58 der Einstellknopf für den Beleuchtungsspiegel
59 der Beleuchtungsspiegel
60 das Fernrohr
61 die Querlibelle
62 die Kreisverstellung
63–66 die Luftbildmessung (Bildmessung, Fotogrammetrie, Fototopographie)
63 die Reihenmeßkammer
64 das Stereotop
65 der Storchschnabel (Pantograph)
66 der Stereoplanigraph

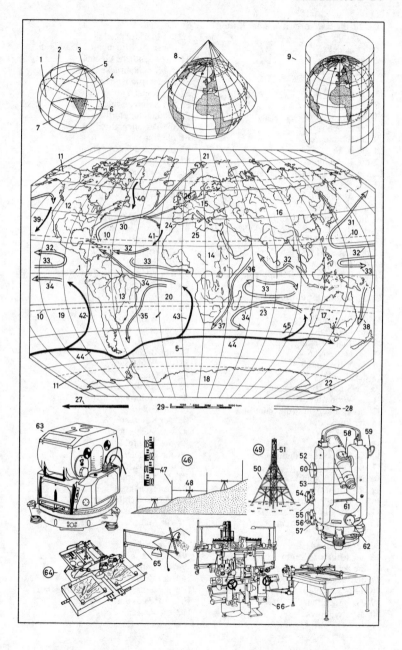

15 Landkarte II

1–114 die Kartenzeichen einer Karte 1:25000
1 der Nadelwald
2 die Lichtung
3 das Forstamt
4 der Laubwald
5 die Heide
6 der Sand
7 der Strandhafer
8 der Leuchtturm
9 die Wattengrenze
10 die Bake
11 die Tiefenlinien *f* (Isobathen)
12 die Eisenbahnfähre (das Trajekt)
13 das Feuerschiff
14 der Mischwald
15 das Buschwerk
16 die Autobahn mit Auffahrt *f*
17 die Bundesstraße (Fernverkehrsstraße)
18 die Wiese
19 die nasse Wiese
20 der Bruch (das Moor)
21 die Hauptstrecke (Hauptlinie, Hauptbahn)
22 die Bahnunterführung
23 die Nebenbahn
24 die Blockstelle
25 die Kleinbahn
26 der Planübergang
27 die Haltestelle
28 die Villenkolonie
29 der Pegel
30 die Straße III. Ordnung
31 die Windmühle
32 das Gradierwerk (die Saline)
33 der Funkturm
34 das Bergwerk
35 das verlassene Bergwerk
36 die Straße II. Ordnung
37 die Fabrik
38 der Schornstein
39 der Drahtzaun
40 die Straßenüberfahrt
41 der Bahnhof
42 die Bahnüberführung
43 der Fußweg
44 der Durchlaß
45 der schiffbare Strom
46 die Schiffbrücke
47 die Wagenfähre
48 die Steinmole
49 das Leuchtfeuer
50 die Steinbrücke
51 die Stadt
52 der Marktplatz
53 die große Kirche mit 2 Türmen *m*
54 das öffentliche Gebäude
55 die Straßenbrücke
56 die eiserne Brücke
57 der Kanal
58 die Kammerschleuse
59 die Landungsbrücke
60 die Personenfähre
61 die Kapelle
62 die Höhenlinien *f* (Isohypsen)
63 das Kloster
64 die weit sichtbare Kirche
65 der Weinberg
66 das Wehr
67 die Seilbahn
68 der Aussichtsturm
69 die Stauschleuse
70 der Tunnel
71 der trigonometr. Punkt
72 die Ruine
73 das Windrad
74 die Festung
75 das Altwasser
76 der Fluß
77 die Wassermühle
78 der Steg
79 der Teich
80 der Bach
81 der Wasserturm
82 die Quelle
83 die Straße I. Ordnung
84 der Hohlweg
85 die Höhle
86 der Kalkofen
87 der Steinbruch
88 die Tongrube
89 die Ziegelei
90 die Wirtschaftsbahn
91 der Landeplatz
92 das Denkmal
93 das Schlachtfeld
94 das Gut, eine Domäne
95 die Mauer
96 das Schloß
97 der Park
98 die Hecke
99 der unterhaltene Fahrweg
100 der Ziehbrunnen
101 der Einzelhof (Weiler, Einödhof)
102 der Feld- und Waldweg
103 die Kreisgrenze

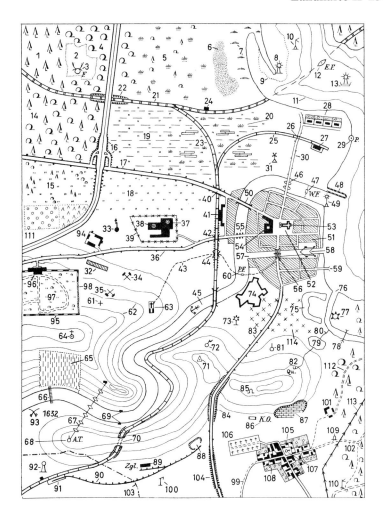

104 der Damm
105 das Dorf
106 der Friedhof
107 die Dorfkirche
108 der Obstgarten
109 der Meilenstein
110 der Wegweiser
111 die Baumschule

112 die Schneise
113 die Starkstromleitung
114 die Hopfenanpflanzung (der Hopfengarten)

16 Mensch I

1–54 der menschliche Körper (Leib)
1–18 der Kopf (das Haupt)
1 der Scheitel (Wirbel)
2 das Hinterhaupt
3 das Kopfhaar (Haar)
4–17 das Gesicht (Antlitz)
4 u. **5** die Stirn
4 der Stirnhöcker
5 der Stirnwulst
6 die Schläfe
7 das Auge
8 das Jochbein (Wangenbein, der Backenknochen)
9 die Wange (Kinnbacke, Backe)
10 die Nase
11 die Nasen-Lippen-Furche
12 das Philtrum (die Oberlippenrinne)
13 der Mund
14 der Mundwinkel
15 das Kinn
16 das Kinngrübchen (Grübchen)
17 die Kinnlade
18 das Ohr
19–21 der Hals
19 die Kehle (Gurgel)
20 *ugs.* die Drosselgrube
21 der Nacken (das Genick)
22–41 der Rumpf
22–25 der Rücken
22 die Schulter
23 das Schulterblatt
24 die Lende
25 das Kreuz
26 die Achsel (Achselhöhle, Achselgrube)
27 die Achselhaare *n*
28–30 die Brust (der Brustkorb)
28 u. **29** die Brüste (die Brust, Büste)
28 die Brustwarze
29 der Warzenhof
30 der Busen
31 die Taille
32 die Flanke (Weiche)
33 die Hüfte
34 der Nabel
35–37 der Bauch (das Abdomen)
35 der Oberbauch
36 der Mittelbauch
37 der Unterbauch (Unterleib)
38 die Leistenbeuge (Leiste)
39 die Scham
40 das Gesäß (die Gesäßbacke, *ugs.* Hinterbacke, das Hinterteil)
41 die Afterfurche
42 die Gesäßfalte

43–54 die Gliedmaßen *f* (Glieder *n*)
43–48 der Arm
43 der Oberarm
44 die Armbeuge
45 der Ellbogen (Ellenbogen)
46 der Unterarm
47 die Hand
48 die Faust
49–54 das Bein
49 der Oberschenkel
50 das Knie
51 die Kniekehle (Kniebeuge)
52 der Unterschenkel
53 die Wade
54 der Fuß

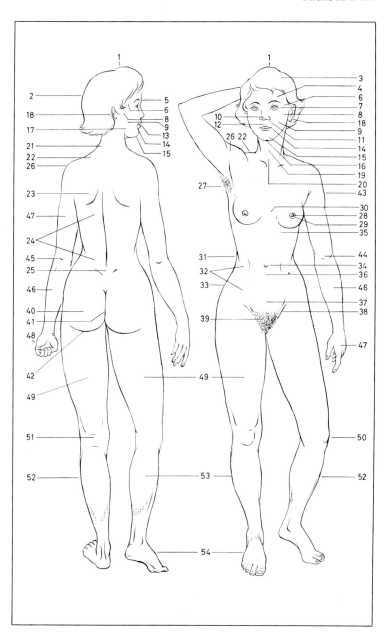

17 Mensch II

1–29 das Skelett (Knochengerüst,
  Geripppe, Gebein, die Knochen *m*)
1 der Schädel
2–5 die Wirbelsäule (das Rückgrat)
2 der Halswirbel
3 der Brustwirbel
4 der Lendenwirbel
5 das Steißbein
6 *u.* **7** der Schultergürtel
6 das Schlüsselbein
7 das Schulterblatt
8–11 der Brustkorb
8 das Brustbein
9 die echten Rippen *f* (wahren Rippen)
10 die falschen Rippen *f*
11 der Rippenknorpel
12–14 der Arm
12 das Oberarmbein (der
  Oberarmknochen)
13 die Speiche
14 die Elle
15–17 die Hand
15 der Handwurzelknochen
16 der Mittelhandknochen
17 der Fingerknochen (das Fingerglied)
18–21 das Becken
18 das Hüftbein
19 das Sitzbein
20 das Schambein
21 das Kreuzbein
22–25 das Bein
22 das Oberschenkelbein
23 die Kniescheibe
24 das Wadenbein
25 das Schienbein
26–29 der Fuß
26 die Fußwurzelknochen *m*
27 das Fersenbein
28 die Vorfußknochen *m*
29 die Zehenknochen *m*
30–41 der Schädel
30 das Stirnbein
31 das linke Scheitelbein
32 das Hinterhauptsbein
33 das Schläfenbein
34 der Gehörgang
35 das Unterkieferbein (der Unterkiefer)
36 das Oberkieferbein (der Oberkiefer)
37 das Jochbein
38 das Keilbein
39 das Siebbein
40 das Tränenbein
41 das Nasenbein

42–55 der Kopf [Schnitt]
42 das Großhirn
43 die Hirnanhangdrüse
44 der Balken
45 das Kleinhirn
46 die Brücke
47 das verlängerte Mark
48 das Rückenmark
49 die Speiseröhre
50 die Luftröhre
51 der Kehldeckel
52 die Zunge
53 die Nasenhöhle
54 die Keilbeinhöhle
55 die Stirnhöhle
**56–65 das Gleichgewichts- und
  Gehörorgan**
56–58 das äußere Ohr
56 die Ohrmuschel
57 das Ohrläppchen
58 der Gehörgang
59–61 das Mittelohr
59 das Trommelfell
60 die Paukenhöhle
61 die Gehörknöchelchen *n*: der Hammer,
  der Amboß, der Steigbügel
62–64 das innere Ohr
62 das Labyrinth
63 die Schnecke
64 der Gehörnerv
65 die Eustachische Röhre

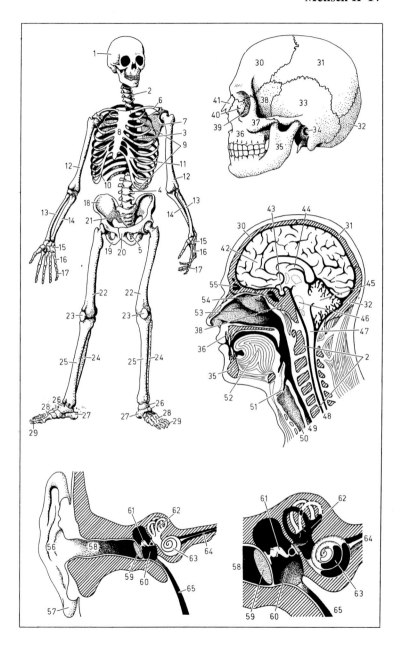

18 Mensch III

1–21 der Blutkreislauf
1 die Halsschlagader, eine Arterie
2 die Halsblutader, eine Vene
3 die Schläfenschlagader
4 die Schläfenvene
5 die Stirnschlagader
6 die Stirnvene
7 die Schlüsselbeinschlagader
8 die Schlüsselbeinvene
9 die obere Hohlvene
10 der Aortenbogen (die Aorta)
11 die Lungenschlagader [mit venösem Blut *n*]
12 die Lungenvene [mit arteriellem Blut *n*]
13 die Lungen *f*
14 das Herz
15 die untere Hohlvene
16 die Bauchaorta (absteigende Aorta)
17 die Hüftschlagader
18 die Hüftvene
19 die Schenkelschlagader
20 die Schienbeinschlagader
21 die Pulsschlagader
22–33 das Nervensystem
22 das Großhirn
23 das Zwischenhirn
24 das verlängerte Mark
25 das Rückenmark
26 die Brustnerven *m*
27 das Armgeflecht
28 der Speichennerv
29 der Ellennerv
30 der Hüftnerv (Beinnerv, Ischiasnerv) [hinten liegend]
31 der Schenkelnerv
32 der Schienbeinnerv
33 der Wadennerv
34–64 die Muskulatur
34 der Kopfhalter (Nicker)
35 der Schultermuskel (Deltamuskel)
36 der große Brustmuskel
37 der zweiköpfige Armmuskel (Bizeps)
38 der dreiköpfige Armmuskel (Trizeps)
39 der Armspeichenmuskel
40 der Speichenbeuger
41 die kurzen Daumenmuskeln *m*
42 der große Sägemuskel
43 der schräge Bauchmuskel
44 der gerade Bauchmuskel
45 der Schneidermuskel
46 der Unterschenkelstrecker
47 der Schienbeinmuskel
48 die Achillessehne
49 der Abzieher der großen Zehe, ein Fußmuskel *m*
50 die Hinterhauptmuskeln *m*
51 die Nackenmuskeln *m*
52 der Kapuzenmuskel (Kappenmuskel)
53 der Untergrätenmuskel
54 der kleine runde Armmuskel
55 der große rund Armmuskel
56 der lange Speichenstrecker
57 der gemeinsame Fingerstrecker
58 der Ellenbeuger
59 der breite Rückenmuskel
60 der große Gesäßmuskel
61 der zweiköpfige Unterschenkelbeuger
62 der Zwillingswadenmuskel
63 der gemeinsame Zehenstrecker
64 der lange Wadenbeinmuskel

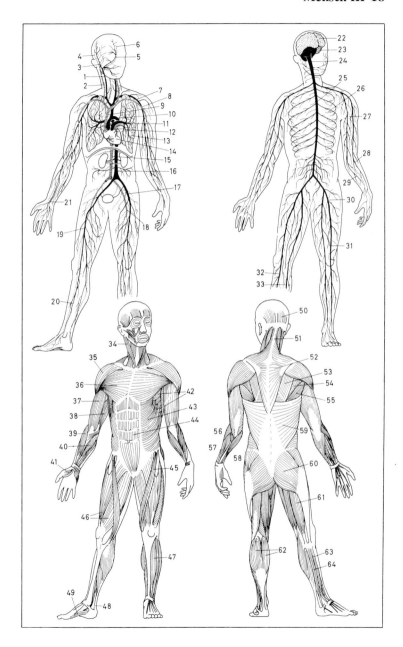

19 Mensch IV

1–13 der Kopf und der Hals
1 der Kopfhalter (Kopfnicker, Nicker)
2 der Hinterhauptmuskel
3 der Schläfenmuskel
4 der Stirnmuskel
5 der Ringmuskel des Auges n
6 mimische Gesichtsmuskeln m
7 der große Kaumuskel
8 der Ringmuskel des Mundes m
9 die Ohrspeicheldrüse
10 der Lymphknoten; falsch: die Lymphdrüse
11 die Unterkieferdrüse
12 die Halsmuskeln m
13 der Adamsapfel [nur beim Mann]
14–37 der Mund und der Rachen
14 die Oberlippe
15 das Zahnfleisch
16–18 das Gebiß
16 die Schneidezähne m
17 der Eckzahn
18 die Backenzähne m
19 der Mundwinkel
20 der harte Gaumen
21 der weiche Gaumen (das Gaumensegel)
22 das Zäpfchen
23 die Gaumenmandel (Mandel)
24 die Rachenhöhle (der Rachen)
25 die Zunge
26 die Unterlippe
27 der Oberkiefer
28–37 der Zahn
28 die Wurzelhaut
29 der Zement
30 der Zahnschmelz
31 das Zahnbein
32 das Zahnmark (die Pulpa)
33 die Nerven m und Blutgefäße n
34 der Schneidezahn
35 der Backenzahn
36 die Wurzel
37 die Krone
38–51 das Auge
38 die Augenbraue
39 das Oberlid
40 das Unterlid
41 die Wimper
42 die Iris (Regenbogenhaut)
43 die Pupille
44 die Augenmuskeln m
45 der Augapfel
46 der Glaskörper
47 die Hornhaut
48 die Linse
49 die Netzhaut
50 der blinde Fleck
51 der Sehnerv
52–63 der Fuß
52 die große Zehe (der große Zeh)
53 die zweite Zehe
54 die Mittelzehe
55 die vierte Zehe
56 die kleine Zehe
57 der Zehennagel
58 der Ballen
59 der Wadenbeinknöchel (Knöchel)
60 der Schienbeinknöchel
61 der Fußrücken (Spann, Rist)
62 die Fußsohle
63 die Ferse (Hacke, der Hacken)
64–83 die Hand
64 der Daumen
65 der Zeigefinger
66 der Mittelfinger
67 der Ringfinger
68 der kleine Finger
69 der Speichenrand
70 der Ellenrand
71 der Handteller (die Hohlhand)
72–74 die Handlinien f
72 die Lebenslinie
73 die Kopflinie
74 die Herzlinie
75 der Daumenballen
76 das Handgelenk (die Handwurzel)
77 das Fingerglied
78 die Fingerbeere
79 die Fingerspitze
80 der Fingernagel (Nagel)
81 das Möndchen
82 der Knöchel
83 der Handrücken

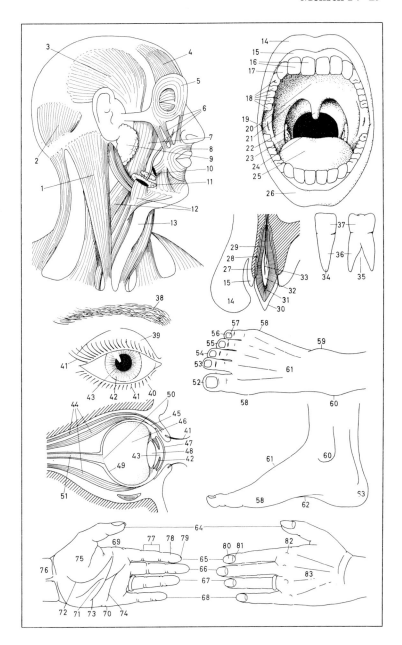

20 Mensch V

1–57 die inneren Organe n [von vorn]
1 die Schilddrüse
2 u. 3 der Kehlkopf
2 das Zungenbein
3 der Schildknorpel
4 die Luftröhre
5 der Luftröhrenast (die Bronchie)
6 u. 7 die Lunge
6 der rechte Lungenflügel
7 der obere Lungenlappen [Schnitt]
8 das Herz
9 das Zwerchfell
10 die Leber
11 die Gallenblase
12 die Milz
13 der Magen
14–22 der Darm
14–16 der Dünndarm
14 der Zwölffingerdarm
15 der Leerdarm
16 der Krummdarm
17–22 der Dickdarm
17 der Blinddarm
18 der Wurmfortsatz
19 der aufsteigende Grimmdarm
20 der querliegende Grimmdarm
21 der absteigende Grimmdarm
22 der Mastdarm
23 die Speiseröhre
24 u. 25 das Herz
24 das Herzohr
25 die vordere Längsfurche
26 das Zwerchfell
27 die Milz
28 die rechte Niere
29 die Nebenniere
30 u. 31 die linke Niere [Längsschnitt]
30 der Nierenkelch
31 das Nierenbecken
32 der Harnleiter
33 die Harnblase
34 u. 35 die Leber [hochgeklappt]
34 das Lederband
35 der Leberlappen
36 die Gallenblase
37 u. 38 der gemeinsame Gallengang
37 der Lebergang
38 der Gallenblasengang
39 die Pfortader
40 die Speiseröhre
41 u. 42 der Magen
41 der Magenmund
42 der Pförtner
43 der Zwölffingerdarm
44 die Bauchspeicheldrüse
45–57 das Herz [Längsschnitt]
45 der Vorhof
46 u. 47 die Herzklappen f
46 die dreizipflige Klappe
47 die Mitralklappe
48 das Segel
49 die Aortenklappe
50 die Pulmonalklappe
51 die Herzkammer
52 die Kammerscheidewand
53 die obere Hohlvene
54 die Aorta
55 die Lungenschlagader
56 die Lungenvene
57 die untere Hohlvene
58 das Bauchfell
59 das Kreuzbein
60 das Steißbein
61 der Mastdarm
62 der After
63 der Schließmuskel
64 der Damm
65 die Schambeinfuge
66–77 die männl. Geschlechtsorgane n
[Längsschnitt]
66 das männliche Glied
67 der Schwellkörper
68 die Harnröhre
69 die Eichel
70 die Vorhaut
71 der Hodensack
72 der rechte Hoden
73 der Nebenhoden
74 der Samenleiter
75 die Cowper-Drüse
76 die Vorsteherdrüse
77 die Samenblase
78 die Harnblase
79–88 die weibl. Geschlechtsorgane n
[Längsschnitt]
79 die Gebärmutter
80 die Gebärmutterhöhle
81 der Eileiter
82 die Fimbrien
83 der Eierstock
84 das Follikel mit dem Ei n
85 der äußere Muttermund
86 die Scheide
87 die Schamlippe
88 der Kitzler

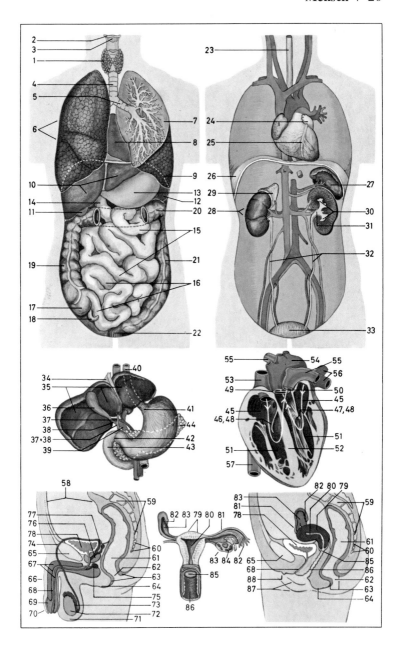

21 Erste Hilfe (Unfallhilfe)

1–13 Notverbände *m*
1 der Armverband
2 das Dreiecktuch als Armtragetuch *n*
  (Armschlinge *f*)
3 der Kopfverband
4 das Verbandspäckchen
5 der Schnellverband
6 die keimfreie Mullauflage
7 das Heftpflaster
8 die Wunde
9 die Mullbinde
10 der behelfsmäßige Stützverband eines
  gebrochenen Gliedes *n*
11 das gebrochene Bein
12 die Schiene
13 das Kopfpolster
14–17 Maßnahmen *f* **zur Blutstillung** (die
  Unterbindung eines Blutgefäßes *n*)
14 die Abdrückstellen *f* der Schlagadern *f*
15 die Notaderpresse am Oberschenkel *m*
16 der Stock als Knebel *m* (Drehgriff)
17 der Druckverband
**18–23 die Bergung und Beförderung
  eines Verletzten** *m* (Verunglückten)
18 der Rautek-Griff (zur Bergung eines
  Verletzten *m* aus einem Unfallfahrzeug
  n)
19 der Helfer
20 der Verletzte (Verunglückte)
21 der Kreuzgriff
22 der Tragegriff
23 die Behelfstrage aus Stöcken *m* und
  einer Jacke
24–27 die Lagerung Bewußtloser *m* **und
  die künstliche Atmung**
  (Wiederbelebung)
24 die stabile Seitenlage (Nato-Lage)
25 der Bewußtlose
26 die Mund-zu-Mund-Beatmung (*Abart*:
  Mund-zu-Nase-Beatmung)
27 die Elektrolunge, ein
  Wiederbelebungsapparat *m*, ein
  Atemgerät *n*
28–33 die Rettung bei Eisunfällen *m*
28 der im Eis *n* Eingebrochene
29 der Retter
30 das Seil
31 der Tisch (o. ä. Hilfsmittel *n*)
32 die Leiter
33 die Selbstrettung
34–38 die Rettung Ertrinkender *m*
34 der Befreiungsgriff bei
  Umklammerung *f*

35 der Ertrinkende
36 der Rettungsschwimmer
37 der Achselgriff, ein Transportgriff *m*
38 der Hüftgriff

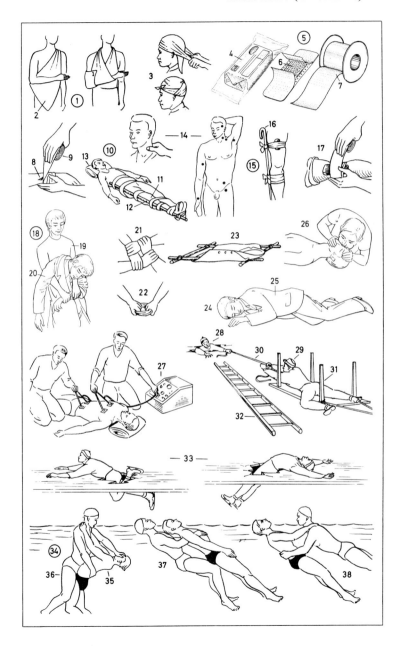

1–74 die Praxis für Allgemeinmedizin *f*
1 der Warteraum (das Wartezimmer)
2 der Patient
3 die (zur Routineuntersuchung oder Rezepterneuerung) vorbestellten Patienten *m*
4 die ausgelegten Zeitschriften *f*
5 die Annahme (Aufnahme, Rezeption)
6 die Patientenkartei
7 die ausgeschiedenen Karteikarten *f*
8 die Patientenkarte (das Krankenblatt)
9 der Krankenschein
10 der Werbekalender
11 das Vorbestellbuch
12 der Schriftverkehrsordner
13 der automatische Telefonanrufbeantworter und -aufzeichner
14 das Funksprechgerät
15 das Mikrophon
16 die Schautafel
17 der Wandkalender
18 das Telefon
19 die Arzthelferin
20 das Rezept
21 der Telefonblock
22 das medizinische Wörterbuch
23 die „Rote Liste" der zugelassenen Arzneimittel *n*
24 der Postfreistempler
25 der Drahthefter
26 die Diabetikerkartei
27 das Diktiergerät
28 der Locher
29 der Arztstempel
30 das Stempelkissen
31 der Schreibstiftebehälter
32–74 der Behandlungsraum
32 die Augenhintergrundstafel
33 die Arzttasche
34 das Raumsprechgerät, ein Gegensprechgerät *n*
35 der Medikamentenschrank
36 der Tupferspender
37 die Luftdusche (der Politzer-Ballon)
38 das Elektrotom
39 der Dampfsterilisator
40 das Wandschränkchen
41 die Ärztemuster *n*
42 die Babywaage

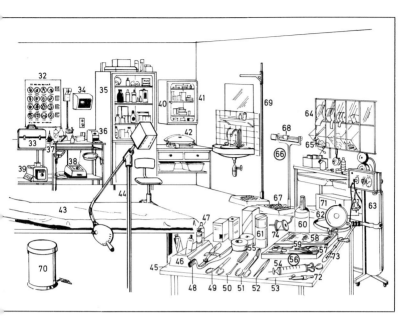

43 die Untersuchungsliege
44 der Beleuchtungsstrahler
45 der Verbandstisch
46 der Tubenständer
47 die Salbentube
48–50 die Behandlungsinstrumente *n* **für
die kleine Chirurgie**
48 der Mundsperrer
49 die Kocher-Klemme
50 der scharfe Löffel
51 die gekröpfte Schere
52 die Pinzette
53 die Knopfsonde
54 die Spritze für Spülungen von Ohr *n*
oder Blase *f*
55 das Heftpflaster
56 das chirurgische Nahtmaterial
57 die gebogene chirurgische Nadel
58 die sterile Gaze
59 der Nadelhalter
60 die Sprühdose zur Hautdesinfektion
61 der Fadenbehälter
62 der Augenspiegel
63 das Vereisungsgerät für
kryochirurgische Eingriffe *m*

64 der Pflaster- und Kleinteilespender
65 die Einmalinjektionsnadeln *f* und
-spritzen *f*
66 die Personenwaage, eine
Laufgewichtswaage
67 die Wiegeplattform
68 das Laufgewicht
69 der Körpergrößenmesser
70 der Abfalleimer
71 der Heißluftsterilisator
72 die Pipette
73 der Reflexhammer
74 der Ohrenspiegel

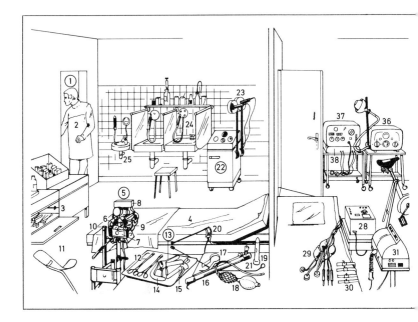

1 das Sprechzimmer
(Konsultationszimmer)
2 der Arzt für Allgemeinmedizin f (der
Allgemeinmediziner; *früh.:* der
praktische Arzt)
**3–21 gynäkologische und proktologische
Untersuchungsinstrumente** n
3 die Vorwärmung der Instrumente n auf
Körpertemperatur f
4 die Untersuchungsliege
5 das Kolposkop
6 der binokulare Einblick
7 die Kleinbildkamera
8 die Kaltlichtbeleuchtung
9 der Drahtauslöser
10 die Öse für den Beinhalter
11 der Beinhalter (Beinkloben)
12 die Kornzangen f (Tupferhalter m)
13 das Scheidenspekulum (der
Scheidenspiegel)
14 das untere Blatt des Scheidenspiegels
m
15 die Platinöse (für Abstriche m)
16 das Rektoskop
17 die Biopsiezange für das Rektoskop

18 der Luftinsufflator für die Rektoskopie
19 das Proktoskop
20 der Harnröhrenkatheter (Urethroskop)
21 das Führungsgerät für das Proktoskop
22 das Diathermiegerät (Kurzwellengerät,
Kurzwellenbestrahlungsgerät)
23 der Radiator
24 die Inhaliereinrichtung
25 das Spülbecken (für Auswurf m)
26–31 die Ergometrie
26 das Fahrradergometer
27 der Monitor (die Leuchtbildanzeige
des EKG n und der Puls- und
Atemfrequenz während der Belastung)
28 das EKG-Gerät (der
Elektrokardiograph)
29 die Saugelektroden f
30 die Anschnallelektroden f zur
Ableitung von den Gliedmaßen f
31 das Spirometer (zur Messung der
Atemfunktionen f)
32 die Blutdruckmessung
33 der Blutdruckmesser
34 die Luftmanschette
35 das Stethoskop (Hörrohr)

36 das Mikrowellengerät für
   Bestrahlungen *f*
37 das Faradisiergerät (Anwendung *f*
   niederfrequenter Ströme *m* mit
   verschiedenen Impulsformen *f*)
38 das automatische Abstimmungsgerät
39 das Kurzwellengerät mit Monode *f*
40 der Kurzzeitmesser
41–59 **das Labor** (Laboratorium)
41 die medizinisch-technische Assistentin
   (MTA)
42 der Kapillarständer für die
   Blutsenkung
43 der Meßzylinder
44 die automatische Pipette
45 die Nierenschale
46 das tragbare EKG-Gerät für den
   Notfalleinsatz
47 das automatische Pipettiergerät
48 das thermokonstante Wasserbad
49 der Wasseranschluß mit
   Wasserstrahlpumpe *f*
50 die Färbeschale (für die Färbung der
   Blutausstriche *m*, Sedimente *n* und
   Abstriche *m*)

51 das binokulare Forschungsmikroskop
52 der Pipettenständer für die
   Photometrie
53 das Rechen- und Auswertegerät für die
   Photometrie
54 das Photometer
55 der Kompensationsschreiber
56 die Transformationsstufe
57 das Laborgerät
58 die Harnsedimentstafel
59 die Zentrifuge

24 Zahnarzt

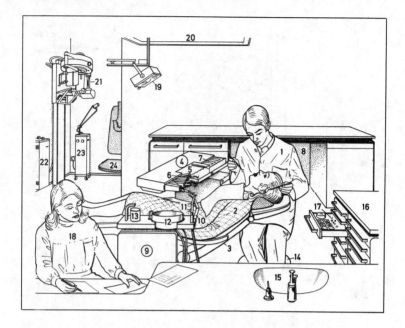

1 der Zahnarzt
2 der Patient
3 der Patientenstuhl (Behandlungsstuhl)
4 das Zahnarztgerät
5 der Behandlungstray
6 die Bohrinstrumente *n* mit
  verschiedenen Handstücken *n*
7 die Medikamentenkassette
8 die Garage (für das Zahnarztgerät)
9 die Helferineinheit
10 die Mehrfachfunktionsspritze (für
   kaltes und warmes Wasser, Spray *m*
   oder Luft *f*)
11 die Absauganlage
12 das Speibecken
13 das Wasserglas mit automatischer
   Füllung
14 der Arbeitssessel
15 das Waschbecken
16 der Instrumentenschrank
17 das Bohrerfach
18 die Zahnarzthelferin
19 die Behandlungslampe
20 die Deckenleuchte

21 das Röntgengerät für
   Panoramaaufnahmen *f*
22 der Röntgengenerator
23 das Mikrowellengerät, ein
   Bestrahlungsgerät *n*
24 der Sitzplatz
25 die Zahnprothese (der Zahnersatz, das
   künstliche Gebiß)
26 die Brücke (Zahnbrücke)
27 der zurechtgeschliffene Zahnstumpf
28 die Krone (*Arten:* Goldkrone,
   Jacketkrone)
29 der Porzellanzahn
30 die Füllung (Zahnfüllung, *veralt.:*
   Plombe)
31 der Stiftzahn (Ringstiftzahn)
32 die Facette
33 der Ring
34 der Stift
35 die Carborundscheibe
36 die Schmirgelscheibe
37 Kavitätenbohrer *m*
38 der Finierer (flammenförmige Bohrer)
39 Spaltbohrer *m* (Fissurenbohrer)

40 der Diamantschleifer
41 der Mundspiegel
42 die Mundleuchte
43 der Thermokauter (Kauter)
44 die Platin-Iridium-Elektrode
45 Zahnreinigungsinstrumente *n*
46 die Sonde
47 die Extraktionszange
48 der Wurzelheber (Stößel)
49 der Knochenmeißel
50 der Spatel
51 das Füllungsmischgerät
52 die Synchronzeitschaltuhr
53 die Injektionsspritze zur
Anästhesierung (Nervbetäubung)
54 die Injektionsnadel
55 der Matrizenspanner
56 der Abdrucklöffel
57 die Spiritusflamme

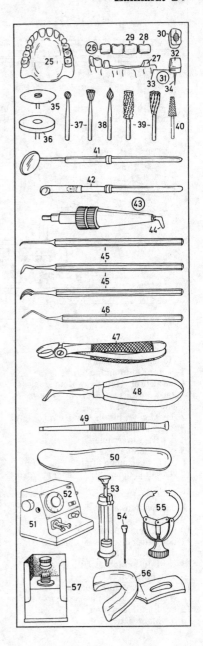

25 Krankenhaus I

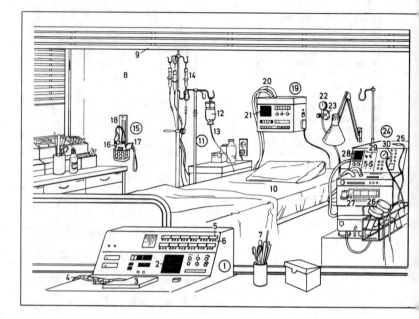

1–30 die Intensivstation
(Intensivpflegestation)
1–9 der Kontrollraum
1 die zentrale Herzüberwachungsanlage
   zur Kontrolle von Herzrhythmus *m*
   und Blutdruck *m*
2 der Monitor für die Herzstromkurve
3 das Schreibgerät
4 das Registrierpapier
5 die Patientenkarte
6 die Signallampen *f* (mit
   Anwahlknöpfen *n* für jeden Patienten
   m)
7 der Spatel
8 das Sichtfenster
9 die Trennjalousie
10 das Patientenbett
11 der Infusionsgeräteständer
12 die Infusionsflasche
13 der Infusionsschlauch für
   Tropfinfusionen *f*
14 die Infusionseinrichtung für
   wasserlösliche Medikamente *n*
15 der Blutdruckmesser
16 die Manschette

17 der Aufblasballon
18 das Quecksilbermanometer
19 das Bettmonitorgerät
20 das Verbindungskabel zur zentralen
   Überwachungsanlage
21 der Monitor für die Herzstromkurve
22 das Manometer für die
   Sauerstoffzufuhr
23 der Wandanschluß für die
   Sauerstoffbeatmung
24 die fahrbare
   Patientenüberwachungseinheit
25 das Elektrodenkabel zum passageren
   Schrittmacher *m*
26 die Elektroden *f* zur
   Elektroschockbehandlung
27 die EKG-Registriereinheit
28 der Monitor zur Überwachung der
   Herzstromkurve
29 die Bedienungsknöpfe *m* für die
   Einstellung des Monitors *m*
30 die Bedienungsknöpfe *m* für die
   Schrittmachereinheit

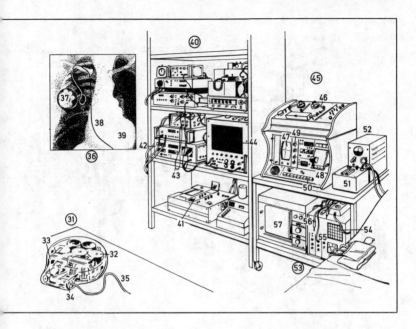

31 der Herzschrittmacher
32 die Quecksilberbatterie
33 der programmierbare Taktgeber
34 der Elektrodenausgang
35 die Elektrode
36 die Herzschrittmacherimplantation
37 der intrakorporale Herzschrittmacher (Schrittmacher)
38 die transvenös geführte Elektrode
39 die Herzsilhouette im Röntgenbild *n*
40 die Anlage zur Schrittmacherkontrolle
41 der EKG-Schreiber
42 der automatische Impulsmesser
43 das Verbindungskabel (EKG-Kabel) zum Patienten *m*
44 der Monitor zur optischen Kontrolle der Schrittmacherimpulse *m*
45 der EKG-Langzeitanalysator
46 das Magnetband zur Aufnahme der EKG-Impulse *m* bei der Analyse
47 der Monitor zur EKG-Kontrolle
48 die automatische EKG-Rhythmusanalyse auf Papier *n*
49 die Einstellung der EKG-Amplitudenhöhe

50 die Programmwahl für die EKG-Analyse
51 das Ladegerät für die Antriebsbatterien *f* des Patientengerätes *n*
52 das Prüfgerät für die Batterien *f*
53 das Druckmeßgerät für den Rechtsherzkatheter
54 der Monitor zur Kurvenkontrolle
55 der Druckanzeiger
56 das Verbindungskabel zum Papierschreiber *m*
57 der Papierschreiber für die Druckkurven *f*

26 Krankenhaus II

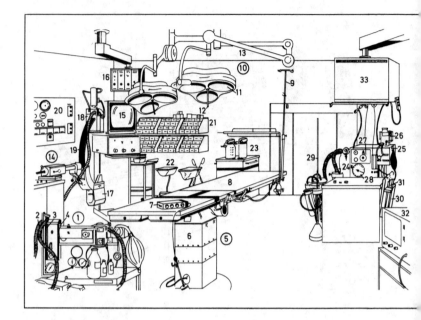

**1–54 die chirurgische Abteilung
(chirurgische Klinik)**
1–33 der Operationssaal (OP-Saal)
1 der Narkose- und
  Dauerbeatmungsapparat
2 die Inhalationsschläuche *m*
3 der Durchflußmesser für Lachgas *n*
  (Distickstoffoxid, Stickstoffoxydul)
4 der Durchflußmesser für Sauerstoff *m*
5 der aufgeständerte Operationstisch
  (OP-Tisch)
6 die Tischsäule
7 das Steuergerät
8 die verstellbare Operationstischfläche
9 der Ständer für Tropfinfusionen *f*
10 die schwenkbare schattenfreie
   Operationsleuchte (OP-Lampe)
11 das Leuchtelement
12 der Handgriff
13 der Schwenkarm
14 der fahrbare
   Röntgendurchleuchtungsapparat
15 der Bildwandlermonitor
16 der Monitor [Rückseite]
17 die Röhreneinheit

18 die Bildwandlereinheit
19 der C-Bogen
20 die Schalttafel der Klimaanlage
21 das chirurgische Nahtmaterial
22 der fahrbare Abfallbehälter
23 die Behälter *m* mit unsterilen
   Kompressen *f*
24 das Narkose- und
   Dauerbeatmungsgerät
25 der Respirator
26 der Fluothane-(Halothan-)Behälter
27 die Ventilationseinstellung
28 die Registriertafel mit Zeiger *m* für das
   Atemvolumen
29 das Stativ mit Inhalationsschläuchen *m*
   und Druckmessern *m*
30 der Katheterbehälter
31 der steril verpackte Katheter
32 der Pulsschreiber (Sphygmograph)
33 der Monitor

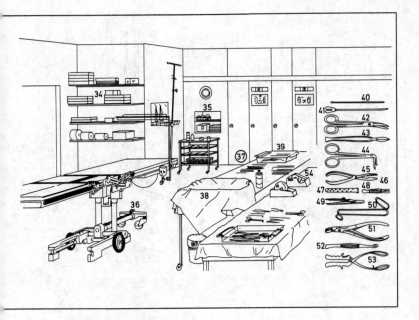

34–54 der Vorbereitungs- und Sterilisierraum

34 das Verbandsmaterial
35 der Kleinsterilisator
36 das Operationstischfahrgestell
37 der fahrbare Instrumententisch
38 das sterile Tuch
39 der Instrumentenkorb

40–53 die chirurgischen Instrumente *n*

40 die Knopfsonde
41 die Hohlsonde
42 die gebogene Schere
43 das Skalpell
44 der Ligaturführer
45 die Sequesterzange
46 die Branche
47 das Dränrohr (Dränagerohr)
48 die Aderpresse (Aderklemme)
49 die Arterienpinzette
50 der Wundhaken
51 die Knochenzange
52 der scharfe Löffel (die Kürette) für die Ausschabung (Kürettage)
53 die Geburtszange
54 die Heftpflasterrolle

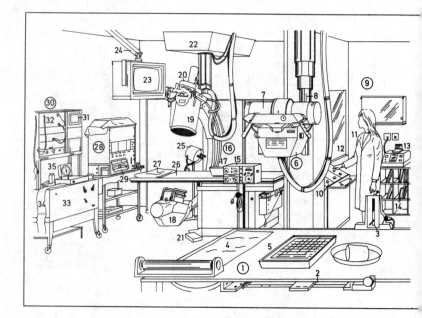

1–35 die Röntgenstation
1 der Röntgenuntersuchungstisch
2 die Röntgenkassettenhalterung
3 die Höheneinstellung für den
   Zentralstrahl bei Seitaufnahmen *f*
4 die Kompresse bei Nieren- und
   Gallenaufnahmen *f*
5 die Instrumentenschale
6 die Röntgeneinrichtung zur Aufnahme
   von Nierenkontrastdarstellungen *f*
7 die Röntgenröhre
8 das ausfahrbare Röntgenstativ
9 die zentrale Röntgenschaltstelle
10 das Schaltpult
11 die Röntgenassistentin
12 das Blickfenster zum Angioraum *m*
   (Angiographieraum)
13 das Oxymeter
14 die Kassetten *f* für Nierenaufnahmen *f*
15 das Druckspritzengerät für
   Kontrastmittelinjektionen *f*
16 das Röntgenbildverstärkergerät
17 der C-Bogen
18 der Röntgenkopf mit der
   Röntgenröhre
19 der Bildwandler mit der
   Bildwandlerröhre
20 die Filmkamera
21 der Fußschalter
22 die fahrbare Halterung
23 der Monitor
24 der schwenkbare Monitorarm
25 die Operationslampe (OP-Lampe)
26 der angiographische
   Untersuchungstisch
27 das Kopfkissen
28 der Acht-Kanal-Schreiber
29 das Registrierpapier
30 der Kathetermeßplatz für die
   Herzkatheterisierung
31 der Sechs-Kanal-Monitor für
   Druckkurven *f* und EKG *n*
32 die Druckwandlereinschübe *m*
33 die Papierregistriereinheit mit
   Entwickler *m* für die Fotoregistrierung
34 das Registrierpapier
35 der Kurzzeitmesser

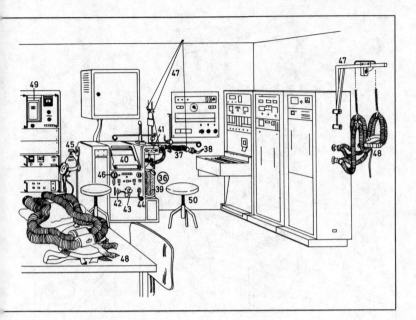

36–50 Spirometrie *f*

36 der Spirograph, für die
Lungenfunktionsprüfung
37 der Atemschlauch
38 das Mundstück
39 der Natronkalkabsorber
40 das Registrierpapier
41 die Gasversorgungsregulierung
42 der O_2-Stabilisator
43 die Drosselklappe
44 die Absorberzuschaltung
45 die Sauerstoffflasche
46 die Wasserversorgung
47 die Schlauchhalterung
48 die Gesichtsmaske
49 der Meßplatz für den CO_2-Verbrauch
50 der Patientenhocker

28 Säuglingspflege und Babyausstattung

1 das Kinderreisebett
2 die Babywippe
3 die Säuglingsbadewanne
4 der Wickeltischaufsatz
5 der Säugling (das Baby, Wickelkind)
6 die Mutter
7 die Haarbürste
8 der Kamm
9 das Handtuch
10 die Schwimmente
11 die Wickelkommode
12 der Beißring
13 die Cremedose
14 der Puderstreuer
15 der Lutscher (Schnuller)
16 der Ball
17 der Babyschlafsack
18 die Pflegebox (Babybox)
19 die Milchflasche
20 der Sauger
21 die Warmhaltebox (Flaschenbox)
22 die Windelhose für Wegwerfwindeln f
23 das Kinderhemdchen
24 die Strampelhose
25 das Babyjäckchen

26 das Häubchen
27 die Kindertasse
28 der Kinderteller, ein Warmhalteteller
   m
29 das Thermometer

30 der Stubenwagen, ein Korbwagen *m*
31 die Stubenwagengarnitur
32 der Baldachin
33 der Kinderstuhl, ein Klappstuhl *m*
34 der Sichtfensterkinderwagen
35 das zurückklappbare Verdeck
36 das Sichtfenster
37 der Sportwagen
38 der Fußsack
39 der Laufstall (das Laufställchen,
   Ställchen)
40 der Laufstallboden
41 die Bauklötze *m*
42 das Kleinkind
43 das Lätzchen
44 der Rasselring
45 die Babyschuhe
46 der Teddybär
47 das Töpfchen (der Topf)
48 die Babytragetasche
49 das Sichtfenster
50 die Haltegriffe *n*

29 Kinderkleidung

1–12 die Babykleidung
1 die Ausfahrgarnitur
2 das Mützchen
3 das Ausfahrjäckchen
4 der Pompon (Bommel)
5 die Babyschuhe *m*
6 das Achselhemdchen
7 das Schlupfhemdchen
8 das Flügelhemdchen
9 das Babyjäckchen
10 das Windelhöschen
11 das Strampelhöschen (der Babystrampler)
12 der zweiteilige Babydress
13–30 die Kleinkinderkleidung
13 das Sommerkleidchen, ein Trägerkleidchen *n*
14 der Flügelärmel
15 das gesmokte Oberteil
16 der Sommerhut (Sonnenhut)
17 der einteilige Jerseyanzug
18 der Vorderreißverschluß
19 der Overall
20 die Applikation
21 das Spielhöschen
22 der Spielanzug
23 der Schlaf- und Strampelanzug
24 der Bademantel
25 die Kindershorts *pl*
26 die Hosenträger *m*
27 das Kinder-T-Shirt
28 das Jerseykleidchen (Strickkleidchen)
29 die Stickerei
30 die Kindersöckchen *n*
31–47 die Schulkinderkleidung
31 der Regenmantel (Lodenmantel)
32 die Lederhose (Lederhosen *pl*)
33 der Hirschhornknopf
34 die Lederhosenträger *m*
35 der Hosenlatz
36 das Kinderdirndl
37 die Zierkordel (Zierverschnürung)
38 der Schneeanzug (Steppanzug)
39 die Steppnaht
40 die Latzhose
41 der Latzrock
42 die Strumpfhose
43 der Nickipulli (Nicki)
44 das Teddyjäckchen
45 die Gamaschenhose
46 der Mädchenrock
47 der Kinderpulli

48–68 die Teenagerkleidung
48 die Mädchenüberziehbluse
49 die Mädchenhose
50 das Mädchenkostüm
51 die Kostümjacke
52 der Kostümrock
53 die Kniestrümpfe *m*
54 der Mädchenmantel
55 der Mantelgürtel
56 die Mädchentasche
57 die Wollmütze
58 die Mädchenbluse
59 der Hosenrock
60 die Knabenhose
61 das Knabenhemd
62 der Anorak
63 die angeschnittenen Taschen *f*
64 das Kapuzenband
65 der Strickbund
66 der Wetterparka
67 der Durchziehgürtel
68 die aufgesetzten Taschen *f*

30 Damenkleidung I (Winterkleidung)

1 das Nerzjäckchen
2 der Rollkragenpullover
3 der halsferne Rollkragen
4 der Überziehpullover
5 der Umschlagkragen
6 der Umschlagärmel
7 der Rolli (Unterziehrolli)
8 der Kleiderrock
9 die Reversbluse
10 das Hemdblusenkleid, ein
   durchgeknöpftes Kleid
11 der Kleidergürtel
12 das Winterkleid
13 die (der) Paspel
14 die Manschette
15 der lange Ärmel
16 die Steppweste (wattierte Steppweste)
17 die Steppnaht
18 der Lederbesatz
19 die lange Winterhose
20 der Ringelpulli
21 die Latzhose
22 die aufgesetzte Tasche
23 die Brusttasche
24 der Latz
25 das Wickelkleid
26 die Polobluse
27 das Folklorekleid
28 die Blümchenborte
29 die Tunika (Tunique, das Tunikakleid)
30 der Armbund
31 das aufgesteppte Muster
32 der Plisseerock
33 das zweiteilige Strickkleid
34 der Bootsausschnitt, ein Halsausschnitt
   m
35 der Ärmelaufschlag
36 der angeschnittene Ärmel
37 das eingestrickte Muster
38 der Lumber
39 das Zopfmuster
40 die Hemdbluse (Hemdenbluse, Bluse)
41 der Schlaufenverschluß
42 die Stickerei
43 der Stehkragen
44 die Stiefelhose
45 das Kasackkleid
46 die Schleife
47 die Blende
48 der Ärmelschlitz
49 der Seitenschlitz
50 das Chasuble
51 der Seitenschlitzrock

52 der Untertritt
53 das Abendkleid
54 der plissierte Trompetenärmel
55 die Partybluse
56 der Partyrock
57 der Hosenanzug
58 die Wildlederjacke
59 der Pelzbesatz
60 der Pelzmantel (*Arten*: Persianer *m*,
   Breitschwanz, Nerz, Zobel)
61 der Wintermantel (Tuchmantel)
62 der Ärmelpelzbesatz
63 der Pelzkragen
64 der Lodenmantel
65 die Pelerine
66 die Knebelknöpfe *m*
67 der Lodenrock
68 das Ponchocape
69 die Kapuze

31 Damenkleidung II (Sommerkleidung)

1 das Kostüm
2 die Kostümjacke
3 der Kostümrock
4 die angeschnittene Tasche
5 die Ziernaht
6 das Jackenkleid
7 die Paspel
8 das Trägerkleid
9 das Sommerkleid
10 der Gürtel (Kleidergürtel)
11 das zweiteilige Kleid
12 die Gürtelschnalle
13 der Wickelrock
14 die Tubenlinie
15 die Schulterknöpfe *m*
16 der Fledermausärmel
17 das Overdresskleid
18 die Kimonopasse
19 der Bindegürtel
20 der Sommermantel
21 die abknöpfbare Kapuze
22 die Sommerbluse
23 der Revers
24 der Rock
25 die Vorderfalte
26 das Dirndl (Dirndlkleid)
27 der Puffärmel
28 der Dirndlschmuck
29 die Dirndlbluse
30 das Mieder
31 die Dirndlschürze
32 der Spitzenbesatz (die Spitze), eine
   Baumwollspitze
33 die Rüschenschürze
34 die Rüsche
35 der Kasack
36 das Hauskleid
37 die Popelinejacke
38 das T-Shirt
39 die Damenshorts *pl*
40 der Hosenaufschlag
41 der Gürtelbund
42 der Blouson
43 der Stretchbund
44 die Bermudas *pl*
45 die Steppnaht
46 der Rüschenkragen
47 der Knoten
48 der Hosenrock
49 das Twinset
50 die Strickjacke
51 der Pulli
52 die Sommerhose

53 der Overall
54 der Ärmelaufschlag
55 der Reißverschluß
56 die aufgesetzte Tasche
57 das Nickituch
58 der Jeansanzug
59 die Jeansweste
60 die Jeans *pl* (Blue Jeans)
61 die Schlupfbluse
62 der Krempelärmel
63 der Stretchgürtel
64 das rückenfreie T-Shirt
65 der Kasackpullover
66 der Tunnelgürtel
67 der Sommerpulli
68 der V-Ausschnitt
69 der Umlegekragen
70 der Strickbund
71 das Schultertuch (Dreiecktuch)

32 Wäsche, Nachtkleidung

1–15 die Damenunterkleidung
(Damenunterwäsche, Damenwäsche,
schweiz. die Dessous *n*)
1 der Büstenhalter (BH)
2 die Miederhose
3 das Hosenkorselett
4 der Longline-Büstenhalter (lange BH)
5 der Elastikschlüpfer
6 der Strumpfhalter
7 das Unterhemd
8 das Hosenhöschen in Slipform *f*
9 der Damenkniestrumpf
10 der Schlankformschlüpfer
11 die lange Unterhose
12 die Strumpfhose
13 der Unterrock
14 der Halbrock
15 der Slip
16–21 die Damennachtkleidung
16 das Nachthemd
17 der zweiteilige Hausanzug
(Schlafanzug)
18 das Oberteil
19 die Hose
20 der Haus- und Bademantel
21 der Schlaf- und Freizeitanzug
22–29 die Herrenunterwäsche
(Herrenunterkleidung, Herrenwäsche)
22 das Netzhemd (die Netzunterjacke)
23 der Netzslip
24 der Deckverschluß
25 die Unterjacke ohne Ärmel *m*
26 der Slip
27 der Schlüpfer
28 die Unterjacke mit halben Ärmeln *m*
29 die Unterhose mit langen Beinen *n*
30 der Hosenträger
31 der Hosenträgerklipp
32–34 Herrensocken *f*
32 die knielange Socke
33 der elastische Sockenrand
34 die wadenlange Socke
35–37 die Herrennachtkleidung
35 der Morgenmantel
36 der Langform-Schlafanzug
37 das Schlafhemd

38–47 Herrenhemden *n*
38 das Freizeithemd
39 der Gürtel
40 das Halstuch
41 die Krawatte
42 der Krawattenknoten
43 das Smokinghemd
44 die Rüschen *f* (der Rüschenbesatz)
45 die Manschette
46 der Manschettenknopf
47 die Smokingschleife (Fliege)

33 Herrenkleidung (Männerkleidung)

1–67 die Herrenmode
1 der Einreiher, ein Herrenanzug *m*
2 die Jacke (der Rock, das Jackett)
3 die Anzughose
4 die Weste
5 der Aufschlag (Revers)
6 das Hosenbein mit Bügelfalte
7 der Smoking, ein Abendanzug
8 der Seitenrevers
9 die Brusttasche
10 das Einstecktuch (Ziertaschentuch)
11 die Smokingschleife
12 die Seitentasche
13 der Frack, ein Gesellschaftsanzug *m*
14 der Frackschoß
15 die weiße Frackweste
16 die Frackschleife
17 der Freizeitanzug
18 die Taschenklappe (Platte)
19 der Frontsattel
20 der Jeansanzug
21 die Jeansjacke
22 die Jeans *pl* (Blue Jeans)
23 der Hosenbund
24 der Strandanzug
25 die Shorts *pl*
26 die kurzärmelige Jacke
27 der Sport-(Trainings-)Anzug
28 die Trainingsjacke mit Reißverschluß *m*
29 die Trainingshose
30 die Strickjacke
31 der Strickkragen
32 der Herrensommerpulli
33 das kurzärmelige Hemd
34 der Hemdenknopf
35 der Ärmelaufschlag
36 das Strickhemd
37 das Freizeithemd
38 die aufgesetzte Hemdentasche
39 die Freizeit-(Wander-)Jacke
40 die Kniebundhose
41 der Kniebund
42 der Kniestrumpf
43 die Lederjacke
44 die Arbeitslatzhose
45 der verstellbare Träger
46 die Latztasche
47 die Hosentasche
48 der Hosenschlitz
49 die Zollstocktasche
50 das Karohemd
51 der Herrenpullover

52 der Skipullover
53 die Unterziehstrickweste
54 der Blazer
55 der Rockknopf
56 der Arbeitsmantel (Arbeitskittel, „weiße Kittel")
57 der Regentrenchcoat, ein Trenchcoat *m*
58 der Mantelkragen
59 der Mantelgürtel
60 der Popeline-(Übergangs-)Mantel
61 die Manteltasche
62 die verdeckte Knopfleiste
63 der Tuchcaban
64 der Mantelknopf
65 der Schal
66 der Tuchmantel
67 der Handschuh

34 Haar- und Barttrachten

1–25 Bart- und Haartrachten *f*
(Frisuren) **des Mannes** *m*
(Männerfrisuren)
1 das lange, offene Haar
2 die Allongeperücke (Staatsperücke,
Lockenperücke), eine Perücke; *kürzer
und glatter:* die Stutzperücke (Atzel),
die Halbperücke (das Toupet)
3 die Locken *f*
4 die Haarbeutelperücke (der
Haarbeutel, Mozartzopf)
5 die Zopfperücke
6 der Zopf
7 die Zopfschleife (das Zopfband)
8 der Schnauzbart (*ugs.* Schnauzer)
9 der Mittelscheitel
10 der Spitzbart, ein Kinnbart *m*
11 der Igelkopf (*ugs.* Stiftenkopf, die
Bürste)
12 der Backenbart
13 der Henriquatre, ein Spitz- u.
Knebelbart *m*
14 der Seitenscheitel
15 der Vollbart
16 der Stutzbart
17 die Fliege
18 der Lockenkopf (Künstlerkopf)
19 der englische Schnurrbart
20 der Glatzkopf
21 die Glatze (*ugs.* Platte)
22 der Kahlkopf
23 der Stoppelbart (die Stoppeln *f*,
Bartstoppeln)
24 die Koteletten *pl; früh.:* Favoris
25 die glatte Rasur (Bartlosigkeit)
26 der Afro-Look (für Männer u. Frauen)
27–38 Haartrachten *f* (Frisuren) **der Frau**
(Frauenfrisuren, Damen- und
Mädchenfrisuren)
27 der Pferdeschwanz
28 das aufgesteckte Haar
29 der Haarknoten (Knoten, Chignon,
ugs. Dutt)
30 die Zopffrisur (Hängezöpfe *m*)
31 die Kranzfrisur (Gretchenfrisur)
32 der Haarkranz
33 das Lockenhaar
34 der Bubikopf
35 der Pagenkopf (die Ponyfrisur)
36 die Ponyfransen *f* (*ugs.* Simpelfransen)
37 die Schneckenfrisur
38 die Haarschnecke

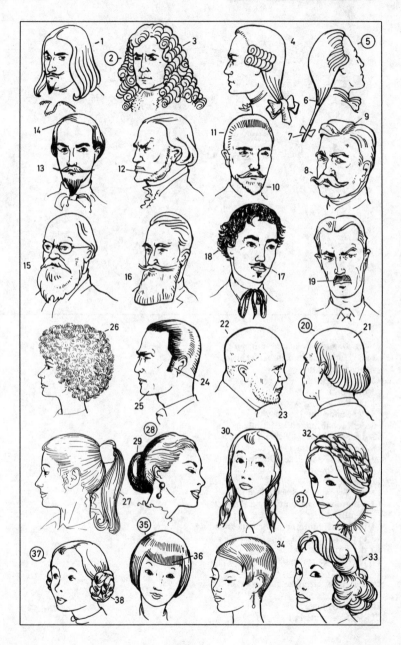

35 Kopfbedeckungen

1–21 Damenhüte *m* **und -mützen** *f*
1 die Hutmacherin beim Anfertigen *n* eines Hutes *m*
2 der Stumpen
3 die Form
4 die Putzteile *m od. n*
5 der Sonnenhut (Sombrero)
6 der Mohairhut mit Federputz *m*
7 der Modellhut mit Schmuckgesteck *m*
8 die Leinenmütze
9 die Mütze aus dicker Dochtwolle
10 die Strickmütze
11 die Mohairstoffkappe
12 der Topfhut mit Steckfedern *f*
13 der große Herrenhut aus Sisal *m* mit Ripsband *n*
14 die Herrenhutform mit Schmuckband *n*
15 der weiche Haarfilzhut
16 der Japanpanamahut
17 die Nerzschirmkappe
18 der Nerzpelzhut
19 die Fuchspelzmütze mit Lederkopfteil *m*
20 die Nerzmütze
21 der Florentinerhut

22–40 Herrenhüte *m* **und -mützen** *f*
22 der Filzhut im City-Stil *m*
23 der Lodenhut
24 der Rauhhaarfilzhut mit Quasten *f*
25 die Kordmütze
26 die Wollmütze
27 die Baskenmütze
28 die Schiffermütze (Prinz-Heinrich-Mütze)
29 die Schirmmütze (Seglermütze)
30 der Südwester
31 die Fuchsfellmütze mit Ohrenklappen *f*
32 die Ledermütze mit Fellklappen *f*
33 die Bisamfellmütze (Schiwago-Mütze)
34 die Schiffchenmütze, eine Fell- oder Krimmermütze
35 der Strohhut (die Kreissäge)
36 der (graue oder schwarze) Zylinder (Zylinderhut) aus Seidentaft *m*; *zusammenklappbar:* der Klapphut (Chapeau claque)
37 der Sommerhut aus Stoff *m* mit Täschchen *n*

38 der breitrandige Hut (Kalabreser, Zimmermannshut, Künstlerhut)
39 die Zipfelmütze (Skimütze)
40 die Arbeitsmütze (für Landwirte *m*, Forstbeamte, Handwerker)

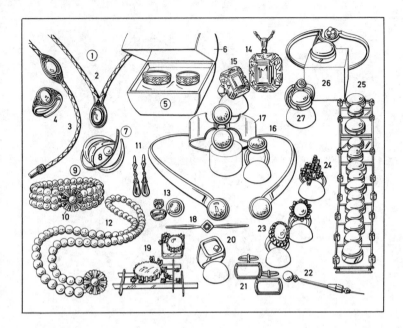

1 die Schmuckgarnitur (das Schmuckset)
2 das Collier
3 das Armband
4 der Ring
5 die Trauringe *m*
6 das Trauringkästchen
7 die Brosche, eine Perlenbrosche
8 die Perle
9 das Zuchtperlenarmband
10 die Schließe, eine Weißgoldschließe
11 das Ohrgehänge
12 das Zuchtperlencollier
13 die Ohrringe
14 der Schmucksteinanhänger
   (Edelsteinanhänger)
15 der Schmucksteinring (Edelsteinring)
16 der Halsring
17 der Armreif
18 die Anstecknadel mit Brillant *m*
19 der moderne Ansteckschmuck
20 der Herrenring
21 die Manschettenknöpfe
22 die Krawattennadel
23 der Brillantring mit Perle *f*
24 der moderne Brillantring

25 das Schmucksteinarmband
   (Edelsteinarmband)
26 der asymmetrische Schmuckreif
27 der asymmetrische Schmuckring
28 die Elfenbeinkette
29 die Elfenbeinrose (Erbacher Rose)
30 die Elfenbeinbrosche
31 die Schmuckkassette
   (Schmuckschatulle, der
   Schmuckkasten, das Schmuckkästchen)
32 die Perlenkette
33 die Schmuckuhr
34 die Echtkorallenkette
35 die Berlocken *f* (das Ziergehänge, der
   Charivari)
36 die Münzenkette
37 die Goldmünze
38 die Münzenfassung
39 das Kettenglied
40 der Siegelring
41 die Gravur (das Monogramm)
42–86 die Schleifarten und
   Schlifformen *f*

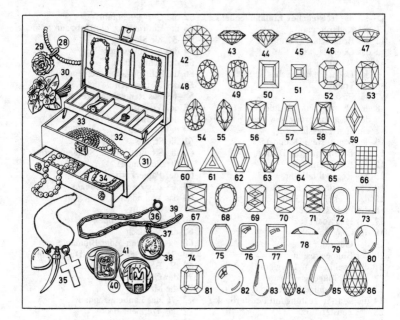

42–71 facettierte Steine
42 *u.* **43** der normal facettierte Rundschliff
44 der Brillantschliff
45 der Rosenschliff
46 die flache Tafel
47 die gemugelte Tafel
48 der normal facettierte normale Schliff
49 der normal facettierte antike Schliff
50 der Rechteck-Treppenschliff
51 der Karree-Treppenschliff
52 der Achteck-Treppenschliff
53 der Achteck-Kreuzschliff
54 die normal facettierte Birnenform
55 die Navette
56 die normal facettierte Faßform
57 der Trapez-Treppenschliff
58 der Trapez-Kreuzschliff
59 das Spießeck (der Rhombus) im Treppenschliff *m*
60 *u.* **61** das Dreieck (der Triangel) im Treppenschliff *m*
62 das Sechseck (Hexagon) im Treppenschliff *m*
63 das ovale Sechseck (Hexagon) im Kreuzschliff *m*

64 das runde Sechseck im Treppenschliff *m*
65 das runde Sechseck im Kreuzschliff *m*
66 der Schachbrettschliff
67 der Triangelschliff
68–71 Phantasieschliffe *m*
72–77 Ringsteine *m*
72 die ovale flache Tafel
73 die rechteckige flache Tafel
74 die achteckige flache Tafel
75 die Faßform
76 die antike gemugelte Tafel
77 die rechteckige gemugelte Tafel
78–81 Cabochons *m*
78 der runde Cabochon
79 der runde Kegel
80 der ovale Cabochon
81 der achteckige Cabochon
82–86 Kugeln *f* und Pampeln *f*
82 die glatte Kugel
83 die glatte Pampel
84 die facettierte Pampel
85 der glatte Tropfen
86 das facettierte Briolett

37 Haus und Haustypen

1–53 das freistehende Einfamilienhaus
1 das Kellergeschoß
2 das Erdgeschoß (Parterre)
3 das Obergeschoß
4 der Dachboden
5 das Dach, ein ungleiches Satteldach *n*
6 die Traufe
7 der First
8 der Ortgang mit Winddielen *f*
9 der Dachvorsprung (das Dachgesims), ein Sparrengesims *n*
10 der Schornstein (Kamin)
11 der Dachkanal (die Dachrinne)
12 der Einlaufstutzen
13 das Regenabfallrohr
14 das Standrohr, ein Gußrohr *n*
15 der Giebel (die Giebelseite)
16 die Wandscheibe
17 der Haussockel
18 die Loggia
19 das Geländer
20 der Blumenkasten
21 die zweiflügelige Loggiatür
22 das zweiflügelige Fenster
23 das einflügelige Fenster
24 die Fensterbrüstung mit Fensterbank *f*
25 der Fenstersturz
26 die Fensterleibung
27 das Kellerfenster
28 der Rolladen
29 der Rolladenaussteller
30 der Fensterladen (Klappladen)
31 der Ladenfeststeller
32 die Garage, mit Geräteraum *m*
33 das Spalier
34 die Brettertür
35 das Oberlicht mit Kreuzsprosse *f*
36 die Terrasse
37 die Gartenmauer mit Abdeckplatten *f*
38 die Gartenleuchte
39 die Gartentreppe
40 der Steingarten
41 der Schlauchhahn
42 der Gartenschlauch
43 der Rasensprenger
44 das Planschbecken
45 der Plattenweg
46 die Liegewiese
47 der Liegestuhl
48 der Sonnenschirm (Gartenschirm)
49 der Gartenstuhl
50 der Gartentisch
51 die Teppichstange
52 die Garageneinfahrt
53 die Einfriedung, ein Holzzaun *m*
54–57 die Siedlung
54 das Siedlungshaus
55 das Schleppdach
56 die Schleppgaube (Schleppgaupe)
57 der Hausgarten
58–63 das Reihenhaus, gestaffelt
58 der Vorgarten
59 der Pflanzenzaun
60 der Gehweg
61 die Straße
62 die Straßenleuchte (Straßenlaterne, Straßenlampe)
63 der Papierkorb
64–68 das Zweifamilienhaus
64 das Walmdach
65 die Haustür
66 die Eingangstreppe
67 das Vordach
68 das Pflanzen- oder Blumenfenster
69–71 das Vier-Familien-Doppelhaus
69 der Balkon
70 der Glaserker
71 die Markise
72–76 das Laubenganghaus
72 das Treppenhaus
73 der Laubengang
74 die Atelierwohnung
75 die Dachterrasse, eine Liegeterrasse
76 die Grünfläche
77–81 das mehrstöckige Zeilenhaus
77 das Flachdach
78 das Pultdach
79 die Garage
80 die Pergola
81 das Treppenhausfenster
82 das Hochhaus
83 das Penthouse (die Dachterrassenwohnung)
84–86 das Wochenendhaus, ein Holzhaus *n*
84 die waagerechte Bretterschalung
85 der Natursteinsockel
86 das Fensterband

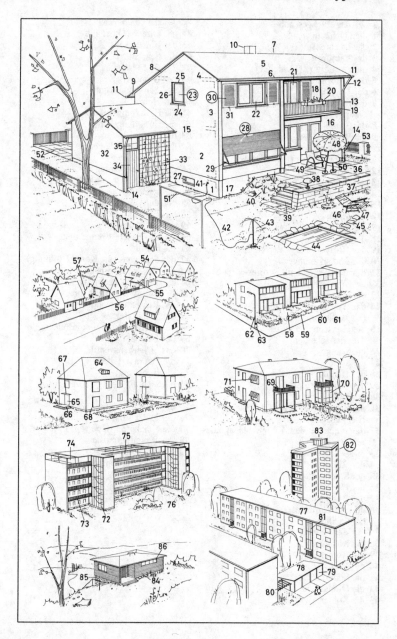

38 Dach und Heizkeller

1–29 das Dachgeschoß
1 die Dachhaut
2 das Dachfenster
3 das Laufbrett
4 die Steigleiter (Dachleiter)
5 der Schornstein (Kamin, die Esse)
6 der Dachhaken
7 die Dachgaube (Dachgaupe, Gaube, Gaupe)
8 das Schneefanggitter
9 die Dachrinne
10 das Fallrohr
11 das Hauptgesims (Dachgesims)
12 der Spitzboden
13 die Falltür
14 die Bodenluke
15 die Sprossenleiter
16 der Holm
17 die Sprosse
18 der Dachboden
19 der Holzverschlag (Verschlag)
20 die Bodenkammertür
21 das Vorhängeschloß (Vorlegeschloß)
22 der Wäschehaken
23 die Wäscheleine
24 das Ausdehnungsgefäß (Expansionsgefäß) der Heizung
25 die Holztreppe und das Treppengeländer
26 die Wange
27 die Stufe
28 der Handlauf
29 der Geländerpfosten
30 der Blitzableiter
31 der Schornsteinfeger (Kaminkehrer, Essenkehrer)
32 die Sonne mit dem Kugelschlagapparat *m*
33 das Schultereisen
34 der Rußsack
35 der Stoßbesen
36 der Handbesen
37 der Besenstiel
38–81 die Warmwasserheizung, eine Sammelheizung (Zentralheizung)
38–43 der Heizraum
38 die Koksfeuerung
39 die Aschentür
40 der Fuchs
41 das Schüreisen
42 die Ofenkrücke
43 die Kohlenschaufel

44–60 die Ölfeuerung
44 der Öltank (Ölbehälter)
45 der Einsteigschacht
46 der Schachtdeckel
47 der Einfüllstutzen
48 der Domdeckel
49 das Tankbodenventil
50 das Heizöl
51 die Entlüftungsleitung
52 die Entlüftungskappe
53 die Ölstandsleitung
54 der Ölstandsanzeiger
55 die Saugleitung
56 die Rücklaufleitung
57 der Zentralheizungskessel (Ölheizungskessel)
58–60 der Ölbrenner
58 das Frischluftgebläse
59 der Elektromotor
60 die verkleidete Brenndüse
61 die Fülltür
62 das Schauglas (die Kontrollöffnung)
63 der Wasserstandsmesser
64 das Kesselthermometer
65 der Füll- und Ablaßhahn
66 das Kesselfundament
67 die Schalttafel
68 der Warmwasserboiler (Boiler)
69 der Überlauf
70 das Sicherheitsventil
71 die Hauptverteilerleitung
72 die Isolierung
73 das Ventil
74 der Vorlauf
75 das Regulierventil
76 der Heizkörper
77 die Heizkörperrippe (das Element)
78 der Raumthermostat
79 der Rücklauf
80 die Rücklaufsammelleitung
81 der Rauchabzug

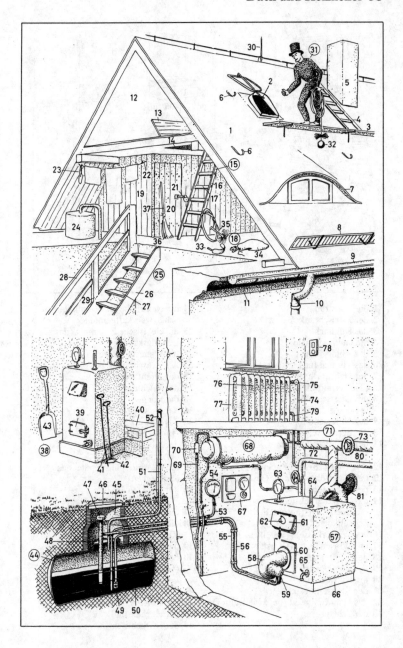

1 die Hausfrau
2 der Kühlschrank
3 das Kühlfach
4 die Gemüseschale
5 das Kühlaggregat
6 das Türfach für Flaschen f
7 der Gefrierschrank (Tiefgefrierschrank)
8 der Oberschrank (Hängeschrank), ein Geschirrschrank m
9 der Unterschrank
10 die Besteckschublade
11 der Hauptarbeitsplatz (Vorbereitungsplatz)
12–17 der Koch- und Backplatz
12 der Elektroherd (auch: Gasherd)
13 der Backofen
14 das Backofenfenster
15 die Kochplatte (automatische Schnellkochplatte)
16 der Wasserkessel (Flötenkessel)
17 der Wrasenabzug (Dunstabzug)
18 der Topflappen
19 der Topflappenhalter
20 die Küchenuhr
21 der Kurzzeitmesser
22 das Handrührgerät (der Handrührer)
23 der Schlagbesen

24 die elektrische Kaffeemühle, eine Schlagwerkkaffeemühle
25 die elektrische Zuleitung (das Leitungskabel)
26 die Wandsteckdose
27 der Eckschrank
28 das Drehtablett
29 der Kochtopf
30 die Kanne
31 das Gewürzregal
32 das Gewürzglas
33–36 der Spülplatz
33 der Abtropfständer
34 der Frühstücksteller
35 die Geschirrspüle (Spüle, das Spülbecken)
36 der Wasserhahn (die Wassermischbatterie)
37 die Topfpflanze, eine Blattpflanze
38 die Kaffeemaschine (der Kaffeeautomat)
39 die Küchenlampe
40 der Geschirrspülautomat (Geschirrspüler, die Geschirrspülmaschine)
41 der Geschirrwagen
42 der Eßteller
43 der Küchenstuhl
44 der Küchentisch

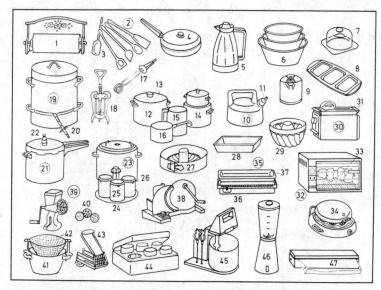

1 der Allzweckabroller mit
   Allzwecktüchern *n* (Papiertüchern)
2 die Kochlöffelgarnitur
3 der Rührlöffel
4 die Bratpfanne
5 die Isolierkanne
6 Küchenschüsseln *f*
7 die Käseglocke
8 das Kabarett
9 die Saftpresse für Zitrusfrüchte *f*
10 der Flötenkessel
11 die Flöte
12–16 die Geschirrserie
12 der Kochtopf (Fleischtopf)
13 der Topfdeckel
14 der Bratentopf
15 der Milchtopf
16 die Stielkasserolle
17 der Tauchsieder
18 der Hebelkorkenzieher
19 der Entsafter
20 die Schlauchklemme
21 der Schnellkochtopf (Dampfkochtopf)
22 das Überdruckventil
23 der Einkocher (Einwecker)
24 der Einweckeinsatz
25 das Einweckglas (Weckglas)
26 der Einweckring
27 die Springform

28 die Kastenkuchenform
29 die Napfkuchenform
30 der Toaster
31 der Brötchenröstaufsatz
32 der Grill
33 der Grillspieß
34 der Waffelautomat
35 die Laufgewichtswaage
36 das Laufgewicht
37 die Waagschale
38 der Allesschneider
39 der Fleischhacker
40 die Schneidscheiben *f*
41 der Pommes-frites-Topf
42 der Drahteinsatz
43 der Pommes-frites-Schneider
44 der Joghurtbereiter
45 die Kleinküchenmaschine
46 der Mixer
47 das Folienschweißgerät

41 Diele

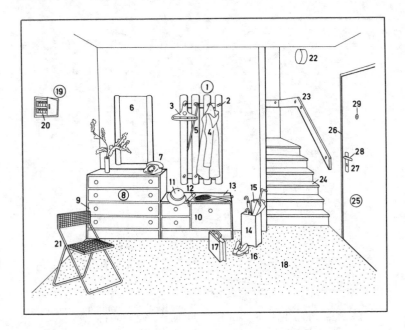

1–29 die Diele (der Flur, Korridor,
Vorraum, Vorplatz)
1 die Garderobe (Flurgarderobe,
Garderobenwand)
2 der Kleiderhaken
3 der Kleiderbügel
4 das Regencape
5 der Spazierstock
6 der Garderobenspiegel
7 das Telefon
8 der Schuh-Mehrzweck-Schrank
9 die Schublade
10 die Sitzbank
11 der Damenhut
12 der Taschenschirm
13 die Tennisschläger *m*
14 der Schirmständer
15 der Regenschirm
16 die Schuhe *m*
17 die Aktentasche
18 der Teppichboden
19 der Sicherungskasten
20 der Sicherungsautomat
21 der Stahlrohrstuhl
22 die Treppenleuchte

23 der Handlauf
24 die Treppenstufe
25 die Abschlußtür (Korridortür)
26 der Türrahmen
27 das Türschloß
28 die Türklinke
29 das Guckloch (der Spion)

1 die Stollenanbauwand (Schrankwand)
2 der Stollen
3 das Bücherregal
4 die Bücherreihe
5 die Anbauvitrine
6 der Unterschrank
7 das Schrankelement
8 der Fernseher
9 die Stereoanlage
10 die Lautsprecherbox
11 der Pfeifenständer
12 die Pfeife
13 der Globus
14 der Messingkessel
15 das Fernrohr
16 die Aufsatzuhr
17 die Porträtbüste
18 das mehrbändige Lexikon
19 der Raumteiler
20 der Barschrank (das Barfach)
21–26 die Polsterelementgruppe
21 der Polstersessel (Fauteuil)
22 die Armlehne
23 das Sitzkissen
24 das Sofa

25 das Rückenkissen
26 die Rundecke
27 das Sofakissen
28 der Couchtisch
29 der Aschenbecher
30 das Tablett
31 die Whiskyflasche
32 die Sodawasserflasche
33–34 die Eßgruppe
33 der Eßtisch
34 der Stuhl
35 der Store
36 die Zimmerpflanzen f

1 der Schlafzimmerschrank, ein
Hochschrank *m*
2 das Wäschefach
3 der Korbstuhl
4–13 das Doppelbett (*ähnl.:* das
französische Bett)
4–6 das Bettgestell
4 das Fußende (der *od.* das Fußteil)
5 der Bettkasten
6 das Kopfende (der *od.* das Kopfteil)
7 die Tagesdecke
8 die Schlafdecke, eine Steppdecke
9 das Bettuch (Bettlaken), ein Leintuch
10 die Matratze, eine Schaumstoffauflage
mit Drellüberzug *m*
11 das Keilkissen
12 *u.* 13 das Kopfkissen
12 der Kopfkissenbezug
13 das Inlett
14 das Bücherregal (der Regalaufsatz)
15 die Leselampe
16 der elektrische Wecker
17 die Bettkonsole
18 die Schublade
19 die Schlafzimmerlampe

20 das Wandbild
21 der Bilderrahmen
22 der Bettvorleger
23 der Teppichboden
24 der Frisierstuhl
25 die Frisierkommode
26 der Parfümzerstäuber
27 das (der) Parfümflakon
28 die Puderdose
29 der Frisierspiegel

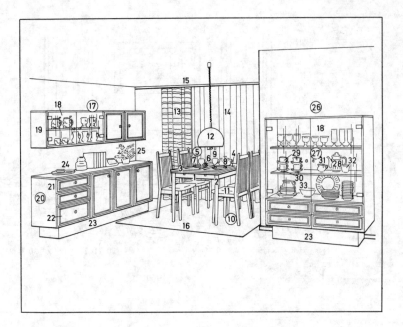

1–11 die Eßgruppe
1 der Eßtisch
2 das Tischbein
3 die Tischplatte
4 der (das) Set
5 das Gedeck
6 der Suppenteller (tiefe Teller)
7 der flache Teller
8 die Suppenterrine
9 das Weinglas
10 der Eßzimmerstuhl
11 die Sitzfläche
12 die Deckenlampe (Hängelampe)
13 die Übergardinen
14 die Gardine
15 die Gardinenleiste
16 der Bodenteppich
17 der Hängeschrank
18 die Glastür
19 der Einlegeboden
20 das Sideboard
21 die Besteckschublade
22 die Wäscheschublade
23 der Sockel
24 das runde Tablett

25 die Topfpflanze
26 der Geschirrschrank (die Vitrine)
27 das Kaffeegeschirr
28 die Kaffeekanne
29 die Kaffeetasse
30 die Untertasse
31 das Milchkännchen
32 die Zuckerdose
33 das Eßgeschirr

45 Tafelzubehör

1 der Eßtisch
2 das Tafeltuch, ein Damasttuch *n*
3–12 das Gedeck
3 der Grundteller (Unterteller)
4 der flache Teller (Eßteller)
5 der tiefe Teller (Suppenteller)
6 der kleine Teller, für die Nachspeise
 (das Dessert)
7 das Eßbesteck
8 das Fischbesteck
9 die Serviette (das Mundtuch)
10 der Serviettenring
11 das Messerbänkchen
12 die Weingläser *n*
13 die Tischkarte
14 der Suppenschöpflöffel (die
 Suppenkelle)
15 die Suppenschüssel (Terrine)
16 die Tafelleuchter *m* (Tischleuchter)
17 die Sauciere (Soßenschüssel)
18 der Soßenlöffel
19 der Tafelschmuck
20 der Brotkorb
21 das Brötchen
22 die Scheibe Brot *n* (die Brotscheibe)

23 die Salatschüssel
24 das Salatbesteck
25 die Gemüseschüssel
26 die Bratenplatte
27 der Braten
28 die Kompottschüssel
29 die Kompottschale
30 das Kompott
31 die Kartoffelschüssel
32 der fahrbare Anrichtetisch
33 die Gemüseplatte
34 der Toast
35 die Käseplatte
36 die Butterdose
37 das belegte Brot
38 der Brotbelag
39 das Sandwich
40 die Obstschale
41 die Knackmandeln *f* (auch:
 Kartoffelchips *m*, Erdnüsse *f*)
42 die Essig- und Ölflasche
43 das Ketchup
44 die Anrichte
45 die elektrische Warmhalteplatte
46 der Korkenzieher

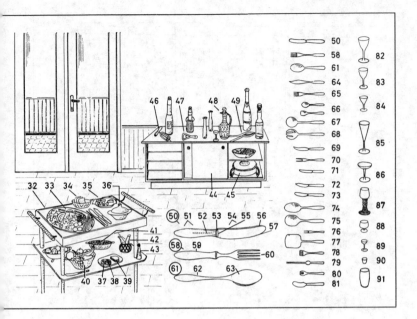

47 der Kronenkorköffner, ein
    Flaschenöffner *m*
48 die Likörkaraffe
49 der Nußknacker
50 das Messer
51 das Heft (der Griff)
52 die Angel
53 die Zwinge
54 die Klinge
55 die Krone
56 der Rücken
57 die Schneide
58 die Gabel
59 der Stiel
60 die Zinke
61 der Löffel (Eßlöffel, Suppenlöffel)
62 der Stiel
63 der Schöpfteil
64 das Fischmesser
65 die Fischgabel
66 der Dessertlöffel (Kompottlöffel)
67 der Salatlöffel
68 die Salatgabel
69 *u.* 70 das Vorlegebesteck
69 das Vorlegemesser

70 die Vorlegegabel
71 das Obstmesser
72 das Käsemesser
73 das Buttermesser
74 der Gemüselöffel, ein Vorlegelöffel *m*
75 der Kartoffellöffel
76 die Sandwichgabel
77 der Spargelheber
78 der Sardinenheber
79 die Hummergabel
80 die Austerngabel
81 das Kaviarmesser
82 das Weißweinglas
83 das Rotweinglas
84 das Südweinglas (Madeiraglas)
85 *u.* 86 die Sektgläser *n*
85 das Spitzglas
86 die Sektschale, ein Kristallglas *n*
87 der Römer
88 die Kognakschale
89 die Likörschale
90 das Schnapsglas
91 das Bierglas

1 die Apartmentwand (Schrankwand, Regalwand, Studiowand)
2 die Schrankfront
3 der Korpus
4 der Stollen
5 die Blende
6 das zweitürige Schrankelement
7 das Bücherregal (Vitrinenregal)
8 die Bücher *n*
9 die Vitrine
10 die Karteikästen *m*
11 die Schublade
12 die Konfektdose
13 das Stofftier
14 der Fernseher
15 die Schallplatten *f*
16 die Bettkastenliege
17 das Sofakissen
18 die Bettkastenschublade
19 das Bettkastenregal
20 die Zeitschriften *f*
21 der Schreibplatz
22 der Schreibtisch
23 die Schreibunterlage
24 die Tischlampe

25 der Papierkorb
26 die Schreibtischschublade
27 der Schreibtischsessel
28 die Armlehne
29 die Küchenwand (Anbauküche)
30 der Oberschrank
31 der Wrasenabzug (die Dunsthaube)
32 der Elektroherd
33 der Kühlschrank
34 der Eßtisch
35 der Tischläufer
36 der Orientteppich
37 die Stehlampe

1 das Kinderbett, ein Doppelbett *n*
(Etagenbett)
2 der Bettkasten
3 die Matratze
4 das Kopfkissen
5 die Leiter
6 der Stoffelefant, ein Kuscheltier *n*
(Schlaftier)
7 der Stoffhund
8 das Sitzkissen
9 die Ankleidepuppe
10 der Puppenwagen
11 die Schlafpuppe
12 der Baldachin
13 die Schreibtafel
14 die Rechensteine *m*
15 das Plüschpferd zum Schaukeln *n* und
Ziehen *n*
16 die Schaukelkufen *f*
17 das Kinderbuch
18 das Spielemagazin
19 das Mensch-ärgere-dich-nicht-Spiel
20 das Schachbrett
21 der Kinderzimmerschrank
22 die Wäscheschublade

23 die Schreibplatte
24 das Schreibheft
25 die Schulbücher *n*
26 der Bleistift (*auch:* Buntstift *m*,
Filzstift, Kugelschreiber)
27 der Kaufladen (Kaufmannsladen)
28 der Verkaufsstand
29 der Gewürzständer
30 die Auslage
31 das Bonbonsortiment
32 die Bonbontüte
33 die Waage
34 die Ladenkasse
35 das Kindertelefon
36 das Warenregal
37 die Holzeisenbahn
38 der Muldenkipper, ein Spielzeugauto *n*
39 der Hochbaukran
40 der Betonmischer
41 der große Plüschhund
42 der Würfelbecher

48 Kindergarten (Kindertagesstätte)

1–20 die Vorschulerziehung
1 die Kindergärtnerin
2 der Vorschüler
3 die Bastelarbeit
4 der Klebstoff
5 das Aquarellbild
6 der Aquarellkasten
7 der Malpinsel
8 das Wasserglas
9 das Puzzle
10 der Puzzlestein
11 die Buntstifte *m* (Wachsmalstifte)
12 die Knetmasse (Plastilinmasse)
13 Knetfiguren *f* (Plastilinfiguren)
14 das Knetbrett
15 die Schultafelkreide
16 die Schreibtafel (Tafel)
17 die Rechensteine *m*
18 der Faserschreibstift
19 das Formlegespiel
20 die Spielergruppe
21–32 das Spielzeug
21 das Kubusspiel
22 der mechanische Baukasten
23 die Kinderbücher *n*
24 der Puppenwagen, ein Korbwagen
25 die Babypuppe
26 der Baldachin

27 die Bauklötze *m*
28 das hölzerne Bauwerk
29 die Holzeisenbahn
30 der Schaukelteddy
31 der Puppensportwagen
32 die Ankleidepuppe
33 das Kind im Kindergartenalter *m*
34 die Garderobenablage

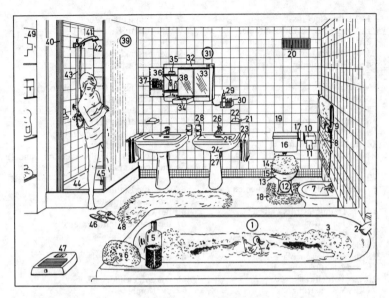

1 die Badewanne
2 die Mischbatterie für kaltes und warmes Wasser
3 das Schaumbad
4 die Schwimmente
5 der Badezusatz
6 der Badeschwamm
7 das Bidet
8 der Handtuchhalter
9 das Frottierhandtuch
10 der Toilettenpapierhalter
11 das Toilettenpapier (Klosettpapier, *ugs.* Klopapier), eine Rolle Kreppapier *n*
12 die Toilette (das Klosett, *ugs.* Klo, der Abort, *ugs.* Lokus)
13 das Klosettbecken
14 der Klosettdeckel mit Frottierüberzug
15 die Klosettbrille
16 der Wasserkasten
17 der Spülhebel
18 die Klosettumrahmung (Klosettumrandung)
19 die Wandkachel
20 die Abluftöffnung (Kaminöffnung)
21 die Seifenschale
22 die Seife
23 das Handtuch
24 das Waschbecken
25 der Überlauf
26 der Kalt- und Warmwasserhahn
27 der Waschbeckenfuß mit dem Siphon *m*
28 das Zahnputzglas (der Zahnputzbecher)
29 die elektrische Zahnbürste
30 die Zahnbürsteneinsätze *m*
31 der Spiegelschrank
32 die Leuchtröhre
33 der Spiegel
34 das Schubfach
35 die Puderdose
36 das Mundwasser
37 der elektrische Rasierapparat
38 das Rasierwasser (After-shave, die After-shave-Lotion)
39 die Duschkabine
40 der Duschvorhang
41 die verstellbare Handbrause (Handdusche)
42 der Brausenkopf
43 die Verstellstange
44 das Fußbecken (die Duschwanne)
45 der Wannenablauf (das Überlaufventil)
46 der Badepantoffel
47 die Personenwaage
48 der Badevorleger (die Badematte)
49 die Hausapotheke

50 Haushaltsgeräte

1–20 Bügelgeräte *n*
1 der elektrische Bügelautomat
2 der elektrische Fußschalter
3 die Walzenbewicklung
4 die Bügelmulde
5 das Bettlaken
6 das elektrische Bügeleisen (der Leichtbügelautomat)
7 die Bügelsohle
8 der Temperaturwähler
9 der Bügeleisengriff
10 die Anzeigeleuchte
11 der Dampf-, Spray- und Trockenbügelautomat
12 der Einfüllstutzen
13 die Spraydüse zum Befeuchten *n* der Wäsche
14 die Dampfaustrittsschlitze
15 der Bügeltisch
16 das Bügelbrett (die Bügelunterlage)
17 der Bügelbrettbezug
18 die Bügeleisenablage
19 das Aluminiumgestell
20 das Ärmelbrett
21 die Wäschetruhe
22 die schmutzige Wäsche
23–34 Wasch- und Trockengeräte
23 die Waschmaschine (der Waschvollautomat)
24 die Waschtrommel
25 der Sicherheitstürverschluß
26 der Drehwählschalter
27 die Mehrkammerfronteinspülung
28 der Trockenautomat, ein Abluftwäschetrockner
29 die Trockentrommel
30 die Fronttür mit den Abluftschlitzen *m*
31 die Arbeitsplatte
32 der Wäschetrockner (Wäscheständer)
33 die Wäscheleine
34 der Scherenwäschetrockner
35 die Haushaltsleiter, eine Leichtmetalleiter
36 die Wange
37 der Stützschenkel
38 die Stufe (Leiterstufe)
39–43 Schuhpflegemittel
39 die Schuhcremedose
40 der Schuhspray, ein Imprägnierspray *m*
41 die Schuhbürste
42 die Auftragebürste für Schuhcreme *f*
43 die Schuhcremetube
44 die Kleiderbürste

45 die Teppichbürste
46 der Besen (Kehrbesen)
47 die Besenborsten
48 der Besenkörper
49 der Besenstiel
50 das Schraubgewinde
51 die Spülbürste (Abwaschbürste)
52 die Kehrschaufel
53–86 die Bodenpflege
53 der Handfeger (Handbesen)
54 der Putzeimer (Scheuereimer, Aufwascheimer)
55 das Scheuertuch (Putztuch, *nd.* Feudel)
56 die Scheuerbürste
57 der Teppichkehrer
58 der Handstaubsauger
59 die Umschalttaste
60 der Gelenkkopf
61 die Staubbeutelfüllanzeige
62 die Staubbeutelkassette
63 der Handgriff
64 das Rohr
65 der Kabelhaken
66 das aufgewundene Kabel
67 die Kombidüse
68 der Bodenstaubsauger
69 das Drehgelenk
70 das Ansatzrohr
71 die Kehrdüse (*ähnl.:* Klopfdüse)
72 die Saugkraftregulierung
73 die Staubfüllanzeige
74 der Nebenluftschieber zur Luftregulierung
75 der Schlauch (Saugschlauch)
76 das Kombinationsteppichpflegegerät
77 die elektrische Zuleitung
78 die Gerätesteckdose
79 der Teppichklopfvorsatz (*ähnl.:* Teppichschamponiervorsatz, Teppichbürstvorsatz)
80 der Allzwecksauger (Trocken- und Naßsauger)
81 die Lenkrolle
82 das Motoraggregat
83 der Deckelverschluß
84 der Grobschmutzschlauch
85 das Spezialzubehör für Grobschmutz *m*
86 der Staubbehälter
87 der Einkaufswagen

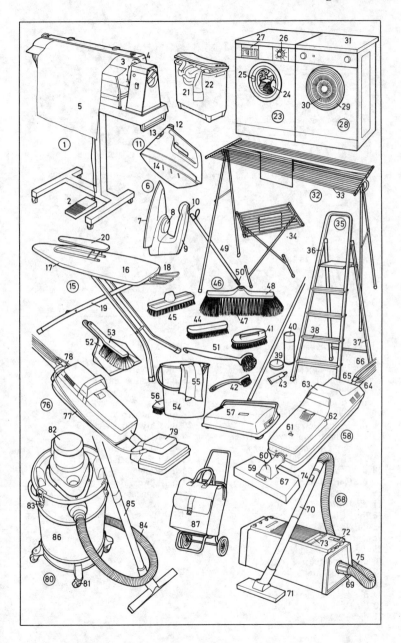

1–35 der Ziergarten (Blumengarten)
1 die Pergola
2 der Liegestuhl (die Gartenliege)
3 der Rasenbesen (Laubbesen, Fächerbesen)
4 der Rasenrechen
5 der Wilde Wein, eine Kletterpflanze
6 der Steingarten
7 die Steingartenpflanzen f; Arten: Mauerpfeffer m, Hauswurz f, Silberwurz f, Blaukissen n
8 das Pampasgras
9 die Gartenhecke
10 die Blaufichte
11 die Hortensien f
12 die Eiche
13 die Birke
14 der Gartenweg
15 die Wegeinfassung
16 der Gartenteich
17 die Steinplatte
18 die Seerose
19 die Knollenbegonien f
20 die Dahlien f
21 die Gießkanne
22 der Krehl
23 die Edellupine
24 die Margeriten f
25 die Hochstammrose
26 die Gartengerbera
27 die Iris
28 die Gladiolen f
29 die Chrysanthemen f
30 der Klatschmohn
31 die Prachtscharte
32 das Löwenmäulchen
33 der Rasen
34 der Löwenzahn
35 die Sonnenblume

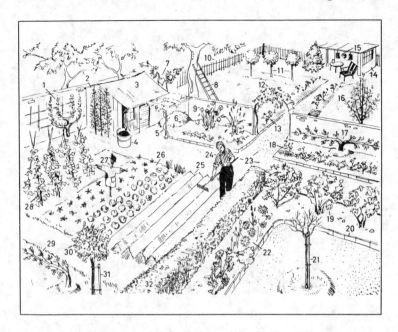

1–32 der Kleingarten (Schrebergarten, Gemüse- und Obstgarten)
1, 2, 16, 17, 29 Zwergobstbäume *m* (Spalierobstbäume, Formobstbäume)
1 die Verrier-Palmette, ein Wandspalierbaum *m*
2 der senkrechte Schnurbaum (Kordon)
3 der Geräteschuppen
4 die Regentonne
5 die Schlingpflanze
6 der Komposthaufen
7 die Sonnenblume
8 die Gartenleiter
9 die Staude (Blumenstaude)
10 der Gartenzaun (Lattenzaun, das Staket)
11 der Beerenhochstamm
12 die Kletterrose, am Spalierbogen *m*
13 die Buschrose (der Rosenstock)
14 die Sommerlaube (Gartenlaube)
15 der Lampion (die Papierlaterne)
16 der Pyramidenbaum, die Pyramide, ein freistehender Spalierbaum *m*
17 der zweiarmige, waagerechte Schnurbaum (Kordon)

18 die Blumenrabatte, ein Randbeet *n*
19 der Beerenstrauch (Stachelbeerstrauch, Johannisbeerstrauch)
20 die Zementleisteneinfassung
21 der Rosenhochstamm (Rosenstock, die Hochstammrose)
22 das Staudenbeet
23 der Gartenweg
24 der Kleingärtner (Schrebergärtner)
25 das Spargelbeet
26 das Gemüsebeet
27 die Vogelscheuche
28 die Stangenbohne, eine Bohnenpflanze an Stangen *f* (Bohnenstangen)
29 der einarmige, waagerechte Schnurbaum (Kordon)
30 der Obsthochstamm (hochstämmige Obstbaum)
31 der Baumpfahl
32 die Hecke

53 Zimmerpflanzen

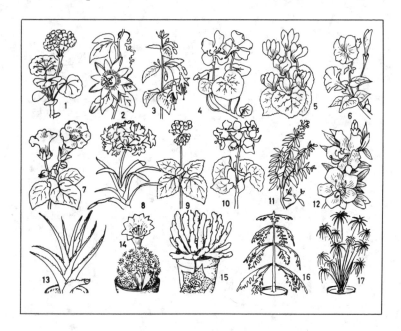

1 die Pelargonie (der Storchschnabel),
  ein Geraniengewächs *n*
2 die Passionsblume (Passiflora), eine
  Kletterpflanze *m*
3 die Fuchsie (Fuchsia), ein
  Nachtkerzengewächs *n*
4 die Kapuzinerkresse (Blumenkresse,
  das Tropaeolum)
5 das Alpenveilchen (Cyclamen), ein
  Primelgewächs *n*
6 die Petunie, ein Nachtschattengewächs
  n
7 die Gloxinie (Sinningia), ein
  Gesneriengewächs *n*
8 die Klivie (Clivia), ein
  Amaryllisgewächs *n*
  (Narzissengewächs)
9 die Zimmerlinde (Sparmannia), ein
  Lindengewächs *n*
10 die Begonie (Begonia, das Schiefblatt)
11 die Myrte (Brautmyrte, Myrtus)
12 die Azalee (Azalea), ein
  Heidekrautgewächs *n*
13 die Aloe, ein Liliengewächs *n*

14 der Igelkaktus (Kugelkaktus,
  Echinopsis, Epsis)
15 der Ordenskaktus (die Stapelia, ein
  Aasblume, Aasfliegenblume,
  Ekelblume), ein
  Seidenpflanzengewächs
16 die Zimmertanne (Schmucktanne, eine
  Araukarie)
17 das Zypergras (Cyperus alternifolius),
  ein Ried- oder Sauergras

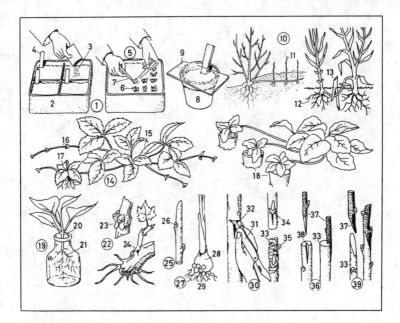

1 die Aussaat
2 die Aussaatschale (Saatschale)
3 der Samen
4 das Namensschild
5 das Verstopfen (Pikieren, Verpflanzen, Umpflanzen, Versetzen, Umsetzen)
6 der Sämling
7 das Pflanzholz
8 der Blumentopf (die Scherbe, *md.* der Blumenasch, *obd.* der Blumenscherben), ein Pflanztopf *m*
9 die Glasscheibe
10 die Vermehrung durch Ableger *m*
11 der Ableger
12 der bewurzelte Ableger
13 die Astgabel zur Befestigung
14 die Vermehrung durch Ausläufer *m*
15 die Mutterpflanze
16 der Ausläufer (Fechser)
17 der bewurzelte Sproß
18 das Absenken in Töpfe *m*
19 der Wassersteckling
20 der Steckling
21 die Wurzel
22 der Augensteckling an der Weinrebe

23 das Edelauge, eine Knospe
24 der ausgetriebene Steckling
25 der Holzsteckling
26 die Knospe
27 die Vermehrung durch Brutzwiebeln *f*
28 die alte Zwiebel
29 die Brutzwiebel
30–39 Veredlung
30 die Okulation (das Okulieren)
31 das Okuliermesser
32 der T-Schnitt
33 die Unterlage
34 das eingesetzte Edelauge
35 der Bastverband
36 das Pfropfen (Spaltpfropfen)
37 das Edelreis (Pfropfreis)
38 der Keilschnitt
39 die Kopulation (das Kopulieren)

55 Gärtnerei (Gartenbaubetrieb)

1–51 **der Gartenbaubetrieb** (die
Gärtnerei, der Erwerbsgartenbau)
1 der Geräteschuppen
2 der Hochbehälter (das
Wasserreservoir)
3 die Gartenbaumschule, eine
Baumschule
4 das Treibhaus (Warmhaus, Kulturhaus,
Kaldarium)
5 das Glasdach
6 die Rollmatte (Strohmatte, Rohrmatte,
Schattenmatte)
7 der Heizraum
8 das Heizrohr (die Druckrohrleitung)
9 das Deckbrett (der Deckladen, das
Schattenbrett, Schattierbrett)
10–12 die Lüftung
10 das Lüftungsfenster (die Klapplüftung)
11 die Firstlüftung
12 der Pflanzentisch
13 der Durchwurf (das Erdsieb, Stehsieb,
Wurfgitter)
14 die Erdschaufel (Schaufel)
15 der Erdhaufen (die kompostierte Erde,
Komposterde, Gartenerde)
16 das Frühbeet (Mistbeet, Warmbeet,
Treibbeet, der Mistbeetkasten)
17 das Mistbeetfenster (die Sonnenfalle)
18 das Lüftungsholz (Luftholz)
19 der Regner (das Beregnungsgerät, der
Sprenger, Sprinkler)
20 der Gärtner (Gartenbauer,
Gartenbaumeister, Handelsgärtner)
21 der Handkultivator
22 das Laufbrett
23 verstopfte (pikierte) Pflänzchen *n*
24 getriebene Blumen *f* [Frühtreiberei]
25 Topfpflanzen *f* (eingetopfte, vertopfte
Pflanzen)
26 die Bügelgießkanne
27 der Bügel (Schweizerbügel)
28 die Gießkannenbrause
29 das Wasserbassin (der Wasserbehälter)
30 das Wasserrohr mit Wasser *n*
31 der Torfmullballen
32 das Warmhaus
33 das Kalthaus
34 der Windmotor
35 das Windrad
36 die Windfahne

37 das Staudenbeet, ein Blumenbeet *n*
38 die Ringeinfassung
39 das Gemüsebeet
40 der Folientunnel (das
   Foliengewächshaus)
41 die Lüftungsklappe
42 der Mittelgang
43 die Gemüseversandsteige
   (Gemüsesteige)
44 die Stocktomate (Tomatenstaude)
45 der Gartenbaugehilfe
46 die Gartenbaugehilfin
47 die Kübelpflanze
48 der Kübel
49 das Orangenbäumchen
50 der Drahtkorb
51 der Setzkasten

56 Gartengeräte

1 das Pflanzholz (Setzholz)
2 der Spaten
3 der Gartenbesen
4 der Rechen (die Harke)
5 die Häufelhacke (der Häufler)
6 das Erdschäufelchen (die Pflanzkelle)
7 die Kombihacke
8 die Sichel
9 das Gartenmesser (die Gartenhippe,
  Hippe, Asthippe)
10 das Spargelmesser
11 die Baumschere (Astschere, der
  Astschneider)
12 der halbautomatische Spaten
13 der Dreizinkgrubber (die Jätekralle)
14 der Baumkratzer (Rindenkratzer)
15 der Rasenlüfter
16 die Baumsäge (Astsäge)
17 die batteriebetriebene Heckenschere
18 die Motorgartenhacke
19 die elektrische Handbohrmaschine
20 das Getriebe
21 das Anbau-Hackwerkzeug
22 der Obstpflücker
23 die Baumbürste (Rindenbürste)
24 die Gartenspritze zur
  Schädlingsbekämpfung
25 das Sprührohr
26 der Schlauchwagen
27 der Gartenschlauch
28 der Motorrasenmäher
29 der Grasfangkorb
30 der Zweitaktmotor
31 der elektrische Rasenmäher
32 das Stromkabel
33 das Messerwerk
34 der Handrasenmäher
35 die Messerwalze
36 das Messer
37 der Rasentraktor (Aufsitzmäher)
38 der Bremsarretierhebel
39 der Elektrostarter
40 der Fußbremshebel
41 das Schneidwerk
42 der Kippanhänger
43 der Kreisregner, ein Rasensprenger *m*
44 die Drehdüse
45 der Schlauchnippel
46 der Viereckregner
47 der Gartenschubkarren
48 die Rasenschere
49 die Heckenschere
50 die Rosenschere

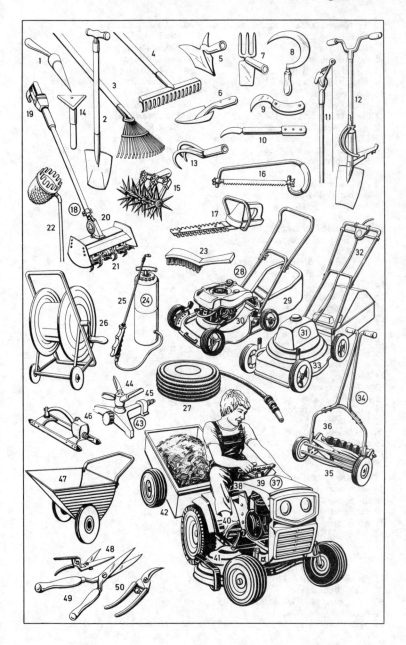

57 Gemüsepflanzen

1–11 Hülsenfrüchte f (Leguminosen)
1 die Erbsenpflanze, ein
   Schmetterlingsblütler m
2 die Erbsenblüte
3 das gefiederte Blatt
4 die Erbsenranke, eine Blattranke
5 das Nebenblatt
6 die Hülse, eine Fruchthülle
7 die Erbse [der Samen (Same)]
8 die Bohnenpflanze, eine
   Kletterpflanze; *Sorten:* Gemüsebohne,
   Kletter- oder Stangenbohne,
   Feuerbohne; *kleiner:* Zwerg- oder
   Buschbohne
9 die Bohnenblüte
10 der rankende Bohnenstengel
11 die Bohne [die Hülse mit den Samen
   m]
12 die Tomate (der Liebesapfel,
   Paradiesapfel, *österr.* Paradeis,
   Paradeiser)
13 die Gurke (*schwäb.* Guckummer,
   österr. der Kümmerling)
14 der Spargel
15 das Radieschen
16 der Rettich (*bayr.-österr.* Radi)
17 die Mohrrübe (*obd.* gelbe Rübe, *md.*
   obd. Möhre, *nd.* Wurzel)
18 die Karotte
19 die Petersilie (Federselli, das Peterlein)
20 der Meerrettich (*österr.* Kren)
21 der Porree (Lauch, Breitlauch)
22 der Schnittlauch
23 der Kürbis; *ähnl.:* die Melone
24 die Zwiebel (Küchenzwiebel,
   Gartenzwiebel)
25 die Zwiebelschale
26 der Kohlrabi (Oberkohlrabi)
27 der (die) Sellerie (Eppich, *österr.*
   Zeller)
28–34 Krautpflanzen f
28 der Mangold
29 der Spinat
30 der Rosenkohl (Brüsseler Kohl)
31 der Blumenkohl (*österr.* Karfiol)
32 der Kohl (Kopfkohl, Kohlkopf), ein
   Kraut n; *Zuchtformen:* Weißkohl
   (Weißkraut, *ugs.* Kappes), Rotkohl
   (Rotkraut, Blaukraut)
33 der Wirsing (Wirsingkohl, Wirsching,
   das Welschkraut)
34 der Blätterkohl (Grünkohl, Krauskohl,
   Braunkohl, Winterkohl)
35 die Schwarzwurzel

36–40 Salatpflanzen f
36 der Kopfsalat (Salat, grüne Salat, die
   Salatstaude)
37 das Salatblatt
38 der Feldsalat (Ackersalat, die
   Rapunze, Rapunzel, das Rapunzlein,
   Rapünzchen)
39 die Endivie (der Endiviensalat)
40 die Chicorée (die Zichorie,
   Salatzichorie)
41 die Artischocke
42 der Paprika (spanische Pfeffer)

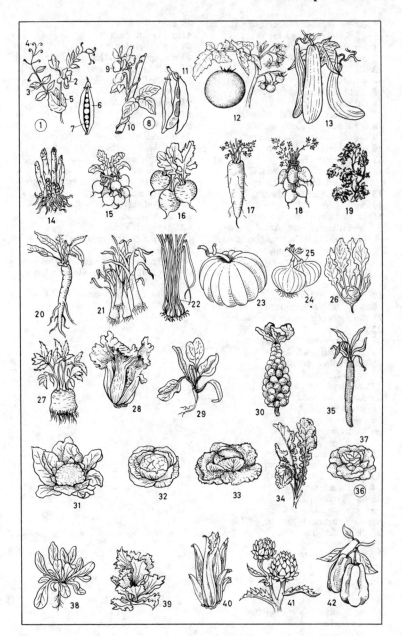

58 Beeren- und Kernobst

1–30 Beerenobst *n* (Beerensträucher *m*)
1–15 Steinbrechgewächse *n*
1 der Stachelbeerstrauch
2 der blühende Stachelbeerzweig
3 das Blatt
4 die Blüte
5 die Stachelbeerspannerraupe
6 die Stachelbeerblüte
7 der unterständige Fruchtknoten
8 der Kelch (die Kelchblätter *n*)
9 die Stachelbeere, eine Beere
10 der Johannisbeerstrauch
11 die Fruchttraube
12 die Johannisbeere (*österr.* Ribisel,
   schweiz. Trübli *n*)
13 der Fruchtstiel (Traubenstiel)
14 der blühende Johannisbeerzweig
15 die Blütentraube
16 die Erdbeerpflanze; *Arten:* die
   Walderdbeere, Gartenerdbeere od.
   Ananaserdbeere, Monatserdbeere
17 die blühende und fruchttragende
   Pflanze
18 der Wurzelstock
19 das dreiteilige Blatt
20 der Ausläufer (Seitensproß, Fechser)
21 die Erdbeere, eine Scheinfrucht
22 der Außenkelch
23 der Samenkern (Samen, Kern)
24 das Fruchtfleisch
25 der Himbeerstrauch
26 die Himbeerblüte
27 die Blütenknospe (Knospe)
28 die Frucht (Himbeere), eine
   Sammelfrucht
29 die Brombeere
30 die Dornenranke
31–61 Kernobstgewächse *n*
31 der Birnbaum; *wild:* der Holzbirnbaum
32 der blühende Birnbaumzweig
33 die Birne [Längsschnitt]
34 der Birnenstiel (Stiel)
35 das Fruchtfleisch
36 das Kerngehäuse (Kernhaus)
37 der Birnenkern (Samen), ein Obstkern
38 die Birnenblüte
39 die Samenanlage
40 der Fruchtknoten
41 die Narbe
42 der Griffel
43 das Blütenblatt (Blumenblatt)
44 das Kelchblatt
45 das Staubblatt (der Staubbeutel, das
   Staubgefäß)

46 der Quittenbaum
47 das Quittenblatt
48 das Nebenblatt
49 die Apfelquitte (Quitte) [Längsschnitt]
50 die Birnquitte (Quitte) [Längsschnitt]
51 der Apfelbaum; *wild:* der
   Holzapfelbaum
52 der blühende Apfelzweig
53 das Blatt
54 die Apfelblüte
55 die welke Blüte
56 der Apfel [Längsschnitt]
57 die Apfelschale
58 das Fruchtfleisch
59 das Kerngehäuse (das Kernhaus, *obd.*
   der Apfelbutzen, Butzen, *md.* Griebs)
60 der Apfelkern, ein Obstkern *m*
61 der Apfelstiel (Stiel)
62 der Apfelwickler, ein
   Kleinschmetterling *m*
63 der Fraßgang
64 die Larve (Raupe, *ugs.* der Wurm,
   die Obstmade) eines Kleinschmetter-
   lings *m*
65 das Wurmloch (Bohrloch)

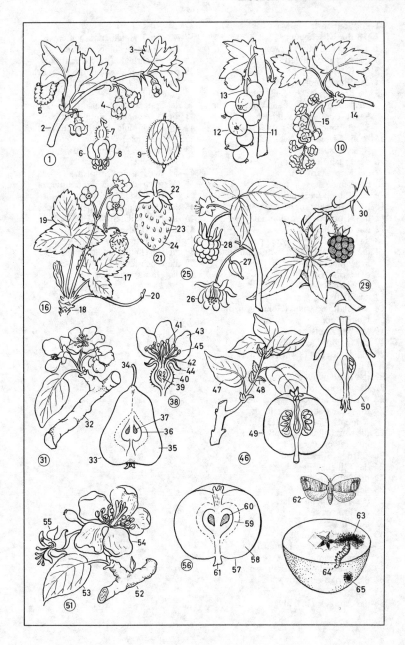

59 Steinobst und Nüsse

1–36 Steinobstgewächse *n*
1–18 der Kirschbaum
1 der blühende Kirschzweig
2 das Kirschbaumblatt
3 die Kirschblüte
4 der Blütenstengel
5 die Kirsche; *Arten:* Süß- oder
  Herzkirsche, Wild- oder Vogelkirsche,
  Sauer- oder Weichselkirsche,
  Schattenmorelle
6–8 die Kirsche (Kirschfrucht)
  [Querschnitt]
6 das Fruchtfleisch
7 der Kirschkern
8 der Samen
9 die Blüte [Querschnitt]
10 das Staubblatt (der Staubbeutel)
11 das Kronblatt (das Blütenblatt)
12 das Kelchblatt
13 das Fruchtblatt (der Stempel)
14 die Samenanlage im mittelständigen
  Fruchtknoten *m*
15 der Griffel
16 die Narbe
17 das Blatt
18 das Blattnektarium (Nektarium, die
  Honiggrube)
19–23 der Zwetschgenbaum
19 der fruchttragende Zweig
20 die Zwetschge (Zwetsche), eine
  Pflaume
21 das Pflaumenbaumblatt
22 die Knospe
23 der Pflaumenkern (Zwetschgenkern)
24 die Reneklode (Reineclaude,
  Rundpflaume, Ringlotte)
25 die Mirabelle (Wachspflaume),
  eine Pflaume
26–32 der Pfirsichbaum
26 der Blütenzweig
27 die Pfirsichblüte
28 der Blütenansatz
29 das austreibende Blatt
30 der Fruchtzweig
31 der Pfirsich
32 das Pfirsichbaumblatt
33–36 der Aprikosenbaum (*österr.*
  Marillenbaum)
33 der blühende Aprikosenzweig
34 die Aprikosenblüte
35 die Aprikose (*österr.* Marille)
36 das Aprikosenbaumblatt

37–51 Nüsse *f*
37–43 der Walnußbaum (Nußbaum)
37 der blühende Nußbaumzweig
38 die Fruchtblüte (weibliche Blüte)
39 der Staubblütenstand (die männlichen
  Blüten *f*, das Kätzchen mit den
  Staubblüten *f*)
40 das unpaarig gefiederte Blatt
41 die Walnuß, eine Steinfrucht
42 die Fruchthülle (Fruchtwand, weiche
  Außenschale)
43 die Walnuß (welsche Nuß), eine
  Steinfrucht
44–51 der Haselnußstrauch
  (Haselstrauch), ein Windblütler *m*
44 der blühende Haselzweig
45 das Staubblütenkätzchen (Kätzchen)
46 der Fruchtblütenstand
47 die Blattknospe
48 der fruchttragende Zweig
49 die Haselnuß, eine Steinfrucht
50 die Fruchthülle
51 das Haselstrauchblatt

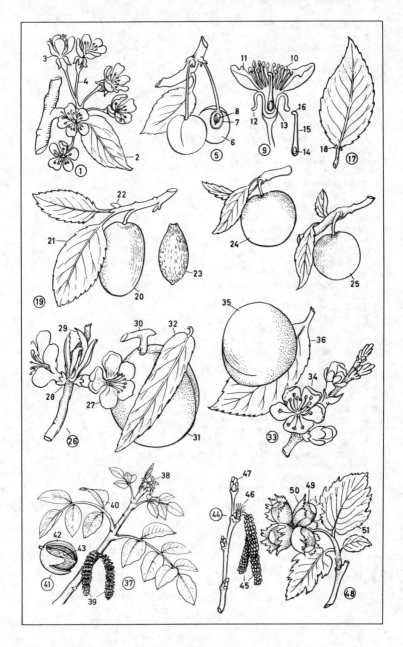

60 Gartenblumen

1 das Schneeglöckchen (Märzglöckchen, Märzblümchen, die Märzblume)
2 das Gartenstiefmütterchen (Pensee, Gedenkemein), ein Stiefmütterchen *n*
3 die Trompetennarzisse, eine Narzisse
4 die Weiße Narzisse (Dichternarzisse, Sternblume, Studentenblume); *ähnl.:* die Tazette
5 das Tränende Herz (Flammende Herz, Hängende Herz, Frauenherz, Jungfernherz, die Herzblume), ein Erdrauchgewächs *n*
6 die Bartnelke (Büschelnelke, Fleischnelke, Studentennelke), eine Nelke (Näglein *n*, *österr.* Nagerl)
7 die Gartennelke
8 die Wasserschwertlilie (Gelbe Schwertlilie, Wasserlilie, Schilflilie, Drachenwurz, Tropfwurz, Schwertblume, der Wasserschwertel), eine Schwertlilie (Iris)
9 die Tuberose (Nachthyazinthe)
10 die Gemeine Akelei (Aglei, Glockenblume, Goldwurz, der Elfenschuh)
11 die Gladiole (Siegwurz, der Schwertel, *österr.* das Schwertel)
12 die Weiße Lilie, eine Lilie (*obd.* Gilge, Ilge)
13 der Gartenrittersporn, ein Hahnenfußgewächs *n*
14 der Staudenphlox, ein Phlox *m*
15 die Edelrose (Chinesische Rose)
16 die Rosenknospe, eine Knospe
17 die gefüllte Rose
18 der Rosendorn, ein Stachel *m*
19 die Gaillardie (Kokardenblume)
20 die Tagetes (Samtblume, Studentenblume, Totenblume, Tuneserblume, Afrikane)
21 der Gartenfuchsschwanz (Katzenschwanz, das Tausendschön), ein Amarant *m* (Fuchsschwanz)
22 die Zinnie
23 die Pompon-Dahlie, eine Dahlie (Georgine)

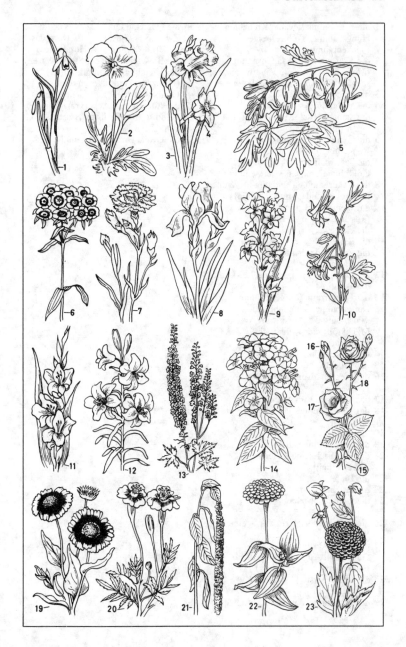

61 Unkräuter

1 die Kornblume (Zyane, Kreuzblume, Hungerblume, Tremse), eine Flockenblume
2 der Klatschmohn (Klappermohn, *österr.* Feldmohn, die Feuerblume, *schweiz.* Kornrose), ein Mohn *m*
3 die Knospe
4 die Mohnblüte
5 die Samenkapsel (Mohnkapsel) mit den Mohnsamen *m*
6 die Gemeine Kornrade (Kornnelke, Roggenrose)
7 die Saatwucherblume (Wucherblume, Goldblume), ein Chrysanthemum *n*
8 die Ackerkamille (Feldkamille, Wilde [Taube] Kamille, Hundskamille)
9 das Gemeine Hirtentäschel (Täschelkraut, das Hirtentäschelkraut, die Gänsekresse)
10 die Blüte
11 die Frucht (das Schötchen), in Täschchenform *f*
12 das Gemeine Kreuzkraut (Greiskraut, der Beinbrech)
13 der Löwenzahn (die Kuhblume, Kettenblume, Sonnenblume, „Pusteblume", Augenwurz, das Milchkraut, der Kuhlattich, Hundslattich)
14 das Blütenköpfchen
15 der Fruchtstand
16 die Wegrauke, eine Rauke (Ruke, Runke)
17 das Steinkraut (die Steinkresse)
18 der Ackersenf (Wilde Senf, Falsche Hederich)
19 die Blüte
20 die Frucht, eine Schote
21 der Hederich (Echte Hederich, Ackerrettich)
22 die Blüte
23 die Frucht (Schote)
24 die Gemeine Melde
25 der Gänsefuß
26 die Ackerwinde (Drehwurz), eine Winde
27 der (das) Ackergauchheil (Rote Gauchheil, Augentrost, die Rote Hühnermyrte, Rote Miere)
28 die Mäusegerste (Taubgerste, Mauergerste)
29 der Flughafer (Windhafer, Wildhafer)
30 die Gemeine Quecke (Zwecke, das Zweckgras, Spitzgras, der Dort, das Pädergras); *ähnl.:* die Hundsquecke, die Binsenquecke (der Strandweizen)
31 das Kleinblütige Knopfkraut (Franzosenkraut, Hexenkraut, Goldknöpfchen, die Wucherblume)
32 die Ackerdistel (Ackerkratzdistel, Felddistel, Haferdistel, Brachdistel), eine Distel
33 die Große Brennessel, eine Nessel

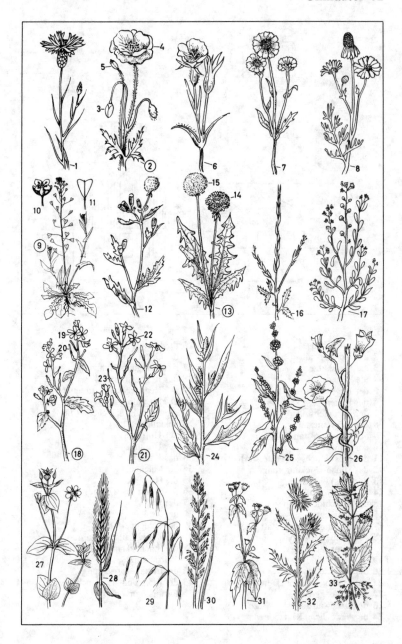

1 das Wohnhaus
2 der Reittierstall
3 die Hauskatze
4 die Bäuerin
5 der Besen
6 der Bauer
7 der Rindviehstall
8 der Schweinestall
9 der Offenfreßstand
10 das Schwein
11 der (das) Hochsilo (Futtersilo)
12 das Silobeschickungsrohr
13 der (das) Güllesilo
14 das Nebengebäude
15 der Maschinenschuppen
16 das Schiebetor
17 der Zugang zur Werkstatt
18 der Dreiseitenkipper, ein
   Transportfahrzeug n
19 der Kippzylinder
20 die Deichsel
21 der Stallmiststreuer (Dungstreuer)
22 das Streuaggregat
23 die Streuwalze
24 der bewegliche Kratzboden

25 die Bordwand
26 die Gitterwand
27 das Beregnungsfahrzeug
28 das Regnerstativ
29 der Regner (Schwachregner), ein
   Drehstrahlregner
30 die Regnerschläuche m (die
   Schlauchleitung)
31 der Hofraum
32 der Hofhund
33 das Kalb
34 die Milchkuh
35 die Hofhecke
36 das Huhn (die Henne)
37 der Hahn
38 der Traktor (Schlepper)
39 der Schlepperfahrer
40 der Universalladewagen
41 die [hochgeklappte] Pick-up-
   Vorrichtung
42 die Entladevorrichtung
43 der (das) Folienschlauchsilo, ein
   Futtersilo m od. n

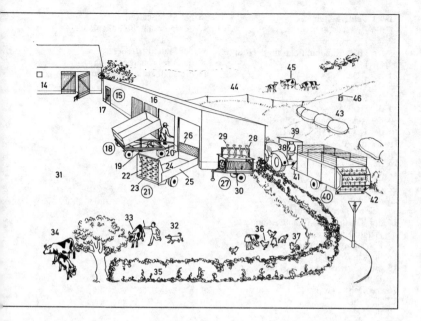

44 die Viehweide
45 das Weidevieh
46 der Elektrozaun (elektrische
Weidezaun)

63 Landwirtschaft

1–41 Feldarbeiten *f*
1 der Brachacker
2 der Grenzstein
3 der Grenzrain, ein Feldrain *m* (Rain, Ort)
4 der Acker (das Feld)
5 der Landarbeiter
6 der Pflug
7 die Scholle
8 die Ackerfurche (Pflugfurche)
9 der Lesestein (Feldstein)
10–12 die Aussaat (Bodenbestellung, Bestellung, Feldbestellung, das Säen)
10 der Sämann
11 das Sätuch
12 das Saatkorn (Saatgut)
13 der Flurwächter (Flurhüter, Feldwächter, Feldhüter)
14 der Kunstdünger (Handelsdünger); *Arten:* Kalidünger, Phosphorsäuredünger, Kalkdünger, Stickstoffdünger
15 die Fuhre Mist *m* (der Stalldünger, Dung)
16 das Ochsengespann
17 die Flur
18 der Feldweg
19–30 die Heuernte
19 der Kreiselmäher mit Schwadablage *f* (der Schwadmäher)
20 der Verbindungsbalken
21 die Zapfwelle
22 die Wiese
23 der Schwad (Schwaden)
24 der Kreiselheuer (Kreiselzetter)
25 das gebreitete (gezettete) Heu
26 der Kreiselschwader
27 der Ladewagen mit Pick-up-Vorrichtung
28 der Schwedenreuter, ein Heureuter
29 die Heinze, ein Heureuter
30 der Dreibockreuter
31–41 die Getreideernte und Saatbettbereitung *f*
31 der Mähdrescher
32 das Getreidefeld
33 das Stoppelfeld (der Stoppelacker)
34 der Strohballen (Strohpreßballen)
35 die Strohballenpresse, eine Hochdruckpresse
36 der Strohschwad
37 der hydraulische Ballenlader
38 der Ladewagen
39 der Stallmiststreuer
40 der Vierschaarbeetpflug
41 die Saatbettkombination

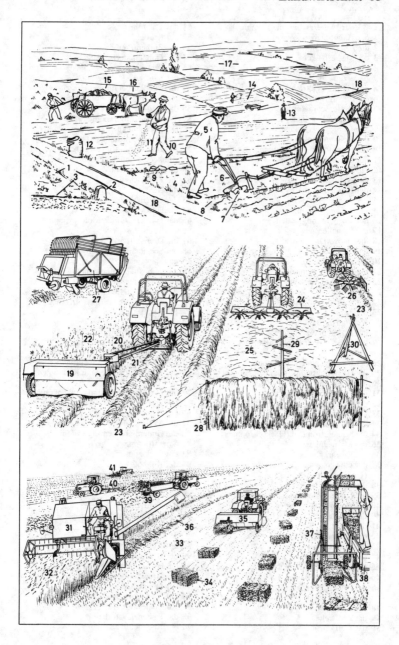

64 Landwirtschaftliche Maschinen (Landmaschinen) I

1–33 **der Mähdrescher** (die Kombine)
1 der Halmteiler
2 die Ährenheber m
3 der Messerbalken
4 die Pick-up-Haspel, eine
  Federzinkenhaspel
5 der Haspelregeltrieb
6 die Einzugswalze
7 der Kettenschrägförderer
8 der Hydraulikzylinder für die
  Schneidwerkverstellung
9 die Steinfangmulde
10 die Entgrannungseinrichtung
11 der Dreschkorb
12 die Dreschtrommel
13 die Wendetrommel, zur Strohführung
14 der Hordenschüttler
15 das Gebläse für die
  Druckwindreinigung
16 der Vorbereitungsboden
17 das Lamellensieb
18 die Siebverlängerung
19 das Wechselsieb
20 die Kornschnecke
21 die Überkehrschnecke
22 der Überkehrauslauf
23 der Korntank
24 die Korntankfüllschnecke
25 die Zubringerschnecken f zum
  Korntankauslauf m
26 das Korntankauslaufrohr
27 das Fenster n zur Beobachtung der
  Tankfüllung
28 der Sechszylinder-Dieselmotor
29 die Hydraulikpumpe mit Ölbehälter m
30 der Triebachsvorgelege
31 die Triebradbereifung
32 die Lenkachsbereifung
33 der Fahrerstand
34–39 **der selbstfahrende Feldhäcksler**
34 die Schneidtrommel (Häckseltrommel)
35 das Maisgebiß
36 die Fahrerkabine
37 der schwenkbare Auswurfturm
  (Überladeturm)
38 der Auspuff
39 die Hinterradlenkung
40–45 **der Wirbelschwader**
40 die Gelenkwelle
41 das Laufrad
42 der Doppelfederzinken
43 die Handkurbel
44 der Schwadrechen
45 der Dreipunktanbaubock
46–58 **der Wirbelwender**
46 der Ackerschlepper
47 die Anhängedeichsel
48 die Gelenkwelle
49 die Zapfwelle
50 das Getriebe

51 das Tragrohr
52 der Kreisel
53 das Zinkentragrohr
54 der Doppelfederzinken
55 der Schutzbügel
56 das Laufrad
57 die Handkurbel für die
  Höhenverstellung
58 die Laufradverstellung
59–84 **der Kartoffelsammelroder**
  (Kartoffelbunkerroder)
59 die Bedienungsstangen f für die
  Aufzüge m des Rodeorgans n, des
  Bunkers m und die Deichselverstellung
60 die höhenverstellbare Zugöse
61 die Zugdeichsel
62 die Deichselstütze
63 der Gelenkwellenanschluß
64 die Druckwalze
65 das Getriebe für die Motorhydraulik
66 das Scheibensech
67 die Dreiblattschar
68 der Scheibensechantrieb
69 das Siebband
70 die Siebbandklopfeinrichtung
71 das Mehrstufengetriebe
72 die Auflegematte
73 der Krautabstreifer (die rotierende
  Flügelwalze)
74 das Hubrad
75 die Taumelzellenwalze
76 das Krautband mit federnden
  Abstreifern m
77 die Krautbandklopfeinrichtung
78 der Krautbandantrieb mit Keilriemen
  m
79 das Gumminoppenband zurFeinkraut-,
  Erdklumpen- und Steinabsonderung
80 das Beimengenband
81 das Verleseband
82 die Gummischeibenwalzen f für die
  Vorsortierung
83 das Endband
84 der Rollbodenbunker
85–97 **die Rübenerntemaschine** (der
  Bunkerköpfroder)
85 der Köpfer
86 das Tastrad
87 das Köpfmesser
88 das Tasterstützrad mit
  Tiefenregulierung f
89 der Rübenputzer
90 der Blattelevator
91 die Hydraulikpumpe
92 der Druckluftbehälter
93 der Ölbehälter
94 die Spannvorrichtung für den
  Rübenelevator
95 das Rübenelevatorband
96 der Rübenbunker

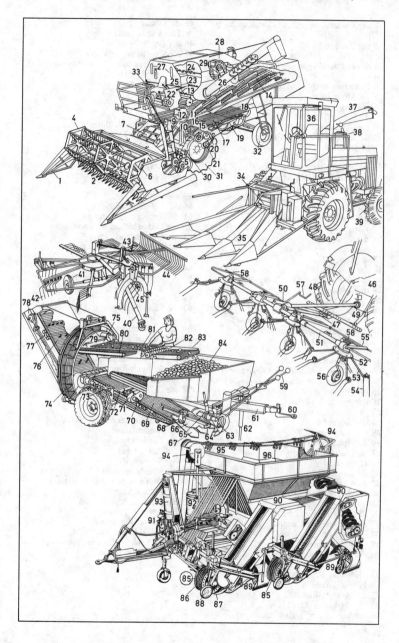

1 **der Karrenpflug,** ein Einscharpflug *m*
[früh.]
2 der Handgriff
3 der Pflugsterz (Sterz)
4–8 **der Pflugkörper**
4 das Streichblech (Abstreichblech,
Panzerabstreichblech)
5 das Molterbrett
6 die Pflugsohle (Sohle)
7 die (das) Pflugschar (Schar)
8 die Griessäule
9 der Grindel (Gründel, Grendel, der
Pflugbaum)
10 das Messersech (Pflugmesser, der *od.*
das Pflugkolter), ein Sech *n*
11 der Vorschäler (Vorschneider)
12 der Führungssteg (Quersteg, das
Querzeug) für die Kettenselbstführung
13 die Selbsthaltekette (Führungskette)
14–19 **der Pflugkarren** (Karren, die
Karre)
14 der Stellbügel (Stellbogen, die Brücke,
das Joch)
15 das Landrad
16 das Furchenrad
17 die Zughakenkette (Aufhängekette)
18 die Zugstange
19 der Zughaken
20 **der Schlepper** (Ackerschlepper,
Traktor, Trecker, die Zugmaschine)
21 das Fahrerhausgestänge (der
Überrollbügel)
22 der Sattelsitz
23 die Zapfwellenschaltung
24–29 **die Hubhydraulik** (der Kraftheber)
24 der Hydraulikkolben
25 die Hubstrebenverstellung
26 der Anschlußrahmen
27 der obere Lenker
28 der untere Lenker
29 die Hubstrebe
30 die Anhängekupplung
31 die lastschaltbare Motorzapfwelle
(Zapfwelle)
32 das Ausgleichsgetriebe
33 die Steckachse
34 der Wandlerhebel
35 die Gangschaltung
36 das Feinstufengetriebe
37 die hydraulische Kupplung
38 das Zapfwellengetriebe
39 die Fahrkupplung (Kupplung)
40 die Zapfwellenschaltung, mit
Zapfwellenkupplung *f*
41 die hydraulische Lenkung mit dem
Wendegetriebe *n*
42 der Kraftstoffbehälter
43 der Schwimmerhebel
44 der Vier-Zylinder-Dieselmotor

45 die Ölwanne mit Pumpe *f* für die
Druckumlaufschmierung
46 der Frischölbehälter
47 die Spurstange
48 der Vorderachsspendelbolzen
49 die Vorderachsfederung
50 die vordere Anhängevorrichtung
51 der Kühler
52 der Ventilator
53 die Batterie
54 der (das) Ölbadluftfilter
55 **der Grubber** (Kultivator)
56 der Profilrahmen
57 die Federzinke
58 die (das) Schar, ein[e]
Doppelherzschar *f u. n* (ähnl.:
Meißelschar)
59 das Stützrad
60 die Tiefeneinstellung
61 die Anhängevorrichtung
62 **der Volldrehpflug,** ein Anbaupflug *m*
63 das Pflugstützrad
64–67 **der Pflugkörper, ein
Universalpflugkörper** *m*
64 das Streichblech
65 die (das) Pflugschar (Schar), ein[e]
Spitzschar *f u. n*
66 die Pflugsohle
67 das Molterbrett
68 der Vorschäler
69 das Scheibensech
70 der Pflugrahmen
71 der Grindel
72 die Dreipunktkupplung
73 die Schwenkvorrichtung (das
Standdrehwerk)
74 **die Drillmaschine**
75 der Säkasten
76 das Säschar
77 das Saatleitungsrohr, ein Teleskoprohr
78 der Saatauslauf
79 der Getriebekasten
80 das Antriebsrad
81 der Spuranzeiger
82 **die Scheibenegge,** ein Aufsattelgerät *n*
83 die x-förmige Scheibenanordnung
84 die glatte Scheibe
85 die gezackte Scheibe
86 die Schnellkupplung
87 **die Saatbettkombination**
88 die dreifeldrige Zinkenegge
89 der dreifeldrige Zweiwalzenkrümler
90 der Tragrahmen

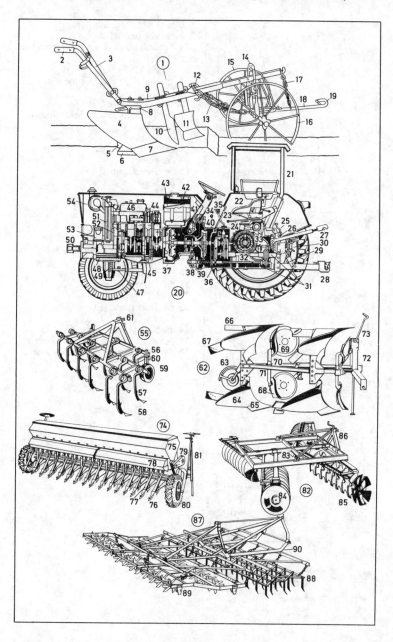

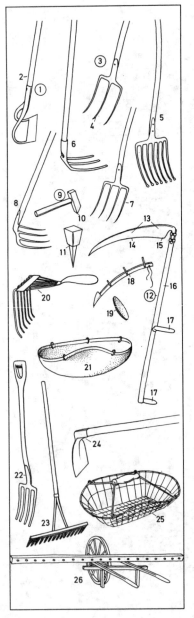

1 die Ziehhacke (Bügelhacke)
2 der Hackenstiel
3 die dreizinkige Heugabel (Heuforke, Forke)
4 der Zinken
5 die Kartoffelgabel (Kartoffelforke, Rübengabel)
6 die Kartoffelhacke
7 die vierzinkige Mistgabel (Mistforke, Forke)
8 die Misthacke
9 der Dengelhammer
10 die Finne
11 der Dengelamboß
12 die Sense
13 das Sensenblatt
14 der Dengel
15 der Sensenbart
16 der Wurf (Sensenstiel)
17 der Sensengriff (Griff)
18 der Sensenschutz (Sensenschuh)
19 der Wetzstein
20 die Kartoffelkralle
21 die Kartoffellegewanne
22 die Grabgabel
23 der Holzrechen (Rechen, die Heuharke)
24 die Schlaghacke (Kartoffelhacke)
25 der Kartoffelkorb, ein Drahtkorb *m*
26 die Kleekarre, eine Kleesämaschine

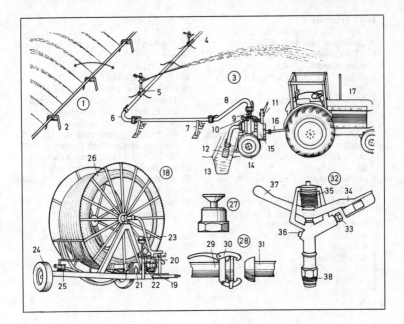

1 das Düsenschwenkrohr	**24** das Laufrad
2 der Lagerstützbock	**25** die Rohrführung
3 die vollbewegliche Beregnungsanlage	**26** das PE-Rohr (Polyesterrohr)
4 der Kreisregner	**27** die Regendüse
5 die Standrohrkupplung	**28** das Schnellkupplungsrohr mit
6 der Kardanbogen	Kardangelenkkupplung *f*
7 der Stützbock	**29** der (das) Kardan-M-Teil
8 der Pumpenanschlußbogen	**30** die Kupplung
9 der Druckanschluß	**31** das (der) Kardan-V-Teil
10 das Manometer	**32** der Kreisregner, ein Feldregner *m*
11 die Evakuierungspumpe	**33** die Düse
12 der Saugkorb	**34** der Schwinghebel
13 der Graben	**35** die Schwinghebelfeder
14 das Fahrgestell für die	**36** der Stopfen
Schlepperpumpe	**37** das Gegengewicht
15 die Schlepperpumpe	**38** das Gewinde
16 die Gelenkwelle	
17 der Schlepper	
18 der Beregnungsautomat für	
Großflächen *f*	
19 der Antriebsstutzen	
20 die Turbine	
21 das Getriebe	
22 die verstellbare Wagenabstützung	
23 die Evakuierungspumpe	

68 Feldfrüchte

1–47 Feldfrüchte *f*
(Ackerbauerzeugnisse *n*,
Landwirtschaftsprodukte)
1–37 Getreidearten *f* (Getreide *n*,
Körnerfrüchte *f*, Kornfrüchte,
Mehlfrüchte, Brotfrüchte, Zerealien
pl)
1 der Roggen (*auch:* das Korn; „Korn"
bedeutet oft Hauptbrotfrucht *f*, in
Norddeutschland: Roggen *m*, in
Süddeutschland und Italien: Weizen *m*,
in Schweden: Gerste *f*, in Schottland:
Hafer *m*, in Nordamerika: Mais *m*, in
China: Reis *m*)
2 die Roggenähre, eine Ähre
3 das Ährchen
4 das Mutterkorn, ein durch einen Pilz *m*
(Schmarotzer, Parasit) entartetes Korn
n (mit Dauermyzelgeflecht *n*)
5 der bestockte Getreidehalm
6 der Halm
7 der Halmknoten
8 das Blatt (Getreideblatt)
9 die Blattscheide (Scheide)
10 das Ährchen
11 die Spelze
12 die Granne
13 das Samenkorn (Getreidekorn, Korn,
der Mehlkörper)
14 die Keimpflanze
15 das Samenkorn
16 der Keimling
17 die Wurzel
18 das Wurzelhaar
19 das Getreideblatt
20 die Blattspreite (Spreite)
21 die Blattscheide
22 das Blatthäutchen
23 der Weizen
24 der Spelt (Spelz, Dinkel, Blicken,
Fesen, Vesen, das Schwabenkorn)
25 das Samenkorn; *unreif:* der Grünkern,
eine Suppeneinlage
26 die Gerste
27 die Haferrispe, eine Rispe
28 die Hirse
29 der Reis
30 das Reiskorn
31 der Mais (*landsch.* Kukuruz, türkische
Weizen); *Sorten:* Puff- oder Röstmais,
Pferdezahnmais, Hartmais,
Hülsenmais, Weichmais, Zuckermais
32 der weibliche Blütenstand

33 die Lieschen *pl*
34 der Griffel
35 der männliche Blütenstand in Rispen *f*
36 der Maiskolben
37 das Maiskorn
38–45 Hackfrüchte *f*
38 die Kartoffel (*österr.* der Erdapfel,
Herdapfel, die Grundbirne, *schweiz.*
die Erdbirne), eine Knollenpflanze;
Sorten: die runde, rundovale,
plattovale, lange Kartoffel,
Nierenkartoffel; nach Farben: die
weiße, gelbe, rote, blaue Kartoffel
39 die Saatkartoffel (Mutterknolle)
40 die Kartoffelknolle (Kartoffel, Knolle)
41 das Kartoffelkraut
42 die Blüte
43 die giftige Beerenfrucht (der
Kartoffelapfel)
44 die Zuckerrübe, eine Runkelrübe
45 die Wurzel (Rübe, der Rübenkörper)
46 der Rübenkopf
47 das Rübenblatt

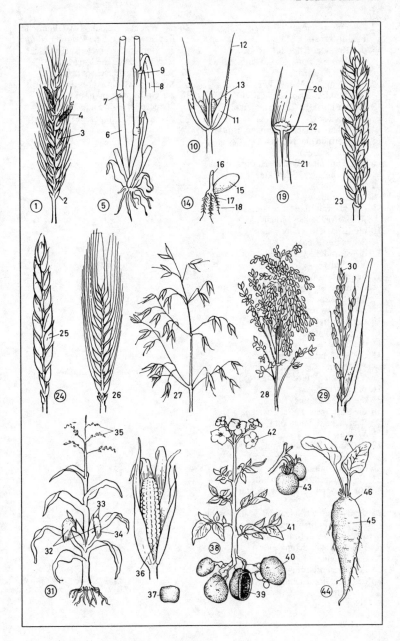

69 Futterpflanzen

1–28 Futterpflanzen *f* **für den Feldfutterbau**

1 der Rotklee (Kopfklee, Rote Wiesenklee, Futterklee, Deutsche Klee, Steyrer Klee)
2 der Weißklee (Weiße Wiesenklee, Weidenklee, Kriechende Klee)
3 der Bastardklee (Schwedenklee, *nd.* die Alsike)
4 der Inkarnatklee (Rosenklee, Blutklee)
5 das vierblättrige Kleeblatt (*volkstüml.:* der Glücksklee)
6 der Wundklee (Wollklee, Tannenklee, Russische Klee, Bärenklee)
7 die Kleeblüte
8 die Fruchthülse
9 die Luzerne (der Dauerklee, Welsche Klee, Hohe Klee, Monatsklee)
10 die Esparsette (Esper, der Süßklee, Schweizer Klee)
11 die Serradella (Serradelle, der Große Vogelfuß)
12 der Ackerspörgel (Feldspörgel, Gemeine Spörgel, Feldspark, Spörgel, Spergel, Spark, Sperk), ein Nelkengewächs *n*
13 der Komfrey (Comfrey), ein Beinwell *m*, Rauhblattgewächs *n*
14 die Blüte
15 die Ackerbohne (Saubohne, Feldbohne, Gemeine Feldbohne, Viehbohne, Pferdebohne, Roßbohne)
16 die Fruchthülse
17 die Gelbe Lupine
18 die Futterwicke (Ackerwicke, Saatwicke, Feldwicke, Gemeine Wicke)
19 der Kicherling (die Deutsche Kicher, Saatplatterbse, Weiße Erve)
20 die Sonnenblume
21 die Runkelrübe (Futterrübe, Dickrübe, Burgunderrübe, Dickwurz, der Randich)
22 der Hohe Glatthafer (das Französische Raygras, Franzosengras, Roßgras, der Wiesenhafer, Fromental, die Fromändaner Schmale)
23 das Ährchen
24 der Wiesenschwingel, ein Schwingel *m*
25 das Gemeine Knaulgras (Knäuelgras, Knauelgras)
26 das Welsche Weidelgras (Italienische Raygras, Italienische Raigras), *ähnl.:* das Deutsche Weidelgras (Englische Raygras, Englische Raigras)
27 der Wiesenfuchsschwanz (das Kolbengras), ein Ährenrispengras *n*
28 der Große Wiesenknopf (Große Pimpernell, Rote Pimpernell, die Bimbernelle, Pimpinelle)

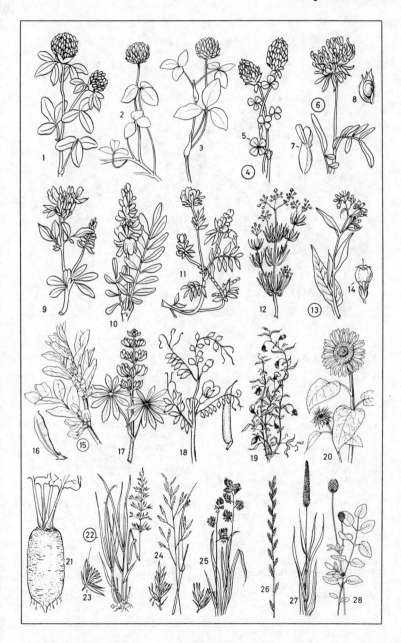

1–14 Doggen *f*
1 die Englische Bulldogge (der Bullenbeißer)
2 der Behang (das Ohr), ein Rosenohr *n*
3 der Fang (die Schnauze)
4 die Nase
5 der Vorderlauf
6 die Vorderpfote
7 der Hinterlauf
8 die Hinterpfote
9 der Mops
10 der Boxer
11 der Widerrist (Schulterblatthöcker)
12 die Rute (der Hundeschwanz), ein gestutzter (kupierter) Schwanz *m*
13 die Halsung (das Hundehalsband)
14 die Deutsche Dogge
15–18 Terrier *m*
15 der Foxterrier (Drahthaarfox, Fox)
16 der Bullterrier
17 der Scotchterrier (schottische Terrier)
18 der Bedlingtonterrier
19 der Pekinese

20–22 Spitze *m*
20 der Großspitz
21 der Chow-Chow
22 der Polarhund
23 *u.* **24 Windhunde** *m* (Windspiele *n*)
23 der Afghane
24 der Greyhound, ein Hetzhund *m*
25 der Deutsche Schäferhund (Wolfshund), ein Diensthund *m*, Wach- und Begleithund
26 die Lefzen *f* (Lippen)
27 der Dobermann

28–31 die Hundegarnitur
28 die Hundebürste
29 der Hundekamm
30 die Leine (Hundeleine, der Riemen);
für Jagdzwecke: Schweißriemen
31 der Maulkorb
32 der Freßnapf (Futternapf)
33 der Knochen
34 der Neufundländer
35 der Schnauzer
36 der Pudel, *ähnl. u. kleiner:* der
Zwergpudel
37 der Bernhardiner
38–43 Jagdhunde *m*
38 der Cockerspaniel
39 der Kurzhaar-Dackel (Dachshund,
Teckel), ein Erdhund *m*
40 der Deutsche Vorstehhund
41 der Setter (englischer Vorstehhund)
42 der Schweißhund (Spürhund)
43 der Pointer, ein Spürhund *m*

71 Pferd I

1–6 **Reitkunst** *f* (die Hohe Schule, das Schulreiten)
1 die Piaffe
2 der Schulschritt
3 die Passage (der spanische Tritt)
4 die Levade
5 die Kapriole
6 die Kurbette
7–25 **das Geschirr**
7–13 *u.* 25 das Zaumzeug (der Zaum)
7–11 **das Kopfgestell**
7 der Nasenriemen
8 das Backenstück
9 der Stirnriemen
10 das Genickstück
11 der Kehlriemen
12 die Kinnkette (Kandarenkette)
13 die Kandare (Schere)
14 der Zughaken
15 das Spitzkumt, ein Kumt *n* (Kummet)
16 die Schalanken *pl*
17 der Kammdeckel
18 der Bauchgurt
19 der Sprenggurt
20 die Aufhaltekette
21 die Deichsel
22 der Strang
23 der Bauchnotgurt
24 der Zuggurt
25 die Zügel *m*
26–36 **das Sielengeschirr** (Blattgeschirr)
26 die Scheuklappe
27 der Aufhaltering
28 das Brustblatt
29 die Gabel
30 der Halsriemen
31 der Kammdeckel
32 der Rückenriemen
33 der Zügel
34 der Schweifriemen
35 der Strang
36 der Bauchgurt
37–49 **Reitsättel** *m*
37–44 **der Bocksattel**
37 der Sattelsitz
38 der Vorderzwiesel
39 der Hinterzwiesel
40 das Seitenblatt
41 die Trachten *f*
42 der Bügelriemen
43 der Steigbügel
44 der Woilach

45–49 **die Pritsche** (der englische Sattel)
45 der Sitz
46 der Sattelknopf
47 das Seitenblatt
48 die Pausche
49 das Sattelkissen
50 *u.* 51 **Sporen** *pl* [*sg* der Sporn]
50 der Anschlagsporn
51 der Anschnallsporn
52 das Hohlgebiß
53 das Maulgatter
54 der Striegel
55 die Kardätsche

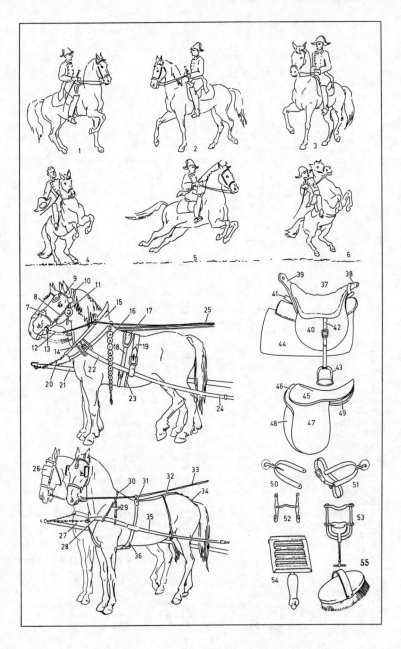

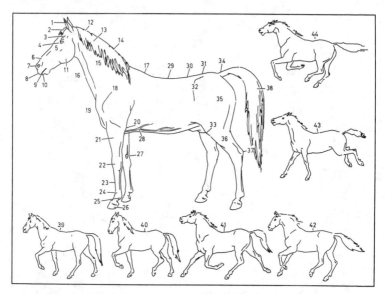

1–38 **die äußere Form** (das Exterieur) des Pferdes *n*
1–11 **der Kopf** (Pferdekopf)
1 das Ohr
2 der Schopf
3 die Stirn
4 das Auge
5 das Gesicht
6 die Nase
7 die Nüster
8 die Oberlippe
9 das Maul
10 die Unterlippe
11 die Ganasche
12 das Genick
13 die Mähne (Pferdemähne)
14 der Kamm (Pferdekamm)
15 der Hals *m*
16 der Kehlgang (die Kehle)
17 der Widerrist
18–27 **die Vorhand**
18 das Schulterblatt
19 die Brust
20 der Ellbogen
21 der Vorarm
22–26 **der Vorderfuß**
22 das Vorderknie (die Vorderfußwurzel)
23 der Mittelfuß, Röhre)
24 die Köte (das Kötengelenk)
25 die Fessel
26 der Huf
27 die Kastanie des Pferdes *n*, eine Schwiele
28 die Sporader
29 der Rücken (Pferderücken)
30 die Lende (Nierengegend)
31 die Kruppe (Pferdekruppe, das Kreuz)
32 die Hüfte
33–37 **die Hinterhand**
33 die Kniescheibe
34 die Schweifrübe
35 die Hinterbacke
36 die Hose (der Unterschenkel)
37 das Sprunggelenk
38 der Schweif (Schwanz, Pferdeschweif, Pferdeschwanz)
39–44 **die Gangarten** *f* des Pferdes *n*
39 der Schritt
40 der Paßgang
41 der Trab
42 der Handgalopp (kurze Galopp, Canter)
43 u. 44 der Vollgalopp (gestreckte Galopp, die Karriere)
43 die Karriere beim Auffußen *n* (Aufsetzen) der beiden Vorderfüße *m*
44 die Karriere beim Schweben *n* mit allen vier Füßen *m*

Abkürzungen:
m. = männlich; k. = kastriert; w. = weiblich; j. = das Jungtier

1 u. 2 Großvieh n (Vieh)
1 das Rind, ein Horntier n, ein Wiederkäuer m; m. der Stier (Bulle); k. der Ochse; w. die Kuh; j. das Kalb
2 das Pferd; m. der Hengst; k. der Wallach; w. die Stute; j. das Füllen (Fohlen)
3 der Esel
4 der Saumsattel (Tragsattel)
5 der Saum (die Traglast)
6 der Quastenschwanz
7 die Quaste
8 das Maultier, ein Bastard m von Eselhengst m und Pferdestute f
9 das Schwein, ein Paarhufer m; m. der Eber; w. die Sau; j. das Ferkel
10 der Schweinsrüssel (Rüssel)
11 das Schweinsohr
12 das Ringelschwänzchen
13 das Schaf; m. der Schafbock (Bock, Widder); k. der Hammel; j. das Lamm
14 die Ziege (Geiß)
15 der Ziegenbart
16 der Hund, ein Leonberger m; m. der Rüde; w. die Hündin; j. der Welpe

17 die Katze, eine Angorakatze; m. der Kater
18–36 Kleinvieh n
18 das Kaninchen; m. der Rammler (Bock); w. die Häsin
19–36 Geflügel n
19–26 das Huhn
19 die Henne
20 der Kropf
21 der Hahn; k. der Kapaun
22 der Hahnenkamm
23 der Wangenfleck
24 der Kinnlappen
25 der Sichelschwanz
26 der Sporn
27 das Perlhuhn
28 der Truthahn (Puter); w. die Truthenne (Pute)
29 das Rad
30 der Pfau
31 die Pfauenfeder
32 das Pfauenauge
33 die Taube; m. der Täuberich
34 die Gans; m. der Gänserich (Ganser, nd. Ganter); j. nd. das Gössel
35 die Ente; m. der Enterich (Erpel); j. das Entenküken
36 die Schwimmhaut

74 Geflügelhaltung, Eierproduktion

1–27 die Geflügelhaltung (Intensivhaltung)
1–17 die Bodenhaltung
1 der Hühneraufzuchtstall (Kükenstall)
2 das Küken
3 die Schirmglucke
4 die verstellbare Futterrinne
5 der Junghennenstall
6 die Tränkrinne
7 der Wasserzulauf
8 die Einstreu
9 die Junghenne
10 die Lüftungsvorrichtung
11–17 die Mastgeflügelzucht
11 der Scharraum (Tagesraum)
12 das Masthuhn
13 der Futterautomat
14 die Haltekette
15 das Futterrohr
16 die automatische Rundtränke (Selbsttränke)
17 die Lüftungsvorrichtung
18 die Batteriehaltung (Käfighaltung)
19 die Batterie (Legebatterie)
20 der Etagenkäfig (Stufenkäfig, Batteriekäfig)
21 die Futterrinne
22 die Eierlängssammlung
23–27 die automatische Futterzuführung und Entmistung
23 das Schnellfütterungssystem für die Batteriefütterung (die Futtermaschine)
24 der Einfülltrichter
25 das Futtertransportband (die Futtertransportkette, Futterkette)
26 die Wasserleitung
27 das Kottransportband
28 der Schlupfbrüter
29 die Vorbruttrommel
30 der Schlupfteil
31 der Metallschlupfwagen
32 die Metallschlupfhorde
33 der Vorbruttrommelantrieb
34–53 die Eierproduktion
34 die Eiersammelvorrichtung (Eiersammlung)
35 die Niveauförderung
36 die Einquersammlung
37 der Antriebsmotor
38 die Einsortiermaschine
39 die Rollenzufuhr
40 der Durchleuchtungsspiegel
41 die Absaugvorrichtung zum Eiertransport *m*

42 das Ablagebord für leere und volle Höckereinsätze *m*
43 die Eierwaagen *f*
44 die Klassensortierung
45 der Höckereinsatz
46 die vollautomatische Eierverpackungsmaschine
47 die Durchleuchtungskabine
48 der Durchleuchtungstisch
49–51 die Auflegevorrichtung
49 die Vakuumabsaugvorrichtung
50 der Vakuumschlauch
51 der Anfuhrtisch
52 die automatische Zählung und Gewichtsklassensortierung *f*
53 der Verpackungsentstapler
54 der Fußring
55 die Geflügelmarke
56 das Zwerghuhn (Bantamhuhn)
57 die Legehenne
58 das Hühnerei (Ei)
59 die Kalkschale (Eierschale), eine Eihülle
60 die Schalenhaut
61 die Luftkammer
62 das Eiweiß (*österr.* Eiklar)
63 die Hagelschnur (Chalaza)
64 die Dotterhaut
65 die Keimscheibe (der Hahnentritt)
66 das Keimbläschen
67 der (das) weiße Dotter
68 das Eigelb (der *od.* das gelbe Dotter)

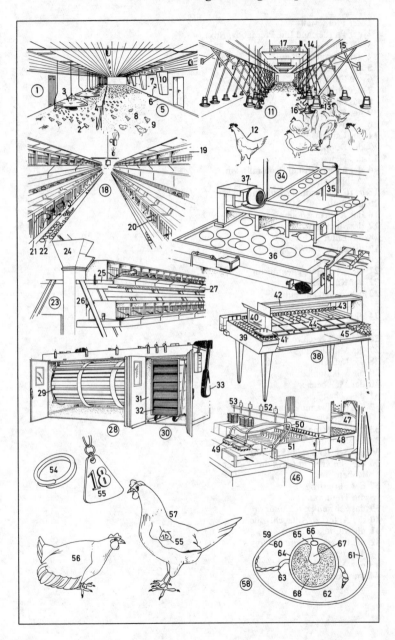

75 Viehhaltung

1 **der Pferdestall**
2 der Pferdestand (die Pferdebox, Box)
3 der Futtergang
4 das Reitpony (Pony)
5 die Gitterwand
6 die Einstreu
7 der Strohballen
8 das Oberlicht
9 **der Schafstall**
10 das Mutterschaf
11 das Lamm
12 die Doppelraufe
13 das Heu
14 **der Milchviehstall** (Kuhstall), ein Anbindestall *m*
15 *u.* 16 die Anbindevorrichtung
15 die Kette
16 der Aufhängeholm
17 die Milchkuh
18 das Euter
19 die Zitze
20 die Kotrinne
21 die Schubstangenentmistung
22 der Kurzstand
23 **der Melkstand,** ein Fischgrätenmelkstand *m*
24 die Arbeitsgrube
25 der Melker
26 das Melkgeschirr
27 die Milchleitung
28 die Luftleitung
29 die Vakuumleitung
30 der Melkbecher
31 das Schauglas
32 das Milchsammel- und Luftverteilerstück
33 der Entlastungstakt
34 der Melktakt
35 **der Schweinestall** (Saustall)
36 die Läuferbucht (der Läuferkoben, Koben)
37 der Futtertrog
38 die Trennwand
39 das Schwein, ein Läufer *m*
40 die Abferkel-Aufzucht-Bucht
41 die Muttersau (Sau)
42 die Ferkel *n* (Sauferkel *[bis 8 Wochen]*)
43 das Absperrgitter
44 die Jaucherinne

76 Molkerei

1–48 **die Molkerei** (der Milchhof)
1 **die Milchannahme** (die Abtankhalle)
2 der Milchtankwagen
3 die Rohmilchpumpe
4 der Durchflußmesser (die Meßuhr), ein
  Ovalradzähler *m*
5 der Rohmilchsilotank
6 der Füllstandmesser
7 **die zentrale Schaltwarte**
8 das Betriebsschaubild
9 das Betriebsablaufschema
10 die Füllstandsanzeiger *m* des Silotanks
11 das Schaltpult
12–48 **der Betriebsraum**
12 der Reinigungsseparator (die
  Homogenisiermaschine)
13 der Milcherhitzer; *ähnl.:* der
  Rahmerhitzer
14 der Magermilchseparator
15 die Trinkmilchtanks (Frischmilchtanks)
16 der Tank für die gereinigte Milch
17 der Magermilchtank
18 der Buttermilchtank
19 der Rahmtank
20 die Abfüll- und Verpackungsanlage für
  Trinkmilch *f*
21 die Abfüllmaschine für
  Milchpackungen *f, ähnl.:* der
  Becherfüller
22 die Milchpackung (der Milchbeutel)
23 das Förderband
24 der Folienschrumpftunnel
25 die Zwölferpackung in Schrumpffolie *f*
26 die Zehn-Liter-Abfüllanlage
27 die Folienschweißanlage
28 die Folien *f*
29 der Schlauchbeutel
30 der Stapelkasten
31 der Rahmreifungstank
32 die Butterungs- und Abpackanlage
  (Butterei)
33 die Butterungsmaschine (der
  Butterfertiger), eine
  Süßrahmbutterungsanlage für
  kontinuierliche Butterung *f*
34 der Butterstrang
35 die Ausformanlage
36 die Verpackungsmaschine
37 die Markenbutter in der 250-g-
  Packung
38 die Produktionsanlage für Frischkäse
  (die Quarkbereitungsanlage)
39 die Quarkpumpe

40 die Rahmdosierpumpe
41 der Quarkseparator
42 der Sauermilchtank
43 der Rührer
44 die Quarkverpackungsmaschine
45 die Quarkpackung (der Quark,
  Topfen, Weißkäse; *ähnl.:* der
  Schichtkäse)
46 die Deckelsetzstation
47 der Schnittkäsebetrieb
48 der Labtank

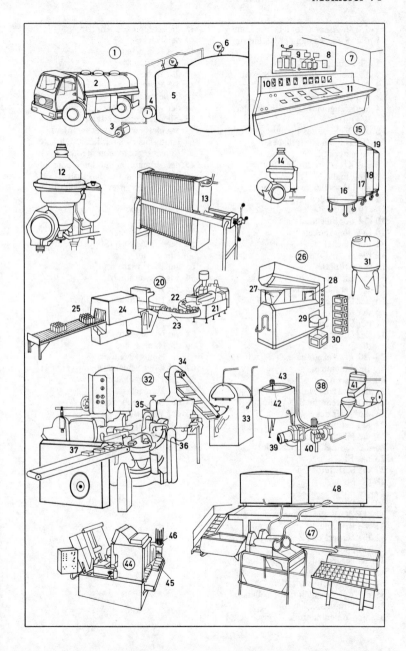

77 Bienen und Bienenzucht

1–25 **die Biene** (Honigbiene, Imme)
1 u. 4–5 **die Kasten** f (Klassen) der
   Biene
1 die Arbeiterin (Arbeitsbiene)
2 die drei Nebenaugen n (Stirnaugen)
3 das Höschen (der gesammelte
   Blütenstaub)
4 die Königin (Bienenkönigin, der
   Weisel)
5 die Drohne (das Bienenmännchen)
6–9 **das linke Hinterbein einer**
   Arbeiterin
6 das Körbchen für den Blütenstaub
7 die Bürste
8 die Doppelklaue
9 der Haftballen
10–19 **der Hinterleib der Arbeiterin**
10–14 **der Stechapparat**
10 der Widerhaken
11 der Stachel
12 die Stachelscheide
13 die Giftblase
14 die Giftdrüse
15–19 **der Magen-Darm-Kanal**
15 der Darm
16 der Magen
17 der Schließmuskel
18 der Honigmagen
19 die Speiseröhre
20–24 **das Facettenauge** (Netzauge,
   Insektenauge)
20 die Facette
21 der Kristallkegel
22 der lichtempfindl. Abschnitt
23 die Faser des Sehnervs m
24 der Sehnerv
25 das Wachsplättchen
26–30 **die Zelle** (Bienenzelle)
26 das Ei
27 die bestiftete Zelle
28 die Made
29 die Larve
30 die Puppe
31–43 **die Wabe** (Bienenwabe)
31 die Brutzelle
32 die verdeckelte Zelle mit Puppe f
   (Puppenwiege)
33 die verdeckelte Zelle mit Honig m
   (Honigzelle)
34 die Arbeiterinnenzellen f
35 die Vorratszellen f, mit Pollen m
36 die Drohnenzellen f
37 die Königinnenzelle (Weiselwiege)

38 die schlüpfende Königin
39 der Deckel
40 das Rähmchen
41 der Abstandsbügel
42 die Wabe
43 die Mittelwand (der künstliche
   Zellenboden)
44 der Königinnenversandkäfig
45–50 **der Bienenkasten** (die
   Ständerbeute, Blätterbeute), ein
   Hinterlader m, mit Längsbau m (ein
   Bienenstock m, eine Beute)
45 der Honigraum mit den Honigwaben f
46 der Brutraum mit den Brutwaben f
47 das Absperrgitter (der Schied)
48 das Flugloch
49 das Flugbrettchen
50 das Fenster
51 veralteter Bienenstand m
52 der Bienenkorb (Stülpkorb, Stülper),
   eine Beute
53 der Bienenschwarm
54 das Schwarmnetz
55 der Brandhaken
56 das Bienenhaus (Apiarium)
57 der Imker (Bienenzüchter)
58 der Bienenschleier
59 die Imkerpfeife
60 die Naturwabe
61 die Honigschleuder
62 u. 63 der Schleuderhonig (Honig)
62 der Honigbehälter
63 das Honigglas
64 der Scheibenhonig
65 der Wachsstock
66 die Wachskerze
67 das Bienenwachs
68 die Bienengiftsalbe

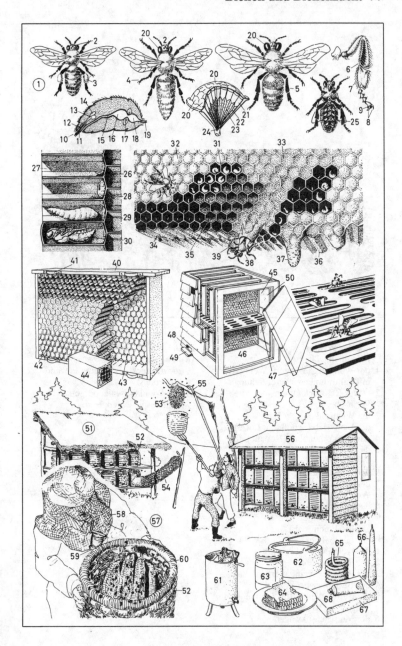

1–21 das Weinbergsgelände
(Weinbaugelände)
1 der Weinberg (Wingert, Weingarten)
in Drahtrahmenspaliererziehung f
2–9 der Rebstock (Weinstock, die
Weinrebe, Rebe)
2 die Weinranke
3 der Langtrieb (Schoß, die Lotte)
4 das Weinrebenblatt (Rebenblatt)
5 die Weintraube (Traube) mit den
Weinbeeren f
6 der Rebenstamm
7 der Pfahl (Rebstecken, Stickel,
Weinpfahl)
8 die Drahtrahmenabspannung
9 der Drahtrahmen (das
Drahtrahmengerüst)
10 der Lesebehälter
11 die Weinleserin (Leserin)
12 die Rebenschere
13 der Winzer (Weinbauer)
14 der Büttenträger
15 die Bütte (Weinbütte, Traubenhotte,
Tragbütte, die od. das Logel)
16 der Maischetankwagen

17 die Traubenmühle
18 der Trichter
19 die aufsteckbare Dreiseitenwand
20 das Podest
21 der Weinbergschlepper, ein
Schmalspurschlepper m

1–22 der Weinkeller (Lagerkeller,
Faßkeller, das Faßlager)
1 das Gewölbe
2 das Lagerfaß
3 der Weinbehälter, ein Betonbehälter
4 der Edelstahlbehälter (*auch:*
Kunststofftank)
5 das Propeller-Schnellrührgerät
6 der Propellerrührer
7 die Kreiselpumpe
8 der (das) Edelstahl-Schichtfilter
9 der halbautomatische Rundfüller
10 die halbautomatische Naturkorken-
Verschließmaschine
11 das Flaschenlager (Flaschengestell)
12 der Kellereigehilfe
13 der Flaschenkorb
14 die Weinflasche
15 die Weinstütze
16 die Weinprobe
17 der Weinküfermeister
18 der Weinküfer
19 das Weinglas
20 das Schnelluntersuchungsgerät

21 die Horizontaltraubenpresse
22 das Sprühgerät

80 Garten- und Ackerschädlinge

1–19 Obstschädlinge *m*
1 der Schwammspinner (Großkopf)
2 die Eiablage (der Schwamm)
3 die Raupe
4 die Puppe
5 die Apfelgespinstmotte, eine
   Gespinstmotte
6 die Larve
7 das Gespinstnetz (Raupennest)
8 die Raupe beim Skelettierfraß *m*
9 der Fruchtschalenwickler
   (Apfelschalenwickler)
10 der Apfelblütenstecher (Apfelstecher,
   Blütenstecher, Brenner), ein
   Rüsselkäfer *m*
11 die angestochene vertrocknete Blüte
12 das Stichloch
13 der Ringelspinner
14 die Raupe
15 die Eier *n*
16 der Kleine Frostspanner
   (Frostnachtspanner, Waldfrostspanner,
   Frostschmetterling), ein Spanner *m*
17 die Raupe
18 die Kirschfliege (Kirschfruchtfliege),
   eine Bohrfliege
19 die Larve (Made)
20–27 Rebenschädlinge *m*
20 der Falsche Mehltau, ein Mehltaupilz
   m, eine Blattfallkrankheit
21 die Lederbeere
22 der Traubenwickler
23 der Heuwurm, die Raupe der ersten
   Generation
24 der Sauerwurm, die Raupe der zweiten
   Generation
25 die Puppe
26 die Wurzellaus, eine Reblaus
27 die gallenartige Wurzelanschwellung
   (Wurzelgalle, Nodosität, Tuberosität)
28 der Goldafter
29 die Raupe
30 das Gelege
31 das Überwinterungsnest
32 die Blutlaus, eine Blattlaus
33 der Blutlauskrebs, eine Wucherung
34 die Blutlauskolonie
35 die San-José-Schildlaus, eine
   Schildlaus
36 die Larven *f* [*männl.* länglich, *weibl.*
   rund]

37–55 Ackerschädlinge *m*
   (Feldschädlinge)
37 der Saatschnellkäfer, ein Schnellkäfer
   m
38 der Drahtwurm, die Larve des
   Saatschnellkäfers *m*
39 der Erdfloh
40 die Hessenfliege (Hessenmücke), eine
   Gallmücke
41 die Larve
42 die Wintersaateule, eine Erdeule
43 die Puppe
44 die Erdraupe, eine Raupe
45 der Rübenaaskäfer
46 die Larve
47 der Große Kohlweißling
48 die Raupe des Kleinen Kohl-
   weißlings *m*
49 der Derbrüßler, ein Rüsselkäfer *m*
50 die Fraßstelle
51 das Rübenälchen, eine Nematode (ein
   Fadenwurm *m*)
52 der Kartoffelkäfer (Koloradokäfer)
53 die ausgewachsene Larve
54 die Junglarve
55 die Eier *n*

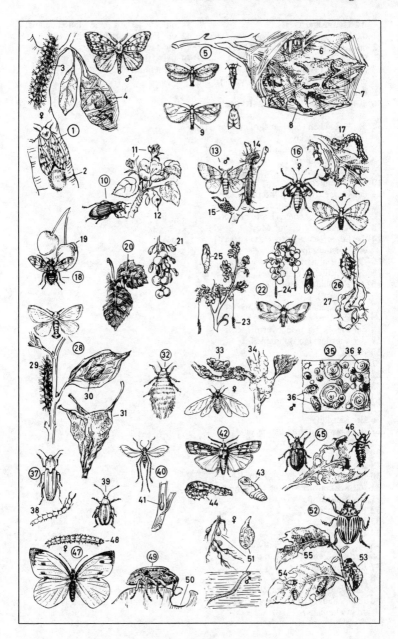

81 Hausungeziefer, Vorratsschädlinge und Schmarotzer

1–14 Hausungeziefer
1 die Kleine Stubenfliege
2 die Gemeine Stubenfliege (Große Stubenfliege)
3 die Puppe (Tönnchenpuppe)
4 die Stechfliege (der Wadenstecher)
5 der dreigliedrige Fühler
6 die Kellerassel (Assel), ein Ringelkrebs *m*
7 das Heimchen (die Hausgrille), eine Grabheuschrecke
8 der Flügel mit Schrillader *f* (Schrillapparat *m*)
9 die Hausspinne (Winkelspinne)
10 das Wohnnetz
11 der Ohrenkriecher (Ohrenkneifer, Ohrenhöhler, Ohrwurm, Öhrling)
12 die Hinterleibszange (Raife *pl*, Cerci)
13 die Kleidermotte, eine Motte
14 das Silberfischchen (der Zuckergast), ein Borstenschwanz *m*
15–30 Vorratsschädlinge
15 die Käsefliege (Fettfliege)
16 der Kornkäfer (Kornkrebs, Kornwurm)
17 die Hausschabe (Deutsche Schabe, der Schwabe, Franzose, Russe, Kakerlak)
18 der Mehlkäfer (Mehlwurm)
19 der Vierfleckige Bohnenkäfer
20 die Larve
21 die Puppe
22 der Dornspeckkäfer
23 der Brotkäfer
24 die Puppe
25 der Tabakkäfer
26 der Maiskäfer
27 der Leistenkopfplattkäfer, ein Getreideschädling *m*
28 die Dörrobstmotte
29 die Getreidemotte
30 die Getreidemottenraupe im Korn *n*
31–42 Schmarotzer *m* des Menschen *m*
31 der Spulwurm
32 das Weibchen
33 der Kopf
34 das Männchen
35 der Bandwurm, ein Plattwurm *m*
36 der Kopf, ein Haftorgan *n*
37 der Saugnapf
38 der Hakenkranz
39 die Wanze (Bettwanze, Wandlaus)
40 die Filzlaus (Schamlaus, eine Menschenlaus)
41 die Kleiderlaus (eine Menschenlaus)
42 der Floh (Menschenfloh)
43 die Tsetsefliege
44 die Malariamücke (Fiebermücke, Gabelmücke)

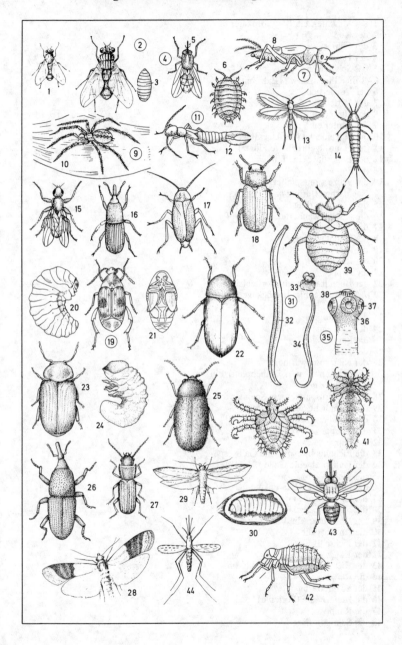

82 Forstschädlinge

1 der Maikäfer, ein Blatthornkäfer *m*
2 der Kopf
3 der Fühler
4 der Halsschild
5 das Schildchen
6–8 die Gliedmaßen *f* (Extremitäten)
6 das Vorderbein
7 das Mittelbein
8 das Hinterbein
9 der Hinterleib
10 die Flügeldecke (der Deckflügel)
11 der Hautflügel (häutige Flügel)
12 der Engerling, eine Larve
13 die Puppe
14 der Prozessionsspinner, ein
   Nachtschmetterling *m*
15 der Schmetterling
16 die gesellig wandernden Raupen *f*
17 die Nonne (der Fichtenspinner)
18 der Schmetterling
19 die Eier *n*
20 die Raupe
21 die Puppe
22 der Buchdrucker, ein Borkenkäfer *m*
23 *u.* 24 das Fraßbild [Fraßgänge *m* unter
   der Rinde]
23 der Muttergang
24 der Larvengang
25 die Larve
26 der Käfer
27 der Kiefernschwärmer
   (Fichtenschwärmer, Tannenpfeil), ein
   Schwärmer *m*
28 der Kiefernspanner, ein Spanner *m*
29 der männliche Schmetterling
30 der weibliche Schmetterling
31 die Raupe
32 die Puppe
33 die Eichengallwespe, eine Gallwespe
34 der Gallapfel, eine Galle
35 die Wespe
36 die Larve in der Larvenkammer
37 die Zwiebelgalle an der Buche
38 die Fichtengallenlaus
39 der Wanderer (die Wanderform)
40 die Ananasgalle
41 der Fichtenrüßler
42 der Käfer
43 der Eichenwickler, ein Wickler *m*
44 die Raupe
45 der Schmetterling
46 die Kieferneule (Forleule)
47 die Raupe
48 der Schmetterling

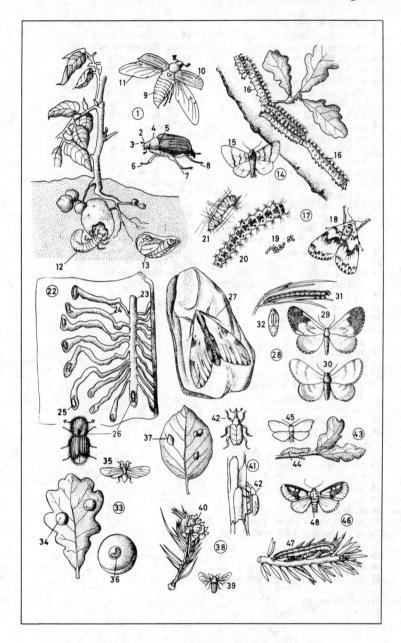

83 Schädlingsbekämpfung

1 die Flächenspritzung
2 das Aufbauspritzgerät
3 der Breitspritzrahmen
4 die Flachstrahldüse
5 der Spritzbrühebehälter
6 der Schaumstoffbehälter für die Schaummarkierung
7 die federnde Aufhängung
8 der Sprühnebel
9 der Schaummarkierer
10 die Schaumzufuhrleitung
11 die Vakuumbegasungsanlage einer Tabakfabrik
12 die Vakuumkammer
13 die Rohtabakballen m
14 das Gasrohr
15 die fahrbare Begasungskammer zur Blausäurebegasung von Baumschulsetzlingen m, Setzreben f, Saatgut n und leeren Säcken m
16 die Kreislaufanlage
17 das Hordenblech
18 die Spritzpistole
19 der Drehgriff für die Strahlverstellung
20 der Schutzbügel
21 der Bedienungshebel
22 das Strahlrohr
23 die Rundstrahldüse
24 die Handspritze
25 der Kunststoffbehälter
26 die Handpumpe
27 das Pendelspritzgestänge für den Hopfenanbau in Schräglagen f
28 die Pistolenkopfdüse
29 das Spritzrohr
30 der Schlauchanschluß
31 die Giftlegeröhre zum Auslegen n von Giftweizen m
32 die Fliegenklappe (Fliegenklatsche)
33 die Reblauslanze (der Schwefelkohlenstoffinjektor)
34 der Fußtritt
35 das Gasrohr
36 die Mausefalle
37 die Wühlmaus- und Maulwurfsfalle
38 die fahrbare Obstbaumspritze, eine Karrenspritze
39 der Spritzmittelbehälter
40 der Schraubdeckel
41 das Pumpenaggregat mit Benzinmotor m
42 das Manometer
43 die Kolbenrückenspritze

44 der Spritzbehälter mit Windkessel m
45 der Kolbenpumpenschwengel
46 das Handspritzrohr mit Düse f
47 das aufgesattelte Sprühgerät
48 der Weinbergschlepper
49 das Gebläse
50 der Brühebehälter
51 die Weinrebenzeile
52 der Beizautomat für die Trockenbeizung von Saatgut n
53 das Entstaubungsgebläse mit Elektromotor m
54 der (das) Schlauchfilter
55 der Absackstutzen
56 der Entstaubungsschirm
57 der Sprühwasserbehälter
58 die Sprüheinrichtung
59 das Förderaggregat mit Mischschnecke f
60 der Beizpulverbehälter mit Dosiereinrichtung f
61 die Fahrrolle
62 die Mischkammer

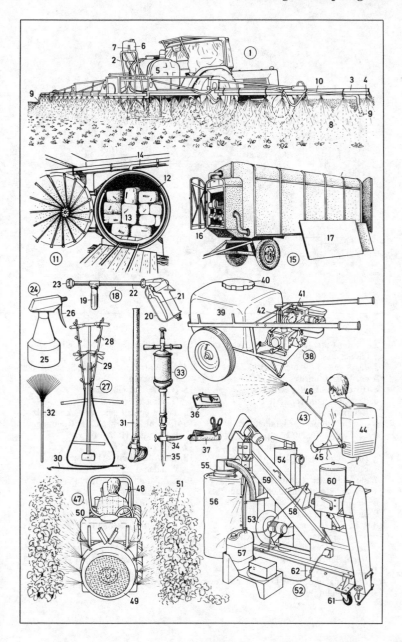

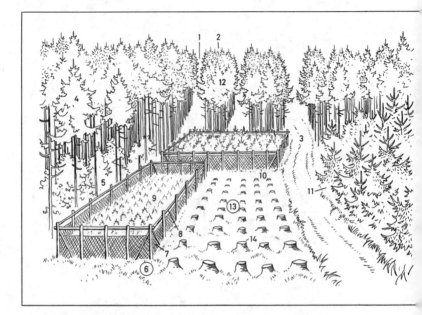

1–34 **der Forst** (das Holz), ein Wald *m*
1 die Schneise (das Gestell)
2 das Jagen (die Abteilung)
3 der Holzabfuhrweg, ein Waldweg *m*
4–14 **die Kahlschlagwirtschaft**
4 der Altbestand (das Altholz, Baumholz)
5 das Unterholz (der Unterstand)
6 der Saatkamp, ein Kamp *m* (Pflanzgarten, Forstgarten, Baumschule *f*); *andere Art:* der Pflanzkamp
7 das Wildgatter (Gatter), ein Maschendrahtzaun *m* (Kulturzaun)
8 die Sprunglatte
9 die Kultur (Saat)
10 *u.* 11 der Jungbestand
10 die Schonung (die Kultur nach beendeter Nachbesserung *f*, Nachpflanzung)
11 die Dickung
12 das Stangenholz (die Dickung nach der Astreinigung)

13 der Kahlschlag (die Schlagfläche, Blöße)
14 der Wurzelstock (Stock, Stubben, *ugs.* Baumstumpf)
15–37 **der Holzeinschlag** (Hauungsbetrieb)
15 das gerückte (gepolterte) Langholz
16 die Schichtholzbank, ein Raummeter *n* Holz *n*, der Holzstoß
17 der Pfahl
18 der Waldarbeiter (Forstwirt) beim Wenden *n*
19 der Stamm (Baumstamm, das Langholz)
20 der Haumeister beim Numerieren *n*
21 die Stahlmeßkluppe
22 die Motorsäge (beim Trennen *n* eines Stammes *m*)
23 der Schutzhelm mit Augenschutz *m* und Gehörschutzkapseln *f*
24 die Jahresringe *m*
25 der hydraulische Fällheber

26 die Schutzkleidung [orangefarbene
   Bluse *f*, grüne Hose *f*]
27 das Fällen mit Motorsäge *f*
28 die ausgeschnittene Fallkerbe
29 der Fällschnitt
30 die Tasche mit Fällkeil *m*
31 der Abschnitt
32 das Freischneidegerät zur Beseitigung
   von Unterholz *n* und Unkraut *n*

33 der Anbausatz mit Kreissäge *f* (oder
   Schlagmesser *m*)
34 die Motoreinheit
35 das Gebinde mit Sägekettenhaftöl *n*
36 der Benzinkanister
37 das Fällen von Schwachholz *n*
   (Durchforsten *n*)

85 Forstwirtschaft II

1 die Axt
2 die Schneide
3 der Stiel
4 der Scheitkeil mit Einsatzholz *n* und
  Ring *m*
5 der Spalthammer
6 die Sapine (der Sappie, Sappel)
7 der Wendehaken
8 das Schäleisen
9 der Fällheber mit Wendehaken *m*
10 der Kluppmeßstock mit Reißer *m*
11 die Heppe, (das *od.* der Gertel), ein
   Haumesser *n*
12 der Revolvernumerierschlägel
13 die Motorsäge
14 die Sägekette
15 die Sicherheitskettenbremse mit
   Handschutz *m*
16 die Sägeschiene
17 die Gashebelsperre
18 die Entästungsmaschine
19 die Vorschubwalzen
20 das Gelenkmesser
21 der Hydraulikarm
22 der Spitzenabschneider
23 die Stammholzentrindung
24 die Vorschubwalze
25 der Lochrotor
26 das Rotormesser
27 der Waldschlepper (zum Transport *m*
   von Schicht- und Schwachholz *n*
   innerhalb des Waldes *m*)
28 der Ladekran
29 der Holzgreifer
30 die Laderunge
31 die Knicklenkung
32 das Rundholzpolter
33 die Numerierung
34 der Stammholzschlepper (Skidder)
35 das Frontschild
36 das überschlagfeste Sicherheitsverdeck
37 die Knicklenkung
38 die Seilwinde
39 die Seilführungsrolle
40 das Heckschild
41 das freihängende Stammholz
42 der Straßentransport von Langholz *n*
43 der Zugwagen
44 der Ladekran
45 die hydraulische Ladestütze
46 die Seilwinde
47 die Runge
48 der Drehschemel
49 der Nachläufer

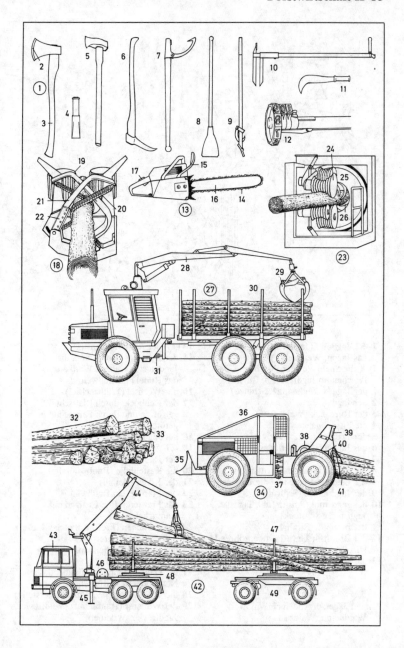

1–52 **Jagden** f (Jagdarten, die Jägerei, das Jagen, Weidwerk*)
1–8 **die Suchjagd** (der Pirschgang, das Pirschen im Jagdrevier n, Revier)
1 der Jäger (Weidmann*, Schütze)
2 der Jagdanzug
3 der Rucksack (Weidsack*)
4 die Pirschbüchse
5 der Jagdhut (Jägerhut)
6 das Jagdglas, ein Fernglas
7 der Jagdhund
8 die Fährte (Spur, das Trittsiegel)
9–12 **die Brunftjagd und die Balzjagd**
9 der Jagdschirm (Schirm)
10 der Jagdstuhl (Ansitzstuhl, Jagdsitz, Jagdstock, Sitzstock)
11 der balzende Birkhahn
12 der Brunfthirsch (brünstige, röhrende Hirsch)
13 das Rottier bei der Äsung

*In der Jägersprache auch Waidwerk, Waidmann, Waidsack

14–17 **der Anstand** (Ansitz)
14 der Hochsitz (Hochstand, die Jagdkanzel, Kanzel, Wildkanzel)
15 das Rudel in Schußweite f
16 der Wechsel (Wildwechsel)
17 der Rehbock, durch Blattschuß m getroffen und durch Fangschuß m getötet
18 der Jagdwagen
19–27 **Fangjagden** f
19 der Raubwildfang
20 die Kastenfalle (Raubwildfalle)
21 der Köder (Anbiß)
22 der Marder, ein Raubwild n
23 das Frettieren (die Erdjagd auf Kaninchen n)
24 das Frettchen (Frett, Kaninchenwiesel)
25 der Frettchenführer
26 der Bau (Kaninchenbau, die Kaninchenhöhle)
27 die Haube (Kaninchenhaube, das Netz) über dem Röhrenausgang m
28 die Wildfutterstelle (Winterfutterstelle)
29 der Wilderer (Raubschütz, Wildfrevler, Jagdfrevler, Wilddieb)

30 der Stutzen, ein kurzes Gewehr *n*
31 die Sauhatz (Wildschweinjagd)
32 die Wildsau (Sau, das Wildschwein)
33 der Saupacker (Saurüde, Rüde, Hatzrüde, Hetzhund; *mehrere:* die Meute, Hundemeute)
34–39 die Treibjagd (Kesseljagd, Hasenjagd, das Kesseltreiben)
34 der Anschlag
35 der Hase (Krumme, Lampe), ein Haarwild *n*
36 der Apport (das Apportieren)
37 der Treiber
38 die Strecke (Jagdbeute)
39 der Wildwagen
40 die Wasserjagd (Entenjagd)
41 der Wildentenzug, das Federwild
42–46 die Falkenbeize (Beizjagd, Beize, Falkenjagd, Falknerei)
42 der Falkner (Falkenier, Falkenjäger)
43 das Zieget, ein Fleischstück *n*
44 die Falkenhaube (Falkenkappe)
45 die Fessel
46 der Falke, ein Beizvogel, ein Falkenmännchen *n* (Terzel *m*) beim Schlagen *n* eines Reihers *m*
47–52 die Hüttenjagd
47 der Einfallbaum
48 der Uhu (Auf), ein Reizvogel *m* (Lockvogel)
49 die Krücke (Jule)
50 der angelockte Vogel, eine Krähe
51 die Krähenhütte (Uhuhütte), eine Hütte (Schießhütte, Ansitzhütte)
52 die Schießluke

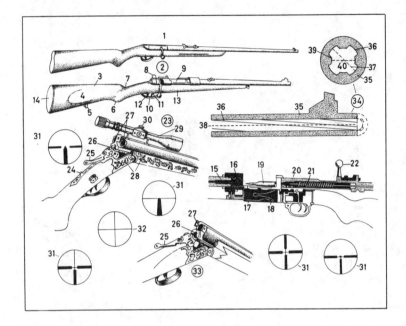

1–40 Sportwaffen *f* (Jagdgewehre *n*)
1 der Einzellader
2 die Repetierbüchse, eine
   Handfeuerwaffe (Schußwaffe), ein
   Mehrlader *m* (Magazingewehr *n*)
3, 4, 6, 13 die Schäftung
3 der Kolben
4 die Backe [an der linken Seite]
5 der Riemenbügel
6 der Pistolengriff
7 der Kolbenhals
8 der Sicherungsflügel
9 das Schloß (Gewehrschloß)
10 der Abzugbügel
11 der Druckpunktabzug
12 der Stecher
13 der Vorderschaft
14 der Rückschlaghinderer (die
   Gummikolbenkappe)
15 das Patronenlager
16 der Hülsenkopf
17 das Patronenmagazin
18 die Zubringerfeder
19 die Munition
20 die Kammer

21 der Schlagbolzen
22 der Kammerstengel
23 der Drilling, ein kombiniertes Gewehr
   n, ein Selbstspanner *m*
24 der Umschaltschieber (*bei
   verschiedenen Waffen:* die Sicherung)
25 der Verschlußhebel
26 der Büchsenlauf
27 der Schrotlauf
28 die Jagdgravur
29 das Zielfernrohr
30 Schrauben *f* für die
   Absehenverstellung
31 *u.* **32** das Absehen
   (Zielfernrohrabsehen)
31 versch. Absehensysteme *n*
32 das Fadenkreuz
33 die Bockflinte
34 der gezogene Gewehrlauf
35 die Laufwandung
36 der Zug
37 das Zugkaliber
38 die Seelenachse
39 das Feld

40 das Bohrungs- oder Felderkaliber
   (Kaliber)
41–48 Jagdgeräte *n*
41 der Hirschfänger
42 der Genickfänger (das Weidmesser,
   Jagdmesser)
43–47 Lockgeräte *n* **zur Lockjagd**
43 der Fiepblatter (Rehblatter, die
   Rehfiepe)
44 die Hasenklage (Hasenquäke)
45 die Wachtellocke
46 der Hirschruf
47 die Rebhuhnlocke
48 der Schwanenhals, eine Bügelfalle
49 die Schrotpatrone
50 die Papphülse
51 die Schrotladung
52 der Filzpfropf
53 das rauchlose Pulver (*andere Art:*
   Schwarzpulver)
54 die Patrone
55 das Vollmantelgeschoß
56 der Weichbleikern
57 die Pulverladung
58 der Amboß
59 das Zündhütchen
60 das Jagdhorn
61–64 das Waffenreinigungsgerät
61 der Putzstock
62 die Laufreinigungsbürste
63 das Reinigungswerg
64 die Reinigungsschnur
65 die Visiereinrichtung
66 die Kimme
67 die Visierklappe
68 die Visiermarke
69 der Visierschieber
70 die Raste
71 das Korn
72 die Kornspitze
73 Ballistik *f*
74 die Mündungswaagerechte
75 der Abgangswinkel
76 der Erhöhungswinkel
   (Elevationswinkel)
77 die Scheitelhöhe
78 der Fallwinkel
79 die ballist. Kurve

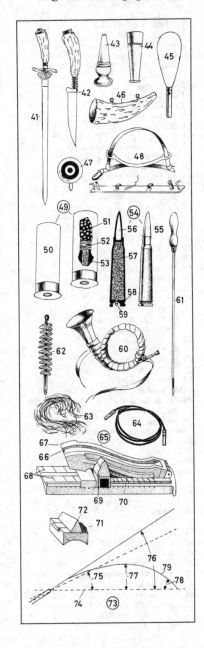

88 Wild

1–27 **das Rotwild** (Edelwild)
1 das Tier (Edeltier, Rottier, die Hirschkuh), ein Schmaltier *n* od. ein Gelttier *n; mehrere:* Kahlwild *n, das Junge: (weibl.)* Wildkalb *n, (männl.)* Hirschkalb *n*
2 der Lecker
3 der Träger (Hals)
4 der Brunfthirsch
5–11 **das Geweih**
5 die Rose
6 die Augensprosse (der Augsproß)
7 die Eissprosse (der Eissproß)
8 die Mittelsprosse (der Mittelsproß)
9 die Krone
10 das Ende (die Sprosse)
11 die Stange
12 der Kopf (das Haupt)
13 das Geäse (der Äser, das Maul)
14 die Tränengrube (Tränenhöhle)
15 das Licht
16 der Lauscher (Loser, Luser)
17 das Blatt
18 der Ziemer
19 der Wedel (die Blume)
20 der Spiegel
21 die Keule
22 der Hinterlauf
23 das Geäfter (die Afterklaue, Oberklaue, der Heufler, Oberrücken)
24 die Schale (Klaue)
25 der Vorderlauf
26 die Flanke
27 der Kragen (Brunftkragen, die Brunftmähne)
28–39 **das Rehwild**
28 der Rehbock (Bock)
29–31 **das Gehörn** (die Krone, bayr.-östr. das Gewichtl)
29 die Rose
30 die Stange mit den Perlen *f*
31 das Ende
32 der Lauscher
33 das Licht
34 die Ricke (Geiß, Rehgeiß, das Reh), ein Schmalreh *n* (Kitzreh) od. ein Altreh *n* (Geltreh, Altricke *f*, Altgeiß)
35 der Ziemer (Rehziemer)
36 der Spiegel
37 die Keule
38 das Blatt
39 das Kitz, *(männl.)* Bockkitz, *(weibl.)* Rehkitz
40 u. 41 das Damwild
40 der Damhirsch (Dambock), ein Schaufler *m, (weibl.)* das Damtier
41 die Schaufel
42 der Rotfuchs, *(männl.)* Rüde, *(weibl.)* die Fähe (Fähin), *das Junge:* der Welpe

43 die Seher *m*
44 das Gehör
45 der Fang (das Maul)
46 die Pranten *f* (Branten, Branken)
47 die Lunte (Standarte, Rute)
48 der Dachs, *(männl.)* Dachsbär, *(weibl.)* die Dächsin
49 der Pürzel (Bürzel, Schwanz, die Rute)
50 die Pranten (Branten, Branken)
51 das Schwarzwild, *(männl.)* der Keiler (das Wildschwein, die Sau) *(weibl.)* die Bache (Sau), *das Junge:* der Frischling
52 die Federn *f* (der Kamm)
53 das Gebrech (Gebräch, der Rüssel)
54 der untere Hauzahn (Hauer), *beide unteren Hauzähne:* das Gewaff, *(bei der Bache)* die Haken, *beide oberen Hauzähne:* die Haderer *f*
55 das Schild (bes. dicke Haut *f* auf dem Blatt *n*)
56 die Schwarte (Haut)
57 das Geäfter
58 der Pürzel (Bürzel, Schmörkel, das Federlein)
59 der Hase (Feldhase), *(männl.)* Rammler, *(weibl.)* Setzhase (die Häsin)
60 der Seher (das Auge)
61 der Löffel
62 die Blume
63 der Hinterlauf (Sprung)
64 der Vorderlauf
65 das Kaninchen
66 der Birkhahn (Spielhahn, kleine Hahn)
67 der Schwanz (das Spiel, der Stoß, die Leier, Schere)
68 die Sichelfedern *f*
69 das Haselhuhn
70 das Rebhuhn
71 das Schild
72 der Auerhahn (Urhahn, große Hahn)
73 der Federbart (Kehlbart, Bart)
74 der Spiegel
75 der Schwanz (Stoß, Fächer, das Ruder, die Schaufel)
76 der Fittich (die Schwinge)
77 der Edelfasan (Jagdfasan), ein Fasan *m, (männl.)* Fasanenhahn, *(weibl.)* Fasanenhenne
78 das Federohr (Horn)
79 der Fittich (das Schild)
80 der Schwanz (Stoß, das Spiel)
81 das Bein (der Ständer)
82 der Sporn
83 die Schnepfe (Waldschnepfe)
84 der Stecher (Schnabel)

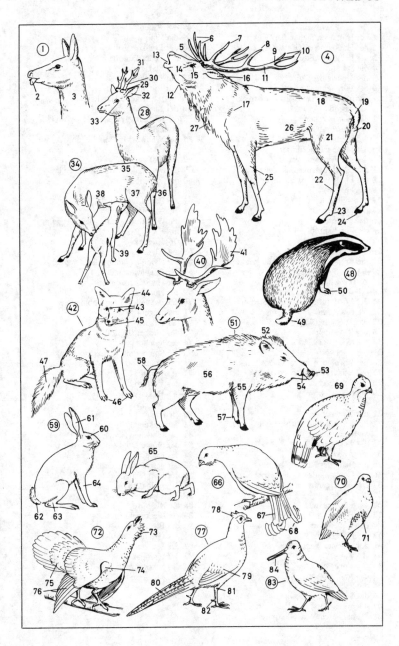

89 Fischzucht und Angelsport

1–19 die Fischzucht
1 der Hälter im fließenden Wasser *n*
2 der Handkescher (Ketscher)
3 das halbovale Fischtransportfaß
4 die Stande
5 der Überlaufrechen
6 der Forellenteich; *ähnl.*: der
Karpfenteich, ein Brut-, Vorstreck-,
Streck- oder Abwachsteich *m*
7 der Wasserzulauf
8 der Wasserablauf
9 der Mönch (Teichmönch)
10 das Mönchabsperrgitter
11–19 die Fischbrutanstalt
11 das Abstreifen des Laichhechts *m*
12 der Fischlaich (Laich, Rogen, die
Fischeier *n*)
13 der weibliche Fisch (Rogner)
14 die Forellenzucht
15 der kalifornische Brutapparat
16 die Forellenbrut
17 das Hechtbrutglas
18 der Langstromtrog
19 die Brandstettersche Eierzählplatte
20–94 das Sportangeln (die
Angelfischerei)
20–31 das Grundangeln
20 der Wurf mit abgezogener Schnur
21 die Klänge *m*
22 das Tuch oder Papier *n*
23 der Rutenhalter
24 die Köderdose
25 der Fischkorb
26 der Karpfenansitz vom Boot *n* aus
27 das Ruderboot (Fischerboot)
28 der Setzkescher
29 die Köderfischsenke
30 die Stake
31 das Wurfnetz
32 der beidhändige Seitwurf mit
Stationärrolle
33 die Ausgangsstellung
34 der Abwurfpunkt
35 die Bahn der Rutenspitze
36 die Flugbahn des Ködergewichts *n*
37–94 Angelgeräte *n*
37 die Anglerzange
38 das Filiermesser
39 das Fischmesser
40 der Hakenlöser
41 die Ködernadel
42 der Schonrachenspanner
43–48 Posen *f*
43 das Korkgleitfloß
44 die Kunststoffpose
45 die Federkielpose
46 der Schaumstoffschwimmer
47 die ovale Wasserkugel
48 die bleibeschwerte Gleitpose

49–58 Ruten *f*
49 die Vollglasrute
50 der Preßkorkgriff
51 der Federstahlring
52 der Spitzenring
53 die Teleskoprute
54 das Rutenteil
55 das umwickelte Handteil
56 der Laufring
57 die Kohlefiberrute, *ähnl.*:
Hohlglasrute *f*
58 der Weitwurfring, ein Stahlbrückenring
n
59–64 Rollen *f*
59 die Multiplikatorrolle (Multirolle)
60 die Schnurführung
61 die Stationärrolle
62 der Schnurfangbügel
63 die Angelschnur
64 die Wurfkontrolle mit dem Zeigefinger
m
65–76 Köder *m*
65 die Fliege
66 der Nymphenköder (die Nymphe)
67 der Regenwurmköder
68 der Heuschreckenköder
69 der einteilige Wobbler
70 der zweiteilige Langwobbler
71 der Kugelwobbler
72 der Pilker
73 der Blinker (Löffel)
74 der Spinner
75 der Spinner mit verstecktem Haken
76 der Zocker
77 der Wirtel
78 das Vorfach
79–87 Haken *m*
79 der Angelhaken
80 die Hakenspitze mit Widerhaken *m*
81 der Hakenbogen
82 das Plättchen (Öhr)
83 der offene Doppelhaken
84 der Limerick
85 der geschlossene Drilling
86 der Karpfenhaken
87 der Aalhaken
88–92 Bleigewichte *n*
88 die Bleiolive
89 die Bleikugeln *f*
90 das Birnenblei
91 das Grundsucherblei
92 das Seeblei
93 der Fischpaß
94 das Schockernetz

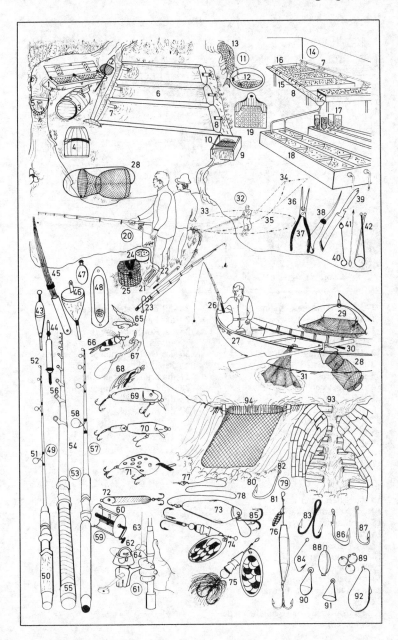

90 Seefischerei

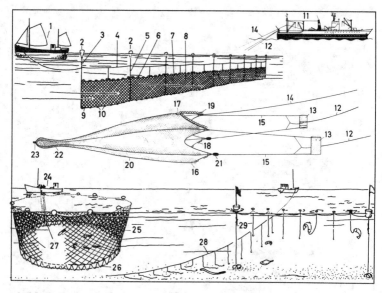

1–23 die Hochseefischerei
1–10 die Treibnetzfischerei
1 der Heringslogger (Fischlogger, Logger)
2–10 das Heringstreibnetz
2 die Boje (Brail)
3 das Brailtau
4 das Fleetreep
5 die Zeising
6 das Flottholz
7 das Sperr-Reep
8 das Netz (die Netzwand)
9 das Untersimm
10 die Grundgewichte *n*
11–23 die Schleppnetzfischerei
11 das Fangfabrikschiff, ein Fischtrawler
12 die Kurrleine
13 die Scherbretter *n*
14 das Netzsondenkabel
15 der Stander
16 der Flügel
17 die Netzsonde
18 das Grundtau
19 die Kugeln *f*
20 der Bauch (Belly)
21 das 1 800-kg-Eisengewicht
22 der Steert
23 die Cod-Leine zum Schließen *n* des Steerts *m*

24–29 die Küstenfischerei
24 das Fischerboot
25 die Ringwade, ein ringförmig ausgefahrenes Treibnetz *n*
26 das Drahtseil zum Schließen *n* der Ringwade
27 die Schließvorrichtung
28 u. 29 die Langleinenfischerei
28 die Langleine
29 die Stellangel

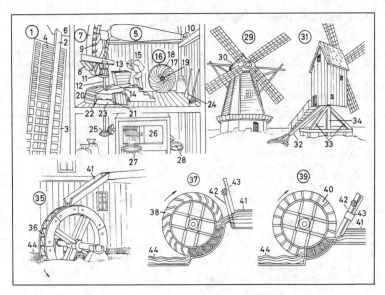

1–34 die Windmühle
1 der Windmühlenflügel
2 die Windrute
3 die Saumlatte
4 die Windtür
5 die Flügelwelle (Radwelle)
6 der Flügelkopf
7 das Kammrad
8 die Radbremse
9 der Holzzahn
10 das Stützlager
11 das Windmühlengetriebe (der Trilling)
12 das Mühleisen
13 die Gosse
14 der Rüttelschuh
15 der Müller
16 der Mühlstein
17 der Hauschlag (die Luftfurche)
18 die Sprengschärfe (Mahlfurche)
19 das Mühlsteinauge
20 die Bütte (das Mahlsteingehäuse)
21 der Mahlgang
22 der Läuferstein (Oberstein)
23 der Bodenstein
24 die Holzschaufel
25 der Kegeltrieb (Winkeltrieb)
26 der Rundsichter
27 der Holzbottich
28 das Mehl

29 die holländ. Windmühle
30 die drehbare Windmühlenhaube
31 die Bockmühle
32 der Stert
33 das Bockgerüst
34 der Königsbaum
35–44 die Wassermühle
35 das oberschlächtige Zellenrad, ein
   Mühlrad *n* (Wasserrad)
36 die Schaufelkammer (Zelle)
37 das mittelschlächtige Mühlrad
38 die gekrümmte Schaufel
39 das unterschlächtige Mühlrad
40 die gerade Schaufel
41 das Gerinne
42 das Mühlwehr
43 der Wasserüberfall
44 der Mühlbach (Mühlgraben)

92 Mälzerei und Brauerei I

1–41 die Malzbereitung (das Mälzen)
1 der Mälzturm (die
  Malzproduktionsanlage)
2 der Gersteeinlauf
3 die Waschetage mit Druckluftwäsche *f*
4 der Ablaufkondensator
5 der Wasserauffangbehälter
6 der Weichwasserkondensator
7 der Kältemittelsammler
8 die Weich-Keim-Etage (der
  Feuchtraum, Weichstock, die Tenne)
9 der Kaltwasserbehälter
10 der Warmwasserbehälter
11 der Wasserpumpenraum
12 die Pneumatikanlage
13 die Hydraulikanlage
14 der Frisch- und Abluftschacht
15 der Exhauster
16–18 die Darretagen *f*
16 die Vordarre
17 der Brennerventilator
18 die Nachdarre
19 der Darrablaufschacht
20 der Fertigmalztrichter
21 die Trafostation
22 die Kältekompressoren *m*
23 das Grünmalz (Keimgut)
24 die drehbare Horde
25 die zentrale Schaltwarte mit dem
  Schaltschaubild *n*
26 die Aufgabeschnecke
27 die Waschetage
28 die Weich-Keim-Etage
29 die Vordarre
30 die Nachdarre
31 der Gerstesilo
32 die Waage
33 der Gersteelevator
34 der Drei-Wege-Kippkasten
35 der Malzelevator
36 die Putzmaschine
37 der Malzsilo
38 die Keimabsaugung
39 die Absackmaschine
40 der Staubabscheider
41 die Gersteanlieferung
42–53 der Sudprozeß im Sudhaus *n*
42 der Vormaischer zum Mischen *n* von
  Schrot *n* und Wasser *n*
43 der Maischbottich zum Einmaischen *n*
  des Malzes *n*
44 die Maischpfanne (der Maischkessel)
  zum Kochen *n* der Maische

45 die Pfannenhaube
46 das Rührwerk
47 die Schiebetür
48 die Wasserzuflußleitung
49 der Brauer (Braumeister, Biersieder)
50 der Läuterbottich zum Absetzen *n* der
  Rückstände *m* (Treber) und
  Abfiltrieren *n* der Würze
51 die Läuterbatterie zur Prüfung der
  Würze auf Feinheit *f*
52 der Hopfenkessel (die Würzpfanne)
  zum Kochen *n* der Würze
53 das Schöpfthermometer

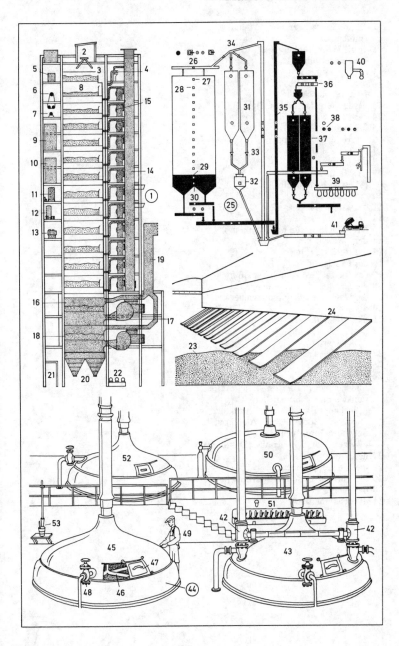

93 Brauerei II

1–31 die Bierbrauerei (Brauerei, das Brauhaus)

1–5 die Würzekühlung und Trubausscheidung

1 das Steuerpult
2 der Whirlpool zur Heißtrubausscheidung
3 das Dosiergefäß für Kieselgur f
4 der (das) Kieselgurfilter
5 der Würzekühler
6 der Hefereinzuchtapparat
7 der Gärkeller
8 der Gärbottich
9 das Gärthermometer (Maischethermometer)
10 die Maische
11 das Kühlschlangensystem
12 der Lagerkeller
13 das Mannloch zum Lagertank m
14 der Anstichhahn
15 der (das) Bierfilter
16 das Faßlager
17 das Bierfaß, ein Aluminiumfaß n
18 die Flaschenreinigungsanlage
19 die Flaschenreinigungsmaschine
20 die Schaltanlage
21 die gereinigten Flaschen f
22 die Flaschenabfüllung
23 der Gabelstapler
24 der Bierkastenstapel
25 die Bierdose
26 die Bierflasche, eine Europaflasche mit Flaschenbier n; *Biersorten:* helles Bier, dunkles Bier, Pilsener Bier, Münchener Bier, Malzbier, Starkbier (Bockbier, Bock), Porter, Ale, Stout, Salvator, Gose, Weißbier (Weizenbier), Schwachbier (Dünnbier)
27 der Kronenverschluß
28 die Einwegpackung
29 die Einwegflasche (Wegwerfflasche)
30 das Bierglas
31 die Schaumkrone

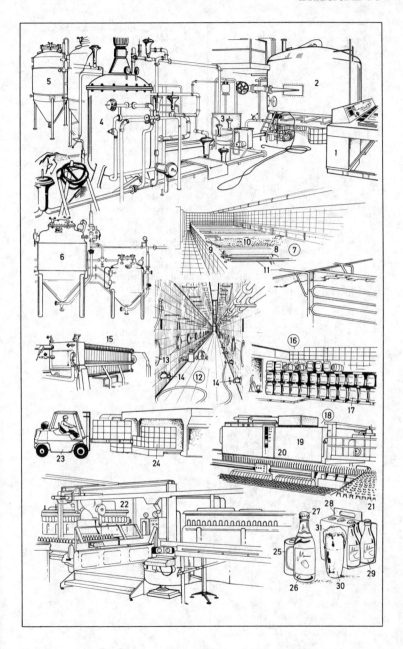

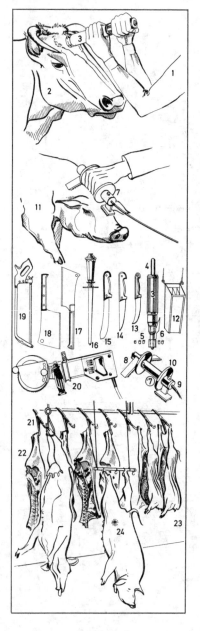

1 der Schlächter (Fleischer, *nordd.* Schlachter, *südd.* Metzger, *österr.* Fleischhauer)
2 das Schlachtvieh, ein Rind *n*
3 das Bolzenschußgerät, ein Betäubungsgerät *n*
4 der Schußbolzen
5 die Patronen *f*
6 der Auslösebügel
7 das elektrische Betäubungsgerät
8 die Elektrode
9 die Zuleitung
10 der Handschutz (die Schutzisolierung)
11 das Schlachtschwein
12 die Messerscheide
13 das Abhäutemesser
14 das Stechmesser
15 das Blockmesser
16 der Wetzstahl
17 der Rückenspalter
18 der Spalter
19 die Knochensäge
20 die Fleischzerlegesäge zum Portionieren *n* von Fleischteilen *n*
21–24 das Kühlhaus
21 der Aufhängebügel
22 das Rinderviertel
23 die Schweinehälfte
24 der Kontrollstempel des Fleischbeschauers *m*

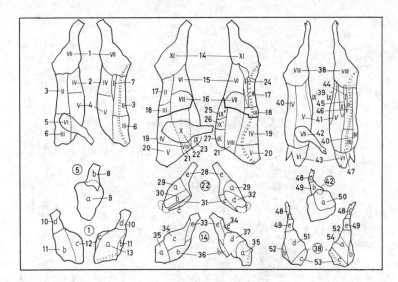

linke Seite: Fleischseite;
rechte Seite: Knochenseite;
I–IX^{II}, a–f: DLG-Kennzeichnung

1–13 das Kalb
1 die Keule mit Hinterhachse *f* (*südd.* Hinterhaxe *f*)
2 der Bauch
3 das Kotelett (Kalbskotelett)
4 die Brust (Kalbsbrust)
5 der Bug mit Vorderhachse *f* (*südd.* Vorderhaxe *f*)
6 der Hals
7 das Filet (Kalbsfilet)
8 die Vorderhachse
9 der Bug
10 die Hinterhachse (*südd.* Hinterhaxe)
11 das Nußstück
12 das Frikandeau
13 die Oberschale
14–37 das Rind
14 die Keule mit Hinterhesse *f*
15 *u.* 16 die Lappen *m*
15 die Fleischdünnung
16 die Knochendünnung
17 das Roastbeef
18 die Hochrippe
19 die Fehlrippe
20 der Kamm
21 die Spannrippe
22 der Bug mit Vorderhesse *f*
23 die Brust (Rinderbrust)
24 das Filet (Rinderfilet)
25 die Nachbrust

26 die Mittelbrust
27 das Brustbein
28 die Vorderhesse
29 das dicke Bugstück
30 das Schaufelstück
31 das falsche Filet
32 der Schaufeldeckel
33 die Hinterhesse
34 das Schwanzstück
35 die Blume
36 die Kugel
37 die Oberschale
38–54 das Schwein
38 der Schinken mit dem Eisbein *n* und dem Spitzbein *n*
39 die Wamme
40 der Rückenspeck
41 der Bauch
42 der Bug mit Eisbein *n* und Spitzbein *n*
43 der Kopf (Schweinskopf)
44 das Filet (Schweinefilet)
45 der Flomen
46 das Kotelett (Schweinekotelett)
47 der Kamm (Schweinekamm)
48 das Spitzbein
49 das Eisbein
50 das dicke Stück
51 das Schinkenstück
52 die Nuß
53 der Schinkenspeck
54 die Oberschale

96 Fleischerei

1–30 die Fleischerei (das
Fleischerfachgeschäft, *obd./westd.*
Metzgerei, Schlächterei, *nd.*
Schlachterei)
1–4 Fleischwaren
1 der Knochenschinken
2 die Speckseite
3 das Dörrfleisch (Rauchfleisch)
4 das Lendenstück
5 das Schweinefett (Schweineschmalz)
6–11 Wurstwaren
6 das Preisschild
7 die Mortadella
8 das Brühwürstchen (Würstchen,
Siedewürstchen); *Arten:* „Wiener",
„Frankfurter"
9 der Preßsack (Preßkopf)
10 der Fleischwurstring (die „Lyoner")
11 die Bratwurst
12 die Kühltheke
13 der Fleischsalat
14 die Aufschnittware
15 die Fleischpastete
16 das Hackfleisch (Gehackte,
Schabefleisch, Geschabte, Gewiegte)

17 das Eisbein
18 der Sonderangebotskorb
19 die Sonderpreistafel
20 das Sonderangebot
21 die Tiefkühltruhe
22 das abgepackte Bratenfleisch
23 das tiefgefrorene Fertiggericht
24 das Hähnchen
25 Konserven *f* (Vollkonserven; *mit
beschränkter Haltbarkeit:* Präserven *f*)
26 die Konservendose
27 die Gemüsekonserve
28 die Fischkonserve
29 die Remoulade
30 die Erfrischungsgetränke *n*

31–59 die Wurstküche (der
   Zubereitungsraum)
31–37 Fleischermesser (Metzgermesser,
   Schlächtermesser)
31 das Aufschnittmesser
32 die Messerklinge
33 die Sägezahnung
34 das Messerheft
35 das Fleischmesser
36 das Ausbeinmesser
37 das Blockmesser
38 der Fleischermeister (Fleischer, *obd./
   westd.* Metzger, Schlächter, *nd.*
   Schlachter)
39 die Fleischerschürze
40 die Mengmulde (*nd.* Schlachtermolle,
   Molle)
41 der (das) Brät (das Bratwurstfüllsel,
   die Wurstmasse)
42 die Schabglocke
43 der Schaumlöffel
44 die Wurstgabel
45 das Brühsieb
46 der Abfalleimer

47 der Kochschrank mit Backeinrichtung *f*
   für Dampf *m* oder Heißluft *f*
48 die Räucherkammer
49 der Handwurstfüller (Tischwurstfüller)
50 das Füllrohr
51 die Gemüsebehälter
52 der Kutter für die Bräterstellung
53 der Fleischwolf (die Faschiermaschine)
54 die Passierscheiben *f*
55 der Fleischhaken
56 die Knochensäge
57 die Hackbank
58 der Fleischergeselle beim Zerlegen *n*
59 das Fleischstück

1–54 der Verkaufsraum der Bäckerei
(Feinbäckerei, Konditorei)
1 die Verkäuferin
2–5 das Brot (der Brotlaib, Laib)
3 die Krume
4 die Kruste (Brotrinde)
5 das Endstück (*norddt.* die Kante)
6–12 Brotsorten *f*
6 das Rundbrot (Landbrot, ein
Mischbrot *n*)
7 das kleine Rundbrot
8 das Langbrot, ein Roggenmischbrot *n*
9 das Weißbrot
10 das Kastenbrot (*ugs.* Kommißbrot), ein
Vollkornbrot *n*
11 der Stollen (Weihnachtsstollen,
Christstollen)
12 das französische Weißbrot (die
Baguette)
13–16 Brötchen *n* (*norddt.* Rundstücke,
landsch. Wecke *m*, Wecken *m*,
Semmeln *f*)
13 die Semmel (*auch:* der Salzkuchen)
14 das Weizenbrötchen (Weißbrötchen,
auch: Salzbrötchen, Mohnbrötchen,
Kümmelbrötchen)

15 das Doppelbrötchen
16 das Roggenbrötchen
17–47 Konditoreiwaren *f*
17 die Sahnerolle
18 die Pastete, eine Blätterteigpastete
19 die Biskuitrolle
20 das Törtchen
21 die Cremeschnitte
22–24 Torten *f*
22 die Obsttorte (*Arten:* Erdbeertorte,
Kirschtorte, Stachelbeertorte,
Pfirsichtorte, Rhabarbertorte)
23 die Käsetorte
24 die Cremetorte (*auch:* Sahnetorte,
Arten: Buttercremetorte,
Schwarzwälder Kirschtorte)
25 die Tortenplatte
26 der Baiser (die Meringe, *schweiz.*
Meringue)
27 der Windbeutel
28 die Schlagsahne (*österr.* das
Schlagobers)
29 der Berliner Pfannkuchen (Berliner)
30 das Schweinsohr
31 die Salzstange (*auch:* Kümmelstange)
32 das Hörnchen

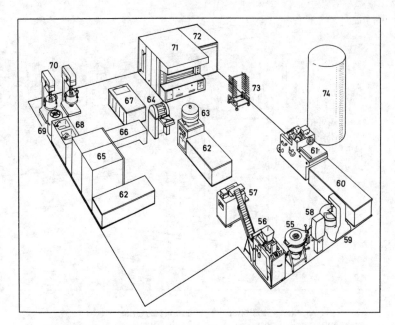

33 der Napfkuchen (Topfkuchen, *oberdt.* Gugelhupf)
34 der Kastenkuchen mit Schokoladenüberzug *m*
35 das Streuselgebäck
36 der Mohrenkopf
37 die Makrone
38 die Schnecke (*landsch.* Schneckennudel)
39 der Amerikaner
40 der Einback
41 der Hefezopf
42 der Frankfurter Kranz
43 der Blechkuchen (*Arten:* Streuselkuchen, Zuckerkuchen, Zwetschgenkuchen)
44 die Brezel (Laugenbrezel)
45 die Waffel
46 der Baumkuchen
47 der Tortenboden
48–50 abgepackte Brotsorten *f*
48 das Vollkornbrot (*auch:* Weizenkeimbrot)
49 der Pumpernickel
50 das Knäckebrot
51 der Lebkuchen

52 das Mehl (*Arten:* Weizenmehl, Roggenmehl)
53 die Hefe
54 der Zwieback (Kinderzwieback)
55–74 der Backraum (die Backstube)
55 die Knetmaschine
56–57 die Brotanlage
56 die Teigteilmaschine
57 die Wirkanlage
58 das Wassermisch- und -meßgerät
59 der Mixer
60 der Arbeitstisch
61 die Brötchenanlage
62 der Arbeitstisch
63 die Teigteil- und Rundwirkmaschine
64 die Hörnchenwickelmaschine
65 Frosteranlagen *f*
66 das Fettbackgerät
67–70 die Konditorei
67 der Kühltisch
68 die Spüle
69 der Kocher
70 die Rühr- und Schlagmaschine
71 der Etagenofen (Backofen)
72 der Gärraum
73 der Gärwagen
74 die Mehlsiloanlage

1–87 das Lebensmittelgeschäft (die
Lebensmittelhandlung, das
Feinkostgeschäft,
Delikatessengeschäft, *veraltet:* die
Kolonialwarenhandlung), ein
Einzelhandelsgeschäft *n*
1 die Schaufensterauslage
2 das Plakat (Werbeplakat)
3 die Kühlvitrine
4 die Wurstwaren *f*
5 der Käse
6 das Brathähnchen
7 die Poularde, eine gemästete Henne
8–11 Backzutaten *f*
8 die Rosinen *f; ähnl.:* Sultaninen
9 die Korinthen *f*
10 das Zitronat
11 das Orangeat
12 die Neigungswaage, eine Schnellwaage
13 der Verkäufer
14 das Warengestell (Warenregal)
15–20 Konserven *f*
15 die Büchsenmilch (Dosenmilch)
16 die Obstkonserve
17 die Gemüsekonserve
18 der Fruchtsaft
19 die Ölsardinen *f*, eine Fischkonserve
20 die Fleischkonserve

21 die Margarine
22 die Butter
23 das Kokosfett, ein Pflanzenfett *n*
24 das Öl; *Arten:* Tafelöl, Salatöl;
Olivenöl, Sonnenblumenöl,
Weizenkeimöl, Erdnußöl
25 der Essig
26 der Suppenwürfel
27 der Brühwürfel
28 der Senf
29 die Essiggurke
30 die Suppenwürze
31 die Verkäuferin
32–34 Teigwaren *f*
32 die Spaghetti *pl*
33 die Makkaroni *pl*
34 die Nudeln *f*
35–39 Nährmittel *pl*
35 die Graupen *f*
36 der Grieß
37 die Haferflocken *pl*
38 der Reis
39 der Sago
40 das Salz
41 der Kaufmann (Händler), ein
Einzelhändler *m*
42 die Kapern *f*
43 die Kundin

44 der Kassenzettel
45 die Einkaufstasche
46–49 Packmaterial n
46 das Einwickelpapier
47 der Klebestreifen
48 der Papierbeutel
49 die spitze Tüte
50 das Puddingpulver
51 die Konfitüre
52 die Marmelade
53–55 Zucker m
53 der Würfelzucker
54 der Puderzucker
55 der Kristallzucker, eine Raffinade
56–59 Spirituosen f
56 der Korn, ein klarer Schnaps m (Branntwein)
57 der Rum
58 der Likör
59 der Weinbrand (Kognak)
60–64 Wein m in Flaschen f
60 der Weißwein
61 der Chianti
62 der Wermut
63 der Sekt (Schaumwein)
64 der Rotwein
65–68 Genußmittel n
65 der Kaffee (Bohnenkaffee)

66 der Kakao
67 die Kaffeesorte
68 der Teebeutel
69 die elektr. Kaffeemühle
70 die Kaffeeröstmaschine
71 die Rösttrommel
72 die Probierschaufel
73 die Preisliste
74 die Tiefkühltruhe
75–86 Süßwaren f
75 das (der) Bonbon
76 die Drops pl
77 die Karamelle
78 die Schokoladentafel
79 die Bonbonniere
80 die Praline (das Praliné), ein Konfekt n
81 der Nougat (Nugat)
82 das Marzipan
83 die Weinbrandbohne
84 die Katzenzunge
85 der Krokant
86 die Schokoladentrüffel
87 das Tafelwasser (Selterswasser, der Sprudel)

1–96 der Supermarkt, ein
Selbstbedienungsgeschäft *n* für
Lebensmittel *n*
1 der Einkaufswagen
2 der Kunde (Käufer)
3 die Einkaufstasche
4 der Zugang zum Verkaufsraum *m*
5 die Absperrung (Barriere)
6 das Hundeverbotsschild
7 die angeleinten Hunde *m*
8 der Verkaufskorb
9 **die Backwarenabteilung**
(Brotabteilung, Konditoreiabteilung)
10 die Backwarenvitrine
11 die Brotsorten *f*
12 die Brötchen *n*
13 die Hörnchen *n*
14 das Landbrot
15 die Torte
16 die Jahresbrezel *[südd.]*, eine
Hefebrezel
17 die Verkäuferin
18 die Kundin (Käuferin)
19 das Angebotsschild
20 die Obsttorte
21 der Kastenkuchen
22 der Napfkuchen
23 **die Kosmetikgondel,** eine Gondel (ein
Verkaufsregal *n*)

24 der Baldachin
25 das Strumpffach
26 die Strumpfpackung
27–35 **Körperpflegemittel** (Kosmetika) *n*
27 die Cremedose (Creme; *Arten:*
Feuchtigkeitscreme *f*, Tagescreme *f*,
Nachtcreme *f*, Handcreme *f*)
28 die Wattepackung
29 die Puderdose
30 die Packung Wattebäuschchen *n*
31 die Zahnpastapackung
32 der Nagellack
33 die Cremetube
34 der Badezusatz
35 Hygieneartikel *m*
36 *u.* 37 die Tiernahrung
36 die Hundevollkost
37 die Packung Hundekuchen *m*
38 die Packung Katzenstreu *f*
39 **die Käseabteilung**
40 der Käselaib
41 der Schweizer Käse (Emmentaler) mit
Löchern *n*
42 der Edamer (Edamer Käse), ein
Rundkäse
43 die Milchproduktegondel
44 die H-Milch (haltbare, hocherhitzte
und homogenisierte Milch)
45 der Milchbeutel

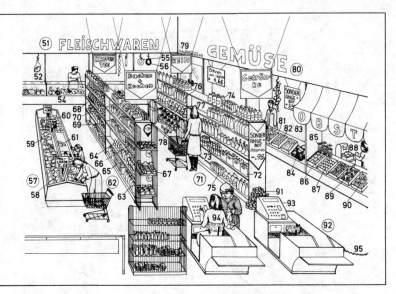

46 die Sahne
47 die Butter
48 die Margarine
49 die Käseschachtel
50 die Eierpackung
51 die Frischfleischabteilung
   (Fleischwarenabteilung)
52 der Knochenschinken
53 die Fleischwaren f
54 die Wurstwaren f
55 der Fleischwurstring
56 der Rotwurstring (die Blutwurst)
57 die Tiefkühlbox
58–61 das Gefriergut
58 die Poularde
59 der Putenschlegel
60 das Suppenhuhn
61 das Gefriergemüse
62 die Back- und Nährmittelgondel
63 das Weizenmehl
64 der Zuckerhut
65 die Packung Suppennudeln f
66 das Speiseöl
67 die Gewürzpackung
68–70 die Genußmittel n
68 der Kaffee
69 die Teeschachtel
70 der lösliche Pulverkaffee (Instant-
   Kaffee)

71 die Getränkegondel
72 der Bierkasten (Kasten Bier n)
73 die Bierdose (das Dosenbier)
74 die Fruchtsaftflasche
75 die Fruchtsaftdose
76 die Weinflasche
77 die Chiantiflasche
78 die Sektflasche
79 der Notausgang
80 die Obst- und Gemüseabteilung
81 der Gemüsekorb
82 die Tomaten f
83 die Gurken f
84 der Blumenkohl
85 die Ananas
86 die Äpfel m
87 die Birnen f
88 die Obstwaage
89 die Weintrauben f
90 die Bananen f
91 die Konservendose
92 der Kassenstand (die Kasse)
93 die Registrierkasse
94 die Kassiererin
95 die Sperrkette
96 der Substitut (Assistent
   des Abteilungsleiters m)

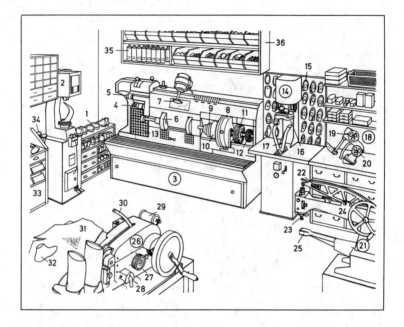

1–68 die Schuhmacherwerkstatt
(*landsch.* Schusterwerkstatt)
1 die fertigen (reparierten) Schuhe *m*
2 die Durchnähmaschine
3 die Ausputzmaschine
4 der Absatzfräser
5 die Wechselfräser *m*
6 die Schleifscheibe
7 der Bimskreisel
8 der Antrieb
9 der Schnittdrücker
10 die Schwabbelscheibe
11 die Polierbürste
12 die Roßhaarbürste
13 die Absaugung
14 die automatische Sohlenpresse
15 die Preßplatte
16 das Preßkissen
17 die Andruckbügel *m*
18 der Ausweitapparat
19 die Verstellvorrichtung für Weite *f*
20 die Verstellvorrichtung für Länge *f*
21 die Nähmaschine
22 die Stärkeverstellung
23 der Fuß

24 das Schwungrad
25 der Langarm
26 die Doppelmaschine
27 der Fußanheber
28 die Vorschubeinstellung
29 die Fadenrolle
30 der Fadenführer
31 das Sohlenleder
32 der Leisten
33 der Arbeitstisch
34 der Eisenleisten
35 die Farbsprühdose
36 das Materialregal
37 der Schusterhammer
38 die Falzzange
39 die Bodenlederschere
40 die kleine Beißzange
41 die große Beißzange (Kneifzange)
42 die Oberlederschere
43 die Fadenschere
44 die Revolverlochzange
45 das Locheisen
46 das Henkellocheisen
47 der Stiftenzieher
48 das Randmesser

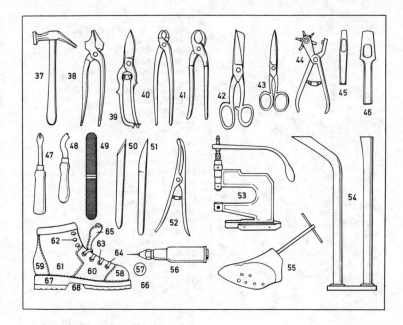

49 die Schuhmacherraspel
50 das Schustermesser
51 das Schärfmesser
52 die Kappenheberzange
53 die Ösen-, Haken- und Druckknopf-
Einsetzmaschine
54 der Arbeitsständer (Eisenfuß)
55 der Weitfixleisten
56 das Nagelheft
57 der Stiefel
58 die Vorderkappe
59 die Hinterkappe
60 das Vorderblatt
61 das Seitenteil (das Quartier)
62 der Haken
63 die Öse
64 das Schnürband
65 die Zunge
66 die Sohle
67 der Absatz
68 das Gelenk

101 Schuhe

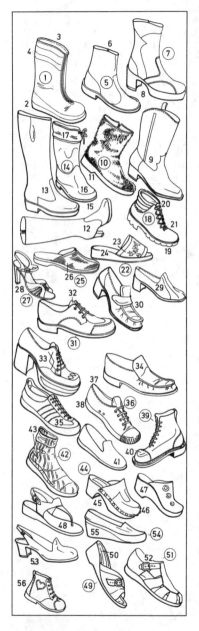

1 der Winterstiefel
2 die PVC-Sohle (Kunststoffsohle, Plastiksohle)
3 das Plüschfutter
4 das Anoraknylon
5 der Herrenstiefel
6 der Innenreißverschluß
7 der Herrenschaftstiefel
8 die Plateausohle
9 der Westernstiefel
10 der Fohlenfellstiefel
11 die Schalensohle
12 der Damenstiefel (Damenstraßenstiefel)
13 der Herrenstraßenstiefel
14 der nahtlos gespritzte PVC-Regenstiefel
15 die Transparentsohle
16 die Stiefelkappe
17 das Trikotfutter
18 der Wanderstiefel
19 die Profilsohle
20 der gepolsterte Schaftrand
21 die Verschnürung
22 die Badepantolette
23 das Oberteil aus Frottierstoff *m*
24 die Pololaufsohle
25 der Pantoffel
26 das Breitkordoberteil
27 der Spangenpumps
28 der hohe Absatz (Stöckelabsatz)
29 der Pumps
30 der Mokassin
31 der Halbschuh (Schnürschuh)
32 die Zunge
33 der Halbschuh mit hohem Absatz
34 der Slipper
35 der Sportschuh (Turnschuh)
36 der Tennisschuh
37 die Kappe
38 die Transparentgummisohle
39 der Arbeitsschuh
40 die Schutzkappe
41 der Hausschuh
42 der Hüttenschuh aus Wolle *f*
43 das Strickmuster
44 der Clog
45 die Holzsohle
46 das Oberteil aus Softrindleder
47 der Töffel
48 die Dianette
49 die Sandalette
50 das orthopädische Fußbett
51 die Sandale
52 die Schuhschnalle
53 der Slingpumps
54 der Stoffpumps
55 der Keilabsatz
56 der Lernlaufkinderschuh

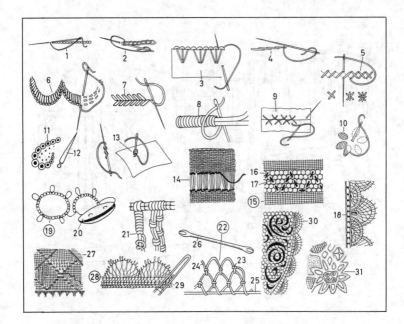

1 die Steppnaht
2 der Kettenstich
3 der Zierstich
4 der Stielstich
5 der Kreuzstich
6 der Langettenstich
7 der Zopfstich
8 der Schnurstich
9 der Hexenstich
10 die Plattsticharbeit (Flachsticharbeit, Flachstickarbeit)
11 die Lochstickerei
12 der Lochstecher
13 der Knötchenstich (Knotenstich)
14 die Durchbrucharbeit (der Hohlsaum)
15 die Tüllarbeit (Tüllspitze)
16 der Tüllgrund (Spitzengrund)
17 der Durchzug
18 die Klöppelspitze; *Arten:* Valenciennesspitzen, Brüsseler Spitzen
19 die Schiffchenarbeit (Frivolitätenarbeit, Okkiarbeit, Occhiarbeit)
20 das Schiffchen
21 die Knüpfarbeit (das Makramee)

22 die Filetarbeit (Netzarbeit, das Filament)
23 die Filetschlinge (der Filetknoten)
24 der Filetfaden
25 der Filetstab
26 die Filetnadel (Netznadel, Schütze, Filiernadel)
27 die Ajourarbeit (Durchbrucharbeit)
28 die Gabelhäkelei (Gimpenhäkelei)
29 die Häkelgabel
30 die Nadelspitzen *f* (Nähspitzen, die Spitzenarbeit); *Arten:* Reticellaspitzen, Venezianerspitzen, Alençonspitzen; *ähnl.* mit Metallfaden *m:* die Filigranarbeit
31 die Bändchenstickerei (Bändchenarbeit)

103 Damenschneider

1–27 das Damenschneideratelier
1 der Damenschneider
2 das Maßband (Bandmaß), ein
  Metermaß *n*
3 die Zuschneideschere
4 der Zuschneidetisch
5 das Modellkleid
6 die Schneiderpuppe (Schneiderbüste)
7 der Modellmantel
8 die Schneidernähmaschine
9 der Antriebsmotor
10 der Treibriemen
11 die Fußplatte
12 das Nähmaschinengarn (die Garnrolle)
13 die Zuschneideschablone
14 das Nahtband (Kantenband)
15 die Knopfschachtel
16 der Stoffrest
17 der fahrbare Kleiderständer
18 der Flächenbügelplatz
19 die Büglerin
20 das Dampfbügeleisen
21 die Wasserzuleitung
22 der Wasserbehälter
23 die neigbare Bügelfläche
24 die Bügeleisenschwebevorrichtung
25 die Saugwanne für die
  Dampfabsaugung
26 die Fußschalttaste für die Absaugung
27 der aufgebügelte Vliesstoff

1–32 das Herrenschneideratelier
1 der dreiteilige Spiegel
2 die Stoffbahnen f
3 der Anzugstoff
4 das Modejournal
5 der Aschenbecher
6 der Modekatalog
7 der Arbeitstisch
8 das Wandregal
9 die Nähgarnrolle
10 die Nähseidenröllchen n
11 die Handschere
12 die kombinierte Elektro- und
Tretnähmaschine
13 der Tritt
14 der Kleiderschutz
15 das Schwungrad
16 der Unterfadenumspuler
17 der Nähmaschinentisch
18 die Nähmaschinenschublade
19 das Kantenband
20 das Nadelkissen
21 die Anzeichnerei
22 der Herrenschneider
23 das Formkissen
24 die Schneiderkreide
25 das Werkstück
26 der Dampfbügler
27 der Schwenkarm
28 das Bügelformkissen
29 das Bügeleisen
30 das Handbügelkissen
31 die Stoffbürste
32 das Bügeltuch

105 Damenfriseur

1–39 der Damenfrisiersalon
(Damensalon) und Kosmetiksalon
1–16 Frisierutensilien *n*
1 die Schale für das Blondiermittel
2 die Strähnenbürste
3 die Blondiermitteltube
4 der Färbelockenwickel
5 die Brennschere
6 der Einsteckkamm
7 die Haarschneideschere
8 die Effilierschere
9 das Effiliermesser
10 die Haarbürste
11 der Haarclip *m*
12 der Lockenwickler (Lockenwickel)
13 die Lockwellbürste
14 die Lockenklammer
15 der Frisierkamm
16 die Stachelbürste
17 der verstellbare Frisierstuhl
18 die Fußstütze
19 der Frisiertisch
20 der Frisierspiegel
21 der Haarschneider
22 der Fönkamm

23 der Handspiegel
24 das Haarspray (das Haarfixativ)
25 die Trockenhaube, eine
Schwenkarmhaube
26 der Haubenschwenkarm
27 der Tellerfuß
28 die Waschanlage
29 das Haarwaschbecken
30 die Handbrause
31 das Serviceplateau
32 die Shampooflasche
33 der Fön
34 der Frisierumhang
35 die Friseuse
36 die Parfumflasche
37 die Flasche mit Toilettenwasser *n*
38 die Perücke (Zweitfrisur)
39 der Perückenständer

1–42 der Herrensalon
1 der Friseur (Friseurmeister, *schweiz.* Coiffeur)
2 der Arbeitskittel (Friseurkittel)
3 die Frisur (der Haarschnitt)
4 der Frisierumhang (Haarschneidemantel)
5 der Papierkragen
6 der Frisierspiegel
7 der Handspiegel
8 die Frisierleuchte
9 das Toilettenwasser
10 das Haarwasser (der Haarwaschzusatz)
11 die Haarwaschanlage
12 das Waschbecken
13 die Handdusche (Handbrause)
14 die Mischbatterie
15 die Steckdosen *f*, z. B. für den Fönanschluß
16 der verstellbare Frisierstuhl
17 der Verstellbügel
18 die Armlehne
19 die Fußstütze
20 das Haarwaschmittel
21 der Parfümzerstäuber

22 der Haartrockner (Fön)
23 der Haarfestiger in der Spraydose
24 die Handtücher *n*, zur Haartrocknung
25 die Tücher für Gesichtskompressen *f*
26 das Kreppeisen
27 der Nackenpinsel
28 der Frisierkamm
29 der Heißluftkamm
30 die Thermobürste
31 der Frisierstab (Lockenformer)
32 die Haarschneidemaschine
33 die Effilierschere
34 die Haarschneideschere, *ähnl.:* die Modellierschere
35 das Scherenblatt
36 das Schloß
37 der Schenkel
38 das Rasiermesser
39 der Messergriff
40 die Rasierschneide
41 das Effiliermesser
42 der Meisterbrief

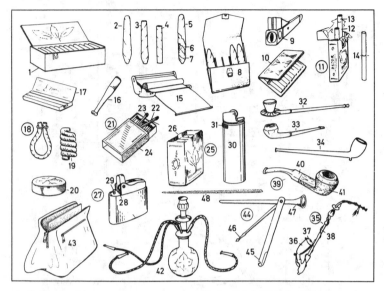

1 die Zigarrenkiste
2 die Zigarre; *Arten:* Havanna, Brasil, Sumatra
3 das (der, *ugs.* die) Zigarillo
4 der Stumpen
5 das Deckblatt
6 das Umblatt
7 die Einlage
8 das Zigarrenetui
9 der Zigarrenabschneider
10 das Zigarettenetui
11 die Zigarettenschachtel
12 die Zigarette, eine Filterzigarette
13 das Mundstück; *Arten:* Korkmundstück, Goldmundstück
14 die Papirossa
15 die Zigarettenmaschine (der Zigarettenwickler)
16 die Zigarettenspitze
17 das Zigarettenpapierheftchen
18 der Rollentabak
19 der Kautabak; *ein Stück:* der Priem
20 die Schnupftabaksdose, mit Schnupftabak *m*
21 die Streichholzschachtel (Zündholzschachtel)
22 das Streichholz (Zündholz)
23 der Schwefelkopf (Zündkopf)
24 die Reibfläche

25 das Paket (Päckchen) Tabak *m; Arten:* Feinschnitt, Krüllschnitt, Navy Cut
26 die Banderole (Steuerbanderole, Steuermarke)
27 das Benzinfeuerzeug
28 der Feuerstein
29 der Docht
30 das Gasfeuerzeug, ein Einwegfeuerzeug (Wegwerffeuerzeug)
31 die Flammenregulierung
32 der Tschibuk
33 die kurze Pfeife
34 die Tonpfeife
35 die lange Pfeife
36 der Pfeifenkopf
37 der Pfeifendeckel
38 das Pfeifenrohr
39 die Bruyèrepfeife
40 das Pfeifenmundstück
41 die (sandgestrahlte oder polierte) Bruyèremaserung
42 die (das) Nargileh, eine Wasserpfeife
43 der Tabaksbeutel
44 das Raucherbesteck (Pfeifenbesteck)
45 der Auskratzer
46 der Stopfer
47 der Pfeifenreiniger
48 der Pfeifenreinigungsdraht

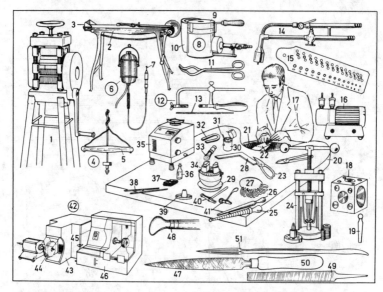

1 die Draht- und Blechwalze
2 die Ziehbank
3 der Draht (Gold- oder Silberdraht)
4 der Dreul (Drillbohrer)
5 das Querholz
6 die elektrische Hängebohrmaschine
7 der Kugelfräser mit Handstück *n*
8 der Schmelzofen
9 der Schamottedeckel
10 der Graphittiegel
11 die Tiegelzange
12 die Bogensäge
13 das Laubsägeblatt
14 die Lötpistole
15 das Gewindeschneideisen
16 das Zylinderlötgebläse
17 der Goldschmied
18 die Würfelanke (Anke, der Vertiefstempel)
19 die Punze
20 das Werkbrett
21 das Werkbrettfell
22 der Feilnagel
23 die Blechschere
24 die Trauringmaschine (Trauring-Weitenänderungsmaschine)
25 der Ringstock
26 der Ringriegel
27 das Ringmaß

28 der Stahlwinkel
29 das Linsenkissen, ein Lederkissen
30 die Punzenbüchse
31 die Punze
32 der Magnet
33 die Brettbürste (der Brettpinsel)
34 die Gravierkugel
35 die Gold- und Silberwaage, eine Präzisionswaage
36 das Lötmittel
37 die Glühplatte, aus Holzkohle *f*
38 die Lötstange
39 der Lötborax
40 der Fassonhammer
41 der Ziselierhammer
42 die Poliermaschine
43 der Tischexhauster (Tischstaubsauger)
44 die Polierbürste
45 der Staubsammelkasten
46 das Naßbürstgerät
47 die Rundfeile
48 der Blutstein (Roteisenstein)
49 die Flachfeile
50 das Feilenheft
51 der Polierstahl

109 Uhrmacher

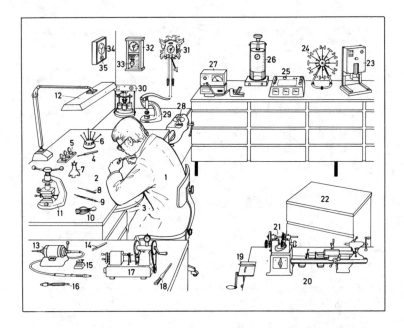

1 der Uhrmacher
2 der Werktisch
3 die Armauflage
4 der Ölgeber
5 der Ölblock für Kleinuhren *f*
6 der Schraubenziehersatz
7 der Zeigeramboß
8 die Glättahle, eine Reibahle
9 das Federstegwerkzeug
10 der Abheber für Armbanduhrzeiger *m*
11 der Gehäuseschlüssel
12 die Arbeitslampe, eine
 Mehrzweckleuchte
13 der Mehrzweckmotor
14 die Kornzange (Pinzette)
15 die Poliermaschinenaufsätze *m*
16 das Stiftenklöbchen
17 die Rolliermaschine (der Rollierstuhl)
 zum Rollieren *n*, Polieren *n*,
 Arrondieren *n* und Kürzen *n* von
 Wellen *f*
18 der Staubpinsel
19 der Abschneider für Metallarmbänder *n*

20 die Präzisions-Kleindrehmaschine
 (Kleindrehbank, der
 Uhrmacherdrehstuhl)
21 das Keilriemenvorgelege
22 der Werkstattmuli für Ersatzteile *n*
23 die Vibrationsreinigungsmaschine
24 das Umlaufprüfgerät für automatische
 Uhren *f*
25 das Meßpult für die Überprüfung
 elektronischer Bauelemente *n*
26 das Prüfgerät für wasserdichte Uhren *f*
27 die Zeitwaage
28 der Schraubstock
29 die Einpreßvorrichtung für armierte
 Uhrgläser *n*
30 der Reinigungsautomat für die
 konventionelle Reinigung
31 die Kuckucksuhr (Schwarzwälderuhr)
32 die Wanduhr (der Regulator)
33 das Kompensationspendel
34 die Küchenuhr
35 die Kurzzeituhr (der Kurzzeitwecker)

1 die elektronische Armbanduhr
2 die Digitalanzeige (eine Leuchtdiodenanzeige, *auch:* Flüssigkristallanzeige)
3 der Stunden- und Minutenknopf
4 der Datums- und Sekundenknopf
5 das Armband
6 das Stimmgabelprinzip (Prinzip der Stimmgabeluhr *f*)
7 die Antriebsquelle (eine Knopfzelle)
8 die elektronische Schaltung
9 das Stimmgabelelement (Schwingelement)
10 das Klinkenrad
11 das Räderwerk
12 der große Zeiger
13 der kleine Zeiger
14 das Prinzip der elektronischen Quarzuhr *f*
15 der Quarz (Schwingquarz)
16 die Frequenzunterteilung (integrierte Schaltungen *f*)
17 der Schrittschaltmotor
18 der Decoder
19 die Terminuhr (der Wecker, die Weckuhr)
20 die Digitalanzeige mit Fallblattziffern *f*
21 die Sekundenanzeige
22 die Abstelltaste
23 das Stellrad
24 die Standuhr
25 das Zifferblatt
26 das Uhrgehäuse
27 das Pendel (das *od.* der Perpendikel)
28 das Schlaggewicht
29 das Ganggewicht
30 die Sonnenuhr
31 die Sanduhr (Eieruhr)
32–43 das Springbild der automatischen Armbanduhr *f* (Uhr mit automatischem Aufzug *m*, Selbstaufzug)
32 die Schwingmasse (der Rotor)
33 der Stein (Lagerstein), ein synthetischer Rubin
34 die Spannklinke
35 das Spannrad
36 das Uhrwerk
37 die Werkplatte
38 das Federhaus
39 die Unruh
40 das Ankerrad
41 das Aufzugsrad
42 die Krone (der Kronenaufzug)
43 das Antriebswerk

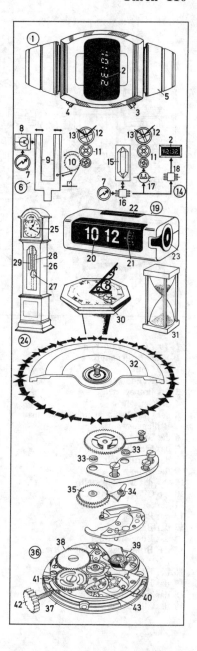

111 Optiker

1–19 der Verkaufsraum
1–4 die Brillenanprobe
1 der Optiker
2 der Kunde
3 das Probegestell
4 der Spiegel
5 der Gestellständer (die Gestellauswahl,
 Brillenauswahl)
6 die Sonnenbrille
7 das Metallgestell
8 das Horngestell
9 die Brille
10–14 das Brillengestell
10 die Gläserfassung
11 der Steg
12 der Padsteg
13 der Bügel
14 das Bügelscharnier
15 das Brillenglas, ein Bifokalglas n
 (Zweistärkenglas)
16 der Handspiegel
17 das Fernglas
18 das monokulare Fernrohr (der Tubus)
19 das Mikroskop

20–47 die Optikerwerkstatt
20 der Arbeitstisch
21 das Universalzentriergerät
22 die Zentriersaugeraufnahme
23 der Zentriersauger
24 der Brillenglas-
 Randbearbeitungsautomat
25 die Formscheiben f für den
 Randbearbeitungsautomaten m
26 die eingesetzte Formscheibe
27 die mitdrehende Kopierscheibe
28 die Schleifscheibenkombination
29 das Steuergerät
30 das Maschinenteil
31 der Kühlwasseranschluß
32 die Reinigungsflüssigkeit
33 der Scheitelbrechwertmesser
34 das Zentrier-, Saugerandrück- und
 Metallaufblockgerät
35 Schleifscheibenkombination f und
 Schlifformen f
36 die Vorschleifscheibe
37 die Feinschleifscheibe für Plus- und
 Minusfacette f

38 die Feinschleifscheibe für
Spezialfacette *f* und Flachfacette *f*
39 das Plankonkavglas mit Flachfacette *f*
40 das Plankonkavglas mit Spezialfacette *f*
41 das Konkavkonvexglas mit
Spezialfacette *f*
42 das Konkavkonvexglas mit
Minusfacette *f*
43 der opthalmologische Prüfplatz
44 der Phoropter mit Ophtalmometer *n*
und Augenrefraktometer *n*
45 der Probiergläserkasten
46 der Sehzeichenkollimator
47 der Sehzeichenprojektor

112 Optische Geräte I

1 das Laboratoriums- und Forschungsmikroskop *System Leitz* [teilweise im Schnitt]
2 das Stativ
3 der Stativfuß
4 der Grobtrieb
5 der Feintrieb
6 der Beleuchtungsstrahlengang
7 die Beleuchtungsoptik
8 die Kondensoreinrichtung
9 der Mikroskoptisch (Objekttisch)
10 die Kreuztischeinrichtung
11 der Objektivrevolver
12 der Binokulartubus
13 die Umlenkprismen *n*
14 das Durchlichtmikroskop mit Kamera *f* und Polarisationseinrichtung *f System Zeiss*
15 der Tischsockel
16 der Aperturblendenschieber
17 der Universaldrehtisch
18 die Objektivbrücke
19 die Bildweiche
20 das (der) Kamerateil
21 die Einstellscheibe
22 die Diskussionstubusanordnung
23 das Großfeld-Metallmikroskop, ein Auflichtmikroskop *n*
24 die Projektionsmattscheibe
25 die Großbildkamera
26 die Kleinbildkamera
27 die Bodenplatte
28 das Lampenhaus
29 der drehbare Kreuztisch
30 der Objektivrevolver
31 das Operationsmikroskop
32 das Säulenstativ
33 die Objektfeldbeleuchtung
34 das Fotomikroskop
35 die Kleinbildkassette
36 der zusätzliche Fotoausgang für Großformat- oder Fernsehkamera *f*
37 das Oberflächenprüfgerät
38 der Lichtschnittubus
39 der Zahntrieb
40 das Großfeldstereomikroskop mit Zoomeinstellung *f*
41 das Zoomobjektiv
42 das optische Feinstaubmeßgerät
43 die Meßkammer
44 der Datenausgang
45 der Analogausgang
46 der Meßbereichwähler

47 die digitale Datenanzeige
48 das Eintauchrefraktometer, zur Nahrungsmitteluntersuchung
49 das Mikroskop-Photometer
50 die Photometerlichtquelle
51 die Meßeinrichtung (der Photovervielfacher)
52 die Lichtquelle für die Übersichtsbeleuchtung
53 der Elektronikschrank
54 das universelle Großfeldmikroskop
55 der Fotostutzen, für Kamera *f* oder Projektionsaufsatz *m*
56 der Drehknopf zum Einstellen *n* des Okularabstandes *m*
57 die Filteraufnahme
58 die Handauflage
59 das Lampenhaus für die Auflichtbeleuchtung
60 der Lampenhausanschluß für die Durchlichtbeleuchtung
61 das Großfeldstereomikroskop
62 die Wechselobjektive *n*
63 die Auflichtbeleuchtung
64 die vollautomatische Mikroskopkamera, eine Aufsatzkamera
65 die Filmkassette
66 der Universalkondensor zum Forschungsmikroskop 1 *n*
67 die Universalmeßkammer für die Photogrammetrie (der Phototheodolit)
68 die Meßbildkamera
69 das Motornivellier, ein Kompensatornivellier *n*
70 das elektro-optische Streckenmeßgerät
71 die Stereomeßkammer
72 die horizontale Basis
73 der Sekundentheodolit

196

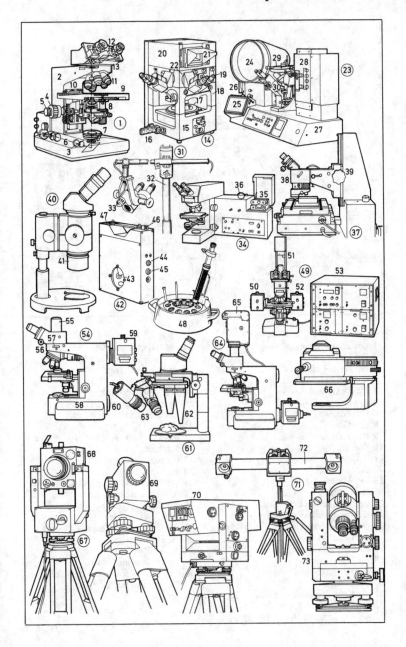

113 Optische Geräte II

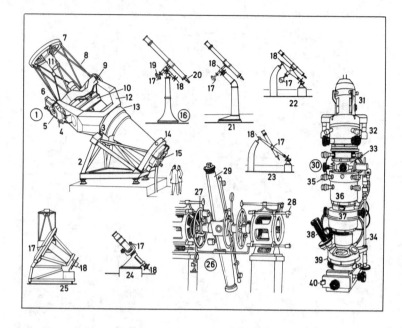

1 das 2,2-m-Spiegelteleskop
2 das Untergestell
3 die Axial-radial-Lagerung
4 das Deklinationsgetriebe
5 die Deklinationsachse
6 das Deklinationslager
7 der Frontring
8 der Tubus
9 das Tubusmittelteil
10 der Hauptspiegel
11 der Umlenkspiegel
12 die Gabel
13 die Abdeckung
14 das Führungslager
15 der Hauptantrieb der Stundenachse
16–25 Fernrohrmontierungen
16 das Linsenfernrohr (der Refraktor) in
   deutscher Montierung
17 die Deklinationsachse
18 die Stundenachse
19 das Gegengewicht
20 das Okular
21 die Knicksäulenmontierung
22 die englische Achsenmontierung
23 die englische Rahmenmontierung

24 die Gabelmontierung
25 die Hufeisenmontierung
26 der Meridiankreis
27 der Teilkreis
28 das Ablesemikroskop
29 das Meridianfernrohr
30 das Elektronenmikroskop
31–39 die Mikroskopröhre
31 das Strahlenerzeugungssystem (der
   Strahlkopf)
32 die Kondensorlinsen f
33 die Objektschleuse
34 die Objekttischverstellung
   (Objektverschiebung)
35 der Aperturblendentrieb
36 die Objektivlinse
37 das Zwischenbildfenster
38 die Fernrohrlupe
39 das Endbildfenster (der
   Endbildleuchtschirm)
40 die Aufnahmekammer für Film- bzw.
   Plattenkassetten f

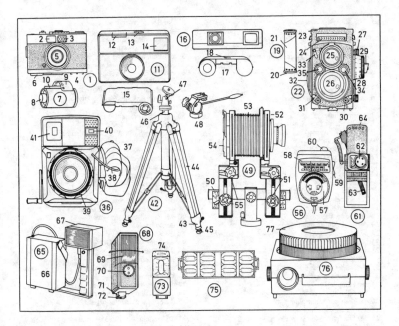

1 die Kleinbild-Kompaktkamera
2 der Sucherausblick
3 das Belichtungsmesserfenster
4 der Zubehörschuh
5 das versenkbare Objektiv
6 die Rückspulkurbel
   (Rückwickelkurbel)
7 die Kleinbildkassette
   (Kleinbildpatrone) 135
8 die Filmspule
9 der Film mit dem „Einfädelschwanz"
   m
10 das Kassettenmaul
11 die Kassettenkamera
12 die Auslösetaste
13 der Blitzwürfelanschluß
14 der quadratische Sucher
15 die Filmkassette 126 (Instamatic-
   Kassette)
16 die Pocket-Kamera
   (Kleinstbildkamera)
17 die Kleinstbildkassette 110
18 das Bildnummernfenster
19 der Rollfilm 120
20 die Rollfilmspule
21 das Schutzpapier
22 die zweiäugige Spiegelreflexkamera
23 der aufklappbare Sucherschacht
24 das Belichtungsmesserfenster
25 das Sucherobjektiv
26 das Aufnahmeobjektiv
27 der Spulenknopf
28 die Entfernungseinstellung

29 der Nachführbelichtungsmesser
30 der Blitzlichtanschluß
31 der Auslöser
32 die Filmtransportkurbel
33 der Blitzschalter
34 das Blendeneinstellrad
35 das Zeiteinstellrad
36 die Großformat-Handkamera
   (Pressekamera)
37 der Handgriff
38 der Drahtauslöser
39 der Rändelring zur
   Entfernungseinstellung
40 das Entfernungsmesserfenster
41 der Mehrformatsucher
42 das Rohrstativ (Dreibein)
43 das Stativbein
44 der Rohrschenkel
45 der Gummifuß
46 die Mittelsäule
47 der Kugelgelenkkopf
48 der Kinonivellierkopf
49 die Großformatbalgenkamera
50 die optische Bank
51 die Standartenverstellung
52 die Objektivstandarte
53 der Balgen
54 das Kamerarückteil
55 die Rückteilverstellung
56 der Handbelichtungsmesser
   (Belichtungsmesser)
57 die Rechenscheibe
58 die Anzeigeskalen f mit Anzeigenadel f

59 die Meßbereichswippe
60 die Diffusorkalotte für
   Lichtmessungen f
61 die Belichtungsmeßkassette für
   Großbildkameras f
62 das Meßgerät
63 die Meßsonde
64 der Kassettenschieber
65 das zweiteilige Elektronenblitzgerät
66 das (der) Generatorteil (die Batterie)
67 die Blitzlampe (der Blitzstab)
68 das einteilige Elektronenblitzgerät
69 der schwenkbare Reflektor
70 die Photodiode
71 der Sucherfuß
72 der Mittenkontakt
73 das Würfelblitzgerät
74 der Würfelblitz
75 die Flashbar (AGFA)
76 der Diaprojektor
77 das Rundmagazin

115 Fotografie II

1–105 die Systemkamera
1 die einäugige Kleinbild-
   Spiegelreflexkamera
2 das Kameragehäuse
3–8 das Objektiv, ein Normalobjektiv *n*
3 der Objektivtubus
4 die Entfernungsskala in Metern *m* und
   Feet *m*
5 der Blendenring
6 die Frontlinsenfassung mit
   Filteranschluß *m*
7 die Frontlinse
8 der Rändelring zur Scharfeinstellung
9 die Tragriemenöse
10 das Batteriefach
11 der Schraubdeckel
12 die Rückspulkurbel
13 der Batteriehauptschalter
14 der Blitzlichtanschluß für F- und X-
   Kontakt *m*
15 der Spannhebel für den Selbstauslöser
16 der Schnellschalthebel
17 das Bildzählwerk
18 der Auslöseknopf
19 der Verschlußzeitenknopf
20 der Zubehörschuh
21 der Blitzlicht-Mittenkontakt
22 der Suchereinblick (das Sucherokular)
   mit Korrekturlinse *f*
23 die Kamerarückwand
24 die Filmandruckplatte
25 der Filmmitnehmer des
   Schnelladesystems *n*
26 die Transportzahntrommel
27 der Rückspulfreilauf
28 das Filmfenster (Negativfenster,
   Bildfenster, die Bildbühne)
29 der Rückspulmitnehmer
30 der Stativgewindeanschluß
31 das Spiegelreflexsystem
32 das Objektiv
33 der Reflexspiegel
34 das Bildfenster
35 der Bildstrahlengang
36 der Meßstrahlengang
37 die Meßzelle
38 der Hilfsspiegel
39 die Einstellscheibe
40 die Bildfeldlinse
41 das Pentadachkantprisma
42 das Okular
43–105 das Systemzubehör
43 die Wechselobjektive *n*
44 das Fischaugenobjektiv (Fischauge)
45 das Weitwinkelobjektiv (die kurze
   Brennweite)
46 das Normalobjektiv
47 die mittlere Brennweite
48 das Teleobjektiv (die lange
   Brennweite)
49 das Fernobjektiv (die Fernbildlinse)
50 das Spiegelobjektiv
51 das Sucherbild
52 das Signal für die manuelle Einstellung
53 der Mattscheibenring
54 das Mikroprismenraster
   (Mikrospaltbildfeld)
55 der Schnittbildindikator (die Meßkeile
   m)
56 die Blendenskala

57 der Belichtungsmesserzeiger
58–66 auswechselbare Einstellscheiben *f*
58 die Vollmattscheibe mit
   Mikroprismenraster *n*
59 die Vollmattscheibe mit Prismenraster
   n und Schnittbildindikator *m*
60 die Vollmattscheibe ohne
   Einstellhilfsmittel *n*
61 die Mattscheibe mit Gitterteilung *f*
62 das Prismenraster für Objektive *n*
   hoher Öffnung *f*
63 das Prismenraster für Objektive ab
   Lichtstärke *f* = 1 : 3,5
64 die Fresnellinse mit Mattscheibenring
   m und Schnittbildindikator *m*
65 die Vollmattscheibe mit feinmattiertem
   Mittenfleck *m* und Meßskalen *f*
66 die Mattscheibe mit Klarglasfleck *m*
   und doppeltem Fadenkreuz *n*
67 die Datenrückwand zum Einbelichten
   n von Aufnahmedaten *n*
68 der Sucherlichtschacht
69 der auswechselbare Prismensucher
70 das Pentadachkantprisma
71 der Winkelsucher
72 die Korrekturlinse
73 die Augenmuschel (Okularmuschel)
74 das Einstellfernrohr
75 der Batterieanschluß
76 der Batteriehandgriff für den
   Kameramotor
77 die Schnellschußkamera
78 der ansetzbare Kameramotor
79 die externe Stromversorgung
80 das Zehn-Meter-Filmmagazin
81–98 Naheinstell- und Makrogeräte *n*
81 der Zwischentubus
82 der Adapterring
83 der Umkehrring
84 das Objektiv in Retrostellung *f*
85 das Balgengerät
   (Balgennaheinstellgerät)
86 der Einstellschlitten
87 der Diakopiervorsatz
88 der Diakopieradapter
89 der Mikrofotoansatz
90 das Reprostativ
91 die „Spinnenbeine" *n*
92 das Reproduktionsgestell (der
   Reproständer, Kopierständer)
93 der Reproarm
94 das Makrostativ (der Makroständer)
95 die Tischeinsatzplatten *f* für das
   Makrostativ
96 die Einlegescheibe
97 der Lieberkühn-Reflektor
98 die Kreuztischeinrichtung
99 das Tischstativ
100 das Schulterstativ
101 der Drahtauslöser
102 der Doppeldrahtauslöser
103 die Kameratasche
   (Bereitschaftstasche)
104 der Objektivköcher
105 der Weichleder-Objektivköcher

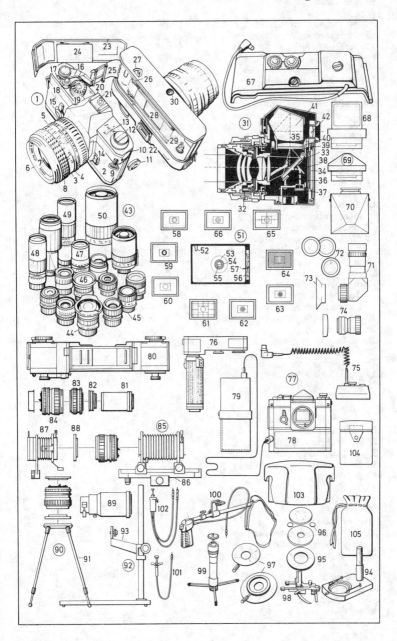

116 Fotografie III

1–60 Dunkelkammergeräte *n*
1 die Filmentwicklungsdose
2 die Einsatzspirale
3 die Mehretagen-Entwicklungsdose
4 die Mehretagen-Filmspirale
5 die Tageslichteinspuldose
6 das Filmfach
7 der Filmtransportknauf
8 das Entwicklungsthermometer
9 die Faltflasche für Entwicklerlösung *f*
10 die Chemikalienflaschen *f* für
Erstentwickler *m*, Stopphärtebad *n*,
Farbentwickler *m*, Bleichfixierbad *n*,
Stabilisator *m*
11 die Mensuren *f*
12 der Einfülltrichter
13 das Badthermometer
(Schalenthermometer)
14 die Filmklammer
15 die Wässerungswanne (das
Wässerungsgerät, der Bildwascher)
16 der Wasserzulauf
17 der Wasserablauf
18 der Laborwecker (Kurzzeitwecker)
19 der Filmagitator (das
Filmdosenbewegungsgerät)
20 die Entwicklungsdose (*auch:* die
Bildtrommel)
21 die Dunkelkammerleuchte
22 die Filterglasscheibe
23 der Filmtrockner
24 die Belichtungsschaltuhr
25 die Entwicklungsschale
26 der Vergrößerer (das
Vergrößerungsgerät, der
Vergrößerungsapparat)
27 das Grundbrett
28 die geneigte Tragsäule
29 der Lampenkopf (das Lampengehäuse)
30 die Negativbühne (Filmbühne)
31 der Balgen
32 das Objektiv
33 der Friktionsfeintrieb
34 die Höhenverstellung
(Maßstabsverstellung)
35 der Vergrößerungsrahmen (die
Vergrößerungskassette)
36 der Coloranalyser (Analyser,
Farbfilterbestimmer)
37 die Farbkontrollampe
38 das Meßkabel
39 der Zeitabgleichknopf
40 der Farbvergrößerer

41 der Gerätekopf
42 die Profilsäule
43–45 der Farbmischkopf
43 die Purpurfiltereinstellung
(Magentaeinstellung)
44 die Gelbfiltereinstellung
45 die Blaugrünfiltereinstellung
(Cyaneinstellung)
46 das (der) Einstellfilter
47 die Entwicklungszange
48 die Papierentwicklungstrommel
49 der Rollenquetscher
50 das Papiersortiment
51 das Farbvergrößerungspapier, eine
Packung Fotopapier *n*
52 die Farbentwicklungschemikalien *f*
53 der Papierbelichtungsmesser
(Vergrößerungsbelichtungsmesser)
54 der Einstellknopf mit Papierindex *m*
55 der Meßkopf (die Meßsonde)
56 die halbautomatische
Thermostatentwicklungsschale
57 die Schnelltrockenpresse (Heizpresse)
58 die Hochglanzfolie
59 das Spanntuch
60 die automatische
Walzenentwicklungsmaschine

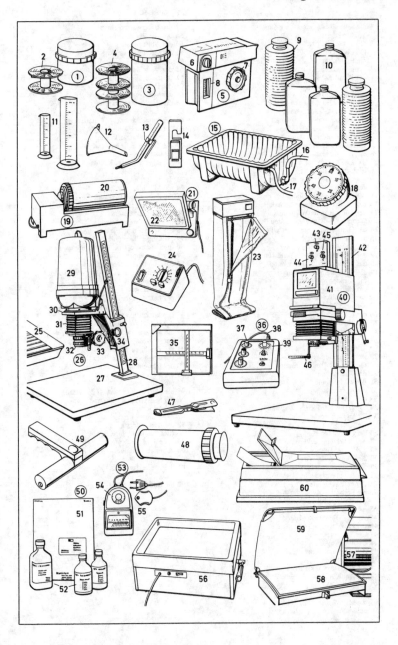

117 Schmalfilm

1 **die Schmalfilmkamera,** eine Super-8-
Tonfilmkamera
2 das auswechselbare Zoomobjektiv
(Varioobjektiv)
3 die Entfernungseinstellung und die
manuelle Brennweiteneinstellung
4 der Blendenring für die manuelle
Blendeneinstellung
5 der Batteriehandgriff
6 der Auslöser mit
Drahtauslöseranschluß *m*
7 der Pilotton- oder
Impulsgeberanschluß für das
Tonaufnahmegerät (beim
Zweibandverfahren *n*)
8 die Tonanschlußleitung für Mikrophon
n oder Zuspielgerät *n* (beim
Einbandverfahren *n*)
9 der Fernauslöseranschluß
10 der Kopfhöreranschluß
11 der Einstellsystemschalter
12 der Filmgeschwindigkeitsschalter
13 der Tonaufnahme-Wahlschalter für
automatischen oder manuellen Betrieb
14 das Okular mit Augenmuschel *f*
15 die Dioptrieneinstellung
16 der Tonaussteuerungsregler
17 der Belichtungsmesser-Wahlschalter
18 die Filmempfindlichkeitseinstellung
19 die Powerzoomeinrichtung
20 die Blendenautomatik
21 **das Pistentonsystem**
22 die Tonfilmkamera
23 der ausziehbare Mikrophonausleger
24 das Mikrophon
25 die Mikrophonanschlußleitung
26 **das Mischpult**
27 die Eingänge *m* für verschiedene
Tonquellen *f*
28 der Kameraausgang
29 **die Super-8-Tonfilmkassette**
30 das Kassettenfenster
31 die Vorratsspule
32 die Aufwickelspule
33 der Aufnahmetonkopf
34 die Transportrolle (der Capstan)
35 die Gummiandruckrolle (der
Gegencapstan)
36 die Führungsnut
37 die Belichtungssteuernut
38 die Konversionsfiltereingabenut
39 **die Single-8-Kassette**
40 die Bildfensteraussparung
41 der unbelichtete Film
42 der belichtete Film
43 **die Sechzehn-Millimeter-Kamera**
44 der Reflexsucher
45 das Magazin
46–49 **der Objektivkopf**
46 der Objektivrevolver
47 das Teleobjektiv
48 das Weitwinkelobjektiv
49 das Normalobjektiv
50 die Handkurbel
51 **die Super-8-Kompaktkamera**
52 die Filmverbrauchsanzeige
53 das Makrozoomobjektiv
54 der Zoomhebel
55 die Makrovorsatzlinse (Nahlinse)
56 die Makroschiene (Halterung für
Kleinvorlagen *f*)

57 **das Unterwassergehäuse**
58 der Diopter
59 der Abstandhalter
60 die Stabilisationsfläche
61 der Handgriff
62 der Verschlußriegel
63 der Bedienungshebel
64 das Frontglas
65 **der Synchronstart**
66 die Filmberichterkamera
67 der Kameramann
68 der Kameraassistent (Tonassistent)
69 der Handschlag zur
Synchronstartmarkierung
70 **die Zwei-Band-Film- und -
Tonaufnahme**
71 die impulsgebende Kamera
72 das Impulskabel
73 der Kassettenrecorder
74 das Mikrophon
75 **die Zwei-Band-Ton- und -
Filmwiedergabe**
76 die Tonbandkassette
77 das Synchronsteuergerät
78 der Schmalfilmprojektor
79 die Originalfilmspule
80 die Fangspule, eine Selbstfangspule
81 **der Tonfilmprojektor**
82 der Tonfilm (Pistenfilm), mit
Magnetrandspur *f* (Tonpiste, Piste)
83 die Aufnahmetaste
84 die Tricktaste
85 der Lautstärkeregler
86 die Löschtaste
87 der Trickprogrammschalter
88 der Betriebsartschalter
89 die Klebepresse für Naßklebungen *f*
90 der schwenkbare Filmstreifenhalter
91 **der Filmbetrachter**
(Laufbildbetrachter, Editor)
92 der schwenkbare Spulenarm
93 die Rückwickelkurbel
94 die Mattscheibe
95 die Markierungsstanze (Filmstanze)
96 **der Sechs-Teller-Film- und -Ton-
Schneidetisch**
97 der Monitor
98 die Bedienungstasten *f*
(der Betätigungsbrunnen)
99 der Filmteller
100 der erste Tonteller, z. B. für den Live-
Ton (Originalton)
101 der zweite Tonteller, für den
Zuspielton
102 die Bild-Ton-Einheit

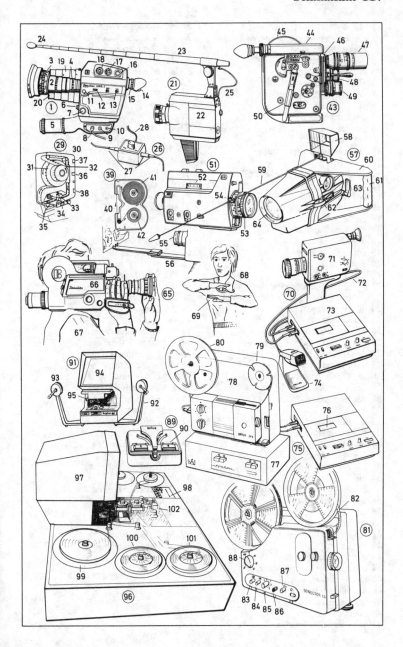

1–49 der Rohbau [Hausbau]
1 das Kellergeschoß (Souterrain), aus Stampfbeton m
2 der Betonsockel
3 das Kellerfenster
4 die Kelleraußentreppe
5 das Waschküchenfenster
6 die Waschküchentür
7 das Erdgeschoß
8 die Backsteinwand (Ziegelsteinwand)
9 der Fenstersturz
10 die äußere Fensterleibung
11 die innere Fensterleibung
12 die Fensterbank (Fenstersohlbank)
13 der Stahlbetonsturz
14 das Obergeschoß
15 die Hohlblocksteinwand
16 die Massivdecke
17 die Arbeitsbühne
18 der Maurer
19 der Hilfsarbeiter
20 der Mörtelkasten
21 der Schornstein
22 die Treppenhausabdeckung
23 die Gerüststange (der Gerüstständer)
24 die Brüstungsstreiche
25 der Gerüstbug
26 die Streichstange
27 der Gerüsthebel
28 der Dielenbelag (Bohlenbelag)
29 das Sockelschutzbrett
30 der Gerüstknoten, mit Ketten- od. Seilschließen f
31 der Bauaufzug
32 der Maschinist
33 die Betonmischmaschine, ein Freifallmischer m
34 die Mischtrommel
35 der Aufgabekasten
36 die Zuschlagstoffe [Sand m, Kies m]
37 die Schiebkarre (Schubkarre, der Schiebkarren, Schubkarren)
38 der Wasserschlauch
39 die Mörtelpfanne (Speispfanne)
40 der Steinstapel
41 das gestapelte Schalholz
42 die Leiter
43 der Sack Zement m
44 der Bauzaun, ein Bretterzaun m
45 die Reklamefläche
46 das aushängbare Tor
47 die Firmenschilder n
48 die Baubude (Bauhütte)
49 der Baustellenabort

50–57 das Mauerwerkzeug
50 das Lot (der Senkel)
51 der Maurerbleistift
52 die Maurerkelle
53 der Maurerhammer
54 der Schlegel
55 die Wasserwaage
56 die Traufel
57 das Reibebrett
58–68 Mauerverbände m
58 der NF-Ziegelstein (Normalformat-Ziegelstein)
59 der Läuferverband
60 der Binder- od. Streckerverband
61 die Abtreppung
62 der Blockverband
63 die Läuferschicht
64 die Binder- od. Streckerschicht
65 der Kreuzverband
66 der Schornsteinverband
67 die erste Schicht
68 die zweite Schicht
69–82 die Baugrube
69 die Schnurgerüstecke
70 das Schnurkreuz
71 das Lot
72 die Böschung
73 die obere Saumdiele
74 die untere Saumdiele
75 der Fundamentgraben
76 der Erdarbeiter
77 das Förderband
78 der Erdaushub
79 der Bohlenweg
80 der Baumschutz
81 der Löffelbagger
82 der Tieflöffel
83–91 Verputzarbeiten f
83 der Gipser
84 der Mörtelkübel
85 das Wurfsieb
86–89 das Leitergerüst
86 die Standleiter
87 der Belag
88 die Kreuzstrebe
89 die Zwischenlatte
90 die Schutzwand
91 der Seilrollenaufzug

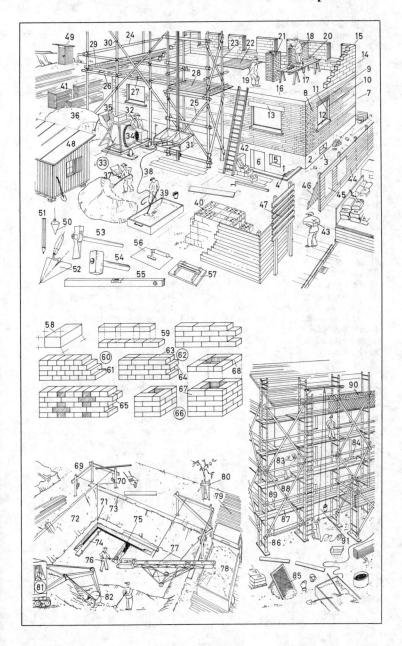

1–89 der Stahlbetonbau
1 das Stahlbetonskelett
2 der Stahlbetonrahmen
3 der Randbalken (Unterzug)
4 die Betonpfette
5 der Unterzug
6 die Voute
7 die Schüttbetonwand
8 die Stahlbetondecke
9 der Betonarbeiter, beim Glattstrich *m*
10 das Anschlußeisen
11 die Stützenschalung
12 die Unterzugschalung
13 die Schalungsprieße
14 die Verschwertung
15 der Keil
16 die Diele
17 die Spundwand
18 das Schalholz (die Schalbretter *n*)
19 die Kreissäge
20 der Biegetisch
21 der Eisenbieger
22 die Handeisenschere
23 das Bewehrungseisen
   (Armierungseisen)
24 der Bimshohlblockstein
25 die Trennwand, eine Bretterwand
26 die Zuschlagstoffe *m* [Kies *m* und Sand
   m verschiedener Korngröße]
27 das Krangleis
28 die Kipplore
29 die Betonmischmaschine
30 der Zementsilo
31 der Turmdrehkran
32 das Fahrgestell
33 das Gegengewicht (der Ballast)
34 der Turm
35 das Kranführerhaus
36 der Ausleger
37 das Tragseil
38 der Betonkübel
39 der Schwellenrost
40 der Bremsschuh
41 die Pritsche
42 die Schubkarre
43 das Schutzgeländer
44 die Baubude
45 die Kantine
46 das Stahlrohrgerüst
47 der Ständer
48 der Längsriegel
49 der Querriegel
50 die Fußplatte

51 die Verstrebung
52 der Belag
53 die Kupplung
54–76 Betonschalung *f* u. Bewehrung *f*
   (Armierung)
54 der Schalboden (die Schalung)
55 die Seitenschalung eines Randbalkens
   m
56 der eingeschnittene Boden
57 die Traverse (der Tragbalken)
58 die Bauklammer
59 der Sprieß, eine Kopfstütze
60 die Heftlasche
61 das Schappelholz
62 das Drängbrett
63 das Bugbrett
64 das Rahmenholz
65 die Lasche
66 die Rödelung
67 die Stelze (Spange, „Mauerstärke")
68 die Bewehrung (Armierung)
69 der Verteilungsstahl
70 der Bügel
71 das Anschlußeisen
72 der Beton (Schwerbeton)
73 die Stützenschalung
74 das geschraubte Rahmenholz
75 die Schraube
76 das Schalbrett
77–89 Werkzeug *n*
77 das Biegeeisen
78 der verstellbare Schalungsträger
79 die Stellschraube
80 der Rundstahl
81 der Abstandhalter
82 der Torstahl
83 der Betonstampfer
84 die Probewürfelform
85 die Monierzange
86 die Schalungsstütze
87 die Handschere
88 der Beton-Innenrüttler
89 die Rüttelflasche

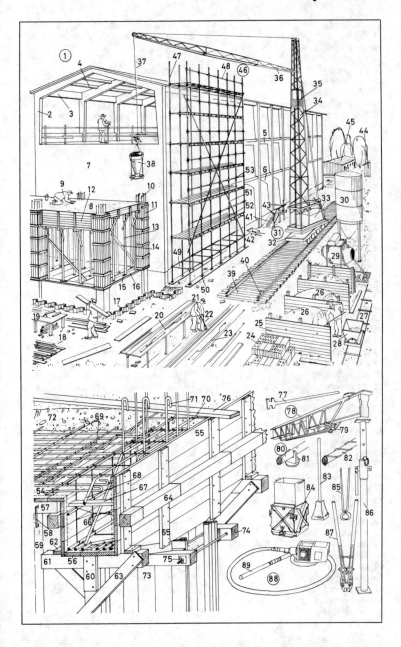

120 Zimmerer

1–59 der Zimmerplatz (Abbindeplatz)
1 der Bretterstapel
2 das Langholz
3 der Sägeschuppen
4 die Zimmererwerkstatt
5 das Werkstattor
6 der Handwagen
7 der Dachstuhl
8 der Richtbaum, mit der Richtkrone
9 die Bretterschalung
10 das Kantholz (Bauholz)
11 die Reißbühne (der Reißboden, Schnürboden)
12 der Zimmerer (Zimmermann)
13 der Zimmermannshut
14 die Ablängsäge, eine Kettensäge
15 der Steg
16 die Sägekette
17 der Stemmapparat (die Kettenfräse)
18 der Auflagerbock
19 der aufgebockte Balken
20 das Bundgeschirr
21 die elektrische Bohrmaschine
22 das Dübelloch (Dollenloch)
23 das angerissene Dübelloch
24 der Abbund
25 der Pfosten (Stiel, die Säule)
26 der Zwischenriegel
27 die Strebe
28 der Haussockel
29 die Hauswand
30 die Fensteröffnung
31 die äußere Leibung
32 die innere Leibung
33 die Fensterbank (Sohlbank)
34 der Ringanker
35 das Rundholz
36 die Laufdielen f
37 das Aufzugseil
38 der Deckenbalken (Hauptbalken)
39 der Wandbalken
40 der Streichbalken
41 der Wechsel (Wechselbalken)
42 der Stichbalken
43 der Zwischenboden (die Einschubdecke)
44 die Deckenfüllung, aus Koksasche f, Lehm m u. a.
45 die Traglatte
46 das Treppenloch
47 der Schornstein
48 die Fachwerkwand
49 die Schwelle
50 die Saumschwelle
51 der Fensterstiel, ein Zwischenstiel m
52 der Eckstiel
53 der Bundstiel
54 die Strebe, mit Versatz m
55 der Zwischenriegel
56 der Brüstungsriegel
57 der Fensterriegel (Sturzriegel)
58 das Rähm (Rähmholz)
59 das ausgemauerte Fach
60–82 Handwerkszeug n des Zimmerers m
60 der Fuchsschwanz
61 die Handsäge
62 das Sägeblatt
63 die Lochsäge
64 der Hobel
65 der Stangenbohrer
66 die Schraubzwinge
67 das Klopfholz
68 die Bundsäge
69 der Anreißwinkel
70 das Breitbeil
71 das Stemmeisen
72 die Bundaxt (Stoßaxt)
73 die Axt
74 der Zimmermannshammer
75 die Nagelklaue
76 der Zollstock
77 der Zimmermannsbleistift
78 der Eisenwinkel
79 das Zugmesser
80 der Span
81 die Gehrungsschmiege (Stellschmiege)
82 der Gehrungswinkel
83–96 Bauhölzer n
83 der Rundstamm
84 das Kernholz
85 das Splintholz
86 die Rinde
87 das Ganzholz
88 das Halbholz
89 die Waldkante (Fehlkante, Baumkante)
90 das Kreuzholz
91 das Brett
92 das Hirnholz
93 das Herzbrett (Kernbrett)
94 das ungesäumte Brett
95 das gesäumte Brett
96 die Schwarte (der Schwartling)

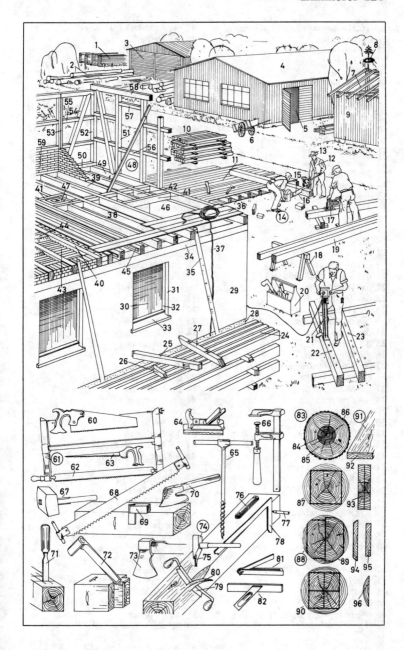

121 Dach, Holzverbände

1–26 Dachformen f und Dachteile n
1 das Satteldach
2 der First (Dachfirst)
3 der Ortgang
4 die Traufe (der Dachfuß)
5 der Giebel
6 die Dachgaube (Dachgaupe)
7 das Pultdach
8 das Dachliegefenster
9 der Brandgiebel
10 das Walmdach
11 die Walmfläche
12 der Grat (Dachgrat)
13 die Walmgaube (Walmgaupe)
14 der Dachreiter
15 die Kehle (Dachkehle)
16 das Krüppelwalmdach (der Schopfwalm)
17 der Krüppelwalm
18 das Mansarddach
19 das Mansardfenster (Mansardenfenster)
20 das Sägedach (Sheddach)
21 das Oberlichtband
22 das Zeltdach
23 die Fledermausgaube (Fledermausgaupe)
24 das Kegeldach
25 die Zwiebelkuppel
26 die Wetterfahne
27–83 Dachkonstruktionen f aus Holz n (Dachverbände m)
27 das Sparrendach
28 der Sparren
29 der Dachbalken
30 die Windrispe
31 der Aufschiebling
32 die Außenwand
33 der Balkenkopf
34 das Kehlbalkendach
35 der Kehlbalken
36 der Sparren
37 zweifachstehender Kehlbalkendachstuhl
38 das Kehlgebälk
39 das Rähm (die Seitenpfette)
40 der Pfosten (Stiel)
41 der Bug
42 einfachstehender Pfettendachstuhl
43 die Firstpfette
44 die Fußpfette
45 der Sparrenkopf
46 zweifachstehender Pfettendachstuhl m, mit Kniestock m

47 der Kniestock (Drempel)
48 die Firstlatte (Firstbohle)
49 die einfache Zange
50 die Doppelzange
51 die Mittelpfette
52 zweifachliegender Pfettendachstuhl
53 der Binderbalken (Bundbalken)
54 der Zwischenbalken (Deckenbalken)
55 der Bindersparren (Bundsparren)
56 der Zwischensparren
57 der Schwenkbug
58 die Strebe
59 die Zangen f
60 Walmdach n mit Pfettendachstuhl m
61 der Schifter
62 der Gratsparren
63 der Walmschifter
64 der Kehlsparren
65 das doppelte Hängewerk
66 der Hängebalken
67 der Unterzug
68 die Hängesäule
69 die Strebe
70 der Spannriegel
71 der Wechsel
72 der Vollwandträger
73 der Untergurt
74 der Obergurt
75 der Brettersteg
76 die Pfette
77 die tragende Außenwand
78 der Fachwerkbinder
79 der Untergurt
80 der Obergurt
81 der Pfosten
82 die Strebe
83 das Auflager
84–98 Holzverbindungen f
84 der einfache Zapfen
85 der Scherzapfen
86 das gerade Blatt
87 das gerade Hakenblatt
88 das schräge Hakenblatt
89 die schwalbenschwanzförmige Überblattung
90 der einfache Versatz
91 der doppelte Versatz
92 der Holznagel
93 der Dollen
94 der Schmiedenagel
95 der Drahtnagel
96 die Hartholzkeile m
97 die Klammer
98 der Schraubenbolzen

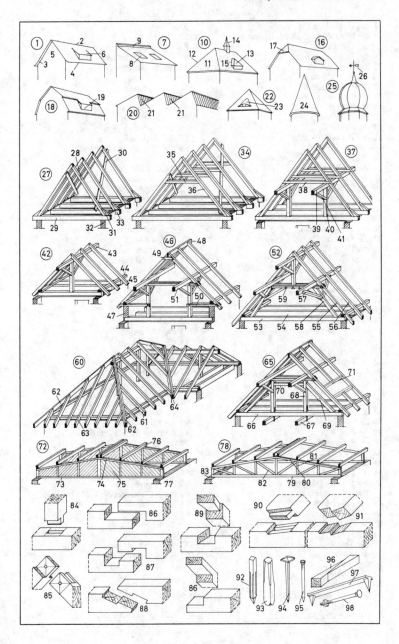

122 Dach und Dachdecker

1 das Ziegeldach
2 die Biberschwanz-Doppeldeckung
3 der Firstziegel
4 der Firstschlußziegel
5 die Traufplatte
6 der Biberschwanz
7 der Lüftungsziegel
8 der Gratziegel (Walmziegel)
9 die Walmkappe
10 die Walmfläche
11 die Kehle
12 das Dachliegefenster
13 der Schornstein
14 die Schornsteineinfassung, aus
   Zinkblech n
15 der Leiterhaken
16 die Schneefangstütze
17 die Lattung
18 die Lattenlehre
19 der Sparren
20 der Ziegelhammer
21 das Lattbeil
22 das Deckfaß
23 der Faßhaken
24 der Ausstieg
25 die Giebelscheibe
26 die Zahnleiste
27 das Windbrett
28 die Dachrinne
29 das Regenrohr
30 der Einlaufstutzen
31 die Rohrschelle
32 der Rinnenbügel
33 die Dachziegelschere
34 das Arbeitsgerüst
35 die Schutzwand
36 das Dachgesims
37 die Außenwand
38 der Außenputz
39 die Vormauerung
40 die Fußpfette
41 der Sparrenkopf
42 die Gesimsschalung
43 die Doppellatte
44 die Dämmplatten f
45–60 **Dachziegel** m **und**
   Dachziegeldeckungen f
45 das Spließdach
46 der Biberschwanzziegel
47 die Firstschar
48 der Spließ
49 das Traufgebinde
50 das Kronendach (Ritterdach)
51 die Nase
52 der Firstziegel
53 das Hohlpfannendach
54 die Hohlpfanne (S-Pfanne)
55 der Verstrich
56 das Mönch-Nonnen-Dach

57 die Nonne
58 der Mönch
59 die Falzpfanne
60 die Flachdachpfanne
61–89 **das Schieferdach**
61 die Schalung
62 die Dachpappe
63 die Dachleiter
64 der Länghaken
65 der Firsthaken
66 der Dachbock (Dachstuhl)
67 der Bockstrang
68 die Schlinge (der Knoten)
69 der Leiterhaken
70 die Gerüstdiele
71 der Schieferdecker
72 die Nageltasche
73 der Schieferhammer
74 der Dachdeckerstift, ein verzinkter
   Drahtnagel m
75 der Dachschuh, ein Bast- oder
   Hanfschuh m
76–82 **die altdeutsche Schieferdeckung**
76 das Fußgebinde
77 der Eckfußstein
78 das Deckgebinde
79 das Firstgebinde
80 die Ortsteine m
81 die Fußlinie
82 die Kehle
83 die Kastenrinne
84 die Schieferschere
85 der Schieferstein
86 der Rücken
87 der Kopf
88 die Brust
89 das Reiß
90–103 **Pappdeckung** f **und**
   Wellasbestzementdeckung f
90 das Pappdach
91 die Bahn [parallel zur Traufe]
92 die Traufe
93 der First
94 der Stoß
95 die Bahn [senkrecht zur Traufe]
96 der Pappnagel
97 das Wellasbestzementdach
98 die Welltafel
99 die Firsthaube
100 die Überdeckung
101 die Holzschraube
102 der Regenzinkhut
103 die Bleischeibe

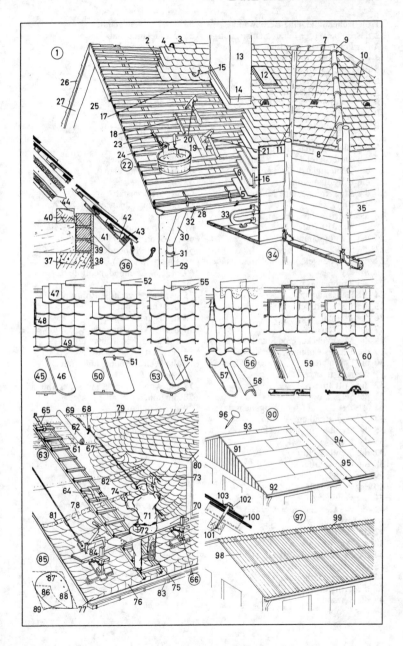

123 Fußboden, Decke, Treppenbau

1 die Kellerwand, eine Betonwand
2 das Bankett (der Fundamentstreifen)
3 der Fundamentvorsprung
4 die Horizontalisolierung
5 der Schutzanstrich
6 der Bestich (Rapputz, Rauhputz)
7 die Backsteinflachschicht
8 das Sandbett
9 das Erdreich
10 die Seitendiele
11 der Pflock
12 die Packlage (das Gestück)
13 der Unterbeton
14 der Zementglattstrich (Zementestrich)
15 die Untermauerung
16 die Kellertreppe, eine Massivtreppe
17 die Blockstufe
18 die Antrittsstufe (der Antritt)
19 die Austrittsstufe
20 der Kantenschutz
21 die Sockelplatte
22 das Treppengeländer, aus Metallstäben
   m
23 der Treppenvorplatz
24 die Hauseingangstür
25 der Fußabstreifer
26 der Plattenbelag
27 das Mörtelbett
28 die Massivdecke, eine Stahlbetonplatte
29 das Erdgeschoßmauerwerk
30 die Laufplatte
31 die Keilstufe
32 die Trittstufe
33 die Setzstufe
34–41 das Podest (der Treppenabsatz)
34 der Podestbalken
35 die Stahlbetonrippendecke
36 die Rippe
37 die Stahlbewehrung
38 die Druckplatte
39 der Ausgleichestrich
40 der Feinestrich
41 der Gehbelag
**42–44 die Geschoßtreppe, eine
   Podesttreppe**
42 die Antrittsstufe
43 der Antrittspfosten
44 die Freiwange (Lichtwange)
45 die Wandwange
46 die Treppenschraube
47 die Trittstufe
48 die Setzstufe
49 das Kropfstück

50 das Treppengeländer
51 der Geländerstab
52–62 das Zwischenpodest
52 der Krümmling
53 der Handlauf
54 der Austrittspfosten
55 der Podestbalken
56 das Futterbrett
57 die Abdeckleiste
58 die Leichtbauplatte
59 der Deckenputz
60 der Wandputz
61 die Zwischendecke
62 der Riemenboden
63 die Sockelleiste
64 der Abdeckstab
65 das Treppenhausfenster
66 der Hauptpodestbalken
67 die Traglatte
68 u. 69 die Zwischendecke
68 der Zwischenboden (die
   Einschubdecke)
69 die Zwischenbodenauffüllung
70 die Lattung
71 der Putzträger (die Rohrung)
72 der Deckenputz
73 der Blindboden
74 der Parkettboden, mit Nut *f* und Feder
   f (Nut- u. Federriemen *m*)
75 die viertelgewendelte Treppe
76 die Wendeltreppe, mit offener
   Spindel *f*
77 die Wendeltreppe, mit voller Spindel *f*
78 die Spindel
79 der Handlauf

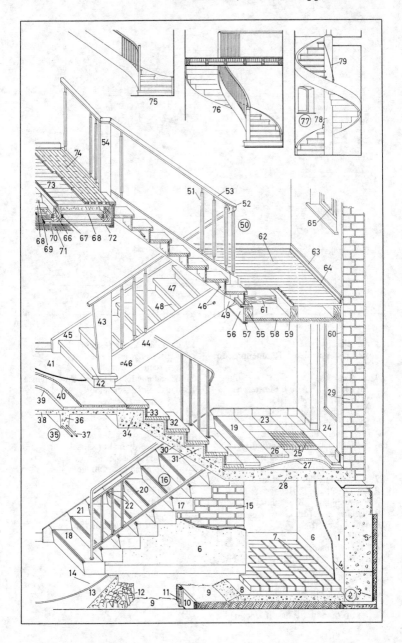

1 die Glaserwerkstatt
2 die Leistenproben f (Rahmenproben)
3 die Leiste
4 die Gehrung
5 das Flachglas; *Arten:* Fensterglas,
Mattglas, Musselinglas,
Kristallspiegelglas, Dickglas, Milchglas,
Verbundglas, Panzerglas
(Sicherheitsglas)
6 das Gußglas; *Arten:* Kathedralglas,
Ornamentglas, Rohglas, Butzenglas,
Drahtglas, Linienglas
7 die Gehrungssprossenstanze
8 der Glaser (*z. B.* Bauglaser,
Rahmenglaser, Kunstglaser)
9 die Glastrage (der Glaserkasten)
10 die Glasscherbe
11 der Bleihammer
12 das Bleimesser
13 die Bleirute (Bleisprosse, der Bleisteg)
14 das Bleiglasfenster
15 der Arbeitstisch
16 die Glasscheibe (Glasplatte)
17 der Glaserkitt (Kitt)
18 der Stifthammer (Glaserhammer)

19 die Glaserzange (Glasbrechzange,
Kröselzange)
20 der Schneidewinkel
21 das Schneidelineal (die Schneideleiste)
22 der Rundglasschneider
(Zirkelschneider)
23 die Öse
24 die Glaserecke
25 u. 26 Glasschneider m
25 der Glaserdiamant (Krösel), ein
Diamantschneider m
26 der Stahlrad-Glasschneider
27 das Kittmesser
28 der Stiftdraht
29 der Stift
30 die Gehrungssäge
31 die Gehrungsstoßlade (Stoßlade)

1 die Blechschere
2 die Winkelschere
3 die Richtplatte
4 die Schlichtplatte
5–7 das Propangaslötgerät
5 der Propangaslötkolben, ein
  Hammerlötkolben *m*
6 der Lötstein, ein Salmiakstein *m*
7 das Lötwasser (Flußmittel)
8 der Sickenstock, zum Formen *n* von
  Wülsten *m* (Sicken *f*, Sieken, Secken)
9 die Winkelreibahle, eine Reibahle
10 die Werkbank
11 der Stangenzirkel
12 die elektrische Handschneidkluppe
13 das Locheisen
14 der Sickenhammer
15 der Kornhammer
16 die Trennschleifmaschine
17 der Klempner (*obd.* Spengler, *schweiz.*
  Stürzner)
18 der Holzhammer
19 das Horn
20 die Faust
21 der Klotz

22 der Amboß
23 der Tasso
24 die Kreissägemaschine
25 die Sicken-, Bördel- und
  Drahteinlegemaschine
26 die Tafelschere (Schlagschere)
27 die Gewindeschneidmaschine
28 die Rohrbiegemaschine
29 der Schweißtransformator
30 die Biegemaschine (Rundmaschine)
  zum Biegen *n* von Trichtern *m*

1 der Gas- und Wasserinstallateur (*ugs.:*
  Installateur)
2 die Treppenleiter
3 die Sicherheitskette
4 das Absperrventil
5 die Gasuhr
6 die Konsole
7 die Steigleitung
8 die Abzweigleitung
9 die Anschlußleitung
10 die Rohrsägemaschine
11 der Rohrbock
12–25 Gas- und Wassergeräte *n*
12 *u.* **13** der Durchlauferhitzer, ein
  Heißwasserbereiter *m*
12 der Gasdurchlauferhitzer
13 der Elektrodurchlauferhitzer
14 der Spülkasten der Toilette
15 der Schwimmer
16 das Ablaufventil
17 das Spülrohr
18 der Wasserzufluß
19 der Bedienungshebel
20 der Heizungskörper
  (Zentralheizungskörper, Radiator)
21 die Radiatorrippe
22 das Zweirohrsystem
23 der Vorlauf
24 der Rücklauf
25 der Gasofen
26–37 Armaturen *f*
26 der Siphon (Geruchsverschluß)
27 die Einlochmischbatterie für
  Waschbecken *n*
28 der Warmwassergriff
29 der Kaltwassergriff
30 die ausziehbare Schlauchbrause
31 der Wasserhahn (das Standventil) für
  Waschbecken *n*
32 die Spindel
33 die Abdeckkappe
34 das Auslaufventil (der Wasserhahn,
  Kran, Kranen)
35 das Auslaufdoppelventil (der
  Flügelhahn)
36 das Schwenkventil (der Schwenkhahn)
37 der Druckspüler
38–52 Fittings *n*
38 das Übergangsstück mit
  Außengewinde *n*
39 das Reduzierstück
40 die Winkelverschraubung
41 das Übergangsreduzierstück mit
  Innengewinde *n*

42 die Verschraubung
43 die Muffe
44 das T-Stück
45 die Winkelverschraubung mit
  Innengewinde *n*
46 der Bogen
47 das T-Stück mit Abgangsinnengewinde
  n
48 der Deckenwinkel
49 der Übergangswinkel
50 das Kreuzstück
51 der Übergangswinkel mit
  Außengewinde *n*
52 der Winkel
53–57 Rohrbefestigungen *f*
53 das Rohrband
54 das Abstandsrohrband
55 der Dübel
56 einfache Rohrschellen *f*
57 die Abstandsrohrschelle
58–86 Installationswerkzeug *n*
58 die Brennerzange
59 die Rohrzange
60 die Kombinationszange
61 die Wasserpumpenzange
62 die Flachzange
63 der Nippelhalter
64 die Standhahnmutternzange
65 die Kneifzange
66 der Rollgabelschlüssel
67 der Franzose
68 der Engländer
69 der Schraubendreher
  (Schraubenzieher)
70 die Stich- oder Lochsäge
71 der Metallsägebogen
72 der Fuchsschwanz
73 der Lötkolben
74 die Lötlampe
75 das Dichtband (Gewindeband)
76 das Lötzinn
77 der Fäustel
78 der Handhammer
79 die Wasserwaage
80 der Schlosserschraubstock
81 der Rohrschraubstock
82 der Rohrbieger
83 die Biegeform
84 der Rohrabschneider
85 die Gewindeschneidkluppe
86 die Gewindeschneidmaschine

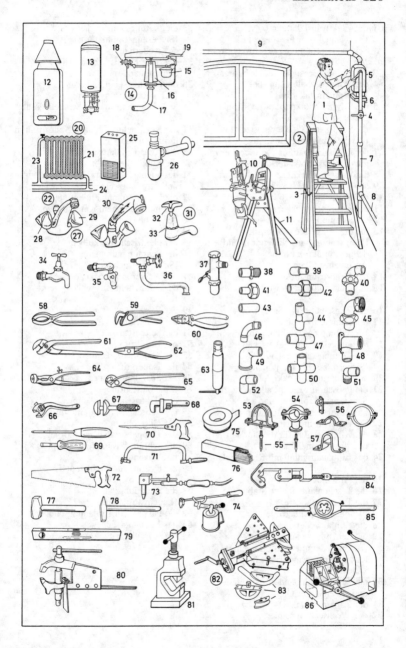

127 Elektroinstallateur

1 der Elektroinstallateur
2 der Klingeltaster (Türtaster) für
  Schutzkleinspannung *f* (Schwachstrom
  m)
3 die Haussprechstelle mit Ruftaste *f*
4 der Wippenschalter [für die
  Unterputzinstallation]
5 die Schutzkontaktsteckdose [für die
  Unterputzinstallation]
6 die Schutzkontakt-Doppelsteckdose
  [für die Aufputzinstallation]
7 die Zweifachkombination (Schalter *m*
  und Schutzkontaktsteckdose *f*)
8 die Vierfachsteckdose
9 der Schutzkontaktstecker
10 die Verlängerungsschnur
11 der Kupplungsstecker
12 die Kupplungsdose
13 die dreipolige Steckdose [für
  Drehstrom *m*] mit Nulleiter *m* und
  Schutzkontakt *m* für die
  Aufputzinstallation
14 der Drehstromstecker
15 das elektrische Läutewerk (der
  Summer)
16 der Zugschalter mit Schnur *f*
17 der Dimmer [zur stufenlosen
  Einstellung des Glühlampenlichts *n*]
18 der gußgekapselte Paketschalter
19 der Leitungsschutzschalter
  (Sicherungsschraubautomat)
20 der Sicherungsdruckknopf
21 die Paßschraube, der Paßeinsatz [für
  Schmelzsicherungen *f* und
  Sicherungsschraubautomaten *m*]
22 die Unterflurinstallation *m*
23 der Kippanschluß für die Starkstrom-
  und die Fernmeldeleitung
24 der Einbauanschluß mit Klappdeckel
  m
25 der Anschlußaufsatz
26 die Taschenlampe, eine Stablampe
27 die Trockenbatterie
  (Taschenlampenbatterie)
28 die Kontaktfeder
29 die Leuchtenklemme
  (Buchsenklemme, Lüsterklemme),
  teilbar, aus thermoplastischem
  Kunststoff *m*
30 das Einziehstahlband mit Suchfeder *f*
  und angenieteter Öse
31 der Zählerschrank
32 der Wechselstromzähler

33 die Leitungsschutzschalter *m*
  (Sicherungsautomaten)
34 das Isolierband
35 der Schmelzeinsatzhalter (die
  Schraubkappe)
36 die Leitungsschutzsicherung
  (Schmelzsicherung),
  Sicherungspatrone mit Schmelzeinsatz
  m
37 der Kennmelder [je nach Nennstrom *m*
  farbig gekennzeichnet]
38 u. 39 das Kontaktstück
40 die Kabelschelle (Plastikschelle)
41 das Vielfachmeßgerät (der Spannungs-
  und Strommesser)
42 die Feuchtraummantelleitung aus
  thermoplastischem Kunststoff *m*
43 der Kupferleiter
44 die Stegleitung
45 der elektrische Lötkolben
46 der Schraubendreher
  (Schraubenzieher)
47 die Wasserpumpenzange
48 der Schutzhelm aus schlagfestem
  Kunststoff *m*
49 der Werkzeugkoffer
50 die Rundzange
51 der Seitenschneider
52 die Taschensäge
53 die Kombinationszange
54 der Isoliergriff
55 der Spannungssucher
  (Spannungsprüfer)
56 die elektrische Glühlampe
  (Allgebrauchslampe, Glühbirne)
57 der Glaskolben
58 der Doppelwendelleuchtkörper
59 die Schraubfassung (der Lampensockel
  mit Gewinde *n*)
60 die Fassung für Glühlampen *f*
  (Leuchtensockel *m*)
61 die Entladungslampe
  (Leuchtstofflampe)
62 die Fassung für Entladungslampen *f*
63 das Kabelmesser
64 die Abisolierzange

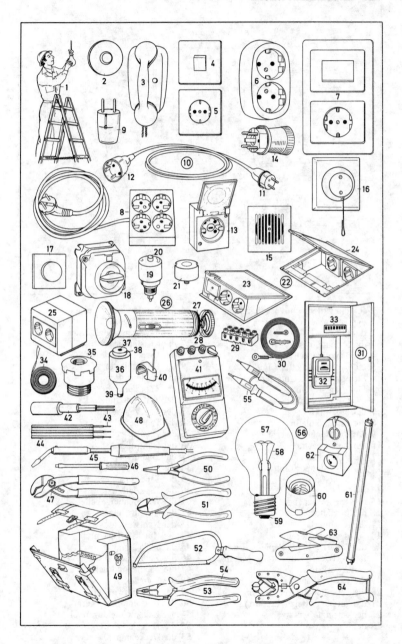

1–17 die Untergrundvorbehandlung
1 der Tapetenablöser
2 der Gips
3 die Spachtelmasse
4 der Tapetenwechselgrund
5 die Rollenmakulatur (*ähnl.:*
 Stripmakulatur, Untertapete), ein
 Unterlagsstoff *m*
6 das Grundiermittel
7 das Fluatmittel
8 die Feinmakulatur
9 das Tapetenablösegerät
10 der Japanspachtel
11 die Glättscheibe
12 der Tapentenperforator
13 der Schleifklotz
14 das Schleifpapier
15 der Tapetenschaber
16 das Indikatorpapier
17 die Rißunterlage
18–53 das Tapezieren
18 die Tapete (*Arten:* Papier-, Rauh-
 faser-, Textil-, Kunststoff-, Metall-,
 Naturwerkstoff-, Wandbildtapete)
19 die Tapetenbahn
20 die Tapetennaht, auf Stoß *m*
21 der gerade Ansatz (Rapport)
22 der versetzte Ansatz
23 der Tapetenkleister

24 der Spezialtapetenkleister
25 das Kleistergerät
26 der Tapeziergerätekleister
27 die Kleisterbürste
28 der Dispersionskleber
29 die Tapetenleiste
30 die Leistenstifte
31 der Tapeziertisch
32 der Tapetenschutzlack
33 der Tapezierkasten
34 die Tapezierschere
35 der Handspachtel
36 der Nahtroller
37 das Haumesser
38 das Beschneidmesser
39 die Tapezierschiene
40 die Tapezierbürste
41 die Wandschneidekelle
42 die Abreißschiene
43 der Nahtschneider
44 der Kunststoffspachtel
45 die Schlagschnur
46 der Zahnspachtel
47 die Tapetenandrückwalze
48 das Flanelltuch
49 der Tapezierwischer
50 das Deckentapeziergerät
51 der Eckenschneidewinkel
52 die Tapeziererleiter
53 die Deckentapete

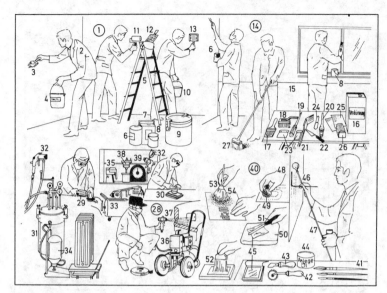

1 **das Malen** (Anstreichen)
2 der Maler (Lackierer)
3 die Streichbürste
4 die Dispersionsfarbe
5 die Stehleiter (Doppelleiter)
6 die Farbendose
7 u. 8 die Farbenkannen f
7 die Kanne mit Handgriff m
8 die Kanne mit Traghenkel m
9 der Farbenhobbock
10 der Farbeimer
11 der Farbroller (die Farbrolle)
12 das Abstreifgitter
13 die Musterwalze
14 **das Lackieren**
15 der Ölsockel
16 die Lösungsmittelkanne
17 der Flächenstreicher
18 die Stupfbürste
19 der Ringpinsel
20 der Kluppenpinsel
21 der Heizkörperpinsel
22 der Malspachtel
23 der Japanspachtel
24 das Kittmesser
25 das Schleifpapier
26 der Schleifklotz
27 der Fußbodenstreicher
28 **das Schleifen und Spritzen** n
29 die Schleifmaschine

30 der Rutscher
31 der Spritzkessel
32 die Spritzpistole
33 der Kompressor
34 das Flutgerät zum Fluten n von Heizkörpern m u. ä.
35 die Handspritzpistole
36 die Anlage für das luftlose Spritzen
37 die luftlose Spritzpistole
38 der DIN-Auslaufbecher zur Viskositätsmessung
39 der Sekundenmesser
40 **das Beschriften und Vergolden** m
41 der Schriftpinsel
42 das Pausrädchen
43 das Schablonenmesser
44 das Anlegeöl
45 das Blattgold
46 das Konturieren
47 der Malstock
48 das Aufpausen der Zeichnung
49 der Pausebeutel
50 das Vergolderkissen
51 das Vergoldermesser
52 das Anschießen des Blattgoldes n
53 das Ausfüllen der Buchstaben m mit Stupffarbe f
54 der Stupfpinsel

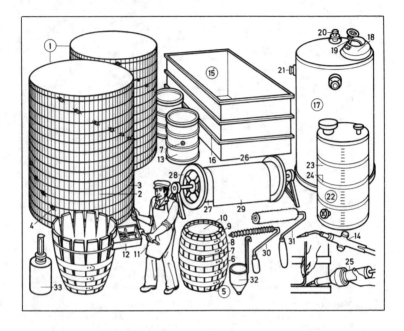

1–33 die Böttcherei und Behälterbauerei
1 der Bottich
2 der Mantel aus Umhölzern *n*, Stäben
   m)
3 der Rundeisenreifen
4 das Spannschloß
5 das Faß
6 der Faßrumpf
7 das Spundloch
8 der Faßreifen (das Faßband)
9 die Faßdaube
10 der Faßboden
11 der Böttcher
12 der Faßzieher
13 das eiserne Rollringfaß
14 der Autogenschweißbrenner
15 der Beizbottich, aus Thermoplasten *m*
16 der Verstärkungsreifen aus Profileisen
17 der Lagerbehälter, aus
   glasfaserverstärktem Polyesterharz
   (GFP) *n*
18 das Mannloch
19 der Mannlochdeckel, mit Spindel *f*
20 der Flanschstutzen
21 der Blockflansch

22 der Meßbehälter
23 der Mantel
24 der Schrumpfring
25 die Heißluftpistole
26 das Rohrstück, aus
   glasfaserverstärktem Kunstharz (GFK)
   n
27 das Rohr
28 der Flansch
29 die Glasmatte, das Glasgewebe
30 die Rillenwalze
31 die Lammfellrolle
32 der Viskosebecher
33 das Härterdosiergerät

1–25 die Kürschnerwerkstatt
1 der Kürschner
2 die Dampfspritzpistole
3 das Dampfbügeleisen
4 die Klopfmaschine
5 die Schneidemaschine zum Auslassen *n* der Felle *n*
6 das unzerschnittene Fell
7 die Auslaßstreifen *m*
8 die Pelzwerkerin (Pelznäherin)
9 die Pelznähmaschine
10 das Gebläse für die Auslaßtechnik
11–21 Felle *n*
11 das Nerzfell
12 die Haarseite
13 die Lederseite
14 das geschnittene Fell
15 das Luchsfell vor dem Auslassen *n*
16 das ausgelassene Luchsfell
17 die Haarseite
18 die Lederseite
19 das ausgelassene Nerzfell
20 das zusammengesetzte Luchsfell
21 das Breitschwanzfell
22 der Pelzstift

23 die Pelzwerkerin (Pelzschneiderin)
24 der Nerzmantel
25 der Ozelotmantel

132 Tischler I

1–73 **die Tischlerwerkstatt** (Tischlerei;
  Schreinerei)
1–28 **das Tischlerwerkzeug**
1 die Holzraspel
2 die Holzfeile
3 die Stichsäge (Lochsäge)
4 der Fuchsschwanzgriff
5 der Vierkantholzhammer (Klüpfel,
  Klöpfel)
6 der Tischlerwinkel
7–11 **Beitel** *m*
7 der Stechbeitel (das Stemmeisen)
8 der Lochbeitel (das Locheisen)
9 der Hohlbeitel (das Hohleisen)
10 das Heft
11 der Kantbeitel
12 der Leimkessel mit Wasserbad *n*
13 der Leimtopf, ein Einsatz *m* für
  Tischlerleim *m*
14 die Schraubzwinge
15–28 **Hobel** *m* (Handhobel)
15 der Schlichthobel
16 der Schrupphobel (Doppelhobel)
17 der Zahnhobel
18 die Nase
19 der Keil
20 das Hobeleisen (Hobelmesser)
21 das Keilloch
22 die Sohle
23 die Wange (Backe)
24 der Kasten (Hobelkasten)
25 der Simshobel
26 der Grundhobel
27 der Schabhobel
28 der Schiffshobel
29–37 **die Hobelbank**
29 der Fuß
30 die Vorderzange
31 der Spannstock
32 die Druckspindel
33 das Zangenbrett
34 die Bankplatte
35 die Beilade
36 der Bankhaken (das Bankeisen)
37 die Hinterzange
38 der Tischler (Schreiner)
39 die Rauhbank (der Langhobel)
40 die Hobelspäne
41 die Holzschraube
42 das Schränkeisen (der Sägensetzer)
43 die Gehrungslade
44 der gerade Fuchsschwanz
45 die Dickenhobelmaschine
46 der Dickentisch, mit Tischwalzen *f*
47 der Rückschlagschutz
48 der Späneauswurf
49 die Kettenfräsmaschine
50 die endlose Fräskette
51 die Holzeinspannvorrichtung
52 die Astlochfräsmaschine
53 der Astlochfräser
54 das Schnellspannfutter
55 der Handhebel
56 der Wechselhebel
57 die Format- und Besäumkreissäge
58 der Hauptschalter
59 das Kreissägeblatt
60 das Handrad zur Höheneinstellung
61 die Prismaschiene
62 der Rahmentisch
63 der Ausleger
64 der Besäumtisch
65 der Linealwinkel
66 das Linealhandrädchen
67 der Klemmhebel
68 die Plattenkreissäge
69 der Schwenkmotor
70 die Plattenhalterung
71 der Sägeschlitten
72 das Pedal zur Anhebung der
  Transportrollen *f*
73 die Tischlerplatte

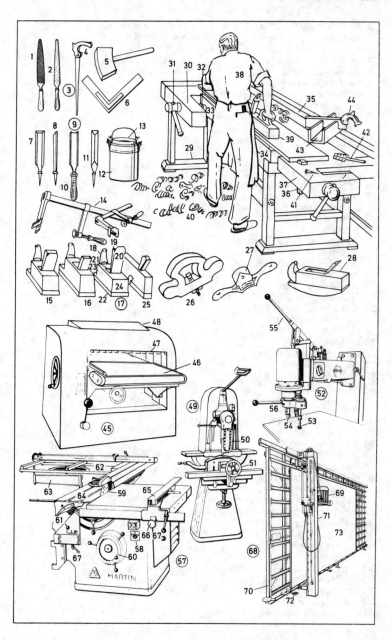

133 Tischler II

1 die Furnierschälmaschine
2 das Furnier
3 die Furnierzusammenklebemaschine
4 der Nylonfadenkops
5 die Nähvorrichtung
6 die Dübelbohrmaschine
7 der Bohrmotor mit Hohlwellenbohrer
   m
8 das Handrad für den Spannbügel
9 der Spannbügel
10 die Spannpratze
11 die Anschlagschiene
12 die Kantenschleifmaschine
13 die Spannrolle mit Ausleger m
14 die Schleifbandregulierschraube
15 das endlose Schleifband
16 der Bandspannhebel
17 der neigbare Auflagetisch
18 die Bandwalze
19 das Winkellineal für Gehrungen f
20 die aufklappbare Staubhaube
21 die Tiefenverstellung des
   Auflagetisches m
22 das Handrad für die
   Tischhöhenverstellung
23 die Klemmschraube für die
   Tischhöhenverstellung
24 die Tischkonsole
25 der Maschinenfuß
26 die Kantenklebemaschine
27 das Schleifrad
28 die Schleifstaubabsaugung
29 die Klebevorrichtung
30 die Einbandschleifmaschine
31 die Bandabdeckung
32 die Bandscheibenverkleidung
33 der Exhauster
34 der Rahmenschleifschuh
35 der Schleiftisch
36 die Feineinstellung
37 die Feinschnitt- und Fügemaschine
38 der Sägewagen (das Säge- und
   Hobelaggregat) mit Kettenantrieb m
39 die nachgeführte Kabelaufhängung
40 der Luftabsaugstutzen
41 die Transportschiene
42 die Rahmenpresse
43 der Rahmenständer
44 das Werkstück, ein Fensterrahmen m
45 die Druckluftzuleitung
46 der Druckzylinder
47 der Druckstempel
48 die Rahmeneinspannung

49 die Furnierschnellpresse
50 der Preßboden
51 der Preßdeckel
52 der Preßstempel

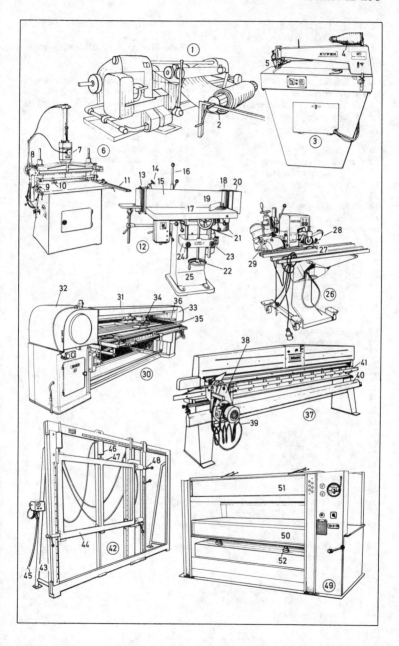

134 Heimwerker

1–34 der Werkzeugschrank für das
Heimwerken (Basteln, Do-it-your-self)
1 der Schlichthobel
2 der Gabelschlüsselsatz
3 die Bügelsäge
4 der Schraubendreher
(Schraubenzieher)
5 der Kreuzschlitzschraubendreher
6 die Sägeraspel
7 der Hammer
8 die Holzraspel
9 die Schruppfeile
10 der Kleinschraubstock
11 die Wasserpumpenzange
12 die Eckrohrzange
13 die Kneifzange
14 die Kombizange
15 die Entisolierzange
16 die elektrische Bohrmaschine
17 die Stahlsäge
18 der Gipsbecher
19 der Lötkolben
20 der Lötzinndraht
21 die Lammfellscheibe
(Lammfellpolierhaube)
22 der Polierteller (Gummiteller) für die
Bohrmaschine
23 Schleifscheiben f
24 der Drahtbürstenteller
25 das Tellerschleifpapier
26 der Anschlagwinkel
27 der Fuchsschwanz
28 der Universalschneider
29 die Wasserwaage
30 der Stechbeitel
31 der Körner
32 der Durchschläger
33 der Zollstock (Maßstab)
34 der Kleinteilekasten
35 der Werkzeugkasten
(Handwerkskasten)
36 der Weißleim (Kaltleim)
37 der Malerspachtel
38 das Lassoband (Klebeband)
39 der Sortimentseinsatz mit Nägeln m,
Schrauben f und Dübeln m
40 der Schlosserhammer
41 die zusammenlegbare Werkbank
(Heimwerkerbank)
42 die Spannvorrichtung
43 die elektrische Schlagbohrmaschine
(der Elektrobohrer, Schlagbohrer)
44 der Pistolenhandgriff

45 der zusätzliche Handgriff
46 der Getriebeschalter
47 der Handgriff mit Abstandshalter m
48 der Bohrkopf
49 der Spiralbohrer
50–55 Zusatz- und Anbaugeräte n zum
Elektrobohrer m
50 die kombinierte Kreis- und Bandsäge
51 die Drechselbank
52 der Kreissägevorsatz
53 der Vibrationsschleifer
54 der Bohrständer
55 der Heckenscherenvorsatz
56 die Lötpistole
57 der Lötkolben
58 der Blitzlöter
59 die Polsterarbeit, das Beziehen eines
Sessels m
60 der Bezugsstoff
61 der Heimwerker (Selbstwerker)

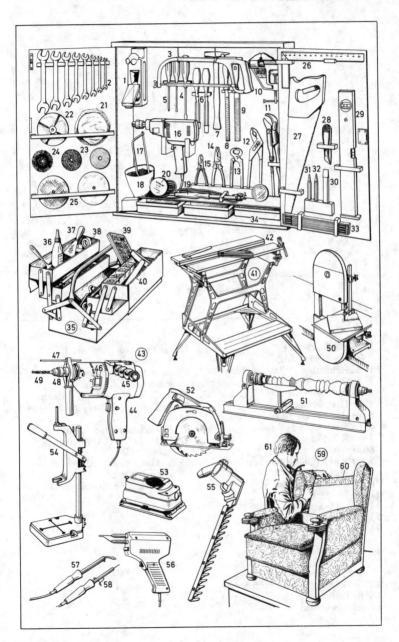

1–26 die Drechslerei
(Drechslerwerkstatt)
1 die Holzdrehbank (Drechselbank)
2 die Drechselwange (Drehbankwange)
3 der Anlaßwiderstand
4 der Getriebekasten
5 die Handvorlage (Werkzeugauflage)
6 das Spundfutter
7 der Reitstock
8 die Spitzdocke
9 der Wirtel (Quirl), eine Schnurrolle
mit Mitnehmer *m*
10 das Zweibackenfutter
11 der Dreizack (Zwirl)
12 die Laubsäge
13 das Laubsägeblatt
14, 15, 24 Drechselwerkzeuge *n*
(Drechslerdrehstähle *m*)
14 der Gewindesträhler (Strähler,
Schraubstahl), zum
Holzgewindeschneiden *n*
15 die Drehröhre, zum Vordrehen *n*
16 der Löffelbohrer (Parallelbohrer)
17 der Ausdrehhaken

18 der Tastzirkel (Greifzirkel,
Außentaster)
19 der gedrechselte Gegenstand (die
gedrechselte Holzware)
20 der Drechslermeister (Drechsler)
21 der Rohling (das unbearbeitete Holz)
22 der Drillbohrer
23 der Lochzirkel (Innentaster)
24 der Grabstichel (Abstechstahl,
Plattenstahl)
25 das Glaspapier (Sandpapier,
Schmirgelpapier)
26 die Drehspäne *m* (Holzspäne)

1–40 die Korbmacherei (Korbflechterei)
1–4 Flechtarten *f*
1 das Drehergeflecht
2 das Köpergeflecht
3 das Schichtgeflecht
4 das einfache Geflecht, ein Flechtwerk *n*
5 der Einschlag
6 die Stake
7 das Werkbrett
8 die Querleiste
9 das Einsteckloch
10 der Bock
11 der Spankorb
12 der Span
13 der Einweichbottich
14 die Weidenruten *f* (Ruten)
15 die Weidenstöcke *m* (Stöcke)
16 der Korb, eine Flechtarbeit
17 der Zuschlag (Abschluß)
18 das Seitengeflecht
19 der Bodenstern
20 das Bodengeflecht
21 das Bodenkreuz

22–24 die Gestellarbeit
22 das Gestell
23 der Splitt
24 die Schiene
25 das Gerüst
26 das Gras; *Arten:* Espartogras, Alfagras (Halfagras)
27 das Schilf (Rohrkolbenschilf)
28 die Binse (Chinabinsenschnur)
29 der Raffiabast (Bast)
30 das Stroh
31 das Bambusrohr
32 das Peddigrohr (span. Rohr, der Rotang)
33 der Korbmacher (Korbflechter)
34 das Biegeeisen
35 der Reißer
36 das Klopfeisen
37 die Beißzange
38 das Putzmesser (der Ausstecher)
39 der Schienenhobel
40 die Bogensäge

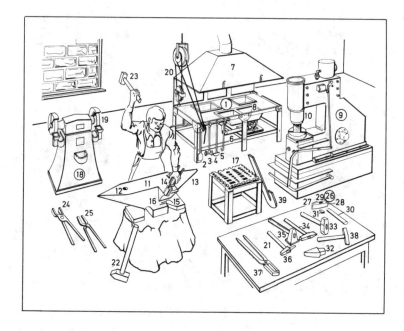

1–8 die Esse mit dem Schmiedefeuer *n*
1 die Esse
2 die Feuerschaufel
3 der Löschwedel
4 die Feuerkratze
5 der Schlackenhaken
6 die Luftzuführung
7 der Rauchfang
8 der Löschtrog
9 der Schmiedelufthammer
10 der Hammerbär
11–16 der Amboß
11 der Amboß
12 das Vierkanthorn
13 das Rundhorn
14 der Voramboß
15 der Backen
16 der Stauchklotz
17 die Lochplatte
18 der Werkzeugschleifbock
19 die Schleifscheibe
20 der Flaschenzug
21 die Werkbank

22–39 Schmiedewerkzeuge *n*
22 der Vorschlaghammer
23 der Schmiedehandhammer
24 die Flachzange
25 die Rundzange
26 die Teile *n* des Hammers *m*
27 die Pinne
28 die Bahn
29 das Auge
30 der Stiel
31 der Keil
32 der Abschroter
33 der Flachhammer
34 der Kehlhammer
35 der Schlichthammer
36 der Rundlochhammer
37 die Winkelzange
38 der Schrotmeißel
39 das Dreheisen

1 die Druckluftanlage
2 der Elektromotor
3 der Kompressor
4 der Druckluftkessel
5 die Druckluftleitung
6 der Druckluftschlagschrauber
7 das Schleifgerät (die Werkstattschleifmaschine)
8 die Schleifscheibe
9 die Schutzhaube
10 der Anhänger
11 die Bremstrommel
12 die Bremsbacke
13 der Bremsbelag
14 der Prüfkasten
15 das Druckluftmeßgerät
16 der Bremsprüfstand, ein Rollenbremsprüfstand
17 die Bremsgrube
18 die Bremsrolle
19 das Registriergerät
20 die Bremstrommel-Feindrehmaschine
21 das Lkw-Rad
22 das Bohrwerk
23 die Schnellsäge, eine Bügelsäge

24 der Schraubstock
25 der Sägebügel
26 die Kühlmittelzuführung
27 die Nietmaschine
28 das Anhängerchassis im Rohbau *m*
29 das Schutzgasschweißgerät
30 der Gleichrichter
31 das Steuergerät
32 die CO_2-Flasche
33 der Amboß
34 die Esse mit dem Schmiedefeuer
35 der Autogenschweißwagen
36 das Reparaturfahrzeug, ein Traktor *m*

139 Freiform- und Gesenkschmiede (Warmmassivumformung)

1 der Rillenherd-Durchstoßofen zum Wärmen *n* von Rundmaterialien *n*
2 die Ausfallöffnung
3 die Gasbrenner *m*
4 die Bedienungstür
5 der Gegenschlaghammer
6 der Oberbär
7 der Unterbär
8 die Bärführung
9 der hydraulische Antrieb
10 der Ständer
11 der Kurzhubgesenkhammer
12 der Hammerbär (Bär, Hammer)
13 der obere Schmiedesattel (das Obergesenk)
14 der untere Schmiedesattel (das Untergesenk)
15 der hydraulische Antrieb
16 der Hammerständer
17 die Schabotte (der Amboß)
18 die Gesenkschmiede- und Kalibrierpresse
19 der Maschinenständer
20 die Tischplatte
21 die Lamellenreibungskupplung
22 die Preßluftzuleitung
23 das Magnetventil
24 der Lufthammer
25 der Antriebsmotor
26 der Schlagbär
27 der Fußsteuerhebel
28 das freiformgeschmiedete (vorgeschmiedete) Werkstück
29 der Bärführungskopf
30 der Bärzylinder
31 die Schabotte
32 der Schmiedemanipulator (Manipulator) zum Bewegen *n* des Werkstücks *n* beim Freiformschmieden *n*
33 die Zange
34 das Gegengewicht
35 die hydraulische Schmiedepresse
36 der Preßkopf
37 das Querhaupt
38 der obere Schmiedesattel
39 der untere Schmiedesattel
40 die Schabotte (der Unteramboß)
41 der Hydraulikkolben
42 die Säulenführung
43 die Wendevorrichtung
44 die Krankette
45 der Kranhaken

46 das Werkstück
47 der gasbeheizte Schmiedeofen
48 der Gasbrenner
49 die Arbeitsöffnung
50 der Kettenschleier
51 die Aufzugtür
52 die Heißluftleitung
53 der Luftvorwärmer
54 die Gaszufuhr
55 die Türaufzugsvorrichtung
56 der Luftschleier

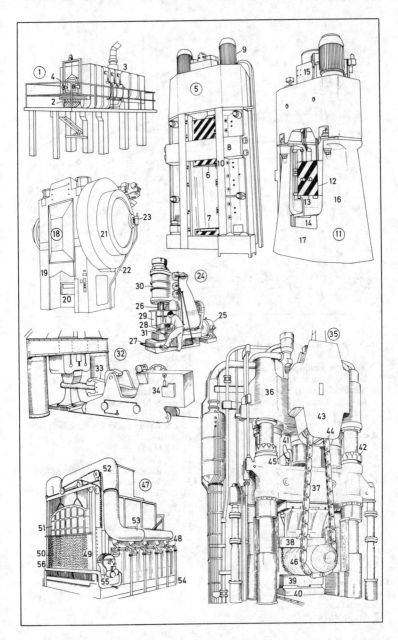

140 Schlosser

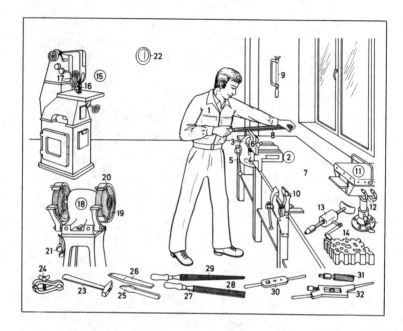

1–22 die Schlosserwerkstatt
1 der Schlosser (z. B.
Maschinenschlosser, Bauschlosser,
Stahlbauschlosser, Schloß- und
Schlüsselmacher; *früh. auch:*
Kunstschlosser), ein Metallbauer *m*
2 der Parallelschraubstock
3 die Backe
4 die Spindel
5 der Knebel
6 das Werkstück
7 die Werkbank
8 die Feile (*Arten:* Grobfeile,
Schlichtfeile, Präzisionsfeile)
9 die Bügelsäge
10 der Flachschraubstock, ein
Zangenschraubstock *m*
11 der Muffelofen (Härteofen), ein
Gasschmiedeofen *m*
12 die Gaszuführung
13 die Handbohrmaschine
14 die Lochplatte (Gesenkplatte)
15 die Feilmaschine
16 die Bandfeile
17 das Späneblasrohr

18 die Schleifmaschine
19 die Schleifscheibe
20 die Schutzhaube
21 die Schutzbrille
22 der Schutzhelm
23 der Schlosserhammer
24 der Feilkloben
25 der Kreuzmeißel (Spitzmeißel)
26 der Flachmeißel
27 die Flachfeile
28 der Feilenhieb
29 die Rundfeile (*auch:* Halbrundfeile)
30 das Windeisen
31 die Reibahle
32 die Schneidkluppe
33–35 der Schlüssel
33 der Schaft (Halm)
34 der Griff (die Räute)
35 der Bart

36–43 das Türschloß, ein Einsteckschloß
m
36 die Grundplatte (das Schloßblech)
37 die Falle
38 die Zuhaltung
39 der Riegel
40 das Schlüsselloch
41 der Führungszapfen
42 die Zuhaltungsfeder
43 die Nuß, mit Vierkantloch *m*
44 das Zylinderschloß (Sicherheitsschloß)
45 der Zylinder
46 die Feder
47 der Arretierstift
48 der Sicherheitsschlüssel, ein
Flachschlüssel *m*
49 das Scharnierband
50 das Winkelband
51 das Langband
52 der Meßschieber (die Schieblehre)
53 die Fühlerlehre
54 der Tiefenmeßschieber (die
Tiefenlehre)
55 der Nonius
56 das Haarlineal
57 der Meßwinkel
58 die Brustleier
59 der Spiralbohrer
60 der Gewindebohrer (das
Gewindeeisen)
61 die Gewindebacken *m*
62 der Schraubendreher
(Schraubenzieher)
63 der Schaber (*auch:* Dreikantschaber)
64 der Körner
65 der Durchschlag
66 die Flachzange
67 der Hebelvorschneider
68 die Rohrzange
69 die Kneifzange

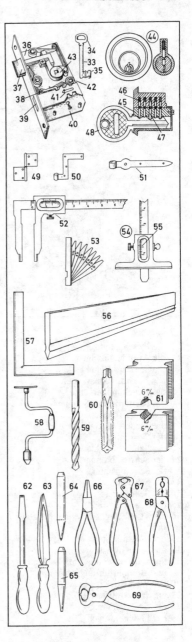

141 Autogenschweißer

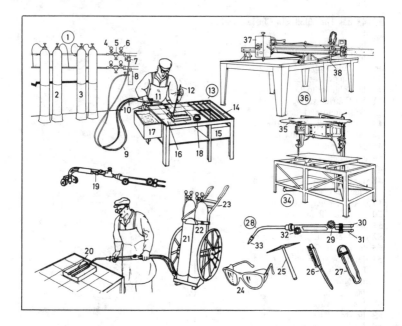

1 die Flaschenbatterie
2 die Acetylenflasche
3 die Sauerstoffflasche
4 das Hochdruckmanometer
5 das Druckminderventil
6 das Niederdruckmanometer
7 das Absperrventil
8 die Niederdruck-Wasservorlage
9 der Gasschlauch
10 der Sauerstoffschlauch
11 der Schweißbrenner
12 der Schweißstab
13 der Schweißtisch
14 der Schneidrost
15 der Schrottkasten
16 der Tischbelag, aus Schamottesteinen *m*
17 der Wasserkasten
18 die Schweißpaste
19 der Schweißbrenner, mit Schneidsatz *m* und Brennerführungswagen *m*
20 das Werkstück
21 die Sauerstoffflasche
22 die Acetylenflasche
23 der Flaschenwagen

24 die Schweißerbrille
25 der Schlackenhammer
26 die Drahtbürste
27 der Brenneranzünder
28 der Schweißbrenner
29 das Sauerstoffventil
30 der Sauerstoffanschluß
31 der Brenngasanschluß
32 das Brenngasventil
33 das Schweißmundstück
34 die Brennschneidemaschine
35 die Kreisführung
36 die Universalbrennschneidemaschine
37 der Steuerkopf
38 die Brennerdüse

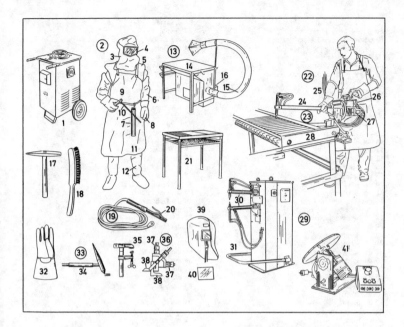

1 der Schweißtransformator
(Schweißtrafo)
2 **der Elektroschweißer**
3 die Schweißerschutzhaube
4 das hochklappbare Schutzglas
5 der Schulterschutz
6 der Ärmelschutz
7 der Elektrodenköcher
8 der dreifingrige Schweißerhandschuh
9 der Elektrodenhalter
10 die Elektrode
11 die Lederschürze
12 der Schienbeinschutz
13 **der Absaugeschweißtisch**
14 die Absaugetischfläche
15 der Absaugeschwenkrüssel
16 der Abluftstutzen
17 der Schlackenhammer
18 die Stahldrahtbürste
19 das Schweißkabel
20 der Elektrodenhalter
21 der Schweißtisch
22 **die Punktschweißung**
23 die Punktschweißzange
24 der Elektrodenarm

25 die Stromzuführung (das
Anschlußkabel)
26 der Elektrodenkraftzylinder
27 der Schweißtransformator
28 das Werkstück
29 die fußbetätigte Punktschweißmaschine
30 die Schweißarme *m*
31 der Fußbügel für den
Elektrodenkraftaufbau
32 der fünffingrige Schweißerhandschuh
33 der Schutzgasschweißbrenner für die
Schutzgasschweißung
(Inertgasschweißung)
34 die Schutzgaszuführung
35 die Polzwinge (Werkstückklemme,
Erdklemme, der Gegenkontakt)
36 die Kehlnahtmeßlehre
37 die Feinmeßschraube
(Mikrometerschraube)
38 der Meßschenkel
39 das Schutzschild (Schweißschutzschild)
40 das Schweißhaubenglas
41 der Kleindrehtisch

143 Profile, Schrauben und Maschinenteile

[Herstellungsmaterial:
Stahl, Messing, Aluminium,
Kunststoff usw.; als Beispiel
wurde im folgenden Stahl gewählt]
1 das Winkeleisen
2 der Schenkel (Flansch)
3–7 **Eisenträger** (Baustahlträger) *m*
3 das T-Eisen
4 der Steg
5 der Flansch
6 das Doppel-T-Eisen
7 das U-Eisen
8 das Rundeisen
9 das Vierkanteisen
10 das Flacheisen
11 das Bandeisen
12 der Eisendraht
13–50 **Schrauben** *f*
13 die Sechskantschraube
14 der Kopf
15 der Schaft
16 das Gewinde
17 die Unterlegscheibe
18 die Sechskantmutter
19 der Splint
20 die Rundkuppe
21 die Schlüsselweite
22 die Stiftschraube
23 die Spitze
24 die Kronenmutter
25 das Splintloch
26 die Kreuzschlitzschraube, eine
  Blechschraube
27 die Innensechskantschraube
28 die Senkschraube
29 die Nase
30 die Gegenmutter (Kontermutter)
31 der Zapfen
32 die Bundschraube
33 der Schraubenbund
34 der Sprengring (Federring)
35 die Lochrundmutter, eine Stellmutter
36 die Zylinderkopfschraube, eine
  Schlitzschraube
37 der Kegelstift
38 der Schraubenschlitz
39 die Vierkantschraube
40 der Kerbstift, ein Zylinderstift *m*
41 die Hammerkopfschraube
42 die Flügelmutter
43 die Steinschraube
44 der Widerhaken
45 die Holzschraube
46 der Senkkopf
47 das Holzgewinde
48 der Gewindestift
49 der Stiftschlitz
50 die Kugelkuppe
51 der Nagel (Drahtstift)
52 der Kopf
53 der Schaft
54 die Spitze
55 der Dachpappenstift
56 die Nietung (Nietverbindung,
  Überlappung)
57–60 die Niete (der Niet)
57 der Setzkopf, ein Nietkopf *m*
58 der Nietenschaft
59 der Schließkopf
60 die Nietteilung

61 **die Welle**
62 die Fase
63 der Zapfen
64 der Hals
65 der Sitz
66 die Keilnut
67 der Kegelsitz (Konus)
68 das Gewinde
69 **das Kugellager,** ein Wälzlager *n*
70 die Stahlkugel
71 der Außenring
72 der Innenring
73 *u.* 74 **die Nutkeile** *m*
73 der Einlegekeil (Federkeil, die Feder)
74 der Nasenkeil
75 *u.* 76 **das Nadellager**
75 der Nadelkäfig
76 die Nadel
77 die Kronenmutter
78 der Splint
79 das Gehäuse
80 der Gehäusedeckel
81 der Druckschmiernippel
82–96 **Zahnräder** *n* (Verzahnungen *f*)
82 das Stufenrad
83 der Zahn
84 der Zahngrund
85 die Nut (Keilnut)
86 die Bohrung
87 das Pfeilstirnrad
88 die Speichen *f*
89 die Schrägverzahnung
90 der Zahnkranz
91 das Kegelrad
92 *u.* 93 die Spiralverzahnung
92 das Ritzel
93 das Tellerrad
94 das Planetengetriebe
95 die Innenverzahnung
96 die Außenverzahnung
97–107 **Bremsdynamometer** *n*
97 die Backenbremse
98 die Bremsscheibe
99 die Bremswelle
100 der Bremsklotz (die Bremsbacke)
101 die Zugstange
102 der Bremslüftmagnet
103 das Bremsgewicht
104 die Bandbremse
105 das Bremsband
106 der Bremsbelag
107 die Stellschraube, zur gleichmäßigen
  Lüftung

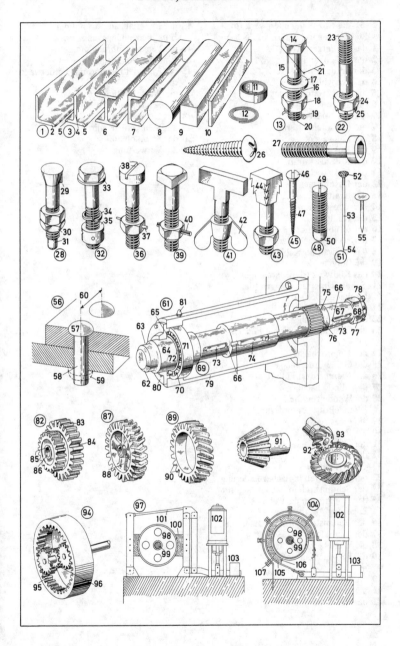

144 Steinkohlenbergwerk

1–51 **das Steinkohlenbergwerk** (die Steinkohlengrube, Grube, Zeche)
1 das Fördergerüst
2 das Maschinenhaus
3 der Förderturm
4 das Schachtgebäude
5 die Aufbereitungsanlage
6 die Sägerei
7–11 **die Kokerei**
7 die Koksofenbatterie
8 der Füllwagen
9 der Kokskohlenturm
10 der Kokslöschturm
11 der Kokslöschwagen
12 der Gasometer
13 das Kraftwerk
14 der Wasserturm
15 der Kühlturm
16 der Grubenlüfter
17 der Materiallagerplatz
18 das Verwaltungsgebäude
19 die Bergehalde
20 das Klärwerk (die Kläranlage)
21–51 **die Untertageanlagen** (der Grubenbetrieb)
21 der Wetterschacht
22 der Wetterkanal
23 die Gestellförderung mit Förderkörben *m*
24 der Hauptschacht
25 die Gefäßförderanlage
26 der (*bergm.* das) Füllort
27 der Blindschacht
28 die Wendelrutsche (Wendelrutschenförderung)
29 die Flözstrecke
30 die Richtstrecke
31 der Querschlag
32 die Streckenvortriebsmaschine
33–37 **Strebe** *m*
33 der Hobelstreb in flacher Lagerung
34 der Schrämstreb in flacher Lagerung
35 der Abbauhammerstreb in steiler Lagerung
36 der Rammstreb in steiler Lagerung
37 der Alte Mann
38 die Wetterschleuse
39 die Personenfahrung mit Personenzug *m*
40 die Bandförderung
41 der Rohkohlenbunker
42 das Beschickungsband
43 der Materialtransport mit der Einschienenhängebahn
44 die Personenfahrung mit der Einschienenhängebahn
45 der Materialtransport mit Förderwagen *m*
46 die Wasserhaltung
47 der Schachtsumpf
48 das Deckgebirge
49 das Steinkohlengebirge
50 das Steinkohlenflöz
51 die Verwerfung

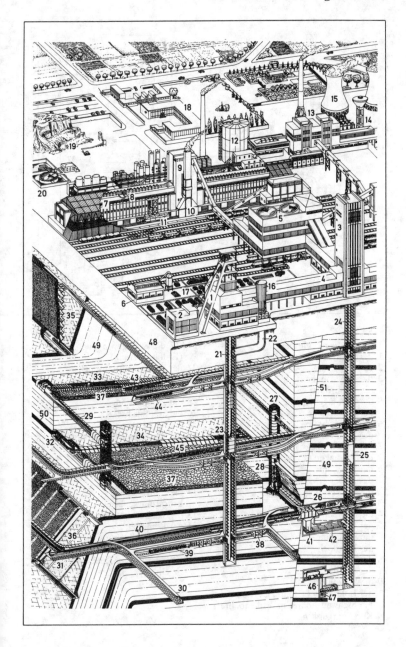

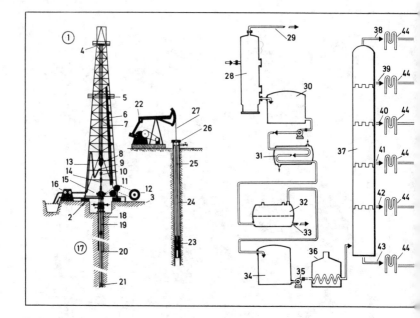

1–21 die Erdölbohrung
1 der Bohrturm
2 der Unterbau
3 die Arbeitsbühne
4 die Turmrollen *f*
5 die Gestängebühne, eine
 Zwischenbühne
6 die Bohrrohre *n*
7 das Bohrseil
8 der Flaschenzug
9 der Zughaken
10 der Spülkopf
11 das Hebewerk, eine Winde
12 die Antriebsmaschine
13 die Spülleitung
14 die Mitnehmerstange
15 der Drehtisch
16 die Spülpumpe
17 das Bohrloch
18 das Standrohr
19 das Bohrgestänge
20 die Verrohrung
21 der Bohrmeißel (Bohrer); *Arten:*
 Fischschwanzbohrer *m*, Rollenbohrer,
 Kernbohrgerät *n*

22–27 die Erdölgewinnung
 (Erdölförderung)
22 der Pumpenantriebsbock
23 die Tiefpumpe
24 die Steigrohre *n*
25 das Pumpgestänge
26 die Stopfbüchse
27 die Polierstange
28–35 die Rohölaufbereitung [Schema]
28 der Gasabscheider
29 die Gasleitung
30 der Naßöltank
31 der Vorwärmer
32 die Entwässerungs- und
 Entsalzungsanlage
33 die Salzwasserleitung
34 der Reinöltank
35 die Transportleitung für Reinöl *n* [zur
 Raffinerie oder zum Versand *m* mit
 Kesselwagen *m*, Tankschiff *n*,
 Pipeline *f*]

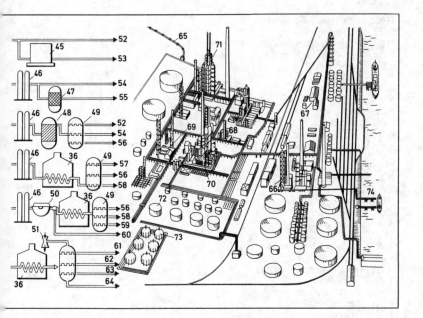

36–64 die Rohölverarbeitung
(Erdölverarbeitung) [Schema]
36 der Ölerhitzer (Röhrenofen)
37 die Destillationskolonne (der
Fraktionierturm) mit den
Kolonnenböden *m*
38 die Topgase *n*
39 die Leichtbenzinfraktion
40 die Schwerbenzinfraktion
41 das Petroleum
42 die Gasölfraktion
43 der Rückstand
44 der Kühler
45 der Verdichter (Kompressor)
46 die Entschwefelungsanlage
47 die Reformieranlage
48 die katalytische Krackanlage
49 die Destillationskolonne
50 die Entparaffinierung
51 der Vakuumanschluß
52–64 Erdölerzeugnisse *n*
(Erdölprodukte)
52 das Heizgas
53 das Flüssiggas
54 das Normalbenzin (Fahrbenzin)

55 das Superbenzin
56 der Dieseltreibstoff
57 das Flugbenzin
58 das leichte Heizöl
59 das schwere Heizöl
60 das Paraffin (Tankbodenwachs)
61 das Spindelöl
62 das Schmieröl
63 das Zylinderöl
64 das Bitumen
65–74 die Erdölraffinerie (Ölraffinerie)
65 die Pipeline (Erdölleitung)
66 die Destillationsanlagen *f*
67 die Schmierölraffinerie
68 die Entschwefelungsanlage
69 die Gastrennanlage
70 die katalytische Krackanlage
71 die katalytische Reformieranlage
72 der Lagertank
73 der Kugeltank
74 der Ölhafen

146 Off-shore-Bohrung

1–39 **die Bohrinsel** (Förderinsel)
1–37 die Bohrturmplattform
1 die Energieversorgungsanlage
2 die Abgasschornsteine *m* der
  Generatoranlage
3 der Drehkran
4 das Rohrlager
5 die Abgasrohre *n* der Turbinenanlage
6 das Materiallager
7 das Hubschrauberdeck
8 der Fahrstuhl
9 die Vorrichtung zur Trennung von Gas
  n und Öl *n*
10 die Probentrennvorrichtung
11 die Notfallabfackelanlage
12 der Bohrturm
13 der Dieselkraftstofftank
14 der Bürokomplex
15 die Zementvorrattanks *m*
16 der Trinkwassertank
17 der Vorratstank für Salzwasser *n*
18 die Tanks *m* für
  Hubschrauberkraftstoff *m*
19 die Rettungsboote *n*
20 der Fahrstuhlschacht
21 der Druckluftbehälter
22 die Pumpanlage
23 der Luftkompressor
24 die Klimaanlage
25 die Meerwasserentsalzungsanlage
26 die Filteranlage für Dieselkraftstoff *m*
27 das Gaskühlaggregat
28 das Steuerpult für die
  Trennvorrichtungen *f*
29 die Toiletten *f*
30 die Werkstatt
31 die Molchschleuse [der „Molch" dient
  zur Reinigung der Hauptölleitung]
32 der Kontrollraum
33 die Unterkünfte *f*
34 die Hochdruckzementierungspumpen *f*
35 das untere Deck
36 das mittlere Deck
37 das obere Deck
38 die Stützkonstruktion
39 der Meeresspiegel

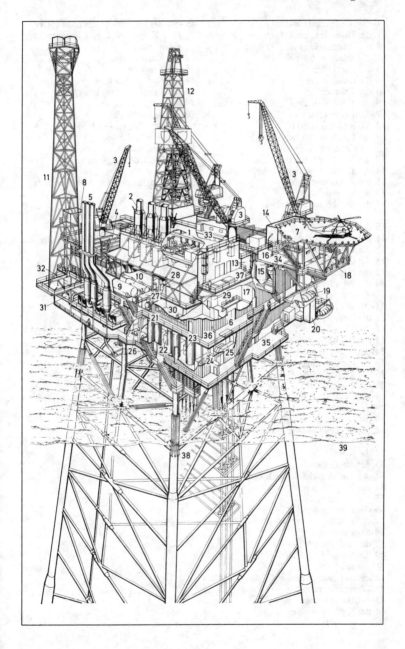

147 Eisenhüttenwerk

1–20 die Hochofenanlage
1 der Hochofen, ein Schachtofen *m*
2 der Schrägaufzug für Erz *n* und
   Zuschläge *m* oder Koks *m*
3 die Laufkatze
4 die Gichtbühne
5 der Trichterkübel
6 der Verschlußkegel (die Gichtglocke)
7 der Hochofenschacht
8 die Reduktionszone
9 der Schlackenabstich
   (Schlackenabfluß)
10 der Schlackenkübel
11 der Roheisenabstich (Roheisenabfluß)
12 die Roheisenpfanne
13 der Gichtgasabzug
14 der Staubfänger (Staubsack), eine
   Entstaubungsanlage
15 der Winderhitzer
16 der außenstehende Brennschacht
17 die Luftzuleitung
18 die Gasleitung
19 die Heizwindleitung
20 die Windform
21–69 das Stahlwerk
21–30 der Siemens-Martin-Ofen
21 die Roheisenpfanne
22 die Eingußrinne
23 der feststehende Ofen
24 der Ofenraum
25 die Beschickungsmaschine
26 die Schrottmulde
27 die Gasleitung
28 die Gasheizkammer
29 das Luftzufuhrrohr
30 die Luftheizkammer
31 die Stahlgießpfanne mit
   Stopfenverschluß *m*
32 die Kokille
33 der Stahlblock
34–44 die Masselgießmaschine
34 das Eingießende
35 die Eisenrinne
36 das Kokillenband
37 die Kokille
38 der Laufsteg
39 die Abfallvorrichtung
40 die Massel (das Roheisen)
41 der Laufkran
42 die Roheisenpfanne mit
   Obenentleerung *f*
43 der Gießpfannenschnabel
44 die Kippvorrichtung

45–50 der Sauerstoffaufblaskonverter
   (LD-Konverter, Linz-Donawitz-
   Konverter)
45 der Konverterhut
46 der Tragring
47 der Konverterboden
48 die feuerfeste Ausmauerung
49 die Sauerstofflanze
50 das Abstichloch
**51–54 der Siemens-Elektro-
   Niederschachtofen**
51 die Begichtung
52 die Elektroden *f* [kreisförmig
   angeordnet]
53 die Ringleitung zum Abziehen *n* der
   Ofengase *n*
54 der Abstich
**55–69 der Thomaskonverter (die
   Thomasbirne)**
55 die Füllstellung für flüssiges Roheisen
   n
56 die Füllstellung für Kalk *m*
57 die Blasstellung
58 die Ausgußstellung
59 die Kippvorrichtung
60 die Kranpfanne
61 der Hilfskranzug
62 der Kalkbunker
63 das Fallrohr
64 der Muldenwagen
65 die Schrottzufuhr
66 der Steuerstand
67 der Konverterkamin
68 das Blasluftzufuhrrohr
69 der Düsenboden

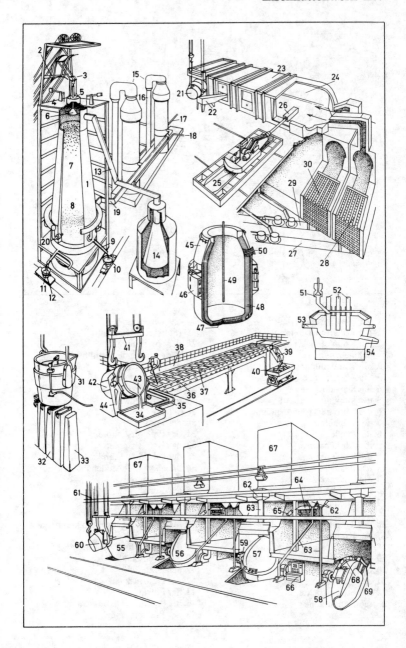

148 Eisengießerei und Walzwerk

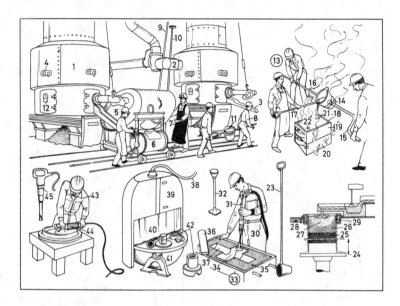

1–45 die Eisengießerei
1–12 der Schmelzbetrieb
1 der Kupolofen (Kuppelofen), ein Schmelzofen *m*
2 die Windleitung
3 die Abstichrinne
4 das Schauloch
5 der kippbare Vorherd
6 die fahrbare Trommelpfanne
7 der Schmelzer
8 der Gießer
9 die Abstichstange
10 die Stopfenstange
11 das flüssige Eisen
12 die Schlackenrinne
13 die Gießkolonne
14 die Tragpfanne
15 die Traggabel
16 der Tragstiel
17 der Krammstock
18 der geschlossene Formkasten
19 der Oberkasten
20 der Unterkasten
21 der Einguß
22 der Steigertrichter
23 die Handpfanne

24–29 der Strangguß
  (Senkrechtstrangguß)
24 der absenkbare Gießtisch
25 der erstarrende Metallblock
26 die feste Phase
27 die flüssige Phase
28 die Wasserkühlung
29 die Kokillenwand
30–37 die Formerei
30 der Former
31 der Preßluftstampfer
32 der Handstampfer
33 der geöffnete Formkasten
34 die Form (der Modellabdruck)
35 der Formsand
36 der Kern
37 die Kernmarke
38–45 die Putzerei
38 die Zuführung von Stahlkies *m* oder Sand *m*
39 das automatische Drehtischgebläse
40 der Streuschutz
41 der Drehtisch
42 das Gußstück
43 der Putzer
44 die Preßluftschleifmaschine
45 der Preßluftmeißel

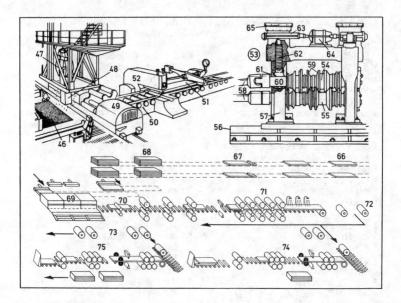

46–75 das Walzwerk
46 der Tiefofen
47 der Tiefofenkran, ein Zangenkran *m*
(Stripperkran)
48 die Rohbramme (der gegossene
Rohstahlblock)
49 der Blockkippwagen
50 die Blockstraße (der Rollgang)
51 das Walzgut (Walzstück)
52 die Blockschere
53 das Zweiwalzen-(Duo-)Gerüst
54 *u.* 55 der Walzensatz
54 die Oberwalze
55 die Unterwalze
56–60 das Walzgerüst
56 die Grundplatte
57 der Walzenständer
58 die Kuppelspindel
59 das Kaliber
60 das Walzenlager
61–65 die Anstellvorrichtung
61 das Einbaustück
62 die Druckschraube
63 das Getriebe
64 der Motor
65 die Anzeigevorrichtung mit Grob- und
Feineinstellung *f*

**66–75 die Walzenstraße zur Herstellung
von Bandstahl** *m* (schematisch)
66–68 die Halbzeugzurichtung
66 das Halbzeug
67 die Autogenschneideanlage
68 der Fertigstapel
69 die Stoßöfen *m*
70 die Vorstraße
71 die Fertigstraße
72 die Haspel
73 das Bundlager für den Verkauf
74 die 5-mm-Scherenstraße
75 die 10-mm-Scherenstraße

149 Werkzeugmaschinen I

1 **die Leit- und Zugspindeldrehmaschine**
   (Drehbank)
2 der Spindelstock mit dem
   Schaltgetriebe
3 der Vorlegeschalthebel
4 der Hebel für Normal- und
   Steilgewinde
5 die Drehzahleinstellung
6 der Hebel für das
   Leitspindelwendegetriebe
7 der Wechselräderkasten
8 der Vorschubgetriebekasten (das
   Nortongetriebe, der Nortonkasten)
9 die Hebel *m* für die Vorschub- und
   Gewindesteigungen *f*
10 der Hebel für das Vorschubgetriebe
11 der Einschalthebel für Rechts- oder
   Linkslauf *m* der Hauptspindel
12 der Drehmaschinenfuß
13 das Handrad zur
   Längsschlittenbewegung
14 der Hebel für das Wendegetriebe der
   Vorschubeinrichtung
15 die Vorschubspindel
16 die Schloßplatte
17 der Längs- und Plangangshebel
18 die Fallschnecke zum Einschalten *n* der
   Vorschübe *m*
19 der Hebel für das Mutterschloß der
   Leitspindel
20 die Drehspindel (Arbeitspindel)
21 der Stahlhalter
22 der Oberschlitten (Längssupport)
23 der Querschlitten (Quersupport)
24 der Bettschlitten (Unterschlitten)
25 die Kühlmittelzuführung
26 die Reitstockspitze
27 die Pinole
28 der Pinolenfeststellknebel
29 der Reitstock
30 das Pinolenverstellrad
31 das Drehmaschinenbett
32 die Leitspindel
33 die Zugspindel
34 die Umschaltspindel für Rechts- und
   Linkslauf *m* und Ein- und Ausschalten
   n
35 das Vierbackenfutter
36 die Spannbacke
37 das Dreibackenfutter
38 **die Revolverdrehmaschine**
39 der Querschlitten (Quersupport)
40 der Revolverkopf

41 der Mehrfachmeißelhalter
42 der Längsschlitten (Längssupport)
43 das Handkreuz (Drehkreuz)
44 die Fangschale für Späne *m* und
   Kühlschmierstoffe *m*
45–53 **Drehmeißel** *m* (Drehstähle)
45 der Meißel (Klemmhalter) für
   Wendeschneidplatten *f*
46 die Wendeschneidplatte (Klemmplatte)
   aus Hartmetall *n* oder Oxidkeramik *f*
47 Formen *f* der oxidkeramischen
   Wendeplatten *f*
48 der Drehmeißel mit
   Hartmetallschneide *f*
49 der Meißelschaft
50 die aufgelötete Hartmetallplatte
   (Hartmetallschneide)
51 der Inneneckmeißel
52 der gebogene Drehmeißel
53 der Stechdrehmeißel
   (Abstechdrehmeißel,
   Einstechdrehmeißel)
54 das Drehherz
55 der Mitnehmer
56–72 **Meßwerkzeuge** *n*
56 der Grenzlehrdorn (Kaliberdorn)
57 das Sollmaß
58 das Ausschußmaß
59 die Grenzrachenlehre
60 die Gutseite
61 die Ausschußseite
62 die Feinmeßschraube
   (Mikrometerschraube)
63 die Meßskala
64 die Meßtrommel
65 der Meßbügel
66 die Meßspindel
67 der Meßschieber (die Schieblehre)
68 der Tiefenmeßfühler
69 die Noniusskala
70 die Außenmeßfühler
71 die Innenmeßfühler
72 der Tiefenmeßschieber (die
   Tiefenlehre)

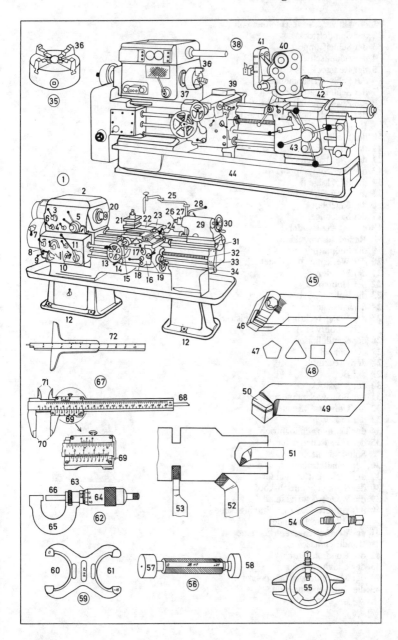

150 Werkzeugmaschinen II

1 die **Universalrundschleifmaschine**
2 der Spindelstock
3 der Schleifsupport
4 die Schleifscheibe
5 der Reitstock
6 das Schleifmaschinenbett
7 der Schleifmaschinentisch
8 die **Zweiständer-Langhobelmaschine**
9 der Antriebsmotor, ein Gleichstrom-
   Regelmotor
10 der Ständer
11 der Hobeltisch
12 der Querbalken
13 der Werkzeugsupport
14 die **Bügelsäge**
15 die Einspannvorrichtung
16 das Sägeblatt
17 der Sägebügel
18 die **Schwenk- oder**
   Radialbohrmaschine
19 die Fußplatte
20 der Werkstückaufnahmetisch
21 der Ständer
22 der Hubmotor
23 die Bohrspindel
24 der Ausleger
25 das **Waagerechtbohr- und -fräswerk**
   (Tischbohrwerk)
26 der Spindelkasten
27 die Spindel
28 der Kreuztisch
29 das Bett
30 der Setzstock
31 der Bohrwerksständer
32 die **Universalfräsmaschine**
33 der Frästisch
34 der Tischvorschubantrieb
35 der Hebelschalter für die
   Spindeldrehzahl
36 der Schaltkasten
37 die Senkrechtfrässpindel
38 der Senkrechtantriebskopf
39 die Waagerechtfrässpindel
40 das vordere Lager zur Stabilisierung
   der Waagerechtspindel
41 das **Bearbeitungszentrum,** eine
   Rundtischmaschine
42 der Rundschalttisch
43 der Langlochfräser
44 der Maschinengewindebohrer
45 die Kurzhobelmaschine

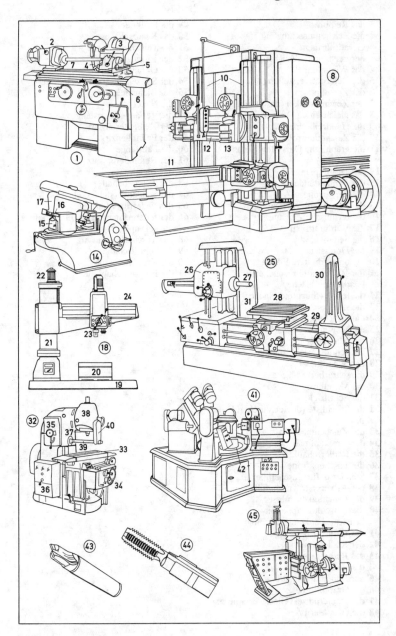

151 Konstruktionsbüro (Zeichnerbüro)

1 das Reißbrett
2 die Zeichenmaschine mit
   Geradführung f
3 der verstellbare Zeichenkopf
4 das Winkellineal
5 die Reißbrettverstellung
6 der Zeichentisch
7 der Zeichenwinkel (das Dreieck)
8 das gleichseitige Dreieck
9 die Handreißschiene
10 die Zeichnungsrolle
11 die graphische Darstellung (das
   Diagramm)
12 die Terminplantafel
13 der Papierständer
14 die Papierrolle
15 die Abschneidevorrichtung
16 die technische Zeichnung
17 die Vorderansicht
18 die Seitenansicht
19 die Draufsicht
20 die unbearbeitete Fläche
21 die geschruppte Fläche, eine
   bearbeitete Fläche
22 die feingeschlichtete Fläche
23 die sichtbare Kante
24 die unsichtbare Kante
25 die Maßlinie
26 der Maßpfeil
27 die Schnittverlaufsangabe
28 der Schnitt A–B
29 die schraffierte Fläche
30 die Mittellinie
31 das Schriftfeld
32 die Strichliste (die technischen Daten
   pl)
33 der Zeichenmaßstab
34 der Dreikantmaßstab
35 die Radierschablone
36 die Tuschepatrone
37 Ständer m für Tuschefüller m
38 der Arbeitssatz Tuschefüller m
39 der Feuchtigkeitsmesser
40 die Verschlußkappe mit
   Strichstärkenkennzeichnung
41 der Radierstift
42 der Radiergummi
43 das Radiermesser
44 die Radierklinge
45 der Minenklemmstift
46 die Graphitmine
47 der Radierpinsel (Glasfaserradierer)
48 die Glasfasern f

49 die Reißfeder
50 das Kreuzscharnier
51 die Teilscheibe
52 der Einsatzzirkel
53 die Geradführung
54 der Spitzeneinsatz (Nadeleinsatz)
55 der Bleinadeleinsatz
56 die Nadel
57 die Verlängerungsstange
58 der Reißfedereinsatz
59 der Fallnullenzirkel
60 die Fallstange
61 der Reißfedereinsatz
62 der Bleieinsatz
63 der Tuschebehälter
64 der Schnellverstellzirkel
65 das Federringscharnier
66 der federgelagerte Bogenfeintrieb
67 die gekröpfte Nadel
68 der Tuschefüllereinsatz
69 die Schriftschablone
70 die Kreisschablone
71 die Ellipsenschablone

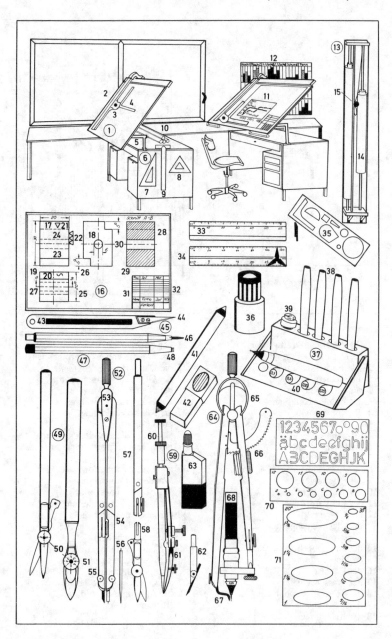

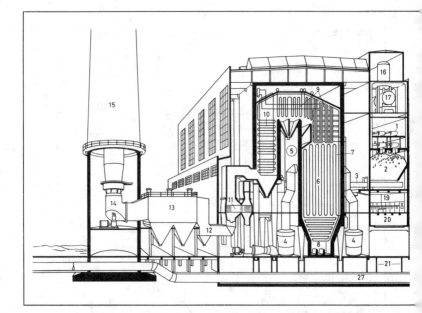

1–28 das Dampfkraftwerk, ein
Elektrizitätswerk *n*
1–21 das Kesselhaus
1 das Kohlenförderband
2 der Kohlenbunker
3 das Kohlenabzugsband
4 die Kohlenmühle
5 der Dampfkessel, ein Röhrenkessel *m*
(Strahlungskessel)
6 die Brennkammer
7 die Wasserrohre *n*
8 der Aschenabzug (Schlackenabzug)
9 der Überhitzer
10 der Wasservorwärmer
11 der Luftvorwärmer
12 der Gaskanal
13 der (das) Rauchgasfilter, ein
Elektrofilter *m* od. *n*
14 das Saugzuggebläse
15 der Schornstein
16 der Entgaser
17 der Wasserbehälter
18 die Kesselspeisepumpe
19 die Schaltanlage
20 der Kabelboden

21 der Kabelkeller
22 das Maschinenhaus (Turbinenhaus)
23 die Dampfturbine, mit Generator *m*
24 der Oberflächenkondensator
25 der Niederdruckvorwärmer
26 der Hochdruckvorwärmer
27 die Kühlwasserleitung
28 die Schaltwarte
29–35 die Freiluftschaltanlage, eine
Hochspannungsverteilungsanlage
29 die Stromschienen *f*
30 der Leistungstransformator, ein
Wandertransformator *m*
31 das Abspannungsgerüst
32 das Hochspannungsleitungsseil
33 das Hochspannungsseil
34 der Druckluftschnellschalter
(Leistungsschalter)
35 der Überspannungsableiter
36 der Freileitungsmast
(Abspannungsmast), ein Gittermast *m*
37 der Querträger (die Traverse)
38 der Abspanniolator (die
Abspannkette)

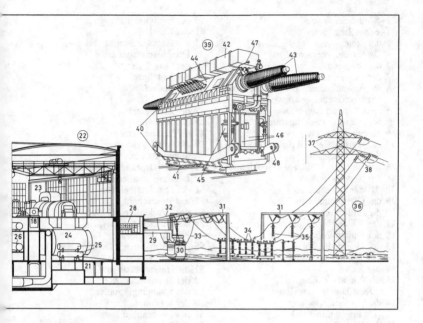

39 der Wandertransformator
   (Leistungstransformator,
   Transformator, Trafo, Umspanner)
40 der Transformator[en]kessel
41 das Fahrgestell
42 das Ölausdehnungsgefäß
43 die Oberspannungsdurchführung
44 die Unterspannungsdurchführungen *f*
45 die Ölumlaufpumpe
46 der Öl-Wasser-Kühler
47 das Funkenhorn
48 die Transportöse

153 Kraftwerk II

1–8 die Schaltwarte
1–6 das Schaltpult
1 der Steuer- und Regelteil, für die
   Drehstromgeneratoren *m*
2 der Steuerschalter
3 der Leuchtmelder
4 die Anwahlsteuerplatte, zur Steuerung
   der Hochspannungsabzweige *f*
5 die Überwachungsorgane *n*, für die
   Steuerung der Schaltgeräte *n*
6 die Steuerelemente *n*
7 die Wartentafel, mit den Meßgeräten *n*
   der Rückmeldeanlage
8 das Blindschaltbild, zur Darstellung
   des Netzzustandes *m*
9–18 der Transformator
9 das Ölausdehnungsgefäß
10 die Entlüftung
11 der Ölstandsanzeiger
12 der Durchführungsisolator
13 der Umschalter, für
   Oberspannungsanzapfungen *f*
14 das Joch
15 die Primärwicklung
   (Oberspannungswicklung)
16 die Sekundärwicklung
   (Unterspannungswicklung)
17 der Kern (Schenkel)
18 die Anzapfungsverbindung
19 die Transformatorenschaltung
20 die Sternschaltung
21 die Dreieckschaltung (Deltaschaltung)
22 der Sternpunkt (Nullpunkt)
23–30 die Dampfturbine, eine
   Dampfturbogruppe
23 der Hochdruckzylinder
24 der Mitteldruckzylinder
25 der Niederdruckzylinder
26 der Drehstromgenerator (Generator)
27 der Wasserstoffkühler
28 die Dampfüberströmleitung
29 das Düsenventil
30 der Turbinenüberwachungsschrank mit
   den Meßinstrumenten *n*
31 der Spannungsregler
32 die Synchronisiereinrichtung
33 der Kabelendverschluß
34 der Leiter
35 der Durchführungsisolator
36 die Wickelkeule
37 das Gehäuse
38 die Füllmasse
39 der Bleimantel

40 der Einführungsstutzen
41 das Kabel
42 das Hochspannungskabel, für
   Dreiphasenstrom *m*
43 der Stromleiter
44 das Metallpapier
45 der Beilauf
46 das Nesselband
47 der Bleimantel
48 das Asphaltpapier
49 die Juteumhüllung
50 die Stahlband- oder
   Stahldrahtarmierung
51–62 der Druckluftschnellschalter, ein
   Leistungsschalter *m*
51 der Druckluftbehälter
52 das Steuerventil
53 der Druckluftanschluß
54 der Hohlstützisolator, ein
   Kappenisolator *m*
55 die Schaltkammer (Löschkammer)
56 der Widerstand
57 die Hilfskontakte *m*
58 der Stromwandler
59 der Spannungswandler
60 der Klemmenkasten
61 das Funkenhorn
62 die Funkenstrecke

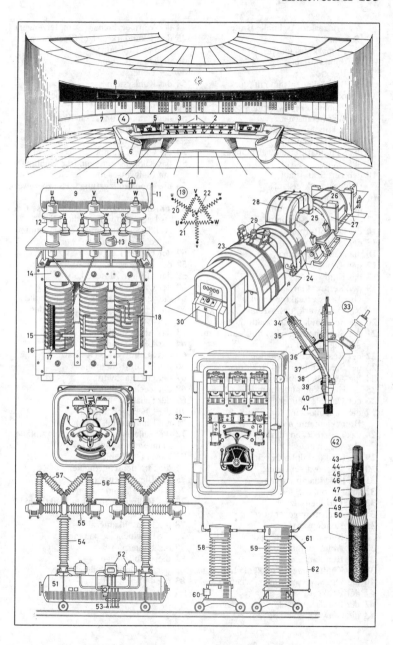

154 Kernenergie

1 der **Brutreaktor** (schnelle Brüter)
  [Schema]
2 der Primärkreislauf (primäre
  Natriumkreislauf)
3 der Reaktor
4 die Brennelementstäbe *m* (der
  Kernbrennstoff)
5 die Primärkreisumwälzpumpe
6 der Wärmetauscher
7 der Sekundärkreislauf (sekundäre
  Natriumkreislauf)
8 die Sekundärkreisumwälzpumpe
9 der Dampferzeuger
10 der Tertiärkreislauf
  (Kühlwasserkreislauf)
11 die Dampfleitung
12 die Speisewasserleitung
13 die Speisewasserpumpe
14 die Dampfturbine
15 der Generator
16 die Netzeinspeisung
17 der Kondensator
18 das Kühlwasser
19 der **Kernreaktor,** ein
  Druckwasserreaktor *m*; (das
  Kernkraftwerk, *ugs.* Atomkraftwerk)
20 die Betonhülle (das Reaktorgebäude)
21 der Sicherheitsbehälter aus Stahl *m* mit
  Absaugluftspalt *m*
22 der Reaktordruckbehälter
23 der Steuerantrieb des Reaktors
24 die Absorberstäbe *m* (Steuerstäbe)
25 die Hauptkühlmittelpumpe
26 der Dampferzeuger
27 die Lademaschine für die
  Brennelemente *n*
28 das Lagerbecken für die
  Brennelemente *n*
29 die Reaktorkühlmittelleitung
30 die Speisewasserleitung
31 die Frischdampfleitung
32 die Personenschleuse
33 der Turbinensatz
34 der Drehstromgenerator
35 der Kondensator
36 das Nebenanlagengebäude
37 der Abluftkamin
38 der Rundlaufkran
39 der Kühlturm, ein Trockenkühlturm *m*
40 das Druckwasserprinzip [Schema]
41 der Reaktor
42 der Primärkreislauf
43 die Umwälzpumpe

44 der Wärmetauscher (Dampferzeuger)
45 der Sekundärkreislauf (Speisewasser-
  Dampf-Kreislauf)
46 die Dampfturbine
47 der Generator
48 das Kühlsystem
49 das Siedewasserprinzip [Schema]
50 der Reaktor
51 der Dampf-Kondensat-Kreislauf
52 die Dampfturbine
53 der Generator
54 die Umwälzpumpe
55 das Kühlwassersystem (die Kühlung
  mit Flußwasser *n*)
56 die **Atommüllagerung** im Salzbergwerk
  n
57–68 die geologischen Verhältnisse *n* des
  als Lagerstätte *f* für radioaktive
  Abfälle *m* (Atommüll) eingerichteten
  aufgelassenen Salzbergwerks *n*
57 der Untere Keuper
58 der Obere Muschelkalk
59 der Mittlere Muschelkalk
60 der Untere Muschelkalk
61 die verstürzte Buntsandsteinscholle
62 die Auslaugungsrückstände *m* des
  Zechsteins *m*
63 das Aller-Steinsalz
64 das Leine-Steinsalz
65 das Staßfurt-Flöz (Kalisalzflöz)
66 das Staßfurt-Steinsalz
67 der Grenzanhydrit
68 der Zechsteinletten
69 der Schacht
70 die Übertagebauten *m*
71 die Einlagerungskammer
72 die Einlagerung mittelaktiver Abfälle
  m im Salzbergwerk *n*
73 die 511-m-Sohle
74 die Strahlenschutzmauer
75 das Bleiglasfenster
76 die Lagerkammer
77 das Rollreifenfaß mit radioaktivem
  Abfall *m*
78 die Fernsehkamera
79 die Beschickungskammer
80 das Steuerpult
81 die Abluftanlage
82 der Abschirmbehälter
83 die 490-m-Sohle

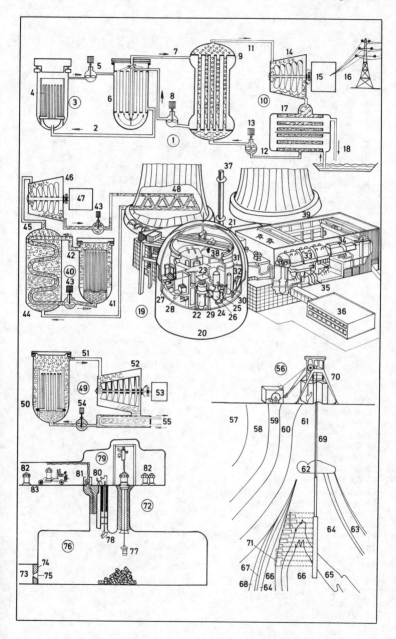

155 Neuzeitliche Energiequellen

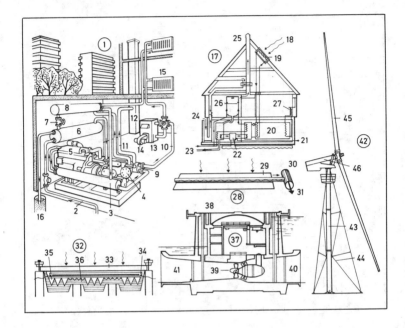

1 das Wärmepumpensystem
2 der Grundwasserzufluß
3 der Kühlwasser-Wärmetauscher
4 der Kompressor
5 der Erdgas- oder Dieselmotor
6 der Verdampfer
7 das Reduzierventil
8 der Kondensator
9 der Abgaswärmetauscher
10 der Vorlauf
11 die Abluftleitung
12 der Kamin
13 der Heizkessel
14 das Gebläse
15 der Heizkörper (Radiator)
16 der Sickerschacht
17–36 die Sonnenenergienutzung
17 das mit Sonnenenergie *f* beheizte Haus
18 die Sonneneinstrahlung
19 der Kollektor
20 der Wärmespeicher
21 die Stromzufuhr
22 die Wärmepumpe
23 die Abwasserleitung
24 der Luftzutritt
25 der Abluftkamin
26 die Heißwasserversorgung
27 die Radiatorheizung
28 das Sonnenkraftwerkselement
29 der Schwarzkollektor (mit Asphalt *m* beschichtetes Aluminiumblech)
30 das Stahlrohr
31 das Wärmetransportmittel
32 der Sonnenziegel
33 die Glasabdeckung
34 die Solarzelle
35 die Luftkanäle *m*
36 die Isolierung
37 das Gezeitenkraftwerk [Schnitt]
38 der Staudamm
39 die doppeltwirkende Turbine
40 der seeseitige Turbineneinlauf
41 der speicherseitige Turbineneinlauf
42 das Windkraftwerk
43 der Rohrturm
44 die Drahtseilabspannung
45 der Rotor
46 der Generator und der Richtungsstellmotor

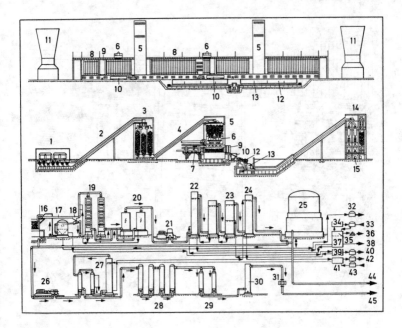

1–15 die Kokerei
1 die Kokskohlenentladung
2 der Gurtförderer
3 der Kokskohlenkomponentenbunker
4 der Kohlenturmgurtförderer
5 der Kohlenturm
6 der Füllwagen
7 die Koksausdrückmaschine
8 die Koksofenbatterie
9 der Kokskuchenführungswagen
10 der Löschwagen, mit Löschlok *f*
11 der Löschturm
12 die Koksrampe
13 das Koksrampenband
14 die Grob- und Feinkokssieberei
15 die Koksverladung

16–45 die Kokereigasbehandlung
16 der Gasaustritt aus den Koksöfen *m*
17 die Gassammelleitung (Vorlage)
18 die Dickteerabscheidung
19 der Gaskühler
20 der (das) Elektrofilter
21 der Gassauger
22 der Schwefelwasserstoffwascher
23 der Ammoniakwascher *m*

24 der Benzolwascher
25 der Gassammelbehälter
26 der Gaskompressor
27 die Entbenzolung mit Kühler *m* und Wärmetauscher *m*
28 die Druckgasentschwefelung
29 die Gaskühlung
30 die Gastrocknung
31 der Gaszähler
32 der Rohteerbehälter
33 die Schwefelsäurezufuhr
34 die Schwefelsäureerzeugung
35 die Ammoniumsulfatherstellung
36 das Ammoniumsulfat
37 die Regenerieranlage zum Regenerieren *n* der Waschmedien *n*
38 die Abwasserabfuhr
39 die Entphenolung des Gaswassers *n*
40 der Rohphenolbehälter
41 die Rohbenzolerzeugung
42 der Rohbenzoltank
43 der Waschöltank
44 die Niederdruckgasleitung
45 die Hochdruckgasleitung

157 Sägewerk

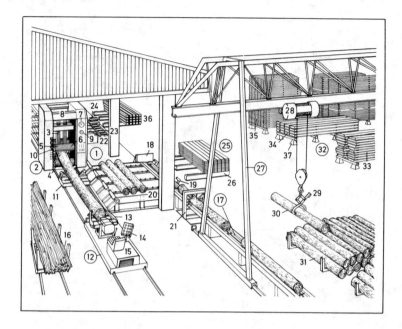

1 das Sägewerk, die Sägehalle
2 das Vollgatter
3 die Sägeblätter *n*
4 die Einzugswalze
5 die Kletterwalze
6 die Riffelung
7 das Öldruckmanometer
8 der Gatterrahmen
9 der Vorschubanzeiger
10 die Skala für die Durchlaßhöhe
11 der Hilfswagen
12 der Spannwagen
13 die Spannzange
14 die Fernbedienung
15 der Antrieb für den Spannwagen
16 der Wagen für die Spreißel *m*
17 der Blockzug (Spitzenblockzug)
18 die Anschlagplatte
19 die Blockauswerfer *m*
20 der Querförderer
21 die Waschanlage
22 der Kettenquerförderer für
   Schnittware *f*
23 der Rollentisch
24 die Untertischkappsäge

25 die Vorstapelung
26 die Rollenböcke *m*
27 der Portalkran
28 der Kranmotor
29 der Schwedengreifer
30 das Rundholz
31 das Rundholzpolter (Sortierpolter)
32 der Schnittholzplatz
33 die Blockware
34 die Dielen *f*
35 die Bretter *n*
36 die Kanthölzer *n*
37 der Stapelstein
38 die automatische Kettenablängsäge
39 die Stammholzhalter *m*
40 die Vorschubwalze
41 die Kettenspannvorrichtung
42 die automatische Sägenschärfmaschine
43 die Schleifscheibe
44 die Vorschubklinke
45 die Tiefeneinstellung für die
   Schärfscheibe
46 der Ausheber für den Schärfkopf
47 die Haltevorrichtung für das Sägeblatt
48 die horizontale Blockbandsäge

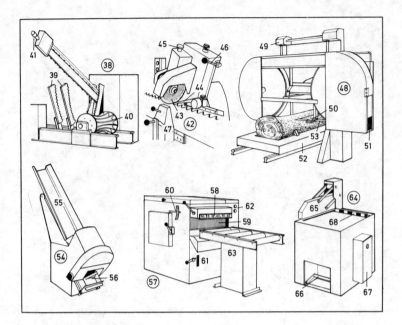

49 die Höheneinstellung
50 der Spanabstreifer
51 die Späneabsaugung
52 der Transportschlitten
53 das Bandsägeblatt
54 die automatische Brennholzsäge
55 der Einwurfschacht
56 die Auswurföffnung
57 die Doppelbesäumsäge
58 die Breitenskala
59 die Rückschlagsicherung (Lamellen *f*)
60 die Höhenskala
61 die Vorschubskala
62 die Kontrollampen *f*
63 der Aufgabetisch
64 die Untertischkappsäge
65 der automatische Niederhalter (mit Schutzhaube *f*)
66 der Fußschalter
67 die Schaltanlage
68 der Längenanschlag

1 der Steinbruch, ein Tagebau *m*
(Abraumbau)
2 der Abraum
3 das anstehende Gestein
4 das Haufwerk (gelöste Gestein)
5 der Brecher, ein Steinbrucharbeiter *m*
6 der Keilhammer
7 der Keil
8 der Felsblock
9 der Bohrer
10 der Schutzhelm
11 der Bohrhammer (Gesteinsbohrer)
12 das Bohrloch
13 der Universalbagger
14 die Großraumlore
15 die Felswand
16 der Schrägaufzug
17 der Vorbrecher
18 das Schotterwerk
19 der Grobkreiselbrecher; *ähnl.:*
Feinkreiselbrecher (Kreiselbrecher)
20 der Backenbrecher
21 das Vibrationssieb
22 das Steinmehl
23 der Splitt

24 der Schotter
25 der Sprengmeister (Schießmeister)
26 der Meßstab
27 die Sprengpatrone
28 die Zündschnur
29 der Füllsandeimer
30 der Quaderstein
31 die Spitzhacke
32 die Brechstange
33 die Steingabel
34 der Steinmetz
35-38 Steinmetzwerkzeug *n*
35 der Fäustel
36 der Klöpfel
37 das Scharriereisen (Breiteisen)
38 das schwere Flächeneisen

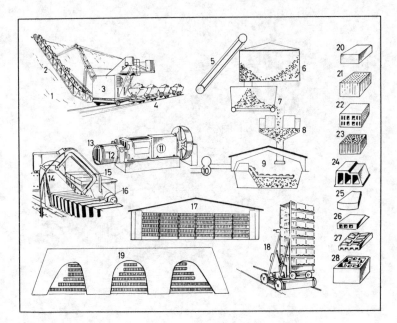

1 die Lehmgrube
2 der Lehm, ein unreiner Ton *m*
  (Rohton)
3 der Abraumbagger, ein Großbagger *m*
4 die Feldbahn, eine Schmalspurbahn
5 der Schrägaufzug
6 das Maukhaus
7 der Kastenbeschicker (Beschicker)
8 der Kollergang (Mahlgang)
9 das Walzwerk
10 der Doppelwellenmischer (Mischer)
11 die Strangpresse (Ziegelpresse)
12 die Vakuumkammer
13 das Mundstück
14 der Tonstrang
15 der Abschneider (Ziegelschneider)
16 der ungebrannte Ziegel (Rohling)
17 die Trockenkammer
18 der Hubstapler (Absetzwagen)
'19 der Ringofen (Ziegelofen)
20 der Vollziegel (Ziegelstein, Backstein,
  Mauerstein)
21 *u.* 22 die Lochziegel *m*
21 der Hochlochziegel
22 der Langlochziegel

23 der Gitterziegel
24 der Deckenziegel
25 der Schornsteinziegel (Radialziegel)
26 die Tonhohlplatte (der Hourdi,
  Hourdis, Hourdisstein)
27 die Stallvollplatte
28 der Kaminformstein

160 Zementwerk (Zementfabrik)

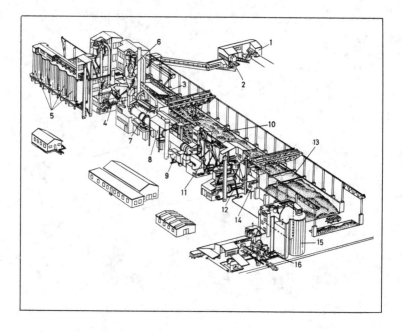

1 die Rohstoffe *m* (Kalkstein *m*, Ton *m* u. Kalksteinmergel *m*)
2 der Hammerbrecher
3 das Rohmateriallager
4 die Rohmühle zur Mahlung und gleichzeitigen Trocknung der Rohstoffe *m* unter Verwendung *f* der Wärmetauscherabgase *n*
5 die Rohmehlsilos *m* od. *n* (Homogenisiersilos)
6 die Wärmetauscheranlage (der Zyklonwärmetauscher)
7 die Entstaubungsanlage (ein Elektrofilter *m* od. *n*) für die Wärmetauscherabgase *n* aus der Rohmühle
8 der Drehrohrofen
9 der Klinkerkühler
10 das Klinkerlager
11 das Primärluftgebläse
12 die Zementmahlanlage
13 das Gipslager
14 die Gipszerkleinerungsmaschine
15 der (das) Zementsilo
16 die Zementpackmaschinen *f* für Papierventilsäcke *m*

1 die Trommelmühle (Massemühle, Kugelmühle), zur Naßaufbereitung des Rohstoffgemenges *n*
2 die Probekapsel, mit Öffnung *f* zur Beobachtung des Brennvorgangs *m*
3 der Rundofen [Schema]
4 die Brennform
5 der Tunnelofen
6 der Segerkegel, zum Messen *n* hoher Hitzegrade *m*
7 die Vakuumpresse, eine Strangpresse
8 der Massestrang
9 der Dreher, beim Drehen *n* eines Formlings *m*
10 der Hubel
11 die Drehscheibe; *ähnl.:* die Töpferscheibe
12 die Filterpresse
13 der Massekuchen
14 das Drehen, mit der Drehschablone
15 die Gießform, zum Schlickerguß *m*
16 die Rundtischglasiermaschine
17 der Porzellanmaler
18 die handgemalte Vase
19 der Bossierer (Retuscheur)
20 das Bossierholz (Modellierholz, der Bossiergriffel)
21 der Porzellanscherben *f* (Scherben)

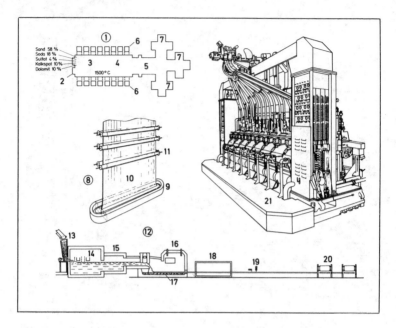

1–20 die Tafelglasherstellung
(Flachglasherstellung)
1 die Glasschmelzwanne für das
Fourcault-Verfahren [Schema]
2 die Einlegevorbauten *m*, für die
Gemengeeingabe
3 die Schmelzwanne
4 die Läuterwanne
5 die Arbeitswannen *f*
6 die Brenner
7 die Ziehmaschinen *f*
8 die Fourcault-Glasziehmaschine
9 die Ziehdüse
10 das aufsteigende Glasband
11 die Transportwalzen *f*
12 der Floatglasprozeß [Schema]
13 der Gemengetrichter
14 die Schmelzwanne
15 die Abstehwanne
16 das Floatbad unter Schutzgas *n*
17 das geschmolzene Zinn
18 der Rollenkühlofen
19 die Schneidevorrichtung
20 die Stapler *m*
21 die IS- (Individual-section-)Maschine,
eine Flaschenblasmaschine

22–37 die Blasschemata *n*
22 der doppelte Blasprozeß
23 die Schmelzgutaufgabe
24 das Vorblasen
25 das Gegenblasen
26 die Überführung von der Preßform in
die Blasform
27 die Wiedererhitzung
28 das Blasen (die Vakuumformung)
29 der Fertiggutausstoß
30 das Preß- und Blasverfahren
31 die Schmelzgutaufgabe
32 der Preßstempel
33 das Pressen
34 die Überführung von der Preßform in
die Blasform
35 das Wiedererhitzen
36 das Blasen (die Vakuumformung)
37 der Fertiggutausstoß
38–47 das Glasmachen (Mundblasen, die
Formarbeit)
38 der Glasmacher (Glasbläser)
39 die Glasmacherpfeife
40 das Külbel (Kölbchen)
41 das mundgeblasene Kelchglas

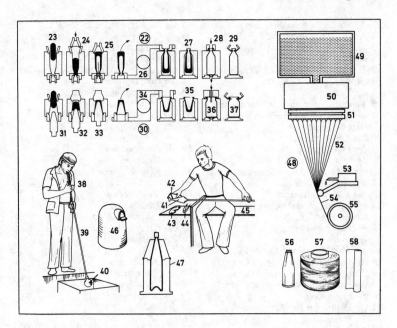

42 die Pitsche, zum Formen *n* des
Kelchglasfußes *m*
43 die Fassonlehre
44 das Zwackeisen
45 der Glasmacherstuhl
46 der verdeckte Glashafen
47 die Form, zum Einblasen *n* des
vorgeformten Külbels *n*
48–55 die Herstellung von Textilglas *n*
48 das Düsenziehverfahren
49 der Glasschmelzofen
50 die Wanne mit Glasschmelze *f*
51 die Lochnippel *m*
52 die Textilglas-Elementarfäden *m*
53 die Schlichtung
54 der Spinnfaden
55 der Spulenkopf
56–58 Textilglasprodukte
56 das Textilglasgarn
57 das gefachte Textilglasgarn
58 die Textilglasmatte

163 Baumwollspinnerei I

1–13 die Baumwollanlieferung
1 die erntereife Baumwollkapsel
2 der fertige Garnkötzer (Cops, Kops, die Bobine)
3 der gepreßte Baumwollballen
4 die Juteumhüllung
5 der Eisenreifen
6 die Partienummern f des Ballens m
7 der Mischballenöffner (Baumwollereiniger)
8 das Zuführlattentuch
9 der Füllkasten
10 der Staubsaugtrichter
11 die Rohrleitung, zum Staubkeller m
12 der Antriebsmotor
13 das Sammellattentuch
14 die Doppelschlagmaschine
15 die Wickelmulde
16 der Kompressionshaken (Pressionshaken)
17 der Maschineneinschalthebel
18 das Handrad, zum Heben n und Senken n der Pressionshaken m
19 das bewegliche Wickelumschlagbrett
20 die Preßwalzen f
21 die Haube, für das Siebtrommelpaar
22 der Staubkanal
23 die Antriebsmotoren m
24 die Welle, zum Antrieb m der Schlagflügel m
25 der dreiflüglige Schläger
26 der Stabrost
27 der Speisezylinder
28 der Mengenregulierhebel, ein Pedalhebel m
29 das stufenlose Getriebe
30 der Konuskasten
31 das Hebelsystem, für die Materialregulierung
32 die Holzdruckwalze
33 der Kastenspeiser
34 die Deckelkrempel (Karde, Kratze)
35 die Kardenkanne, zur Ablage des Kardenbandes n
36 der Kannenstock
37 die Kalanderwalzen f
38 das Kardenband
39 der Hackerkamm
40 der Abstellhebel
41 die Schleiflager n
42 der Abnehmer
43 die Trommel (der Tambour)
44 die Deckelputzvorrichtung

45 die Deckelkette
46 die Spannrollen f, für die Deckelkette
47 der Batteurwickel
48 das Wickelgestell
49 der Antriebsmotor, mit Flachriemen m
50 die Hauptantriebsscheibe
51 das Arbeitsprinzip der Karde
52 der Speisezylinder
53 der Vorreißer (Briseur)
54 der Vorreißerrost
55 der Tambourrost
56 die Kämmaschine
57 der Getriebekasten
58 der Kehrstreckenwickel
59 die Bandverdichtung
60 das Streckwerk
61 die Zähluhr
62 die Kammzugablage
63 das Arbeitsprinzip der Kämmaschine
64 das Krempelband
65 die Unterzange
66 die Oberzange
67 der Fixkamm
68 der Kreiskamm
69 das Ledersegment
70 das Nadelsegment
71 die Abreißzylinder m
72 der Kammzug

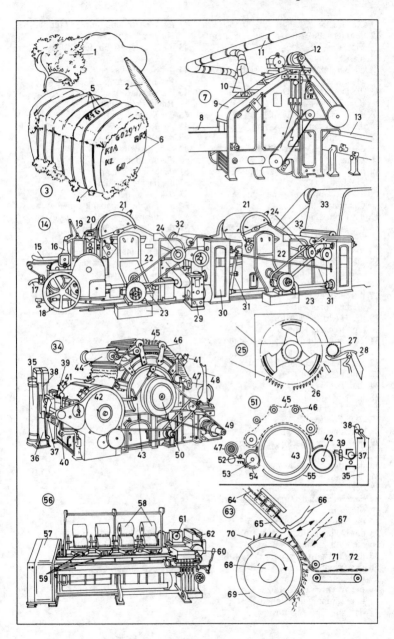

164 Baumwollspinnerei II

1 **die Strecke**
2 der Getriebekasten, mit eingebautem Motor *m*
3 die Kardenkannen *f*
4 die Kontaktwalze, zur Abstellung der Maschine bei Bandbruch *m*
5 die Doublierung (Doppelung) der Krempelbänder *n*
6 der Maschinenabstellhebel
7 die Streckwerkabdeckung
8 die Kontrollampen *f*
9 das einfache Vierzylinderstreckwerk [Schema]
10 die Unterzylinder *m* (gerillte Stahlwalzen *f*)
11 die mit Kunststoff *m* bezogenen Oberzylinder *m*
12 das grobe Band, vor dem Strecken *n*
13 das durch Streckwalzen *f* verzogene dünne Band
14 das Hochverzugstreckwerk [Schema]
15 die Lunteneinführung (Vorgarneinführung)
16 das Laufleder
17 die Wendeschiene
18 die Durchzugwalze
19 der Hochverzugflyer
20 die Streckenkannen *f*
21 das Einlaufen der Streckenbänder *n* ins Streckwerk *n*
22 das Flyerstreckwerk, mit Putzdeckel *m*
23 die Flyerspulen *f*
24 die Flyerin
25 der Flyerflügel
26 das Maschinenendschild
27 der Mittelflyer
28 das Spulenaufsteckgatter
29 die aus dem Streckwerk *n* austretende Flyerlunte
30 der Spulenantriebswagen
31 der Spindelantrieb
32 der Maschinenabstellhebel
33 der Getriebekasten, mit aufgesetztem Motor *m*
34 **die Ringspinnmaschine** (Trossel)
35 der Kollektordrehstrommotor
36 die Motorgrundplatte
37 der Transportierring für den Motor
38 der Spinnregler
39 der Getriebekasten
40 die Wechselradschere zur Änderung der Garnnummerfeinheit
41 das volle Spulengatter
42 die Wellen *f* und Stützen *f* für den Ringbankantrieb
43 die Spindeln *f*, mit den Fadentrennern *m* (Separatoren)
44 der Sammelkasten der Fadenabsaugung
45 **die Standardspindel** der Ringspinnmaschine
46 der Spindelschaft
47 das Rollenlager
48 der Wirtel
49 der Spindelhaken
50 die Spindelbank
51 die Spinnorgane *n*
52 die nackte Spindel
53 das Garn (der Faden)
54 der auf der Ringbank eingelassene Spinnring
55 der Läufer (Traveller)
56 das aufgewundene Garn
57 **die Zwirnmaschine**
58 das Gatter, mit den aufgesteckten Fachkreuzspulen *f*
59 das Lieferwerk
60 die Zwirnkopse *m*

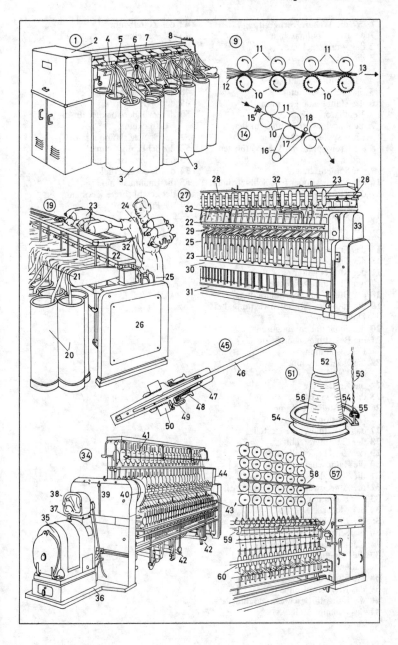

165 Weberei I

1–57 die Webereivorbereitung
1 die Kreuzspulmaschine
2 das Wandergebläse
3 die Laufschiene, für das
   Wandergebläse
4 das Ventilatorgebläse
5 die Ausblasöffnung
6 das Haltegestänge, für die
   Ventilatorschiene
7 die Anzeigevorrichtung, für den
   Kreuzspulendurchmesser
8 die Kreuzspule, mit kreuzgeführten
   Fäden *m*
9 der Spulenrahmen
10 der Nutenzylinder (die Schlitztrommel)
11 der Zickzackschlitz, zur
   Fadenverkreuzung
12 der Seitentragrahmen, mit Motor *m*
13 der Stellhebel, zum Abrücken *n* der
   Kreuzspule
14 das Endgestell, mit Filtereinrichtung *f*
15 der Trosselkops
16 der Kopsbehälter
17 der Ein- und Ausrücker
18 der Bügel, zur Selbsteinfädlung
19 die automat. Abstellvorrichtung, bei
   Fadenbruch *m*
20 der Schlitzfadenreiniger
21 die Belastungsscheibe, zur
   Fadenspannung
22 die Zettelmaschine
23 der Ventilator
24 die Kreuzspule
25 das Spulengatter
26 der verstellbare Kamm
   (Expansionskamm)
27 das Zettelmaschinengestell
28 der Garnmeterzähler
29 der Zettel (Zettelbaum)
30 die Baumscheibe (Fadenscheibe)
31 die Schutzleiste
32 die Anlegewalze (Antriebswalze)
33 der Riemenantrieb
34 der Motor
35 das Einschaltfußbrett
36 die Schraube, zur
   Kammbreiteveränderung
37 die Nadeln *f*, zur Abstellung bei
   Fadenbruch *m*
38 die Streifstange
39 das Klemmwalzenpaar
40 die Indigofärbeschlichtmaschine
41 das Ablaufgestell
42 der Zettelbaum
43 die Zettelkette
44 der Netztrog
45 die Tauchwalze
46 die Quetschwalze
47 der Färbetrog
48 der Luftgang
49 der Spültrog
50 der Zylindertrockner für die
   Vortrocknung
51 der Speicherkompensator
52 die Schlichtmaschine
53 der Zylindertrockner
54 das Trockenteilfeld
55 die Bäummaschine
56 der geschlichtete Kettbaum
57 die Preßrollen *f*

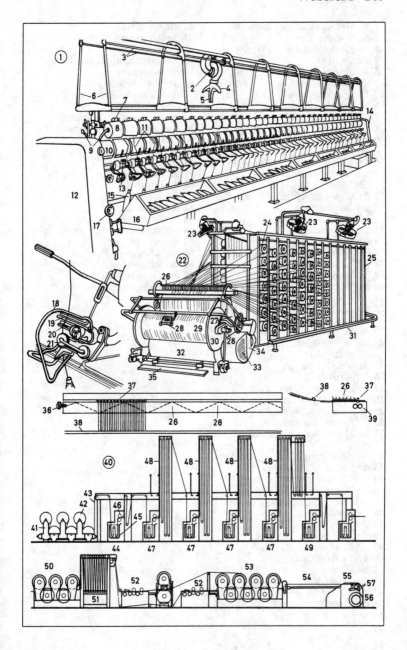

166 Weberei II

1 **die Webmaschine** (der Webstuhl)
2 der Tourenzähler
3 die Führungsschiene der Schäfte *m*
4 die Schäfte *m*
5 der Schußwechselautomat
   (Revolverwechsel), zum
   Kanettenwechsel *m*
6 der Ladendeckel
7 die Schußspule
8 der Ein- und Ausrückhebel
9 der Schützenkasten, mit Webschützen
   m
10 das Blatt (Riet, der Rietkamm)
11 die Leiste (Warenkante, Webkante,
   der Webrand, Rand)
12 die Ware (das fertige Gewebe)
13 der Breithalter
14 der elektr. Fadenfühler
15 das Schwungrad
16 das Brustbaumbrett
17 der Schlagstock (Schlagarm)
18 der Elektromotor
19 die Wechselräder *n*
20 der Warenbaum
21 der Hülsenkasten, für leere Kanetten *f*
22 der Schlagriemen, zur Betätigung des
   Schlagarms *m*
23 der Sicherungskasten
24 das Webstuhlgestell (der
   Webstuhlrahmen)
25 die Metallspitze
26 der Webschütz
27 die Litze (Drahtlitze)
28 das Fadenauge (Litzenauge)
29 das Fadenauge (Schützenauge)
30 die Kanette (Spulenhülse)
31 die Metallhülse, für Tastfühlerkontakt
   m
32 die Aussparung, für den Tastfühler
33 die Kanettenklemmfeder
34 der Kettfadenwächter
35 die Webmaschine (der Webstuhl)
   [schemat. Seitenansicht]
36 die Schaftrollen *f*
37 der Streichbaum
38 die Teilschiene
39 die Kette (der Kettfaden)
40 das Fach (Webfach)
41 die Weblade
42 der Ladenklotz
43 der Stecher für die Abstellvorrichtung
44 der Prellklotz
45 die Pufferabstellstange

46 der Brustbaum
47 die Riffelwalze
48 der Kettbaum
49 die Garnscheibe (Baumscheibe)
50 die Hauptwelle
51 das Kurbelwellenzahnrad
52 die Ladenschubstange
53 die Ladenstelze
54 der Spanner (Schaftspanner)
55 das Exzenterwellenzahnrad
56 die Exzenterwelle
57 der Exzenter
58 der Exzentertritthebel
59 die Kettbaumbremse
60 die Bremsscheibe
61 das Bremsseil
62 der Bremshebel
63 das Bremsgewicht
64 der Picker mit Leder- oder
   Kunstharzpolster *n*
65 der Schlagarmpuffer
66 der Schlagexzenter
67 die Exzenterrolle
68 die Schlagstock-Rückholfeder

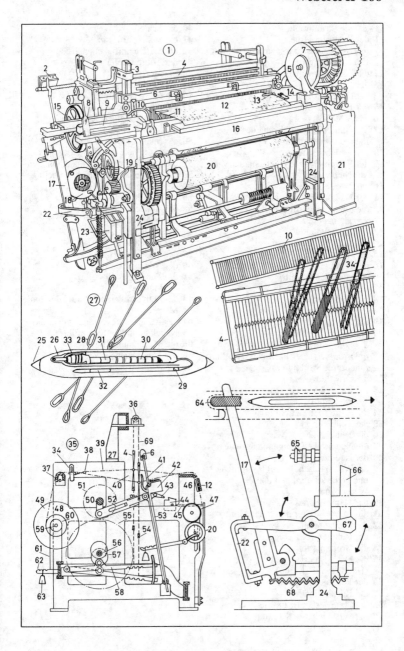

167 Wirkerei, Strickerei

1–66 die Strumpffabrik
1 der Rundstuhl (die
Rundstrickmaschine), zur Herstellung
von Schlauchware *f*
2 die Fadenführerhaltestange
3 der Fadenführer
4 die Flaschenspule
5 der Fadenspanner
6 das Schloß
7 das Handrad, zur Führung des Fadens
m hinter die Nadeln *f*
8 der Nadelzylinder
9 der Warenschlauch (die Schlauchware,
Maschenware)
10 der Warenbehälter
11 der Nadelzylinder [Schnitt]
12 die radial angeordneten
Zungennadeln *f*
13 der Schloßmantel
14 die Schloßteile *n* od. *m*
15 der Nadelkanal
16 der Zylinderdurchmesser; *zugleich:*
Warenschlauchbreite *f*
17 der Faden (das Garn)
18 die Cottonmaschine, zur
Damenstrumpffabrikation
19 die Musterkette
20 der Seitentragrahmen
21 die Fontur (der Arbeitsbereich);
mehrfonturig: gleichzeitige Herstellung
f mehrerer Strümpfe *m*
22 die Griffstange
23 die Raschelmaschine (der
Fangkettstuhl)
24 die Kette (der Kettbaum)
25 der Teilbaum
26 die Teilscheibe
27 die Nadelreihe (Zungennadelreihe)
28 der Nadelbarren
29 die Ware (Raschelware) [Gardinen-
und Netzstoffe *m*], auf dem
Warenbaum *m*
30 das Handtriebrad
31 die Antriebsräder *n* und der Motor
32 das Preßgewicht
33 der Rahmen (das Traggestell)
34 die Grundplatte
35 die Flachstrickmaschine
(Handstrickmaschine)
36 der Faden (das Garn)
37 die Rückholfeder
38 das Haltegestänge, für die Federn
39 der verschiebbare Schlitten

40 das Schloß
41 die Schiebegriffe *m*
42 die Maschengrößeeinstellskala
43 der Tourenzähler
44 der Vorsetzhebel
45 die Laufschiene
46 die obere Nadelreihe
47 die untere Nadelreihe
48 der Warenabzug (die Ware)
49 die Spannleiste (Abzugleiste)
50 das Spanngewicht
51 das Nadelbett mit Strickvorgang *m*
52 die Zähne *m* des Abschlagkamms *m*
53 die parallel angeordneten Nadeln *f*
54 der Fadenführer
55 das Nadelbett
56 die Abdeckschiene, über den
Zungennadeln *f*
57 das Nadelschloß
58 der Nadelsenker
59 der Nadelheber
60 der Nadelfuß
61 die Zungennadel
62 die Masche
63 das Durchstoßen der Nadel durch die
Masche
64 das Auflegen des Fadens *m* auf die
Nadel durch den Fadenführer
65 die Maschenbildung
66 das Maschenabschlagen

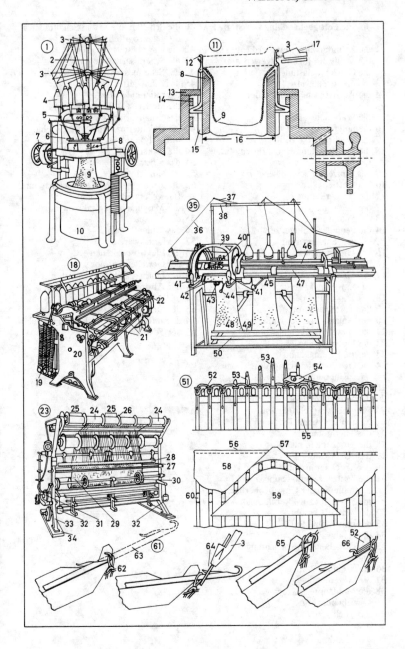

1–65 die Fertigbehandlung von Stoffen
  m
1 die Zylinderwalke, zur Verdichtung
  der Wollware (des Wollgewebes *n*)
2 die Gewichtbelastung
3 die obere Zugwalze
4 die Antriebsscheibe der unteren
  Zugwalze
5 die Warenleitwalze
6 die untere Zugwalze
7 das Zugbrett (die Brille)
8 die Breitwaschmaschine, für empfindl.
  Gewebe *n*
9 das Einziehen des Gewebes *n*
10 der Getriebekasten
11 die Wasserleitung
12 die Leitwalze
13 der Spannriegel
14 die Pendelzentrifuge, zur
  Gewebeentwässerung
15 der Grundrahmen
16 die Säule
17 das Gehäuse, mit rotierender
  Innentrommel *f*
18 der Zentrifugendeckel
19 die Abstellsicherung
20 der Anlauf- und der Bremsautomat
21 die Gewebetrockenmaschine
22 das feuchte Gewebe
23 der Bedienungsstand
24 die Gewebebefestigung, durch Nadel-
  oder Kluppenketten *f*
25 der Elektroschaltkasten
26 der Wareneinlauf in Falten *f*, zwecks
  Eingehens *n* (Schrumpfens,
  Krumpfens) beim Trocknen *n*
27 das Thermometer
28 die Trockenkammer
29 das Abluftrohr
30 der Trocknerauslauf
31 die Kratzenrauhmaschine, zum
  Aufrauhen *n* der Gewebeoberfläche
  mit Kratzen *f* zur Florbildung
32 der Antriebskasten
33 der ungerauhte Stoff
34 die Rauhwalzen *f*
35 die Gewebeablegevorrichtung (der
  Facher)
36 die gerauhte Ware
37 die Warenbank
38 die Muldenpresse, zum
  Gewebebügeln *n*
39 das Tuch

40 die Schaltknöpfe *m* und Schalträder *n*
41 die geheizte Preßwalze
42 die Gewebeschermaschine
43 die Scherfasernabsaugung
44 das Schermesser (der Scherzylinder)
45 das Schutzgitter
46 die rotierende Bürste
47 die Stoffrutsche
48 das Schalttrittbrett
49 die Dekatiermaschine, zur Erzielung
  nichtschrumpfender Stoffe *m*
50 die Dekatierwalze
51 das Stück
52 die Kurbel
53 die Zehnfarben-Walzendruckmaschine
  (Gewebedruckmaschine)
54 der Maschinengrundrahmen
55 der Motor
56 das Mitläufertuch
57 die Druckware
58 die Elektroschaltanlage
59 der Gewebefilmdruck
60 der fahrbare Schablonenkasten
61 der Abstreicher (die Rakel)
62 die Druckschablone
63 der Drucktisch
64 das aufgeklebte, unbedruckte Gewebe
65 der Textildrucker

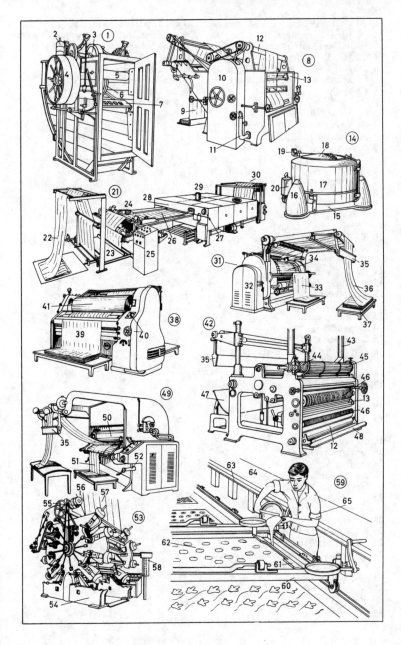

169 Chemiefasern I

1–34 die Herstellung von **Viskosefasern** f (Viskosefilamentgarn n) und **Spinnfasern** f im Viskoseverfahren n

1–12 vom Rohmaterial n zur Viskose

1 das Ausgangsmaterial [Buchen- und Fichtenzellstoff m in Blättern n, Zellstoffplatten f]

2 die Mischung der Zellstoffblätter n

3 die Natronlauge

4 das Einlegen der Zellstoffblätter n in Natronlauge f

5 das Abpressen der überschüssigen Natronlauge

6 die Zerfaserung der Zellstoffblätter n

7 die Reife der Alkalizellulose

8 der Schwefelkohlenstoff

9 die Sulfidierung (Umwandlung der Alkalizellulose in Zellulosexanthogenat n)

10 die Auflösung des Xanthogenats n in Natronlauge f, zur Erzeugung der Viskosespinnlösung

11 die Vakuumlagerkessel m

12 die Filterpressen f

13–27 von der Viskosespinnmasse zum Viskosefilamentgarn n

13 die Spinnpumpe

14 die Spinndüse

15 das Spinnbad, zur Verwandlung der zähflüssigen Viskose in plastische Zellulosefilamente n

16 die Galette, eine Glasrolle

17 die Spinnzentrifuge, zur Vereinigung der Filamente n

18 der Spinnkuchen

19–27 die Behandlung des Spinnkuchens m

19 die Entsäuerung

20 die Entschwefelung

21 das Bleichen

22 das Avivieren (Weich- und Geschmeidigmachen, die Avivierung)

23 das Schleudern, zur Entfernung der überschüssigen Badflüssigkeit

24 das Trocknen, in der Trockenkammer

25 das Spulen (die Spulerei)

26 die Spulmaschine

27 das Viskosefilamentgarn auf konischer Kreuzspule zur textilen Weiterverarbeitung

28–34 von der Viskosespinnlösung zur Spinnfaser

28 das Kabel

29 die Traufenwascheinrichtung

30 das Schneidwerk, zum Schneiden n des Kabels n auf eine bestimmte Länge

31 der Faserbandetagentrockner

32 das Förderband

33 die Ballenpresse

34 der versandfertige Viskosespinnfaserballen

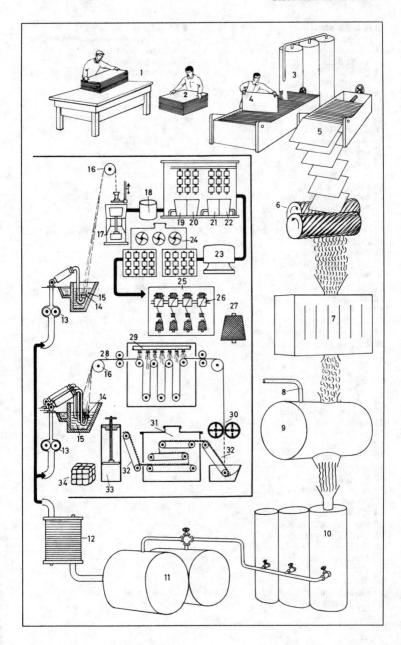

170 Chemiefasern II

1–62 die Herstellung von
  Polyamidfasern f
1 die Steinkohle [der Rohstoff für die
  Polyamidherstellung]
2 die Kokerei, zur
  Steinkohletrockendestillation
3 die Teer- und Phenolgewinnung
4 die stufenweise Teerdestillation
5 der Kühler
6 die Benzolgewinnung und der
  Benzolabtransport
7 das Chlor
8 die Benzolchlorierung
9 das Chlorbenzol
10 die Natronlauge
11 die Chlorbenzol- und
  Natronlaugeverdampfung
12 der Reaktionsbehälter (Autoklav)
13 das Kochsalz, ein Nebenprodukt n
14 das Phenol
15 die Wasserstoffzuführung
16 die Phenolhydrierung, zur Erzeugung
  von Roh-Cyclohexanol n
17 die Destillation
18 das reine Cyclohexanol
19 die Dehydrierung
20 Bildung f von Cyclohexanon n
21 die Hydroxylaminzuleitung
22 Bildung f von Cyclohexanonoxim n
23 die Schwefelsäurezusetzung, zur
  Molekularumlagerung
24 das Ammoniak, zur Aussonderung der
  Schwefelsäure
25 Bildung f von Laktamöl n
26 die Ammonsulfatlauge
27 die Kühlwalze
28 das Kaprolaktam
29 die Waage
30 der Schmelzkessel
31 die Pumpe
32 das (der) Filter
33 die Polymerisation im Autoklav m
  (Druckbehälter)
34 die Abkühlung des Polyamids n
35 das Schmelzen des Polyamids n
36 der Paternosteraufzug
37 der Extraktor, zur Trennung des
  Polyamids n vom restlichen Laktamöl
  n
38 der Trockner
39 die Polyamidtrockenschnitzel n oder m
40 der Schnitzelbehälter

41 der Schmelzspinnkopf, zum Schmelzen
  n des Polyamids n und Pressen n durch
  die Spinndüsen f
42 die Spinndüsen f
43 die Erstarrung der Polyamidfilamente
  m, im Spinnschacht m
44 die Garnaufwicklung
45 die Vorzwirnerei
46 die Streckzwirnerei, zur Erzielung von
  großer Festigkeit f und Dehnbarkeit f
  des Polyamidfilaments n
47 die Nachzwirnerei
48 die Spulenwäsche
49 der Kammertrockner
50 das Umspulen
51 die Kreuzspule
52 die versandfertige Kreuzspule
53 der Mischkessel
54 die Polymerisation, im Vakuumkessel
  m
55 das Strecken
56 die Wäscherei
57 die Präparation, zum
  Spinnfähigmachen n
58 die Trocknung des Kabels n
59 die Kräuselung des Kabels n
60 das Schneiden des Kabels n auf übliche
  Faserlänge f
61 die Polyamid-Spinnfaser
62 der Polyamid-Spinnfaserballen

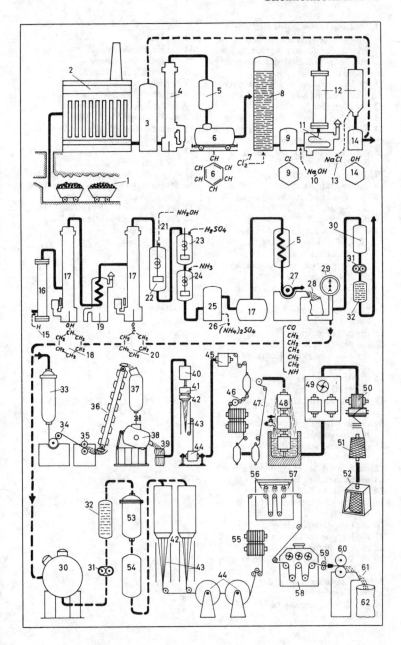

CH
CH 6 CH
CH CH
CH

Cl_2 7

Cl
9

$NaOH$
10

$NaCl$
13

OH
14

NH_2OH 21

H_2SO_4 23

NH_3 24

26 $(NH_4)_2SO_4$

H 15

OH
CH_2 CH
CH_2 CH_2 18

O
C CH_2 CH
CH_2 CH_2 20

CO
CH_2
CH_2
CH_2
CH_2
CH_2
NH

171 Textile Bindungen

1–29 Gewebebindungen f [schwarze
Quadrate: gehobener Kettfaden,
Schußfaden gesenkt; weiße Quadrate:
gehobener Schußfaden, Kettfaden
gesenkt]
1 die Leinwandbindung (Tuchbindung)
[Gewebedraufsicht]
2 der Kettfaden
3 der Schußfaden
4 die Patrone [Vorlage für den Weber]
zur Leinwandbindung
5 der Fadeneinzug in die Schäfte m
6 der Rieteinzug
7 der gehobene Kettfaden
8 der gesenkte Kettfaden
9 die Schnürung (Aufhängung der
Schäfte m)
10 die Trittfolge
11 die Patrone zur Panamabindung
(Würfelbindung, englische
Tuchbindung)
12 der Rapport (der sich fortlaufend
wiederholende Bindungsteil)
13 die Patrone für den Schußrips m
(Längsrips)
14 Gewebeschnitt m des Schußripses m,
ein Kettschnitt m
15 der gesenkte Schußfaden
16 der gehobene Schußfaden
17 der erste und zweite Kettfaden
[gehoben]
18 der dritte und vierte Kettfaden
[gesenkt]
19 die Patrone für unregelmäßigen
Querrips m
20 der Fadeneinzug in die Leistenschäfte
m (Zusatzschäfte für die Webkante)
21 der Fadeneinzug in die Warenschäfte
m
22 die Schnürung der Leistenschäfte m
23 die Schnürung der Warenschäfte m
24 die Leiste in Tuchbindung f
25 Gewebeschnitt m des unregelmäßigen
Querripses m
26 die Längstrikotbindung
27 die Patrone zur Längstrikotbindung
28 die Gegenbindungsstellen f
29 die Waffelbindung für Waffelmuster n
in der Ware
30–48 Grundbindungen f **der Gewirke** n
und Gestricke n
30 die Masche, eine offene Masche
31 der Kopf

32 der Schenkel
33 der Fuß
34 die Kopfbindungsstelle
35 die Fußbindungsstelle
36 die geschlossene Masche
37 der Henkel
38 die schräge Fadenstrecke
39 die Schleife mit Kopfbindung f
40 die Flottung
41 die freilaufende Fadenstrecke
42 die Maschenreihe
43 der Schuß
44 der Rechts-links-Fang
45 der Rechts-links-Perlfang (Köper)
46 der übersetzte Rechts-links-Perlfang
(der schräge, versetzte Köper)
47 der Rechts-links-Doppelfang
48 der Rechts-links-Doppelperlfang
(Doppelköper)

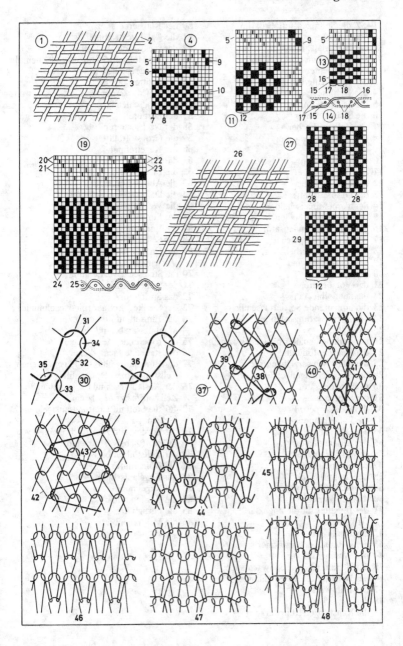

1–52 die Sulfatzellstoffabrik [im Schema]
1 die Hackmaschinen *f* mit Staubabscheider *m*
2 der Rollsichter
3 der Zellenzuteilapparat
4 das Gebläse
5 die Schleudermühle
6 die Staubkammer
7 der Zellstoffkocher
8 der Laugenvorwärmer
9 der Schalthahn
10 das Schwenkrohr
11 der Diffuseur
12 das Spritzventil
13 die Diffuseurbütte
14 der Terpentinabscheider
15 der Zentralabscheider
16 der Einspritzkondensator
17 der Kondensatspeicher
18 der Warmwasserbehälter
19 der Wärmetauscher
20 der (das) Filter
21 der Vorsortierer
22 die Sandschleuder
23 die umlaufende Sortiermaschine
24 der Entwässerungszylinder
25 die Bütte
26 der Sammelbehälter für Rückwasser *n*
27 die Kegelstoffmühle
28 der (das) Schwarzlaugenfilter
29 der Schwarzlaugenbehälter
30 der Kondensator
31 die Separatoren *m*
32 die Heizkörper *m*
33 die Laugenpumpe
34 die Dicklaugenpumpe
35 der Mischbehälter
36 der Sulfatbehälter
37 der Schmelzlöser
38 der Dampfkessel
39 der (das) Elektrofilter
40 die Luftpumpe
41 der Behälter für die ungeklärte Grünlauge
42 der Eindicker
43 der Grünlaugenvorwärmer
44 der Wascheindicker
45 der Behälter für die Schwachlauge
46 der Behälter für die Kochlauge
47 das Rührwerk
48 der Eindicker
49 die Kaustifizier-Rührwerke *n*

50 der Klassierer
51 die Kalklöschtrommel
52 der rückgebrannte Kalk
53–65 die Holzschleifereianlage [Schema]
53 der Stetigschleifer
54 der Splitterfänger
55 die Stoffwasserpumpe
56 die Sandschleuder
57 der Sortierer
58 der Nachsortierer
59 die Grobstoffbütte
60 der Kegelrefiner
61 die Entwässerungsmaschine
62 die Eindickbütte
63 die Abwasserpumpe
64 die Dampfschwadenleitung
65 die Wasserleitung
66 der Stetigschleifer
67 die Vorschubkette
68 das Schleifholz
69 die Untersetzung für den Vorschubkettenantrieb
70 die Steinschärfvorrichtung
71 der Schleifstein
72 das Spritzrohr
73 der Steilkegelrefiner (die Kegelmühle)
74 das Einstellrad für den Mahlmesserabstand
75 der rotierende Messerkegel
76 der stehende Messerkegel
77 der Einlaufanschluß für ungemahlenen Zellstoff *m* bzw. Holzschliff
78 der Auslaufanschluß für gemahlenen Zellstoff *m* bzw. Holzschliff
79–86 die Stoffaufbereitungsanlage [Schema]
79 das Förderband zum Aufbringen *n* von Zellstoff *m* bzw. Holzschliff
80 der Zellstoffauflöser
81 die Ableerbütte
82 der Kegelaufschläger
83 die Kegelmühle
84 die Reistenmühle
85 die Fertigbütte
86 die Maschinenbütte

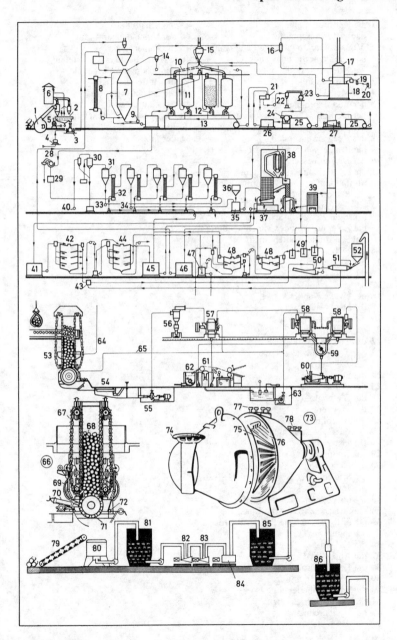

173 Papierherstellung II

1 die Rührbütte, eine
 Papierstoffmischbütte
2–10 Laborgeräte *n* für die Papierstoff-
 und die Papieruntersuchung
2 der Erlenmeyerkolben
3 der Mischzylinder
4 der Meßzylinder
5 der Bunsenbrenner
6 der Dreifuß
7 die Laborschale
8 das Reagenzglasgestell
9 die Rohgewichtswaage
10 der Dickenmesser
11 die Rohrschleudern *f* vor dem
 Stoffauflauf *m* einer Papiermaschine
12 das Standrohr
13–28 die Papiermaschine
 (Fertigungsstraße) [Schema]
13 die Zuleitung von der Maschinenbütte
 mit Sand- und Knotenfang *m*
14 das Sieb
15 der Siebsauger
16 die Siebsaugwalze
17 der erste Naßfilz
18 der zweite Naßfilz
19 die erste Naßpresse
20 die zweite Naßpresse
21 die Offsetpresse
22 der Trockenzylinder
23 der Trockenfilz (*auch:* das
 Trockensieb)
24 die Leimpresse
25 der Kühlzylinder
26 die Glättwalzen *f*
27 die Trockenhaube
28 die Aufrollung
29–35 die Rakelstreichmaschine (der
 Rakelstreicher)
29 das Rohpapier
30 die Papierbahn
31 die Streichanlage für die Vorderseite
32 der Infrarottrockenofen
33 die beheizte Trockentrommel
34 die Streichanlage für die Rückseite
35 die fertig gestrichene Papierrolle (der
 Tambour)
36 der Kalander
37 die Anpreßhydraulik
38 die Kalanderwalze
39 die Abrollvorrichtung
40 die Personenhebebühne
41 die Aufrollvorrichtung
42 der Rollenschneider

43 die Schalttafel
44 der Schneidapparat
45 die Papierbahn
46–51 die Handpapierherstellung
46 der Schöpfer (Büttgeselle)
47 die Bütte (der Trog)
48 die Schöpfform
49 der Gautscher
50 die Bauscht (Pauscht), fertig zum
 Pressen
51 der Filz

174 Setzerei I

1 **die Handsetzerei**
2 das Setzregal (Pultregal)
3 der Schriftkasten
4 der Steckschriftkasten
5 der Handsetzer (Setzer, Metteur)
6 das Manuskript (Typoskript)
7 die Lettern *f* (Schrift)
8 der Kasten, für Stege *m*, Füllmaterial *n* (Blindmaterial)
9 das Stehsatzregal
10 das Abstellbrett (Formbrett)
11 der Stehsatz
12 das Satzschiff
13 der Winkelhaken
14 die Setzlinie
15 der Satz
16 die Kolumnenschnur
17 die Ahle
18 die Pinzette
19 **die Zeilensetzmaschine „Linotype",** eine Mehrmagazinmaschine
20 der Ablegemechanismus
21 die Satzmagazine *n* mit Matrizen *f*
22 der Greifer, zum Ablegen *n* der Matrizen *f*
23 der Sammler
24 die Spatienkeile *m*
25 das Gießwerk
26 die Metallzuführung
27 der Maschinensatz (die gegossenen Zeilen *f*)
28 die Handmatrizen *f*
29 die Linotypematrize
30 die Zahnung, für den Ablegemechanismus *m*
31 das Schriftbild (die Matrize)
32–45 **die Einzelbuchstaben-Setz-und- Gieß-Maschine „Monotype"**
32 die „Monotype"-Normalsetzmaschine (der Taster)
33 der Papierturm
34 der Satzstreifen
35 die Settrommel
36 der Einheitenzeiger
37 die Tastatur
38 der Preßluftschlauch
39 die „Monotype"-Gießmaschine
40 die automatische Metallzuführung
41 die Pumpendruckfeder
42 der Matrizenrahmen
43 der Papierturm
44 das Satzschiff, mit Lettern *f* (gegossenen Einzelbuchstaben *m*)
45 die elektrische Heizung
46 der Matrizenrahmen
47 die Schriftmatrizen *f*
48 die Klaue, zum Eingreifen *n* in die Kreuzschlittenführung

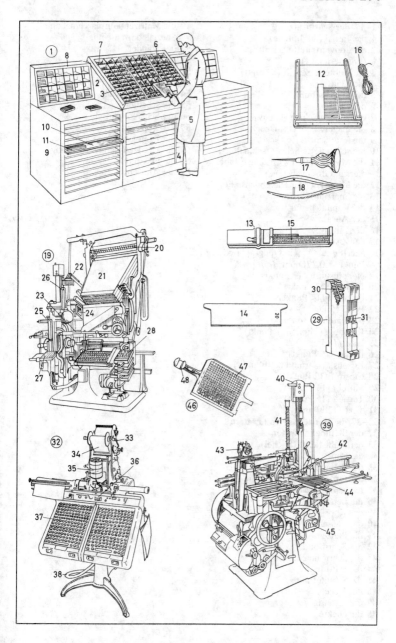

175 Setzerei II

1–17 der Schriftsatz
1 das Initial (die Initiale)
2 die dreiviertelfette Schrift (dreiviertelfett)
3 die halbfette Schrift (halbfett)
4 die Zeile
5 der Durchschuß
6 die Ligatur
7 die kursive Schrift (kursiv)
8 die magere Schrift (mager)
9 die fette Schrift (fett)
10 die schmalfette Schrift (schmalfett)
11 die Majuskel (der Versalbuchstabe, Versal, Großbuchstabe)
12 die Minuskel (der Kleinbuchstabe)
13 die Sperrung (Spationierung)
14 die Kapitälchen *n*
15 der Absatz
16 der Einzug
17 der Zwischenraum
18 **Schriftgrade** *m* [ein typographischer Punkt = 0,376 mm; *früh.*]
19 Nonplusultra *f* (2 Punkt)
20 Brillant *f* (3 Punkt)
21 Diamant *f* (4 Punkt)
22 Perl *f* (5 Punkt)
23 Nonpareille *f* (6 Punkt)
24 Kolonel *f* (Mignon, 7 Punkt)
25 Petit *f* (8 Punkt)
26 Borgis *f* (9 Punkt)
27 Korpus *f* (Garmond, 10 Punkt)
28 Cicero *f* (12 Punkt)
29 Mittel *f* (14 Punkt)
30 Tertia *f* (16 Punkt)
31 Text *f* (20 Punkt)
32–37 die Herstellung von Lettern *f*
32 der Stempelschneider
33 der Stahlstichel (Stichel)
34 die Lupe
35 der Stempel
36 der fertige Stahlstempel (die Patrize)
37 die geprägte Matrize
38 **die Letter**
39 der Kopf
40 das Fleisch
41 die Punze
42 das Schriftbild
43 die Schriftlinie
44 die Schrifthöhe
45 die Schulterhöhe
46 der Kegel
47 die Signatur
48 die Dickte

49 **die Matrizenbohrmaschine,** eine Spezialbohrmaschine
50 der Ständer
51 der Fräser
52 der Frästisch
53 der Pantographensupport
54 die Prismaführung
55 die Schablone
56 der Schablonentisch
57 der Kopierstift
58 der Pantograph
59 die Matrizenspannvorrichtung
60 die Frässpindel
61 der Antriebsmotor

Meyer, **Joseph,** Verlagsbuchhändler, Schriftstel-|4
ler und Industrieller, *9. 5. 1796 Gotha, †27. 6. 1856
Hildburghausen, erwies sich nach mißglückten Börsen-|5
(1816-20 in London) und industriellen Unterneh-|6
mungen (1820-23 in Thüringen) als origineller Shake-
speare- und Scott-Übersetzer und fand mit seinem
„Korrespondenzblatt für Kaufleute" 1825 Anklang.
1826 gründete er den Verlag „*Bibliographisches In-*|7
stitut" in Gotha (1828 nach Hildburghausen verlegt),|8
den er durch die Vielseitigkeit seiner eigenen Werke
(**„Universum", „Das Große Konversations-**|9
lexikon für die gebildeten Stände", „Meyers|10
Universal-Atlas" 1830-37) sowie durch die Wohlfeil-|11
heit und die gediegene Ausstattung seiner volkstüm-
lichen Verlagswerke („Klassikerausgaben", „Meyers|12
Familien- und Groschenbibliothek", „Volksbibliothek
für Naturkunde", „Geschichtsbibliothek", „Meyers
Pfennig-Atlas" u. a.) sowie durch die Entwicklung
neuer Absatzwege (lieferungsweises Erscheinen auf
Subskription und Vertrieb durch Reisebuch-|13
handel) zum Welthaus machte. Besonders durch
das **„Universum",** ein historisch-geographisches
Bilderwerk, das in 80000 AUFLAGE und in 12 SPRACHEN-|14
erschien, wirkte er auf breiteste Kreise. —|15   17
16— Seit Ende der 1830er Jahre trat er unter
großen Opfern für ein einheitliches deutsches Eisen-
bahnnetz ein, doch scheiterten seine Pläne und seine

19   (18)
20
21   N n
22   N n
23   N n
24   N n
25   N n
26   N n
27   N n
28   N n
29   N n
30   N n
31   N n

176 Setzerei III (Lichtsatz)

1 das Tastergerät für den Lichtsatz
2 die Tastatur
3 das Manuskript
4 der Taster
5 der Lochstreifenlocher
6 der Lochstreifen
7 das Lichtsetzgerät
8 der Lochstreifen
9 die Belichtungssteuereinrichtung
10 der Setzcomputer
11 die Speichereinheit
12 der Lochstreifen
13 der Lochstreifenabtaster
14 der Lichtsatzautomat für den
   computergesteuerten Satz
15 die Lochstreifenabtastung
16 die Schriftmatrizen *f*
17 der Matrizenrahmen
18 die Führungsklaue
19 der Synchronmotor
20 die Schriftscheibe
21 der Spiegelblock
22 der optische Keil
23 das Objektiv
24 das Spiegelsystem
25 der Film
26 die Blitzlichtröhren *f*
27 das Diamagazin
28 der Vervielfältigungsautomat für Filme
   m
29 die Lichtsatz-Zentraleinheit für den
   Zeitungssatz
30 das Lochstreifeneingabeelement
31 der Bedienungsblattschreiber
32 der Systemresidenz-Plattenspeicher
33 der Textplattenspeicher
34 der Plattenstapel

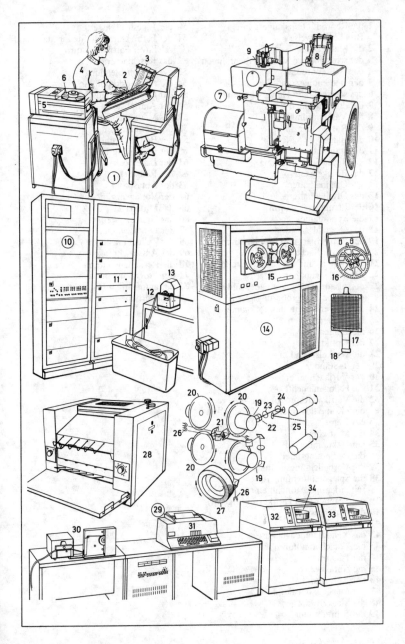

177 Fotoreproduktion

1 die Reproduktionskamera in Brückenbauweise f
2 die Mattscheibe
3 der schwenkbare Mattscheibenrahmen
4 das Achsenkreuz
5 der Bedienungsstand
6 das schwenkbare Hängeschaltpult
7 die Prozentskalen f
8 der Vakuumfilmhalter
9 das Rastermagazin
10 der Balgen
11 die Standarte
12 die Registriereinrichtung
13 das Brückenstativ
14 der Originalhalter
15 das Originalhaltergestell
16 der Lampengelenkarm
17 die Xenonlampe
18 das Original
19 der Retuschier- und Montagetisch
20 die Leuchtfläche
21 die Höhen- und Neigungsverstellung
22 der Vorlagenhalter
23 der zusammenlegbare Fadenzähler, eine Lupe (Vergrößerungsglas n)
24 die Universalreproduktionskamera
25 der Kamerakasten
26 der Balgen
27 der Optikträger
28 die Winkelspiegel m
29 der T-Ständer
30 der Vorlagenhalter
31 die Halogenleuchte
32 die Vertikal-Reproduktionskamera, eine Kompaktkamera
33 der Kamerakasten
34 die Mattscheibe
35 der Vakuumdeckel
36 die Bedienungstafel
37 die Vorbelichtungslampe
38 die Spiegeleinrichtung für seitenrichtige Aufnahmen f
39 der Scanner (das Farbkorrekturgerät)
40 das Untergestell
41 der Lampenraum
42 das Xenonlampengehäuse
43 die Vorschubmotoren m
44 der Diaarm
45 die Abtastwalze
46 der Abtastkopf
47 der Maskenabtastkopf
48 die Maskenwalze
49 der Schreibraum

50 die Tageslichtkassette
51 der Farbrechner mit Steuersatz m und selektiver Farbkorrektur f
52 das Klischiergerät
53 die Nahtausblendung
54 die Antriebskupplung
55 der Kupplungsflansch
56 der Antriebsturm
57 das Maschinenbett
58 der Geräteträger
59 der Bettschlitten
60 das Bedienungsfeld
61 der Lagerbock
62 der Reitstock
63 der Abtastkopf
64 der Vorlagenzylinder
65 das Mittellager
66 das Graviersystem
67 der Druckzylinder
68 der Zylinderausleger
69 der Anbauschrank
70 die Recheneinheiten f
71 der Programmeinschub
72 der automatische Filmentwickler für Scannerfilme m

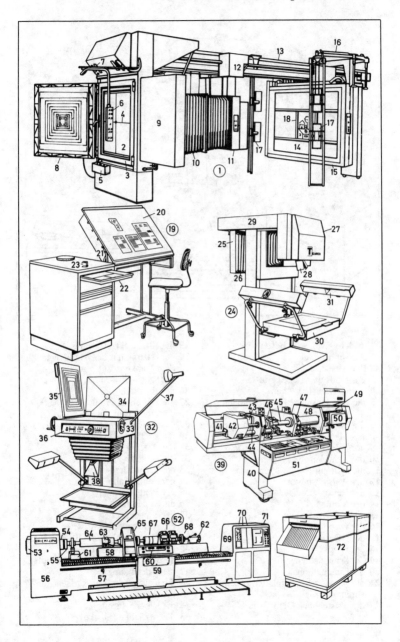

178 Galvanoplastik und Klischeeherstellung

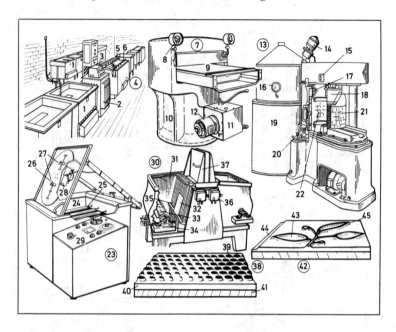

1–6 der galvanische Betrieb
1 die Spülwanne
2 der Gleichrichter
3 das Meß- und Regelgerät
4 das Galvanisierbecken
5 die Anodenstange (Kupferanoden *f*)
6 die Warenstange (Kathode)
7 die hydraulische Matrizenprägepresse
8 das Manometer
9 der Prägetisch
10 der Zylinderfuß
11 die hydraulische Preßpumpe
12 der Antriebsmotor
13 das Rundplattengießwerk
14 der Motor
15 die Antriebsknöpfe
16 das Pyrometer
17 der Gießmund
18 der Gießkern
19 der Schmelzofen
20 die Einschaltung
21 die gegossene Rundplatte für den
   Rotationsdruck
22 die feststehende Gießschale

23 die Klischeeätzmaschine
24 der Ätztrog mit der Ätzflüssigkeit und
   dem Flankenschutzmittel *n*
25 die Schaufelwalzen *f*
26 der Rotorteller
27 die Plattenhalterung
28 der Antriebsmotor
29 das Steueraggregat
30 die Zwillingsätzmaschine
31 der Ätztrog [*im Schnitt*]
32 die kopierte Zinkplatte
33 das Schaufelrad
34 der Abflußhahn
35 der Plattenständer
36 die Schaltung
37 der Trogdeckel
38 die Autotypie, ein Klischee *n*
39 der Rasterpunkt, ein Druckelement
40 die geätzte Zinkplatte
41 der Klischeefuß (das Klischeeholz)
42 die Strichätzung
43 die nichtdruckenden, tiefgeätzten Teile
   m od. n
44 die Klischeefacette
45 die Ätzflanke (Flanke)

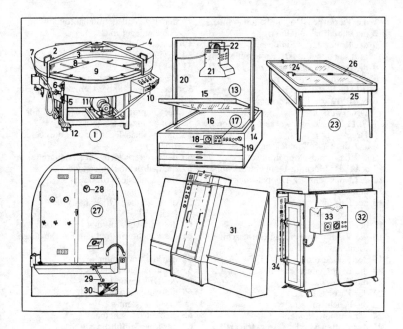

1 die Plattenschleuder
   (Plattenzentrifuge) zum Beschichten *n*
   der Offsetplatten *f*
2 der Schiebedeckel
3 die Elektroheizung
4 das Rundthermometer
5 der Wasserspülanschluß
6 die Umlaufspülung
7 die Handbrause
8 die Plattenhaltestangen *f*
9 die Zinkplatte (*auch:* Magnesium-,
   Kupferplatte)
10 das Schaltpult
11 der Antriebsmotor
12 der Bremsfußhebel
13 der pneumatische Kopierrahmen
14 das Kopierrahmenuntergestell
15 das Rahmenoberteil mit der
   Spiegelglasscheibe
16 die beschichtete Offsetplatte
17 die Schalttafel
18 die Belichtungszeiteinstellung
19 die Schalter für die Vakuumherstellung
20 das Gestänge
21 die Punktlichtkopierlampe, eine
   Metallhalogenlampe
22 das Lampengebläse
23 der Montagetisch, für die Filmmontage
24 die Kristallglasscheibe
25 der Beleuchtungskasten
26 die Linealeinrichtung
27 die Vertikaltrockenschleuder
28 der Feuchtigkeitsmesser
29 die Geschwindigkeitsregulierung
30 der Bremsfußhebel
31 die Entwicklungsmaschine für
   vorbeschichtete Platten *f*
32 der Brennofen (Einbrennofen) für
   Heißemail-(Diazo-)Platten *f*
33 der Schaltkasten
34 die Diazoplatte

180 Offsetdruck

1 die Vierfarben-Rollenoffsetmaschine
2 die unbedruckte Papierrolle
3 der Rollenstern (Einhängevorrichtung
   f für die unbedruckte Papierrolle)
4 die Papiertransportwalzen f
5 die Bahnkantensteuerung
6–13 die Farbwerke n
6, 8, 10, 12 die Farbwerke n im oberen
   Druckwerk n
7, 9, 11, 13 die Farbwerke n im unteren
   Druckwerk n
6 u. 7 das Gelb-Doppeldruckwerk
8 u. 9 das Cyan-Doppeldruckwerk
10 u. 11 das Magenta-Doppeldruckwerk
12 u. 13 das Schwarz-Doppeldruckwerk
14 der Trockenofen
15 der Falzapparat
16 das Schaltpult
17 der Druckbogen
18 die Vierfarben-Rollenoffsetmaschine
   [Schema]
19 der Rollenstern
20 die Bahnkantensteuerung
21 die Farbwalzen f
22 der Farbkasten
23 die Feuchtwalzen f
24 der Gummizylinder
25 der Plattenzylinder (Druckträger)
26 die Papierlaufbahn
27 der Trockenofen
28 die Kühlwalzen f
29 der Falzapparat
30 die Vierfarben-Bogenoffsetmaschine
   [Schema]
31 der Bogenanleger
32 der Anlagetisch
33 der Bogenlauf über Vorgreifer m zur
   Anlegetrommel
34 die Anlegetrommel
35 der Druckzylinder
36 die Übergabetrommeln f
37 der Gummizylinder
38 der Plattenzylinder
39 das Feuchtwerk
40 das Farbwerk
41 das Druckwerk
42 die Auslegetrommel
43 die Kettenauslage
44 die Bogenablage
45 der Bogenausleger
46 die Einfarben-Offsetmaschine
   (Offsetmaschine)
47 der Papierstapel (das Druckpapier)

48 der Bogenanleger, ein automatischer
   Stapelanleger m
49 der Anlagetisch
50 die Farbwalzen f
51 das Farbwerk
52 die Feuchtwalzen f
53 der Plattenzylinder (Druckträger), eine
   Zinkplatte
54 der Gummizylinder, ein Stahlzylinder
   m mit Gummidrucktuch n
55 der Stapelausleger für die bedruckten
   Bogen m
56 der Greiferwagen, ein Kettengreifer m
57 der bedruckte Papierstapel
58 das Schutzblech für den
   Keilriemenantrieb m
59 die Einfarben-Offsetmaschine
   [Schema]
60 das Farbwerk mit den Farbwalzen f
61 das Feuchtwerk mit den Feuchtwalzen
   f
62 der Plattenzylinder
63 der Gummizylinder
64 der Druckzylinder
65 die Auslagetrommel mit dem
   Greifersystem n
66 die Antriebsscheibe
67 der Bogenzuführungstisch
68 der Bogenanlegeapparat
69 der unbedruckte Papierstapel
70 der Kleinoffset-Stapeldrucker
71 das Farbwerk
72 der Sauganleger
73 die Stapelanlage
74 das Armaturenbrett (Schaltbrett) mit
   Zähler m, Manometer n, Luftregeler m
   und Schalter m für die
   Papierzuführung
75 die Flachoffsetmaschine (Mailänder
   Andruckpresse)
76 das Farbwerk
77 die Farbwalzen f
78 das Druckfundament
79 der Zylinder mit Gummidrucktuch n
80 der Hebel, für das An- und Abstellen
   des Druckwerkes n
81 die Druckeinstellung

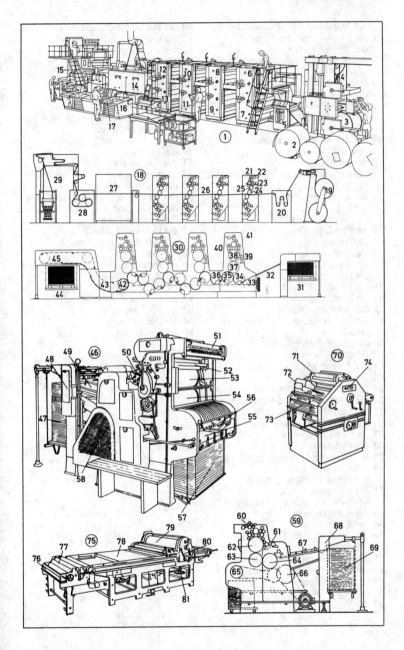

181 Buchdruck

1–65 **Maschinen** *f* **der Buchdruckerei**
1 **die Zweitouren-Schnellpresse**
2 der Druckzylinder
3 der Hebel zur Zylinderhebung und -senkung
4 der Anlagetisch
5 der automatische Bogenanleger [mit Saug- u. Druckluft *f* betätigt]
6 die Luftpumpe, für Bogenan- und -ablage *f*
7 das Zylinderfarbwerk, mit Verreib- und Auftragwalzen *f*
8 das Tischfarbwerk
9 der Papierablagestapel, für bedrucktes Papier *n*
10 der Spritzapparat, zum Bestäuben *n* der Drucke *m*
11 die Einschießvorrichtung
12 das Pedal, zur Druckan- und -abstellung
13 **die Tiegeldruckpresse** [Schnitt]
14 die Papieran- und -ablage
15 der Drucktiegel
16 der Kniehebelantrieb
17 das Schriftfundament
18 die Farbauftragwalzen *f*
19 das Farbwerk, zum Verreiben *n* der Druckfarbe
20 **die Stoppzylinderpresse** (Haltzylinderpresse)
21 der Anlagetisch
22 der Anlageapparat
23 der unbedruckte Papierstapel
24 das Schutzgitter, für die Papieranlage
25 der bedruckte Papierstapel
26 der Schaltmechanismus
27 die Farbauftragwalzen *f*
28 das Farbwerk
29 **die Tiegeldruckpresse** [Heidelberger]
30 der Anlagetisch, mit dem unbedruckten Papierstapel *m*
31 der Ablagetisch
32 der Druckansteller und Druckabsteller
33 der Ablagebläser
34 die Spritzpistole
35 die Luftpumpe, für Saug- und Blasluft *f*
36 **die geschlossene Form** (Satzform)
37 der Satz
38 der Schließrahmen
39 das Schließzeug
40 der Steg

41 **die Hochdruck-Rotationsmaschine** für Zeitungen *f* bis 16 Seiten *f*
42 die Schneidrollen *f*, zum Längsschneiden *n* der Papierbahn
43 die Papierbahn
44 der Druckzylinder
45 die Pendelwalze
46 die Papierrolle
47 die automatische Papierrollenbremse
48 das Schöndruckwerk
49 das Widerdruckwerk
50 das Farbwerk
51 der Formzylinder
52 das Buntdruckwerk
53 der Falztrichter
54 das Tachometer, mit Bogenzähler *m*
55 der Falzapparat
56 die gefaltete Zeitung
57 **das Farbwerk** für die Rotationsmaschine [Schnitt]
58 die Papierbahn
59 der Druckzylinder
60 der Plattenzylinder
61 die Farbauftragwalzen *f*
62 der Farbverreibzylinder
63 die Farbhebewalze
64 **die Duktorwalze**
65 der Farbkasten

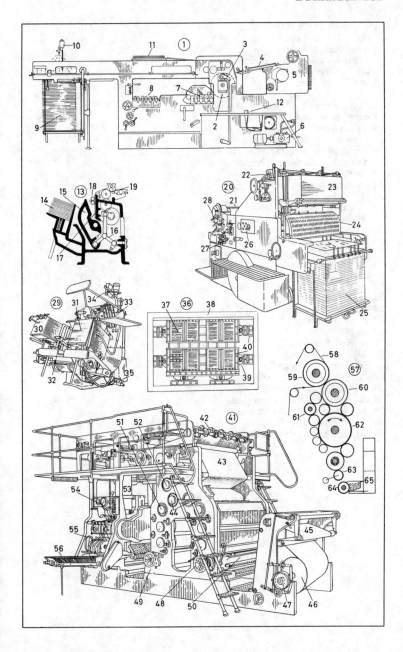

182 Tiefdruck

1 die Belichtung des Pigmentpapiers *n*
2 der Vakuumrahmen
3 die Belichtungslampe, eine
  Metallhalogen-Flächenleuchte
4 die Punktlichtlampe
5 der Wärmekamin
6 die
  Pigmentpapierübertragungsmaschine
7 der polierte Kupferzylinder
8 die Gummiwalze zum Andrücken *n* des
  kopierten Pigmentpapiers *n*
9 die Walzenentwicklungsmaschine
10 die mit Pigmentpapier *n* beschichtete
  Tiefdruckwalze
11 die Entwicklungswanne
12 die Walzenkorrektur
13 die entwickelte Walze
14 der Retuscheur beim Abdecken *n*
15 die Ätzmaschine
16 der Ätztrog mit der Ätzflüssigkeit
17 die kopierte Tiefdruckwalze
18 der Tiefdruckätzer
19 die Rechenscheibe
20 die Kontrolluhr
21 die Ätzkorrektur
22 der geätzte Tiefdruckzylinder
23 die Korrekturleiste
24 die Mehrfarben-
  Rollentiefdruckmaschine
25 das Abzugsrohr für
  Lösungsmitteldämpfe *m*
26 das umsteuerbare Druckwerk
27 der Falzapparat
28 das Bedienungs- und Steuerpult
29 die Zeitungsaustragvorrichtung
30 das Förderband
31 der abgepackte Zeitungsstapel

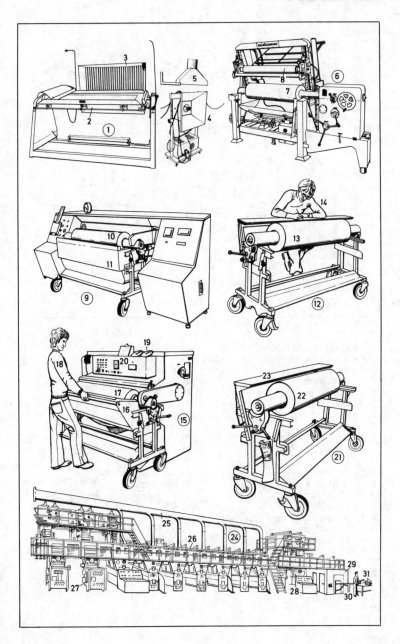

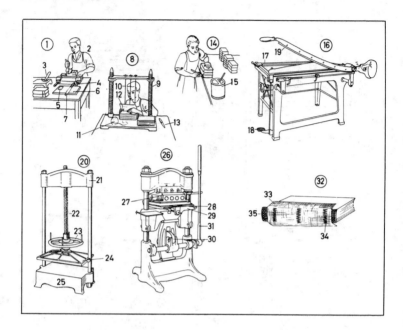

1–38 die Handbuchbinderei

1 das Vergolden des Buchrückens *m* (die Rückenvergoldung)
2 der Goldschnittmacher, ein Buchbinder *m*
3 die Filete (Philete)
4 der Spannrahmen
5 das Blattgold
6 das Goldkissen
7 das Goldmesser
8 das Heften
9 die Heftlade
10 die Heftschnur
11 der (das) Garnknäuel
12 die Heftlage
13 das Buchbindermesser (der Kneif)
14 die Rückenleimung
15 der Leimkessel
16 die Pappschere
17 die Anlegeeinrichtung
18 die Preßeinrichtung, mit Fußtritthebel *m*
19 das Obermesser
20 die Stockpresse, eine Glätt- u. Packpresse

21 das Kopfstück
22 die Spindel
23 das Schlagrad
24 die Preßplatte
25 das Fußstück
26 die Vergolde- und Prägepresse, eine Handhebelpresse; *ähnl.:* Kniehebelpresse
27 der Heizkasten
28 die ausschiebbare Anhängeplatte
29 der Prägetiegel
30 das Kniehebelsystem
31 der Handhebel
32 das auf Gaze *f* geheftete Buch (die Broschur)
33 die Heftgaze
34 die Heftung
35 das Kapitalband (Kaptalband)

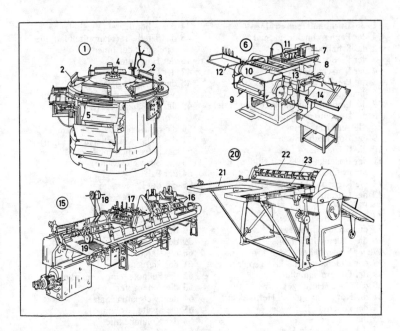

1–23 Buchbindereimaschinen
1 der Klebebinder (die Klebemaschine)
für Kleinauflagen *f*
2 die Handeinlegestation
3 die Fräs- und Aufrauhstation
4 das Leimwerk
5 die Kastenauslage
6 die Buchdeckenmaschine
7 die Magazine *n* für Pappdeckel *m*
8 die Pappenzieher *m*
9 der Leimkasten
10 der Nutzenzylinder
11 der Saugarm
12 der Stapelplatz für Überzugnutzen *n*
[Leinen *n*, Papier *n*, Leder *n*]
13 die Preßeinrichtung
14 der Ablegetisch
15 der Sammelhefter (die
Sammeldrahtheftmaschine)
16 der Bogenanleger
17 der Falzanleger
18 die Heftdrahtabspulvorrichtung
19 der Auslegetisch

20 die Kreispappschere
21 der Anlegetisch, mit Aussparung *f*
22 das Kreismesser
23 das Einführlineal

185 Buchbinderei III

1–35 Buchbindereimaschinen *f*
1 der Papierschneideautomat
2 das Schaltpult
3 der Preßbalken
4 der Vorschubsattel
5 die Preßdruckskala
6 die optische Maßanzeige
7 die Einhandbedienung für den Sattel
8 die kombinierte Stauch- u. Messerfalzmaschine
9 der Bogenzuführtisch
10 die Falztaschen *f*
11 der Bogenanschlag, zur Bildung der Stauchfalte
12 die Kreuzbruchfalzmesser *n*
13 der Gurtausleger, für Parallelfalzungen *f*
14 das Dreibruchfalzwerk
15 die Dreibruchauslage
16 die Fadenheftmaschine
17 der Spulenhalter
18 der Fadenkops (die Fadenspule)
19 der Gazerollenhalter
20 die Gaze (Heftgaze)
21 die Körper *m* mit den Heftnadeln *f*
22 der geheftete Buchblock
23 die Auslage
24 der schwingende Heftsattel
25 der Anleger (Bogenanleger)
26 das Anlegermagazin
27 die Bucheinhängemaschine
28 der Falzleimapparat
29 das Schwert
30 die Vorwärmheizung
31 die Anleimmaschine, für Voll-, Fasson-, Rand- und Streifenbeleimung *f*
32 der Leimkessel
33 die Leimwalze
34 der Einfuhrtisch
35 die Abtransportvorrichtung
36 das Buch
37 der Schutzumschlag, ein Werbeumschlag *m*
38 die Umschlagklappe
39 der Klappentext (Waschzettel)
40–42 der Bucheinband (Einband)
40 die Einbanddecke (Buchdecke, der Buchdeckel)
41 der Buchrücken
42 das Kapitalband
43–47 die Titelei
43 das Schmutztitelblatt

44 der Schmutztitel (Vortitel)
45 das Titelblatt (Haupttitelblatt, die Titelseite, der Innentitel)
46 der Haupttitel
47 der Untertitel
48 das Verlagssignet (Signet, Verlagszeichen, Verlegerzeichen)
49 das Vorsatzpapier (der *od.* das Vorsatz)
50 die handschriftliche Widmung
51 das Exlibris (Bucheignerzeichen)
52 das aufgeschlagene Buch
53 die Buchseite (Seite)
54 der Falz
55–58 der Papierrand
55 der Bundsteg
56 der Kopfsteg
57 der Außensteg
58 der Fußsteg
59 der Satzspiegel
60 die Kapitelüberschrift
61 das Sternchen
62 die Fußnote, eine Anmerkung
63 die Seitenziffer
64 der zweispaltige Satz
65 die Spalte (Kolumne)
66 der Kolumnentitel
67 der Zwischentitel
68 die Marginalie (Randbemerkung)
69 die Bogennorm (Norm)
70 das feste Lesezeichen
71 das lose Lesezeichen

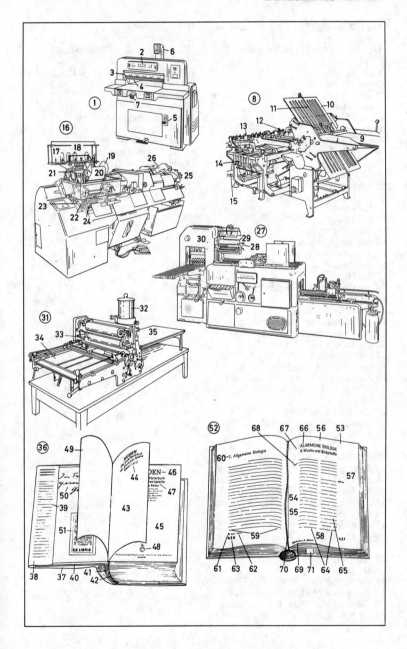

186 Pferdewagen

1–54 Wagen m (Fahrzeuge n, Gefährte, Fuhrwerke)
1–3, 26–39, 45, 51–54 Kutschen f (Kutschwagen m)
1 die Berline
2 der (das) Break
3 das Coupé (Kupee)
4 das Vorderrad
5 der Wagenkasten
6 das Spritzbrett
7 die Fußstütze
8 der Kutschbock (Bock, Bocksitz, Kutschersitz)
9 die Laterne
10 das Fenster
11 die Tür (der Wagenschlag, Kutschenschlag)
12 der Türgriff (Griff)
13 der Fußtritt (Tritt)
14 das feste Verdeck
15 die Feder
16 die Bremse (der Bremsklotz)
17 das Hinterrad
18 der Dogcart, ein Einspänner m
19 die Deichsel
20 der Lakai (Diener)
21 der Dieneranzug (die Livree)
22 der Tressenkragen (betreßte Kragen)
23 der Tressenrock (betreßte Rock)
24 der Tressenärmel (betreßte Ärmel)
25 der hohe Hut (Zylinderhut)
26 die Droschke (Pferdedroschke, der Fiaker, die Lohnkutsche, der Mietwagen)
27 der Stallknecht (Groom)
28 das Kutschpferd (Deichselpferd)
29 der Hansom (das Hansomcab), ein Kabriolett n, ein Einspänner m
30 die Gabeldeichsel (Deichsel, Gabel, Schere)
31 der Zügel
32 der Kutscher, mit Havelock m
33 der Kremser, ein Gesellschaftswagen m
34 das Cab
35 die Kalesche
36 der Landauer, ein Zweispänner m; ähnl.: das Landaulett
37 der Omnibus (Pferdeomnibus, Stellwagen)
38 der Phaeton (Phaethon)
39 die Postkutsche (der Postwagen, die Diligence); zugleich: Reisewagen m
40 der Postillion (Postillon, Postkutscher)
41 das Posthorn
42 das Schutzdach
43 die Postpferde n (Relaispferde)
44 der Tilbury
45 die Troika (das russische Dreigespann)
46 das Stangenpferd
47 das Seitenpferd
48 der englische Buggy
49 der amerikanische Buggy
50 das Tandem
51 der Vis-à-vis-Wagen
52 das Klappverdeck
53 die Mailcoach (englische Postkutsche)
54 die Chaise

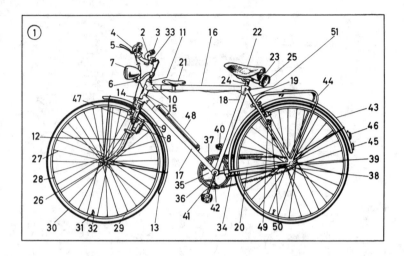

1 das Fahrrad (Rad, Zweirad, *schweiz.*
  Velo, Veloziped), ein Herrenfahrrad *n*,
  ein Tourenrad *n*
2 der Lenker (die Lenkstange), ein
  Tourenlenker *m*
3 der Handgriff (Griff)
4 die Fahrradglocke (Fahrradklingel)
5 die Handbremse (Vorderradbremse,
  eine Felgenbremse)
6 der Scheinwerferhalter
7 der Scheinwerfer (die Fahrradlampe)
8 der Dynamo (die Lichtmaschine)
9 das Laufrädchen
10–12 die Vorderradgabel
10 der Gabelschaft (Lenkstangenschaft,
  das Gabelschaftrohr)
11 der Gabelkopf
12 die Gabelscheiden *f*
13 das vordere Schutzblech
14–20 der Fahrradrahmen (das
  Fahrradgestell)
14 das Steuerrohr (Steuerkopfrohr)
15 das Markenschild
16 das obere Rahmenrohr (Oberrohr,
  Scheitelrohr)
17 das untere Rahmenrohr (Unterrohr)
18 das Sattelstützrohr (Sitzrohr)
19 die oberen Hinterradstreben *f*
20 die unteren Hinterradstreben *f* (die
  Hinterradgabel)
21 der Kindersitz

22 der Fahrradsattel (Elastiksattel)
23 die Sattelfedern *f*
24 die Sattelstütze
25 die Satteltasche (Werkzeugtasche)
26–32 das Rad (Vorderrad)
26 die Nabe
27 die Speiche
28 die Felge
29 der Speichennippel
30 die Bereifung (der Reifen, Luftreifen,
  die Pneumatik, der Hochdruckreifen,
  Preßluftreifen); *innen:* der Schlauch
  (Luftschlauch), *außen:* der Mantel
  (Laufmantel, die Decke)
31 das Ventil, ein Schlauchventil *n*, mit
  Ventilschlauch *m* oder ein Patentventil
  n mit Kugel *f*
32 die Ventilkappe
33 das Fahrradtachometer, mit
  Kilometerzähler *m*
34 der Fahrradkippständer
35–42 der Fahrradantrieb (Kettenantrieb)
35–39 der Kettentrieb
35 das Kettenrad (das vordere Zahnrad)
36 die Kette, eine Rollenkette
37 der Kettenschutz (das
  Kettenschutzblech)
38 das hintere Kettenzahnrad (der
  Kettenzahnkranz, Zahnkranz)
39 die Flügelmutter
40 das Pedal

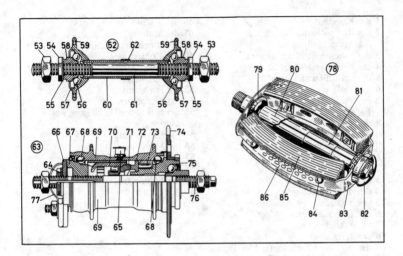

41 die Tretkurbel
42 das Tretkurbellager (Tretlager)
43 das hintere Schutzblech (der Kotschützer)
44 der Gepäckträger
45 der Rückstrahler (ugs. das Katzenauge)
46 das elektr. Rücklicht
47 die Fußraste
48 die Fahrradpumpe (Luftpumpe)
49 das Fahrradschloß, ein Speichenschloß n
50 der Patentschlüssel
51 die Fahrradnummer (Fabriknummer, Rahmennummer)
52 die Vorderradnabe
53 die Mutter
54 die Kontermutter, mit Sternprägung f
55 die Nasenscheibe
56 die Kugel
57 die Staubkappe
58 der Konus
59 die Tülle
60 das Rohr
61 die Achse
62 der Ölerklipp
63 die Freilaufnabe, mit Rücktrittbremse f
64 die Sicherungsmutter
65 der Helmöler (Öler)
66 der Bremshebel
67 der Hebelkonus

68 der Kugelring, mit Kugeln f im Kugellager n
69 die Nabenhülse
70 der Bremsmantel
71 der Bremskonus
72 der Walzenführungsring
73 die Antriebswalze
74 der Zahnkranz
75 der Gewindekopf
76 die Achse
77 die Bandage
78 das Fahrradpedal (Pedal, Rückstrahlpedal, Leuchtpedal, Reflektorpedal
79 die Tülle
80 das Pedalrohr
81 die Pedalachse
82 die Staubkappe
83 der Pedalrahmen
84 der Gummistift
85 der Gummiblock
86 das Rückstrahlglas

188 Zweiräder

1 das Klapprad
2 das Klappscharnier (*auch:* der Steckverschluß)
3 der höhenverstellbare Lenker
4 der höhenverstellbare Sattel
5 die Lernstützräder *n*
6 das Mofa
7 der Zweitaktmotor mit Fahrtwindkühlung *f*
8 die Teleskopgabel (Telegabel)
9 der Rohrrahmen
10 der Treibstofftank
11 der hochgezogene Lenker
12 die Zweigangschaltung
13 der Formsitz
14 die Hinterradschwinge
15 der hochgezogene Auspuff
16 der Wärmeschutz
17 die Antriebskette
18 der Sturzbügel
19 das (*ugs.* der) Tachometer (der Tacho)
20 das City-Bike (Akku-Bike, ein Elektrofahrzeug *n*)
21 der Schwingsattel
22 der Akkubehälter
23 der Drahtkorb
24 das Tourenmoped (Moped)
25 die Tretkurbel (der Tretantrieb, das Startpedal)
26 der Zweitakt-Einzylindermotor
27 der Kerzenstecker
28 der Treibstofftank (Gemischtank)
29 die Mopedleuchte
30–35 die Lenkerarmaturen
30 der Drehgasgriff (Gasgriff)
31 der Schaltdrehgriff (die Gangschaltung)
32 der Kupplungshebel
33 der Handbremshebel
34 das (*ugs.* der) Tachometer (der Tacho)
35 der Rückspiegel
36 die Vorderrad-Trommelbremse (Trommelbremse)
37 die Bowdenzüge *m*
38 die Brems- und Rücklichteinheit
39 das Mokick
40 das Cockpit mit Tachometer *n* und elektronischem Drehzahlmesser *m*
41 die Telegabel mit Faltenbalg *m*
42 die Doppelsitzbank
43 der Kickstarter
44 die Soziusfußraste, eine Fußraste
45 der Sportlenker

46 der geschlossene Kettenkasten
47 der Motorroller
48 die abnehmbare Seitenschale
49 der Rohrrahmen
50 die Blechverkleidung
51 die Raststütze
52 die Fußbremse
53 das Signalhorn
54 der Haken für Handtasche *f* oder Mappe *f*
55 die Fußschaltung
56 der High-Riser
57 der zweigeteilte Lenker
58 die imitierte Motorradgabel
59 der Banksattel (Bananensattel)
60 der Chrombügel

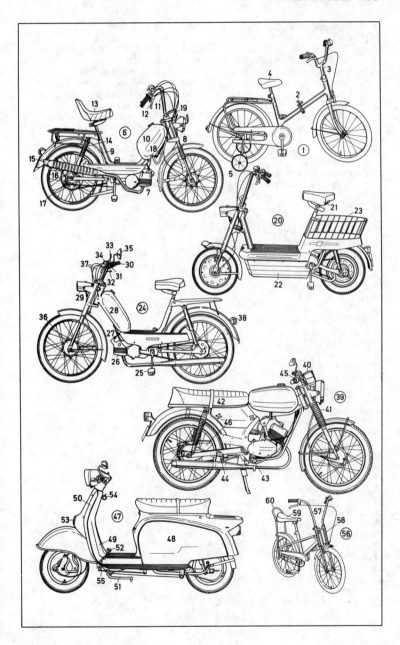

189 Motorrad (Kraftrad)

1 das Kleinmotorrad (Kleinkraftrad)
   [50 cm³]
2 der Kraftstofftank
3 der fahrtwindgekühlte Einzylinder-
   Viertaktmotor (mit obenliegender
   Nockenwelle)
4 der Vergaser
5 das Ansaugrohr
6 das Fünfganggetriebe
7 die Hinterradschwinge
8 das polizeiliche Kennzeichen
9 das Rück- und Bremslicht
10 der Scheinwerfer
11 die vordere Trommelbremse
12 das Bremsseil, ein Bowdenzug m
13 die hintere Trommelbremse
14 die Sportsitzbank
15 der hochgezogene Auspuff
16 die Geländemaschine [125 cm³] (das
   Geländesportmotorrad, ein leichtes
   Motorrad)
17 der Doppelschleifenrahmen
18 das Startnummernschild
19 die Einmannsitzbank
20 die Kühlrippen f
21 der Motorradständer
22 die Motorradkette
23 die Teleskopfedergabel
24 die Speichen f
25 die Felge
26 der Motorradreifen
27 das Reifenprofil
28 der Gangschaltungshebel
29 der Gasdrehgriff
30 der Rückspiegel
31–58 schwere Motorräder n
31 das Schwerkraftrad mit
   wassergekühltem Motor m
32 die vordere Scheibenbremse
33 der Scheibenbremssattel
34 die Steckachse
35 der Wasserkühler
36 der Frischöltank
37 das Blinklicht (der Richtungsanzeiger)
38 der Kickstarter
39 der wassergekühlte Motor
40 der Tachometer
41 der Drehzahlmesser
42 das hintere Blinklicht
43 die verkleidete schwere Maschine
   [1 000 cm³]
44 das Integral-Cockpit, eine integrierte
   Verkleidung

45 die Blinkleuchte
46 die Klarsichtscheibe
47 der Zweizylinderboxenmotor mit
   Kardanantrieb m
48 das Leichtmetallgußrad
49 die Vierzylindermaschine [400 cm³]
50 der fahrtwindgekühlte Vierzylinder-
   Viertaktmotor
51 das Vier-in-einem-Auspuffrohr
52 der elektrische Anlasser
53 die Beiwagenmaschine
54 das Beiwagenschiff
55 die Beiwagenstoßstange
56 die Begrenzungsleuchte
57 das Beiwagenrad
58 die Beiwagenwindschutzscheibe

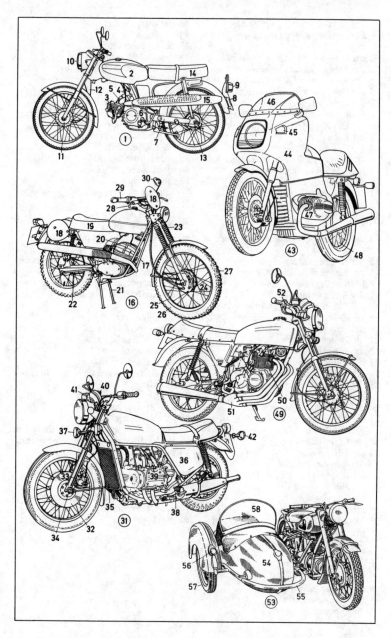

190 Verbrennungsmotoren

1 der Acht-Zylinder-V-Ottomotor mit
   Benzineinspritzung *f* im Längsschnitt
   m
2 der Ottomotor im Querschnitt *m*
3 der Fünf-Zylinder-Reihen-
   Dieselmotor im Längsschnitt *m*
4 der Dieselmotor im Querschnitt *m*
5 der Zwei-Scheiben-Wankelmotor
   (Rotationskolbenmotor)
6 der Ein-Zylinder-Zweitakt-Ottomotor
7 der Lüfter
8 die Viskose-Lüfterkupplung
9 der Zündverteiler mit Unterdruckdose
   f für die Zündverstellung
10 die Zweifach-Rollenkette
11 das Nockenwellenlager
12 die Entlüftungsleitung
13 das Ölrohr zur
   Nockenwellenschmierung *f*
14 die Nockenwelle, eine obenliegende
   Nockenwelle
15 der Klappenstutzen
16 der Sauggeräuschdämpfer
   (Ansauggeräuschdämpfer)
17 der Kraftstoffdruckregler
18 das Saugrohr (Ansaugrohr)
19 das Zylinderkurbelgehäuse
20 das Schwungrad
21 die Pleuelstange
22 der Kurbelwellenlagerdeckel
23 die Kurbelwelle
24 die Ölablaßschraube
25 die Rollenkette des Ölpumpenantriebs
   m
26 der Schwingungsdämpfer
27 die Antriebswelle für den
   Zündverteiler
28 der Öleinfüllstutzen
29 der Filtereinsatz
30 das Reguliergestänge
31 die Kraftstoffringleitung
32 das Einspritzventil
33 der Schwinghebel
34 die Schwinghebellagerung
35 die Zündkerze mit Entstörstecker *m*
36 der Auspuffkrümmer
37 der Kolben mit Kolbenringen *m* und
   Ölabstreifring *m*
38 der Motorträger
39 der Zwischenflansch
40 das Ölwannenoberteil
41 das Ölwannenunterteil
42 die Ölpumpe

43 das (der) Ölfilter
44 der Anlasser
45 der Zylinderkopf
46 das Auslaßventil
47 der Ölmeßstab (Ölpeilstab)
48 die Zylinderkopfhaube
49 die Zweifach-Hülsenkette
50 der Temperaturgeber
51 der Drahtzug der Leerlaufverstellung
52 die Kraftstoffdruckleitung
53 die Kraftstoffleckleitung
54 die Einspritzdüse
55 der Heizungsanschluß
56 die Auswuchtscheibe
57 die Zwischenradwelle für den
   Einspritzpumpenantrieb
58 der Spritzversteller
   (Einspritzversteller)
59 die Unterdruckpumpe
60 die Kurvenscheibe für die
   Unterdruckpumpe
61 die Wasserpumpe (Kühlwasserpumpe)
62 der Kühlwasserthermostat
63 der Thermoschalter
64 die Kraftstoff-Handpumpe
65 die Einspritzpumpe
66 die Glühkerze
67 das Ölüberdruckventil
68 die Wankelscheibe (der
   Rotationskolben)
69 die Dichtleiste
70 der Drehmomentwandler (Föttinger-
   Wandler)
71 die Einscheibenkupplung
72 das Mehrganggetriebe
   (Mehrstufengetriebe)
73 die Portliner *m* im Auspuffkrümmer *m*
   zur Verbesserung der Abgasentgiftung
74 die Scheibenbremse
75 das Achsdifferentialgetriebe
76 die Lichtmaschine
77 die Fußschaltung
78 die Mehrscheiben-Trockenkupplung
79 der Flachstromvergaser
80 die Kühlrippen *f*

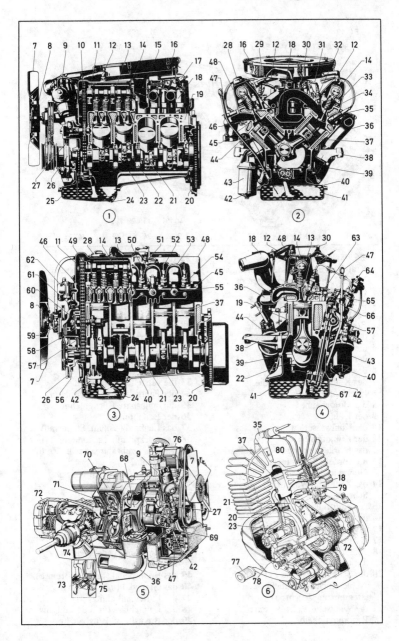

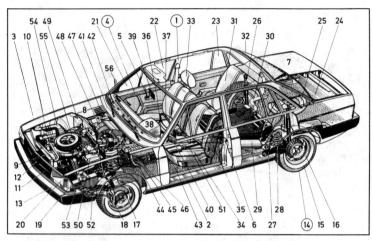

1–56 das Automobil (Auto, Kraftfahrzeug, Kfz, der Kraftwagen, Wagen), ein Personenwagen *m* (Personenfahrzeug *n*)

1 die selbsttragende Karosserie

2 das Fahrgestell (Chassis), die Bodengruppe der Karosserie

3 der vordere Kotflügel

4 die Autotür (Wagentür)

5 der Türgriff

6 das Türschloß

7 der Kofferraumdeckel (die Heckklappe)

8 die Motorhaube

9 der Kühler

10 die Kühlwasserleitung

11 der Kühlergrill

12 das Markenzeichen (die Automarke)

13 die vordere Stoßstange, mit Gummiauflage *f*

14 das Autorad (Wagenrad), ein Scheibenrad *n*

15 der Autoreifen

16 die Felge

17 *u.* **18** die Scheibenbremse

17 die Bremsscheibe

18 der Bremssattel

19 der vordere Blinker

20 der Scheinwerfer mit Fernlicht *n*, Abblendlicht, Standlicht (Begrenzungsleuchte *f*)

21 die Windschutzscheibe, eine Panoramascheibe

22 das versenkbare Türfenster

23 das ausstellbare Fondfenster

24 der Kofferraum

25 das Reserverad

26 der Stoßdämpfer

27 der Längslenker

28 die Schraubenfeder

29 der Auspufftopf

30 die Zwangsentlüftung

31 die Fondsitze *m*

32 die Heckscheibe

33 die verstellbare Kopfstütze

34 der Fahrersitz, ein Liegesitz *m*

35 die umlegbare Rückenlehne

36 der Beifahrersitz

37 das Lenkrad (Volant, Steuerrad)

38 das Cockpit mit Tachometer *n* (*ugs. m*; Tacho), Drehzahlmesser *m*, Zeituhr *f*, Benzinuhr, Kühlmitteltemperaturanzeige, Öltemperaturanzeige

39 der Innenrückspiegel

40 der linke Außenspiegel

41 der Scheibenwischer

42 die Defrosterdüsen *f*

43 der Bodenteppich

44 das Kupplungspedal (*ugs.* die Kupplung)

45 das Bremspedal (*ugs.* die Bremse)

46 das Gaspedal (*ugs.* das Gas)

47 der Lufteinlaßschlitz

48 das Luftgebläse für die Belüftung

49 der Bremsflüssigkeitsbehälter

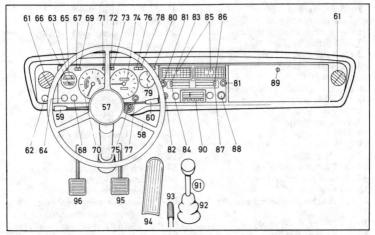

50 die Batterie
51 die Auspuffleitung
52 das Vorderradfahrwerk, mit
 Vorderradantrieb *m*
53 der Motorträger
54 der Ansauggeräuschdämpfer
55 der (das) Luftfilter
56 der rechte Außenspiegel
57–90 das Armaturenbrett
57 die Lenkradnabe, als Pralltopf *m*
 (Aufprallschutz) ausgebildet
58 die Lenkradspeiche
59 der Blink- und Abblendschalter
60 der Wisch-, Wasch- und Hupschalter
61 die Mischdüse für das Seitenfenster
62 der Standlicht-, Scheinwerfer- und
 Parkleuchtenschalter
63 die Nebellichtkontrolle
64 der Schalter für die Nebelscheinwerfer
 m und das Nebelschlußlicht
65 die Kraftstoffanzeige (Benzinuhr)
66 die Kühlmitteltemperaturanzeige
67 die Kontrolle für die
 Nebelschlußleuchte
68 der Warnlichtschalter
69 die Fernlichtkontrolle
70 der elektrische Drehzahlmesser
71 die Kraftstoffkontrollampe
72 die Kontrolleuchte für die Handbremse
 und die Zweikreisbremsanlage
73 die Öldruckkontrolleuchte
74 das (*ugs.* der) Tachometer mit
 Tageskilometerzähler *m*

75 das Zünd- und Lenkradschloß
76 die Blinker- und Warnlichtkontrolle
77 der Regler für die Innenbeleuchtung
 und Rücksteller *m* für den
 Tageskilometerzähler
78 die Ladestromkontrolle
79 die elektrische Zeituhr
80 die Kontrolleuchte für die
 Heckscheibenheizung
81 der Schalter für die Fußraumbelüftung
82 der Schalter für die heizbare
 Heckscheibe
83 der Hebel für die Gebläseeinstellung
84 der Hebel für die
 Temperaturdosierung
85 der umstellbare Frischluftausströmer
86 der Hebel für die Frischluftregulierung
87 der Hebel für die Warmluftverteilung
88 der Zigarrenanzünder
89 das Handschuhkastenschloß
90 das Autoradio
91 der Schalthebel (Schaltknüppel, die
 Knüppelschaltung)
92 die Ledermanschette
93 der Handbremshebel
94 der Gashebel (das Gaspedal)
95 das Bremspedal
96 das Kupplungspedal

192 Automobil II

1–15 der Vergaser, ein
Fallstromvergaser *m*
1 die Leerlaufdüse
2 die Leerlaufluftdüse
3 die Luftkorrekturdüse
4 die Ausgleichsluft
5 die Hauptluft
6 die Starterklappe (Vordrossel)
7 der Austrittsarm
8 der Lufttrichter
9 die Drosselklappe
10 das Mischrohr
11 die Leerlaufgemischregulierschraube
12 die Hauptdüse
13 der Kraftstoffzufluß
14 die Schwimmerkammer
15 der Schwimmer
16–27 die Druckumlaufschmierung
16 die Ölpumpe
17 der Ölvorrat (Ölsumpf)
18 das (der) Ölgrobfilter
19 der Ölkühler
20 das (der) Feinfilter
21 die Hauptölbohrung
22 die Stichleitung
23 das Kurbelwellenlager
24 das Nockenwellenlager
25 das Pleuellager
26 die Kurbelzapfenbohrung
27 die Nebenleitung
28–47 das Viergang-Synchrongetriebe
28 der Kupplungsfußhebel
29 die Kurbelwelle
30 die Antriebswelle
31 der Anlaßzahnkranz
32 die Schiebemuffe für den 3. und 4.
Gang
33 der Synchronkegel (Gleichlaufkegel)
34 das Schraubenrad für den 3. Gang
35 die Schiebemuffe für den 1. und 2.
Gang
36 das Schraubenrad für den 1. Gang
37 die Vorgelegewelle
38 der Tachometerantrieb
39 das Schraubenrad für den
Tachometerantrieb
40 die Hauptwelle
41 die Schaltstangen *f*
42 die Schaltgabel für den 1. und 2. Gang
43 das Schraubenrad für den 2. Gang
44 der Schaltkopf, mit Rückwärtsgang *m*
45 die Schaltgabel für den 3. und 4. Gang
46 der Schalthebel (Schaltknüppel)
47 das Schaltschema

48–55 die Scheibenbremse
48 die Bremsscheibe
49 der Bremssattel, ein Festsattel *m*, mit
den Bremsklötzen *m*
50 die Servobremstrommel
(Handbremstrommel)
51 der Bremsbacken
52 der Bremsbelag
53 der Bremsleitungsanschluß
54 der Radzylinder
55 die Rückholfeder
56–59 das Lenkgetriebe (die
Schneckenlenkung)
56 die Lenksäule
57 das Schneckenradsegment
58 der Lenkstockhebel
59 das Schneckengewinde
**60–64 die wasserseitig regulierte
Heizanlage** (Wagenheizung)
60 der Frischlufteintritt
61 der Wärmetauscher
62 das Heizgebläse
63 die Regulierklappe
64 die Defrosterdüse
65–71 die Starrachse
65 das Reaktionsrohr
66 der Längslenker
67 das Gummilager
68 die Schraubenfeder
69 der Stoßdämpfer
70 der Panhardstab
71 der Stabilisator
72–84 das McPherson-Federbein
72 die Karosserieabstützung
73 das Federbeinstützlager
74 die Schraubenfeder
75 die Kolbenstange
76 der Federbeinstoßdämpfer
77 die Felge
78 der Achszapfen
79 der Spurstangenhebel
80 das Führungsgelenk
81 die Zugstrebe
82 das Gummilager
83 das Achslager
84 der Vorderachsträger

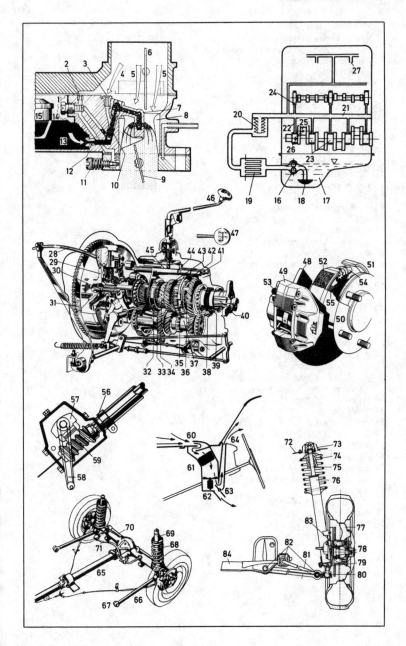

1–36 Autotypen *m*
(Personenwagentypen)
1 die Acht-Zylinder-Pullmanlimousine
  mit drei Sitzreihen *f*
2 die Fahrertür
3 die Fondtür
4 die viertürige Limousine
5 die Vordertür
6 die Hintertür
7 die Vordersitzkopfstütze
8 die Hintersitzkopfstütze
9 die Kabriolimousine
10 das zurückklappbare Verdeck
11 der Schalensitz (Sportsitz)
12 der Buggy (das Dünenfahrzeug)
13 der Überrollbügel
14 die Kunststoffkarosserie
15 der Kombiwagen (das Kombifahrzeug,
  der Kombinationskraftwagen, Break,
  Station wagon, *ugs.* Kombi)
16 die Heckklappe
17 der Laderaum (das Heckabteil)
18 die dreitürige Kombilimousine
19 der Kleinwagen (*ugs.* Mini), ein
  Dreitürer *m*
20 die Hecktür
21 die Ladekante
22 die umlegbare Rücksitzbank
23 der Kofferraum
24 das Schiebedach (Stahlschiebedach)
25 die zweitürige Limousine
26 der Roadster (das Sportkabrio,
  Sportkabriolett, Sportcabrio,
  Sportcabriolet), ein Zweisitzer *m*
27 das Hardtop
28 das Sportcoupé, ein 2 + 2-Sitzer *m*
  (Zweisitzer *m* mit Notsitzen *m*)
29 das Fließheck (der Liftback)
30 die Spoilerkante
31 die integrierte Kopfstütze
32 der Grand-Tourisme-Wagen (GT-
  Wagen)
33 die integrierte Stoßstange
34 der Heckspoiler
35 die Heckpartie
36 der Frontspoiler

194 Lastkraftwagen, Omnibusse

1 der geländegängige Kleinlaster mit Allradantrieb *m* (Vierradantrieb)
2 das Fahrerhaus
3 die Ladepritsche
4 der Ersatzreifen (Reservereifen), ein Geländereifen *m*
5 der Kleinlasttransporter
6 die Pritschenausführung (der Pritschenwagen)
7 die Kastenausführung (der Kastenwagen)
8 die seitliche Schiebetür (Ladetür)
9 der Kleinbus
10 das Faltschiebedach
11 die Hecktür
12 die seitliche Klapptür
13 der Gepäckraum
14 der Fahrgastsitz
15 die Fahrerkabine
16 der Luftschlitz
17 der Reiseomnibus (Autobus, Bus, *schweiz.* Autocar)
18 das Gepäckfach
19 das Handgepäck (der Koffer)
20 der Schwerlastzug
21 das Zugfahrzeug
22 der Anhänger
23 die Wechselpritsche
24 der Dreiseitenkipper
25 die Kipppritsche
26 der Hydraulikzylinder
27 die aufgeständerte Containerpalette
28 der Sattelschlepper, ein Tankzug *m*
29 die Sattelzugmaschine
30–33 der Tankauflieger
30 der Tank
31 das Drehgelenk
32 das Hilfsfahrwerk
33 das Reserverad
34 der kleine Reise- und Linienbus in Cityversion *f*
35 die Außenschwingtür
36 der Doppeldeckbus (Doppeldeckomnibus, Oberdeckomnibus)
37 das Unterdeck
38 das Oberdeck
39 der Aufstieg
40 der Oberleitungsbus (Trolleybus, Obus, Oberleitungsomnibus)
41 der Stromabnehmer (Kontaktarm)
42 die Kontaktrolle (der Trolley)
43 die Zweidrahtoberleitung (Doppeloberleitung)
44 der Trolleybusanhänger
45 der Gummiwulstübergang

1–55 die Spezialwerkstatt
(Vertragswerkstatt)
1–23 der Diagnosestand
1 das Diagnosegerät
2 der Diagnosestecker (Zentralstecker)
3 das Diagnosekabel
4 der Umschalter für automatischen oder
   manuellen Meßbetrieb
5 der Programmkarteneinschub
6 der Drucker
7 das Diagnoseberichtformular
8 das Handsteuergerät
9 die Bewertungslampen *f* [grün: in
   Ordnung; rot: nicht in Ordnung]
10 der Aufbewahrungskasten für die
   Programmkarten *f*
11 die Netztaste
12 die Schnellprogrammtaste
13 der Zündwinkeleinschub
14 das Ablagefach
15 der Kabelgalgen
16 das Öltemperaturmeßkabel
17 das Prüfgerät für die Spur- und
   Sturzmessung rechts
18 die Optikplatte rechts
19 die Auslösetransistoren *m*

20 der Projektorschalter
21 die Photoleiste für die Sturzmessung
22 die Photoleiste für die Spurmessung
23 der elektrische Schraubendreher
24 das Prüfgerät für die
   Scheinwerfereinstellung
25 die hydraulische Hebebühne
26 der verstellbare Hebebühnenarm
27 der Hebebühnenstempel
28 die Radmulde
29 der Druckluftmesser
30 die Abschmierpresse
31 der Kleinteilekasten
32 die Ersatzteilliste
33 die automatische Diagnose
34 das Kraftfahrzeug (Auto), ein
   Personenwagen *m*
35 der Motorraum
36 die Motorhaube
37 die Motorhaubenstange
38 das Diagnosekabel
39 die Diagnosesteckbuchse
   (Zentralsteckbuchse)
40 das Öltemperaturfühlerkabel
41 der Radspiegel für die optische Spur-
   und Sturzmessung

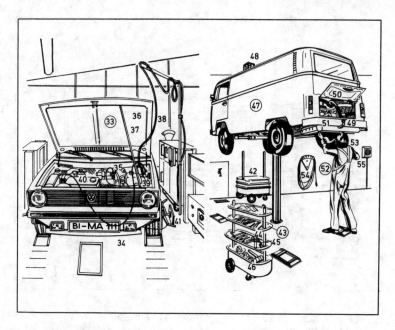

42 der Werkzeugwagen
43 das Werkzeug
44 der Schraubenschlüssel
45 der Drehmomentschlüssel
46 der Ausbeulhammer
47 das Reparaturfahrzeug, ein Kleinbus *m*
48 die Reparaturnummer
49 der Heckmotor
50 die Heckmotorklappe
51 das Auspuffsystem
52 die Auspuffreparatur
53 der Kfz-Schlosser
   (Kraftfahrzeugschlosser,
   Kraftfahrzeugmechaniker)
54 der Druckluftschlauch
55 das Durchsagegerät

1–29 die Tankstelle, eine
  Selbstbedienungstankstelle
  (Selfservice-Station)
1 die Zapfsäule (Tanksäule, *veraltet:*
  Benzinpumpe, Rechenkopfsäule) für
  Super- und Normalbenzin *n* (*ähnl.:* für
  Dieselkraftstoff *m*)
2 der Zapfschlauch
3 der Zapfhahn (die Zapfpistole)
4 der angezeigte Geldbetrag
5 die Füllmengenanzeige
6 die Preisangabe
7 das Leuchtzeichen
8 der Autofahrer bei der
  Selbstbedienung
9 der Feuerlöscher
10 der Papiertuchspender
11 das Papiertuch (Papierhandtuch)
12 der Abfallbehälter
13 der Zweitaktgemischbehälter
14 das Meßglas
15 das Motoröl
16 die Motorölkanne
17 der Reifendruckprüfer
18 die Druckluftleitung
19 der Luftbehälter
20 das Manometer (der Reifenfüllmesser)

21 der Luftfüllstutzen
22 die Autobox (Reparaturbox)
23 der Waschschlauch, ein
  Wasserschlauch *m*
24 der Autoshop
25 der Benzinkanister
26 der Regenumhang
27 die Autoreifen *m*
28 das Autozubehör
29 die Kasse

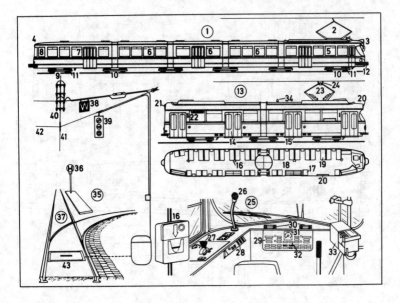

1 der zwölfachsige Gelenktriebwagen für den Überlandbahnbetrieb
2 der Stromabnehmer
3 der Wagenbug
4 das Wagenheck
5 das A-Wagenteil mit Fahrmotor *m*
6 das B-Wagenteil (*auch:* C-, D-Wagenteil)
7 das E-Wagenteil mit Fahrmotor *m*
8 der Heckfahrschalter
9 das Triebdrehgestell
10 das Laufdrehgestell
11 der Radschutz (Bahnräumer)
12 die Rammbohle
13 der sechsachsige Gelenktriebwagen Typ „*Mannheim*" für Straßenbahn- und Stadtbahnbetrieb *m*
14 die Ein- und Ausstiegtür, eine Doppelfalttür
15 die Trittstufe
16 der Fahrscheinentwerter
17 der Einzelsitzplatz
18 der Stehplatzraum
19 der Doppelsitzplatz
20 das Linien- und Zielschild
21 das Linienschild
22 der Fahrtrichtungsanzeiger (Blinker)

23 der Scherenstromabnehmer
24 die Schleifstücke, aus Kohle *f* oder Aluminiumlegierung *f*
25 der Fahrerstand
26 das Mikrophon
27 der Sollwertgeber (Fahrschalter)
28 das Funkgerät
29 die Armaturentafel
30 die Armaturentafelbeleuchtung
31 der Geschwindigkeitsanzeiger
32 die Taster *m* für Türenöffnen *n*, Scheibenwischer *m*, Innen- und Außenbeleuchtung *f*
33 der Zahltisch mit Geldwechsler *m*
34 die Funkantenne
35 die Haltestelleninsel
36 das Haltestellenschild
37 die elektrische Weichenanlage
38 das Weichenschaltsignal
39 der Weichensignalgeber (die Richtungsanzeige)
40 der Fahrleitungskontakt
41 der Fahrdraht
42 die Fahrleitungsquerverspannung
43 der elektromagnetische (*auch:* elektrohydraulische, elektromotorische) Weichenantrieb

1–5 die Fahrbahnschichten *f*
1 die Frostschutzschicht
2 die bituminöse Tragschicht
3 die untere Binderschicht
4 die obere Binderschicht
5 die bituminöse Deckschicht
   (Fahrbahndecke)
6 die Bordsteinkante
7 der Hochbordstein
8 das Gehwegpflaster
9 der Bürgersteig (Gehsteig, Gehweg)
10 der Rinnstein
11 der Fußgängerüberweg (Zebrastreifen)
12 die Straßenecke
13 der Fahrdamm
14 die Stromversorgungskabel
15 die Postkabel (Telefonkabel)
16 die Postkabeldurchgangsleitung
17 der Kabelschacht mit Abdeckung
18 der Lichtmast mit der Leuchte
19 das Stromkabel für technische Anlagen *f*
20 die Telefonhausanschlußleitung
21 die Gasleitung
22 die Trinkwasserleitung
23 der Sinkkasten
24 der Ablaufrost
25 die Sinkkastenanschlußleitung

26 die Schmutzwasser-
   Hausanschlußleitung
27 der Mischwasserkanal
28 die Fernheizleitung
29 der U-Bahntunnel

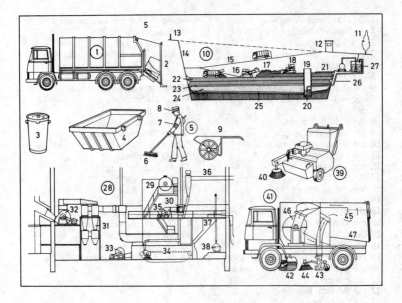

1 der Müllwagen (Müllabfuhrwagen, das
 Müllauto, *ugs.* die Müllabfuhr,
 schweiz. der Kehrichtabfuhrwagen),
 ein Preßmüllfahrzeug *n*
2 die Mülltonnenkippvorrichtung, ein
 staubfreies Umleersystem
3 die Mülltonne (Abfalltonne)
4 der Müllcontainer
5 der Straßenkehrer
6 der Straßenbesen
7 die Verkehrsschutzarmbinde
8 die Mütze mit
 Verkehrsschutzmarkierung *f*
9 der Straßenkehrwagen
10 die geordnete Deponie (Mülldeponie)
11 der Sichtschutz
12 die Eingangskontrolle
13 der Wildzaun
14 die Grubenwand
15 die Zufahrtsrampe
16 die Planierraupe
17 der frische Müll (*schweiz.* Kehricht)
18 der Deponieverdichter
19 der Pumpenschacht
20 die Abwasserpumpe
21 die poröse Abdeckung
22 der verdichtete und verrottete Müll

23 die Kiesfilterschicht
24 die Moränenfilterschicht
25 die Drainschicht
26 die Abwasserleitung
27 der Abwassersammeltank
28 die Müllverbrennungsanlage
29 der Kessel
30 die Ölfeuerung
31 der Staubabscheider
32 der Saugzugventilator
33 der Unterwindventilator für den Rost
34 der Wanderrost
35 das Ölfeuerungsgebläse
36 Transporteinrichtung für
 Spezialverbrennungsgüter *n*
37 die Kohlenbeschickungsanlage
38 der Transportwagen für Bleicherde *f*
39 die Straßenkehrmaschine
40 die Tellerbürste
41 das Kehrfahrzeug
42 die Kehrwalze
43 der Saugmund
44 der Zubringerbesen
45 die Luftführung
46 der Ventilator
47 der Schmutzbehälter

200 Straßenbau I

1–54 Straßenbaumaschinen f
1 der Hochlöffelbagger
2 das Maschinenhaus
3 das Raupenfahrwerk
4 der Baggerausleger
5 der Baggerlöffel
6 die Reißzähne m (Grabzähne)
7 der Hinterkipper, ein Schwerlastwagen m
8 die Stahlblechmulde
9 die Verstärkungsrippe
10 die verlängerte Stirnwand
11 das Fahrerhaus
12 das Schüttgut
13 die Schrapperanlage, ein Mischgutschrapper m
14 der Aufzugkasten
15 der Betonmischer, eine Mischanlage
16 die Schürfkübelraupe
17 der Schürfkübel
18 das Planierschild
19 der Straßenhobel; auch: Erdhobel
20 der Straßenaufreißer (Aufreißer)
21 die Hobelschar
22 der Schardrehkranz
23 die Feldbahn
24 die Feldbahndiesellokomotive, eine Schmalspurlokomotive
25 die Anhängerlore (Lore)
26 die Explosionsramme, ein Bodenstampfer m; schwerer: der Benzinfrosch (Explosionsstampfer)
27 das Führungsgestänge
28 die Planierraupe
29 das Planierschild
30 der Schubrahmen
31 der Schotterverteiler
32 die Schlagbohle
33 die Gleitschuhe m
34 das Begrenzungsblech
35 die Seitenwand des Vorratskübels m
36 die Motordreiradwalze, eine Straßenwalze
37 die Walze
38 das Allwetterdach
39 der Dieselkompressorschlepper
40 die Sauerstoffflasche
41 der selbstfahrende Splittstreuer
42 die Streuklappe
43 der Schwarzdeckenfertiger
44 das Begrenzungsblech
45 der Materialbehälter
46 die Teerspritzmaschine, mit Teer- und Bitumenkocher m
47 der Teerkessel
48 die vollautomatische Walzasphalt-Trocken-und-Misch-Anlage
49 das Aufnahmebecherwerk
50 die Asphaltmischtrommel
51 der Fülleraufzug
52 die Füllerzugabe
53 die Bindemitteleinspritzung
54 der Mischasphaltauslauf
55 der Regelquerschnitt einer Straße
56 das Rasenbankett
57 die Querneigung
58 die Asphaltdecke
59 der Unterbau
60 die Packlage od. Kiesbettung, eine Frostschutzschicht
61 die Tiefensickerungsanlage
62 das gelochte Zementrohr
63 die Entwässerungsrinne
64 die Humusandeckung

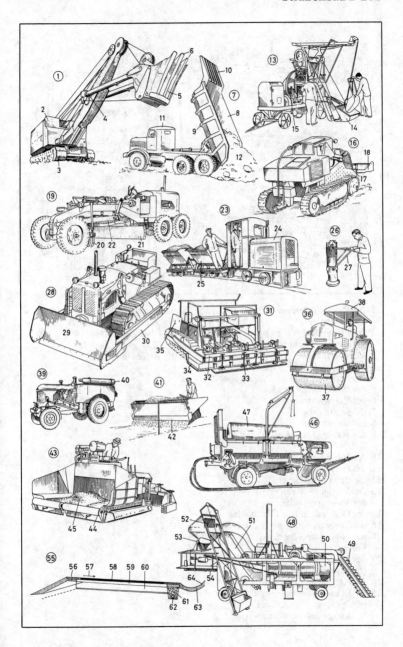

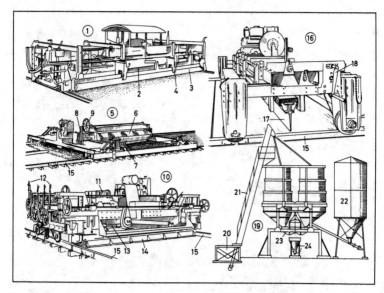

1–27 Betonstraßenbau *m*
(Autobahnbau)
1 der Planumfertiger, eine
Straßenbaumaschine
2 die Stampfbohle
3 die Abgleichbohle (Nivellierbohle)
4 die Rollenführung zur Abgleichbohle
5 der Betonverteilerwagen
6 der Betonverteilerkübel
7 die Seilführung
8 die Steuerhebel *m*
9 das Handrad zum Entleeren *n* der
Kübel *m*
10 der Vibrationsfertiger
11 das Getriebe
12 die Bedienungshebel *m*
13 die Antriebswelle zu den Vibratoren *m*
des Vibrationsbalkens *m*
14 der Glättbalken (die Glättbohle)
15 die Laufschienenträger *m*
16 das Fugenschneidgerät (der
Fugenschneider)
17 das Fugenschneidmesser
(Fugenmesser)
18 die Handkurbel zum Fahrantrieb *m*
19 die Betonmischanlage, eine zentrale
Mischstation, eine automatische
Verwiege- u. Mischanlage

20 die Sammelmulde
21 das Aufnahmebecherwerk
22 der (das) Zementsilo
23 der Zwangsmischer
24 der Betonkübel

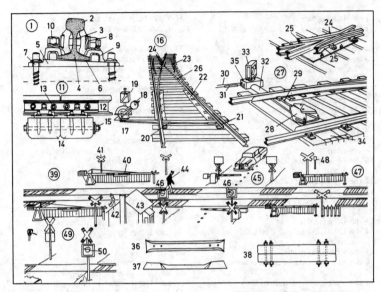

1–38 das Gleis
1 die Schiene (Eisenbahnschiene)
2 der Schienenkopf
3 der Schienensteg
4 der Schienenfuß
5 die Unterlagsplatte
6 die Zwischenlage
7 die Schwellenschraube
8 die Federringe *m*
9 die Klemmplatte
10 die Hakenschraube
11 der Schienenstoß
12 die Schienenlasche
13 der Laschenbolzen
14 die Kuppelschwelle
15 die Kuppelschraube
16 die Handweiche
17 der Handstellbock
18 das Stellgewicht
19 das Weichensignal (die Weichenlaterne)
20 die Stellstange
21 die Weichenzunge
22 der Gleitstuhl
23 der Radlenker
24 das Herzstück
25 die Flügelschiene
26 die Zwischenschiene
27 die fernbediente Weiche

28 der Weichenspitzenverschluß
29 der Abstützstempel
30 der Drahtzug
31 das Spannschloß
32 der Kanal
33 das elektrisch beleuchtete Weichensignal
34 der Weichentrog
35 der Weichenantrieb mit Schutzkasten *m*
36 die Eisenschwelle
37 die Betonschwelle
38 die Kuppelschwelle
39–50 Bahnübergänge
39 der schienengleiche gesicherte Bahnübergang
40 die Bahnschranke
41 das Warnkreuz (Andreaskreuz)
42 der Schrankenwärter
43 der Schrankenposten
44 der Streckenwärter
45 die Halbschrankenanlage
46 das Blinklicht
47 die Anrufschranke
48 die Wechselsprechanlage
49 der technisch nicht gesicherte Bahnübergang (unbeschrankte Bahnübergang)
50 das Blinklicht

203 Eisenbahnstrecke II (Signalanlagen)

1–6 Hauptsignale *n*
1 das Hauptsignal, ein Formsignal *n* auf „Zughalt" *m*
2 der Signalarm
3 das elektrische Hauptsignal (Lichtsignal) auf „Zughalt" *m*
4 die Signalstellung „Langsamfahrt" *f*
5 die Signalstellung „Fahrt" *f*
6 das Ersatzsignal
7–24 Vorsignale *n*
7 das Formsignal auf „Zughalt erwarten"
8 der Zusatzflügel
9 das Lichtvorsignal auf „*Zughalt erwarten*"
10 die Signalstellung „*Langsamfahrt erwarten*"
11 die Signalstellung „*Fahrt erwarten*"
12 das Formvorsignal mit Zusatztafel *f* für Bremswegverkürzung *f* um mehr als 5%
13 die Dreiecktafel
14 das Lichtvorsignal mit Zusatzlicht *n* für Bremswegverkürzung *f*
15 das weiße Zusatzlicht
16 die Vorsignalanzeige „*Halt erwarten*" (Notgelb *n*)
17 der Vorsignalwiederholer (das Vorsignal mit Zusatzlicht *n*, ohne Tafel *f*)
18 das Vorsignal mit Geschwindigkeitsanzeige *f*
19 der Geschwindigkeitsvoranzeiger
20 das Vorsignal mit Richtungsvoranzeige *f*
21 der Richtungsvoranzeiger
22 das Vorsignal ohne Zusatzflügel *m* in Stellung *f* „*Zughalt erwarten*"
23 das Vorsignal ohne Zusatzflügel *m* in Stellung *f* „*Fahrt erwarten*"
24 die Vorsignaltafel
25–44 Zusatzsignale *n*
25 die Trapeztafel zur Kennzeichnung des Haltepunkts *m* vor einer Betriebsstelle
26–29 die Vorsignalbaken *f*
26 die Vorsignalbake in 100 m Entfernung *f* vom Vorsignal *n*
27 die Vorsignalbake in 175 m Entfernung *f*
28 die Vorsignalbake in 250 m Entfernung *f*
29 die Vorsignalbake in einer um 5% geringeren Entfernung *f* als der Bremsweg der Strecke
30 die Schachbrettafel zur Kennzeichnung von Hauptsignalen *n*, die nicht unmittelbar rechts oder über dem Gleis *n* stehen

31 u. 32 die Haltetafeln *f* zur Kennzeichnung des Halteplatzes *m* der Zugspitze
33 die Haltepunkttafel (ein Haltepunkt *m* ist zu erwarten)
34 u. 35 die Schneepflugtafeln *f*
34 die Tafel „*Pflugschar heben*"
35 die Tafel „*Pflugschar senken*"
36–44 Langsamfahrsignale *n*
36–38 die Langsamfahrscheibe [Höchstgeschwindigkeit *f* 3x10 = 30 km/h]
36 das Tageszeichen
37 die Geschwindigkeitskennziffer
38 das Nachtzeichen
39 der Anfang der vorübergehenden Langsamfahrstelle
40 das Ende der vorübergehenden Langsamfahrstelle
41 die Geschwindigkeitstafel für eine ständige Langsamfahrstelle [Höchstgeschwindigkeit *f* 5x10 = 50 km/h]
42 der Anfang der ständigen Langsamfahrstelle
43 die Geschwindigkeitsankündetafel [nur auf Hauptbahnen *f*]
44 das Geschwindigkeitssignal [nur auf Hauptbahnen *f*]
45–52 Weichensignale *n*
45–48 einfache Weichen *f*
45 der gerade Zweig
46 der gebogene Zweig [rechts]
47 der gebogene Zweig [links]
48 der gebogene Zweig [vom Herzstück *n* aus gesehen]
49–52 doppelte Kreuzungsweichen *f*
49 die Gerade von links nach rechts
50 die Gerade von rechts nach links
51 der Bogen von links nach links
52 der Bogen von rechts nach rechts
53 das mechanische Stellwerk
54 das Hebelwerk
55 der Weichenhebel [blau], ein Riegelhebel *m*
56 der Signalhebel [rot]
57 die Handfalle
58 der Fahrstraßenhebel
59 der Streckenblock
60 das Blockfeld
61 das elektrische Stellwerk
62 die Weichen- und Signalhebel *m*
63 das Verschlußregister
64 das Überwachungsfeld
65 das Gleisbildstellwerk
66 der Gleisbildstelltisch
67 die Drucktasten *f*
68 die Fahrstraßen *f*
69 die Wechselsprechanlage

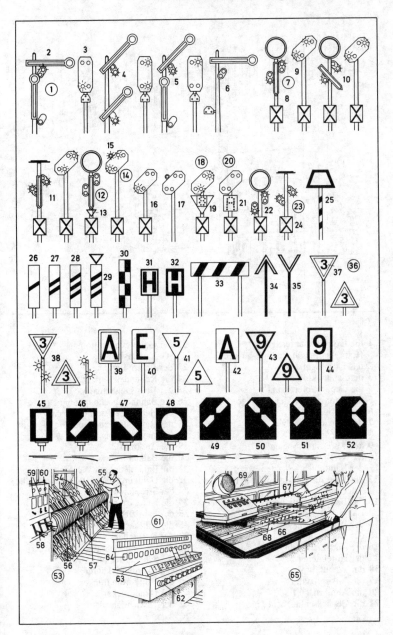

1 die Expreßgutabfertigung
 (Expreßgutannahme und -ausgabe)
2 das Expreßgut
3 der Schließkorb
4 die Gepäckabfertigung
5 die automatische Zeigerwaage
6 der Koffer
7 der Gepäckaufkleber
8 der Gepäckschein
9 der Abfertigungsbeamte
10 das Werbeplakat
11 der Bahnhofsbriefkasten
12 die Tafel für die Meldung *f* verspäteter
 Züge *m*
13 das Bahnhofsrestaurant (die
 Bahnhofsgaststätte)
14 der Warteraum (Wartesaal)
15 der Stadtplan
16 die Kursbuchtafeln *f*
17 der Hoteldiener
18 der Wandfahrplan
19 die Ankunftstafel
20 die Abfahrtstafel
21 die Gepäckschließfächer *n*

22 der Geldwechselautomat
 (Geldwechsler)
23 der Bahnsteigtunnel
24 die Reisenden *m u. f*
25 der Bahnsteigaufgang
26 die Bahnhofsbuchhandlung
27 die Handgepäckaufbewahrung
28 das Reisebüro; *auch:* der Hotel- und
 Zimmernachweis
29 die Auskunft
30 die Bahnhofsuhr
31 die Bankfiliale, mit Wechselstelle *f*
32 die Geldkurstabelle (Währungstabelle)
33 der Streckennetzplan
34 die Fahrkartenausgabe
35 der Fahrkartenschalter
36 die Fahrkarte
37 der Drehteller
38 die Sprechmembran
39 der Schalterbeamte
 (Fahrkartenverkäufer)
40 der Fahrkartendrucker
41 der Handdrucker
42 der Taschenfahrplan

43 die Gepäckbank
44 die Sanitätswache
45 die Bahnhofsmission
46 die öffentliche Fernsprechzelle
(Telefonzelle)
47 der Tabakwarenkiosk
48 der Blumenkiosk
49 der Auskunftsbeamte
50 das amtliche Kursbuch

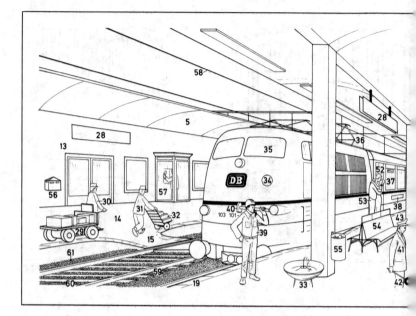

1 der Bahnsteig
2 die Bahnsteigtreppe
3 die Bahnsteigüberführung
4 die Bahnsteignummer
5 die Bahnsteigüberdachung
6 die Reisenden *m u. f*
7–12 das Reisegepäck
7 der Handkoffer
8 der Kofferanhänger
9 der Hotelaufkleber *m*
10 die Reisetasche
11 die Hutschachtel
12 der Schirm (Regenschirm), ein Stockschirm *m*
13 das Empfangsgebäude (Dienstgebäude)
14 der Hausbahnsteig
15 der Gleisüberweg
16 der fahrbare Zeitungsständer
17 der Zeitungsverkäufer
18 die Reiselektüre
19 die Bahnsteigkante
20 der Bahnpolizist
21 der Fahrtrichtungsanzeiger
22 das Feld für den Zielbahnhof

23 das Feld für die planmäßige Abfahrtszeit
24 das Feld für die Zugverspätung
25 der S-Bahnzug, ein Triebwagenzug *m*
26 das Sonderabteil
27 der Bahnsteiglautsprecher
28 das Stationsschild
29 der Elektrokarren
30 der Ladeschaffner
31 der Gepäckträger
32 der Gepäckschiebekarren
33 der Trinkbrunnen
34 der elektrische TEE-Zug (Trans-Europe-Express), *auch:* IC-Zug (Intercity-Zug)
35 die E-Lok, eine elektrische Schnellzugslokomotive
36 der Stromabnehmerbügel
37 das Zugsekretariat
38 das Richtungsschild
39 der Wagenmeister
40 der Radprüfhammer
41 der Aufsichtsbeamte
42 der Befehlsstab
43 die rote Mütze

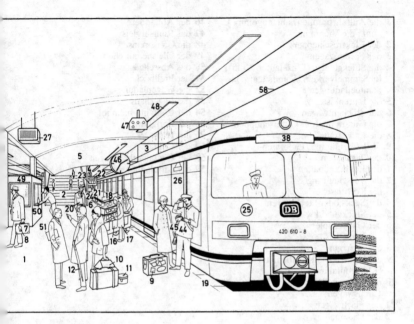

44 der Auskunftsbeamte
45 der Taschenfahrplan
46 die Bahnsteiguhr
47 das Abfahrtssignal
48 die Bahnsteigbeleuchtung
49 der Bahnsteigkiosk für Erfrischungen *f*
   und Reiseverpflegung *f*
50 die Bierflasche
51 die Zeitung
52 der Abschiedskuß
53 die Umarmung
54 die Wartebank
55 der Abfallkorb
56 der Bahnsteigbriefkasten
57 das Bahnsteigtelefon (der
   Bahnsteigfernsprecher)
58 der Fahrdraht
59–61 das Gleis
59 die Schiene
60 die Schwelle
61 der Schotter (das Schotterbett)

206 Güterbahnhof

1 die Auffahrtrampe (Fahrzeugrampe);
ähnl.: die Viehrampe
2 der Elektroschlepper
3 der Förderwagen
4 die Stückgüter *n* (Einzelgüter, Kolli);
im Sammelverkehr: Sammelgut *n* in
Sammelladungen *f*
5 die Lattenkiste
6 der Stückgutwagen
7 die Güterhalle (der Güterschuppen)
8 die Ladestraße
9 die Hallenrampe (Laderampe)
10 der Torfballen
11 der Leinwandballen
12 die Verschnürung
13 die Korbflasche
14 der Sack- oder Stechkarren
15 der Stückgut-Lkw
16 der Gabelstapler
17 das Ladegleis
18 das Sperrgut
19 der bahneigene Kleinbehälter
(Kleincontainer)
20 der Schaustellerwagen (*ähnl.*:
Circuswagen)
21 der Flachwagen
22 das Lademaß
23 der Strohballen
24 der Rungenwagen
25 der Wagenpark
26–39 der Güterboden
26 die Frachtgutannahme
(Güterabfertigung)
27 das Stückgut
28 der Stückgutunternehmer
29 der Lademeister
30 der Frachtbrief
31 die Stückgutwaage
32 die Palette
33 der Güterbodenarbeiter
34 der Elektrowagen
35 der Förderwagen
36 der Abfertigungsbeamte (die
Ladeaufsicht)
37 das Hallentor
38 die Laufschiene
39 die Laufrolle
40 das Wiegehäuschen
41 die Gleiswaage
42 der Rangierbahnhof
43 die Rangierlok
44 das Rangierstellwerk
45 der Rangiermeister
46 der Ablaufberg
47 das Rangiergleis
48 die Gleisbremse
49 der Gleishemmschuh
50 das Abstellgleis
51 der Prellbock
52 die Wagenladung
53 das Lagerhaus
54 der Containerbahnhof
55 der Portalkran
56 das Hubwerk
57 der Container
58 der Containertragwagen
59 der Sattelanhänger

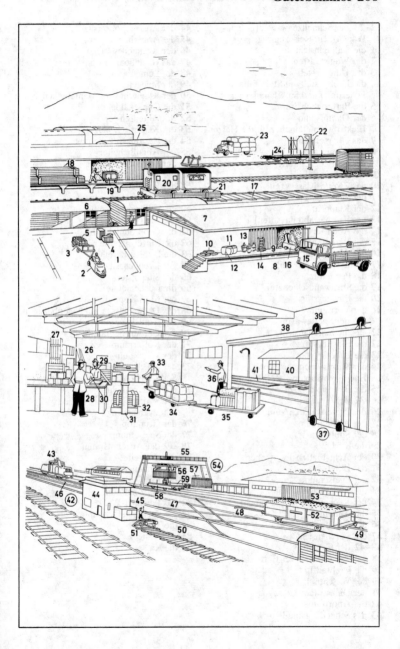

207 Eisenbahnfahrzeuge (Schienenfahrzeuge) I

1–21 der Schnellzugwagen (D-Zug-Wagen), ein Reisezugwagen
1 die Seitenansicht
2 der Wagenkasten
3 das Untergestell
4 das Drehgestell mit Stahl-Gummi-Federung f und Stoßdämpfern m
5 die Batteriebehälter m
6 der Dampf- und Elektrowärmetauscher für die Heizung
7 das Übersetzfenster
8 die Gummiwulstdichtung
9 der statische Entlüfter
10–21 der Grundriß
10 der Zweite-Klasse-Teil
11 der Seitengang
12 der Klappsitz
13 das Fahrgastabteil (Abteil)
14 die Abteiltür
15 der Waschraum
16 der Abortraum
17 der Erste-Klasse-Teil
18 die Pendeltür
19 die Stirnwandschiebetür
20 die Einstiegstür
21 der Vorraum
22–32 der Speisewagen
22–25 die Seitenansicht
22 die Einstiegstür
23 die Ladetür
24 der Stromabnehmer für die Energieversorgung bei Stillstand m
25 die Batterietröge m
26–32 der Grundriß
26 der Personalwaschraum
27 der Abstellraum
28 der Spülraum
29 die Küche
30 der Acht-Platten-Elektroherd
31 das Büfett
32 der Speiseraum
33 die Speisewagenküche
34 der Küchenmeister (Zugkoch)
35 die Anrichte
36 der Schlafwagen
37 die Seitenansicht
38–42 der Grundriß
38 das Zwei-Platz-zwei-Bett-Abteil
39 die Drehfalttür
40 der Waschtisch
41 der Dienstraum
42 der Abortraum
43 das Schnellzugabteil

44 der Ausziehpolstersitz
45 die Armlehne
46 der Armlehnenascher
47 das verstellbare Kopfpolster
48 der Leinenbezug
49 der Spiegel
50 der Kleiderhaken (Mantelhaken)
51 die Gepäckablage
52 das Abteilfenster
53 das Klapptischchen
54 die Heizungsregulierung
55 der Abfallbehälter
56 der Schleudervorhang
57 die Fußstütze
58 der Eckplatz
59 der Großraumwagen
60 die Seitenansicht
61–72 der Grundriß
61 das Großraumabteil
62 die Einzelsitzreihe
63 die Doppelsitzreihe
64 der Drehliegesitz
65 das Sitzpolster
66 die Rückenlehne
67 der (das) Kopfteil
68 das Daunenkissen mit Nylonbezug m
69 die Armlehne, mit Ascher m
70 der Garderobenraum
71 der Kofferraum
72 der WC-Raum
73 der Quick-Pick-Wagen, ein Selbstbedienungsspeisewagen m
74 die Seitenansicht
75 der Stromabnehmer für die Standversorgung
76 der Grundriß
77 der Speiseraum
78–79 der Angebotsraum
78 die Gastseite
79 die Bedienerseite
80 die Küche
81 der Personalraum
82 das Personal-WC
83 die Speisengefache n
84 die Teller m
85 das Besteck
86 die Kasse

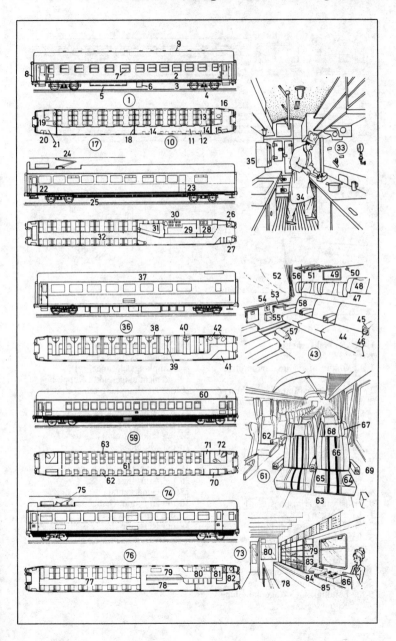

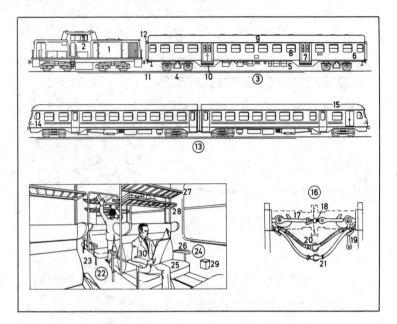

1–30 der Nahverkehr
1–12 der Nahverkehrszug
1 die einmotorige Diesellokomotive (Diesellok)
2 der Lokomotivführer (Lokführer)
3 der vierachsige Nahverkehrswagen, ein Reisezugwagen *m*
4 das Drehgestell [mit Scheibenbremsen *f*]
5 das Untergestell
6 der Wagenkasten mit der Beblechung
7 die Doppeldrehfalttür
8 das Abteilfenster
9 der Großraum
10 der Einstieg (Einstiegsraum)
11 der Übergang
12 die Gummiwulstabdichtung
13 der Leichttriebwagen, ein Nahverkehrstriebwagen *m*, ein Dieseltriebwagen *m*
14 der Triebwagenführerstand
15 der Gepäckraum
16 die Leitungs- und Wagenkupplung
17 der Kupplungsbügel

18 die Spannvorrichtung (die Kupplungsspindel mit dem Kupplungsschwengel *m*)
19 die nicht eingesenkte Kupplung
20 der Heizkupplungsschlauch der Heizleitung
21 der Bremskupplungsschlauch der Bremsluftleitung
22 der Fahrgastraum 2. Klasse *f*
23 der Mittelgang
24 das Abteil
25 die Polsterbank
26 die Armstütze
27 die Gepäckablage
28 die Hut- und Kleingepäckablage
29 der Kippaschenbecher
30 der Reisende (Fahrgast)

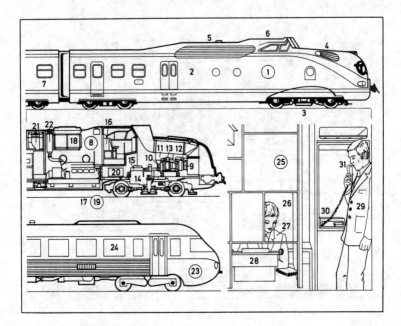

1–22 der TEE-(IC-)Zug (Trans-Europe-Express-Intercity-Zug)
1 der Triebzug (Triebwagenzug) der Deutschen Bundesbahn (DB), ein Dieseltriebzug *m* oder Gasturbinentriebzug *m*
2 der Triebkopf (Triebwagen)
3 der Triebradsatz
4 die Vortriebsmaschinenanlage (der Fahrdieselmotor)
5 die Dieselgeneratoranlage
6 der Führerstand
7 der Mittelwagen
8 der Gasturbinentriebkopf [im Schnitt]
9 die Gasturbine
10 das Turbinengetriebe
11 der Luftansaugkanal
12 die Abgasleitung mit Schalldämpfer *m*
13 die elektrische Startanlage
14 das Voith-Getriebe
15 der Wärmetauscher für das Getriebeöl
16 der Gasturbinensteuerschrank
17 der Kraftstoffbehälter für die Gasturbine
18 die Öl-Luft-Kühlanlage für Getriebe *n* und Turbine *f*
19 der Hilfsdieselmotor (Hilfsdiesel)
20 der Kraftstoffbehälter
21 die Kühlanlage
22 die Auspuffleitung, mit Schalldämpfer *m*
23 der Versuchstriebwagenzug der Société Nationale des Chemins de Fer Français (SNCF), mit Sechszylinder-Unterflurdieselmotor *m* und Zweiwellen-Gasturbine *f*
24 die geräuschgedämpfte Turbinenanlage
25 das Zugsekretariat
26 das Schreibabteil
27 die Zugsekretärin
28 die Schreibmaschine
29 der Geschäftsreisende (reisende Geschäftsmann)
30 das Diktiergerät
31 das Mikrophon

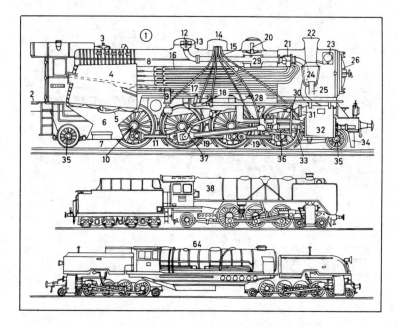

1–69 Dampflokomotiven *f* (Dampfloks)
2–37 der Lokomotivkessel und das
  Loktriebwerk
2 die Tenderbrücke, mit Kupplung *f*
3 das Sicherheitsventil, für
  Dampfüberdruck *m*
4 die Feuerbüchse
5 der Kipprost
6 der Aschkasten, mit Luftklappen *f*
7 die Aschkastenbodenklappe
8 die Rauchrohre *n*
9 die Speisewasserpumpe
10 das Achslager
11 die Kuppelstange
12 der Dampfdom
13 das Reglerventil
14 der Sanddom
15 die Sandabfallrohre *n*
16 der Langkessel
17 die Heiz- oder Siederohre *n*
18 die Steuerung
19 die Sandstreuerrohre *n*
20 das Speiseventil
21 der Dampfsammelkasten

22 der Schornstein (Rauchaustritt und
  Abdampfauspuff)
23 der Speisewasservorwärmer
  (Oberflächenvorwärmer)
24 der Funkenfänger
25 das Blasrohr
26 die Rauchkammertür
27 der Kreuzkopf
28 der Schlammsammler
29 das Rieselblech
30 die Schieberstange
31 der Schieberkasten
32 der Dampfzylinder
33 die Kolbenstange mit Stopfbuchse *f*
34 der Bahnräumer (Gleisräumer,
  Schienenräumer)
35 die Laufachse
36 die Kuppelachse
37 die Treibachse
38 die Schlepptender-
  Schnellzuglokomotive

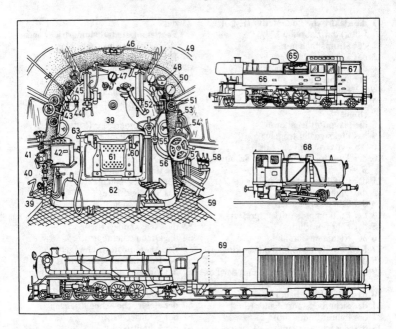

39–63 der Dampflokführerstand
39 der Heizersitz
40 die Kipprostkurbel
41 die Strahlpumpe
42 die automatische Schmierpumpe
43 der Vorwärmerdruckmesser
44 der Heizdruckmesser
45 der Wasserstandsanzeiger
46 die Beleuchtung
47 der Kesseldruckmesser
48 das Fernthermometer
49 das Lokführerhaus
50 der Bremsdruckmesser
51 der Hebel der Dampfpfeife
52 der Regulator (Reglerhandhebel)
53 das Führerbremsventil
54 der Geschwindigkeitsschreiber
  (Tachograph)
55 der Hahn zum Sandstreuer *m*
56 das Steuerrad
57 das Notbremsventil
58 das Auslöseventil
59 der Lokführersitz
60 der Blendschutz

61 die Feuertür
62 der Stehkessel
63 der Handgriff des Feuertüröffners *m*
64 die Gelenklokomotive
  (Garratlokomotive)
65 die Tenderlok
66 der Wasserkasten
67 der Brennstofftender
68 die Dampfspeicherlokomotive
  (feuerlose Lokomotive)
69 die Kondensationslokomotive

211 Eisenbahnfahrzeuge (Schienenfahrzeuge) V

1 **die elektrische Lokomotive** (E-Lok, Ellok) der Baureihe 141
2 der Stromabnehmer
3 der Hauptschalter
4 der Oberspannungswandler
5 die Dachleitung
6 der Fahrmotor
7 die induktive Zugbeeinflussung (Indusi)
8 die Hauptluftbehälter *m*
9 das Pfeifsignalinstrument
10–18 der Grundriß der Lok 141
10 der Transformator mit dem Schaltwerk *n*
11 der Ölkühler mit dem Lüfter *m*
12 die Ölumlaufpumpe
13 der Schaltwerkantrieb
14 der Luftkompressor (Luftpresser)
15 der Fahrmotorlüfter
16 der Klemmenschrank
17 Kondensatoren *m* für Hilfsmotoren *m*
18 die Kommutatorklappe
19 der Führerstand (Führerraum) der Lok 141
20 das Fahrschalterhandrad
21 der Sicherheitsfahrschalter (Sifa)
22 das Führerbremsventil
23 das Zusatzbremsventil
24 die Luftdruckanzeige
25 der Überbrückungsschalter der Sifa
26 die Zugkraftanzeige
27 die Heizspannungsanzeige
28 die Fahrdrahtspannungsanzeige
29 die Oberstromspannungsanzeige
30 der Auf-und-ab-Schalter für den Stromabnehmer
31 der Hauptschalter
32 der Sandschalter
33 der Schalter für die Schleuderschutzbremse
34 die optische Anzeige für die Hilfsbetriebe *m*
35 die Geschwindigkeitsanzeige
36 die Fahrstufenanzeige
37 die Zeituhr
38 die Bedienung der Indusi
39 der Schalter für die Führerstandsheizung
40 der Hebel für das Pfeifsignal

41 der **Fahrleitungsunterhaltungstriebwagen** (Regelturmtriebwagen), ein Dieseltriebwagen *m*
42 die Arbeitsbühne
43 die Leiter
44–54 die Maschinenanlage des Fahrleitungsunterhaltungstriebwagens *m*
44 der Luftkompressor (Luftpresser)
45 die Lüfterölpumpe
46 die Lichtmaschine
47 der Dieselmotor
48 die Einspritzpumpe
49 der Schalldämpfer
50 das Schaltgetriebe
51 die Gelenkwelle
52 die Spurkranzschmierung
53 das Achswendegetriebe
54 die Drehmomentenstütze
55 **der Akkumulatortriebwagen**
56 der Batterieraum (Batterietrog)
57 der Führerstand
58 die Sitzanordnung der zweiten Klasse
59 die Toilette
60 **der elektrische Schnelltriebzug**
61 der Endtriebwagen
62 der Mitteltriebwagen

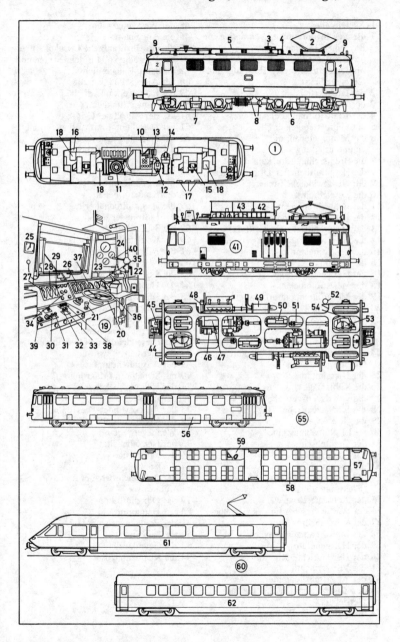

212 Eisenbahnfahrzeuge (Schienenfahrzeuge) VI

1–84 Dieselloks *f*

1 die dieselhydraulische Lokomotive der Baureihe 218, eine Streckendiesellokomotive (Diesellok) für den mittelschweren Reisezug- und Güterzugdienst
2 das Drehgestell
3 der Radsatz
4 der Kraftstoffhauptbehälter
5 der Führerstand einer Diesellok
6 das Manometer für die Hauptluftleitung
7 die Bremszylinderdruckanzeige
8 die Hauptluftbehälter-Druckanzeige
9 der Geschwindigkeitsmesser
10 die Zusatzbremse
11 das Führerbremsventil
12 das Fahrschalterhandrad
13 der Sicherheitsfahrschalter (Sifa)
14 die induktive Zugsicherung (Indusi)
15 die Leuchtmelder *m*
16 die Zeituhr
17 der Heizspannungsmesser
18 der Heizstrommesser
19 der Motoröltemperaturmesser
20 der Getriebeöltemperaturmesser
21 der Kühlwassertemperaturmesser
22 der Motordrehzahlmesser
23 das Zugbahnfunkgerät
24 die dieselhydraulische Lokomotive [in Grund- und Aufriß]
25 der Dieselmotor
26 die Kühlanlage
27 das Flüssigkeitsgetriebe
28 das Radsatzgetriebe
29 die Gelenkwelle
30 die Lichtanlaßmaschine
31 der Gerätetisch
32 das Führerpult
33 die Handbremse
34 der Luftpresser mit E-Motor *m* (Elektromotor)
35 der Apparateschrank
36 der Wärmetauscher für das Getriebeöl
37 der Maschinenraumlüfter
38 der Indusi-Fahrzeugmagnet
39 der Heizgenerator
40 der Heizumrichterschrank
41 das Vorwärmgerät
42 der Abgasschalldämpfer
43 der Zusatzwärmetauscher für das Getriebeöl
44 die hydraulische Bremse

45 der Werkzeugkasten
46 die Anlaßbatterie
47 die dieselhydraulische C-Lokomotive der Baureihe 260 für den leichten und mittleren Rangierdienst
48 der Abgasschalldämpfer
49 das Läutewerk und die Pfeife
50 das Rangierfunkgerät
51–67 der Aufriß der C-Lok
51 der Dieselmotor mit Aufladeturbine *f*
52 das Flüssigkeitsgetriebe
53 das Nachschaltgetriebe
54 der Kühler
55 der Wärmetauscher für das Motorschmieröl
56 der Kraftstoffbehälter
57 die Hauptluftbehälter *m*
58 der Luftpresser
59 die Sandkästen *m*
60 der Kraftstoffreservebehälter
61 der Hilfsluftbehälter
62 der hydrostatische Lüfterantrieb
63 die Sitzbank mit Kleiderkasten *m*
64 das Handbremsrad
65 der Kühlwasserausgleichsbehälter
66 der Ausgleichsballast
67 der Bedienungshandrad für die Motor- und Getrieberegulierung
68 die Dieselkleinlokomotive für den Rangierdienst
69 der Auspuffendtopf
70 das Signalhorn (Makrophon)
71 der Hauptluftbehälter
72 der Luftpresser
73 der Acht-Zylinder-Dieselmotor
74 das Voith-Getriebe mit Wendegetriebe *n*
75 der Heizölbehälter
76 der Sandkasten
77 die Kühlanlage
78 der Ausgleichsbehälter für das Kühlwasser
79 das Ölbadluftfilter
80 das Handbremsrad
81 das Bedienungshandrad
82 die Kupplung
83 die Gelenkwelle
84 die Klappenjalousie

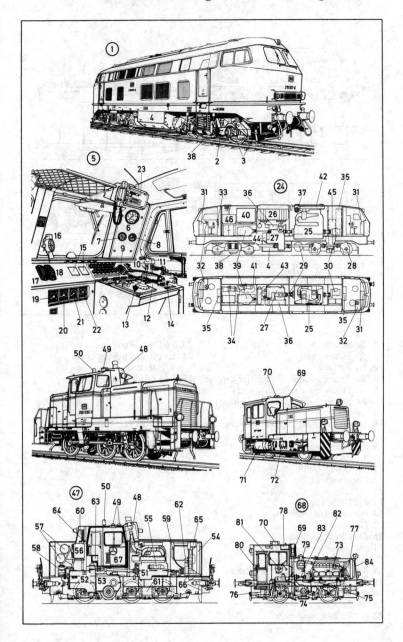

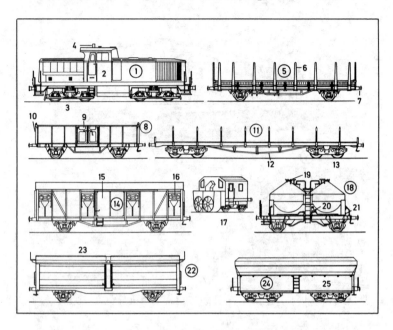

1 die dieselhydraulische Lokomotive
2 der Führerstand
3 der Radsatz
4 die Antenne für die Rangierfunkanlage
5 der Flachwagen in Regelbauart f
6 die abklappbare Stahlrunge (Runge)
7 die Puffer m
8 der offene Güterwagen in Regelbauart f
9 die Seitenwanddrehtüren f
10 die abklappbare Stirnwand
11 der Drehgestellflachwagen in Regelbauart f
12 die Längsträgerverstärkung
13 das Drehgestell
14 der gedeckte Güterwagen
15 die Schiebetür
16 die Lüftungsklappe
17 die Schneeschleuder, eine Schienenräummaschine
18 der Wagen für Druckluftentladung f
19 die Einfüllöffnung
20 der Druckluftanschluß
21 der Entleerungsanschluß
22 der Schiebedachwagen
23 die Dachöffnung
24 der offene Drehgestell-Selbstentladewagen
25 die Entladeklappe

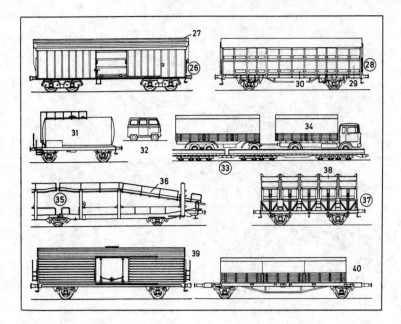

26 der Drehgestell-Schwenkdachwagen
27 das Schwenkdach
28 der großräumige Verschlagwagen für
   die Beförderung von Kleinvieh *n*
29 die luftdurchlässige Seitenwand
   (Lattenwand)
30 die Lüftungsklappe
31 der Kesselwagen
32 der Gleiskraftwagen
33 die Spezialflachwagen *m*
34 der Lastzug
35 der Doppelstockwagen, für den
   Autotransport
36 die Auffahrmulde
37 der Muldenkippwagen
38 die Kippmulde
39 der Universalkühlwagen
40 die Wechselaufbauten *m* für
   Flachwagen *m*

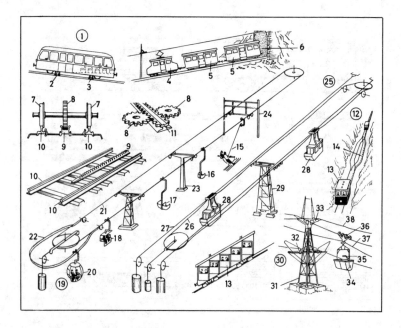

1–14 Schienenbergbahnen *f*
1 der Triebwagen, mit forcierter
  Adhäsion
2 der Antrieb
3 die Notbremse
4 *u.* 5 die Zahnradbergbahn
4 die elektrische Zahnradlokomotive
5 der Zahnradbahnanhänger
6 der Tunnel
7–11 Zahnstangenbahnen *f* [Systeme]
7 das Laufrad
8 das Triebzahnrad
9 die Sprossenzahnstange
10 die Schiene
11 die Doppelleiterzahnstange
12 die Standseilbahn
13 der Standseilbahnwagen
14 das Zugseil
15–38 Seilschwebebahnen *f*
  (Schwebebahnen, Drahtseilbahnen,
  Seilbahnen)
15–24 Einseilbahnen *f*, **Umlaufbahnen** *f*
15 der Skischlepplift
16–18 der Sessellift
16 der Liftsessel, ein Einmannsessel *m*

17 der Doppelliftsessel, ein
  Zweimannsessel *m*
18 der kuppelbare Doppelsessel
19 die Kleinkabinenbahn, eine
  Umlaufbahn
20 die Kleinkabine (Umlaufkabine)
21 das Umlaufseil, ein Trag- und Zugseil *n*
22 die Umführungsschiene
23 die Einmaststütze
24 die Torstütze
25 die Zweiseilbahn, eine Pendelbahn
26 das Zugseil
27 das Tragseil
28 die Fahrgastkabine
29 die Zwischenstütze
30 die Seilschwebebahn, eine
  Zweiseilbahn
31 die Gitterstütze
32 die Zugseilrolle
33 der Seilschuh (das Tragseillauflager)
34 der Wagenkasten, ein Kippkasten *m*
35 der Kippanschlag
36 das Laufwerk
37 das Zugseil
38 das Tragseil

39 die Talstation
40 der Spanngewichtschacht (Spannschacht)
41 das Tragseilspanngewicht
42 das Zugseilspanngewicht
43 die Spannseilscheibe
44 das Tragseil
45 das Zugseil
46 das Gegenseil (Unterseil)
47 das Hilfsseil
48 die Hilfsseilspannvorrichtung
49 die Zugseiltragrollen *f*
50 die Anfahrfederung (der Federpuffer)
51 der Talstationsbahnsteig
52 die Fahrgastkabine (Seilbahngondel), eine Großkabine (Großraumkabine)
53 das Laufwerk
54 das Gehänge
55 der Schwingungsdämpfer
56 der Abweiser (Abweisbalken)
57 die Bergstation
58 der Tragseilschuh
59 der Tragseilverankerungspoller
60 die Zugseilrollenbatterie
61 die Zugseilumlenkscheibe
62 die Zugseilantriebsscheibe
63 der Hauptantrieb
64 der Reserveantrieb
65 der Führerstand
66 das Kabinenlaufwerk
67 der Laufwerkhauptträger
68 die Doppelwiege
69 die Zweiradwiege
70 die Laufwerkrollen *f*
71 die Tragseilbremse, eine Notbremse bei Zugseilbruch *m*
72 der Gehängebolzen
73 die Zugseilmuffe
74 die Gegenseilmuffe
75 der Entgleisungsschutz
76 Seilbahnstützen *f* (Zwischenstützen)
77 der Stahlgittermast, eine Fachwerkstütze
78 der Stahlrohrmast, eine Stahlrohrstütze
79 der Tragseilschuh (Stützenschuh)
80 der Stützengalgen, ein Montagegerät *n* für Seilarbeiten *f*
81 das Stützenfundament

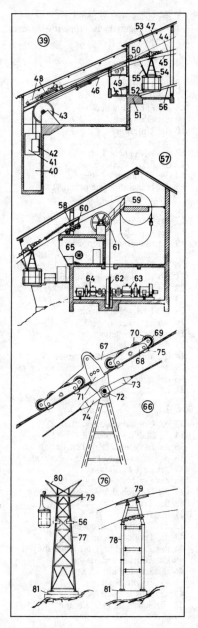

215 Brücken

1 der Brückenquerschnitt
2 die orthogonal anisotrope (orthotrope) Fahrbahnplatte
3 das Sprengwerk
4 die Verstrebung
5 der Hohlkasten
6 das Fahrbahnblech
7 die Balkenbrücke
8 die Fahrbahnoberkante
9 der Obergurt
10 der Untergurt
11 das feste Lager
12 das bewegliche Lager
13 die lichte Weite
14 die Spannweite (Stützweite)
15 der Hängesteg (die primitive Hängebrücke)
16 das Tragseil
17 das Hängeseil
18 der geflochtene Steg
19 die steinerne Bogenbrücke (Steinbrücke), eine Massivbrücke
20 der Brückenbogen (das Brückenjoch)
21 der Brückenpfeiler (Strompfeiler)
22 die Brückenfigur (der Brückenheilige)
23 die Fachwerkbogenbrücke
24 das Fachwerkelement
25 der Fachwerkbogen
26 die Bogenspannweite
27 der Landpfeiler
28 die aufgeständerte Bogenbrücke
29 der Bogenkämpfer (das Widerlager)
30 der Brückenständer
31 der Bogenscheitel
32 die mittelalterliche Hausbrücke (der *Ponte Vecchio* in *Florenz*)
33 die Goldschmiedeläden *m*
34 die Stahlgitterbrücke
35 die Diagonale (Brückenstrebe)
36 der Brückenpfosten (die Vertikale)
37 der Fachwerkknoten
38 das Endportal (Windportal)
39 die Hängebrücke
40 das Tragkabel
41 der Hänger
42 der Pylon (das Brückenportal)
43 die Tragkabelverankerung
44 das Zugband [mit der Fahrbahn]
45 das Brückenwiderlager
46 die Schrägseilbrücke (Zügelgurtbrücke)
47 das Abspannseil (Schrägseil)
48 die Schrägseilverankerung
49 die Stahlbetonbrücke
50 der Stahlbetonbogen
51 das Schrägseilsystem (Vielseilsystem)
52 die Flachbrücke, eine Vollwandbrücke
53 die Queraussteifung
54 der Strompfeiler
55 das Auflager (Brückenlager)
56 der Eisbrecher
57 die Sundbrücke, eine Brücke aus Fertigbauteilen *m* od. *n*
58 der (das) Fertigbauteil (Fertigbauelement)
59 die Hochstraße (aufgeständerte Straße)
60 die Talsohle
61 der Stahlbetonständer
62 das Vorbaugerüst
63 die Gitterdrehbrücke
64 der Drehkranz
65 der Drehpfeiler
66 die drehbare Brückenhälfte (Halbbrücke)
67 die Flachdrehbrücke
68 das Mittelteil
69 der Drehzapfen
70 das Brückengeländer

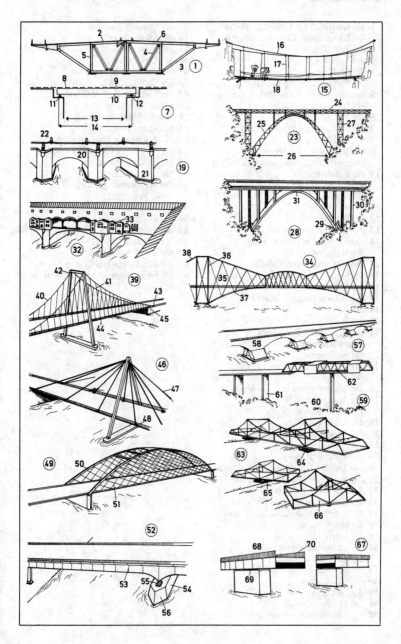

216 Fluß und Flußbau

1 **die Gierfähre** (*mit eigenem Antrieb:* Seilfähre; *auch:* Kettenfähre), eine Personenfähre
2 das Fährseil
3 der Flußarm
4 die Flußinsel (Strominsel)
5 der Uferabbruch am Flußufer *n*, ein Hochwasserschaden *m*
6 **die Motorfähre**
7 der Fährsteg (Motorbootsteg)
8 die Pfahlgründung
9 die Strömung (der Stromstrich, Stromschlauch, Strömungsverlauf)
10 **die Pendelfähre** (fliegende Fähre, Flußfähre, Stromfähre), eine Wagenfähre
11 das Fährboot
12 der Schwimmer
13 die Verankerung
14 der Liegehafen (Schutzhafen, Winterhafen)
15 **die Stakfähre,** eine Kahnfähre
16 die Stake
17 der Fährmann
18 der Altarm (tote Flußarm)
19 die Buhne
20 der Buhnenkopf
21 die Fahrrinne (Teil *m* des Fahrwassers *n*)
22 **der Schleppzug**
23 der Flußschleppdampfer (*österr.* Remorqueur)
24 die Schlepptrosse (das Schleppseil)
25 der Schleppkahn (Frachtkahn, Lastkahn, *md.* die Zille)
26 der Schleppschiffer
27 **das Treideln** (der Leinzug)
28 der Treidelmast
29 der Treidelmotor
30 das Treidelgleis; *früh.:* der Leinpfad
31 der Fluß, nach der Flußregelung
32 **der Hochwasserdeich** (Winterdeich)
33 der Entwässerungsgraben
34 das Deichsiel (die Deichschleuse)
35 die Flügelmauer
36 der Vorfluter
37 der Seitengraben (die Sickerwasserableitung)
38 die Berme (der Deichabsatz)
39 die Deichkrone
40 die Deichböschung
41 das Hochwasserbett
42 der Überschwemmungsraum

43 der Strömungsweiser
44 die Kilometertafel
45 das Deichwärterhaus; *auch:* Fährhaus
46 der Deichwärter
47 die Deichrampe
48 der Sommerdeich
49 der Flußdamm (Uferdamm)
50 die Sandsäcke *m*
51–55 **die Uferbefestigung**
51 die Steinschüttung
52 die Anlandung (Sandablagerung)
53 die Faschine (das Zweigebündel)
54 die Flechtzäune *m*
55 die Steinpackung
56 **der Schwimmbagger,** ein Eimerkettenbagger *m*
57 die Eimerkette (das Paternosterwerk)
58 der Fördereimer
59 **der Saugbagger,** mit Schleppkopf- oder Schutensauger *m*
60 die Treibwasserpumpe
61 der Rückspülschieber
62 die Saugpumpe, eine Düsenpumpe mit Spüldüsen *f*

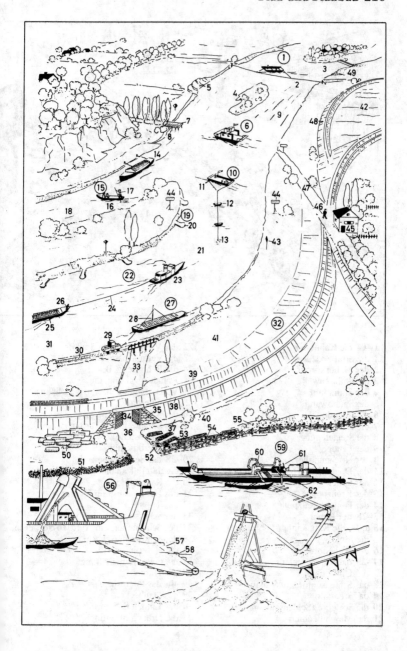

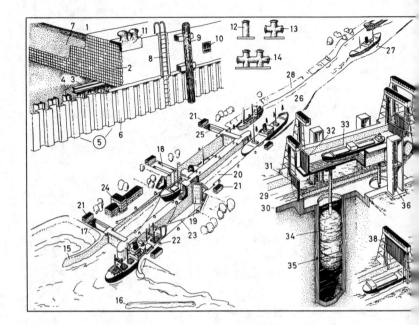

1–14 die Kaimauer
1 die Straßendecke
2 der Mauerkörper
3 die Stahlschwelle
4 der Stahlpfahl
5 die Spundwand
6 die Spundbohle
7 die Hinterfüllung
8 die Steigeleiter
9 der Fender
10 der Nischenpoller
11 der Doppelpoller
12 der Poller
13 der Kreuzpoller
14 der Doppelkreuzpoller
15–28 der Kanal
15 u. 16 die Kanaleinfahrt (Einfahrt)
15 die Mole
16 der Wellenbrecher
17–25 die Koppelschleuse
17 das Unterhaupt
18 das Schleusentor, ein Schiebetor *n*
19 das Stemmtor
20 die Schleuse (Schleusenkammer)
21 das Maschinenhaus

22 das Verholspill, ein Spill *n*
23 die Verholtrosse, eine Trosse
24 die Behörde (z. B. die
  Kanalverwaltung, die
  Wasserschutzpolizei, das Zollamt)
25 das Oberhaupt
26 der Schleusenvorhafen
27 die Kanalweiche (Weiche,
  Ausweichstelle)
28 die Uferböschung
29–38 das Schiffshebewerk
29 die untere Kanalhaltung
30 die Kanalsohle
31 das Haltungstor, ein Hubtor *n*
32 das Trogtor
33 der Schiffstrog
34 der Schwimmer, ein Auftriebskörper *m*
35 der Schwimmerschacht
36 die Hubspindel
37 die obere Kanalhaltung
38 das Hubtor
39–46 das Pumpspeicherwerk
39 das Staubecken
40 das Entnahmebauwerk
41 die Druckrohrleitung

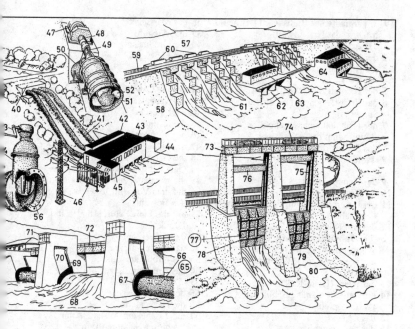

42 das Schieberhaus
43 das Turbinenhaus (Pumpenhaus)
44 das Auslaufbauwerk
45 das Schalthaus
46 die Umspannanlage
47–52 die Flügelradpumpe
   (Propellerpumpe)
47 der Antriebsmotor
48 das Getriebe
49 die Antriebswelle
50 das Druckrohr
51 der Ansaugtrichter
52 das Flügelrad
53–56 der Schieber (Absperrschieber)
53 der Kurbelantrieb
54 das Schiebergehäuse
55 der Schieber
56 die Durchflußöffnung
57–64 die Talsperre
57 der Stausee
58 die Staumauer
59 die Mauerkrone
60 der Überfall (die
   Hochwasserentlastungsanlage)
61 das Tosbecken

62 der Grundablaß
63 das Schieberhaus
64 das Krafthaus
65–72 das Walzenwehr (Wehr), eine
   Staustufe; *anderes System:* Klappwehr
65 die Walze, ein Staukörper *m*
66 die Walzenkrone
67 das Seitenschild
68 die Versenkwalze
69 die Zahnstange
70 die Nische
71 das Windwerkshaus
72 der Bedienungssteg
73–80 das Schützenwehr
73 die Windwerksbrücke
74 das Windwerk
75 die Führungsnut
76 das Gegengewicht
77 das Schütz (die Falle)
78 die Verstärkungsrippe
79 die Wehrsohle
80 die Wangenmauer

218 Historische Schiffstypen

1–6 germanisches Ruderschiff [etwa 400 n. Chr.]; das Nydamschiff
1 der Achtersteven
2 der Steuermann
3 die Ruderer *m*
4 der Vorsteven
5 der Riemen zum Rudern *n*
6 das Ruder, ein Seitenruder *n* zum Steuern *n*
7 der Einbaum, ein ausgehöhlter Baumstamm *m*
8 das Stechpaddel (die Pagaie)
9–12 die Trireme, ein röm. Kriegsschiff *n*
9 der Rammsporn
10 das Kastell
11 der Enterbalken, zum Festhalten *n* des Feindschiffs *n*
12 die drei Ruderreihen *f*
13–17 das Wikingerschiff (der Wikingerdrache, das Drachenschiff, der Seedrache, das Wogenroß) [altnordisch]
13 der Helm (Helmstock)
14 die Zeltschere, mit geschnitzten Pferdeköpfen *m*
15 das Zelt
16 der Drachenkopf
17 der Schutzschild (Schild)
18–26 die Kogge (Hansekogge)
18 das Ankerkabel (Ankertau)
19 das Vorderkastell
20 der Bugspriet
21 das aufgegeite Rahsegel
22 das Städtebanner
23 das Achterkastell
24 das Ruder, ein Stevenruder *n*
25 das Rundgattheck
26 der Holzfender
27–43 die Karavelle [„Santa Maria" 1492]
27 die Admiralskajüte
28 der Besanausleger
29 der Besan, ein Lateinersegel *n*
30 die Besanrute
31 der Besanmast
32 die Lasching (Laschung)
33 das Großsegel, ein Rahsegel *n*
34 das Bonnett, ein abnehmbarer Segelstreifen *m*
35 die Buline (Bulin, Bulien, Buleine)
36 die Martnets *pl* (Seitengordings)
37 die Großrah

38 das Marssegel
39 die Marsrah
40 der Großmast
41 das Focksegel
42 der Fockmast
43 die Blinde
44–50 die Galeere [15.–18. Jh.], eine Sklavengaleere
44 die Laterne
45 die Kajüte
46 der Mittelgang
47 der Sklavenaufseher, mit Peitsche *f*
48 die Galeerensklaven *m* (Rudersklaven, Galeerensträflinge)
49 die Rambate, eine gedeckte Plattform auf dem Vorschiff *n*
50 das Geschütz
51–60 das Linienschiff [18./19. Jh.], ein Dreidecker *m*
51 der Klüverbaum
52 das Vorbramsegel
53 das Großbramsegel
54 das Kreuzbramsegel
55–57 das Prunkheck
55 der Bovenspiegel
56 die Heckgalerie
57 die Tasche, ein Ausbau *m* mit verzierten Seitenfenstern *n*
58 der Unterspiegel (Spiegel)
59 die Geschützpforten *f*, für Breitseitenfeuer *n*
60 der Pfortendeckel

219 Segelschiff I

1–72 die Takelung und Besegelung einer Bark
1–9 die Masten *m*
1 das Bugspriet mit dem Klüverbaum *m*
2–4 der Fockmast
2 der Fockuntermast
3 die Vorstenge (Vormarsstenge)
4 die Vorbramstenge
5–7 der Großmast
5 der Großuntermast
6 die Großstenge (Großmarsstenge)
7 die Großbramstenge
8 u. **9** der Besanmast
8 der Besanuntermast
9 die Besanstenge
10–19 das stehende Gut
10 das Stag
11 das Stengestag
12 das Bramstengestag (Bramstag)
13 das Royalstengestag (Royalstag)
14 der Klüverleiter
15 das Wasserstag
16 die Wanten *f*
17 die Stengewanten *f*
18 die Bramstengewanten *f*
19 die Pardunen *f*
20–31 die Schratsegel
20 das Vor-Stengestagsegel
21 der Binnenklüver
22 der Klüver
23 der Außenklüver
24 das Groß-Stengestagsegel
25 das Groß-Bramstagsegel (Bramstengestagsegel)
26 das Groß-Royalstagsegel (Royalstengestagsegel)
27 das Besan-Stagsegel
28 das Besan-Stengestagsegel
29 das Besan-Bramstagsegel (Bramstengestagsegel)
30 das Besansegel (der Besan)
31 das Gaffeltoppsegel
32–45 die Rundhölzer *n*
32 die Fockrah
33 die Vor-Untermarsrah
34 die Vor-Obermarsrah
35 die Vor-Unterbramrah
36 die Vor-Oberbramrah
37 die Vor-Royalrah
38 die Großrah
39 die Groß-Untermarsrah
40 die Groß-Obermarsrah
41 die Groß-Unterbramrah

42 die Groß-Oberbramrah
43 die Groß-Royalrah
44 der Besanbaum (Großbaum)
45 die Gaffel
46 das Fußpferd (Peerd; *pl*: die Peerden)
47 die Toppnanten *f*
48 die Dirk (Besandirk)
49 der Gaffelstander (Pickstander)
50 die Vor-Marssaling
51 die Vor-Bramsaling
52 die Groß-Marssaling
53 die Groß-Bramsaling
54 die Besansaling
55–66 die Rahsegel *n*
55 das Focksegel
56 das Vor-Untermarssegel
57 das Vor-Obermarssegel
58 das Vor-Unterbramsegel
59 das Vor-Oberbramsegel
60 das Vor-Royalsegel
61 das Großsegel
62 das Groß-Untermarssegel
63 das Groß-Obermarssegel
64 das Groß-Unterbramsegel
65 das Groß-Oberbramsegel
66 das Groß-Royalsegel
67–71 das laufende Gut
67 die Brassen [*pl*; *sg*: die Braß]
68 die Schoten [*pl*; *sg*: die Schot]
69 die Besanschot
70 die Gaffelgeer [*pl*: die Gaffelgeerden]
71 die Gordings [*pl*; *sg*: die Gording]
72 das Reff

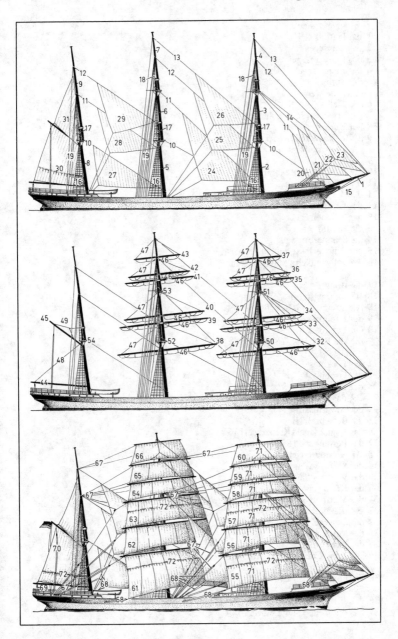

1–5 Segelformen *f*
1 das Gaffelsegel
2 das Stagsegel
3 das Lateinersegel
4 das Luggersegel
5 das Sprietsegel
6–8 Einmaster *m*
6 die Tjalk
7 das Schwert (Seitenschwert)
8 der Kutter
9 *u.* **10 Eineinhalbmaster** *m*
(Anderthalbmaster)
9 der Ewer (Ever)
10 der kurische Reisekahn
11–17 Zweimaster *m*
11–13 der Toppsegelschoner
11 das Großsegel
12 das Schonersegel
13 die Breitfock
14 die Schonerbrigg
15 der Schonermast mit Schratsegeln *n*
16 der voll getakelte Mast mit Rahsegeln
n
17 die Brigg
18–27 Dreimaster *m*
18 der Dreimast-Gaffelschoner
19 der Dreimast-Toppsegelschoner
20 der Dreimast-Marssegelschoner
21–23 die Bark [vgl. Takel- und Segelriß
Tafel 219]
21 der Fockmast
22 der Großmast
23 der Besanmast
24–27 das Vollschiff (Schiff)
24 der Kreuzmast
25 die Bagienrah (Begienrah)
26 das Bagiensegel (Kreuzsegel)
27 das Portenband (Pfortenband)
28–31 Viermaster *m*
28 der Viermast-Gaffelschoner
29 die Viermastbark
30 der Kreuzmast
31 das Viermastvollschiff
32–34 die Fünfmastbark
32 das Skysegel (Skeisel, Skeusel)
33 der Mittelmast
34 der Achtermast
35–37 Entwicklung des Segelschiffes *n* in
400 Jahren
35 das Fünfmastvollschiff „Preußen",
1902–1910
36 der engl. Klipper „Spindrift" 1867
37 die Karavelle „Santa Maria" 1492

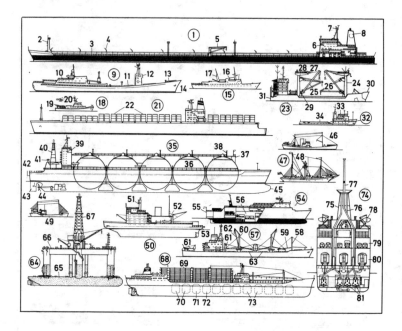

1 **der Mammuttanker** (ULCC, Ultra large crudeoil carrier) vom „All-aft-Typ" *m*
2 der vordere Mast
3 der Laufsteg mit den Rohrleitungen *f*
4 die Feuerlöschkanone (der Feuerlöschmonitor)
5 der Deckskran
6 das Deckshaus mit der Brücke
7 der achtere Signal- und Radarmast
8 der Schornstein
9 **das Kernenergieforschungsschiff** „Otto Hahn", ein Bulkfrachter *m*
10 der achtere Aufbau (das Maschinenhaus)
11 die Ladeluke für Schüttgut *n*
12 die Brücke
13 die Back
14 der Steven
15 **das Seebäderschiff**
16 der blinde Schornstein
17 der Abgasmast (Abgaspfosten)
18 **der Seenotrettungskreuzer**
19 die Hubschrauberplattform (das Arbeitsdeck)
20 der Rettungshubschrauber
21 **das Vollcontainerschiff**
22 die Containerdecksladung
23 **der Schwerstgutfrachter**
24–29 das Ladegeschirr
24 der Schwergutpfosten
25 der Schwergutkran
26 der Ladebaum
27 die Talje (der Flaschenzug)

28 der Block
29 das Widerlager
30 das Bugtor
31 die Heckladeklappe
32 **der Offshore** (Bohrinselversorger)
33 der Kompaktaufbau
34 das Ladedeck (Arbeitsdeck)
35 **das Flüssiggastanker**
36 der Kugeltank
37 der Navigationsfernsehmast
38 der Abblasemast
39 das Deckshaus
40 der Schornstein
41 der Lüfter
42 das Spiegelheck (der Heckspiegel)
43 das Ruderblatt
44 die Schiffsschraube
45 der Bugwulst (Bulbsteven)
46 der Fischdampfer (Seitentrawler)
47 **das Feuerschiff**
48 die Laterne
49 der Motorfischkutter
50 **der Eisbrecher**
51 der Turmmast
52 der Hubschrauberhangar
53 die Heckführungsrinne zum Aufnehmen *n* des Bugs *m* geleiteter Schiffe *n*
54 **die Ro-Ro-Trailerfähre** (der Roll-on-Roll-off-Trailer, Roro-Trailer)
55 die Heckpforte mit Auffahrrampe *f*
56 die Lkw-Fahrstühle *m*
57 **der Mehrzweckfrachter**
58 der Lade- und Lüfterpfosten

59 der Ladebaum (das Ladegeschirr)
60 der Lademast
61 der Deckskran
62 der Schwergutbaum
63 die Ladeluke
64 **die halbtauchende Bohrinsel**
65 der Schwimmer mit der Maschinenanlage
66 die Arbeitsplattform
67 der Bohrturm
68 **der Viehtransporter** (Livestock-Carrier)
69 der Aufbau für den Tiertransport
70 die Frischwassertanks *m*
71 der Trüböltank
72 der Dungtank
73 die Futtertanks *m*
74 **die Eisenbahnfähre** (das Trajekt) [im Querschnitt]
75 der Schornstein
76 die Rauchzüge *m* (Abgasleitungen *f*)
77 der Mast
78 das Rettungsboot im Patentdavit *m*
79 das Autodeck
80 das Eisenbahndeck
81 die Hauptmotoren *m*
82 **der Passagierdampfer** (Liner, Ocean Liner)
83 der Atlantiksteven
84 der Gittermantelschornstein
85 die Flaggengala (der Flaggenschmuc über die Toppen *m* geflaggt, z. B. be der Jungfernfahrt)

86 der Hecktrawler, ein Fischfang- und
   Verarbeitungsschiff *n*
87 der Heckgalgen
88 die Heckaufschleppe
89 das Containerschiff
90 die Verladebrücke
91 das Seefallreep (die Jakobsleiter,
   Strickleiter)
92 der Schubverband, zwei
   Binnenwasserfahrzeuge *n*
93 der Schubschlepper (Schubtrecker)
94 der Schubleichter (Schubkahn), ein
   Gastankleichter *m*
95 das Lotsenboot
96 das kombinierte Fracht-Fahrgast-Schiff
   in Linienfahrt *f* (Kombischiff, der
   Linienfrachter)
97 das Ausbooten der Passagiere *m*
98 das Fallreep
99 das Küstenmotorschiff (Kümo)
100 der Zoll- *oder* Polizeikreuzer
101–128 der Ausflugsdampfer (das
   Bäderschiff)
101–106 die Rettungsbootsaufhängung
101 der Davit
102 der Mittelstander
103 das Manntau
104 die Talje
105 der Block
106 der Taljenläufer
107 das Rettungsboot (die Pinasse) mit
   der Persenning
108 der Steven
109 der Passagier (Fahrgast)

110 der Steward
111 der Deckstuhl (Liegestuhl)
112 der Schiffsjunge (*seem.* Moses)
113 der Eimer (*seem.* die Pütz)
114 der Bootsmann
115 die Litewka
116 das Sonnensegel
117 die Sonnensegelstütze
118 die Sonnensegellatte
119 das Bändsel
120 das Schanzkleid
121 die Reling
122 der Handläufer
123 der Niedergang
124 der Rettungsring (die Rettungsboje)
125 das Nachtrettungslicht (Wasserlicht)
126 der wachhabende Offizier
   (Wachhabende)
127 das Bordjackett
128 das Fernglas

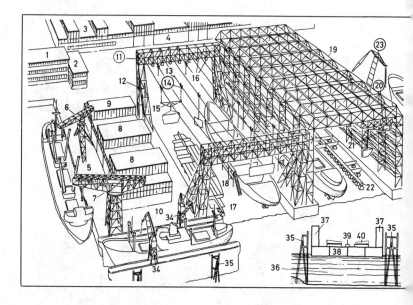

1–43 die Schiffswerft (Werft)
1 das Verwaltungsgebäude
2 das Konstruktionsbüro
3 *u.* **4** die Schiffbauhalle
3 der Schnürboden
4 die Werkhalle
5–9 der Ausrüstungskai
5 der Kai
6 der Dreibeinkran
7 der Hammerkran
8 die Maschinenbauhalle
9 die Kesselschmiede
10 der Reparaturkai
11–26 die Hellinganlagen *f* (Hellingen *f*,
  Helgen *m*)
11–18 die Kabelkranhelling
  (Portalhelling), eine Helling (ein
  Helgen *m*)
11 das Hellingportal (Portal)
12 die Portalstütze
13 das Krankabel
14 die Laufkatze
15 die Traverse
16 das Kranführerhaus
17 die Hellingsohle
18 die Stelling, ein Baugerüst *n*
19–21 die Gerüsthelling

19 das Hellinggerüst
20 der Deckenkran
21 die Drehlaufkatze
22 der gestreckte Kiel
23 der Drehwippkran, ein Hellingkran *m*
24 die Kranbahn
25 der Portalkran
26 die Kranbrücke
27 der Brückenträger
28 die Laufkatze (der Laufkran)
29 das Schiff in Spanten *n*
30 der Schiffsneubau
31–33 das Trockendock
31 die Docksohle
32 das Docktor (der Dockponton,
  Verschlußponton)
33 das Pumpenhaus (Maschinenhaus)
34–43 das Schwimmdock
34 der Dockkran, ein Torkran *m*
35 die Streichdalben *m* (Leitdalben)
36–43 der Dockbetrieb
36 die Dockgrube
37 *u.* **38** der Dockkörper
37 der Seitentank
38 der Bodentank
39 der Kielpallen (Kielstapel), ein
  Dockstapel *m*

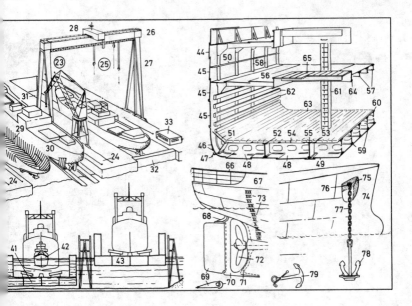

40 der Kimmpallen (Kimmstapel)
41–43 das Eindocken (Docken) eines Schiffes *n*
41 das geflutete (gefüllte) Schwimmdock
42 der Schlepper beim Bugsieren *n* (Schleppen)
43 das gelenzte (leergepumpte) Dock
44–61 **die Konstruktionselemente** *n*
44–56 der Längsverband
44–49 die Außenhaut
44 der Schergang
45 der Seitengang
46 der Kimmgang
47 der Schlingerkiel (Kimmkiel)
48 der Bodengang
49 der Flachkiel
50 der Stringer
51 die Tankrandplatte (Randplatte)
52 der Seitenträger
53 der Mittelträger
54 die Tankdecke
55 die Mitteldecke
56 die Deckplatte
57 der Deckbalken
58 das Spant
59 die Bodenwrange
60 der Doppelboden

61 die Raumstütze
62 u. **63** die Garnierung
62 die Seitenwegerung
63 die Bodenwegerung
64 u. **65** die Luke
64 das Lukensüll
65 der Lukendeckel
66–72 das Heck
66 die offene Reling
67 das Schanzkleid
68 der Ruderschaft
69 u. **70** das Oertz-Ruder
69 das Ruderblatt
70 u. **71** der Achtersteven (Hintersteven)
70 der Rudersteven (Leitsteven)
71 der Schraubensteven
72 die Schiffsschraube
73 die Ahming (Tiefgangsmarke)
74–79 der Bug
74 der Vorsteven, ein Wulststeven *m* (Wulstbug)
75 die Ankertasche (Ankernische)
76 die Ankerklüse
77 die Ankerkette
78 der Patentanker
79 der Stockanker

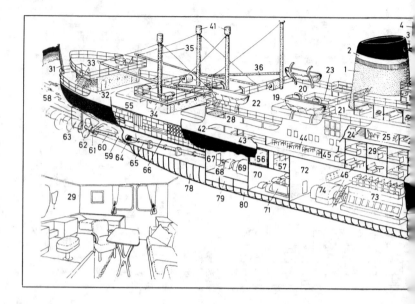

1–71 das kombinierte Fracht-Fahrgast-Schiff [älteren Typs]
1 der Schornstein
2 die Schornsteinmarke (Schornsteinfarben f)
3 die Sirene (das Typhon)
4–11 das Peildeck
4 die Antennenniederführung
5 die Funkpeilerrahmenantenne (Peilantenne)
6 der Magnetkompaß
7 die Morselampe
8 die Radarantenne
9 das Flaggensignal
10 die Signalleine
11 das Signalstag
12–18 das Brückendeck (die Kommandobrücke, Brücke)
12 der Funkraum
13 die Kapitänskajüte
14 der Navigationsraum
15 die Steuerbord-Seitenlampe [grün; die Backbord-Seitenlampe rot]
16 der Brückennock (Nock)
17 das Schanzkleid (der Windschutz)
18 das Steuerhaus
19–21 das Bootsdeck
19 das Rettungsboot
20 der Davit (Bootskran)
21 die Offizierskajüte (Offizierskammer)
22–27 das Promenadendeck
22 das Sonnendeck (Lidodeck)
23 das Schwimmbad
24 der Aufgang (Niedergang)
25 die Bibliothek
26 der Gesellschaftsraum (Salon)
27 die Promenade
28–30 das A-Deck
28 das halboffene Deck
29 die Zweibettkabine, eine Kabine
30 die Luxuskabine
31 der Heckflaggenstock
32–42 das B-Deck (Hauptdeck)
32 das Achterdeck
33 die Hütte
34 das Deckshaus
35 der Ladepfosten
36 der Ladebaum
37 die Saling
38 der Mastkorb (die Ausgucktonne)
39 die Stenge
40 das vordere Dampferlicht
41 der Lüfterkopf
42 die Kombüse (Schiffsküche)

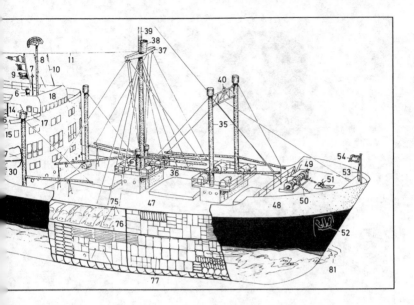

43 die Pantry (Anrichte)
44 der Speisesaal
45 das Zahlmeisterbüro
46 die Einbettkabine
47 das Vordeck
48 die Back
49–51 das Ankergeschirr
49 die Ankerwinde
50 die Ankerkette
51 der Kettenstopper
52 der Anker
53 der Göschstock
54 die Gösch
55 die hinteren (achteren) Laderäume *m*
56 der Kühlraum
57 der Proviantraum
58 das Schraubenwasser (Kielwasser)
59 die Wellenhose
60 die Schwanzwelle
61 der Wellenbock
62 die dreiflügelige Schiffsschraube
63 das Ruderblatt
64 die Stopfbüchse
65 die Schraubenwelle
66 der Wellentunnel
67 das Drucklager
68–74 der dieselelektrische Antrieb

68 der E-Maschinenraum
69 der E-Motor
70 der Hilfsmaschinenraum
71 die Hilfsmaschinen *f*
72 der Hauptmaschinenraum
73 die Hauptmaschine, ein Dieselmotor *m*
74 der Generator
75 die vorderen Laderäume *m*
76 das Zwischendeck
77 die Ladung
78 der Ballasttank, für den Wasserballast
79 der Frischwassertank
80 der Treiböltank
81 die Bugwelle

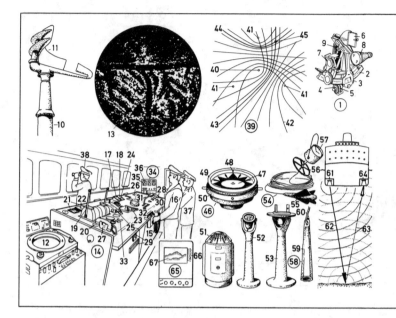

1 **der Sextant**
2 der Gradbogen
3 die Alhidade
4 die Meßtrommel
5 der Nonius
6 der große Spiegel
7 der kleine Spiegel
8 das Fernrohr
9 der Handgriff
10–13 das Radargerät (Radar m od. n)
10 der Radarmast
11 die drehbare Reflektorantenne
12 das Radarsichtgerät
13 das Radarbild
14–38 das Steuerhaus (Ruderhaus)
14 der Fahr- und Kommandostand
15 das Steuerrad für die Ruderanlage
16 der Rudergänger
17 der Ruderlagenanzeiger
18 der Sollkurseinsteller
19 der Betätigungshebel für die
   Verstellpropeller m
20 das Anzeigegerät für die
   Propellersteigung
21 die Umdrehungsanzeige der
   Hauptmotoren m
22 die Anzeige der Schiffsgeschwindigkeit
23 der Steuerschalter für das
   Bugstrahlruder
24 das Echolotanzeigegerät (der
   Echograph)
25 der Doppelmaschinentelegraph
26 die Steuer- und Kontrollgeräte n für
   die Schlingungsdämpfungsanlage

27 das OB-Telefon (Ortsbatterietelefon)
28 das Telefon der Schiffsverkehrs-
   Fernsprechanlage
29 das Positionslampentableau
30 die Sprechstelle für die Ruf- und
   Kommandoanlage
31 der Kreiselkompaß, ein
   Tochterkompaß
32 der Betätigungsknopf für die
   Schiffssirene
33 die Überlastkontrolle der
   Hauptmotoren m
34 das Decca-Gerät zur
   Positionsbestimmung (der Decca-
   Navigator)
35 die Abstimmgrobanzeige
36 die Abstimmfeinanzeige
37 der Navigationsoffizier
38 der Kapitän
39 das Decca-Navigator-System
40 die Hauptstation
41 die Nebenstation
42 die Nullhyperbel
43 die Hyperbelstandlinie 1
44 die Hyperbelstandlinie 2
45 der Standort
46–53 Kompasse
46 der Fluidkompaß, ein Magnetkompaß
47 die Kompaßrose
48 der Steuerstrich
49 der Kompaßkessel
50 die kardanische Aufhängung
**51–53 der Kreiselkompaß (die
   Kreiselkompaßanlage)**

51 der Mutterkompaß
52 der Tochterkompaß
53 der Tochterkompaß mit Peilaufsatz m
54 das Patentlog, ein Log n (eine Logge)
55 der Logpropeller
56 der Schwungradregulator
57 das Zählwerk (die Loguhr)
58–67 Lote n
58 das Handlot
59 der Lotkörper
60 die Lotleine
61–67 das Echolot
61 der Schallsender
62 der Schallwellenimpuls
63 das Echo
64 der Echoempfänger
65 der Echograph (der Echolotschreiber)
66 die Tiefenskala
67 das Echobild
68–108 Seezeichen n, zur Betonnung und
   Befeuerung
68–83 Fahrwasserzeichen n
68 die Leuchtheultonne
69 die Laterne
70 der Heulapparat
71 der Schwimmkörper
72 die Ankerkette
73 der Tonnenstein (Tonnenanker)
74 die Leuchtglockentonne
75 die Glocke
76 die Spitztonne
77 die Stumpftonne
78 das Toppzeichen (das
   Stundenglaszeichen)

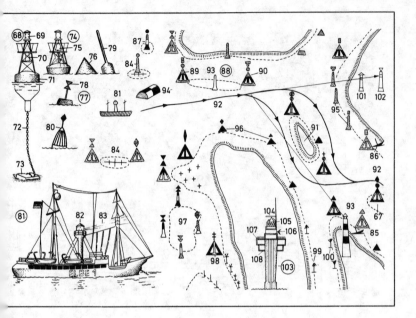

79 die Spierentonne
80 die Bakentonne
81 das Feuerschiff
82 der Feuerturm (Laternenträger)
83 das Leuchtfeuer
84–102 die Fahrwasserbezeichnung
84 Wrack n [grüne Betonnung]
85 Wrack n an Steuerbord n des
   Fahrwassers n
86 Wrack n an Backbord n des
   Fahrwassers n
87 Untiefe f
88 Mittelgrund m an Backbord n des
   Hauptfahrwassers n
89 Spaltung f [der Beginn des
   Mittelgrundes m; Toppzeichen n: roter
   Zylinder m über rotem Ball m]
90 Vereinigung f [das Ende des
   Mittelgrundes m; Toppzeichen n: rotes
   Antoniuskreuz über rotem Ball m]
91 Mittelgrund m
92 das Hauptfahrwasser
93 das Nebenfahrwasser
94 die Faßtonne
95 Backbordtonnen f [rot]
96 Steuerbordtonnen f [schwarz]
97 Untiefe f außerhalb des Fahrwassers
98 Fahrwassermitte f [Toppzeichen n:
   Doppelkreuz]
99 Steuerbordstangen f [Besen m abwärts]
100 Backbordstangen f [Besen m aufwärts]
101 u. **102** Richtfeuer n (Leitfeuer)
101 das Unterfeuer
102 das Oberfeuer

103 der Leuchtturm
104 die Radarantenne
105 die Laterne
106 die Richtfunkantenne
107 das Maschinen- und Aufenthaltsdeck
108 die Wohnräume m

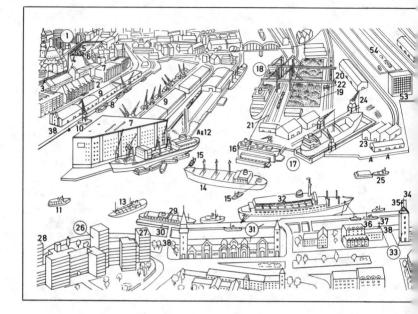

1 das Hafenviertel
2 der Freihafen
3 die Freihafengrenze (das Zollgitter)
4 die Zollschranke
5 der Zolldurchlaß
6 das Zollhaus (Hafenzollamt)
7 der Speicher
8 die Schute
9 der Stückgutschuppen
10 der Schwimmkran
11 die Hafenfähre (das Fährboot)
12 die Dalbe (der Dalben, Duckdalben)
13 das Bunkerboot
14 der Stückgutfrachter
15 der Bugsierschlepper
16 das Schwimmdock
17 das Trockendock
18 der Kohlenhafen
19 das Kohlenlager
20 die Verladebrücke
21 die Hafenbahn
22 der Wiegebunker
23 der Werftschuppen
24 der Werftkran
25 die Barkasse mit Leichter *m*

26 das Hafenkrankenhaus
27 die Quarantänestation
28 das Tropeninstitut (Institut für Tropenmedizin *f*)
29 der Ausflugsdampfer
30 die Landungsbrücke
31 die Fahrgastanlage
32 das Linienschiff (der Passagierdampfer, Liner, Ocean Liner)
33 das Meteorologische Amt, eine Wetterwarte
34 der Signalmast
35 der Sturmball
36 das Hafenamt
37 der Wasserstandsanzeiger
38 die Kaistraße
39 der Roll-on-Roll-off-Verkehr (Ro-Ro-Verkehr, Ro-Ro, Roro)
40 der Brückenlift
41 der Truck-to-truck-Verkehr
42 die folienverpackten Stapel *m*
43 die Paletten *f*
44 der Hubstapler
45 das Containerschiff
46 die Containerbrücke

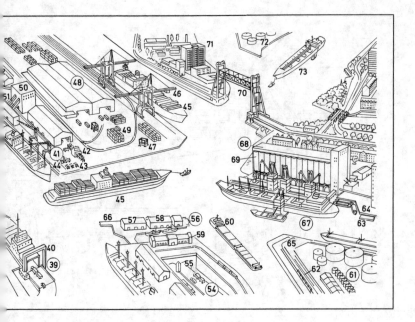

47 der Containerstapler
48 der (das) Containerterminal
49 der Containerstapel
50 das Kühlhaus
51 das Förderband
52 der Fruchtschuppen
53 das Bürohaus
54 die Stadtautobahn
55 die Hafenuntertunnelung
56 der Fischereihafen
57 die Fischhalle
58 die Versteigerungshalle
   (Auktionshalle)
59 die Fischkonservenfabrik
60 der Schubschiffverband
61 das Tanklager
62 die Gleisanlage
63 der Anlegeponton (Vorleger)
64 der Kai (die Kaje)
65 das Höft, eine Landspitze
66 die (der) Pier, eine Kaizunge
67 der Bulkfrachter (Bulkcarrier)
68 der (das) Silo
69 die Silozelle
70 die Hubbrücke

71 die Hafenindustrieanlage
72 das Flüssiglager
73 der Tanker

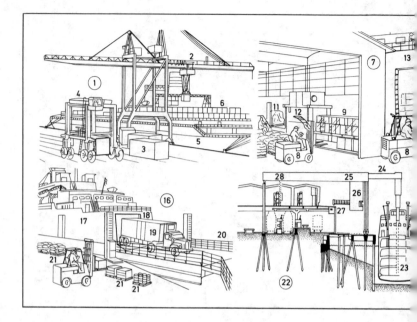

1 der (das) Containerterminal, eine moderne Güterumschlaganlage
2 die Containerbrücke (Ladebrücke), *ähnl.:* der Transtainerkran
3 der Container
4 der Portalstapler
5 das Vollcontainerschiff
6 die Containerdecksladung
7 das Truck-to-truck-handling (der horizontale rampenlose Güterumschlag mit Paletten *f*)
8 der Hubstapler (Truck)
9 die unitisierte folienverpackte Ladung (das Unitload)
10 die Flachpalette, eine Normpalette
11 das unitisierte Stückgut
12 der Folienschrumpfofen
13 der Stückgutfrachter
14 die Ladeluke
15 der übernehmende Schiffsstapler
16 der (das) Allroundterminal
17 das Roll-on-Roll-off-Schiff (Ro-Ro-Schiff, Roro-Schiff)
18 die Heckpforte
19 die selbstfahrende Ladung, ein Lastkraftwagen *m*
20 die Ro-Ro-Abfertigungsanlage (Ro-Ro-Spezialanlage, Roro-Anlage)
21 das unitisierte Packstück
22 die Bananenumschlaganlage [Schnitt]
23 der wasserseitige Turas
24 der Ausleger
25 die Elevatorbrücke
26 das Kettengehänge
27 die Leuchtwarte
28 der landseitige Turas [für Bahn- und Lkw-Beladung *f*]
29 der Schütt- und Sauggutumschlag (Massengutumschlag)
30 der Bulkfrachter (Bulkcarrier, Schüttgutfrachter)
31 der Schwimmheber
32 die Saugrohrleitungen *f*
33 der Rezipient
34 das Verladerohr
35 die Massengutschute
36 die Ramme
37 das Rammgerüst

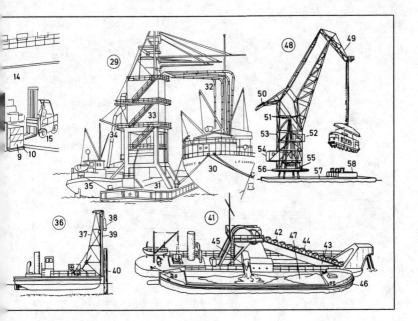

38 der Bär (Rammbär, das
   Rammgewicht)
39 die Gleitschiene
40 das Kipplager
41 der Eimerbagger, ein Bagger *m*
42 die Eimerkette
43 die Eimerleiter
44 der Baggereimer
45 die Schütte (Rutsche)
46 die Baggerschute
47 das Baggergut
48 der Schwimmkran
49 der Ausleger
50 das Gegengewicht
51 die Verstellspindel
52 der Führerstand (das Kranführerhaus)
53 das Krangestell
54 das Windenhaus
55 die Kommandobrücke
56 die Drehscheibe
57 der Ponton, ein Prahm *m*
58 der Motorenaufbau

227 Bergen und Schleppen

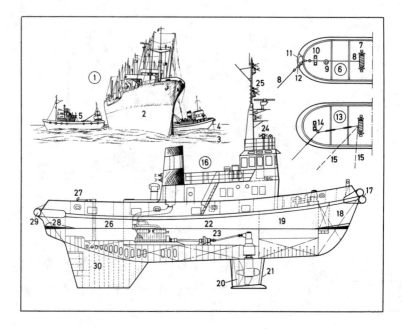

1 die Bergung eines aufgelaufenen
  Schiffes *n*
2 das aufgelaufene Schiff (der Havarist)
3 die Schlickbank; *auch:* der Mahlsand
4 das offene Wasser
5 der Schlepper
6–15 Schleppgeschirre *n*
6 das Schleppgeschirr für die
  Seeverschleppung
7 die Schleppwinde
8 die Schlepptrosse (Trosse)
9 das Schleppkäpsel
10 der Kreuzpoller
11 die Schleppklüse
12 die Ankerkette
13 das Schleppgeschirr für den
  Hafenbetrieb
14 der Beistopper
15 die Trossenrichtung bei Bruch *m* des
  Beistoppers *m*
16 der Schlepper (Bugsierschlepper)
  [Aufriß]
17 der Bugfender
18 die Vorpiek

19 die Wohnräume *m*
20 der Schottel-Propeller
21 die Kort-Düse
22 der Maschinen- und Propellerraum
23 die Schaltkupplung
24 das Peildeck
25 die Feuerlöscheinrichtung
26 der Stauraum
27 der Schlepphaken
28 die Vorderpiek
29 der Heckfender (die „Maus")
30 der Manövrierkiel

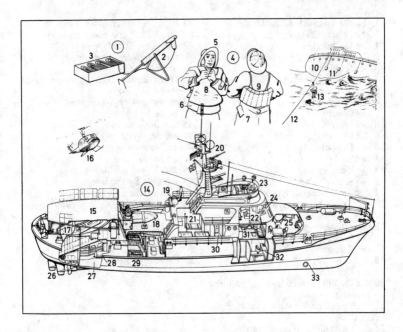

1 der Raketenapparat
2 die Rakete
3 die Rettungsleine (Schießleine)
4 das Ölzeug
5 der Südwester
6 die Öljacke
7 der Ölmantel
8 die aufblasbare Schwimmweste
9 die Korkschwimmweste
10 das gestrandete Schiff (der Havarist)
11 der Ölbeutel, zum Austräufeln *n* von
   Öl *n* auf die Wasseroberfläche
12 das Rettungstau
13 die Hosenboje
14 der Seenotkreuzer „John T.
   Essberger" *der Deutschen Gesellschaft
   zur Rettung Schiffbrüchiger*
15 das Hubschrauberarbeitsdeck
16 der Rettungshubschrauber
17 das Tochterboot
18 das Schlauchboot
19 die Rettungsinsel
20 die Feuerlöschanlage zur Bekämpfung
   von Schiffsbränden *m*

21 das Hospital mit Operationskoje *f* und
   Unterkühlungsbadewanne *f*
22 der Navigationsraum
23 der obere Fahrstand
24 der untere Fahrstand
25 die Messe
26 die Ruder- und Propelleranlage
27 der Stauraum
28 der Feuerlöschschaumtank
29 die Seitenmotoren *m*
30 die Dusche
31 die Vormannkabine
32 die Mannschaftseinzelkabine
33 die Bugschraube

229 Flugzeuge I

1–14 die Tragflächenanordnung
(Flügelanordnung)
1 der Hochdecker
2 die Spannweite (Flügelspannweite)
3 der Schulterdecker
4 der Mitteldecker
5 der Tiefdecker
6 der Dreidecker
7 der Oberflügel
8 der Mittelflügel
9 der Unterflügel
10 der Doppeldecker
11 der Stiel
12 die Verspannung
13 der Anderthalbdecker
14 der Tiefdecker mit Knickflügeln *m*
15–22 Tragflächenformen *f*
(Flügelformen)
15 der Ellipsenflügel (elliptische Flügel)
16 der Rechteckflügel
17 der Trapezflügel
18 der Sichelflügel
19 der Deltaflügel
20 der Pfeilflügel mit schwacher positiver
Pfeilung
21 der Pfeilflügel mit starker positiver
Pfeilung
22 der Ogivalflügel (Ogeeflügel)
23–36 die Leitwerksformen *f*
23 das Normalleitwerk
24 *u.* **25** das Seitenleitwerk
24 die Seitenflosse
25 das Seitenruder
26 *u.* **27** das Höhenleitwerk
26 die Höhenflosse
27 das Höhenruder
28 das Kreuzleitwerk
29 das T-Leitwerk
30 der Verdrängerkörper (die
Wirbelkeule)
31 das V-Leitwerk
32 das Doppelleitwerk
33 die Endscheibe (Seitenscheibe)
34 das Doppelleitwerk eines
Doppelrumpfflugzeugs
35 das Doppelleitwerk mit hochgestelltem
Höhenleitwerk
36 das Dreifachleitwerk
37 das Klappensystem
38 der ausfahrbare Vorflügel (Slat)
39 die Störklappe (der Spoiler)
40 die Doppelspalt-Fowler-Klappe

41 das äußere Querruder (Langsamflug-
Querruder, Low speed aileron)
42 die innere Störklappe *f* (der
Landespoiler, Lift dump)
43 das innere Querruder
(Allgeschwindigkeits-Querruder, All
speed aileron)
44 die Bremsklappe (Luftbremse, Air
brakes)
45 das Grundprofil
46–48 die Wölbungsklappen *f*
46 die Normalklappe
47 die Spaltklappe
48 die Doppelspaltklappe
49 *u.* **50** die Spreizklappen *f*
49 die einfache Spreizklappe
50 die Zap-Klappe
51 der Doppelflügel
52 die Fowler-Klappe
53 der Vorflügel
54 die profilierte Nasenklappe
55 die Krüger-Klappe

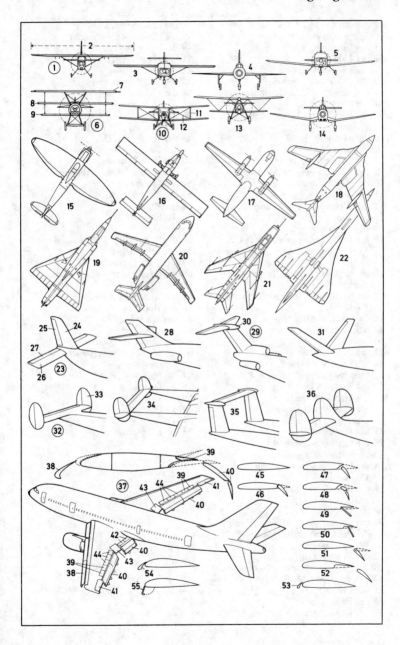

1–31 das Cockpit eines einmotorigen Sport- und Reiseflugzeugs *n*
1 das Instrumentenbrett (Panel)
2 der Fahrtmesser (Geschwindigkeitsmesser)
3 der künstliche Horizont (Horizontkreisel, Kreiselhorizont)
4 der Höhenmesser
5 der Funkkompaß (das automatische Peilgerät)
6 der Magnetkompaß
7 der Ladedruckmesser
8 der Drehzahlmesser
9 die Zylindertemperaturanzeige
10 der Beschleunigungsmesser
11 die Borduhr
12 der Wendezeiger mit Kugellibelle *f*
13 der Kurskreisel
14 das Variometer
15 der VOR-Leitkursanzeiger *[VOR: Very high frequency omnidirectional range]*
16 die Kraftstoffanzeige für den linken Tank
17 die Kraftstoffanzeige für den rechten Tank
18 das Amperemeter
19 der Kraftstoffdruckmesser
20 der Öldruckmesser
21 die Öltemperaturanzeige
22 das Sprechfunk- und Funknavigationsgerät
23 die Kartenbeleuchtung
24 das Handrad (der Steuergriff, Steuerknüppel) zur Betätigung der Quer- und Höhenruder *n*
25 das Handrad für den Kopiloten
26 die Schaltarmaturen *pl*
27 die Seitenruderpedale *n*
28 die Seitenruderpedale *n* für den Kopiloten
29 das Mikrophon für den Sprechfunkverkehr
30 der Gashebel
31 der Gemischregler (Gemischhebel)
32–66 das einmotorige Sport- und Reiseflugzeug
32 der Propeller (die Luftschraube)
33 die Propellernabenhaube (der Spinner)
34 der Vier-Zylinder-Boxermotor
35 das Cockpit
36 der Pilotensitz
37 der Kopilotensitz

38 die Passagiersitze *m*
39 die Haube (Kanzelhaube)
40 das lenkbare Bugrad
41 das Hauptfahrwerk
42 die Einstiegstufe
43 die Tragfläche (der Flügel)
44 das rechte Positionslicht
45 der Holm
46 die Rippe
47 der Stringer (die Längsversteifung)
48 der Kraftstofftank
49 der Landescheinwerfer
50 das linke Positionslicht
51 der elektrostatische Ableiter
52 das Querruder
53 die Landeklappe
54 der Rumpf
55 der Spant
56 der Gurt
57 der Stringer (die Längsversteifung)
58 das Seitenleitwerk
59 die Seitenflosse
60 das Seitenruder
61 das Höhenleitwerk
62 die Höhenflosse
63 das Höhenruder
64 das Warnblinklicht
65 die Dipolantenne
66 die Langdrahtantenne
67–72 die Hauptbewegungen *f* des Flugzeugs *n*
67 das Nicken
68 die Querachse
69 das Gieren
70 die Hochachse
71 das Rollen
72 die Längsachse

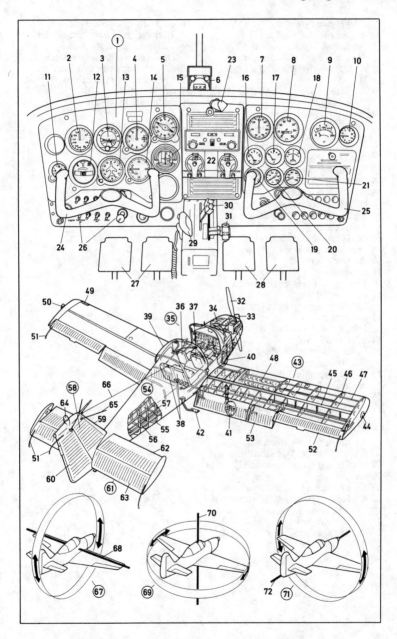

231 Flugzeuge III

1–33 Flugzeugtypen *m*
1–6 Propellerflugzeuge *n*
1 das einmotorige Sport- und
  Reiseflugzeug, ein Tiefdecker *m*
2 das einmotorige Reiseflugzeug, ein
  Hochdecker *m*
3 das zweimotorige Geschäfts- und
  Reiseflugzeug
4 das Kurz- und
  Mittelstreckenverkehrsflugzeug, ein
  Turbopropflugzeug *m* (Turbinen-
  Propeller-Flugzeug, Propeller-
  Turbinen-Flugzeug)
5 das Turboproptriebwerk
6 die Kielflosse
7–33 Strahlflugzeuge *n*
  (Düsenflugzeuge, Jets *m*)
7 das zweistrahlige Geschäfts- und
  Reiseflugzeug
8 der Grenzschichtzaun
9 der Flügelspitzentank (Tiptank)
10 das Hecktriebwerk
11 das zweistrahlige Kurz- und
  Mittelstreckenverkehrsflugzeug
12 das dreistrahlige
  Mittelstreckenverkehrsflugzeug
13 das vierstrahlige
  Langstreckenverkehrsflugzeug
14 das Großraum-
  Langstreckenverkehrsflugzeug (der
  Jumbo-Jet)
15 das Überschallverkehrsflugzeug [Typ
  m Concorde *f*]
16 die absenkbare Rumpfnase
17 das zweistrahlige Großraumflugzeug
  für Kurz- und Mittelstrecken *f* (der
  Airbus)
18 der Radarbug (die Radarnase, das
  Radom), mit der Wetterradarantenne
19 das Cockpit (die Pilotenkanzel)
20 die Bordküche
21 der Frachtraum (Unterflurstauraum)
22 der Passagierraum (Fluggastraum) mit
  Passagiersitzen *m*
23 das einziehbare Bugfahrwerk
24 die Bugfahrwerksklappe
25 die mittlere Passagiertür

26 die Triebwerksgondel mit dem
  Triebwerk *n* (Turboluftstrahltriebwerk,
  Turbinenluftstrahltriebwerk,
  Düsentriebwerk, die Strahlturbine)
27 die elektrostatischen Ableiter *m*
28 das einziehbare Hauptfahrwerk
29 das Seitenfenster
30 die hintere Passagiertür
31 die Toilette
32 das Druckschott
33 das Hilfstriebwerk (die
  Hilfsgasturbine), für das
  Stromaggregat

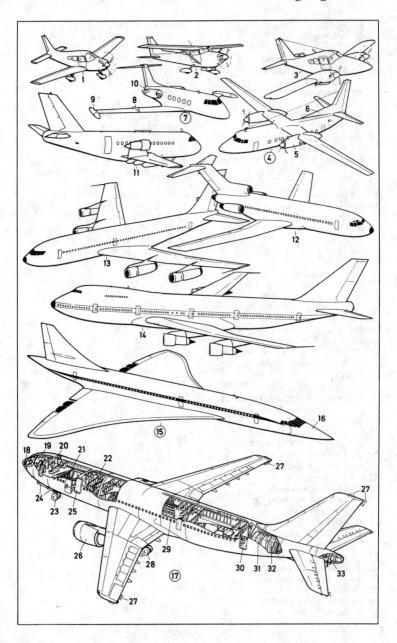

232 Flugzeuge IV

1 **das Flugboot,** ein Wasserflugzeug n
2 der Bootsrumpf
3 der Flossenstummel
4 die Leitwerkverstrebung
5 das Schwimmerflugzeug, ein
  Wasserflugzeug n
6 der Schwimmer
7 die Kielflosse
8 **das Amphibienflugzeug**
9 der Bootsrumpf
10 das einziehbare Fahrwerk
11–25 **Hubschrauber** m
11 der leichte Mehrzweckhubschrauber
12 u. 13 der Hauptrotor
12 der Drehflügel
13 der Rotorkopf
14 der Heckrotor (Ausgleichsrotor, die
  Steuerschraube)
15 die Landekufen f
16 der Kranhubschrauber
17 die Turbinentriebwerke n
18 das Portalfahrwerk
19 die Lastplattform
20 der Zusatztank
21 der Transporthubschrauber
22 die Rotoren m in Tandemanordnung f
23 der Rotorträger
24 das Turbinentriebwerk
25 die Heckladepforte
26–32 **die VSTOL-Flugzeuge** n (Vertical/
  Short-Take-off-and-Landing-Flug-
  zeuge)
26 das Kippflügelflugzeug, ein VTOL-
  Flugzeug n (Vertical-Take-off-and
  Landing-Flugzeug, Senkrechtstarter m)
27 der Kippflügel in Vertikalstellung f
28 die gegenläufigen Heckpropeller m
29 der Kombinationsflugschrauber
30 das Turboproptriebwerk
31 das Kiprotorflugzeug
32 der Kiprotor in Vertikalstellung f
33–60 **Flugzeugtriebwerke** n
33–50 Luftstrahltriebwerke n
  (Düsentriebwerke,
  Turboluftstrahltriebwerke,
  Turbinenluftstrahltriebwerke,
  Strahlturbinen f)
33 das Front-Fan-Triebwerk
  (Frontgebläsetriebwerk)
34 der Fan (das Gebläse, der Bläser)
35 der Niederdruckverdichter
36 der Hochdruckverdichter
37 die Brennkammer

38 die Fan-Antriebsturbine
39 die Düse (Schubdüse)
40 die Turbinen f
41 der Sekundärstromkanal
42 das Aft-Fan-Triebwerk
  (Heckgebläsetriebwerk)
43 der Fan
44 der Sekundärstromkanal
45 die Düse (Schubdüse)
46 das Mantelstromtriebwerk
47 die Turbinen f
48 der Mischer
49 die Düse (Schubdüse)
50 der Sekundärstrom (Mantelstrom,
  Nebenstrom)
51 das Turboproptriebwerk, ein
  Zweiwellentriebwerk n
52 der ringförmige Lufteinlauf
53 die Hochdruckturbine
54 die Niederdruck- und Nutzturbine
55 die Düse (Schubdüse)
56 die Kupplungswelle
57 die Zwischenwelle
58 die Getriebeeingangswelle
59 das Untersetzungsgetriebe
60 die Luftschraubenwelle

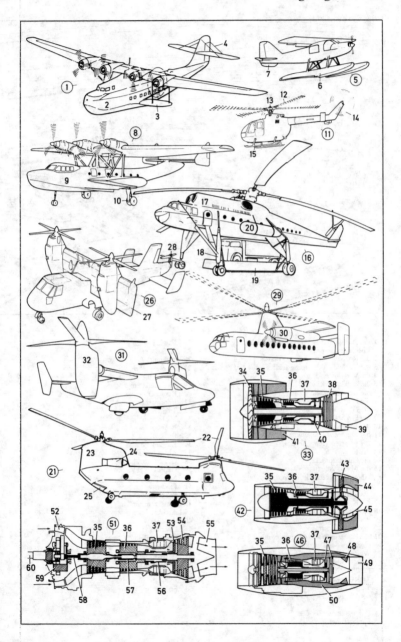

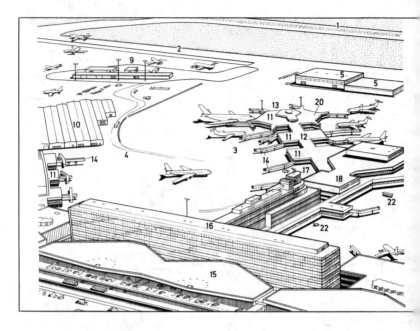

1 die Startbahn (Start- und Landebahn, Piste, der Runway)
2 die Rollbahn (der Rollweg, Taxiway)
3 das Vorfeld (Abfertigungsfeld)
4 die Vorfeldstraße
5 die Gepäckhalle
6 die Gepäcktunneleinfahrt
7 die Flughafenfeuerwehr
8 die Gerätehalle
9 die Fracht- und Posthalle
10 der Frachthof
11 der Flugplatzsammelraum
12 der Flugsteig (Fingerflugsteig)
13 der Fingerkopf
14 die Fluggastbrücke
15 die Abflughalle (das Abfertigungsgebäude, der od. das Terminal)
16 das Verwaltungsgebäude
17 der Kontrollturm (Tower)
18 die Wartehalle (Lounge)
19 das Flughafenrestaurant
20 die Besucherterrasse
21 das Flugzeug in Abfertigungsposition f, einer Nose-in-Position
22 Wartungs- und Abfertigungsfahrzeuge n, z. B. Gepäckbandwagen m, Frischwasserwagen, Küchenwagen, Toilettenwagen, Bodenstromgerät n, Tankwagen m
23 der Flugzeugschlepper
24–53 die Hinweisschilder n (Piktogramme) für den Flughafenbetrieb

24 „Flughafen" m
25 „Abflug" m
26 „Ankunft" f
27 „Umsteiger" m
28 „Wartehalle" f
29 „Treffpunkt" m
30 „Besucherterrasse" f
31 „Information" f
32 „Taxi" n
33 „Mietwagen" m
34 „Bahn" f
35 „Bus" m
36 „Eingang" m
37 „Ausgang" m
38 „Gepäckausgabe" f
39 „Gepäckaufbewahrung" f
40 „Notruf" m
41 „Fluchtweg" m
42 „Paßkontrolle" f
43 „Pressezentrum" n
44 „Arzt" m
45 „Apotheke" f
46 „Duschen" f
47 „Herrentoilette" f
48 „Damentoilette" f
49 „Andachtsraum" m
50 „Restaurant" n
51 „Geldwechsel" m
52 „zollfreier Einkauf"
53 „Friseur" m

234 Raumfahrt I

1 die Saturn-V-Trägerrakete „Apollo"
[Gesamtansicht]
2 die Saturn-V-Trägerrakete „Apollo"
[Gesamtschnitt]
3 die erste Raketenstufe *S-I C*
4 F-1-Triebwerke *n*
5 der Wärmeschutzschild
6 die aerodynamische
Triebwerksverkleidung
7 aerodynamische Stabilisierungsflossen *f*
8 Stufentrenn-Retroraketen *f*, 8 Raketen *f* zu 4 Paaren *n*
9 der Kerosin-(RP-1-)Tank [811 000 l]
10 Flüssigsauerstoff-Förderleitungen *f*,
insgesamt 5
11 das Antivortexsystem (Vorrichtung *f*
zur Verhinderung einer Wirbelbildung
im Treibstoff *m*)
12 der Flüssigsauerstofftank [1 315 000 l]
13 die Schwappdämpfung
14 Druckflaschen *f* für Helium *n*
15 der Diffusor für gasförmigen Sauerstoff
16 das Tankzwischenstück
17 Instrumente *n* und
Systemüberwachung *f*
18 die zweite Raketenstufe *S-II*
19 J-2-Triebwerke *n*
20 der Wärmeschutzschild
21 das Triebwerkswiderlager und
Schubgerüst
22 Beschleunigungsraketen *f* zum
Treibstoffsammeln *n*
23 die Flüssigwasserstoff-Saugleitung
24 der Flüssigsauerstofftank [1 315 000 l]
25 das Standrohr
26 der Flüssigwasserstofftank [1 020 000 l]
27 der Treibstoffstandsensor
28 die Arbeitsbühne
29 der Kabelschacht
30 das Mannloch
31 die *S-IC/S-II*-Zwischenzelle
32 der Druckgasbehälter
33 die dritte Raketenstufe *S-IV B*
34 das J-2-Triebwerk
35 der Schubkonus
36 die *S-II/S-IVB*-Zwischenzelle
37 Stufentrenn-Retroraketen *f* für *S-II*,
4 Raketen *f*
38 Lageregelungsraketen *f*
39 der Flüssigsauerstofftank [77 200 l]
40 der Leitungsschacht
41 der Flüssigwasserstofftank [253 000 l]
42 Meßsonden *f*

43 Helium-Druckgastanks *m*
44 die Tankentlüftung
45 der vordere Zellenring
46 die Arbeitsbühne
47 der Kabelschacht
48 Beschleunigungsraketen *f* zum
Treibstoffsammeln *n*
49 der hintere Zellenring
50 Helium-Druckgastanks *m*
51 die Flüssigwasserstoffleitung
52 die Flüssigsauerstoffleitung
53 die Instrumenteneinheit mit 24
Paneelen *n*
54 der LM-Hangar
55 das LM (Lunar Module, die
Mondlandeeinheit)
56 das Apollo-SM (Service Module), eine
Versorgungs- und Geräte-Baugruppe
57 das SM-Haupttriebwerk
58 der Treibstofftank
59 der Stickstofftetroxidtank
60 das Druckgasfördersystem
61 Sauerstofftanks *m*
62 Brennstoffzellen *f*
63 Steuerraketengruppen *f*
64 die Richtantennengruppe
65 die Raumkapsel (das Kommandoteil)
66 der Rettungsturm für die Startphase

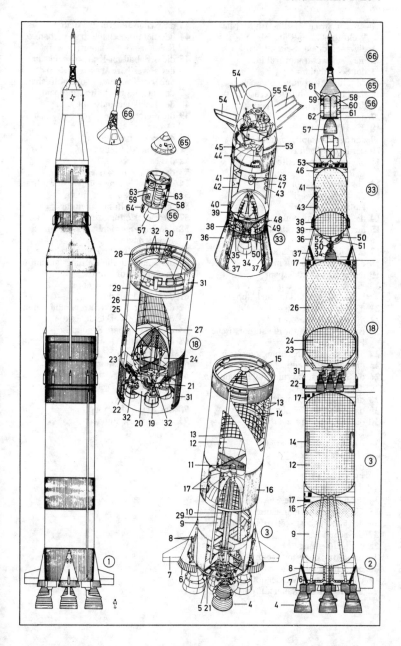

235 Raumfahrt II

1–45 der Space Shuttle-Orbiter (die
Weltraumfähre, Raumfähre)
1 die zweiholmige Seitenflosse
2 die Triebwerkraumstruktur
3 der Seitenholm
4 der Rumpfverbindungsbeschlag
5 das obere Schubträgergerüst
6 das untere Schubträgergerüst
7 der Kielträger
8 das Hitzeschild
9 der Mittelrumpflängsträger
10 der integral gefräste Hauptspant
11 die integral versteifte
Leichtmetallbeplankung
12 die Gitterträger *m*
13 die Isolationsverkleidung des
Nutzlastraums *m*
14 die Nutzlastraumluke
15 die Kühlschutzverkleidung
16 der Besatzungsraum
17 der Sitz des Kommandanten *m*
18 der Sitz des Piloten *m*
19 der vordere Druckspant
20 die Rumpfspitze, eine
kohlefaserverstärkte Bugklappe
21 die vorderen Kraftstofftanks *m*
22 die Avionikkonsolen *f*
23 das Gerätebrett für die automatische
Flugsteuerung
24 die oberen Beobachtungsfenster *n*
25 die vorderen Beobachtungsfenster *n*
26 die Einstiegsluke zum Nutzlastraum *m*
27 die Luftschleuse
28 die Leiter zum Unterdeck *n*
29 das Nutzlastbedienungsgerät
30 die hydraulisch steuerbare
Bugradeinheit
31 das hydraulisch betätigte
Hauptfahrwerk
32 das kohlefaserverstärkte, abnehmbare
Flügelnasenteil
33 die beweglichen Elevonteile *n*
34 die hitzebeständige Elevonstruktur
35 die Wasserstoffhauptzufuhr
36 der Flüssigkeitsraketen-Hauptmotor
37 die Schubdüse
38 die Kühlleitung
39 das Motorsteuerungsgerät
40 das Hitzeschild
41 die Hochdruck-Wasserstoffpumpe
42 die Hochdruck-Sauerstoffpumpe

43 das Schubsteuerungssystem
44 das elektromechanisch steuerbare
Raummanöver-Haupttriebwerk
45 die Schubdüsen-Kraftstofftanks *m*
**46 der abwerfbare Wasserstoff- und
Sauerstoffbehälter** (Treibstoffbehälter)
47 der integral versteifte Ringspant
48 der Halbkugelendspant
49 die hintere Verbindungsbrücke zum
Orbiter *m*
50 die Wasserstoffleitung
51 die Sauerstoffleitung
52 das Mannloch
53 das Dämpfungssystem
54 die Druckleitung zum Wasserstofftank
55 die Elektriksammelleitung
56 die Sauerstoffumlaufleitung
57 die Druckleitung zum Sauerstofftank
**58 der wiedergewinnbare Feststoff-
Raketenmotor**
59 der Raum für die Hilfsfallschirme *m*
60 der Raum für die Rettungsfallschirme
m und die vorderen
Raketentrennmotoren *m*
61 der Kabelschacht
62 die hinteren Raktentrennmotoren *m*
63 der hintere Verkleidungskonus
64 die schwenkbare Schubdüse
65 das Spacelab (Raumlaboratorium, die
Raumstation)
66 das Allzwecklabor
67 der Astronaut
68 das kardanisch gelagerte Teleskop
69 die Meßgeräteplattform
70 das Raumfahrtmodul
71 der Schleusentunnel

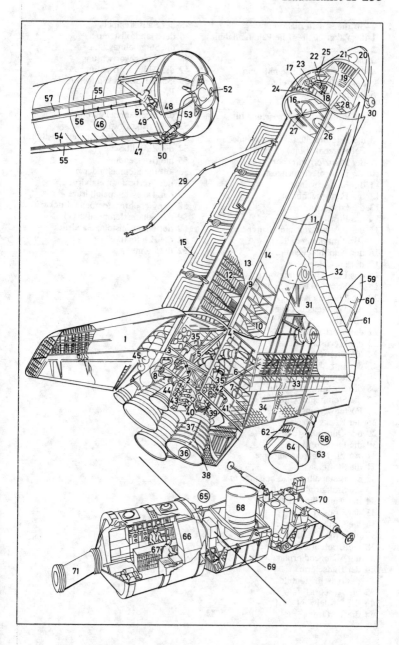

1–30 **die Schalterhalle**
1 der Paketschalter (die Paketannahme)
2 die Paketwaage
3 das Paket
4 die Aufklebeadresse mit dem Paketnummernzettel *m*
5 der Leimtopf
6 das Päckchen
7 die Postfreistempelmaschine für Paketkarten *f*
8 die Telefonzelle (Telefonkabine, Fernsprechkabine)
9 der Münzfernsprecher
10 das Fernsprechbuchgestell
11 die Buchschwinge
12 das Fernsprechbuch
13 die Postfachanlage
14 das Postfach
15 der Postwertzeichenschalter (Briefmarkenschalter)
16 der Annahmebeamte
17 der Geschäftsbote
18 das Posteinlieferungsbuch
19 der Schalter-Wertzeichengeber
20 die Wertzeichenmappe
21 der Wertzeichenbogen (Briefmarkenbogen)
22 das Wertgelaß
23 die Wechselgeldkasse
24 die Briefwaage
25 der Einzahlungs-, Postspar- und Rentenauszahlschalter
26 die Buchungsmaschine
27 die Stempelmaschine für Postanweisungen *f* und Zahlkarten *f*
28 der Rückgeldgeber
29 der Quittungsstempel
30 die Durchreiche
31–44 **die Briefverteilanlage**
31 die Stoffeingabe
32 die gestapelten Briefbehälter *m*
33 die Stoffzuführungsstrecke
34 die Aufstellmaschine
35 der Codierplatz
36 die Grobverteilrinne
37 der Prozeßrechner
38 die Briefverteilmaschine
39 der Videocodierplatz
40 der Bildschirm
41 das Anschriftenbild
42 die Anschrift
43 die Postleitzahl
44 die Tastatur

45 der Fauststempel
46 der Handrollstempel
47 die Stempelmaschine
48 die Anlegevorrichtung
49 die Ablegevorrichtung
50–55 **die Briefkastenleerung und Postzustellung** *f*
50 der Briefkasten
51 die Briefsammeltasche
52 der Postkraftwagen
53 der Zusteller (Briefträger, Postbote)
54 die Zustelltasche
55 die Briefsendung
56–60 **die Stempelbilder** *n*
56 der Werbestempelabdruck
57 der Tagesstempelabdruck
58 der Gebührenstempelabdruck
59 der Sonderstempelabdruck
60 der Handrollstempelabdruck
61 die Briefmarke
62 die Zähnung

1 die Telefonzelle (das Telefonhäuschen, Fernsprechhäuschen), eine öffentliche Sprechstelle
2 der Telefonbenutzer (*mit eigenem Anschluß:* Fernsprechteilnehmer *m*, Telefonteilnehmer)
3 der Münzfernsprecher für Orts- und Ferngespräche *n* (Fernwahlmünzfernsprecher *m*)
4 der Notrufmelder
5 das Fernsprechbuch (Telefonbuch)
6–26 Fernsprecher *m* (Telefonapparate)
6 der Fernsprech-Tischapparat in Regelausführung *f*
7 der Telefonhörer (Handapparat)
8 die Hörmuschel
9 die Sprechmuschel
10 die Wählscheibe (der Nummernschalter)
11 der Lochkranz (die Fingerlochscheibe)
12 der Anschlag
13 die Gabel (der Gabelumschalter)
14 die Hörerleitung (Handapparatschnur)
15 das Telefongehäuse
16 der Gebührenanzeiger
17 der Hauptanschlußapparat (die Hauptstelle) für eine Nebenstellen-Reihenanlage
18 die Drucktaste für die Hauptanschlußleitungen *f*
19 die Drucktasten zum Anwählen *n* der Nebenstellen *f*
20 das Drucktastentelefon
21 die Erdtaste für Nebenstellenanlagen *f*
22–26 die Nebenstellen-Wählanlage
22 die Hauptstelle
23 der Abfrageapparat
24 der Hauptanschluß
25 der Schalterschrank (die selbsttätige Vermittlungseinrichtung, Zentrale)
26 die Nebenstelle
27–41 das Fernmeldeamt
27 der Funkstörungsmeßdienst
28 der Entstörungstechniker
29 der Prüfplatz
30 die Telegrafie
31 der Telegrafenapparat (Telegraf, die Fernschreibmaschine)
32 der Papierstreifen
33 die Fernsprechauskunft
34 der Auskunftsplatz
35 das „Fräulein vom Amt"
36 das Mikrofilmlesegerät
37 die Mikrofilmkartei
38 die Filmkarte mit den Rufnummern *f* auf dem Projektionsschirm *m*
39 die Datumsanzeige
40 die Prüf- und Meßstelle
41 die Vermittlungen *f* für den Fernsprech-, Fernschreib- und Datendienst
42 der Wähler (Edelmetall-Motor-Drehwähler, EMD-Wähler; *zukünftig:* die elektronische Wähleinrichtung)
43 der Kontaktring
44 der Kontaktarm
45 das Kontaktfeld
46 das Kontaktglied
47 der Elektromagnet
48 der Wählermotor
49 das Einstellglied
50 Nachrichtenverbindungen *f*
51 *u.* **52** der Satellitenfunk
51 die Erdfunkstelle mit Richtfunkantenne *f*
52 der Fernmeldesatellit mit Richtfunkantenne *f*
53 die Küstenfunkstelle
54 *u.* **55** der Überseefunk
54 die Kurzwellenstation
55 die Ionosphäre
56 das Tiefseekabel
57 der Unterwasserverstärker
58 die Datenfernverarbeitung (die Datendienste)
59 das Ein-/Ausgabegerät für Datenträger *m*
60 die Datenverarbeitungsanlage
61 der Datendrucker
62–64 Datenträger *m*
62 der Lochstreifen
63 das Magnetband
64 die Lochkarte
65 der Telexanschluß
66 die Fernschreibmaschine (der Blattschreiber)
67 das Fernschaltgerät
68 der Fernschreiblochstreifen zur Übermittlung des Textes *m* mit Höchstgeschwindigkeit *f*
69 das Fernschreiben
70 das Tastenfeld

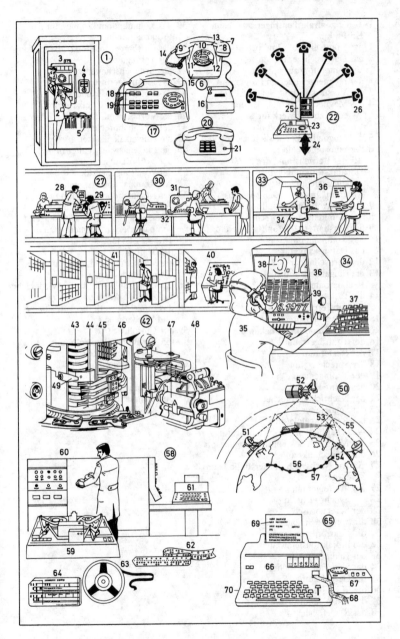

238 Rundfunk (Hör- und Fernsehfunk) I

1–6 der zentrale Tonträgerraum beim Hörfunk *m*
1 das Kontroll- und Monitorfeld
2 das Datensichtgerät (der Videomonitor) zur optischen Anzeige *f* des rechnergesteuerten Programms *n*
3 der Verstärker- und Netzgeräteträger
4 das Magnetton-Aufnahme- und -Wiedergabelaufwerk für Viertelzollmagnetband *n*
5 das Magnetband, ein Viertelzollband *n*
6 der Filmspulenhalter
7–15 der Betriebsraum des *ARD-Hörfunksternpunkts* *m [ARD: Arbeitsgemeinschaft der Rundfunkanstalten Deutschlands]*
7 das Kontroll- und Monitorfeld
8 der Kommandolautsprecher
9 das Ortsbatterietelefon (OB-Telefon)
10 das Kommandomikrophon
11 das Datensichtgerät
12 der Fernschreiber
13 die Eingabetastatur für Rechnerdaten *n*
14 die Tastatur für die Betriebsfernsprechanlage
15 die Abhörlautsprecher *m*
16–26 der Rundfunksendekomplex
16 der Tonträgerraum
17 der Regieraum
18 der Sprecherraum
19 der Toningenieur
20 das Tonregiepult
21 der Nachrichtensprecher
22 der Sendeleiter
23 das Reportagetelefon
24 die Schallplatten-Abspielapparatur
25 das Mischpult des Tonträgerraumes *m*
26 die Tontechnikerin
27–53 das Nachsynchronisierstudio beim Fernsehen *n*
27 der Tonregieraum
28 das Synchronstudio
29 der Sprechertisch
30 die optische Signalanzeige
31 die elektronische Stoppuhr
32 die Projektionsleinwand
33 der Bildmonitor
34 das Sprechermikrophon
35 die Geräuschorgel
36 die Mikrophonanschlußtafel
37 der Einspiellautsprecher
38 das Regiefenster

39 das Kommandomikrophon für den Produzenten
40 das Ortsbatterietelefon (OB-Telefon)
41 das Tonregiepult
42 die Gruppenschalter *m*
43 das Lichtzeigerinstrument
44 das Begrenzerinstrument
45 die Schalt- und Regelkassetten *f*
46 die Vorhörtasten *f*
47 der Flachbahnregler
48 die Universalentzerrer *m*
49 die Eingangswahlschalter *m*
50 der Vorhörlautsprecher
51 der Pegeltongenerator
52 der Kommandolautsprecher
53 das Kommandomikrophon
54–59 der Vormischraum für Überspielungen *f* und Mischungen *f* von perforierten Magnetfilmen *m* 16 mm, 17,5 mm, 35 mm
54 das Tonregiepult
55 die Magnetton-Aufnahme- und -Wiedergabe-Kompaktanlage
56 das Einzellaufwerk für die Wiedergabe
57 das zentrale Antriebsgerät
58 das Einzellaufwerk für Aufnahme *f* und Wiedergabe *f*
59 der Umrolltisch
60–65 der Bildendkontrollraum
60 der Vorschaumonitor
61 der Programmonitor
62 die Stoppuhr
63 das Bildmischpult
64 die Kommandoanlage
65 der Kameramonitor

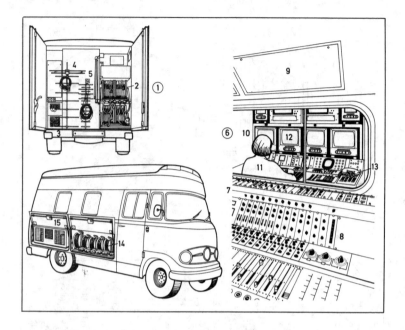

1–15 der Ü-Wagen
(Fernsehübertragungswagen; *auch:*
Tonreportagewagen *m*)
1–4 die Heckeinrichtung des Ü-Wagens *m*
2 die Kamerakabel *n*
3 die Kabelanschlußtafel
4 die Fernsehempfangsantenne für das
erste Programm
5 die Fernsehantenne für das zweite
Programm
6 die Inneneinrichtung des Ü-Wagens *m*
7 der Tonregieraum
8 das Tonregiepult
9 der Kontrollautsprecher
10 der Bildregieraum
11 die Videotechnikerin
12 der Kameramonitor
13 das Bordtelefon
14 die Mikrophonkabel *n*
15 die Klimaanlage

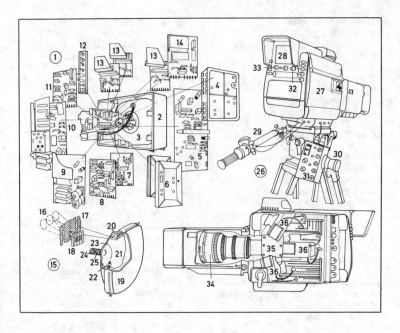

1 **der Farbfernsehempfänger**
(Farbfernseher, das Farbfernsehgerät)
in Modulbauweise *f*
2 das Fernsehergehäuse
3 die Fernsehröhre
4 der ZF-Verstärkermodul
5 der Farbdecodermodul
6 die VHF- und UHF-Tuner *m*
7 der Horizontalsynchronmodul
8 der Vertikalablenkmodul
9 der Ost-West-Modul
10 der Horizontalablenkmodul
11 der Regelmodul
12 der Konvergenzmodul
13 der Farbendstufenmodul
14 der Tonmodul
15 der Farbbildschirm
16 die Elektronenstrahlen *m*
17 die Maske mit Langlöchern *n*
18 die Leuchtstoffstreifen *m*
19 die Leuchtstoffschicht
20 die innere magnetische Abschirmung
21 das Vakuum
22 die temperaturkompensierte
Maskenaufhängung

23 der Zentrierring für die Ablenkeinheit
24 die Elektrodenstrahlsysteme *n*
25 die Schnellheizkathode
26 **die Fernsehkamera**
27 der Kamerakopf
28 der Kameramonitor
29 der Führungshebel
30 die Scharfeinstellung
31 die Bedienungstafel
32 die Kontrastregelung
33 die Helligkeitsregelung
34 das Zoomobjektiv
35 das Strahlenteilungsprisma (der
Strahlenteiler)
36 die Aufnahmeeinheit (Farbröhre)

241 Unterhaltungselektronik

1 **der Radiorecorder**
2 der Tragbügel
3 die Drucktasten *f* für das (den) Kassettenteil
4 die Stationstasten *f*
5 das eingebaute Mikrophon
6 das Kassettenfach
7 die Frequenzskala
8 der Flachbahnregler
9 der Frequenzwähler
10 **die Kompaktkassette** (Compact-Cassette)
11 der Kassettenbehälter (die Kassettenbox)
12 das Kassettenband
13–48 **die Stereoanlage** (*auch:* Quadroanlage *f*) aus HiFi-Komponenten *f* (HiFi-Bausteinen *m*)
13 *u.* 14 **die Stereoboxen** *f*
14 die Lautsprecherbox, eine Dreiwegebox mit Frequenzweichen *f*
15 der Hochtonlautsprecher (Hochtöner, ein Kalottenhochtöner *m*)
16 der Mitteltonlautsprecher
17 der Baßlautsprecher (Baß, Tieftöner)
18 **der Plattenspieler** (die Phonokomponente, der Phonobaustein)
19 das Plattenspielerchassis
20 der Plattenteller
21 der Tonarm
22 das Balancegewicht
23 die kardanische Aufhängung
24 die Auflagekraftverstellung
25 die Antiskatingeinstellung
26 das magnetische Tonabnehmersystem mit der (konischen oder biradialen) Abtastnadel, einem Diamanten *m*
27 die Tonarmarretierung
28 der Tonarmlift
29 der Umdrehungszahlwähler
30 der Starter
31 der Tonhöhenabstimmer
32 die Abdeckhaube
33 **das Stereokassettendeck**
34 das Kassettenfach
35 *u.* 36 die Aussteuerungsanzeigen *f*
35 das Aussteuerungsinstrument für den linken Kanal
36 das Aussteuerungsinstrument für den rechten Kanal
37 **der Tuner**
38 die UKW-Stationstasten *f*

39 das Leuchtinstrument für die Senderabstimmung
40 **der Verstärker;** *Tuner u. Verstärker kombiniert:* der Receiver (das Steuergerät)
41 der Lautstärkeregler
42 die Vierkanal-Balanceregler *m* (Pegelregler *m*)
43 die Höhen- und Tiefenabstimmung
44 der Eingangswähler
45 **der Vierkanaldemodulator** für CD4-Schallplatten *f*
46 der Quadro-/Stereo-Umschalter
47 die Kassettenbox
48 die Schallplattenfächer *n*
49 **das Mikrophon**
50 die Einsprechöffnungen *f*
51 der Mikrophonfuß
52 **die Dreifach-Kompaktanlage** (das Phono-Kassetten-Steuergerät)
53 die Tonarmwaage
54 die Abstimmungsregler *m*
55 die Leuchtanzeige für die automatische Eisenoxid-/Chromdioxid-Umschaltung
56 **das Spulentonbandgerät,** ein Zwei-oder Vierspurgerät *n*
57 die Bandspule
58 das Spulentonband (Tonband, ein Viertelzollband *n*)
59 das Tonkopfgehäuse mit Löschkopf *m*, Sprechkopf *m* und Hörkopf *m* (*oder:* Kombikopf *m*)
60 der Bandumlenker und Endabschalter
61 die Aussteuerungskontrolle
62 der Bandgeschwindigkeitsschalter
63 der Ein-/Ausschalter
64 das Bandzählwerk
65 die Stereomikrophoneingänge *m*
66 **der Kopfhörer**
67 der gepolsterte Kopfhörerbügel
68 die Membran
69 die Ohrmuschel
70 der Kopfhörerstecker, ein Normstecker *m* (*anders:* der Klinkenstecker *m*)
71 die Anschlußleitung

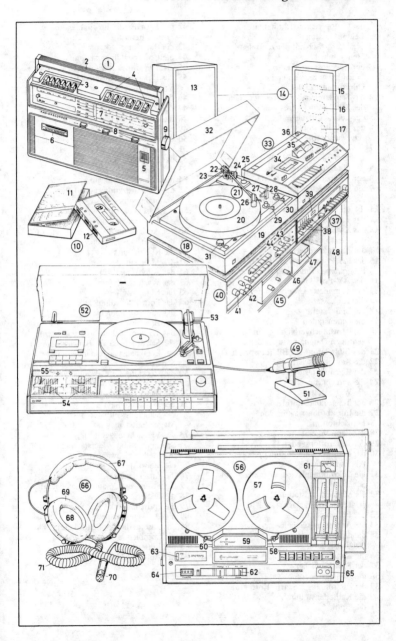

242 Unterrichts- und Informationstechnik

1 der Gruppenunterricht mit einem **Lehrautomaten** m
2 der Lehrertisch mit der zentralen Steuereinheit
3 der Klassenspiegel mit Individualanzeigen f und Quersummenzähler m
4 das Schülereingabegerät in der Hand des Schülers m (Adressaten)
5 der Lehrschrittzähler
6 der Arbeitsprojektor (Overheadprojektor)
7 die Einrichtung für die audiovisuelle Lernprogrammherstellung
8–10 die Bildkodiereinrichtung
8 der Filmbetrachter
9 die Speichereinheit
10 die Filmperforationseinrichtung
11–14 die Tonkodiereinrichtung
11 das Tastenfeld für die Kodierung
12 das Zweispur-Tonbandgerät
13 das Vierspur-Tonbandgerät
14 die Pegelaussteuerung
15 das P. I. P.-System *[P. I. P.: Programmed Individual Presentation f]*
16 der AV-Projektor für die programmierte Unterweisung
17 die Tonkassette
18 die Bildkassette
19 die Datenstation
20 die Fernsprechverbindung zur zentralen Datenerfassung
21 **das Bildtelefon** (der Bildfernsprecher)
22 die Konferenzschaltung
23 die Eigenbildtaste
24 die Sprechtaste
25 die Wähltastatur
26 der Telefonbildschirm
27 die Infrarotübertragung von Fernsehton m
28 das Fernsehgerät
29 der Infrarottonsender
30 der drahtlose Infrarottonkopfhörer mit Akkuspeisung f
31 **die Mikrofilmaufzeichnungsanlage** [im Schema]
32 die Magnetbandstation (Datenspeicheranlage)
33 der Pufferspeicher
34 die Anpassungseinheit
35 die digitale Steuerung (Digitalsteuerung)
36 die Kamerasteuerung
37 der Schriftspeicher
38 die Analogsteuerung
39 die Bildröhrengeometrie-Korrektur
40 die Kathodenstrahlröhre
41 die Optik

42 das Formulardia zur Einblendung von Formularen n
43 die Blitzlampe
44 die Universalfilmkassetten f
45–84 **Demonstrations- und Lehrgeräte** n
45 das Demonstrationsmodell eines Viertaktmotors m
46 der Kolben
47 der Zylinderkopf
48 die Zündkerze
49 der Unterbrecher
50 die Kurbelwelle mit Gegengewicht n
51 der Kurbelkasten
52 das Einlaßventil
53 das Auslaßventil
54 die Kühlwasserbohrungen f
55 das Demonstrationsmodell eines Zweitaktmotors m
56 der Nasenkolben
57 der Überströmschlitz
58 der Auslaßschlitz
59 die Kurbelkastenspülung
60 die Kühlrippen f
61–67 Molekülmodelle n
61 das Äthylenmolekül
62 das Wasserstoffatom
63 das Kohlenstoffatom
64 das Formaldehydmolekül
65 das Sauerstoffmolekül
66 der Benzolring
67 das Wassermolekül
68–72 Schaltungen f aus Bauelementen n
68 der Logikbaustein, ein integrierter Schaltkreis
69 die Stecktafel für elektronische Bausteine m
70 die Bausteinverbindung
71 der Magnetkontakt
72 der Schaltungsaufbau mit Magnethaftsteinen m
73 das Vielfachmeßgerät für Strom m, Spannung f und Widerstand m
74 der Meßbereichwählschalter
75 die Meßskala
76 die Anzeigenadel
77 das Strom- und Spannungsmeßgerät
78 die Justierschraube
79 die optische Bank
80 die Dreikantschiene
81 das Lasergerät (der Schul-Laser)
82 die Lochblende
83 das Linsensystem
84 der Auffangschirm

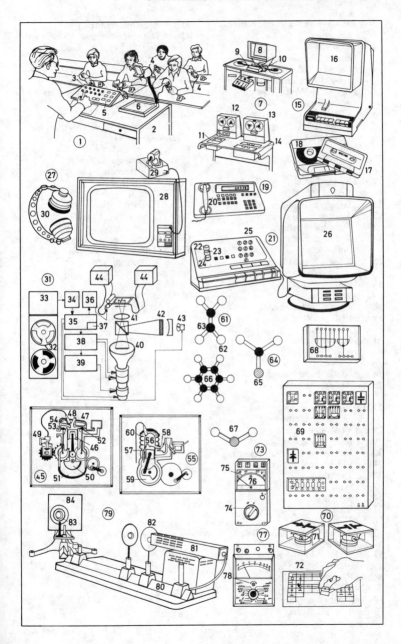

243 Audiovision (AV)

1–4 die AV-Kamera mit Recorder *m*
1 die Kamera
2 das Objektiv
3 das eingebaute Mikrophon
4 der tragbare Videorecorder (für Viertel-Zoll-Spulenmagnetband *n*)
5–36 das VCR-(Video-Cassette-Recorder-)System
5 die VCR-Kassette (für Halb-Zoll-Magnetband *n*)
6 der Heimfernseher (*auch:* der Monitor)
7 der Videokassettenrecorder
8 der Kassettenlift
9 das Bandzählwerk
10 der Bildstandsregler
11 die Tonaussteuerung
12 die Aussteuerungsanzeige
13 die Bedienungstasten
14 die Anzeigelampe der Bandeinfädelung
15 die Umschalter *m* für die Audio-/Videoaussteuerungsanzeige
16 die Ein-/Ausschalter *m*
17 die Stationstasten *f*
18 die eingebaute Schaltuhr
19 die VCR-Kopftrommel
20 der Löschkopf
21 der Führungsstift
22 das Bandlineal
23 die Tonwelle
24 der Audiosynchronkopf
25 die Andruckrolle
26 der Videokopf
27 die Riefen *f* in der Kopftrommelwand für die Luftpolsterbildung
28 das VCR-Spurschema
29 die Bandvorschubrichtung
30 die Videokopf-Bewegungsrichtung
31 die Videospur, eine Schrägspur
32 die Tonspur
33 die Synchronspur
34 der Synchronkopf
35 der Tonkopf
36 der Videokopf
37–45 das TED-(Television-Disc-)Bildplattensystem
37 der Bildplattenspieler (das Bildplattenabspielgerät)
38 der Plattenschlitz mit der eingeschobenen Bildplatte
39 der Programmwähler
40 die Programmskala

41 die Betriebstaste (*„Play"*)
42 die Taste für Szenenwiederholung *f* (*„Select"*)
43 die Stoptaste
44 die Bildplatte
45 die Bildplattenhülle
46–60 das VLP-(Video-Long-Play-)Bildplattensystem
46 der Bildplattenspieler
47 die Deckelzunge (*darunter:* der Abtastbereich)
48 die Betriebstasten *f*
49 der Zeitlupenregler
50 das optische System [im Schema]
51 die VLP-Bildplatte
52 das Objektiv
53 der Laserstrahl
54 der Drehspiegel
55 der teildurchlässige Spiegel
56 die Photodiode
57 der Helium-Neon-Laser
58 die Videosignale *n* der Plattenoberfläche
59 die Signalspur
60 das einzelne Signalelement (*„Pit"*)

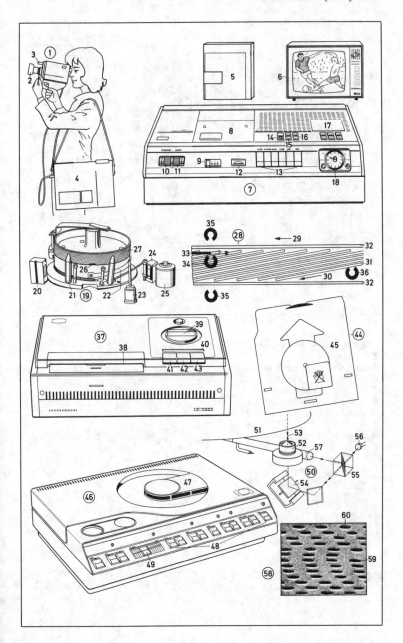

1 der Magnetplattenspeicher
2 das Magnetband
3 der Konsoloperator (Chefoperator)
4 die Konsolschreibmaschine
5 die Gegensprechanlage
6 die Zentraleinheit mit Hauptspeicher
   m und Rechenwerk *n*
7 die Operations- und Fehleranzeigen *f*
8 die Leseeinheit für Disketten *f*
9 die Magnetbandeinheit
10 die Magnetbandspule
11 die Betriebsanzeigen *f*
12 der Lochkartenleser und -stanzer
13 das Ablagefach für verarbeitete
   Lochkarten *f*
14 der Operator
15 die Bedienungsanleitungen *f*

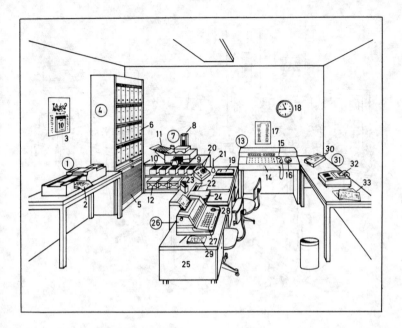

1–33 das Vorzimmer
(Sekretärinnenzimmer)
1 das Telekopiersystem (der
 Faksimiletransceiver)
2 die Telekopie (Empfangskopie)
3 der Wandkalender
4 der Aktenschrank
5 die Rolltür
6 der Aktenordner
7 die Umdruck-Adressiermaschine
8 der Schablonenaufnahmeschacht
9 die Schablonenablage
10 die Schablonenaufbewahrungslade
11 die Papierzuführung
12 der Briefpapiervorrat
13 die Hauszentrale (Telefonzentrale)
14 das Drucktastenfeld für die
 Hausanschlüsse *m*
15 der Hörer
16 die Wählscheibe
17 das Hausanschlußverzeichnis
18 die Normaluhr
19 die Unterschriftenmappe
20 die Sprechanlage
21 der Schreibstift

22 die Schreibschale
23 der Zettelkasten
24 der Formularstoß
25 der Schreibmaschinentisch
26 die Speicherschreibmaschine
27 das Schreibtastenfeld (Typenfeld)
28 der Drehschalter für den
 Arbeitsspeicher und die
 Magnetbandschleife
29 der Stenoblock (Stenogrammblock)
30 das Ablagekörbchen
31 der Bürorechner
32 das Druckwerk
33 der Geschäftsbrief

1–36 das Chefzimmer
1 der Schreibtischsessel
2 der Schreibtisch
3 die Schreibplatte
4 die Schreibtischschublade
5 das Klappengefach
6 die Schreibunterlage
7 der Geschäftsbrief
8 der Terminkalender
9 die Schreibschale
10 das Wechselsprechgerät
11 die Schreibtischlampe
12 der Taschenrechner
   (Elektronikrechner)
13 das Telefon, eine Chef-Sekretär-
   Anlage
14 die Wählscheibe, *auch:* das
   Drucktastenfeld
15 die Schnellruftasten *f*
16 der Hörer (Telefonhörer)
17 das Diktiergerät
18 die Diktatlängenanzeige
19 die Bedienungstasten *f*
20 der Truhenschrank
21 der Besuchersessel

22 der Geldschrank (Panzerschrank,
   Tresor)
23 die Zuhaltung
24 die Panzerung (Panzerwand)
25 die vertraulichen Unterlagen *pl*
26 die Patentschrift
27 das Bargeld
28 das Wandbild
29 der Barschrank
30 das (der) Barset
31–36 die Besprechungsgruppe
   (Konferenzgruppe)
31 der Konferenztisch
   (Besprechungstisch)
32 das Taschendiktiergerät
   (Kleindiktiergerät)
33 der Aschenbecher
34 der Ecktisch
35 die Tischleuchte (Tischlampe)
36 der Konferenzsessel

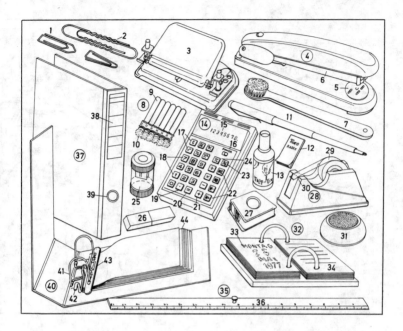

1–44 Büromaterial *n*
1 die Büroklammer (Briefklammer)
2 die Aktenklammer
3 der Locher
4 der Hefter (die Büroheftmaschine)
5 die Matrize
6 der Ladeschieber
7 die Reinigungsbürste für Schreibmaschinentypen *f*
8 die Typenreiniger *m*
9 der Flüssigkeitsbehälter
10 die Reinigungsbürste
11 der Filzschreiber (Filzstift)
12 das Tippfehlerkorrekturblatt
13 die Tippfehlerkorrekturflüssigkeit
14 der elektronische Taschenrechner
15 die achtstellige Leuchtanzeige
16 der Ein-/Ausschalter
17 die Funktionstasten *f*
18 die Zifferntasten
19 die Kommataste
20 die Ist-gleich-Taste
21 die Vorschrifttasten *f* (Rechenbefehlstasten)
22 die Speichertasten *f*

23 die Prozentrechnungstaste
24 die π-Taste für Kreisberechnungen *f*
25 der Bleistiftspitzer
26 das Schreibmaschinenradiergummi (Maschinengummi)
27 der Klebestreifenspender
28 der Klebestreifenhalter
29 die Klebestreifenrolle
30 die Abreißkante
31 der Anfeuchter
32 der Tischkalender
33 das Datumsblatt (Kalenderblatt)
34 das Notizblatt (Vormerkblatt)
35 das Lineal
36 die Zentimeter- und Millimeterteilung
37 der Aktenordner
38 das Rückenschild
39 das Griffloch
40 der Belegordner
41 die Ordnermechanik
42 der Griffhebel
43 der Klemmbügel
44 der Kontoauszug

1–48 das Großraumbüro
1 die Trennwand
2 die Registraturtheke mit der Hängetrogregistratur
3 die Behältertasche (der Hängeordner)
4 der Kartenreiter
5 der Aktenordner
6 die Archivkraft
7 die Sachbearbeiterin
8 die Aktennotiz
9 das Telefon
10 das Aktenregal
11 der Sachbearbeitertisch
12 der Büroschrank
13 die Pflanzengondel
14 die Zimmerpflanzen *f*
15 die Programmiererin
16 das Datensichtgerät
17 der Kundendienstsachbearbeiter
18 der Kunde
19 die Computergraphik
20 die Schallschlucktrennwand

21 die Schreibkraft
22 die Schreibmaschine
23 die Karteiwanne
24 die Kundenkartei
25 der Bürostuhl, ein Drehstuhl *m*
26 der Maschinentisch
27 der Karteikasten
28 das Vielzweckregal
29 der Chef
30 der Geschäftsbrief
31 die Chefsekretärin
32 der Stenogrammblock
33 die Phonotypistin
34 das Diktiergerät
35 der Ohrhörer [in der Ohrmuschel]
36 das statistische Schaubild (die Statistik)
37 der Schreibtischunterschrank
38 der Schiebetürenschrank
39 die Büroelemente *n* in Winkelbauweise *f*
40 das Hängeregal
41 der Ablagekorb

42 der Wandkalender
43 die Datenzentrale
44 der Informationsabruf vom
   Datensichtgerät *n*
45 der Papierkorb
46 die Umsatzstatistik
47 das EDV-Blatt (die ausgedruckten
   Daten *n*), ein Leporello *m*
48 das Verbindungselement

1 die elektrische Schreibmaschine, eine
  Kugelkopfschreibmaschine
2–6 das Blocktastenfeld (die Tastatur)
2 die Leertaste
3 die Umschalttaste für die
  Großbuchstaben *m*
4 der Zeilenschalter
5 der Umschaltfeststeller
6 die Randlösetaste
7 die Tabulatortaste
8 die Tabulatorlöschtaste
9 der Ein-/Ausschalter
10 der Anschlagstärkeneinsteller
11 der Farbbandwähler
12 die Randeinstellung
13 der vordere (linke) Randsteller
14 der hintere (rechte) Randsteller
15 der Kugelkopf (Schreibkopf) mit den
  Typen *f*
16 die Farbbandkassette
17 der Papierhalter mit den
  Führungsrollen *f*
18 die Schreibwalze
19 das Schreibfenster
20 der Papiereinwerfer
21 die Schreibwerkrückführung
  (Schlittenrückführung)
22 der Walzendrehknopf
23 der Zeileneinsteller
24 der Walzenlöser
25 der Walzenstechknopf
26 die Radierauflage
27 die transparente Gehäuseabdeckung
28 der Austauschkugelkopf
29 die Type
30 der Schreibkopfdeckel
31 die Zahnsegmente *n*
32 der Rollenkopierautomat
33 das Rollenmagazin
34 die Formateinstellung
35 die Kopienvorwahl
36 der Kontrastregler
37 der Hauptschalter
38 der Bedienungsschalter
39 das Vorlagenfenster
40 das Übertragungstuch
41 die Tonerwalze
42 das Belichtungssystem
43 der Kopienausstoß
44 die Brieffaltmaschine
45 die Papiereingabe
46 die Falteinrichtung
47 der Auffangtisch

48 der Kleinoffsetdrucker
49 die Papieranlage
50 der Hebel für die
  Druckplatteneinfärbung
51 u. 52 das Farbwerk
51 der Verreiber
52 die Auftragswalze
53 die Druckhöhenverstellung
54 die Papierablage
55 die Druckgeschwindigkeitseinstellung
56 der Rüttler zum Glattstoßen *n* der
  Papierstapel *m*
57 der Papierstapel
58 die Falzmaschine
59 die Bogenzusammentragemaschine für
  Kleinauflagen *f*
60 die Zusammentragestation
61 der Klebebinder für die
  Thermobindung
62 das Magnetband-Diktiergerät
63 der Kopfhörer (Ohrhörer)
64 der Ein-/Ausschalter
65 der Mikrophonbügel
66 die Fußschalterbuchse
67 die Telefonbuchse
68 die Kopfhörerbuchse
69 die Mikrophonbuchse
70 der eingebaute Lautsprecher
71 die Kontrollampe
72 das Kassettenfach
73 die Vorlauf-, Rücklauf- und
  Stopptasten *f*
74 die Zeitskala mit Indexstreifen *m*
75 der Zeitskalastop

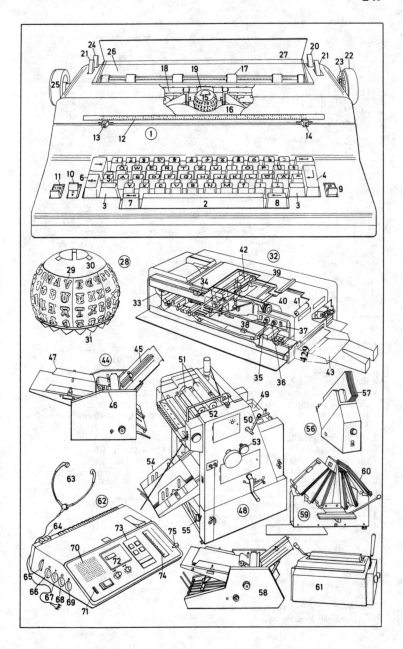

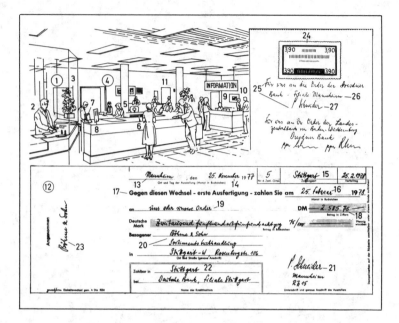

1–11 die Kundenhalle
1 die Kasse
2 der Kassierer
3 das schußsichere Panzerglas
4 die Servicegruppe (Bedienung *f* und Beratung *f* für Sparkonten *n*, Privat- und Firmenkonten *n*, persönliche Kredite *m*)
5 die Bankangestellte
6 die Bankkundin
7 die Prospektfaltblätter *n*
8 der Kurszettel
9 der Informationsstand
10 der Geldwechselschalter
11 der Durchgang zum Tresorraum *m*
12 **der Wechsel;** *hier:* ein gezogener Wechsel *m* (Tratte *f*), ein angenommener Wechsel *m* (das Akzept)
13 der Ausstellungsort
14 der Ausstellungstag
15 der Zahlungsort
16 der Verfalltag
17 die Wechselklausel (Bezeichnung der Urkunde als Wechsel *m*)
18 die Wechselsumme (der Wechselbetrag)
19 die Order (der Wechselnehmer, Remittent)
20 der Bezogene (Adressat, Trassat)
21 der Aussteller (Trassant)
22 der Domizilvermerk (die Zahlstelle)
23 der Annahmevermerk (das Akzept)
24 die Wechselstempelmarke
25 das Indossament (der Übertragungsvermerk)
26 der Indossatar (Indossat, Girat)
27 der Indossant (Girant)

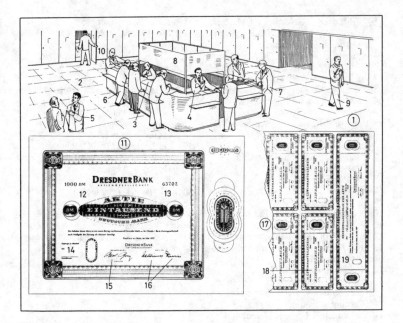

1–10 die Börse (Effekten-, Wertpapier-
oder Fondsbörse)

1 der Börsensaal

2 der Markt für Wertpapiere *n*

3 die Maklerschranke (der Ring)

4 der vereidigte Kursmakler
(Börsenmakler, Effektenmakler,
Sensal), ein Handelsmakler *m*

5 der freie Kursmakler (Agent), für
Freiverkehr *m*

6 das Börsenmitglied, ein zum
Börsenhandel *m* zugelassener Privater
m

7 der Börsenvertreter (Effektenhändler),
ein Bankangestellter *m*

8 die Kursmaklertafel (Kurstafel,
Maklertafel, der Kursanzeiger)

9 der Börsendiener

10 die Telefonzelle (Fernsprechkabine)

11–19 Wertpapiere *n* (Effekten *pl*):
Arten: Aktie *f*, festverzinsliches
Wertpapier, Rente *f*, Anleihe *f*,
Pfandbrief *m*, Kommunalobligation *f*,
Industrieobligation *f*,
Wandelschuldverschreibung *f*

11 die Aktienurkunde (der Mantel); *hier:*
die Inhaberaktie

12 der Nennwert der Aktie

13 die laufende Nummer

14 die Seitennummer der Eintragung im
Aktienbuch *n* der Bank

15 die Unterschrift des
Aufsichtsratsvorsitzers *m*

16 die Unterschrift des
Vorstandsvorsitzers *m*

17 der Bogen (Kuponbogen)

18 der Dividendenschein
(Gewinnanteilschein)

19 der Erneuerungsschein (Talon)

252 Geld (Münzen und Scheine)

1–28 Münzen f (Geldstücke n, Hartgeld; Arten: Gold-, Silber-, Nickel-, Kupfer- od. Aluminiummünzen f)
1 Athen: Tetradrachme f in Nuggetform f
2 die Eule (der Stadtvogel von Athen)
3 Aureus m Konstantins des Großen
4 Brakteat m Kaiser Friedrichs I. Barbarossa
5 Frankreich: Louisdor m Ludwigs XIV.
6 Preußen: 1 Reichstaler m Friedrichs des Großen
7 Bundesrepublik Deutschland: 5 Deutsche Mark f (DM); 1 DM f = 100 Pfennige m
8 die Vorderseite (der Avers)
9 die Rückseite (der Revers)
10 das Münzzeichen (der Münzbuchstabe)
11 die Randinschrift
12 das Münzbild, ein Landeswappen n
13 Österreich: 25 Schilling m; 1 Sch. m = 100 Groschen m
14 die Länderwappen n
15 Schweiz: 5 Franken m; 1 Franken m (franc, franco) = 100 Rappen m (Centimes, centimes)
16 Frankreich: 1 Franc m (franc) = 100 Centimes m (centimes)
17 Belgien: 100 Francs m (francs)
18 Luxemburg: 1 Franc m (franc)
19 Niederlande: 2 ½ Gulden m; 1 Gulden m (florin) = 100 Cents m (cents)
20 Italien: 10 Lire f (lire; sg Lira)
21 Vatikanstaat: 10 Lire f (lire; sg Lira)
22 Spanien: 1 Peseta f (peseta) = 100 Céntimos m (céntimos)
23 Portugal: 1 Escudo m (escudo) = 100 Centavos m (centavos)
24 Dänemark: 1 Krone f (krone) = 100 Öre n (øre)
25 Schweden: 1 Krone f (krona) = 100 Öre n (öre)
26 Norwegen: 1 Krone f (krone) = 100 Öre n (øre)
27 Tschechoslowak. Republik: 1 Krone f (koruna) = 100 Halèř m (halèřu)
28 Jugoslawien: 1 Dinar m (dinar) = 100 Para m (para)
29–39 Banknoten f (Papiergeld n, Noten f, Geldscheine m, Scheine)
29 Bundesrepublik Deutschland: 20 DM f
30 die Notenbank
31 das Porträtwasserzeichen
32 die Wertbezeichnung
33 USA: 1 Dollar m (dollar, $) = 100 Cents m (cents)
34 die Faksimileunterschriften f
35 der Kontrollstempel
36 die Reihenbezeichnung
37 Vereinigtes Königreich Großbritannien und Nordirland: 1 Pfund Sterling m (£) = 100 New Pence m (new pence, p; sg New Penny)
38 das Guillochenwerk
39 Griechenland: 1 000 Drachmen f (drachmai); 1 Drachme f = 100 Lepta n (lepta; sg Lepton)
40–44 die Münzprägung
40 u. **41** die Prägestempel m
40 der Oberstempel
41 der Unterstempel
42 der Prägering
43 das Münzplättchen (Blankett, Rondell)
44 der Prägetisch

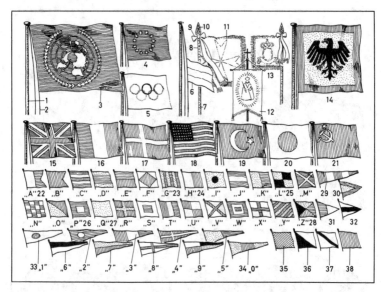

1–3 die Flagge der Vereinten Nationen f
1 der Flaggenstock (Flaggenmast) mit
   dem Flaggenknopf m
2 die Flaggenleine (Flaggleine)
3 das Flaggentuch
4 die Flagge des Europarates m
   (Europaflagge)
5 die Olympia-Flagge
6 die Flagge halbstock[s] (halbmast) [zur
   Trauer]
7–11 die Fahne
7 der Fahnenschaft
8 der Fahnennagel
9 das Fahnenband
10 die Fahnenspitze
11 das Fahnentuch
12 das Banner
13 die Reiterstandarte (das Feldzeichen
   der Kavallerie)
14 die Standarte des dt.
   Bundespräsidenten [das Abzeichen
   eines Staatsoberhaupts n]
15–21 Nationalflaggen f
15 der Union Jack (Großbritannien)
16 die Trikolore (Frankreich)
17 der Danebrog (Dänemark)
18 das Sternenbanner (USA)
19 der Halbmond (Türkei)

20 das Sonnenbanner (Japan)
21 Hammer und Sichel (UdSSR)
22–34 Signalflaggen f, ein Stell n
   Flaggen f
22–28 Buchstabenflaggen f
22 Buchstabe A, ein gezackter Stander
23 G, das Lotsenrufsignal
24 H („Lotse ist an Bord")
25 L, die Seuchenflagge
26 P, der Blaue Peter, ein Abfahrtssignal
   n
27 Q, die Quarantäneflagge, ein
   Arztrufsignal n
28 Z, ein rechteckiger Stander
29 der Signalbuchwimpel, ein Wimpel m
   des internat. Signalbuchs n
30–32 Hilfsstander m, dreieckige Stander
33 u. 34 Zahlenwimpel m
33 die Zahl 1
34 die Zahl 0
35–38 Zollflaggen f
35 der Zollstander von Zollbooten n
36 „Schiff zollamtlich abgefertigt"
37 das Zollrufsignal
38 die Pulverflagge [„feuergefährliche
   Ladung"]

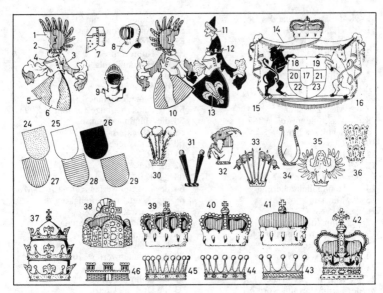

1–36 Heraldik f (Wappenkunde)
1–6 das Wappen
1 die Helmzier
2 der Wulst
3 die Decke (Helmdecke)
4 der Stechhelm
5 der Wappenschild
6 der schräglinke Wellenbalken
4, 7–9 Helme m
7 der Kübelhelm
8 der Spangenhelm
9 der offene Helm
10–13 die Ehewappen (Allianzwappen, Doppelwappen)
10 das Wappen des Mannes m
11–13 das Wappen der Frau
11 der Menschenrumpf
12 die Laubkrone (Helmkrone)
13 die Lilie
14 das Wappenzelt (der Wappenmantel)
15 u. 16 Schildhalter m, Wappentiere n
15 der Stier
16 das Einhorn
17–23 die Wappenbeschreibung (Blasonierung, Wappenfeldordnung)
17 das Herzschild
18–23 erstes bis sechstes Feld (Wappenfeld)
18 u. 19 oben
22 u. 23 unten
18, 20, 22 vorn, rechts
19, 21, 23 hinten, links

24–29 die Tinkturen f
24 u. 25 Metalle n
24 Gold n [gelb]
25 Silber n [weiß]
26 schwarz
27 rot
28 blau
29 grün
1, 11, 30–36 Helmzier f (Helmzeichen n, Helmkleinod, Zimier)
30 die Straußenfedern f
31 der Kürißprügel
32 der wachsende Bock
33 die Turnierfähnchen n
34 die Büffelhörner n
35 die Harpyie
36 der Pfauenbusch
37, 38, 42–46 Kronen f
37 die Tiara
38 die Kaiserkrone [dt. bis 1806]
39 der Herzogshut
40 der Fürstenhut
41 der Kurfürstenhut (Kurhut)
42 die engl. Königskrone
43–45 Rangkronen f
43 die Adelskrone
44 die Freiherrnkrone
45 die Grafenkrone
46 die Mauerkrone eines Stadtwappens n

1–98 die Bewaffnung des Heeres *n*
1–39 **Handwaffen** *f*
1 die Pistole P 1
2 das Rohr (der Lauf)
3 das Korn
4 der Schlaghebel
5 der Abzug
6 das Griffstück
7 der Magazinhalter
8 die Maschinenpistole MP 2
9 die Schulterstütze
10 das Gehäuse
11 die Rohrhaltemutter
12 der Spannschieber
13 der Handschutz
14 die Handballensicherung
15 das Magazin
16 das Gewehr G3-A3
17 das Rohr (der Lauf)
18 der Mündungsfeuerdämpfer
19 der Handschutz
20 die Abzugsvorrichtung
21 das Magazin
22 die Kimme (das Visier)
23 der Kornhalter mit Korn *n*
24 der Gewehrkolben (Kolben)
25 die Panzerfaust 44
26 die Granate
27 das Rückstoßrohr
28 das Zielfernrohr
29 die Abfeuerungseinrichtung
30 der Wangenschutz
31 die Schulterstütze
32 das Maschinengewehr MG 3
33 das Gehäuse
34 der Rückstoßverstärker
35 die Rohrwechselklappe
36 das Visier
37 der Kornhalter mit Korn *n*
38 das Griffstück
39 die Schulterstütze
40–95 **Schwere Waffen** *f*
40 der Mörser 120 mm AM 50
41 das Rohr
42 das Zweibein
43 das Fahrgestell
44 der Rückstoßdämpfer
45 der Richtaufsatz
46 die Grundplatte
47 die Kugelpfanne
48 die Richtkurbel
49–74 Artilleriewaffen *f* auf
 Selbstfahrlafetten *f*

49 die Kanone 175 mm SF M 107
50 das Antriebsrad
51 der Hubzylinder
52 die Rohrbremse
53 die Hydraulikanlage
54 das Bodenstück
55 der Schaufelsporn
56 der Schaufelzylinder
57 die Panzerhaubitze 155 mm M 109 G
58 die Mündungsbremse
59 der Rauchabsauger
60 die Rohrwiege
61 der Rohrvorholer
62 die Rohrstütze
63 das Fla-Maschinengewehr
64 der Raketenwerfer *Honest John* M 386
65 die Rakete, mit Sprengkopf *m*
66 die Startrampe
67 die Höhenrichteinrichtung
68 die Fahrzeugstütze
69 die Seilwinde
70 der Raketenwerfer 110 SF
71 das Rohrpaket
72 die Rohrpanzerung
73 die Drehringlafette
74 die Zielzeigereinrichtung
75 das Feldarbeitsgerät 2,5 t
76 die Hubeinrichtung
77 die Räumschaufel
78 das Gegengewicht
79–95 **Panzer**
79 der Sanitätspanzer M 113
80 der Kampfpanzer *Leopard* 1 A 3
81 die Walzenblende
82 der Infrarot-Weißlicht-
 Zielscheinwerfer
83 die Nebelwurfbecher *m*
84 der Panzerturm
85 die Kettenblende
86 die Laufrolle
87 die Kette
88 der Kanonenjagdpanzer
89 der Rauchabsauger
90 die Rohrblende
91 der Schützenpanzer *Marder*
92 die Maschinenkanone
93 der Bergepanzer *Standard*
94 die Räum- und Stützschaufel
95 der Kranausleger
96 der Mehrzweck-Lkw 0,25 t
97 die abklappbare Windschutzscheibe
98 das Planenverdeck

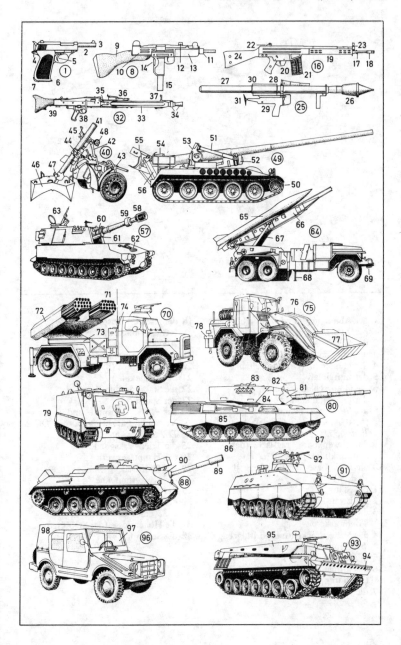

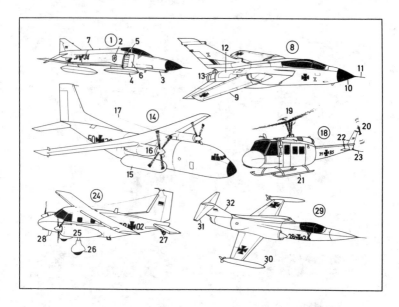

1 **der Abfangjäger und Jagdbomber**
   McDonnell-Douglas F-4F Phantom II
2 das Geschwaderabzeichen
3 die Bordkanone
4 der Flügeltank (Unterflügeltank)
5 der Lufteinlaß
6 die Grenzschichtschneide
7 der Flugbetankungsstutzen
8 **das Mehrzweckkampfflugzeug**
   (MRCA, Multirole Combat Aircraft)
   Panavia 200 Tornado
9 die schwenkbare Tragfläche (der
   Schwenkflügel)
10 die Radarnase (der Radarbug, das
   Radom)
11 das Staurohr
12 die Bremsklappe (Luftbremse)
13 die Nachbrennerdüsen *f* der
   Triebwerke *n*
14 **das Mittelstreckentransportflugzeug** *C*
   160 Transall
15 die Fahrwerkgondel
16 das Propeller-Turbinen-Triebwerk
   (Turboprop-Triebwerk)
17 die Antenne

18 **der leichte Transport- und**
   Rettungshubschrauber *Bell UH-1D*
   Iroquois
19 der Hauptrotor
20 der Heckrotor (die Steuerschraube)
21 die Landekufen
22 die Stabilisierungsflossen *f*
23 der Sporn
24 **das STOL-Transport- und**
   Verbindungsflugzeug *Dornier DO 28*
   D-2 Skyservant
25 die Triebwerksgondel
26 das Hauptfahrwerk
27 das Spornrad
28 die Schwertantenne
29 **der Jagdbomber** *F-104 G Starfighter*
30 der Flügelspitzentank (Tiptank)
31 *u.* 32 das T-Leitwerk
31 die Höhenflosse (der Stabilisator)
32 die Seitenflosse

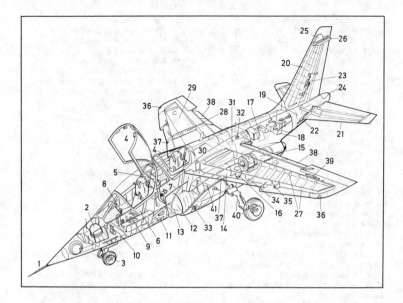

1–41 der deutsch-französische Strahltrainer *Dornier-Dassault-Breguet Alpha Jet*
1 das Staurohr
2 der Sauerstoffbehälter
3 das vorwärts einfahrende Bugrad
4 die Kabinenhaube
5 der Haubenzylinder
6 der Flugzeugführersitz (Schülersitz), ein Schleudersitz *m*
7 der Kampfbeobachtersitz (Lehrersitz), ein Schleudersitz *m*
8 der Steuerknüppel
9 die Leistungshebel *m*
10 die Seitenruderpedale *n* mit Bremsen *f*
11 der Frontavionikraum
12 der Triebwerksluftteinlauf
13 die Grenzschicht-Trennzunge
14 der Lufteinlaufkanal
15 das Turbinentriebwerk
16 der Hydraulikspeicher
17 der Batterieraum
18 der Heckavionikraum
19 der Gepäckraum
20 der dreiholmige Leitwerkaufbau
21 das Höhenleitwerk
22 die Höhenleitwerk-Rudermaschine

23 die Seitenrudermaschine
24 der Bremsschirmkasten
25 die VHF-Antenne (UKW-Antenne) *[VHF: Very high frequency]*
26 die VOR-Antenne *[VOR: Very high frequency omnidirectional range]*
27 der zweiholmige Tragflächenaufbau
28 die holmintegrierte Beplankung
29 die Integralflächentanks *m*
30 der Rumpfzentraltank
31 die Rumpftanks *m*
32 der Schwerkraftfüllstutzen
33 der Druckbetankungsanschluß
34 die innere Flügelaufhängung
35 die äußere Flügelaufhängung
36 die Positionsleuchten *f*
37 die Landescheinwerfer *m*
38 die Landeklappe
39 die Querruderbetätigung
40 das vorwärts einfahrende Hauptfahrwerk
41 der Fahrwerk-Ausfahrzylinder

258 Kriegsschiffe I (Bundesmarine)

1–63 leichte Kampfschiffe *n*
1 der Raketenzerstörer *der „Hamburg"-Klasse*
2 der Glattdecksrumpf (Flushdecksrumpf)
3 der Bug (Steven)
4 der Flaggenstock (Göschstock)
5 der Anker, ein Patentanker *m*
6 das Ankerspill
7 der Wellenbrecher
8 das (*auch:* der) Knickspant
9 das Hauptdeck
10–28 die Aufbauten *(pl)*
10 das Aufbaudeck
11 die Rettungsinseln *f*
12 der Kutter (das Beiboot)
13 der Davit (Bootsaussetzkran)
14 die Brücke (Kommandobrücke, der Brückenaufbau)
15 die Positionsseitenlampe
16 die Antenne
17 der Funkpeilrahmen
18 der Gittermast
19 der vordere Schornstein
20 der achtere (hintere) Schornstein
21 die Schornsteinkappe
22 der achtere (hintere) Aufbau (die Hütte)
23 das Spill
24 der Niedergang (das Luk)
25 der Heckflaggenstock
26 das Heck, ein Spiegelheck *n*
27 die Wasserlinie
28 der Scheinwerfer
29–37 die Bewaffnung
29 der Geschützturm (Turm) 100 mm
30 der U-Bootabwehrraketenwerfer, ein Vierling *m*
31 die Zwillingsflak 40 mm
32 der Flugabwehrraketenstarter MM 38, im Abschußcontainer *m*
33 das U-Bootjagdtorpedorohr
34 die Wasserbombenablaufbühne
35 der Waffenleitradar
36 die Radarantenne
37 der optische Entfernungsmesser
38 der Raktenzerstörer *der „Lütjens"-Klasse*
39 der Buganker
40 der Schraubenschutz
41 der Dreibeingittermast
42 der Pfahlmast
43 die Lüfteröffnungen *f*
44 das Rauchabzugsrohr
45 die Pinaß
46 die Antenne
47 die radargesteuerte Allzielkanone 127 mm im Geschützturm *m*
48 das Allzielgeschütz 127 mm
49 der Raketenstarter für Tartar-Flugkörper *m*

50 der Asroc-Starter (U-Bootabwehrraketenwerfer)
51 die Feuerleitradar-Antennen *f*
52 das Radom (der Radardom)
53 die Fregatte *der „Köln"-Klasse*
54 die Ankerklüse
55 die Dampferlaterne (das Dampflicht)
56 die Positionslampe (das Positionslicht)
57 der Luftansaugschacht
58 der Schornstein
59 der Rauchabweiser (die Schornsteinkappe)
60 die Peitschenantenne
61 der Kutter
62 die Hecklaterne
63 der Schraubenschutzwulst
64–91 Kampfboote *n*
64 das Unterseeboot (U-Boot) *der Klasse 206*
65 die durchflutete Back
66 der Druckkörper
67 der Turm
68 die Ausfahrgeräte *n*
69 das Flugkörperschnellboot der Klasse 148
70 das Allzielgeschütz 76 mm mit Turm *m*
71 der Flugkörperstartcontainer
72 das Deckshaus
73 die Fla-Kanone 40 mm
74 die Schraubenschutzleiste
75 das Flugkörperschnellboot der Klasse 143
76 der Wellenbrecher
77 das Radom (der Radardom)
78 das Torpedorohr
79 die Abgasöffnung
80 das Minenjagdboot *der „Flensburg"-Klasse*
81 die Scheuerleiste, mit Verstärkungen *f*
82 das Schlauchboot
83 der Bootsdavit
84 das Schnelle Minensuchboot *der „Schütze"-Klasse*
85 die Kabeltrommelwinde
86 die Schleppwinde (Winsch)
87 das Minenräumgerät (die Ottern *m*, Schwimmer)
88 der Kran
89 das Landungsboot *der „Barbe"-Klasse*
90 die Bugrampe
91 die Heckrampe
92–97 Hilfsschiffe *n*
92 der Tender *der „Rhein"-Klasse*
93 der Versorger *der „Lüneburg"-Klasse*
94 der Minentransporter *der „Sachsenwald"-Klasse*
95 das Schulschiff „Deutschland"
96 der Hochseebergungsschlepper *der „Helgoland"-Klasse*
97 der Betriebsstofftanker „Eifel"

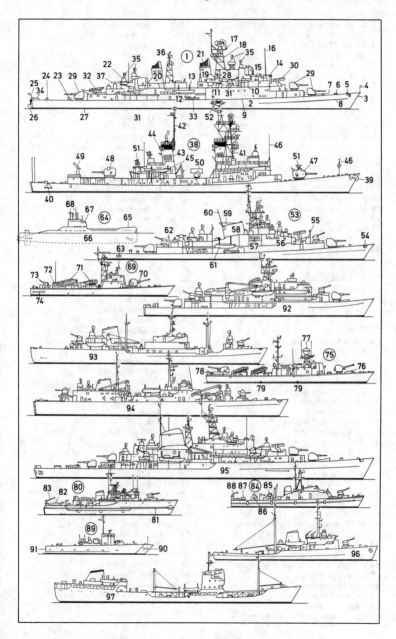

259 Kriegsschiffe II (moderne Kampfschiffe)

1 der atomgetriebene Flugzeugträger
  „Nimitz *ICVN* 68" (USA)
2–11 der Seitenriß
2 das Flugdeck
3 die Insel (Kommandobrücke)
4 der Flugzeugaufzug
5 der Achtfach-Flarak-Starter
6 der Pfahlmast (Antennenträger)
7 die Antenne
8 die Radarantenne
9 der vollgeschlossene Orkanbug
10 der Bordkran
11 das Spiegelheck
12–20 der Decksplan
12 das Winkeldeck (Flugdeck)
13 der Flugzeugaufzug
14 das Doppelstartkatapult
15 die versenkbare Flammenschutzwand
16 das Landefangseil (Bremsseil)
17 die Barriere (das Notauffangnetz)
18 der Catgang
19 das Schwalbennest
20 der Achtfach-Flarak-Starter
21 der Raketenkreuzer der „Kara"-Klasse
  (UdSSR)
22 der Glattdecksrumpf
23 der Deckssprung
24 der U-Jagdraketensalvenwerfer, ein
  Zwölfling *m*
25 der Flugabwehrraketenstarter, ein
  Zwilling *m*
26 der Startbehälter für 4
  Kurzstreckenraketen *f*
27 die Flammenschutzwand
28 die Brücke
29 die Radarantenne
30 der Fla-Zwillingsturm 76 mm
31 der Gefechtsturm
32 der Schornstein
33 der Fla-Raketenstarterzwilling
34 die Fla-Maschinenkanone
35 das Beiboot
36 der U-Jagdtorpedofünflingssatz
37 der U-Jagdraketensalvenwerfer, ein
  Sechsling *m*
38 der Hubschrauberhangar
39 die Hubschrauberlandeplattform
40 das tiefenveränderbare Sonargerät
  (VDS)
41 der atomgetriebene Raketenkreuzer
  der „California"-Klasse (USA)
42 der Rumpf
43 der vordere Gefechtsturm
44 der achtere (hintere) Gefechtsturm
45 der Backsaufbau
46 die Landungsboote
47 die Antenne
48 die Radarantenne
49 das Radom (der Radardom)

50 der Luftzielraketenstarter
51 der U-Jagdraketentorpedostarter
52 das Geschütz 127 mm mit
  Geschützturm *m*
53 die Hubschrauberlandeplattform
54 das U-Jagdatom-U-boot (der
  Subsubkiller)
55–74 die Mittelschiffssektion
  [schematisch]
55 der Druckkörper
56 der Hilfsmaschinenraum
57 die Kreiselturbopumpe
58 der Dampfturbinengenerator
59 die Schraubenwelle
60 das Drucklager
61 das Untersetzungsgetriebe
62 die Hoch- und Niederdruckturbine
63 das Hochdruckdampfrohr des
  Sekundärkreislaufs *m*
64 der Kondensator
65 der Primärkreislauf
66 der Wärmetauscher
67 der Atomreaktormantel
68 der Reaktorkern
69 die Steuerelemente *n*
70 die Bleiabschirmung
71 der Turm
72 der Schnorchel
73 die Lufteintrittsöffnung
74 die Ausfahrgeräte *n*
75 das Einhüllen-Küsten-U-Boot mit
  konventionellem (dieselelektrischem)
  Antrieb *m*
76 der Druckkörper
77 die durchflutete Back
78 die Mündungsklappe
79 das Torpedorohr
80 die Bugraumbilge
81 der Anker
82 die Ankerwinsch
83 die Batterie
84 Wohnräume *m* mit Klappkojen *f*
85 der Kommandantenraum (das
  Kommandantenschapp)
86 das Zentralluk
87 der Flaggenstock
88–91 die Ausfahrgeräte *n*
88 das A-Sehrohr (Angriffssehrohr)
89 die Antenne
90 der Schnorchel
91 die Radarantenne
92 die Abgaslippen *f*
93 der Wintergarten
94 das Dieselaggregat
95 das hintere Tiefen- und Seitenruder
96 das vordere Tiefenruder

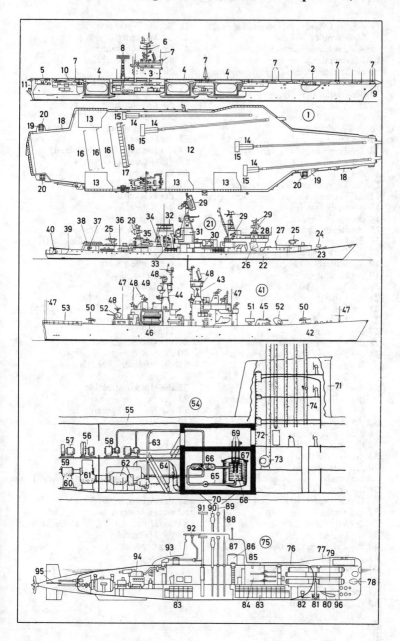

260 Schule I (Grund- und Hauptschule)

1–85 die Grund- und Hauptschule (*ugs.*
Volksschule)
1–45 das Klassenzimmer (der
Klassenraum)
1 die Tischaufstellung in Hufeisenform *f*
2 der Doppeltisch
3 die Schüler *m* in Gruppenanordnung *f*
4 das Übungsheft
5 der Bleistift (Zeichenstift)
6 der Wachsmalstift
7 die Schultasche (Schulmappe)
8 der Traggriff (Griff, Henkel)
9 der Schulranzen (Ranzen)
10 das Vorfach
11 der Tragriemen (Schulterriemen)
12 das Federmäppchen (die Federmappe)
13 der Reißverschluß
14 der Füllfederhalter (Füllhalter, Füller)
15 das Ringbuch (der Ringhefter)
16 das Lesebuch
17 das Rechtschreibungsbuch
18 das Schreibheft
19 der Filzstift
20 das Melden (Handheben)
21 der Lehrer
22 der Lehrertisch
23 das Klassenbuch
24 die Schreibschale
25 die Schreibunterlage
26 die Fenstermalerei mit Fingerfarben *f*
(Fingermalerei *f*)
27 die Schüleraquarelle *n*
28 das Kreuz
29 die dreiflügelige Tafel (Schultafel,
Wandtafel)
30 der Kartenhalter
31 die Kreideablage
32 die [weiße] Kreide
33 die Tafelzeichnung
34 die Schemazeichnung
35 die umklappbare Seitentafel
36 die Projektionsfläche
(Projektionswand)
37 das Winkellineal
38 der Winkelmesser
39 die Gradeinteilung
40 der Tafelzirkel (Kreidezirkel)
41 die Schwammschale
42 der Tafelschwamm (Schwamm)
43 der Klassenschrank
44 die Landkarte (Wandkarte)
45 die Backsteinwand

46–85 der Werkraum
46 der Werktisch
47 die Schraubzwinge
48 der Zwingenknebel
49 die Schere
50–52 die Klebearbeit
50 die Klebefläche
51 die Klebstofftube (*ugs.*: der
Alleskleber)
52 der Tubenverschluß
53 die Laubsäge
54 das Laubsägeblatt (Sägeblatt)
55 die Holzraspel (Raspel)
56 das eingespannte Holzstück
57 der Leimtopf
58 der Hocker
59 der Kehrbesen
60 die Kehrschaufel
61 die Scherben *f*
62 die Emailarbeit (Emaillearbeit)
63 der elektrische Emaillierofen
64 der Kupferrohling
65 das Emailpulver
66 das Haarsieb
67–80 die Schülerarbeiten *f*
67 die Tonplastiken *f* (Formarbeiten)
68 der Fensterschmuck aus farbigem
Glas *n*
69 das Glasmosaikbild
70 das Mobile
71 der Papierdrachen (Drachen,
Flugdrachen)
72 die Holzkonstruktion
73 der Polyeder
74 die Kasperlefiguren *f*
75 die Tonmasken *f*
76 die gegossenen Kerzen *f*
(Wachskerzen)
77 die Holzschnitzerei
78 der Tonkrug
79 die geometrischen Formen *f* aus Ton *m*
80 das Holzspielzeug
81 das Arbeitsmaterial
82 der Holzvorrat
83 die Druckfarben *f*, für Holzschnitte *m*
84 die Malpinsel *m*
85 der Gipssack

261 Schule II (Höhere Schule)

1–45 das Gymnasium, *auch:* der
  Gymnasialzweig einer Gesamtschule
1–13 der Chemieunterricht
1 der Chemiesaal mit den ansteigenden
  Sitzreihen *f*
2 der Chemielehrer
3 der Experimentiertisch
4 der Wasseranschluß
5 die gekachelte Arbeitsfläche
6 das Ausgußbecken
7 der Videomonitor, ein Bildschirm *m*
  für Lehrprogramme *n*
8 der Overheadprojektor
  (Arbeitsprojektor)
9 die Auflagefläche für die
  Transparente *n*
10 die Projektionsoptik, mit
  Winkelspiegel *m*
11 der Schülertisch mit
  Experimentiereinrichtung *f*
12 der Stromanschluß (die Steckdose)
13 der Projektionstisch
**14–34 der Vorbereitungsraum für den
  Biologieunterricht**
14 das Skelett (Gerippe)
15 die Schädelsammlung, Nachbildungen *f*
  (Abgüsse *m*) von Schädeln *m*
16 die Kalotte (das Schädeldach) des
  Pithecanthropus erectus *m*
17 der Schädel des Homo steinheimensis
  m
18 die Kalotte (das Schädeldach) des
  Sinanthropus *m*
19 der Neandertalerschädel, ein
  Altmenschenschädel *m*
20 der Australopithecusschädel
21 der Schädel des Jetztmenschen *m*
22 der Präpariertisch
23 die Chemikalienflaschen *f*
24 der Gasanschluß
25 die Petrischale
26 der Meßzylinder
27 die Arbeitsbogen *m* (das Lehrmaterial)
28 das Lehrbuch
29 die bakteriologischen Kulturen *f*
30 der Brutschrank
31 der Probierglastrockner
32 die Gaswaschflasche
33 die Wasserschale
34 der Ausguß
35 das Sprachlabor
36 die Wandtafel

37 die Lehrereinheit (das zentrale
  Schaltpult)
38 der Kopfhörer
39 das Mikrophon
40 die Ohrmuschel
41 der gepolsterte Kopfhörerbügel
42 der Programmrecorder, ein
  Kassettenrecorder *m*
43 der Lautstärkeregler für die
  Schülerstimme
44 der Programmlautstärkeregler
45 die Bedienungstasten *f*

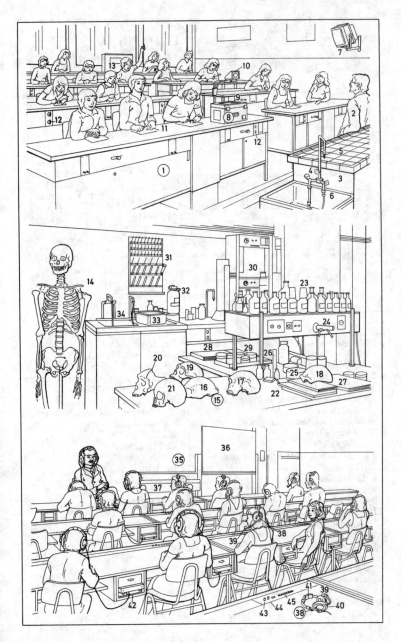

1–25 **die Universität** (Hochschule; *stud.* Uni)
1 die Vorlesung (das Kolleg)
2 der Hörsaal (das Auditorium)
3 der Dozent (Hochschullehrer), ein Universitätsprofessor *m*, Privatdozent oder Lektor
4 das (der) Katheder (das Vortragspult)
5 das Manuskript
6 der Assistent
7 der hilfswissenschaftliche Assistent (Famulus)
8 das Lehrbild
9 der Student
10 die Studentin
11–25 **die Universitätsbibliothek;** *ähnl.:* Staatsbibliothek, wissenschaftliche Landes- oder Stadtbibliothek
11 das Büchermagazin, mit den Bücherbeständen *m*
12 das Bücherregal, ein Stahlregal *n*
13 der Lesesaal
14 die Aufsicht, eine Bibliothekarin
15 das Zeitschriftenregal, mit Zeitschriften *f*

16 das Zeitungsregal
17 die Präsenzbibliothek (Handbibliothek), mit Nachschlagewerken *n* (Handbüchern, Lexika, Enzyklopädien *f*, Wörterbüchern *n*)
18 die Bücherausleihe (der Ausleihsaal) und der Katalograum
19 der Bibliothekar
20 das Ausleihpult
21 der Hauptkatalog
22 der Karteischrank
23 der Karteikasten
24 der Bibliotheksbenutzer
25 der Leihschein

1–15 die Wahlversammlung
   (Wählerversammlung), eine
   Massenversammlung
1 u. 2 der Vorstand
1 der Versammlungsleiter
2 der Besitzer
3 der Vorstandstisch
4 die Glocke
5 der Wahlredner
6 das Rednerpult
7 das Mikrophon
8 die Versammlung (Volksmenge)
9 der Flugblattverteiler
10 der Saalschutz (die Ordner *m*)
11 die Armbinde
12 das Spruchband
13 das Wahlschild
14 der Aufruf
15 der Zwischenrufer
16–30 die Wahl
16 das Wahllokal (der Wahlraum)
17 der Wahlhelfer
18 die Wählerkartei (Wahlkartei)
19 die Wählerkarte, mit der Wahlnummer

20 der Stimmzettel, mit den Namen *m* der
   Parteien *f* und Parteikandidaten *m*
21 der Abstimmungsumschlag
22 die Wählerin
23 die Wahlzelle (Wahlkabine)
24 der Wähler mit Stimmrecht *n*
   (Wahlberechtigte *m*, Stimmberechtigte
   m)
25 die Wahlordnung
26 der Schriftführer
27 der Führer der Gegenliste
28 der Wahlvorsteher
   (Abstimmungsleiter)
29 die Wahlurne
30 der Urnenschlitz

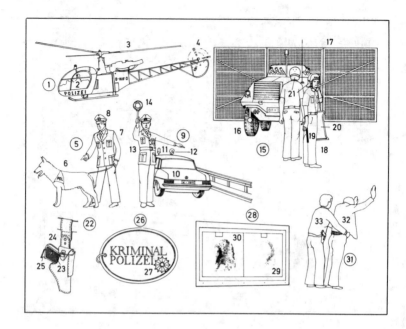

1–33 der Polizeivollzugsdienst
1 der Polizeihubschrauber
(Verkehrshubschrauber), zur
Verkehrsüberwachung aus der Luft
2 die Pilotenkanzel
3 der Rotor (Hauptrotor)
4 der Heckrotor
5 der Polizeihundeeinsatz
6 der Polizeihund
7 die Uniform (Dienstkleidung)
8 die Dienstmütze, eine Schirmmütze mit
Kokarde f
9 die Verkehrskontrolle einer
motorisierten Verkehrsstreife
10 der Streifenwagen
11 das Blaulicht
12 der Lautsprecher
13 der Streifenbeamte
14 die Polizeikelle
15 der Demonstrationseinsatz
16 der Sonderwagen
17 das Räumgitter
18 der Polizeibeamte in Schutzkleidung f
19 die Hiebwaffe (ugs. der
Gummiknüppel)
20 der Schutzschild
21 der Schutzhelm
22 die Dienstpistole
23 der Pistolengriff
24 das Schnellziehholster (die
Pistolentasche)
25 das Pistolenmagazin
26 die Dienstmarke der Kriminalpolizei f
27 der Polizeistern
28 der Fingerabdruckvergleich (die
Daktyloskopie)
29 der Fingerabdruck
30 die Leuchttafel
31 die körperliche Durchsuchung
(Leibesvisitation)
32 der Verdächtige
33 der Kriminalbeamte in Zivilkleidung f

1–26 das Café (Kaffee, Kaffeehaus) mit
Konditorei f; *ähnl.:* das Espresso, die
Teestube
1 das Büfett (Kuchenbüfett,
Konditoreibüfett, *österr.* Büffet)
2 die Großkaffeemaschine
3 der Zahlteller
4 die Torte
5 das Baiser (*obd.* und *österr.* die
Meringe, *schweiz.* Meringue), ein
Zuckerschaumgebäck n mit
Schlagsahne f (Schlagrahm m, *bayr.-
österr.* Schlagobers n, Obers)
6 der Auszubildende (Azubi); *früh.:*
Konditorlehrling
7 das Büfettfräulein (die Büfettdame,
österr. Büffetdame)
8 der Zeitungsschrank (das
Zeitungsregal)
9 die Wandleuchte
10 die Eckbank, eine Polsterbank
11 der Kaffeehaustisch
12 die Marmorplatte
13 die Serviererin

14 das Tablett (Auftragetablett,
Serviertablett, Servierbrett)
15 die Limonadenflasche
16 das Limonadenglas
17 die Schachspieler m bei der
Schachpartie (Partie Schach n)
18 das Kaffeegedeck
19 die Tasse Kaffee m
20 das Zuckerschälchen
21 das Sahnekännchen (der
Sahnengießer)
22–24 Cafégäste m (Kaffeehausgäste,
Kaffeehausbesucher)
22 der Herr
23 die Dame
24 der Zeitungsleser
25 die Zeitung
26 der Zeitungshalter

1–29 das Restaurant (*veraltet:* die
Restauration; *weniger anspruchsvoll:*
die Wirtschaft, Trinkstube)
  1–11 der Ausschank (die Theke, das
Büfett; *österr.* Büffet)
  1 der Bierdruckapparat (Selbstschenker)
  2 die Tropfplatte
  3 der Bierbecher, ein Becherglas *n*
  4 der Bierschaum (die Blume)
  5 die Aschenkugel für Tabakasche *f*
  6 das Bierglas
  7 der Bierwärmer
  8 der Büfettier (*österr.* Büffetier)
  9 das Gläserregal
  10 das Flaschenregal
  11 der Tellerstapel (Geschirrstapel)
  12 der Kleiderständer
    (Garderobenständer)
  13 der Huthaken
  14 der Kleiderhaken
  15 der Wandventilator (Wandlüfter)
  16 die Flasche
  17 das Tellergericht
  18 die Bedienung (Kellnerin, Serviererin;
    schweiz. Saaltochter)

  19 das Tablett
  20 der Losverkäufer
  21 die Speisekarte (Tageskarte,
    Menükarte; *schweiz.* Menukarte)
  22 die Menage
  23 der Zahnstocherbehälter
  24 der Streichholzständer
    (Zündholzständer)
  25 der Gast
  26 der Bieruntersetzer (Bierdeckel)
  27 das Gedeck
  28 die Blumenverkäuferin (das
    Blumenmädchen)
  29 der Blumenkorb
30–44 die Weinstube (das Weinlokal,
Weinrestaurant)
  30 der Weinkellner, ein Oberkellner *m*
    (*ugs.* Ober)
  31 die Weinkarte *m*
  32 die Weinkaraffe
  33 das Weinglas
  34 der Kachelofen
  35 die Ofenkachel
  36 die Ofenbank
  37 das Holzpaneel (Paneel)

38 die Eckbank
39 der Stammtisch
40 der Stammgast
41 die Besteckkommode (Kommode)
42 der Weinkühler
43 die Weinflasche
44 die Eisstückchen *n*
45–78 das Selbstbedienungsrestaurant
(SB-Restaurant, die
Selbstbedienungsgaststätte, SB-
Gaststätte)
45 der Tablettstapel
46 die Trinkhalme *m*
47 die Servietten *f*
48 die Besteckentnahmefächer *n*
49 der Kühltresen für kalte Gerichte *n*
50 das Honigmelonenstück
51 der Salatteller
52 der Käseteller
53 das Fischgericht
54 das belegte Brötchen
55 das Fleischgericht mit Beilagen *f*
56 das halbe Hähnchen
57 der Früchtekorb
58 der Fruchtsaft

59 das Getränkefach
60 die Milchflasche
61 die Mineralwasserflasche
62 das Rohkostmenü (Diätmenü)
63 das Tablett
64 die Tablettablage
65 die Speisenübersicht
66 die Küchendurchreiche
67 das warme Gericht
68 der Bierzapfapparat
69 die Kasse
70 die Kassiererin
71 der Besitzer (Chef)
72 die Barriere
73 der Speiseraum
74 der Eßtisch
75 das Käsebrot
76 der Eisbecher
77 die Salz- und Pfefferstreuer *m*
78 der Tischschmuck (Blumenschmuck)

1–26 das Vestibül (der Empfangsraum, Anmelderaum)
1 der Portier
2 die Postablage, mit den Postfächern *n*
3 das Schlüsselbrett
4 die Kugelleuchte, eine Mattglaskugel
5 der Nummernkasten (Klappenkasten)
6 das Lichtrufsignal
7 der Empfangschef (Geschäftsführer)
8 das Fremdenbuch
9 der Zimmerschlüssel
10 das Nummernschild, mit der Zimmernummer
11 die Hotelrechnung
12 der Anmeldeblock, mit Meldezetteln *m* (Anmeldeformularen *n*)
13 der Reisepaß
14 der Hotelgast
15 der Luftkoffer, ein Leichtkoffer *m* für Flugreisen *f*
16 das Wandschreibpult (Wandpult)
17 der Hausdiener (Hausknecht)
18–26 die Halle (Hotelhalle)
18 der Hotelboy (Hotelpage, Boy, Page)
19 der Hoteldirektor

20 der Speisesaal (das Hotelrestaurant)
21 der Kronleuchter, eine mehrflammige Leuchte
22 die Kaminecke
23 der Kamin
24 der (das) Kaminsims
25 das offene Feuer
26 der Klubsessel
27–38 das Hotelzimmer, ein Doppelzimmer *n* mit Bad *n*
27 die Doppeltür
28 die Klingeltafel
29 der Schrankkoffer
30 das Kleiderabteil
31 das Wäscheabteil
32 das Doppelwaschbecken
33 der Zimmerkellner
34 das Zimmertelefon
35 der Veloursteppich
36 der Blumenschemel
37 das Blumenarrangement
38 das Doppelbett
39 der Gesellschaftssaal (Festsaal)

40–43 die Tischgesellschaft (geschlossene
    Gesellschaft) beim Festessen *n* (Mahl,
    Bankett)
40 der Festredner, beim Trinkspruch *m*
    (Toast)
41 der Tischnachbar von 42
42 der Tischherr von 43
43 die Tischdame von 42
44–46 **der Fünfuhrtee** (Five o'clock tea),
    im Hotelfoyer *n*
44 das Bartrio (die Barband)
45 der Stehgeiger
46 das Paar beim Tanzen *n* (Tanzpaar)
47 der Ober (Kellner)
48 das Serviertuch
49 der Zigarren-und-Zigaretten-Boy
50 der Tragladen (Bauchladen)
51 **die Hotelbar**
52 die Fußleiste
53 der Barhocker
54 die Bartheke (Theke)
55 der Bargast
56 das Cocktailglas

57 das Whiskyglas
58 der Sektkork
59 der Sektkübel (Sektkühler)
60 das Meßglas
61 der Cocktailshaker (Mixbecher)
62 der Mixer (Barmixer)
63 die Bardame
64 das Flaschenbord
65 das Gläserregal
66 die Spiegelverkleidung
67 der Eisbehälter

1 die Parkuhr (das Parkometer)
2 der Stadtplan
3 die beleuchtete Schautafel
4 die Legende
5 der Abfallkorb (Abfallbehälter, Papierkorb)
6 die Straßenlaterne (Straßenleuchte, Straßenlampe)
7 das Straßenschild mit dem Straßennamen *m*
8 der Gully
9 das Textilgeschäft (der Modesalon)
10 das Schaufenster
11 die Schaufensterauslage
12 die Schaufensterdekoration
13 der Eingang
14 das Fenster
15 der Blumenkasten
16 die Leuchtreklame
17 die Schneiderwerkstatt
18 der Passant
19 die Einkaufstasche
20 der Straßenkehrer
21 der Straßenbesen (Kehrbesen)
22 der Abfall (Straßenschmutz, Kehricht)
23 die Straßenbahnschienen *f*
24 der Fußgängerüberweg (*ugs.* der Zebrastreifen)
25 die Straßenbahnhaltestelle
26 das Haltestellenschild
27 der Straßenbahnfahrplan
28 der Fahrscheinautomat
29 das Hinweiszeichen „Fußgängerüberweg" *m*
30 der Verkehrspolizist bei der Verkehrsregelung
31 der weiße Ärmel
32 die weiße Mütze
33 das Handzeichen
34 der Motorradfahrer
35 das Motorrad
36 die Beifahrerin (Sozia)
37 die Buchhandlung
38 das Hutgeschäft
39 das Ladenschild
40 das Versicherungsbüro
41 das Kaufhaus (Warenhaus, Magazin)
42 die Schaufensterfront
43 die Reklametafel
44 die Beflaggung

45 die Dachreklame aus
    Leuchtbuchstaben *m*
46 der Straßenbahnzug
47 der Möbelwagen
48 die Straßenüberführung
49 die Straßenbeleuchtung, eine
    Mittenleuchte
50 die Haltlinie
51 die Fußgängerwegmarkierung
52 die Verkehrsampel
53 der Ampelmast
54 die Lichtzeichenanlage
55 die Fußgängerlichtzeichen *n*
56 die Telefonzelle
57 das Kinoplakat
58 die Fußgängerzone
59 das Straßencafé
60 die Sitzgruppe
61 der Sonnenschirm
62 der Niedergang zu den Toiletten *f*
63 der Taxistand (Taxenstand)
64 das Taxi (die Taxe, *schweiz.* der Taxi)
65 das Taxischild
66 das Verkehrszeichen „Taxenstand" *m*
67 das Taxentelefon

68 das Postamt
69 der Zigarettenautomat
70 die Litfaßsäule
71 das Werbeplakat
72 die Fahrbahnbegrenzung
73 der Einordnungspfeil „links abbiegen"
74 der Einordnungspfeil „geradeaus"
75 der Zeitungsverkäufer

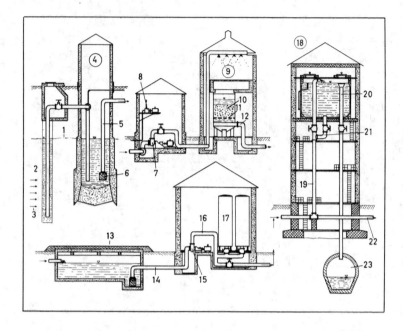

1–66 die Trinkwasserversorgung
1 der Grundwasserspiegel
2 die wasserführende Schicht
3 der Grundwasserstrom
4 der Sammelbrunnen für das Rohwasser
5 die Saugleitung
6 der Saugkorb mit Fußventil *n*
7 die Schöpfpumpe mit Motor *m*
8 die Vakuumpumpe mit Motor *m*
9 die Schnellfilteranlage
10 der Filterkies
11 der Filterboden, ein Rost *m*
12 die Ablaufleitung für filtriertes Wasser *n*
13 der Reinwasserbehälter
14 die Saugleitung mit Saugkorb *m* und Fußventil *n*
15 die Hauptpumpe mit Motor *m*
16 die Druckleitung
17 der Windkessel
18 der Wasserturm (Wasserhochbehälter, das Wasserhochreservoir)
19 die Steigleitung
20 die Überlaufleitung
21 die Falleitung

22 die Leitung in das Verteilungsnetz
23 der Abwasserkanal
24–39 die Fassung einer Quelle
24 die Quellstube
25 der Sandfang
26 der Einsteigschacht
27 der Entlüfter
28 die Steigeisen *n*
29 die Ausschüttung
30 das Absperrventil
31 der Entleerungsschieber
32 der Seiher
33 der Überlauf
34 der Grundablaß
35 die Tonrohre *n*
36 die wasserundurchlässige Schicht
37 vorgelagerte Feldsteine *m*
38 die wasserführende Schicht
39 die Stampflehmpackung
40–52 die Einzelwasserversorgung
40 der Brunnen
41 die Saugleitung
42 der Grundwasserspiegel
43 der Saugkorb mit Fußventil *n*
44 die Kreiselpumpe

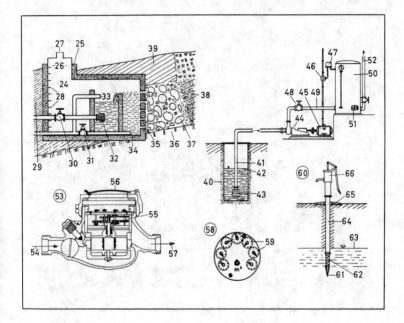

45 der Motor
46 der Motorschaltschutz
47 der Druckwächter, ein Schaltgerät *n*
48 der Absperrschieber
49 die Druckleitung
50 der Windkessel
51 das Mannloch
52 die Leitung zum Verbraucher *m*
53 die Wasseruhr (der Wasserzähler,
Wassermesser), ein
Flügelradwasserzähler *m*
54 der Wasserzufluß
55 das Zählwerk
56 die Haube mit Glasdeckel *m*
57 der Wasserabfluß
58 das Zifferblatt des Wasserzählers *m*
59 das Zählwerk
60 der Rammbrunnen
61 die Rammspitze
62 das (der) Filter
63 der Grundwasserspiegel
64 das Brunnenrohr (Mantelrohr)
65 die Brunnenumrandung
66 die Handpumpe

1–46 die Feuerwehrübung (Lösch-,
  Steig-, Leiter-, Rettungsübung)
1–3 die Feuerwache
1 die Fahrzeughalle und das Gerätehaus
2 die Mannschaftsunterkunft
  (Unterkunft)
3 der Übungsturm
4 die Feuersirene (Alarmsirene)
5 das Löschfahrzeug (die Kraftspritze,
  Motorspritze)
6 das Blaulicht (Warnlicht), ein
  Blinklicht n
7 das Signalhorn
8 die Motorpumpe, eine Kreiselpumpe
9 die Kraftfahrdrehleiter
10 der Leiterpark, eine Stahlleiter
  (mechanische Leiter)
11 das Leitergetriebe
12 die Abstützspindel
13 der Maschinist
14 die Schiebeleiter
15 der Einreißhaken
16 die Hakenleiter
17 die Haltemannschaft
18 das Sprungtuch

19 der Rettungswagen (Unfallwagen), ein
  Krankenkraftwagen m (ugs. das
  Sanitätsauto, Krankenauto, die
  Ambulanz)
20 das Wiederbelebungsgerät, ein
  Sauerstoffgerät n
21 der Sanitäter
22 die Armbinde
23 die Tragbahre (Krankenbahre)
24 die Bewußtlose
25 der Unterflurhydrant
26 das Standrohr
27 der Hydrantenschlüssel
28 die fahrbare Schlauchhaspel
29 die Schlauchkupplung
30 die Saugleitung, eine Schlauchleitung
31 die Druckleitung
32 das Verteilungsstück
33 das Strahlrohr
34 der Löschtrupp
35 der Überflurhydrant
36 der Brandmeister
37 der Feuerwehrmann
38 der Feuerschutzhelm, mit dem
  Nackenschutz m

39 das Atemschutzgerät
40 die Gasmaske
41 das tragbare Funksprechgerät
42 der Handscheinwerfer
43 das Feuerwehrbeil
44 der Hakengurt
45 die Fangleine (Rettungsleine)
46 die Schutzkleidung
   (Wärmeschutzkleidung) aus Asbest *m*
   (Asbestanzug) oder Metallstoff *m*
47 der Kranwagen
48 der Bergungskran
49 der Zughaken
50 die Stützrolle
51 das Tanklöschfahrzeug (der
   Tanklöschwagen)
52 die Tragkraftspritze
53 der Schlauch- und Gerätewagen
54 die Rollschläuche *m*
55 die Kabeltrommel
56 das Spill
57 der (das) Gasmaskenfilter
58 die Aktivkohle
59 der (das) Staubfilter
60 die Lufteintrittsöffnung

61 der Handfeuerlöscher
62 das Pistolenventil
63 das fahrbare Löschgerät
64 der Luftschaum- und Wasserwerfer
65 das Feuerlöschboot
66 die Wasserkanone
67 der Saugschlauch

1 die Kassiererin
2 die elektrische Registrierkasse
(Ladenkasse, Tageskasse)
3 die Zifferntasten *f*
4 der Auslöschknopf
5 der Geldschub (Geldkasten)
6 die Geldfächer *n*, für Hartgeld *n* und
Banknoten *f*
7 der quittierte Kassenzettel (Kassenbon,
Bon)
8 die Zahlung (registrierte Summe)
9 das Zählwerk
10 die Ware
11 der Lichthof
12 die Herrenartikelabteilung
13 die Schauvitrine (Innenauslage)
14 die Warenausgabe
15 das Warenkörbchen
16 die Kundin (Käuferin)
17 die Strumpfwarenabteilung
18 die Verkäuferin
19 das Preisschild
20 der Handschuhständer
21 der Dufflecoat, ein dreiviertellanger
Mantel

22 die Rolltreppe
23 die Leuchtstoffröhre
(Leuchtstofflampe)
24 das Büro (z. B. Kreditbüro, Reisebüro,
Direktionsbüro)
25 das Werbeplakat
26 die Theater- und
Konzertkartenverkaufsstelle
(Kartenvorverkaufsstelle)
27 das Regal
28 die Damenkonfektionsabteilung
(Abteilung für Damenkleidung)
29 das Konfektionskleid (*ugs.* Kleid von
der Stange)
30 der Staubschutz
31 die Kleiderstange
32 die Ankleidekabine (Ankleidezelle,
der Anproberaum)
33 der Empfangschef
34 die Modepuppe
35 der Sessel
36 das Modejournal (die Modezeitschrift)
37 der Schneider, beim Abstecken *n*
38 das Metermaß (Bandmaß)
39 die Schneiderkreide

40 der Rocklängenmesser (Rockrunder)
41 der lose Mantel
42 das Verkaufskarree
43 der Warmluftvorhang
44 der Portier (Pförtner)
45 der Personenaufzug (Lift)
46 der Fahrstuhl (die Fahrkabine)
47 der Fahrstuhlführer (Aufzugführer, Liftboy)
48 die Steuerung
49 der Stockwerkanzeiger
50 die Schiebetür
51 der Aufzugschacht
52 das Tragseil
53 das Steuerseil
54 die Führungsschiene
55 der Kunde (Käufer)
56 die Wirkwaren *pl*
57 die Weißwaren *pl* (Tischwäsche *f* und Bettwäsche *f*)
58 das Stofflager (die Stoffabteilung)
59 der Stoffballen (Tuchballen)
60 der Abteilungsleiter (Rayonchef)
61 die Verkaufstheke

62 die Bijouteriewarenabteilung (Galanteriewarenabteilung)
63 die Neuheitenverkäuferin
64 der Sondertisch
65 das Plakat mit dem Sonderangebot *m*
66 die Gardinenabteilung
67 die Rampendekoration

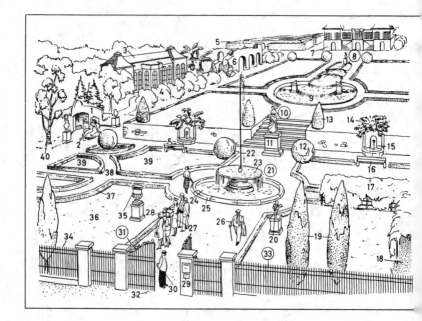

1–40 der französische Park
(Barockpark), ein Schloßpark *m*
1 die Grotte
2 die Steinfigur, eine Quellnymphe
3 die Orangerie
4 das Boskett
5 der Irrgarten (das Labyrinth aus
Heckengängen *m*)
6 das Naturtheater
7 das Barockschloß
8 die Wasserspiele *n* (Wasserkünste *f*)
9 die Kaskade (der stufenförmige
künstliche Wasserfall)
10 das Standbild (die Statue), ein
Denkmal *n*
11 der Denkmalsockel
12 der Kugelbaum
13 der Kegelbaum
14 der Zierstrauch
15 der Wandbrunnen
16 die Parkbank
17 die Pergola (der Laubengang)
18 der Kiesweg
19 der Pyramidenbaum
20 die Amorette

21 der Springbrunnen
22 die Fontäne (der Wasserstrahl)
23 das Überlaufbecken
24 das Bassin
25 der Brunnenrand (die Ummauerung)
26 der Spaziergänger
27 die Fremdenführerin (Hostess)
28 die Touristengruppe
29 die Parkordnung
30 der Parkwächter
31 das Parktor (Gittertor), ein
schmiedeeisernes Tor *n*
32 der Parkeingang
33 das Parkgitter
34 der Gitterstab
35 die Steinvase
36 die Rasenfläche (Grünfläche, der
Rasen)
37 die Wegeinfassung, eine beschnittene
Hecke
38 der Parkweg
39 die Parterreanlage
40 die Birke
41–72 der englische Park (englische
Garten, Landschaftspark)

41 die Blumenrabatte
42 die Gartenbank
43 der Abfallkorb
44 die Spielwiese
45 der Wasserlauf
46 der Steg
47 die Brücke
48 der bewegliche Parkstuhl
49 das Wildgehege (Tiergehege)
50 der Teich
51–54 das Wassergeflügel
51 die Wildente mit Jungen *n*
52 die Gans
53 der Flamingo
54 der Schwan
55 die Insel
56 die Seerose
57 das Terassencafé
58 der Sonnenschirm
59 der Parkbaum
60 die Baumkrone
61 die Baumgruppe
62 die Wasserfontäne
63 die Trauerweide
64 die moderne Plastik

65 das Tropengewächshaus
   (Pflanzenschauhaus)
66 der Parkgärtner
67 der Laubbesen
68 die Minigolfanlage
69 der Minigolfspieler
70 die Minigolfbahn
71 die Mutter mit Kinderwagen *m*
72 das Liebespaar (Pärchen)

1 das Tischtennisspiel
2 der Tisch
3 das Tischtennisnetz
4 der Tischtennisschläger
5 der Tischtennisball
6 das Federballspiel
7 der Federball
8 der Rundlaufpilz
9 das Kinderfahrrad
10 das Fußballspiel
11 das Fußballtor
12 der Fußball
13 der Torschütze
14 der Torwart
15 das Seilhüpfen (Seilspringen)
16 das Hüpfseil (Springseil)
17 der Kletterturm
18 die Reifenschaukel
19 der Lkw-Reifen
20 der Hüpfball
21 der Abenteuerspielplatz
22 die Rundholzleiter
23 der Ausguck
24 die Rutschbahn
25 der Abfallkorb

26 der Teddybär
27 die Holzeisenbahn
28 das Planschbecken
29 das Segelboot
30 die Spielzeugente
31 der Kinderwagen
32 das Reck
33 das Go-Kart (die Seifenkiste)
34 die Starterflagge
35 die Wippe
36 der Roboter
37 der Modellflug
38 das Modellflugzeug
39 die Doppelschaukel
40 der Schaukelsitz (das Schaukelbrett)
41 das Drachensteigenlassen
42 der Drachen
43 der Drachenschwanz
44 die Drachenschnur
45 die Lauftrommel
46 das Spinnennetz
47 das Klettergerüst
48 das Kletterseil
49 die Strickleiter
50 das Kletternetz

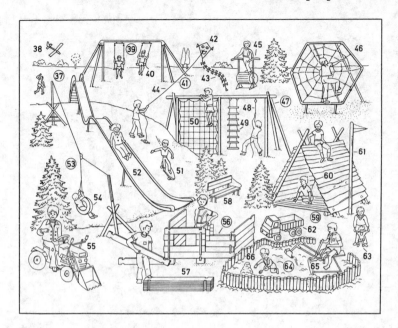

51 das Rollbrett (Skateboard)
52 die Berg-und-Tal-Rutschbahn
53 die Reifendrahtseilbahn
54 der Sitzreifen
55 der Traktor, ein Tretauto *n*
56 das Aufbauhäuschen
57 die Steckbretter *n*
58 die Bank
59 die Winnetouhütte
60 das Kletterdach
61 die Fahnenstange
62 das Spielzeugauto
63 die Laufpuppe
64 der Sandkasten
65 der Spielzeugbagger
66 der Sandberg

1–21 der Kurpark
1–7 die Saline
1 das Gradierwerk (Rieselwerk)
2 das Dornreisig
3 die Verteilungsrinne für die Sole
4 die Solezuleitung vom Pumpwerk *n*
5 der Gradierwärter
6 u. **7** die Inhalationskur
6 das Freiinhalatorium
7 der Kranke, beim Inhalieren *n* (bei der Inhalation)
8 das Kurhaus, mit dem Kursaal *m* (Kasino *n*)
9 die Wandelhalle (der Säulengang, die Kolonnade)
10 die Kurpromenade
11 die Brunnenallee
12–14 die Liegekur
12 die Liegewiese
13 der Liegestuhl
14 das Sonnendach
15–17 der Brunnen (die Heilquelle, Trinkquelle)
15 der Brunnenpavillon (das Brunnenhaus, der Quellpavillon)

16 der Gläserstand
17 die Zapfstelle
18 der Kurgast (Badegast), bei der Trinkkur
19 der Konzertpavillon
20 die Kurkapelle, beim Kurkonzert *n*
21 der Kapellmeister (Dirigent)

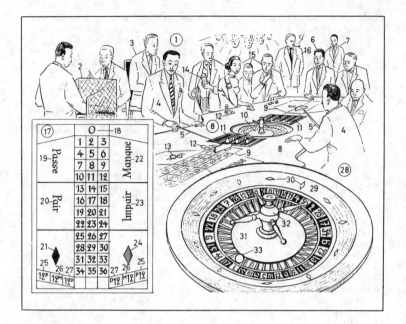

1–33 das Roulett (Roulette), ein Glücksspiel *n* (Hasardspiel)
1 der Roulettspielsaal (Spielsaal), in der Spielbank (im Spielkasino *n*)
2 die Kasse
3 der Spielleiter (Chef de partie)
4 der Handcroupier (Croupier)
5 das Rateau (die Geldharke)
6 der Kopfcroupier
7 der Saalchef
8 der Roulettspieltisch
9 das Tableau (der Spielplan)
10 die Roulettmaschine
11 die Tischkasse (Bank)
12 der Jeton (die Plaque, Spielmarke, das Stück)
13 der Einsatz
14 der Kasinoausweis
15 der Roulettspieler
16 der Privatdetektiv (Hausdetektiv)
17 der Roulettspielplan
18 die (das) Zero (Null *f*, 0)
19 das Passe (Groß) [Zahlen von 19–36]
20 das Pair [gerade Zahlen]
21 das Noir (Schwarz)

22 das Manque (Klein) [Zahlen von 1–18]
23 das Impair [ungerade Zahlen]
24 das Rouge (Rot)
25 das Douze premier (erstes Dutzend) [Zahlen von 1 bis 12]
26 das Douze milieu (mittleres Dutzend) [Zahlen von 13 bis 24]
27 das Douze dernier (letztes Dutzend) [Zahlen von 25 bis 36]
28 die Roulettmaschine (das Roulett)
29 der Roulettkessel
30 das Hindernis
31 die Drehscheibe, mit den Nummern *f* 0 bis 36
32 das Drehkreuz
33 die Roulettkugel

1–16 das Schachspiel (Schach, königliche Spiel), ein Kombinationsspiel *n* oder Positionsspiel *n*

1 das Schachbrett (Spielbrett), mit den Figuren *f* in der Ausgangsstellung

2 das weiße Feld (Schachbrettfeld, Schachfeld)

3 das schwarze Feld

4 die weißen Schachfiguren *f* (Figuren, die Weißen) als Schachfigurensymbole *n* [weiß = W]

5 die schwarzen Schachfiguren *f* (die Schwarzen) als Schachfigurensymbole *n* [schwarz = S]

6 die Buchstaben *m* und Zahlen *f* zur Schachfelderbezeichnung, zur Niederschrift (Notation) von Schachpartien *f* (Zügen *m*) und Schachproblemen *n*

7 die einzelnen Schachfiguren *f* (Steine *m*)

8 der König

9 die Dame (Königin)

10 der Läufer

11 der Springer

12 der Turm

13 der Bauer

14 die Gangarten *f* (Züge *m*) der einzelnen Figuren *f*

15 das Matt (Schachmatt), ein Springermatt *n* [S f 3 ∓]

16 die Schachuhr, eine Doppeluhr für Schachturniere *n* (Schachmeisterschaften *f*)

17–19 das Damespiel (Damspiel)

17 das Damebrett

18 der weiße Damestein; *auch:* Spielstein *m* für Puff- und Mühlespiel *n*

19 der schwarze Damestein

20 das Saltaspiel (Salta)

21 der Saltastein

22 das Spielbrett, für das **Puffspiel** (Puff, Tricktrack)

23–25 das Mühlespiel

23 das Mühlebrett

24 die Mühle

25 die Zwickmühle (Doppelmühle)

26–28 das Halmaspiel

26 das Halmabrett

27 der Hof

28 die verschiedenfarbigen Halmafiguren *f* (Halmasteine *m*)

29 das Würfelspiel (Würfeln, Knobeln)

30 der Würfelbecher (Knobelbecher)

31 die Würfel *m* (landsch. Knobel)

32 die Augen *n*

33 das Dominospiel (Domino)

34 der Dominostein

35 der Pasch

36 Spielkarten *f*

37 die französische Spielkarte (das Kartenblatt)

38–45 die Farben *f* (Serienzeichen *n*)

38 Kreuz *n* (Treff)

39 Pik *n* (Pique, Schippen *n*)

40 Herz *n* (Cœur)

41 Karo *n* (Eckstein *m*)

42 Eichel *f* (Ecker)

43 Grün *n* (Blatt, Gras, Grasen)

44 Rot *n* (Herz)

45 Schellen *n*

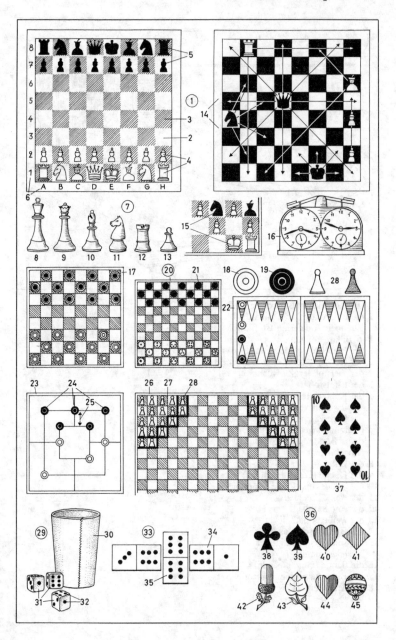

1–19 das Billard (Billardspiel)
1 die Billardkugel (der Billardball), eine
   Elfenbein- oder Kunststoffkugel
2–6 Billardstöße *m*
2 der Mittelstoß (Horizontalstoß)
3 der Hochstoß [ergibt Nachläufer *m*]
4 der Tiefstoß [ergibt Rückzieher *m*]
5 der Effetstoß
6 der Kontereffetstoß
7–19 das Billardzimmer
7 das französische Billard
   (Karambolagebillard); *ähnl.:* das
   deutsche oder englische Billard
   (Lochbillard)
8 der Billardspieler
9 das Queue (der Billardstock)
10 die Queuekuppe, eine Lederkuppe
11 der weiße Spielball
12 der rote Stoßball
13 der weiße Punktball
14 der Billardtisch (das Brett)
15 die Spielfläche mit grüner
   Tuchbespannung *f*
16 die Bande (Gummibande)
17 das Billardtaxi, eine Kontrolluhr
18 die Anschreibetafel
19 der Queueständer

1–59 der Campingplatz
1 die Rezeption (Anmeldung, das Büro)
2 der Campingplatzwart
3 der Klappwohnwagen (Klappanhänger, Klappcaravan, Faltwohnwagen, Faltcaravan)
4 die Hängematte
5 u. 6 der Sanitärtrakt (die Sanitäranlagen f)
5 die Toiletten f und Waschräume m
6 die Wasch- und Spülbecken n
7 der Bungalow (*schweiz.* das Chalet)
8–11 das Pfadfinderlager
(Pfadfindertreffen, Jamboree)
8 das Rundzelt
9 der Fahrtenwimpel
10 das Lagerfeuer
11 der Pfadfinder (Boy-Scout)
12 das Segelboot (die Segeljolle, Jolle)
13 der Landungssteg (Landesteg)
14 das Sportschlauchboot, ein Schlauchboot *n*
15 der Außenbordmotor (Außenborder)
16 der Trimaran (das Dreirumpfboot)
17 die Ducht (das Sitzbrett)
18 die Dolle
19 der Riemen (das Ruder)
20 der Bootsanhänger (Bootswagen, Boottransporter, Trailer)
21 das Hauszelt
22 das Überdach
23 die Zeltspannleine (Zeltleine)
24 der Zeltpflock (Hering, Zelthering)
25 der Zeltpflockhammer (Heringshammer)
26 der Zeltspannring
27 die Apsis (Zeltapsis, Gepäckapsis)
28 das ausgestellte Vordach

29 die Zeltlampe, eine Petroleumlampe
30 der Schlafsack
31 die Luftmatratze (aufblasbare Liegematratze)
32 der Wassersack (Trinkwassersack)
33 der zweiflammige Gaskocher für Propangas *n* oder Butangas *n*
34 die Propan-(Butan-)Gasflasche
35 der Dampfkochtopf
36 das Bungalowzelt (Steilwandzelt)
37 das Vordach
38 die Zeltstange
39 der Rundbogeneingang
40 das Lüftungsfenster
41 das Klarsichtfenster
42 die Platznummer
43 der Campingstuhl, ein Klappstuhl *m*
44 der Campingtisch, ein Klapptisch *m*
45 das Campinggeschirr
46 der Camper
47 der Holzkohlengrill
48 die Holzkohle
49 der Blasebalg
50 der Dachgepäckträger
51 die Gepäckspinne
52 der Wohnwagen (Wohnanhänger, Caravan)
53 der Gasflaschenkasten (Deichselkasten)
54 das Buglaufrad
55 die Anhängekupplung
56 der Dachlüfter
57 das Wohnwagenvorzelt
58 das aufblasbare Igluzelt
59 die Campingliege

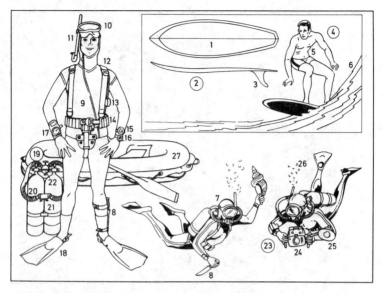

1–6 das Surfing (Wellenreiten, Brandungsreiten)
1 das Surfbrett (Surfboard) in der Draufsicht
2 das Surfbrett (Surfboard) im Schnitt *m*
3 das Schwert
4 das Big-wave-riding (Reiten in der Superbrandung)
5 der Surfer
6 die Brandungswelle
7–27 das Tauchen
7 der Taucher
8–22 die Taucherausrüstung
8 das Tauchermesser
9 der Neopren-Tauchanzug, ein Kälteschutzanzug *n*
10 die Tauchmaske (Tauchermaske, Maske), eine Druckausgleichsmaske
11 der Schnorchel
12 die Bebänderung des Preßlufttauchgeräts *n*
13 der Druckmesser für den Flascheninhalt
14 der Bleigürtel
15 der Tiefenmesser
16 die Taucheruhr zur Tauchzeitüberwachung

17 das Dekometer zur Anzeige der Auftauchstufen *f* (Dekompressionsstufen)
18 die Schwimmflosse
19 das Tauchgerät (*auch:* die Aqualunge), ein Zweiflaschengerät
20 der Zweischlauch-Lungenautomat
21 die Preßluftflasche
22 das Flaschenventil
23 die Unterwasserfotografie
24 das Unterwassergehäuse für die Kamera (*ähnl.:* die Unterwasserkamera)
25 das Unterwasserblitzgerät
26 die Ausatmungsluft
27 das Schlauchboot

1 der Badewärter
2 das Rettungsseil
3 der Rettungsring
4 der Sturmball
5 der Zeitball
6 die Warnungstafel
7 die Gezeitentafel, eine Anzeigetafel für Ebbe *f* und Flut *f*
8 die Tafel, mit Wasser- und Lufttemperaturangabe *f*
9 der Badesteg
10 der Wimpelmast
11 der Wimpel
12 das Wasservelo (Wassertretrad, Wasserfahrrad, Pedalo)
13 das Surfbrettfahren, hinter dem Motorboot *n*
14 der Surfer
15 das Surfbrett
16 der Wasserski
17 die Schwimmatratze
18 der Wasserball
19–23 Strandkleidung *f*
19 der Strandanzug
20 der Strandhut
21 die Strandjacke
22 die Strandhose
23 der Strandschuh (Badeschuh)
24 die Strandtasche (Badetasche)
25 der Bademantel
26 der Bikini (zweiteilige Damenbadeanzug)
27 das Badehöschen
28 der Büstenhalter
29 die Badehaube (Bademütze, Schwimmkappe)
30 der Badegast
31 das Ringtennis
32 der Gummiring
33 das Schwimmtier, ein Aufblasartikel *m*
34 der Strandwärter
35 die Sandburg (Strandburg)
36 der Strandkorb
37 der Unterwasserjäger
38 die Tauchbrille
39 der Schnorchel
40 die Handharpune (der Fischspeer)
41 die Tauchflosse (Schwimmflosse), zum Sporttauchen *n*
42 der Badeanzug (Schwimmanzug)
43 die Badehose (Schwimmhose)
44 die Badekappe (Schwimmkappe)
45 das Strandzelt, ein Hauszelt *n*
46 die Rettungsstation

1–9 das Brandungsbad (Wellenbad), ein
   Hallenbad *n*
1 die künstliche Brandung
2 die Strandzone
3 der Beckenrand
4 der Bademeister
5 der Liegesessel
6 der Schwimmring
7 die Schwimmanschetten *f*
8 die Badehaube
9 die Schleuse zum Sprudelbad *n* im
   Freien *n*
10 das Solarium (künstliche Sonnenbad)
11 die Liegefläche
12 die Sonnenbadende
13 die künstliche Sonne
14 das Badetuch
15 das Freikörperkulturgelände (FKK-
   Gelände, Nudistengelände, *ugs.*
   „Abessinien")
16 der Nudist (Freund textilfreier
   Lebensart)
17 der Sichtschutzzaun
18 die Sauna (finnische Sauna, das
   finnische Heißluftbad), eine
   Gemeinschaftssauna
19 die Holzauskleidung
20 die Sitz- und Liegestufen *f*
21 der Saunaofen
22 die Feldsteine *m*
23 das Hygrometer (der
   Feuchtigkeitsmesser)
24 das Thermometer
25 das Sitztuch
26 der Bottich für die Befeuchtung der
   Ofensteine *m*
27 die Birkenruten *f* zum Schlagen *n* der
   Haut
28 der Abkühlungsraum, zur Abkühlung
   nach der Sauna
29 die temperierte Dusche
30 das Kaltwasserbecken
31 der Hot-Whirl-Pool (das
   Unterwassermassagebad)
32 die Einstiegsstufe
33 das Massagebad
34 das Jetgebläse
35 der Hot-Whirl-Pool [Schema]
36 der Beckenquerschnitt
37 der Einstieg
38 die umlaufende Sitzbank
39 die Wasserabsaugung
40 der Wasserdüsenkanal
41 der Luftdüsenkanal

1–32 die Badeanstalt (Schwimmanstalt, das Schwimmbad, die Schwimmanlage), ein Freibad *n*
1 die Badezelle (Zelle, Badekabine, Kabine)
2 die Dusche (Brause)
3 der Umkleideraum
4 das Sonnenbad od. Luftbad
5–10 die Sprunganlage
5 der Turmspringer
6 der Sprungturm
7 die Zehnmeterplattform
8 die Fünfmeterplattform
9 das Dreimeterbrett (Sprungbrett)
10 das Einmeterbrett, ein Trampolin *n*
11 das Sprungbecken
12 der gestreckte Kopfsprung
13 der Fußsprung
14 der Paketsprung
15 der Bademeister
16–20 der Schwimmunterricht
16 der Schwimmlehrer (Schwimmeister)
17 der Schwimmschüler, beim Schwimmen *n*
18 das Schwimmkissen
19 der Schwimmgürtel (Korkgürtel, Tragegürtel, die Korkweste)
20 das Trockenschwimmen
21 das Nichtschwimmerbecken
22 die Laufrinne
23 das Schwimmerbecken
24–32 das Freistilwettschwimmen einer Schwimmstaffel
24 der Zeitnehmer
25 der Zielrichter
26 der Wenderichter
27 der Startblock (Startsockel)
28 der Anschlag eines Wettschwimmers *m*
29 der Startsprung
30 der Starter
31 die Schwimmbahn
32 die Korkleine
33–39 die Schwimmarten *f* (Schwimmstile *m*, Schwimmlagen *f*, Stilarten)
33 das Brustschwimmen
34 das Schmetterlingsschwimmen (Butterfly)
35 das Delphinschwimmen
36 das Seitenschwimmen
37 das Kraulschwimmen (Crawlen, Kraulen, Kriechstoßschwimmen); *ähnl.:* das Handüberhandschwimmen

38 das Tauchen (Unterwasserschwimmen)
39 das Wassertreten
40–45 das Wasserspringen (Wasserkunstspringen, Turmspringen, Kunstspringen, die Wassersprünge *m*)
40 der Hechtsprung aus dem Stand *m*
41 der Auerbachsprung vorwärts
42 der Salto (Doppelsalto) rückwärts
43 die Schraube mit Anlauf *m*
44 der Bohrer
45 der Handstandsprung
46–50 das Wasserballspiel
46 das Wasserballtor
47 der Tormann
48 der Wasserball
49 der Verteidiger
50 der Stürmer

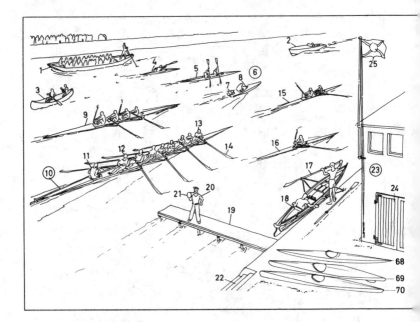

1-18 die Auffahrt zur Regatta
(Ruderregatta, zum Wettrudern *n*)
1 der Stechkahn, ein Vergnügungsboot *n*
2 das Motorboot
3 der Kanadier, ein Kanu *n*
4 der (das) Kajak (der Grönländer), ein
Paddelboot *n*
5 der (das) Doppelkajak
6 das Außenbordmotorboot
7 der Außenbordmotor
8 die Plicht (das Kockpit, Cockpit, der
Sitzraum)
9-16 Rennboote *n* (Sportboote,
Auslegerboote)
9-15 Riemenboote *n*
9 der Vierer ohne Steuermann *m* (Vierer
ohne), ein Kraweelboot *n*
10 der Achter (Rennachter)
11 der Steuermann
12 der Schlagmann, ein Ruderer *m*
13 der Bugmann (die „Nummer Eins")
14 der Riemen
15 der Zweier (Riemenzweier)
16 der Einer (Renneiner, das Skiff)
17 das Skull

18 der Einer mit Steuermann *m*, ein
Klinkereiner *m*
19 der Steg (Bootssteg, Landungssteg,
Anlegesteg)
20 der Rudertrainer
21 das Megaphon (Sprachrohr, *scherzh.:*
die Flüstertüte)
22 die Bootstreppe
23 das Bootshaus (Klubhaus)
24 der Bootsschuppen
25 die Klubflagge (der Klubstander)
26-33 der Gigvierer, ein Gigboot *n*
(Dollenboot, Tourenboot)
26 das Ruder (Steuer)
27 der Steuersitz
28 die Ducht (Ruderbank)
29 die Dolle (Riemenauflage)
30 der Dollbord
31 der Duchtweger
32 der Kiel (Außenkiel)
33 die Außenhaut [geklinkert]
34 das einfache Paddel (Stechpaddel, die
Pagaie)
35-38 der Riemen (das Skull)
35 der Holm (Riemenholm)

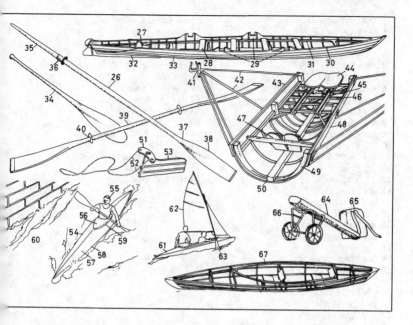

36 die Belederung
37 der Riemenhals
38 das Blatt (Riemenblatt)
39 das Doppelpaddel
40 der Tropfring
41–50 der Rollsitz (Rudersitz)
41 die Dolle (Drehdolle)
42 der Ausleger
43 das Spülbord
44 der Rollsitz
45 die Rollschiene (Rollbahn)
46 die Versteifung
47 das Stemmbrett
48 die Außenhaut
49 der (das) Spant
50 der Kiel (Innenkiel)
51–53 das Ruder (Steuer)
51 das Ruderjoch (Steuerjoch)
52 die Steuerleine
53 das Blatt (Ruderblatt, Steuerblatt)
54–66 Faltboote n
54 der Faltbooteiner, ein Sporteiner m
55 der Faltbootfahrer
56 die Spritzdecke
57 das Verdeck

58 die Gummihaut (Außenhaut, Bootshaut)
59 der Süllrand
60 die Floßgasse am Wehr n
61 der Faltbootzweier, ein Tourenzweier m (Wanderzweier)
62 das Faltbootsegel
63 das Seitenschwert
64 die Stabtasche
65 der Bootsrucksack
66 der Bootswagen
67 das Faltbootgerüst
68–70 Kajaks m od. n
68 der (das) Eskimokajak
69 der (das) Wildwasser-Rennkajak
70 der (das) Wanderkajak

1–9 das Windsurfing
1 der Windsurfer
2 das Segel
3 das Klarsichtfenster
4 der Mast
5 das Surfbrett
6 das bewegliche Lager für die
   Mastneigung und die Steuerung
7 der Gabelbaum
8 das (einholbare) Hauptschwert
9 das Hilfsschwert
10–48 das Segelboot
10 das Vordeck
11 der Mast
12 der Trapezdraht
13 die Saling
14 der Wanthänger
15 das Vorstag
16 die Fock (Genua)
17 der Fockniederholer
18 die Want
19 der Wantenspanner
20 der Mastfuß
21 der Baumniederholer
22 die Fockschotklemme
23 die Fockschot
24 der Schwertkasten
25 der Knarrpoller
26 das Schwert
27 der Traveller
28 die Großschot
29 die Fockschotleitschiene
30 die Ausreitgurte *m*
31 der Pinnenausleger
32 die Pinne
33 der Ruderkopf
34 das Ruderblatt
35 der Spiegel (das Spiegelheck)
36 das Lenzloch
37 der Großsegelhals
38 das Segelfenster
39 der Baum
40 das Unterliek
41 das Schothorn
42 das Vorliek
43 die Lattentasche
44 die Latte
45 die Achterliek
46 das Großsegel
47 der Großsegelkopf
48 der Verklicker
49–65 die Bootsklassen *f*
49 der Flying Dutchman

50 die Olympiajolle
51 das Finndingi
52 der Pirat
53 das 12-m²-Sharpie
54 das Tempest
55 der Star
56 das (der) Soling
57 der Drachen
58 die 5,5-m-Klasse
59 die 6-m-R-Klasse
60 der 30-m²-Schärenkreuzer
61 der 30-m²-Jollenkreuzer
62 die 25-m²-Einheitskieljacht
63 die KR-Klasse
64 der Katamaran
65 der Doppelrumpf

1–13 Segelstellungen f und Windrichtungen f
1 das Segeln vor dem Wind m
2 das Großsegel
3 die Fock
4 die Schmetterlingsstellung der Segel n
5 die Mittschiffslinie
6 die Windrichtung
7 das Boot ohne Fahrt f
8 das killende Segel
9 das Segeln am Wind m (das Anluven)
10 das Segeln hart (hoch) am Wind m
11 das Segeln mit halbem Wind m
12 das Segeln mit raumem Wind m
13 die Backstagsbrise
14–24 der Regattakurs
14 die Start- und Zieltonne (Start- und Zielboje)
15 das Startschiff
16 der Dreieckskurs (die Regattastrecke)
17 die Wendeboje (Wendemarke)
18 die Kursboje
19 der erste Umlauf
20 der zweite Umlauf
21 der dritte Umlauf
22 die Kreuzstrecke
23 die Vormwindstrecke
24 die Umwindstrecke
25–28 das Kreuzen
25 die Kreuzstrecke
26 das Halsen
27 das Wenden
28 der Verlust an Höhe f beim Halsen n
29–41 Rumpfformen f von Segelbooten n
29–34 die Fahrtenkieljacht
29 das Heck
30 der Löffelbug
31 die Wasserlinie
32 der Kiel (Ballastkiel)
33 der Ballast
34 das Ruder
35 die Rennkieljacht
36 der Bleikiel
37–41 die Jolle, eine Schwertjacht
37 das aufholbare Ruder
38 die Plicht (das Cockpit)
39 der Kajütenaufbau (die Kajüte)
40 der gerade Steven (Auf-und-nieder-Steven)
41 das aufholbare Schwert
42–49 Heckformen f von Segelbooten n
42 das Jachtheck
43 der Jachtspiegel

44 das Kanuheck
45 das Spitzgattheck
46 das Namensschild
47 das Totholz
48 das Spiegelheck
49 der Spiegel
50–57 die Beplankung von Holzbooten n
50–52 die Klinkerbeplankung
50 die Außenhautplanke
51 das Spant, ein Querspant n
52 der Klinknagel
53 die Kraweelbeplankung
54 der Nahtspantenbau
55 der Nahtspant, ein Längsspant n
56 die Diagonalkraweelbeplankung
57 die innere Beplankung

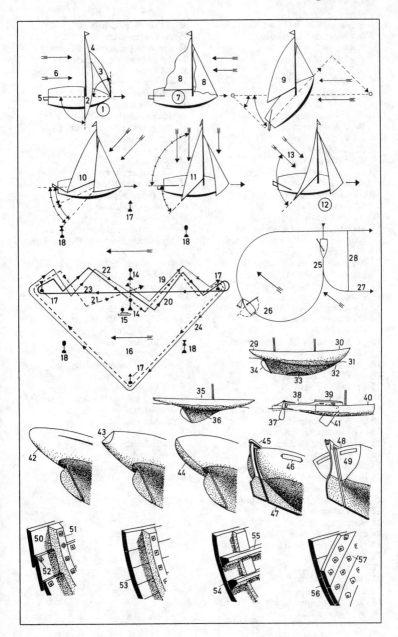

1–5 Motorboote n (Sportboote)
1 das Sportschlauchboot mit
Außenbordmotor m
2 das Inbord-Sportboot
[mit Z-Antrieb m]
3 das Kajütboot
4 der Motorkreuzer
5 die 30-m-Hochseejacht
6–9 die Kennzeichnung für
Bundeswasserstraßen f
6 die Verbandsflagge
7 der Bootsname (oder: die
Zertifikatsnummer)
8 die Clubzugehörigkeit und der
Heimathafen
9 die Verbandsflagge an der
Steuerbordsaling
10–14 die Lichterführung auf
Sportbooten n für Küsten- und
Seegewässer n (die Positionslaternen f)
10 das weiße Topplicht
11 das grüne Steuerbordlicht (die
Steuerbordlaterne)
12 das rote Backbordlicht (die
Backbordlaterne)
13 das grünrote Buglicht
14 das weiße Hecklicht
15–18 Anker m
15 der Stockanker (Admiralitätsanker),
ein Schwergewichtsanker m
16–18 Leichtgewichtsanker m
16 der Pflugscharanker
17 der Patentanker
18 der Danforth-Anker
19 die Rettungsinsel (das Rettungsfloß)
20 die Schwimmweste
21–44 Motorbootrennen n
21 der Außenbordkatameran
22 das Hydroplane-Rennboot
23 der Rennaußenbordmotor
24 die Ruderpinne
25 die Benzinleitung
26 der Heckspiegel (das Heckbrett)
27 der Tragschlauch
28 Start m und Ziel n
29 die Startzone
30 die Start- und Ziellinie
31 die Wendeboje
32–37 Verdrängungsboote n
32–34 das Rundspantboot
32 die Bodenansicht
33 der Vorschiffquerschnitt
34 der Achterschiffquerschnitt

35–37 das V-Boden-Boot
35 die Bodenansicht
36 der Vorschiffquerschnitt
37 der Achterschiffquerschnitt
38–44 Gleitboote n
38–41 das Stufenboot
38 die Seitenansicht
39 die Bodenansicht
40 der Vorschiffquerschnitt
41 der Achterschiffquerschnitt
42 das Dreipunktboot
43 die Flosse
44 die Tatze
45–62 Wasserski m
45 die Wasserskiläuferin
46 der Tiefwasserstart
47 das Seil (Schleppseil)
48 die Hantel
49–55 die Wasserskisprache (die
Handzeichen n des Wasserskiläufers
m)
49 das Zeichen „Schneller"
50 das Zeichen „Langsamer"
51 das Zeichen „Tempo in Ordnung"
52 das Zeichen „Wenden"
53 das Zeichen „Halt"
54 das Zeichen „Motor abstellen"
55 der Wink „Zurück zum Liegeplatz"
56–62 Wasserski m
56 der Figurenski, ein Monoski m
57 u. 58 die Gummibindung
57 der Vorfußgummi
58 der Fersengummi
59 die Stegschlaufe für den zweiten Fuß
60 der Slalomski
61 der Kiel (die Flosse)
62 der Sprungski
63 das Luftkissenfahrzeug
64 die Luftschraube
65 das angeblasene Ruder
66 das Luftkissen (Luftpolster)

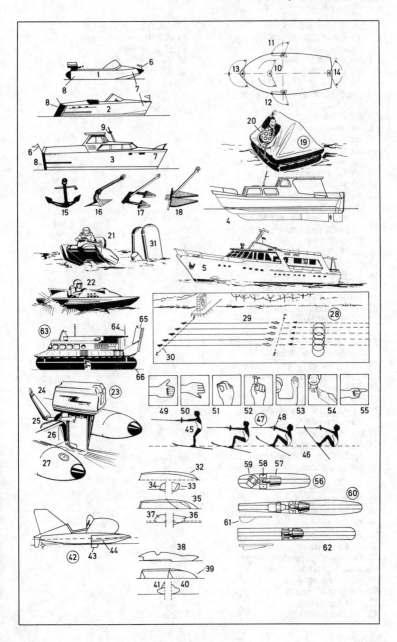

1 der Flugzeugschleppstart
   (Flugzeugschlepp, Schleppflug,
   Schleppstart)
2 das Schleppflugzeug, ein
   Motorflugzeug *n*
3 das geschleppte Segelflugzeug
   (Segelflugzeug im Schlepp *m*)
4 das Schleppseil
5 der Windenstart
6 die Motorwinde
7 der Seilfallschirm
8 der Motorsegler
9 das Hochleistungssegelflugzeug
10 das T-Leitwerk
11 der Windsack
12 der Kontrollturm
13 das Segelfluggelände
14 die Flugzeughalle (der Hangar)
15 die Start- und Landebahn für
   Motorflugzeuge *n*
16 das Wellensegeln
17 die Leewellen *f* (Föhnwellen)
18 der Rotor
19 die Lentikulariswolken *f*
20 das Thermiksegeln
21 der Aufwindschlauch
   (Thermikschlauch, thermische
   Aufwind, „Bart")
22 die Kumuluswolke (Haufenwolke,
   Quellwolke, der Kumulus)
23 das Frontsegeln (Frontensegeln,
   Gewittersegeln)
24 die Gewitterfront
25 der Frontaufwind
26 die Kumulonimbuswolke (der
   Kumulonimbus)
27 das Hangsegeln
28 der Hangaufwind
29 der Holmflügel, eine Tragfläche
30 der Hauptholm, ein Kastenholm *m*
31 der Anschlußbeschlag
32 die Wurzelrippe
33 der Schrägholm
34 die Nasenleiste
35 die Hauptrippe
36 die Hilfsrippe
37 die Endleiste
38 die Bremsklappe (Störklappe,
   Sturzflugbremse)
39 die Torsionsnase
40 die Bespannung
41 das Querruder
42 der Randbogen

43 das Drachenfliegen
44 der Drachen (Hanggleiter,
   Deltagleiter)
45 der Drachenflieger
46 die Haltestange

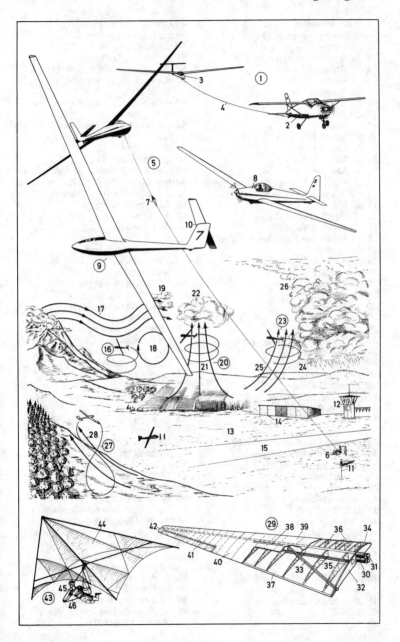

1–9 der Kunstflug
(die Kunstflugfiguren f)
1 der Looping
2 die liegende Loopingacht
3 der Rollenkreis
4 der Turm
5 das Männchen
6 die Schraube
7 das Trudeln
8 die Rolle
9 der Rückenflug
10 das Cockpit
11 das Instrumentenbrett
12 der Kompaß
13 die Funk- und Navigationseinrichtung
14 der Steuerknüppel
15 der Gashebel
16 der Gemischregulierhebel
17 das Funksprechgerät
18 der Sport- und Kunstflugzweisitzer
19 die Kabine
20 die Antenne
21 die Seitenflosse
22 das Seitenruder
23 die Höhenflosse
24 das Höhenruder
25 die Trimmklappe
26 der Rumpf
27 der Tragflügel (die Tragfläche)
28 das Querruder
29 die Landeklappe
30 die Trimmklappe
31 die Positionslampe [rot]
32 der Landescheinwerfer
33 das Hauptfahrwerk
34 das Bugrad
35 das Triebwerk
36 der Propeller (die Luftschraube)
37–62 das Fallschirmspringen (der
Fallschirmsport, das
Fallschirmsportspringen)
37 der Fallschirm (Sprungfallschirm)
38 die Schirmkappe
39 der Hilfsschirm
40 die Fangleinen f
41 die Steuerleine
42 der Haupttragegurt
43 das Gurtzeug
44 der Verpackungssack
45 das Schlitzsystem des Sportfallschirms
m
46 die Steuerschlitze m
47 der Scheitel
48 die Basis

49 das Stabilisierungspaneel
50 u. 51 das Stilspringen
50 der Rückwärtssalto
51 die Spirale (Drehung)
52–54 die ausgelegten Sichtsignale n
52 das Zeichen „Sprungerlaubnis" f (das
Zielkreuz)
53 das Zeichen „Sprungverbot n – neuer
Anflug" m
54 das Zeichen „Sprungverbot n – sofort
landen"
55 der Zielsprung
56 das Zielkreuz
57 der innere Zielkreis [Radius m 25 m]
58 der mittlere Zielkreis [Radius m 50 m]
59 der äußere Zielkreis [Radius m 100 m]
60–62 Freifallhaltungen f
60 die X-Lage
61 die Froschlage
62 die T-Lage
63–84 das Ballonfahren
(Freiballonfahren)
63 der Gasballon
64 die Gondel (der Ballonkorb)
65 der Ballast (die Sandsäcke)
66 die Halteleine (das Halteseil)
67 der Korbring
68 die Bordinstrumente n
69 das Schlepptau
70 der Füllansatz
71 die Füllansatzleinen f
72 die Notreißbahn
73 die Notreißleine
74 die Gänsefüße m
75 die Reißbahn
76 die Reißleine (Reißbahnleine)
77 das Ventil
78 die Ventilleine
79 der Heißluftballon
80 die Brennerplattform
81 die Füllöffnung
82 das Ventil
83 die Reißbahn
84 der Ballonaufstieg (Ballonstart)
85–91 der Modellflugsport
85 der funkferngesteuerte Modellflug
86 das ferngesteuerte Freiflugmodell
87 die Funkfernsteuerung (das
Fernsteuerfunkgerät)
88 die Antenne (Sendeantenne)
89 das Fesselflugmodell
90 die Eindrahtfesselflugsteuerung
91 die fliegende Hundehütte, ein
Groteskflugmodell n

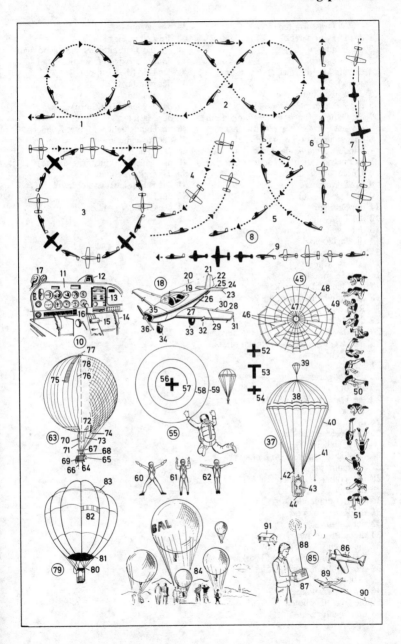

289 Pferdesport

1–7 das Dressurreiten
1 das Dressurviereck
2 die Bande
3 das Dressurpferd
4 der dunkle Reitfrack (*od.* schwarze Rock)
5 die weiße Stiefelhose
6 der Zylinder (*od.* runde Hut)
7 die Gangart (*auch:* die Hufschlagfigur)
8–14 das Springreiten (Jagdspringen)
8 das Hindernis (Gatter), ein halbfestes Hindernis; *ähnl.:* das Rick, das Koppelrick, die Palisade, der Oxer, die Hürde, der Wall, die Mauer
9 das Springpferd
10 der Springsattel
11 der Sattelgurt
12 die Trense
13 der rote (*auch:* schwarze) Rock
14 die Jagdkappe
15 die Bandage
16–19 die Military
16 der Geländeritt
17 die Querfeldeinstrecke
18 der Sturzhelm (*auch:* die verstärkte Reitkappe)
19 die Streckenmarkierung
20–22 das Hindernisrennen (Jagdrennen)
20 die Hecke (mit Wassergraben *m*), ein festes Hindernis
21 der Sprung
22 die Reitgerte
23–40 das Trabrennen
23 die Trabrennbahn (Traberbahn, der Track, das Geläuf)
24 der Sulky
25 das Speichenrad mit Plastikscheibenschutz *m*
26 der Fahrer, im Trabdreß *m*
27 die Fahrleine
28 das Traberpferd (der Traber)
29 der Scheck
30 der Bodenblender
31 die Kniegamasche
32 der Gummischutz
33 die Startnummer
34 die verglaste Tribüne mit den Totalisatorschaltern *m* (Totokassen *f*)
35 die Totolisatoranzeigetafel (Totoanzeigetafel)
36 die Starternummer
37 die Eventualquote
38 die Siegeranzeige
39 die Siegquote
40 die Zeitanzeige
41–49 das Jagdreiten, eine Schleppjagd; *ähnl.:* Fuchsjagd *f*, Schnitzeljagd
41 das Feld (die Gruppe)
42 der rote Jagdrock
43 der Piqueur
44 das Jagdhorn (Hifthorn)
45 der Master
46 die Hundemeute (Meute, Koppel)
47 der Hirschhund
48 der „Fuchs"
49 die Schleppe (künstliche Fährte)
50 das Galopprennen
51 das Feld (die Rennpferde *n*)
52 der Favorit
53 der Outsider (Außenseiter)

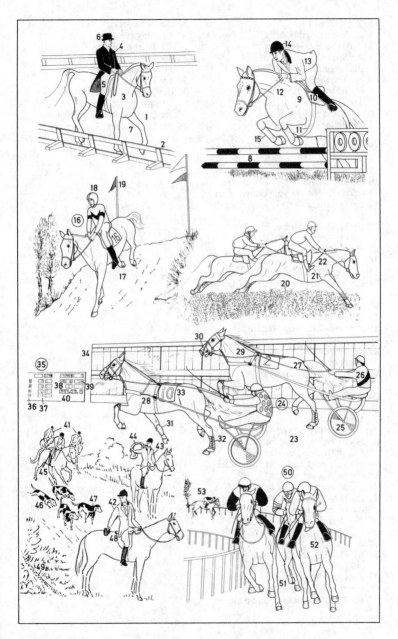

290 Rad- und Motorsport

1–23 Radsport *m*
1 die Radrennbahn; *hier:* Hallenbahn *f*
2–7 das Sechstagerennen
2 der Sechstagefahrer, ein
  Bahnrennfahrer *m* im Feld *n*
3 der Sturzhelm
4 die Rennleitung
5 der Zielrichter
6 der Rundenzähler
7 die Rennfahrerkabine
8–10 das Straßenrennen
8 der Straßenfahrer, ein Radrennfahrer
  m
9 das Rennfahrertrikot
10 die Trinkflasche
11–15 das Steherrennen (Dauerrennen)
11 der Schrittmacher, ein Motorradfahrer
  m
12 die Schrittmachermaschine (das
  Schrittmachermotorrad)
13 die Rolle, eine Schutzvorrichtung
14 der Steher (Dauerfahrer)
15 die Stehermaschine, ein Rennrad *n*
16 das Rennrad (die Rennmaschine) für
  Straßenrennen *n*
17 der Rennsattel, ein ungefederter Sattel
18 der Rennlenker
19 der Schlauchreifen (Rennreifen)
20 die Schaltungskette
21 der Rennhaken
22 der Riemen
23 der Ersatzschlauchreifen
24–50 Motorsport *m*
24–28 das Motorradrennen; *Disziplinen:*
  Grasbahnrennen, *n,* Straßenrennen,
  Sandbahnrennen,
  Zementbahnrennen,
  Aschenbahnrennen, Bergrennen,
  Eisrennen (ein Speedway *n*),
  Geländesport *m,* Trial *n,* Moto-Cross
24 die Sandbahn
25 der Motorradrennfahrer
26 die Lederschutzkleidung
27 die Rennmaschine, eine Solomaschine
28 die Startnummer
29 das Seitenwagengespann, in der Kurve
30 der Seitenwagen
31 die verkleidete Rennmaschine
  [500 cm³]
32 das Gymkhana, ein
  Geschicklichkeitswettbewerb *m*; *hier:*
  der Motorradfahrer beim Sprung *m*

33 die Geländefahrt, eine
  Leistungsprüfung
34–38 Rennwagen
34 der Formel-I-Rennwagen (ein
  Monoposto *m*)
35 der Heckspoiler
36 der Formel-II-Rennwagen (ein
  Rennsportwagen *m*)
37 der Super-V-Rennsportwagen
38 der Prototyp, ein Sportwagen *m*

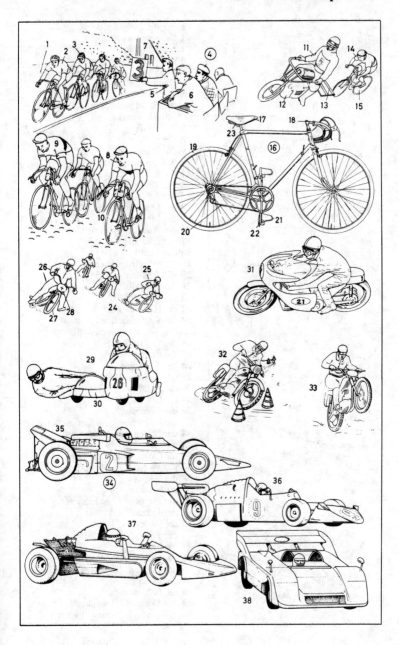

291 Ballspiele I (Fußball)

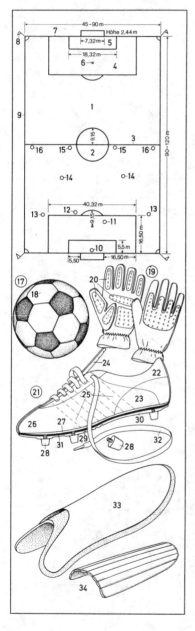

1–16 der Fußballplatz
1 das Spielfeld
2 der Mittelkreis
3 die Mittellinie
4 der Strafraum (Sechzehn-Meter-Raum)
5 der Torraum
6 der Elf-Meter-Punkt (die Strafstoßmarke)
7 die Torlinie
8 die Eckfahne
9 die Seitenlinie
10 der Tormann (Torwart)
11 der Libero
12 der Vorstopper
13 der Außenverteidiger
14 die Mittelfeldspieler *m*
15 der Innenstürmer
16 der Außenstürmer
17 der Fußball
18 das Ventil
19 die Torwarthandschuhe *m*
20 die Schaumstoffauflage
21 der Fußballschuh
22 das Lederfutter
23 die Hinterkappe
24 die Schaumstoffzunge
25 die Gelenkzugriemen *m*
26 der Oberlederschaft
27 die Einlegesohle
28 der Schraubstollen
29 die Gelenkrille
30 die Nylonsohle
31 die Brandsohle
32 der Schnürsenkel
33 die Beinschiene mit Knöchelschutz *m*
34 der Schienbeinschutz
35 das Tor
36 die Querlatte (Latte)
37 der Pfosten (Torpfosten)
38 der Abstoß
39 die Faustabwehr
40 der Strafstoß (*ugs.* Elfmeter)
41 der Eckstoß (Eckball)
42 das Abseits
43 der Freistoß
44 die Mauer
45 der Fallrückzieher
46 der Kopfball (Kopfstoß)
47 die Ballabgabe
48 die Ballannahme
49 der Kurzpaß (Doppelpaß)
50 das Foul (die Regelwidrigkeit)

51 das Sperren
52 das Dribbling (der Durchbruch)
53 der Einwurf
54 der Ersatzspieler
55 der Trainer
56 das Trikot
57 die Sporthose
58 der Sportstrumpf
59 der Linienrichter
60 die Handflagge
61 der Platzverweis
62 der Schiedsrichter (Unparteiische)
63 die Verweiskarte (rote Karte; zur
   Verwarnung *auch:* die gelbe Karte)
64 die Mittelfahne

1 **der Handball** (Hallenhandball, das Handballspiel, Hallenhandballspiel)
2 der Handballspieler, ein Feldspieler *m*
3 der Kreisspieler, beim Sprungwurf *m*
4 der Abwehrspieler
5 die Freiwurflinie
6 **das Hockey** (Hockeyspiel)
7 das Hockeytor
8 der Tormann
9 der Beinschutz (Schienbein-, Knieschutz)
10 der Kickschuh
11 die Gesichtsmaske
12 der Handschuh
13 der Hockeyschläger (Hockeystock)
14 der Hockeyball
15 der Hockeyspieler
16 der Schußkreis
17 die Seitenlinie
18 die Ecke
19 **das Rugby** (Rugbyspiel)
20 das Gedränge
21 der Rugbyball
22 **der Football** (das Footballspiel)
23 der Ballträger, ein Footballspieler *m*
24 der Helm
25 der Gesichtsschutz
26 die gepolsterte Jacke
27 der Ball
28 **der Basketball** (Korbball, das Basketballspiel, Korbballspiel)
29 der Basketball
30 das Korbbrett (Spielbrett)
31 der Korbständer
32 der Korb
33 der Korbring
34 die Zielmarkierung
35 der Korbleger, ein Basketballspieler *m*
36 die Endlinie
37 der Freiwurfraum
38 die Freiwurflinie
39 die Auswechselspieler *m*
40–69 **der Baseball** (das Baseballspiel)
40–58 das Spielfeld
40 die Zuschauergrenze
41 der Außenfeldspieler
42 der Halbspieler
43 das zweite Mal
44 der Malspieler
45 der Läufer
46 das erste Mal
47 das dritte Mal
48 die Foullinie (Fehllinie)

49 das Wurfmal
50 der Werfer (Pitcher)
51 das Schlägerfeld (die Home base)
52 der Schlagmann (Batter)
53 das Schlagmal
54 der Fänger (Catcher)
55 der Chefschiedsrichter
56 die Coach-box
57 der Coach (Mannschaftsbetreuer, Trainer)
58 die nachfolgenden Schlagmänner
59 u. 60 Baseballhandschuhe
59 der Handschuh des Feldspielers *m*
60 der Handschuh des Fängers *m*
61 der Baseball
62 die Schlagkeule
63 der Schlagmann beim Schlagversuch *m*
64 der Fänger
65 der Schiedsrichter
66 der Läufer
67 das Malkissen
68 der Werfer
69 die Werferplatte
70–76 **das Kricket** (Kricketspiel, Cricket)
70 das Krickettor (Mal) mit dem Querstab *m*
71 die Schlaglinie
72 die Wurflinie
73 der Torwächter der Fangpartei
74 der Schlagmann
75 das Schlagholz
76 der Außenspieler (Werfer)
77–82 **das Krocket** (Krocketspiel, Croquet)
77 der Zielpfahl
78 das Krockettor
79 der Wendepfahl
80 der Krocketspieler
81 der Krockethammer
82 die Krocketkugel

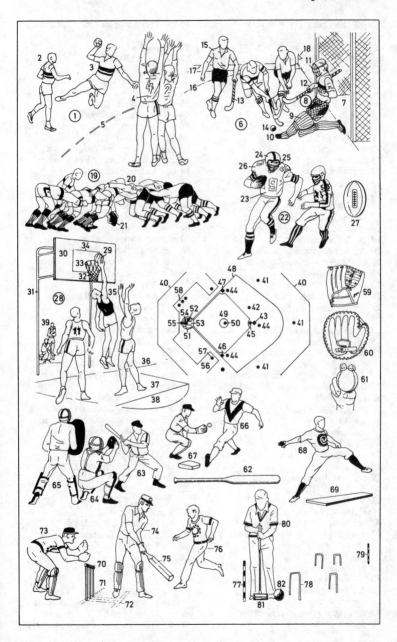

1–42 das Tennis (Tennisspiel)
1 der Tennisplatz
2 *bis* 3 die Seitenlinie für das
  Doppelspiel (Doppel; Herrendoppel,
  Damendoppel, gemischte Doppel)
4 *bis* 5 die Seitenlinie für das Einzelspiel
  (Einzel; Herreneinzel, Dameneinzel)
6 *bis* 7 die Aufschlaglinie
8 *bis* 9 die Mittellinie
3 *bis* 10 die Grundlinie
11 das Mittelzeichen
12 das Aufschlagfeld
13 das Netz (Tennisnetz)
14 der Netzhalter
15 der Netzpfosten
16 der Tennisspieler; *hier:* der
  Aufschläger
17 der Aufschlag (Schmetterball)
18 der Partner; *hier:* der Rückschläger
19 der Schiedsrichter
20 der Schiedsrichterstuhl
21 das Schiedsrichtermikrophon
22 der Balljunge
23 der Netzrichter
24 der Seitenlinienrichter
25 der Mittellinienrichter
26 der Grundlinienrichter
27 der Aufschlaglinienrichter
28 der Tennisball
29 der Tennisschläger (Schläger, das
  Racket)
30 der Schlägerschaft (Racketschaft)
31 die Saitenbespannung (Schlagfläche)
32 der Spanner
33 die Spannschraube
34 die Anzeigetafel
35 die Spielergebnisse *n*
36 der Spielername
37 die Zahl der Sätze *m*
38 der Spielstand
39 der Rückhandschlag
40 der Vorhandschlag
41 der Flugball (normalhohe
  Vorhandflugball)
42 der Schmetterball (Aufschlag)
43 *u.* 44 das Federballspiel (Badminton)
43 der Federballschläger
  (Badmintonschläger)
44 der Federball
45–55 das Tischtennis (Tischtennisspiel)
45 der Tischtennisschläger
46 der Schlägergriff
47 die Auflage der Schlagfläche
48 der Tischtennisball

49 die Tischtennisspieler *m*; *hier:* das
  gemischte Doppel (Mixed)
50 der Rückschläger
51 der Aufschläger
52 der Tischtennistisch
53 das Tischtennisnetz
54 die Mittellinie
55 die Seitenlinie
56–71 das Volleyballspiel
56 *u.* 57 die richtige Haltung der Hände *f*
58 der Volleyball
59 das Servieren des Volleyballs *m*
60 der Grundspieler (Abwehrspieler)
61 der Aufgaberaum
62 der Aufgeber
63 der Netzspieler (Angriffsspieler)
64 die Angriffszone
65 die Angriffslinie
66 die Verteidigungszone
67 der erste Schiedsrichter
68 der zweite Schiedsrichter
69 der Linienrichter
70 die Anzeigetafel
71 der Anschreiber
72–78 das Faustballspiel
72 die Angabelinie
73 die Leine
74 der Faustball
75 der Schlagmann (Angriffsspieler,
  Vorderspieler, Überschläger)
76 der Mittelspieler (Mittelmann)
77 der Hintermann (Abwehrspieler,
  Hinterspieler)
78 der Hammerschlag
79–93 das Golfspiel (Golf)
79–82 die Spielbahn (die Löcher *n*)
79 der Abschlag (Abschlagplatz)
80 das Rough
81 der Bunker (die Sandgrube)
82 das Grün (Green, Golfgrün,
  Puttergrün)
83 der Golfspieler, beim Treibschlag *m*
  (Weitschlag)
84 der Durchschwung
85 der Golfwagen (Caddywagen)
86 das Einlochen (Putten)
87 das Loch (Hole)
88 die Flagge
89 der Golfball
90 der Aufsatz
91 der (bleigefüllte) Holzschläger (das
  Holz, Wood), ein Treiber *m* (Driver);
  ähnl.: der Brassie
92 der Eisenschläger (das Eisen, Iron)
93 der Putter

1–33 das Sportfechten
1–18 das Florettfechten
1 der Fechtmeister
2 die Fechtbahn (Kampfbahn, Piste, Planche)
3 die Startlinie
4 die Mittellinie
5 u. **6** die Fechter *m* (Florettfechter) beim Freigefecht *n* (Assaut *m* od. *n*)
5 der Angreifer in der Ausfallstellung (im Ausfall *m*)
6 der Angegriffene in der Parade (Abwehr, Deckung)
7 der gerade Stoß (Coup droit, die Botta dritta), eine Fechtaktion
8 die Terz- bzw. Sixtdeckung (Terz-, Sixtparade)
9 die Gefechtslinie
10 die drei Fechtabstände *m* zum Gegner *m* (weiter, mittlerer, naher Abstand)
11 das Florett, eine Stoßwaffe
12 der Fechthandschuh
13 die Fechtmaske
14 der Halsschutz an der Fechtmaske
15 die Metallweste
16 die Fechtjacke
17 die absatzlosen Fechtschuhe *m*
18 die Grundstellung zum Fechtergruß *m* und zur Fechtstellung
19–24 das Säbelfechten
19 der Säbelfechter
20 der (leichte) Säbel
21 der Säbelhandschuh
22 die Säbelmaske
23 der Kopfhieb
24 die Quintparade
25–33 das Degenfechten mit elektrischer Trefferanzeige
25 der Degenfechter
26 der Elektrodegen; *auch:* das Elektroflorett
27 die Degenspitze
28 die optische Trefferanzeige
29 die Laufrolle (Kabelrolle)
30 die Anzeigelampe
31 das Rollenkabel
32 das Anzeigegerät (der Meldeapparat)
33 die Auslage
34–45 die Fechtwaffen *f*
34 der leichte Säbel (Sportsäbel), eine Hieb- u. Stoßwaffe
35 die Glocke
36 der Degen, eine Stoßwaffe

37 das französische Florett, eine Stoßwaffe
38 die Glocke
39 das italienische Florett
40 der Florettknauf
41 der Griff
42 die Parierstange
43 die Glocke
44 die Klinge
45 die Spitze
46 die Klingenbindungen *f*
47 die Quartbindung
48 die Terzbindung (*auch:* Sixtbindung)
49 die Cerclebindung
50 die Sekondbindung (*auch:* Oktavbindung)
51–53 die gültigen Treffflächen *f*
51 der gesamte Körper beim Degenfechten *n* (Herren *m*)
52 Kopf *m* und Oberkörper *m* bis zu den Leistenfurchen *f* beim Säbelfechten *n* (Herren *m*)
53 der Rumpf vom Hals *m* bis zu den Leistenfurchen *f* beim Florettfechten *n* (Damen *f* u. Herren *m*)

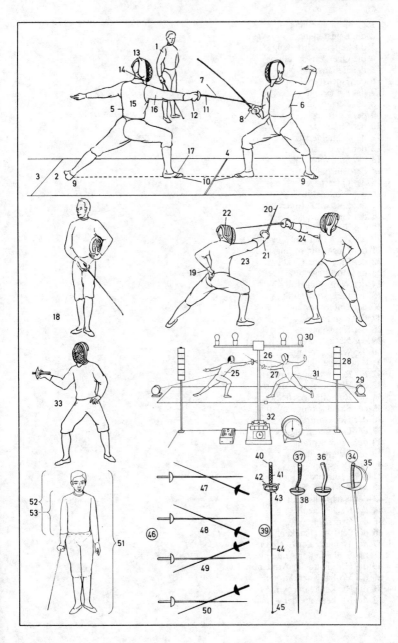

295 Freiübungen

1 die Grundstellung
2 die Laufstellung
3 die Seitgrätschstellung
4 die Quergrätschstellung
5 der Ballenstand
6 der Hockstand
7 der Kniestand
8 der Fersensitz
9 der Hocksitz
10 der Strecksitz
11 der Schneidersitz
12 der Hürdensitz
13 der Spitzwinkelsitz
14 der Seitspagat
15 der Querspagat
16 der Winkelstütz
17 der Spitzwinkelstütz
18 der Grätschwinkelstütz
19 die Brücke
20 die Bank (der Knieliegestütz)
21 der Liegestütz vorlings
22 der Liegestütz rücklings
23 der Hockliegestütz
24 der Winkelliegestütz
25 der Liegestütz seitlings
26 der Unterarmstand
27 der Handstand
28 der Kopfstand
29 der Nackenstand (die Kerze)
30 die Waage vorlings
31 die Waage rücklings
32 die Rumpfbeuge seitwärts
33 die Rumpfbeuge vorwärts
34 die Rumpfbeuge rückwärts
35 der Strecksprung
36 der Hocksprung
37 der Grätschsprung
38 der Winkelsprung
39 der Schersprung
40 der Rehsprung
41 der Laufschritt
42 der Ausfallschritt
43 der Nachstellschritt
44 die Rückenlage
45 die Bauchlage
46 die Seitlage (Flankenlage)
47 die Tiefhalte der Arme *m*
48 die Seithalte der Arme *m*
49 die Hochhalte der Arme *m*
50 die Vorhalte der Arme *m*
51 die Rückhalte der Arme *m*
52 die Nackenhalte der Arme *m*

1–11 die Turngeräte *n* im olympischen Turnen *n* der Männer *m*
1 das Langpferd ohne Pauschen *f* (das Sprungpferd)
2 der Barren
3 der Barrenholm
4 die Ringe
5 das Seitpferd mit Pauschen *f* (das Pauschenpferd)
6 die Pausche
7 das Reck (Spannreck)
8 die Reckstange
9 die Recksäule
10 die Verspannung
11 der Boden (die 12 x 12-m-Bodenfläche)
12–21 Hilfsgeräte *n* und Geräte *n* des Schul- und Vereinsturnens *n*
12 das Sprungbrett (Reutherbrett)
13 die Niedersprungmatte
14 die Bank
15 der Sprungkasten
16 der kleine Sprungkasten
17 der Bock
18 die Weichbodenmatte
19 das Klettertau
20 die Sprossenwand
21 die Gitterleiter
22–39 das Verhalten zum Gerät *n* (die Haltungen *f*, Positionen)
22 der Seitstand vorlings
23 der Seitstand rücklings
24 der Querstand vorlings
25 der Querstand rücklings
26 der Außenseitstand vorlings
27 der Innenquerstand
28 der Stütz vorlings
29 der Stütz rücklings
30 der Grätschsitz
31 der Außenseitsitz
32 der Außenquersitz
33 der Streckhang vorlings
34 der Streckhang rücklings
35 der Beugehang
36 der Sturzhang
37 der Sturzhang gestreckt
38 der Streckstütz
39 der Beugestütz
40–46 die Griffarten
40 der Ristgriff am Reck *n*
41 der Kammgriff am Reck *n*
42 der Zwiegriff am Reck *n*
43 der Kreuzgriff am Reck *n*

44 der Ellgriff am Reck *n*
45 der Speichgriff am Barren *m*
46 der Ellgriff am Barren *m*
47 der lederne Reckriemen
48–60 Übungen *f* an den Geräten *n*
48 der Hechtsprung am Sprungpferd *n*
49 das Übergrätschen am Barren *m*
50 der Seitspannhang (Kreuzhang) an den Ringen *m*
51 die Schere am Pauschenpferd *n*
52 das Heben in den Handstand am Boden *m*
53 die Hocke am Sprungpferd *n*
54 die Kreisflanke am Pauschenpferd *n*
55 die Hangwaage vorlings an den Ringen *m*
56 das Schleudern (der Überschlag rückwärts) an den Ringen *m*
57 die Schwungstemme rückwärts am Barren *m*
58 die Oberarmkippe am Barren *m*
59 der Unterschwung vorlings rückwärts am Reck *n*
60 die Riesenfelge vorlings rückwärts am Reck *n*
61–63 die Turnkleidung
61 das Turnhemd
62 die Turnhose
63 die Turnschuhe *m* (Gymnastikschuhe)
64 die Bandage

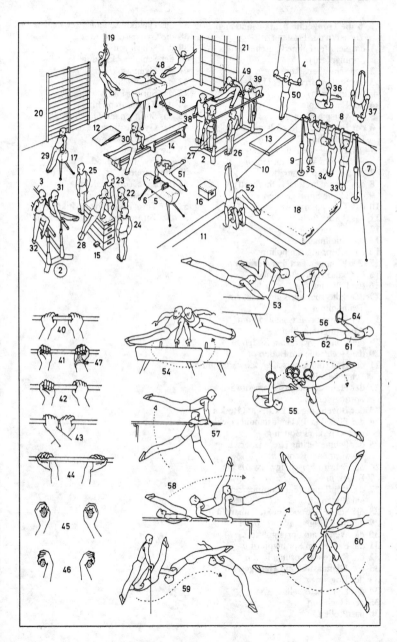

297 Gerätturnen II (Turnen der Frauen)

1–6 die Turngeräte *n* im olympischen Turnen *n* der Frauen *f*
1 das Seitpferd ohne Pauschen *f* (das Sprungpferd)
2 der Schwebebalken
3 der Stufenbarren (das Doppelreck, der Spannbarren)
4 der Barrenholm
5 die Verspannung
6 der Boden (die 12 x 12-m-Bodenfläche)
7–14 Hilfsgeräte *n* und Geräte *n* des Schul- und Vereinsturnens *n*
7 die Niedersprungmatte
8 das Sprungbrett (Reutherbrett)
9 der kleine Sprungkasten
10 das Trampolin
11 das Sprungtuch
12 der Rahmen
13 die Gummizüge
14 das Absprungtrampolin
15–32 Übungen *f* **an den Geräten** *n*
15 der Salto rückwärts gehockt
16 die Hilfestellung
17 der Salto rückwärts gestreckt am Trampolin *n*
18 der Salto vorwärts gehockt am Absprungtrampolin *n*
19 die Rolle vorwärts am Boden *m*
20 die Hechtrolle am Boden *m*
21 das Rad (der Überschlag seitwärts) am Schwebebalken *m*
22 der Handstandüberschlag vorwärts am Sprungpferd *n*
23 der Bogengang rückwärts am Boden *m*
24 der Flick-Flack (Handstandüberschlag rückwärts) am Boden *m*
25 der Schmetterling (freie Überschlag vorwärts) am Boden *m*
26 der Schrittüberschlag vorwärts am Boden *m*
27 die Kopfkippe (der Kopfüberschlag) am Boden *m*
28 die Schwebekippe am Stufenbarren *m*
29 die freie Felge am Stufenbarren *m*
30 die Wende am Sprungpferd *n*
31 die Flanke am Sprungpferd *n*
32 die Kehre am Sprungpferd *n*
33–50 Gymnastik *f* **mit Handgerät** *n*
33 der Bogenwurf
34 der Gymnastikball
35 der Hochwurf
36 das Prellen

37 das Handkreisen mit zwei Keulen *f*
38 die Gymnastikkeule
39 das Schwingen
40 der Schlußhocksprung
41 der Gymnastikstab
42 der Durchschlag
43 das Sprungseil
44 der Kreuzdurchschlag
45 das Springen mit Durchschlag
46 der Gymnastikreifen
47 das Handumkreisen
48 die Schlange
49 das Gymnastikband
50 die Spirale
51 *u.* **52** die Turnkleidung (Gymnastikkleidung)
51 der Turnanzug (Gymnastikanzug)
52 die Turnschuhe *m* (Gymnastikschuhe)

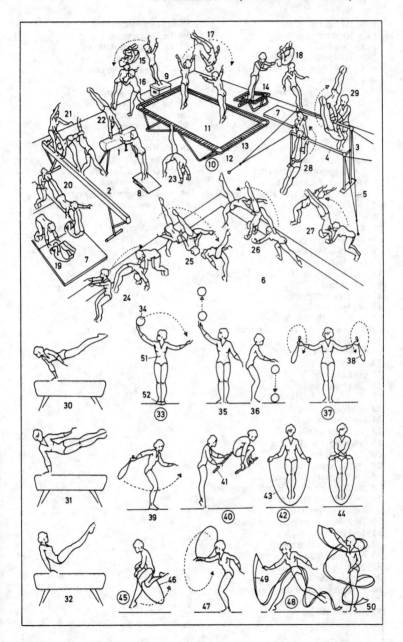

1–8 das Laufen
1–6 der Start
1 der Startblock
2 die (verstellbare) Fußstütze
3 der Startplatz
4 der Tiefstart
5 der Läufer, ein Sprinter *m*
  (Kurzstreckenläufer); *auch:*
  Mittelstreckenläufer *m*
  (Mittelstreckler), Langstreckenläufer
  (Langstreckler)
6 die Laufbahn, eine Aschenbahn *f* od.
  Kunststoffbahn *f*
7 *u.* **8** das Hürdenlaufen (der
  Hürdenlauf); *ähnl.:* das
  Hindernislaufen (der Hindernislauf)
7 das Überlaufen
8 die Hürde
9–41 das Springen
9–27 der Hochsprung
9 der Fosbury-Flop
10 der Hochspringer
11 die Drehung um die Körperlängs- und
  -querachse
12 die Schulterlandung
13 der Sprungständer
14 die Sprunglatte (Latte)
15 der Parallel-Rücken-Rollsprung
16 der Rückenrollsprung
17 der Rollsprung
18 die Rolltechnik
19 die Landung
20 die Höhenmarkierung
21 die Scher-Kehr-Technik
22 der Schersprung
23 der Wälzsprung
24 die Wälztechnik
25 die Sechs-Uhr-Stellung
26 der Absprung
27 das Schwungbein
28–36 der Stabhochsprung
28 der Sprungstab (Stabhochsprungstab)
29 der Stabhochspringer in der
  Aufschwungphase
30 die Schwungtechnik (das Flyaway)
31 das Überqueren der Latte
32 die Hochsprunganlage
33 der Sprungständer
34 die Sprunglatte
35 der Einstichkasten
36 der Sprunghügel (das Sprungkissen)
37–41 der Weitsprung
37 der Absprung

38 der Absprungbalken
39 die Sprunggrube
40 die Laufsprungtechnik
41 die Hangtechnik
42–47 der Hammerwurf
42 der Hammer
43 der Hammerkopf
44 der Verbindungsdraht
45 der Hammergriff
46 die Hammergriffhaltung
47 der Handschuh
48 das Kugelstoßen
49 die Kugel
50 die O'Brien-Technik
51–53 der Speerwurf
51 der Daumenzeigefingergriff
52 der Daumenmittelfingergriff
53 der Zangengriff
54 die Wicklung

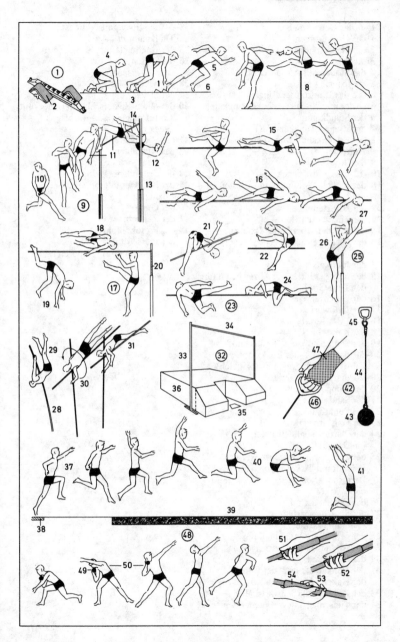

299 Schwerathletik

1–5 das Gewichtheben
1 das Hockereißen
2 der Gewichtheber
3 die Scheibenhantel
4 das Stoßen mit Ausfallschritt *m*
5 die fixierte Last
6–12 das Ringen (der Ringkampf)
6–9 der griechische römische Ringkampf
6 der Standkampf
7 der Ringer (Ringkämpfer)
8 der Bodenkampf (*hier:* der Ansatz zum Aufreißen *n*)
9 die Brücke
10–12 das Freistilringen
10 der seitliche Armhebel mit Einsteigen *m*
11 der Beinsteller
12 die Ringmatte (Matte)
13–17 das Judo (*ähnl.:* das Jiu-Jitsu)
13 das Gleichgewichtsbrechen nach rechts vorn
14 der Judoka
15 der farbige Gürtel, als Abzeichen *n* für den Dan-Grad
16 der Unparteiische
17 der Judowurf
18 *u.* 19 das Karate
18 der Karateka
19 der Seitfußstoß, eine Fußtechnik
20–50 das Boxen (der Boxkampf, Faustkampf, das *od.* der Boxmatch)
20–24 die Trainingsgeräte *n*
20 der Doppelendball
21 der Sandsack
22 der Punktball
23 die Maisbirne (Boxbirne)
24 der Plattformball (Birnball, Punchingball)
25 der Boxer, ein Amateurboxer *m* (kämpft mit Trikot *n*), od. ein Berufsboxer *m* (Professional; kämpft ohne Trikot *n*)
26 der Boxhandschuh
27 der Sparringspartner (Trainingspartner)
28 der gerade Stoß (die Gerade)
29 das Abducken und Seitneigen *n*
30 der Kopfschutz
31 der Nahkampf; *hier:* der Clinch
32 der Haken (Aufwärtshaken)
33 der Kopfhaken (Seitwärtshaken)
34 der Tiefschlag, ein verbotener Schlag *m*

35–50 die Boxveranstaltung, ein Titelkampf *m*
35 der Boxring (Ring, Kampfring)
36 die Seile *n*
37 die Seilverspannung
38 die neutrale Ecke
39 der Sieger
40 der durch Niederschlag *m* (Knockout, k.o.) Besiegte (k.o.-geschlagene Gegner)
41 der Ringrichter
42 das Auszählen
43 der Punktrichter
44 der Sekundant (Helfer)
45 der Manager (Veranstalter, Boxmanager)
46 der Gong
47 der Zeitnehmer
48 der Protokollführer
49 der Pressefotograf
50 der Sportreporter (Reporter)

300 Bergsport

1–57 das Bergsteigen (Bergwandern, der Hochtourismus)

1 das Unterkunftshaus (die Alpenvereinshütte, Schutzhütte, Berghütte, der Stützpunkt)

2–13 das Klettern (Felsgehen, Klettern im Fels *m*) [Felstechnik *f*, Klettertechnik]

2 die Wand (Felswand, Steilstufe)

3 der Riß (Längs-, Quer- od. Diagonalriß)

4 das Band (Fels-, Gras-, Geröll-, Schnee- od. Eisband)

5 der Bergsteiger (Kletterer, Felsgeher, Alpinist, Hochtourist)

6 der Anorak (Hochtourenanorak, das Schneehemd, die Daunenjacke)

7 die Bundhose (Kletterhose)

8 der Kamin

9 der Felskopf

10 die Selbstsicherung

11 die Seilschlinge (Schlinge)

12 das Bergseil (Seil)

13 die Leiste

14–21 das Eisgehen (Klettern im Eis *n*) [Eistechnik *f*]

14 die Eiswand (der Firnhang)

15 der Eisgeher

16 der Pickel

17 die Stufe (der Tritt im Eis *n*)

18 die Gletscherbrille (Schneebrille)

19 die Kapuze (Anorakkapuze)

20 die Wächte (Schneewächte, Firnwächte)

21 der Grat (Eisgrat, Firngrat)

22–27 die Seilschaft [das Gehen am Seil *n*]

22 der Gletscher

23 die Gletscherspalte

24 die Schneebrücke (Firnbrücke)

25 der Seilerste

26 der Seilzweite

27 der Seildritte (Schlußmann)

28–30 das Abseilen

28 die Abseilschlinge

29 der Karabinersitz

30 der Dülfersitz

31–57 die Bergsteigerausrüstung (alpine Ausrüstung, hochalpine Ausrüstung, Kletterausrüstung, Eistourenausrüstung)

31 der Pickel

32 der Handriemen

33 die Haue

34 die Schaufel

35 das Karabinerloch

36 das Eisbeil

37 der Eishammer (der Kombihammer für Eis *n* und Fels *m*, Hammer)

38 der Universalkletterhaken

39 der Abseilhaken (Ringhaken)

40 die Eisschraube (Halbrohr-Eisschraube)

41 die Eisspirale

42 der Bergschuh

43 die Profilsohle

44 der Kletterschuh

45 die aufgerauhte Hartgummikante

46 der Karabiner

47 die Schraubsicherung

48 die Steigeisen *n* (Leichtsteigeisen, Zwölfzacker, Zehnzacker)

49 die Frontalzacken

50 der Zackenschutz

51 der Steigeisenriemen

52 die Steigeisen-Kabelbindung

53 der Steinschlaghelm

54 die Stirnlampe

55 die Schneegamaschen *f*

56 der Klettergürtel

57 der Sitzgurt

1–72 der Skisport (Skilauf, das
  Skilaufen, Skifahren)
1 der Kompaktski
2 die Sicherheitsskibindung
3 der Fangriemen
4 die Stahlkante
5 der Skistock
6 der Stockgriff
7 die Handschlaufe
8 der Stockteller
9 der einteilige Damenskianzug
10 die Skimütze
11 die Skibrille
12 der Schalenskistiefel
13 der Skihelm
14–20 die Langlaufausrüstung
14 der Langlaufski
15 die Langlauf-Rattenfallbindung
16 der Langlaufschuh
17 der Langlaufanzug
18 die Schirmmütze
19 die Sonnenbrille
20 die Langlaufstöcke *m*, aus Tonkin-
  Rohr *n*
21–24 Skiwachsutensilien *pl*
21 das Skiwachs
22 der Wachsbügler (die Lötlampe)
23 der Wachskorken
24 das Wachskratzeisen
25 der Rennstock
26 der Grätenschritt, zur Ersteigung eines
  Hanges *m*
27 der Treppenschritt, zur Ersteigung
  eines Hanges *m*
28 die Hüfttasche
29 der Torlauf
30 die Torstange
31 der Rennanzug
32 der Abfahrtslauf
33 das „Ei", die Idealabfahrtshaltung
34 der Abfahrtsski
35 der Sprunglauf
36 der „Fisch", die Flughaltung
37 die Startnummer
38 der Sprungski
39 die Führungsrillen *f* (3 bis 5 Rillen *f*)
40 die Kabelbindung
41 der Sprungstiefel
42 der Langlauf
43 der Rennoverall
44 die Loipe
45 das Markierungsfähnchen (die
  Loipenmarkierung)

46 die Schichten *f* (Lamellen) eines
  modernen Ski *m*
47 der Spezialkern
48 die Laminate *n*
49 die Dämpfungsschicht
50 die Stahlkante
51 die Alu-Oberkante
  (Aluminiumoberkante)
52 die Kunststofflauffläche
53 der Sicherheitsbügel
54–56 die Bindungselemente *n*
54 die Fersenautomatik
55 der Backen
56 der Skistopper
57–63 der Skilift
57 der Doppelsessellift
58 der Sicherheitsbügel, mit Fußstütze *f*
59 der Schlepplift
60 die Schleppspur
61 der Schleppbügel
62 der Seilrollautomat
63 das Schleppseil
64 der Slalomlauf
65 das offene Tor
66 das blinde vertikale Tor
67 das offene vertikale Tor
68 das schräge Doppeltor
69 die Haarnadel
70 das versetzte vertikale Doppeltor
71 der Korridor
72 die Allais-Schikane (Chicane Allais)

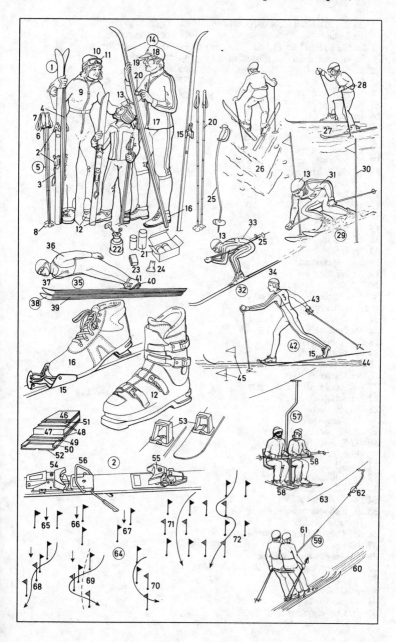

1–26 das Eislaufen (Schlittschuhlaufen, der Eislauf)
1 die Eisläuferin (der Eisläufer, Schlittschuhläufer, ein Einzelläufer *m*)
2 das Standbein
3 das Spielbein
4 die Paarläufer *m*
5 die Todesspirale
6 der Bogen
7 der Rehsprung
8 die eingesprungene Sitzpirouette
9 die Waagepirouette
10 das Fußanfassen
11–19 die Pflichtfiguren
11 der Bogenachter
12 der Schlangenbogen
13 der Dreier
14 der Doppeldreier
15 die Schlinge
16 die Schlangenbogenschlinge
17 der Gegendreier
18 die Gegenwende
19 die Wende
20–25 Schlittschuhe *m*
20 das Eisschnellauf-Complet (der Schnellaufschlittschuh)
21 die Kante
22 der Hohlschliff
23 das Eishockey-Complet
24 der Eislaufstiefel
25 der Schoner
26 der Eisschnelläufer
27 *u.* **28 das Schlittschuhsegeln**
27 der Schlittschuhsegler
28 das Handsegel
29–37 das Eishockey
29 der Eishockeyspieler
30 der Eishockeyschläger (Eishockeystock)
31 der Schlägerschaft
32 das Schlägerblatt
33 der Schienbeinschutz
34 der Kopfschutz
35 die Eishockeyscheibe (der Puck, eine Hartgummischeibe)
36 der Torwart (der Tormann)
37 das Tor
38–40 das Eisstockschießen
38 der Eisstockschütze
39 der Eisstock
40 die Daube
41–43 das Curling
41 der Curlingspieler

42 der Curlingstein
43 der Curlingbesen
44–46 das Eissegeln
44 die Eisjacht (das Eissegelboot)
45 die Eiskufe
46 der Ausleger

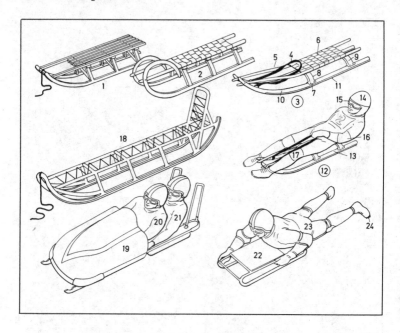

1 der starre Schlitten (Volksrodel)
2 der Volksrodel mit Gurtsitz *m*
3 der Jugendrodel
4 der Lenkgurt
5 der Holm (die Spange)
6 der Sitz
7 das Kappenblech
8 der Vorderfuß
9 der Hinterfuß
10 die bewegliche Kufe
11 die Schiene
12 der Rennrodler
13 der Rennrodel
14 der Sturzhelm
15 die Rennbrille
16 der Ellenbogenschützer
17 der Knieschützer
18 der Nansenschlitten, ein
   Polarschlitten *m*
19–21 Bobsport *m*
19 der Bobschlitten, ein Zweierbob *m*

20 der Steuermann (Bobführer)
21 der Bremser
22–24 das Skeletonfahren
22 der Skeleton (Skeletonschlitten)
23 der Skeletonfahrer
24 das Kratzeisen, zum Lenken *n* und
   Bremsen *n*

1 die Schneelawine (Lawine); *Arten:*
   Staublawine *f*, Grundlawine
2 der Lawinenbrecher, eine
   Ablenkmauer; *ähnl.:* der Lawinenkeil
3 die Lawinengalerie
4 das Schneetreiben
5 die Schneeverwehung (Schneewehe)
6 der Schneezaun
7 der Bannwald
8 der Straßenreinigungswagen
9 der Vorbauschneepflug (Schneepflug)
10 die Schneekette (Gleitschutzkette)
11 die Kühlerhaube
12 das Kühlerhaubenfenster und die
   Fensterklappe (Jalousie)
13 der Schneemann
14 die Schneeballschlacht
15 der Schneeball
16 der Skibob
17 die Schlitterbahn (Schleife, *bayr.*
   Ranschel)
18 der Junge, beim Schlittern *n* (Schleifen,
   bayr. Ranscheln)
19 das Glatteis
20 die Schneedecke, auf dem Dach *n*

21 der Eiszapfen
22 der Schneeschipper (Schneeschaufler),
   beim Schippen *n* (Schneeschippen,
   Schneeschaufeln)
23 die Schneeschippe (Schneeschaufel)
24 der Schneehaufen
25 der Pferdeschlitten
26 die Schlittenschellen *f* (Schellen, das
   Schellengeläut)
27 der Fußsack
28 die Ohrenklappe (der Ohrenschützer)
29 der Stuhlschlitten (Stehschlitten,
   Tretschlitten); *ähnl.:* der Stoßschlitten
   (Schubschlitten)
30 der Schneematsch (geschmolzene
   Schnee, Matschschnee)

305 Verschiedene Sportarten

1–13 das Sportkegeln
1–11 die Kegelaufstellung (der Kegelstand)
1 der Vordereckkegel (Erste)
2 der linke Vordergassenkegel, eine Dame
3 die linke Vordergasse
4 der rechte Vordergassenkegel, eine Dame
5 die rechte Vordergasse
6 der linke Eckkegel, ein Bauer *m*
7 der König
8 der rechte Eckkegel, ein Bauer *m*
9 der linke Hintergassenkegel, eine Dame
10 der rechte Hintergassenkegel, eine Dame
11 der Hintereckkegel (Letzte)
12 der Kegel
13 der Kegelkönig (König)
14–20 das Bowling
14 die Bowlingaufstellung (der Bowlingstand)
15 die Bowlingkugel (Lochkugel)
16 das Griffloch
17–20 die Wurfarten *f*
17 der Straight-Ball (Straight)
18 der Hook-Ball (Hook, Hakenwurf)
19 der Curve-Ball (Bogenwurf)
20 der Back-up-Ball (Rückhandbogenwurf)
21 **das Boulespiel** (Cochonnet); *ähnl.:* das ital. Bocciaspiel (das *od.* die Boccia), das engl. Bowlspiel
22 der Boulespieler
23 die Malkugel (Zielkugel, der Pallino, Lecco)
24 die gerillte Wurfkugel
25 die Spielergruppe
26 das Gewehrschießen
27–29 Anschlagsarten *f*
27 der stehende Anschlag
28 der kniende Anschlag
29 der liegende Anschlag
30–33 Schießscheiben *f* (Zielscheiben, Ringscheiben)
30 die Gewehrscheibe für 50 m Schußweite *f*
31 der Ring
32 die Gewehrscheibe für 100 m Schußweite *f*
33 die laufende Scheibe (der Keiler)
34–39 die Sportmunition
34 das Diabologeschoß für Luftgewehr *n*
35 die Randzünderpartrone für Zimmerstutzen *m*
36 die Patronenhülse
37 die Rundkugel
38 die Patrone Kaliber *n* 22 *long rifle*
39 die Patrone Kaliber *n* 222 *Remington*
40–49 Sportgewehre *n*
40 das Luftgewehr
41 der Diopter
42 das Korn
43 das Kleinkaliberstandardgewehr

44 die internationale Freie Kleinkaliberwaffe
45 die Handstütze für den stehenden Anschlag
46 die Kolbenkappe mit Haken *m*
47 der Lochschaft
48 das Kleinkalibergewehr für die laufende Scheibe
49 das Zielfernrohr
50 die Dioptervisierung mit Ringkorn *n*
51 die Dioptervisierung mit Balkenkorn *n*
52–66 das Bogenschießen
52 der Abschuß
53 der Bogenschütze
54 der Turnierbogen
55 der Wurfarm
56 das Visier
57 der Handgriff
58 der Stabilisator
59 die Bogensehne (Sehne)
60 der Pfeil
61 die Pfeilspitze
62 die Steuerfedern *f* (Truthahnfedern, die Befiederung)
63 die Nocke
64 der Schaft
65 das Schützenzeichen
66 die Scheibe
67 das bask. **Pelotaspiel** (die Jai alai)
68 der Pelotaspieler
69 der Schläger (die Cesta)
70–78 das Skeet (Skeetschießen), ein Wurftaubenschießen *n* (Tontaubenschießen)
70 die Skeet-Bockdoppelflinte
71 die Laufmündung mit Skeetbohrung *f*
72 der Gewehranschlag bei Abruf *m* (die Jagdstellung)
73 der fertige Anschlag
74 die Skeetanlage (Taubenwurfanlage)
75 das Hochhaus
76 das Niederhaus
77 die Wurfrichtung
78 der Schützenstand
79 das Rhönrad
80 der Griff
81 das Fußbrett
82 das Go-Karting
83 das Go-Kart
84 die Startnummer
85 die Pedale *n*
86 der profillose Reifen (Slick)
87 der Benzintank
88 der Rahmen
89 das Lenkrad
90 der Schalensitz
91 die Feuerschutzwand
92 der Zweitaktmotor
93 der Schalldämpfer

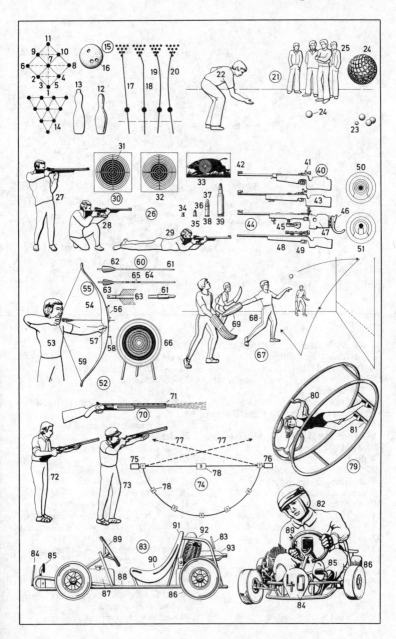

1–48 der Maskenball (das Maskenfest, Narrenfest, Kostümfest)
1 der Ballsaal (Festsaal, Saal)
2 das Poporchester (die Popband), ein Tanzorchester *n*
3 der Popmusiker
4 der (das) Lampion (die Papierlaterne)
5 die Girlande
6–48 die Maskierung (Verkleidung) bei der Maskerade
6 die Hexe
7 die Gesichtsmaske (Maske)
8 der Trapper (Pelzjäger)
9 das Apachenmädchen
10 der Netzstrumpf
11 der Hauptgewinn der Tombola (Verlosung), ein Präsentkorb *m*
12 die Pierrette
13 die Larve
14 der Teufel
15 der Domino
16 das Hawaiimädchen
17 die Blumenkette
18 der Bastrock
19 der Pierrot

20 die Halskrause
21 die Midinette
22 das Biedermeierkleid
23 der Schutenhut
24 das Dekolleté mit Schönheitsplästerchen *n* (Musche *f*, Mouche)
25 die Bajadere (indische Tänzerin)
26 der Grande
27 die Kolombine (Kolumbine)
28 der Maharadscha
29 der Mandarin, ein chines. Würdenträger
30 die Exotin
31 der Cowboy; *ähnl.:* Gaucho
32 der Vamp, im Phantasiekostüm *n*
33 der Stutzer (Dandy, Geck, *österr.* das Gigerl), eine Charaktermaske
34 die Ballrosette (das Ballabzeichen)
35 der Harlekin
36 die Zigeunerin
37 die Kokotte (Halbweltdame)
38 der Eulenspiegel, ein Narr *m* (Schelm, Schalk, Possenreißer)
39 die Narrenkappe (Schellenkappe)

40 die Rassel (Klapper)
41 die Odaliske (Orientalin), eine
orientalische Haremssklavin
42 die Pluderhose
43 der Seeräuber (Pirat)
44 die Tätowierung
45 die Papiermütze
46 die Pappnase
47 die Knarre (Ratsche, Rätsche)
48 die Pritsche (Narrenpritsche)
49–54 Feuerwerkskörper m
49 das Zündblättchen (Knallblättchen)
50 das (der) Knallbonbon
51 die Knallerbse
52 der Knallfrosch
53 der Kanonenschlag
54 die Rakete
55 die Papierkugel
56 der Schachterlteufel (Jack-in-the-box,
ein Scherzartikel m)
57–70 der Karnevalszug (Faschingszug)
57 der Karnevalswagen (Faschingswagen)
58 der Karnevalsprinz (Prinz Karneval,
Faschingsprinz)
59 das Narrenzepter

60 der Narrenorden (Karnevalsorden)
61 die Karnevalsprinzessin
(Faschingsprinzessin)
62 das Konfetti
63 die Riesenfigur, eine Spottgestalt
64 die Schönheitskönigin
65 die Märchenfigur
66 die Papierschlange
67 das Funkenmariechen
68 die Prinzengarde
69 der Hanswurst, ein Spaßmacher m
70 die Landsknechttrommel

1–63 der Wanderzirkus
1 das Zirkuszelt (Spielzelt, Chapiteau),
    ein Viermastzelt *n*
2 der Zeltmast
3 der Scheinwerfer
4 der Beleuchter
5 der Artistenstand
6 das Trapez (Schaukelreck)
7 der Luftakrobat (Trapezkünstler,
    „fliegende Mensch")
8 die Strickleiter
9 die Musikertribüne (Orchestertribüne)
10 die Zirkuskapelle
11 der Manegeneingang
12 der Sattelplatz (Aufsitzplatz)
13 die Stützstange (Zeltstütze)
14 das Sprungnetz, ein Sicherheitsnetz *n*
15 der Zuschauerraum
16 die Zirkusloge
17 der Zirkusdirektor
18 der Artistenvermittler (Agent)
19 der Eingang und Ausgang
20 der Aufgang
21 die Manege (Reitbahn)
22 die Bande (Piste)

23 der Musikclown
24 der Clown (Spaßmacher)
25 die „komische Nummer", eine
    Zirkusnummer
26 die Kunstreiter *m*
27 der Manegendiener, ein Zirkusdiener
    m
28 die Pyramide
29 der Untermann
30 *u.* **31** die Freiheitsdressur
30 das Zirkuspferd in Levade *f*
31 der Dresseur, ein Stallmeister *m*
32 der Voltigereiter (Voltigeur)
33 der Notausgang
34 der Wohnwagen (Zirkuswagen)
35 der Schleuderakrobat
36 das Schleuderbrett
37 der Messerwerfer
38 der Kunstschütze
39 die Assistentin
40 die Seiltänzerin
41 das Drahtseil
42 die Balancierstange
    (Gleichgewichtsstange)
43 die Wurfnummer (Schleudernummer)

44 der Balanceakt
45 der Untermann
46 die Perche (Bambusstange)
47 der Akrobat
48 der Äquilibrist
49 der Raubtierkäfig, ein Rundkäfig *m*
50 das Raubtiergitter
51 der Laufgang (Gittergang,
   Raubtiergang)
52 der Dompteur (Tierbändiger,
   Tierlehrer)
53 die Bogenpeitsche (Peitsche)
54 die Schutzgabel
55 das Piedestal
56 das Raubtier (der Tiger, der Löwe)
57 das Setzstück
58 der Springreifen
59 die Wippe
60 die Laufkugel
61 die Zeltstadt
62 der Käfigwagen
63 die Tierschau

1–67 der Jahrmarkt (die Kirchweih, *nd.* Kirmes, *südwestdt.* die Messe, Kerwe *bayr.* die Dult)
1 der Festplatz (die Festwiese, Wiese)
2 das Kinderkarussell, ein Karussell *n* (*österr.* ein Ringelspiel *n*, *md./schweiz.* eine Reitschule)
3 die Erfrischungsbude (Getränkebude, der Getränkeausschank)
4 das Kettenkarussell (der Kettenflieger)
5 die Berg-und-Tal-Bahn, eine Geisterbahn
6 die Schaubude
7 die Kasse
8 der Ausrufer (Ausschreier)
9 das Medium
10 der Schausteller
11 der Stärkemesser (Kraftmesser, „Lukas")
12 der ambulante Händler
13 der Luftballon
14 die Luftschlange
15 die Federmühle, ein Windrad *n*
16 der Taschendieb (Dieb)
17 der Verkäufer

18 der türkische Honig
19 das Abnormitätenkabinett
20 der Riese
21 die Riesendame
22 die Liliputaner *m* (Zwerge)
23 das Bierzelt
24 die Schaustellerbude (das Schaustellerzelt)
25–28 Artisten *m* (fahrende Leute *pl*, Fahrende *m*)
25 der Feuerschlucker
26 der Schwertschlucker
27 der Kraftmensch
28 der Entfesselungskünstler
29 die Zuschauer *m*
30 der Eisverkäufer (*ugs.* Eismann)
31 die Eiswaffel (Eistüte), mit Eis *n* (Speiseeis)
32 der Bratwurststand (die Würstchenbude)
33 der Bratrost (Rost)
34 die Rostbratwurst (Bratwurst)
35 die Wurstzange
36 die Kartenlegerin, eine Wahrsagerin
37 das Riesenrad

38 die Kirmesorgel (automatische Orgel),
ein Musikwerk *n* (Musikautomat *m*)
39 die Achterbahn (Gebirgsbahn)
40 die Turmrutschbahn (Rutschbahn)
41 die Schiffsschaukel (Luftschaukel)
42 die Überschlagschaukel
43 der Überschlag
44 die Spielbude
45 das Glücksrad
46 die Teufelsscheibe (das Taifunrad)
47 der Wurfring
48 die Gewinne *m*
49 der Stelzenläufer
50 das Reklameplakat
51 der Zigarettenverkäufer, ein fliegender
Händler
52 der Bauchladen
53 der Obststand
54 der Todesfahrer (Steilwandfahrer)
55 das Lachkabinett (Spiegelkabinett)
56 der Konkavspiegel
57 der Konvexspiegel
58 die Schießbude
59 der (das) Hippodrom
60 der Trödelmarkt (Altwarenmarkt)

61 das Sanitätszelt (die Sanitätswache)
62 die Skooterbahn (das Autodrom)
63 der Skooter (Autoskooter)
64–66 der Topfmarkt
64 der Marktschreier
65 die Marktfrau
66 die Töpferwaren *f*
67 die Jahrmarktbummler *m*
68 das Wachsfigurenkabinett
(Panoptikum)
69 die Wachsfigur (Wachspuppe)

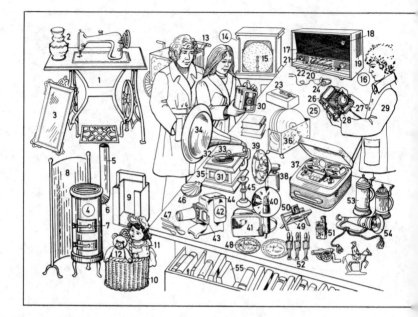

1 die Tretnähmaschine
2 die Blumenvase
3 der Wandspiegel
4 der Kanonenofen
5 das Ofenrohr
6 der Ofenrohrkrümmer
7 die Ofentür
8 der Ofenschirm
9 der Brikettkasten
10 der Holzkorb
11 die Puppe
12 der Teddybär
13 die Drehorgel
14 das Orchestrion (der Musikautomat)
15 die Metallscheibe (das Notenblatt)
16 der Rundfunkempfänger (das Radio, Radiogerät, Rundfunkgerät, der Radioapparat, *scherzh.:* „Dampfradio"), ein [m Superheterodynempfänger (Superhet)
17 die Schallwand
18 das „magische Auge", eine Abstimmanzeigeröhre
19 die Schallöffnung
20 die Stationstasten *f*
21 der Abstimmungsknopf

22 die Frequenzeinstellskalen *f*
23 die Detektoranlage (der Detektorempfänger)
24 der Kopfhörer
25 die Balgenkamera (Klappkamera)
26 der Balgen
27 der Klappdeckel
28 die Springspreizen *f*
29 der Verkäufer
30 die Boxkamera (Box)
31 das Grammophon (der Grammophonapparat)
32 die Schallplatte (Grammophonplatte)
33 die Schalldose mit der Grammophonnadel
34 der Schalltrichter
35 das Grammophongehäuse
36 der Schallplattenständer
37 das Tonbandgerät, ein Tonbandkoffer *m*
38 das Blitzlichtgerät (Blitzgerät)
39 das Blitzbirnchen (die Blitzbirne)
40 u. 41 das Elektronenblitzgerät (Röhrenblitzgerät)
40 der Lampenstab
41 der (das) Akkuteil

42 der Diaprojektor (Diapositivprojektor)
43 der Diaschieber
44 das Lampengehäuse
45 der Leuchter
46 die Jakobsmuschel (Pilgermuschel)
47 das Besteck
48 der Souvenierteller
49 der Trockenständer für Fotoplatten *f*
50 die Fotoplatte
51 der Selbstauslöser
52 die Zinnsoldaten *m* (ähnl.:
  Bleisoldaten *m*)
53 der Bierseidel
54 die Trompete
55 die antiquarischen Bücher *n*
56 die Standuhr
57 das Uhrengehäuse
58 das Uhrenpendel (der *od.* das
  Perpendikel)
59 das Ganggewicht
60 das Schlaggewicht
61 der Schaukelstuhl
62 der Matrosenanzug
63 die Matrosenmütze
64 das Waschservice
65 die Waschschüssel

66 die Wasserkanne
67 der Waschständer
68 der Wäschestampfer
69 die Waschwanne (Waschbütte)
70 das Waschbrett
71 der Brummkreisel
72 die Schiefertafel
73 der Griffelkasten
74 die Addier- und Saldiermaschine
75 die Papierrolle
76 die Zahlentasten *f*
77 die Rechenmaschine
78 das Tintenfaß, ein Klapptintenfaß *n*
79 die Schreibmaschine
80 die mechanische Rechenmaschine
81 die Antriebskurbel
82 das Resultatwerk
83 das Umdrehungszählwerk
84 die Küchenwaage
85 der Pettycoat
86 der Leiterwagen
87 die Wanduhr
88 die Wärmflasche
89 die Milchkanne

310 Film I

1–13 **die Filmstadt**
1 das Freigelände (Außenbaugelände)
2 die Kopierwerke n
3 die Schneidehäuser n
4 das Verwaltungsgebäude
5 der Filmlagerbunker (das Filmarchiv)
6 die Werkstätten f
7 die Filmbauten m
8 die Kraftstation
9 die technischen und
Forschungslaboratorien n
10 die Filmateliergruppen f
11 das Betonbassin für
Wasseraufnahmen f
12 der Rundhorizont
13 der Horizonthügel
14–60 **Filmaufnahmen** f
14 das Musikatelier
15 die „akustische" Wandbekleidung
16 die Bildwand
17 das Filmorchester
18 die Außenaufnahme
(Freilichtaufnahme)
19 die quarzgesteuerte Synchronkamera
20 der Kameramann

21 die Regieassistentin
22 der Mikrophonassistent (Mikromann)
23 der Tonmeister
24 das tragbare quarzgesteuerte
Tonaufnahmegerät
25 der Mikrophongalgen
26–60 die Atelieraufnahme im
Tonfilmatelier n (Spielfilmatelier n, in
der Aufnahmehalle)
26 der Produktionsleiter
27 die Hauptdarstellerin
(Filmschauspielerin, der Filmstar,
Filmstern, Star); *früh.:* die Diva
(Filmdiva)
28 der Hauptdarsteller (Filmschauspieler,
Filmheld, Held)
29 der Filmkomparse (Filmstatist,
Komparse, Statist)
30 die Mikrophonanordnung für Stereo-
und Effektonaufnahme f
31 das Ateliermikrophon
32 das Mikrophonkabel
33 die Filmkulisse und der Prospekt (die
Hintergrundkulisse)
34 der Klappenmann

35 die Synchronklappe, mit Tafel *f* für
Filmtitel *m*, Einstellungsnummer *f* und
Nummer *f* der Wiederholung

36 der Maskenbildner (Filmfriseur)

37 der Beleuchter

38 die Streuscheibe

39 das Skriptgirl (Scriptgirl, die
Ateliersekretärin)

40 der Filmregisseur (Regisseur)

41 der Kameramann

42 der Schwenker (Kameraschwenker,
Kameraführer), ein Kameraassistent *m*

43 der Filmarchitekt

44 der Aufnahmeleiter

45 das Filmdrehbuch (Drehbuch,
Filmmanuskript, Manuskript, Skript,
Script)

46 der Regieassistent

47 die schalldichte Filmkamera
(Bildaufnahmekamera), eine
Breitbildkamera (Cinemascope-
Kamera)

48 der Schallschutzkasten (Blimp)

49 der Kamerakran (Dolly)

50 das Pumpstativ

51 die Abdeckblende, zum Abdecken *n*
von Fehllicht *n* (der Neger)

52 der Stativscheinwerfer (Aufheller)

53 die Scheinwerferbrücke

54 der Tonmeisterraum

55 der Tonmeister

56 das Mischpult

57 der Tonassistent

58 das Magnettonaufzeichnungsgerät

59 die Verstärker- und Trickeinrichtung,
z. B. für Nachhall *m* und Effektton *m*

60 die Tonkamera (Lichttonkamera)

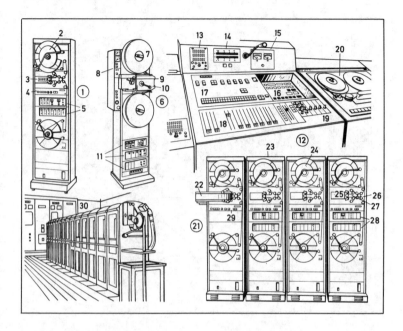

1–46 Tonaufzeichnung *f* und Kopie *f*
1 das Magnettonaufzeichnungsgerät
2 die Magnetfilmspule
3 der Magnetkopfträger
4 das Schaltfeld
5 der Magnetton-Aufnahme- und
  -Wiedergabeverstärker
6 die Lichttonkamera (Tonkamera, das
  Lichttonaufnahmegerät)
7 die Tageslichtfilmkassette
8 das Steuer- und Kontrollfeld
9 das Okular zur optischen Kontrolle der
  Lichttonaufzeichnung
10 das Laufwerk
11 die Aufnahmeverstärker *m* und das
  (der) Netzteil
12 das Schalt- und Regelpult
13 der Abhörlautsprecher
14 die Aussteuerinstrumente *n*
15 die Kontrollinstrumente *n*
16 das Klinkenfeld
17 das Schaltfeld
18 die Flachbahnregler *m*
19 die Entzerrer *m*
20 das Magnettonlaufwerk

21 die Mischanlage für Magnetfilm *m*
22 der Filmprojektor
23 das Aufnahme- und Wiedergabegerät
24 die Filmspule
25 der Kopfträger für den Aufnahme-,
  den Wiedergabe- und den Löschkopf
26 der Filmantrieb
27 der (das) Gleichlauffilter
28 die Magnettonverstärker *m*
29 das Steuerfeld
30 die Filmentwicklungsmaschinen *f* im
  Kopierwerk *n*
31 der Hallraum
32 der Hallraumlautsprecher
33 das Hallraummikrophon
34–36 die Tonmischung (Mischung
  mehrerer Tonstreifen *m*)
34 das Mischatelier
35 das Mischpult, für Einkanalton *m* oder
  Stereoton *m*
36 die Mischtonmeister *m* (Tonmeister),
  bei der Mischarbeit
37–41 die Synchronisation
  (Nachsynchronisierung)
37 das Synchronisierungsatelier

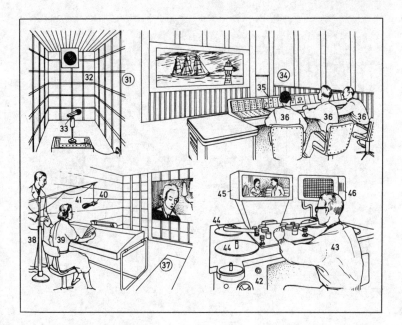

38 der Synchronregisseur
39 die Synchronsprecherin
40 das Galgenmikrophon
41 das Tonkabel
42–46 der Schnitt
42 der Schneidetisch
43 der Schnittmeister (Cutter)
44 die Filmteller *m* für die Bild- und
   Tonstreifen *m*
45 die Bildprojektion
46 der Lautsprecher

1–25 die Filmwiedergabe

1 das Lichtspielhaus (Lichtspieltheater, Filmtheater, Kino)
2 die Kinokasse
3 die Kinokarte
4 die Platzanweiserin
5 der Kinobesucher *m* (das Filmpublikum)
6 die Sicherheitsbeleuchtung (Notbeleuchtung)
7 der Notausgang
8 die Rampe (Bühne)
9 die Sitzreihen *f*
10 der Bühnenvorhang (Bildwandvorhang)
11 die Bildwand (Projektionswand, „Leinwand")
12 der Bildwerferraum (Filmvorführrraum, die Vorführkabine)
13 die Linksmaschine
14 die Rechtsmaschine
15 das Kabinenfenster, mit Projektions- und Schauöffnung *f*
16 die Filmtrommel
17 der Saalverdunkler (Saalbeleuchtungsregler)

18 der Gleichrichter, ein Selen- oder Quecksilberdampfgleichrichter *m* für die Projektionslampen *f*
19 der Verstärker
20 der Filmvorführer
21 der Umrolltisch, zur Filmumspulung
22 der Filmkitt
23 der Diaprojektor, für Werbediapositive *n*

24–52 Filmprojektoren *m*

24 der Tonfilmprojektor (Filmbildwerfer, Kinoprojektor, Filmvorführungsapparat, die Theatermaschine, Kinomaschine)

25–38 das Filmlaufwerk

25 die Feuerschutztrommeln *f* (Filmtrommeln), mit Umlaufölkühlung *f*
26 die Vorwickel-Filmzahntrommel
27 die Nachwickel-Filmzahntrommel
28 das Magnettonabnehmersystem
29 die Umlenkrolle, mit Bildstrichverstellung *f*
30 der Schleifenbildner, zur Filmvorberuhigung; *auch:* Filmrißkontakt *m*

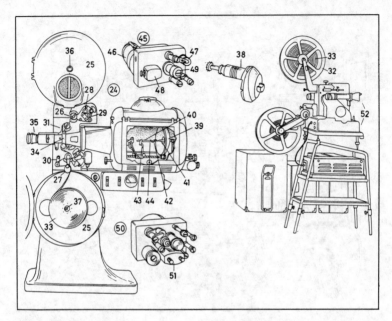

31 die Filmgleitbahn
32 die Filmspule
33 die Filmrolle
34 das Bildfenster (Filmfenster), mit Filmkühlgebläse *n*
35 das Projektionsobjektiv
36 die Abwickelachse
37 die Aufwickelfriktionsachse
38 das Malteserkreuzgetriebe
39–44 das Lampenhaus
39 die Spiegelbogenlampe, mit asphärischem Hohlspiegel *m* und Blasmagnet *m* zur Lichtbogenstabilisierung (*auch:* die Xenon-Höchstdrucklampe)
40 die Positivkohle
41 die Negativkohle
42 der Lichtbogen
43 der Kohlenhalter
44 der Krater (Kohlenkrater)
45 das Lichttongerät [auch für Mehrkanal-Lichtton-Stereophonie *f* und für Gegentaktspur *f* vorgesehen]
46 die Lichttonoptik
47 der Tonkopf
48 die Tonlampe, im Gehäuse *n*

49 die Photozelle, in der Hohlachse
50 das Vierkanal-Magnettonzusatzgerät (der Magnettonabtaster)
51 der Vierfachmagnetkopf
52 die Schmalfilmtheatermaschine, für Wanderkino *n*

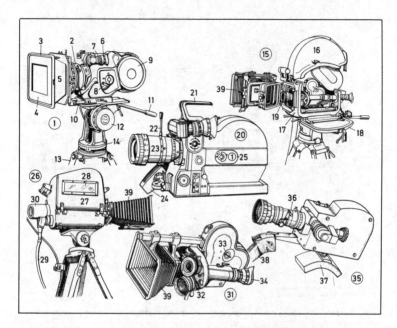

1–39 Filmkameras f
1 die Normalfilmkamera (35-mm-Filmkamera)
2 das Objektiv (die Aufnahmeoptik)
3 das Kompendium (die Sonnenblende) mit Filter- und Kaschbühne f
4 der Kasch
5 der Gegenlichttubus
6 das Sucherokular
7 die Okulareinstellung
8 der Schließer für die Sektorenblende
9 das Filmkassettengehäuse
10 die Kompendiumschiene
11 der Führungshebel
12 der Kinoneiger
13 das Holzstativ
14 die Gradeinteilung
15 die schalldichte (geblimpte) Filmkamera
16–18 das Schallschutzgehäuse (der Blimp)
16 das Schallschutzoberteil
17 das Schallschutzunterteil
18 die abgeklappte Schallschutzseitenwand
19 das Kameraobjektiv
20 die leichte Bildkamera
21 der Handgriff
22 der Zoomverstellhebel
23 das Zoomobjektiv (Varioobjektiv) mit stufenlos veränderlicher Brennweite
24 der Auslösehandgriff
25 die Kameratür
26 die Bild-Ton-Kamera (Reportagekamera) für Bild- und Tonaufnahme f
27 das Schallschutzgehäuse (der Blimp)
28 das Beobachtungsfenster für die Bildzähler m und Betriebsskalen f
29 das Synchronkabel (Pilottonkabel)
30 der Pilottongeber
31 die Schmalfilmkamera, eine 16-mm-Kamera
32 der Objektivrevolver
33 die Gehäuseverriegelung
34 die Okularmuschel
35 die Hochgeschwindigkeitskamera, eine Schmalfilm-Spezialkamera
36 der Zoomhebel
37 die Schulterstütze
38 der Auslösehandgriff
39 der Faltenbalg des Kompendiums n

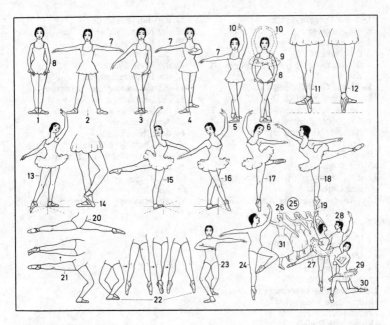

1–6 die fünf Positionen f
1 die erste Position
2 die zweite Position
3 die dritte Position
4 die vierte Position [offen]
5 die vierte Position [gekreuzt; weite fünfte Position]
6 die fünfte Position
7–10 die Ports de bras n (Armhaltungen f)
7 das Port de bras à coté
8 das Port de bras en bas
9 das Port de bras en avant
10 das Port de bras en haut
11 das Degagé à la quatrième devant
12 das Degagé à la quatrième derrière
13 das Effacé
14 das Sur le cou-de-pied
15 das Ecarté
16 das Croisé
17 die Attitude
18 die Arabeske
19 die ganze Spitze
20 das (der) Spagat
21 die Kapriole
22 das Entrechat (Entrechat quatre)
23 die Préparation [z. B. zur Pirouette]
24 die Pirouette
25 das Corps de ballet (die Balletttruppe)
26 die Ballettänzerin (Balletteuse)
27 u. 28 der Pas de trois
27 die Primaballerina
28 der erste Solotänzer (erste Solist)
29 das Tutu
30 der Spitzenschuh, ein Ballettschuh
31 der Ballerinenrock

315 Theater I

1–4 die Vorhangzüge m
1 der griechische Zug
2 der italienische Zug
3 der deutsche Zug
4 der kombinierte (griechisch-deutsche) Zug
5–11 die Garderobenhalle
5 die Garderobe (Kleiderablage)
6 die Garderobenfrau (Garderobiere)
7 die Garderobenmarke (Garderobennummer)
8 der Theaterbesucher
9 das Opernglas
10 der Kontrolleur
11 die Theaterkarte (das Theaterbillett), eine Einlaßkarte
12 u. 13 das Foyer (die Wandelhalle, der Wandelgang)
12 der Platzanweiser; *früh.:* Logenschließer m
13 das Programmheft (Programm)
14–27 der Theaterraum
14 die Bühne, eine Arenabühne
15 das Proszenium
16–20 der Zuschauerraum
16 der dritte Rang (die Galerie)
17 der zweite Rang
18 der erste Rang
19 das Parkett
20 der Sitzplatz (Zuschauerplatz, Theaterplatz)
21–27 die Probe (Theaterprobe)
21 der Theaterchor (Chor)
22 der Sänger
23 die Sängerin
24 der Orchesterraum (die Orchesterversenkung)
25 das Orchester
26 der Dirigent
27 der Taktstock (Dirigentenstab)
28–42 der Malersaal, eine Theaterwerkstatt
28 der Bühnenarbeiter
29 die Arbeitsbrücke
30 das Setzstück (Versatzstück)
31 die Versteifung
32 die Kaschierung
33 der Prospekt
34 der tragbare Malerkasten (die Handpalette)
35 der Bühnenmaler, ein Dekorationsmaler m
36 die fahrbare Palette

37 der Bühnenbildner
38 der Kostümbildner
39 der Kostümentwurf
40 die Figurine
41 die Modellbühne
42 das Bühnenbildmodell
43–52 die Schauspielergarderobe
43 der Schminkspiegel
44 das Schminktuch
45 der Schminktisch
46 der Schminkstift
47 der Chefmaskenbildner
48 der Maskenbildner (Theaterfriseur)
49 die Perücke
50 die Requisiten n
51 das Theaterkostüm
52 die Signallampe (der Inspizientenruf)

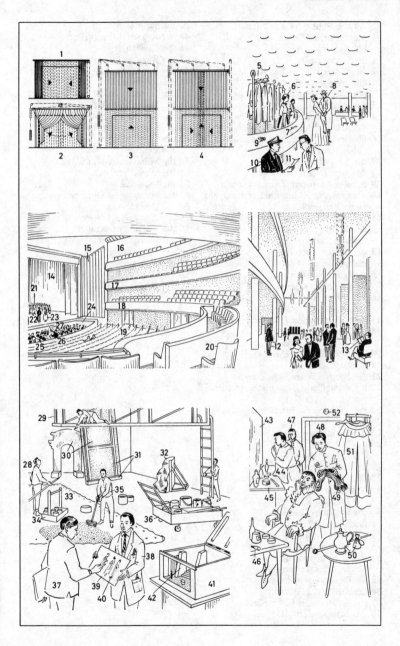

1–60 das Bühnenhaus mit der Maschinerie (Ober- und Untermaschinerie)
1 die Stellwarte
2 das Steuerpult (die Lichtstellanlage) mit Speichereinrichtung *f* zur Speicherung der Lichtstimmung
3 der Stellwartenzettel (die Kontente)
4 der Schnürboden (Rollenboden)
5 die Arbeitsgalerie (der Arbeitssteg)
6 die Berieselungsanlage, zum Feuerschutz *m*
7 der Schnürbodenmeister
8 die Züge *m* (Prospektzüge)
9 der Rundhorizont (Bühnenhimmel)
10 der Prospekt (Bühnenhintergrund, das Hinterhängestück)
11 der Bogen, ein Zwischenhängestück *n*
12 die Soffitte (das Deckendekorationsstück)
13 das Kastenoberlicht
14 die szenischen Beleuchtungskörper *m*
15 die Horizontbeleuchtung (Prospektbeleuchtung)
16 die schwenkbaren Spielflächenscheinwerfer *m*
17 die Bühnenbildprojektionsapparate *m*
18 die Wasserkanone (eine Sicherheitseinrichtung)
19 die fahrbare Beleuchtungsbrücke
20 der Beleuchter
21 der Portal-(Turm-)Scheinwerfer
22 der verstellbare Bühnenrahmen (das Portal, der Mantel)
23 der Vorhang (Theatervorhang)
24 der eiserne Vorhang
25 die Vorbühne (*ugs.* Rampe)
26 das Rampenlicht (die Fußrampenleuchten *f*)
27 der Souffleurkasten
28 die Souffleuse (*männl.:* der Souffleur, Vorsager)
29 der Inspizientenstand
30 der Spielwart (Inspizient)
31 die Drehbühne
32 die Versenköffnung
33 der Versenktisch
34 das Versenkpodium, ein Stockwerkpodium *n*
35 die Dekorationsstücke *n*
36 die Szene (der Auftritt)
37 der Schauspieler (Darsteller)
38 die Schauspielerin (Darstellerin)

39 die Statisten *m*
40 der Regisseur (Spielleiter)
41 das Rollenheft
42 der Regietisch
43 der Regieassistent
44 das Regiebuch
45 der Bühnenmeister
46 der Bühnenarbeiter
47 das Setzstück (Versatzstück)
48 die Spiegellinsenscheinwerfer
49 der Farbscheibenwechsler (mit Farbscheibe *f*)
50 die hydraulische Druckstation
51 der Wasserbehälter
52 die Saugleitung
53 die hydraulische Druckpumpe
54 die Druckleitung
55 der Druckkessel (Akkumulator)
56 das Kontaktmanometer
57 der Flüssigkeitsstandanzeiger
58 der Steuerhebel
59 der Maschinenmeister
60 die Drucksäulen *f* (Plunger *m*)

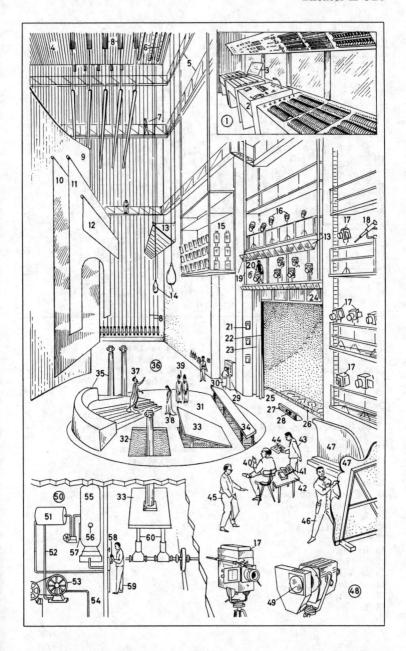

1 die Bar
2 die Bardame
3 der Barhocker
4 das Flaschenregal
5 das Gläserregal
6 das Bierglas
7 Wein- und Likörgläser *n*
8 der Bierzapfhahn (Zapfhahn)
9 die Bartheke (Theke)
10 der Kühlschrank
11 die Barlampen *f*
12 die indirekte Beleuchtung
13 die Lichtorgel
14 die Tanzflächenbeleuchtung
15 die Lautsprecherbox
16 die Tanzfläche
17 *u.* 18 das Tanzpaar
17 die Tänzerin
18 der Tänzer
19 der Plattenspieler
20 das Mikrophon
21 das Tonbandgerät
22 *u.* 23 die Stereoanlage
22 der Tuner

23 der Verstärker
24 die Schallplatten
25 der Diskjockey
26 das Mischpult
27 das Tambourin
28 die Spiegelwand
29 die Deckenverkleidung
30 die Belüftungsanlagen
31 die Toiletten *f*
32 der Longdrink
33 der Cocktail

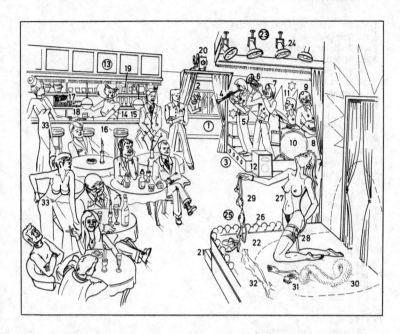

1–33 das Nachtlokal (der Nighclub, Nachtklub)
1 die Garderobe
2 die Garderobenfrau
3 die Band (Combo)
4 die Klarinette
5 der Klarinettist
6 die Trompete
7 der Trompeter
8 die Gitarre
9 der Gitarrist (Gitarrenspieler)
10 das Schlagzeug
11 der Schlagzeuger
12 die Lautsprecherbox (der Lautsprecher)
13 die Bar
14 die Bardame (Bedienung)
15 die Bartheke
16 der Barhocker
17 das Tonbandgerät
18 der Receiver
19 die Spirituosen *pl*
20 der Schmalfilmprojektor für Pornofilme *m* (Sexfilme)
21 der Leinwandkasten mit der Leinwand
22 die Bühne
23 die Bühnenbeleuchtung
24 der Bühnenscheinwerfer
25 die Sofittenbeleuchtung
26 die Sofittenlampe
27–32 der Striptease (die Entkleidungsnummer)
27 die Stripteasetänzerin (Stripperin, Stripteuse)
28 der Straps
29 der Büstenhalter
30 die Pelzstola
31 die Handschuhe *m*
32 der Strumpf
33 die Animierdame

319 Stierkampf, Rodeo

1–33 der Stierkampf (die Corrida)
1 die Spielszene
2 der Nachwuchstorero (Novillero)
3 die Stierattrappe
4 der Nachwuchsbanderillero
5 die Stierkampfarena (Plaza de toros)
[Schema]
6 der Haupteingang
7 die Logen *f*
8 die Sitzplätze *m*
9 die Arena (der Ruedo)
10 der Eingang der Stierkämpfer *m*
11 der Einlaß der Stiere *m*
12 die Abgangspforte für die getöteten
Stiere *m*
13 die Schlachterei
14 die Stierställe *m*
15 der Pferdehof
16 der Lanzenreiter (Picador)
17 die Lanze
18 das gepanzerte Pferd
19 der stählerne Beinpanzer
20 der runde Picadorhut
21 der Banderillero, ein Torero *m*
22 die Banderillas *f* (die Wurfpfeile *m*)
23 die Leibbinde
24 der Stierkampf
25 der Matador, ein Torero *m*
26 das Zöpfchen, ein Standesabzeichen *n*
des Matadors *m*
27 das rote Tuch (die Capa)
28 der Kampfstier („el toro")
29 der Stierkämpferhut
30 das Töten des Stiers *m* (die Estocada)
31 der Matador bei
Wohltätigkeitsveranstaltungen *f*
[ohne Tracht *f*]
32 der Degen (die Espada)
33 die Muleta
34 das Rodeo
35 der Jungstier
36 der Cowboy
37 der Stetson (Stetsonhut)
38 das Halstuch
39 der Rodeoreiter
40 das Lasso

320 Musiknotation I

1 u. 2 mittelalterliche Noten *f*
1 die Choralnotation (die
   Quadratnotation)
2 die Mensuralnotation
3–7 die Musiknote (Note)
3 der Notenkopf
4 der Notenhals
5 das Notenfähnchen
6 der Notenbalken
7 der Verlängerungspunkt
8–11 die Notenschlüssel *m*
8 der Violinschlüssel (G-Schlüssel)
9 der Baßschlüssel (F-Schlüssel)
10 der Altschlüssel (C-Schlüssel)
11 der Tenorschlüssel (C-Schlüssel)
12–19 die Notenwerte *m*
12 die Doppelganze (*früh.:* Brevis)
13 die ganze Note (*früh.:* Semibrevis)
14 die halbe Note (*früh.:* Minima)
15 die Viertelnote (*früh.:* Semiminima)
16 die Achtelnote (*früh.:* Fusa)
17 die Sechzehntelnote (*früh.:* Semifusa)
18 die Zweiunddreißigstelnote
19 die Vierundsechzigstelnote
20–27 die Pausenzeichen *n* (Pausen *f*)
20 die Pause für die Doppelganze
21 die ganze Pause
22 die halbe Pause
23 die Viertelpause
24 die Achtelpause
25 die Sechzehntelpause
26 die Zweiunddreißigstelpause
27 die Vierundsechzigstelpause
28–42 der Takt (die Taktart)
28 der Zweiachteltakt
29 der Zweivierteltakt
30 der Zweihalbetakt
31 der Vierachteltakt
32 der Viervierteltakt
33 der Vierhalbetakt
34 der Sechsachteltakt
35 der Sechsvierteltakt
36 der Dreiachteltakt
37 der Dreivierteltakt
38 der Dreihalbetakt
39 der Neunachteltakt
40 der Neunvierteltakt
41 der Fünfvierteltakt
42 der Taktstrich
43 u. 44 das Liniensystem
43 die Notenlinie
44 der Zwischenraum
45–49 die Tonleitern *f*

45 die C-Dur-Tonleiter Stammtöne: c, d,
   e, f, g, a, h, c
46 die a-Moll-Tonleiter [natürlich]
   Stammhöhe: a, h, c, d, e, f, g, a
47 die a-Moll-Tonleiter [harmonisch]
48 die a-Moll-Tonleiter [melodisch]
49 die chromatische Tonleiter
50–54 die Versetzungszeichen *n* (die
   Vorzeichen)
50 u. 51 die Erhöhungszeichen
50 das Kreuz (die Halbtonerhöhung)
51 das Doppelkreuz (die Erhöhung um 2
   Halbtöne *m*)
52 u. 53 die Erniedrigungszeichen
52 das B (die Halbtonerniedrigung)
53 das Doppel-B (die Erniedrigung um 2
   Halbtöne *m*)
54 das Auflösungszeichen
55–68 die Tonarten (Durtonarten und die
   ihnen parallelen Molltonarten, jeweils
   mit gleichen Vorzeichen *n*)
55 C-Dur (a-Moll)
56 G-Dur (e-Moll)
57 D-Dur (h-Moll)
58 A-Dur (fis-Moll)
59 E-Dur (cis-Moll)
60 H-Dur (gis-Moll)
61 Fis-Dur (dis-Moll)
62 C-Dur (a-Moll)
63 F-Dur (d-Moll)
64 B-Dur (g-Moll)
65 Es-Dur (c-Moll)
66 As-Dur (f-Moll)
67 Des-Dur (b-Moll)
68 Ges-Dur (es-Moll)

321 Musiknotation II

1–5 der Akkord
1–4 Dreiklänge m
1 der Durdreiklang
2 der Molldreiklang
3 der verminderte Dreiklang
4 der übermäßige Dreiklang
5 der Vierklang, ein Septimenakkord m
6–13 die Intervalle n
6 die Prime (der Einklang)
7 die große Sekunde
8 die große Terz
9 die Quarte
10 die Quinte
11 die große Sexte
12 die große Septime
13 die Oktave
14–22 die Verzierungen f
14 der lange Vorschlag
15 der kurze Vorschlag
16 der Schleifer
17 der Triller ohne Nachschlag m
18 der Triller mit Nachschlag m
19 der Pralltriller
20 der Mordent
21 der Doppelschlag
22 das Arpeggio
23–26 andere Notationszeichen n
23 die Triole; *entspr.:* Duole, Quartole,
   Quintole, Sextole, Septole (Septimole)
24 der Bindebogen
25 die Fermate, eine Halte- und
   Ruhezeichen n
26 das Wiederholungszeichen
27–41 Vortragsbezeichnungen f
27 marcato (markiert, betont)
28 presto (schnell)
29 portato (getragen)
30 tenuto (gehalten)
31 crescendo (anschwellend)
32 decrescendo (abschwellend)
33 legato (gebunden)
34 staccato (abgestoßen)
35 piano (leise)
36 pianissimo (sehr leise)
37 pianissimo piano (so leise wie möglich)
38 forte (stark)
39 fortissimo (sehr stark)
40 forte fortissimo (so stark wie möglich)
41 fortepiano (stark ansetzend, leise
   weiterklingend)
42–50 die Einteilung des Tonraums m
42 die Subkontraoktave
43 die Kontraoktave

44 die große Oktave
45 die kleine Oktave
46 die 1gestrichene Oktave
47 die 2gestrichene Oktave
48 die 3gestrichene Oktave
49 die 4gestrichene Oktave
50 die 5gestrichene Oktave

1 die Lure, ein Bronzehorn *n*
2 die Panflöte (Panpfeife, Syrinx)
3 der Diaulos, eine doppelte Schalmei
4 der Aulos
5 die Phorbeia (Mundbinde)
6 das Krummhorn
7 die Blockflöte
8 die Sackpfeife (der Dudelsack); *ähnl.:* die Musette
9 der Windsack
10 die Melodiepfeife
11 der Stimmer (Brummer, Bordun)
12 der krumme Zink
13 der Serpent
14 die Schalmei; *größer:* der Bomhart (Pommer, die Bombarde)
15 die Kithara; *ähnl. u. kleiner:* die Lyra (Leier)
16 der Jocharm
17 der Steg
18 der Schallkasten
19 das Plektron (Plektrum), ein Schlagstäbchen *n*
20 die Pochette (Taschengeige, Sackgeige, Stockgeige)
21 die Sister (Cister), ein Zupfinstrument *n; ähnl.:* die Pandora
22 das Schalloch
23 die Viola, eine Gambe; *größer:* die Viola da Gamba, der (die) Violone
24 der Violenbogen
25 die Drehleier (Radleier, Bauernleier, Bettlerleier, Vielle, das Organistrum)
26 das Streichrad
27 der Schutzdeckel
28 die Klaviatur
29 der Resonanzkörper
30 die Melodiesaiten *f*
31 die Bordunsaiten *f*
32 das Hackbrett (Cymbalom, die Zimbal, Cimbal, Cymbal, Zymbal, Zimbel)
33 die Zarge
34 der Schlegel zum Walliser Hackbrett *n*
35 die Rute zum Appenzeller Hackbrett *n*
36 das Klavichord (Clavichord); *Arten:* das gebundene oder das bundfreie Klavichord
37 die Klavichordmechanik
38 der Tastenhebel
39 der Waagebalken
40 das Führungsplättchen
41 der Führungsschlitz
42 das Auflager

43 die Tangente
44 die Saite
45 das Clavicembalo (Cembalo, Klavizimbel), ein Kielflügel *m*; *ähnl.:* das Spinett (Virginal)
46 das obere Manual
47 das untere Manual
48 die Cembalomechanik
49 der Tastenhebel
50 die Docke (der Springer)
51 der Springerrechen (Rechen)
52 die Zunge
53 der Federkiel (Kiel)
54 der Dämpfer
55 die Saite
56 das Portativ, eine tragbare Orgel; *größer:* das Positiv
57 die Pfeife
58 der Balg

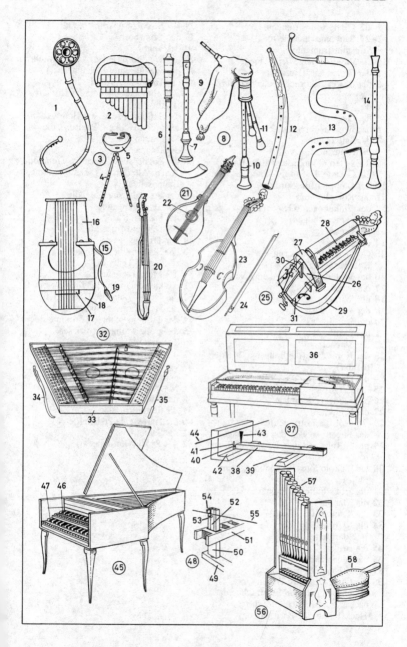

323 Musikinstrumente II

1–62 Orchesterinstrumente *n*
1–27 Saiteninstrumente *n*, Streichinstrumente
1 die Violine (Geige, *früh.:* Fiedel *f*)
2 der Geigenhals (Hals)
3 der Resonanzkörper (Geigenkörper, Geigenkorpus)
4 die Zarge
5 der Geigensteg (Steg)
6 das F-Loch, ein Schalloch *n*
7 der Saitenhalter
8 die Kinnstütze
9 die Saiten *f* (Violinsaiten, der Bezug): die G-Saite, D-Saite, A-Saite, E-Saite
10 der Dämpfer (die Sordine)
11 das Kolophonium
12 der Violinbogen (Geigenbogen, Bogen, *früh.:* Fiedelbogen)
13 der Frosch
14 die Stange
15 der Geigenbogenbezug, ein Roßhaarbezug *m*
16 das Violoncello (Cello), eine Kniegeige
17 die Schnecke
18 der Wirbel
19 der Wirbelkasten
20 der Sattel
21 das Griffbrett
22 der Stachel
23 der Kontrabaß (die Baßgeige, Violone *m* od. *f*)
24 die Decke
25 die Zarge
26 der Flödel (die Einlage)
27 die Bratsche
28–38 Holzblasinstrumente *n*
28 das Fagott; *größer:* das Kontrafagott
29 das S-Rohr, mit dem Doppelrohrblatt *n*
30 die Pikkoloflöte (Piccoloflöte, kleine Flöte)
31 die große Flöte, eine Querflöte
32 die Klappe
33 das Tonloch (Griffloch)
34 die Klarinette; *größer:* die Baßklarinette
35 die Brille (Klappe)
36 das Mundstück
37 das Schallstück (die Stürze)
38 die Oboe (Hoboe); *Arten:* Oboe d'amore; die Tenoroboen: Oboe da caccia, das Englischhorn; das Heckelphon (die Baritonoboe)

39–48 Blechblasinstrumente *n*
39 das Tenorhorn
40 das Ventil
41 das Waldhorn (Horn), ein Ventilhorn *n*
42 der Schalltrichter (Schallbecher)
43 die Trompete; *größer:* die Baßtrompete; *kleiner:* das Kornett (Piston)
44 die Baßtuba (Tuba, das Bombardon); *ähnl.:* das Helikon (Pelitton), die Kontrabaßtuba
45 der Daumenring
46 die Zugposaune (Posaune, Trombone); *Arten:* Altposaune *f*, Tenorposaune, Baßposaune
47 der Posaunenzug (Zug, die Posaunenstangen *f*)
48 das Schallstück
49–59 Schlaginstrumente *n*
49 der Triangel
50 das Becken (die Tschinellen *f*, türkischen Teller *m*)
51–59 Membraphone *n*
51 die kleine Trommel (Wirbeltrommel)
52 das Fell (Trommelfell, Schlagfell)
53 die Stellschraube (Spannschraube)
54 der Trommelschlegel (Trommelstock)
55 die große Trommel (türkische Trommel)
56 der Schlegel
57 die Pauke (Kesselpauke), eine Schraubenpauke; *ähnl.:* Maschinenpauke *f*
58 das Paukenfell
59 die Stimmschraube
60 die Harfe, eine Pedalharfe
61 die Saiten *f*
62 das Pedal (Harfenpedal)

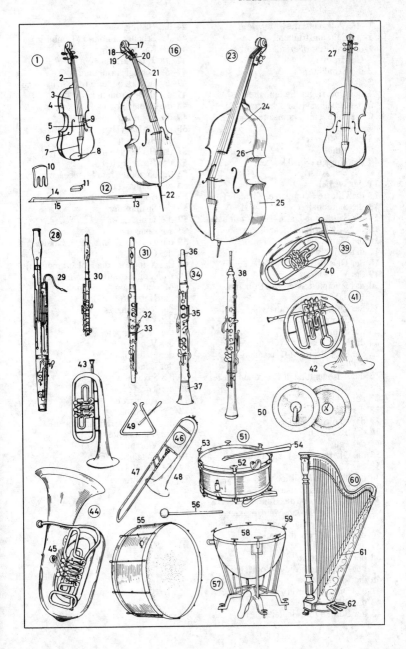

324 Musikinstrumente III

1–46 **Volksmusikinstrumente** *n*
1–31 Saiteninstrumente *n*
1 die Laute; *größer:* die Theorbe, Chitaronne
2 der Schallkörper
3 das Dach
4 der Querriegel (Saitenhalter)
5 das Schalloch (die Schallrose)
6 die Saite, eine Darmsaite
7 der Hals
8 das Griffbrett
9 der Bund
10 der Kragen (Knickkragen, Wirbelkasten)
11 der Wirbel
12 die Gitarre (Zupfgeige, Klampfe)
13 der Saitenhalter
14 die Saite, eine Darm- oder Perlonsaite
15 der Schallkörper (Schallkasten)
16 die Mandoline
17 der Ärmelschoner
18 der Hals
19 das Wirbelbrett
20 das Spielplättchen (Plektron, die Penna)
21 die Zither (Schlagzither)
22 der Stimmstock
23 der Stimmnagel
24 die Melodiesaiten *f* (Griffsaiten)
25 die Begleitsaiten *f* (Baßsaiten, Freisaiten)
26 die Ausbuchtung des Resonanzkastens *m*
27 der Schlagring
28 die Balalaika
29 das Banjo
30 das Tamburin
31 das Fell
32 die Okarina, eine Gefäßflöte
33 das Mundstück
34 das Tonloch (Griffloch)
35 die Mundharmonika
36 das Akkordeon (die Handharmonika, das Schifferklavier, Matrosenklavier); *ähnl.:* die Ziehharmonika, Konzertina, das Bandoneon, die Bandonika
37 der Balg
38 der Balgverschluß
39 der Diskantteil (die Melodieseite)
40 die Klaviatur
41 das Diskantregister
42 die Registertaste
43 der Baßteil (die Begleitseite)

44 das Baßregister
45 das Schellentamburin (Tamburin)
46 die Kastagnetten *f*
47–78 **Jazzinstrumente** *n*
47–58 Schlaginstrumente *n*
47–54 die Jazzbatterie (das Schlagzeug)
47 die große Trommel
48 die kleine Trommel
49 das Tomtom
50 das Hi-Hat (High-Hat, Charleston), ein Becken *n*
51 das Becken (Cymbel)
52 der Beckenhalter
53 der Jazzbesen, ein Stahlbesen *m*
54 die Fußmaschine
55 die Conga (Tumba)
56 der Spannreifen
57 die Timbales *m*
58 die Bongos *m*
59 die Maracas *f; ähnl.:* Rumbakugeln *f*
60 der Guiro
61 das Xylophon (die Holzharmonika); *früh.:* die Strohfiedel; *ähnl.:* das Marimbaphon, Tubaphon
62 der Holzstab
63 der Resonanzkasten
64 der Klöppel
65 die Jazztrompete
66 das Ventil
67 der Haltehaken
68 der Dämpfer
69 das Saxophon
70 der Trichter
71 das Ansatzrohr
72 das Mundstück
73 die Schlaggitarre (Jazzgitarre)
74 die Aufsatzseite
75 das Vibraphon
76 der Metallrahmen
77 die Metallplatte
78 die Metallröhre

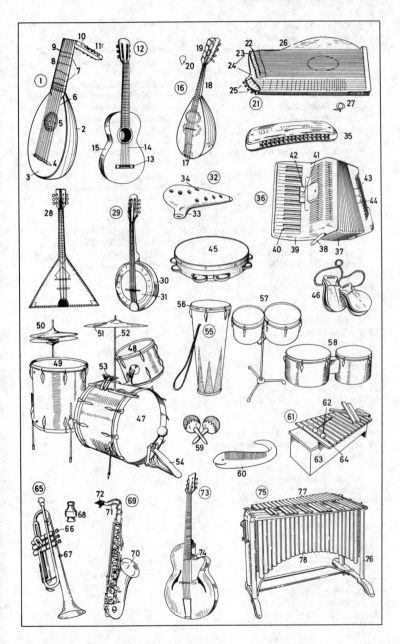

325 Musikinstrumente IV

1 **das Klavier** (Piano, Pianino, Pianoforte, Fortepiano), ein Tasteninstrument n; *niedere Form:* das Kleinklavier; *Vorformen:* das Pantaleon, das Hammerklavier; die Celesta, mit Stahlplättchen n an Stelle der Saiten f
2–18 die Pianomechanik (Klaviermechanik)
2 der Eisenrahmen
3 der Hammer (Klavierhammer, Saitenhammer, Filzhammer); *alle:* das Hammerwerk
4 u. 5 die Klaviatur (die Klaviertasten f, Tasten, die Tastatur)
4 die weiße Taste (Elfenbeintaste)
5 die schwarze Taste (Ebenholztaste)
6 das Klaviergehäuse
7 der Saitenbezug (die Klaviersaiten f)
8 u. 9 die Klavierpedale n
8 das rechte Pedal (*ungenau:* Fortepedal), zur Aufhebung der Dämpfung
9 das linke Pedal (*ungenau:* Pianopedal), zur Verkürzung des Anschlagsweges m der Hämmer m
10 die Diskantsaiten f
11 der Diskantsteg
12 die Baßsaiten f
13 der Baßsteg
14 der Plattenstift
15 die Hammerleiste
16 die Mechanikbacke
17 der Stimmnagel (Stimmwirbel, Spannwirbel)
18 der Stimmstock
19 das Metronom (der Taktmesser)
20 der Stimmschlüssel (Stimmhammer)
21 der Stimmkeil
22–39 die Tastenmechanik
22 der Mechanikbalken
23 die Abhebestange
24 der Hammerkopf (Hammerfilz)
25 der Hammerstiel
26 die Hammerleiste
27 der Fanger
28 der Fangerfilz
29 der Fangerdraht
30 die Stoßzunge (der Stößer)
31 der Gegenfanger
32 das Hebeglied (die Wippe)
33 die Pilote
34 der Pilotendraht

35 der Bändchendraht
36 das Bändchen (Litzenband)
37 die Dämpferpuppe (das Filzdöckchen, der Dämpfer, die Dämpfung)
38 der Dämpferarm
39 die Dämpferprallleiste
40 **der Flügel** (Konzertflügel für den Konzertsaal; *kleiner:* der Stutzflügel, Zimmerflügel; *Nebenform:* das Tafelklavier)
41 die Flügelpedale n; das rechte Pedal zur Aufhebung der Dämpfung; das linke Pedal zur Tondämpfung (Verschiebung der Klaviatur: nur eine Saite wird angeschlagen „una corda")
42 der Pedalstock (die Lyrastütze, Lyra)
43 **das Harmonium**
44 der Registerzug
45 der Kniehebel (Schweller)
46 das Tretwerk (der Tretschemel, Bedienungstritt des Blasebalgs m)
47 das Harmoniumgehäuse
48 das Manual

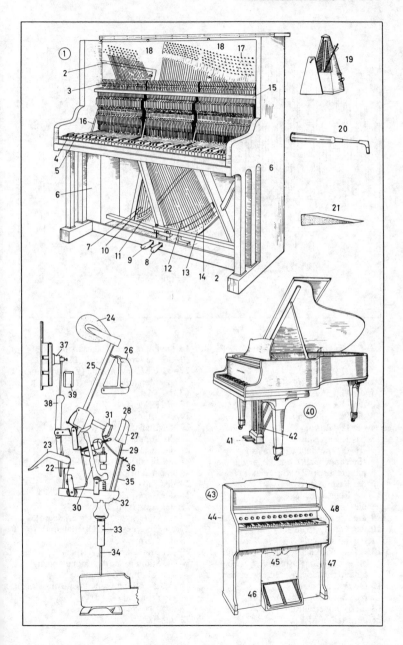

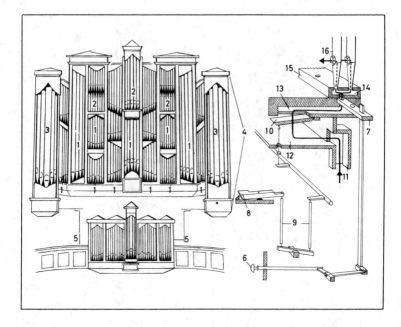

1–52 die Orgel (Kirchenorgel)
1–5 der Prospekt (Orgelprospekt, das Orgelgehäuse)
1–3 die Prospektpfeifen *f*
1 das Hauptwerk
2 das Oberwerk
3 die Pedalpfeifen *f*
4 der Pedalturm
5 das Rückpositiv
6–16 die mechanische Traktur (Spielmechanik); *andere Arten:* die pneumatische Traktur, elektr. Traktur
6 der Registerzug
7 die Registerschleife
8 die Taste
9 die Abstrakte
10 das Ventil (Spielventil)
11 der Windkanal
12–14 die Windlade, eine Schleiflade; *andere Arten:* Kastenlade *f*, Springlade, Kegellade, Membranenlade
12 die Windkammer
13 die Kanzelle (Tonkanzelle)
14 die Windverführung
15 der Pfeifenstock

16 die Pfeife eines Registers *n*
17–35 die Orgelpfeifen *f* (Pfeifen)
17–22 die Zungenpfeife (Zungenstimme) aus Metall *n*, eine Posaune
17 der Stiefel
18 die Kehle
19 die Zunge
20 der Bleikopf
21 die Stimmkrücke (Krücke)
22 der Schallbecher
23–30 die offene Lippenpfeife aus Metall *n*, ein Salicional *n*
23 der Fuß
24 der Kernspalt
25 der Aufschnitt
26 die Unterlippe (das Unterlabium)
27 die Oberlippe (das Oberlabium)
28 der Kern
29 der Pfeifenkörper (Körper)
30 die Stimmrolle (der Stimmlappen), eine Stimmvorrichtung
31–33 die offene Lippenpfeife aus Holz *n*, ein Prinzipal *n*
31 der Vorschlag
32 der Bart

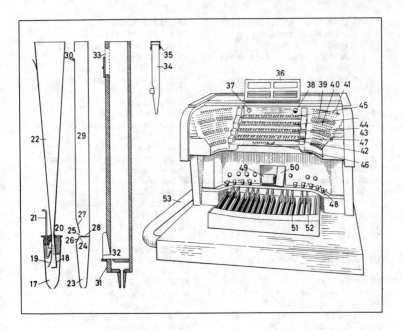

33 der Stimmschlitz, mit Schieber *m*
34 die gedackte (gedeckte) Lippenpfeife
35 der Metallhut
36–52 der Orgelspieltisch (Spieltisch)
   einer elektrisch gesteuerten Orgel
36 das Notenpult
37 die Kontrolluhr für die Walzenstellung
38 die Kontrolluhr für die Stromspannung
39 die Registertaste
40 die Taste für freie Kombination *f*
41 die Absteller *m* für Zunge *f*, Koppel *f*
   usw.
42 das I. Manual, für das Rückpositiv
43 das II. Manual, für das Hauptwerk
44 das III. Manual, für das Oberwerk
45 das IV. Manual, für das Schwellwerk
46 die Druckknöpfe *m* und
   Kombinationsknöpfe *m*, für die
   Handregistratur, freie, feste
   Kombinationen *f* und
   Setzerkombinationen *f*
47 die Schalter *m*, für Wind *m* und Strom
   m
48 der Fußtritt, für die Koppel
49 der Rollschweller (Registerschweller)

50 der Jalousieschweller
51 die Pedaluntertaste (Pedaltaste)
52 die Pedalobertaste
53 das Kabel

1–61 Fabelwesen *n* (Fabeltiere),
mytholog. Tiere *n* und Figuren *f*
1 der Drache (Drachen, Wurm,
Lindwurm, Lintwurm, *bayr./österr.*
Tatzelwurm)
2 der Schlangenleib
3 die Klaue
4 der Fledermausflügel
5 das doppelzüngige Maul
6 die gespaltene Zunge
7 das Einhorn [Symbol *n* der
Jungfräulichkeit]
8 das gedrehte Horn
9 der Vogel Phönix (Phönix)
10 die Flamme oder Asche der
Wiedergeburt
11 der Greif
12 der Adlerkopf
13 die Greifenklaue
14 der Löwenleib
15 die Schwinge
16 die Chimära (Schimäre), ein
Ungeheuer *n*
17 der Löwenkopf
18 der Ziegenkopf
19 der Drachenleib
20 die Sphinx, eine symbol. Gestalt
21 das Menschenhaupt
22 der Löwenrumpf
23 die Nixe (Wassernixe, das Meerweib,
die Meerfrau, Meerjungfrau,
Meerjungfer, Meerfee, Seejungfer, das
Wasserweib, die Wasserfrau,
Wasserjungfer, Wasserfee, Najade,
Quellnymphe, Wassernymphe,
Flußnixe); *ähnl.:* Nereide *f*, Ozeanide
(Meergottheiten, Meergöttinnen);
männl. der Nix (Nickel, Nickelmann,
Wassermann)
24 der Mädchenleib
25 der Fischschwanz (Delphinschwanz)
26 der Pegasus (das Dichterroß,
Musenroß, Flügelroß); *ähnl.:* der
Hippogryph
27 der Pferdeleib
28 die Flügel *m*
29 der Zerberus (Kerberos, Höllenhund)
30 der dreiköpfige Hundeleib
31 der Schlangenschweif
32 die Hydra von Lerna (Lernäische
Schlange)
33 der neunköpfige Schlangenleib
34 der Basilisk

35 der Hahnenkopf
36 der Drachenleib
37 der Gigant (Titan), ein Riese *m*
38 der Felsbrocken
39 der Schlangenfuß
40 der Triton, ein Meerwesen *n*
41 das Muschelhorn
42 der Pferdefuß
43 der Fischschwanz
44 der Hippokamp (das Seepferd)
45 der Pferderumpf
46 der Fischschwanz
47 der Seestier, ein Seeungeheuer *n*
48 der Stierleib
49 der Fischschwanz
50 der siebenköpfige Drache der
Offenbarung (Apokalypse)
51 der Flügel
52 der Zentaur (Kentaur), ein
Mischwesen *n*
53 der Menschenleib mit Pfeil *m* und
Bogen *m*
54 der Pferdekörper
55 die Harpyie, ein Windgeist *m*
56 der Frauenkopf
57 der Vogelleib
58 die Sirene, ein Dämon *m*
59 der Mädchenleib
60 der Flügel
61 die Vogelklaue

328 Vorgeschichte

1–40 vorgeschichtliche (prähistorische) Fundgegenstände *m* (Funde *m*)

1–9 die Altsteinzeit (das Paläolithikum) und **die Mittelsteinzeit** (das Mesolithikum)

1 der Faustkeil, aus Stein *m*

2 die Geschoßspitze, aus Knochen *m*

3 die Harpune, aus Knochen *m*

4 die Spitze

5 die Speerschleuder, aus der Geweihstange des Rentiers *n*

6 der bemalte Kieselstein

7 der Kopf des Wildpferdes *n*, eine Schnitzerei

8 das Steinzeitidol, eine Elfenbeinstatuette

9 der Wisent, ein Felsbild *n* (Höhlenbild) [Höhlenmalerei *f*]

10–20 die Jungsteinzeit (das Neolithikum)

10 die Amphore [Schnurkeramik *f*]

11 der Kumpf [Hinkelsteingruppe *f*]

12 die Kragenflasche [Trichterbecherkultur *f*]

13 das spiralverzierte Gefäß [Bandkeramik *f*]

14 der Glockenbecher [Glockenbecherkultur *f*]

15 das Pfahlhaus, ein Pfahlbau *m*

16 der Dolmen, ein Megalithgrab *n* (*ugs.* Hünengrab); *andere Arten:* das Ganggrab, Galeriegrab; *mit Erde, Kies, Steinen überdeckt:* der Tumulus (das Hügelgrab)

17 das Steinkistengrab mit Hockerbestattung *f* (ein Hockergrab *n*)

18 der Menhir (*landsch.* Hinkelstein *m*, ein Monolith *m*)

19 die Bootaxt, eine Streitaxt aus Stein *m*

20 die menschl. Figur aus gebranntem Ton *m* (ein Idol *n*)

21–40 die Bronzezeit und **die Eisenzeit;** *Epochen:* die Hallstattzeit, La-Tène-Zeit

21 die bronzene Lanzenspitze

22 der Bronzedolch mit Vollgriff *m*

23 das Tüllenbeil, eine Bronzeaxt mit Ösenschäftung *f*

24 die Gürtelscheibe

25 der Halskragen

26 der goldene Halsring

27 die Violinbogenfibel, eine Fibel (Bügelnadel)

28 die Schlangenfibel; *andere Arten:* die Kahnfibel, die Armbrustfibel

29 die Kugelkopfnadel, eine Bronzenadel

30 die zweiteilige Doppelspiralfibel; *ähnl.:* die Plattenfibel

31 das Bronzemesser mit Vollgriff *m*

32 der eiserne Schlüssel

33 die Pflugschar

34 die Situla aus Bronzeblech *n*, eine Grabbeigabe *f*

35 die Henkelkanne [Kerbschnittkeramik *f*]

36 der Miniaturkultwagen (Kultwagen)

37 die keltische Silbermünze

38 die Gesichtsurne, eine Aschenurne; *andere Arten:* die Hausurne, die Buckelurne

39 das Urnengrab in Steinpackung *f*

40 die Zylinderhalsurne

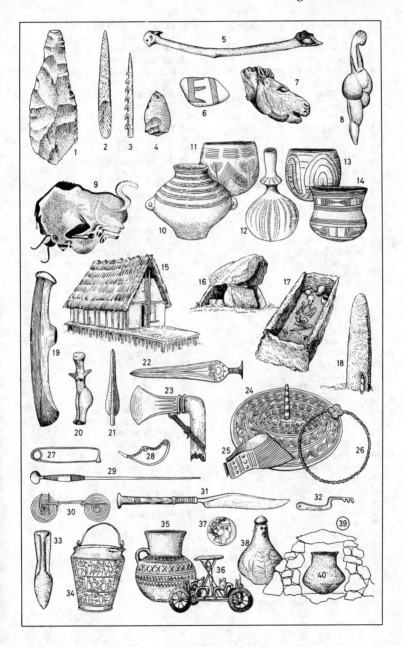

329 Ritterwesen (Rittertum)

1 die **Ritterburg** (Burg, Feste, *früh.:*
   Veste, das Ritterschloß)
2 der Burghof
3 der Ziehbrunnen
4 der Bergfried (Hauptturm, Wachtturm,
   Wartturm)
5 das Verlies
6 der Zinnenkranz
7 die Zinne
8 die Wehrplatte
9 der Türmer
10 die Kemenate (das Frauenhaus)
11 das Zwerchhaus
12 der Söller
13 das Vorratshaus (Mushaus)
14 der Eckturm (Mauerturm)
15 die Ringmauer (Mantelmauer, der
   Zingel)
16 die Bastion
17 der Scharwachturm
18 die Schießscharte
19 die Schildmauer
20 der Wehrgang
21 die Brustwehr
22 das Torhaus
23 die Pechnase (der Gußerker)
24 das Fallgatter
25 die Zugbrücke (Fallbrücke)
26 die Mauerstrebe (Mauerstütze)
27 das Wirtschaftsgebäude
28 das Mauertürmchen
29 die Burgkapelle
30 der Palas (die Dürnitz)
31 der Zwinger
32 das Burgtor
33 der Torgraben
34 die Zugangsstraße
35 der Wartturm
36 der Pfahlzaun (die Palisade)
37 der Ringgraben (Burggraben,
   Wallgraben)
38–65 die **Ritterrüstung**
38 der Harnisch, ein Panzer *m*
39–42 der Helm
39 die Helmglocke
40 das Visier
41 das Kinnreff
42 das Kehlstück
43 die Halsberge
44 der Brechrand (Stoßkragen)
45 der Vorderflug
46 das Bruststück (der Brustharnisch)

47 die Armberge (Ober- und
   Unterarmschiene)
48 die Armkachel
49 der Bauchreifen
50 der Panzerhandschuh (Gantelet)
51 der Panzerschurz
52 der Diechling
53 der Kniebuckel
54 die Beinröhre
55 der Bärlatsch
56 der Langschild
57 der Rundschild
58 der Schildbuckel (Schildstachel)
59 der Eisenhut
60 die Sturmhaube
61 die Kesselhaube (Hirnkappe)
62 Panzer *m*
63 der Kettenpanzer (die Brünne)
64 der Schuppenpanzer
65 der Schildpanzer
66 der **Ritterschlag** (die Schwertleite)
67 der Burgherr, ein Ritter *m*
68 der Knappe
69 der Mundschenk
70 der Minnesänger
71 das **Turnier**
72 der Kreuzritter
73 der Tempelritter
74 die Schabracke
75 der Grießwärtel
76 das Stechzeug
77 der Stechhelm
78 der Federbusch
79 die Stechtartsche
80 der Rüsthaken
81 die Stechlanze (Lanze)
82 die Brechscheibe
83–88 der Roßharnisch
83 das Halsstück (der Kanz)
84 der Roßkopf
85 der Fürbug
86 das Flankenblech
87 der Kürißsattel
88 das Gelieger

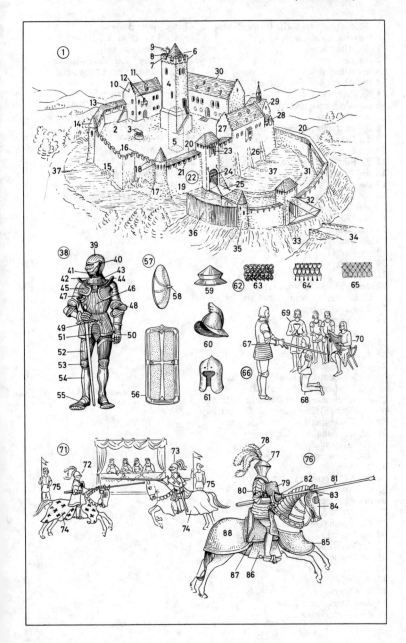

330 Kirche I

1–30 die protestantische (evangelische, lutherische) Kirche
1 der Altarplatz
2 das Lesepult
3 der Altarteppich
4 der Altar (Abendmahlstisch)
5 die Altarstufen *f*
6 die Altardecke (Altarbekleidung)
7 die Altarkerze
8 die Hostiendose (Pyxis)
9 der Hostienteller (die Patene)
10 der Kelch
11 die Bibel (Heilige Schrift)
12 das Altarkreuz
13 das Altarbild
14 das Kirchenfenster
15 die Glasmalerei
16 der Wandleuchter
17 die Sakristeitür
18 die Kanzeltreppe
19 die Kanzel
20 das Antependium
21 der Kanzeldeckel (Schalldeckel)
22 der Prediger (Pastor, Pfarrer, Geistliche, Seelsorger) im Ornat *m*
23 die Kanzelbrüstung
24 die Nummerntafel mit den Liedernummern *f*
25 die Empore
26 der Küster (Kirchendiener)
27 der Mittelgang
28 die Kirchenbank (Bank); *insgesamt:* das Kirchengestühl (Gestühl)
29 der Kirchenbesucher (Kirchgänger, Andächtige); *insgesamt:* die Gemeinde
30 das Gesangbuch
31–62 die katholische Kirche
31 die Altarstufen *f*
32 das Presbyterium (der Chor)
33 der Altar
34 die Altarkerzen *f*
35 das Altarkreuz
36 das Altartuch
37 der Ambo (das Predigtpult)
38 das Missale (Meßbuch)
39 der Priester
40 der Ministrant (Meßdiener)
41 die Sedilien *f* (Priestersitze *m*)
42 der Tabernakel
43 die Stele
44 die Osterkerze
45 der Osterkerzenständer
46 die Sakristeiglocke
47 das Vortragkreuz
48 der Altarschmuck (Grünschmuck, Blumenschmuck)
49 das Ewige Licht (die Ewige Lampe)
50 das Altarbild, ein Christusbild *n*
51 die Madonnenstatue
52 der Opferkerzentisch
53 die Opferkerzen *f*
54 die Kreuzwegstation (Station des Kreuzwegs *m*)
55 der Opferstock
56 der Schriftenstand
57 die Schriften *f* (Traktate *n*)
58 der Mesner (Sakristan)
59 der Klingelbeutel
60 das Almosen (die Opfergabe)
61 der Gläubige (Betende)
62 das Gebetbuch

331 Kirche II

1 **die Kirche**
2 der Kirchturm
3 der Kirchturmhahn
4 die Wetterfahne (Windfahne)
5 der Turmknauf
6 die Kirchturmspitze
7 die Kirchturmuhr
8 das Schalloch
9 die elektrisch betriebene Glocke
10 das Firstkreuz
11 das Kirchendach
12 die Gedenkkapelle (Gnadenkapelle)
13 die Sakristei, ein Anbau *m*
14 die Gedenktafel (Gedenkplatte, der Gedenkstein, das Epitaph)
15 der Seiteneingang
16 das Kirchenportal (die Kirchentür)
17 der Kirchgänger
18 die Friedhofsmauer (Kirchhofmauer)
19 das Friedhofstor (Kirchhoftor)
20 das Pfarrhaus
21–41 **der Friedhof** (Kirchhof, Gottesacker)
21 das Leichenhaus (die Leichenhalle, Totenhalle, Leichenkapelle, Parentationshalle)
22 der Totengräber
23 das Grab (die Grabstelle, Grabstätte, Begräbnisstätte)
24 der Grabhügel
25 das Grabkreuz
26 der Grabstein (Gedenkstein, Leichenstein, das Grabmal)
27 das Familiengrab (Familienbegräbnis)
28 die Friedhofskapelle
29 das Kindergrab
30 das Urnengrab
31 die Urne
32 das Soldatengrab
33–41 die Beerdigung, (Beisetzung, das Begräbnis, Leichenbegängnis)
33 die Trauernden *m u. f* (Trauergäste *m*)
34 die Grube
35 der Sarg
36 die Sandschaufel
37 der Geistliche
38 die Hinterbliebenen *m u. f*
39 der Witwenschleier, ein Trauerschleier *m*
40 die Sargträger *m*
41 die Totenbahre
42–50 **die Prozession**
42 das Prozessionskreuz, ein Tragkreuz *n*

43 der Kreuzträger
44 die Prozessionsfahne, eine Kirchenfahne
45 der Ministrant
46 der Baldachinträger
47 der Priester
48 die Monstranz, mit dem Allerheiligsten *n* (Sanktissimum)
49 der Traghimmel (Baldachin)
50 die Nonnen *f*
51 die Prozessionsteilnehmer *m*
52–58 **das Kloster**
52 der Kreuzgang
53 der Klosterhof (Klostergarten)
54 der Mönch, ein Benediktiner *m*
55 die Kutte
56 die Kapuze
57 die Tonsur
58 das Brevier
59 **die Katakombe** (das Zömeterium), eine unterirdische, altchristliche Begräbnisstätte
60 die Grabnische (das Arkosolium)
61 die Steinplatte

1 die christliche Taufe
2 die Taufkapelle (das Baptisterium)
3 der evangelische (protestantische) Geistliche
4 der Talar (Ornat)
5 die Beffchen *n*
6 der Halskragen
7 der Täufling
8 das Taufkleid
9 der Taufschleier
10 der Taufstein
11 das Taufbecken
12 das Taufwasser
13 die Paten *m*
14 die kirchliche Trauung
15 *u.* 16 das Brautpaar
15 die Braut
16 der Bräutigam
17 der Ring (Trauring, Ehering)
18 der Brautstrauß (das Brautbukett)
19 der Brautkranz
20 der Schleier (Brautschleier)
21 das Myrtensträußchen
22 der Geistliche
23 die Trauzeugen *m*
24 die Brautjungfer
25 die Kniebank
26 das Abendmahl
27 die Kommunizierenden *m u. n*
28 die Hostie (Oblate)
29 der Abendmahlskelch
30 der Rosenkranz
31 die Vater-unser-Perle
32 die Ave-Maria-Perle; *je 10:* ein Gesätz *n*
33 das Kruzifix
34–54 liturgische Geräte *n* (kirchliche Geräte)
34 die Monstranz
35 die Hostie (Große Hostie, das heilige Sakrament, Allerheiligste, Sanktissimum)
36 die Lunula
37 der Strahlenkranz
38 die Rauchfaßgarnitur (das Weihrauchfaß, Räucherfaß, Rauchfaß) für liturgische Räucherungen *f* (Inzensationen)
39 die Rauchfaßkette
40 der Rauchfaßdeckel
41 die Rauchfaßschale, ein Feuerbecken *n*
42 das Weihrauchschiffchen
43 der Weihrauchlöffel

44 die Meßgarnitur
45 das Meßkännchen für Wasser *n*
46 das Meßkännchen für Wein *m*
47 der Weihwasserkessel
48 das Ciborium (der Speisekelch) mit den kleinen Hostien *f*
49 der Kelch
50 die Hostienschale
51 die Patene
52 die Altarschelle (die Glocken *f*)
53 die Hostiendose (Pyxis)
54 das Aspergill (der Weihwedel)
55–72 christl. Kreuzformen *f*
55 das lateinische Kreuz (Passionskreuz)
56 das griechische Kreuz
57 das russische Kreuz
58 das Petruskreuz
59 das Antoniuskreuz (Taukreuz, ägyptisches Kreuz)
60 das Andreaskreuz (Schrägkreuz, der Schragen, das burgundische Kreuz)
61 das Schächerkreuz (Gabelkreuz, Deichselkreuz)
62 das Lothringer Kreuz
63 das Henkelkreuz
64 das Doppelkreuz (erzbischöfliches Kreuz)
65 das Kardinalkreuz (Patriarchenkreuz)
66 das päpstliche Kreuz (Papstkreuz)
67 das konstantinsche Kreuz, ein Christusmonogramm *n* (CHR)
68 das Wiederkreuz
69 das Ankerkreuz
70 das Krückenkreuz
71 das Kleeblattkreuz (Lazaruskreuz, Brabanter Kreuz)
72 das Jerusalemer Kreuz

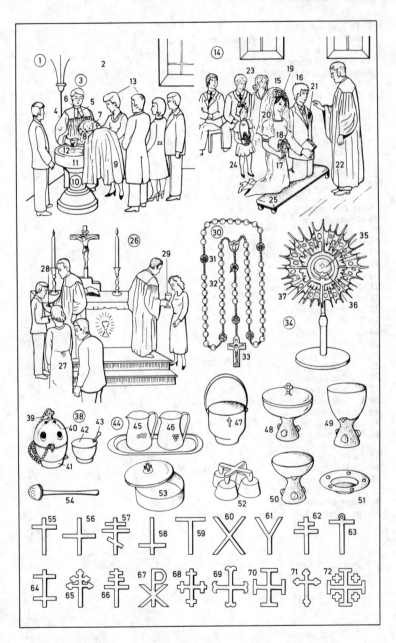

1–18 ägyptische Kunst *f*
1 die Pyramide, eine Spitzpyramide, ein
   Königsgrab *n*
2 die Königskammer
3 die Königinnenkammer
4 der Luftkanal
5 die Sargkammer
6 die Pyramidenanlage
7 der Totentempel
8 der Taltempel
9 der Pylon (Torbau)
10 die Obelisken *m*
11 der ägyptische Sphinx
12 die geflügelte Sonnenscheibe
13 die Lotossäule
14 das Knospenkapitell
15 die Papyrussäule
16 das Kelchkapitell
17 die Palmensäule
18 die Bildsäule
19 *u.* **20 babylonische Kunst** *f*
19 der babylonische Fries
20 der glasierte Reliefziegel
21–28 Kunst *f* **der Perser** *m*
21 das Turmgrab
22 die Stufenpyramide
23 die Stiersäule
24 der Blattüberfall
25 das Palmettenkapitell
26 die Volute
27 der Schaft
28 das Stierkapitell
29–36 Kunst *f* **der Assyrer** *m*
29 die Sargonsburg, eine Palastanlage
30 die Stadtmauer
31 die Burgmauer
32 der Tempelturm (Zikkurat), ein
   Stufenturm *m*
33 die Freitreppe
34 das Hauptportal
35 die Portalbekleidung
36 die Portalfigur
37 kleinasiatische Kunst *f*
38 das Felsgrab

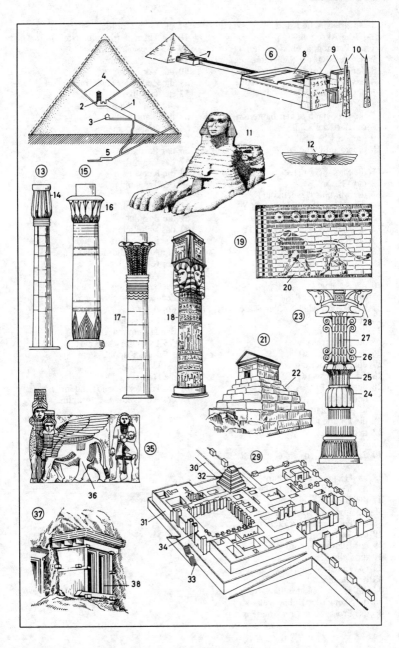

1–48 griechische Kunst *f*
1–7 die Akropolis
1 der Parthenon, ein dorischer Tempel
2 das Peristyl (der Säulenumgang)
3 der Aetos (das Giebeldreieck)
4 das Krepidoma (der Unterbau)
5 das Standbild
6 die Tempelmauer
7 die Propyläen *pl* (Torbauten *m*)
8 die dorische Säule
9 die ionische Säule
10 die korinthische Säule
11–14 das Kranzgesims
11 die Sima (Traufleiste)
12 das Geison
13 der Mutulus (Dielenkopf)
14 der Geisipodes (Zahnschnitt)
15 die Triglyphe (der Dreischlitz)
16 die Metope, eine Friesverzierung
17 die Regula (Tropfenplatte)
18 das Epistyl (der Architrav)
19 das Kyma (Kymation)
20–25 das Kapitell (Kapitäl)
20 der Abakus
21 der Echinus (Igelwulst)
22 der Hypotrachelion (der Säulenhals)
23 die Volute
24 das Volutenpolster
25 der Blattkranz
26 der Säulenschaft
27 die Kannelierung
28–31 die Basis (der Säulenfuß)
28 der Toros (Torus, Wulst)
29 der Trochilus (die Hohlkehle)
30 die Rundplatte
31 die Plinthe (der Säulensockel)
32 der Stylobat
33 die Stele
34 das Akroterion; *am Giebel:* die
Giebelverzierung
35 die Herme (der Büstenpfeiler)
36 die Karyatide; *männl.:* der Atlant
37 die griech. Vase
38–43 griech. Ornamente *n*
38 die Perlschnur, ein Zierband *n*
39 das Wellenband
40 das Blattornament
41 die Palmette
42 das Eierstabkyma
43 der Mäander
44 das griech. Theater (Theatron)
45 die Skene (das Bühnengebäude)
46 das Proskenium (der Bühnenplan)

47 die Orchestra (der Tanzplatz)
48 die Thymele (der Opferstein)
49–52 etruskische Kunst *f*
49 der etrusk. Tempel
50 die Vorhalle
51 die Zella (der Hauptraum)
52 das Gebälk
53–60 römische Kunst *f*
53 der Aquädukt
54 der Wasserkanal
55 der Zentralbau
56 der Portikus
57 das Gesimsband
58 die Kuppel
59 der Triumphbogen
60 die Attika
61–71 altchristl. Kunst *f*
61 die Basilika
62 das Mittelschiff
63 das Seitenschiff
64 die Apsis (Altarnische)
65 der Kampanile
66 das Atrium
67 der Säulengang
68 der Reinigungsbrunnen
69 der Altar
70 der Lichtgaden
71 der Triumphbogen
72–75 byzantinische Kunst *f*
72 u. **73** das Kuppelsystem
72 die Hauptkuppel
73 die Halbkuppel
74 der Hängezwickel (Pendentif)
75 das Auge, eine Lichtöffnung

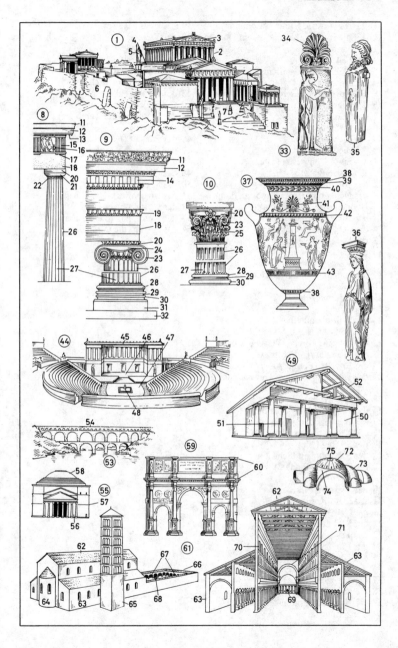

579

1–21 romanische Kunst f (Romanik)
1–13 die romanische Kirche, ein Dom m
1 das Mittelschiff
2 das Seitenschiff
3 das Querschiff (Querhaus)
4 der Chor
5 die Apsis (Chornische)
6 der Vierungsturm
7 der Turmhelm
8 die Zwergarkaden f
9 der Rundbogenfries
10 die Blendarkade
11 die Lisene, ein senkrechter
Wandstreifen m
12 das Rundfenster
13 das Nebenportal (Seitenportal, die
Nebenpforte, Seitenpforte)
14–16 roman. Ornamente n
14 das Schachbrettornament
15 das Schuppenornament
16 das Zackenornament
(Zickzackornament)
17 das roman. Wölbungssystem
18 der Gurtbogen
19 der Schildbogen
20 der Pfeiler
21 das Würfelkapitell
22–41 gotische Kunst f (Gotik)
22 die gotische Kirche [Westwerk n,
Westfassade f], ein Münster n
23 die Rosette (Fensterrose)
24 das Kirchenportal, ein Gewändeportal
n
25 die Archivolte
26 das Bogenfeld (Tympanon)
27–35 das got. Bausystem
27 u. **28** das Strebewerk
27 der Strebepfeiler
28 der Strebebogen (Schwibbogen)
29 die Fiale (das Pinakel), ein
Pfeileraufsatz m
30 der Wasserspeier
31 u. **32** das Kreuzgewölbe
31 die Gewölberippen f (Kreuzrippen)
32 der Schlußstein (Abhängling)
33 das Triforium (der Laufgang)
34 der Bündelpfeiler
35 der Dienst
36 der Wimperg (Ziergiebel)
37 die Kreuzblume
38 die Kriechblume (Krabbe)
39–41 das Maßwerkfenster, ein
Lanzettfenster n

39 u. **40** das Maßwerk
39 der Vierpaß
40 der Fünfpaß
41 das Stabwerk
42–54 Kunst f **der Renaissance**
42 die Renaissancekirche
43 der Risalit, ein vorspringender
Gebäudeteil m od. n
44 die Trommel (der Tambour)
45 die Laterne
46 der Pilaster (Halbpfeiler)
47 der Renaissancepalast
48 das Kranzgesims
49 das Giebelfenster
50 das Segmentfenster
51 das Bossenwerk (die Rustika)
52 das Gurtgesims
53 der Sarkophag (die Tumba)
54 das Feston (die Girlande)

336 Kunst IV

1–8 Kunst *f* **des Barocks** *m od. n*
1 die Barockkirche
2 das Ochsenauge
3 die welsche Haube
4 die Dachgaube
5 der Volutengiebel
6 die gekuppelte Säule
7 die Kartusche
8 das Rollwerk
9–13 die Kunst *f* **des Rokokos** *n*
9 die Rokokowand
10 die Voute, eine Hohlkehle
11 das Rahmenwerk
12 die Sopraporte (Supraporte)
13 die Rocaille, ein Rokokoornament *n*
14 der Tisch im **Louis-seize-Stil** *m*
15 das Bauwerk des **Klassizismus** *m* (im klassizistischen Stil *m*), ein Torbau *m*
16 der **Empiretisch** (Tisch im Empirestil *m*)
17 das **Biedermeiersofa** (Sofa im Biedermeierstil *m*)
18 der Lehnstuhl im **Jugendstil** *m*
19–37 Bogenformen *f*
19 der Bogen (Mauerbogen)
20 das Widerlager
21 der Kämpfer (Kämpferstein)
22 der Anfänger, ein Keilstein *m*
23 der Schlußstein
24 das Haupt (die Stirn)
25 die Leibung
26 der Rücken
27 der Rundbogen
28 der Flachbogen
29 der Parabelbogen
30 der Hufeisenbogen
31 der Spitzbogen
32 der Dreipaßbogen (Kleeblattbogen)
33 der Schulterbogen
34 der Konvexbogen
35 der Vorhangbogen
36 der Kielbogen (Karniesbogen); *ähnl.:* Eselsrücken *m*
37 der Tudorbogen
38–50 Gewölbeformen *f*
38 das Tonnengewölbe
39 die Kappe
40 die Wange
41 das Klostergewölbe
42 das Kreuzgratgewölbe
43 das Kreuzrippengewölbe
44 das Sterngewölbe
45 das Netzgewölbe

46 das Fächergewölbe
47 das Muldengewölbe
48 die Mulde
49 das Spiegelgewölbe
50 der Spiegel

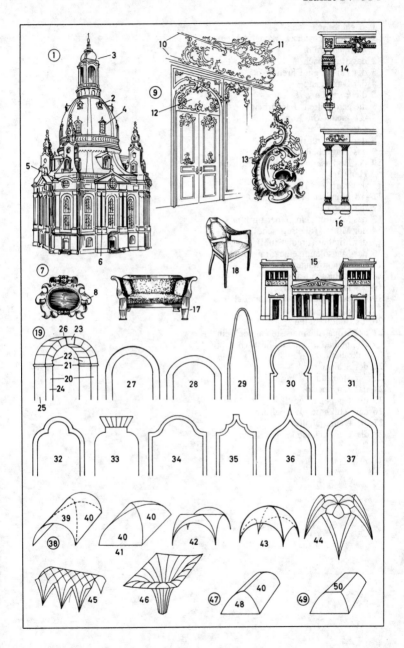

337 Kunst V

1–6 chinesische Kunst *f*
1 die Pagode (Stockwerkpagode), ein
  Tempelturm *m*
2 das Stufendach
3 der Pailou, ein Ehrentor *n*
4 der Durchgang
5 die Porzellanvase
6 die geschnittene Lackarbeit
7–11 japanische Kunst *f*
7 der Tempel
8 der Glockenturm
9 das Traggebälk
10 der Bodhisattwa, ein buddhistischer
   Heiliger
11 das Torii, ein Tor *n*
12–18 islamische Kunst *f*
12 die Moschee
13 das Minarett, ein Gebetsturm *m*
14 der Mikrab (die Betnische)
15 der Mimbar (Predigtstuhl)
16 das Mausoleum, eine Grabstätte
17 das Stalaktitengewölbe
18 das arabische Kapitell
19–28 indische Kunst *f*
19 der tanzende Schiwa, ein indischer
   Gott
20 die Buddhastatue
21 der Stupa (die indische Pagode), ein
   Kuppelbau *m*, ein buddhistischer
   Sakralbau
22 der Schirm
23 der Steinzaun
24 das Eingangstor
25 die Tempelanlage
26 der Schikhara (Tempelturm)
27 die Tschaitjahalle
28 die Tschaitja, ein kleiner Stupa

1–43 **das Atelier** (Studio)
1 das Atelierfenster
2 der Kunstmaler, ein Künstler *m*
3 die Atelierstaffelei
4 die Kreideskizze, mit dem Bildaufbau *m*
5 der Kreidestift
6–19 Malutensilien *n*; *meist pl* (Malgeräte *n*)
6 der Flachpinsel
7 der Haarpinsel
8 der Rundpinsel
9 der Grundierpinsel
10 der Malkasten
11 die Farbtube mit Ölfarbe *f*
12 der Firnis
13 das Malmittel
14 das Palettenmesser
15 der (die) Malspachtel
16 der Kohlestift
17 die Temperafarbe (Gouachefarbe)
18 die Aquarellfarbe (Wasserfarbe)
19 der Pastellstift
20 der Keilrahmen (Blendrahmen)

21 die Leinwand (das Malleinen)
22 die Malpappe, mit dem Malgrund *m*
23 die Holzplatte
24 die Holzfaserplatte (Preßholzplatte)
25 der Maltisch
26 die Feldstaffelei
27 das Stilleben, ein Motiv *n*
28 die Handpalette
29 der Palettenstecker
30 das (der) Podest
31 die Gliederpuppe
32 das Aktmodell (Modell, der Akt)
33 der Faltenwurf
34 der Zeichenbock
35 der Zeichenblock (Skizzenblock)
36 die Ölstudie
37 das Mosaik
38 die Mosaikfigur
39 die Mosaiksteine *m*
40 das Fresko (Wandbild)
41 das Sgraffito (die Kratzmalerei, der Kratzputz)
42 der Putz
43 der Entwurf

1 der Bildhauer
2 der Proportionszirkel
3 der Tastzirkel
4 das Gipsmodell, ein Gipsguß *m*
5 der Steinblock (Rohstein)
6 der Modelleur (Tonbildner)
7 die Tonfigur, ein Torso *m*
8 die Tonrolle, eine Modelliermasse
9 der Modellierbock
10 das Modellierholz
11 die Modellierschlinge
12 das Schlagholz
13 das Zahneisen
14 das Schlageisen (der Kantenmeißel)
15 das Punktiereisen
16 der Eisenhammer (Handfäustel)
17 der Hohlbeitel
18 das gekröpfte Eisen
19 der Kantbeitel, ein Stechbeitel *m*
20 der Geißfuß
21 der Holzhammer (Schlegel)
22 das Gerüst
23 die Fußplatte
24 das Gerüsteisen

25 der Knebel (Reiter)
26 die Wachsplastik
27 der Holzblock
28 der Holzbildhauer (Bildschnitzer)
29 der Sack mit Gipspulver *n* (Gips *m*)
30 die Tonkiste
31 der Modellierton (Ton)
32 die Statue, eine Skulptur (Plastik)
33 das Flachrelief (Basrelief, Relief)
34 das Modellierbrett
35 das Drahtgerüst, ein Drahtgeflecht *n*
36 das Rundmedaillon (Medaillon)
37 die Maske
38 die Plakette

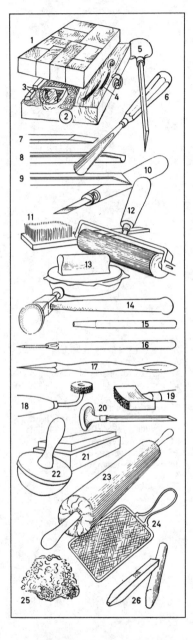

1–13 die Holzschneidekunst
(Xylographie, der Holzschnitt), ein
Hochdruckverfahren *n*
1 die Hirnholzplatte für Holzstich *m*, ein
Holzstock *m*
2 die Langholzplatte für Holzschnitt *m*,
eine Holzmodel
3 der Positivschnitt
4 der Langholzschnitt
5 der Konturenstichel (Linienstichel,
Spitzstichel)
6 das Rundeisen
7 das Flacheisen
8 das Hohleisen
9 der Geißfuß
10 das Konturenmesser
11 die Handbürste
12 die Gelatinewalze
13 der Reiber
14–24 der Kupferstich (die
Chalkographie), ein
Tiefdruckverfahren *n*; *Arten:* die
Radierung, die Schabkunst (das
Mezzotinto), die Aquatinta, die
Kreidemanier (Krayonmanier)
14 der Punzenhammer
15 die Punze
16 die Radiernadel (Graviernadel)
17 der Polierstahl, mit dem Schaber *m*
18 das Kornroulett (Punktroulett, der
Punktroller)
19 das Wiegemesser (Wiegeeisen, die
Wiege, der Granierstahl)
20 der Rundstichel (Boll-, Bolzstichel),
ein Grabstichel *m*
21 der Ölstein
22 der Tampon (Einschwärzballen)
23 die Lederwalze
24 das Spritzsieb
25 u. 26 die Lithographie (der
Steindruck), ein Flachdruckverfahren *n*
25 der Wasserschwamm (Schwamm), zum
Anfeuchten *n* des Lithosteines *m*
26 die Lithokreide (Fettkreide), eine
Kreide
27–64 die graphische Werkstatt, eine
Druckerei
27 der Einblattdruck
28 der Mehrfarbendruck (Farbdruck, die
Chromolithographie)
29 die Tiegeldruckpresse, eine
Handpresse
30 das Kniegelenk

31 der Tiegel, eine Preßplatte
32 die Druckform
33 die Durchziehkurbel
34 der Bengel
35 der Drucker
36 die Kupferdruckpresse
37 die Pappzwischenlage
38 der Druckregler
39 das Sternrad
40 die Walze
41 der Drucktisch
42 das Filztuch
43 der Probeabzug (Probedruck,
   Andruck)
44 der Kupferstecher
45 der Lithograph, beim Steinschliff *m*
46 die Schleifscheibe
47 die Körnung
48 der Glassand
49 die Gummilösung
50 die Greifzange
51 das Ätzbad, zum Ätzen *n* der
   Radierung
52 die Zinkplatte

53 die polierte Kupferplatte
54 die Kreuzlage
55 der Ätzgrund
56 der Deckgrund
57 der Lithostein
58 die Paßzeichen *n* (Nadelzeichen)
59 die Bildplatte
60 die Steindruckpresse
61 der Druckhebel
62 die Reiberstellung
63 der Reiber
64 das Steinbett

1–20 Schriften *f* **der Völker** *n*
1 altägyptische Hieroglyphen *f*, eine
   Bilderschrift
2 arabisch
3 armenisch
4 georgisch
5 chinesisch
6 japanisch
7 hebräisch
8 Keilschrift *f*
9 Devanagari *n* (die Schrift des Sanskrit
   n)
10 siamesisch
11 tamulisch (Tamul *n*)
12 tibetisch
13 Sinaischrift *f*
14 phönizisch
15 griechisch
16 lateinische (romanische) Kapitalis *f*
   (Kapitalschrift)
17 Unzialis *f* (Unziale, Unzialschrift)
18 karolingische Minuskel *f*
19 Runen *f*
20 russisch
21–26 alte **Schreibgeräte** *n*
21 indischer Stahlgriffel *m*, ein Ritzer *m*
   für Palmblattschrift *f*
22 altägyptischer Schreibstempel *m*, eine
   Binsenrispe
23 Rohrfeder *f*
24 Schreibpinsel *m*
25 römische Metallfeder *f* (Stilus *m*)
26 Gänsefeder *f*

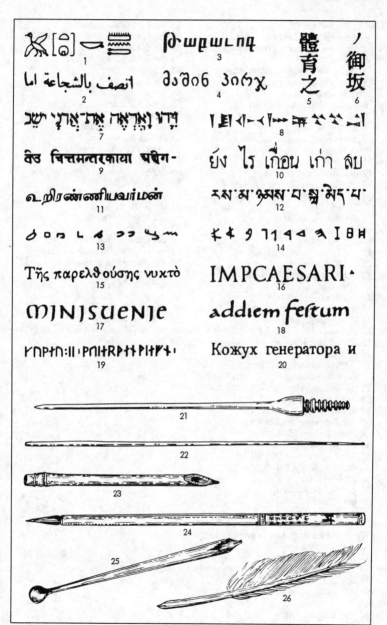

342 Schrift II

1–15 Schriften f
1 die gotische Schrift
2 die Schwabacher Schrift (Schwabacher)
3 die Fraktur
4 die Renaissanceantiqua (Mediaeval)
5 die vorklassizistische Antiqua (Barockantiqua)
6 die klassizistische Antiqua
7 die Grotesk (Groteskschrift)
8 die Egyptienne
9 die Schreibmaschinenschrift
10 die englische Schreibschrift
11 die deutsche Schreibschrift
12 die lateinische Schreibschrift
13 die Kurzschrift (Stenographie)
14 die Lautschrift (phonetische Umschrift)
15 die Blindenschrift
16–29 Satzzeichen n
16 der Punkt
17 der Doppelpunkt (das Kolon)
18 das Komma
19 der Strichpunkt (das Semikolon)
20 das Fragezeichen
21 das Ausrufezeichen
22 der Apostroph
23 der Gedankenstrich
24 die runden Klammern f
25 die eckigen Klammern f
26 das Anführungszeichen (die Anführungsstriche m, ugs. die Gänsefüßchen n)
27 das französische Anführungszeichen
28 der Bindestrich
29 die Fortführungspunkte m
30–35 Betonungszeichen n **und Aussprachezeichen** n
30 der Accent aigu (der Akut)
31 der Accent grave (der Gravis)
32 der Accent circonflexe (der Zirkumflex)
33 die Cedille [unter c]
34 das Trema [über e]
35 die Tilde [über n]
36 das Paragraphenzeichen
37–70 die Zeitung, eine überregionale Tageszeitung
37 die Zeitungsseite
38 die Frontseite
39 der Zeitungskopf
40 die Kopfleiste mit dem Impressum n
41 der Untertitel
42 das Ausgabedatum
43 die Postzeitungsnummer
44 die Schlagzeile (Artikelüberschrift)
45 die Spalte
46 die Spaltenüberschrift
47 die Spaltenlinie
48 der Leitartikel
49 der Artikelhinweis
50 die Kurznachricht
51 der politische Teil
52 die Seitenüberschrift
53 die Karikatur
54 der Korrespondentenbericht
55 das Agentursignum
56 die Werbeanzeige (ugs. Reklame f)
57 der Sportteil
58 das Pressefoto
59 die Bildunterschrift
60 der Sportbericht
61 die Sportnachricht
62 der überregionale Teil
63 die vermischten Nachrichten f
64 das Fernsehprogramm (die Programmvorschau)
65 der Wetterbericht
66 die Wetterkarte
67 der Feuilletonteil (das Feuilleton)
68 die Todesanzeige
69 der Anzeigenteil (Annoncenteil)
70 die Stellenanzeige, ein Stellenangebot n

Duden
1

Duden
2

Duden
3

Duden
4

Duden
5

Duden
6

Duden
7

Duden
8

Duden
9

Duden
10

Duden
11

Duden
12

13

du:dən
14

15

•
16

:
17

,
18

;
19

?
20

!
21

'
22

—
23

( )
24

[ ]
25

„ "
26

» «
27

-
28

. . .
29

é
30

è
31

ê
32

ç
33

ë
34

ñ
35

§
36

64 37 52 52 67

62 Deutschland und di... 57 52 Sport

Fernsehen am Wenn der Postbote "Dichter und Sänger sollen sagen, wie Fühler machen" 51 Politik 52 55 69 58

65 39 **Frankfurter Allgemeine** 43
42 40 41 —ZEITUNG FÜR DEUTSCHLAND—
45 46 Die CDU bereitet vorsorglich 44 53 59
66 die Gründung eines Landesverbands Bayern vor
49 47 60

Goppel verlangt Beratung im Parteivorstand
63 Jerusalem und Bonn sprechen von Frieden 48 61

68

56

22 intelligente Sekretärin
50 Hapag-Lloyd
38 zu Lande, zu Wasser in der Luft **Frankfurter Allgemeine** 70

343 Farbe

1 rot
2 gelb
3 blau
4 rosa
5 braun
6 himmelblau
7 orange
8 grün
9 violett
10 die additive Farbmischung
11 weiß
12 die subtraktive Farbmischung
13 schwarz
14 das Sonnenspektrum (die
   Regenbogenfarben *f*)
15 die Grauleiter (der Stufengraukeil)
16 die Glühfarben *f*

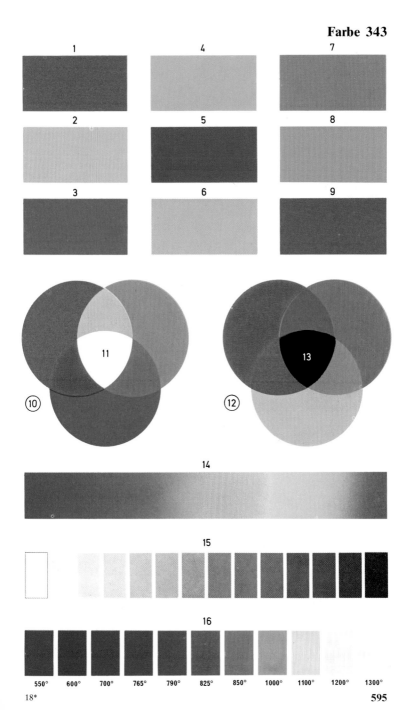

Farbe 343

1 4 7

2 5 8

3 6 9

10 11 12 13

14

15

16

| 550° | 600° | 700° | 765° | 790° | 825° | 850° | 1000° | 1100° | 1200° | 1300° |

18*

595

① I II III IV V VI VII VIII IX X
② 1 2 3 4 5 6 7 8 9 10

① XX XXX XL XLIX IL L LX LXX LXXX XC
② 20 30 40 49 50 60 70 80 90

① XCIX IC C CC CCC CD D DC DCC DCCC
② 99 100 200 300 400 500 600 700 800

① CM CMXC M
② 900 990 1000

③ 9658 ④ 5 kg. ⑤ 2 ⑥ 2. ⑦ +5 ⑧ -5

1–26 Arithmetik *f*
1–22 die Zahl
1 die römischen Ziffern *f* (Zahlzeichen *n*)
2 die arabischen Ziffern *f*
3 die reine (unbenannte) Zahl, eine vierstellige Zahl [8: die Einerstelle, 5: die Zehnerstelle, 6: die Hunderterstelle, 9: die Tausenderstelle]
4 die benannte Zahl
5 die Grundzahl (Kardinalzahl)
6 die Ordnungszahl (Ordinalzahl)
7 die positive Zahl [mit dem positiven Vorzeichen *n*]
8 die negative Zahl [mit dem negativen Vorzeichen *n*]
9 allgemeine Zahlen *f*
10 die gemischte Zahl [3: die ganze Zahl, $^1/_3$ der Bruch (die Bruchzahl, gebrochene Zahl, ein Zahlenbruch *m*)]
11 gerade Zahlen *f*
12 ungerade Zahlen *f*
13 Primzahlen *f*

14 die komplexe Zahl [3: die reelle Zahl, $2\sqrt{-1}$: die imaginäre Zahl]
15 *u.* 16 gemeine Brüche *m*
15 der echte Bruch [2: der Zähler, der Bruchstrich, 3: der Nenner]
16 der unechte Bruch, zugleich der Kehrwert (reziproke Wert) von 15
17 der Doppelbruch
18 der uneigentliche Bruch [ergibt beim „Kürzen" *n* eine ganze Zahl]
19 ungleichnamige Brüche *m* [35: der Hauptnenner (gemeinsame Nenner)]
20 der endliche Dezimalbruch (Zehnerbruch) mit Komma *n* und Dezimalstellen *f* [3: die Zehntel *n*, 5: die Hundertstel, 7: die Tausendstel]
21 der unendliche periodische Dezimalbruch
22 die Periode
23–26 das Rechnen (die Grundrechnungsarten *f*)
23 das Zusammenzählen (Addieren, die Addition); [3 u. 2: die Summanden *m*, +: das Pluszeichen, =: das

⑨ a, b, c ...   ⑩ $3\frac{1}{3}$ ⑪ 2, 4, 6, 8   ⑫ 1, 3, 5, 7

⑬ 3, 5, 7, 11   ⑭ $3 + 2\sqrt{-1}$ ⑮ $\frac{2}{3}$ ⑯ $\frac{3}{2}$

⑰ $\frac{\frac{5}{6}}{\frac{3}{4}}$ ⑱ $\frac{12}{4}$ ⑲ $\frac{4}{5} + \frac{2}{7} = \frac{38}{35}$ ⑳ 0,357

㉑ $0,6666.... = 0,\overline{6}$ ㉒   ㉓ 3 + 2 = 5

㉔ 3 - 2 = 1   ㉕ 3 · 2 = 6   ㉖ 6 : 2 = 3
              3 x 2 = 6

Gleichheitszeichen, 5: die Summe (das Ergebnis, Resultat)]

24 das Abziehen (Subtrahieren, die Subtraktion); [3: der Minuend, −: das Minuszeichen, 2: der Subtrahend, 1: der Rest (die Differenz)]

25 das Vervielfachen (Malnehmen, Multiplizieren, die Multiplikation); [3: der Multiplikand, : das Malzeichen, 2: der Multiplikator, 2 u. 3 Faktoren *m*, 6: das Produkt]

26 das Teilen (Dividieren, die Division); [6: der Dividend (die Teilungszahl), : = das Divisionszeichen, 2: der Teiler (Divisor), 3: der Quotient (Teilwert)]

① $3^2 = 9$ ② $\sqrt[3]{8} = 2$ ③ $\sqrt{4} = 2$

④ $3x + 2 = 12$

⑥

⑤ $4a + 6ab - 2ac = 2a(2 + 3b - c)$ $\log_{10} 3 = 0{,}4771$

oder $\lg 3 = 0{,}4771$

⑦ $\dfrac{k[1000\,\text{DM}] \cdot p[5\%] \cdot t[2\,\text{Jahre}]}{100} = z[100\,\text{DM}]$

1–24 Arithmetik *f*
1–10 höhere Rechnungsarten *f*
1 die Potenzrechnung (das Potenzieren);
   [3 hoch 2: die Potenz, 3: die Basis, 2:
   der Exponent (die Hochzahl), 9: der
   Potenzwert]
2 die Wurzelrechnung (das Radizieren,
   das Wurzelziehen); [3. Wurzel *ı* aus 8:
   die Kubikwurzel, 8: der Radikand (die
   Grundzahl), 3: der Wurzelexponent
   (Wurzelgrad), √: das Wurzelzeichen,
   2: der Wurzelwert]
3 die Quadratwurzel (Wurzel)
4 *u.* 5 die Buchstabenrechnung
   (Algebra)
4 die Bestimmungsgleichung [3,2: die
   Koeffizienten *m*, x: die Unbekannte]
5 die identische Gleichung (Identität,
   Formel); [a, b, c: die allgemeinen
   Zahlen *f*]
6 die Logarithmenrechnung (das
   Logarithmieren); [log: das Zeichen für
   den Logarithmus, lg: das Zeichen für
   den Zehnerlogarithmus, 3: der

Numerus, 10: die Grundzahl (Basis),
0: die Kennziffer, 4771: die Mantisse,
0,4771: der Logarithmus]
7 die Zinsrechnung; [k: das Kapital (der
   Grundwert), p: der Zinsfuß
   (Prozentsatz, Hundertsatz), t: die Zeit,
   z: die Zinsen *m* (Prozente *n*, der Zins,
   Gewinn), %: das Prozentzeichen]
8–10 die Schlußrechnung
   (Dreisatzrechnung, Regeldetri); [≙ :
   entspricht]
8 der Ansatz mit der Unbekannten x
9 die Gleichung (Bestimmungsgleichung)
10 die Lösung
11–14 höhere Mathematik
11 die arithmetische Reihe mit den
   Gliedern *n* 2, 4, 6, 8
12 die geometrische Reihe
13 *u.* **14 die Infinitesimalrechnung**
13 der Differentialquotient (die
   Ableitung); [dx, dy: die Differentiale,
   d: das Differentialzeichen]

⑧ $\dfrac{\begin{array}{l}2\,\text{Jahre} \mathrel{\widehat{=}} 50\,\text{DM}\\ 4\,\text{Jahre} \mathrel{\widehat{=}}\ x\,\text{DM}\end{array}}{}$

⑨ $2 : 50\ = 4 : x$

⑩ $x\ = 100\,\text{DM}$

⑪ $2 + 4 + 6 + 8\ \dots$

⑫ $2 + 4 + 8 + 16 + 32 \dots$

⑬ $\dfrac{dy}{dx}$

⑭ $\displaystyle\int a x\,dx = a\!\int x\,dx = \dfrac{a x^{2}}{2} + C$

⑮ ∞ ⑯ $\equiv$ ⑰ $\approx$ ⑱ $\neq$ ⑲ $>$

⑳ $<$ ㉑ $\parallel$ ㉒ $\sim$ ㉓ $\sphericalangle$ ㉔ $\triangle$

14 das Integral (die Integration); [x: die
Veränderliche (der Integrand), C: die
Integrationskonstante, ∫: das
Integralzeichen, dx: das Differential]
15–24 mathematische Zeichen *n*
15 unendlich
16 identisch (das Identitätszeichen)
17 annähernd gleich
18 ungleich (das Ungleichheitszeichen)
19 größer als
20 kleiner als
21–24 geometrische Zeichen *n*
21 parallel (das Parallelitätszeichen)
22 ähnlich (das Ähnlichkeitszeichen)
23 das Winkelzeichen
24 das Dreieckszeichen

346 Mathematik III (Geometrie I).

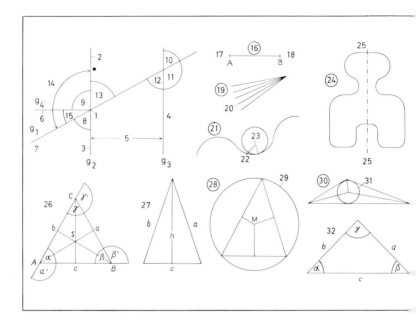

1–58 die Planimetrie (elementare, euklidische Geometrie)
1–23 Punkt *m*, Linie *f*, Winkel *m*
1 der Punkt [Schnittpunkt von g_1 und g_2], der Scheitelpunkt von 8
2 *u.* 3 die Gerade g_2
4 die Parallele zu g_2
5 der Abstand der Geraden *f* g_2 und g_3
6 die Senkrechte (g_4) auf g_2
7 *u.* 3 die Schenkel *m* von 8
8 der Winkel
8 *u.* 13 Scheitelwinkel *m*
9 der rechte Winkel [90°]
10 der spitze Winkel, zugl. Wechselwinkel zu 8
11 der stumpfe Winkel
10, 11 *u.* 12 der überstumpfe Winkel
12 der Gegenwinkel zu 8
13, 9 *u.* 15 der gestreckte Winkel [180°]
14 der Nebenwinkel; *hier:* Supplementwinkel *m* zu 13
15 der Komplementwinkel zu 8
16 die Strecke AB
17 der Endpunkt A
18 der Endpunkt B
19 das Strahlenbündel
20 der Strahl
21 die krumme (gekrümmte) Linie
22 ein Krümmungshalbmesser *m*
23 ein Krümmungsmittelpunkt *m*
24–58 die ebenen Flächen *f*
24 die symmetrische Figur
25 die Symmetrieachse
26–32 Dreiecke *n*
26 das gleichseitige Dreieck; [A, B, C die Eckpunkte *m*; a, b, c die Seiten *f*; α (Alpha), β (Beta), γ (Gamma) die Innenwinkel *m*; α′, β′, γ′ die Außenwinkel *m*; S der Schwerpunkt]
27 das gleichschenklige Dreieck; [a, b die Schenkel *m*; c die Basis (Grundlinie), h die Achse, eine Höhe]
28 das spitzwinklige Dreieck mit den Mittelsenkrechten *f*
29 der Umkreis
30 das stumpfwinklige Dreieck mit den Winkelhalbierenden *f*
31 der Inkreis

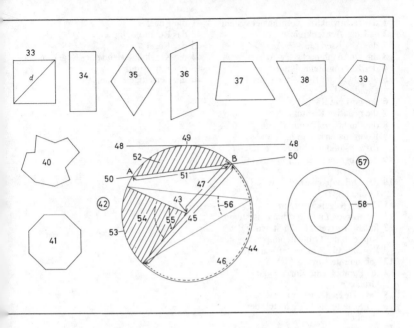

32 das rechtwinklige Dreieck und die
trigonometrischen Winkelfunktionen
f; [a, b die Katheten f; c die
Hypotenuse; γ der rechte Winkel;
a:c = sin α (Sinus); b:c = cos α
(Kosinus); a:b = tg α (Tangens);
b:a = ctg α (Kotangens)]
33–39 Vierecke n
33–36 Parallelogramme n
33 das Quadrat [d eine Diagonale]
34 das Rechteck
35 der Rhombus (die Raute)
36 das Rhomboid
37 das Trapez
38 das Deltoid (der Drachen)
39 das unregelmäßige Viereck
40 das Vieleck
41 das regelmäßige Vieleck
42 **der Kreis**
43 der Mittelpunkt (das Zentrum)
44 der Umfang (die Peripherie, Kreislinie)
45 der Durchmesser
46 der Halbkreis
47 der Halbmesser (Radius, r)
48 die Tangente

49 der Berührungspunkt (P)
50 die Sekante
51 die Sehne AB
52 das Segement (der Kreisabschnitt)
53 der Kreisbogen
54 der Sektor (Kreisausschnitt)
55 der Mittelpunktswinkel (Zentriwinkel)
56 der Umfangswinkel (Peripheriewinkel)
57 der Kreisring
58 konzentrische Kreise m

347 Mathematik IV (Geometrie II)

1 das rechtwinklige Koordinatensystem
2 u. 3 das Achsenkreuz
2 die Abszissenachse (x-Achse)
3 die Ordinantenachse (y-Achse)
4 der Koordinatennullpunkt
5 der Quadrant [I–IV der 1. bis 4. Quadrant]
6 die positive Richtung
7 die negative Richtung
8 die Punkte m [P_1 und P_2] im Koordinatensystem n; x_1 und y_1 [bzw. x_2 und y_2] ihre Koordinaten f
9 der Abszissenwert [x_1 bzw. x_2] (die Abszissen f)
10 der Ordinatenwert [y_1 bzw. y_2] (die Ordinaten f)
11–29 die Kegelschnitte m
11 die Kurven f im Koordinatensystem n
12 lineare Kurven f [a die Steigung der Kurve, b der Ordinatendurchgang der Kurve, c die Wurzel der Kurve]
13 gekrümmte Kurven f
14 die Parabel, eine Kurve zweiten Grades m
15 die Äste m der Parabel
16 der Scheitelpunkt (Scheitel) der Parabel
17 die Achse der Parabel
18 eine Kurve dritten Grades m
19 das Kurvenmaximum
20 das Kurvenminimum
21 der Wendepunkt
22 die Ellipse
23 die große Achse
24 die kleine Achse
25 die Brennpunkte m der Ellipse [F_1 und F_2]
26 die Hyperbel
27 die Brennpunkte m [F_1 u. F_2]
28 die Scheitelpunkte m [S_1 u. S_2]
29 die Asymptoten f [a und b]
30–46 geometrische Körper m
30 der Würfel
31 das Quadrat, eine Fläche
32 die Kante
33 die Ecke
34 die Säule (das quadratische Prisma)
35 die Grundfläche
36 der Quader
37 das Dreikantprisma
38 der Zylinder, ein gerader Zylinder
39 die Grundfläche, eine Kreisfläche
40 der Mantel

41 die Kugel
42 das Rotationsellipsoid
43 der Kegel
44 die Kegelhöhe (Höhe des Kegels m
45 der Kegelstumpf
46 die vierseitige Pyramide

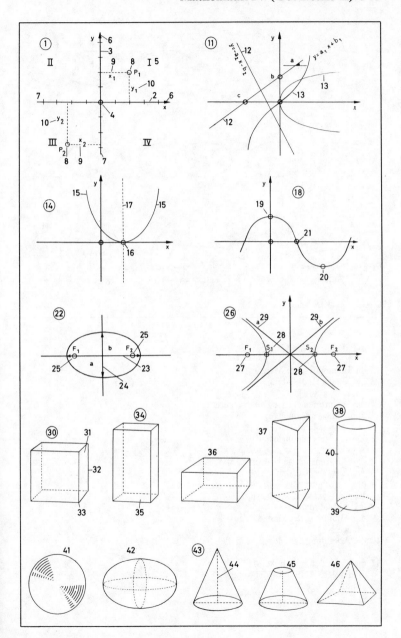

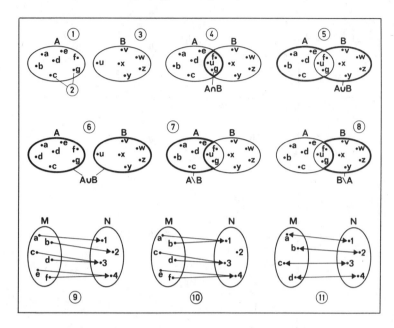

1 die Menge A, die Menge
{a, b, c, d, e, f, g}

2 die Elemente *n* der Menge A

3 die Menge B, die Menge
{u, v, w, x, y, z}

4 die Schnittmenge (der Durchschnitt,
die Durchschnittsmenge)
$A \cap B = \{f, g, u\}$

5 *u.* **6** die Vereinigungsmenge
$A \cup B = \{a, b, c, d, e, f, g, u, v, w, x, y, z\}$

7 die Differenzmenge (Restmenge)
$A \setminus B = \{a, b, c, d, e\}$

8 die Differenzmenge
$B \setminus A = \{v, w, x, y, z\}$

9–11 Abbildungen *f*

9 die Abbildung der Menge M *auf* die
Menge N

10 die Abbildung der Menge M *in* die
Menge N

11 die eineindeutige (umkehrbar
eindeutige) Abbildung der Menge M
auf die Menge N

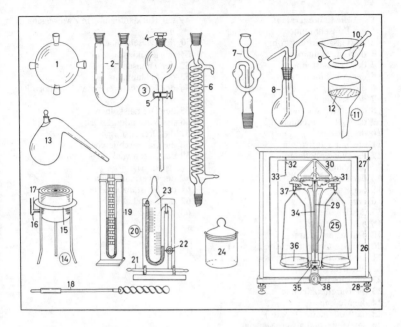

1–38 die Laborgeräte n

1 die Scheidtsche Kugel
2 das U-Rohr
3 der Scheidetrichter (Tropftrichter)
4 der Achtkantschliffstöpsel
5 der Hahn
6 der Schlangenkühler
7 das Sicherheitsrohr (der Gäraufsatz)
8 die Spritzflasche
9 die Reibschale
10 das Pistill (der Stampfer, die Keule)
11 die Nutsche (der Büchner-Trichter)
12 das Filtersieb (die Fritte)
13 die Retorte
14 das Wasserbad
15 der Dreifuß
16 der Wasserstandszeiger
17 die Einlegeringe m
18 der Rührer
19 das Über- und Unterdruckmanometer
   (Manometer)
20 das Spiegelglasmanometer, für kleine
   Drücke m
21 die Ansaugleitung
22 der Hahn

23 die verschiebbare Skala
24 das Wägeglas
25 die Analysenwaage
26 das Gehäuse
27 die Vorderwand, zum Hochschieben n
28 die Dreipunktauflage
29 der Ständer
30 der Waagebalken
31 die Reiterschiene
32 die Reiterauflage
33 der Reiter
34 der Zeiger
35 die Skala
36 die Wägeschale
37 die Arretierung
38 der Arretierungsknopf

350 Chemielabor (chemisches Laboratorium) II

1–63 die Laborgeräte *n*
1 der Bunsenbrenner
2 das Gaszuführungsrohr
3 die Luftregulierung
4 der Teclu-Brenner
5 der Anschlußstutzen
6 die Gasregulierung
7 der Kamin
8 die Luftregulierung
9 der Gebläsebrenner
10 der Mantel
11 die Sauerstoffzufuhr
12 die Wasserstoffzufuhr
13 die Sauerstoffdüse
14 der Dreifuß
15 der Ring
16 der Trichter
17 das Tondreieck
18 das Drahtnetz
19 das Asbestdrahtnetz
20 das Becherglas (der Kochbecher)
21 die Bürette, zum Abmessen *n* von
   Flüssigkeit *f*
22 das Bürettenstativ
23 die Bürettenklemme
24 die Meßpipette
25 die Vollpipette (Pipette)
26 der Meßzylinder (das Meßglas)
27 der Mischzylinder
28 der Meßkolben
29 die Abdampfschale, aus Porzellan *n*
30 die Schlauchklemme (der
   Quetschhahn)
31 der Tontiegel, mit Deckel *m*
32 die Tiegelzange
33 die Klemme (Klammer)
34 das Reagenzglas (Probierglas)
35 das Reagenzglasgestell (der
   Reagenzglashalter)
36 der Stehkolben
37 der Schliffansatz
38 der Rundkolben, mit langem Hals *m*
39 der Erlenmeyerkolben
40 die Filtrierflasche
41 der (das) Faltenfilter
42 der Einweghahn
43 die Chlorkalziumröhre
44 der Hahnstopfen
45 der Zylinder
46 der Destillierapparat
47 der Destillierkolben
   (Kochkolben)
48 der Kühler

49 der Rücklaufhahn, ein Zweiwegehahn
   m
50 der Claisenkolben
51 der Exsikkator
52 der Tubusdeckel
53 der Schlußhahn
54 der Exsikkatoreneinsatz, aus Porzellan
   n
55 der Dreihalskolben
56 das Verbindungsstück
57 die Dreihalsflasche
58 die Gaswaschflasche
59 der Gasentwicklungsapparat (Kippsche
   Apparat)
60 der Überlaufbehälter
61 der Substanzbehälter
62 der Säurebehälter
63 die Gasentnahme

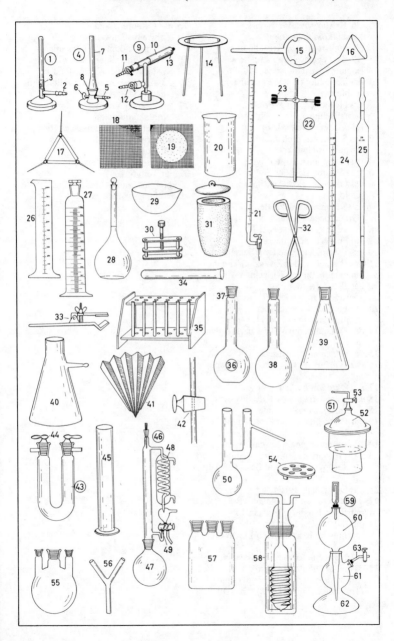

351 Kristalle, Kristallkunde

1-26 Kristallgrundformen f **und Kristallkombinationen** f
(Kristallstruktur f, Kristallbau m)
1-17 das reguläre (kubische, tesserale, isometr.) **Kristallsystem**
1 das Tetraeder (der Vierflächner) [Fahlerz n]
2 das Hexaeder (der Würfel, Sechsflächner), ein Vollflächner m (Holoeder) [Steinsalz n]
3 das Symmetriezentrum (der Kristallmittelpunkt)
4 eine Symmetrieachse (Gyre)
5 eine Symmetrieebene
6 das Oktaeder (der Achtflächner) [Gold n]
7 das Rhombendodekaeder (Granatoeder) [Granat m]
8 das Pentagondodekaeder [Pyrit m]
9 ein Fünfeck n (Pentagon)
10 das Pyramidenoktaeder [Diamant m]
11 das Ikosaeder (der Zwanzigflächner), ein regelmäßiger Vielflächner
12 das Ikositetraeder (der Vierundzwanzigflächner) [Leuzit m]
13 das Hexakisoktaeder (der Achtundvierzigflächner) [Diamant m]
14 das Oktaeder, mit Würfel m [Bleiglanz m]
15 ein Hexagon n (Sechseck)
16 der Würfel, mit Oktaeder n [Flußspat m]
17 ein Oktogon n (Achteck)
18 u. **19 das tetragonale Kristallsystem**
18 die tetragonale Pyramide
19 das Protoprisma, mit Protopyramide f [Zirkon m]
20-22 das hexagonale Kristallsystem
20 das Protoprisma, mit Proto- und Deuteropyramide f und Basis f [Apatit m]
21 das hexagonale Prisma
22 das hexagonale (ditrigonale) Prisma, mit Rhomboeder n [Kalkspat m]
23 die rhombische Pyramide (das rhombische Kristallsystem) [Schwefel m]
24 u. **25 das monkline Kristallsystem**
24 das monkline Prisma, mit Klinopinakoid n und Hemipyramide f (Teilflach n, Hemieder n) [Gips m]

25 das Orthopinakoid (Schwalbenschwanz-Zwillingskristall m) [Gips m]
26 trikline Pinakoiden (das trikline Kristallsystem) [Kupfersulfat n]
27-33 Apparate m **zur Kristallmessung** (zur Kristallometrie)
27 das Anlegegoniometer (Kontaktgoniometer)
28 das Reflexionsgoniometer
29 der Kristall
30 der Kollimator
31 das Beobachtungsfernrohr
32 der Teilkreis
33 die Lupe, zum Ablesen n des Drehungswinkels m

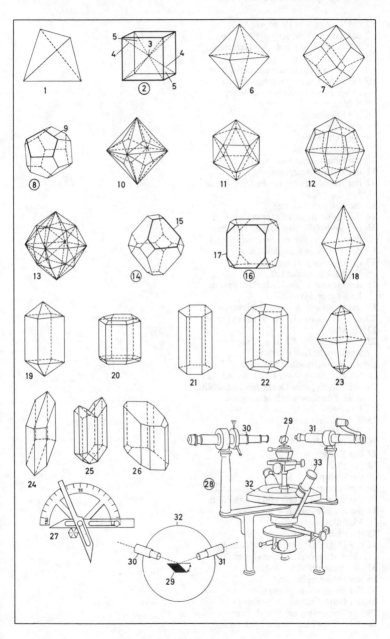

1 der Totempfahl (Wappenpfahl)
2 das Totem, eine geschnitzte u. bemalte
   bildliche od. symbolische Darstellung
3 der Prärieindianer
4 der Mustang, ein Steppenpferd *n*
5 der (das) Lasso, ein langer Wurfriemen
   m mit leicht zusammenziehbarer
   Schlinge
6 die Friedenspfeife
7 das Tipi
8 die Zeltstange
9 die Rauchklappe
10 die Squaw, eine Indianerfrau
11 der Indianerhäuptling
12 der Kopfschmuck, ein Federschmuck
   m
13 die Kriegsbemalung
14 die Halskette aus Bärenkrallen *f*
15 der Skalp (die abgezogene Kopfhaut
   des Gegners *m*), ein Siegeszeichen *n*
16 der Tomahawk, eine Streitaxt
17 die Leggins *pl* (Leggings,
   Wildledergamaschen)
18 der Mokassin, ein Halbschuh *m* (aus
   Leder *n* und Bast *m*)
19 das Kanu der Waldlandindianer *m*
20 der Mayatempel, eine Stufenpyramide
21 die Mumie
22 das Quipu (die Knotenschnur,
   Knotenschrift der Inka *m*)
23 der Indio (Indianer Mittel- u.
   Südamerikas); *hier:* Hochlandindianer *m*
24 der Poncho, eine Decke mit Halsschlitz
   m als ärmelloser, mantelartiger
   Überwurf
25 der Indianer der tropischen
   Waldgebiete *n*
26 das Blasrohr
27 der Köcher
28 der Pfeil
29 die Pfeilspitze
30 der Schrumpfkopf, eine Siegestrophäe
31 die Bola, ein Wurf- und Fanggerät *n*
32 die in Leder gehüllte Stein- od.
   Metallkugel
33 die Pfahlbauhütte
34 der Dukduk-Tänzer, ein Mitglied *n*
   eines Männergeheimbundes *m*
35 das Auslegerboot
36 der Schwimmbalken
37 der eingeborene Australier
38 der Gürtel aus Menschenhaar *n*
39 der Bumerang, ein Wurfholz *n*
40 die Speerschleuder mit Speeren *m*

1 der Eskimo
2 der Schlittenhund, ein Polarhund *m*
3 der Hundeschlitten
4 der (das) Iglu, eine kuppelförmige
   Schneehütte
5 der Schneeblock
6 der Eingangstunnel
7 die Tranlampe
8 das Wurfbrett
9 die Stoßharpune
10 die einspitzige Harpune
11 der Luftsack
12 der (das) Kajak, ein leichtes
   Einmannboot *n*
13 das fellbespannte Holz- oder
   Knochengerüst
14 das Paddel
15 das Rengespann
16 das Rentier
17 der Ostjake
18 der Ständerschlitten
19 die Jurte, ein Wohnzelt *n* der west-
   und zentralasiatischen Nomaden *m*
20 die Filzbedeckung
21 der Rauchabzug
22 der Kirgise
23 die Schaffellmütze
24 der Schamane
25 der Fransenschmuck
26 die Rahmentrommel
27 der Tibeter
28 die Gabelflinte
29 die Gebetsmühle
30 der Filzstiefel
31 das Hausboot (der Sampan)
32 die Dschunke
33 das Mattensegel
34 die Rikscha
35 der Rikschakuli
36 der (das) Lampion
37 der Samurai
38 die wattierte Rüstung
39 die Geisha
40 der Kimono
41 der Obi
42 der Fächer
43 der Kuli
44 der Kris, ein malaiischer Dolch
45 der Schlangenbeschwörer
46 der Turban
47 die Flöte
48 die tanzende Schlange

1 die Kamelkarawane
2 das Reittier
3 das Lasttier (Tragtier)
4 die Oase
5 der Palmenhain
6 der Beduine
7 der Burnus
8 der Massaikrieger
9 die Haartracht
10 der Schild
11 die bemalte Rindshaut
12 die Lanze mit langer Klinge
13 der Neger
14 die Tanztrommel
15 das Wurfmesser
16 die Holzmaske
17 die Ahnenfigur
18 die Signaltrommel
19 der Trommelstab
20 der Einbaum, ein aus einem
   Baumstamm *m* ausgehöhltes Boot
21 die Negerhütte
22 die Negerin
23 die Lippenscheibe
24 der Mahlstein
25 die Hererofrau
26 die Lederhaube
27 die Kalebasse
28 die Bienenkorbhütte
29 der Buschmann
30 der Ohrpflock
31 der Lendenschurz
32 der Bogen
33 der Kirri, eine Keule mit rundem,
   verdicktem Kopf *m*
34 die Buschmannfrau beim Feuerbohren
   n
35 der Windschirm
36 der Zulu im Tanzschmuck *m*
37 der Tanzstock
38 der Beinring
39 das Kriegshorn aus Elfenbein *n*
40 die Amulett-und-Würfel-Kette
41 der Pygmäe
42 die Zauberpfeife zur
   Geisterbeschwörung
43 der Fetisch

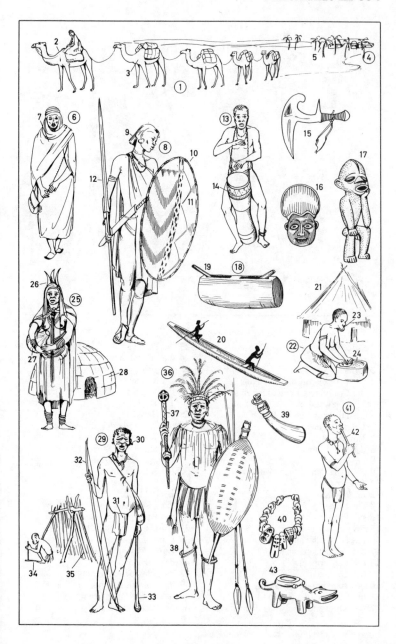

1 Griechin f
2 der Peplos
3 Grieche m
4 der Petasos (thessalische Hut)
5 der Chiton, ein Leinenrock m als Untergewand n
6 das Himation, ein wollener Überwurfmantel
7 Römerin f
8 das Stirntoupet
9 die Stola
10 die Palla, ein farbiger Umwurf
11 Römer m
12 die Tunika
13 die Toga
14 der Purpursaum
15 byzantin. Kaiserin f
16 das Perlendiadem
17 das Schmuckgehänge
18 der Purpurmantel
19 das Gewand
20 deutsche Fürstin f [13. Jh.]
21 das Diadem (der Schapel)
22 das Kinnband (Gebände, Gebende)
23 die Tassel
24 die Mantelschnur
25 das gegürtete Kleid
26 der Mantel
27 Deutscher in span. Tracht f [um 1575]
28 das Barett
29 der kurze Mantel (die Kappe)
30 das ausgestopfte Wams
31 die gepolsterte Oberschenkelhose
32 Landsknecht m [um 1530]
33 das Schlitzwams
34 die Pluderhose
35 Baslerin f [um 1525]
36 das Überkleid
37 das Untergewand
38 Nürnbergerin f [um 1500]
39 der Schulterkragen (Goller, Koller)
40 Burgunder m [15. Jh.]
41 das kurze Wams
42 die Schnabelschuhe m
43 die Holzunterschuhe m (Trippen f)
44 junger Edelmann [um 1400]
45 die kurze Schecke

46 die Zaddelärmel *m*
47 die Strumpfhose
48 Augsburger Patrizierin *f* [um 1575]
49 die Ärmelpuffe
50 das Überkleid (die Marlotte)
51 franz. Dame *f* [um 1600]
52 der Mühlsteinkragen
53 die geschnürte Taille
   (Wespentaille)
54 Herr *m* [um 1650]
55 der schwed. Schlapphut
56 der Leinenkragen
57 das Weißzeugfutter
58 die Stulpenstiefel *m*
59 Dame *f* [um 1650]
60 die gepufften Ärmel *m* (Puffärmel)
61 Herr *m* [um 1700]
62 der Dreispitz (Dreieckhut, Dreimaster)
63 der Galanteriedegen
64 Dame *f* [um 1700]
65 die Spitzenhaube
66 der Spitzenumhang
67 der Stickereisaum
68 Dame *f* [um 1880]

69 die Turnüre (der Cul de Paris)
70 Dame *f* [um 1858]
71 die Schute (der Schutenhut)
72 der runde Reifrock (die Krinoline)
73 Herr *m* der Biedermeierzeit
74 der hohe Kragen (Vatermörder)
75 die geblümte Weste
76 der Schoßrock
77 die Zopfperücke
78 das Zopfband (die Zopfschleife)
79 Damen *f* im Hofkleid *n* [um 1780]
80 die Schleppe
81 die Rokokofrisur
82 der Haarschmuck
83 der flache Reifrock

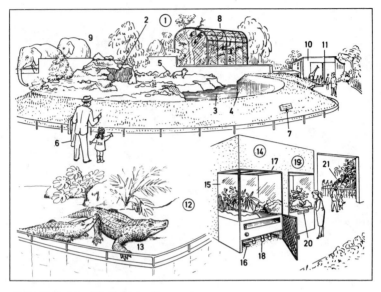

1 das Freigehege (die Freianlage)
2 der Naturfelsen
3 der Absperrgraben, ein Wassergraben
  m
4 die Schutzmauer
5 die gezeigten Tiere *n*; *hier:* ein
  Löwenrudel *n*
6 der Zoobesucher
7 die Hinweistafel
8 die Voliere (das Vogelgehege)
9 das Elefantengehege
10 das Tierhaus (z. B. Raubtierhaus,
   Giraffenhaus, Elefantenhaus,.
   Affenhaus)
11 der Außenkäfig (Sommerkäfig)
12 das Reptiliengehege
13 das Nilkrokodil
14 das Terra-Aquarium
15 der Glasschaukasten
16 die Frischluftzuführung
17 der Luftabzug (die Entlüftung)
18 die Bodenheizung
19 das Aquarium
20 die Erläuterungstafel
21 die Klimalandschaft

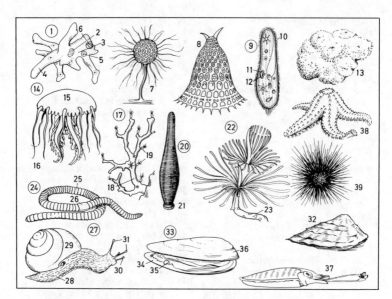

1–12 Einzeller *m* (Einzellige, Protozoen
n, Urtierchen)
1 die Amöbe (das Wechseltierchen), ein
Wurzelfüßer *m*
2 der Zellkern
3 das Protoplasma
4 das Scheinfüßchen
5 das Absonderungsbläschen (die
pulsierende Vakuole, eine Organelle)
6 das Nahrungsbläschen (die
Nahrungsvakuole)
7 das Gittertierchen, ein
Sonnentierchen *n*
8 das Strahlentierchen (die Radiolarie);
darg.: das Kieselsäureskelett
9 das Pantoffeltierchen, ein
Wimperinfusorium *n*
(Wimpertierchen)
10 die Wimper
11 der Hauptkern (Großkern)
12 der Nebenkern (Kleinkern)
13–39 Vielzeller *m* (Gewebetiere *n*,
Metazoen)
13 der Badeschwamm, ein Schwammtier *n*
(Schwamm *m*)
14 die Meduse, eine Scheibenqualle
(Schirmqualle, Qualle), ein Hohltier *n*
15 der Schirm
16 der Fangarm (der *od.* das Tentakel)
17 die Edelkoralle, ein Korallentier *n*
(Blumentier; Riffbildner *m*)
18 der Korallenstock
19 der Korallenpolyp
20–26 Würmer *m*
20 der Blutegel, ein Ringelwurm *m*
(Gliederwurm)
21 die Saugscheibe
22 der Spirographis, ein Borstenwurm *m*
23 die Röhre
24 der große Regenwurm (Tauwurm,
Pier)
25 das Körperglied (Segment)
26 das Clitellum [der Begattung dienende
Region]
27–36 Weichtiere *n* (Mollusken *f, auch:*
Schaltiere *n*)
27 die Weinbergschnecke, eine Schnecke
28 der Kriechfuß
29 die Schale (das Gehäuse,
Schneckenhaus)
30 das Stielauge
31 der Fühler *m*
32 die Auster
33 die Flußperlmuschel
34 die Perlmutter (das Perlmutt)
35 die Perle
36 die Muschelschale
37 der gemeine Tintenfisch, ein Kopffüßer
m
38 *u.* **39 Stachelhäuter** *m* (Echinodermen)
38 der Seestern
39 der Seeigel

358 Gliedertiere

1–23 Gliederfüßer m
1 u. 2 Krebstiere n (Krebse m,
  Krustentiere n)
1 die Wollhandkrabbe, eine Krabbe
2 die Wasserassel
3–23 Insekten n (Kerbtiere, Kerfe m)
3 die Seejungfer, ein Gleichflügler m,
  eine Libelle (Wasserjungfer)
4 der Wasserskorpion, eine
  Wasserwanze, ein Schnabelkerf m
5 das Raubbein
6 die Eintagsfliege
7 das Facettenauge
8 das Grüne Heupferd (die Heuschrecke,
  der Heuspringer, Heuhüpfer,
  Grashüpfer), eine Springheuschrecke,
  ein Geradflügler m
9 die Larve
10 das geschlechtsreife Insekt, eine
  Imago, ein Vollkerf m
11 das Springbein
12 die Große Köcherfliege (eine
  Köcherfliege, Wassermotte,
  Frühlingsfliege, ein Haarflügler), ein
  Netzflügler m
13 die Blattlaus (Röhrenlaus), eine
  Pflanzenlaus
14 die ungeflügelte Blattlaus
15 die geflügelte Blattlaus
16–20 Zweiflügler m
16 die Stechmücke (obd. Schnake, österr.
  Gelse, der Moskito), eine Mücke
17 der Stechrüssel
18 die Schmeißfliege (der Brummer), eine
  Fliege
19 die Made
20 die Puppe
21–23 Hautflügler m
21 u. 22 die Ameise
21 das geflügelte Weibchen
22 der Arbeiter
23 die Hummel
24–39 Käfer m (Deckflügler)
24 der Hirschkäfer (obd. Schröter,
  Feuerschröter, Hornschröter, md.
  Hausbrenner, schweiz. Donnerkäfer,
  österr. Schmidkäfer), ein
  Blatthornkäfer m
25 die Kiefer m (Zangen f)
26 die Freßwerkzeuge n
27 der Fühler
28 der Kopf
29 u. 30 die Brust (der Thorax)

29 der Halsschild
30 das Schildchen
31 der Hinterleibsrücken
32 die Atemöffnung
33 der Flügel (Hinterflügel)
34 die Flügelader
35 die Knickstelle
36 der Deckflügel (Vorderflügel)
37 der Siebenpunkt, ein Marienkäfer m
  (Herrgottskäfer, Glückskäfer,
  Sonnenkälbchen n, md.
  Gottesgiebchen, schweiz. Frauenkäfer
  m)
38 der Zimmermannsbock (Zimmerbock),
  ein Bockkäfer m (Bock)
39 der Mistkäfer, ein Blatthornkäfer m
40–47 Spinnentiere n
40 der Hausskorpion (Italienischer
  Skorpion) ein Skorpion m
41 das Greifbein mit Schere
42 die Kieferfühler
43 der Schwanzstachel
44–46 Spinnen f (md. Kanker m)
44 der Holzbock (die Waldzecke,
  Hundezecke), eine Milbe, Zecke
45 die Kreuzspinne (Gartenspinne), eine
  Radnetzspinne
46 die Spinndrüsenregion
47 das Spinnengewebe (das Spinnennetz,
  österr. das Spinnweb)
48–56 Schmetterlinge m (Falter)
48 der Maulbeerseidenspinner, ein
  Seidenspinner m
49 die Eier n
50 die Seidenraupe
51 der Kokon
52 der Schwalbenschwanz, ein Edelfalter
  m (Ritter)
53 der Fühler
54 der Augenfleck
55 der Ligusterschwärmer, ein Schwärmer
  m
56 der Rüssel

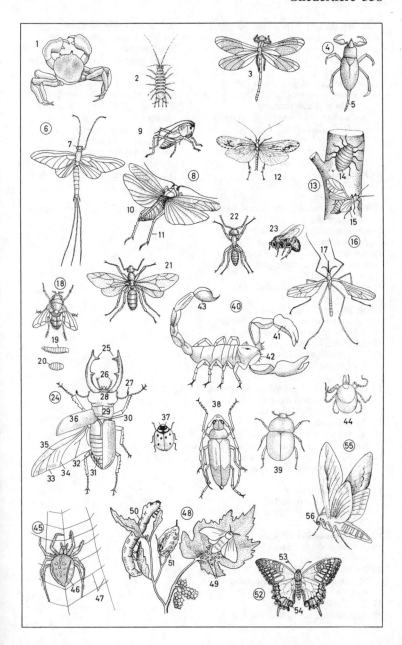

1–3 Straußvögel *m* (flugunfähige Vögel *m*)
1 der Helmkasuar, ein Kasuar *m*; ähnl.: der Emu
2 der Strauß
3 das Straußengelege [12–14 Eier *n*]
4 der Kaiserpinguin (Riesenpinguin), ein Pinguin *m* (Flossentaucher, Fettaucher; ein flugunfähiger Vogel)
5–10 Ruderfüßer *m*
5 der Rosapelikan (Gemeine Pelikan, Nimmersatt, die Kropfgans, Löffelgans, Meergans, Beutelgans), ein Pelikan *m*
6 der Ruderfuß (Schwimmfuß)
7 die Schwimmhaut
8 der Unterschnabel, mit dem Kehlsack *m* (Hautsack)
9 der Baßtölpel (Weiße Seerabe, die Bassangans), ein Tölpel *m*
10 die Krähenscharbe, ein Kormoran *m* (eine Scharbe), mit gespreizten Flügeln *m* „posierend"
11–14 Langflügler *m* (Seeflieger, Meeresvögel)
11 die Zwergschwalbe (Kleine Schwalbenmöwe), eine Seeschwalbe, beim Tauchen *n* nach Nahrung *f*
12 der Eissturmvogel
13 die Trottellumme (Dumme Lumme, das Dumme Tauchhuhn), eine Lumme, ein Alk *m*
14 die Lachmöwe (Haffmöwe, Kirrmöwe, Fischmöwe, Speckmöwe, Seekrähe, der Mohrenkopf), eine Möwe
15–17 Gänsevögel *m*
15 der Gänsesäger (Ganner, die Sägegans, Sägeente, Schnarrgans), ein Säger *m*
16 der Höckerschwan (Wildschwan, Stumme Schwan, *alem.* Elbs, Ölb), ein Schwan *m*
17 der Schnabelhöcker
18 der Fischreiher (Graureiher, Kammreiher), ein Reiher *m*, ein Storchvogel *m*
19–21 Regenpfeiferartige *m*
19 der Stelzenläufer (Strandreiter, die Storchschnepfe)
20 das Bleßhuhn (Wasserhuhn, Moorhuhn, die Weißblässe, Bläßente), eine Ralle
21 der Kiebitz (*nd.* Kiewitt)
22 die Wachtel, ein Hühnervogel *m*

23 die Turteltaube, eine Taube
24 der Mauersegler (Mauerhäkler, die Mauerschwalbe, Kirchenschwalbe, Turmschwalbe, Kreuzschwalbe), ein Segler *m*
25 der Wiedehopf (Kuckucksküster, Kuckucksknecht, Heervogel, Wehrhahn, Dreckvogel, Kotvogel, Stinkvogel), ein Ra[c]kenvogel
26 der aufrichtbare Federschopf
27 der Buntspecht (Rotspecht, Großspecht, Fleckspecht), ein Specht *m* (Holzhacker); *verw.:* der Wendehals (Drehhals, Drehvogel, Regenvogel)
28 das Nestloch
29 die Bruthöhle
30 der Kuckuck (Gauch, Gutzgauch)

360 Vögel II (einheimische Vögel)

1, 3, 4, 5, 7, 9, 10 Singvögel *m*
1 der Stieglitz (Distelfink), ein
   Finkenvogel *m*
2 der Bienenfresser
3 das Gartenrotschwänzchen
   (Rotschwänzchen), ein Drosselvogel *m*
4 die Blaumeise, eine Meise, ein
   Standvogel *m*
5 der Gimpel (Dompfaff)
6 die Blauracke (Mandelkrähe)
7 der Pirol, ein Zugvogel *m*
8 der Eisvogel
9 die Weiße Bachstelze, eine Stelze
10 der Buchfink (Edelfink)

361 Vögel III (Sperlingsvögel)

1–20 Singvögel *m*

1–3 Rabenvögel *m* (Raben)

1 der Eichelhäher (Eichelhabicht, Nuß-, Spiegelhäher, Holzschreier), ein Häher *m*

2 die Saatkrähe (Feld-, Haferkrähe), eine Krähe

3 die Elster (Alster, Gartenkrähe, *schweiz.* Atzel)

4 der Star (Rinderstar, Starmatz)

5 der Haussperling (Dach-, Kornsperling, Spatz)

6–8 Finkenvögel *m*

6 *u.* **7** Ammern *f*

6 die Goldammer (Gelbammer, der Kornvogel, Grünschling)

7 der Ortolan (Gärtner, die Garten-, Sommerammer)

8 der Erlenzeisig (Erdfink, Strumpfwirker, Leineweber), ein Zeisig *m*

9 die Kohlmeise (Spiegel-, Rollmeise, der Schlosserhahn), eine Meise

10 das Wintergoldhähnchen (Safranköpfchen); *ähnl.:* das Sommergoldhähnchen (Goldköpfchen), ein Goldhähnchen *n* (Goldämmerchen, Sommerkönig *m*)

11 der Kleiber (Blauspecht, Baumrutscher)

12 der Zaunkönig (Zaunschlüpfer, Dorn-, Vogel-, Winterkönig)

13–17 Drosselvögel *m* (Drosseln *f*, Erdsänger *m*)

13 die Amsel (Schwarz-, Dreckamsel, Graudrossel, *schweiz.* Amstel)

14 die Nachtigall (Wassernachtigall, der Rotvogel, *dicht.* Philomele)

15 das Rotkehlchen (Rötel)

16 die Singdrossel (Wald-, Weißdrossel, Zippe)

17 der Sprosser (Sproßvogel)

18 *u.* **19 Lerchen** *f*

18 die Heidelerche (Baum-, Steinlerche)

19 die Haubenlerche (Kamm-, Dreck-, Hauslerche)

20 die Rauchschwalbe (Dorf-, Lehmschwalbe), eine Schwalbe

1–13 Greifvögel *m* (*früh.*:
Tagraubvögel *m*)
1–4 Falken *m*
1 der Merlin (Zwergfalke)
2 der Wanderfalke
3 die „Hose" (Unterdeckfedern *f*, das
Schenkelgefieder)
4 der Lauf
5–9 Adler *m*
5 der Seeadler (Meeradler)
6 der Hakenschnabel
7 der Fang
8 der Stoß (Schwanz)
9 der Mäusebussard (Mauser)
10–13 Habichtartige *m*
10 der Habicht (Hühnerhabicht)
11 der Rote Milan (die Gabel-,
Königsweihe)
12 der Sperber (Sperlingstößer)
13 die Rohrweihe (Sumpf-, Rostweihe)
14–19 Eulen *f*
14 die Waldohreule (Goldeule, der Kleine
Uhu)
15 der Uhu
16 das Federohr

17 die Schleiereule
18 der „Schleier" (Federkranz)
19 der Steinkauz (das Käuzchen, der
Totenvogel)

363 Vögel V (exotische Vögel)

1 der Gelbhaubenkakadu, ein
  Papageienvogel *m*
2 der Ararauna
3 der blaue Paradiesvogel
4 der Sappho-Kolibri
5 der Kardinal
6 der Tukan (Rotschnabeltukan,
  Pfefferfresser), ein Spechtvogel *m*

364 Fische, Lurche u. Kriechtiere

1–18 Fische *m*
1 der Menschenhai (Blauhai), ein Haifisch *m* (Hai)
2 die Nase
3 die Kiemenspalte
4 der Teichkarpfen (Flußkarpfen), ein Spiegelkarpfen *m* (Karpfen)
5 der Kiemendeckel
6 die Rückenflosse
7 die Brustflosse
8 die Bauchflosse
9 die Afterflosse
10 die Schwanzflosse
11 die Schuppe
12 der Wels (Flußwels, Wallerfisch, Waller, Weller)
13 der Bartfaden
14 der Hering
15 die Bachforelle (Steinforelle, Bergforelle), eine Forelle
16 der Gemeine Hecht (Schnock, Wasserwolf)
17 der Flußaal (Aalfisch, Aal)
18 das Seepferdchen (der Hippokamp, Algenfisch)
19 die Büschelkiemen *f*
20–26 Lurche *m* (Amphibien *f*)
20–22 Salamander *m*
20 der Kammolch, ein Wassermolch *m*
21 der Rückenkamm
22 der Feuersalamander, ein Salamander *m*
23–26 Froschlurche *m*
23 die Erdkröte, eine Kröte (*nd.* Padde, *obd.* ein Protz *m*)
24 der Laubfrosch
25 die Schallblase
26 die Haftscheibe
27–41 Kriechtiere *n* (Reptilien)
27 *u.* 30–37 Echsen *f*
27 die Zauneidechse
28 die Karettschildkröte
29 der Rückenschild
30 der Basilisk
31 der Wüstenwaran, ein Waran *m*
32 der Grüne Leguan, ein Leguan *m*
33 das Chamäleon, ein Wurmzüngler *m*
34 der Klammerfuß
35 der Rollschwanz
36 der Mauergecko, ein Gecko *m* (Haftzeher)
37 die Blindschleiche, eine Schleiche
38–41 Schlangen *f*

38 die Ringelnatter (Schwimmnatter, Wassernatter, Wasserschlange, Unke), eine Natter
39 die Mondflecken *m*
40 *u.* 41 Vipern *f* (Ottern)
40 die Kreuzotter (Otter, Höllennatter), eine Giftschlange
41 die Aspisviper

365 Schmetterlinge

1–6 Tagfalter *m*
1 der Admiral
2 das Tagpfauenauge
3 der Aurorafalter
4 der Zitronenfalter
5 der Trauermantel
6 der Bläuling
7–11 Nachtfalter *m*
(Nachtschmetterlinge)
7 der Braune Bär
8 das Rote Ordensband
9 der Totenkopf (Totenkopfschwärmer),
ein Schwärmer *m*
10 die Raupe
11 die Puppe

1 das Schnabeltier, ein Kloakentier *n*
(Eileger *m*)
2 u. **3 Beuteltiere** *n*
2 das Nordamerikanische Opossum, eine
Beutelratte
3 das Rote Riesenkänguruh, ein
Känguruh *n*
4–7 Insektenfresser *m* (Kerbtierfresser)
4 der Maulwurf
5 der Igel
6 der Stachel
7 die Hausspitzmaus, eine Spitzmaus
8 das Neunbindengürteltier
9 die Ohrenfledermaus, eine Glattnase,
ein Flattertier *n* (eine Fledermaus)
10 das Steppenschuppentier, ein
Schuppentier *n*
11 das Zweizehenfaultier
12–19 Nagetiere *n*
12 das Meerschweinchen
13 das Stachelschwein
14 die Biberratte
15 die Wüstenspringmaus
16 der Hamster
17 die Wühlmaus
18 das Murmeltier
19 das Eichhörnchen
20 der Afrikanische Elefant, ein
Rüsseltier *n*
21 der Rüssel
22 der Stoßzahn
23–31 Huftiere *n*
23 der Lamantin, eine Sirene
24 der südafrikanische Klippschliefer, ein
Schliefer *m* (Klippdachs)
25–27 Unpaarhufer *m*
25 das Spitzmaulnashorn, ein Nashorn *n*
26 der Flachlandtapir, ein Tapir *m*
27 das Zebra
28–31 Paarhufer *m*
28–30 Wiederkäuer *m*
28 das Lama
29 das Trampeltier (zweihöckrige Kamel)
30 der Guanako
31 das Nilpferd

367 Säugetiere II

1–10 Huftiere *n*, Wiederkäuer *m*
1 der Elch
2 der Wapiti
3 die Gemse (Gams)
4 die Giraffe
5 die Hirschziegenantilope, eine
   Antilope
6 das Mufflon
7 der Steinbock
8 der Hausbüffel
9 der Bison
10 der Moschusochse
11–22 Raubtiere *n*
11–13 Hundeartige *m*
11 der Schabrackenschakal (Schakal)
12 der Rotfuchs
13 der Wolf
14–17 Marder *m*
14 der Steinmarder
15 der Zobel
16 das Wiesel
17 der Seeotter, ein Otter *m*
18–22 Robben *f* (Flossenfüßler *m*)
18 der Seebär (die Bärenrobbe)
19 der Seehund
20 das Polarmeerwalroß
21 das Barthaar
22 der Hauer
23–29 Wale *m*
23 der Tümmler
24 der Gemeine Delphin
25 der Pottwal
26 das Atemloch
27 die Fettflosse
28 die Brustflosse
29 die Schwanzflosse

368 Säugetiere III

1–11 Raubtiere *n*
1 die Streifenhyäne, eine Hyäne
2–8 Katzen *f*
2 der Löwe
3 die Mähne (Löwenmähne)
4 die Tatze
5 der Tiger
6 der Leopard
7 der Gepard
8 der Luchs
9–11 Bären *m*
9 der Waschbär
10 der Braunbär
11 der Eisbär
12–16 Herrentiere *n*
12 *u.* **13** Affen *m*
12 der Rhesusaffe
13 der Pavian
14–16 Menschenaffen *m*
14 der Schimpanse
15 der Orang-Utan
16 der Gorilla

1 Gigantocypris agassizi (der
Riesenmuschelkrebs)
2 Macropharynx longicaudatus (der
Pelikan-Aal)
3 Pentacrinus (der Haarstern), eine
Seelilie, ein Stachelhäuter *m*
4 Thaumatolampas diadema (die
Wunderlampe), ein Tintenfisch *m*
[leuchtend]
5 Atolla, eine Tiefseemeduse, ein
Hohltier *n*
6 Melanocetes, ein Armflosser *m*
[leuchtend]
7 Lophocalyx philippensis, ein
Glasschwamm *m*
8 Mopsea, eine Hornkoralle [Kolonie *f*]
9 Hydrallmania, ein Hydroidpolyp *m*, ein
Polyp *m*, ein Hohltier *n* [Kolonie *f*]
10 Malacosteus indicus, ein Großmaul *n*
[leuchtend]
11 Brisinga endecacnemos, ein
Schlangenstern *m*, ein Stachelhäuter *m*
[nur gereizt leuchtend]
12 Pasiphaea, eine Garnele, ein Krebs *m*
13 Echiostoma, ein Großmaul *n*, ein Fisch
m [leuchtend]
14 Umbellula encrinus, eine Seefeder, ein
Hohltier *n* [Kolonie *f* leuchtend]
15 Polycheles, ein Krebs *m*
16 Lithodes, ein Krebs *m*, eine Krabbe
17 Archaster, ein Seestern *m*, ein
Stachelhäuter *m*
18 Oneirophanta, eine Seegurke, ein
Stachelhäuter *m*
19 Palaeopneustes niasicus, ein Seeigel *m*,
ein Stachelhäuter *m*
20 Chitonactis, eine Seeanemone, ein
Hohltier *n*

370 Allgemeine Botanik

1 der Baum
2 der Baumstamm (Stamm)
3 die Baumkrone
4 der Wipfel
5 der Ast
6 der Zweig
7 der Baumstamm [Querschnitt]
8 die Rinde (Borke)
9 der Bast
10 das Kambium (der Kambiumring)
11 die Markstrahlen *m*
12 das Splintholz
13 das Kernholz
14 das Mark
15 die Pflanze
16–18 die Wurzel
16 die Hauptwurzel
17 die Nebenwurzel (Seitenwurzel)
18 das Wurzelhaar
19–25 der Sproß
19 das Blatt
20 der Stengel
21 der Seitensproß
22 die Endknospe
23 die Blüte
24 die Blütenknospe
25 die Blattachsel, mit der Achselknospe
26 das Blatt
27 der Blattstiel (Stiel)
28 die Blattspreite (Spreite)
29 die Blattaderung
30 die Blattrippe
31–38 Blattformen *f*
31 linealisch
32 lanzettlich
33 rund
34 nadelförmig
35 herzförmig
36 eiförmig
37 pfeilförmig
38 nierenförmig
39–42 geteilte Blätter *n*
39 gefingert
40 fiederteilig
41 paarig gefiedert
42 unpaarig gefiedert
43–50 Blattrandformen *f*
43 ganzrandig
44 gesägt
45 doppelt gesägt
46 gekerbt
47 gezähnt
48 ausgebuchtet
49 gewimpert
50 die Wimper
51 die Blüte
52 der Blütenstiel
53 der Blütenboden
54 der Fruchtknoten

55 der Griffel
56 die Narbe
57 das Staubblatt
58 das Kelchblatt
59 das Kronblatt
60 Fruchtknoten *m* und Staubblatt *n* [Schnitt]
61 die Fruchtknotenwand
62 die Fruchtknotenhöhle
63 die Samenanlage
64 der Embryosack
65 der Pollen (Blütenstaub)
66 der Pollenschlauch
67–77 Blütenstände *m*
67 die Ähre
68 die geschlossene Traube
69 die Rispe
70 die Trugdolde
71 der Kolben
72 die Dolde
73 das Köpfchen
74 das Körbchen
75 der Blütenkrug
76 die Schraubel
77 der Wickel
78–82 Wurzeln *f*
78 die Adventivwurzeln *f*
79 die Speicherwurzel
80 die Kletterwurzeln *f*
81 die Wurzeldornen *m*
82 die Atemwurzeln *f*
83–85 der Grashalm
83 die Blattscheide
84 das Blatthäutchen
85 die Blattspreite
86 der Keimling
87 das Keimblatt
88 die Keimwurzel
89 die Keimsproßachse
90 die Blattknospe
91–102 Früchte *f*
91–96 Öffnungsfrüchte *f*
91 die Balgfrucht
92 die Hülse
93 die Schote
94 die Spaltkapsel
95 die Deckelkapsel
96 die Porenkapsel
97–102 Schließfrüchte *f*
97 die Beere
98 die Nuß
99 die Steinfrucht (Kirsche)
100 die Sammelnußfrucht (Hagebutte)
101 die Sammelsteinfrucht (Himbeere)
102 die Sammelbalgfrucht (Apfel *m*)

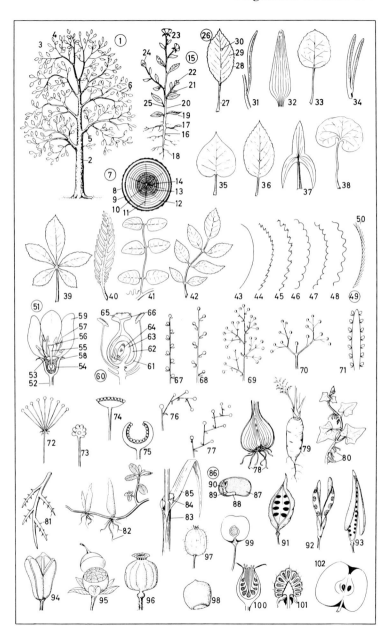

1–73 Laubbäume *m*
1 die Eiche
2 der Blütenzweig
3 der Fruchtzweig
4 die Frucht (Eichel)
5 der Becher (die Cupula)
6 die weibliche Blüte
7 die Braktee
8 der männliche Blütenstand
9 die Birke
10 der Zweig mit Kätzchen *n*, ein Blütenzweig *m*
11 der Fruchtzweig
12 die Fruchtschuppe
13 die weibliche Blüte
14 die männliche Blüte
15 die Pappel
16 der Blütenzweig
17 die Blüte
18 der Fruchtzweig
19 die Frucht
20 der Samen
21 das Blatt der Zitterpappel (Espe)
22 der Fruchtstand
23 das Blatt der Silberpappel
24 die Salweide
25 der Zweig mit den Blütenknospen *f*
26 das Blütenkätzchen mit Einzelblüte *f*
27 der Blattzweig
28 die Frucht
29 der Blattzweig der Korbweide
30 die Erle
31 der Fruchtzweig
32 der Blütenzweig mit vorjährigem Zapfen *m*
33 die Buche
34 der Blütenzweig
35 die Blüte
36 der Fruchtzweig
37 die Ecker (Buchenfrucht)
38 die Esche
39 der Blütenzweig
40 die Blüte
41 der Fruchtzweig
42 die Eberesche
43 der Blütenstand
44 der Fruchtstand
45 die Frucht [Längsschnitt]
46 die Linde
47 der Fruchtzweig
48 der Blütenstand
49 die Ulme (Rüster)
50 der Fruchtzweig

51 der Blütenzweig
52 die Blüte
53 der Ahorn
54 der Blütenzweig
55 die Blüte
56 der Fruchtzweig
57 der Ahornsamen mit Flügel *m*
58 die Roßkastanie
59 der Zweig mit jungen Früchten *f*
60 die Kastanie (der Kastaniensamen)
61 die reife Frucht
62 die Blüte [Längsschnitt]
63 die Hainbuche (Weißbuche)
64 der Fruchtzweig
65 der Samen
66 der Blütenzweig
67 die Platane
68 das Blatt
69 der Fruchtstand und die Frucht
70 die Robinie
71 der Blütenzweig
72 Teil *m* des Fruchtstandes *m*
73 der Blattansatz mit Nebenblättern *n*

1–71 Nadelbäume *m* (Koniferen *f*)
1 die Edeltanne (Weißtanne)
2 der Tannenzapfen, ein Fruchtzapfen *m*
3 die Zapfenachse
4 der weibliche Blütenzapfen
5 die Deckschuppe
6 der männliche Blütensproß
7 das Staubblatt
8 die Zapfenschuppe
9 der Samen mit Flügel *m*
10 der Samen [Längsschnitt]
11 die Tannennadel (Nadel)
12 die Fichte
13 der Fichtenzapfen
14 die Zapfenschuppe
15 der Samen
16 der weibliche Blütenzapfen
17 der männliche Blütenstand
18 das Staubblatt
19 die Fichtennadel
20 die Kiefer (Gemeine Kiefer, Föhre)
21 die Zwergkiefer
22 der weibliche Blütenzapfen
23 der zweinadlige Kurztrieb
24 die männlichen Blütenstände *m*
25 der Jahrestrieb
26 der Kiefernzapfen
27 die Zapfenschuppe
28 der Samen
29 der Fruchtzapfen der Zirbelkiefer
30 der Fruchtzapfen der Weymouthskiefer
   (Weimutskiefer)
31 der Kurztrieb [Querschnitt]
32 die Lärche
33 der Blütenzweig
34 die Schuppe des weiblichen
   Blütenzapfens *m*
35 der Staubbeutel
36 der Zweig mit Lärchenzapfen *m*
   (Fruchtzapfen)
37 der Samen
38 die Zapfenschuppe
39 der Lebensbaum
40 der Fruchtzweig
41 der Fruchtzapfen
42 die Schuppe
43 der Zweig mit männlichen und
   weiblichen Blüten *f*
44 der männliche Sproß
45 die Schuppe, mit Pollensäcken *m*
46 der weibliche Sproß
47 der Wacholder
48 der weibliche Sproß [Längsschnitt]

49 der männliche Sproß
50 die Schuppe, mit Pollensäcken *m*
51 der Fruchtzweig
52 die Wacholderbeere (Krammetsbeere)
53 die Frucht [Querschnitt]
54 der Samen
55 die Pinie
56 der männliche Sproß
57 der Fruchtzapfen mit Samen *m*
   [Längsschnitt]
58 die Zypresse
59 der Fruchtzweig
60 der Samen
61 die Eibe
62 männlicher Blütensproß und weiblicher
   Blütenzapfen
63 der Fruchtzweig
64 die Frucht
65 die Zeder
66 der Fruchtzweig
67 die Fruchtschuppe
68 männlicher Blütensproß und weiblicher
   Blütenzapfen
69 der Mammutbaum
70 der Fruchtzweig
71 der Samen

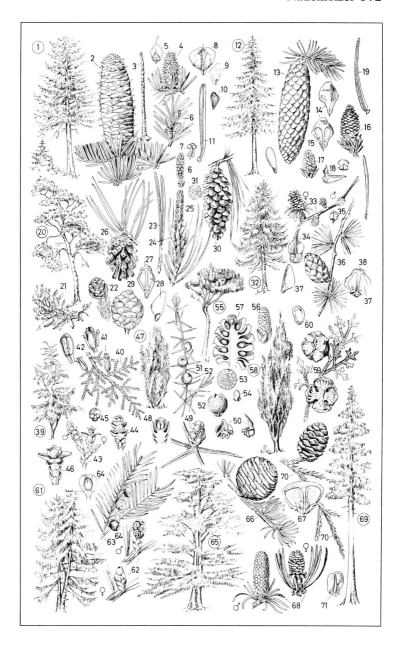

373 Ziersträucher und Zierbäume I

1 die Forsythie
2 der Fruchtknoten und das Staubblatt
3 das Blatt
4 der Gelbblühende Jasmin
5 die Blüte [Längsschnitt] mit Griffel *m*,
Fruchtknoten *m* und Staubblättern *n*
6 der Gemeine Liguster
7 die Blüte
8 der Fruchtstand
9 der Wohlriechende Pfeifenstrauch
10 der Gemeine Schneeball
11 die Blüte
12 die Früchte *f*
13 der Oleander
14 die Blüte [Längsschnitt]
15 die Rote Magnolie
16 das Blatt
17 die Japanische Quitte
18 die Frucht
19 der Gemeine Buchsbaum
20 die weibliche Blüte
21 die männliche Blüte
22 die Frucht [Längsschnitt]
23 die Weigelie
24 die Palmlilie [Teil *m* des Blütenstands
m]
25 das Blatt
26 die Hundsrose
27 die Frucht
28 die Kerrie
29 die Frucht
30 die Rotästige Kornelkirsche
31 die Blüte
32 die Frucht (Kornelkirsche, Kornelle)
33 der Echte Gagel

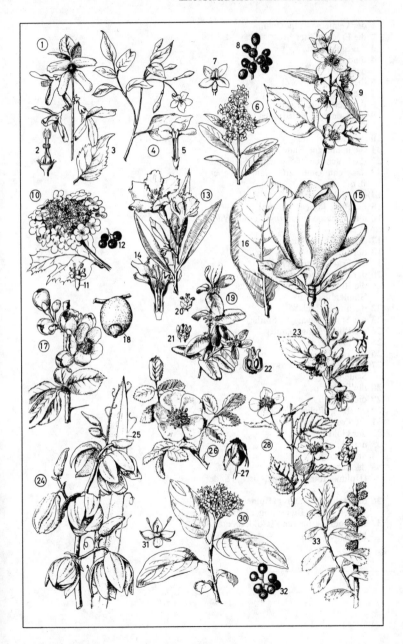

1 der Gemeine Tulpenbaum
2 die Fruchtblätter *n*
3 das Staubblatt
4 die Frucht
5 der Ysop
6 die Blüte [von vorn]
7 die Blüte
8 der Kelch mit Frucht *f*
9 der Gemeine Hülsstrauch (die Stechpalme)
10 die Zwitterblüte
11 die männliche Blüte
12 die Frucht mit bloßgelegten Steinen *m*
13 das Echte Geißblatt (Jelängerjelieber *m* od. *n*)
14 die Blütenknospen *f*
15 die Blüte [aufgeschnitten]
16 die Gemeine Jungfernrebe (der Wilde Wein)
17 die geöffnete Blüte
18 der Fruchtstand
19 die Frucht [Längsschnitt]
20 der Echte Besenginster
21 die Blüte nach Entfernung *f* der Blumenblätter *n*
22 die unreife Hülse
23 der Spierstrauch (die Spiräe)
24 die Blüte [Längsschnitt]
25 die Frucht *f*
26 das Fruchtblatt *f*
27 die Schlehe (der Schwarzdorn, Schlehdorn)
28 die Blätter *n*
29 die Früchte *f*
30 der Eingriffelige Weißdorn
31 die Frucht
32 der Goldregen
33 die Blütentraube
34 die Früchte *f*
35 der Schwarze Holunder (Holunderbusch, Holderbusch, Holder, Holler)
36 die Holunderblüten *f* (Holderblüten, Hollerblüten), Blütentrugdolden *f*
37 die Holunderbeeren *f* (Holderbeeren, Hollerbeeren)

1 der Rundblätterige Steinbrech
2 das Blatt
3 die Blüte
4 die Frucht
5 die Gemeine Kuhschelle
6 die Blüte [Längsschnitt]
7 die Frucht
8 der Scharfe Hahnenfuß
9 das Grundblatt
10 die Frucht
11 das Wiesenschaumkraut
12 das grundständige Blatt
13 die Frucht
14 die Glockenblume
15 das Grundblatt
16 die Blüte [Längsschnitt]
17 die Frucht
18 die Efeublätterige Gundelrebe (der
   Gundermann)
19 die Blüte [Längsschnitt]
20 die Blüte [von vorn]
21 der Scharfe Mauerpfeffer
22 das (der) Ehrenpreis
23 die Blüte
24 die Frucht
25 der Samen
26 das Pfennigkraut
27 die aufgesprungene Fruchtkapsel
28 der Samen
29 die Taubenskabiose
30 das Grundblatt
31 die Strahlblüte
32 die Scheibenblüte
33 der Hüllkelch mit Kelchborsten f
34 der Fruchtknoten mit Kelch m
35 die Frucht
36 das Scharbockskraut
37 die Frucht
38 die Blattachsel mit Brutknollen n
39 das Einjährige Rispengras
40 die Blüte
41 das Ährchen [von der Seite]
42 das Ährchen [von vorn]
43 die Karyopse (Nußfrucht)
44 der Grasbüschel
45 der Gemeine Beinwell (die
   Schwarzwurz)
46 die Blüte [Längsschnitt]
47 die Frucht

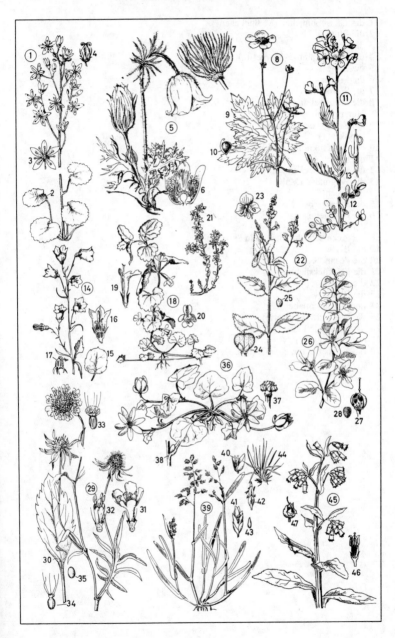

1 das Gänseblümchen (Maßliebchen)
2 die Blüte
3 die Frucht
4 die Wucherblume (Margerite)
5 die Blüte
6 die Frucht
7 die Sterndolde
8 die Schlüsselblume (Primel, das Himmelschlüsselchen)
9 die Königskerze (Wollblume, das Wollkraut)
10 der Wiesenknöterich (Knöterich)
11 die Blüte
12 die Wiesenflockenblume
13 die Wegmalve (Malve)
14 die Frucht
15 die Schafgarbe
16 die Braunelle
17 der Hornklee
18 der Ackerschachtelhalm [ein Sproß *m*]
19 die Blüte
20 die Pechnelke
21 die Kuckuckslichtnelke
22 die Osterluzei
23 die Blüte
24 der Storchschnabel
25 die Wegwarte (Zichorie)
26 das Nickende Leinkraut
27 der Frauenschuh
28 das Knabenkraut, eine Orchidee

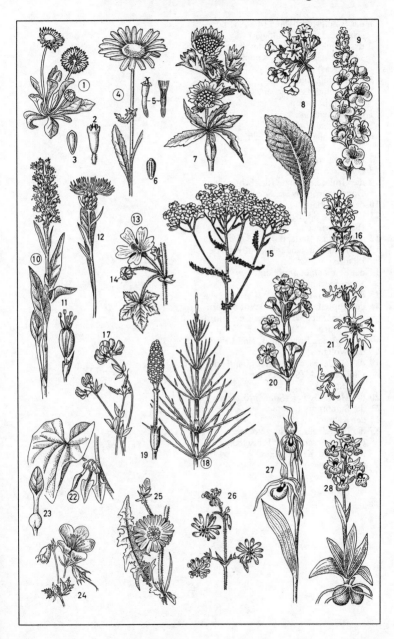

377 Wald-, Moor- und Heidepflanzen

1 das Buschwindröschen (die Anemone, *schweiz.* das Schneeglöggli)
2 das Maiglöckchen (die Maiblume, *schweiz.* das Maierisli, Knopfgras, Krallegras)
3 das Katzenpfötchen (Himmelfahrtsblümchen); *ähnl.:* die Sandstrohblume
4 der Türkenbund
5 der Waldgeißbart
6 der Bärenlauch (*österr.* Faltigron, Faltrian, Feltrian)
7 das Lungenkraut
8 der Lerchensporn
9 die Große Fetthenne (der Schmerwurz, Donnerbart, *schweiz.* Schuhputzer)
10 der Seidelbast
11 das Große Springkraut (Rührmichnichtan)
12 der Keulige Bärlapp
13 das Fettkraut, eine insektenfressende Pflanze
14 der Sonnentau; *ähnl.:* die Venusfliegenfalle
15 die Bärentraube
16 der Tüpfelfarn, ein Farnkraut *n* (Farn *m*); *ähnl.:* der Wurmfarn, Adlerfarn, Königsfarn
17 das Goldene Frauenhaar, ein Moos *n*
18 das Wollgras
19 das Heidekraut (die Erika); *ähnl.:* die Glockenheide (Sumpfheide, Moorheide)
20 das Heideröschen (Sonnenröschen)
21 der Sumpfporst
22 der Kalmus
23 die Heidelbeere (Schwarzbeere, Blaubeere); *ähnl.:* die Preiselbeere, Moorbeere, Krähenbeere (Rauschbeere)

1–13 Alpenpflanzen *f*
1 die Alpenrose
2 der Blütenzweig
3 das Alpenglöckchen
4 die ausgebreitete Blütenkrone
5 die Samenkapsel mit dem Griffel *m*
6 die Edelraute
7 der Blütenstand
8 die Aurikel
9 das Edelweiß
10 die Blütenformen *f*
11 die Frucht mit dem Haarkelch *m*
12 der Teil-Blütenkorb
13 der Stengellose Enzian
14–57 Wasser- u. Sumpfpflanzen *f*
14 die Seerose
15 das Blatt
16 die Blüte
17 die Victoria regia
18 das Blatt
19 die Blattunterseite
20 die Blüte
21 das Schilfrohr (der Rohrkolben)
22 der männliche Teil des Kolbens *m*
23 die männliche Blüte
24 der weibliche Teil
25 die weibliche Blüte
26 das Vergißmeinnicht
27 der blühende Zweig
28 die Blüte [Schnitt]
29 der Froschbiß
30 die Brunnenkresse
31 der Stengel mit Blüten *f* und jungen Früchten *f*
32 die Blüte
33 die Schote mit Samen *m*
34 zwei Samen *m*
35 die Wasserlinse
36 die blühende Pflanze
37 die Blüte
38 die Frucht
39 die Schwanenblume
40 die Blütendolde
41 die Blätter *n*
42 die Frucht
43 die Grünalge
44 der Froschlöffel
45 das Blatt
46 die Blütenrispe
47 die Blüte
48 der Zuckertang, eine Braunalge
49 der Laubkörper (Thallus, das Thallom)
50 das Haftorgan

51 das Pfeilkraut
52 die Blattformen *f*
53 der Blütenstand mit männlichen Blüten *f* [oben] und weiblichen Blüten *f* [unten]
54 das Seegras
55 der Blütenstand
56 die Wasserpest
57 die Blüte

1 der Eisenhut (Sturmhut)
2 der Fingerhut (die Digitalis)
3 die Herbstzeitlose (*österr.* Lausblume,
das Lauskraut, *schweiz.* die
Herbstblume, Winterblume)
4 der Schierling
5 der Schwarze Nachtschatten (*österr.*
Mondscheinkraut, Saukraut)
6 das Bilsenkraut
7 die Tollkirsche (Teufelskirsche,
schweiz. Wolfsbeere, Wolfskirsche,
Krottenblume, Krottenbeere, *österr.*
Tintenbeere, Schwarzbeere), ein
Nachtschattengewächs *n*
8 der Stechapfel (Dornapfel, die
Stachelnuß)
9 der Aronsstab
10–13 Giftpilze *m*
10 der Fliegenpilz, ein Blätterpilz *m*
11 der Knollenblätterpilz
12 der Satanspilz
13 der Giftreizker

1 die Kamille (Deutsche Kamille, Echte Kamille)
2 die Arnika
3 die Pfefferminze
4 der Wermut
5 der Baldrian
6 der Fenchel
7 der Lavendel (*schweiz.* Valander *m,* die Balsamblume)
8 der Huflattich (Pferdefuß, Brustlattich)
9 der Rainfarn
10 das Tausendgüldenkraut
11 der Spitzwegerich
12 der Eibisch
13 der Faulbaum
14 der Rizinus
15 der Schlafmohn
16 der Sennesblätterstrauch (die Kassie); *die getrockneten Blätter:* Sennesblätter *n*
17 der Chinarindenbaum
18 der Kampferbaum
19 der Betelnußbaum
20 die Betelnuß

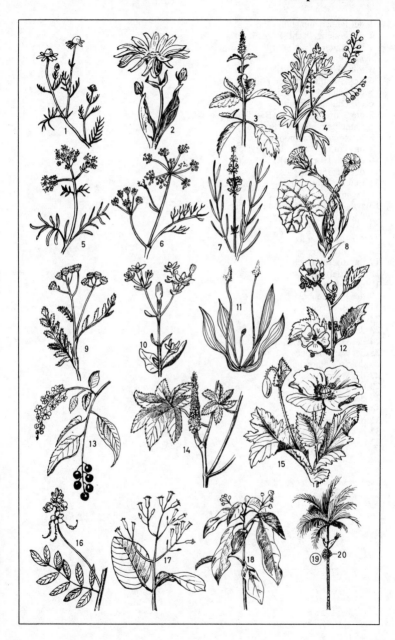

381 Speisepilze

1 der Feldchampignon
2 das Fadengeflecht (Pilzgeflecht,
Myzelium, Myzel) mit Fruchtkörpern
m (Pilzen)
3 Pilz *m* [Längsschnitt]
4 der Hut mit Lamellen *f*
5 der Schleier (das Velum)
6 die Lamelle [Schnitt]
7 die Sporenständer *m* (Basidien *f*) [vom
Lamellenrand *m* mit Sporen *f*]
8 die keimenden Sporen *f*
9 die Trüffel
10 der Pilz [von außen]
11 der Pilz [Schnitt]
12 Inneres *n* mit den Sporenschläuchen *m*
[Schnitt]
13 zwei Sporenschläuche *m* mit den
Sporen *f*
14 der Pfifferling
15 der Maronenpilz
16 der Steinpilz
17 die Röhrenschicht
18 der Stiel
19 der Eierbovist
20 der Flaschenbovist
21 der Butterpilz
22 der Birkenpilz
23 der Speisetäubling
24 der Habichtschwamm
25 der Mönchskopf
26 die Speisemorchel
27 die Spitzmorchel
28 der Hallimasch
29 der Grünreizker
30 der Parasolpilz
31 der Semmelpilz
32 der Gelbe Ziegenbart
33 das Stockschwämmchen

382 Tropische Genußmittel- und Gewürzpflanzen

1 der Kaffeestrauch
2 der Fruchtzweig
3 der Blütenzweig
4 die Blüte
5 die Frucht mit den beiden Bohnen *f*
 [Längsschnitt]
6 die Kaffeebohne; *nach Verarbeitung:*
 der Kaffee
7 der Teestrauch
8 der Blütenzweig
9 das Teeblatt; *nach Verarbeitung:* der
 Tee
10 die Frucht
11 der Matestrauch
12 der Blütenzweig mit den
 Zwitterblüten *f*
13 die männl. Blüte
14 die Zwitterblüte
15 die Frucht
16 der Kakaobaum
17 der Zweig mit Blüten *f* und Früchten *f*
18 die Blüte [Längsschnitt]
19 die Kakaobohnen *f*; *nach*
 Verarbeitung: der Kakao, das
 Kakaopulver
20 der Samen [Längsschnitt]
21 der Embryo
22 der Zimtbaum
23 der Blütenzweig
24 die Frucht
25 die Zimtrinde; *zerstoßen:* der Zimt
26 der Gewürznelkenbaum
27 der Blütenzweig
28 die Knospe; *getrocknet:*
 die Gewürznelke, „Nelke"
29 die Blüte
30 der Muskatnußbaum
31 der Blütenzweig
32 die weibl. Blüte [Längsschnitt]
33 die reife Frucht
34 die Muskatblüte, ein Samen *m* mit
 geschlitztem Samenmantel *m* (Macis)
35 der Samen [Querschnitt]; *getrocknet:*
 die Muskatnuß
36 der Pfefferstrauch
37 der Fruchtzweig
38 der Blütenstand
39 die Frucht [Längsschnitt] mit Samen *m*
 (Pfefferkern); *gemahlen:* der Pfeffer
40 die Virginische Tabakpflanze
41 der Blütenzweig
42 die Blüte
43 das Tabakblatt; *verarbeitet:* der Tabak

44 die reife Fruchtkapsel
45 der Samen
46 die Vanillepflanze
47 der Blütenzweig
48 die Vanilleschote; *nach Verarbeitung:*
 die Vanillestange
49 der Pistazienbaum
50 der Blütenzweig mit den weibl.
 Blüten *f*
51 die Steinfrucht (Pistazie)
52 das Zuckerrohr
53 die Pflanze (der Habitus) während der
 Blüte
54 die Blütenrispe
55 die Blüte

1 der Raps
2 das Grundblatt
3 die Blüte [Längsschnitt]
4 die reife Fruchtschote
5 der ölhaltige Samen
6 der Flachs (Lein)
7 der Blütenstengel
8 die Fruchtkapsel
9 der Hanf
10 die fruchtende weibliche Pflanze
11 der weibliche Blütenstand
12 die Blüte
13 der männliche Blütenstand
14 die Frucht
15 der Samen
16 die Baumwolle
17 die Blüte
18 die Frucht
19 das Samenhaar [die Wolle]
20 der Kapokbaum
21 die Frucht
22 der Blütenzweig
23 der Samen
24 der Samen [Längsschnitt]
25 die Jute
26 der Blütenzweig
27 die Blüte
28 die Frucht
29 der Olivenbaum (Ölbaum)
30 der Blütenzweig
31 die Blüte
32 die Frucht
33 der Gummibaum
34 der Zweig mit Früchten *f*
35 die Feige
36 die Blüte
37 der Guttaperchabaum
38 der Blütenzweig
39 die Blüte
40 die Frucht
41 die Erdnuß
42 der Blütenzweig
43 die Wurzel mit Früchten *f*
44 die Frucht [Längsschnitt]
45 die Sesampflanze
46 der Zweig mit Blüten *f* und Früchten *f*
47 die Blüte [Längsschnitt]
48 die Kokospalme
49 der Blütenstand
50 die weibliche Blüte
51 die männliche Blüte [Längsschnitt]
52 die Frucht [Längsschnitt]
53 die Kokosnuß

54 die Ölpalme
55 der männliche Blütenkolben mit der Blüte
56 der Fruchtstand mit der Frucht
57 der Samen mit den Keimlöchern *n*
58 die Sagopalme
59 die Frucht
60 das Bambusrohr
61 der Blattzweig
62 die Blütenähre
63 das Halmstück mit Knoten *m*
64 die Papyrusstaude
65 der Blütenschopf
66 die Blütenähre

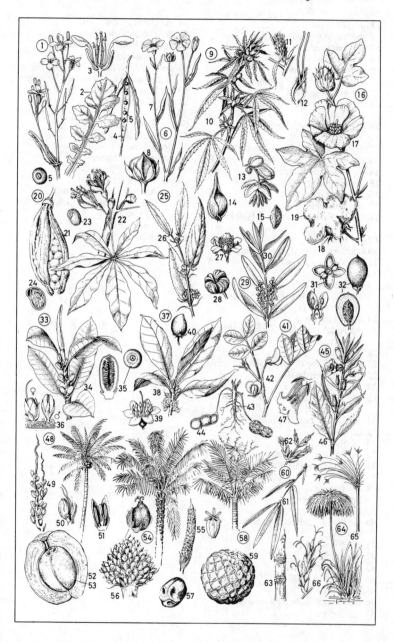

1 die Dattelpalme
2 die fruchttragende Palme
3 der Palmwedel
4 der männliche Blütenkolben
5 die männliche Blüte
6 der weibliche Blütenkolben
7 die weibliche Blüte
8 ein Zweig *m* des Fruchtstandes *m*
9 die Dattel
10 der Dattelkern (Samen)
11 die Feige
12 der Zweig mit Scheinfrüchten *f*
13 die Feige mit Blüten *f* [Längsschnitt]
14 die weibliche Blüte
15 die männliche Blüte
16 der Granatapfel
17 der Blütenzweig
18 die Blüte [Längsschnitt, Blütenkrone entfernt]
19 die Frucht
20 der Samen (Kern) [Längsschnitt]
21 der Samen [Querschnitt]
22 der Embryo
23 die Zitrone (Limone); *ähnl.:* Mandarine *f*, Apfelsine *f*, Pampelmuse *f* (Grapefruit *f*)
24 der Blütenzweig
25 die Apfelsinenblüte (Orangenblüte) [Längsschnitt]
26 die Frucht
27 die Apfelsine (Orange) [Querschnitt]
28 die Bananenstaude
29 die Blätterkrone
30 der Scheinstamm mit den Blattscheiden *f*
31 der Blütenstand mit jungen Früchten *f*
32 der Fruchtstand
33 die Banane
34 die Bananenblüte
35 das Bananenblatt [Schema]
36 die Mandel
37 der Blütenzweig
38 der Fruchtzweig
39 die Frucht
40 die Steinfrucht mit dem Samen *m* [der Mandel]
41 das Johannisbrot
42 der Zweig mit weibl. Blüten *f*
43 die weibliche Blüte
44 die männliche Blüte
45 die Frucht
46 die Fruchtschote [Querschnitt]
47 der Samen

48 die Edelkastanie
49 der Blütenzweig
50 der weibliche Blütenstand
51 die männliche Blüte
52 der Fruchtbecher (die Cupula) mit den Samen *m* [den Kastanien *f*, Maronen *f*]
53 die Paranuß
54 der Blütenzweig
55 das Blatt
56 die Blüte [Aufsicht]
57 die Blüte [Längsschnitt]
58 der geöffnete Fruchttopf mit einliegenden Samen *m*
59 die Paranuß [Querschnitt]
60 die Nuß [Längsschnitt]
61 die Ananaspflanze (Ananas)
62 die Scheinfrucht mit der Blattrosette
63 die Blütenähre
64 die Ananasblüte
65 die Blüte [Längsschnitt]

Zur Einrichtung des Buches

Im Textteil ist bei allen Substantiven das Geschlecht angegeben, soweit es nicht aus der Beugung ersichtlich oder mit dem des unmittelbar vorhergehenden Substantivs identisch ist. Synonyme stehen in Klammern.

Auf den Tafeln sind die Ziffern derjenigen Gegenstände in einen Kreis gesetzt, deren Einzelteile im folgenden bezeichnet werden.

Folgende Abkürzungen wurden verwendet:

ähnl.	ähnlich	*od.*	oder
alem.	alemannisch	*österr.*	österreichisch
bayr.	bayrisch	*pl*	Plural
bergm.	bergmännisch	*scherzh.*	scherzhaft
Bez.	Bezeichnung	*schwäb.*	schwäbisch
darg.	dargestellt	*schweiz.*	schweizerisch
dicht.	dichterisch	*seem.*	seemännisch
f	Femininum	*sg*	Singular
fam.	familiär	*sog.*	sogenannt
früh.	früher	*südd.*	süddeutsch
landsch.	landschaftlich	*südwestd.*	südwestdeutsch
m	Maskulinum	*stud.*	studentisch
mitteld.	mitteldeutsch	*techn.*	technisch
mundartl.	mundartlich	*ugs.*	umgangssprachlich
n	Neutrum	*versch.*	verschiedene
nd.	niederdeutsch	*verw.*	verwandt
obd.	oberdeutsch		

Register

Die halbfetten Zahlen hinter den Stichwörtern sind die Nummern der Bildtafeln, die mageren die auf diesen Tafeln erscheinenden Bildnummern.

Die Alphabetisierung, die von einem Computer besorgt wurde, weicht geringfügig von der Alphabetisierung der übrigen Dudenbände ab (die Umlaute ä, ö, ü sind als a+e, o+e, u+e eingeordnet).

A

A-Deck **223** 28–30
A-Dur **320** 58
a-Moll **320** 55
a-Moll **320** 62
a-Moll-Tonleiter **320** 46
A-Saite **323** 9
A-Sehrohr **259** 88
Aal **364** 17
Aalfisch **364** 17
Aalhaken **89** 87
Aasblume **53** 15
Aasfliegenblume **53** 15
Abakus **334** 20
Abbauhammerstreb **144** 35
Abbildung **348** 9–11
Abbindeplatz **120** 1–59
Abblasemast **221** 38
Abblendlicht **191** 20
Abbund **120** 24
Abdampfschale **350** 29
Abdeckblende **310** 51
Abdeckhaube **241** 32
Abdeckkappe **126** 33
Abdeckleiste **123** 57
Abdeckplatten **37** 37
Abdeckschieber **2** 32
Abdeckschiene **167** 56
Abdeckstab **123** 64
Abdeckung **113** 13
Abdeckung **199** 21
Abdomen **16** 35–37
Abdrucklöffel **24** 56
Abducken **299** 29
Abendanzug **33** 7
Abendkleid **30** 53
Abendmahl **332** 26
Abendmahlskelch **332** 29
Abendmahlstisch **330** 4

Abenteuerspielplatz **273** 21
Abfahrtslauf **301** 32
Abfahrtssignal **205** 47
Abfahrtsski **301** 34
Abfahrtstafel **204** 20
Abfall **268** 22
Abfallbehälter **207** 55
Abfallbehälter **196** 12
Abfallbehälter **268** 5
Abfalleimer **96** 46
Abfalleimer **22** 70
Abfallkorb **273** 25
Abfallkorb **272** 43
Abfallkorb **205** 55
Abfallkorb **268** 5
Abfalltonne **199** 3
Abfallvorrichtung **147** 39
Abfangjäger **256** 1
Abferkel-Aufzucht-Bucht **75** 40
Abfertigungsbeamte **206** 36
Abfertigungsbeamte **204** 9
Abfertigungsfeld **233** 3
Abfertigungsgebäude **233** 15
Abfertigungsposition **233** 21
Abfeuerungseinrichtung **255** 29
Abflug **233** 25
Abflughalle **233** 15
Abflußhahn **178** 34
Abfrageapparat **237** 23
Abfüllanlage **76** 20
Abfüllanlage **76** 26
Abfüllmaschine **76** 21
Abgangspforte **319** 12
Abgangswinkel **87** 75
Abgasentgiftung **190** 73

Abgasleitung **209** 12
Abgaslippen **259** 92
Abgasmast **221** 17
Abgasöffnung **258** 79
Abgaspfosten **221** 17
Abgasrohre **146** 5
Abgasschalldämpfer **212** 42
Abgasschalldämpfer **212** 48
Abgasschornsteine **146** 2
Abgaswärmetauscher **155** 9
abgestoßen **321** 34
Abgleichbohle **201** 3
Abhängling **335** 32
Abhäutemesser **94** 13
Abhang **12** 37
Abhebestange **325** 23
Abhörlautsprecher **238** 15
Abhörlautsprecher **311** 13
Abisolierzange **127** 64
Abkühlungsraum **281** 28
Ablängsäge **120** 14
Ablagebläser **181** 33
Ablagefach **195** 14
Ablagekörbchen **245** 30
Ablagekorb **248** 41
Ablagerungen **13** 69
Ablagerungsgebiet **11** 47
Ablagetisch **181** 31
Ablaßhahn **38** 65
Ablaufberg **206** 46
Ablaufgestell **165** 41
Ablaufkondensator **92** 4
Ablaufleitung **269** 12
Ablaufrost **198** 24

Ablaufventil **126** 16
Ableerbütte **172** 81
Ablegemechanismus **174** 20
Ableger **54** 12
Ableger **54** 10
Ablegetisch **184** 14
Ablegevorrichtung **236** 49
Ableiter **231** 27
Ableitung **345** 13
Ablenkeinheit **240** 23
Ablenkmauer **304** 2
Ableseinstrument **2** 6
Ablesemikroskop **113** 28
Abluftanlage **154** 81
Abluftkamin **155** 25
Abluftkamin **154** 37
Abluftleitung **155** 11
Abluftöffnung **49** 20
Abluftrohr **168** 29
Abluftschacht **92** 14
Abluftschlitze **50** 30
Abluftstutzen **142** 16
Abluftwäschetrockner **50** 28
Abnehmer **163** 42
Abnormitätenkabinett **308** 19
Abort **49** 12
Abortraum **207** 16
Abortraum **207** 42
Abpackanlage **76** 32
Abrasionsplatte **13** 31
Abraum **158** 2
Abraumbagger **159** 3
Abraumbau **158** 1
Abreißkante **247** 30
Abreißschiene **128** 42
Abreißzylinder **163** 71
Abrißnische **11** 48
Abrollvorrichtung **173** 39

Absackmaschine 92 39
Absackstutzen 83 55
Absatz 101 28
Absatz 175 15
Absatz 100 67
Absatzfräser 100 4
Absauganlage 24 11
Absaugeschweißtisch 142 13
Absaugeschwenkrüssel 142 15
Absaugetischfläche 142 14
Absaugung 100 13
Abschiedskuß 205 52
Abschirmbehälter 154 82
Abschirmung 240 20
Abschlag 293 79
Abschlagplatz 293 79
Abschlußtür 41 25
Abschmierpresse 195 30
Abschneider 159 15
Abschneidevorrichtung 151 15
Abschnitt 84 31
Abschroter 137 32
Abschußcontainer 258 32
abschwellend 321 32
Absehen 87 32
Absehensysteme 87 31
Abseilen 300 28—30
Abseilhaken 300 39
Abseilschlinge 300 28
Abseits 291 42
Absetzwagen 159 18
Absonderungsbläschen 357 5
Absorberstäbe 154 24
Absorberzuschaltung 27 44
Abspanniolator 152 38
Abspannseil 215 47
Abspannungsgerüst 152 31
Abspannungsmast 152 36
Absperrgitter 77 47
Absperrgitter 75 43
Absperrgraben 356 3
Absperrschieber 269 48
Absperrschieber 217 53—56
Absperrung 99 5
Absperrventil 126 4
Absperrventil 141 7
Absperrventil 269 30
Absprung 298 26
Absprung 298 37
Absprungbalken 298 38
Absprungtrampolin 297 14, 18
Abstand 346 5
Abstandhalter 119 81
Abstandhalter 117 59
Abstandsbügel 77 41
Abstandshalter 134 47
Abstandsrohrband 126 54
Abstandsrohrschelle 126 57

Abstandsschnur 10 58
Abstechdrehmeißel 149 53
Abstechstahl 135 24
Abstehwanne 162 15
absteigende Aorta 18 16
Abstellbrett 174 10
Absteller 326 41
Abstellgleis 206 50
Abstellhebel 163 40
Abstellraum 207 27
Abstellsicherung 168 19
Abstelltaste 110 22
Abstellung 165 37
Abstellvorrichtung 165 19
Abstich 147 54
Abstichloch 147 50
Abstichrinne 148 3
Abstichstange 148 9
Abstiegsstufe 6 28—36
Abstimmanzeigeröhre 309 18
Abstimmfeinanzeige 224 36
Abstimmgrobanzeige 224 35
Abstimmungsknopf 309 21
Abstimmungsregler 241 54
Abstimmungsumschlag 263 21
Abstoß 291 38
Abstrakte 326 9
Abstreichblech 65 4
Abstreicher 168 61
Abstreifgitter 129 12
Abstriche 23 50
Abstützspindel 270 12
Abstützstempel 202 29
Abszisse 347 9
Abszissenachse 347 2
Abszissenwert 347 9
Abtastkopf 177 63
Abtastkopf 177 46
Abtastnadel 241 26
Abtastwalze 177 45
Abteil 207 38
Abteil 207 13
Abteil 208 24
Abteilfenster 207 52
Abteilfenster 208 8
Abteiltür 207 14
Abteilung 84 2
Abteilungsleiter 271 60
Abtransportvorrichtung 185 35
Abtreppung 118 61
Abtropfständer 39 33
Abwachsteich 89 6
Abwaschbürste 50 51
Abwasserabfuhr 156 38
Abwasserkanal 269 23
Abwasserleitung 199 26
Abwasserleitung 155 23
Abwasserpumpe 199 20
Abwasserpumpe 172 63
Abwassersammeltank 199 27
Abwehr 294 6
Abwehrspieler 293 60

Abwehrspieler 293 77
Abwehrspieler 292 4
Abweisbalken 214 56
Abweiser 214 56
Abwickelachse 312 36
Abwurfpunkt 89 34
Abziehen 344 24
Abzug 255 5
Abzugbügel 87 10
Abzugleiste 167 49
Abzugsrohr 182 25
Abzugsvorrichtung 255 20
Abzweigleitung 126 8
Accent aigu 342 30
Accent circonflexe 342 32
Accent grave 342 31
Acetylenflasche 141 2
Acetylenflasche 141 22
Achillessehne 18 48
Achse 187 76
Achse 187 61
Achse 346 27
Achsel 16 26
Achselgriff 21 37
Achselgrube 16 26
Achselhaare 16 27
Achselhemdchen 29 6
Achselhöhle 16 26
Achselknospe 370 25
Achsenkreuz 177 4
Achsenkreuz 347 2, 3
Achsenmontierung 113 22
Achslager 192 83
Achslager 210 10
Achswendegetriebe 211 53
Achszapfen 192 78
Acht-Kanal-Schreiber 27 28
Acht-Platten-Elektroherd 207 30
Acht-Zylinder-Pullmanlimousine 193 1
Acht-Zylinder-V-Ottomotor 190 1
Achteck 351 17
Achteck-Kreuzschliff 36 53
Achteck-Treppenschliff 36 52
Achtelnote 320 16
Achtelpause 320 24
Achter 283 10
Achterbahn 308 39
Achterdeck 223 32
Achterkastell 218 23
Achterliek 284 45
Achtermast 220 34
Achterschliffquerschnitt 286 34, 37, 41
Achtersteven 218 1
Achtersteven 222 70, 71
Achtfach-Flarak-Starter 259 5
Achtflächner 351 6
Achtkantschliffstöpsel 349 4

Achtundvierzigflächner 351 13
Acker 63 4
Ackerbauerzeugnisse 68 1—47
Ackerbohne 69 15
Ackerdistel 61 32
Ackerfurche 63 8
Ackergauchheil 61 27
Ackerkamille 61 8
Ackerkratzdistel 61 32
Ackerrettich 61 21
Ackersalat 57 38
Ackerschachtelhalm 376 18
Ackerschädlinge 80 37—55
Ackerschädlinge 80 37—55
Ackerschlepper 64 46
Ackerschlepper 65 20
Ackersenf 61 18
Ackerspörgel 69 12
Ackerwicke 69 18
Ackerwinde 61 26
Adamsapfel 19 13
Adaptering 115 82
Addier- und Saldiermaschine 309 74
Addieren 344 23
Addition 344 23
Adelskrone 254 43
Aderklemme 26 48
Aderpresse 26 48
Adler 3 9
Adler 362 5—9
Adlerfarn 377 16
Admiral 365 1
Admiralitätsanker 286 15
Admiralskajüte 218 27
Adressat 250 20
Adventivwurzeln 370 78
ägyptische Kunst 333 1—18
Ähnlichkeitszeichen 345 22
Ährchen 69 23
Ährchen 68 10
Ährchen 68 3
Ährchen 375 41
Ähre 68 2
Ähre 370 67
Ährenheber 64 2
Ährenrispengras 69 27
Äpfel 99 86
Äquator 14 1
Äquatoriale Gegenstrom 14 33
äquatoriale Klima 9 53
Äquilibrist 307 48
Äquinoktialpunkte 3 6, 7
Äquinoktium 3 6, 7
Ärmelaufschlag 31 54
Ärmelaufschlag 33 35
Ärmelaufschlag 30 35
Ärmelbrett 50 20
Ärmelpelzbesatz 30 62
Ärmelpuffe 355 49
Ärmelschlitz 30 48
Ärmelschoner 324 17
Ärmelschutz 142 6

Ärztemuster **22** 41
Äser **88** 13
Äste **347** 15
Äsung **86** 13
Äthylenmolekül **242** 61
Aetos **334** 3
Ätzbad **340** 51
Ätzen **340** 51
Ätzflanke **178** 45
Ätzflüssigkeit **182** 16
Ätzgrund **340** 55
Ätzkorrektur **182** 21
Ätzmaschine **182** 15
Ätztrog **178** 31
Ätztrog **178** 24
Ätztrog **182** 16
äußere Ohr **17** 56–58
äußere Querruder **229** 41
Affen **368** 13
Affenhaus **356** 10
Afghane **70** 23
Afrika **14** 14
Afrikanische Elefant **366** 20
Afro-Look **34** 26
Aft-Fan-Triebwerk **232** 42
After **20** 62
After-shave **49** 38
After-shave-Lotion **49** 38
Afterflosse **364** 9
Afterfurche **16** 41
Afterklaue **88** 23
Agent **251** 5
Agent **307** 18
Agentursignum **342** 55
Aglei **60** 10
Agulhasstrom **14** 37
Ahle **174** 17
Ahming **222** 73
Ahnenfigur **354** 17
Ahorn **371** 53
Ahornsamen **371** 57
Airbus **231** 17
Ajourarbeit **102** 27
Akazie **371** 70
Akelei **60** 10
Akkord **321** 1–5
Akkordeon **324** 36
Akku-Bike **188** 20
Akkubehälter **188** 22
Akkumulator **316** 55
Akkumulatortriebwagen **211** 55
Akkuteil **309** 41
Akrobat **307** 47
Akropolis **334** 1–7
Akroterion **334** 34
Akt **338** 32
Aktenklammer **247** 2
Aktennotiz **248** 8
Aktenordner **245** 6
Aktenordner **248** 5
Aktenordner **247** 37
Aktenregal **248** 10
Aktenschrank **245** 4
Aktentasche **41** 17
Aktie **251** 11–19
Aktienurkunde **251** 11
Aktivkohle **270** 58
Aktmodell **338** 32

Akut **342** 30
Akzept **250** 12
Akzept **250** 23
Alarmsirene **270** 4
Aldebaran **3** 25
Algebra **345** 4, 5
Algenfisch **364** 18
Alhidade **224** 3
Alk **359** 13
Alkor **3** 29
All-aft-Typ **221** 1
Allais-Schikane **301** 72
Aller-Steinsalz **154** 63
Allerheiligste **332** 35
Allerheiligsten **331** 48
Allesschneider **40** 38
Allgemeine Botanik **370**
Allgemeinmediziner **23** 2
Allgeschwindigkeits-Querruder **229** 43
Allianzwappen **254** 10–13
Allongeperücke **34** 2
Allradantrieb **194** 1
Allroundterminal **226** 16
Allwetterdach **200** 38
Allzielgeschütz **258** 70
Allzielgeschütz **258** 48
Allzielkanone **258** 47
Allzweckabroller **40** 1
Allzwecklabor **235** 66
Allzwecksauger **50** 80
Allzwecktücher **40** 1
Almosen **330** 60
Aloe **53** 13
Alpen-, Wasser- und Sumpfpflanzen **378**
Alpenglöckchen **378** 3
Alpenpflanzen **378** 1–13
Alpenrose **378** 1
Alpenveilchen **53** 5
Alpenvereinshütte **300** 1
Alphapartikel **2** 27
Alphastrahlung **1** 31
Alphateilchen **1** 31
Alpinist **300** 5
Alsike **69** 3
Alster **361** 3
Altair **3** 9
Altar **334** 69
Altar **330** 33
Altar **330** 4
Altarbekleidung **330** 6
Altarbild **330** 50
Altarbild **330** 13
Altardecke **330** 6
Altarkerze **330** 7
Altarkerzen **330** 34
Altarkreuz **330** 35
Altarkreuz **330** 12
Altarm **216** 18
Altarnische **334** 64
Altarplatz **330** 1
Altarschelle **332** 52
Altarschmuck **330** 48
Altarstufen **330** 31
Altarstufen **330** 5
Altarteppich **330** 3

Altartuch **330** 36
Altbestand **84** 4
altchristliche Kunst **334** 61–71
Alte Mann **144** 37
Altgeiß **88** 34
Altholz **84** 4
Altmenschenschädel **261** 19
Altocumulus **8** 15
Altocumulus castellanus **8** 16
Altocumulus floccus **8** 16
Altokumulus **8** 15
Altostratus **8** 8
Altostratus praecipitans **8** 9
Altposaune **323** 46
Altreh **88** 34
Altricke **88** 34
Altschlüssel **320** 10
Altsteinzeit **328** 1–9
Altwarenmarkt **308** 60
Altwasser **15** 75
Alu-Oberkante **301** 51
Aluminiumfaß **93** 17
Aluminiumgestell **50** 19
Aluminiummünzen **252** 1–28
Aluminiumoberkante **301** 51
Amarant **60** 21
Amaryllisgewächs **53** 8
Amateurboxer **299** 25
Ambo **330** 37
Amboß **87** 58
Amboß **17** 61
Amboß **125** 22
Amboß **138** 33
Amboß **137** 11–16
Amboß **139** 17
Ambulanz **270** 19
Ameise **358** 22
Amerika **14** 13
Amerikaner **97** 39
amerikanische Buggy **186** 49
Ammern **361** 6 u.
Ammoniak **170** 24
Ammoniakwascher **156** 23
Ammoniumsulfat **156** 36
Ammoniumsulfatherstellung **156** 35
Ammonsulfatlauge **170** 26
Amöbe **357** 1
Amorette **272** 20
Ampelmast **268** 53
Amperemeter **230** 18
Amphibien **364** 20–26
Amphibienflugzeug **232** 8
Amphore **328** 10
Amplitudeneinstellung **10** 11
Amsel **361** 13
Amstel **361** 13
Amulett-und-Würfel-Kette **354** 40
Anästhesierung **24** 53

Analogausgang **112** 45
Analogsteuerung **242** 38
Analysenwaage **349** 25
Analyser **116** 36
Ananas **99** 85
Ananas **384** 61
Ananasblüte **384** 64
Ananaserdbeere **58** 16
Ananasgalle **82** 40
Ananaspflanze **384** 61
Anbauküche **46** 29
Anbaupflug **65** 62
Anbausatz **84** 33
Anbauschrank **177** 69
Anbauvitrine **42** 5
Anbiß **86** 21
Andachtsraum **233** 49
Andächtige **330** 29
Anderthalbdecker **229** 13
Anderthalbmaster **220** 9, 10
Andreaskreuz **202** 41
Andreaskreuz **332** 60
Andromeda **3** 24
Andruck **340** 43
Andruckbügel **100** 17
Andruckrolle **243** 25
Anemometer **10** 28
Anemone **377** 1
Aneroidbarometer **10** 4
Anfänger **336** 22
Anfahrfederung **214** 50
Anfeuchter **247** 31
Anflugantenne **6** 46
Anführungsstriche **342** 26
Anführungszeichen **342** 27
Anführungszeichen **342** 26
Angabelinie **293** 72
Angebotsschild **99** 19
Angel **45** 52
Angelfischerei **89** 20–94
Angelgeräte **89** 37–94
Angelhaken **89** 79
Angelschnur **89** 63
Angelsport **89**
angeschnittene Ärmel **30** 36
angeschnittene Tasche **31** 4
angeschnittene Taschen **29** 63
Angiographieraum **27** 12
angiographische Untersuchungstisch **27** 26
Angioraum **27** 12
Anglerzange **89** 37
Angorakatze **73** 17
Angriffslinie **293** 65
Angriffssehrohr **259** 88
Angriffsspieler **293** 63
Angriffsspieler **293** 75
Angriffszone **293** 64
Anhängedeichsel **64** 47
Anhängekupplung **278** 55
Anhängekupplung **65** 30

Anhängeplatte 183 28
Anhänger 138 10
Anhänger 194 22
Anhängerchassis 138 28
Anhängerlore 200 25
Anhängevorrichtung 65 50
Anhängevorrichtung 65 61
Anhöhe 13 66
Animierdame 318 33
Anke 108 18
Anker 258 5
Anker 259 81
Anker 286 15–18
Anker 223 52
Ankergeschirr 223 49–51
Ankerkabel 218 18
Ankerkette 222 77
Ankerkette 224 72
Ankerkette 223 50
Ankerkette 227 12
Ankerklüse 258 54
Ankerklüse 222 76
Ankerkreuz 332 69
Ankernische 222 75
Ankerrad 110 40
Ankerspill 258 6
Ankertasche 222 75
Ankerwinde 223 49
Ankerwinsch 259 82
Ankleidekabine 271 32
Ankleidepuppe 48 32
Ankleidepuppe 47 9
Ankleidezelle 271 32
Ankunft 233 26
Ankunftstafel 204 19
Anlageapparat 181 22
Anlagetisch 181 4
Anlagetisch 181 30
Anlagetisch 180 49
Anlagetisch 180 32
Anlagetisch 181 21
Anlandung 216 52
Anlaßbatterie 212 46
Anlasser 190 44
Anlasser 189 52
Anlaßwiderstand 135 3
Anlaßzahnkranz 192 31
Anlauf- und Brems-
automat 168 20
Anlegeeinrichtung 183 17
Anlegegoniometer 351 27
Anlegeöl 129 44
Anlegeponton 225 63
Anleger 185 25
Anlegermagazin 185 26
Anlegetisch 184 21
Anlegetrommel 180 34
Anlegevorrichtung 236 48
Anlegewalze 165 32
Anleihe 251 11–19
Anleimmaschine 185 1
Anmeldeblock 267 12
Anmelderaum 267 1–26
Anmeldung 278 1
Annahmebeamte 236 16

Annahmevermerk 250 23
Annoncenteil 342 69
Anodenstange 178 5
Anorak 300 6
Anorak 29 62
Anorakkapuze 300 19
Anoraknylon 101 4
Anpassungseinheit 242 34
Anpreßhydraulik 173 37
Anproberaum 271 32
Anreißwinkel 120 69
Anrichte 45 44
Anrichte 223 43
Anrichte 207 35
Anrichtetisch 45 32
Anrufschranke 202 47
Ansatzrohr 50 70
Ansatzrohr 324 71
Ansauggeräuschdämp-
fer 190 16
Ansauggeräuschdämp-
fer 191 54
Ansaugleitung 349 21
Ansaugrohr 190 18
Ansaugrohr 189 5
Ansaugtrichter 217 51
Anschießen 129 52
Anschlag 86 34
Anschlag 237 12
Anschlagplatte 157 18
Anschlagsarten 305 27–29
Anschlagschiene 133 11
Anschlagsporn 71 50
Anschlagstärkeneinstel-
ler 249 10
Anschlagwinkel 134 26
Anschlußaufsatz 127 25
Anschlußbeschlag 287 31
Anschlußeisen 119 10
Anschlußeisen 119 71
Anschlußleitung 241 71
Anschlußleitung 126 9
Anschlußrahmen 65 26
Anschlußstutzen 350 5
Anschnallelektroden 23 30
Anschnallsporn 71 51
Anschreiber 293 71
Anschreibetafel 277 18
Anschrift 236 42
anschwellend 321 31
Ansitz 86 14–17
Anstand 86 14–17
Ansteeknadel 36 18
Ansteckschmuck 36 19
Anstellvorrichtung 148 61–65
Anstichhahn 93 14
Anstreichen 129 1
Antarktis 14 18
Antenne 258 46
Antenne 213 4
Antenne 10 68
Antenne 10 59
Antenne 256 17
Antenne 258 16
Antenne 259 89
Antenne 259 7

Antenne 259 47
Antenne 288 20
Antenne 257 25, 26
Antenne 288 88
Antennenniederführung 223 4
Antennenträger 259 6
Antependium 330 20
Antiklinale 12 16
Antiklinale 12 27
Antilope 367 5
Antiqua 342 5
Antiskatingeinstellung 241 25
Antivortexsystem 234 11
Antizyklone 9 6
Antlitz 16 4–17
Antoniuskreuz 224 90
Antoniuskreuz 332 59
Antrieb 223 68–74
Antrieb 214 2
Antriebsgerät 238 57
Antriebskasten 168 32
Antriebskette 188 17
Antriebsknöpfe 178 15
Antriebskupplung 177 54
Antriebskurbel 309 81
Antriebsmaschine 145 12
Antriebsmotor 103 9
Antriebsmotor 217 47
Antriebsmotor 178 12
Antriebsmotor 179 11
Antriebsmotor 178 28
Antriebsmotor 175 61
Antriebsmotor 150 9
Antriebsmotor 163 49
Antriebsmotor 163 12
Antriebsmotor 163 23
Antriebsmotor 139 25
Antriebsquelle 110 7
Antriebsrad 65 80
Antriebsrad 255 50
Antriebsräder 167 31
Antriebsscheibe 180 66
Antriebsscheibe 168 4
Antriebsstutzen 67 19
Antriebsturm 177 56
Antriebswalze 187 73
Antriebswalze 165 32
Antriebswelle 217 49
Antriebswelle 190 27
Antriebswelle 192 30
Antriebswelle 201 13
Antriebswerk 110 43
Antritt 123 18
Antrittspfosten 123 43
Antrittsstufe 123 42
Antrittsstufe 123 18
Anwahlsteuerplatte 153 4
Anzapfungsverbindung 153 18
Anzeichnerei 104 21
Anzeigegerät 230 22
Anzeigeleuchte 50 10
Anzeigenadel 242 76
Anzeigenadel 114 58
Anzeigenteil 342 69
Anzeigeskalen 114 58
Anzeigevorrichtung 148 65

Anzeigevorrichtung 165 7
Anzughose 33 3
Anzugstoff 104 3
Aorta 20 54
Aorta 18 10
Aortenbogen 18 10
Aortenklappe 20 49
Apachenmädchen 306 9
Apartment 46
Apartmentwand 46 1
Aperturblendenschieber 112 16
Aperturblendentrieb 113 35
Apfel 58 56
Apfel 370 102
Apfelbaum 58 51
Apfelblüte 58 54
Apfelblütenstecher 80 10
Apfelgespinstmotte 80 5
Apfelkern 58 60
Apfelquitte 58 49
Apfelschale 58 57
Apfelschalenwickler 80 9
Apfelsine 384 23, 27
Apfelsine 384 27
Apfelsinenblüte 384 25
Apfelstecher 80 10
Apfelstiel 58 61
Apfelwickler 58 62
Apfelzweig 58 52
Apiarium 77 56
Apokalypse 327 50
Apollo 234 2
Apollo-Raumeinheit 6 1
Apollo-Raumkapsel 6 9
Apollo-SM 234 56
Apostroph 342 22
Apotheke 233 45
Apparateschrank 212 35
Appenzeller Hackbrett 322 35
Applikation 29 20
Apport 86 36
Apportieren 86 36
Aprikose 59 35
Aprikosenbaum 59 33–36
Aprikosenbaumblatt 59 36
Aprikosenblüte 59 34
Aprikosenzweig 59 33
Apsis 278 27
Apsis 335 5
Apsis 334 64
Aquädukt 334 53
Aquarellbild 48 5
Aquarellfarbe 338 18
Aquarellkasten 48 6
Aquarium 356 19
Aquarius 4 63
Aquatinta 340 14–19
Aquila 3 9
Arabeske 334 18
Ararauna 363 2
Araukarie 53 16
Arbeiter 358 22

Arbeiterin **77** 1
Arbeiterinnenzellen **77** 34
Arbeitsbiene **77** 1
Arbeitsbogen **261** 27
Arbeitsbrücke **315** 29
Arbeitsbühne **118** 17
Arbeitsbühne **234** 46
Arbeitsbühne **211** 42
Arbeitsbühne **145** 3
Arbeitsbühne **234** 28
Arbeitsdeck **221** 34
Arbeitsdeck **221** 19
Arbeitsfläche **261** 5
Arbeitsgalerie **316** 5
Arbeitsgerüst **122** 34
Arbeitsgrube **75** 24
Arbeitskittel **33** 56
Arbeitskittel **106** 2
Arbeitslampe **109** 12
Arbeitslatzhose **33** 44
Arbeitsmantel **33** 56
Arbeitsmaterial **260** 81
Arbeitsmütze **35** 40
Arbeitsöffnung **139** 49
Arbeitsspindel **149** 20
Arbeitsplatte **50** 31
Arbeitsplattform **221** 66
Arbeitsprojektor **261** 8
Arbeitsprojektor **242** 6
Arbeitsschuh **101** 39
Arbeitssessel **24** 14
Arbeitsspeicher **245** 28
Arbeitsständer **100** 54
Arbeitssteg **316** 5
Arbeitstisch **97** 60
Arbeitstisch **97** 62
Arbeitstisch **104** 7
Arbeitstisch **111** 20
Arbeitstisch **124** 15
Arbeitstisch **100** 33
Arbeitswanne **162** 5
Archaster **369** 17
Architrav **334** 18
Archivkraft **248** 6
Archivolte **335** 25
Arcturus **3** 30
Arena **319** 9
Arenabühne **315** 14
Argo **3** 45
Aries **4** 53
Arithmetik **344** 1–26
Arithmetik **345** 1–24
Arkosolium **331** 60
Arktur **3** 30
Arm **17** 12–14
Arm **16** 43–48
Armaturen **126** 26–37
Armaturenbrett **180** 74
Armaturenbrett **191** 57–90
Armaturentafel **197** 29
Armaturentafelbeleuchtung **197** 30
Armauflage **109** 3
Armband **110** 5
Armband **36** 3
Armbanduhr **110** 32–43
Armbanduhrzeiger **109** 10
Armberge **329** 47

Armbeuge **16** 44
Armbinde **263** 11
Armbinde **270** 22
Armbrustfibel **328** 28
Armbund **30** 30
Armflosser **369** 6
Armgeflecht **18** 27
Armhebel **299** 10
Armierung **119** 54–76
Armierung **119** 68
Armierungseisen **119** 23
Armkachel **329** 48
Armlehne **106** 18
Armlehne **46** 28
Armlehne **42** 22
Armlehne **207** 69
Armlehne **207** 45
Armlehnenascher **207** 46
Armmuskel **18** 54
Armreif **36** 17
Armschlinge **21** 2
Armspeichenmuskel **18** 39
Armstütze **208** 26
Armtragetuch **21** 2
Armverband **21** 1
Arnika **380** 2
Aronsstab **379** 9
Arpeggio **321** 22
Arretierstift **140** 47
Arretierung **349** 37
Arretierungsknopf **349** 38
Arterie **18** 1
Arterienpinzette **26** 49
artesischer Brunnen **12** 26
Artikelhinweis **342** 49
Artikelüberschrift **342** 44
Artilleriewaffen **255** 49–74
Artischocke **57** 41
Artistenstand **307** 5
Artistenvermittler **307** 18
Arzt **23**
Arzt **22**
Arzt **233** 44
Arzt für Allgemeinmedizin **23** 2
Arzthelferin **22** 19
Arztstempel **22** 29
Arzttasche **22** 33
As-Dur **320** 66
Asbestanzug **270** 46
Asbestdrahtnetz **350** 19
Asche der Wiedergeburt **327** 10
Aschenabzug **152** 8
Aschenbahn **298** 6
Aschenbahnrennen **290** 24–28
Aschenbecher **104** 5
Aschenbecher **42** 29
Aschenbecher **246** 33
Aschenkugel **266** 5
Aschentür **38** 39
Aschenurne **328** 38
Aschkasten **210** 6
Aschkastenbodenklappe **210** 7

Asien **14** 16
Aspergill **332** 54
Asphaltdecke **200** 58
Asphaltmischtrommel **200** 50
Asphaltpapier **153** 48
Aspirationspsychrometer **10** 33
Aspisviper **364** 41
Asroc-Starter **258** 50
Assaut **294** 5, 6
Assel **81** 6
Assistent **262** 6
Assistentin **307** 39
Assyrer **333** 29–36
Ast **370** 5
Asteroiden **4** 47
Astgabel **54** 13
Asthippe **56** 9
Astlochfräser **132** 53
Astlochfräsmaschine **132** 52
Astreinigung **84** 12
Astronaut **235** 67
Astronaut **6** 11
Astronomie **3**
Astronomie **4**
Astronomie **5**
Astsäge **56** 16
Astschere **56** 11
Asymptoten **347** 29
Atair **3** 9
Atelier **338** 1–43
Atelieraufnahme **310** 26–60
Atelierfenster **338** 1
Ateliermikrophon **310** 31
Ateliersekretärin **310** 29
Atelierstaffelei **338** 3
Atelierwohnung **37** 74
Atemfrequenz **23** 27
Atemfunktionen **23** 31
Atemgerät **21** 27
Atemloch **367** 26
Atemöffnung **358** 32
Atemschlauch **27** 37
Atemschutzgerät **270** 39
Atemvolumen **26** 28
Atemwurzeln **370** 82
Atlant **334** 36
Atlantiksteven **221** 83
Atlantische Ozean **14** 20
Atmosphäre **7**
Atoll **13** 32
Atolla **369** 5
Atom **1**
Atom **2**
Atombombenexplosion **7** 11
Atomkern **1** 49
Atomkern **1** 51
Atomkern **1** 2
Atomkern **1** 16
Atomkern **1** 29
Atomkraftwerk **154** 19
Atommodell **1** 5
Atommodelle **1** 1–8
Atommüllagerung **154** 56

Atomreaktor **1** 48
Atomreaktormantel **259** 67
Atomschicht **7** 32
Atrium **334** 66
Attika **334** 60
Attitude **314** 17
Atzel **34** 2
Atzel **361** 3
Audio-/Videoaussteuerungsanzeige **243** 15
Audiosynchronkopf **243** 24
Audiovision **243**
audiovisuelle Lernprogrammherstellung **242** 7
Auditorium **262** 2
Auerbachsprung **282** 41
Auerhahn **88** 72
Auf-und-ab-Schalter **211** 30
Auf-und-nieder-Steven **285** 40
Aufbau **258** 22
Aufbau **221** 10
Aufbaudeck **258** 10
Aufbauhäuschen **273** 56
Aufbauspritzgerät **83** 2
Aufbauten **258** 10–28
Aufbereitungsanlage **144** 5
Aufenthaltsdeck **224** 107
Auffahrmulde **213** 36
Auffahrrampe **221** 55
Auffahrtrampe **206** 1
Auffangschirm **242** 84
Auffangtisch **249** 47
Aufgabekasten **118** 35
Aufgaberaum **293** 61
Aufgabeschnecke **92** 26
Aufgabetisch **157** 63
Aufgang **223** 24
Aufgang **307** 20
Aufgeber **293** 62
aufgesetzte Hemdentasche **33** 38
aufgesetzte Tasche **31** 56
aufgesetzte Tasche **30** 22
aufgesetzte Taschen **29** 68
aufgeänderte Operationstisch **26** 5
aufgesteckte Haar **34** 28
aufgesteppte Muster **30** 31
Aufhängebügel **94** 21
Aufhängeholm **75** 16
Aufhaltekette **71** 20
Aufhaltering **71** 27
Aufheller **310** 52
Aufklebeadresse **236** 4
Auflagekraftverstellung **241** 24
Auflager **215** 55
Auflager **121** 83
Auflager **322** 42

Auflagerbock 120 18
Auflagetisch 133 17
Auflegematte 64 72
Auflichtbeleuchtung 112 59
Auflichtmikroskop 112 23
Auflösungszeichen 320 54
Aufnahme- und Wiedergabegerät 311 23
Aufnahmebecherwerk 201 21
Aufnahmebecherwerk 200 49
Aufnahmeeinheit 240 36
Aufnahmehalle 310 26–60
Aufnahmekammer 113 40
Aufnahmekopf 311 25
Aufnahmeleiter 310 44
Aufnahmeobjektiv 114 26
Aufnahmeoptik 313 2
Aufnahmetaste 117 83
Aufnahmetonkopf 117 33
Aufnahmeverstärker 311 11
Aufpausen 129 48
Aufprallschutz 191 57
Aufputzinstallation 127 6
Aufreißen 299 8
Aufreißer 200 20
Aufrollung 173 28
Aufrollvorrichtung 173 41
Aufruf 263 14
Aufsattelgerät 65 82
Aufsatz 293 90
Aufsatzkamera 112 64
Aufsatzseite 324 74
Aufsatzuhr 42 16
Aufschiebling 121 31
Aufschläger 293 51
Aufschläger 293 16
Aufschlag 33 5
Aufschlag 293 17
Aufschlagfeld 293 12
Aufschlaglinie 293 7
Aufschlaglinienrichter 293 27
Aufschnitt 326 25
Aufschnittmesser 96 31
Aufschnittware 96 14
Aufsicht 262 14
Aufsichtsbeamte 205 41
Aufsitzmäher 56 37
Aufsitzplatz 307 12
Aufstellmaschine 236 34
Aufstieg 194 39
Aufstiegsstufe 6 37–47
Auftragebürste 50 42
Auftragetablett 265 14
Auftragswalze 249 52
Auftragwalzen 181 7
Auftriebskörper 217 34
Auftritt 316 36
Aufwärtshaken 299 32

Aufwascheimer 50 54
Aufwickelfriktionsachse 312 37
Aufwickelspule 117 32
Aufwind 287 21
Aufwindschlauch 287 21
Aufzugführer 271 47
Aufzugkasten 200 14
Aufzugschacht 271 51
Aufzugseil 120 37
Aufzugsrad 110 41
Aufzugstür 139 51
Augapfel 19 45
Auge 88 60
Auge 72 4
Auge 16 7
Auge 19 38–51
Auge 137 29
Auge 334 75
Augen 276 32
Augenbraue 19 38
Augenfleck 358 54
Augenhintergrundstafel 22 32
Augenmuschel 117 14
Augenmuschel 115 73
Augenmuskeln 19 44
Augenrefraktometer 111 44
Augenschutz 84 23
Augenspiegel 22 62
Augensprosse 88 6
Augensteckling 54 22
Augentrost 61 27
Augenwurz 61 13
Augsburger Patrizierin 355 48
Augsproß 88 6
Auktionshalle 225 58
Aulos 322 4
Aureus 252 3
Auriga 3 27
Aurikel 378 8
Aurorafalter 365 3
Ausatmungsluft 279 26
Ausbeinmesser 96 36
Ausbeulhammer 195 46
Ausblasöffnung 165 5
Ausdehnungsgefäß 38 24
Ausdrehhaken 135 17
ausfahrbare Vorflügel 229 38
Ausfahrgarnitur 29 1
Ausfahrgeräte 259 88–91
Ausfahrgeräte 259 74
Ausfahrgeräte 258 68
Ausfahrjäckchen 29 3
Ausfahrzylinder 257 41
Ausfall 294 5
Ausfallöffnung 139 2
Ausfallschritt 295 42
Ausfallschritt 299 4
Ausfallstellung 294 5
Ausflugsdampfer 221 101–1
Ausflugsdampfer 225 29
Ausformanlage 76 35
Ausfüllen 129 53

Ausgabedatum 342 42
Ausgang 233 37
Ausgangsmaterial 169 1
Ausgeleichsgetriebe 65 32
Ausgleichestrich 123 39
Ausgleichsballast 212 66
Ausgleichsbehälter 212 78
Ausgleichsluft 192 4
Ausgleichsrotor 232 14
Ausguck 273 23
Ausgucktonne 223 38
Ausguß 261 34
Ausgußbecken 261 6
Ausgußstellung 147 58
Auskratzer 107 45
Auskunft 204 29
Auskunftsbeamte 205 44
Auskunftsbeamte 204 49
Auskunftsplatz 237 34
Ausläufer 58 20
Ausläufer 54 14
Auslage 47 30
Auslage 185 23
Auslage 294 33
Auslagetrommel 180 65
Auslaßschlitz 242 58
Auslaßstreifen 131 7
Auslaßtechnik 131 10
Auslaßventil 242 53
Auslaßventil 190 46
Auslaufanschluß 172 78
Auslaufbauwerk 217 44
Auslaufdoppelventil 126 35
Auslaufventil 126 34
Auslaugungsrückstände 154 62
Ausleger 150 24
Ausleger 119 36
Ausleger 283 42
Ausleger 132 63
Ausleger 226 24
Ausleger 226 49
Ausleger 302 46
Auslegerboot 352 35
Auslegerboote 283 9–16
Auslegetisch 184 19
Auslegetrommel 180 42
Auslеihpult 262 20
Auslöschknopf 271 4
Auslösebügel 94 6
Auslösehandgriff 313 38
Auslösehandgriff 313 24
Auslöseknopf 115 18
Auslöser 117 6
Auslöser 114 31
Auslösetaste 114 12
Auslösetransistoren 195 19
Auslösеventil 210 58
Ausmauerung 147 48
Auspuff 64 38
Auspuff 189 15
Auspuff 188 15
Auspuffendtopf 212 69

Auspuffkrümmer 190 36
Auspuffleitung 209 22
Auspuffleitung 191 51
Auspuffreparatur 195 52
Auspuffsystem 195 51
Auspufftopf 191 29
Ausputzmaschine 100 3
Ausreitgurte 284 30
Ausrückhebel 166 8
Ausrüstungskai 222 5–9
Ausrufer 308 8
Ausrufezeichen 342 21
Aussaat 54 1
Aussaat 63 10–12
Aussaatschale 54 2
Ausschabung 26 52
Ausschank 266 1–11
Ausschreier 308 8
Ausschüttung 269 29
Ausschußmaß 149 58
Ausschußseite 149 61
Außenaufnahme 310 18
Außenbaugelände 310 1
Außenborder 278 15
Außenbordkameran 286 21
Außenbordmotor 286 1
Außenbordmotor 283 7
Außenbordmotor 278 15
Außenbordmotorboot 283 6
Außenfeldspieler 292 41
Außenhaut 283 33
Außenhaut 283 48
Außenhaut 222 44–49
Außenhautplanke 285 50
Außenkäfig 356 11
Außenkelch 58 22
Außenkiel 283 32
Außenklüver 219 23
Außenmeßfühler 149 70
Außenputz 122 38
Außenquersitz 296 32
Außenring 143 71
Außenschale 59 42
Außenschwingtür 194 35
Außenseiter 289 53
Außenseitsitz 296 31
Außenseitstand 296 26
Außenspiegel 191 40
Außenspieler 292 76
Außensteg 185 57
Außenstürmer 291 16
Außentaster 135 18
Außenverteidiger 291 12
Außenverzahnung 143 96
Außenwand 121 32
Außenwand 122 37
Außenwand 121 77
Außenwinkel 346 26
Aussichtsturm 15 68
Aussparung 166 32

Aussprachezeichen 342 30–35
Ausstecher 136 38
Aussteller 250 21
Aussteuerinstrumente 311 14
Aussteuerungsanzeige 243 12
Aussteuerungsanzeigen 241 36
Aussteuerungsinstrument 241 35
Aussteuerungskontrolle 241 61
Ausstieg 122 24
Ausstiegtür 197 14
Austauschkugelkopf 249 28
Auster 357 32
Austerngabel 45 80
Australien 14 17
Australier 352 37
Australopithecusschädel 261 20
Austrittsarm 192 7
Austrittspfosten 123 54
Austrittsstufe 123 19
Auswechselspieler 292 39
Ausweichstelle 217 27
Ausweitapparat 100 18
Auswuchtscheibe 190 56
Auswurf 23 25
Auswurföffnung 157 56
Auswurfturm 64 37
Auszählen 299 42
Ausziehpolstersitz 207 44
Auto 195 34
Auto 191 1–56
Autobahn 15 16
Autobahnbau 201 1–27
Autobox 196 22
Autobus 194 17
Autodeck 221 79
Autodrom 308 62
Autofahrer 196 8
Autogenschneideanlage 148 67
Autogenschweißbrenner 130 14
Autogenschweißer 141
Autogenschweißwagen 138 35
Autoklav 170 12
Autoklav 170 33
Automarke 191 12
automatische Flugsteuerung 235 23
automatische Impulsmesser 25 42
automatische Telefonanrufbeantworter 22 13
automatische Uhren 109 24
Automobil 193
Automobil 192
Automobil 191
Autorad 191 14
Autoradio 191 90
Autoreifen 196 27

Autoreifen 191 15
Autoshop 196 24
Autoskooter 308 63
Autotür 191 4
Autotypen 193 1–36
Autotypie 178 38
Autozubehör 196 28
AV 243
AV-Kamera 243 1–3
AV-Projektor 242 16
Ave-Maria-Perle 332 32
Avers 252 8
Avers 252 8
Avionikkonsolen 235 22
Avivieren 169 22
Axial-radial-Lagerung 113 3
Axt 85 1
Axt 120 73
Azalea 53 12
Azalee 53 12

B

B-Deck 223 32–42
B-Dur 320 64
b-Moll 320 67
Baby 28 5
Babyausstattung 28
Babybox 28 18
Babyjäckchen 28 25
Babyjäckchen 29 9
Babykleidung 29 1–12
babylonische Kunst 333 19, 20
Babypuppe 48 25
Babyschlafsack 28 17
Babyschuhe 28 45
Babyschuhe 29 5
Babystrampler 29 11
Babytragetasche 28 48
Babywaage 22 42
Babywippe 28 2
Bach 15 80
Bach 13 8
Bache 88 51
Bachforelle 364 15
Back 259 77
Back 258 65
Back 221 13
Back 223 48
Back- und Nährmittelgondel 99 62
Back-up-Ball 305 20
Backbordlaterne 286 12
Backbordlicht 286 12
Backbordstangen 224 100
Backbordtonnen 224 95
Backe 140 3
Backe 87 4
Backe 16 9
Backe 132 23
Backeinrichtung 96 47
Backen 137 15
Backen 301 55
Backenbart 34 12
Backenbrecher 158 20
Backenbremse 143 97

Backenknochen 16 8
Backenstück 71 8
Backenzähne 19 18
Backenzahn 19 35
Backofen 97 71
Backofen 39 13
Backofenfenster 39 14
Backplatz 39 12–17
Backraum 97 55–74
Backsaufbau 259 45
Backstagsbrise 285 13
Backstein 159 20
Backsteinflachschicht 123 7
Backsteinwand 118 8
Backsteinwand 260 45
Backstube 97 55–74
Backwarenabteilung 99 9
Backwarenvitrine 99 10
Backzutaten 98 8–11
Bad 49
Badeanstalt 282 1–32
Badeanzug 280 42
Badegast 274 18
Badegast 280 30
Badehaube 281 8
Badehaube 280 29
Badehöschen 280 27
Badehose 280 43
Badekabine 282 1
Badekappe 280 44
Bademantel 32 20
Bademantel 29 24
Bademantel 280 25
Bademette 49 48
Bademeister 282 15
Bademeister 281 4
Bademütze 280 29
Badepantoffel 49 46
Badepantolette 101 22
Badeschuh 280 23
Badeschwamm 49 6
Badeschwamm 357 13
Badesteg 280 9
Badetasche 280 24
Badetuch 281 14
Badevorleger 49 48
Badewärter 280 1
Badewanne 49 1
Badezelle 282 1
Badezusatz 99 34
Badezusatz 49 5
Badminton 293 44
Badmintonschläger 293 43
Badthermometer 116 13
Bäckerei 97 1–54
Bäckerei 97
Bäder 280
Bäder 281
Bäderschiff 221 101–1
Bändchen 325 36
Bändchenarbeit 102 31
Bändchendraht 325 35
Bändchenstickerei 102 31
Bändsel 221 119
Bär 226 38
Bär 139 12
Bären 368 9–11
Bärenklee 69 6

Bärenkrallen 352 14
Bärenlauch 377 6
Bärenrobbe 367 18
Bärentraube 377 15
Bärführung 139 8
Bärführungskopf 139 29
Bärlatsch 329 55
Bärzylinder 139 30
Bäuerin 62 4
Bäummaschine 165 55
Bagger 226 41
Baggerausleger 200 4
Baggereimer 226 44
Baggergut 226 47
Baggerlöffel 200 5
Baggerschute 226 46
Bagienrah 220 25
Bagiensegel 220 26
Baguette 97 12
Bahn 122 95
Bahn 122 91
Bahn 137 28
Bahn 233 34
Bahnhof 15 41
Bahnhofsbriefkasten 204 11
Bahnhofsbuchhandlung 204 26
Bahnhofsgaststätte 204 13
Bahnhofshalle 204
Bahnhofsmission 204 45
Bahnhofsrestaurant 204 13
Bahnhofsuhr 204 30
Bahnkantensteuerung 180 20
Bahnkantensteuerung 180 5
Bahnpolizist 205 20
Bahnräumer 197 11
Bahnräumer 210 34
Bahnrennfahrer 290 2
Bahnschranke 202 40
Bahnspuren 1 58
Bahnsteig 205
Bahnsteig 205 1
Bahnsteigaufgang 204 25
Bahnsteigbeleuchtung 205 48
Bahnsteigbriefkasten 205 56
Bahnsteigfernsprecher 205 57
Bahnsteigkante 205 19
Bahnsteigkiosk 205 49
Bahnsteiglautsprecher 205 27
Bahnsteignummer 205 4
Bahnsteigtelefon 205 57
Bahnsteigtreppe 205 2
Bahnsteigtunnel 204 23
Bahnsteigüberdachung 205 5
Bahnsteigüberführung 205 3
Bahnsteiguhr 205 46
Bahnüberführung 15 42

Bahnübergänge 202 39–50
Bahnübergang 202 39
Bahnübergang 202 49
Bahnunterführung 15 22
Baiser 97 26
Baiser 265 5
Bajadere 306 25
Bake 15 10
Bakentonne 224 80
bakteriologischen Kulturen 261 29
Balalaika 324 28
Balanceakt 307 44
Balancegewicht 241 22
Balancierstange 307 42
Baldachin 99 24
Baldachin 48 26
Baldachin 47 12
Baldachin 28 32
Baldachin 331 49
Baldachinträger 331 46
Baldrian 380 5
Balg 324 37
Balg 322 58
Balgen 177 10
Balgen 177 26
Balgen 309 26
Balgen 114 53
Balgen 116 31
Balgengerät 115 85
Balgenkamera 309 25
Balgennaheinstellgerät 115 85
Balgfrucht 370 91
Balgverschluß 324 38
Balken 120 19
Balken 17 44
Balkenbrücke 215 7
Balkenkopf 121 33
Balkenkorn 305 51
Balkon 37 69
Ball 28 16
Ballabgabe 291 47
Ballabzeichen 306 34
Ballannahme 291 48
Ballast 119 33
Ballast 285 33
Ballast 288 65
Ballastkiel 285 32
Ballasttank 223 78
Ballen 19 58
Ballenlader 63 37
Ballenpresse 169 33
Ballenstand 295 5
Ballerinenrock 314 31
Ballett 314
Ballettänzerin 314 26
Balletteuse 314 26
Ballettschuh 314 30
Balletttruppe 314 25
Ballistik 87 73
ballistische Kurve 87 79
Balljunge 293 22
Ballon 7 16
Ballonaufstieg 288 84
Ballonfahren 288 63–84
Ballonkorb 288 64
Ballonstart 288 84
Ballrosette 306 34
Ballsaal 306 1

Ballspiele 291
Ballspiele 292
Ballspiele 293
Ballträger 292 23
Balmer-Serie 1 21
Balsamblume 380 7
Balzjagd 86 9–12
Bambusrohr 136 31
Bambusrohr 383 60
Bambusstange 307 46
Banane 384 33
Bananen 99 90
Bananenblatt 384 35
Bananenblüte 384 34
Bananensattel 188 59
Bananenstaude 384 28
Bananenumschlaganlage 226 22
Band 164 12
Band 300 4
Band 318 3
Bandabdeckung 133 31
Bandage 187 77
Bandage 289 15
Bandage 296 64
Bandbremse 143 104
Bande 277 16
Bande 289 2
Bande 307 22
Bandeinfädelung 243 14
Bandeisen 143 11
Banderillas 319 22
Banderillero 319 21
Banderole 107 26
Bandfeile 140 16
Bandförderung 144 40
Bandgeschwindigkeitsschalter 241 62
Bandlineal 243 22
Bandmaß 103 2
Bandmaß 271 38
Bandoneon 324 36
Bandonika 324 36
Bandsäge 134 50
Bandsägeblatt 157 53
Bandspannhebel 133 16
Bandspule 241 57
Bandumlenker 241 60
Bandverdichtung 163 59
Bandvorschubrichtung 243 29
Bandwalze 133 18
Bandwurm 81 35
Bandzählwerk 243 9
Bandzählwerk 241 64
Banjo 324 29
Bank 296 14
Bank 250
Bank 275 11
Bank 273 58
Bank 295 20
Bank 330 28
Bankangestellte 250 5
Bankeisen 132 36
Bankett 267 40–43
Bankett 123 2
Bankfiliale 204 31
Bankhaken 132 36
Bankkundin 250 6
Banknoten 252 29–39
Banknoten 252 29–39

Bankplatte 132 34
Banksattel 188 59
Banner 253 12
Bannwald 304 7
Baptisterium 332 2
Bar 317 1
Bar 318 13
Barband 267 44
Bardame 267 63
Bardame 318 14
Bardame 317 2
Barett 355 28
Barfach 42 20
Bargast 267 55
Bargeld 246 27
Barhocker 267 53
Barhocker 317 3
Barhocker 318 16
Baritonoboe 323 38
Bark 220 21–23
Bark 219 1–72
Barkasse 225 25
Barlampen 317 11
Barmixer 267 62
Barock 336 1–8
Barockantiqua 342 5
Barockkirche 336 1
Barockpark 272 1–40
Barockschloß 272 7
Barograph 10 4
Barren 296 2
Barren 296 57
Barren 296 45
Barren 296 46
Barren 296 58
Barren 296 49
Barrenholm 297 4
Barrenholm 296 3
Barriere 99 5
Barriere 266 72
Barriere 259 17
Barschrank 42 20
Barschrank 246 29
Barset 246 30
Bart 140 35
Bart 287 21
Bart 326 32
Bartfaden 364 13
Barthaar 367 21
Bartheke 318 15
Bartheke 267 54
Bartheke 317 9
Bartnelke 60 6
Bartrio 267 44
Bartstoppeln 34 23
Barttrachten 34
Baseball 292 61
Baseball 292 40–69
Baseballhandschuhe 292 60
Basidien 381 7
Basilika 334 61
Basilisk 364 30
Basilisk 327 34
Basis 346 2
Basis 345 1
Basis 351 20
Basis 334 28–31
Baskenmütze 35 27
Basketball 292 28
Basketballspieler 292 35
Baslerin 355 35

Basrelief 339 33
Bassangans 359 9
Baßgeige 323 23
Bassin 272 24
Baßklarinette 323 34
Baßlautsprecher 241 17
Baßposaune 323 46
Baßregister 324 44
Baßsaiten 325 12
Baßsaiten 324 25
Baßschlüssel 320 9
Baßsteg 325 13
Baßteil 324 43
Baßtölpel 359 9
Baßtrompete 323 43
Baßtuba 323 44
Bast 136 29
Bast 370 9
Bastard 73 8
Bastardklee 69 3
Bastelarbeit 48 3
Basteln 134 1–34
Bastion 329 16
Bastrock 306 18
Bastverband 54 35
Batholit 11 29
Batter 292 52
Batterie 65 53
Batterie 259 83
Batterie 114 66
Batterie 191 50
Batterieanschluß 115 75
Batteriebehälter 207 5
Batteriefach 115 10
Batteriefütterung 74 23
Batteriehaltung 74 18
Batteriehandgriff 117 5
Batteriehandgriff 115 76
Batteriehauptschalter 115 13
Batteriekäfig 74 20
Batterieraum 257 17
Batterieraum 211 56
Batterietröge 207 25
Batterietrog 211 56
Batteurwickel 163 47
Bau 86 26
Bauaufzug 118 31
Baubude 119 44
Baubude 118 48
Bauch 95 41
Bauch 90 20
Bauch 16 35–37
Bauch 95 2
Bauchaorta 18 16
Bauchfell 20 58
Bauchflosse 364 8
Bauchgurt 71 18
Bauchgurt 71 36
Bauchladen 267 50
Bauchladen 308 52
Bauchlage 295 45
Bauchnotgurt 71 23
Bauchreifen 329 49
Bauchspeicheldrüse 20 44
Bauer 62 6
Bauer 276 13
Bauer 305 6, 8
Bauernhof 62
Bauernleier 322 25

Baugrube 118 69–82
Bauhölzer 120 83–96
Bauholz 120 10
Bauhütte 118 48
Baukasten 48 22
Bauklammer 119 58
Bauklötze 48 27
Baum 284 39
Baum 370 1
Baumbürste 56 23
Baumgruppe 272 61
Baumholz 84 4
Baumkante 120 89
Baumkratzer 56 14
Baumkrone 272 60
Baumkrone 370 3
Baumkuchen 97 46
Baumlerche 361 18
Baumniederholer 284 21
Baumpfahl 52 31
Baumrutscher 361 11
Baumsäge 56 16
Baumscheibe 166 49
Baumscheibe 165 30
Baumschere 56 11
Baumschule 84 6
Baumschule 55 3
Baumschule 15 111
Baumschulsetzlinge 83 15
Baumschutz 118 80
Baumstamm 84 19
Baumstamm 370 2, 7
Baumstumpf 84 14
Baumwollanlieferung 163 1–13
Baumwollballen 163 3
Baumwolle 383 16
Baumwollereiniger 163 7
Baumwollkapsel 163 1
Baumwollspinnerei 163
Baumwollspinnerei 164
Baumwollspitze 31 32
Bauplatz 119
Bauplatz 118
Bauscht 173 50
Baustahlträger 143 3–7
Bausteinverbindung 242 70
Baustellenabort 118 49
Bausystem 335 27–35
Bauzaun 118 44
Bearbeitungszentrum 150 41
Becher 371 5
Becherglas 266 3
Becherglas 350 20
Becken 17 18–21
Becken 324 51
Becken 323 50
Beckenhalter 324 52
Beckenquerschnitt 281 36
Beckenrand 281 3
Bedienerseite 207 79
Bedienung 266 18
Bedienungs- und Steuerpult 182 19
Bedienungsanleitungen 244 15
Bedienungsblattschreiber 176 31

Bedienungsfeld 177 60
Bedienungshandrad 212 81
Bedienungshandrad 212 67
Bedienungshebel 83 21
Bedienungshebel 117 63
Bedienungshebel 201 12
Bedienungshebel 126 19
Bedienungsschalter 249 38
Bedienungsstand 177 5
Bedienungsstand 168 23
Bedienungssteg 217 72
Bedienungstafel 177 36
Bedienungstafel 240 31
Bedienungstasten 117 98
Bedienungstasten 261 45
Bedienungstasten 246 19
Bedienungstasten 243 13
Bedienungstritt 325 46
Bedienungstür 139 4
Bedlingtonterrier 70 18
Beduine 354 6
Beerdigung 331 33–41
Beere 58 9
Beere 370 97
Beerenfrucht 68 43
Beerenhochstamm 52 11
Beerenobst 58
Beerensträucher 58 1–30
Beerenstrauch 52 19
Befehlsstab 205 42
Befeuerung 224 68–10
Beffchen 332 5
Befiederung 305 62
Beflaggung 268 44
Befreiungsgriff bei Umklammerung 21 34
Begasungskammer 83 15
Begichtung 147 51
Begleitsaiten 324 25
Begleitseite 324 43
Begonia 53 10
Begonie 53 10
Begräbnis 331 33–41
Begräbnisstätte 331 59
Begräbnisstätte 331 23
Begrenzerinstrument 238 44
Begrenzungsblech 200 34
Begrenzungsblech 200 44
Begrenzungsleuchte 189 56
Begrenzungsleuchte 191 20
Behälterbauer 130
Behälterbauerei 130 1–33
Behältertasche 248 3

Behandlungsinstrumente 22 48–50
Behandlungslampe 24 19
Behandlungsraum 22 32–74
Behandlungsstuhl 24 3
Behandlungstray 24 5
Behang 70 2
Behelfstrage 21 23
Beiboot 258 12
Beiboot 259 35
Beifahrerin 268 36
Beifahrersitz 191 36
Beilade 132 35
Beilauf 153 45
Beimengenband 64 80
Bein 88 81
Bein 17 22–25
Bein 16 49–54
Beinbrech 61 12
Beinhalter 23 11
Beinkloben 23 11
Beinnerv 18 30
Beinpanzer 319 19
Beinring 354 38
Beinröhre 329 54
Beinschiene 291 33
Beinschutz 292 9
Beinsteller 299 11
Beinwell 69 13
Beisetzung 331 33–41
Beißring 28 12
Beißzange 136 37
Beißzange 100 41
Beistopper 227 14
Beitel 132 7–11
Beiwagenmaschine 189 53
Beiwagenrad 189 57
Beiwagenschiff 189 54
Beiwagenstoßstange 189 55
Beiwagenwindschutzscheibe 189 58
Beizautomat 83 52
Beizbottich 130 15
Beize 86 42–46
Beizjagd 86 42–46
Beizpulverbehälter 83 60
Beizvogel 86 46
Belag 119 52
Belag 118 87
Belastungsscheibe 165 21
Belederung 283 36
Belegordner 247 40
belegte Brötchen 266 54
belegte Brot 45 37
Beleuchter 316 20
Beleuchter 307 4
Beleuchter 310 37
Beleuchtung 210 46
Beleuchtungsbrücke 316 19
Beleuchtungskasten 179 25
Beleuchtungskörper 316 14
Beleuchtungsoptik 112 7

Beleuchtungsspiegel 14 58
Beleuchtungsstrahlengang 112 6
Beleuchtungsstrahler 22 44
belichtete Film 117 42
Belichtungslampe 182 3
Belichtungsmesser 114 56
Belichtungsmesser-Wahlschalter 117 17
Belichtungsmesserfenster 114 3
Belichtungsmesserfenster 114 24
Belichtungsmesserzeiger 115 57
Belichtungsmeßkassette 114 61
Belichtungsschaltuhr 116 24
Belichtungssteuereinrichtung 176 9
Belichtungssteuernut 117 37
Belichtungssystem 249 42
Belichtungszeiteinstellung 179 18
Bellatrix 3 13
Belly 90 20
Belüftung 191 48
Belüftungsanlagen 317 30
Benediktiner 331 54
Bengel 340 34
Benguellastrom 14 43
Benzineinspritzung 190 1
Benzinfeuerzeug 107 27
Benzinkanister 84 36
Benzinkanister 196 25
Benzinleitung 286 25
Benzinpumpe 196 1
Benzintank 305 87
Benzinuhr 191 38
Benzinuhr 191 65
Benzolchlorierung 170 8
Benzolgewinnung 170 6
Benzolring 242 66
Benzolwascher 156 24
Beobachtungs- und Spektographenraum 5 33
Beobachtungsfenster 235 24, 25
Beobachtungsfenster 313 28
Beobachtungsfernrohr 351 31
Beobachtungsspalt 5 13
Beplankung 257 28
Beplankung 285 57
Beplankung 285 50–57
Beregnung 67
Beregnungsanlage 67 3
Beregnungsautomat 67 18
Beregnungsfahrzeug 62 27
Beregnungsgerät 55 19

Bereifung 187 30
Bereitschaftstasche 115 103
Berg-und-Tal-Bahn 308 5
Bergbahnen 214
Bergehalde 144 19
Bergen 227
Bergepanzer 255 93
Bergforelle 364 15
Bergfried 329 4
Berggipfel 12 40
Berghang 12 37
Berghütte 300 1
Bergkette 12 39
Bergkuppe 12 35
Bergmassiv 12 39
Bergpaß 12 47
Bergrennen 290 24–28
Bergrücken 12 36
Bergrutsch 11 46
Bergsattel 12 42
Bergschuh 300 42
Bergseil 300 12
Bergspitze 12 40
Bergsport 300
Bergstation 214 57
Bergsteigen 300 1–57
Bergsteiger 300 5
Bergsteigerausrüstung 300 31–57
Berg-und-Tal-Rutschbahn 273 52
Bergung 21 18–23
Bergungskran 270 48
Bergwandern 300 1–57
Bergwerk 15 34
Berieselungsanlage 316 6
Berline 186 1
Berliner 97 29
Berliner Pfannkuchen 97 29
Berlocken 36 35
Berme 216 38
Bermudas 31 44
Bernhardiner 70 37
Berührungspunkt 346 49
Berufsboxer 299 25
Besäumkreissäge 132 57
Besäumtisch 132 64
Besan 218 29
Besan 219 30
Besan-Bramstagsegel 219 29
Besan-Stagsegel 219 27
Besan-Stengestagsegel 219 28
Besanausleger 218 28
Besanbaum 219 44
Besandirk 219 48
Besanmast 219 8, 9
Besanmast 220 23
Besanmast 218 31
Besanrute 219 48
Besansaling 219 54
Besanschot 219 69
Besansegel 219 30
Besanstenge 219 9
Besanuntermast 219 8
Besatzungsraum 235 16

Besatzungsraum 6 41
Beschicker 159 7
Beschickungsband 144 42
Beschickungskammer 154 79
Beschickungsmaschine 147 25
Beschleunigungsmesser 230 10
Beschleunigungsraketen 234 48
Beschleunigungsraketen 234 22
Beschneidmesser 128 38
Beschriften 129 40
Besegelung 219 1–72
Besen 50 46
Besen 62 5
Besenborsten 50 47
Besenkörper 50 48
Besenstiel 50 49
Besenstiel 38 37
Besitzer 263 2
Bespannung 287 40
Besprechungsgruppe 246 31–36
Besprechungstisch 246 31
Besteck 207 85
Besteck 309 47
Besteckentnahmefächer 266 48
Besteckkommode 266 41
Besteckschublade 44 21
Besteckschublade 39 10
Bestellung 63 10–12
Bestich 123 6
Bestimmungsgleichung 345 4
Bestimmungsgleichung 345 9
Bestrahlungen 23 36
Bestrahlungsgerät 24 23
Bestrahlungsschutz-wand 2 46
Bestrahlungstisch 2 36
Besuchersessel 246 21
Besucherterrasse 233 20
Besucherterrasse 233 30
Betäubungsgerät 94 3
Betäubungsgerät 94 7
Betastrahlung 1 32
Betateilchen 1 32
Beteigeuze 3 13
Betelnuß 380 20
Betelnußbaum 380 19
Betende 330 61
Betnische 337 14
Beton 119 72
Beton-Innenrüttler 119 88
Betonarbeiter 119 9
Betonbassin 310 11
Betonbehälter 79 3
Betonhülle 154 20
Betonkübel 201 24
Betonkübel 119 38
Betonmantel 119 57

Betonmischanlage 201 19
Betonmischer 200 15
Betonmischer 47 40
Betonmischmaschine 119 29
Betonmischmaschine 118 33
Betonnung 224 68–10
Betonpfette 119 4
Betonschalung 119 54–76
Betonschwelle 202 37
Betonsockel 118 2
Betonstampfer 119 83
Betonstraßenbau 201 1–27
betont 321 27
Betonungszeichen 342 30–35
Betonverteilerkübel 201 6
Betonverteilerwagen 201 5
Betonwand 123 1
Betriebsablaufschema 76 9
Betriebsanzeigen 244 11
Betriebsartschalter 117 88
Betriebseinheit 6 2
Betriebsfernsprechanla-ge 238 14
Betriebsraum 76 12–48
Betriebsraum 238 7–15
Betriebsschaubild 76 8
Betriebsskalen 313 28
Betriebsstofftanker 258 97
Betriebstaste 243 41
Betriebstasten 243 48
Bett 150 29
Bettgestell 43 4–6
Bettkasten 47 2
Bettkasten 43 5
Bettkastenliege 46 16
Bettkastenregal 46 19
Bettkastenschublade 46 18
Bettkonsole 43 17
Bettlaken 50 5
Bettlaken 43 9
Bettlerleier 322 25
Bettmonitorgerät 25 19
Bettschlitten 177 59
Bettschlitten 149 24
Bettuch 43 9
Bettvorleger 43 22
Bettwäsche 271 57
Bettwanze 81 39
Beugehang 296 35
Beugestütz 296 39
Beute 77 45–50
Beutelgans 359 5
Beutelratte 366 2
Beuteltiere 366 2 u.
Bewaffnung 258 29–37
Bewaffnung 255 1–98
bewegliche Kratzboden 62 24
bewegliche Lager 215 12

Bewehrung 119 54–76
Bewehrung 119 68
Bewehrungseisen 119 23
Bewertungslampen 195 9
Bewölkung 9 20–24
Bewußtlose 270 24
Bewußtlose 21 25
Bezogene 250 20
Bezug 323 9
Bezugsstoff 134 60
Bibel 330 11
Biberratte 366 14
Biberschwanz 122 6
Biberschwanz-Doppel-bedeckung 122 2
Biberschwanzziegel 122 46
Bibliothek 223 25
Bibliothekar 262 19
Bibliothekarin 262 14
Bibliotheksbenutzer 262 24
Bidet 49 7
Biedermeierkleid 306 22
Biedermeiersofa 336 17
Biedermeierstil 336 17
Biedermeierzeit 355 73
Biegeeisen 119 77
Biegeeisen 136 34
Biegeform 126 83
Biegemaschine 125 30
Biegetisch 119 20
Biene 77 1–25
Bienen 77
Bienenfresser 360 2
Bienenschleier 77 58
Bienenschwarm 77 53
Bienenstock 77 45–50
Bienenwabe 77 31–43
Bienenwachs 77 67
Bienenzelle 77 26–30
Bienenzucht 77
Bienenzüchter 77 57
Bierbecher 266 3
Bierdeckel 266 26
Bierdose 93 25
Bierdruckapparat 266 1
Bierfaß 93 17
Bierfilter 93 15
Bierflasche 93 26
Bierflasche 205 50
Bierglas 93 30
Bierglas 45 91
Bierglas 266 6
Bierglas 317 6
Bierkasten 99 72
Bierkastenstapel 93 24
Bierschaum 266 4
Bierseidel 309 53
Biersieder 92 49
Bieruntersetzer 266 26

Bierwärmer 266 7
Bierzapfapparat 266 68
Bierzapfhahn 317 8
Bierzelt 308 23
Bifokalglas 111 15
Big-wave-riding 279 4
Bijouteriewarenabteilung 271 62
Bikini 280 26
Bild-Ton-Einheit 117 102
Bild-Ton-Kamera 313 26
Bildaufbau 338 4
Bildaufnahmekamera 310 47
Bildbühne 115 28
Bildendkontrollraum 238 60–65
Bilderrahmen 43 21
Bilderschrift 341 1
Bildfeldlinse 115 40
Bildfenster 115 28, 34
Bildfenster 312 34
Bildfensteraussparung 117 40
Bildfernsprecher 242 21
Bildhauer 339 1
Bildhaueratelier 339
Bildkamera 313 20
Bildkassette 242 18
Bildkodiereinrichtung 242 8–10
Bildmessung 14 63–66
Bildmischpult 238 63
Bildmonitor 238 33
Bildnummernfenster 114 18
Bildplatte 243 44
Bildplatte 340 59
Bildplattenhülle 243 45
Bildplattenspieler 243 46
Bildplattenspieler 243 37
Bildplattensystem 243 46–60
Bildplattensystem 243 37–45
Bildprojektion 311 45
Bildregieraum 239 10
Bildröhrengeometrie-Korrektur 242 39
Bildsäule 333 18
Bildschirm 236 40
Bildschnitzer 339 28
Bildstandsregler 243 10
Bildstrahlengang 115 35
Bildstreifen 311 44
Bildstrichverstellung 312 29
Bildtelefon 242 21
Bildtrommel 116 20
Bildunterschrift 342 59
Bildwand 310 16
Bildwand 312 11
Bildwandler 27 19
Bildwandlereinheit 26 18
Bildwandlermonitor 26 15
Bildwandlerröhre 27 19

Bildwandvorhang 312 10
Bildwascher 116 15
Bildweiche 112 19
Bildwerferraum 312 12
Bildzähler 313 28
Bildzählwerk 115 17
Billard 277
Billardball 277 1
Billardkugel 277 1
Billardspiel 277 1–19
Billardspieler 277 8
Billardstock 277 9
Billardstöße 277 2–6
Billardtaxi 277 17
Billardtisch 277 14
Billardzimmer 277 7–19
Bilsenkraut 379 6
Bimbernelle 69 28
Bimshohlblockstein 119 24
Bimskreisel 100 7
Bindebogen 321 24
Bindegürtel 31 19
Bindemitteleinspritzung 200 53
Binderbalken 121 53
Binderschicht 118 60
Binderschicht 118 64
Binderschicht 198 3
Binderschicht 198 3
Bindersparren 121 55
Bindestrich 342 28
Bindungselemente 301 54–56
Binnenklüver 219 21
binokulare Einblick 23 6
Binokulartubus 112 12
Binse 136 28
Binsenquecke 61 30
Binsenrispe 341 22
Biologieunterricht 261 14–34
Biopsiezange 23 17
Birke 51 13
Birke 272 40
Birke 371 9
Birkenpilz 381 22
Birkenruten 281 27
Birkhahn 88 66
Birkhahn 86 11
Birnball 299 24
Birnbaum 58 31
Birnbaumzweig 58 32
Birne 58 33
Birnen 99 87
Birnenblei 89 90
Birnenblüte 58 38
Birnenform 36 54
Birnenkern 58 37
Birnenstiel 58 34
Birnquitte 58 50
Bisamfellmütze 35 33
Biskuitrolle 97 19
Bison 367 9
Bitumen 145 64
Bitumenkocher 200 46
Bizeps 18 37
Bläßente 359 20
Blätterbeute 77 45–50
Blätterkohl 57 34

Blätterkrone 384 29
Blätterpilz 379 10
Blätterteigpastete 97 18
Bläuling 365 6
Blankett 252 43
Blasebalg 278 49
Blasebalg 325 46
Blasen 162 28
Blasen 162 36
Blasenkammer 1 58
Blasluftzufuhrrohr 147 68
Blasmagnet 312 39
Blasonierung 254 17–23
Blasprozeß 162 22
Blasrohr 210 25
Blasrohr 352 26
Blasschemata 162 22–37
Blasstellung 147 57
Blasverfahren 162 30
Blatt 88 17
Blatt 59 17
Blatt 58 3
Blatt 58 53
Blatt 283 53
Blatt 283 38
Blatt 373 3, 16
Blatt 121 86
Blatt 166 10
Blatt 370 26
Blatt 371 21
Blatt 370 19
Blatt 375 2
Blatt 371 23
Blatt 371 68
Blattachsel 370 25
Blattachsel 375 38
Blattaderung 370 29
Blattansatz 371 73
Blattelevator 64 90
Blattfallkrankheit 80 20
Blattformen 370 31–38
Blattgold 183 5
Blattgold 129 45
Blattgold 129 52
Blatthäutchen 370 84
Blatthäutchen 68 22
Blatthornkäfer 82 1
Blatthornkäfer 358 39
Blatthornkäfer 358 24
Blattknospe 59 47
Blattknospe 370 90
Blattkranz 334 25
Blattlaus 80 32
Blattlaus 358 15
Blattlaus 358 13
Blattlaus 358 14
Blattnektarium 59 18
Blattornament 334 40
Blattpflanze 39 37
Blattquerschnecke 64 97
Blattrandformen 370 43–50
Blattranke 57 4
Blattrippe 370 30
Blattrosette 384 62
Blattscheide 68 9
Blattscheide 68 21
Blattscheide 370 83
Blattscheiden 384 30

Blattschreiber 237 66
Blattschuß 86 17
Blattspreite 68 20
Blattspreite 370 85
Blattspreite 370 28
Blattstiel 370 27
Blattüberfall 333 24
Blattunterseite 378 19
Blattzweig 371 27
Blattzweig 371 29
Blattzweig 383 61
Blaubeere 377 23
Blaufichte 51 10
Blaugrünfiltereinstellung 116 45
Blauhai 364 1
Blaukissen 51 7
Blaukraut 57 32
Blaulicht 264 11
Blaulicht 270 6
Blaumeise 360 4
Blauracke 360 6
Blausäurebegasung 83 15
Blauspecht 361 11
Blazer 33 54
Blechblasinstrumente 323 39–48
Blechkuchen 97 43
Blechschere 108 23
Blechschere 125 1
Blechschraube 143 26
Blechverkleidung 188 50
Blechwalze 108 1
Bleiabschirmung 259 70
Bleichen 169 21
Bleicherde 199 38
Bleichfixierbad 116 10
Bleieinsatz 151 62
Bleigewichte 89 88–92
Bleiglanz 351 14
Bleiglasfenster 124 14
Bleiglasfenster 154 75
Bleigürtel 279 14
Bleihammer 124 11
Bleikiel 285 36
Bleikopf 326 20
Bleikugeln 89 89
Bleimantel 153 39
Bleimantel 153 47
Bleimesser 124 12
Bleinadeleinsatz 151 55
Bleiolive 89 88
Bleirute 124 13
Bleischeibe 122 103
Bleischutzmantel 1 57
Bleisiegelwand 2 46
Bleisoldaten 309 52
Bleisprosse 124 13
Bleisteg 124 13
Bleistift 47 26
Bleistift 260 5
Bleistiftspitzer 247 25
Blendarkade 335 10
Blende 46 5
Blende 30 47
Blendenautomatik 117 20
Blendeneinstellrad 114 34
Blendenring 117 4
Blendenring 115 5

Blendenskala 115 56
Blendrahmen 338 20
Blendschutz 210 60
Bleßhuhn 359 20
Blicken 68 24
Blimp 310 48
Blimp 313 16–18, 27
Blindboden 123 73
Blinddarm 20 17
Blinde 218 43
blinde Fleck 19 50
Blindenschrift 342 15
Blindmaterial 174 8
Blindschacht 144 27
Blindschaltbild 153 8
Blindschleiche 364 37
Blink- und Abblend-
    schalter 191 59
Blinker 89 73
Blinker 197 22
Blinker 191 19
Blinker- und Warnlicht-
    kontrolle 191 76
Blinkleuchte 189 45
Blinklicht 270 6
Blinklicht 189 37
Blinklicht 189 42
Blinklicht 202 46
Blinklicht 202 50
Blitzableiter 38 30
Blitzbirnchen 309 39
Blitzbirne 309 39
Blitzgerät 309 38
Blitzlampe 114 67
Blitzlampe 242 43
Blitzlicht-Mittenkontakt
    115 21
Blitzlichtanschluß 115
    14
Blitzlichtanschluß 114
    30
Blitzlichtgerät 309 38
Blitzlichtröhren 176 26
Blitzlöter 134 58
Blitzschalter 114 33
Blitzstab 114 67
Blitzwürfelanschluß 114
    13
Block 221 105
Block 221 28
Blockauswerfer 157 19
Blockbandsäge 157 48
Blockfeld 203 60
Blockflansch 130 21
Blockflöte 322 7
Blockkippwagen 148 49
Blockmesser 96 37
Blockmesser 94 15
Blockschere 148 52
Blockstelle 15 24
Blockstraße 148 50
Blockstufe 123 17
Blocktastenfeld 249
    2–6
Blockverband 118 62
Blockware 157 33
Blockzug 157 17
Blöße 84 13
Blondiermittel 105 1
Blondiermitteltube 105
    3
Blouson 31 42
Blue Jeans 31 60

Blue Jeans 33 22
Blümchenborte 30 28
Blüte 68 42
Blüte 378 16, 20, 28
Blüte 59 9
Blüte 58 4
Blüte 69 14
Blüte 61 22
Blüte 61 19
Blüte 61 10
Blüte 80 11
Blüte 371 6, 13, 14, 17,
    35, 40, 52, 55, 62
Blüte 373 5, 7, 11, 14,
    20, 21
Blüte 383 3, 12
Blüte 370 23, 51
Blüte 375 3, 6, 16, 20,
    23, 40, 46
Blüte 382 4
Blüte 376 2
Blüte 374 7
Blütenähre 384 63
Blütenähre 383 66
Blütenähre 383 62
Blütenansatz 59 28
Blütenblatt 59 11
Blütenblatt 58 43
Blütenboden 370 53
Blütendolde 378 40
Blütenformen 378 10
Blütenkätzchen 371 26
Blütenknospe 58 27
Blütenknospe 370 24
Blütenknospen 371 25
Blütenknospen 374 14
Blütenköpfchen 61 14
Blütenkolben 384 4, 6
Blütenkolben 383 55
Blütenkrone 378 4
Blütenkrug 370 75
Blütenrispe 382 54
Blütenrispe 378 46
Blütenschopf 383 65
Blütensproß 372 6
Blütenstände 370
    67–77
Blütenstände 372 24
Blütenstand 371 8, 43,
    48
Blütenstand 378 7, 53,
    55
Blütenstand 384 31
Blütenstand 383 11
Blütenstand 383 13
Blütenstand 372 17
Blütenstaub 77 3
Blütenstaub 370 65
Blütenstecher 80 10
Blütenstengel 59 4
Blütenstengel 383 7
Blütenstiel 370 52
Blütentraube 58 15
Blütentraube 374 13
Blütentrugdolden 374
    36
Blütenzapfen 372 4, 16,
    22, 34
Blütenzweig 59 26
Blütenzweig 382 3, 8, 12
Blütenzweig 371 2, 10,
    16, 32, 34, 39, 51,
    54, 66, 71

Blütenzweig 378 2
Blütenzweig 372 33
Blume 95 35
Blume 55 24
Blume 88 62
Blume 88 19
Blume 266 4
Blumenarrangement
    267 37
Blumenbeet 55 37
Blumenblätter 374 21
Blumenblatt 58 43
Blumenfenster 37 68
Blumengarten 51 1–35
Blumenkasten 37 20
Blumenkasten 268 15
Blumenkette 306 17
Blumenkiosk 204 48
Blumenkohl 99 84
Blumenkohl 57 31
Blumenkorb 266 29
Blumenkresse 53 4
Blumenmädchen 266
    28
Blumenrabatte 52 18
Blumenrabatte 272 41
Blumenschemel 267 36
Blumenschmuck 266 78
Blumenschmuck 330 48
Blumenstaude 52 9
Blumentier 357 17
Blumentopf 54 8
Blumenvase 309 2
Blumenverkäuferin 266
    28
Bluse 30 40
Blutausstriche 23 50
Blutdruckmesser 25 15
Blutdruckmesser 23 33
Blutdruckmessung 23 32
Blutegel 357 20
Blutgefäße 19 33
Blutklee 69 4
Blutkreislauf 18 1–21
Blutlaus 80 32
Blutlauskolonie 80 34
Blutsenkung 23 42
Blutstein 108 48
Blutstillung 21 14–17
Blutwurst 99 56
Bobführer 303 20
Bobine 163 2
Bobschlitten 303 19
Bobsport 303 19–21
Boccia 305 21
Bocciaspiel 305 21
Bock 88 28
Bock 73 13
Bock 186 8
Bock 136 10
Bock 358 38
Bock 296 17
Bockflinte 87 33
Bockgerüst 91 33
Bockkäfer 358 38
Bockkitz 88 39
Bockmühle 91 31
Bocksattel 71 37–44
Bocksitz 186 8
Bockstrang 122 67
Boden 119 56
Bodenansicht 286 32,
    35, 39

Bodenbestellung 63
    10–12
Bodenblender 289 30
Bodengang 222 48
Bodengeflecht 136 20
Bodengruppe 191 2
Bodenhaltung 74 1–17
Bodenheizung 356 18
Bodenkammertür
    38 20
Bodenkampf 299 8
Bodenkreuz 136 21
Bodenlederschere 100
    39
Bodenluke 38 14
Bodenpflege 50 53–86
Bodenplatte 112 27
Bodenriß 11 52
Bodenstaubsauger 50
    68
Bodenstein 91 23
Bodenstern 136 19
Bodenstromgerät 233
    22
Bodenstück 255 54
Bodentank 222 38
Bodenteppich 44 16
Bodenteppich 191 43
Bodenwegerung 222 63
Bodenwrange 222 59
Bodhisattwa 337 10
Börse 251
Börsendiener 251 9
Börsenmakler 251 4
Börsenmitglied 251 6
Börsensaal 251 1
Börsenvertreter 251 7
Böschung 118 72
Böttcher 130 11
Böttcherei 130 1–33
Bogen 251 17
Bogen 203 51, 52
Bogen 323 12
Bogen 316 11
Bogen 354 32
Bogen 302 6
Bogen 336 19
Bogen 126 46
Bogenablage 180 44
Bogenachter 302 11
Bogenanlegeapparat
    180 68
Bogenanleger 185 25
Bogenanleger 184 16
Bogenanleger 180 31
Bogenanleger 180 48
Bogenanleger 181 5
Bogenanschlag 185 11
Bogenausleger 180 45
Bogenbrücke 215 28
Bogenfeintrieb 151 66
Bogenfeld 335 26
Bogenformen 336
    19–37
Bogengang 297 23
Bogenkämpfer 215 29
Bogenlauf 180 33
Bogenleiter 5 20
Bogennorm 185 69
Bogenperischte 307 53
Bogensäge 108 12
Bogensäge 136 40
Bogenscheitel 215 31

Bogenschießen 305 52–66
Bogenschütze 305 53
Bogensehne 305 59
Bogenspannweite 215 26
Bogenwurf 297 33
Bogenwurf 305 19
Bogenzuführtisch 185 9
Bogenzuführungstisch 180 67
Bogenzusammentragemaschine 249 59
Bohlenbelag 118 28
Bohlenweg 118 79
Bohne 57 11
Bohnen 382 5
Bohnenblüte 57 9
Bohnenkaffee 98 65
Bohnenpflanze 57 8
Bohnenpflanze 52 28
Bohnenstange 52 28
Bohrer 282 44
Bohrer 158 9
Bohrer 145 21
Bohrerfach 24 17
Bohrfliege 80 18
Bohrgestänge 145 19
Bohrhammer 158 11
Bohrinsel 221 64
Bohrinsel 146 1–39
Bohrinselversorger 221 32
Bohrinstrumente 24 6
Bohrkopf 134 48
Bohrloch 158 12
Bohrloch 145 17
Bohrmaschine 134 16
Bohrmeißel 145 21
Bohrmotor 133 7
Bohrrohre 145 6
Bohrseil 145 6
Bohrspindel 150 23
Bohrständer 134 54
Bohrturm 12 33
Bohrturm 221 67
Bohrturm 145 1
Bohrturm 146 12
Bohrturmplattform 146 1–37
Bohrungskaliber 87 40
Bohrungs- 87 40
Bohrwerk 138 22
Bohrwerksständer 150 31
Boiler 38 68
Boje 90 2
Bola 352 31
Bollstichel 340 20
Bolzenschußgerät 94 3
Bolzstichel 340 20
Bombarde 322 14
Bombardon 323 44
Bomhart 322 14
Bommel 29 4
Bon 271 7
Bonbon 98 75
Bonbonniere 98 79
Bonbonsortiment 47 31
Bonbontüte 47 32
Bongos 324 58
Bonnett 218 34
Bootaxt 328 19

Bootes 3 30
Bootsanhänger 278 20
Bootsausschnitt 30 34
Bootsaussetzkran 258 13
Bootsdavit 258 83
Bootsdeck 223 19–21
Bootshaus 283 23
Bootshaut 283 58
Bootsklassen 284 49–65
Bootsmann 221 114
Bootsname 286 7
Bootsrucksack 283 65
Bootsrumpf 232 9
Bootsrumpf 232 2
Bootsschuppen 283 24
Bootssteg 283 19
Bootstreppe 283 22
Bootswagen 283 66
Bootswagen 278 20
Boottransporter 278 20
Bordenergieanlage 6 6
Bordinstrumente 288 68
Bordkanone 256 3
Bordkran 259 10
Bordküche 231 20
Bordsteinkante 198 6
Bordtelefon 239 13
Borduhr 230 11
Bordun 322 11
Bordunsaiten 322 31
boreale Klima 9 56
Borgis 175 26
Borke 370 8
Borkenkäfer 82 22
Borstenschwanz 81 14
Borstenwurm 357 22
Boskett 272 4
Bossenwerk 335 51
Bossierer 161 19
Bossiergriffel 161 20
Bossierholz 161 20
Botta dritta 294 7
Bottich 281 26
Bottich 130 1
Boulespiel 305 21
Boulespieler 305 22
Bovenspiegel 218 55
Bowdenzüge 188 37
Bowdenzug 189 12
Bowling 305 14–20
Bowlingaufstellung 305 14
Bowlingkugel 305 15
Bowlingstand 305 14
Bowlspiel 305 21
Box 309 30
Boxbirne 299 23
Boxen 299 20–50
Boxer 70 10
Boxer 299 25
Boxhandschuh 299 26
Boxkamera 309 30
Boxkampf 299 20–50
Boxmanager 299 45
Boxmatch 299 20–50
Boxring 299 35
Boxveranstaltung 299 35–50
Boy 267 18
Boy-Scout 278 11
Brabanter Kreuz 332 71

Brachacker 63 1
Brachdistel 61 32
Brackett-Serie 1 23
Brät 96 41
Brätherstellung 96 52
Bräutigam 332 16
Brail 90 2
Brailtau 90 3
Brakteat 252 4
Braktee 371 7
Bramstag 219 12
Bramstengestag 219 12
Bramstengestagsegel 219 25
Bramstengestagsegel 219 29
Bramstengewanten 219 18
Branche 26 46
Brandgiebel 121 9
Brandmeister 270 36
Brandsohle 291 31
Brandstettersche Eierzählplatte 89 19
Brandung 13 27
Brandungsbad 281 1–9
Brandungsgeröll 13 29
Brandungshohlkehle 13 30
Brandungsplatte 13 31
Brandungsreiten 279 1–6
Brandungswelle 279 6
Branken 88 46
Branken 88 50
Branntwein 98 56
Branten 88 50
Branten 88 46
Brasilstrom 14 35
Brassen 219 67
Brassie 293 91
Braten 45 27
Bratenfleisch 96 22
Bratenplatte 45 26
Bratentopf 40 14
Brathähnchen 98 6
Bratpfanne 40 4
Bratrost 308 33
Bratsche 323 27
Bratwurst 96 11
Bratwurst 308 34
Bratwurstfüllsel 96 41
Bratwurststand 308 32
Brauer 92 49
Brauerei 93
Brauerei 92
Braumeister 92 49
Braunalge 378 48
Braunbär 368 10
Braune Bär 365 7
Braunelle 376 16
Brause 282 2
Brausenkopf 49 42
Braut 332 15
Brautbukett 332 18
Brautjungfer 332 24
Brautkranz 332 19
Brautmyrte 53 11
Brautpaar 332 16
Brautschleier 332 20
Brautstrauß 332 18

Break 186 2
Brecher 158 5
Brechrand 329 44
Brechscheibe 329 82
Brechstange 158 32
Breitbeil 120 70
Breitbildkamera 310 47
Breiteisen 158 37
Breitenkreis 14 2
Breitenskala 157 58
Breitfock 220 13
Breithalter 166 13
Breitschwanz 30 60
Breitschwanzfell 131 21
Breitspritzrahmen 83 3
Breitwaschmaschine 168 8
Bremsbacke 138 12
Bremsbacke 143 100
Bremsbacken 192 51
Bremsband 143 105
Bremsbelag 192 52
Bremsbelag 138 13
Bremsbelag 143 106
Bremsdruckmesser 210 50
Bremsdynamometer 143 97–10
Bremse 186 16
Bremse 212 44
Bremse 191 45
Bremseinheit 188 38
Bremser 303 21
Bremsflüssigkeitsbehälter 191 49
Bremsfußhebel 179 30
Bremsfußhebel 179 12
Bremsgewicht 166 63
Bremsgewicht 143 103
Bremsgrube 138 17
Bremshebel 166 62
Bremshebel 187 66
Bremsklappe 256 12
Bremsklappe 229 44
Bremsklappe 287 38
Bremsklotz 186 16
Bremsklotz 143 100
Bremskonus 187 71
Bremskupplungsschlauch 208 21
Bremsleitungsanschluß 192 53
Bremslicht 189 9
Bremslüftmagnet 143 102
Bremsmantel 187 70
Bremspedal 191 95
Bremspedal 191 45
Bremsprüfstand 138 16
Bremsrolle 138 18
Bremssattel 192 49
Bremssattel 191 18
Bremsscheibe 192 48
Bremsscheibe 166 60
Bremsscheibe 143 98
Bremsscheibe 191 17
Bremsschirmkasten 257 24
Bremsschuh 119 40
Bremsseil 259 16
Bremsseil 189 12
Bremsseil 166 61
Bremstrommel 138 11

Bremstrommel-Fein-
drehmaschine **138** 20
Bremswelle **143** 99
Bremszylinderdruckan-
zeige **212** 7
Brenndüse **38** 60
Brennelementstäbe **154**
4
Brenner **80** 10
Brenner **162** 6
Brenneranzünder **141**
27
Brennerdüse **141** 38
Brennerplattform **288**
80
Brennerventilator **92** 17
Brennerzange **126** 58
Brennessel **61** 33
Brennform **161** 4
Brenngasanschluß **141**
31
Brenngasventil **141** 32
Brennholzsäge **157** 54
Brennkammer **232** 37
Brennkammer **152** 6
Brennofen **179** 32
Brennpunkte **347** 27
Brennpunkte **347** 25
Brennschacht **147** 16
Brennschere **105** 5
Brennschneidemaschine
141 34
Brennstofftender **210** 67
Brennstoffzellen **234** 62
Brennweite **115** 47
Brennweiteneinstellung
117 3
Brett **120** 94
Brett **120** 91
Brett **277** 14
Brettbürste **108** 33
Bretter **157** 35
Bretterschalung **120** 9
Bretterstapel **120** 1
Brettersteg **121** 75
Brettertür **37** 34
Bretterwand **119** 25
Bretterzaun **118** 44
Brettpinsel **108** 33
Brettspiele **276**
Brevier **331** 58
Brevis **320** 12
Brezel **97** 44
Brieffaltmaschine **249**
44
Briefkasten **236** 50
Briefkastenleerung **236**
50–55
Briefklammer **247** 1
Briefmarke **236** 61
Briefmarkenbogen **236**
21
Briefmarkenschalter
236 15
Briefpapiervorrat **245**
12
Briefsammeltasche **236**
51
Briefträger **236** 53
Briefverteilanlage **236**
31–44
Briefverteilmaschine
236 38

Briefwaage **236** 24
Brigg **220** 17
Brikettkasten **309** 9
Brillant **175** 20
Brillant **36** 18
Brillantring **36** 24
Brillantring **36** 23
Brillantschliff **36** 44
Brille **111** 9
Brille **168** 7
Brille **323** 35
Brillenanprobe **111** 1–4
Brillenauswahl **111** 5
Brillengestell **111**
10–14
Brillenglas **111** 15
Briolett **36** 86
Briseur **163** 53
Brisinga endecacnemos
369 11
Brötchen **97** 13–16
Brötchen **99** 12
Brötchen **45** 21
Brötchenanlage **97** 61
Brötchenröstaufsatz **40**
31
Brombeere **58** 29
Bronchie **20** 5
Bronzeaxt **328** 23
Bronzeblech **328** 34
Bronzedolch **328** 22
Bronzehorn **322** 1
Bronzemesser **328** 31
Bronzenadel **328** 29
Bronzezeit **328** 21–40
Brosche **36** 7
Broschur **183** 32
Brot **97** 2–5
Brotabteilung **99** 9
Brotanlage **97** 56–57
Brotbelag **45** 38
Brotfrüchte **68** 1–37
Brotkäfer **81** 23
Brotkorb **45** 20
Brotlaib **97** 2–5
Brotrinde **97** 4
Brotscheibe **45** 22
Brotsorten **97** 48–50
Brotsorten **97** 6–12
Brotsorten **99** 11
Bruch **12** 4
Bruch **15** 20
Bruch **344** 10, 15, 16
Bruchfaltengebirge **12** 20
Bruchschollengebirge
12 4–11
Bruchstrich **344** 15
Bruchzahl **344** 10
Brücke **299** 9
Brücke **17** 46
Brücke **24** 26
Brücke **258** 14
Brücke **259** 28
Brücke **272** 47
Brücke **221** 6
Brücke **221** 12
Brücke **223** 12–18
Brücke **295** 19
Brücken **215**
Brückenaufbau **258** 14
Brückenbogen **215** 20
Brückendeck **223**
12–18

Brückenfigur **215** 22
Brückengeländer **215**
70
Brückenheilige **215** 22
Brückenjoch **215** 20
Brückenlager **215** 55
Brückenlift **225** 40
Brückennock **223** 16
Brückenpfeiler **215** 21
Brückenpfosten **215** 36
Brückenportal **215** 42
Brückenquerschnitt **215**
· 1
Brückenständer **215** 30
Brückenstativ **177** 13
Brückenstrebe **215** 35
Brückenstrebe **215** 21
Brückenträger **222** 27
Brückenwiderlager **215**
45
Brühsieb **96** 45
Brühwürfel **98** 27
Brühwürstchen **96** 8
Brünne **329** 63
Brüsseler Kohl **57** 30
Brüste **16** 29
Brüstungsriegel **120** 56
Brüstungsstreiche **118**
24
Brummer **322** 11
Brummer **358** 18
Brummkreisel **309** 71
Brunfthirsch **88** 4
Brunfthirsch **86** 12
Brunftjagd **86** 9–12
Brunftkragen **88** 27
Brunftmähne **88** 27
Brunnen **274** 15–17
Brunnen **269** 40
Brunnenallee **274** 11
Brunnenhaus **274** 15
Brunnenkresse **378** 30
Brunnenpavillon **274** 15
Brunnenrand **272** 25
Brunnenröhre **12** 25
Brunnenrohr **269** 64
Brunnenumrandung
269 65
Brust **95** 23
Brust **72** 19
Brust **16** 28–30
Brust **16** 29
Brust **122** 88
Brust **358** 30
Brust **95** 4
Brustbaum **166** 46
Brustbaumbrett **166** 16
Brustbein **95** 27
Brustbein **17** 8
Brustblatt **71** 28
Brustflosse **367** 28
Brustflosse **364** 7
Brustharnisch **329** 46
Brustkorb **16** 28–30
Brustkorb **17** 8–11
Brustlattich **380** 8
Brustleier **140** 58
Brustnerven **18** 26
Brustschwimmen **282**
33
Bruststück **329** 46
Brusttasche **33** 9
Brusttasche **30** 23
Brustwarze **16** 28

Brustwehr **329** 21
Brustwirbel **17** 3
Brutapparat **89** 15
Bruthöhle **359** 29
Brutknollen **375** 38
Brutraum **77** 46
Brutreaktor **154** 1
Brutschrank **261** 30
Brutteich **89** 6
Brutwaben **77** 46
Brutzelle **77** 31
Brutzwiebel **54** 29
Brutzwiebeln **54** 27
Bruyèremaserung **107**
41
Bruyèrepfeife **107** 39
Bubikopf **34** 34
Buch **185** 36
Buch **183** 32
Buch **185** 52
Buchbinder **183** 2
Buchbinderei **183**
Buchbinderei **184**
Buchbinderei **185**
Buchbindereimaschinen
185 1–35
Buchbindereimaschinen
184 1–23
Buchbindermesser **183**
13
Buchblock **185** 22
Buchdecke **185** 40
Buchdeckel **185** 40
Buchdeckenmaschine
184 6
Buchdruck **181**
Buchdrucker **82** 22
Buchdruckerei **181**
1–65
Buche **371** 33
Bucheignerzeichen **185**
51
Bucheinband **185**
40–42
Bucheinhängemaschine
185 27
Buchenfrucht **371** 37
Buchfink **360** 10
Buchhandlung **268** 37
Buchrücken **185** 41
Buchrücken **183** 1
Buchschwinge **236** 11
Buchseite **185** 53
Buchsenklemme **127**
29
Buchstaben **319** 53
Buchstabenflaggen **253**
22–28
Buchstabenrechnung
345 4, 5
Bucht **13** 7
Buchungsmaschine **236**
26
Buckelurne **328** 38
Buddhastatue **337** 20
Bücher **46** 8
Bücher **309** 55
Bücherausleihe **262** 18
Büchermagazin **262** 11
Bücherregal **42** 3
Bücherregal **46** 7
Bücherregal **43** 14
Bücherregal **262** 12

Bücherreihe 42 4
Büchner-Trichter 349 11
Büchsenlauf 87 26
Büchsenmilch 98 15
Büfett 266 1–11
Büfett 265 1
Büfett 207 31
Büfettdame 265 7
Büfettfräulein 265 7
Büfettier 266 8
Bügel 111 13
Bügel 119 70
Bügel 165 18
Bügelautomat 50 1
Bügelbrett 50 16
Bügelbrettbezug 50 17
Bügeleisen 104 29
Bügeleisenablage 50 18
Bügeleisengriff 50 9
Bügeleisenschwebevorrichtung 103 24
Bügelfalte 33 6
Bügelfläche 103 23
Bügelformkissen 104 28
Bügelgeräte 50 1–20
Bügelgießkanne 55 26
Bügelhacke 66 1
Bügelmulde 50 4
Bügelnadel 328 27
Bügelriemen 71 42
Bügelsäge 140 9
Bügelsäge 134 3
Bügelsäge 150 14
Bügelscharnier 111 14
Bügelsohle 50 7
Bügeltisch 50 15
Bügeltuch 104 32
Bügelunterlage 50 16
Büglerin 103 19
Bühne 315 14
Bühne 318 22
Bühne 312 8
Bühnenarbeiter 316 46
Bühnenarbeiter 315 28
Bühnenbeleuchtung 318 23
Bühnenbildmodell 315 42
Bühnenbildner 315 37
Bühnenbildprojektionsapparate 316 17
Bühnengebäude 334 45
Bühnenhaus 316 1–60
Bühnenhimmel 316 9
Bühnenhintergrund 316 10
Bühnenmaler 315 35
Bühnenmeister 316 45
Bühnenplan 334 46
Bühnenrahmen 316 22
Bühnenscheinwerfer 318 24
Bühnenvorhang 312 10
Bündelpfeiler 335 34
Bürette 350 21
Bürettenklemme 350 23
Bürettenstativ 350 22
Bürgersteig 198 9
Büro 248
Büro 249
Büro 247

Büro 271 24
Büro 245
Büro 246
Büroelemente 248 39
Bürohaus 225 53
Büroheftmaschine 247 4
Büroklammer 247 1
Bürokomplex 146 14
Büromaterial 247 1–44
Bürorechner 245 31
Büroschrank 248 12
Bürostuhl 248 25
Bürotechnik 249
Bürste 77 7
Bürste 34 11
Bürste 168 46
Bürzel 88 58
Bürzel 88 49
Büschelkiemen 364 19
Büschelnelke 60 6
Büste 16 29
Büstenhalter 32 1
Büstenhalter 280 28
Büstenhalter 318 29
Büstenpfeiler 334 35
Bütte 173 47
Bütte 172 25
Bütte 91 20
Bütte 78 15
Büttenträger 78 14
Büttgeselle 173 46
Bug 95 22
Bug 95 5
Bug 95 9
Bug 121 41
Bug 258 3
Bug 222 74–79
Bug 95 42
Buganker 258 39
Bugbrett 119 63
Bugfahrwerk 231 23
Bugfahrwerksklappe 231 24
Bugfender 227 17
Buggy 193 12
Bugklappe 235 20
Buglaufrad 278 54
Buglicht 286 13
Bugmann 283 13
Bugrad 257 3
Bugrad 288 34
Bugrad 230 40
Bugradeinheit 235 30
Bugrampe 258 90
Bugraumbilge 259 80
Bugschraube 228 33
Bugsierschlepper 225 15
Bugsierschlepper 227 16
Bugspriet 218 20
Bugspriet 219 1
Bugstück 95 29
Bugtor 221 30
Bugwelle 223 81
Bugwulst 221 45
Buhne 13 37
Buhne 216 19
Buhnenkopf 13 38
Buhnenkopf 216 20
Bulbsteven 221 45
Buline 218 35

Bulkcarrier 226 30
Bulkcarrier 225 67
Bulkfrachter 221 9
Bulkfrachter 226 30
Bulkfrachter 225 67
Bulle 73 1
Bullterrier 70 16
Bumerang 352 39
Bund 324 9
Bundaxt 120 72
Bundbalken 121 53
Bundesmarine 258
Bundesstraße 15 17
Bundeswasserstraßen 286 6–9
Bundeswehr 257
Bundeswehr 256
Bundeswehr 255
Bundgeschirr 120 20
Bundhose 300 7
Bundlager 148 73
Bundsäge 120 68
Bundschraube 143 32
Bundsparren 121 55
Bundsteg 185 55
Bundstiel 120 53
Bungalow 278 7
Bungalowzelt 278 36
Bunker 293 81
Bunkerboot 225 13
Bunkerköpfroder 64 85–97
Bunsenbrenner 173 5
Bunsenbrenner 350 1
Buntdruckwerk 181 52
Buntsandsteinscholle 154 61
Buntspecht 359 27
Buntstift 47 26
Buntstifte 48 11
Burg 329 1
Burggraben 329 37
Burgherr 329 67
Burghof 329 2
Burgkapelle 329 29
Burgmauer 333 31
Burgtor 329 32
Burgunder 355 40
Burnus 354 7
Bus 233 35
Bus 194 17
Buschbohne 57 8
Buschmann 354 29
Buschmannfrau 354 34
Buschrose 52 13
Buschwerk 15 15
Buschwindröschen 377 1
Busen 16 30
Butangasflasche 278 34
Butter 99 47
Butter 98 22
Butterdose 45 36
Butterfertiger 76 33
Buttermesser 45 73
Buttermilchtank 76 18
Butterpilz 381 21
Butterstrang 76 34
Butterungsanlage 76 32
Butterungsmaschine 76 33

C

C-Bogen 27 17
C-Bogen 26 19
C-Dur 320 62
C-Dur 320 55
C-Dur-Tonleiter 320 45
c-Moll 320 65
C-Schlüssel 320 11
C-Schlüssel 320 10
Cab 186 34
Cabochons 36 78–81
Caddywagen 293 85
Café 265 1–26
Cafégäste 265 22–24
Camper 278 46
Camping 278
Campinggeschirr 278 45
Campingliege 278 59
Campingplatz 278 1–59
Campingplatzwart 278 2
Campingstuhl 278 43
Campingtisch 278 44
Cancer 4 56
Canis Major 3 14
Canis Minor 3 15
Cañon 13 45
Cañonfluß 13 51
Canter 72 42
Capa 319 27
Capella 3 27
Capricornus 3 36
Capricornus 4 62
Capstan 117 34
Caravan 278 52
Carborundscheibe 24 35
Carina 3 46
Cassegrain-Kabine 5 4
Cassiopeia 3 33
Castor 3 28
Catcher 292 54
Catgang 259 18
Cedille 342 33
Celesta 325 1
Cello 323 16
Cembalo 322 45
Cembalomechanik 322 48
Centaurus 3 39
Centavos 252 23
centavos 252 23
centesimi 252 20
centimes 252 16
Centimes 252 15
céntimos 252 22
Céntimos 252 22
Cents 252 33
cents 252 33
cents 252 19
Cerci 81 12
Cerclebindung 294 49
Cesta 305 69
Cetus 3 11
Chaise 186 54
Chalet 278 7
Chalkographie 340 14–24
Chamäleon 364 33
Chapeau claque 35 36
Chapiteau 307 1

Charaktermaske 306 33
Charivari 36 35
Charleston 324 50
Chassis 191 2
Chasuble 30 50
Chef 248 29
Chefmaskenbildner 315 47
Chefoperator 244 3
Chefschiedsrichter 292 55
Chefsekretärin 248 31
Chefzimmer 246 1–36
Chemiefasern 170
Chemiefasern 169
Chemielabor 350
Chemielabor 349
Chemielehrer 261 2
Chemiesaal 261 1
Chemieunterricht 261 1–13
Chemikalienflaschen 261 23
Chemikalienflaschen 116 10
Chianti 98 61
Chiantiflasche 99 77
Chicane Allais 301 72
Chicorée 57 40
Chignon 34 29
Chimära 327 16
Chinabinsenschnur 136 28
Chinarindenbaum 380 17
chinesische Kunst 337 1–6
Chinesische Rose 60 15
chirurgische Abteilung 26 1–54
chirurgische Instrumente 26 40–53
chirurgische Klinik 26 1–54
chirurgische Nadel 22 57
chirurgische Nahtmaterial 26 21
chirurgische Nahtmaterial 22 56
Chitaronne 324 1
Chiton 355 5
Chitonactis 369 20
Chlor 170 7
Chlorbenzol 170 9
Chlorbenzol 170 11
Chlorion 1 10
Chlorkalziumröhre 350 43
Chor 315 21
Chor 335 4
Chor 330 32
Choralnotation 320 1
Chornische 335 5
Chow-Chow 70 21
Christstollen 97 11
Christusbild 330 50
Christusmonogramm 332 67
Chrombügel 188 60
Chromolithographie 340 28
Chrysantheme 51 29

Chrysanthemum 61 7
Ciborium 332 48
Cicero 175 28
Cimbal 322 32
Circuswagen 206 20
Cirrocumulus 8 14
Cirrostratus 8 7
Cirrus 8 6
cis-Moll 320 59
Cister 322 21
City-Bike 188 20
City-Stil 35 22
Claisen-Kolben 250 50
Clavicembalo 322 45
Clavichord 322 36
Clinch 299 31
Clitellum 357 26
Clivia 53 8
Clog 101 44
Clown 307 24
Clubzugehörigkeit 286 8
Coach 292 57
Coach-box 292 56
Cochonnet 305 21
Cockerspaniel 70 38
Cockpit 230 1–31
Cockpit 230 35
Cockpit 288 10
Cockpit 283 8
Cockpit 231 19
Cockpit 191 38
Cocktail 317 33
Cocktailglas 267 56
Cocktailshaker 267 61
Cod-Leine 90 23
Codierplatz 236 35
Coiffeur 106 1
Collier 36 2
Coloranalyser 116 36
Combo 318 3
Comfrey 69 13
Computergraphik 248 19
Conga 324 55
Container 206 57
Container 226 3
Containerbahnhof 206 54
Containerbrücke 226 2
Containerbrücke 225 46
Containerdecksladung 221 12
Containerdecksladung 226 6
Containerpalette 194 27
Containerschiff 221 89
Containerschiff 225 45
Containerstapel 225 49
Containerstapler 225 47
Containerterminal 226 1
Containerterminal 225 48
Containertragwagen 206 58
Cops 163 2
Corona 3 31
Corps de ballet 314 25
Corrida 319 1–33
Cottonmaschine 167 18

Couchtisch 42 28
Coudé-Strahlengang 5 3
Coup droit 294 7
Coupé 186 3
Cowboy 319 36
Cowboy 306 31
Cowper-Drüse 20 75
Crawlen 282 37
Creme 99 27
Cremedose 99 27
Cremedose 28 13
Cremeschnitte 97 21
Cremetorte 97 24
Cremetube 99 33
crescendo 321 31
Cricket 292 70–76
Cristobalitkristall 1 12
Croisé 314 16
Croquet 292 77–82
Croupier 275 4
Crux 3 44
Cul de Paris 355 69
Cumulonimbus 8 17
Cumulus 8 1
Cumulus congestus 8 2
Cumulus humilis 8 1
Cupula 371 5
Cupula 384 52
Curling 302 41–43
Curlingbesen 302 43
Curlingspieler 302 41
Curlingstein 302 42
Curve-Ball 305 19
Cutter 311 43
Cyan-Doppeldruckwerk 180 8 u.
Cyaneinstellung 116 45
Cyclamen 53 5
Cyclohexanol 170 18
Cygnus 3 23
Cymbal 322 32
Cymbalom 322 32
Cymbel 322 51
Cyperus alternifolius 53 17

D

D-Dur 320 57
d-Moll 320 63
D-Saite 323 9
D-Zug-Wagen 207 1–21
Dach 121
Dach 37 5
Dach 122
Dach 343 3
Dachbalken 121 29
Dachbock 122 66
Dachboden 38 18
Dachboden 37 4
Dachdecker 122
Dachdeckerstift 122 74
Dachfenster 38 2
Dachfirst 121 2
Dachformen 121 1–26
Dachfuß 121 4
Dachgaube 336 4
Dachgaube 121 6
Dachgaube 38 7
Dachgaupe 121 6

Dachgaupe 38 7
Dachgepäckträger 278 50
Dachgeschoß 38 1–29
Dachgesims 38 11
Dachgesims 37 9
Dachgesims 122 36
Dachgrat 121 12
Dachhaken 38 6
Dachhaut 38 1
Dachkanal 37 11
Dachkehle 121 15
Dachkonstruktion 121 27–83
Dachleiter 38 4
Dachleiter 122 63
Dachleitung 211 5
Dachliegefenster 121 8
Dachliegefenster 122 12
Dachlüfter 278 56
Dachöffnung 213 23
Dachpappe 122 62
Dachpappenstift 143 55
Dachreiter 121 14
Dachreklame 268 45
Dachrinne 38 9
Dachrinne 37 11
Dachrinne 122 28
Dachs 88 48
Dachsbär 88 48
Dachschuh 122 75
Dachsperling 361 5
Dachstuhl 120 7
Dachstuhl 122 66
Dachteile 121 1–26
Dachterrasse 37 75
Dachterrassenwohnung 37 83
Dachverbände 121
Dachvorsprung 37 9
Dachziegel 122 45–60
Dachziegeldeckung 122 45–60
Dachziegelschere 122 33
Dackel 70 39
Dächsin 88 48
Dämmerungsgrenze 4 21
Dämmplatten 122 44
Dämpfer 324 68
Dämpfer 325 37
Dämpfer 322 54
Dämpfer 323 10
Dämpferarm 325 38
Dämpferpralleiste 325 39
Dämpferpuppe 325 37
Dämpfung 325 37
Dämpfungssystem 235 53
Dahlie 60 23
Dahlie 51 20
Daktyloskopie 264 28
Dalbe 225 12
Dalben 225 12
Damasttuch 45 2
Dambock 88 40
Dame 276 9
Dame 265 23
Dame 305 4
Dame 305 9

Dame **305** 2
Dame **305** 10
Damebrett **276** 17
Damenbadeanzug **280** 26
Damendoppel **293** 3
Dameneinzel **293** 5
Damenfriseur **105**
Damenfrisiersalon **105** 1–39
Damenfrisuren **34**
Damenhüte **35** 1–21
Damenhut **41** 11
Damenkleidung **30**
Damenkleidung **31**
Damenkleidung **271** 28
Damenkniestrumpf **32** 9
Damenkonfektionsabteilung **271** 28
Damennachtkleidung **32** 16–21
Damensalon **105** 1–39
Damenschneider **103**
Damenschneider **103** 1
Damenschneideratelier **103** 1–27
Damenshorts **31** 39
Damenskianzug **301** 9
Damenstiefel **101** 12
Damenstraßenstiefel **101** 12
Damenstrumpffabrikation **167** 18
Damentoilette **233** 48
Damenunterkleidung **32** 1–19
Damespiel **276** 17–19
Damestein **276** 19
Damestein **276** 18
Damhirsch **88** 40
Damm **15** 104
Damm **20** 64
Dampf-Kondensat-Kreislauf **154** 51
Dampf-, Spray- und Trockenbügelautomat **5** 11
Dampf- und Elektrowärmetauscher **207** 6
Dampfaustrittsschlitze **50** 14
Dampfbügeleisen **103** 20
Dampfbügeleisen **131** 3
Dampfbügler **104** 26
Dampfdom **210** 12
Dampferlaterne **258** 55
Dampferlicht **223** 40
Dampferlicht **258** 55
Dampferzeuger **154** 26
Dampferzeuger **154** 9
Dampferzeuger **154** 44
Dampfkessel **152** 5
Dampfkessel **172** 38
Dampfkochtopf **40** 21
Dampfkochtopf **278** 35
Dampfkraftwerk **152** 1–28
Dampfleitung **154** 11
Dampflok **210** 1
Dampflokführerstand **210** 39–63

Dampflokomotive **210** 1
Dampfradio **309** 16
Dampfsammelkasten **210** 21
Dampfschwadenleitung **172** 64
Dampfspeicherlokomotive **210** 68
Dampfspritzpistole **131** 2
Dampfsterilisator **22** 39
Dampfturbine **153** 23–30
Dampfturbine **154** 52
Dampfturbine **154** 14
Dampfturbine **154** 46
Dampfturbine **152** 23
Dampfturbinengenerator **259** 58
Dampfturbogruppe **153** 23–30
Dampfüberströmleitung **153** 28
Dampfzylinder **210** 32
Damspiel **276** 17–19
Damtier **88** 40
Damwild **88** 41
Dan-Grad **299** 15
Dandy **306** 33
Danebrog **253** 17
Danforth-Anker **286** 18
Darm **77** 15
Darm **20** 14–22
Darmsaite **324** 14
Darmsaite **324** 6
Darrablaufschacht **92** 19
Darretagen **92** 16–18
Darsteller **316** 37
Darstellerin **316** 38
Datenanzeige **112** 47
Datenausgang **112** 44
Datendienste **237** 58
Datendrucker **237** 61
Datenfernverarbeitung **237** 58
Datenrückwand **115** 67
Datensichtgerät **248** 16
Datensichtgerät **238** 11
Datensichtgerät **238** 2
Datenspeicheranlage **242** 32
Datenstation **242** 19
Datenträger **237** 59
Datenträger **237** 62–64
Datenverarbeitungsanlage **237** 60
Datenzentrale **248** 43
Dattel **384** 9
Dattelkern **384** 10
Dattelpalme **384** 1
Datums- und Sekundenknopf **110** 5
Datumsanzeige **237** 39
Datumsblatt **247** 33
Daube **302** 40
Dauerbeatmungsapparat **26** 1
Dauerbeatmungsgerät **26** 24
Dauerfahrer **290** 14
Dauerklee **69** 9

Dauerrennen **290** 11–15
Daumen **19** 64
Daumenballen **19** 75
Daumenmittelfingergriff **298** 52
Daumenring **323** 45
Daumenzeigefingergriff **298** 51
Daunenjacke **300** 6
Davit **258** 13
Davit **221** 101
Davit **223** 20
DB **209** 1
Decca-Gerät **224** 34
Decca-Navigator **224** 34
Decca-Navigator-System **224** 39
Deck **223** 28
Deck **146** 35–37
Deckbalken **222** 57
Deckbrett **55** 9
Decke **254** 3
Decke **123**
Decke **323** 24
Deckel **77** 39
Deckelkapsel **370** 95
Deckelkette **163** 45
Deckelkrempel **163** 34
Deckelputzvorrichtung **163** 44
Deckelverschluß **50** 83
Deckelzunge **243** 47
Deckenbalken **121** 54
Deckenbalken **120** 38
Deckendekorationsstück **316** 12
Deckenerguß **11** 14
Deckenfüllung **120** 44
Deckenkran **222** 20
Deckenlampe **44** 12
Deckenputz **123** 59
Deckenputz **123** 72
Deckentapete **128** 53
Deckentapeziergerät **128** 50
Deckenverkleidung **317** 29
Deckenwinkel **126** 48
Deckenziegel **159** 24
Deckfaß **122** 22
Deckflügel **82** 10
Deckflügel **358** 36
Deckflügler **358** 24–39
Deckgebinde **122** 78
Deckgebirge **144** 48
Deckgrund **340** 56
Deckladen **55** 9
Deckplatte **222** 56
Deckschicht **198** 5
Deckschuppe **372** 5
Deckshaus **258** 72
Deckshaus **221** 6
Deckshaus **221** 39
Deckshaus **223** 34
Deckskran **221** 61
Deckskran **221** 5
Decksplan **259** 12–20
Deckssprung **259** 23
Deckstuhl **221** 111
Deckverschluß **32** 24

Decoder **110** 18
decrescendo **321** 32
Defrosterdüse **192** 64
Defrosterdüsen **191** 42
Degagé **314** 11
Degagé **314** 12
Degen **319** 32
Degen **294** 36
Degenfechten **294** 25–33
Degenfechter **294** 25
Degenspitze **294** 27
Dehydrierung **170** 19
Deichabsatz **216** 38
Deichböschung **216** 40
Deichkrone **216** 39
Deichrampe **216** 47
Deichschleuse **216** 34
Deichsel **71** 21
Deichsel **62** 20
Deichsel **186** 19
Deichsel **186** 30
Deichselkasten **278** 53
Deichselkreuz **332** 61
Deichselpferd **186** 28
Deichselstütze **64** 62
Deichsiel **216** 34
Deichwärter **216** 46
Deichwärterhaus **216** 45
Dekatiermaschine **168** 49
Dekatierwalze **168** 50
Deklinationsachse **113** 5
Deklinationsachse **113** 17
Deklinationsgetriebe **113** 4
Deklinationslager **113** 6
Dekolleté **306** 24
Dekometer **279** 17
Dekorationsmaler **315** 35
Dekorationsstücke **316** 35
Delikatessengeschäft **98** 1–87
Delphinschwimmen **282** 35
Delta **13** 1
Deltaflügel **229** 19
Deltagleiter **287** 44
Deltamuskel **18** 35
Deltaschaltung **153** 21
Deltoid **346** 18
Demonstrationseinsatz **264** 15
Demonstrationsgeräte **242** 45–84
Demonstrationsmodell **242** 55
Demonstrationsmodell **242** 45
Deneb **3** 23
Dengel **66** 14
Dengelamboß **66** 11
Dengelhammer **66** 9
Denkmal **15** 92
Denkmal **272** 10
Denkmalsockel **272** 11
Deponie **199** 10
Deponieverdichter **199** 18

Depression 9 5
Derbrüßler 80 49
Des-Dur 320 67
Dessertlöffel 45 66
Destillation 170 17
Destillationsanlagen
145 66
Destillationskolonne
145 49
Destillationskolonne
145 37
Destillierapparat 350
46
Destillierkolben 350
47
Detektoranlage 309 23
Detektorempfänger 309
23
Deuteropyramide 351
20
deutsche Billard 277 7
Deutsche Bundesbahn
209 1
Deutsche Dogge 70 14
Deutsche Kamille 380 1
Deutsche Kicher 69 19
Deutsche Klee 69 1
Deutsche Mark 252 7
deutsche Montierung
113 16
Deutscher 355 27
Deutsche Schabe 81 17
Deutsche Schäferhund
70 25
Deutsche Vorstehhund
70 40
Devanagari 341 9
Dezimalbruch 344 20
Dezimalstellen 344 20
Diaarm 177 44
Diabetikerkartei 22 26
Diabologeschoß 305 34
Diadem 355 21
Diätmenü 266 62
Diagnose 195 33
Diagnoseberichtformu-
lar 195 7
Diagnosegerät 195 1
Diagnosekabel 195 3
Diagnosekabel 195 38
Diagnosestand 195
1–23
Diagnosesteckbuchse
195 39
Diagnosestecker
195 2
Diagonale 215 35
Diagonale 346 33
Diagonalkraweelbe-
plankung 285 53
Diagonalriß 300 3
Diagramm 151 11
Diakopieradapter 115
88
Diakopiervorsatz 115 87
Diamagazin 176 27
Diamant 241 26
Diamant 175 21
Diamant 351 13
Diamant 351 10
Diamantschleifer 24 40
Diamantschneider 124
25

Dianette 101 48
Diaphragma 10 27
Diapositivprojektor 309
42
Diaprojektor 309 42
Diaprojektor 114 76
Diaprojektor 312 23
Diaschieber 309 43
Diathermiegerät 23 22
Diaulos 322 3
Diazoplatte 179 34
Dichtband 126 75
Dichternarzisse 60 4
Dichtleiste 190 69
Dickdarm 20 17–22
Dickenhobelmaschine
132 45
Dickenmesser 173 10
Dickentisch 132 46
Dicklaugenpumpe 172
34
Dickrübe 69 21
Dickte 175 48
Dickteerabscheidung
156 18
Dickung 84 11
Dickung 84 12
Dickwurz 69 21
Dieb 308 16
Diechling 329 52
Diele 41
Diele 119 16
Dielen 157 34
Dielenbelag 118 28
Dielenkopf 334 13
Diener 186 20
Dieneranzug 186 21
Dienst 335 35
Dienstgebäude 205 13
Dienstkleidung 264 7
Dienstmarke 264 26
Dienstmütze 264 8
Dienstpistole 264 22
Dienstraum 207 41
Dieselaggregat 259 94
Dieselgeneratoranlage
209 5
dieselhydraulische C-
Lokomotive 212 47
dieselhydraulische Lo-
komotive 212 1
Dieselkleinlokomotive
212 68
Dieselkompressor-
schlepper 200 39
Dieselkraftstoff 146 26
Dieselkraftstoff 196 1
Dieselkraftstofftank
146 13
Diesellok 212 1
Diesellok 208 1
Diesellokomotive 208 1
Dieselloks 212 1–84
Dieselmotor 155 5
Dieselmotor 64 28
Dieselmotor 223 73
Dieselmotor 190 4
Dieselmotor 212 73
Dieselmotor 212 25
Dieselmotor 212 51
Dieseltreibstoff 145 56
Dieseltriebwagen 211 41

Dieseltriebwagen 208
13
Dieseltriebzug 209 1
Differential 345 14
Differentiale 345 13
Differentialquotient
345 13
Differentialzeichen 345
13
Differenz 344 24
Differenzmenge 348 8
Differenzmenge 348 7
Diffuseur 172 11
Diffuseurbütte 172 13
Diffusor 234 15
Diffusorkalotte 114 60
Digitalanzeige 110 2
Digitalanzeige 110 20
digitale Steuerung 242
35
Digitalis 379 2
Digitalsteuerung 242 35
Diktatlängenanzeige
246 18
Diktiergerät 248 34
Diktiergerät 246 17
Diktiergerät 209 30
Diligence 186 39
Dimmer 127 17
DIN-Auslaufbecher
129 38
dinar 252 28
Dinar 252 28
Dinkel 68 24
Diopter 117 58
Diopter 305 41
Dioptervisierung 305
50
Dioptervisierung 305
51
Dioptrieneinstellung
117 15
Dipolantenne 230 65
Direktionsbüro 271 24
Dirigent 274 21
Dirigent 315 26
Dirigentenstab 315 27
Dirk 219 48
Dirndl 31 26
Dirndlbluse 31 29
Dirndlkleid 31 26
Dirndlschmuck 31 28
Dirndlschürze 31 31
dis-Moll 320 61
Diskantregister 324 41
Diskantsaiten 325 10
Diskantsteg 325 11
Diskantteil 324 39
Diskjockey 317 25
Diskothek 317
Diskussionstubusanord-
nung 112 22
Dispersionsfarbe 129 4
Dispersionskleber 128
28
Distel 61 32
Distelfink 360 1
Distickstoffoxid 26 3
Diva 310 27
Dividend 344 26
Dividendenschein 251
18
Dividieren 344 26

Division 344 26
Divisionszeichen 344 26
Divisor 344 26
Do-it-your-self 134
1–34
Dobermann 70 27
Docht 107 29
Dochtwolle 35 9
Docke 322 50
Dockgrube 222 36
Dockingeinschnitt 6 47
Dockkran 222 34
Dockponton 222 32
Docksohle 222 31
Docktor 222 32
Dörrfleisch 96 3
Dörrobstmotte 81 28
Dogcart 186 18
Doggen 70 1–14
Dolch 353 44
Dolde 370 72
Doline 13 71
dollar ($) 252 33
Dollar 252 33
Dollbord 283 30
Dolle 278 18
Dolle 283 29
Dolle 283 41
Dollen 121 93
Dollenboot 283 26–33
Dollenloch 120 22
Dolly 310 49
Dolmen 328 16
Dom 335 1–13
Domäne 15 94
Domdeckel 38 48
Domino 276 33
Domino 306 15
Dominospiel 276 33
Dominostein 276 34
Domizilvermerk 250 22
Dompfaff 360 5
Dompteur 307 52
Donnerbart 377 9
Donnerkäfer 358 24
Doppel 293 49
Doppel 293 3
Doppel-B 320 53
Doppel-T-Eisen 143 6
Doppelbesäumsäge 157
57
Doppelbett 47 1
Doppelbett 43 4–13
Doppelbett 267 38
Doppelboden 222 60
Doppelbrötchen 97 15
Doppelbruch 344 17
Doppeldeckbus 194 36
Doppeldecker 229 10
Doppeldeckomnibus
194 36
Doppeldrahtauslöser
115 102
Doppeldrehfalttür 208
7
Doppeldreier 302 14
Doppelendball 299 20
Doppelfalttür 197 14
Doppelfederzinken 64
54
Doppelfederzinken 64
42
Doppelflügel 229 51

Doppelganze 320 12
Doppelganze 320 20
Doppelhaken 89 83
Doppelherzschar 65 58
Doppelhobel 132 16
Doppelkajak 283 5
Doppelklaue 77 8
Doppelköper 171 48
Doppelkreuz 320 51
Doppelkreuz 332 64
Doppelkreuzpoller 217 14
Doppellatte 122 43
Doppelleiter 129 5
Doppelleiterzahnstange 214 11
Doppelleitwerk 229 32
Doppelleitwerk 229 34
Doppelleitwerk 229 35
Doppelliftsessel 214 17
Doppelmaschine 100 26
Doppelmaschinentelegraph 224 25
Doppelmühle 276 25
Doppeloberleitung 194 43
Doppelpaddel 283 39
Doppelpaß 291 49
Doppelpoller 217 11
Doppelpunkt 342 17
Doppelraufe 75 12
Doppelreck 297 3
Doppelrohrblatt 323 29
Doppelrumpf 284 65
Doppelsalto 282 42
Doppelschaukel 273 39
Doppelschlag 321 21
Doppelschlagmaschine 163 14
Doppelschleifenrahmen 189 17
Doppelsessel 214 18
Doppelsessellift 301 57
Doppelsitzbank 188 42
Doppelsitzplatz 197 19
Doppelsitzreihe 207 63
Doppelspalt-Fowler-Klappe 229 40
Doppelspaltklappe 229 48
Doppelspiel 293 3
Doppelspiralfibel 328 30
Doppelstartkatapult 259 14
Doppelstern 3 29
Doppelstockwagen 213 35
Doppeltisch 260 2
Doppeltor 301 70
Doppeltor 301 68
Doppeltür 267 27
Doppeluhr 276 16
Doppelung 164 5
Doppelwappen 254 10–13
Doppelwaschbecken 267 32
Doppelwellenmischer 159 10
Doppelwendelleuchtkörper 127 58
Doppelwiege 214 68

Doppelzange 121 50
Doppelzimmer 267 27–38
Dorf 15 105
Dorfkirche 15 107
Dorfschwalbe 361 20
Dornapfel 379 8
Dornenranke 58 30
Dornkönig 361 12
Dornreisig 274 2
Dornspeckkäfer 81 22
Dosenbier 99 73
Dosenmilch 98 15
Dosensatz 10 6
Dosiergefäß 93 3
Dosimeter 2 8–23
Dotter 74 67
Dotter 74 68
Dotterhaut 74 64
Doublierung 164 5
Douze dernier 275 27
Douze milieu 275 26
Douze premier 275 25
Dozent 262 3
Drache 3 32
Drache 327 1
Drache der Offenbarung 327 50
Drachen 273 42
Drachen 284 57
Drachen 287 44
Drachen 346 38
Drachenfliegen 287 43
Drachenflieger 287 45
Drachenkopf 218 16
Drachenschiff 218 13–17
Drachenschnur 273 44
Drachenschwanz 273 43
Drachensteigen 273 41
Drachenwurz 60 8
drachmai 252 39
drachme 252 39
Drachmen 252 39
Draco 3 32
Drängbrett 119 62
Dränrohr 26 47
Draht 108 3
Drahtauslöser 23 9
Drahtauslöser 114 38
Drahtauslöser 115 101
Drahtbürste 141 26
Drahtbürstenteller 134 24
Drahteinsatz 40 42
Drahtgeflecht 339 35
Drahtgerüst 339 35
Drahthefter 22 25
Drahtkorb 55 50
Drahtkorb 66 25
Drahtkorb 188 23
Drahtlitze 166 27
Drahtnagel 121 95
Drahtnetz 350 18
Drahtrahmen 78 9
Drahtrahmenabspannung 78 8
Drahtrahmengerüst 78 9
Drahtseil 307 41
Drahtseil 90 26

Drahtseilabspannung 155 44
Drahtseilbahnen 214 15–38
Drahtstift 143 51
Drahtwalze 108 1
Drahtwurm 80 38
Drahtzaun 15 39
Drahtzug 190 51
Drahtzug 202 30
Drainschicht 199 25
Draufsicht 151 19
Drechselbank 135 1
Drechselbank 134 51
Drechselwange 135 2
Drechselwerkzeuge 135 14, 15,
Drechslerdrehstähle 135 14, 15,
Drechslerei 135 1–26
Drechslermeister 135 20
Drechslerwerkstatt 135 1–26
Dreckamsel 361 13
Drecklerche 361 19
Dreckvogel 359 25
Drehbank 149 1
Drehbankwange 135 2
drehbare Brückenhälfte 215 66
Drehbuch 310 45
Drehbühne 316 31
Drehdolle 283 41
Drehdüse 56 44
Dreheisen 137 39
Dreher 161 9
Drehergeflecht 136 1
Drehfalttür 207 39
Drehflügel 232 12
Drehgasgriff 188 30
Drehgelenk 50 69
Drehgelenk 194 31
Drehgestell 207 4
Drehgestell 208 4
Drehgestell 213 13
Drehgestell 212 2
Drehgestell-Schwenkdachwagen 213 26
Drehgestell-Selbstentladewagen 213 24
Drehgestellflachwagen 213 11
Drehgriff 21 16
Drehhals 359 27
Drehherz 149 54
Drehkran 146 3
Drehkranz 215 64
Drehkreuz 275 32
Drehkreuz 149 43
Drehkuppel 5 12
Drehlaufkatze 222 21
Drehleier 322 25
Drehliegesitz 207 64
Drehmaschinenbett 149 31
Drehmaschinenfuß 149 12
Drehmeißel 149 45–53
Drehmeißel 149 48
Drehmeißel 149 52
Drehmomentenstütze 211 54

Drehmomentschlüssel 195 45
Drehmomentwandler 190 70
Drehorgel 309 13
Drehpfeiler 215 65
Drehringlafette 255 73
Drehröhre 135 15
Drehrohrofen 160 8
Drehschablone 161 14
Drehschalter 245 28
Drehscheibe 226 56
Drehscheibe 275 31
Drehscheibe 161 11
Drehspäne 135 26
Drehspiegel 243 54
Drehspindel 149 20
Drehstähle 149 45–53
Drehstrahlregner 62 29
Drehstrom 127 13
Drehstromgenerator 153 26
Drehstromgenerator 154 34
Drehstromstecker 127 14
Drehstuhl 248 25
Drehtablett 39 28
Drehteller 204 37
Drehtisch 148 41
Drehtisch 145 15
Drehtischgebläse 148 39
Drehung 288 51
Drehung 298 11
Drehungswinkels 351 33
Drehvogel 359 27
Drehwählschalter 50 26
Drehwippkran 222 23
Drehwurz 61 26
Drehzahleinstellung 149 5
Drehzahlmesser 230 8
Drehzahlmesser 189 41
Drehzahlmesser 188 40
Drehzahlmesser 191 38
Drehzahlmesser 191 33
Drehzahlmesser 191 70
Drehzapfen 215 69
Drei-Wege-Kippkasten 92 34
Dreiachteltakt 320 36
Dreibackenfutter 149 37
Dreibein 114 42
Dreibeingittermast 258 41
Dreibeinkran 222 5
Dreiblattschar 64 67
Dreibockreuter 63 30
Dreibruchauslage 185 15
Dreibruchfalzwerk 185 14
Dreidecker 218 51–60
Dreidecker 229 6
Dreieck 36 61
Dreieck 151 7
Dreiecke 346 26–32
Dreieckhut 355 62
Dreieckschaltung 153 21
Dreieckskurs 285 16

Dreieckszeichen 345 24
Dreiecktafel 203 13
Dreiecktuch 21 2
Dreiecktuch 31 71
Dreier 302 13
Dreifach-Kompaktanlage 241 52
Dreifachleitwerk 229 36
dreiflüglige Schläger 163 25
Dreifuß 349 15
Dreifuß 173 6
Dreifuß 350 14
Dreihalbetakt 320 38
Dreihalsflasche 350 57
Dreihalskolben 350 55
Dreikantmaßstab 151 34
Dreikantprisma 347 37
Dreikantschaber 140 63
Dreikantschiene 242 80
Dreiklänge 321 1–4
dreiköpfige Armmuskel 18 38
Dreimast-Gaffelschoner 220 18
Dreimast-Marssegelschoner 220 20
Dreimast-Toppsegelschoner 220 19
Dreimaster 355 62
Dreimaster 220 18–27
Dreimeterbrett 282 9
Dreipaßbogen 336 32
dreipolige Steckdose 127 13
Dreipunktanaubock 64 45
Dreipunktauflage 349 28
Dreipunktboot 286 42
Dreipunktkupplung 65 72
Dreirumpfboot 278 16
Dreisatzrechnung 345 8–10
Dreischlitz 334 15
Dreiseitenkipper 62 18
Dreiseitenkipper 194 24
Dreispitz 355 62
dreiviertelfett 175 2
dreiviertelfette Schrift 175 2
Dreivierteltakt 320 37
Dreizack 135 11
Dreizinkgrubber 56 13
dreizipflige Klappe 20 46
Drellüberzug 43 10
Drempel 121 47
Dreschkorb 64 11
Dreschtrommel 64 12
Dresseur 307 31
Dressurpferd 289 3
Dressurreiten 289 1–7
Dressurviereck 289 1
Dreul 108 4
Dribbling 291 52
Drillbohrer 108 4
Drillbohrer 135 22
Drilling 87 23
Drilling 89 85

Drillmaschine 65 74
dritte Raketenstufe 234 33
Driver 293 91
Drohne 77 5
Drohnenzellen 77 36
Drops 98 76
Droschke 186 26
Drosselgrube 16 20
Drosselklappe 27 43
Drosselklappe 192 9
Drosseln 361 13–17
Drosselvögel 361 13–17
Drosselvogel 360 3
Druckabsteller 181 32
Druckanschluß 67 9
Druckansteller 181 32
Druckbehälter 170 33
Druckbetankungsanschluß 257 33
Druckbogen 180 17
Druckeinstellung 180 81
Druckelement 178 39
Drucker 195 6
Drucker 340 35
Druckerei 340 27–64
Druckfarbe 181 19
Druckfarben 260 83
Druckflaschen 234 14
Druckform 340 32
Druckfundament 180 78
Druckgasbehälter 234 32
Druckgasentschwefelung 156 28
Druckgasfördersystem 234 60
Druckgeschwindigkeitseinstellung 249 55
Druckhebel 340 61
Druckhöhenverstellung 249 53
Druckkessel 316 55
Druckknopf-Einsetzmaschine 100 53
Druckkörper 258 66
Druckkörper 259 55
Druckkörper 259 76
Drucklager 259 60
Drucklager 223 67
Druckleitung 270 31
Druckleitung 269 16
Druckleitung 235 54
Druckleitung 235 57
Druckleitung 316 54
Druckleitung 269 49
Druckluftanlage 138 1
Druckluftanschluß 213 20
Druckluftanschluß 153 53
Druckluftbehälter 64 92
Druckluftbehälter 153 51
Druckluftbehälter 146 21
Druckluftkessel 138 4
Druckluftleitung 138 5
Druckluftleitung 196 18
Druckluftmesser 195 29

Druckluftmeßgerät 138 15
Druckluftschlagschrauber 138 6
Druckluftschlauch 195 54
Druckluftschnellschalter 153 51–62
Druckluftschnellschalter 152 34
Druckluftwäsche 92 3
Druckluftzuleitung 133 45
Druckmesser 279 13
Druckminderventil 141 5
Druckpapier 180 47
Druckplatte 123 38
Druckplatteneinfärbung 249 50
Druckpumpe 316 53
Druckpunktabzug 87 11
Druckregler 340 38
Druckrohr 217 50
Druckrohrleitung 55 8
Druckrohrleitung 217 41
Drucksäulen 316 60
Druckschablone 168 62
Druckschmiernippel 143 81
Druckschott 231 32
Druckschraube 148 62
Druckspant 235 19
Druckspindel 132 32
Druckspritzengerät 27 15
Druckspüler 126 37
Druckstation 316 50
Druckstempel 133 47
Drucktasten 203 67
Drucktastenfeld 245 14
Drucktastentelefon 237 20
Drucktiegel 181 15
Drucktisch 168 63
Drucktisch 340 41
Druckträger 180 25
Druckträger 180 53
Druckturbine 259 62
Druckumlaufschmierung 192 16–27
Druckverband 21 17
Druckwächter 269 47
Druckwalze 64 64
Druckwandlereinschübe 27 32
Druckware 168 57
Druckwasserprinzip 154 40
Druckwasserreaktor 154 19
Druckwerk 245 32
Druckwerk 180 80
Druckwerk 180 41
Druckwerk 182 26
Druckzylinder 180 35
Druckzylinder 181 59
Druckzylinder 181 44
Druckzylinder 180 64
Druckzylinder 177 67
Druckzylinder 133 46
Druckzylinder 181 2

Dschunke 353 32
Ducht 278 17
Ducht 283 28
Duchtweger 283 31
Duckdalben 225 12
Dudelsack 322 8
Dübel 126 55
Dübel 134 39
Dübelbohrmaschine 133 6
Dübelloch 120 22
Dübelloch 120 23
Dülfersitz 300 30
Düne 13 39
Dünenfahrzeug 193 12
Dünndarm 20 14–16
Dürnitz 329 30
Düse 232 49
Düse 232 45
Düse 232 39
Düse 232 55
Düse 67 33
Düsenboden 147 69
Düsenflugzeuge 231 7–33
Düsenschwenkrohr 67 1
Düsentriebwerk 231 26
Düsentriebwerke 232 33–50
Düsenventil 153 29
Düsenziehverfahren 162 48
Dufflecoat 271 21
Dukduk-Tänzer 352 34
Duktorwalze 181 64
Dult 308 1–67
Dumme Lumme 359 13
Dumme Tauchhuhn 359 13
Dung 63 15
Dungstreuer 62 21
Dungtank 221 72
Dunkelkammergeräte 116 1–60
Dunkelkammerleuchte 116 21
Dunstabzug 39 17
Dunsthaube 46 31
Duole 321 23
Durchbruch 291 52
Durchbrucharbeit 102 27
Durchbrucharbeit 102 14
Durchflußmesser 76 4
Durchflußöffnung 217 56
Durchforsten 84 37
Durchführungsisolator 153 35
Durchführungsisolator 153 12
Durchgang 337 4
durchgeknöpftes Kleid 30 10
Durchlaß 15 44
Durchlauferhitzer 126 13
Durchleuchtungsspiegel 74 40
Durchlichtbeleuchtung 112 60
Durchlichtmikroskop 112 14

Durchmesser 346 45
Durchnähmaschine 100
2
Durchreiche 236 30
Durchsagegerät 195 55
Durchschläger 134 32
Durchschlag 140 65
Durchschlag 297 42
Durchschlag 297 45
Durchschnitt 348 4
Durchschnittmenge 348
4
Durchschuß 175 5
Durchschwung 293 84
Durchwurf 55 13
Durchziehgürtel 29 67
Durchziehkurbel 340
33
Durchzug 102 17
Durchzugwalze 164 18
Durdreiklang 321 1
Durtonarten 320 55−68
Dusche 282 2
Dusche 281 29
Dusche 228 30
Duschen 233 46
Duschkabine 49 39
Duschvorhang 49 40
Duschwanne 49 44
Dutt 34 29
Dynamo 187 8

E

E-Dur 320 59
E-Lok 205 35
E-Lok 211 1
e-Moll 320 56
E-Saite 323 9
E-Schicht 7 27
Ebenholztaste 325 5
Eber 73 9
Eberesche 371 42
Ecarté 314 15
Echinodermen 357 39
Echinopsis 53 14
Echinus 334 21
Echiostoma 369 13
Echo 224 63
Echobild 224 67
Echoempfänger 224 64
Echograph 224 24
Echograph 224 65
Echolot 224 61−67
Echolotanzeigegerät
224 24
Echolotschreiber 224
65
Echsen 364 30−37
Echte Besenginster 374
20
Echte Gagel 373 33
Echte Geißblatt 374 13
Echte Hederich 61 21
Echte Kamille 380 1
echten Rippen 17 9
Echtkorallenkette 36 34
Eckball 291 41
Eckbank 266 38
Eckbank 265 10
Ecke 347 33

Ecke 292 18
Eckenschneidewinkel
128 51
Ecker 371 37
Eckfahne 291 8
Eckfußstein 122 77
Eckkegel 305 6, 8
Eckplatz 207 58
Eckpunkte 346 26
Eckrohrzange 134 12
Eckschrank 39 27
Eckstiel 120 52
Eckstoß 291 41
Ecktisch 246 34
Eckturm 329 14
Eckzahn 19 17
Edamer 99 42
Edamer Käse 99 42
Edelauge 54 34
Edelauge 54 23
Edelfalter 358 52
Edelfasan 88 77
Edelfink 360 10
Edelkastanie 384 48
Edelkoralle 357 17
Edellupine 51 23
Edelmann 355 44
Edelraute 378 6
Edelreis 54 37
Edelrose 60 15
Edelstahl-Schichtfilter
79 8
Edelstahlbehälter 79 4
Edelsteinanhänger 36
14
Edelsteinarmband 36
25
Edeltanne 372 1
Edeltier 88 1
Edelweiß 378 9
Edelwild 88 1−27
Editor 117 91
EDV-Blatt 248 47
Efeublätterige Gundel-
rebe 375 18
Effacé 314 13
Effekten 251 11−19
Effektenbörse 251
1−10
Effektenhändler 251 7
Effektenmakler 251 4
Effektonaufnahme 310
30
Effektton 310 59
Effetstoß 277 5
Effiliermesser 106 41
Effiliermesser 105 9
Effilierschere 106 33
Effilierschere 105 8
Egyptienne 342 8
Ehering 332 17
Ehewappen 254 10−13
Ehrenpreis 375 22
Ehrentor 337 3
Ei 77 26
Ei 74 58
Eiablage 80 2
Eibe 372 61
Eibisch 380 12
Eiche 51 12
Eiche 371 1
Eichel 20 69
Eichel 276 42

Eichel 371 4
Eichelhabicht 361 1
Eichelhäher 361 1
Eichengallwespe
82 33
Eichenwickler 82 43
Eichhörnchen 366 19
Eier 82 19
Eier 80 15
Eier 80 55
Eier 358 49
Eier 359 3
Eierbovist 381 19
Eierpackung 99 50
Eierproduktion 74
34−53
Eierproduktion 74
34−53
Eiersammelvorrichtung
74 34
Eierschale 74 59
Eierstabkyma 334 42
Eierstock 20 83
Eieruhr 110 31
Eierverpackungsma-
schine 74 46
Eierwaage 74 43
Eigelb 74 68
Eigenbildtaste 242 23
Eihülle 74 59
Eileger 366 1
Eileiter 20 81
Eimer 221 113
Eimerbagger 226 41
Eimerkette 216 57
Eimerkette 226 42
Eimerleiter 226 43
Ein-/Ausgabegerät 237
59
Ein-/Ausschalter 249
64
Ein-/Ausschalter 249 9
Ein-/Ausschalter 247
16
Ein-/Ausschalter 241
63
Ein-/Ausschalter 243 16
Ein- und Ausrücker
165 17
Ein- und Aussteigsluke
6 38
Ein- und Aussteigs-
plattform 6 34
Ein-Zylinder-Zweitakt-
Ottomotor 190 6
Einback 97 40
Einband 185 40−42
Einbanddecke 185 40
Einbandschleifmaschine
133 30
Einbauanschluß 127 24
Einbaum 354 20
Einbaum 218 7
Einbaustück 148 61
Einbettkabine 223 46
Einblattdruck 340 27
Einbrennofen 179 32
Eindickbütte 172 62
Eindicker 172 48
Eindicker 172 42
Eindrahtfesselflugsteue-
rung 288 90
Eineinhalbmaster 220
9, 10

Einer 283 16
Einerstelle 344 3
einfache Weichen 203
45−48
Einfädelschwanz 114 9
Einfallbaum 86 47
Einfamilienhaus 37
1−53
Einfarben-Offsetma-
schine 180 46
Einfarben-Offsetma-
schine 180 59
einflügelige Fenster 37
23
Einfriedung 37 53
Einführlineal 184 23
Einführungsstutzen 153
40
Einfüllöffnung 213 19
Einfüllstutzen 50 12
Einfüllstutzen 38 47
Einfülltrichter 116 12
Einfuhrtisch 185 34
Eingabetastatur 238 13
Eingang 233 36
Eingang 268 13
Eingangskontrolle 199
12
Eingangstor 337 24
Eingangstreppe 37 66
Eingangstunnel 353 6
Eingangswähler 241 44
Eingangswahlschalter
238 49
eingebaute Mikrophon
243 3
eingebaute Mikrophon
241 5
Eingebrochene 21 28
eingestrickte Muster 30
37
Eingießende 147 34
Eingriffelige Weißdorn
374 30
Einguß 148 21
Eingußrinne 147 22
Einhängevorrichtung
180 3
Einhandbedienung 185
7
Einheitenzeiger 174 36
Einheitskieljacht 284
62
Einhorn 254 16
Einhorn 327 7
Einhüllen-Küsten-U-
Boot 259 75
Einjährige Rispengras
375 39
Einkanalton 311 35
Einkaufstasche 98 45
Einkaufstasche 99 3
Einkaufstasche 268 19
Einkaufswagen 99 1
Einkaufswagen 50 87
Einklang 321 6
Einknöcher 40 23
Einlage 323 26
Einlage 107 7
Einlagerungskammer
154 71
Einlaßventil 242 52
Einlaufanschluß 172 77

Einlaufstutzen 122 30
Einlaufstutzen 37 12
Einlegeboden 44 19
Einlegekeil 143 73
Einlegeringe 349 17
Einlegescheibe 115 96
Einlegesohle 291 27
Einlegevorbauten 162 2
Einlochen 293 86
Einlochmischbatterie 126 27
Einmalinjektionsnadeln 22 65
Einmalinjektionsspritzen 22 65
Einmannboot 353 12
Einmannsitzbank 189 19
Einmaster·220 6–8
Einmaststütze 214 23
Einmeterbrett 282 10
einmotorige Sportflugzeug 231 1
Einödhof 15 101
Einordnungspfeil 268 73, 74
Einpreßvorrichtung 109 29
Einreiher 33 1
Einreißhaken 270 15
Einsatz 275 13
Einsatzholz 85 4
Einsatzspirale 116 2
Einsatzzirkel 151 52
Einschaltfußbrett 165 35
Einschaltung 178 20
Einscharpflug 65 1
Einscheibenkupplung 190 71
Einschienenhängebahn 144 43
Einschießvorrichtung 181 11
Einschlag 136 5
Einschubdecke 120 43
Einschubdecke 123 68
Einschwärzballen 340 22
Einseilbahnen 214 15–24
Einsortiermaschine 74 38
Einspänner 186 18
Einspänner 186 29
Einspannvorrichtung 150 15
Einspiellautsprecher 238 37
Einspritzdüse 190 54
Einspritzkondensator 172 16
Einspritzpumpe 190 65
Einspritzpumpe 211 48
Einspritzpumpenantrieb 190 57
Einspritzventil 190 32
Einspritzversteller 190 58
Einstechdrehmeißel 149 53
Einsteckkamm 105 6
Einsteckloch 136 9

Einsteckschloß 140 36–43
Einstecktuch 33 10
Einsteigen 299 10
Einsteigschacht 38 45
Einsteigschacht 269 26
Einstellfernrohr 115 74
Einstellfilter 116 46
Einstellglied 237 49
Einstellhilfsmittel 115 60
Einstellscheibe 115 39
Einstellscheibe 112 21
Einstellscheiben 115 58–66
Einstellschlitten 115 86
Einstellsystemschalter 117 11
Einstellungsnummer 310 35
Einstichkasten 298 35
Einstieg 208 10
Einstieg 281 37
Einstiegluke 6 10
Einstiegsluke 235 26
Einstiegsraum 208 10
Einstiegsstufe 281 32
Einstiegstür 207 20
Einstiegstür 207 22
Einstiegstufe 230 42
Einstiegtür 197 14
Einstreu 75 6
Einstreu 74 8
Einsturzbeben 11 32–38
Einsturztrichter 11 49
Einsturztrichter 13 71
Eintagsfliege 358 6
Eintauchrefraktometer 112 48
Einweckeinsatz 40 24
Einwecker 40 23
Einweckglas 40 25
Einweckkring 40 26
Einwegfeuerzeug 107 30
Einwegflasche 93 29
Einweghahn 350 42
Einwegpackung 93 28
Einweichbottich 136 13
Einwickelpapier 98 46
Einwurf 291 53
Einwurfschacht 157 55
Einzahlungsschalter 236 25
Einzel 293 5
Einzelblüte 371 26
Einzelbuchstaben-Setzmaschine 174 32–45
Einzelgüter 206 4
Einzelhändler 98 41
Einzelhandelsgeschäft 98 1–87
Einzelhof 15 101
Einzellader 87 1
Einzelläufer 302 1
Einzellaufwerk 238 56, 58
Einzeller 357 1–12
Einzellige 357 1–12
Einzelsitzplatz 197 17
Einzelsitzreihe 207 62
Einzelspiel 293 5

Einzelwasserversorgung 269 40–52
Einziehstahlband 127 30
Einzug 175 16
Einzugsgebiet 12 24
Einzugswalze 64 6
Einzugswalze 157 4
Einzylinder-Viertaktmotor 189 3
Eis 308 31
Eisbär 368 11
Eisband 300 4
Eisbecher 266 76
Eisbehälter 267 67
Eisbein 300 36
Eisbein 95 49
Eisbein 95 42
Eisbein 95 38
Eisbein 96 17
Eisbrecher 221 50
Eisbrecher 215 56
Eisen 293 92
Eisenbahndeck 221 80
Eisenbahnfähre 221 74
Eisenbahnfähre 15 12
Eisenbahnfahrzeuge 207
Eisenbahnfahrzeuge 208
Eisenbahnfahrzeuge 209
Eisenbahnfahrzeuge 210
Eisenbahnfahrzeuge 211
Eisenbahnfahrzeuge 212
Eisenbahnfahrzeuge 213
Eisenbahnschiene 202 1
Eisenbahnstrecke 202
Eisenbahnstrecke 203
Eisenbieger 119 21
Eisendraht 143 12
Eisenfuß 100 54
Eisengewicht 90 21
Eisengießerei 148 1–45
Eisenhammer 339 16
Eisenhüttenwerk 147
Eisenhut 379 1
Eisenhut 379 1
Eisenkeil 328 59
Eisenleisten 100 34
Eisenoxid-/Chromdioxid-Umschaltung 241 55
Eisenrahmen 325 2
Eisenreifen 163 5
Eisenrinne 147 35
Eisenschläger 293 92
Eisenschwelle 202 36
Eisenträger 143 3–7
Eisenwinkel 120 78
Eisenzeit 328 21–40
eiserne Brücke 15 56
eiserne Vorhang 316 24
Eisgehen 300 14–21
Eisgeher 300 15
Eisgrat 300 21
Eishammer 300 37
Eishockey 302 29–37
Eishockey-Complet 302 23

Eishockeyscheibe 302 35
Eishockeyschläger 302 30
Eishockeyspieler 302 29
Eishockeystock 302 30
Eisjacht 302 44
Eiskufe 302 45
Eisläufer 302 1
Eisläuferin 302 1
Eislauf 302 1–26
Eislaufen 302 1–26
Eislaufstiefel 302 24
Eisnadelschleierwolke 8 7
Eisnadelwolke 8 6
Eisrennen 290 24–28
Eisschnelläufer 302 26
Eisschnellauf-Complet 302 20
Eisschraube 300 40
Eissegelboot 302 44
Eissegeln 302 44–46
Eisspirale 300 41
Eissproß 88 7
Eissprosse 88 7
Eisstock 302 39
Eisstockschießen 302 38–40
Eisstockschütze 302 38
Eisstückchen 266 44
Eissturmvogel 359 12
Eistourenausrüstung 300 31–57
Eistüte 308 31
Eisverkäufer 308 30
Eisvogel 360 8
Eiswaffel 308 31
Eiswand 300 14
Eiszapfen 304 21
Eiweiß 74 62
Ekelblume 53 15
EKG 23 27
EKG-Gerät 23 28
EKG-Kontrolle 25 47
EKG-Langzeitanalysator 25 45
EKG-Registriereinheit 25 27
EKG-Schreiber 25 41
Ekliptik 3 2
Ekliptik 4 22
Elastiksattel 187 22
Elastikschlüpfer 32 5
Elbs 359 16
Elch 367 1
Elefantengehege 356 9
Elefantenhaus 356 10
Elektriksammelleitung 235 55
elektrische Bohrmaschine 120 21
elektrische Bügeleisen 50 6
elektrische Fußschalter 50 2
elektrische Kaffeemühle 39 24
elektrische Lokomotive 211 1
elektrische Rasierapparat 49 37

elektrische Schnelltrieb-
zug 211 60
elektrische Schreibma-
schine 249 1
Elektrische Überland-
bahn 197
elektrische Wecker 43
16
elektrische Weidezaun
62 46
elektrische Zahnbürste
49 29
elektrische Zuleitung 50
77
Elektrizitätswerk 152
1–28
Elektrobohrer 134 43
Elektrobohrer 134
50–55
Elektrode 94 8
Elektrode 142 10
Elektrodegen 294 26
Elektroden 147 52
Elektrodenarm 142 24
Elektrodenhalter 142 9
Elektrodenhalter 142
20
Elektrodenköcher 142 7
Elektrodenkraftzylinder
142 26
Elektrodenstrahlsyste-
me 240 24
Elektrodurchlauferhit-
zer 126 13
Elektrofahrzeug 188 20
Elektrofilter 160 7
Elektrofilter 156 20
Elektrofilter 152 13
Elektrofilter 172 39
Elektroflorett 294 26
Elektroheizung 179 3
Elektroherd 39 12
Elektroherd 46 32
Elektroinstallateur 127
Elektrokardiograph 23
28
Elektrokarren 205 29
Elektrolunge 21 27
Elektromagnet 237 47
Elektromotor 138 2
Elektromotor 38 59
Elektromotor 166 18
Elektron 1 17
Elektron 1 3
Elektron 1 25
Elektron 1 27
Elektron 1 32
Elektronähmaschine
104 12
Elektronenbahnen 1 27
Elektronenblitzgerät
309 41
Elektronenblitzgerät
114 65
Elektronenblitzgerät
114 68
Elektronenmikroskop
113 30
Elektronenschale 1 6
Elektronenschale 1 8
Elektronenspin 1 4
Elektronenstrahlen 240
16

Elektronikrechner 246
12
Elektronikschrank 112
53
elektronische Arm-
banduhr 110 1
elektronische Bausteine
242 69
elektronische Schaltung
110 8
Elektroschaltanlage 168
58
Elektroschaltkasten 168
25
Elektroschlepper 206 2
Elektroschockbehand-
lung 25 26
Elektroschweißer 142
elektrostatische Ablei-
ter 230 51
Elektrotom 22 38
Elektrowagen 206 34
Elektrozaun 62 46
Elemente 348 2
Elevationswinkel 87 76
Elevatorbrücke 226 25
Elevonstruktur 235 34
Elevonteile 235 33
Elf-Meter-Punkt 291 6
Elfenbein 354 39
Elfenbeinbrosche 36 30
Elfenbeinkette 36 28
Elfenbeinrose 36 29
Elfenbeinschnitzer 135
Elfenbeinschnitzer 135
Elfenbeinstatuette 328
8
Elfenbeintaste 325 4
Elfenschuh 60 10
Elfmeter 291 40
Ellbogen 72 20
Ellbogen 16 45
Elle 17 14
Ellenbeuger 18 58
Ellenbogen 16 45
Ellenbogenschützer 303
16
Ellennerv 18 29
Ellenrand 19 70
Ellgriff 296 44
Ellgriff 296 46
Ellipse 347 22
Ellipsenflügel 229 15
Ellipsenschablone 151
71
Ellok 211 1
Elster 361 3
Emailarbeit 260 62
Emaillearbeit 260 62
Emaillierofen 260 63
Emailpulver 260 65
Embryo 384 22
Embryo 382 21
Embryosack 370 64
Emmentaler 99 41
Empfänger 10 63
Empfangschef 267 7
Empfangschef 271 33
Empfangsgebäude 205
13
Empfangskopie 245 2
Empfangsraum 267
1–26
Empirestil 336 16

Empiretisch 336 16
Empore 330 25
Emu 359 1
Endabschalter 241 60
Endband 64 83
Endbildfenster 113 39
Endbildleuchtschirm
113 39
Ende 88 31
Ende 88 10
Endgestell 165 14
Endivie 57 39
Endiviensalat 57 39
Endknospe 370 22
Endleiste 287 37
Endlinie 292 36
Endmoräne 12 55
Endportal 215 38
Endpunkt 346 18
Endpunkt 346 17
Endscheibe 229 33
Endstück 97 5
Endtriebwagen 211 61
Energiegewinnung 1 55
Energieniveau 1 18
Energiequellen 155
Energietreppe 1 15
Energieversorgungsan-
lage 146 1
Engerling 82 12
Engländer 126 68
englische Achsenmon-
tierung 113 22
englische Billard 277 7
englische Buggy 186
48
Englische Bulldogge 70
1
englische Garten 272
41–72
englische Park 272
41–72
englische Postkutsche
186 53
englische Rahmenmon-
tierung 113 23
englische Schnurrbart
34 19
englische Tuchbindung
171 11
Englischhorn 323 38
Entästungsmaschine 85
18
Entbenzolung 156 27
Ente 73 35
Entenjagd 86 40
Entenküken 73 35
Enterbalken 218 11
Enterich 73 35
Entfernungseinstellung
117 3
Entfernungseinstellung
114 28
Entfernungseinstellung
114 39
Entfernungsmesser 258
37
Entfernungsmesserfen-
ster 114 40
Entfernungsskala 115 4
Entfesselungskünstler
308 28
Entgaser 152 16

Entgleisungsschutz 214
75
Entgrannungseinrich-
tung 64 10
Entisolierzange 134 15
Entkleidungsnummer
318 27–32
Entladeklappe 213 25
Entladevorrichtung 62
42
Entladungslampe 127
61
Entleerungsanschluß
213 21
Entleerungsschieber
269 31
Entlüfter 269 27
Entlüfter 207 9
Entlüftung 153 10
Entlüftung 356 17
Entlüftungskappe 38 52
Entlüftungsleitung 38
51
Entlüftungsleitung 190
12
Entnahmebauwerk 217
40
Entparaffinierung 145 50
Entphenolung 156 39
Entrechat 314 22
Entsäuerung 169 19
Entsafter 40 19
Entschwefelung 169 20
Entschwefelungsanlage
145 46
Entschwefelungsanlage
145 68
Entstaubungsanlage
147 14
Entstaubungsanlage
160 7
Entstaubungsgebläse 83
53
Entstaubungsschirm 83
56
Entstörstecker 190 35
Entstörungstechniker
237 28
Entwässerungs- und
Entsalzungsanlage
145 32
Entwässerungsgraben
216 33
Entwässerungsmaschine
172 61
Entwässerungsrinne
200 63
Entwässerungszylinder
172 24
Entwicklerlösung 116 9
Entwicklungsdose 116
20
Entwicklungsmaschine
179 31
Entwicklungsschale 116
25
Entwicklungsthermo-
meter 116 8
Entwicklungswanne 182
11
Entwicklungszange 116
47
Entwurf 338 43

Entzerrer 311 19
Epistyl 334 18
Epitaph 331 14
Epizentralgebiet 11 38
Epizentrum 11 33
Epsis 53 14
Erbacher Rose 36 29
Erbse 57 7
Erbsenblüte 57 2
Erbsenpflanze 57 1
Erbsenranke 57 4
Erdachse 4 22–28
Erdapfel 68 38
Erdarbeiter 118 76
Erdaushub 118 78
Erdbeben 11 32–38
Erdbebenherd 11 32
Erdbebenkunde 11
Erdbebenmesser 11 39
Erdbebenwellen 11 36
Erdbebenwirkungen 11 45–54
Erdbeere 58 21
Erdbeerpflanze 58 16
Erde 55 15
Erde 4 8, 30, 45
Erde 6 17
Erdeule 80 42
Erdfink 361 8
Erdfloh 80 39
Erdfunkstelle 237 51
Erdgas 12 30
Erdgasmotor 155 5
Erdgeschoß 118 7
Erdgeschoß 37 2
Erdgeschoßmauerwerk 123 29
Erdhaufen 55 15
Erdkarte 14 10–45
Erdkern 11 5
Erdklemme 142 35
Erdklumpen 64 79
Erdkröte 364 23
Erdkruste 11 1
Erdkugel 4 8
Erdmessung 14 46–62
Erdmond 4 45
Erdnüsse 45 41
Erdnuß 383 41
Erdnußöl 98 24
Erdoberfläche 11 6–12
Erdöl 12 31
Erdöl 145
Erdölbohrung 145 1–21
Erdölerzeugnisse 145 52–64
Erdölförderung 145 22–27
Erdölgewinnung 145 22–27
Erdöllagerstätte 12 27
Erdölleitung 145 65
Erdölprodukte 145 52–64
Erdölraffinerie 145 65–74
Erdölverarbeitung 145 36–64
Erdpol 14 3
Erdrauchgewächs 60 5
Erdraupe 80 44
Erdreich 123 9

Erdrutsch 11 46
Erdsänger 361 13–17
Erdschaufel 55 14
Erdsieb 55 13
Erdspalte 11 52
Erdteile 14 12–18
Erfrischungsbude 308 3
Erfrischungsgetränke 96 30
Ergebnis 344 23
Ergometrie 23 26–31
Erhöhungswinkel 87 76
Erhöhungszeichen 320 51
Eridanus 3 12
Erika 377 19
Erläuterungstafel 356 20
Erle 371 30
Erlenbruchtorf 13 18
Erlenmeyerkolben 173 2
Erlenmeyerkolben 350 39
Erlenzeisig 361 8
erloschene Vulkan 11 28
Erneuerungsschein 251 19
Erniedrigungszeichen 320 53
Erpel 73 35
Ersatzreifen 194 4
Ersatzschlauchreifen 290 23
Ersatzsignal 203 6
Ersatzspieler 291 54
Ersatzteilliste 195 32
Erste-Klasse-Teil 207 17
Erste Hilfe 21
Erstentwickler 116 10
erste Raketenstufe 234 3
Ertrinkende 21 35
Eruptionskanal 11 17
Erwerbsgartenbau 55 1–51
Erzlagerstätte 11 31
Es-Dur 320 65
es-Moll 320 68
Esche 371 38
Escudo 252 23
escudo 252 23
Esel 73 3
Eselhengst 73 8
Eselsrücken 336 36
Eskimo 353 1
Espada 319 32
Esparsette 69 10
Espe 371 21
Esper 69 10
Eßbesteck 45 7
Esse 38 5
Esse 138 34
Esse 137 1–8
Essenkehrer 38 31
Eßgeschirr 44 33
Eßgruppe 44 1–11
Eßgruppe 42 33–34
Essig 98 25
Essigflasche 45 42
Essiggurke 98 29

Eßlöffel 45 61
Eßteller 45 4
Eßteller 39 42
Eßtisch 42 33
Eßtisch 266 74
Eßtisch 46 34
Eßtisch 44 1
Eßtisch 45 1
Eßzimmer 44
Eßzimmerstuhl 44 10
Etagenbett 47 1
Etagenkäfig 74 20
Etagenofen 97 71
etruskische Kunst 334 49–52
Eule 252 2
Eulen 362 14–19
Eulenspiegel 306 38
Eurasien 14 16
Europa 14 15
Europaflagge 253 4
Europaflasche 93 26
Eustachische Röhre 17 65
Euter 75 18
Evakuierungspumpe 67 11, 23
Eventualquote 289 37
Ever 220 9
Ewer 220 9
Ewige Lampe 330 49
Ewige Licht 330 49
Exhauster 92 15
Exhauster 133 33
Exkimokajak 283 68
Exlibris 185 51
Exosphäre 7 31
Exotin 306 30
Expansionsgefäß 1 61
Expansionsgefäß 38 24
Expansionskamm 165 26
Experimentiereinrichtung 261 11
Experimentiertisch 261 3
Explosionsramme 200 26
Explosionsstampfer 200 26
Exponent 345 1
Expreßgut 204 2
Expreßgutabfertigung 204 1
Expreßgutannahme und -ausgabe 204 1
Exsikkator 350 51
Exsikkatoreneinsatz 350 54
Exterieur 72 1–38
Extraktionszange 24 47
Extraktor 170 37
Extremität 82 6–8
Extremthermometer 10 54
Exzenter 166 57
Exzenterrolle 166 67
Exzentertritthebel 166 58
Exzenterwelle 166 56
Exzenterwellenzahnrad 166 55

F

F-1-Triebwerke 234 4
F-Dur 320 63
F-Loch 323 6
f-Moll 320 66
F₂-Schicht 7 29
F₁-Schicht 7 28
F-Schlüssel 320 9
Fabeltiere 327 1–61
Fabelwesen 327
Fabrik 15 37
Fabriknummer 187 51
Facette 77 20
Facette 24 32
Facettenauge 77 20–24
Facettenauge 358 7
Fach 120 59
Fach 166 40
Facher 168 35
Fachkreuzspule 164 58
Fachwerkbinder 121 78
Fachwerkbogen 215 25
Fachwerkbogenbrücke 215 23
Fachwerkelement 215 24
Fachwerkknoten 215 37
Fachwerkwand 120 48
Faden 167 17
Faden 167 36
Faden 164 53
Fadenauge 166 29
Fadenauge 166 28
Fadenbehälter 22 61
Fadenbruch 165 19
Fadenbruch 165 37
Fadeneinzug 171 5
Fadeneinzug 171 21
Fadeneinzug 171 20
Fadenführer 166 7
Fadenführer 167 54
Fadenführer 167 3
Fadenführer 100 30
Fadenführerhaltestange 167 2
Fadengeflecht 381 2
Fadenheftmaschine 185 16
Fadenkops 185 18
Fadenkreuz 87 32
Fadenkreuz 115 66
Fadenrolle 100 29
Fadenscheibe 165 30
Fadenschere 100 43
Fadenspanner 167 5
Fadenspannung 165 21
Fadenspule 185 18
Fadenstrecke 171 38
Fadenstrecke 171 41
Fadentrenner 164 43
Fadenverkreuzung 165 11
Fadenwurm 80 51
Fadenzähler 177 23
Fächer 353 42
Fächer 88 75
Fächerbesen 51 3
Fächergewölbe 336 46
Fähe 88 42
Fährboot 216 11
Fährboot 225 11
Fährmann 216 17

Fährseil 216 2
Fährsteg 216 7
Fährte 86 8
Fährte 289 49
Fällen 84 27
Fällheber 85 9
Fällheber 84 25
Fällkeil 84 30
Fällschnitt 84 29
Fänger 292 54
Fänger 292 64
Färbelockenwickel 105 4
Färbeschale 23 50
Färbetrog 165 47
Fäustel 126 77
Fäustel 158 35
Fagott 323 28
Fahlerz 351 1
Fahne 253 7–11
Fahnen 253
Fahnenband 253 9
Fahnennagel 253 8
Fahnenschaft 253 7
Fahnenspitze 253 10
Fahnenstange 273 61
Fahnentuch 253 11
Fahrbahnbegrenzung 268 72
Fahrbahnblech 215 6
Fahrbahndecke 198 5
Fahrbahnoberkante 215 8
Fahrbahnplatte 215 2
Fahrbahnschichten 198 1–5
fahrbare Abfallbehälter 26 22
fahrbare Instrumententisch 26 37
fahrbare Patientenüberwachungseinheit 25 24
fahrbare Röntgendurchleuchtungsapparat 26 14
Fahrbenzin 145 54
Fahrdamm 198 13
Fahrdieselmotor 209 4
Fahrdraht 205 58
Fahrdraht 197 41
Fahrdrahtspannungsanzeige 211 28
Fahrende 308 25–28
Fahrer 289 26
Fahrerhaus 194 2
Fahrerhaus 200 11
Fahrerhausgestänge 65 21
Fahrerkabine 64 36
Fahrerkabine 194 15
Fahrersitz 191 34
Fahrerstand 64 33
Fahrerstand 197 25
Fahrertür 193 2
Fahrgast 221 109
Fahrgast 208 30
Fahrgastabteil 207 13
Fahrgastanlage 225 31
Fahrgastkabine 214 28
Fahrgastkabine 214 52
Fahrgastraum 208 22
Fahrgastsitz 194 14

Fahrgestell 119 32
Fahrgestell 255 43
Fahrgestell 152 41
Fahrgestell 67 14
Fahrgestell 191 2
Fahrkabine 271 46
Fahrkarte 204 36
Fahrkartenausgabe 204 34
Fahrkartendrucker 204 40
Fahrkartenschalter 204 35
Fahrkartenverkäufer 204 39
Fahrkupplung 65 39
Fahrleine 289 27
Fahrleitungskontakt 197 40
Fahrleitungsquerverspannung 197 42
Fahrleitungsunterhaltungstriebwagen 211 41
Fahrmotor 211 6
Fahrmotorlüfter 211 15
Fahrrad 187
Fahrrad 187 1
Fahrradantrieb 187 35–42
Fahrradergometer 23 26
Fahrradgestell 187 14–20
Fahrradglocke 187 4
Fahrradkippständer 187 34
Fahrradklingel 187 4
Fahrradlampe 187 7
Fahrradnummer 187 51
Fahrradpedal 187 78
Fahrradpumpe 187 48
Fahrradrahmen 187 14–20
Fahrradsattel 187 22
Fahrradschloß 187 49
Fahrradtachometer 187 33
Fahrrinne 216 21
Fahrrolle 83 61
Fahrschalter 197 27
Fahrschalterhandrad 212 12
Fahrschalterhandrad 211 20
Fahrscheinautomat 268 28
Fahrscheinentwerter 197 16
Fahrstand 228 23
Fahrstand 228 24
Fahrstraßen 203 68
Fahrstraßenhebel 203 58
Fahrstufenanzeige 211 36
Fahrstuhl 271 46
Fahrstuhlführer 271 47
Fahrstuhlschacht 146 20
Fahrtenkieljacht 285 29–34
Fahrtenwimpel 278 9

Fahrtmesser 230 2
Fahrtrichtungsanzeiger 197 22
Fahrtrichtungsanzeiger 205 21
Fahrtwindkühlung 188 7
Fahrwasserbezeichnung 224 84–10
Fahrwassermitte 224 98
Fahrwasserzeichen 224 68–83
Fahrweg 15 99
Fahrwerk 232 10
Fahrwerkgondel 256 15
Fahrzeuge 186 1–54
Fahrzeughalle 270 1
Fahrzeugmagnet 212 38
Fahrzeugrampe 206 1
Fahrzeugstütze 255 68
Faksimileunterschriften 252 34
Faktoren 344 25
Falke 86 46
Falken 362 1–4
Falkenbeize 86 42–46
Falkenhaube 86 44
Falkenier 86 42
Falkenjäger 86 42
Falkenjagd 86 42–46
Falkenkappe 86 44
Falkenmännchen ' 86 46
Falkner 86 42
Falknerei 86 42–46
Fallblattziffern 110 20
Fallbrücke 329 25
Falle 140 37
Falleitung 269 21
Fallen 12 3
Fallgatter 329 24
Fallkerbe 84 28
Fallnullenzirkel 151 59
Fallreep 221 98
Fallrichtung 12 3
Fallrohr 38 10
Fallrohr 147 63
Fallrückzieher 291 45
Fallschirm 10 57
Fallschirm 288 37
Fallschirmsport 288 37–62
Fallschirmsportspringen 288 37–62
Fallschirmspringen 288 37–62
Fallschnecke 149 18
Fallstange 151 60
Fallstreifen 8 9
Falltür 38 13
Fallwinkel 87 78
falsche Filet 95 31
Falsche Hederich 61 18
Falsche Mehltau 80 20
falschen Rippen 17 10
Faltboote 283 54–66
Faltbooteiner 283 54
Faltbootfahrer 283 55
Faltbootgerüst 283 67
Faltbootzweier 283 61
Faltcaravan 278 3
Falteinrichtung 249 46

Faltenbalg 313 39
Faltenfilter 350 41
Faltengebirge 12 12–20
Faltenwurf 338 33
Falter 358 48–56
Faltflasche 116 9
Faltigron 377 6
Faltrian 377 6
Faltschiebedach 194 10
Faltwohnwagen 278 3
Falz 185 54
Falzanleger 184 17
Falzapparat 180 29
Falzapparat 181 55
Falzapparat 180 15
Falzapparat 182 27
Falzleimapparat 185 28
Falzmaschine 249 58
Falzpfanne 122 59
Falztasche 185 10
Falztrichter 181 53
Falzzange 100 38
Familienbegräbnis 331 27
Familiengrab 331 27
Famulus 262 7
Fan 232 43
Fan 232 34
Fan-Antriebsturbine 232 38
Fang 88 45
Fang 70 3
Fang 362 7
Fangarm 357 16
Fanger 325 27
Fangerdraht 325 29
Fangerfilz 325 28
Fangfabrikschiff 90 11
Fangjagden 86 19–27
Fangkettstuhl 167 23
Fangleine 270 45
Fangleinen 288 40
Fangpartei 292 73
Fangriemen 301 3
Fangschale 149 44
Fangschuß 86 17
Fangspule 117 80
Faradisiergerät 23 37
Farbauftragwalzen 181 18
Farbauftragwalzen 181 61
Farbauftragwalzen 181 27
Farbbandkassette 249 16
Farbbandwähler 249 11
Farbbildschirm 240 15
Farbdecodermodul 240 5
Farbdruck 340 28
Farbe 343
Farbeimer 129 10
Farben 276 38–45
Farbendose 129 6
Farbendstufenmodul 240 13
Farbenhobbock 129 9
Farbenkannen 129 7 u.
Farbentwickler 116 10
Farbentwicklungschemikalien 116 52
Farbfernsehempfänger 240 1

Farbfernseher **240** 1
Farbfernsehgerät **240** 1
Farbfilterbestimmer **116** 36
Farbhebewalze **181** 63
Farbkasten **181** 65
Farbkasten **180** 22
Farbkontrollampe **116** 37
Farbkorrekturgerät **177** 39
Farbmischkopf **116** 43–45
Farbmischung **343** 10, 12
Farbrechner **177** 51
Farbröhre **240** 36
Farbrolle **129** 11
Farbroller **129** 11
Farbscheibe **316** 49
Farbscheibenwechsler **316** 49
Farbsprühdose **100** 35
Farbtube **338** 11
Farbvergrößerer **116** 40
Farbvergrößerungspapier **116** 51
Farbverreibzylinder **181** 62
Farbwalzen **180** 50
Farbwalzen **180** 77
Farbwalzen **180** 21
Farbwalzen **180** 60
Farbwerk **249** 52
Farbwerk **181** 28
Farbwerk **180** 76
Farbwerk **180** 51
Farbwerk **180** 71
Farbwerk **181** 50
Farbwerk **180** 60
Farbwerk **181** 19
Farbwerk **181** 57
Farbwerk **180** 40
Farbwerke **180** 6–13
Farbwerke **180** 7, 9, 1
Farbwerke **180** 6, 8, 1
Farnkraut **377** 16
Fasan **88** 77
Fasanenhahn **88** 77
Fasanenhenne **88** 77
Faschiermaschine **96** 53
Faschine **216** 53
Fasching **306**
Faschingsprinz **306** 58
Faschingsprinzessin **306** 61
Faschingswagen **306** 57
Faschingszug **306** 57–70
Fase **143** 62
Faser **77** 23
Faserbandetagentrockner **169** 31
Faserschreibstift **48** 18
Faß **130** 5
Faßband **130** 8
Faßboden **130** 10
Faßdaube **130** 9
Faßform **36** 75
Faßform **36** 56
Faßhaken **122** 23
Faßkeller **79** 1–22
Faßlager **93** 16

Faßlager **79** 1–22
Fassonhammer **108** 40
Fassonlehre **162** 43
Faßreifen **130** 8
Faßrumpf **130** 6
Faßtonne **224** 94
Fassung **127** 60
Faßzieher **130** 12
Fastnacht **306**
Faulbaum **380** 13
Faust **125** 20
Faust **16** 48
Faustabwehr **291** 39
Faustball **293** 74
Faustballspiel **293** 72–77
Faustkampf **299** 20–50
Faustkeil **328** 1
Fauststempel **236** 45
Fauteuil **42** 21
Favoris **34** 24
Favorit **289** 52
Fechser **54** 16
Fechtabstände **294** 10
Fechtaktion **294** 7
Fechtbahn **294** 2
Fechten **294**
Fechter **294** 5, 6
Fechtergruß **294** 18
Fechthandschuh **294** 12
Fechtjacke **294** 16
Fechtmaske **294** 13
Fechtmeister **294** 1
Fechtschuhe **294** 17
Fechtstellung **294** 18
Fechtwaffen **294** 34–45
Feder **186** 15
Feder **140** 46
Feder **143** 73
Federball **273** 7
Federballschläger **293** 43
Federballspiel **273** 6
Federballspiel **293** 44
Federbart **88** 73
Federbeinstoßdämpfer **192** 76
Federbeinstützlager **192** 73
Federbusch **329** 78
Federhaus **110** 38
Federkiel **143** 73
Federkiel **322** 53
Federkielpose **89** 45
Federkranz **362** 18
Federlein **88** 58
Federmäppchen **260** 12
Federmappe **260** 12
Federmühle **308** 15
Federn **88** 52
Federohr **88** 78
Federohr **362** 16
Federpuffer **214** 50
Federputz **35** 6
Federring **143** 34
Federringe **202** 8
Federringscharnier **151** 65
Federschmuck **352** 12
Federschopf **259** 24
Federstahlring **89** 51
Federstegwerkzeug **109** 9

Federwild **86** 41
Federzinke **65** 57
Federzinkenhaspel **64** 4
Fehleranzeigen **244** 7
Fehlkante **120** 89
Fehllinie **292** 48
Fehlrippe **95** 19
Feige **384** 11, 13
Feige **383** 35
Feile **140** 8
Feilenheft **108** 50
Feilenhieb **140** 28
Feilkloben **140** 24
Feilmaschine **140** 15
Feilnagel **108** 22
Feinbäckerei **97** 1–54
Feineinstellung **133** 36
Feinestrich **123** 40
Feinfilter **192** 20
Feinkokssieberei **156** 14
Feinkostgeschäft **98** 1–87
Feinkrautabsonderung **64** 79
Feinmakulatur **128** 8
Feinmeßschraube **142** 37
Feinmeßschraube **149** 62
Feinschleifscheibe **111** 37
Feinschnittmaschine **133** 37
Feinstaubmeßgerät **112** 42
Feinstufengetriebe **65** 36
Feintrieb **112** 5
Feld **87** 39
Feld **63** 4
Feld **289** 41
Feld **289** 51
Feldarbeiten **63** 1–41
Feldarbeitsgerät **255** 75
Feldbahn **200** 23
Feldbahn **159** 4
Feldbahndiessellokomotive **200** 24
Feldbestellung **63** 10–12
Feldbohne **69** 1
Feldchampignon **381** 1
Felddistel **61** 32
Felderkaliber **87** 40
Feldfrüchte **68**
Feldhäcksler **64** 34–39
Feldhase **88** 59
Feldhüter **63** 13
Feldkamille **61** 8
Feldkrähe **361** 2
Feldrain **63** 3
Feldregner **67** 32
Feldsalat **57** 38
Feldschädlinge **80** 37–55
Feldspieler **292** 2
Feldspörgel **69** 12
Feldstaffelei **338** 26
Feldstein **63** 9
Feldsteine **269** 37
Feldsteine **281** 22
Feldwächter **63** 13

Feldweg **15** 102
Feldweg **63** 18
Felge **192** 77
Felge **189** 25
Felge **187** 28
Felge **191** 16
Felge **297** 29
Felgenbremse **187** 5
Fell **324** 31
Fell **323** 52
Felle **131** 11–21
Felle **131** 5
Fellklappen **35** 32
Felsband **300** 4
Felsbild **328** 9
Felsblock **158** 8
Felsgehen **300** 2–13
Felsgeher **300** 5
Felsgeröll **12** 45
Felsgrab **333** 38
Felskopf **300** 9
Felsschulter **12** 41
Felssohle **13** 70
Felssturz **11** 46
Felsterrasse **13** 63
Felsterrasse **13** 47
Felswand **158** 15
Felswand **300** 2
Feltrian **377** 6
Fenchel **380** 6
Fender **217** 9
Fenster **186** 10
Fenster **268** 14
Fensterband **37** 86
Fensterbank **120** 33
Fensterbank **118** 12
Fensterbank **37** 24
Fensterbrüstung **37** 24
Fensterklappe **304** 12
Fensterladen **37** 30
Fensterleibung **118** 10
Fensterleibung **37** 26
Fenstermalerei **260** 26
Fensteröffnung **120** 30
Fensterrahmen **133** 44
Fensterriegel **120** 57
Fensterrose **335** 23
Fensterschmuck **260** 68
Fenstersohlbank **118** 12
Fensterstiel **120** 51
Fenstersturz **118** 9
Fenstersturz **37** 25
Ferkel **75** 42
Ferkel **73** 9
Fermate **321** 25
Fernauslöseranschluß **117** 9
Fernbedienung **157** 14
Fernbildlinse **115** 49
Ferngespräche **237** 3
Fernglas **111** 17
Fernglas **221** 128
Fernheizleitung **198** 28
Fernlicht **191** 20
Fernlichtkontrolle **191** 69
Fernmeldeamt **237** 27–41
Fernmeldeleitung **127** 23
Fernmeldesatellit **237** 52
Fernobjektiv **115** 49

Fernrohr 111 18
Fernrohr 42 15
Fernrohr 14 60
Fernrohr 224 8
Fernrohrlupe 113 38
Fernrohrmontierungen 113 16–25
Fernschaltgerät 237 67
Fernschreiber 238 12
Fernschreiblochstreifen 237 68
Fernschreibmaschine 237 66
Fernsehantenne 239 5
Fernsehempfangsantenne 239 4
Fernsehen 238 27–53
Fernseher 46 14
Fernseher 42 8
Fernsehergehäuse 240 2
Fernsehgerät 242 28
Fernsehkamera 10 67
Fernsehkamera 154 78
Fernsehkamera 112 36
Fernsehkamera 240 26
Fernsehprogramm 342 64
Fernsehröhre 240 3
Fernsehtechnik 240
Fernsehton 242 27
Fernsehübertragungswagen 239 1–15
Fernsprech-Tischapparat 237 6
Fernsprechauskunft 237 33
Fernsprechbuch 236 12
Fernsprechbuch 237 5
Fernsprechbuchgestell 236 10
Fernsprecher 237 6–26
Fernsprechhäuschen 237 1
Fernsprechkabine 251 10
Fernsprechkabine 236 8
Fernsprechteilnehmer 237 2
Fernsprechverbindung 242 20
Fernsteuerfunkgerät 288 87
Fernthermometer 210 48
Fernverkehrsstraße 15 17
Fernwahlmünzfernsprecher 237 3
Ferse 19 63
Fersenautomatik 301 54
Fersenbein 17 27
Fersensitz 295 8
Fertigbauelement 215 58
Fertigbauteil 215 58
Fertigbütte 172 85
Fertiggerät 96 23
Fertiggutausstoß 162 37
Fertiggutausstoß 162 29
Fertigmalztrichter 92 20
Fertigstapel 148 68
Fertigstraße 148 71

Fertigungsstraße 173 13–28
Fesen 68 24
Fessel 86 45
Fessel 72 25
Fesselflugmodell 288 89
Feste 329 1
feste Lager 215 11
feste Phase 148 26
Festessen 267 40–43
Feston 335 54
Festplatz 308 1
Festredner 267 40
Festsaal 267 39
Festsaal 306 1
Feststoff-Raketenmotor 235 58
Festung 15 74
festverzinsliches Wertpapier 251 11–19
Festwiese 308 1
Fetisch 354 43
fett 175 9
Fettaucher 359 4
Fettbackgerät 97 66
fette Schrift 175 9
Fettfliege 81 15
Fettflosse 367 27
Fettkraut 377 13
Fettkreide 340 26
Feuchtigkeitscreme 99 27
Feuchtigkeitsmeßelement 10 9
Feuchtigkeitsmesser 281 23
Feuchtigkeitsmesser 179 28
Feuchtigkeitsmesser 151 39
Feuchtraum 92 8
Feuchtraummantelleitung 127 42
Feuchtwalzen 180 23
Feuchtwalzen 180 61
Feuchtwalzen 180 52
Feuchtwerk 180 61
Feuchtwerk 180 39
Feudel 50 55
Feuerbecken 332 41
Feuerbohne 57 8
Feuerbohren 354 34
Feuerbüchse 210 4
Feuerkratze 137 4
Feuerleitradar-Antennen 258 51
Feuerlöschanlage 228 20
Feuerlöschboot 270 65
Feuerlöscheinrichtung 227 25
Feuerlöscher 196 9
Feuerlöschkanone 221 4
Feuerlöschmonitor 221 4
Feuerlöschschaumtank 228 28
feuerlose Lokomotive 210 68
Feuersalamander 364 22
Feuerschaufel 137 2

Feuerschiff 15 13
Feuerschiff 221 47
Feuerschiff 224 81
Feuerschlucker 308 25
Feuerschröter 358 24
Feuerschutzhelm 270 38
Feuerschutztrommeln 312 25
Feuerschutzwand 305 91
Feuersirene 270 4
Feuerstein 107 28
Feuertür 210 61
Feuerturm 224 82
Feuerwache 270 1–3
Feuerwehr 270
Feuerwehrbeil 270 43
Feuerwehrmann 270 37
Feuerwehrübung 270 1–46
Feuerwerkskörper 306 49–54˙
Feuilleton 342 67
Feuilletonteil 342 67
Fiaker 186 26
Fiale 335 29
Fibel 328 27
Fichte 372 12
Fichtengallenlaus 82 38
Fichtennadel 372 19
Fichtenrüßler 82 41
Fichtenschwärmer 82 27
Fichtenspinner 82 17
Fichtenzapfen 372 13
Fiebermücke 81 44
Fiedel 323 1
Fiedelbogen 323 12
Fiepblatter 87 43
Figur 346 24
Figurenski 286 56
Figurine 315 40
Filament 102 22
Filet 95 7
Filet 95 24
Filet 95 44
Filetarbeit 102 22
Filete 183 3
Filetfaden 102 24
Filetknoten 102 23
Filetnadel 102 26
Filetschlinge 102 23
Filetstab 102 27
Filiermesser 89 38
Filiernadel 102 26
Filigranarbeit 102 30
Film 2 13
Film 176 25
Film 313
Film 310
Film 312
Film 2 10
Film 114 9
Film 311
Filmagitator 116 19
Filmandruckplatte 115 24
Filmantrieb 312 26
Filmarchitekt 310 43
Filmarchiv 310 5
Filmateliergruppen 310 10

Filmaufnahmen 310 14–60
Filmbauten 310 7
Filmberichterkamera 117 66
Filmbetrachter 117 91
Filmbetrachter 242 8
Filmbildwerfer 312 24
Filmbildwerfer 312 24
Filmbühne 116 30
Filmdosenbewegungsgerät 116 19
Filmdosimeter 2 8
Filmdrehbuch 310 45
Filmempfindlichkeitseinstellung 117 18
Filmentwickler 177 72
Filmentwicklungsdose 116 1
Filmentwicklungsmaschinen 311 30
Filmfach 116 6
Filmfenster 115 28
Filmfenster 312 34
Filmfriseur 310 36
Filmgeschwindigkeitsschalter 117 12
Filmgleitbahn 312 31
Filmheld 310 28
Filmkamera 310 47
Filmkamera 313 15
Filmkameras 313 1–39
Filmkassette 112 65
Filmkassette 114 15
Filmkassettengehäuse 313 9
Filmkitt 312 22
Filmklammer 116 14
Filmkomparse 310 29
Filmkühlgebläse 312 34
Filmkulisse 310 33
Filmlagerbunker 310 5
Filmlaufwerk 312 25–38
Filmmanuskript 310 45
Filmmitnehmer 115 25
Filmmontage 179 23
Filmorchester 310 17
Filmperforationseinrichtung 242 10
Filmprojektor 311 22
Filmprojektoren 312 24–52
Filmpublikum 312 5
Filmregisseur 310 40
Filmrißkontakt 312 30
Filmrolle 312 33
Filmspule 311 24
Filmspule 114 8
Filmspule 312 32
Filmspulenhalter 238 6
Filmstadt 310 1–13
Filmstanze 117 95
Filmstar 310 27
Filmstatist 310 29
Filmstreifenhalter 117 90
Filmteller 117 99
Filmteller 311 44
Filmtheater 312 1
Filmtitel 310 35
Filmtransportknauf 116 7

Filmtransportkurbel 114 32
Filmtrockner 116 23
Filmtrommel 312 16
Filmtrommeln 312 25
Filmumspulung 312 21
Filmverbrauchsanzeige 117 52
Filmvorführer 312 20
Filmvorführkabine 5 27
Filmvorführraum 5 26
Filmvorführraum 312 12
Filmvorführungsapparat 312 24
Filmwiedergabe 312 1–25
Filter 170 32
Filter 172 20
Filter 2 12
Filter 269 62
Filter 2 9
Filteranlage 146 26
Filteranschluß 115 6
Filteraufnahme 112 57
Filterboden 269 11
Filterbühne 313 3
Filtereinrichtung 165 14
Filtereinsatz 190 29
Filterglasscheibe 116 22
Filterkies 269 10
Filterpresse 161 12
Filterpresse 169 12
Filtersieb 349 12
Filterzigarette 107 12
Filtrierflasche 350 40
Filz 173 51
Filzbedeckung 353 20
Filzdöckchen 325 37
Filzhammer 325 3
Filzhut 35 22
Filzlaus 81 40
Filzpfropf 87 52
Filzschreiber 247 11
Filzstiefel 353 30
Filzstift 47 26
Filzstift 247 11
Filzstift 260 19
Filztuch 340 42
Fimbrien 20 82
Fingerabdruck 264 29
Fingerabdruckvergleich 264 28
Fingerbeere 19 78
Fingerfarben 260 26
Fingerflugsteig 233 12
Fingerglied 17 17
Fingerglied 19 77
Fingerhut 379 2
Fingerknochen 17 17
Fingerkopf 233 13
Fingerlochscheibe 237 11
Fingermalerei 260 26
Fingernagel 19 80
Fingerring-Filmdosimeter 2 11
Fingerspitze 19 79
Fingerstrecker 18 57
Finierer 24 38
Finkenvögel 361 6–8
Finkenvogel 360 1
Finndingi 284 51

Finne 66 10
Firmenschilder 118 47
Firnbrücke 300 24
Firnfeld 12 48
Firngrat 300 21
Firnhang 300 14
Firnis 338 12
Firnwächte 300 20
First 121 2
First 37 7
First 122 93
Firstbohle 121 48
Firstgebinde 122 79
Firsthaken 122 65
Firsthaube 122 99
Firstkreuz 331 10
Firstlatte 121 48
Firstlüftung 55 11
Firstpfette 121 43
Firstschar 122 47
Firstschlußziegel 122 4
Firstziegel 122 52
Firstziegel 122 3
Fis-Dur 320 61
fis-Moll 320 58
Fisch 89 13
Fisch 369 13
Fischauge 115 44
Fischaugenobjektiv 115 44
Fischbesteck 45 8
Fischbrutanstalt 89 11–19
Fischdampfer 221 46
Fische 364
Fische 4 64
Fischeier 89 12
Fischerboot 90 24
Fischerboot 89 27
Fischereihafen 225 56
Fischgabel 45 65
Fischgericht 266 53
Fischhalle 225 57
Fischkonserve 96 28
Fischkonserve 98 19
Fischkonservenfabrik 225 59
Fischkorb 89 25
Fischlaich 89 12
Fischlogger 90 1
Fischpaß 89 93
Fischreiher 359 18
Fischschwanzbohrer 145 21
Fischspeer 280 40
Fischtransportfaß 89 3
Fischtrawler 90 11
Fischzucht 89 1–19
Fissurenbohrer 24 39
Fittich 88 76
Fittich 88 79
Fittings 126 38–52
Fixkamm 163 67
Fixsterne 3 9–48
Fixsternhimmel 3 1–35
FKK-Gelände 281 15
Fla-Kanone 258 73
Fla-Maschinengewehr 255 63

Fla-Maschinenkanone 259 34
Fla-Raketenstarterzwilling 259 33
Fla-Zwillingsturm 259 30
Flachbahnregler 241 8
Flachbahnregler 238 47
Flachbahnregler 311 18
Flachbogen 336 28
Flachbrücke 215 52
Flachdach 37 77
Flachdachpfanne 122 60
Flachdrehbrücke 215 67
Flachdruckverfahren 340 26
Flacheisen 340 7
Flacheisen 143 10
flache Teller 45 4
flache Teller 44 7
Flachfacette 111 39
Flachfacette 111 38
Flachfeile 108 49
Flachfeile 140 27
Flachglas 124 5
Flachglasherstellung 1 1–20
Flachhammer 137 33
Flachhang 13 58
Flachkiel 222 49
Flachküste 13 35–44
Flachlandtapir 366 26
Flachmeißel 140 26
Flachmoor 13 14
Flachoffsetmaschine 180 75
Flachpalette 226 10
Flachpinsel 338 6
Flachrelief 339 33
Flachs 383 6
Flachschraubstock 140 10
Flachstricharbeit 102 10
Flachstickarbeit 102 10
Flachstrahldüse 83 4
Flachstrickmaschine 167 35
Flachstromvergaser 190 79
Flachwagen 206 21
Flachwagen 213 5
Flachwagen 213 40
Flachzange 126 62
Flachzange 140 66
Flachzange 137 24
Fläche 151 20
Fläche 347 31
Flächen 346 24–58
Flächenbügelplatz 103 18
Flächeneisen 158 38
Flächenspritzung 83 1
Flächenstreicher 129 17
Flagge des Europarates 253 4
Flaggen 253
Flaggengala 221 85
Flaggenknopf 253 1
Flaggenleine 253 2
Flaggenmast 253 1
Flaggenschmuck 221 85

Flaggensignal 223 9
Flaggenstock 258 4
Flaggenstock 253 1
Flaggentuch 253 3
Flamingo 272 53
Flamme 327 10
Flammende Herz 60 5
flammenförmige Bohrer 24 38
Flammenregulierung 107 31
Flammenschutzwand 259 27
Flammenschutzwand 259 15
Flanke 88 26
Flanke 16 32
Flanke 178 45
Flanke 297 31
Flankenblech 329 86
Flankenlage 295 46
Flansch 143 5
Flansch 130 28
Flansch 143 2
Flanschstutzen 130 20
Flasche 105 37
Flasche 266 16
Flaschen 93 21
Flaschen 98 60–64
Flaschenabfüllung 93 22
Flaschenbatterie 141 1
Flaschenblasmaschine 162 21
Flaschenbord 267 64
Flaschenbovist 381 20
Flaschenbox 28 21
Flaschengestell 79 11
Flaschenkorb 79 13
Flaschenlager 79 11
Flaschenöffner 45 47
Flaschenregal 266 10
Flaschenregal 317 4
Flaschenreinigungsanlage 93 18
Flaschenreinigungsmaschine 93 19
Flaschenspule 167 4
Flaschenventil 279 22
Flaschenwagen 141 23
Flaschenzug 221 27
Flaschenzug 137 20
Flaschenzug 145 8
Flashbar 114 75
Flattertier 366 9
Flechtarbeit 136 16
Flechtarten 136 1–4
Flechtwerk 136 4
Flechtzäune 216 54
Fleckspecht 359 27
Fledermaus 366 9
Fledermausärmel 31 16
Fledermausgaube 121 23
Fledermausgaupe 121 23
Fleetreep 90 4
Fleisch 175 40
Fleischbeschauer 94 24
Fleischdünnung 95 15
Fleischer 94 1
Fleischer 96 38
Fleischerei 96 1–30

Fleischerfachgeschäft
96 1–30
Fleischergeselle 96 58
Fleischermeister 96 38
Fleischermesser 96
31–37
Fleischerschürze 96 39
Fleischgericht 266 55
Fleischhacker 96 43
Fleischhaken 96 55
Fleischhauer 94 1
Fleischkonserve 98 20
Fleischmesser 96 35
Fleischnelke 60 6
Fleischpastete 96 15
Fleischsalat 96 13
Fleischstück 86 43
Fleischstück 96 59
Fleischteile 94 20
Fleischtopf 40 12
Fleischwaren 96 1–4
Fleischwaren 99 53
Fleischwarenabteilung
99 51
Fleischwolf 96 53
Fleischwurstring 96 10
Fleischwurstring 99 55
Fleischzerlegesäge 94
20
Flick-Flack 297 24
Fliege 89 65
Fliege 32 47
Fliege 358 18
Fliege 34 17
fliegende Fähre
216 10
Fliegenklappe 83 32
Fliegenklatsche 83 32
Fliegenpilz 379 10
Fließheck 193 29
Fließzone 11 2
Floatbad 162 16
Floatglasprozeß 162 12
Flockenblume 61 1
Flödel 323 26
Flöte 40 11
Flöte 353 47
Flötenkessel 40 10
Flötenkessel 39 16
Flözstrecke 144 29
Floh 81 42
Flohmarkt 308
Flomen 95 45
Florentinerhut 35 21
Florett 294 11
Florett 294 37, 39
Florettfechten 294
1–18
Florettfechter 294 5, 6
Florettknauf 294 40
florin 252 19
Flosse 286 61
Flosse 286 43
Flossenfüßler 367
18–22
Flossenstummel 232 3
Flossentaucher 359 4
Floßgasse 283 60
Flottholz 90 6
Flottung 171 40
Fluatmittel 128 7
Fluchtweg 233 41
Flügel 371 57

Flügel 372 9
Flügel 90 16
Flügel 82 11
Flügel 229 15
Flügel 230 43
Flügel 325 40
Flügel 358 33
Flügelader 358 34
Flügelärmel 29 14
Flügelanordnung 229
1–14
Flügelaufhängung 257
34, 35
Flügeldecke 82 10
Flügelformen 229
15–22
Flügelhahn 126 35
Flügelhemdchen 29 8
Flügelkopf 91 6
Flügelmauer 216 35
Flügelmutter 187 39
Flügelmutter 143 42
Flügelnasenteil 235 32
Flügelpedale 325 41
Flügelrad 217 52
Flügelradpumpe 217
47–52
Flügelschiene 202 25
Flügelspannweite 229 2
Flügelspitzentank 256
30
Flügelspitzentank 231 9
Flügeltank 256 4
Flügelwalze 64 73
Flügelwelle 91 5
flüssige Eisen 148 11
flüssige Phase 148 27
flüssiges Roheisen 147
55
Flüssiggas 145 53
Flüssiggastanker 221 35
Flüssigkeitsbarometer
10 1
Flüssigkeitsbehälter 247
Flüssigkeitsgetriebe 212
27
Flüssigkeitsgetriebe 212
52
Flüssigkeitsraketen-
Hauptmotor 235 36
Flüssigkeitsstandanzei-
ger 316 57
Flüssigkristallanzeige
110 2
Flüssiglager 225 72
Flüssigsauerstoff-Förde-
derleitungen 234 10
Flüssigsauerstoffleitung
234 52
Flüssigsauerstofftank
234 12
Flüssigsauerstofftank
234 24
Flüssigsauerstofftank
234 39
Flüssigwasserstoff-Saug-
leitung 234 21
Flüssigwasserstoffli-
tung 234 51
Flüssigwasserstofftank
234 26
Flüssigwasserstofftank
234 41

Flugabwehrraketenstar-
ter 258 32
Flugabwehrraketenstar-
ter 259 25
Flugball 293 41
Flugbenzin 145 57
Flugbetankungsstutzen
256 7
Flugblattverteiler 263 9
Flugboot 232 1
Flugbrettchen 77 49
Flugdeck 259 2
Flugdeck 259 12
Fluggastbrücke 233 14
Fluggastraum 231 22
Flughafen 233
Flughafen 233 24
Flughafenbetrieb 233
24–53
Flughafenfeuerwehr
233 7
Flughafenrestaurant
233 19
Flughafer 61 29
Flughaltung 301 36
Flugkörperschnellboot
258 75
Flugkörperschnellboot
258 69
Flugkörperstartcontai-
ner 258 71
Flugloch 77 48
Flugplatzsammelraum
233 11
Flugsport 288
Flugsteig 233 12
Flugzeug 233 21
Flugzeugaufzug 259 4
Flugzeugaufzug 259 13
Flugzeuge 229
Flugzeuge 232
Flugzeuge 230
Flugzeuge 231
Flugzeugführersitz 257
6
Flugzeughalle 287 14
Flugzeugschlepp 287 1
Flugzeugschlepper 233
23
Flugzeugschleppstart
287 1
Flugzeugträger 259 1
Flugzeugtriebwerke 232
33–60
Flugzeugtypen 231
1–33
Fluidkompaß 224 46
Fluothane-(Halothan-)
Behälter 26 26
Flur 41 1–29
Flur 63 17
Flurgarderobe 41 1
Flurhüter 63 13
Flurwächter 63 13
Flushdecksrumpf 258 2
Fluß 3 12
Fluß 15 76
Fluß 13 61
Fluß 216
Fluß 216 31
Fluß 216
Flußaal 364 17
Flußarm 13 2
Flußarm 216 18

Flußarm 216 3
Flußaue 13 62
Flußbau 216
Flußbett 13 68
Flußdamm 216 49
Flußfähre 216 10
Flußinsel 216 4
Flußkarpfen 364 4
Flußlandschaft 13 1–13
Flußmündung 13 1
Flußnixe 327 23
Flußperlmuschel 357 33
Flußschleppdampfer
216 23
Flußspat 351 16
Flußtal 13 57–70
Flußversickerung 13 73
Flußwels 364 12
Flußwindung 13 11
Fluten 129 34
Flutgerät 129 34
Flutgrenze 13 35
Flutwelle 11 53
Flyaway 298 30
Flyerflügel 164 25
Flyerin 164 24
Flyerlunte 164 29
Flyerspule 164 23
Flyerstreckwerk 164 22
Flying Dutchman 284
49
Fock 284 16
Fock 285 3
Fockmast 218 42
Fockmast 219 2–4
Fockmast 220 21
Fockniederholer 284 17
Fockrah 219 32
Fockschot 284 23
Fockschotklemme 284
22
Fockschotleitschiene
284 29
Focksegel 218 41
Focksegel 219 55
Fockuntermast 219 2
Föhnwellen 287 17
Föhre 372 20
Fön 106 22
Fön 105 33
Fönanschluß 106 15
Förderaggregat 83 59
Förderband 225 51
Förderband 178 7
Förderband 76 23
Förderband 169 32
Förderband 182 30
Förderband 172 79
Fördereimer 216 58
Förderinsel 146 1–39
Förderkörbe 144 23
Förderturm 144 3
Förderwagen 206 35
Förderwagen 144 31
Förderwagen 206 3
Föttinger-Wandler 190
70
Fohlen 73 2
Fohlenfellstiefel 101 10
Folien 76 28
Foliengewächshaus 55
40

Folienschrumpfofen 226 12
Folienschweißanlage 76 27
Folienschweißgerät 40 47
Folklorekleid 30 27
Follikel 20 84
Fondfenster 191 23
Fondsbörse 251 1–10
Fondsitze 191 31
Fondtür 193 3
Fontäne 272 22
Fontur 167 21
Football 292 22
Footballspieler 292 23
Forelle 364 15
Forellenbrut 89 16
Forellenteich 89 6
Forellenzucht 89 14
Forke 66 3
Forleule 82 46
Form 148 34
Form 35 3
Form 162 47
Formaldehydmolekül 242 64
Formarbeiten 260 67
Formatsäge 132 57
Formateinstellung 249 34
Formbrett 174 10
Formel 345 5
Formel-I-Rennwagen 290 34
Formel-II-Rennwagen 290 36
Former 148 30
Formerei 148 30–37
Formkasten 148 18
Formkasten 148 33
Formkissen 104 23
Formlegespiel 48 19
Formobstbäume 52 1, 2, 1
Formsand 148 35
Formscheibe 111 26
Formscheiben 111 25
Formsignal 203 7
Formsitz 188 13
Formulardia 242 42
Formularstoß 245 24
Formvorsignal 203 12
Formzylinder 181 51
Forschungslaboratorien 310 9
Forschungsmikroskop 112 66
Forschungsmikroskop 23 51
Forschungsrakete 7 24
Forst 84 1–34
Forstamt 15 3
Forstgarten 84 6
Forstschädlinge 82
Forstwirt 84 18
Forstwirtschaft 84
Forstwirtschaft 85
Forsythie 373 1
forte 321 38
forte fortissimo 321 40
Fortepedal 325 8
fortepiano 321 41

Fortepiano 325 1
Fortführungspunkte 342 29
fortissimo 321 39
Fosbury-Flop 298 9
Fotoausgang 112 36
Fotografie 114
Fotografie 115
Fotografie 116
Fotogrammetrie 14 63–66
Fotomikroskop 112 34
Fotopapier 116 51
Fotoplatte 309 50
Fotoreproduktion 177
Fotostutzen 112 55
Fototopographie 14 63–66
Foul 291 50
Foullinie 292 48
Fourcault-Glasziehmaschine 162 8
Fourcault-Verfahren 162 1
Fowler-Klappe 229 52
Foxterrier 70 15
Foyer 315 13
Fracht-Fahrgast-Schiff 223 1–71
Fracht-Fahrgast-Schiff 221 96
Fracht- und Posthalle 233 9
Frachtbrief 206 30
Frachtgutannahme 206 26
Frachthof 233 10
Frachtkahn 216 25
Frachtraum 231 21
Frack 33 13
Frackschleife 33 16
Frackschoß 33 14
Fractocumulus 8 12
Fractostratus 8 11
Fräs- und Aufrauhstation 184 3
Fräser 175 51
Fräskette 132 50
Frässpindel 175 60
Frästisch 175 52
Frästisch 150 33
Fragezeichen 342 20
Fraktionierturm 145 37
Fraktokumulus 8 12
Fraktostratus 8 11
Fraktur 342 3
franc 252 16
franc 252 18
Franc 252 16, 18
francs 252 17
Franken 252 15
Franken 252 15
Frankfurter Kranz 97 42
Fransenschmuck 353 25
französische Bett 43 4–13
französische Billard 277 7
Französische Raygras 69 22
französische Spielkarte 276 37

französische Weißbrot 97 12
Franzose 126 67
Franzose 81 17
Franzosenkraut 61 31
Fraßbild 82 24
Fraßgang 58 63
Fraßstelle 80 50
Frauenfrisuren 34
Frauenhaus 329 10
Frauenherz 60 5
Frauenkäfer 358 37
Frauenschuh 376 27
Fregatte 258 53
Freianlage 356 1
Freibad 282 1–32
Freiballonfahren 288 63–84
freie Kursmakler 251 5
Freifallhaltungen 288 60–62
Freifallmischer 118 33
Freiflugmodell 288 86
Freiform- und Gesenkschmiede 139
Freiformschmieden 139 32
Freigefecht 294 5, 6
Freigehege 356 1
Freigelände 310 1
Freihafen 225 2
Freihafengrenze 225 3
Freiheitsdressur 307 31
Freiherrnkrone 254 44
Freiinhalatorium 274 6
Freikörperkulturgelände 281 15
Freilaufnabe 187 63
Freileitungsmast 152 36
Freilichtaufnahme 310 18
Freiluftschaltanlage 152 29–35
Freisaiten 324 25
Freischneidegerät 84 32
Freistilringen 299 10–12
Freistilwettschwimmen 282 24–32
Freistoß 291 43
Freitreppe 333 33
Freiübungen 295
Freiwange 123 44
Freiwurflinie 292 38
Freiwurflinie 292 5
Freiwurfraum 292 37
Freizeit-(Wander-) Jacke 33 39
Freizeitanzug 33 17
Freizeitanzug 32 21
Freizeithemd 32 38
Freizeithemd 33 37
Freizeitzentrum 281
Fremdenbuch 267 8
Fremdenführerin 272 27
Frequenzeinstellskalen 309 22
Frequenzskala 241 7
Frequenzunterteilung 110 16
Frequenzwähler 241 9
Fresko 338 40

Fresnellinse 115 64
Freßnapf 70 32
Freßwerkzeuge 358 26
Frettchen 86 24
Frettchenführer 86 25
Frettieren 86 23
Friedenspfeife 352 6
Friedhof 15 106
Friedhof 331 21–41
Friedhofskapelle 331 28
Friedhofsmauer 331 18
Friedhofstor 331 19
Fries 333 19
Friesverzierung 334 16
Frikandeau 95 12
Friktionsfeintrieb 116 33
Frischdampfleitung 154 31
Frischfleischabteilung 99 51
Frischling 88 51
Frischluftausströmer 191 85
Frischlufteintritt 192 60
Frischluftgebläse 38 58
Frischluftregulierung 191 86
Frischluftschacht 92 14
Frischluftzuführung 356 16
Frischmilchtank 76 15
Frischölbehälter 65 46
Frischöltank 189 36
Frischwassertank 223 79
Frischwassertanks 221 70
Frischwasserwagen 233 22
Friseur 106 1
Friseur 233 53
Friseurkittel 106 2
Friseurmeister 106 1
Friseuse 105 35
Frisierkamm 106 28
Frisierkamm 105 15
Frisierkommode 43 25
Frisierleuchte 106 8
Frisierspiegel 43 29
Frisierspiegel 105 20
Frisierspiegel 106 14
Frisierstab 106 31
Frisierstuhl 43 24
Frisierstuhl 106 16
Frisierstuhl 105 17
Frisiertisch 105 19
Frisierumhang 105 34
Frisierumhang 106 4
Frisierutensilien 105 1–16
Frisur 106 3
Frisuren 34 1–25
Fritte 249 12
Frivolitätenarbeit 102 19
Front-Fan-Triebwerk 232 33
Frontalzacken 300 49
Frontaufwind 287 25
Frontavionikraum 257 11
Fronten 9 25–29
Frontensegeln 287 23

Frontgebläsetriebwerk 232 33
Frontglas 117 64
Frontlinse 115 7
Frontlinsenfassung 115 6
Frontring 113 7
Frontsattel 33 19
Frontschild 85 35
Frontsegeln 287 23
Frontseite 342 38
Frontspoiler 193 36
Frosch 323 13
Froschbiß 378 29
Froschlage 288 61
Froschlöffel 378 44
Froschlurche 364 23–26
Frosteranlagen 97 65
Frostnachtspanner 80 16
Frostschmetterling 80 16
Frostschutzschicht 200 60
Frostschutzschicht 198 1
Frottierhandtuch 49 9
Frottierüberzug 49 14
Frucht 58 28
Frucht 61 20
Frucht 61 23
Frucht 374 4, 19
Frucht 375 4, 7, 13, 17, 24, 35, 37, 47
Frucht 371 4, 19, 28, 45, 61, 69
Frucht 382 5, 15, 39
Frucht 383 14
Frucht 378 11
Frucht 376 3
Frucht 372 53
Frucht 372 64
Frucht 61 11
Frucht 373 18, 22
Fruchtbecher 384 52
Fruchtblätter 374 2
Fruchtblatt 59 13
Fruchtblüte 59 38
Fruchtblütenstand 59 46
Fruchtfleisch 58 35
Fruchtfleisch 58 24
Fruchtfleisch 59 6
Fruchtfleisch 58 58
Fruchthülle 59 50
Fruchthülle 59 42
Fruchthülle 57 6
Fruchthülse 69 8
Fruchthülse 69 16
Fruchtkapsel 382 44
Fruchtkapsel 383 8
Fruchtkapsel 375 27
Fruchtknoten 59 14
Fruchtknoten 59 8
Fruchtknoten 370 54
Fruchtknoten 370 60
Fruchtknoten 373 2, 5
Fruchtknoten 375 34
Fruchtknotenhöhle 370 62
Fruchtknotenwand 370 61

Fruchtkörper 381 2
Fruchtsaft 98 18
Fruchtsaft 266 58
Fruchtsaftdose 99 75
Fruchtsaftflasche 99 74
Fruchtschalenwickler 80 9
Fruchtschote 383 4
Fruchtschote 384 46
Fruchtschuppe 371 12
Fruchtschuppen 225 52
Fruchtstand 373 8
Fruchtstand 384 8
Fruchtstand 371 22
Fruchtstand 383 56
Fruchtstand 384 32
Fruchtstand 374 18
Fruchtstand 61 15
Fruchtstand 371 44, 69, 72
Fruchtstand 371 44
Fruchtstiel 58 13
Fruchttraube 58 11
Fruchtwand 59 42
Fruchtzapfen 372 2, 29, 30, 36, 41, 57
Fruchtzweig 59 30
Fruchtzweig 372 40, 59, 66, 70
Fruchtzweig 382 2, 37
Fruchtzweig 371 3, 11, 18, 31, 36, 41, 47, 50, 56, 64
Fruchtzweig 372 63
Fruchtzweig 372 51
Früchte 371 59
Früchte 370 91–10
Früchte 373 12
Früchtekorb 266 57
Frühbeet 55 16
Frühlingsanfang 3 6
Frühlingsfliege 358 12
Frühlingspunkt 3 6
Frühstücksteller 39 34
Fuchs 38 40
Fuchs 289 48
Fuchsfellmütze 35 31
Fuchsia 53 3
Fuchsie 53 3
Fuchsjagd 289 41–49
Fuchspelzmütze 35 19
Fuchsschwanz 132 44
Fuchsschwanz 120 60
Fuchsschwanz 60 21
Fuchsschwanz 126 72
Fuchsschwanz 134 27
Fuchsschwanzgriff 132 4
Fügemaschine 133 37
Fühler 82 3
Fühler 81 5
Fühler 358 27
Fühler 358 53
Fühler 357 31
Fühlerlehre 140 53
Führerbremsventil 210 53
Führerbremsventil 211 22
Führerbremsventil 212 11
Führerpult 212 32
Führerraum 211 19

Führerstand 214 65
Führerstand 213 2
Führerstand 226 52
Führerstand 211 19
Führerstand 212 5
Führerstand 211 57
Führerstand 209 6
Führungsgelenk 192 80
Führungsgestänge 200 27
Führungshebel 313 11
Führungshebel 240 29
Führungskette 65 13
Führungsklaue 176 18
Führungslager 113 14
Führungsnut 117 36
Führungsnut 217 75
Führungsplättchen 322 40
Führungsrillen 301 39
Führungsschiene 271 54
Führungsschiene 166 3
Führungsschlitz 322 41
Führungssteg 65 12
Führungsstift 243 21
Führungszapfen 140 41
Füllansatz 288 70
Füllansatzleinen 288 71
Füllen 73 2
Füller 260 14
Fülleraufzug 200 51
Füllerzugabe 200 52
Füllfederhalter 260 14
Füllhahn 38 65
Füllhalter 260 14
Füllkasten 163 9
Füllmasse 153 38
Füllmaterial 174 8
Füllmengenanzeige 196 5
Füllöffnung 288 81
Füllort 144 26
Füllrohr 96 50
Füllsandeimer 158 29
Füllstandmesser 76 6
Füllstandsanzeiger 76 10
Fülltür 38 61
Füllung 24 30
Füllungsmischgerät 24 51
Füllwagen 144 8
Füllwagen 156 6
Fünf-Zylinder-Reihen-Dieselmotor 190 3
Fünfeck 351 9
Fünfganggetriebe 189 6
Fünfmastbark 220 32–34
Fünfmastvollschiff 220 35
Fünfmeterplattform 282 8
Fünfpaß 335 40
Fünfuhrtee 267 44–46
Fünfvierteltakt 320 41
Fürbug 329 85
Fürstenhut 254 40
Fürstin 355 20
Fugenmesser 201 17
Fugenschneider 201 16
Fugenschneidgerät 201 16

Fugenschneidmesser 201 17
Fuhre Mist 63 15
Fuhrmann 3 27
Fuhrwerke 186 1–54
Fundamentgraben 118 75
Fundamentstreifen 123 2
Fundamentvorsprung 123 3
Funk- und Navigations-einrichtung 288 13
Funkantenne 197 34
Funkenfänger 210 24
Funkenhorn 153 61
Funkenhorn 152 47
Funkenmariechen 306 67
Funkenstrecke 153 62
Funkfernsteuerung 288 87
Funkgerät 197 28
Funkkompaß 230 5
Funknavigationsgerät 230 22
Funkpeilerrahmenan-tenne 223 5
Funkpeilrahmen 258 17
Funkraum 223 12
Funksprechgerät 288 17
Funksprechgerät 22 14
Funksprechgerät 270 41
Funkstörungsmeßdienst 237 27
Funktionstasten 247 17
Funkturm 15 33
Furchenrad 65 16
Furnier 133 2
Furnierschälmaschine 133 1
Furnierschnellpresse 133 49
Furnierzusammenklebe-maschine 133 3
Fusa 320 16
Fuß 19 52–63
Fuß 171 33
Fuß 16 54
Fuß 17 26–29
Fuß 132 29
Fuß 326 23
Fußabstreifer 123 25
Fußanfassen 302 10
Fußanheber 100 27
Fußball 273 12
Fußball 291
Fußball 291 17
Fußballplatz 291 1–16
Fußballschuh 291 21
Fußballspiel 273 10
Fußballtor 273 11
Fußbecken 49 44
Fußbett 101 50
Fußbindungsstelle 171 35
Fußboden 123
Fußbodenstreicher 129 27
Fußbremse 188 52
Fußbrett 305 81
Fußende 43 4
Fußgängerlichtzeichen 268 55

Fußgängerüberweg 268 29
Fußgängerüberweg 198 11
Fußgängerüberweg 268 24
Fußgängerwegmarkierung 268 51
Fußgängerzone 268 58
Fußgebinde 122 76
Fußleiste 267 52
Fußlinie 122 81
Fußmaschine 324 54
Fußmuskel 18 49
Fußnote 185 62
Fußpferd 219 46
Fußpfette 122 40
Fußpfette 121 44
Fußplatte 103 11
Fußplatte 339 23
Fußplatte 119 50
Fußplatte 150 19
Fußrampenleuchten 316 26
Fußraste 188 44
Fußraste 187 47
Fußraumbelüftung 191 81
Fußring 74 54
Fußrücken 19 61
Fußsack 28 38
Fußsack 304 27
Fußschalter 27 21
Fußschalter 157 66
Fußschalterbuchse 249 66
Fußschalttaste 103 26
Fußschaltung 188 55
Fußschaltung 190 77
Fußsohle 19 62
Fußsprung 282 13
Fußsteg 185 58
Fußsteuerhebel 139 27
Fußstück 183 25
Fußstütze 106 19
Fußstütze 105 18
Fußstütze 186 7
Fußstütze 207 57
Fußstütze 298 2
Fußstütze 301 58
Fußtechnik 299 19
Fußteil 43 4
Fußtritt 186 13
Fußtritt 326 48
Fußtritt 83 34
Fußweg 15 43
Fußwurzelknochen 17 26
Futterautomat 74 13
Futterbrett 123 56
Futtergang 75 3
Futterklee 69 1
Futtermaschine 74 23
Futternapf 70 32
Futterpflanzen 69
Futterrinne 74 21
Futterrinne 74 4
Futterrohr 74 15
Futterrübe 69 21
Futtersilo 62 11
Futtersilo 62 43
Futtertanks 221 73
Futtertransportband 74 25

Futtertrog 75 37
Futterwicke 69 18
Futterzuführung 74 23–27

G

G-Dur 320 56
g-Moll 320 64
G-Saite 323 9
G-Schlüssel 320 8
Gabel 113 12
Gabel 45 58
Gabel 71 29
Gabel 237 13
Gabel 186 30
Gabelbaum 284 7
Gabeldeichsel 186 30
Gabelflinte 353 28
Gabelhäkelei 102 28
Gabelkopf 187 11
Gabelkreuz 332 61
Gabelmontierung 113 24
Gabelmücke 81 44
Gabelschaft 187 10
Gabelschaftrohr 187 10
Gabelscheiden 187 12
Gabelschlüsselsatz 134 2
Gabelstapler 93 23
Gabelstapler 206 16
Gabelumschalter 237 13
Gabelweihe 362 11
Gänseblümchen 376 1
Gänsefeder 341 26
Gänsefüßchen 342 26
Gänsefüße 288 74
Gänsefuß 61 25
Gänsekresse 61 9
Gänserich 73 34
Gänsesäger 359 15
Gänsevögel 359 15–17
Gäraufsatz 349 7
Gärbottich 93 8
Gärkeller 93 7
Gärraum 97 72
Gärthermometer 93 9
Gärtner 361 7
Gärtner 55 20
Gärtnerei 55
Gärwagen 97 73
Gaffel 219 45
Gaffelgeer 219 70
Gaffelsegel 220 1
Gaffelstander 219 49
Gaffeltoppsegel 219 31
Gaillardie 60 19
Galanteriedegen 355 63
Galanteriewarenabteilung 271 62
Galaxis 3 35
Galeere 218 44–50
Galeerensklaven 218 48
Galeerensträflinge 218 48
Galerie 315 16
Galeriegrab 328 16
Galette 169 16
Galgenmikrophon 311 40

Gallapfel 82 34
Galle 82 34
Gallenaufnahmen 27 4
Gallenblase 20 11
Gallenblase 20 36
Gallenblasengang 20 38
Gallengang 20 38
Gallmücke 80 40
Gallwespe 82 33
Galopp 72 42
Galopp 72 44
Galopprennen 289 50
galvanische Betrieb 178 1–6
Galvanisierbecken 178 4
Galvanoplastik 178
Gamaschenhose 29 45
Gambe 322 23
Gammastrahlung 1 33
Gammastrahlung 1 40
Gams 367 3
Ganasche 72 11
Gangart 289 7
Gangarten 72 39–44
Ganggewicht 110 29
Ganggewicht 309 59
Ganggrab 328 16
Gangschaltung 188 31
Gangschaltung 65 35
Gangschaltungshebel 189 28
Ganner 359 15
Gans 73 34
Gans 272 52
Ganser 73 34
Gantelet 329 50
Ganzholz 120 87
Garage 24 8
Garage 37 79
Garage 37 32
Garageneinfahrt 37 52
Garderobe 318 1
Garderobe 41 1
Garderobe 315 5
Garderobenablage 48 34
Garderobenfrau 318 2
Garderobenfrau 315 6
Garderobenhalle 315 5–11
Garderobenmarke 315 7
Garderobennummer 315 7
Garderobenraum 207 70
Garderobenspiegel 41 6
Garderobenständer 266 12
Garderobenwand 41 1
Garderobiere 315 6
Gardine 41 14
Gardinenabteilung 271 66
Gardinenleiste 44 15
Garn 167 36
Garn 164 56
Garn 164 53
Garn 167 17
Garnaufwicklung 170 44
Garnele 369 12

Garnknäuel 183 11
Garnkötzer 163 2
Garnmeterzähler 165 28
Garnrolle 103 12
Garnscheibe 166 49
Garratlokomotive 210 64
Gartenammer 361 7
Gartenbank 272 42
Gartenbaubetrieb 55
Gartenbauer 55 20
Gartenbaumeister 55 20
Gartenbaumschule 55 3
Gartenbesen 56 3
Gartenblumen 60
Gartenerdbeere 58 16
Gartenerde 55 15
Gartenfuchsschwanz 60 21
Gartengeräte 56
Gartengerbera 51 26
Gartenhecke 51 9
Gartenhippe 56 9
Gartenkrähe 361 3
Gartenlaube 52 14
Gartenleiter 52 8
Gartenleuchte 37 38
Gartenliege 51 2
Gartenmauer 37 37
Gartenmesser 56 9
Gartennelke 60 7
Gartenrittersporn 60 13
Gartenrotschwänzchen 360 3
Gartenschädlinge 80
Gartenschirm 37 48
Gartenschlauch 37 42
Gartenschlauch 56 27
Gartenschubkarren 56 47
Gartenspinne 358 45
Gartenspritze 56 24
Gartenstiefmütterchen 60 2
Gartenstuhl 37 49
Gartenteich 51 16
Gartentisch 37 50
Gartentreppe 37 39
Gartenweg 51 14
Gartenweg 52 23
Gartenzaun 52 10
Gartenzwiebel 57 24
Gas 191 46
Gas- und Wasserinstallateur 126 1
Gasabscheider 145 28
Gasanschluß 261 24
Gasaustritt 156 16
Gasballon 288 63
Gasbrenner 139 3
Gasbrenner 139 48
Gasdrehgriff 189 29
Gasdurchlauferhitzer 126 12
Gasentnahme 350 63
Gasentwicklungsapparat 350 59
Gasfeuerzeug 107 30
Gasflasche 278 34
Gasflaschenkasten 278 53

Gasgeräte **126** 12–25
Gasgriff **188** 30
Gashebel **288** 15
Gashebel **230** 30
Gashebel **191** 94
Gasheizkammer **147** 28
Gasherd **39** 12
Gaskanal **152** 12
Gaskappe **12** 30
Gaskocher **278** 33
Gaskompressor **156** 26
Gaskühlaggregat **146** 27
Gaskühler **156** 19
Gaskühlung **156** 29
Gasleitung **198** 21
Gasleitung **147** 27
Gasleitung **147** 18
Gasleitung **145** 29
Gasmaske **270** 40
Gasmaskenfilter **270** 57
Gasölfraktion **145** 42
Gasofen **126** 25
Gasometer **144** 12
Gaspedal **191** 46
Gaspedal **191** 94
Gasregulierung **350** 6
Gasrohr **83** 14
Gasrohr **83** 35
Gassammelbehälter **156** 25
Gassammelleitung **156** 17
Gassauger **156** 21
Gasschlauch **141** 9
Gast **266** 25
Gastankleichter **221** 94
Gastrennanlage **145** 69
Gastrocknung **156** 30
Gastseite **207** 78
Gaststätten **265**
Gaststätten **266**
Gasturbine **209** 9
Gasturbinensteuerschrank **209** 16
Gasturbinentriebkopf **209** 8
Gasturbinentriebzug **209** 1
Gasuhr **126** 5
Gasversorgungsregulierung **27** 41
Gaswaschflasche **261** 32
Gaswaschflasche **350** 58
Gaszähler **156** 31
Gaszuführung **140** 12
Gaszuführungsrohr **350** 2
Gaszufuhr **139** 54
Gatter **84** 7
Gatter **164** 58
Gatter **289** 8
Gatterrahmen **157** 8
Gaube **38** 7
Gauch **359** 30
Gaucho **306** 31
Gaumenmandel **19** 23
Gaumensegel **19** 21
Gaupe **38** 7
Gautscher **173** 49
Gaze **185** 20
Gazerollenhalter **185** 19

Geäfter **88** 23
Geäfter **88** 57
Geäse **88** 13
Gebälk **334** 52
Gebände **355** 22
Gebärmutter **20** 79
Gebärmutterhöhle **20** 80
Gebein **17** 1–29
Gebende **355** 22
Gebetbuch **330** 62
Gebetsmühle **353** 29
Gebetsturm **337** 13
Gebirgsbewegungen **12** 4–20
Gebiß **19** 16–18
Gebläse **232** 34
Gebläse **155** 14
Gebläse **172** 4
Gebläsebrenner **350** 9
Gebläseeinstellung **191** 83
gebogene Schere **26** 42
gebogene Zweig **203** 46
Gebräch **88** 53
Gebrech **88** 53
gebrochene Bein **21** 11
Gebührenanzeiger **237** 16
Gebührenstempelabdruck **236** 58
gebunden **321** 33
Geburtszange **26** 53
Geck **306** 33
Gecko **364** 36
Gedankenstrich **342** 23
Gedeck **45** 3–12
Gedeck **44** 5
Gedeck **266** 27
Gedenkemein **60** 2
Gedenkkapelle **331** 12
Gedenkplatte **331** 14
Gedenkstein **331** 26
Gedenkstein **331** 14
Gedenktafel **331** 14
Gedränge **292** 20
gedrechselte Holzware **135** 19
Gefährte **186** 1–54
Gefäßfalte **16** 42
Gefäßflöte **324** 32
Gefäßförderanlage **144** 25
Gefahrenzone **2** 50
Gefechtslinie **294** 9
Gefechtsturm **259** 43
Gefechtsturm **259** 44
Gefechtsturm **259** 31
gefiederte Blatt **57** 3
Geflecht **136** 4
Geflügel **73** 19–36
Geflügelhaltung **74**
Geflügelhaltung **74** 1–27
Geflügelmarke **74** 55
Gefriergemüse **99** 61
Gefriergut **99** 58–61
Gefrierschrank **39** 7
gefüllte Rose **60** 17
Gegenbindungsstellen **171** 28
Gegenblasen **162** 25
Gegencapstan **117** 35

Gegendreier **302** 17
Gegenfanger **325** 31
Gegengewicht **217** 76
Gegengewicht **67** 37
Gegengewicht **119** 33
Gegengewicht **113** 19
Gegengewicht **255** 78
Gegengewicht **226** 50
Gegengewicht **139** 34
Gegenkontakt **142** 35
Gegenlichtubus **313** 5
Gegenmutter **143** 30
Gegenschlaghammer **139** 5
Gegenseil **214** 46
Gegenseilmuffe **214** 74
Gegensprechanlage **244** 5
Gegensprechgerät **22** 34
Gegentaktspur **312** 45
Gegenwende **302** 18
Gegenwinkel **346** 12
Gehackte **96** 16
Gehänge **214** 54
Gehängebolzen **214** 72
Gehäuse **255** 10
Gehäuse **153** 37
Gehäuse **168** 17
Gehäuse **143** 79
Gehäuse **357** 29
Gehäuse **255** 33
Gehäuseabdeckung **249** 27
Gehäusedeckel **143** 80
Gehäuseschlüssel **109** 11
Gehäuseverriegelung **313** 33
gehalten **321** 30
Gehbelag **123** 41
Gehör **88** 44
Gehörgang **17** 58
Gehörgang **17** 34
Gehörknöchelchen **17** 61
Gehörn **88** 29–31
Gehörnerv **17** 64
Gehörorgan **17** 56–65
Gehörschutzkapseln **84** 23
Gehrung **124** 4
Gehrungslade **132** 43
Gehrungssäge **124** 30
Gehrungsschmiege **120** 81
Gehrungssprossenstanze **124** 7
Gehrungsstoßlade **124** 31
Gehrungswinkel **120** 82
Gehsteig **198** 9
Gehweg **37** 60
Gehweg **198** 9
Gehwegpflaster **198** 8
Geige **323** 1
Geigenbogen **323** 12
Geigenbogenbezug **323** 15
Geigenhals **323** 2
Geigenkörper **323** 3
Geigenkorpus **323** 3
Geigensteg **323** 5

Geigerzähler **2** 19
Geiser **11** 21
Geisha **353** 39
Geisipodes **334** 14
Geison **334** 12
Geiß **88** 34
Geiß **73** 14
Geißfuß **340** 9
Geißfuß **339** 20
Geisterbahn **308** 5
Geisterbeschwörung **354** 42
Geistliche **332** 3
Geistliche **331** 37
Geistliche **332** 22
Geistliche **330** 22
gekröpfte Schere **22** 51
gekuppelte Säule **336** 6
Geländeabbruch **11** 50
Geländefahrt **290** 33
Geländemaschine **189** 16
Geländer **37** 19
Geländeritt **289** 16
Geländerpfosten **38** 29
Geländerstab **123** 51
Geländesport **290** 24–28
Geländesportmotorrad **189** 16
Geländeverschiebung **11** 50
Geläuf **289** 23
Gelatinewalze **340** 12
Gelb-Doppeldruckwerk **180** 6 u.
Gelbammer **361** 6
Gelbblühende Jasmin **373** 4
gelbe Karte **291** 63
Gelbe Lupine **69** 17
Gelbe Ziegenbart **381** 32
Gelbfiltereinstellung **116** 44
Gelbhaubenkakadu **363** 1
Geld **252**
Geldbetrag **196** 4
Geldfächer **271** 6
Geldharke **275** 5
Geldkasten **271** 5
Geldkurstabelle **204** 32
Geldscheine **252** 29–39
Geldschrank **246** 22
Geldschub **271** 5
Geldstücke **252** 1–28
Geldwechsel **233** 51
Geldwechselautomat **204** 22
Geldwechselschalter **250** 10
Geldwechsel **204** 22
Geldwechsler **197** 33
Gelege **80** 30
Gelenk **100** 68
Gelenkkopf **50** 60
Gelenklokomotive **210** 64
Gelenkmesser **85** 20

Gelenktriebwagen 197 1
Gelenktriebwagen 197 13
Gelenkwelle 212 29
Gelenkwelle 64 48
Gelenkwelle 64 40
Gelenkwelle 212 83
Gelenkwelle 211 51
Gelenkwelle 67 16
Gelenkwellenanschluß 64 63
Gelenkzugriemen 291 25
Gelieger 329 88
Gelse 358 16
Geltreh 88 34
Gemeinde 330 29
Gemeine Beinwell 375 45
Gemeine Buchsbaum 373 19
Gemeine Delphin 367 24
Gemeine Hecht 364 16
Gemeine Hirtentäschel 61 9
Gemeine Hülsstrauch 374 9
Gemeine Jungfernrebe 374 16
Gemeine Kiefer 372 20
Gemeine Knaulgras 69 25
Gemeine Kornrade 61 6
Gemeine Kreuzkraut 61 12
Gemeine Kuhschelle 375 5
Gemeine Liguster 373 6
Gemeine Melde 61 24
Gemeine Pelikan 359 5
Gemeine Quecke 61 30
Gemeine Schneeball 373 10
Gemeine Spörgel 69 12
Gemeine Stubenfliege 81 2
Gemeine Tulpenbaum 374 1
Gemeine Wicke 69 18
Gemeinschaftssauna 281 18
Gemengetrichter 162 13
Gemini 3 28
Gemini 4 55
Gemischhebel 230 31
Gemischregler 230 31
Gemischregulierhebel 288 16
Gemischtank 188 28
Gemse 367 3
Gemüsebeet 55 39
Gemüsebeet 52 26
Gemüsebehälter 96 51
Gemüsebohne 57 8
Gemüsegarten 52 1–32
Gemüsekohl 57 30–34
Gemüsekonserve 98 17
Gemüsekonserve 96 27
Gemüsekorb 99 81

Gemüselöffel 45 74
Gemüsepflanzen 57
Gemüseplatte 45 33
Gemüseschale 39 4
Gemüseschüssel 45 25
Gemüsesteige 55 43
Generator 223 74
Generator 155 46
Generator 153 26
Generator 154 15
Generator 154 53
Generator 154 47
Generator 152 23
Generatoranlage 146 2
Generatorteil 114 66
Genick 72 12
Genick 16 21
Genickfänger 87 42
Genickstück 71 10
Genua 284 16
Genußmittel 99 68–70
Genußmittel 98 65–68
Genußmittelpflanzen 382
Geodäsie 14 46–62
Geographie 11
Geographie 12
Geographie 13
geographische Breite 14 6
geographische Länge 14 7
Geologie 12 1–33
Geometrie 347
Geometrie 346
geometrische Höhenmessung 14 46
Georgine 60 23
Gepäckabfertigung 204 4
Gepäckablage 208 27
Gepäckablage 207 51
Gepäckapsis 278 27
Gepäckaufbewahrung 233 39
Gepäckaufkleber 204 7
Gepäckausgabe 233 38
Gepäckbandwagen 233 22
Gepäckbank 204 43
Gepäckfach 194 18
Gepäckhalle 233 5
Gepäckraum 257 19
Gepäckraum 194 13
Gepäckraum 208 15
Gepäckschein 204 8
Gepäckschiebekarren 205 32
Gepäckschließfächer 204 21
Gepäckspinne 278 51
Gepäckträger 187 44
Gepäckträger 205 31
Gepäcktunneleinfahrt 233 6
Gepard 368 7
Gerade 203 49, 50
Gerade 346 2, 3, 5
Gerade 299 28
gerade Ansatz 128 21
gerade Bauchmuskel 18 44

gerade Zweig 203 45
Geradflügler 358 8
Geradführung 151 53
Geradführung 151 2
Gerätehalle 233 8
Gerätehaus 270 1
Gerätekopf 116 41
Geräteraum 37 32
Geräteschuppen 55 1
Geräteschuppen 52 3
Gerätetisch 212 31
Geräteträger 177 58
Gerätewagen 270 53
Gerätsteckdose 50 78
Gerätturnen 297
Gerätturnen 296
Geräuschorgel 238 35
Geraniengewächs 53 1
Gerinne 91 41
Gerippe 17 1–29
Gerippe 261 14
germanisches Ruderschiff 218 1–6
Geröllband 300 4
Gerste 68 26
Gersteanlieferung 92 41
Gersteinlauf 92 2
Gersteelevator 92 33
Gerstesilo 92 31
Gertel 85 11
Gerüst 136 25
Gerüst 339 22
Gerüstbug 118 25
Gerüstdiele 122 70
Gerüsteisen 339 24
Gerüsthebel 118 27
Gerüsthelling 222 19–21
Gerüstknoten 118 30
Gerüstständer 118 23
Gerüststange 118 23
Ges-Dur 320 68
Gesäß 16 40
Gesäßbacke 16 40
Gesäßmuskel 18 60
Gesätz 332 32
Gesangbuch 330 30
Geschabte 96 16
Geschäfts- und Reiseflugzeug 231 7
Geschäfts- und Reiseflugzeug 231 3
Geschäftsbote 236 17
Geschäftsbrief 248 30
Geschäftsbrief 246 7
Geschäftsbrief 245 33
Geschäftsführer 267 7
Geschäftsreisende 209 29
Geschirr 71 7–25
Geschirrschrank 44 26
Geschirrserie 40 12–16
Geschirrspülautomat 39 40
Geschirrspüle 39 35
Geschirrspüler 39 40
Geschirrspülmaschine 39 40
Geschirrstapel 266 11
Geschirrwagen 39 41
geschlossene Form 181 36

geschlossene Gesellschaft 267 40–43
Geschoßspitze 328 2
Geschoßtreppe 123 42–44
Geschütz 218 50
Geschütz 259 52
Geschützpforten 218 59
Geschützturm 258 29
Geschützturm 259 52
Geschwaderabzeichen 256 2
Geschwindigkeitsankündetafel 203 43
Geschwindigkeitsanzeige 203 18
Geschwindigkeitsanzeige 211 35
Geschwindigkeitsanzeiger 197 31
Geschwindigkeitskennziffer 203 37
Geschwindigkeitsmesser 230 2
Geschwindigkeitsmesser 212 9
Geschwindigkeitsregulierung 179 29
Geschwindigkeitsschreiber 210 54
Geschwindigkeitssignal 203 44
Geschwindigkeitstafel 203 41
Geschwindigkeitsvoranzeiger 203 19
Gesellschaftsanzug 33 13
Gesellschaftsraum 223 26
Gesellschaftssaal 267 39
Gesellschaftsspiele 276
Gesellschaftswagen 186 33
Gesenkplatte 140 14
Gesenkschmiede- und Kalibrierpresse 139 18
Gesicht 16 4–17
Gesicht 72 5
Gesichtskompressen 106 25
Gesichtsmaske 27 48
Gesichtsmaske 292 11
Gesichtsmaske 306 7
Gesichtsschutz 292 25
Gesichtsurne 328 38
Gesimsband 334 57
Gesimsschalung 122 42
gesmokte Oberteil 29 15
Gesneriengewächs 53 7
Gespinstmotte 80 5
Gespinstnetz 80 7
Gestänge 179 20
Gestängebühne 145 5
gestapelte Briefbehälter 236 32
Gestein 158 3
Gesteinsbohrer 158 11
Gesteinsbrocken 6 15
Gesteinsschicht 13 78
Gestell 84 1

Gestell **136** 22
Gestellarbeit **136** 22–24
Gestellförderung **144** 23
Gestellständer **111** 5
Gestirne **3** 9–48
Gestricke **171** 30–48
Gestück **123** 12
Gestühl **330** 28
Getränkeausschank **308** 3
Getränkebude **308** 3
Getränkefach **266** 59
Getränkegondel **99** 71
getragen **321** 29
Getreide **68** 1–37
Getreidearten **68** 1–37
Getreideblatt **68** 8
Getreideblatt **68** 19
Getreideernte **63** 31–41
Getreidefeld **63** 32
Getreidehalm **68** 5
Getreidekorn **68** 13
Getreidemotte **81** 29
Getreidemottenraupe **81** 30
Getreideschädling **81** 27
Getriebe **64** 65
Getriebe **201** 11
Getriebe **148** 63
Getriebe **67** 21
Getriebe **64** 50
Getriebe **217** 48
Getriebeeingangswelle **232** 58
Getriebekasten **65** 79
Getriebekasten **135** 4
Getriebekasten **164** 33
Getriebekasten **164** 39
Getriebekasten **164** 2
Getriebekasten **163** 57
Getriebekasten **168** 10
Getriebeöltemperaturmesser **212** 20
Getriebeschalter **134** 46
Gewändeportal **335** 24
Gewaff **88** 54
Gewand **355** 19
Gewebe **168** 64
Gewebe **168** 22
Gewebe **168** 9
Gewebe **166** 12
Gewebeablegevorrichtung **168** 35
Gewebebefestigung **168** 24
Gewebebindungen **171** 1–29
Gewebebügeln **168** 38
Gewebedruckmaschine **168** 53
Gewebeentwässerung **168** 14
Gewebefilmdruck **168** 59
Gewebeschermaschine **168** 42
Gewebetiere **357** 13–39
Gewebetrockenmaschine **168** 21

Gewehr **86** 30
Gewehr **87** 23
Gewehr **255** 16
Gewehranschlag **305** 72
Gewehrkolben **255** 24
Gewehrlauf **87** 34
Gewehrscheibe **305** 30
Gewehrscheibe **305** 32
Gewehrschießen **305** 26
Gewehrschloß **87** 9
Geweih **88** 5–11
Gewichtbelastung **168** 2
Gewichtheben **299** 1–5
Gewichtheber **299** 2
Gewichtsklassensortierung **74** 52
Gewiegte **96** 16
Gewinde **67** 38
Gewinde **143** 68
Gewinde **143** 16
Gewindebacken **140** 61
Gewindeband **126** 75
Gewindebohrer **140** 60
Gewindeeisen **140** 60
Gewindekopf **187** 75
Gewindeschneideisen **108** 15
Gewindeschneidkluppe **126** 85
Gewindeschneidmaschine **126** 86
Gewindeschneidmaschine **125** 27
Gewindesteigung **149** 9
Gewindestift **143** 48
Gewindesträhler **135** 14
Gewinn **345** 7
Gewinnanteilschein **251** 18
Gewinne **308** 48
Gewirke **171** 30–48
Gewitter **9** 38
Gewitterfront **287** 24
Gewittersegeln **287** 23
Gewitterwolken **7** 2
Gewölbe **79** 1
Gewölbeformen **336** 38–50
Gewölberippen **335** 31
Gewürzglas **39** 32
Gewürznelke **382** 28
Gewürznelkenbaum **382** 26
Gewürzpackung **99** 67
Gewürzpflanzen **382**
Gewürzregal **39** 31
Gewürzständer **47** 29
Geysir **11** 21
Gezeitenkraftwerk **155** 37
Gezeitentafel **280** 7
gezogener Wechsel **250** 12
Gichtbühne **147** 4
Gichtgasabzug **147** 13
Gichtglocke **147** 6
Giebel **121** 5
Giebel **37** 15
Giebeldreieck **334** 3
Giebelfenster **335** 49
Giebelscheibe **122** 25
Giebelseite **37** 15
Giebelverzierung **334** 34

Gieren **230** 69
Gierfähre **216** 1
Gieß-Maschine **174** 32–45
Gießer **148** 8
Gießform **161** 15
Gießkanne **51** 21
Gießkannenbrause **55** 28
Gießkern **178** 18
Gießkolonne **148** 13
Gießmund **178** 17
Gießpfannenschnabel **147** 43
Gießschale **178** 22
Gießtisch **148** 24
Gießwerk **174** 25
Giftblase **77** 13
Giftdrüse **77** 14
Giftlegeröhre **83** 31
Giftpflanzen **379**
Giftpilze **379** 10–13
Giftreizker **379** 13
Giftschlange **364** 40
Giftweizen **83** 31
Gigant **327** 37
Gigantocypris agassizi **369** 1
Gigboot **283** 26–33
Gigerl **306** 33
Gigvierer **283** 26–33
Gimpel **360** 5
Gimpenhäkelei **102** 28
Gipfel **12** 40
Gipfelung **11** 6
Gips **128** 2
Gips **339** 29
Gips **351** 25
Gips **351** 24
Gipsbecher **134** 18
Gipser **118** 83
Gipsguß **339** 4
Gipslager **160** 13
Gipsmodell **339** 4
Gipspulver **339** 29
Gipssack **260** 85
Gipszerkleinerungsmaschine **160** 14
Giraffe **367** 4
Giraffenhaus **356** 10
Girant **250** 27
Girat **250** 26
Girlande **335** 54
Girlande **306** 5
gis-Moll **320** 60
Gitarre **318** 8
Gitarre **324** 12
Gitarrenspieler **318** 9
Gitarrist **318** 9
Gitterdrehbrücke **215** 63
Gittergang **307** 51
Gitterleiter **296** 21
Gittermantelschornstein **221** 84
Gittermast **258** 18
Gitterspektograph **5** 5
Gitterstab **272** 34
Gitterstrukturen **1** 9–14
Gitterstütze **214** 31
Gitterteilung **115** 61
Gittertierchen **357** 7
Gittertor **272** 31

Gitterträger **235** 12
Gitterwand **75** 5
Gitterziegel **159** 23
Gladiole **60** 11
Gladiole **51** 28
Gläserfassung **111** 10
Gläserregal **267** 65
Gläserregal **317** 5
Gläserregal **266** 9
Gläserstand **274** 16
Glättahle **109** 8
Glättbalken **201** 14
Glättbohle **201** 14
Glättscheibe **128** 11
Glättwalzen **173** 26
Gläubige **330** 61
Glasabdeckung **155** 33
Glasband **162** 10
Glasbläser **162** 38
Glasbrechzange **124** 19
Glasdach **55** 5
Glaser **124**
Glaser **124** 8
Glaserdiamant **124** 25
Glaserecke **124** 24
Glaserhammer **124** 18
Glaserkasten **124** 9
Glaserker **37** 70
Glaserkitt **124** 17
Glaserwerkstatt **124** 1
Glaserzange **124** 19
Glasfasern **151** 48
Glasfaserradierer **151** 47
Glashafen **162** 46
Glasherstellung **162**
Glaskörper **19** 46
Glaskolben **127** 57
Glasmachen **162** 38–47
Glasmacher **162** 38
Glasmacherpfeife **162** 39
Glasmacherstuhl **162** 45
Glasmalerei **330** 15
Glasmatte **130** 29
Glasmosaikbild **260** 69
Glaspapier **135** 25
Glasplatte **124** 16
Glassand **340** 48
Glasschaukasten **356** 15
Glasscheibe **54** 9
Glasscheibe **124** 16
Glasscherbe **124** 10
Glasschmelze **162** 50
Glasschmelzofen **162** 49
Glasschmelzwanne **162** 1
Glasschneider **124** 26
Glasschwamm **369** 7
Glastrage **124** 9
Glastür **44** 18
Glattdecksrumpf **258** 2
Glattdecksrumpf **259** 22
Glatteis **304** 19
Glattnase **366** 9
Glattstrich **119** 9
Glatze **34** 21
Glatzkopf **34** 20
Gleichflügler **358** 3
Gleichgewichtsbrechen **299** 13

Gleichgewichtsorgan 17 56–65
Gleichgewichtsstange 307 42
Gleichheitszeichen 344 23
Gleichlauffilter 311 27
Gleichlaufkegel 192 33
Gleichrichter 178 2
Gleichrichter 138 30
Gleichrichter 312 18
Gleichung 345 9
Gleichung 345 5
Gleis 205 59–61
Gleis 202 1–38
Gleisanlage 225 62
Gleisbildstelltisch 203 66
Gleisbildstellwerk 203 65
Gleisbremse 206 48
Gleishemmschuh 206 49
Gleiskraftwagen 213 32
Gleisräumer 210 34
Gleisüberweg 205 15
Gleiswaage 206 41
Gleitboote 286 38–44
Gleithang 13 58
Gleitpose 89 48
Gleitschiene 226 39
Gleitschuhe 200 33
Gleitschutzkette 304 10
Gleitstuhl 202 22
Gletscher 300 22
Gletscherbach 12 52
Gletscherbrille 300 18
Gletschereis 12 48–56
Gletscherspalte 12 50
Gletscherspalte 300 23
Gletschertisch 12 56
Gletschertor 12 51
Glieder 16 43–54
Gliederfüßer 358 1–23
Gliederpuppe 338 31
Gliedertiere 358
Gliederwurm 357 20
Gliedmaßen 82 6–8
Gliedmaßen 16 43–54
Globus 42 13
Glocke 331 9
Glocke 263 4
Glocke 224 75
Glocke 294 38
Glocke 294 43
Glocke 294 35
Glocken 332 52
Glockenbecher 328 14
Glockenblume 60 10
Glockenblume 375 14
Glockenheide 377 19
Glockenturm 337 8
Gloxinie 53 7
Glückskäfer 358 37
Glücksklee 69 5
Glücksrad 308 45
Glühbirne 127 56
Glühfarben 343 16
Glühkerze 190 66
Glühlampe 127 60
Glühlampe 127 56
Glühplatte 108 37
Gnadenkapelle 331 12

Go-Kart 273 33
Go-Kart 305 83
Go-Kart-Fahrer 305 82
Go-Karting 305 82
Gösch 223 54
Göschstock 258 4
Göschstock 223 53
Gold 351 6
Goldämmerchen 361 10
Goldafter 80 28
Goldammer 361 6
Goldblume 61 7
Golddraht 108 3
Goldene Frauenhaar 377 17
Goldeule 362 14
Goldhähnchen 361 10
Goldkissen 183 6
Goldknöpfchen 61 31
Goldköpfchen 361 10
Goldkrone 24 28
Goldmesser 183 7
Goldmünze 36 37
Goldmünzen 252 1–28
Goldregen 374 32
Goldschmied 108
Goldschmiedeläden 215 33
Goldschnittmacher 183 2
Goldwaage 108 35
Goldwurz 60 10
Golf 293 79–93
Golfball 293 89
Golfgrün 293 82
Golfspiel 293 79–93
Golfspieler 293 83
Golfstrom 14 30
Golfwagen 293 85
Goller 355 39
Gondel 288 64
Gondel 99 23
Gong 299 46
Gordings 219 71
Gorilla 368 16
Gosse 91 13
Gotik 335 22–41
Gott 337 19
Gottesacker 331 21–41
Gottesgiebchen 358 37
Gouachefarbe 338 17
Grab 331 23
Grabbeigabe 328 34
Graben 67 13
Grabenbruch 12 11
Grabgabel 66 22
Grabheuschrecke 81 7
Grabhügel 331 24
Grabkreuz 331 25
Grabmal 331 26
Grabnische 331 60
Grabstätte 337 16
Grabstätte 331 23
Grabstein 331 26
Grabstelle 331 23
Grabstichel 135 24
Grabstichel 340 20
Grabzähne 200 6
Grad 347 14
Gradbogen 224 2
Gradeinteilung 260 39
Gradeinteilung 313 14

Gradierwärter 274 5
Gradierwerk 15 32
Gradierwerk 274 1
Gradnetz der Erde 14 1–7
Grätenschritt 301 26
Grätschsitz 296 30
Grätschsprung 295 37
Grätschwinkelstütz 295 18
Grafenkrone 254 45
Grammophon 309 31
Grammophonapparat 309 31
Grammophongehäuse 309 35
Grammophonnadel 309 33
Grammophonplatte 309 32
Granat 351 7
Granatapfel 384 16
Granate 255 26
Granatoeder 351 7
Grand-Tourisme-Wagen 193 32
Grande 306 26
Granierstahl 340 19
Granne 68 12
Grapefruit 384 23
Graphische Kunst 340
Graphit 1 54
Graphitmine 151 46
Graphittiegel 108 10
Gras 136 26
Grasbahnrennen 290 24–28
Grasband 300 4
Grasbüschel 375 44
Grasfangkorb 56 29
Grashalm 370 83–85
Grashüpfer 358 8
Grat 121 12
Grat 300 21
Gratsparren 121 62
Gratziegel 122 8
Graudrossel 361 13
Grauleiter 343 15
Graupeln 9 35
Graupen 98 35
Graureiher 359 18
Gravierkugel 108 34
Graviernadel 340 16
Graviersystem 177 66
Gravis 342 31
Gravur 36 41
Green 293 82
Greif 327 11
Greifarm 2 47
Greifbein 358 41
Greifer 174 22
Greiferwagen 180 56
Greifvögel 362
Greifzange 2 44
Greifzange 340 50
Greifzirkel 135 18
Greiskraut 61 12
Grenzanhydrit 154 67
Grenzhorizont 13 21
Grenzlehrdorn 149 56
Grenzrachenlehre 149 59
Grenzrain 63 3

Grenzschicht-Trennzunge 257 13
Grenzschichtschneide 256 6
Grenzschichtzaun 231 8
Grenzstein 63 2
Gretchenfrisur 34 31
Greyhound 70 24
Grieche 355 3
Griechin 355 1
griechische Kunst 334 1–48
Grieß 98 36
Griessäule 65 8
Grießwärtel 329 75
Griff 45 51
Griff 66 17
Griff 260 8
Griff 186 12
Griff 140 34
Griff 305 80
Griff 187 3
Griffarten 296 40–46
Griffbrett 324 8
Griffbrett 323 21
Griffel 59 15
Griffel 58 42
Griffel 68 34
Griffel 370 55
Griffel 378 5
Griffelkasten 309 73
Griffhebel 247 42
Griffloch 323 33
Griffloch 324 34
Griffloch 305 16
Griffloch 247 39
Griffsaiten 324 24
Griffstange 167 22
Griffstück 255 6
Griffstück 255 38
Grill 40 32
Grillspieß 40 33
Grimmdarm 20 19
Grindel 65 9
Grindel 65 71
Grobkokssieberei 156 14
Grobkreiselbrecher 158 19
Grobschmutz 50 85
Grobschmutzschlauch 50 84
Grobstoffbütte 172 59
Grobtrieb 112 4
Grobverteilrinne 236 36
Grönländer 283 4
Groom 186 27
Groschen 252 13
Groß-Bramsaling 219 53
Groß-Bramstagsegel 219 25
Groß-Marssaling 219 52
Groß-Oberbramrah 219 42
Groß-Oberbramsegel 219 65
Groß-Obermarsrah 219 40
Groß-Obermarssegel 219 63

Groß-Royalrah 219 43
Groß-Royalsegel 219 66
Groß-Royalstagsegel 219 26
Groß-Stengestagsegel 219 24
Groß-Unterbramrah 219 41
Groß-Unterbramsegel 219 64
Groß-Untermarsrah 219 39
Groß-Untermarssegel 219 62
Großbagger 159 3
Großbaum 219 44
Großbildkamera 112 25
Großbildkameras 114 61
Großbramsegel 218 53
Großbramstenge 219 7
Großbuchstabe 175 11
Großbuchstaben 249 3
Große Bär 3 29
große Brustmuskel 18 36
Große Fetthenne 377 9
Große Hostie 332 35
Große Hund 3 14
Große Köcherfliege 358 12
Große Kohlweißling 80 47
Große Ozean 14 19
Große Pimpernell 69 28
große Sägemuskel 18 42
Große Springkraut 377 11
Große Stubenfliege 81 2
Große Vogelfuß 69 11
Große Wagen 3 29
Große Wiesenknopf 69 28
große Zehe 19 52
Großfeld-Metallmikro-skop 112 23
Großfeldmikroskop 112 54
Großfeldstereomikro-skop 112 40
Großfeldstereomikro-skop 112 61
Großformat 112 36
Großformat-Handka-mera 114 36
Großformatbalgenka-mera 114 49
Großhirn 18 22
Großhirn 17 42
Großkabine 214 52
Großkaffeemaschine 265 2
Großkern 357 11
Großmarsstenge 219 6
Großmast 219 5-7
Großmast 220 22
Großmast 218 40
Großmaul 369 10
Großmaul 369 13
Großrah 219 38

Großrah 218 37
Großraum 208 9
Großraum-Langstrek-kenverkehrsflugzeug 231 14
Großraumabteil 207 61
Großraumbüro 248 1-48
Großraumkabine 214 52
Großraumlore 158 14
Großraumwagen 207 59
Großschot 284 28
Großsegel 285 2
Großsegel 219 61
Großsegel 220 11
Großsegel 218 33
Großsegel 284 46
Großsegelhals 284 37
Großsegelkopf 284 47
Großspecht 359 27
Großspitz 70 20
Großstenge 219 6
Großuntermast 219 5
Großvieh 73 1, 2
Grotesk 342 7
Groteskflugmodell 288 91
Grotte 272 1
Grubber 65 55
Grube 144 1-51
Grube 331 34
Grubenbetrieb 144 21-51
Grubenlüfter 144 16
Grubenwand 199 14
Grübchen 16 16
Grün 276 43
Grün 293 82
Grünalge 378 43
Gründungspfahl 5 28
Grüne Heupferd 358 8
Grüne Leguan 364 32
Grünfläche 37 76
Grünfläche 272 36
Grünkern 68 25
Grünkohl 57 34
Grünlauge 172 41
Grünlaugenvorwärmer 172 43
Grünmalz 92 23
Grünreizker 381 29
Grünschling 361 6
Grünschmuck 330 48
Grund- und Haupt-schule 260
Grundablaß 269 34
Grundablaß 217 62
Grundangeln 89 20-31
Grundbindungen 171 30-48
Grundblatt 383 2
Grundblatt 375 15
Grundblatt 375 30
Grundblatt 375 9
Grundbrett 116 27
Grundfläche 347 39
Grundfläche 347 35
Grundgewichte 90 10
Grundhobel 132 26
Grundiermittel 128 6
Grundierpinsel 338 9

Grundlawine 304 1
Grundlinie 346 27
Grundlinie 293 10
Grundlinienrichter 293 26
Grundplatte 255 46
Grundplatte 148 56
Grundplatte 140 36
Grundplatte 167 34
Grundprofil 229 45
Grundrahmen 168 15
Grundrechnungsarten 344 23-26
Grundriß 207 10-21
Grundschicht 7 7
Grundspieler 293 60
Grundstellung 295 1
Grundstellung 294 18
Grundsucherblei 89 91
Grundtau 90 18
Grundteller 45 3
Grundwasser 12 21
Grundwasserspiegel 269 1
Grundwasserspiegel 269 63
Grundwasserspiegel 269 42
Grundwasserstrom 269 3
Grundwasserzufluß 155 2
Grundwert 345 7
Grundzahl 345 2
Grundzahl 345 6
Grundzahl 344 5
Gruppe 289 41
Gruppenschalter 238 42
Gruppenunterricht 242 1
Grus 3 42
Guanako 366 30
Guckloch 41 29
Güllesilo 62 13
Gürtel 32 39
Gürtel 31 10
Gürtel 352 38
Gürtelbund 31 41
Gürtelscheibe 328 24
Gürtelschnalle 31 12
Güterabfertigung 206 26
Güterbahnhof 206
Güterboden 206 26-39
Güterbodenarbeiter 206 33
Güterhalle 206 7
Güterschuppen 206 7
Güterumschlaganlage 226 1
Güterwagen 213 8
Güterwagen 213 14
Gugelhupf 97 33
Guillochenwerk 252 38
Guiro 324 60
Gulden 252 19
Gully 268 8
Gummiandruckrolle 117 35
Gummiauflage 191 13
Gummibande 277 16

Gummibaum 383 33
Gummibindung 286 58
Gummiblock 187 85
Gummifuß 114 45
Gummiknüppel 264 19
Gummikolbenkappe 87 14
Gummilager 192 82
Gummilager 192 67
Gummilösung 340 49
Gumminoppenband 64 79
Gummiring 280 32
Gummischeibenwalzen 64 82
Gummischutz 289 32
Gummistift 187 84
Gummiteller 134 22
Gummiwalze 182 8
Gummiwulstabdichtung 208 12
Gummiwulstdichtung 207 8
Gummiwulstübergang 194 45
Gummizylinder 180 54
Gummizylinder 180 63
Gummizylinder 180 37
Gummizylinder 180 24
Gundermann 375 18
Gurgel 16 19
Gurke 57 13
Gurken 99 83
Gurt 230 56
Gurtausleger 185 13
Gurtbogen 335 18
Gurtförderer 156 2
Gurtgesims 335 52
Gurtsitz 303 2
Gurtzeug 288 43
Gußerker 329 23
Gußglas 124 6
Gußrohr 37 14
Gußstück 148 42
Gut 15 94
Gutseite 149 60
Guttaperchabaum 383 37
Gutzgauch 359 30
Gymkhana 290 32
Gymnasium 261 1-45
Gymnastik 297 33-50
Gymnastikanzug 297 51
Gymnastikball 297 34
Gymnastikband 297 49
Gymnastikkeule 297 38
Gymnastikkleidung 297 52
Gymnastikreifen 297 46
Gymnastikschuhe 296 63
Gymnastikschuhe 297 52
Gymnastikstab 297 41
gynäkologische Unter-suchungsinstrumente 23 3-21
Gyre 351 4

H

H-Dur 320 60
H-Milch 99 44
h-Moll 320 57
Haar 16 3

Haarbeutel **34** 4
Haarbeutelperücke **34** 4
Haarbürste **105** 10
Haarbürste **28** 7
Haarclip **105** 11
Haarfestiger **106** 23
Haarfilzhut **35** 15
Haarfixativ **105** 24
Haarflügler **358** 12
Haarharfe **10** 9
Haarknoten **34** 29
Haarkranz **34** 32
Haarlineal **140** 56
Haarnadel **301** 69
Haarpinsel **338** 7
Haarschmuck **355** 82
Haarschnecke **34** 38
Haarschneidemantel **106** 4
Haarschneidemaschine **106** 32
Haarschneider **105** 21
Haarschneideschere **106** 34
Haarschneideschere **105** 7
Haarschnitt **106** 3
Haarseite **131** 12, 17
Haarsieb **260** 66
Haarspray **105** 24
Haarstern **369** 3
Haartracht **354** 9
Haartrachten **34** 27–38
Haartrockner **106** 22
Haarwaschanlage **106** 11
Haarwaschbecken **105** 29
Haarwaschmittel **106** 20
Haarwaschzusatz **106** 10
Haarwasser **106** 10
Haarwild **86** 35
Habicht **362** 10
Habichtartige **362** 10–13
Habichtschwamm **381** 24
Habitus **382** 53
Hackbank **96** 57
Hackbrett **322** 32
Hacke **19** 63
Hacken **19** 63
Hackenstiel **66** 2
Hackerkamm **163** 39
Hackfleisch **96** 16
Hackfrüchte **68** 38–45
Hackmaschinen **172** 1
Haderer **88** 54
Häckseltrommel **64** 34
Häher **361** 1
Hähnchen **96** 24
Häkelgabel **102** 29
Hälter **89** 1
Händler **308** 12
Händler **98** 41
Hängebalken **121** 66
Hängebohrmaschine **108** 6
Hängebrücke **215** 39
Hängebrücke **215** 15

Hängelampe **44** 12
Hängematte **278** 4
Hängende Herz **60** 5
Hängeordner **248** 3
Hänger **215** 41
Hängeregal **248** 40
Hängesäule **121** 68
Hängeschaltpult **177** 6
Hängeschrank **39** 8
Hängeschrank **44** 17
Hängeseil **215** 17
Hängesteg **215** 15
Hängetrogregistratur **248** 2
Hängewerk **121** 65
Hängezöpfe **34** 30
Hängezwickel **334** 74
Härteofen **140** 11
Härterdosiergerät **130** 33
Häsin **88** 59
Häsin **73** 18
Häubchen **28** 26
Häufelhacke **56** 5
Hafen **225**
Hafen **226**
Hafenamt **225** 36
Hafenbahn **225** 21
Hafenbetrieb **227** 13
Hafenfähre **225** 11
Hafenindustrieanlage **225** 71
Hafenkrankenhaus **225** 26
Hafenuntertunnelung **225** 55
Hafenviertel **225** 1
Hafenzollamt **225** 6
Haferdistel **61** 32
Haferflocken **98** 37
Haferkrähe **361** 2
Haferrispe **68** 27
Haffmöwe **359** 14
Haftballen **77** 9
Haftorgan **378** 50
Haftorgan **81** 36
Haftscheibe **364** 26
Haftzeher **364** 36
Hagebutte **370** 100
Hagel **9** 36
Hagelschnur **74** 63
Hahn **349** 5
Hahn **62** 37
Hahn **73** 21
Hahn **349** 22
Hahnenfußgewächs **60** 13
Hahnenkamm **73** 22
Hahnentritt **74** 65
Hahnstopfen **350** 44
Hai **364** 1
Haifisch **364** 1
Hainbuche **371** 63
Haken **88** 54
Haken **89** 79–87
Haken **100** 62
Haken **299** 32
Haken **89** 75
Haken **100** 53
Hakenblatt **121** 87
Hakenbogen **89** 81
Hakengurt **270** 44
Hakenkranz **81** 38

Hakenleiter **270** 16
Hakenlöser **89** 40
Hakenschnabel **362** 6
Hakenschraube **202** 10
Hakenspitze **89** 80
Hakenwurf **305** 18
Halbbrücke **215** 66
halbe Hähnchen **266** 56
halbfett **175** 3
halbfette Schrift **175** 3
Halbholz **120** 88
Halbinsel **13** 5
Halbkreis **346** 46
Halbkugelendspant **235** 48
Halbkuppel **334** 73
halbmast **253** 6
Halbmesser **346** 47
Halbmond **4** 4
Halbmond **253** 19
Halbmond **4** 6
Halbperücke **34** 2
Halbpfeiler **335** 46
Halbrock **32** 14
Halbrohr-Eisschraube **300** 40
Halbschatten **4** 34
Halbschrankenanlage **202** 45
Halbschuh **101** 33
Halbschuh **101** 31
Halbspieler **292** 42
halbstock **253** 6
Halbtonerhöhung **320** 50
Halbtonerniedrigung **320** 52
Halbweltdame **306** 37
Halbzeug **148** 66
Halbzeugzurichtung **148** 66–68
Halèr **252** 27
haléfu **252** 27
Halle **267** 18–26
Hallenbahn **290** 1
Hallenhandball **292** 1
Hallenrampe **206** 9
Hallentor **206** 37
Hallimasch **381** 28
Hallraum **311** 31
Hallraumlautsprecher **311** 32
Hallraummikrophon **311** 33
Hallstattzeit **328** 21–40
Halm **68** 6
Halm **140** 33
Halmabrett **276** 26
Halmafiguren **276** 28
Halmaspiel **276** 26–28
Halmasteine **276** 28
Halmknoten **68** 7
Halmstück **383** 63
Halmteiler **64** 1
Halogenleuchte **177** 31
Hals **324** 18
Hals **95** 6
Hals **72** 15
Hals **19** 1–13
Hals **16** 19–21
Hals **324** 7
Hals **323** 2
Hals **143** 64

Halsausschnitt **30** 34
Halsberge **329** 43
Halsblutader **18** 2
Halsen **285** 26
halsferne Rollkragen **30** 3
Halskette **352** 14
Halskragen **332** 6
Halskragen **328** 25
Halskrause **306** 20
Halsmuskeln **19** 12
Halsriemen **71** 30
Halsring **36** 16
Halsring **328** 26
Halsschild **82** 4
Halsschild **358** 29
Halsschlagader **18** 1
Halsschlitz **352** 24
Halsschurz **294** 14
Halsstück **329** 83
Halstuch **32** 40
Halstuch **319** 38
Halswirbel **17** 2
Halte- und Ruhezeichen **321** 25
Haltegestänge **167** 38
Haltegestänge **165** 6
Haltegriffe **28** 50
Haltehaken **324** 67
Haltekette **74** 14
Halteleine **288** 66
Haltemannschaft **270** 17
Haltepunkttafel **203** 33
Halteseil **288** 66
Haltestange **287** 46
Haltestelle **15** 27
Haltestelleninsel **197** 35
Haltestellenschild **197** 36
Haltestellenschild **268** 26
Haltetafeln **203** 32
Haltlinie **268** 50
Haltungstor **217** 31
Haltzylinderpresse **181** 20
Hammel **73** 13
Hammer **253** 21
Hammer **17** 61
Hammer **137** 26
Hammer **325** 3
Hammer **134** 7
Hammer **139** 12
Hammer **298** 42
Hammerbär **139** 12
Hammerbär **137** 10
Hammerbrecher **160** 2
Hammerfilz **325** 24
Hammergriff **298** 45
Hammergriffhaltung **298** 46
Hammerklavier **325** 1
Hammerkopf **325** 24
Hammerkopf **298** 43
Hammerkopfschraube **143** 41
Hammerkran **222** 7
Hammerleiste **325** 26
Hammerleiste **325** 15
Hammerschlag **293** 78
Hammerständer **139** 16
Hammerstiel **325** 25

Hammerwerk 325 3
Hammerwurf 298 42–47
Hamster 366 16
Hand 16 47
Hand 17 15–17
Hand 19 64–83
Handapparat 237 7
Handapparatschnur 237 14
Handarbeiten 102
Handauflage 112 58
Handball 292 1
Handballensicherung 255 14
Handballspieler 292 2
Handbelichtungsmesser 114 56
Handbesen 50 53
Handbesen 38 36
Handbibliothek 262 17
Handbohrmaschine 56 19
Handbohrmaschine 140 13
Handbrause 49 41
Handbrause 179 7
Handbrause 105 30
Handbrause 106 13
Handbremse 191 72
Handbremse 187 5
Handbremse 212 33
Handbremshebel 188 33
Handbremshebel 191 93
Handbremsrad 212 80
Handbremsrad 212 64
Handbremstrommel 192 50
Handbuchbinderei 183 1–38
Handbügelkissen 104 30
Handbürste 340 11
Handcreme 99 27
Handcroupier 275 4
Handdrucker 204 41
Handdusche 49 41
Handdusche 106 13
Handeinlegestation 184 2
Handeisenschere 119 22
Handelsdünger 63 14
Handelsgärtner 55 20
Handelsmakler 251 4
Handfäustel 339 16
Handfalle 203 57
Handfeger 50 53
Handfeuerlöscher 270 61
Handfeuerwaffe 87 2
Handflagge 291 60
Handgalopp 72 42
Handgelenk 19 76
Handgepäck 194 19
Handgepäckaufbewahrung 204 27
Handgerät 297 33–50
Handgriff 117 61
Handgriff 50 63
Handgriff 65 2

Handgriff 224 9
Handgriff 187 3
Handgriff 114 37
Handgriff 134 45
Handgriff 313 21
Handgriff 305 57
Handgriff 129 7
Handhammer 126 78
Handharmonika 324 36
Handharpune 280 40
Handhebel 183 31
Handhebel 132 55
Handhebelpresse 183 26
Handheben 260 20
Handhobel 132 15–28
Handkescher 89 2
Handkoffer 205 7
Handkreisen 297 37
Handkreuz 149 43
Handkultivator 55 21
Handkurbel 64 43
Handkurbel 64 57
Handkurbel 117 50
Handkurbel 201 18
Handläufer 221 122
Handlauf 41 23
Handlauf 38 28
Handlauf 123 79
Handlauf 123 53
Handlinien 19 72–74
Handlot 224 58
Handmatrizen 174 28
Handpalette 315 34
Handpalette 338 28
Handpapierherstellung 173 46–51
Handpfanne 148 23
Handpresse 340 29
Handpumpe 269 66
Handpumpe 83 26
Handrad 230 24
Handrad 167 7
Handrad 163 18
Handrasenmäher 56 34
Handregistratur 326 46
Handreißschiene 151 9
Handriemen 300 32
Handrollstempel 236 46
Handrollstempelabdruck 236 60
Handrücken 19 83
Handrührer 39 22
Handrührgerät 39 22
Handsäge 120 61
Handscheinwerfer 270 42
Handschere 104 11
Handschere 119 87
Handschlaufe 301 7
Handschneidkluppe 125 12
Handschuh 33 67
Handschuh 292 12
Handschuh 298 47
Handschuhe 318 31
Handschuhkastenschloß 191 89
Handschuhständer 271 20
Handschutz 255 19
Handschutz 94 10
Handschutz 255 13

Handsegel 302 28
Handsetzer 174 5
Handsetzerei 174 1
Handspachtel 128 35
Handspiegel 111 16
Handspiegel 105 23
Handspiegel 106 7
Handspritze 83 24
Handspritzpistole 129 35
Handspritzrohr 83 46
Handstampfer 148 32
Handstand 296 52
Handstand 295 27
Handstandsprung 282 45
Handstandüberschlag 297 22
Handstandüberschlag 297 24
Handstaubsauger 50 58
Handstellbock 202 17
Handsteuergerät 195 8
Handstrickmaschine 167 35
Handstütze 305 45
Handteller 19 71
Handtriebrad 167 30
Handtuch 49 23
Handtuch 28 9
Handtuchhalter 49 8
Handtücher 106 24
Handüberhandschwimmen 282 37
Handumkreisen 297 47
Handvorlage 135 5
Handwaffen 255 1–39
Handwagen 120 6
Handweiche 202 16
Handwerkskasten 134 35
Handwerkszeug 120 60–82
Handwurstfüller 96 49
Handwurzel 19 76
Handwurzelknochen 17 15
Handzeichen 286 49–55
Handzeichen 268 33
Hanf 383 9
Hangar 287 14
Hangaufwind 287 28
Hanggleiter 287 44
Hangquelle 12 38
Hangrinne 12 44
Hangsegeln 287 27
Hangtechnik 298 41
Hangwaage 296 55
Hansekogge 218 18–26
Hansom 186 29
Hansomcab 186 29
Hanswurst 306 69
Hantel 286 48
Hardtop 193 27
Haremsklavin 306 41
Harfe 323 60
Harfenpedal 323 62
Harke 56 4
Harlekin 306 35
Harmonium 325 43
Harmoniumgehäuse 325 47

Harnblase 20 33
Harnblase 20 78
Harnisch 329 38
Harnleiter 20 32
Harnröhre 20 68
Harnröhrenkatheter 23 20
Harnsedimentstafel 23 58
Harpune 353 10
Harpune 328 3
Harpyie 327 55
harte Gaumen 19 20
harte Röntgenstrahlung 1 33
Hartgeld 252 1–28
Hartgummikante 300 45
Hartholzkeile 121 96
Hartmais 68 31
Hartmetallplatte 149 50
Hartmetallschneide 149 50
Hase 88 59
Hase 86 35
Haselhuhn 88 69
Haselnuß 59 49
Haselnußstrauch 59 44–51
Haselstrauch 59 44–51
Haselstrauchblatt 59 51
Haselzweig 59 44
Hasenjagd 86 34–39
Hasenklage 87 44
Hasenquäke 87 44
Haspel 148 72
Haspelregeltrieb 64 5
Hatzrüde 86 33
Haube 230 39
Haube 163 21
Haube 86 27
Haubenlerche 361 19
Haubenschwenkarm 105 26
Haubenzylinder 257 5
Haue 300 33
Hauer 367 22
Hauer 88 54
Haufenwolke 8 1
Haufenwolke 8 2
Haufenwolke 287 22
Haufwerk 158 4
Haumeister 84 20
Haumesser 128 37
Haumesser 85 11
Haupt 88 12
Haupt 16 1–18
Haupt 336 24
Hauptanschluß 237 24
Hauptanschlußapparat 237 17
Hauptantrieb 113 15
Hauptantrieb 214 63
Hauptantriebsscheibe 163 50
Hauptarbeitsplatz 39 11
Hauptbahn 15 21
Hauptbalken 120 38
Hauptbewegungen 230 67–72
Hauptdarsteller 310 28
Hauptdarstellerin 310 27

Hauptdeck 258 9
Hauptdeck 223 32–42
Hauptdüse 192 12
Haupteingang 319 6
Hauptfahrwasser 224
  92
Hauptfahrwerk 288 33
Hauptfahrwerk 235 31
Hauptfahrwerk 256 26
Hauptfahrwerk 257 40
Hauptfahrwerk 231 28
Hauptfahrwerk 230 41
Hauptfederbein 6 32
Hauptgesims 38 11
Hauptgewinn 306 11
Hauptholm 287 30
Hauptkatalog 262 21
Hauptkern 357 11
Hauptkühlmittelpumpe
  154 25
Hauptkuppel 334 72
Hauptlinie 15 21
Hauptluft 192 5
Hauptluftbehälter 212
  57
Hauptluftbehälter 212
  71
Hauptluftbehälter 211 8
Hauptluftbehälter-
  Druckanzeige 212 8
Hauptmaschine 223 73
Hauptmaschinenraum
  223 72
Hauptmotoren 221 81
Hauptnenner 344 19
Hauptölbohrung 192 21
Hauptölleitung 146 31
Hauptpodestbalken 123
  66
Hauptportal 333 34
Hauptpumpe 269 15
Hauptraketentriebwerk
  6 3
Hauptrippe 287 35
Hauptrotor 232 13
Hauptrotor 256 19
Hauptrotor 264 3
Hauptschacht 144 24
Hauptschalter 249 37
Hauptschalter 211 3
Hauptschalter 211 31
Hauptschwert 284 8
Hauptsignale 203 1–6
Hauptspant 235 10
Hauptspeicher 244 6
Hauptspiegel 113 10
Hauptspiegel 5 1
Hauptspindel 149 11
Hauptstation 224 40
Hauptstelle 237 22
Hauptstrecke 15 21
Haupttitel 185 46
Haupttitelblatt 185 45
Haupttragegurt 288 42
Hauptturm 329 4
Hauptverteilerleitung
  38 71
Hauptwelle 192 40
Hauptwelle 166 50
Hauptwerk 326 43
Hauptwerk 326 1
Hauptwurzel 370 16
Haus 37

Hausanschlußverzeich-
  nis 245 17
Hausbahnsteig 205 14
Hausboot 353 31
Hausbrenner 358 24
Hausbrücke 215 32
Hausbüffel 367 8
Hauschlag 91 17
Hausdetektiv 275 16
Hausdiener 267 17
Hauseingangstür 123 24
Hausfrau 39 1
Hausgarten 37 57
Hausgrille 81 7
Haushaltsgeräte 50
Haushaltsleiter 50 35
Hauskatze 62 3
Hauskleid 31 36
Hausknecht 267 17
Hauslerche 361 19
Hausmantel 32 20
Hausschabe 81 17
Hausschuh 101 41
Hausskorpion 358 40
Haussockel 120 28
Haussockel 37 17
Haussperling 361 5
Hausspinne 81 9
Hausspitzmaus 366 7
Haussprechstelle 127 3
Haustiere 73
Haustür 37 65
Haustypen 37
Hausungeziefer 81
Hausurne 328 38
Hauswand 120 29
Hauswurz 51 7
Hauszelt 278 21
Hauszelt 280 45
Hauszentrale 245 13
Haut 88 56
Hautdesinfektion 22 60
Hautflügel 82 11
Hautflügler 358 21–23
Hautsack 359 8
Hauungsbetrieb 84
  15–37
Hauzahn 88 54
Havarist 227 2
Havarist 228 10
Havelock 186 32
Hawaiimädchen 306 16
Hebebühne 195 25
Hebebühnenarm 195
  26
Hebebühnenstempel
  195 27
Hebeglied 325 32
Hebel 180 80
Hebelkonus 187 67
Hebelkorkenzieher 40
  18
Hebelstreb 144 33
Hebelsystem 163 31
Hebelvorschneider 140
  67
Hebelwerk 203 54
Heben 296 52
Heberbarometer 10 1
Heberrohr 10 43
Hebewerk 145 11
Hechtbrutglas 89 17
Hechtrolle 297 20

Hechtsprung 296 48
Hechtsprung 282 40
Heck 258 26
Heck 222 66–72
Heck 285 29
Heckabteil 193 17
Heckaufschleppe 221
  88
Heckavionikraum 257
  18
Heckbrett 286 26
Hecke 52 32
Hecke 289 20
Hecke 15 98
Heckeinrichtung 239
  1–4
Heckelphon 323 38
Heckenschere 56 17
Heckenschere 56 49
Heckenscherenvorsatz
  134 55
Heckfahrschalter 197 8
Heckfender 227 29
Heckflaggenstock 258
  25
Heckflaggenstock 223
  31
Heckformen 285 42–49
Heckführungsrinne 221
  53
Heckgalerie 218 56
Heckgalgen 221 87
Heckgebläsetriebwerk
  232 42
Heckklappe 193 16
Heckklappe 191 7
Heckladeklappe 221 31
Heckladepforte 232 25
Hecklaterne 258 62
Hecklicht 286 14
Heckmotor 195 49
Heckmotorklappe 195
  50
Heckpartie 193 35
Heckpforte 226 18
Heckpforte 221 55
Heckpropeller 232 28
Heckrampe 258 91
Heckrotor 256 20
Heckrotor 264 4
Heckrotor 232 14
Heckscheibe 191 82
Heckscheibe 191 32
Heckscheibenheizung
  191 80
Heckschild 85 40
Heckspiegel 286 26
Heckspiegel 221 42
Heckspoiler 193 34
Heckspoiler 290 35
Hecktrawler 221 86
Hecktriebwerk 231 10
Hecktür 193 20
Hecktür 194 11
Hederich 61 21
Heer 255
Heervogel 359 25
Hefe 97 53
Hefebrezel 99 16
Hefereinzuchtapparat
  93 6
Hefezopf 97 41
Heft 45 51

Heft 132 10
Heftdrahtabspulvorrich-
  tung 184 18
Heften 183 8
Hefter 247 4
Heftgaze 185 20
Heftgaze 183 33
Heftlade 183 9
Heftlage 183 12
Heftlasche 119 60
Heftpflaster 21 7
Heftpflaster 22 55
Heftpflasterrolle 26 54
Heftsattel 185 24
Heftschnur 183 10
Heftung 183 34
Heide 15 5
Heidekraut 377 19
Heidekrautgewächs 53
  12
Heidelbeere 377 23
Heidelerche 361 18
Heideröschen 377 20
Heilige Schrift 330 11
Heilpflanzen 380
Heilquelle 274 15–17
Heimathafen 286 8
Heimchen 81 7
Heimfernseher 243 6
Heimwerken 134 1–34
Heimwerker 134
Heimwerker 134 61
Heimwerkerbank 134
  41
Heinze 63 29
Heißemail-(Diazo-)
  Platten 179 32
Heißluftballon 288 79
Heißluftkamm 106 29
Heißluftleitung 139 52
Heißluftpistole 130 25
Heißluftsterilisator 22
  71
Heißwasserbereiter 126
  13
Heißwasserversorgung
  155 26
Heizanlage 192 60–64
Heizdruckmesser 210
  44
Heizersitz 210 39
Heizgas 145 52
Heizgebläse 192 62
Heizgenerator 212 39
Heizkasten 183 27
Heizkeller 38
Heizkessel 155 13
Heizkörper 172 32
Heizkörper 38 76
Heizkörper 129 34
Heizkörper 155 15
Heizkörperpinsel 129
  21
Heizkörperrippe 38 77
Heizkupplungsschlauch
  208 20
Heizöl 38 50
Heizöl 145 58, 59
Heizölbehälter 212 75
Heizpresse 116 57
Heizraum 155 7
Heizraum 38 38–43
Heizrohr 55 8

Heizrohre **210** 17
Heizspannungsanzeige **211** 27
Heizspannungsmesser **212** 17
Heizstrommesser **212** 18
Heizumrichterschrank **212** 40
Heizungsanschluß **190** 55
Heizungskörper **126** 20
Heizungsregulierung **207** 54
Heizwindleitung **147** 19
Helfer **21** 19
Helfer **299** 44
Helferineinheit **24** 9
Helikon **323** 44
Heliostat **5** 29
Helium-Druckgastanks **234** 50
Helium-Druckgastanks **234** 43
Helium-Neon-Laser **243** 57
Heliumatomkern **1** 31
Heliums **1** 5
Helligkeitsregelung **240** 33
Hellinganlagen **222** 11–26
Hellinggerüst **222** 19
Hellingportal **222** 11
Hellingsohle **222** 17
Helm **254** 9
Helm **218** 13
Helm **292** 24
Helm **329** 39–42
Helmdecke **254** 3
Helme **254** 4, 7–9
Helmglocke **329** 39
Helmkasuar **359** 1
Helmkleinod **254** 1, 11, 30–36
Helmkrone **254** 12
Helmöler **187** 65
Helmzeichen **254** 1, 11, 30–36
Helmzier **254** 1
Helmzier **254** 1, 11, 30–36
Hemdbluse **30** 40
Hemdblusenkleid **30** 10
Hemdenbluse **30** 40
Hemdenknopf **33** 34
Hemieder **351** 24
Hemipyramide **351** 24
Hengst **73** 2
Henkel **260** 8
Henkel **171** 37
Henkelkanne **328** 35
Henkelkreuz **332** 63
Henkellocheisen **100** 46
Henne **98** 7
Henne **62** 36
Henne **73** 19
Henriquatre **34** 13
Heppe **85** 11
Heraldik **254**
Herbstanfang **3** 7
Herbstblume **379** 3
Herbstpunkt **3** 7

Herbstzeitlose **379** 3
Hercules **3** 21
Hererofrau **354** 25
Hering **278** 24
Hering **364** 14
Heringshammer **278** 25
Heringslogger **90** 1
Heringstreibnetz **90** 2–10
Herkules **3** 21
Herme **334** 35
Herr **265** 22
Herrenanzug **33** 1
Herrenartikelabteilung **271** 12
Herrendoppel **293** 3
Herreneinzel **293** 5
Herrenfriseur **106**
Herrenhemden **32** 38–47
Herrenhüte **35** 22–40
Herrenhut **35** 13
Herrenhutform **35** 14
Herrenkleidung **33**
Herrenmode **33** 1–67
Herrennachtkleidung **32** 35–37
Herrenpullover **33** 51
Herrenring **36** 20
Herrensalon **106** 1–42
Herrenschaftstiefel **101** 7
Herrenschneider **104** 22
Herrenschneideratelier **104** 1–32
Herrensocken **32** 32–34
Herrensommerpulli **33** 32
Herrenstiefel **101** 5
Herrenstraßenstiefel **101** 13
Herrentiere **368** 12–16
Herrentoilette **233** 47
Herrenunterwäsche **32** 22–29
Herrgottskäfer **358** 37
Herz **18** 14
Herz **20** 25
Herz **20** 45–57
Herz **20** 8
Herz **276** 40
Herzblume **60** 5
Herzbrett **120** 93
Herzkammer **20** 51
Herzkatheterisierung **27** 30
Herzkirsche **59** 5
Herzklappen **20** 47
Herzlinie **19** 74
Herzogshut **254** 39
Herzohr **20** 24
Herzschild **254** 17
Herzschrittmacher **25** 31
Herzschrittmacherim-plantation **25** 36
Herzsilhouette **25** 39
Herzstromkurve **25** 2
Herzstück **202** 24
Herzüberwachungsanla-ge **25** 1

Hessenfliege **80** 40
Hessenmücke **80** 40
Hetzhund **86** 33
Heu **75** 13
Heuernte **63** 19–30
Heufler **88** 23
Heuforke **66** 3
Heugabel **66** 3
Heuharke **66** 23
Heuhüpfer **358** 8
Heulapparat **224** 70
Heureuter **63** 28, 29
Heuschrecke **358** 8
Heuschreckenköder **89** 68
Heuspringer **358** 8
Heuwurm **80** 23
Hexaeder **351** 2
Hexagon **351** 15
Hexagon **36** 62
Hexakisoktaeder **351** 13
Hexe **306** 6
Hexenkraut **61** 31
Hexenstich **102** 9
Hi-Hat **324** 50
Hiebwaffe **264** 19
Hieroglyphen **341** 1
HiFi-Komponenten **241** 13–48
Hifthorn **289** 44
High-Hat **324** 50
High-Riser **188** 56
Hilfestellung **297** 16
Hilfsarbeiter **118** 19
Hilfsdiesel **209** 19
Hilfsdieselmotor **209** 19
Hilfsfahrwerk **194** 32
Hilfsfallschirme **235** 59
Hilfsgasturbine **231** 33
Hilfskontakte **153** 57
Hilfskranzug **147** 61
Hilfsluftbehälter **212** 61
Hilfsmaschinen **223** 71
Hilfsmaschinenraum **259** 56
Hilfsmaschinenraum **223** 70
Hilfsrippe **287** 36
Hilfsschiffe **258** 92–97
Hilfsschirm **288** 39
Hilfsschwert **284** 9
Hilfsseil **214** 47
Hilfsseilspannvorrich-tung **214** 48
Hilfsspiegel **115** 38
Hilfstander **253** 30–32
Hilfstriebwerk **231** 33
Hilfswagen **157** 11
hilfswissenschaftliche Assistent **262** 2
Himation **355** 6
Himbeerblüte **58** 26
Himbeere **58** 28
Himbeere **370** 101
Himbeerstrauch **58** 25
Himmelfahrtsblümchen **377** 3
Himmelsachse **4** 10
Himmelsäquator **3** 3
Himmelsbedeckung **9** 20–24
Himmelschlüsselchen **376** 8

Himmelsgewölbe **3** 1–8
Himmelskarte **3** 1–35
Himmelspol **3** 1
Himmelspol **4** 24, 26
Himmelssphäre **4** 23
Hindernis **289** 8
Hindernis **275** 30
Hindernislauf **298** 7
Hindernislaufen **298** 7
Hindernisrennen **289** 20–22
Hinkelstein **328** 18
Hinterbacke **72** 35
Hinterbacke **16** 40
Hinterbein **82** 8
Hinterbliebenen **331** 38
Hintereckkegel **305** 11
Hinterflügel **358** 33
Hinterfuß **303** 9
Hintergassenkegel **305** 9
Hintergassenkegel **305** 10
Hintergrundkulisse **310** 33
Hinterhachse **95** 1
Hinterhachse **95** 10
Hinterhängestück **316** 10
Hinterhand **72** 33–37
Hinterhaupt **16** 2
Hinterhauptmuskel **19** 2
Hinterhauptmuskeln **18** 50
Hinterhauptsbein **17** 32
Hinterhaxe **95** 1
Hinterhaxe **95** 10
Hinterhesse **95** 33
Hinterkappe **291** 23
Hinterkappe **100** 59
Hinterkipper **200** 7
Hinterlauf **88** 63
Hinterlauf **70** 7
Hinterlauf **88** 22
Hinterleib **82** 9
Hinterleibsrücken **358** 31
Hinterleibszange **81** 12
Hintermann **293** 77
Hinterpfote **70** 8
Hinterrad **186** 17
Hinterradgabel **187** 20
Hinterradlenkung **64** 39
Hinterradschwinge **189** 7
Hinterradschwinge **188** 14
Hinterradstreben **187** 20
Hinterradstreben **187** 19
Hintersitzkopfstütze **193** 8
Hinterspieler **293** 77
Hintersteven **222** 71
Hinterteil **16** 40
Hintertür **193** 6
Hinterzange **132** 37
Hinterzwiesel **71** 39
Hinweisschilder **233** 24–53

Hinweistafel **356** 7
Hinweiszeichen **268** 29
Hippe **56** 9
Hippodrom **308** 59
Hippogryph **327** 26
Hippokamp **364** 18
Hippokamp **327** 44
Hirnanhangdrüse **17** 43
Hirnholz **120** 92
Hirnholzplatte **340** 1
Hirnkappe **329** 61
Hirsch **86** 12
Hirschfänger **87** 41
Hirschhornknopf **29** 33
Hirschhund **289** 47
Hirschkäfer **358** 24
Hirschkalb **88** 1
Hirschkuh **88** 1
Hirschruf **87** 46
Hirschziegenantilope **367** 5
Hirse **68** 28
Hirtentäschelkraut **61** 9
Historische Schiffstypen **218**
Hitzeschild **235** 40
Hitzeschild **235** 8
Hobel **120** 64
Hobel **132** 15–28
Hobelbank **132** 29–37
Hobeleisen **132** 20
Hobelkasten **132** 24
Hobelmesser **132** 20
Hobelschar **200** 21
Hobelspäne **132** 40
Hobeltisch **150** 11
Hoboe **323** 38
Hoch **9** 6
Hochachse **230** 70
Hochbaukran **47** 39
Hochbehälter **55** 2
Hochbordstein **198** 7
Hochdecker **229** 1
Hochdecker **231** 2
Hochdruck-Rotationsmaschine **181** 41
Hochdruck-Sauerstoffpumpe **235** 42
Hochdruck-Wasserstoffpumpe **235** 41
Hochdruckdampfrohr **259** 63
Hochdruckgasleitung **156** 45
Hochdruckgebiet **9** 6
Hochdruckmanometer **141** 4
Hochdruckpresse **63** 35
Hochdruckreifen **187** 30
Hochdruckturbine **232** 53
Hochdruckverdichter **232** 36
Hochdruckverfahren **340** 1–13
Hochdruckvorwärmer **152** 26
Hochdruckzementierungspumpen **146** 34
Hochdruckzylinder **153** 23
Hochfläche **13** 46

Hochfrequenz **7** 26
Hochgebirge **12** 39–47
Hochgeschwindigkeitskamera **313** 35
Hochglanzfolie **116** 58
Hochhalte **295** 49
Hochhaus **37** 82
Hochhaus **305** 75
Hochlandindianer **352** 23
Hochleistungssegelflugzeug **287** 9
Hochlochziegel **159** 21
Hochlöffelbagger **200** 1
Hochmoor **13** 19
Hochnebel **8** 4
Hochofen **147** 1
Hochofenanlage **147** 1–20
Hochofenschacht **147** 7
Hochrippe **95** 18
Hochschrank **43** 1
Hochschule **262** 1–25
Hochschullehrer **262** 3
Hochseebergungsschlepper **258** 96
Hochseefischerei **90** 1–23
Hochseejacht **286** 5
Hochsilo **62** 11
Hochsitz **86** 14
Hochspannungskabel **153** 42
Hochspannungsleitungsseil **152** 32
Hochspannungsseil **152** 33
Hochspannungsverteilungsanlage **152** 29–35
Hochspringer **298** 10
Hochsprung **298** 9–27
Hochsprunganlage **298** 32
Hochstammrose **51** 25
Hochstammrose **52** 21
Hochstand **86** 14
Hochstoß **277** 3
Hochstraße **215** 59
Hochtonlautsprecher **241** 15
Hochtourenanorak **300** 6
Hochtourismus **300** 1–57
Hochtourist **300** 5
Hochverzugflyer **164** 19
Hochverzugstreckwerk **164** 14
Hochwasserbett **216** 41
Hochwasserdeich **216** 32
Hochwasserentlastungsanlage **217** 60
Hochwurf **297** 35
Hochzahl **345** 1
Hocke **296** 53
Hocker **260** 58
Hockerbestattung **328** 17
Hockereißen **299** 1
Hockergrab **328** 17
Hockey **292** 6

Hockeyball **292** 14
Hockeyschläger **292** 13
Hockeyspieler **292** 15
Hockeystock **292** 13
Hockeytor **292** 7
Hockliegestütz **295** 23
Hocksitz **295** 9
Hocksprung **295** 36
Hockstand **295** 6
Hoden **20** 72
Hodensack **20** 71
Höckerschwan **359** 16
Höft **225** 65
Höhe **346** 27
Höhenabstimmung **241** 43
Höheneinstellung **157** 49
Höhenfeintrieb **14** 54
Höhenflosse **288** 23
Höhenflosse **229** 26
Höhenflosse **256** 31
Höhenflosse **230** 62
Höhenleitwerk **257** 21
Höhenleitwerk **229** 26, 27
Höhenleitwerk **230** 61
Höhenlinien **15** 62
Höhenmarkierung **298** 20
Höhenmesser **230** 4
Höhenrichteinrichtung **255** 67
Höhenruder **288** 24
Höhenruder **229** 27
Höhenruder **230** 63
Höhenskala **7** 35
Höhenskala **157** 60
Höhenverstellung **116** 34
Höhenverstellung **177** 21
Höhenzug **13** 60
höhere Mathematik **345** 11–14
Höhere Schule **261**
Höhle **15** 85
Höhlenbild **328** 9
Höhlenfluß **13** 83
Höhlensystem **13** 76
Höllenhund **327** 29
Höllennatter **364** 40
Hör- und Fernsehfunk **239**
Hör- und Fernsehfunk **238**
Hörer **245** 15
Hörer **246** 16
Hörerleitung **237** 14
Hörfunk **238** 1–6
Hörkopf **241** 59
Hörmuschel **237** 8
Hörnchen **97** 32
Hörnchen **99** 13
Hörnchenwickelmaschine **97** 64
Hörrohr **23** 35
Hörsaal **262** 2
Höschen **77** 3
Hof **276** 27
Hofhecke **62** 35
Hofhund **62** 32
Hofkleid **355** 79

Hofraum **62** 31
Hohe Glatthafer **69** 22
Hohe Schule **71** 1–6
Hohlbeitel **132** 9
Hohlbeitel **339** 17
Hohlblocksteinwand **118** 15
Hohleisen **132** 9
Hohleisen **340** 8
Hohlgebiß **71** 52
Hohlglasrute **89** 57
Hohlhand **19** 71
Hohlkasten **215** 5
Hohlkehle **334** 29
Hohlkehle **336** 10
Hohlpfanne **122** 54
Hohlpfannendach **122** 53
Hohlsaum **102** 14
Hohlschalen **10** 30
Hohlschliff **302** 22
Hohlsonde **26** 41
Hohlspiegel **312** 39
Hohlstützisolator **153** 54
Hohltier **369** 20
Hohltier **369** 5
Hohltier **369** 9
Hohltier **369** 4
Hohltier **357** 14
Hohlweg **15** 84
Hohlwellenbohrer **133** 7
Holder **374** 35
Holderbeeren **374** 37
Holderblüten **374** 36
Holderbusch **374** 35
Hole **293** 87
holländische Windmühle **91** 29
Holler **374** 35
Hollerbeeren **374** 37
Hollerblüten **374** 36
Holm **38** 16
Holm **283** 35
Holm **230** 45
Holm **303** 5
Holmflügel **287** 29
Holoeder **351** 2
Holunderbeeren **374** 37
Holunderblüten **374** 36
Holunderbusch **374** 35
Holz **293** 91
Holz **84** 1–34
Holz **84** 16
Holzabfuhrweg **84** 3
Holzapfelbaum **58** 51
Holzauskleidung **281** 19
Holzbildhauer **339** 28
Holzbirnbaum **58** 31
Holzblasinstrumente **323** 28–38
Holzblock **339** 27
Holzbock **358** 44
Holzboot **255** 50–57
Holzbottich **91** 27
Holzdrehbank **135** 1
Holzdruckwalze **163** 32
Holzeinschlag **84** 15–37
Holzeinspannvorrichtung **132** 52
Holzeisenbahn **48** 29
Holzeisenbahn **47** 37

Holzeisenbahn 273 27
Holzfaserplatte 338 24
Holzfeile 132 2
Holzfender 218 26
Holzgewinde 143 47
Holzgreifer 85 29
Holzhacker 359 27
Holzhammer 125 18
Holzhammer 339 21
Holzharmonika 324 61
Holzhaus 37 84–86
Holzkohle 278 48
Holzkohlengrill 278 47
Holzkonstruktion 260 72
Holzkorb 309 10
Holzmaske 354 16
Holzmodel 340 2
Holznagel 121 92
Holzpaneel 266 37
Holzraspel 260 55
Holzraspel 132 1
Holzraspel 134 8
Holzrechen 66 23
Holzschaufel 91 24
Holzschläger 293 91
Holzschleifereianlage 172 53–65
Holzschliff 172 77–79
Holzschneidekunst 340 1–13
Holzschnitt 340 1–13
Holzschnitt 340 2
Holzschnitte 260 83
Holzschnitzerei 260 77
Holzschraube 122 101
Holzschraube 143 45
Holzschraube 132 41
Holzschreier 361 1
Holzsohle 101 45
Holzspäne 135 26
Holzspielzeug 260 80
Holzstab 324 62
Holzstativ 313 13
Holzsteckling 54 25
Holzstich 340 1
Holzstock 340 1
Holzstoß 84 16
Holzstück 260 56
Holztreppe 38 25
Holzunterschuhe 355 43
Holzverbände 121
Holzverbindungen 121 84–98
Holzverschlag 38 19
Holzvorrat 260 82
Holzzahn 91 9
Holzzaun 37 53
Home base 292 51
Homogenisiermaschine 76 12
Homogenisiersilos 160 5
Homo steinheimensis 261 17
Honig 77 63
Honig 77 33
Honigbehälter 77 62
Honigbiene 77 1–25
Honigglas 77 63
Honigmagen 77 18
Honigmelonenstück 266 50

Honigraum 77 45
Honigschleuder 77 61
Honigwaben 77 45
Honigzelle 77 33
Hook 305 18
Hook-Ball 305 18
Hopfenanpflanzung 15 114
Hopfengarten 15 114
Hopfenkessel 92 52
Horde 92 24
Hordenblech 83 17
Hordenschüttler 64 14
Horizontalablenkmodul 240 10
Horizontalebene 4 12
Horizontalisolierung 123 4
Horizontalseismograph 11 39
Horizontalstoß 277 2
Horizontalsynchronmodul 240 7
Horizontaltrauben-presse 79 21
Horizontbeleuchtung 316 15
Horizonthügel 310 13
Horizontkreisel 230 3
Horn 88 78
Horn 125 19
Horn 323 41
Horngestell 111 8
Hornhaut 19 47
Hornklee 376 17
Hornkoralle 369 8
Hornschröter 358 24
Horst 12 10
Hortensien 51 11
Hose 72 36
Hose 32 19
Hose 362 3
Hosenanzug 30 57
Hosenaufschlag 31 40
Hosenboje 228 13
Hosenbund 33 23
Hosenhöschen 32 8
Hosenkorselett 32 3
Hosenlatz 29 35
Hosenrock 31 48
Hosenrock 29 59
Hosenschlitz 33 48
Hosentasche 33 47
Hosenträger 29 26
Hosenträger 32 30
Hosenträgerklipp 32 31
Hospital 228 21
Hostess 272 27
Hostie 332 35
Hostie 332 28
Hostien 332 48
Hostiendose 332 53
Hostiendose 330 8
Hostienschale 332 50
Hostienteller 330 9
Hot-Whirl-Pool 281 31, 35
Hotel 267
Hotel- 204 28
Hotelaufkleber 205 9
Hotelbar 267 51
Hotelboy 267 18
Hoteldiener 204 17

Hoteldirektor 267 19
Hotelfoyer 267 44–46
Hotelgast 267 14
Hotelhalle 267 18–26
Hotelpage 267 18
Hotelrechnung 267 11
Hotelrestaurant 267 20
Hotelzimmer 267 27–38
Hourdi 159 26
Hourdis 159 26
Hourdisstein 159 26
Hubbrücke 225 70
Hubeinrichtung 255 76
Hubel 161 10
Hubhydraulik 65 24–29
Hubmotor 150 22
Hubrad 64 74
Hubschrauber 232 11–25
Hubschrauberarbeits-deck 228 15
Hubschrauberdeck 146 7
Hubschrauberhangar 259 38
Hubschrauberhangar 221 52
Hubschrauberkraftstoff 146 18
Hubschrauberlande-plattform 259 53
Hubschrauberlande-plattform 259 39
Hubschrauberplattform 221 19
Hubspindel 217 36
Hubstapler 159 18
Hubstapler 225 44
Hubstapler 226 8
Hubstrebe 65 29
Hubstrebenverstellung 65 25
Hubtor 217 38
Hubtor 217 31
Hubwerk 206 56
Hubzylinder 255 51
Hüftbein 17 18
Hüfte 72 32
Hüfte 16 33
Hüftgriff 21 38
Hüftnerv 18 30
Hüftschlagader 18 17
Hüfttasche 301 28
Hüftvene 18 18
Hügel 13 66
Hügelgrab 328 16
Hühneraufzuchtstall 74 1
Hühnerei 74 58
Hühnerhabicht 362 10
Hühnervogel 359 22
Hüllkelch 375 33
Hülse 374 22
Hülse 57 6
Hülse 370 92
Hülsenkasten 166 21
Hülsenkopf 87 16
Hülsenmais 68 31
Hündin 73 16
Hünengrab 328 16
Hüpfball 273 20
Hüpfseil 273 16

Hürde 298 8
Hürdenlauf 298 7 u.
Hürdenlaufen 298 7 u.
Hürdensitz 295 12
Hüsenfrüchte 57 1–11
Hütte 86 51
Hütte 223 33
Hütte 258 22
Hüttenjagd 86 47–52
Hüttenschuh 101 42
Huf 72 26
Hufeisen 5 9
Hufeisenbogen 336 30
Hufeisenmontierung 113 25
Huflattich 380 8
Hufschlagfigur 289 7
Huftiere 367 1–10
Huftiere 366 23–31
Huhn 62 36
Huhn 73 19–26
Humboldtstrom 14 42
Hummel 358 23
Hummergabel 45 79
Humusandeckung 200 64
Hund 73 16
Hundeartige 367 11–13
Hundebürste 70 28
Hundehalsband 70 13
Hundekamm 70 29
Hundekuchen 99 37
Hundeleine 70 30
Hundemeute 86 33
Hundemeute 289 46
Hunderassen 70
Hunderterstelle 344 3
Hundertsatz 345 7
Hundertstel 344 20
Hundeschlitten 353 3
Hundeschwanz 70 12
Hundeverbotsschild 99 6
Hundevollkost 99 36
Hundezecke 358 44
Hundskamille 61 8
Hundslattich 61 13
Hundsquecke 61 30
Hundsrose 373 26
Hungerblume 61 1
Hut 186 25
Hut 35 1
Hut 381 4
Hutablage 208 28
Hutgeschäft 268 38
Huthaken 266 13
Hutmacherin 35 1
Hutschachtel 205 11
Hyäne 368 1
Hydra 3 16
Hydra 327 32
Hydrallmania 369 9
Hydrantenschlüssel 270 27
Hydraulikanlage 92 13
Hydraulikanlage 255 53
Hydraulikarm 85 21
Hydraulikkolben 65 24
Hydraulikkolben 139 41
Hydraulikpumpe 64 91
Hydraulikpumpe 64 29
Hydraulikspeicher 257 16

Hydraulikzylinder **194** 26
Hydraulikzylinder **64** 8
Hydroidpolyp **396** 9
Hydroplane-Rennboot **286** 22
Hydroxylaminzuleitung **170** 21
Hygieneartikel **99** 35
Hygrograph **10** 50
Hygrograph **10** 8
Hygrometer **281** 23
Hyperbel **347** 26
Hyperbelstandlinie **224** 43, 44
Hypotenuse **346** 32
Hypotrachelion **334** 22
Hypozentrum **11** 32
hypsometrische Kurve **11** 6–12

I

IC-Zug **205** 34
Idealabfahrtshaltung **301** 33
Identität **345** 5
Identitätszeichen **345** 16
Igel **366** 5
Igelkaktus **53** 14
Igelkopf **34** 11
Igelwulst **334** 21
Iglu **353** 4
Igluzelt **278** 58
Ikosaeder **351** 11
Ikositetraeder **351** 12
imaginäre Zahl **344** 14
Imago **358** 10
Imker **77** 57
Imkerpfeife **77** 59
Imme **77** 1–25
Impair **275** 23
Imprägnierspray **50** 40
Impressum **342** 40
Impulsgeberanschluß **117** 7
Impulskabel **117** 72
Inbord-Sportboot **286** 2
Indexstreifen **249** 74
Indianerfrau **352** 10
Indianerhäuptling **352** 11
Indigofärbeschlichtma- schine **165** 40
Indikatorpapier **128** 16
Indio **352** 23
indische Kunst **337** 19–28
Indische Ozean **14** 23
Individualanzeigen **242** 3
Indossament **250** 25
Indossant **250** 27
Indossat **250** 26
Indossatar **250** 26
Induktionsspulen **11** 44
Indusi **212** 14
Industrieobligation **251** 11–19
Industriepflanzen **383**

Inertgasschweißung **142** 33
Infinitesimalrechnung **345** 14
Information **233** 31
Informationsabruf **248** 44
Informationsstand **250** 9
Informationstechnik **242**
Infrarottonkopfhörer **242** 30
Infrarottonsender **242** 29
Infrarottrockenofen **173** 32
Infrarotübertragung **242** 27
Infusionsflasche **25** 12
Infusionsgeräteständer **25** 11
Infusionsschlauch **25** 13
Inhaberaktie **251** 11
Inhalation **274** 7
Inhalationskur **274** 6, 7
Inhalationsschläuche **26** 2
Inhalationsschläuche **26** 29
Inhaliereinrichtung **23** 24
Inhalieren **274** 7
Initial **175** 1
Initiale **175** 1
Injektionsnadel **24** 54
Injektionsspritze **24** 53
Inka **352** 22
Inkarnatklee **69** 4
Inkreis **346** 31
Inlett **43** 13
Innenauslage **271** 13
Innenbeleuchtung **191** 77
Inneneckmeißel **149** 51
Innenelektrode **2** 3
Innenkiel **283** 50
Innenmeßfühler **149** 71
Innenquerstand **296** 27
Innenreißverschluß **101** 6
Innenring **143** 72
Innenrückspiegel **191** 39
Innensechskantschraube **143** 27
Innenstadt **268**
Innenstürmer **291** 15
Innentaster **135** 23
Innentitel **185** 45
Innentrommel **168** 17
Innenverzahnung **143** 95
Innenwinkel **346** 26
innere Ohr **17** 62–64
innere Organe **20** 1–57
innere Querruder **229** 43
Insekt **358** 10
Insekten **358** 3–23
Insektenauge **77** 20–24
Insektenfresser **366** 4–7
Insel **13** 6

Insel **259** 3
Insel **272** 55
Inspizient **316** 30
Inspizientenruf **315** 52
Inspizientenstand **316** 29
Installateur **126**
Installationswerkzeug **126** 58–86
Instamatic-Kassette **114** 15
Instant-Kaffee **99** 70
Institut für Tropenme- dizin **225** 28
Instrumente **234** 17
Instrumentenbrett **288** 11
Instrumentenbrett **230** 1
Instrumenteneinheit **234** 53
Instrumentengehäuse **2** 5
Instrumentenkasten **10** 59
Instrumentenkorb **26** 39
Instrumentenschale **27** 5
Instrumentenschrank **24** 16
Integral **345** 14
Integral-Cockpit **189** 44
Integralflächentanks **257** 29
Integralzeichen **345** 14
Integrand **345** 14
Integration **345** 14
Integrationskonstante **345** 14 ·
integrierter Schaltkreis **242** 68
Intensivhaltung **74** 1–27
Intensivpflegestation **25** 1–30
Intensivstation **25** 1–30
Intercity-Zug **205** 34
Intervalle **321** 6–13
intrakorporale Herz- schrittmacher **25** 37
Intrusion **11** 30
Inzensationen **332** 38
Ionisationskammer **2** 17
Ionisationskammer **2** 2
ionisierende Teilchen **1** 58
Ionosphäre **7** 23
Ionosphäre **237** 55
Iris **51** 27
Iris **60** 8
Iris **19** 42
Iron **293** 92
Irrgarten **272** 5
IS-(Individual-section-) Maschine **162** 21
Ischiasnerv **18** 30
islamische Kunst **337** 12–18
Isobare **9** 1
Isobare **9** 2
Isobathen **15** 11
Isochimene **9** 42
Isohelie **9** 44

Isohyete **9** 45
Isohypsen **15** 62
Isolationsverkleidung **235** 13
Isolierband **127** 34
Isoliergriff **127** 54
Isolierkanne **40** 5
Isolierung **38** 72
Isolierung **155** 36
Isoseiste **11** 37
Isothere **9** 43
Isotherme **9** 40
Ist-gleich-Taste **247** 20
Italienische Raygras **69** 26
Italienischer Skorpion **358** 40
ITOS-Satellit **10** 64

J

J-2-Triebwerk **234** 34
J-2-Triebwerke **234** 19
Jachtheck **285** 42
Jachtspiegel **285** 43
Jack-in-the-box **306** 56
Jacke **33** 2
Jackenkleid **31** 6
Jacketkrone **24** 28
Jackett **33** 2
Jäger **86** 1
Jägerei **86** 1–52
Jägerhut **86** 5
Jagd **86**
Jagdanzug **86** 2
Jagdbeute **86** 38
Jagdbomber **256** 1
Jagdbomber **256** 29
Jagden **86** 1–52
Jagdfasan **88** 77
Jagdfrevler **86** 29
Jagdgeräte **87** 41–48
Jagdgewehre **87** 1–40
Jagdglas **86** 6
Jagdgravur **87** 28
Jagdhorn **87** 60
Jagdhorn **289** 44
Jagdhund **86** 7
Jagdhunde **70** 38–43
Jagdhut **86** 5
Jagdkanzel **86** 14
Jagdkappe **289** 14
Jagdmesser **87** 42
Jagdreiten **289** 41–49
Jagdrennen **289** 20–22
Jagdrevier **86** 1–8
Jagdrock **289** 42
Jagdschirm **86** 9
Jagdspringen **289** 8–14
Jagdstellung **305** 72
Jagdstuhl **86** 10
Jagdwaffen **87**
Jagdwagen **86** 18
Jagen **84** 2
Jagen **86** 1–52
Jahresbrezel **99** 16
Jahresringe **84** 24
Jahrestrieb **372** 25
Jahreszeiten **4** 10–21
Jahrmarkt **308** 1–67

Jahrmarktbummler **308** 67
Jai alai **305** 67
Jakobsleiter **221** 91
Jakobsmuschel **309** 46
Jalousie **304** 12
Jalousieschweller **326** 50
Jamboree **278** 8–11
japanische Kunst **337** 7–11
Japanische Quitte **373** 17
Japanpanamahut **35** 16
Japanspachtel **128** 10
Japanspachtel **129** 23
Jaucherinne **75** 44
Jazzbatterie **324** 47–54
Jazzbesen **324** 53
Jazzgitarre **324** 73
Jazzinstrumente **324** 47–78
Jazztrompete **324** 65
Jeans **31** 60
Jeans **33** 22
Jeansanzug **33** 20
Jeansanzug **31** 58
Jeansjacke **33** 21
Jeansweste **31** 59
Jelängerjelieber **374** 13
Jerseyanzug **29** 17
Jerseykleidchen **29** 28
Jerusalemer Kreuz **332** 72
Jetgebläse **281** 34
Jeton **275** 12
Jiu-Jitsu **299** 13–17
Joch **65** 14
Joch **153** 14
Jocharm **322** 16
Jochbein **16** 8
Jochbein **17** 37
Joghurtbereiter **40** 44
Johannisbeere **58** 12
Johannisbeerstrauch **52** 19
Johannisbeerstrauch **58** 10
Johannisbeerzweig **58** 14
Johannisbrot **384** 41
Jolle **285** 37–41
Jolle **278** 12
Jollenkreuzer **284** 61
Judo **299** 13–17
Judoka **299** 14
Judowurf **299** 17
Jugendrodel **303** 3
Jugendstil **336** 18
Jule **86** 49
Jumbo-Jet **231** 14
Jungbestand **84** 11
Jungfernherz **60** 5
Jungfrau **3** 18
Jungfrau **4** 58
Junghenne **74** 9
Junghennenstall **74** 5
Junglarve **80** 54
Jungsteinzeit **328** 10–20
Jungstier **319** 35
Jupiter **4** 48
Jurte **353** 19

Justierschraube **242** 78
Jute **383** 25
Juteumhüllung **153** 49
Juteumhüllung **163** 4

K

k.o. **299** 40
Kabarett **40** 8
Kabel **50** 66
Kabel **326** 53
Kabel **153** 41
Kabelanschlußtafel **239** 3
Kabelaufhängung **133** 39
Kabelbindung **301** 40
Kabelboden **152** 20
Kabelendverschluß **153** 33
Kabelgalgen **195** 15
Kabelhaken **50** 65
Kabelkeller **152** 21
Kabelkranhelling **222** 11–18
Kabelmesser **127** 63
Kabelrolle **294** 29
Kabelschacht **234** 47
Kabelschacht **234** 29
Kabelschacht **235** 61
Kabelschacht **198** 17
Kabelschelle **127** 40
Kabeltrommel **270** 55
Kabeltrommelwinde **258** 85
Kabine **282** 1
Kabine **288** 19
Kabinenfenster **312** 15
Kabinenhaube **257** 4
Kabinenlaufwerk **214** 66
Kabriolett **186** 29
Kabriolimousine **193** 9
Kachelofen **266** 34
Käfer **82** 42
Käfer **82** 26
Käfer **358** 24–39
Käfighaltung **74** 18
Käfigwagen **307** 62
Kältekompressoren **92** 2
Kältemittelsammler **92** 7
Kämmaschine **163** 56
Kämmaschine **163** 63
Kämpfer **336** 21
Kämpferstein **336** 21
Känguruh **366** 3
Käse **98** 5
Käseabteilung **99** 39
Käsebrot **266** 75
Käsefliege **81** 15
Käseglocke **40** 7
Käselaib **99** 40
Käsemesser **45** 72
Käseplatte **45** 35
Käseschachtel **99** 49
Käseteller **266** 52
Käsetorte **97** 23
Kätzchen **59** 45
Kätzchen **371** 10

Kätzchen **59** 39
Käufer **99** 2
Käufer **271** 55
Käuferin **99** 18
Käuferin **271** 16
Käuzchen **362** 19
Kaffee **98** 65
Kaffee **99** 68
Kaffee **265** 1–26
Kaffee **382** 6
Kaffeeautomat **39** 38
Kaffeebohne **382** 6
Kaffeegedeck **265** 18
Kaffeegeschirr **44** 27
Kaffeehaus **265** 1–26
Kaffeehausbesucher **265** 22–24
Kaffeehausgäste **265** 22–24
Kaffeehaustisch **265** 11
Kaffeekanne **44** 28
Kaffeemaschine **39** 38
Kaffeemühle **98** 69
Kaffeeröstmaschine **98** 70
Kaffeesorte **98** 67
Kaffeestrauch **382** 1
Kaffeetasse **44** 29
Kahlkopf **34** 22
Kahlschlag **84** 13
Kahlschlagwirtschaft **84** 4–14
Kahnfibel **328** 28
Kai **222** 5
Kai **225** 64
Kaimauer **217** 1–14
Kaiserin **355** 15
Kaiserkrone **254** 38
Kaiserpinguin **359** 4
Kaistraße **225** 38
Kaizunge **225** 66
Kajak **283** 4
Kajak **353** 12
Kajaks **283** 68–70
Kaje **225** 64
Kajütboot **286** 3
Kajüte **218** 45
Kajüte **285** 39
Kakao **382** 19
Kakao **98** 66
Kakaobaum **382** 16
Kakaobohnen **382** 19
Kakaopulver **382** 19
Kakerlak **81** 17
Kalabreser **35** 38
Kalander **173** 36
Kalanderwalze **163** 37
Kalanderwalze **173** 38
Kalb **95** 1–13
Kalb **62** 33
Kalb **73** 1
Kalbsbrust **95** 4
Kalbsfilet **95** 7
Kalbskotelett **95** 3
Kaldarium **55** 4
Kalebasse **354** 27
Kalenderblatt **247** 33
Kalesche **186** 35
Kaliber **87** 40
Kaliber **148** 59
Kaliberdorn **149** 56
Kalidünger **63** 14
Kalifornische Strom **14** 39

Kalisalzflöz **154** 65
Kalk **172** 52
Kalkbunker **147** 62
Kalkdünger **63** 14
Kalklöschtrommel **172** 51
Kalkofen **15** 86
Kalkspat **351** 22
Kalkstein **13** 71–83
Kalme **9** 11
Kalmengürtel **9** 47
Kalmus **377** 22
Kalotte **261** 16
Kalotte **261** 18
kalte Meeresströmung **14** 27
Kaltfront **9** 27
Kaltfronten **8** 13–17
Kalthaus **55** 33
Kalteim **134** 36
Kaltlichtbeleuchtung **23** 8
Kaltwasserbecken **281** 30
Kaltwasserbehälter **92** 9
Kaltwassergriff **126** 29
Kaltwasserhahn **49** 26
Kambium **370** 10
Kambiumring **370** 10
Kamel **366** 29
Kamelkarawane **354** 1
Kamera **117** 71
Kamera **279** 24
Kamera **1** 60
Kamera **243** 1
Kamera **112** 14
Kameraassistent **117** 68
Kameraassistent **310** 42
Kameraausgang **117** 29
Kameraführer **310** 42
Kameragehäuse **115** 2
Kamerakabel **239** 2
Kamerakasten **177** 33
Kamerakasten **177** 25
Kamerakopf **240** 27
Kamerakran **310** 49
Kameramann **117** 67
Kameramann **310** 41
Kameramann **310** 20
Kameramonitor **239** 12
Kameramonitor **238** 65
Kameramonitor **240** 28
Kameramotor **115** 76, 78
Kameraobjektiv **313** 19
Kamerarückteil **114** 54
Kamerarückwand **115** 23
Kameraschwenker **310** 42
Kamerasteuerung **242** 36
Kameratasche **115** 103
Kamerateil **112** 20
Kameratür **313** 25
Kamille **61** 8
Kamille **380** 1
Kamin **300** 8
Kamin **38** 5
Kamin **155** 12
Kamin **37** 10
Kamin **267** 23
Kamin **350** 7

Kaminecke 267 22
Kaminformstein 159 28
Kaminkehrer 38 31
Kaminöffnung 49 20
Kaminsims 267 24
Kamm 72 14
Kamm 88 52
Kamm 95 47
kamm 105 22
Kamm 12 36
Kamm 28 8
Kamm 165 26
Kamm 95 20
Kammbreiteveränderung 165 36
Kammdeckel 71 31
Kammdeckel 71 17
Kammer 1 66
Kammer 87 20
Kammerscheidewand 20 52
Kammerschleuse 15 58
Kammerstengel 87 22
Kammertrockner 170 49
Kammgriff 296 41
Kammlerche 361 19
Kammolch 364 20
Kammrad 91 7
Kammreiher 359 18
Kammzug 163 72
Kammzugablage 163 62
Kamp 84 6
Kampanile 334 65
Kampfbahn 294 2
Kampfbeobachtersitz 257 7
Kampfboote 258 64–91
Kampferbaum 380 18
Kampfpanzer 255 80
Kampfring 299 35
Kampfstier 319 28
Kanadier 283 3
Kanal 15 57
Kanal 202 32
Kanal 217 15–28
Kanaleinfahrt 217 16
Kanalsohle 217 30
Kanalweiche 217 27
Kanarienstrom 14 41
Kandare 71 13
Kandarenkette 71 12
Kanette 166 30
Kanettenklemmfeder 166 33
Kaninchen 73 18
Kaninchen 88 65
Kaninchenbau 86 26
Kaninchenhaube 86 27
Kaninchenhöhle 86 26
Kanker 358 44–46
Kanne 39 30
Kannelierung 334 27
Kannenstock 163 36
Kanone 255 49
Kanonenjagdpanzer 255 88
Kanonenofen 309 4
Kanonenschlag 306 53
Kantbeitel 132 11
Kantbeitel 339 19
Kante 151 23
Kante 97 5

Kante 347 32
Kantenband 103 14
Kantenband 104 19
Kantenklebemaschine 133 26
Kantenmeißel 339 14
Kantenschleifmaschine 133 12
Kantenschutz 123 20
Kanthölzer 157 36
Kantholz 120 10
Kantine 119 45
Kanu 283 3
Kanu 352 19
Kanuheck 285 44
Kanz 329 83
Kanzel 86 14
Kanzel 330 19
Kanzelbrüstung 330 23
Kanzeldeckel 330 21
Kanzelhaube 230 39
Kanzelle 326 13
Kanzeltreppe 330 18
Kapaun 73 21
Kapella 3 27
Kapelle 15 61
Kapellmeister 274 21
Kapern 98 42
Kapillarständer 23 42
Kapitäl 334 20–25
Kapitälchen 175 14
Kapitän 224 38
Kapitänskajüte 223 13
Kapital 345 7
Kapitalband 185 42
Kapitalband 183 35
Kapitalis 341 16
Kapitalschrift 341 16
Kapitell 337 18
Kapitell 334 20–25
Kapitelüberschrift 185 60
Kapokbaum 383 20
Kappe 101 37
Kappe 355 29
Kappe 336 39
Kappenblech 303 7
Kappenheberzange 100 52
Kapriole 71 5
Kapriole 314 21
Kaprolaktam 170 28
Kaptalband 183 35
Kapuze 30 69
Kapuze 31 21
Kapuze 300 19
Kapuze 331 56
Kapuzenband 29 64
Kapuzenmuskel 18 52
Kapuzinerkresse 53 4
Kar 12 48
Karabiner 300 46
Karabinerloch 300 35
Karabinersitz 300 29
Karambolagebillard 277 7
Karamelle 98 77
Karate 299 19
Karateka 299 18
Karavelle 218 27–43
Karavelle 220 37
Kardätsche 71 55

Kardan-M-Teil 67 29
Kardan-V-Teil 67 31
Kardanantrieb 189 47
Kardanbogen 67 6
Kardangelenkkupplung 67 28
kardanische Aufhängung 241 23
Karde 163 51
Karde 163 34
Kardenband 163 38
Kardenband 163 35
Kardenkanne 163 35
Kardenkannen 164 3
Kardinal 363 5
Kardinalkreuz 332 65
Kardinalzahl 344 5
Karettschildkröte 364 28
Karikatur 342 53
Karneval 306
Karnevalsprinz 306 58
Karnevalsprinzessin 306 61
Karnevalswagen 306 57
Karnevalszug 306 57–70
Karniesbogen 336 36
Karo 276 41
Karohemd 33 50
Karosserie 191 1
Karosserieabstützung 192 72
Karotte 57 18
Karpfen 364 4
Karpfenansitz 89 26
Karpfenhaken 89 86
Karpfenteich 89 6
Karre 65 14–19
Karree-Treppenschliff 36 51
Karren 65 14–19
Karrenpflug 65 1
Karrenspritze 83 38
Karriere 72 43
Karriere 72 44
Karsterscheinungen 13 71–83
Karsthöhle 13 79
Karstquelle 13 74
Karstwasserspiegel 13 77
Karteikästen 46 10
Karteikasten 248 27
Karteikasten 262 23
Karteischrank 262 22
Karteiwanne 248 23
Kartenbeleuchtung 230 23
Kartenblatt 276 37
Kartenhalter 260 30
Kartenlegerin 308 36
Kartennetzentwürfe 14 8
Kartenreiter 248 4
Kartenvorverkaufsstelle 271 26
Kartenzeichen 15 1–114
Kartoffel 68 40
Kartoffel 68 38
Kartoffelapfel 68 43

Kartoffelbunkerroder 64 59–84
Kartoffelchips 45 41
Kartoffelforke 66 5
Kartoffelgabel 66 5
Kartoffelhacke 66 24
Kartoffelhacke 66 6
Kartoffelkäfer 80 52
Kartoffelknolle 68 40
Kartoffelkorb 66 25
Kartoffelkralle 66 20
Kartoffelkraut 68 41
Kartoffellegewanne 66 21
Kartoffellöffel 45 75
Kartoffelsammelroder 64 59–84
Kartoffelschüssel 45 31
Kartusche 336 7
Karussell 308 2
Karyatide 334 36
Karyopse 375 43
Kasack 31 35
Kasackkleid 30 45
Kasackpullover 31 65
Kasch 313 4
Kaschbühne 313 3
Kaschierung 315 32
Kasino 274 8
Kasinoausweis 275 14
Kaskade 272 9
Kasperlefiguren 260 74
Kasse 266 69
Kasse 196 29
Kasse 99 92
Kasse 250 1
Kasse 275 2
Kasse 308 7
Kasse 207 86
Kassenbon 271 7
Kassenstand 99 92
Kassenzettel 271 7
Kassenzettel 98 44
Kassettenband 241 12
Kassettenbehälter 241 11
Kassettenbox 241 11
Kassettenbox 241 47
Kassettenfach 249 72
Kassettenfach 241 34
Kassettenfach 241 6
Kassettenfenster 117 30
Kassettenkamera 114 11
Kassettenlift 243 8
Kassettenmaul 114 10
Kassettenrecorder 117 73
Kassettenrecorder 261 42
Kassettenschieber 114 64
Kassettenteil 241 3
Kassie 380 16
Kassierer 250 2
Kassiererin 99 94
Kassiererin 266 70
Kassiererin 271 1
Kassiopeia 3 33
Kastagnetten 324 46
Kastanie 72 27
Kastanie 371 60
Kastaniensamen 371 60

Kastell **218** 10
Kasten **77** 1, 4, 5
Kasten **132** 24
Kasten **174** 8
Kastenausführung **194** 7
Kastenauslage **184** 5
Kastenbeschicker **159** 7
Kasten Bier **99** 72
Kastenbrot **97** 10
Kastenfalle **86** 20
Kastenholm **287** 30
Kastenkuchen **97** 34
Kastenkuchen **99** 21
Kastenkuchenform **40** 28
Kastenlade **326** 12–14
Kastenoberlicht **316** 13
Kastenrinne **122** 83
Kastenspeiser **163** 33
Kastenwagen **194** 7
Kastor **3** 28
Kasuar **359** 1
Katakombe **331** 59
Katamaran **284** 64
Kater **73** 17
Katheder **262** 4
Katheten **346** 32
Katheter **26** 31
Katheterbehälter **26** 30
Kathetermeßplatz **27** 30
Kathode **178** 6
Kathodenstrahlröhre **242** 40
Katze **73** 17
Katzen **368** 2–8
Katzenauge **187** 45
Katzenpfötchen **377** 3
Katzenschwanz **60** 21
Katzenstreu **99** 38
Katzenzunge **98** 84
Kaufhaus **271**
Kaufhaus **268** 41
Kaufladen **47** 27
Kaufmann **98** 41
Kaufmannsladen **47** 27
Kaumuskel **19** 7
Kaustifizier-Rührwerke **172** 49
Kautabak **107** 19
Kauter **24** 43
Kaviarmesser **45** 81
Kavitätenbohrer **24** 37
Kegel **36** 79
Kegel **347** 43
Kegel **305** 12
Kegel **175** 46
Kegelaufschläger **172** 82
Kegelaufstellung **305** 1–11
Kegelbaum **272** 13
Kegeldach **121** 24
Kegelhöhe **347** 44
Kegelkönig **305** 13
Kegellade **326** 12–14
Kegelmühle **172** 73
Kegelmühle **172** 83
Kegelprojektion **14** 8
Kegelrad **143** 91
Kegelrefiner **172** 60
Kegelschnitte **347** 11–29

Kegelsitz **143** 67
Kegelstand **305** 1–11
Kegelstift **143** 37
Kegelstoffmühle **172** 27
Kegelstumpf **347** 45
Kegeltrieb **91** 25
Kehlbalken **121** 35
Kehlbalkendach **121** 34
Kehlbalkendachstuhl **121** 37
Kehlbart **88** 73
Kehldeckel **17** 51
Kehle **121** 15
Kehle **122** 11
Kehle **72** 16
Kehle **16** 19
Kehle **122** 82
Kehle **326** 18
Kehlgang **72** 16
Kehlgebälk **121** 38
Kehlhammer **137** 34
Kehlkopf **20** 2, 3
Kehlnahtmeßlehre **142** 36
Kehlriemen **71** 11
Kehlsack **359** 8
Kehlsparren **121** 64
Kehlstück **329** 42
Kehrbesen **268** 21
Kehrbesen **50** 46
Kehrbesen **260** 59
Kehrdüse **50** 71
Kehre **297** 32
Kehrfahrzeug **199** 41
Kehricht **268** 22
Kehrschaufel **50** 52
Kehrschaufel **260** 60
Kehrstreckenwickel **163** 58
Kehrwalze **199** 42
Kehrwert **344** 16
Keil **137** 31
Keil **119** 15
Keil **132** 19
Keil **158** 7
Keilabsatz **101** 55
Keilbein **17** 38
Keilbeinhöhle **17** 54
Keiler **88** 51
Keiler **305** 33
Keilhammer **158** 6
Keilloch **132** 21
Keilnut **143** 66
Keilnut **143** 85
Keilrahmen **338** 20
Keilriemen **64** 78
Keilriemenvorgelege **109** 21
Keilschnitt **54** 38
Keilschrift **341** 8
Keilstein **336** 22
Keilstufe **123** 31
Keimabsaugung **92** 38
Keimbläschen **74** 66
Keimblatt **370** 87
keimfreie Mullauflage **21** 6
Keimgut **92** 23
Keimling **68** 16
Keimling **370** 86
Keimlöchern **383** 57
Keimpflanze **68** 14

Keimscheibe **74** 65
Keimsproßachse **370** 89
Keimwurzel **370** 88
Kelch **58** 8
Kelch **375** 34
Kelch **332** 49
Kelch **374** 8
Kelch **330** 10
Kelchblatt **58** 44
Kelchblatt **59** 12
Kelchblatt **370** 58
Kelchborsten **375** 33
Kelchglas **162** 41
Kelchkapitell **333** 16
Kellerassel **81** 6
Kelleraußentreppe **118** 4
Kellereigehilfe **79** 12
Kellerfenster **118** 3
Kellerfenster **37** 27
Kellergeschoß **37** 1
Kellergeschoß **118** 1
Kellertreppe **118** 7
Kellerwand **123** 1
Kellner **267** 47
Kellnerin **266** 18
Kemenate **329** 10
Kennmelder **127** 37
Kennziffer **345** 6
Kentaur **3** 39
Kentaur **327** 52
Kerbstift **143** 40
Kerbtal **13** 53
Kerbtiere **358** 3–23
Kerbtierfresser **366** 4–7
Kerfe **358** 3–23
Kern **148** 36
Kern **326** 28
Kern **58** 23
Kern **11** 5
Kern **153** 17
Kernbohrgerät **145** 21
Kernbrennstoff **154** 4
Kernbrett **120** 93
Kernbruchstück **1** 44
Kernbruchstück **1** 47
Kernbruchstück **1** 51
Kernbruchstücke **1** 38
Kernenergie **154**
Kernenergieforschungs-schiff **221** 9
Kerngehäuse **58** 36
Kerngehäuse **58** 59
Kernhaus **58** 59
Kernhaus **58** 36
Kernholz **120** 84
Kernholz **370** 13
Kernkraftwerk **154** 19
Kernmarke **148** 37
Kernobst **58**
Kernobstgewächse **58** 31–61
Kernreaktor **154** 19
Kernschatten **4** 35
Kernspalt **326** 24
Kernspaltung **1** 34
Kernspaltung **1** 46
Kerosin-(RP-1-)Tank **234** 9
Kerrie **373** 28
Kerwe **308** 1–67
Kerze **295** 29
Kerzen **260** 76

Kerzenstecker **188** 27
Kessel **199** 29
Kesseldruckmesser **210** 47
Kesselfundament **38** 66
Kesselhaube **329** 61
Kesselhaus **152** 1–21
Kesseljagd **86** 34–39
Kesselpauke **323** 57
Kesselschmiede **222** 9
Kesselspeisepumpe **152** 18
Kesselthermometer **38** 64
Kesseltreiben **86** 34–39
Kesselwagen **213** 31
Ketchup **45** 43
Ketscher **89** 2
Kettbaum **167** 24
Kettbaum **166** 48
Kettbaum **165** 56
Kettbaumbremse **166** 59
Kette **75** 15
Kette **255** 87
Kette **187** 36
Kette **167** 24
Kette **166** 39
Kettenablängsäge **157** 38
Kettenantrieb **187** 35–42
Kettenauslage **180** 43
Kettenblende **255** 85
Kettenblume **61** 13
Kettenfähre **216** 1
Kettenflieger **308** 4
Kettenfräse **120** 17
Kettenfräsmaschine **132** 49
Kettengehänge **226** 26
Kettenglied **36** 39
Kettengreifer **180** 56
Kettenkarussell **308** 4
Kettenkasten **188** 46
Kettenpanzer **329** 63
Kettenquerförderer **157** 22
Kettenrad **187** 35
Kettenreaktion **1** 41
Kettenreaktion **1** 48
Kettensäge **120** 14
Kettenschleier **139** 50
Kettenschließen **118** 30
Kettenschrägförderer **64** 7
Kettenschutz **187** 37
Kettenschutzblech **187** 37
Kettenspannvorrichtung **157** 41
Kettenstich **102** 2
Kettenstopper **223** 51
Kettentrieb **187** 35–39
Kettenzahnkranz **187** 38
Kettenzahnrad **187** 38
Kettfaden **171** 8
Kettfaden **171** 18
Kettfaden **171** 2
Kettfaden **171** 1
Kettfaden **171** 17
Kettfaden **166** 39

Kettfadenwächter 166
34
Kettschnitt 171 14
Keule 88 21
Keule 88 37
Keule 95 1
Keule 349 10
Keule 354 33
Keule 95 14
Keulen 297 37
Keulige Bärlapp 377 12
Kfz 191 1–56
Kfz-Schlosser 195 53
Kfz-Werkstatt 195
Kicherling 69 19
Kickschuh 292 10
Kickstarter 189 38
Kickstarter 188 43
Kiebitz 359 21
Kiefer 358 25
Kiefer 372 20
Kieferfühler 358 42
Kieferneule 82 46
Kiefernschwärmer 82
27
Kiefernspanner 82 28
Kiefernzapfen 372 26
Kiel 222 22
Kiel 285 32
Kiel 283 32
Kiel 322 53
Kiel 286 61
Kiel 283 50
Kielbogen 336 36
Kielflosse 232 7
Kielflosse 231 6
Kielflügel 322 45
Kielpallen 222 39
Kielstapel 222 39
Kielträger 235 7
Kielwasser 223 58
Kiemendeckel 364 5
Kiemenspalte 364 3
Kiesbettung 200 60
Kieselgur 93 3
Kieselgurfilter 93 4
Kieselsäureskelett 357
8
Kieselstein 328 6
Kiesfilterschicht 199 23
Kiesweg 272 18
Kiewitt 359 21
Kilometertafel 216 44
Kilometerzähler 187 33
Kimme 87 66
Kimme 255 22
Kimmgang 222 46
Kimmkiel 222 47
Kimmpallen 222 40
Kimmstapel 222 40
Kimono 353 40
Kimonopasse 31 18
Kinder-T-Shirt 29 27
Kinderbett 47 1
Kinderbuch 47 17
Kinderbücher 48 23
Kinderdirndl 29 36
Kinderfahrrad 273 9
Kindergärtnerin 48 1
Kindergarten 48
Kindergrab 331 29
Kinderhemdchen 28 23
Kinderkarussell 308 2

Kinderkleidung 29
Kinderpulli 29 47
Kinderreisebett 28 1
Kindershorts 29 25
Kindersitz 187 21
Kindersöckchen 29 30
Kinderspielplatz 273
Kinderstuhl 28 33
Kindertagesstätte 48
Kindertasse 28 27
Kindertelefon 47 35
Kinderteller 28 28
Kinderwagen 272 71
Kinderwagen 273 31
Kinderzimmer 47
Kinderzimmerschrank
47 21
Kinderzwieback 97
54
Kinn 16 15
Kinnbacke 16 9
Kinnband 355 22
Kinnbart 34 10
Kinngrübchen 16 16
Kinnkette 71 12
Kinnlade 16 17
Kinnlappen 73 24
Kinnreff 329 41
Kinnstütze 323 8
Kino 312 1
Kinobesucher 312 5
Kinokarte 312 3
Kinokasse 312 2
Kinomaschine 312 24
Kinoneiger 313 12
Kinonivellierkopf 114
48
Kinoplakat 268 57
Kinoprojektor 312 24
Kippanhänger 56 42
Kippanschlag 214 35
Kippanschluß 127 23
Kippaschenbecher 208
29
Kippflügel 232 27
Kippflügelflugzeug 232
26
Kippkasten 214 34
Kipplager 226 40
Kipplore 119 28
Kippmulde 213 38
Kipppritsche 194 25
Kipprost 210 5
Kipprostkurbel 210 40
Kipprotor 232 32
Kipprotorflugzeug 232
31
Kippsche Apparat 350
59
Kippvorrichtung 147 59
Kippvorrichtung 147 44
Kippzylinder 62 19
Kirche 15 64
Kirche 332
Kirche 335 1–13
Kirche 330
Kirche 331
Kirche 15 53
Kirchenbank 330 28
Kirchenbesucher 330
29
Kirchendach 331 11
Kirchendiener 330 26

Kirchenfahne 331 44
Kirchenfenster 330 14
Kirchengestühl 330 28
Kirchenorgel 326 1–52
Kirchenportal 335 24
Kirchenportal 331 16
Kirchenschwalbe 359
24
Kirchentür 331 16
Kirchgänger 331 17
Kirchgänger 330 29
Kirchhof 331 21–41
Kirchhofmauer 331 18
Kirchhoftor 331 19
Kirchturm 331 2
Kirchturmhahn 331 3
Kirchturmspitze 331 6
Kirchturmuhr 331 7
Kirchweih 308 1–67
Kirgise 353 22
Kirmes 308 1–67
Kirmesorgel 308 38
Kirri 354 33
Kirrmöwe 359 14
Kirschbaum 59 1–18
Kirschbaumblatt 59 2
Kirschblüte 59 3
Kirsche 59 6–8
Kirsche 59 5
Kirsche 370 99
Kirschfliege 80 18
Kirschfruchtfliege 80 18
Kirschkern 59 7
Kirschzweig 59 1
Kirschbaum 59 1
Kithara 322 15
Kitt 124 17
Kittmesser 129 24
Kittmesser 124 27
Kitz 88 39
Kitzler 20 88
Klänge 89 21
Kläranlage 144 20
Klärwerk 144 20
Klamm 13 52
Klammer 121 97
Klammer 350 33
Klammerfuß 364 34
Klammern 342 25
Klammern 342 24
Klampfe 324 12
Klappanhänger 278 3
Klappcaravan 278 3
Klappdeckel 309 27
Klappe 323 35
Klappe 323 32
Klappengefach 246 5
Klappenjalousie 212 84
Klappenkasten 267 5
Klappenmann 310 34
Klappenstutzen 190 15
Klappensystem 229 37
Klappentext 185 39
Klapper 306 40
Klapphut 35 36
Klappkamera 309 25
Klappkojen 259 84
Klappladen 37 30
Klapplüftung 55 10
Klapprad 188 1
Klappscharnier 188 2
Klappsitz 207 12
Klappstuhl 28 33

Klapptintenfaß 309 78
Klapptischchen 207 53
Klapptür 194 12
Klappverdeck 186 52
Klappwohnwagen 278 3
Klarglasfleck 115 66
Klarinette 323 34
Klarinette 318 4
Klarinettist 318 5
Klarsichtfenster 278 41
Klarsichtfenster 284 3
Klarsichtscheibe 189 46
Klassen 77 1, 4, 5
Klassenbuch 260 23
Klassenraum 260 1–85
Klassenschrank 260 43
Klassensortierung 74 44
Klassenspiegel 242 3
Klassenzimmer 260
1–85
Klassierer 172 50
Klassizismus 336 15
Klatschmohn 51 30
Klatschmohn 61 2
Klaue 88 24
Klaue 174 48
Klaviatur 325 4, 5
Klaviatur 324 40
Klaviatur 322 28
Klavichord 322 36
Klavichordmechanik
322 37
Klavier 325 1
Klaviergehäuse 325 6
Klavierhammer 325 3
Klaviermechanik 325
2–18
Klavierpedale 325 8, 9
Klaviersaiten 325 7
Klaviertasten 325 4, 5
Klavizimbel 322 45
Klebearbeit 260 50–52
Klebeband 134 38
Klebebinder 249 61
Klebebinder 184 1
Klebefläche 260 50
Klebemaschine 184 1
Klebepresse 117 89
Klebestreifen 98 47
Klebestreifenhalter 247
28
Klebestreifen 247
29
Klebestreifenspender
247 27
Klebevorrichtung 133
29
Klebstoff 48 4
Klebstofftube 260 51
Kleeblattbogen 336 32
Kleeblattkreuz 332 71
Kleeblüte 69 7
Kleekarre 66 26
Kleesämaschine 66 26
Kleiber 361 11
Kleid 355 25
Kleiderablage 315 5
Kleiderabteil 267 30
Kleiderbügel 41 3
Kleiderbürste 50 44
Kleidergürtel 30 11
Kleidergürtel 31 10
Kleiderhaken 41 2

Kleiderhaken **266** 14
Kleiderhaken **207** 50
Kleiderlaus **81** 41
Kleidermoden **355**
Kleidermotte **81** 13
Kleiderrock **30** 8
Kleiderschutz **104** 14
Kleiderständer **103** 17
Kleiderständer **266** 12
Kleiderstange **271** 31
kleinasiatische Kunst **333** 37
Kleinbahn **15** 25
Kleinbehälter **206** 19
Kleinbild-Kompaktkamera **114** 1
Kleinbild-Spiegelreflexkamera **115** 1
Kleinbildkamera **112** 26
Kleinbildkassette **114** 7
Kleinbildkassette **112** 35
Kleinbildpatrone **114** 7
Kleinblütige Knopfkraut **61** 31
Kleinbuchstabe **175** 12
Kleinbus **194** 9
Kleinbus **195** 47
Kleincontainer **206** 19
Kleindiktiergerät **246** 32
Kleindrehbank **109** 20
Kleindrehtisch **142** 41
Kleine Bär **3** 34
kleine Chirurgie **22**
kleine Finger **19** 68
Kleine Frostspanner **80** 16
Kleine Hund **3** 15
Kleine Kohlweißling **80** 48
Kleine Schwalbenmöwe **359** 11
Kleine Stubenfliege **81** 1
kleine Teller **45** 6
Kleine Uhu **362** 14
Kleine Wagen **3** 34
Kleingärtner **52** 24
Kleingarten **52** 1–32
Kleingepäckablage **208** 28
Kleinhirn **17** 45
Kleinkabine **214** 20
Kleinkabinenbahn **214** 19
Kleinkalibergewehr **305** 48
Kleinkaliberstandardgewehr **305** 43
Kleinkaliberwaffe **305** 44
Kleinkern **357** 12
Kleinkind **28** 42
Kleinkinderkleidung **29** 13–30
Kleinklavier **325** 1
Kleinkraftrad **189** 1
Kleinküchenmaschine **40** 45
Kleinlaster **194** 1
Kleinlasttransporter **194** 5

Kleinmotorrad **189** 1
Kleinoffset-Stapeldrucker **180** 70
Kleinoffsetdrucker **249** 48
Kleinschmetterling **58** 62
Kleinschraubstock **134** 10
Kleinstbildkamera **114** 16
Kleinstbildkassette **114** 17
Kleinsterilisator **26** 35
Kleinteilekasten **134** 34
Kleinteilekasten **195** 31
Kleinteilespender **22** 64
Kleinvieh **73** 18–36
Kleinwagen **193** 19
Kleisterbürste **128** 27
Kleistergerät **128** 25
Klemmbügel **247** 43
Klemme **350** 33
Klemmenkasten **153** 60
Klemmenschrank **211** 16
Klemmhalter **149** 45
Klemmhebel **132** 67
Klemmplatte **202** 9
Klemmplatte **149** 46
Klemmwalzenpaar **165** 39
Klempner **125**
Kletterausrüstung **300** 31–57
Kletterdach **273** 60
Kletterer **300** 5
Klettergerüst **273** 47
Klettergürtel **300** 56
Kletterhose **300** 7
Klettern **300** 2–13
Klettern **300** 14–21
Netternetz **273** 50
Kletterpflanze **51** 5
Kletterpflanze **57** 8
Kletterpflanze **53** 2
Kletterrose **52** 12
Kletterschuh **300** 44
Kletterseil **273** 48
Klettertau **296** 19
Kletterturm **273** 17
Kletterwalze **157** 5
Kletterwurzeln **370** 80
Kliff **13** 28
Klimaanlage **26** 20
Klimaanlage **239** 15
Klimaanlage **146** 24
Klima ewigen Frostes **9** 58
Klimakarte **9** 40–58
Klimakunde **9**
Klimalandschaft **356** 21
Klimate **9** 53–58
Klinge **45** 54
Klinge **354** 12
Klinge **294** 44
Klingelbeutel **330** 59
Klingeltafel **267** 28
Klingeltaster **127** 2
Klingenbindungen **294** 46

Klinkenfeld **311** 16
Klinkenrad **110** 10
Klinkerbeplankung **285** 50–52
Klinkerkühler **160** 9
Klinkerlager **160** 10
Klinknagel **285** 52
Klinopinakoid **351** 24
Klippdachs **366** 24
Klippe **13** 25
Klipper **220** 36
Klippschliefer **366** 24
Klischee **178** 38
Klischeeätzmaschine **178** 23
Klischeefacette **178** 44
Klischeefuß **178** 41
Klischeeherstellung **178** 23–45
Klischeeholz **178** 41
Klischiergerät **177** 52
Klivie **53** 8
Klo **49** 12
Kloakentier **366** 1
Klöpfel **132** 5
Klöpfel **158** 36
Klöppel **324** 64
Klöppelspitze **102** 18
Klopapier **49** 11
Klopfdüse **50** 71
Klopfeisen **136** 36
Klopfholz **120** 67
Klopfmaschine **131** 4
Klosett **49** 12
Klosettbecken **49** 13
Klosettbrille **49** 15
Klosettdeckel **49** 14
Klosettpapier **49** 11
Klosettumrahmung **49** 18
Klosettumrandung **49** 18
Kloster **15** 63
Kloster **331** 52–58
Klostergarten **331** 53
Klostergewölbe **336** 41
Klosterhof **331** 53
Klotz **125** 21
Klubflagge **283** 25
Klubhaus **283** 23
Klubsessel **246** 24
Klubstander **283** 25
Klüpfel **132** 5
Klüver **219** 22
Klüverbaum **218** 51
Klüverbaum **219** 1
Klüverleiter **219** 14
Kluft **13** 50
Kluppenpinsel **129** 20
Kluppmeßstock **85** 10
Knabenhemd **29** 61
Knabenhose **29** 60
Knabenkraut **376** 28
Knackmandeln **45** 41
Knäckebrot **97** 50
Knäuelgras **69** 25
Knallblättchen **306** 49
Knallbonbon **306** 50
Knallerbse **306** 51
Knallfrosch **306** 52
Knarre **306** 47
Knarrpoller **284** 25

Knebel **140** 5
Knebel **339** 25
Knebelbart **34** 13
Knebelknöpfe **30** 66
Kneif **183** 13
Kneifzange **126** 65
Kneifzange **140** 69
Kneifzange **100** 41
Kneifzange **134** 13
Knetbrett **48** 14
Knetmaschine **97** 55
Knetmasse **48** 12
Knickflügel **229** 14
Knickkragen **324** 10
Knicklenkung **85** 37
Knicklenkung **85** 37
Knicksäulenmontierung **113** 21
Knickspant **258** 8
Knickstelle **358** 35
Knie **16** 50
Kniebank **332** 25
Kniebeuge **16** 51
Kniebuckel **329** 53
Kniebund **33** 41
Kniebundhose **33** 40
Kniegamasche **289** 31
Kniegeige **323** 16
Kniegelenk **340** 30
Kniehebel **325** 45
Kniehebelantrieb **181** 16
Kniehebelsystem **183** 30
Kniekehle **16** 51
knielange Socke **32** 32
Knieliegestütz **295** 20
Kniescheibe **17** 23
Kniescheibe **72** 33
Knieschützer **303** 17
Kniestand **295** 7
Kniestock **121** 46
Kniestock **121** 47
Kniestrümpfe **29** 53
Kniestrumpf **33** 42
Knobel **276** 31
Knobelbecher **276** 30
Knobeln **276** 29
Knochen **70** 33
Knochen **17** 1–29
Knochendünnung **95** 16
Knochengerüst **17** 1–29
Knochenmeißel **24** 49
Knochensäge **96** 56
Knochensäge **94** 19
Knochenschinken **96** 1
Knochenschinken **99** 52
Knochenzange **26** 51
Knockout **299** 40
Knöchel **19** 59
Knöchel **19** 82
Knöchelschutz **291** 33
Knötchenstich **102** 13
Knöterich **376** 10
Knolle **68** 40
Knollenbegonie **51** 19
Knollenblätterpilz **379** 11
Knollenpflanze **68** 38
Knopfgras **377** 2
Knopfleiste **33** 62
Knopfschachtel **103** 15

Knopfsonde 26 40
Knopfsonde 22 53
Knopfzelle 110 7
Knospe 382 28
Knospe 61 3
Knospe 60 16
Knospe 59 22
Knospe 58 27
Knospe 54 23
Knospe 54 26
Knospenkapitell 333 14
Knoten 122 68
Knoten 383 63
Knoten 9 12
Knoten 34 29
Knoten 31 47
Knotenschnur 352 22
Knotenschrift 352 22
Knotenstich 102 13
Knüpfarbeit 102 21
Knüppelschaltung 191 91
Kobaltbestrahlungsapparatur 2 28
Kobaltbombe 2 28
Kochbecher 350 20
Kocher 97 69
Kocher-Klemme 22 49
Kochkolben 350 47
Kochlauge 172 46
Kochlöffelgarnitur 40 2
Kochplatte 39 15
Kochplatz 39 12–17
Kochsalz 170 13
Kochsalzkristall 1 9
Kochschrank 96 47
Kochtopf 40 12
Kochtopf 39 29
Kockpit 283 8
Kodierung 242 11
Köcher 352 27
Köcherfliege 358 12
Köder 89 65–76
Köder 86 21
Köderdose 89 24
Köderfischsenke 89 29
Ködergewicht 89 36
Ködernadel 89 41
Koeffizienten 345 4
Kölbchen 162 40
König 305 7, 13
König 276 8
Königin 77 38
Königin 77 4
Königin 276 9
Königinnenkammer 333 3
Königinnenzelle 77 37
Königsbaum 91 34
Königsfarn 377 16
Königsgrab 333 1
Königskammer 333 2
Königskerze 376 9
Königskrone 254 42
Königsweihe 362 11
Köper 171 45
Köpergeflecht 136 2
Köpfchen 370 73
Köpfer 64 85
Köpfmesser 64 87
Körbchen 370 74
Körbchen 77 6
Körner 140 64
Körner 134 31

Körnerfrüchte 68 1–37
Körnung 340 47
Körper 326 29
Körper 185 21
Körperglied 357 25
Körpergrößenmesser 22 69
Körperpflegemittel 99 27–35
Köte 72 24
Kötengelenk 72 24
Koffer 194 19
Koffer 204 6
Kofferanhänger 205 8
Kofferraum 193 23
Kofferraum 207 71
Kofferraum 191 24
Kofferraumdeckel 191 7
Kogge 218 18–26
Kognak 98 59
Kognakschale 45 88
Kohl 57 32
Kohlefiberrute 89 57
Kohlenabzugsband 152 3
Kohlenbeschickungsanlage 199 37
Kohlenbunker 152 2
Kohlenförderband 152 1
Kohlenhafen 225 18
Kohlenhalter 312 43
Kohlenkrater 312 44
Kohlenlager 225 19
Kohlenmühle 152 4
Kohlenschaufel 38 43
Kohlenstoffatom 242 63
Kohlenturm 156 5
Kohlenturmgurtförderer 156 4
Kohlestift 338 16
Kohlkopf 57 32
Kohlmeise 361 9
Kohlrabi 57 26
Kohlweißling 80 47, 48
Kokardenblume 60 19
Kokerei 144 7–11
Kokerei 170 2
Kokerei 156
Kokereigasbehandlung 156 16–45
Kokille 147 37
Kokille 147 32
Kokillenband 147 36
Kokillenwand 148 29
Kokon 358 51
Kokosfett 98 23
Kokosnuß 383 53
Kokospalme 383 48
Kokotte 306 37
Koksasche 120 44
Koksausdrückmaschine 156 7
Koksfeuerung 38 38
Kokskohlenentladung 156 1
Kokskohlenkomponentenbunker 156 3
Kokskohlenturm 144 9
Kokskuchenführungswagen 156 9

Kokslöschturm 144 10
Kokslöschwagen 144 11
Koksöfen 156 16
Koksofenbatterie 144 7
Koksofenbatterie 156 8
Koksrampe 156 12
Koksrampenband 156 13
Koksverladung 156 15
Kolben 87 3
Kolben 255 24
Kolben 242 46
Kolben 190 37
Kolben 370 71
Kolben 378 22
Kolbenhals 87 7
Kolbenkappe 305 46
Kolbenpumpenschwengel 83 45
Kolbenringen 190 37
Kolbenrückenspritze 83 43
Kolbenstange 192 75
Kolbenstange 210 33
Kolleg 262 1
Kollektor 155 19
Kollektordrehstrommotor 164 35
Koller 355 39
Kollergang 159 8
Kolli 206 4
Kollimator 351 30
Kolombine 306 27
Kolon 342 17
Kolonel 175 24
Kolonnade 274 9
Kolonnenböden 145 37
Kolophonium 323 11
Koloradokäfer 80 52
Kolposkop 23 5
Kolumbine 306 27
Kolumne 185 65
Kolumnenschnur 174 16
Kolumnentitel 185 66
Kombidüse 50 67
Kombifahrzeug 193 15
Kombihacke 56 7
Kombihammer 300 37
Kombilimousine 193 18
Kombinationsflugschrauber 232 29
Kombinationsteppichpflegegerät 50 76
Kombinationszange 127 53
Kombinationszange 126 60
Kombischiff 221 96
Kombiwagen 193 15
Kombizange 134 14
Kombüse 223 42
Komfrey 69 13
Komma 342 18
Komma 344 20
Kommandantenraum 259 85
Kommandantenschapp 259 85
Kommandoanlage 238 64
Kommandobrücke 258 14

Kommandobrücke 259 3
Kommandobrücke 226 55
Kommandobrücke 223 12–18
Kommandoeinheit 6 9
Kommandolautsprecher 238 52
Kommandolautsprecher 238 8
Kommandomikrophon 238 39
Kommandomikrophon 238 53
Kommandomikrophon 238 10
Kommandostand 224 14
Kommandoteil 234 65
Kommataste 247 19
Kommißbrot 97 10
Kommode 266 41
Kommunalobligation 251 11–19
Kommunizierenden 332 27
Kommutatorklappe 211 18
Kompaktaufbau 221 33
Kompaktkassette 241 10
Kompaktski 301 1
Komparse 310 29
Kompaß 288 12
Kompasse 224 46–53
Kompaßkessel 224 49
Kompaßrose 224 47
Kompendium 313 3
Kompendiumschiene 313 10
Kompensationspendel 109 33
Kompensationsschreiber 23 55
Kompensatornivellier 112 69
Komplementwinkel 346 15
komplexe Zahl 344 14
Komposterde 55 15
Komposthaufen 52 6
Kompott 45 30
Kompottlöffel 45 66
Kompottschale 45 29
Kompottschüssel 45 28
Kompressionsboden 2 25
Kompressionshaken 163 16
Kompressor 138 3
Kompressor 145 45
Kompressor 129 33
Kompressor 155 4
Kondensationslokomotive 210 69
Kondensator 172 30
Kondensator 259 64
Kondensator 154 35
Kondensator 154 17
Kondensator 155 8
Kondensatoren 211 17
Kondensatspeicher 172 17

Kondensoreinrichtung 112 8
Kondensorlinsen 113 32
Konditorei 97 67–70
Konditorei 97 1–54
Konditorei 265 1–26
Konditoreiabteilung 99 9
Konditoreibüfett 265 1
Konditoreiwaren 97 17–47
Konditorlehrling 265 6
Konfekt 98 80
Konfektdose 46 12
Konfektionskleid 271 29
Konferenzgruppe 246 31–36
Konferenzschaltung 242 22
Konferenzsessel 246 36
Konferenztisch 246 31
Konfetti 306 62
Konfitüre 98 51
Koniferen 372 1–71
Konkavkonvexglas 111 41
Konkavspiegel 5 32
Konkavspiegel 308 56
Konserven 96 25
Konserven 98 15–20
Konservendose 96 26
Konservendose 99 91
Konsole 126 6
Konsoloperator 244 3
Konsolschreibmaschine 244 4
Konstruktionsbüro 151
Konstruktionsbüro 222 2
Konsultationszimmer 23 1
Kontaktarm 194 41
Kontaktarm 237 44
Kontaktfeder 127 28
Kontaktfeld 237 45
Kontaktglied 237 46
Kontaktgoniometer 351 27
Kontaktmanometer 316 56
Kontaktring 237 43
Kontaktrolle 194 42
Kontaktstück 127 39
Kontaktwalze 164 4
Kontente 316 3
Kontereffetstoß 277 6
Kontermutter 187 54
Kontermutter 143 30
Kontinentalabhang 11 9
Kontinentalsockel 11 8
Kontinentaltafel 11 7
Kontinente 14 12–18
Kontoauszug 247 44
Kontrabaß 323 23
Kontrabaßtuba 323 44
Kontraktfagott 323 28
Kontraoktave 321 43
Kontrastmittelinjektionen 27 15
Kontrastregelung 240 32

Kontrastregler 249 36
Kontrollampe 164 8
Kontrollampe 249 71
Kontrollampe 157 62
Kontrollautsprecher 239 9
Kontrolleuchte 191 72
Kontrolleuchte 191 80
Kontrolleur 315 10
Kontrollfeld 238 1
Kontrollfeld 238 7
Kontrollinstrumente 311 15
Kontrollöffnung 38 62
Kontrollraum 146 32
Kontrollraum 25 1–9
Kontrollstempel 94 24
Kontrollstempel 252 35
Kontrollstempel 252 35
Kontrollturm 287 12
Kontrollturm 233 17
Kontrolluhr 326 37
Kontrolluhr 182 20
Konturenmesser 340 10
Konturenstichel 340 5
Konturieren 129 46
Konus 187 58
Konus 143 67
Konuskasten 163 30
Konvergenzmodul 240 12
Konversionsfiltereingabenut 117 38
Konverterboden 147 47
Konverterhut 147 45
Konverterkamin 147 67
Konvexbogen 336 34
Konvexspiegel 308 57
Konzertflügel 325 40
Konzertina 324 36
Konzertkartenverkaufsstelle 271 26
Konzertpavillon 274 19
Koordinatennullpunkt 347 4
Koordinatensystem 347 1
Kopf 88 12
Kopf 95 43
Kopf 72 1–11
Kopf 19 1–13
Kopf 16 1–18
Kopf 175 39
Kopf 122 87
Kopf 171 31
Kopf 81 33
Kopf 143 14
Kopf 358 28
Kopf 17 42–55
Kopf 143 52
Kopfball 291 46
Kopfbedeckungen 35
Kopfbindungsstelle 171 34
Kopfcroupier 275 6
Kopfende 43 6
Kopffüßer 357 37
Kopfgestell 71 7–11
Kopfhaar 16 3
Kopfhaken 299 33
Kopfhalter 18 34
Kopfhalter 19 1
Kopfhaut 352 15

Kopfhieb 294 23
Kopfhörer 241 66
Kopfhörer 249 63
Kopfhörer 261 38
Kopfhörer 309 24
Kopfhöreranschluß 117 10
Kopfhörerbuchse 249 89
Kopfhörerbügel 261 41
Kopfhörerbügel 241 67
Kopfhörerstecker 241 70
Kopfkippe 297 27
Kopfkissen 47 4
Kopfkissen 43 13
Kopfkissen 27 27
Kopfkissenbezug 43 12
Kopfkohl 57 32
Kopfleiste 342 40
Kopflinie 19 73
Kopfnicker 19 1
Kopfpolster 21 13
Kopfpolster 207 47
Kopfsalat 57 36
Kopfschmuck 352 12
Kopfschutz 302 34
Kopfschutz 299 30
Kopfsprung 282 12
Kopfstand 295 28
Kopfsteg 185 56
Kopfstoß 291 46
Kopfstück 183 21
Kopfstütze 119 59
Kopfstütze 193 31
Kopfstütze 191 33
Kopfteil 43 6
Kopfteil 207 67
Kopfträger 311 25
Kopfüberschlag 297 27
Kopfverband 21 3
Kopie 311 1–46
Kopienausstoß 249 43
Kopienvorwahl 249 35
Kopierrahmen 179 13
Kopierrahmenuntergestell 179 14
Kopierscheibe 111 27
Kopierständer 115 92
Kopierstift 175 57
Kopierwerk 311 30
Kopierwerke 310 2
Kopilotensitz 230 37
Koppel 326 48
Koppel 289 46
Koppelschleuse 217 17–25
Kops 163 2
Kopsbehälter 165 16
Kopulation 54 39
Kopulieren 54 39
Korallenpolyp 357 19
Korallenriff 13 32
Korallenstock 357 18
Korallentier 357 17
Korb 136 16
Korb 292 32
Korbball 292 28
Korbbrett 292 30
Korbflasche 206 13
Korbflechter 136 33
Korbflechterei 136 1–40

Korbleger 292 35
Korbmacher 136 33
Korbmacherei 136 1–40
Korbring 288 67
Korbring 292 33
Korbständer 292 31
Korbstuhl 43 3
Korbwagen 48 24
Korbwagen 28 30
Korbweide 371 29
Kordmütze 35 25
Kordon 52 2
Korinthen 98 9
Korkenzieher 45 46
Korkgleitfloß 89 43
Korkgürtel 282 19
Korkleine 282 32
Korkschwimmweste 228 9
Korkweste 282 19
Kormoran 359 10
Korn 255 3
Korn 87 71
Korn 98 56
Korn 68 13
Korn 68 1
Korn 255 37
Korn 305 42
Kornblume 61 1
Kornelkirsche 373 32
Kornelle 373 32
Kornett 323 43
Kornfrüchte 68 1–37
Kornhalter 255 37
Kornhalter 255 23
Kornhammer 125 15
Kornkäfer 81 16
Kornkrebs 81 16
Kornnelke 61 6
Kornroulett 340 18
Kornschnecke 64 20
Kornsperling 361 5
Kornspitze 87 72
Korntank 64 23
Korntankfüllschnecke 64 24
Kornvogel 361 6
Kornwurm 81 16
Kornzange 109 14
Kornzangen 23 12
Korpus 46 3
Korpus 175 27
Korrekturleiste 182 23
Korrekturlinse 115 72
Korrekturlinse 115 22
Korrespondentenbericht 342 54
Korridor 41 1–29
Korridor 301 71
Korridortür 41 25
Kort-Düse 227 21
koruna 252 27
Kosinus 346 32
Kosmetika 99 27–35
Kosmetikgondel 99 23
Kosmetiksalon 105 1–39
Kostüm 31 1
Kostümbildner 315 38
Kostüme 355
Kostümentwurf 315 39

Kostümfest 306 1–48
Kostümjacke 29 51
Kostümjacke 31 2
Kostümrock 29 52
Kostümrock 31 3,
Kotangens 346 32
Kotelett 95 46
Kotelett 95 3
Koteletten 34 24
Kotflügel 191 3
Kotrinne 75 20
Kotschützer 187 43
Kotvogel 359 25
Krabbe 335 38
Krabbe 358 1
Krabbe 369 16
Krackanlage 145 70
Krackanlage 145 48
Krähe 86 50
Krähe 361 2
Krähenbeere 377 23
Krähenhütte 86 51
Krähenscharbe 359 10
Kräuselung 170 59
Kraftfahrdrehleiter 270 9
Kraftfahrzeug 195 34
Kraftfahrzeug 191 1–56
Kraftfahrzeugmechaniker 195 53
Kraftfahrzeugschlosser 195 53
Krafthaus 217 64
Kraftheber 65 24–29
Kraftmensch 308 27
Kraftmesser 308 11
Kraftrad 189
Kraftspritze 270 5
Kraftstation 310 8
Kraftstoff-Handpumpe 190 64
Kraftstoffanzeige 230 16, 17
Kraftstoffanzeige 191 65
Kraftstoffbehälter 209 20
Kraftstoffbehälter 209 17
Kraftstoffbehälter 65 42
Kraftstoffbehälter 212 56
Kraftstoffdruckleitung 190 52
Kraftstoffdruckmesser 230 19
Kraftstoffdruckregler 190 17
Kraftstoffkontrollampe 191 71
Kraftstoffleckleitung 190 53
Kraftstoffreservebehälter 212 60
Kraftstoffringleitung 190 31
Kraftstofftank 230 48
Kraftstofftank 189 2
Kraftstofftanks 235 21
Kraftstoffzufluß 192 13
Kraftwagen 191 1–56
Kraftwerk 144 13
Kraftwerk 153

Kraftwerk 152
Kragen 88 27
Kragen 324 10
Kragenflasche 328 12
Krakatau-Ausbruch 7 21
Krallegras 377 2
Krammetsbeere 372 52
Krammstock 148 17
Kran 258 88
Kranausleger 255 95
Kranbahn 222 24
Kranbrücke 222 26
Kranführerhaus 226 52
Kranführerhaus 119 35
Kranführerhaus 222 16
Krangestell 226 53
Krangleis 119 27
Kranhaken 139 45
Kranhelling 222 23–26
Kranhubschrauber 232 16
Kranich 3 42
Krankabel 222 13
Kranke 274 7
Krankenauto 270 19
Krankenbahre 270 23
Krankenblatt 22 8
Krankenhaus 25
Krankenhaus 26
Krankenhaus 27
Krankenkraftwagen 270 19
Krankenschein 22 9
Krankette 139 44
Kranmotor 157 28
Kranpfanne 147 60
Kranwagen 270 47
Kranzfrisur 34 31
Kranzgesims 335 48
Kranzgesims 334 11–14
Kranzriff 13 32
Krater 312 44
Krater 11 16
Kratstoffhauptbehälter 212 4
Kratze 163 34
Kratzeisen 303 24
Kratzenrauhmaschine 168 31
Kratzmalerei 338 41
Kratzputz 338 41
Kraulen 282 37
Kraulschwimmen 282 37
Krauskohl 57 34
Kraut 57 32
Krautabstreifer 64 73
Krautband 64 76
Krautbandantrieb 64 78
Krautbandklopfeinrichtung 64 77
Krautpflanzen 57 28–34
Krawatte 32 41
Krawattenknoten 32 42
Krawattennadel 36 22
Kraweelbeplankung 285 53
Kraweelboot 283 9
Krayonmanier 340 14–24
Krebs 369 15

Krebs 4 56
Krebs 369 12
Krebs 369 16
Krebse 358 1, 2
Krebstiere 358 1, 2
Kreditbüro 271 24
Krehl 51 22
Kreide 260 32
Kreide 340 26
Kreideablage 260 31
Kreidemanier 340 14–24
Kreideskizze 338 4
Kreidestift 338 5
Kreidezirkel 260 40
Kreis 346 42
Kreisabschnitt 346 52
Kreisausschnitt 346 54
Kreisbogen 346 53
Kreisel 64 52
Kreiselbrecher 158 19
Kreiselheuer 63 24
Kreiselkompaß 224 51–53
Kreiselkompaß 224 31
Kreiselmäher 63 19
Kreiselpumpe 79 7
Kreiselpumpe 270 8
Kreiselpumpe 269 44
Kreiselschwader 63 26
Kreiselturbopumpe 259 57
Kreiselzetter 63 24
Kreisfläche 347 39
Kreisflanke 296 54
Kreisführung 141 35
Kreiskamm 163 68
Kreislaufanlage 83 16
Kreislinie 346 44
Kreismesser 184 22
Kreispappschere 184 20
Kreisregner 56 43
Kreisregner 67 4, 32
Kreisring 346 57
Kreissäge 119 19
Kreissäge 134 50
Kreissäge 35 35
Kreissägeblatt 132 59
Kreissägemaschine 125 24
Kreissägevorsatz 134 52
Kreisschablone 151 70
Kreisspieler 292 3
Kreisverstellung 14 62
Krempelärmel 31 62
Krempelband 163 64
Kremser 186 33
Krepidoma 334 4
Kreppapier 49 11
Kreppeisen 106 26
Kreuz 276 38
Kreuz 3 44
Kreuz 320 50
Kreuz 72 31
Kreuz 16 25
Kreuz 260 28
Kreuzbein 17 21
Kreuzbein 20 59
Kreuzblume 61 1
Kreuzblume 335 37
Kreuzbramsegel 218 54

Kreuzbruchfalzmesser 185 12
Kreuzdurchschlag 297 44
Kreuzen 285 25–28
Kreuzformen 332 55–72
Kreuzgang 331 52
Kreuzgewölbe 335 32
Kreuzgratgewölbe 336 42
Kreuzgriff 21 21
Kreuzgriff 296 43
Kreuzhang 296 50
Kreuzholz 120 90
Kreuzkopf 210 27
Kreuzlage 340 54
Kreuzleitwerk 229 28
Kreuzmast 220 30
Kreuzmast 220 24
Kreuzmeißel 140 25
Kreuzotter 364 40
Kreuzpoller 217 13
Kreuzpoller 227 10
Kreuzrippen 335 31
Kreuzrippengewölbe 336 43
Kreuzritter 329 72
Kreuzscharnier 151 50
Kreuzschlitzschraube 143 26
Kreuzschlitzschraubendreher 134 5
Kreuzschwalbe 359 24
Kreuzsegel 220 26
Kreuzspinne 358 45
Kreuzsprosse 37 35
Kreuzspule 165 8
Kreuzspule 170 52
Kreuzspule 170 51
Kreuzspule 165 13
Kreuzspule 165 24
Kreuzspulendurchmesser 165 7
Kreuzspulmaschine 165 1
Kreuzstich 102 5
Kreuzstrebe 118 88
Kreuzstrecke 285 25
Kreuzstrecke 285 22
Kreuzstück 126 50
Kreuztisch 150 28
Kreuztisch 112 29
Kreuztischeinrichtung 112 10
Kreuztischeinrichtung 115 98
Kreuzträger 331 43
Kreuzungsweichen 203 49–52
Kreuzverband 118 65
Kreuzwegstation 330 54
Kricket 292 70–76
Kricketor 292 70
Kriechblume 335 38
Kriechfuß 357 28
Kriechtiere 364
Kriegsbemalung 352 13
Kriegshorn 354 1
Kriegsschiffe 258
Kriegsschiffe 259
Kriminalbeamte 264 33
Kriminalpolizei 264 26

Krinoline 355 72
Kris 353 44
Kristallbau 351 1–26
Kristalle 351
Kristallglas 45 86
Kristallglasscheibe 179 24
Kristallgrundformen 351 1–26
Kristallkegel 77 21
Kristallkombinationen 351 1–26
Kristallkunde 351
Kristallmessung 351 27–33
Kristallmittelpunkt 351 3
Kristallometrie 351 27–33
Kristallstruktur 351 1–26
Kristallsystem 351 20–22
Kristallsystem 351 25
Kristallsystem 351 26
Kristallsystem 351 19
Kristallsystem 351 1–17
Kristallzucker 98 55
Krocket 292 77–82
Krockethammer 292 81
Krocketkugel 292 82
Krocketspieler 292 80
Krockettor 292 78
Krösel 124 25
Kröselzange 124 19
Kröte 364 23
Krokant 98 85
krona 252 25
Kronblatt 370 59
Krone 88 9
Krone 110 42
Krone 19 37
Krone 24 28
krone 252 26
krone 252 24
Krone 88 29–31
Krone 252 24–27
Krone 45 55
Kronen 254
Kronen 254 37, 38, 42–46
Kronenaufzug 110 42
Kronendach 122 50
Kronenkorköffner 45 47
Kronenmutter 143 77
Kronenmutter 143 24
Kronenverschluß 93 27
Kronleuchter 267 21
Kropf 73 20
Kropfgans 359 5
Kropfstück 123 49
Krottenbeere 379 7
Krottenblume 379 7
Krücke 86 49
Krücke 326 21
Krückenkreuz 332 70
Krüger-Klappe 229 55
Krümmling 123 52
Krümmungshalbmesser 346 22

Krümmungsmittelpunkt 346 23
Krüppelwalm 121 17
Krüppelwalmdach 121 16
Krume 97 3
Krummdarm 20 16
Krummhorn 322 6
Kruppe 72 31
Kruste 97 4
Krustentiere 358 1, 2
Kruzifix 332 33
Kubikwurzel 345 2
Kubusspiel 48 21
Kuchenbüfett 265 1
Kuckuck 359 30
Kuckucksknecht 359 25
Kuckucksküster 359 25
Kuckuckslichtnelke 376 21
Kuckucksuhr 109 31
Kübel 55 48
Kübelhelm 254 7
Kübelpflanze 55 47
Küche 39
Küche 207 29
Küche 207 80
Küchendurchreiche 266 66
Küchengeräte 40
Küchenlampe 39 39
Küchenmeister 207 34
Küchenschüsseln 40 6
Küchenstuhl 39 43
Küchentisch 39 44
Küchenuhr 109 34
Küchenuhr 39 20
Küchenwaage 309 84
Küchenwagen 233 22
Küchenwand 46 29
Küchenzwiebel 57 24
Kühlaggregat 39 5
Kühlanlage 212 77
Kühlanlage 212 26
Kühlanlage 209 21
Kühler 65 51
Kühler 212 54
Kühler 170 5
Kühler 145 44
Kühler 191 9
Kühler 350 48
Kühlergrill 191 11
Kühlerhaube 304 11
Kühlerhaubenfenster 304 12
Kühlfach 39 3
Kühlhaus 94 21–24
Kühlhaus 225 50
Kühlleitung 235 38
Kühlmitteltemperatur-anzeige 191 66
Kühlmitteltemperatur-anzeige 191 38
Kühlmittelzuführung 149 25
Kühlmittelzuführung 138 26
Kühlraum 223 56
Kühlrippen 242 60
Kühlrippen 190 80
Kühlrippen 189 20
Kühlschlangensystem 93 11

Kühlschrank 39 2
Kühlschrank 46 33
Kühlschrank 317 10
Kühlschutzverkleidung 235 15
Kühlsystem 154 48
Kühltheke 96 12
Kühltisch 97 67
Kühltresen 266 49
Kühlturm 144 15
Kühlturm 154 39
Kühlvitrine 98 3
Kühlwalze 170 27
Kühlwalzen 180 28
Kühlwasser 154 18
Kühlwasser-Wärmetau-scher 155 3
Kühlwasseranschluß 111 31
Kühlwasserausgleichs-behälter 212 65
Kühlwasserbohrungen 242 54
Kühlwasserkreislauf 154 10
Kühlwasserleitung 152 27
Kühlwasserleitung 191 10
Kühlwasserpumpe 190 61
Kühlwassersystem 154 55
Kühlwassertemperatur-messer 212 21
Kühlwasserthermostat 190 62
Kühlzylinder 173 25
Küken 74 2
Kükenstall 74 1
Külbel 162 40
Kümmelbrötchen 97 14
Kümmelstange 97 31
Kümo 221 99
Künstler 338 2
Künstlerhut 35 38
Künstlerkopf 34 18
künstliche Atmung 21 24–27
künstliche Brandung 281 1
künstliche Gebiß 24 25
künstliche Horizont 230 3
künstliche Sonne 281 13
künstliche Sonnenbad 281 10
Kürbis 57 23
Kürettage 26 52
Kürette 26 52
Kürißprügel 254 31
Kürißsattel 329 87
Kürschner 131
Kürschnerwerkstatt 131 1–25
Küstenfischerei 90 24–29
Küstenfunkstelle 237 53
Küstengewässer 286 10–14
Küstenmotorschiff 221 99

Küster 330 26
Kugel 347 41
Kugel 298 49
Kugel 95 36
Kugel 187 56
Kugelbaum 272 12
Kugelfräser 108 7
Kugelgelenkkopf 114 47
Kugelkaktus 53 14
Kugelkopf 249 15
Kugelkopfnadel 328 29
Kugelkopfschreibma-schine 249 1
Kugelkuppe 143 50
Kugellager 143 69
Kugelleuchte 267 4
Kugelmanipulator 2 38
Kugelmühle 161 1
Kugeln 90 19
Kugeln 36 82–86
Kugelpfanne 255 47
Kugelring 187 68
Kugelschreiber 47 26
Kugelstoßen 298 48
Kugeltank 145 73
Kugeltank 221 36
Kugelwobbler 89 71
Kuh 73 1
Kuhblume 61 13
Kuhlattich 61 13
Kuhstall 75 14
Kukuruz 68 31
Kuli 353 43
Kultivator 65 55
Kultur 84 9
Kulturhaus 55 4
Kulturzaun 84 7
Kultwagen 328 36
Kummet 71 15
Kumpf 328 11
Kumt 71 15
Kumulonimbus 287 26
Kumulonimbus 8 17
Kumulonimbuswolke 287 26
Kumulus 8 1
Kumulus 287 22
Kumuluswolke 287 22
Kunde 111 2
Kunde 99 2
Kunde 248 18
Kunde 271 55
Kundendienstsachbear-beiter 248 17
Kundenhalle 250 1–11
Kundenkartei 248 24
Kundin 98 43
Kundin 99 18
Kundin 271 16
Kunst 333
Kunst 334
Kunst 335
Kunst 336
Kunst 337
Kunstdünger 63 14
Kunstflug 288 1–9
Kunstflugfiguren 288 1–9
Kunstmaler 338 2
Kunstreiter 307 26
Kunstschütze 307 38
Kunstspringen 282 40–45

Kunststoffbahn 298 6
Kunststoffbehälter 83 25
Kunststoffkarosserie 193 14
Kunststofflauffläche 301 52
Kunststoffpose 89 44
Kunststoffsohle 101 2
Kunststoffspachtel 128 44
Kunststofftank 79 4
Kupee 186 3
Kupferanoden 178 5
Kupferdruckpresse 340 36
Kupferleiter 127 43
Kupfermünzen 252 1–28
Kupferplatte 340 53
Kupferrohling 260 64
Kupferstecher 340 44
Kupferstich 340 14–24
Kupfersulfat 351 26
Kupferzylinder 182 7
Kupolofen 148 1
Kuponbogen 251 17
Kuppel 334 58
Kuppelachse 210 36
Kuppelbau 337 21
Kuppeldach 5 12
Kuppelofen 148 1
Kuppelschraube 202 15
Kuppelschwelle 202 38
Kuppelschwelle 202 14
Kuppelspindel 148 58
Kuppelstange 210 11
Kuppelsystem 334 73
Kupplung 119 53
Kupplung 212 82
Kupplung 65 37
Kupplung 65 39
Kupplung 67 30
Kupplung 191 44
Kupplung 208 19
Kupplungsbügel 208 17
Kupplungsdose 127 12
Kupplungsflansch 177 55
Kupplungsfußhebel 192 28
Kupplungshebel 188 32
Kupplungspedal 191 44
Kupplungspedal 191 96
Kupplungsstecker 127 11
Kupplungswelle 232 56
Kupste 13 42
Kurbad 274
Kurbel 168 52
Kurbelantrieb 217 53
Kurbelkasten 242 51
Kurbelkastenspülung 242 59
Kurbelwelle 192 29
Kurbelwelle 190 23
Kurbelwelle 242 50
Kurbelwellenlager 192 23
Kurbelwellenlagerdeckel 190 22
Kurbelwellenzahnrad 166 51

Kurbelzapfenbohrung 192 26
Kurbette 71 6
Kurfürstenhut 254 41
Kurgast 274 18
Kurhaus 274 8
Kurhut 254 41
Kurkapelle 274 20
Kurkonzert 274 20
Kuroschio 14 31
Kurpark 274 1–21
Kurpromenade 274 10
Kurrleine 90 12
Kursaal 274 8
Kursanzeiger 251 8
Kursboje 285 18
Kursbuch 204 50
Kursbuchtafeln 204 16
kursiv 175 7
kursive Schrift 175 7
Kurskreisel 230 13
Kursmaklertafel 251 8
Kurstafel 251 8
Kurszettel 250 8
Kurven 347 11
Kurvenmaximum 347 19
Kurvenminimum 347 20
Kurvenscheibe 190 60
Kurz- und Mittelstreckenverkehrsflugzeug 231 4
Kurz- und Mittelstreckenverkehrsflugzeug 231 11
kurzärmelige Hemd 33 33
kurzärmelige Jacke 33 26
kurze Daumenmuskeln 18 41
Kurzhobelmaschine 150 45
Kurzhubgesenkhammer 139 11
Kurznachricht 342 50
Kurzpaß 291 49
Kurzstand 75 22
Kurzstreckenläufer 298 5
Kurzstreckenraketen 259 26
Kurztrieb 372 31
Kurztrieb 372 23
Kurzwelle 7 26
Kurzwellenbestrahlungsgerät 23 22
Kurzwellengerät 23 39
Kurzwellengerät 23 22
Kurzwellensender 10 59
Kurzwellenstation 237 54
Kurzzeitmesser 27 35
Kurzzeitmesser 23 40
Kurzzeitmesser 39 21
Kurzzeituhr 109 35
Kurzzeitwecker 109 35
Kurzzeitwecker 116 18
Kuscheltier 47 6
Kutschbock 186 8
Kutschen 186 1–3,
Kutschenschlag 186 11

Kutscher 186 32
Kutschersitz 186 8
Kutschpferd 186 28
Kutschwagen 186 1–3,
Kutte 331 55
Kutter 258 12
Kutter 96 52
Kutter 258 61
Kutter 220 8
Kyma 334 19
Kymation 334 19

L

La-Tène-Zeit 328 21–40
Labor 23 41–59
Laboratorium 349
Laboratorium 23 41–59
Laboratorium 350
Laboratoriums- und Forschungsmikroskop 112 1
Laborgerät 23 57
Laborgeräte 173 2–10
Laborgeräte 349 1–38
Laborgeräte 350 1–63
Laborschale 173 7
Laborwecker 116 18
Labradorstrom 14 40
Labyrinth 17 62
Labyrinth 272 5
Lachgas 26 3
Lachkabinett 308 55
Lachmöwe 359 14
Lackarbeit 337 6
Lackieren 129 14
Lackierer 129
Ladeaufsicht 206 36
Ladebaum 223 36
Ladebaum 221 26
Ladebaum 221 59
Ladebrücke 226 2
Ladedeck 221 34
Ladedruckmesser 230 7
Ladegeschirr 221 59
Ladegeschirr 221 24–29
Ladegleis 206 17
Ladekante 193 21
Ladekran 85 28
Ladekran 85 44
Ladeluke 221 63
Ladeluke 226 14
Ladeluke 221 11
Lademaschine 154 27
Lademaß 206 22
Lademast 221 60
Lademeister 206 29
Ladendeckel 166 6
Ladenfeststeller 37 31
Ladenkasse 47 34
Ladenkasse 271 2
Ladenklotz 166 42
Ladenschild 268 39
Ladenschubstange 166 52
Ladenstelze 166 53
Ladepfosten 223 35
Ladepritsche 194 3
Laderäume 223 75

Laderäume 223 55
Laderampe 206 9
Laderaum 193 17
Laderunge 85 30
Ladeschaffner 205 30
Ladeschieber 247 6
Ladestraße 206 8
Ladestromkontrolle 191 78
Ladestütze 85 45
Ladetür 194 8
Ladetür 207 23
Ladewagen 63 27
Ladewagen 63 38
Ladung 223 77
Ladung 226 19
Ladung 226 9
Länderwappen 252 14
Längenanschlag 157 68
Längenhalbkreis 14 4
Länghaken 122 64
Längs- und Plangangshebel 149 17
Längsachse 230 72
Längslenker 192 66
Längslenker 191 27
Längsriegel 119 48
Längsrips 171 13
Längsriß 300 3
Längsschlitten 149 42
Längsspant 285 55
Längssupport 149 42
Längssupport 149 22
Längsträgerverstärkung 213 12
Längstrikotbindung 171 26
Längsversteifung 230 47
Längsversteifung 230 57
Lärche 372 32
Lärchenzapfen 372 36
Lätzchen 28 43
Läufer 75 39
Läufer 276 10
Läufer 164 55
Läufer 298 5
Läufer 292 66
Läufer 292 45
Läuferbucht 75 36
Läuferschicht 118 63
Läuferstein 91 22
Läuferverband 118 59
Läuterbatterie 92 51
Läuterbottich 92 50
Läuterwanne 162 4
Läutewerk 212 49
Läutewerk 127 15
Lagerbecken 154 28
Lagerbehälter 130 17
Lagerbock 177 61
Lageregelungsraketen 234 38
Lageregelungstriebwerke 6 39
Lagerfaß 79 2
Lagerfeuer 278 10
Lagergang 11 31
Lagerhaus 206 53
Lagerkammer 154 76
Lagerkeller 79 1–22
Lagerkeller 93 12

Lagerstein 110 33
Lagerstützbock 67 2
Lagertank 93 13
Lagertank 145 72
Lagerung Bewußtloser 21 24–27
Lagune 13 33
Lagunenriff 13 32
Laib 97 2–5
Laich 89 12
Laichhecht 89 11
Lakai 186 20
Lakkolith 11 30
Laktamöl 170 25
Lama 366 28
Lamantin 366 23
Lamelle 381 6
Lamellen 381 4
Lamellenblende 2 33
Lamellenreibungskupplung 139 21
Lamellensieb 64 17
Laminate 301 48
Lamm 75 11
Lamm 73 13
Lammfellpolierhaube 134 21
Lammfellrolle 130 31
Lammfellscheibe 134 21
Lampengebläse 179 22
Lampengehäuse 309 44
Lampengehäuse 116 29
Lampengelenkarm 177 16
Lampenhaus 112 28
Lampenhaus 112 59
Lampenhaus 312 39–44
Lampenhausanschluß 112 60
Lampenkopf 116 29
Lampenraum 177 41
Lampenstab 309 40
Lampion 52 15
Lampion 353 36
Lampion 306 4
Landarbeiter 63 5
Landauer 186 36
Landaulett 186 36
Landbrot 99 14
Landbrot 97 6
Landefangseil 259 16
Landegestell-Spreizmechanik 6 31
Landeklappe 288 29
Landeklappe 230 53
Landeklappe 257 38
Landekufen 256 21
Landekufen 232 15
Landeplatz 15 91
Landescheinwerfer 257 37
Landescheinwerfer 288 32
Landescheinwerfer 230 49
Landespoiler 229 42
Landesteg 278 13
Landesvermessung 14 46–62
Landeswappen 252 12

Landeteller 6 33
Landkarte 14
Landkarte 15
Landkarte 260 44
Landmaschinen 64
Landmaschinen 65
Landpfeiler 215 27
Landrad 65 15
Landregen 8 18
Landschaftspark 272 41–72
Landsknecht 355 32
Landsknechttrommel 306 70
Landspitze 225 65
Landungsboot 258 89
Landungsboote 259 46
Landungsbrücke 15 59
Landungsbrücke 225 30
Landungssteg 278 13
Landungssteg 283 19
Landwirtschaft 63
Landwirtschaftliche Geräte 66
Landwirtschaftliche Maschinen 64
Landwirtschaftliche Maschinen 65
Landwirtschaftsprodukte 68 1–47
Langarm 100 25
Langband 140 51
Langbrot 97 8
Langdrahtantenne 230 66
lange Ärmel 30 15
lange BH 32 4
Langettenstich 102 6
lange Unterhose 32 11
Langflügler 359 11–14
Langform-Schlafanzug 32 36
Langhobel 132 39
Langholz 120 2
Langholz 84 15
Langholz 84 19
Langholzplatte 340 2
Langholzschnitt 340 4
Langkessel 210 16
Langlauf 301 42
Langlauf-Rattenfallbindung 301 15
Langlaufanzug 301 17
Langlaufausrüstung 301 14–20
Langlaufschuh 301 16
Langlaufski 301 14
Langlaufstöcke 301 20
Langleine 90 28
Langleinenfischerei 90 29
Langlochfräser 150 43
Langlochziegel 159 22
Langlöcher 240 17
Langpferd 296 1
Langsamfahrscheibe 203 36–38
Langsamfahrsignale 203 36–44
Langsamfahrstelle 203 39, 40
Langsamfahrstelle 203 42

Langsamflug-Querruder 229 41
Langschild 329 56
Langstreckenläufer 298 5
Langstreckenverkehrsflugzeug 231 13
Langstreckler 298 5
Langstromtrog 89 18
Langtrieb 78 3
Langwobbler 89 70
Lanze 319 17
Lanze 329 81
Lanze 354 12
Lanzenreiter 319 16
Lanzenspitze 328 21
Lanzettfenster 335 39–41
Lappen 95 16
Larve 58 64
Larve 80 41
Larve 80 53
Larve 80 38
Larve 82 12
Larve 82 36
Larve 80 19
Larve 82 25
Larve 80 46
Larve 80 6
Larve 77 29
Larve 81 20
Larve 358 9
Larve 306 13
Larven 80 36
Larvengang 82 24
Larvenkammer 82 36
Lasche 119 65
Laschenbolzen 202 13
Lasching 218 32
Laschung 218 32
Lasergerät 242 81
Laserstrahl 243 53
Lasso 319 40
Lasso 352 5
Lassoband 134 38
Lastkahn 216 25
Lastkraftwagen 194
Lastkraftwagen 226 19
Lastplattform 232 19
Lasttier 354 3
Lastzug 213 34
Lateinersegel 220 3
Lateinersegel 218 29
Laterne 224 105
Laterne 224 69
Laterne 186 9
Laterne 335 45
Laterne 221 48
Laterne 218 44
Lattbeil 122 21
Latte 298 14
Latte 284 44
Latte 291 36
Lattenkiste 206 5
Lattenlehre 122 18
Lattentasche 284 43
Lattenwand 213 29
Lattenzaun 52 10
Lattung 122 17
Lattung 123 70
Latz 30 24
Latzhose 29 40
Latzhose 30 21

Latzrock 29 41
Latztasche 33 46
Laubbäume 371 1–73
Laubbesen 272 67
Laubbesen 51 3
Laubengang 37 73
Laubengang 272 17
Laubenganghaus 37 72–76
Laubfrosch 364 24
Laubhölzer 371
Laubkörper 378 49
Laubkrone 254 12
Laubsäge 260 53
Laubsäge 135 12
Laubsägeblatt 108 13
Laubsägeblatt 135 13
Laubsägeblatt 260 54
Laubwald 15 4
Lauch 57 21
Lauf 255 2, 17
Lauf 362 4
Laufachse 210 35
Laufbahn 298 6
Laufbildbetrachter 117 91
Laufbrett 55 22
Laufbrett 38 3
Laufdielen 120 36
Laufdrehgestell 197 10
Laufen 298 1–8
Laufgang 307 51
Laufgewicht 22 68
Laufgewicht 40 36
Laufgewichtswaage 22 66
Laufgewichtswaage 40 35
Laufkatze 222 28
Laufkatze 222 14
Laufkatze 147 3
Laufkran 222 28
Laufkran 147 41
Laufkugel 307 60
Laufleder 164 16
Laufmündung 305 71
Laufplatte 123 30
Laufpuppe 273 63
Laufrad 214 7
Laufrad 64 56
Laufrad 64 41
Laufrädchen 187 9
Laufreinigungsbürste 87 62
Laufring 89 56
Laufrinne 282 22
Laufrolle 255 86
Laufrolle 206 39
Laufrolle 294 29
Laufschiene 165 3
Laufschiene 2 37
Laufschiene 206 38
Laufschiene 167 45
Laufschienenträger 201 15
Laufschritt 295 41
Laufsprungtechnik 298 40
Laufställchen 28 39
Laufstall 28 39
Laufstallboden 28 40
Laufsteg 147 38

Laufsteg **221** 3
Laufstellung **295** 2
Lauftrommel **273** 45
Laufwandung **87** 35
Laufwerk **214** 36
Laufwerk **311** 10
Laufwerk **214** 53
Laufwerkhauptträger **214** 67
Laufwerkrollen **214** 70
Laugenbrezel **97** 44
Laugenpumpe **172** 33
Laugenvorwärmer **172** 8
Lausblume **379** 3
Lauscher **88** 32
Lauscher **88** 16
Lauskraut **379** 3
Laute **324** 1
Lautsprecher **311** 46
Lautsprecher **249** 70
Lautsprecher **318** 12
Lautsprecher **264** 12
Lautsprecherbox **42** 10
Lautsprecherbox **241** 14
Lautsprecherbox **318** 12
Lautsprecherbox **317** 15
Lautstärkeregler **117** 85
Lautstärkeregler **261** 43
Lautstärkeregler **241** 41
Lavadecke **11** 14
Lavastrom **11** 18
Lavendel **380** 7
Lawine **304** 1
Lawinenbrecher **304** 2
Lawinengalerie **304** 3
Lawinenkeil **304** 2
Lazaruskreuz **332** 71
LD-Konverter **147** 45–50
Lebensbaum **372** 39
Lebenserhaltungsgerät **6** 20
Lebenslinie **19** 72
Lebensmittel **99** 1–96
Lebensmittelgeschäft **98** 1–87
Lebensmittelhandlung **98** 1–87
Leber **20** 10
Leber **20** 35
Lebergang **20** 37
Leberlappen **20** 35
Lebkuchen **97** 51
Lecco **305** 23
Lecker **88** 2
Lederband **20** 34
Lederbeere **80** 21
Lederbesatz **30** 18
Lederhaube **354** 26
Lederhose **29** 32
Lederhosen **29** 32
Lederhosenträger **29** 34
Lederjacke **33** 43
Lederkissen **108** 29
Ledermanschette **191** 92
Ledermütze **35** 32
Lederschürze **142** 11
Lederschutzkleidung **290** 26

Ledersegment **163** 69
Lederseite **131** 13, 18
Lederwalze **340** 23
Leerdarm **20** 15
Leerlaufdüse **192** 1
Leerlaufgemischregulierschraube **192** 11
Leerlaufluftdüse **192** 2
Leerlaufverstellung **190** 51
Leertaste **249** 2
Leewellen **287** 17
Lefzen **70** 26
legato **321** 33
Legebatterie **74** 19
Legehenne **74** 57
Legende **14** 27–29
Legende **268** 4
Leggings **352** 17
Leggins **352** 17
Leguan **364** 32
Leguminosen **57** 1–11
Lehm **159** 2
Lehm **120** 44
Lehmgrube **159** 1
Lehmschwalbe **361** 20
Lehnstuhl **336** 18
Lehrautomaten **242** 1
Lehrbild **262** 8
Lehrbuch **261** 28
Lehrer **260** 21
Lehrereinheit **261** 37
Lehrersitz **257** 7
Lehrertisch **260** 22
Lehrtisch **242** 2
Lehrgeräte **242** 45–84
Lehrmaterial **261** 27
Lehrschrittzähler **242** 5
Leib **16** 1–54
Leibbinde **319** 23
Leibesvisitation **264** 31
Leibung **120** 31
Leibung **120** 32
Leibung **336** 25
Leichenbegängnis **331** 33–41
Leichenhalle **331** 21
Leichenhaus **331** 21
Leichenkapelle **331** 21
Leichenstein **331** 26
Leichtathletik **298**
Leichtbauplatte **123** 58
Leichtbenzinfraktion **145** 39
Leichtbügelautomat **50** 6
leichte Kampfschiffe **258** 1–63
Leichter **225** 25
Leichtgewichtsanker **286** 16–18
Leichtkoffer **267** 15
Leichtmetallbeplankung **235** 11
Leichtmetalleiter **50** 35
Leichtmetallgußrad **189** 48
Leichtsteigeisen **300** 48
Leichttriebwagen **208** 13
Leier **88** 67
Leier **3** 22
Leier **322** 15

Leihschein **262** 25
Leimkasten **184** 9
Leimkessel **185** 32
Leimkessel **183** 15
Leimkessel **132** 12
Leimpresse **173** 24
Leimtopf **236** 5
Leimtopf **260** 57
Leimtopf **132** 13
Leimwalze **185** 33
Leimwerk **184** 4
Leine **70** 30
Leine **293** 73
Leine-Steinsalz **154** 64
Leinenbezug **207** 48
Leinenkragen **355** 56
Leinenmütze **35** 8
Leinenrock **355** 5
Leineweber **361** 8
Leinpfad **216** 30
Leintuch **43** 9
Leinwand **338** 21
Leinwand **318** 21
Leinwand **312** 11
Leinwandballen **206** 11
Leinwandbindung **171** 1
Leinwandkasten **318** 21
Leinzug **216** 27
leise **321** 35
Leiste **16** 38
Leiste **124** 3
Leiste **166** 11
Leiste **300** 13
Leisten **100** 32
Leistenbeuge **16** 38
Leistenkopfplattkäfer **81** 27
Leistenproben **124** 2
Leistenschäfte **171** 20
Leistenstifte **128** 30
Leistungshebel **257** 9
Leistungsprüfung **290** 33
Leistungsschalter **153** 51–62
Leistungsschalter **152** 34
Leistungstransformator **152** 39
Leistungstransformator **152** 30
Leit- und Zugspindeldrehmaschine **149** 1
Leitartikel **342** 48
Leitdalben **222** 35
Leiter **153** 34
Leiter **118** 42
Leiter **47** 5
Leiter **211** 43
Leitergerüst **118** 86–89
Leitergetriebe **270** 11
Leiterhaken **122** 69
Leiterhaken **122** 15
Leiterpark **270** 10
Leiterstufe **50** 38
Leiterübung **270** 1–46
Leiterwagen **309** 86
Leitfeuer **224** 102
Leitspindel **149** 32
Leitspindel **149** 19
Leitspindelwendegetriebe **149** 6
Leitsteven **222** 70

Leitungs- **208** 16
Leitungsschacht **234** 40
Leitungsschutzschalter **127** 33
Leitungsschutzschalter **127** 19
Leitungsschutzsicherung **127** 36
Leitwalze **168** 12
Leitwerk **256** 32
Leitwerkaufbau **257** 20
Leitwerksformen **229** 23–36
Leitwerkverstrebung **232** 4
Lende **72** 30
Lende **16** 24
Lendenschurz **354** 31
Lendenstück **96** 4
Lendenwirbel **17** 4
Lenker **65** 28
Lenker **65** 27
Lenker **187** 2
Lenker **188** 57
Lenker **188** 3
Lenker **188** 11
Lenkerarmaturen **188** 30–35
Lenkgetriebe **192** 56–59
Lenkgurt **303** 4
Lenkrad **191** 37
Lenkrad **305** 89
Lenkradnabe **191** 57
Lenkradspeiche **191** 58
Lenkrolle **50** 81
Lenksäule **192** 56
Lenkstange **187** 2
Lenkstangenschaft **187** 10
Lenkstockhebel **192** 58
Lentikulariswolken **287** 19
Lenzloch **284** 36
Leo **4** 57
Leo **3** 17
Leonberger **73** 16
Leopard **368** 6
Leporello **248** 47
lepta **252** 39
Lepta **252** 39
Lepton **252** 39
Lerchen **361** 19
Lerchensporn **377** 8
Lernäische Schlange **327** 32
Lernlaufkinderschuh **101** 56
Lernstützräder **188** 5
Lesebehälter **78** 10
Lesebuch **260** 16
Leseeinheit **244** 8
Leselampe **43** 15
Lesepult **330** 2
Leserin **78** 11
Lesesaal **262** 13
Lesestein **63** 9
Lesezeichen **185** 70, 71
Letter **175** 38
Lettern **175** 32–37
Lettern **174** 7
Leuchtanzeige **247** 15
Leuchtanzeige **241** 55

Leuchtbuchstaben 268 45
Leuchtdiodenanzeige 110 2
leuchtende Nachtwolken 7 22
Leuchtenklemme 127 29
Leuchter 309 45
Leuchtfeuer 15 49
Leuchtfeuer 224 83
Leuchtfläche 177 20
Leuchtglockentonne 224 74
Leuchtheultonne 224 68
Leuchtinstrument 241 39
Leuchtmelder 212 15
Leuchtmelder 153 3
Leuchtpedal 187 78
Leuchtreklame 268 16
Leuchtröhre 49 32
Leuchtstofflampe 127 61
Leuchtstofflampe 271 23
Leuchtstoffröhre 271 23
Leuchtstoffschicht 240 19
Leuchtstoffstreifen 240 18
Leuchttafel 264 30
Leuchtturm 15 8
Leuchtturm 224 103
Leuchtwarte 226 27
Leuchtzeichen 196 7
Leuzit 351 12
Levade 71 4
Levade 307 30
Lexikon 42 18
Libelle 358 3
Libero 291 11
Libra 3 19
Libra 4 59
Licht 88 33
Licht 88 15
Lichtanlaßmaschine 212 30
Lichtbogen 312 42
Lichtbogenstabilisierung 312 39
Lichterführung 286 10–14
lichte Weite 215 13
Lichtgaden 334 70
Lichthof 271 11
Lichtmaschine 190 76
Lichtmaschine 187 8
Lichtmaschine 211 46
Lichtmast 198 18
Lichtmessungen 114 60
Lichtorgel 317 13
Lichtquelle 1 59
Lichtrufsignal 267 6
Lichtsatz 176
Lichtsatz-Zentraleinheit 176 29
Lichtsatzautomat 176 14
Lichtschnittubus 112 38
Lichtschutzblenden 6 22

Lichtsetzgerät 176 7
Lichtsignal 203 3
Lichtspielhaus 312 1
Lichtspieltheater 312 1
Lichtstellanlage 316 2
Lichtstimmung 316 2
Lichtstrahlengang 1 62
Lichttonaufnahmegerät 311 6
Lichttonaufzeichnung 311 9
Lichttongerät 312 45
Lichttonkamera 310 60
Lichttonkamera 311 6
Lichttonoptik 312 46
Lichtung 15 2
Lichtvisier 2 34
Lichtvorsignal 203 9
Lichtvorsignal 203 14
Lichtwange 123 44
Lichtzeichenanlage 268 54
Lichtzeigerinstrument 238 43
Lidodeck 223 22
Lieberkühn-Reflektor 115 97
Liebesapfel 57 12
Liebespaar 272 72
Liedernummern 330 24
Lieferwerk 164 59
Liegefläche 281 11
Liegehafen 216 14
Liegekur 274 12–14
Liegematratze 278 31
liegende Falte 12 15
Liegesessel 281 5
Liegesitz 191 34
Liegestütz 295 21
Liegestütz 295 25
Liegestütz 295 22
Liegestufen 281 20
Liegestuhl 37 47
Liegestuhl 221 111
Liegestuhl 51 2
Liegestuhl 274 13
Liegeterrasse 37 75
Liegewiese 274 12
Liegewiese 37 46
Lieschen 68 33
Lift 271 45
Liftback 193 29
Liftboy 271 47
Liftsessel 214 16
Ligatur 175 6
Ligaturführer 26 44
Ligusterschwärmer 358 55
Likör 98 58
Likörgläser 317 7
Likörkaraffe 45 48
Likörschale 45 89
Lilie 60 12
Lilie 254 13
Liliengewächs 53 13
Liliputaner 308 22
Limerick 89 84
Limonadenflasche 265 15
Limonadenglas 265 16
Limone 384 23
Linde 371 46

Lindengewächs 53 9
Lindwurm 327 1
Lineal 247 35
Linealeinrichtung 179 26
Linealhandrädchen 132 66
Linealwinkel 132 65
Liner 221 82
Liner 225 32
Linie 346 21
Linienbus 194 34
Linienfrachter 221 96
Linienrichter 293 69
Linienrichter 291 59
Linienschiff 218 51–60
Linienschiff 225 32
Linienschild 197 20
Linienschild 197 21
Linienstichel 340 5
Liniensystem 320 44
Linotypematrize 174 29
Linse 19 48
Linsenfernrohr 113 16
Linsenkissen 108 29
Linsensystem 242 83
Lintwurm 327 1
Linz-Donawitz-Konverter 147 45–50
Lippenpfeife 326 34
Lippenpfeife 326 31–33
Lippenpfeife 326 23–30
Lippenscheibe 354 23
lira 252 20
Lira 252 20, 21
lire 252 21
lire 252 20
Lire 252 20
Lisene 335 11
Litewka 221 115
Litfaßsäule 268 70
Lithodes 369 16
Lithograph 340 45
Lithographie 340 26
Lithokreide 340 26
Lithostein 340 25
Lithostein 340 57
Litze 166 27
Litzenauge 166 28
Litzenband 325 36
Live-Ton 117 100
Livree 186 21
Lkw-Fahrstühle 221 56
Lkw-Rad 138 21
Lkw-Reifen 273 19
LM 234 55
LM 6 12
LM-Hangar 234 54
Loch 293 87
Lochbeitel 132 8
Lochbillard 277 7
Lochblende 242 82
Locheisen 132 8
Locheisen 125 13
Locheisen 100 45
Locher 247 3
Lochkarte 237 64
Lochkarten 244 13
Lochkartenleser 244 12
Lochkartenstanzer 244 12

Lochkranz 237 11
Lochkugel 305 15
Lochnippel 162 51
Lochplatte 140 14
Lochplatte 137 17
Lochrotor 85 25
Lochrundmutter 143 35
Lochsäge 120 63
Lochsäge 132 3
Lochsäge 126 70
Lochschaft 305 47
Lochstecher 102 12
Lochstickerei 102 11
Lochstreifen 237 62
Lochstreifen 176 8
Lochstreifen 176 6
Lochstreifenabtaster 176 13
Lochstreifenabtastung 176 15
Lochstreifeneingabeelement 176 30
Lochstreifenlocher 176 5
Lochziegel 159 22
Lochzirkel 135 23
Locken 34 3
Lockenformer 106 31
Lockenhaar 34 33
Lockenklammer 105 14
Lockenkopf 34 18
Lockenperücke 34 2
Lockenwickel 105 12
Lockenwickler 105 12
Lockgeräte 87 43–47
Lockjagd 87 43–47
Lockvogel 86 48
Lockwellbürste 105 13
Lodenhut 35 23
Lodenmantel 29 31
Lodenmantel 30 64
Lodenrock 30 67
Löcher 293 79–82
Löffel 45 61
Löffel 88 61
Löffelbagger 118 81
Löffelbohrer 135 16
Löffelbug 285 30
Löffelgans 359 5
Löschfahrzeug 270 5
Löschgerät 270 63
Löschkammer 153 55
Löschkopf 243 20
Löschkopf 241 59
Löschkopf 311 25
Löschtaste 117 86
Löschtrog 137 8
Löschtrupp 270 34
Löschturm 156 11
Löschübung 270 1–46
Löschwagen 156 10
Löschwedel 137 3
Lösung 345 10
Lösungsmitteldämpfe 182 25
Lösungsmittelkanne 129 16
Lötborax 108 39
Lötkolben 134 19
Lötkolben 127 45
Lötkolben 126 73
Lötkolben 134 57
Lötlampe 126 74

Lötlampe

D 58

Lötlampe 301 22
Lötmittel 108 36
Lötpistole 134 56
Lötpistole 108 14
Lötstange 108 38
Lötstein 125 6
Lötwasser 125 7
Lötzinn 126 76
Lötzinndraht 134 20
Löwe 3 17
Löwe 368 2
Löwe 4 57
Löwenmähne 368 3
Löwenmäulchen 51 32
Löwenrudel 356 5
Löwenzahn 51 34
Löwenzahn 61 13
Log 224 54
Logarithmenrechnung 345 6
Logarithmieren 345 6
Logarithmus 345 6
Logarithmus 345 6
Logen 319 7
Logenschließer 315 12
Logger 90 1
Loggia 37 18
Loggiatür 37 21
Logikbaustein 242 68
Logpropeller 224 55
Lohnkutsche 186 26
Loipe 301 44
Loipenmarkierung 301 45
Lokführer 208 2
Lokführerhaus 210 49
Lokführersitz 210 59
Lokomotive 210, 211, 212
Lokomotive 213 1
Lokomotivführer 208 2
Lokomotivkessel 210 2–37
Loktriebwerk 210 2–37
Lokus 49 12
Longline-Büstenhalter 32 4
Looping 288 1
Loopingacht 288 2
Lophocalyx philippensis 369 7
Lore 200 25
Loser 88 16
Losverkäufer 266 20
Lot 118 50
Lot 118 71
Lote 224 58–67
Lothringer Kreuz 332 62
Lotkörper 224 59
Lotleine 224 60
Lotossäule 333 13
Lotsenboot 221 95
Lotte 78 3
Louis-seize-Stil 336 14
Louisdor 252 5
Lounge 233 18
Luchs 368 8
Luchsfell 131 15
Luchsfell 131 20
Lüfter 221 41
Lüfter 190 7

Lüfterantrieb 212 62
Lüfterkopf 223 41
Lüfteröffnungen 258 43
Lüfterölpumpe 211 45
Lüftung 55 10–12
Lüftungsfenster 55 10
Lüftungsfenster 278 40
Lüftungsholz 55 18
Lüftungsklappe 213 16
Lüftungsklappe 213 30
Lüftungsvorrichtung 74 10
Lüftungsziegel 122 7
Lüsterklemme 127 29
Luftabsaugstutzen 133 40
Luftabzug 356 17
Luftakrobat 307 7
Luftansaugkanal 209 11
Luftansaugschacht 258 57
Luftbad 282 4
Luftballon 308 13
Luftbehälter 196 19
Luftbewegung 7 10
Luftbewegung 7 6
Luftbildmessung 14 63–66
Luftbremse 256 12
Luftbremse 229 44
Luftdruck 9 4
Luftdruckanzeige 211 24
Luftdüsenkanal 281 41
Luftdusche 22 37
Lufteinlaß 256 5
Lufteinlaßschlitz 191 47
Lufteinlauf 232 52
Lufteinlaufkanal 257 14
Lufteintrittsöffnung 259 73
Lufteintrittsöffnung 270 60
Luftfilter 191 55
Luftführung 199 45
Luftfüllstutzen 196 21
Luftfurche 91 17
Luftgang 165 48
Luftgebläse 191 48
Luftgewehr 305 34
Luftgewehr 305 40
Lufthammer 139 24
Luftheizkammer 147 30
Luftholz 55 18
Luftinsufflator 23 18
Luftkanäle 155 35
Luftkanal 333 4
Luftkissen 286 66
Luftkissenfahrzeug 286 63
Luftkoffer 267 15
Luftkompressor 211 14
Luftkompressor 211 44
Luftkompressor 146 23
Luftkorrekturdüse 192 3
Luftmanschette 23 34
Luftmassen 8 1–4
Luftmatratze 278 31
Luftpolster 286 66
Luftpresser 211 44
Luftpresser 212 72
Luftpresser 211 14

Luftpresser 212 58
Luftpresser 212 34
Luftpumpe 187 48
Luftpumpe 181 35
Luftpumpe 181 6
Luftpumpe 172 40
Luftregulierung 50 74
Luftregulierung 350 3
Luftregulierung 350 8
Luftreifen 187 30
Luftröhre 20 4
Luftröhre 17 50
Luftröhrenast 20 5
Luftsack 353 11
Luftschaukel 308 41
Luftschaumwerfer 270 64
Luftschlange 308 14
Luftschleier 139 56
Luftschleuse 235 27
Luftschlitz 194 16
Luftschraube 288 36
Luftschraube 286 64
Luftschraube 230 32
Luftschraubenwelle 232 60
Luftstrahltriebwerke 232 33–50
Luftströmung 9 28
Luftströmungen 9 25–29
Lufttrichter 192 8
Luftvorwärmer 152 11
Luftvorwärmer 139 53
Luftwaffe 256
Luftwaffe 257
Luftzielraketenstarter 259 50
Luftzuführung 137 6
Luftzufuhrrohr 147 29
Luftzuleitung 147 17
Luftzutritt 155 24
Luggersegel 220 4
Luk 258 24
Lukas 308 11
Luke 222 64, 65
Lukendeckel 222 65
Lukensüll 222 64
Lumber 30 38
Lumme 359 13
Lunar Module 234 55
Lunar Module 6 12
Lunge 20 6, 7
Lungen 18 13
Lungenflügel 20 6
Lungenfunktionsprüfung 27 36
Lungenkraut 377 7
Lungenlappen 20 7
Lungenschlagader 18 11
Lungenschlagader 20 55
Lungenvene 20 56
Lungenwind 18 12
Lunte 88 47
Lunteneinführung 164 15
Lunula 332 36
Lupe 175 34
Lupe 351 33
Lurche 364
Lure 322 1

Luser 88 16
Lutscher 28 15
Luxuskabine 223 30
Luzerne 69 9
Lyman-Serie 1 20
Lymphdrüse 19 10
Lymphknoten 19 10
Lyoner 96 10
Lyra 3 22
Lyra 322 15
Lyra 325 42
Lyrastütze 325 42

M

Maar 11 25
Machina 3 47
Macis 382 34
Macropharynx longicaudatus 369 2
Made 80 19
Made 77 28
Made 358 19
Madeiraglas 45 84
Madonnenstatue 330 51
Mäander 13 11
Mäander 334 43
Mädchenbluse 29 58
Mädchenfrisuren 34
Mädchenhose 29 49
Mädchenkostüm 29 50
Mädchenmantel 29 54
Mädchenrock 29 46
Mädchentasche 29 56
Mädchenüberziehbluse 29 48
Mähdrescher 64 1–33
Mähdrescher 63 31
Mähne 72 13
Mähne 368 3
Mälzen 92 1–41
Mälzerei 92
Mälzturm 92 1
Männchen 288 5
Männchen 81 34
Männerfrisuren 34 1–25
Männerheimbund 352 34
Männerkleidung 33
männliche Blütenstand 68 35
männliche Geschlechtsorgane 20 66–77
männliche Glied 20 66
männliche Blüten 59 39
Märchenfigur 306 65
Märzblümchen 60 1
Märzblume 60 1
Märzglöckchen 60 1
Mäusebussard 362 9
Mäusegerste 61 28
Magazin 117 45
Magazin 255 15
Magazin 255 21
Magazin 268 41
Magazine 184 7
Magazingewehr 87 2
Magazinhalter 255 7
Magen 77 16

Magen **20** 13
Magen **20** 42
Magen-Darm-Kanal **77** 15–19
Magenmund **20** 41
Magenta-Doppeldruckwerk **180** 11
Magentaeinstellung **116** 43
mager **175** 8
magere Schrift **175** 8
Magermilchseparator **76** 14
Magermilchtank **76** 17
magische Auge **309** 18
Magnet **108** 32
Magnet **2** 51
Magnet **1** 63
Magnetband **238** 5
Magnetband **237** 63
Magnetband **244** 2
Magnetband-Diktiergerät **249** 62
Magnetbandeinheit **244** 9
Magnetbandschleife **245** 28
Magnetbandspule **244** 10
Magnetbandstation **242** 32
Magnetfilm **311** 21
Magnetfilmspule **311** 2
Magnethaftsteine **242** 72
magnetische Dämpfer **11** 40
Magnetkompaß **223** 6
Magnetkompaß **224** 46
Magnetkompaß **230** 6
Magnetkontakt **242** 71
Magnetkopfträger **311** 3
Magnetplattenspeicher **244** 1
Magnetrandspur **117** 82
Magnetton-Aufnahme- und -Wiedergabelaufwerk **238** 4
Magnetton-Aufnahme- und -Wiedergabeverstärker **311** 5
Magnetton-Aufnahme- und -Wiedergabe-Kompaktanlage **238** 55
Magnettonabnehmersystem **312** 28
Magnettonabtaster **312** 50
Magnettonaufzeichnungsgerät **311** 1
Magnettonaufzeichnungsgerät **310** 58
Magnettonlaufwerk **311** 20
Magnettonverstärker **311** 28
Magnetventil **139** 23
Maharadscha **306** 28
Mahlfurche **91** 18
Mahlgang **91** 21
Mahlgang **159** 8
Mahlmesserabstand **172** 74

Mahlsand **227** 3
Mahlstein **354** 24
Mahlsteingehäuse **91** 20
Maiblume **377** 2
Maierisli **377** 2
Maiglöckchen **377** 2
Maikäfer **82** 1
Mailänder Andruckpresse **180** 75
Mailcoach **186** 53
Mais **68** 31
Maisbirne **299** 23
Maischbottich **92** 43
Maische **92** 44
Maische **93** 10
Maischetankwagen **78** 16
Maischethermometer **93** 9
Maischkessel **92** 44
Maischpfanne **92** 44
Maisgebiß **64** 35
Maiskäfer **81** 26
Maiskolben **68** 36
Maiskorn **68** 37
Majuskel **175** 11
Makkaroni **98** 33
Maklerschranke **251** 3
Maklertafel **251** 8
Makramee **102** 21
Makrogeräte **115** 81–98
Makrone **97** 37
Makrophon **212** 70
Makroschiene **117** 56
Makroseismik **11** 45–54
makroseismische Schüttergebiet **11** 38
Makroständer **115** 94
Makrostativ **115** 94
Makrovorsatzlinse **117** 55
Makrozoomobjektiv **117** 53
Mal **292** 70
Mal **292** 43
Mal **292** 46
Mal **292** 47
Malacosteus indicus **369** 10
Malariamücke **81** 44
Malatelier **338**
Malen **129** 1
Maler **3** 47
Maler **129**
Malerkasten **315** 34
Malersaal **315** 28–42
Malerspachtel **134** 37
Malgeräte **338** 6–19
Malgrund **338** 22
Malkasten **338** 10
Malkissen **292** 67
Malkugel **305** 23
Malleinen **338** 21
Malmittel **338** 13
Malnehmen **344** 25
Malpappe **338** 23
Malpinsel **48** 7
Malpinsel **260** 84
Malspachtel **129** 22
Malspachtel **338** 15
Malspieler **292** 44

Malstock **129** 47
Malteserkreuzgetriebe **312** 38
Maltisch **338** 25
Malutensilien **338** 6–19
Malve **376** 13
Malzbereitung **92** 1–41
Malzeichen **344** 25
Malzelevator **92** 35
Malzproduktionsanlage **92** 1
Malzsilo **92** 37
Mammutbaum **372** 69
Mammuttanker **221** 1
Manager **299** 45
Mandarin **306** 29
Mandarine **384** 23
Mandel **384** 36
Mandel **19** 23
Mandelkrähe **360** 6
Mandoline **324** 16
Manege **307** 21
Manegendiener **307** 27
Manegeneingang **307** 11
Mangold **57** 28
Manipulator **139** 32
Manipulator **2** 38
Mannloch **130** 18
Mannloch **93** 13
Mannloch **269** 51
Mannloch **234** 30
Mannloch **235** 52
Mannlochdeckel **130** 19
Mannschaftsbetreuer **292** 57
Mannschaftseinzelkabine **228** 32
Mannschaftsunterkunft **270** 2
Manntau **221** 103
Manövrierkiel **227** 30
Manometer **83** 42
Manometer **196** 20
Manometer **178** 8
Manometer **212** 6
Manometer **67** 10
Manometer **349** 19
Manque **275** 22
Mansarddach **121** 18
Mansardfenster **121** 19
Manschette **30** 14
Manschette **25** 16
Manschette **32** 45
Manschettenknöpfe **36** 21
Manschettenknopf **32** 46
Mantel **11** 3
Mantel **271** 41
Mantel **271** 21
Mantel **187** 30
Mantel **130** 23
Mantel **130** 2
Mantel **316** 22
Mantel **347** 40
Mantel **350** 10
Mantel **355** 26
Mantel **355** 29
Mantelgürtel **29** 55
Mantelgürtel **33** 59
Mantelhaken **207** 50
Mantelknopf **33** 64

Mantelkragen **33** 58
Mantelmauer **329** 15
Mantelrohr **269** 64
Mantelschnur **355** 24
Mantelstrom **232** 50
Mantelstromtriebwerk **232** 46
Manteltasche **33** 61
Mantisse **345** 6
Manual **325** 48
Manual **326** 42
Manual **322** 46
Manuskript **262** 5
Manuskript **174** 6
Manuskript **176** 3
Manuskript **310** 45
Maracas **324** 59
marcato **321** 27
Marder **86** 22
Marder **367** 14–17
Margarine **98** 21
Margarine **99** 48
Margerite **51** 24
Margerite **376** 4
Marginalie **185** 68
Marienkäfer **358** 37
Marimbaphon **324** 61
Mark **370** 14
Markenbutter **76** 37
Markenschild **187** 15
Markenzeichen **191** 12
markiert **321** 27
Markierungsfähnchen **301** 45
Markierungsstanze **117** 95
Markise **37** 71
Markstrahlen **370** 11
Marktfrau **308** 65
Marktplatz **15** 52
Marktschreier **308** 64
Marlotte **355** 50
Marmelade **98** 52
Marmorplatte **265** 12
Maronenpilz **381** 15
Mars **4** 46
Marsrah **218** 39
Marssegel **218** 38
Martnets **218** 36
Marzipan **98** 82
Masche **167** 62
Masche **171** 30
Masche **171** 36
Maschenabschlagen **167** 66
Maschenbildung **167** 65
Maschendrahtzaun **84** 7
Maschengrößeeinstellskala **167** 42
Maschenreihe **171** 42
Maschenware **167** 9
Maschinen- und Propellerraum **227** 22
Maschinenabstellhebel **164** 6
Maschinenabstellhebel **164** 32
Maschinenanlage **211** 44–54
Maschinenbauhalle **222** 8
Maschinenbett **177** 57
Maschinenbütte **172** 86

Maschinenbütte **173** 13
Maschinendeck **224** 107
Maschineneinschalthe-
　bel **163** 17
Maschinenendschild
　164 26
Maschinenfuß **133** 25
Maschinengewehr **255**
　32
Maschinengewindeboh-
　rer **150** 44
Maschinengrundrahmen
　168 54
Maschinengummi **247**
　26
Maschinenhaus **200** 2
Maschinenhaus **144** 2
Maschinenhaus **152** 22
Maschinenkanone **255**
　92
Maschinenmeister **316**
　59
Maschinenpauke **323**
　57
Maschinenpistole **255** 8
Maschinenraum **223** 68
Maschinenraumlüfter
　212 37
Maschinensatz **174** 27
Maschinenschuppen **62**
　15
Maschinenständer **139**
　19
Maschinenteil **111** 30
Maschinenteile **143**
Maschinentisch **248** 26
Maschinerie **316** 1–60
Maschinist **118** 32
Maschinist **270** 13
Maske **339** 37
Maske **279** 10
Maske **306** 7
Maske **240** 17
Maskenabtastkopf **177**
　47
Maskenaufhängung **240**
　22
Maskenball **306** 1–48
Maskenbildner **310** 36
Maskenbildner **315** 48
Maskenfest **306** 1–48
Maskenwalze **177** 48
Maskerade **306** 6–48
Maskierung **306** 6–48
Massagebad **281** 33
Massaikrieger **354** 8
Maßband **103** 2
Massekuchen **161** 13
Massel **147** 40
Masselgießmaschine
　147 34–44
Massemühle **161** 1
Massengutschute **226**
　35
Massengutumschlag **226**
　29
Massestrang **161** 8
Massivbrücke **215** 19
Massivdecke **123** 28
Massivdecke **118** 16
Maßliebchen **376** 1
Maßlinie **151** 25
Maßpfeil **151** 26

Maßstab **134** 33
Maßstab **14** 29
Maßstabsverstellung
　116 34
Maßwerk **335** 40
Maßwerkfenster **335**
　39–41
Mast **221** 2
Mast **221** 77
Mast **220** 16
Mastdarm **20** 61
Mastdarm **20** 22
Masten **219** 1–9
Master **289** 45
Master-Slave-Manipu-
　lator **2** 47
Mastgeflügelzucht **74**
　11–17
Masthuhn **74** 12
Mastkorb **223** 38
Mastneigung **284** 6
Matador **319** 31
Matador **319** 25
Materialbehälter **200** 45
Materiallager **146** 6
Materiallagerplatz **144**
　17
Materialregal **100** 36
Materialtransport **144**
　43
Materialtransport **144**
　45
Matestrauch **382** 11
Mathematik **344**
Mathematik **345**
Mathematik **346**
Mathematik **347**
Mathematik **348**
Matratze **47** 3
Matratze **43** 10
Matrize **247** 5
Matrize **175** 37
Matrize **174** 31
Matrizen **174** 21
Matrizenbohrmaschine
　175 49
Matrizenprägepresse
　178 7
Matrizenrahmen **174** 46
Matrizenrahmen **174** 42
Matrizenrahmen **176** 17
Matrizenspanner **24** 55
Matrizenspannvorrich-
　tung **175** 59
Matrosenanzug **309** 62
Matrosenklavier **324** 36
Matrosenmütze **309** 63
Matschschnee **304** 30
Matt **276** 15
Matte **299** 12
Mattensegel **353** 33
Mattscheibe **117** 94
Mattscheibe **177** 34
Mattscheibe **177** 2
Mattscheibe **115** 61
Mattscheibenrahmen
　177 3
Mattscheibenring **115**
　64
Mattscheibenring **115**
　53
Mauer **15** 95
Mauer **291** 44

Mauerbogen **336** 19
Mauergecko **364** 36
Mauergerste **61** 28
Mauerhäkler **359** 24
Mauerkrone **254** 46
Mauerpfeffer **51** 7
Mauerschwalbe **359** 24
Mauersegler **359** 24
Mauerstein **159** 20
Mauerstrebe **329** 26
Mauerstütze **329** 26
Mauertürmchen **329** 28
Mauerturm **329** 14
Mauerverbände **118**
　58–68
Mauerwerkzeug **118**
　50–57
Maukhaus **159** 6
Maul **88** 13
Maul **72** 9
Maul **88** 45
Maulbeerseidenspinner
　358 48
Maulgatter **71** 53
Maulkorb **70** 31
Maultier **73** 8
Maulwurf **366** 4
Maulwurfsfalle **83** 37
Maurer **118** 18
Maurerbleistift **118** 51
Maurerhammer **118** 53
Maurerkelle **118** 52
Maus **227** 29
Mausefalle **83** 36
Mauser **362** 9
Mausoleum **337** 16
Maximumthermometer
　10 53
Mayatempel **352** 20
McPherson-Federbein
　192 72–84
Mechanikbacke **325** 16
Mechanikbalken **325** 22
Medaillon **339** 36
Mediaeval **342** 4
Medikamentenkassette
　24 7
Medikamentenschrank
　22 35
Medium **308** 9
medizinisch-technische
　Assistentin **23** 41
Meduse **357** 14
Meer **13** 26
Meeradler **362** 5
Meeresspiegel **11** 11
Meeresspiegel **146** 39
Meeresstraße **14** 24
Meeresströmungen **14**
　30–45
Meeresvögel **359** 11–14
Meerfrau **327** 23
Meergans **359** 5
Meerjungfrau **327** 23
Meerrettich **57** 19
Meerschweinchen **366**
　12
Meerwasserentsalzungs-
　anlage **146** 25
Meerweib **327** 23
Megalithgrab **328** 16
Megaphon **283** 21
Mehl **97** 52

Mehl **91** 28
Mehlfrüchte **68** 1–37
Mehlkäfer **81** 18
Mehlkörper **68** 13
Mehlsiloanlage **97** 74
Mehltaupilz **80** 20
Mehlwurm **81** 18
Mehretagen-Entwick-
　lungsdose **116** 3
Mehretagen-Filmspirale
　116 4
Mehrfachfunktionsspri-
　ze **24** 10
Mehrfachmeißelhalter
　149 41
Mehrfarben-Rollentief-
　druckmaschine **182**
Mehrfarbendruck **340**
　28
Mehrformatsucher **114**
　41
Mehrganggetriebe **190**
　72
Mehrkammerfrontein-
　spülung **50** 27
Mehrkanal-Lichtton-
　Stereophonie **312** 45
Mehrlader **87** 2
Mehrscheiben-Trocken-
　kupplung **190** 78
Mehrstufengetriebe **64**
　71
Mehrstufengetriebe **190**
　72
Mehrzweck-Lkw **255**
　96
Mehrzweckfrachter **221**
　57
Mehrzweckhubschrau-
　ber **232** 11
Mehrzweckkampfflug-
　zeug **256** 8
Mehrzweckleuchte **109**
　12
Mehrzweckmotor **109**
　13
Meilenstein **15** 109
Meise **360** 4
Meise **361** 9
Meißel **149** 45
Meißelschaft **149** 49
Meisterbrief **106** 42
Melanocetes **369** 6
Melden **260** 20
Meldezettel **267** 12
Melkbecher **75** 30
Melker **75** 25
Melkgeschirr **75** 26
Melkstand **75** 23
Melktakt **75** 34
Melodiepfeife **322** 10
Melodiesaiten **324** 24
Melodiesaiten **322** 30
Melodieseite **324** 39
Melone **57** 23
Membran **241** 68
Membranenlade **326**
　12–14
Membraphone **323**
　51–59
Menage **266** 22
Menge **348** 1

Mengenlehre 348
Mengenregulierhebel 163 28
Mengmulde 96 40
Menhir 328 18
Mensch 16
Mensch 17
Mensch 18
Mensch 19
Mensch 20
Mensch-ärgere-dich-nicht-Spiel 47 19
Menschenaffen 368 14–16
Menschenfloh 81 42
Menschenhaar 352 38
Menschenhai 364 1
Menschenlaus 81 41
Menschenlaus 81 40
Menschenrumpf 254 11
menschliche Körper 16 1–54
Mensuralnotation 320 2
Mensuren 116 11
Menükarte 266 21
Meridian 14 4
Meridianfernrohr 113 29
Meridiankreis 113 26
Meringe 97 26
Merkur 4 43
Merlin 362 1
Mesner 330 58
Mesolithikum 328 1–9
Meßballon 7 17
Meßbehälter 130 22
Meßbereichswippe 114 59
Meßbereichwähler 2 23
Meßbereichwähler 2 4
Meßbereichwähler 112 46
Meßbereichwählschalter 242 74
Meßbildkamera 112 68
Meßbuch 330 38
Meßbügel 149 65
Meßdiener 330 40
Messe 28 25
Messe 308 1–67
Meßelement 10 22
Messer 45 50
Messerbänkchen 45 12
Messerbalken 64 3
Messerfalzmaschine 185 8
Messergriff 106 39
Messerheft 96 34
Messerkegel 172 75, 76
Messerklinge 96 32
Messerscheide 94 12
Messersech 65 10
Messerwalze 56 35
Messerwerfer 307 37
Messerwerk 56 33
Meßgarnitur 332 44
Meßgerät 178 3
Meßgeräteplattform 235 69
Meßglas 350 26
Meßglas 10 47
Meßglas 267 60
Meßglas 196 14

Messingkessel 42 14
Meßkabel 116 38
Meßkännchen 332 46
Meßkännchen 332 45
Meßkammer 112 43
Meßkeile 115 55
Meßkolben 350 28
Meßkopf 116 55
Meßlatte 14 47
Meßpipette 350 24
Meßpult 109 25
Meßsatellitenbereich 7 33
Meßschenkel 142 38
Meßschieber 140 52
Meßschieber 149 67
Meßskala 242 75
Meßskala 149 63
Meßskalen 115 65
Meßsonde 114 63
Meßsonde 116 55
Meßsonden 234 42
Meßspindel 149 66
Meßstab 158 26
Meßstelle 237 40
Meßstrahlengang 115 36
Meßtrommel 224 4
Meßtrommel 149 64
Meßuhr 76 4
Meßwerkzeuge 149 56–72
Meßwinkel 140 57
Meßzelle 115 37
Meßzylinder 261 26
Meßzylinder 173 4
Meßzylinder 350 26
Meßzylinder 23 43
Metallarmbänder 109 19
Metallblock 148 25
Metallfeder 341 25
Metallgestell 111 7
Metallhalogen-Flächenleuchte 182 3
Metallhülse 166 31
Metallhut 326 35
Metallpapier 153 44
Metallplatte 324 77
Metallrahmen 324 76
Metallröhre 324 78
Metallsägebogen 126 71
Metallscheibe 309 15
Metallspitze 166 25
Metallstäben 123 22
Metallweste 294 15
Metallzuführung 174 26
Metallzuführung 174 40
Metazoen 357 13–39
Meteor 7 18
Meteoritenkrater 6 16
Meteorologie 9
Meteorologie 8
Meteorologisches Amt 225 33
Meteorologische Instrumente 10
meteorologische Station 9 7
Metermaß 103 2
Metermaß 271 38
Metope 334 16
Metronom 325 19

Metteur 174 5
Metzger 94 1
Metzger 96 38
Metzgerei 96 1–30
Metzgermesser 96 31–37
Meute 86 33
Meute 289 46
Mezzotinto 340 14–24
MG 255 32
Midinette 306 21
Mieder 31 30
Miederhose 32 2
Mietwagen 186 26
Mietwagen 233 33
Mikrab 337 14
Mikrofilmaufzeichnungsanlage 242 31
Mikrofilmkartei 237 37
Mikrofilmlesegerät 237 36
Mikrofotoansatz 115 89
Mikromann 310 22
Mikrometerknopf 14 52
Mikrometerschraube 149 62
Mikrometerschraube 142 37
Mikrophon 230 29
Mikrophon 209 31
Mikrophon 117 24
Mikrophon 117 74
Mikrophon 261 39
Mikrophon 263 7
Mikrophon 241 49
Mikrophon 22 15
Mikrophon 197 26
Mikrophon 317 20
Mikrophonanordnung 310 30
Mikrophonanschlußleitung 117 25
Mikrophonanschlußtafel 238 36
Mikrophonassistent 310 22
Mikrophonausleger 117 23
Mikrophonbuchse 249 69
Mikrophonbügel 249 65
Mikrophonfuß 241 51
Mikrophongalgen 310 25
Mikrophonkabel 239 14
Mikrophonkabel 310 32
Mikroprismenraster 115 54
Mikroskop 111 19
Mikroskop-Photometer 112 49
Mikroskopkamera 112 64
Mikroskopokular 14 53
Mikroskopröhre 113 31–39
Mikroskoptisch 112 9
Mikrospaltbildfeld 115 54
Mikrowellengerät 24 23
Mikrowellengerät 23 36
Milbe 358 44
Milch 99 44

Milch 76 16
Milchannahme 76 1
Milchbeutel 76 22
Milchbeutel 99 45
Milcherhitzer 76 13
Milchflasche 28 19
Milchflasche 266 60
Milchhof 76 1–48
Milchkännchen 44 31
Milchkanne 309 89
Milchkraut 61 13
Milchkuh 62 34
Milchkuh 75 17
Milchleitung 75 27
Milchpackung 76 22
Milchpackung 76 21
Milchproduktegondel 99 43
Milchstraße 3 35
Milchtankwagen 76 2
Milchtopf 40 15
Milchviehstall 75 14
Military 289 16–19
Millibar 9 4
Millibarteilung 10 3
Millimeterteilung 10 3
Millimeterteilung 247 36
Milz 20 12
Milz 20 27
Mimbar 337 15
mimische Gesichtsmuskeln 19 6
Minarett 337 13
Minenjagdboot 258 80
Minenklemmstift 151 45
Minenräumgerät 258 87
Minentransporter 258 94
Mineralwasserflasche 266 61
Miniaturkultwagen 328 36
Minigolfanlage 272 68
Minigolfbahn 272 70
Minigolfspieler 272 69
Minima 320 14
Minimumthermometer 10 54
Ministrant 331 45
Ministrant 330 40
Minnesänger 329 70
Minuend 344 24
Minusfacette 111 42
Minusfacette 111 37
Minuskel 175 12
Minuskel 341 18
Minuszeichen 344 24
Miobare 9 3
Mira 3 11
Mirabelle 59 25
Mischanlage 311 21
Mischarbeit 311 36
Mischasphaltauslauf 200 54
Mischatelier 311 34
Mischballenöffner 163 7
Mischbatterie 49 2
Mischbatterie 106 14
Mischbehälter 172 35
Mischbrot 97 6

Mischdüse 191 61
Mischer 232 48
Mischer 159 10
Mischkammer 83 62
Mischkessel 170 53
Mischpult 238 25
Mischpult 311 35
Mischpult 117 26
Mischpult 310 56
Mischpult 317 26
Mischrohr 192 10
Mischtonmeister 311 36
Mischtrommel 118 34
Mischwald 15 14
Mischwasserkanal 198
  27
Mischzylinder 173 3
Mischzylinder 350 27
Missale 330 38
Mistbeet 55 16
Mistbeetfenster 55 17
Mistbeetkasten 55 16
Mistgabel 66 7
Misthacke 66 8
Mistkäfer 358 39
Mitläufertuch 168 56
Mitnehmer 149 55
Mitnehmerstange 145
  14
Mitralklappe 20 47
Mittel 175 29
Mittelbauch 16 36
Mittelbein 82 7
Mittelbrust 95 26
Mitteldecke 222 55
Mitteldecker 229 4
Mitteldruckzylinder 153
  24
Mittelfahne 291 64
Mittelfeldspieler 291 14
Mittelfinger 19 66
Mittelflügel 229 8
Mittelflyer 164 27
Mittelfuß 72 23
Mittelgang 208 23
Mittelgang 218 46
Mittelgebirge 12 34
Mittelgrund 224 91
Mittelgrund 224 88
Mittelhandknochen 17
  16
Mittelkreis 291 2
Mittellager 177 65
Mittellinie 151 30
Mittellinie 294 4
Mittellinie 293 9
Mittellinie 293 54
Mittellinie 291 3
Mittellinienrichter 293
  25
Mittelmann 293 76
Mittelmast 220 33
Mittelmeer 14 25
Mittelmoräne 12 54
Mittelohr 17 59–61
Mittelpfette 121 51
Mittelpunkt 346 43
Mittelpunktswinkel 346
  55
Mittelrumpflängsträger
  235 9
Mittelsäule 114 46
Mittelscheitel 34 9

Mittelschiff 335 1
Mittelschiff 334 62
Mittelsenkrechte 346
  28
Mittelspieler 293 76
Mittelsproß 88 8
Mittelsprosse 88 8
Mittelstander 221 102
Mittelsteinzeit 328 1–9
Mittelstoß 277 2
Mittelstreckenläufer
  298 5
Mittelstreckentrans-
  portflugzeug 256 14
Mittelstreckenverkehrs-
  flugzeug 231 12
Mittelstreckler 298 5
Mittelteil 215 68
Mitteltonlautsprecher
  241 16
Mittelträger 222 53
Mitteltriebwagen 211
  62
Mittelwagen 209 7
Mittelzehe 19 54
Mittelzeichen 293 11
Mittenfleck 115 65
Mittenkontakt 114 72
Mittenleuchte 268 49
Mittlere Muschelkalk
  154 59
Mittschiffslinie 285 5
Mixbecher 267 61
Mixed 293 49
Mixer 267 62
Mixer 97 59
Mixer 40 46
Mizar 3 29
Mobile 260 70
Modejournal 104 4
Modejournal 271 36
Modekatalog 104 6
Modell 338 32
Modellabdruck 148 34
Modellbühne 315 41
Modelleur 339 6
Modellflug 273 37
Modellflug 288 85
Modellflugsport 288
  85–91
Modellflugzeug 273 38
Modellhut 35 7
Modellierbock 339 9
Modellierbrett 339 34
Modellierholz 161 20
Modellierholz 339 10
Modelliermasse 339 8
Modellierschere 106 34
Modellierschlinge 339
  11
Modellierton 339 31
Modellkleid 103 5
Modellmantel 103 7
Modepuppe 271 34
Moderator 1 54
moderne Kampfschiffe
  259
moderne Plastik 272 64
Modesalon 268 9
Modezeitschrift 271 36
Modulbauweise 240 1
Möbelwagen 268 47
Mönch 89 9

Mönch 122 58
Mönch 331 54
Mönch-Nonnen-Dach
  122 56
Mönchabsperrgitter 89
  10
Mönchskopf 381 25
Möndchen 19 81
Mörser 255 40
Mörtelbett 123 27
Mörtelkasten 118 20
Mörtelkübel 118 84
Mörtelpfanne 118 39
Möwe 359 14
Mofa 188 6
Mohairhut 35 6
Mohairstoffkappe 35
  11
Mohn 61 2
Mohnblüte 61 4
Mohnbrötchen 97 14
Mohnkapsel 61 5
Mohrenkopf 359 14
Mohrenkopf 97 36
Mohrrübe 57 17
Mokassin 101 30
Mokassin 352 18
Mokick 188 39
Molch 146 31
Molchschleuse 146 31
Mole 217 15
Molekülmodelle 242
  61–67
Molekülstrukturen 1
  9–14
Molkerei 76
Molldreiklang 321 2
Molle 96 40
Molltonarten 320
  55–68
Mollusken 357 27–36
Molterbrett 65 67
Molterbrett 65 5
Monatserdbeere 58 16
Monatsklee 69 9
Mond 4 1–9, 31
Mondbahn 4 1
Mondflecken 364 39
Mondlandeeinheit 234
  55
Mondlandeeinheit 6 12
Mondlandung 6
Mondoberfläche 6 13
Mondphasen 4 2–7
Mondrand 4 41
Mondscheinkraut 379 5
Mondsichel 4 3
Mondsichel 4 7
Mondstaub 6 14
Mondumlauf 4 1
Mondviertel 4 6
Mondwechsel 4 2–7
Monierzange 119 85
Monitor 117 97
Monitor 26 16
Monitor 27 23
Monitor 23 27
Monitor 243 6
Monitorfeld 238 7
Monitorfeld 238 1
Monogramm 36 41
Monolith 328 18
Monoposto 290 34

Monoski 286 56
„Monotype“-Gießma-
  schine 174 39
„Monotype“-Normal-
  setzmaschine 174 32
Monstranz 332 34
Monstranz 331 48
Montagetisch 179 23
Montagetisch 177 19
Montierung 5 9
Moor 15 20
Moor 13 14–24
Moorbeere 377 23
Moorheide 377 19
Moorhuhn 359 20
Moortümpel 13 23
Moos 377 17
Moostorfmasse 13 20
Moostorfmasse 13 22
Moped 188 24
Mopedleuchte 188 29
Mops 70 9
Mopsea 369 8
Moränenfilterschicht
  199 24
Mordent 321 20
Morgenmantel 32 35
Morselampe 223 7
Mortadella 96 7
Mosaik 338 37
Mosaikfigur 338 38
Mosaiksteine 338 39
Moschee 337 12
Moschusochse 367 10
Moskito 358 16
Motiv 338 27
Moto-Cross 290 24–28
Motor 168 55
Motor 165 34
Motor 269 45
Motor 178 14
Motor 148 64
Motoraggregat 50 82
Motorboot 283 2
Motorboote 286
Motorbootrennen 286
  21–44
Motorbootsteg 216 7
Motordrehzahlmesser
  212 22
Motordreiradwalze 200
  36
Motoreinheit 84 34
Motorenaufbau 226 58
Motorfähre 216 6
Motorfischkutter 221
  49
Motorflugzeug 287 2
Motorgartenhacke 56
  18
Motorgrundplatte 164
  36
Motorhaube 195 36
Motorhaube 191 8
Motorhaubenstange
  195 37
Motorkreuzer 286 4
Motornivellier 112 69
Motoröl 196 15
Motorölkanne 196 16
Motoröltemperaturmes-
  ser 212 19
Motorpumpe 270 8

Motorrad **189** 16
Motorrad **189**
Motorrad **268** 35
Motorradfahrer **268** 34
Motorradgabel **188** 58
Motorradkette **189** 22
Motorradreifen **189** 26
Motorradrennen **290**
24–28
Motorradrennfahrer
290 25
Motorradständer **189**
21
Motorräder **189** 31–58
Motorrasenmäher **56** 28
Motorraum **195** 35
Motorroller **188** 47
Motorsäge **85** 13
Motorsäge **84** 22
Motorsäge **84** 27
Motorschaltschutz **269**
46
Motorschiff **223**
Motorsegler **287** 8
Motorsport **290** 24–50
Motorspritze **270** 5
Motorsteuerungsgerät
235 39
Motorträger **191** 53
Motorträger **190** 38
Motorwinde **287** 6
Motorzapfwelle **65** 31
Motte **81** 13
Mozartzopf **34** 4
MP **255** 8
MTA **23** 41
Muddeschichten **13** 15
Mücke **358** 16
Mühlbach **91** 44
Mühle **276** 24
Mühlebrett **276** 23
Mühleisen **91** 12
Mühlen **91**
Mühlespiel **276** 23–25
Mühlgraben **91** 44
Mühlrad **91** 35
Mühlrad **91** 37
Mühlrad **91** 37
Mühlstein **91** 16
Mühlsteinauge **91** 19
Mühlsteinkragen **355**
52
Mühlwehr **91** 42
Müll **199** 17, 22
Müllabfuhr **199** 1
Müllabfuhrwagen **199** 1
Müllauto **199** 1
Müllbeseitigung **199**
Müllcontainer **199** 4
Mülldeponie **199** 10
Müller **91** 15
Mülltonne **199** 3
Mülltonnenkippvorrich-
tung **199** 2
Müllverbrennungsanla-
ge **199** 28
Müllwagen **199** 1
Mündungsarm **13** 2
Mündungsbremse **255**
58
Mündungsfeuerdämpfer
255 18
Mündungsklappe **259** 78

Mündungswaagerechte
87 74
Münster **335** 22
Münzbild **252** 12
Münzbuchstabe **252** 10
Münzen **252** 1–28
Münzenfassung **36** 38
Münzenkette **36** 36
Münzfernsprecher **237**
3
Münzfernsprecher **236**
9
Münzplättchen **252** 43
Münzprägung **252**
40–44
Münzzeichen **252** 10
Mützchen **29** 2
Mütze **35** 9
Muffe **126** 43
Muffelofen **140** 11
Mufflon **367** 6
Mulde **12** 18
Mulde **336** 48
Muldenachse **12** 19
Muldengewölbe **336** 47
Muldenkipper **47** 38
Muldenkippwagen **213**
37
Muldenpresse **168** 38
Muldental **13** 56
Muldenwagen **147** 64
Muleta **319** 33
Mullbinde **21** 9
Multiplikand **344** 25
Multiplikation **344**
25
Multiplikator **344** 25
Multiplikatorrolle **89**
59
Multiplizieren **344** 25
Multirolle **89** 59
Mumie **352** 21
Mund **19** 14–37
Mund **16** 13
Mund-zu-Mund-Beat-
mung **21** 26
Mund-zu-Nase-Beat-
mung **21** 26
Mundbinde **322** 5
Mundblasen **162** 38–47
Mundharmonika **324**
35
Mundleuchte **24** 42
Mundschenk **329** 69
Mundsperrer **22**
48
Mundspiegel **24**
41
Mundstück **27** 38
Mundstück **324** 72
Mundstück **323** 36
Mundstück **107** 13
Mundstück **159** 13
Mundstück **324** 33
Mundtuch **45** 9
Mundwasser **19**
36
Mundwinkel **19**
19
Mundwinkel **16**
14
Munition **87** 19
Murmeltier **366** 18

Musche **306** 24
Muschelhorn **327** 41
Muschelschale **357** 36
Musenroß **327** 26
Musette **322** 8
Mushaus **329** 13
Musikatelier **310** 14
Musikautomat **309** 14
Musikautomat **308** 38
Musikclown **307** 23
Musikertribüne **307** 9
Musikinstrumente **322**
Musikinstrumente **323**
Musikinstrumente **324**
Musikinstrumente **325**
Musikinstrumente **326**
Musiknotation **320**
Musiknotation **321**
Musiknote **320** 3–7
Musikwerk **308** 38
Muskatblüte **382** 34
Muskatnuß **382** 35
Muskatnußbaum **382**
30
Muskulatur **18** 34–64
Mustang **352** 4
Musterkette **167** 19
Musterwalze **129** 13
Mutter **28** 6
Mutter **187** 53
Muttergang **82** 23
Mutterknolle **68** 39
Mutterkompaß **224** 51
Mutterkorn **68** 4
Muttermund **20** 85
Mutterpflanze **54** 15
Muttersau **75** 41
Mutterschaf **75** 10
Mutulus **334** 13
Myrte **53** 11
Myrtensträußchen **332**
21
Myrtus **53** 11
Myzel **381** 2
Myzelium **381** 2

N

Nabe **187** 26
Nabel **16** 34
Nabenhülse **187** 69
Nachbrennerdüsen **256**
13
Nachbrust **95** 25
Nachdarre **92** 30
Nachdarre **92** 18
Nachführbelichtungs-
messer **114** 29
Nachhall **310** 59
Nachpflanzung **84** 10
Nachrichtensprecher
238 21
Nachrichtenverbindun-
gen **237** 50
Nachschaltgetriebe **212**
53
Nachschlag **321** 18
Nachsortierer **172** 58
Nachstellschritt **295** 43
Nachsynchronisierstu-
dio **238** 27–53

Nachsynchronisierung
311 37–41
Nachtcreme **99** 27
Nachtfalter **365** 7–11
Nachthemd **32** 16
Nachthyazinthe **60** 9
Nachtigall **361** 14
Nachtkerzengewächs **53**
3
Nachtkleidung **32**
Nachtklub **318** 1–33
Nachtlokal **318**
Nachtrettungslicht **221**
125
Nachtschattengewächs
379 7
Nachtschattengewächs
53 6
Nachtschmetterling **82**
14
Nachtschmetterlinge
365 7–11
Nachtzeichen **203** 38
Nachwickel-Filmzahn-
trommel **312** 27
Nachwuchsbanderillero
319 4
Nachwuchstorero **319** 2
Nachzwirnerei **170** 47
Nacken **16** 21
Nackenhalte **295** 52
Nackenmuskeln **18** 51
Nackenpinsel **106** 27
Nackenschutz **270** 38
Nackenstand **295** 29
Nadel **151** 67
Nadel **151** 56
Nadel **143** 76
Nadel **372** 11
Nadelbäume **372** 1–71
Nadelbarren **167** 28
Nadelbett **167** 55
Nadelbett **167** 51
Nadeleinsatz **151** 54
Nadelfuß **167** 60
Nadelhalter **22** 59
Nadelheber **167** 59
Nadelhölzer **372**
Nadelkäfig **143** 75
Nadelkanal **167** 15
Nadelkissen **104** 20
Nadellager **143** 75, 76
Nadeln **167** 53
Nadeln **165** 37
Nadelreihe **167** 46
Nadelreihe **167** 27
Nadelreihe **167** 47
Nadelschloß **167** 57
Nadelsegment **163** 70
Nadelsenker **167** 58
Nadelspitzen **102** 30
Nadelwald **15** 1
Nadelzeichen **340** 58
Nadelzylinder **167** 8
Nadelzylinder **167** 11
Nadir **4** 13
Nägel **134** 39
Nähgarnrolle **104** 9
Nähmaschine **100** 21
Nähmaschinengarn **103**
12
Nähmaschinenschubla-
de **104** 18

Nähmaschinentisch **104** 17
Nährmittel **98** 35–39
Nähseidenröllchen **104** 10
Nähspitzen **102** 30
Nähvorrichtung **133** 5
Nagel **143** 51
Nagel **19** 80
Nagelheft **100** 56
Nagelklaue **120** 75
Nagellack **99** 32
Nageltasche **122** 72
Nagetiere **366** 12–19
Naheinstellgeräte **115** 81–98
Nahkampf **299** 31
Nahlinse **117** 55
Nahrungsbläschen **357** 6
Nahrungsvakuole **357** 6
Nahtausblendung **177** 53
Nahtroller **128** 36
Nahtschneider **128** 43
Nahtspant **285** 55
Nahtspantenbau **285** 54
Nahverkehr **208** 1–30
Nahverkehrstriebwagen **208** 13
Nahverkehrswagen **208** 3
Nahverkehrszug **208** 1–12
Najade **327** 23
Namensschild **54** 4
Namensschild **285** 46
Nansenschlitten **303** 18
Napfkuchen **97** 33
Napfkuchen **99** 22
Napfkuchenform **40** 29
Narbe **58** 41
Narbe **370** 56
Narbe **59** 16
Nargileh **107** 42
Narkoseapparat **26** 1
Narkosegerät **26** 24
Narr **306** 38
Narrenfest **306** 1–48
Narrenkappe **306** 39
Narrenorden **306** 60
Narrenpritsche **306** 48
Narrenzepter **306** 59
Narzisse **60** 3
Narzisse **60** 4
Narzissengewächs **53** 8
Nase **122** 51
Nase **143** 29
Nase **364** 2
Nase **72** 6
Nase **70** 4
Nase **16** 10
Nase **132** 18
Nasen-Lippen-Furche **16** 11
Nasenbein **17** 41
Nasenhöhle **17** 53
Nasenkeil **143** 74
Nasenklappe **229** 54
Nasenkolben **242** 56
Nasenleiste **287** 34
Nasenriemen **71** 7
Nasenscheibe **187** 55

Nashorn **366** 25
Naßbürstgerät **108** 46
Naßfilz **173** 17
Naßklebung **117** 89
Naßöltank **145** 30
Naßpresse **173** 19
Naßsauger **50** 80
Nationalflaggen **253** 15–21
Nato-Lage **21** 24
Natriumatom **1** 8
Natriumion **1** 11
Natriumkreislauf **154** 2
Natriumkreislauf **154** 7
Natronkalkabsorber **27** 39
Natronlauge **169** 3
Natronlauge **170** 10
Natronlaugeverdampfung **170** 11
Natter **364** 38
Naturfelsen **356** 2
Naturkorken-Verschließmaschine **79** 10
Natursteinsockel **37** 85
Naturtheater **272** 6
Naturwabe **77** 60
Navette **36** 55
Navigation **224**
Navigationsfernsehmast **221** 37
Navigationsoffizier **224** 37
Navigationsraum **228** 22
Navigationsraum **223** 14
Neandertalerschädel **261** 19
Nebel **9** 31
Nebellichtkontrolle **191** 63
Nebelscheinwerfer **191** 64
Nebelschlußleuchte **191** 67
Nebelschlußlicht **191** 64
Nebelstreifen **2** 27
Nebelwurfbecher **255** 83
Nebenanlagengebäude **154** 34
Nebenaugen **77** 2
Nebenbahn **15** 23
Nebenblätter **371** 73
Nebenblatt **58** 48
Nebenblatt **57** 5
Nebenfahrwasser **224** 93
Nebengebäude **62** 14
Nebenhoden **20** 73
Nebenkern **357** 12
Nebenleitung **192** 27
Nebenluftschieber **50** 74
Nebenniere **20** 29
Nebenpforte **335** 13
Nebenportal **335** 13
Nebenstation **224** 41
Nebenstelle **237** 26
Nebenstellen-Wählanlage **237** 22–26

Nebenstrom **232** 50
Nebenwinkel **346** 14
Nebenwurzel **370** 17
Negativbühne **116** 30
Negativfenster **115** 28
Negativkohle **312** 41
Neger **310** 51
Neger **354** 13
Negerhütte **354** 21
Negerin **354** 22
Neigungsverstellung **177** 21
Neigungswaage **98** 12
Nektarium **59** 18
Nelke **382** 28
Nelke **60** 6
Nelkengewächs **69** 12
Nematode **80** 51
Nenner **344** 15, 19
Nennwert **251** 12
Neolithikum **328** 10–20
Neopren-Tauchanzug **279** 9
Neptun **4** 51
Nereide **327** 23
Nervbetäubung **24** 53
Nerven **19** 33
Nervensystem **18** 22–33
Nerz **30** 60
Nerzfell **131** 19
Nerzfell **131** 11
Nerzjäckchen **30** 1
Nerzmantel **131** 24
Nerzmütze **35** 20
Nerzpelzhut **35** 18
Nerzschirmkappe **35** 17
Nessel **61** 33
Nesselband **153** 46
Nestloch **359** 28
Netz **86** 27
Netz **90** 8
Netz **3** 48
Netz **293** 13
Netzarbeit **102** 22
Netzauge **77** 20–24
Netzeinspeisung **154** 16
Netzflügler **358** 12
Netzgewölbe **336** 45
Netzhalter **293** 14
Netzhaut **19** 49
Netzhemd **32** 22
Netznadel **102** 26
Netzpfosten **293** 15
Netzrichter **293** 23
Netzslip **32** 23
Netzsonde **90** 17
Netzsondenkabel **90** 14
Netzspieler **293** 63
Netzstrumpf **306** 10
Netztaste **195** 11
Netzteil **311** 11
Netztrog **165** 44
Netzunterjacke **32** 22
Netzwand **90** 8
Neufundländer **70** 34
Neuheitenverkäuferin **271** 63
Neumond **4** 2
Neunachteltakt **320** 39
Neunbindengürteltier **366** 8
Neunvierteltakt **320** 40

Neutron **1** 30
Neutron **1** 42
Neutron **1** 45
Neutron **1** 50
Neutron **1** 39
Neutronen **1** 52
Neutronenbeschuß **1** 36
New Pence **252** 37
new pence (p) **252** 37
New Penny **252** 37
NF-Ziegelstein **118** 58
Nichtschwimmerbecken **282** 21
Nickelmünzen **252** 1–28
Nicken **230** 67
Nickende Leinkraut **376** 26
Nicker **18** 34
Nicker **19** 1
Nicki **29** 43
Nickipulli **29** 43
Nickituch **31** 57
Niederdruckgasleitung **156** 44
Niederdruckmanometer **141** 6
Niederdruckturbine **232** 54
Niederdruckverdichter **232** 35
Niederdruckvorwärmer **152** 25
Niederdruck-Wasservorlage **141** 8
Niederdruckzylinder **153** 25
Niedergang **223** 24
Niedergang **268** 62
Niedergang **258** 24
Niedergang **221** 123
Niederhaus **305** 76
Niederschlag **8** 18, 19
Niederschlag **8** 10
Niederschlag **299** 40
Niederschlagsformen **8** 19
Niederschlagsgebiet **9** 30
Niederschlagsmesser **10** 44
Niedersprungmatte **297** 7
Niedersprungmatte **296** 13
Niere **20** 28
Nierenaufnahmen **27** 14
Nierenaufnahmen **27** 4
Nierenbecken **20** 31
Nierengegend **72** 30
Nierenkelch **20** 30
Nierenkontrastdarstellungen **27** 6
Nierenschale **23** 45
Nieseln **9** 33
Niet **143** 57–60
Niete **143** 57–60
Nietenschaft **143** 58
Nietkopf **143** 57
Nietmaschine **138** 27
Nietteilung **143** 60
Nietung **143** 56
Nietverbindung **143** 56

Nightclub 318 1–33
Nilkrokodil 356 13
Nilpferd 366 31
Nimbostratus 8 10
Nimbostratus 8 11
Nimmersatt 359 5
Nippelhalter 126 63
Nischenpoller 217 10
Nivellierbohle 201 3
Nivellierinstrument 14 48
Nivellierung 14 46
Nix 327 23
Nixe 327 23
Nock 223 16
Nocke 305 63
Nockenwelle 190 14
Nockenwellenlager 192 24
Nockenwellenlager 190 11
Nockenwellenschmierung 190 13
Nodosität 80 27
nördliche Hemisphäre 3 1–35
Nördliche Krone 3 31
Nördliche Eismeer 14 21
Noir 275 21
Nomaden 353 19
Nonius 224 5
Nonius 140 55
Noniusskala 149 69
Nonne 82 17
Nonne 122 57
Nonnen 331 50
Nonpareille 175 23
Nonplusultra 175 19
Nordäqatorialstrom 14 32
Nordamerika 14 12
Nordamerikanische Opossum 366 2
Nordostpassat 9 48
Nordpol 14 3
Nordpunkt 4 16
Nordsee 14 26
Nordstern 3 1
Norm 185 69
Normalbenzin 145 54
Normalfilmkamera 313 1
Normalformat-Ziegelstein 118 58
Normalgewinde 149 4
Normalklappe 229 46
Normalleitwerk 229 23
Normalobjektiv 115 46
Normalobjektiv 117 49
Normalobjektiv 115 3–8
Normaluhr 245 18
Normpalette 226 10
Normstecker 241 70
Nortongetriebe 149 8
Nortonkasten 149 8
Nose-in-Position 233 21
Notaderpresse 21 15
Notationszeichen 321 23–26
Notauffangnetz 259 17

Notausgang 99 79
Notausgang 312 7
Notausgang 307 33
Notbeleuchtung 312 6
Notbremse 214 3
Notbremsventil 210 57
Note 320 13
Note 320 3–7
Noten 252 29–39
Noten 252 29–39
Notenbalken 320 6
Notenbank 252 30
Notenblatt 309 15
Notenfähnchen 320 5
Notenhals 320 4
Notenkopf 320 3
Notenlinie 320 43
Notenpult 326 36
Notenschlüssel 320 8–11
Notenwerte 320 12–19
Notfallabfackelanlage 146 11
Notizblatt 247 34
Notreißbahn 288 72
Notreißleine 288 73
Notruf 233 40
Notrufmelder 237 4
Notverbände 21 1–13
Nougat 98 81
Novillero 319 2
Nudeln 98 34
Nudist 281 16
Nudistengelände 281 15
Nürnbergerin 355 38
Nüsse 59 37–51
Nüster 72 7
Nugat 98 81
Nuggetform 252 1
Nulleiter 127 13
Nullhyperbel 224 42
Nullisotherme 9 41
Nullmeridian 14 5
Nullpunkt 153 22
Nullpunkteinstellung 2 7
Nullschicht 7 20
Nullschicht 7 6
Numerierung 85 33
Numerus 345 6
Nummernkasten 267 5
Nummernschalter 237 10
Nuß 95 52
Nuß 140 43
Nuß 370 98
Nuß 384 60
Nußbaum 59 37–43
Nußbaumzweig 59 37
Nußhäher 361 1
Nußknacker 45 49
Nußstück 95 11
Nut 143 85
Nutation 4 24
Nutenzylinder 165 10
Nutkeile 143 74
Nutsche 349 11
Nutzgarten 52
Nutzlastbedienungsgerät 235 29
Nutzlastraumluke 235 14

Nutzturbine 232 54
Nydamschiff 218 1–6
Nylonfadenkops 133 4
Nylonsohle 291 30
Nymphe 89 66
Nymphenköder 89 66

O

O'Brien-Technik 298 50
O_2-Stabilisator 27 42
Oase 354 4
OB-Telefon 238 9
OB-Telefon 238 40
Obelisken 333 10
obenliegende Nockenwelle 189 3
Ober 267 47
Oberarm 16 43
Oberarmbein 17 12
Oberarmkippe 296 58
Oberarmknochen 17 12
Oberbär 139 6
Oberbauch 16 35
Oberdeck 194 38
Oberdeckomnibus 194 36
obere Hohlvene 18 9
obere Hohlvene 20 53
Obere Muschelkalk 154 58
Oberfeuer 224 102
Oberflächenkondensator 152 24
Oberflächenprüfgerät 112 37
Oberflächenvorwärmer 210 23
Oberflächenwellen 11 36
Oberflügel 229 7
Obergeschoß 118 14
Obergeschoß 37 3
Obergesenk 139 13
Obergurt 121 74
Obergurt 121 80
Obergurt 215 9
Oberkasten 148 19
Oberkellner 266 30
Oberkiefer 19 27
Oberkiefer 17 36
Oberkieferbein 17 36
Oberklaue 88 23
Oberlahan 326 27
Oberlederschaft 291 26
Oberlederschere 100 42
Oberleitungsbus 194 40
Oberleitungsomnibus 194 40
Oberlicht 37 35
Oberlichtband 121 21
Oberlid 19 39
Oberlippe 19 14
Oberlippe 326 27
Oberlippe 72 8
Oberlippenrinne 16 12
Obermaschinerie 316 1–60
Obermesser 183 19
Oberrohr 187 16

Oberrücken 88 23
Oberschale 95 54
Oberschale 95 13
Oberschale 95 37
Oberschenkel 16 49
Oberschenkelbein 17 22
Oberschenkelhose 355 31
Oberschlitten 149 22
Oberschrank 46 30
Oberschrank 39 8
Oberspannungsdurchführung 152 43
Oberspannungswandler 211 4
Oberspannungswicklung 153 15
Oberstein 91 22
Oberstempel 252 40
Oberstromspannungsanzeige 211 29
Oberteil 32 18
Oberwalze 148 54
Oberwerk 326 2
Oberwerk 326 44
Oberzange 163 66
Oberzylinder 164 11
Obi 353 41
Objektfeldbeleuchtung 112 33
Objektiv 243 2
Objektiv 115 3–8
Objektiv 114 5
Objektiv 176 23
Objektiv 243 52
Objektiv 116 32
Objektiv 313 2
Objektiv 115 32
Objektivbrücke 112 18
Objektivköcher 115 104
Objektivkopf 117 46–49
Objektivlinse 113 36
Objektivrevolver 112 11
Objektivrevolver 117 46
Objektivrevolver 112 30
Objektivrevolver 313 32
Objektivstandarte 114 52
Objektivtubus 115 3
Objektschleuse 113 33
Objektstellverstellung 113 34
Objektverschiebung 113 34
Oblate 332 28
Oboe 323 38
Oboe d'amore 323 38
Oboe da caccia 323 38
Observatorium 5 1–16
Obst- und Gemüseabteilung 99 80
Obstbaum 52 30
Obstbaumspritze 83 38
Obstgarten 52 1–32

Obstgarten 15 108
Obsthochstamm 52 30
Obstkern 58 37
Obstkern 58 60
Obstkonserve 98 16
Obstmade 58 64
Obstmesser 45 71
Obstpflücker 56 22
Obstschädlinge 80 1–19
Obstschale 45 40
Obststand 308 53
Obsttorte 97 22
Obsttorte 99 20
Obstwaage 99 88
Obus 194 40
Occhiarbeit 102 19
Ocean Liner 225 32
Ochse 73 1
Ochsenauge 336 2
Ochsengespann 63 16
Ochsentreiber 3 30
Octans 3 43
Odaliske 306 41
öffentliche Fernsprech-
zelle 204 46
öffentliche Gebäude 15
54
öffentliche Sprechstelle
237 1
Öffnungsfrüchte 370
91–96
Öhr 89 82
Öhrling 81 11
Öl 98 24
Öl-Luft-Kühlanlage
209 18
Öl-Wasser-Kühler 152
46
Ölablaßschraube 190
24
Ölabstreifring 190 37
Ölausdehnungsgefäß
153 9
Ölausdehnungsgefäß
152 42
Ölb 359 16
Ölbadluftfilter 65 54
Ölbadluftfilter 212 79
Ölbaum 383 29
Ölbehälter 64 93
Ölbehälter 38 44
Ölbeutel 228 11
Ölblock 109 5
Ölbrenner 38 58–60
Öldruckkontrolleuchte
191 73
Öldruckmanometer 157
7
Öldruckmesser 230 20
Öleinfüllstutzen 190 28
Öler 187 65
Ölerhitzer 145 36
Ölerklipp 187 62
Ölfarbe 338 11
Ölfeuerung 199 30
Ölfeuerung 38 44–60
Ölfeuerungsgebläse 199
35
Ölfilter 190 43
Ölflasche 45 42
Ölgeber 109 4
Ölgrobfilter 192 18
Ölhafen 145 74

Ölheizungskessel 38 57
Öljacke 228 6
Ölkühler 192 19
Ölkühler 211 11
Ölmantel 228 7
Ölmeßstab 190 47
Ölpalme 383 54
Ölpeilstab 190 47
Ölpumpe 192 16
Ölpumpe 190 42
Ölpumpenantrieb 190
25
Ölraffinerie 145 65–74
Ölrohr 190 13
Ölsardinen 98 19
Ölsockel 129 15
Ölstandsanzeiger 38 54
Ölstandsanzeiger 153
11
Ölstandsleitung 38 53
Ölstein 340 21
Ölstudie 338 36
Ölsumpf 192 17
Öltank 38 44
Öltemperaturanzeige
191 38
Öltemperaturanzeige
230 21
Öltemperaturfühlerka-
bel 195 40
Öltemperaturmeßkabel
195 16
Ölüberdruckventil 190
67
Ölumlaufpumpe 152 45
Ölumlaufpumpe 211 12
Ölvorrat 192 17
Ölwanne 65 45
Ölwannenoberteil 190
40
Ölwannenunterteil 190
41
Ölzeug 228 4
öre 252 24
öre 252 25
öre 252 26
Öre 252 24–26
Öse 100 63
Öse 124 23
Ösen 100 53
Ösenschäftung 328 23
Ofen 147 23
Ofenbank 266 36
Ofenkachel 266 35
Ofenkrücke 38 42
Ofenrohr 309 5
Ofenraum 147 24
Ofenrohrkrümmer 309
6
Ofenschirm 309 8
Ofentür 309 7
Off-shore-Bohrung 146
offene Kerbtal 13 54
offene Wasser 227 4
Offizier 221 126
Offizierskajüte 223
21
Offizierskammer 223
21
Offsetdruck 180
Offsetkopie 179
Offsetmaschine 180 46
Offsetplatte 179 16

Offsetpresse 173 21
Offshore 221 32
Ogeeflügel 229 22
Ogivalflügel 229 22
Ohr 72 1
Ohr 16 18
Ohrenfledermaus 366 9
Ohrenhöhler 81 11
Ohrenklappe 304 28
Ohrenklappen 35 31
Ohrenkneifer 81 11
Ohrenkneifer 81 11
Ohrenkriecher 81 11
Ohrenschützer 304 28
Ohrenspiegel 22 74
Ohrgehänge 36 11
Ohrhörer 249 63
Ohrhörer 248 35
Ohrläppchen 17 57
Ohrmuschel 17 56
Ohrmuschel 261 40
Ohrmuschel 241 69
Ohrpfblock 354 30
Ohrringe 36 13
Ohrspeicheldrüse 19 9
Ohrwurm 81 11
Okarina 324 32
Okkiarbeit 102 19
Okklusion 9 25
Oktaeder 351 16
Oktaeder 351 14
Oktaeder 351 6
Oktant 3 43
Oktavbindung 294 50
Oktave 321 13
Oktave 321 44–50
Okular 113 20
Okular 117 14
Okular 115 42
Okular 311 9
Okularabstand 112 56
Okulareinstellung 313 7
Okularmuschel 313 34
Okularmuschel 115 73
Okulation 54 30
Okulieren 54 30
Okuliermesser 54 31
Oleander 373 13
Olivenbaum 383 29
Olivenöl 98 24
Olympia-Flagge 253 5
Olympiajolle 284 50
Omnibus 186 37
Omnibusse 194
Oneirophanta 369 18
OP-Lampe 26 10
OP-Lampe 27 25
OP-Saal 26 1–33
OP-Tisch 26 5
Operationsanzeigen 244
7
Operationskoje 228 21
Operationslampe 27 25
Operationsleuchte 26
10
Operationsmikroskop
112 31
Operationssaal 26 1–33
Operationstischfahrge-
stell 26 36
Operator 244 14
Opernglas 315 9
Opfergabe 330 60

Opferkerzen 330 53
Opferkerzentisch 330
52
Opferstein 334 48
Opferstock 330 55
Ophtalmometer 111 44
opthalmologische Prüf-
platz 111 43
Optik 242 41
Optiker 111
Optiker 111 1
Optikerwerkstatt 111
20–47
Optikplatte 195 18
Optikträger 177 27
optische Anzeige 211
34
optische Bank 242 79
Optische Geräte 112
Optische Geräte 113
optische Maßanzeige
185 6
optische System 243 50
Orang-Utan 368 15
Orange 384 27
Orangeat 98 11
Orangenbäumchen 55
49
Orangenblüte 384 25
Orangerie 272 3
Orbiter 235 49
Orchester 315 25
Orchesterinstrumente
323 1–62
Orchesterraum 315 24
Orchestertribüne 307 9
Orchesterversenkung
315 24
Orchestra 334 47
Orchestrion 309 14
Orchidee 376 28
Ordenskaktus 53 15
Order 250 19
Ordinalzahl 344 6
Ordinantenachse 347 3
Ordinaten 347 10
Ordinatendurchgang
347 12
Ordinatenwert 347 10
Ordner 263 10
Ordnermechanik 247
41
Ordnungszahl 344 6
Organelle 357 5
Organistrum 322 25
Orgel 326 1–52
Orgel 322 56
Orgelgehäuse 326 1–5
Orgelpfeifen 326 17–35
Orgelprospekt 326 1–5
Orgelspieltisch 326
36–52
Orientalin 306 41
Orientteppich 46 36
Original 177 18
Originalfilmspule 117
27
Originalhalter 177 14
Originalhaltergestell
177 15
Originalton 117 100
Orion 3 13
Orkanbug 259 9

Ornamente 334 38–43
Ornamente 335 14–16
Ornat 332 4
Ornat 330 22
Ort 63 3
Ortgang 37 8
Ortgang 121 3
orthopädische Fußbett 101 50
Orthopinakoid 351 25
Ortolan 361 7
Ortsbatterietelefon 238 9
Ortsbatterietelefon 238 40
Ortsgespräche 237 3
Ortsteine 122 80
Ost-West-Modul 240 9
Ostaustralstrom 14 38
Osterkerze 330 44
Osterkerzenständer 330 45
Osterluzei 376 22
Ostjake 353 17
Ostpunkt 4 14
Otter 367 17
Otter 364 40
Ottern 258 87
Ottern 364 41
Ottomotor 190 2
Outsider 289 53
Overall 29 19
Overall 31 53
Overdresskleid 31 17
Overheadprojektor 261 8
Overheadprojektor 242 6
Oxymeter 27 13
Ozean 14 19
Ozeanide 327 23
Ozelotmantel 131 25
Ozonschicht 7 19
Ozonschicht 7 13

P

P. I. P.-System 242 15
Paarhufer 73 9
Paarhufer 366 28–31
Paarläufer 302 4
Packlage 200 60
Packlage 123 12
Packmaterial 98 46–49
Packstück 226 21
Packung Wattebäuschchen 99 30
Padde 364 23
Paddel 353 14
Paddel 283 34
Paddelboot 283 4
Paddeln 283
Padsteg 111 12
Päckchen 236 6
Pädergras 61 30
Pärchen 272 72
Pagaie 283 34
Pagaie 218 8
Page 267 18
Pagenkopf 34 35
Pagode 337 1

Pagode 337 21
Pailou 337 3
Pair 275 20
Paket 236 3
Paketannahme 236 1
Paketkarten 236 7
Paketnummernzettel 236 4
Paketschalter 236 1
Paketschalter 127 18
Paketsprung 282 14
Paketwaage 236 2
Paläolithikum 328 1–9
Palaeopneustes niasicus 369 19
Palas 329 30
Palastanlage 333 29
Palette 206 32
Palette 315 36
Paletten 226 7
Paletten 225 43
Palettenmesser 338 14
Palettenstecker 338 29
Palisade 329 36
Palla 355 10
Pallino 305 23
Palmblattschrift 341 21
Palmenhain 354 5
Palmensäule 333 17
Palmette 334 41
Palmettenkapitell 333 25
Palmlilie 373 24
Palmwedel 384 3
Pampasgras 51 8
Pampelmuse 384 23
Pampeln 36 82–86
Panamabindung 171 11
Pandora 322 21
Paneel 266 37
Panel 230 1
Panflöte 322 2
Panhardstab 192 70
Panoptikum 308 68
Panoramaaufnahmen 24 21
Panoramascheibe 191 21
Panpfeife 322 2
Pantaleon 325 1
Pantoffel 101 25
Pantoffeltierchen 357 9
Pantograph 14 65
Pantograph 175 58
Pantographensupport 175 53
Pantry 223 43
Panzer 255 79–95
Panzer 329 38
Panzer 329 62
Panzerfaust 255 25
Panzerglas 250 3
Panzerhandschuh 329 50
Panzerhaubitze 255 57
Panzerschrank 246 22
Panzerschurz 329 51
Panzerturm 255 84
Panzerung 246 24
Panzerwand 246 24
Papageienvogel 363 1
Papier 181 9
Papierablage 249 54

Papierablagestapel 181 9
Papieran- und -ablage 181 14
Papieranlage 249 49
Papierbahn 181 58
Papierbahn 181 43
Papierbahn 173 45
Papierbahn 173 30
Papierbelichtungsmesser 116 53
Papierbeutel 98 48
Papierdrachen 260 71
Papiereingabe 249 45
Papiereinwerfer 249 20
Papierentwicklungstrommel 116 48
Papiergeld 252 29–39
Papierhalter 249 17
Papierhandtuch 196 11
Papierherstellung 172
Papierherstellung 173
Papierindex 116 54
Papierkorb 46 25
Papierkorb 37 63
Papierkorb 248 45
Papierkorb 268 5
Papierkragen 106 5
Papierkugel 306 55
Papierlaterne 52 15
Papierlaterne 306 4
Papierlaufbahn 180 26
Papiermaschine 173 11, 13–28
Papiermütze 306 45
Papierrand 185 55–58
Papierrolle 181 46
Papierrolle 309 75
Papierrolle 180 2
Papierrolle 151 14
Papierrolle 173 35
Papierrollenbremse 181 47
Papierschlange 306 66
Papierschneidautomat 185 1
Papiersortiment 116 50
Papierständer 151 13
Papierstapel 181 23
Papierstapel 181 25
Papierstapel 180 57
Papierstapel 249 57
Papierstapel 180 69
Papierstapel 180 47
Papierstoffmischbütte 173 1
Papierstoffuntersuchung 173 2–10
Papierstreifen 237 32
Papiertransportwalzen 180 4
Papiertuch 196 11
Papiertuchspender 196 10
Papiertüchern 40 1
Papierturm 174 33
Papierturm 174 43
Papieruntersuchung 173 2–10
Papierzuführung 245 11
Papirossa 107 14
Pappdach 122 90

Pappdeckung 122 90–10
Pappel 371 15
Pappenzieher 184 8
Papphülse 87 50
Pappnagel 122 96
Pappnase 306 46
Pappschere 183 16
Pappzwischenlage 340 37
Paprika 57 42
Papstkreuz 332 66
Papyrussäule 333 15
Papyrusstaude 383 64
para 252 28
Para 252 28
Parabel 347 14
Parabelbogen 336 29
Parade 294 6
Paradiesapfel 57 12
Paradiesvogel 363 3
Paraffin 145 60
Paragraphenzeichen 342 36
Parallel-Rücken-Rollsprung 298 15
Parallelbohrer 135 16
Parallele 346 4
Parallelitätszeichen 345 21
Parallelmanipulator 2 47
Parallelogramme 346 33–36
Parallelschraubstock 140 2
Paranuß 384 53
Paranuß 384 59
Parasit 68 4
Parasolpilz 381 30
Pardunen 219 19
Parentationshalle 331 21
Parfümflakon 43 27
Parfümzerstäuber 106 21
Parfümzerstäuber 43 26
Parfumflasche 105 36
Parierstange 294 42
Park 15 97
Park 272
Parkbank 272 16
Parkbaum 272 59
Parkeingang 272 32
Parkett 315 19
Parkettboden 123 74
Parkgärtner 272 66
Parkgitter 272 33
Parkleuchtenschalter 191 62
Parkometer 268 1
Parkordnung 272 29
Parkstuhl 272 48
Parktor 272 31
Parkuhr 268 1
Parkwächter 272 30
Parkweg 272 38
Parterre 37 2
Parterreanlage 272 39
Parthenon 334 1
Partienummern 163 6
Partybluse 30 55
Partyrock 30 56

Pasch 276 35
Paschen-Serie 1 22
Pas de trois 314 28
Pasiphaea 369 12
Paspel 30 13
Paspel 31 7
Paß 12 47
Passage 71 3
passagere Schrittmacher
　25 25
Passagier 221 109
Passagierdampfer 225
　32
Passagierdampfer 221
　82
Passagierraum 231 22
Passagiersitze 230 38
Passagiertür 231 25
Passagiertür 231 30
Passant 268 18
Passe 275 19
Paßgang 72 40
Passierscheiben 96 54
Passiflora 53 2
Passionsblume 53 2
Passionskreuz 332 55
Paßkontrolle 233 42
Paßschraube 127 21
Paßzeichen 340 58
Pastellstift 338 19
Pastete 97 18
Pastor 330 22
Paten 332 13
Patene 330 9
Patene 332 51
Patentanker 258 5
Patentanker 286 17
Patentanker 222 78
Patentlog 224 54
Patentschlüssel 187 50
Patentschrift 246 26
Paternosteraufzug 170
　36
Paternosterwerk 216 57
Patient 24 2
Patient 22 2
Patientenhocker 27 50
Patientenkarte 22 8
Patientenkarte 25 5
Patientenkartei 22 6
Patientenstuhl 24 3
Patriarchenkreuz 332
　65
Patrize 175 36
Patrone 87 54
Patrone 171 11
Patrone 171 4
Patrone 171 19
Patrone 171 27
Patrone 171 13
Patrone 305 39
Patrone 305 38
Patronen 94 5
Patronenhülse 305 36
Patronenlager 87 15
Patronenmagazin 87 17
Pauke 323 57
Paukenfell 323 58
Paukenhöhle 17 60
Pauli-Prinzip 1 57
Pausche 296 6
Pausche 71 48
Pauschen 296 1, 5

Pauschen 297 1
Pauschenpferd 296 51
Pauschenpferd 296 54
Pauschenpferd 296 5
Pauscht 173 50
Pausebeutel 129 49
Pausen 320 20–27
Pausenzeichen 320
　20–27
Pausrädchen 129 42
Pavian 368 13
Pavo 3 41
Pazifische Ozean 14 19
PE-Rohr 67 26
Pechnase 329 23
Pechnelke 376 20
Pedal 181 12
Pedal 187 40
Pedal 187 78
Pedal 323 62
Pedalachse 187 81
Pedale 305 85
Pedalharfe 323 60
Pedalo 280 12
Pedalobertaste 326 52
Pedalpfeifen 326 3
Pedalrahmen 187 83
Pedalrohr 187 80
Pedalstock 325 42
Pedaltaste 326 51
Pedalturm 326 4
Pedaluntertaste 326 51
Peddigrohr 136 32
Peerd 219 46
Pegasus 327 26
Pegasus 3 10
Pegel 15 29
Pegelaussteuerung 242
　14
Pegelregler 241 42
Pegeltongenerator 238
　51
Peilantenne 223 5
Peilaufsatz 224 53
Peildeck 223 4–11
Peildeck 227 24
Peilgerät 230 5
Peitsche 307 53
Peitschenantenne 258
　60
Pekinese 70 19
Pelargonie 53 1
Pelerine 30 65
Pelikan 359 5
Pelikan-Aal 369 2
Pelitton 323 44
Pelotaspiel 305 67
Pelotaspieler 305 68
Pelzbesatz 30 59
Pelzjäger 306 8
Pelzkragen 30 63
Pelzmantel 30 60
Pelznäherin 131 8
Pelznähmaschine 131 9
Pelzschneiderin 131 23
Pelzstift 131 22
Pelzstola 318 30
Pelzwerkerin 131 8, 23
Pendel 110 27
Pendelbahn 214 25
Pendelfähre 216 10
Pendelspritzgestänge 83
　27

Pendeltür 207 18
Pendelvorrichtung 2 35
Pendelwalze 181 45
Pendelzentrifuge 168
　14
Pendentif 334 74
Penna 324 20
Pensee 60 2
Pentacrinus 369 3
Pentadachkantprisma
　115 41
Pentadachkantprisma
　115 70
Pentagon 351 9
Pentagondodekaeder
　351 8
Penthouse 37 83
Peplos 355 2
Perche 307 46
Pergola 51 1
Pergola 272 17
Pergola 37 80
Periode 344 22
Peripherie 346 44
Peripheriewinkel 346
　56
Peristyl 334 2
Perl 175 22
Perle 357 35
Perle 36 8
Perlenbrosche 36 7
Perlendiadem 355 16
Perlenkette 36 32
Perlhuhn 73 27
Perlmutt 357 34
Perlmutter 357 34
Perlonsaite 324 14
Perlschnur 334 38
Perpendikel 309 58
Persianer 30 60
Personal-WC 207 82
Personalraum 207 81
Personalwaschraum 207
　26
Personenaufzug 271 45
Personenfähre 15 60
Personenfahrung 144
　39
Personenfahrung 144
　44
Personenfahrzeug 191
　1–56
Personenhebebühne
　173 40
Personenschleuse 154
　32
Personenwaage 49 47
Personenwaage 22 66
Personenwagen 195 34
Personenwagen 191
　1–56
Personenwagentypen
　193 1–36
Perücke 105 38
Perücke 34 2
Perücke 315 49
Perückenständer 105 39
Perustrom 14 42
peseta 252 22
Peseta 252 22
Petasos 355 4
Petersilie 57 19
Petit 175 25

Petrischale 261 25
Petroleum 145 41
Petroleumlampe 278 29
Petruskreuz 332 58
Pettycoat 309 85
Petunie 53 6
Pfadfinder 278 11
Pfadfinderlager 278
　8–11
Pfadfindertreffen 278
　8–11
Pfahl 78 7
Pfahl 84 17
Pfahlbauhütte 352 33
Pfahlgründung 216 8
Pfahlhaus 328 15
Pfahlmast 258 42
Pfahlmast 259 6
Pfahlzaun 329 36
Pfandbrief 251 11–19
Pfannenhaube 92 45
Pfarrer 330 22
Pfarrhaus 331 20
Pfau 73 30
Pfau 3 41
Pfauenauge 73 32
Pfauenfeder 73 31
Pfeffer 382 39
Pfefferfresser 363 6
Pfefferminze 380 3
Pfefferstrauch 382 36
Pfefferstreuer 266 77
Pfeife 322 57
Pfeife 326 16
Pfeife 107 35
Pfeife 107 33
Pfeife 42 12
Pfeifen 326 17–35
Pfeifenbesteck 107 44
Pfeifendeckel 107 37
Pfeifenkörper 326 29
Pfeifenkopf 107 36
Pfeifenmundstück 107
　40
Pfeifenreiniger 107 47
Pfeifenreinigungsdraht
　107 48
Pfeifenrohr 107 38
Pfeifenständer 42 11
Pfeifenstock 326 15
Pfeifsignalinstrument
　211 9
Pfeil 352 28
Pfeil 305 60
Pfeiler 335 20
Pfeileraufsatz 335 29
Pfeilflügel 229 21
Pfeilflügel 229 20
Pfeilkraut 378 51
Pfeilspitze 352 29
Pfeilspitze 305 61
Pfeilstirnrad 143 87
Pfennige 252 7
Pfennigkraut 375 26
Pferd 71
Pferd 72
Pferd 73 2
Pferdebohne 69 15
Pferdebox 75 2
Pferdedroschke 186 26
Pferdefuß 380 8
Pferdehof 319 15
Pferdekamm 72 14

Pferdekopf **72** 1–11
Pferdekruppe **72** 31
Pferdemähne **72** 13
Pferdeomnibus **186** 37
Pferderücken **72** 29
Pferdeschlitten **304** 25
Pferdeschwanz **34** 27
Pferdeschwanz **72** 38
Pferdeschweif **72** 38
Pferdesport **289**
Pferdestall **75** 1
Pferdestand **75** 2
Pferdestute **73** 8
Pferdewagen **186**
Pferdezahnmals **68** 31
Pfette **121** 76
Pfettendachstuhl **121** 46
Pfettendachstuhl **121** 52
Pfettendachstuhl **121** 42
Pfifferling **381** 14
Pfirsich **59** 31
Pfirsichbaum **59** 26–32
Pfirsichbaumblatt **59** 32
Pfirsichblüte **59** 27
Pflänzchen **55** 23
Pflanze **370** 15
Pflanze **55** 25
Pflanzenfett **98** 23
Pflanzengondel **248** 13
Pflanzenlaus **358** 13
Pflanzenschauhaus **272** 65
Pflanzentisch **55** 12
Pflanzenvermehrung **54** 1–39
Pflanzenzaun **37** 59
Pflanzgarten **84** 6
Pflanzholz **56** 1
Pflanzholz **54** 7
Pflanzkelle **56** 6
Pflanztopf **54** 8
Pflasterspender **22** 64
Pflaume **59** 20
Pflaumenbaumblatt **59** 21
Pflaumenkern **59** 23
Pflegebox **28** 18
Pflichtfiguren **302** 11–19
Pflock **123** 11
Pflug **63** 6
Pflugbaum **65** 9
Pflugfurche **63** 8
Pflugkarren **65** 14–19
Pflugkörper **65** 64–67
Pflugkörper **65** 4–8
Pflugkolter **65** 10
Pflugmesser **65** 10
Pflugrahmen **65** 70
Pflugschar **65** 7
Pflugschar **328** 33
Pflugschar **65** 65
Pflugscharanker **286** 16
Pflugsohle **65** 66
Pflugsohle **65** 6
Pflugsterz **65** 3
Pflugstützrad **65** 63
Pförtner **20** 42
Pförtner **271** 44
Pfortader **20** 39
Pfortendeckel **218** 60
Pfosten **121** 40
Pfosten **120** 25

Pfosten **291** 37
Pfosten **121** 81
Pfropfen **54** 36
Pfropfreis **54** 37
Pfund-Serie **1** 24
Pfund Sterling **252** 37
Pfund Sterling (£) **252** 37
Phaethon **186** 38
Phaeton **186** 38
Phantasiekostüm **306** 32
Phantasieschliffe **36** 68–71
Phenol **170** 14
Phenolgewinnung **170** 3
Phenolhydrierung **170** 16
Philete **183** 3
Philomele **361** 14
Philtrum **16** 12
Phlox **60** 14
Phono-Kassetten-Steuergerät **241** 52
Phonokomponente **241** 18
Phonotypistin **248** 33
Phorbeia **322** 5
Phoropter **111** 44
Phosphorsäuredünger **63** 14
Photodiode **114** 70
Photodiode **243** 56
Photogrammetrie **112** 67
Photoleiste **195** 21, 22
Photometer **23** 54
Photometerlichtquelle **112** 50
Photometrie **23** 52
Phototheodolit **112** 67
Photovervielfacher **112** 51
Photozelle **312** 49
Piaffe **71** 1
Pianino **325** 1
pianissimo **321** 37
pianissimo **321** 36
piano **321** 35
piano **321** 37
Piano **325** 1
Pianoforte **325** 1
Pianomechanik **325** 2–18
Pianopedal **325** 9
Picador **319** 16
Picadorhut **319** 20
Piccolofläte **323** 30
Pick-up-Haspel **64** 4
Pick-up-Vorrichtung **63** 27
Pick-up-Vorrichtung **62** 41
Pickel **300** 16
Pickel **300** 31
Picker **166** 64
Pickstander **219** 49
Pictor **3** 47
Piedestal **307** 55
Pier **225** 66
Pier **357** 24
Pierrette **306** 12

Pierrot **306** 19
Pigmentpapier **182** 1
Pigmentpapier **182** 8
Pigmentpapierübertragungsmaschine **182** 6
Pik **276** 39
Pikieren **54** 5
Pikkoloflöte **323** 30
Piktogramme **233** 24–53
Pilaster **335** 46
Pilgermuschel **309** 46
Pilker **89** 72
Pilote **325** 73
Pilotendraht **325** 34
Pilotenkanzel **264** 2
Pilotenkanzel **231** 19
Pilotensitz **230** 36
Pilottonanschluß **117** 7
Pilottongeber **313** 30
Pilottonkabel **313** 29
Pilze **381** 2
Pilzgeflecht **381** 2
Pinakel **335** 29
Pinakoiden **351** 26
Pinaß **258** 45
Pinasse **221** 107
Pinguin **359** 4
Pinie **372** 55
Pinne **284** 32
Pinne **137** 27
Pinnenausleger **284** 31
Pinole **149** 27
Pinolenfeststellknebel **149** 28
Pinolenverstellrad **149** 30
Pinzette **22** 52
Pinzette **109** 14
Pinzette **174** 18
Pipeline **145** 65
Pipette **23** 44
Pipette **22** 72
Pipette **350** 25
Pipettenständer **23** 52
Piqueur **289** 43
Pirat **284** 52
Pirat **306** 43
Pirol **360** 7
Pirouette **314** 24
Pirschbüchse **86** 4
Pirschen **86** 1–8
Pirschgang **86** 1–8
Pisces **4** 64
Pistazie **382** 51
Pistazienbaum **382** 49
Piste **233** 1
Piste **307** 22
Piste **294** 2
Piste **117** 82
Pistenfilm **117** 82
Pistentonsystem **117** 21
Pistill **349** 10
Pistole **255** 1
Pistolengriff **87** 6
Pistolengriff **264** 23
Pistolenhandgriff **134** 44
Pistolenkopfdüse **83** 28
Pistolenmagazin **264** 25
Pistolentasche **264** 24
Pistolenventil **270** 62
Piston **323** 43

Pitcher **292** 50
Pitsche **162** 42
Plättchen **89** 82
Plakat **98** 2
Plakette **339** 38
Planche **294** 2
Planenverdeck **255** 98
Planetarium **5** 17–29
Planetariumsprojektor **5** 23
Planeten **4** 42–52
Planetengetriebe **143** 94
Planetensystem **4** 42–52
Planetenzeichen **4** 42–52
Planetoiden **4** 47
Plangangshebel **149** 17
Planierraupe **199** 16
Planierraupe **200** 28
Planierschild **200** 18
Planierschild **200** 29
Planimetrie **346** 1–58
Plankonkavglas **111** 40
Plankonkavglas **111** 39
planmäßige Abfahrtszeit **205** 23
Planschbecken **273** 28
Planschbecken **37** 44
Planspiegel **5** 3
Planübergang **15** 26
Planumfertiger **201** 1
Plaque **275** 12
Plastik **339** 32
Plastikschelle **127** 40
Plastiksohle **101** 2
Plastilinfiguren **48** 13
Plastilinmasse **48** 12
Platane **371** 67
Plateau **13** 46
Plateausohle **101** 8
Platin-Iridium-Elektrode **24** 44
Platinöse **23** 15
Platte **33** 18
Platte **34** 21
Plattenbelag **123** 26
Plattenfibel **328** 30
Plattenhalterung **178** 27
Plattenhalterung **132** 70
Plattenhaltestangen **179** 8
Plattenkreissäge **132** 68
Plattenschleuder **179** 1
Plattenschlitz **243** 38
Plattenspieler **317** 19
Plattenspieler **241** 18
Plattenspielerchassis **241** 19
Plattenständer **178** 35
Plattenstahl **135** 24
Plattenstapel **176** 34
Plattenstift **325** 14
Plattenteller **241** 20
Plattenweg **37** 45
Plattenzentrifuge **179** 1
Plattenzylinder **181** 60
Plattenzylinder **180** 53
Plattenzylinder **180** 25
Plattenzylinder **180** 38
Plattenzylinder **180** 62
Plattformball **299** 24

Plattsticharbeit **102** 10
Plattwurm **81** 35
Platzanweiser **315** 12
Platzanweiserin **312** 4
Platznummer **278** 42
Platzverweis **291** 61
Plaza de toros **319** 5
Plejaden **3** 26
Plektron **324** 20
Plektron **322** 19
Plektrum **322** 19
Pleuellager **192** 25
Pleuelstange **190** 21
Plicht **285** 38
Plicht **283** 8
Plinthe **334** 31
Pliobare **9** 2
Plisseerock **30** 32
plissierte Trompetenär-
  mel **30** 54
Plombe **24** 30
Pluderhose **306** 42
Pluderhose **355** 34
Plüschfutter **101** 3
Plüschhund **47** 41
Plüschpferd **47** 15
Plunger **316** 60
Plusfacette **111** 37
Pluszeichen **344** 23
Pluto **4** 52
Pneumatik **187** 30
Pneumatikanlage **92** 12
Pochette **322** 20
Pocket-Kamera **114** 16
Podest **338** 30
Podest **123** 34–41
Podestbalken **123** 34
Podestbalken **123** 55
Pointer **70** 43
Pol **14** 3
polare Klimate **9** 58
polare Winde **9** 51
Polarhund **70** 22
Polarhund **353** 2
Polarisationseinrichtung
  112 14
Polarkreise **14** 11
Polarlicht **7** 30
Polarmeerwalroß **367**
  20
Polarschlitten **303** 18
Polarstern **3** 34
Polarstern **3** 1
Polhodie **4** 28
Polierbürste **100** 11
Polierbürste **108** 44
Poliermaschine **108** 42
Poliermaschinenaufsät-
  ze **109** 15
Polierstahl **340** 17
Polierstahl **108** 51
Polierstange **145** 27
Polierteller **134** 22
Politzer-Ballon **22** 37
Polizei **264**
Polizeibeamte **264** 18
Polizeihubschrauber
  264 1
Polizeihund **264** 6
Polizeihundeeinsatz **264**
  5
Polizeikelle **264** 14
Polizeikreuzer **221** 100

polizeiliche Kennzei-
  chen **189** 8
Polizeistern **264** 27
Polizeivollzugsdienst
  264 1–33
Polje **13** 72
Pollen **77** 35
Pollen **370** 65
Pollensäcken **372** 50
Pollensäcken **372** 45
Pollenschlauch **370** 66
Poller **217** 12
Pollux **3** 28
Polobluse **30** 26
Pololaufsohle **101** 24
Polsterarbeit **134** 59
Polsterbank **208** 25
Polsterelementgruppe
  42 21–26
Polstersessel **42** 21
Polyamid **170** 35
Polyamid **170** 34
Polyamid-Spinnfaser
  170 61
Polyamid-Spinnfaser-
  ballen **170** 62
Polyamidfasern **170**
Polyamidfilamente **170**
  43
Polyamidtrockenschnit-
  zel **170** 39
Polycheles **369** 15
Polyeder **260** 73
Polyesterrohr **67** 26
Polymerisation **170** 54
Polymerisation **170** 33
Polyp **369** 9
Polzwinge **142** 35
Pommer **322** 14
Pommes-frites-Schnei-
  der **40** 43
Pommes-frites-Topf **40**
  41
Pompon **29** 4
Pompon-Dahlie **60** 23
Poncho **352** 24
Ponchocape **30** 68
Ponton **226** 57
Pony **75** 4
Ponyfransen **34** 36
Ponyfrisur **34** 35
Popband **306** 2
Popeline-(Übergangs-)
  Mantel **33** 60
Popelinejacke **31** 37
Popmusiker **306** 3
Poporchester **306** 2
Pornkapsel **370** 96
Pornofilme **318** 20
Porree **57** 21
Portal **316** 22
Portal-(Turm-)Schein-
  werfer **316** 21
Portalbekleidung **333**
  35
Portalfahrwerk **232** 18
Portalfigur **333** 36
Portalhelling **222**
  11–18
Portalkran **157** 27
Portalkran **222** 25
Portalkran **206** 55
Portalstapler **226** 4

Portalstütze **222** 12
Portativ **322** 56
portato **321** 29
Portenband **220** 27
Portier **267** 1
Portier **271** 44
Portikus **334** 56
Portliner **190** 73
Porträtbüste **42** 17
Porträtwasserzeichen
  252 31
Porträtwasserzeichen
  252 31
Ports de bras **314** 7–10
Porzellanherstellung
  161
Porzellanmaler **161** 17
Porzellanscherben **161**
  21
Porzellanvase **337** 5
Porzellanzahn **24** 29
Posaune **326** 17–22
Posaune **323** 46
Posaunenstangen **323**
  47
Posaunenzug **323** 47
Posen **89** 43–48
Positionen **314** 1–6
Positionslampe **288** 31
Positionslampe **258** 56
Positionslampentableau
  224 29
Positionslaternen **286**
  10–14
Positionsleuchten **257** 36
Positionslicht **258** 56
Positionslicht **230** 44
Positionslicht **230** 50
Positionsseitenlampe
  258 15
Positiv **322** 56
Positivkohle **312** 40
Positivschnitt **340** 3
Possenreißer **306** 38
Post **236**
Post **237**
Postablage **267** 2
Postamt **268** 68
Postanweisungen **236**
  27
Postbote **236** 53
Posteinlieferungsbuch
  236 18
Postfach **236** 14
Postfachanlage **236** 13
Postfreistempelmaschi-
  ne **236** 7
Postfreistempler **22** 24
Posthorn **186** 41
Postillion **186** 40
Postillon **186** 40
Postkabel **198** 15
Postkabeldurchgangslei-
  tung **198** 16
Postkraftwagen **236** 52
Postkutsche **186** 39
Postkutscher **186** 40
Postleitzahl **236** 43
Postpferde **186** 43
Postsparschalter **236** 25
Postwagen **186** 39
Postwertzeichenschalter
  236 15

Postzeitungsnummer
  342 43
Postzustellung **236**
  50–55
Potenz **345** 1
Potenzieren **345** 1
Potenzrechnung **345** 1
Potenzwert **345** 1
Pottwal **367** 25
Poularde **99** 58
Poularde **98** 7
Powerzoomeinrichtung
  117 19
Prachtscharte **51** 31
Prägering **252** 42
Prägestempel **252** 41
Prägetiegel **183** 29
Prägetisch **178** 9
Prägetisch **252** 44
Präparation **170** 57
Präpariertisch **261** 22
Prärieindianer **352** 3
Präsentkorb **306** 11
Präsenzbibliothek **262**
  17
Präserven **96** 25
Präzession **4** 24
Präzisions-Kleindreh-
  maschine **109** 20
Präzisionswaage **108** 35
Prahm **226** 57
praktische Arzt **23** 2
Praline **98** 80
Praliné **98** 80
Prallhang **13** 57
Pralltopf **191** 57
Pralltriller **321** 19
Pranten **88** 46
Pranten **88** 50
Praxis für Allgemein-
  medizin **22** 1–74
Prediger **330** 22
Predigtpult **330** 37
Predigtstuhl **337** 15
Preisangabe **196** 6
Preiselbeere **377**
  23
Preisliste **98** 73
Preisschild **271** 19
Preisschild **96** 6
Prellbock **206** 51
Prellen **297** 36
Prellklotz **166** 44
Préparation **314** 23
Presbyterium **330**
  32
Preßbalken **185** 3
Preßboden **133** 50
Preßdeckel **133** 51
Preßdruckskala **185** 5
Pressefoto **342** 58
Pressefotograf **299** 49
Preßeinrichtung **183** 18
Preßeinrichtung **184** 13
Pressekamera **114** 36
Pressen **162** 33
Pressezentrum **233** 43
Preßgewicht **167** 32
Preßholzplatte **338** 24
Pressionshaken **163**
  16
Preßkissen **100** 16
Preßkopf **96** 9

Preßkopf **139** 36
Preßkorkgriff **89** 50
Preßluftflasche **279** 21
Preßluftmeißel **148** 45
Preßluftreifen **187** 30
Preßluftschlauch **174** 38
Preßluftschleifmaschine **148** 44
Preßluftstampfer **148** 31
Preßluftzuleitung **139** 22
Preßplatte **183** 24
Preßplatte **100** 15
Preßplatte **340** 31
Preßpumpe **178** 11
Preßrollen **165** 57
Preßsack **96** 9
Preßstempel **133** 52
Preßstempel **162** 32
Preßverfahren **162** 30
Preßwalze **168** 41
Preßwalzen **163** 20
presto **321** 28
Priem **107** 19
Priester **331** 47
Priester **330** 39
Priestersitze **330** 41
Primaballerina **314** 27
Primär- und Sekundärfokuseinrichtungen **5** 11
Primärfokuskabine **5** 2
Primärkreislauf **259** 65
Primärkreislauf **154** 42
Primärkreislauf **154** 2
Primärkreisumwälzpumpe **154** 5
Primärluftgebläse **160** 11
Primärwicklung **153** 15
Prime **321** 6
Primel **376** 8
Primelgewächs **53** 5
Primzahlen **344** 13
Prinz-Heinrich-Mütze **35** 28
Prinzengarde **306** 68
Prinzipal **326** 31–33
Prisma **347** 34
Prisma **351** 21
Prisma **351** 22
Prisma **351** 24
Prismaführung **175** 54
Prismaschiene **132** 61
Prismenraster **115** 62
Prismensucher **115** 69
Pritsche **119** 41
Pritsche **306** 48
Pritsche **71** 45–49
Pritschenausführung **194** 6
Pritschenwagen **194** 6
Privatdetektiv **275** 16
Probe **315** 21–27
Probeabzug **340** 43
Probedruck **340** 43
Probegestell **111** 3
Probekapsel **161** 2
Probentnehmvorrichtung **146** 10
Probewürfelform **119** 84

Probiergläserkasten **111** 45
Probierglas **350** 34
Probierglastrockner **261** 31
Probierschaufel **98** 72
Produkt **344** 25
Produktionsanlage **76** 38
Produktionsleiter **310** 26
Professional **299** 25
Profile **143**
Profilrahmen **65** 56
Profilsäule **116** 42
Profilsohle **101** 19
Profilsohle **300** 43
Programm **315** 13
Programmeinschub **177** 71
Programmheft **315** 13
programmierbare Taktgeber **25** 33
Programmiererin **248** 15
Programmkarten **195** 10
Programmkarteneinschub **195** 5
Programmlautstärkeregler **261** 44
Programmonitor **238** 61
Programmrecorder **261** 42
Programmskala **243** 40
Programmvorschau **342** 64
Programmwähler **243** 39
Projektionsaufsatz **112** 55
Projektionsfläche **260** 36
Projektionskuppel **5** 21
Projektionslampen **312** 18
Projektionsleinwand **238** 32
Projektionsmattscheibe **112** 24
Projektionsobjektiv **312** 35
Projektionsöffnung **312** 15
Projektionsoptik **261** 10
Projektionsschirm **237** 38
Projektionstisch **261** 13
Projektionswand **260** 36
Projektionswand **312** 11
Projektorschalter **195** 20
Proktoskop **23** 19, 21
Prokyon **3** 15
Promenade **223** 27
Promenadendeck **223** 22–27
Propangasflasche **278** 34
Propangaslötgerät **125** 5–7

Propangaslötkolben **125** 5
Propeller **230** 32
Propeller **288** 36
Propeller-Schnellrührgerät **79** 5
Propeller-Turbinen-Flugzeug **231** 4
Propellerflugzeuge **231** 1–6
Propellernabenhaube **230** 33
Propellerpumpe **217** 47–52
Propellerrührer **79** 6
Proportionszirkel **339** 2
Propyläen **334** 7
Proskenium **334** 46
Prospekt **326** 1–5
Prospekt **316** 10
Prospekt **315** 33
Prospekt **310** 33
Prospektbeleuchtung **316** 15
Prospektfaltblätter **250** 7
Prospektpfeifen **326** 1–3
Prospektzüge **316** 8
Proszenium **315** 15
Protokollführer **299** 48
Proton **1** 2
Proton **1** 16
Proton **1** 31
Protoplasma **357** 3
Protoprisma **351** 19
Protoprisma **351** 20
Protopyramide **351** 20
Protopyramide **351** 19
Prototyp **290** 38
Protozoen **357** 1–12
Protuberanzen **4** 40
Protz **364** 23
Proviantraum **223** 57
Prozente **345** 7
Prozentrechnungstaste **247** 23
Prozentsatz **345** 7
Prozentskalen **177** 7
Prozentzeichen **345** 7
Prozession **331** 42–50
Prozessionsfahne **331** 44
Prozessionskreuz **331** 42
Prozessionsspinner **82** 14
Prozessionsteilnehmer **331** 51
Prozeßrechner **236** 37
Prüfgerät **195** 17
Prüfgerät **195** 24
Prüfgerät **109** 26
Prüfkasten **138** 14
Prüfplatz **237** 29
Prüfstelle **237** 40
Prunkheck **218** 55–57
Psychrometer **10** 52
Puck **302** 35
Puddingpulver **98** 50
Pudel **70** 36
Puderdose **99** 29
Puderdose **49** 35

Puderdose **43** 28
Puderstreuer **28** 14
Puderzucker **98** 54
Pürzel **88** 58
Pürzel **88** 49
Puff **276** 22
Puffärmel **31** 27
Puffärmel **355** 60
Puffer **213** 7
Pufferabstellstange **166** 45
Pufferspeicher **242** 33
Puffmais **68** 31
Puffspiel **276** 22
Pulli **31** 51
Pulmonalklappe **20** 50
Pulpa **19** 32
Pulsfrequenz **23** 27
Pulsschlagader **18** 21
Pultdach **37** 78
Pultdach **121** 7
Pultregal **174** 2
Pultscholle **12** 9
Pulver **87** 53
Pulverflagge **253** 38
Pulverkaffee **99** 70
Pulverladung **87** 57
Pumpanlage **146** 22
Pumpe **170** 31
Pumpenaggregat **83** 41
Pumpenanschlußbogen **67** 8
Pumpenantriebsbock **145** 22
Pumpendruckfeder **174** 41
Pumpenhaus **217** 43
Pumpenhaus **222** 33
Pumpenschacht **199** 19
Pumpernickel **97** 49
Pumpgestänge **145** 25
Pumps **101** 29
Pumpspeicherwerk **217** 39–46
Pumpstativ **310** 50
Punchingball **299** 24
Punkt **346** 1
Punkt **342** 16
Punktball **299** 22
Punktball **277** 13
Punkte **347** 8
Punktiereisen **339** 15
Punktlichtkopierlampe **179** 21
Punktlichtlampe **182** 4
Punkttrichter **299** 43
Punktroller **340** 18
Punktroulett **340** 18
Punktschweißmaschine **142** 29
Punktschweißung **142** 22
Punktschweißzange **142** 23
Punze **340** 15
Punze **108** 19
Punze **108** 31
Punze **175** 41
Punzenbüchse **108** 30
Punzenhammer **340** 14
Pupille **19** 43
Puppe **82** 32
Puppe **82** 13

Puppe 77 32
Puppe 81 3
Puppe 81 24
Puppe 358 20
Puppe 82 21
Puppe 80 25
Puppe 80 43
Puppe 77 30
Puppe 309 11
Puppe 81 21
Puppe 80 4
Puppe 365 11
Puppenwagen 47 10
Puppenwagen 48 24
Puppenwiege 77 32
Purpurfiltereinstellung 116 43
Purpurmantel 355 18
Purpursaum 355 14
Pusteblume 61 13
Pute 73 28
Putenschlegel 99 59
Puter 73 28
Putten 293 86
Putter 293 93
Puttergrün 293 82
Putz 338 42
Putzeimer 50 54
Putzer 148 43
Putzerei 148 38–45
Putzmaschine 92 36
Putzmesser 136 38
Putzstock 87 61
Putzteile 35 4
Putzträger 123 71
Putztuch 50 55
Puzzle 48 9
Puzzlestein 48 10
PVC-Regenstiefel 101 14
PVC-Sohle 101 2
Pygmäe 354 41
Pylon 215 42
Pylon 333 9
Pyramide 351 23
Pyramide 52 16
Pyramide 347 46
Pyramide 351 18
Pyramide 5 19
Pyramide 307 28
Pyramide 333 1
Pyramidenanlage 333 6
Pyramidenbaum 52 16
Pyramidenbaum 272 19
Pyramidenoktaeder 351 10
Pyrit 351 8
Pyrometer 178 16
Pyxis 332 53
Pyxis 330 8

Q

Quader 347 36
Quaderstein 158 30
Quadrant 347 5
Quadrant 347 5
Quadrat 347 31
Quadrat 346 33
Quadratnotation 320 1
Quadratwurzel 345 3

Quadro-/Stereo-Umschalter 241 46
Quadroanlage 241 13–48
Qualle 357 14
Quantensprünge 1 15
Quantensprünge 1 20–25
Quarantäneflagge 253 27
Quarantänestation 225 27
Quark 76 45
Quarkbereitungsanlage 76 38
Quarkpackung 76 45
Quarkpumpe 76 39
Quarkseparator 76 41
Quarkverpackungsmaschine 76 44
Quartbindung 294 47
Quarte 321 9
Quartier 100 61
Quartole 321 23
Quarz 110 15
Quarzuhr 110 14
Quaste 73 7
Quasten 35 24
Quastenschwanz 73 6
Quecksilberbarometer 10 1
Quecksilberbatterie 25 32
Quecksilberdampfgleichrichter 312 18
Quecksilbermanometer 25 18
Quecksilbersäule 10 2
Quelle 15 82
Quelle 269 24–39
Quellnymphe 272 2
Quellnymphe 327 23
Quellpavillon 274 15
Quellstube 269 24
Quellwolke 8 17
Quellwolke 287 22
Quellwolke 8 1
Querachse 230 68
Queraussteifung 215 53
Querbalken 150 12
Querfeldeinstrecke 289 17
Querflöte 323 31
Querförderer 157 20
Quergrätschstellung 295 4
Querhaupt 139 37
Querhaus 335 3
Querholz 108 5
Querlatte 291 36
Querleiste 136 8
Querlibelle 14 61
Querneigung 200 57
Querriegel 119 49
Querriegel 324 4
Querrips 171 19
Querriß 300 3
Querruder 287 41
Querruder 288 28
Querruder 230 52
Querruderbetätigung 257 39
Querschiff 335 3

Querschlag 144 31
Querschlitten 149 39
Querschlitten 149 23
Querspagat 295 15
Querspant 285 51
Querstand 296 24, 25
Quersteg 65 12
Quersummenzähler 242 3
Quersupport 149 23
Quersupport 149 39
Querträger 152 37
Querzeug 65 12
Quetschhahn 350 30
Quetschwalze 165 46
Queue 277 9
Queuekuppe 277 10
Queueständer 277 19
Quick-Pick-Wagen 207 73
Quinte 321 10
Quintole 321 23
Quintparade 294 24
Quipu 352 22
Quirl 135 9
Quittenbaum 58 46
Quittenblatt 58 47
Quittungsstempel 236 29
Quotient 344 26

R

Raben 361 1–3
Rabenvögel 361 1–3
Rachen 19 24
Rachen 19 14–37
Rachenhöhle 19 24
Ra[c]kenvogel 359 24
Racket 293 29
Racketschaft 293 30
Rad 187 1
Rad 297 21
Rad 73 29
Rad 187 26–32
Rad- und Motorsport 290
Radar 224 10–13
Radarantenne 259 29
Radarantenne 223 8
Radarantenne 224 104
Radarantenne 258 36
Radarantenne 259 8
Radarantenne 259 91
Radarantenne 259 48
Radarbild 224 13
Radarbug 256 10
Radarbug 231 18
Radardom 258 77
Radargerät 224 10–13
Radarmast 221 7
Radarmast 224 10
Radarnase 256 10
Radarnase 231 18
Radarreflektor 10 58
Radarsichtgerät 224 12
Radbremse 91 8
Radialziegel 159 25
Radiator 23 23
Radiator 155 15
Radiator 126 20

Radiatoren 6 8
Radiatorheizung 155 27
Radiatorrippe 126 21
Radierauflage 249 26
Radiergummi 151 42
Radierklinge 151 44
Radiermesser 151 43
Radiernadel 340 16
Radierpinsel 151 47
Radierschablone 151 35
Radierstift 151 41
Radierung 340 14–24
Radierung 340 51
Radieschen 57 15
Radikand 345 2
Radio 309 16
radioaktive Abfälle 154 57–68
radioaktives Material 1 26
Radioapparat 309 16
Radiogerät 309 16
Radiolarie 357 8
Radiometer 10 71
Radiorecorder 241 1
Radiosonde 10 59
Radiosondengespann 10 55
Radius 346 47
Radizieren 345 2
Radleier 322 25
Radlenker 202 23
Radmulde 195 28
Radnetzspinne 358 45
Radom 231 18
Radom 258 77
Radom 258 52
Radom 256 10
Radom 259 49
Radprüfhammer 205 40
Radrennbahn 290 1
Radrennfahrer 290 8
Radsatz 213 3
Radsatz 212 3
Radsatzgetriebe 212 28
Radschutz 197 11
Radspiegel 195 41
Radsport 290 1–23
Radwelle 91 5
Radzylinder 192 54
Räderwerk 110 11
Rähm 121 39
Rähm 120 58
Rähmchen 77 40
Rähmholz 120 58
Rändelring 115 2
Rändelring 114 39
Rätsche 306 47
Räucherfaß 332 38
Räucherkammer 96 48
Räucherungen 332 38
Räum- und Stützschaufel 255 94
Räumgitter 264 17
Räumschaufel 255 77
Räute 140 34
Raffiabast 136 29
Raffinade 98 55
Rahmdosierpumpe 76 40
Rahmen 167 33
Rahmen 297 12
Rahmen 305 88
Rahmeneinspannung 133 48

Rahmenholz 119 74
Rahmenholz 119 64
Rahmenmontierung
113 23
Rahmennummer 187
51
Rahmenoberteil 179 15
Rahmenpresse 133 42
Rahmenproben 124 2
Rahmenrohr 187 17
Rahmenrohr 187 16
Rahmenschleifschuh
133 34
Rahmenständer 133 43
Rahmentisch 132 62
Rahmentrommel 353
26
Rahmenwerk 336 11
Rahmreifungstank 76
31
Rahmtank 76 19
Rahsegel 219 55–66
Rahsegel 218 21
Rahsegel 218 33
Rahsegel 220 16
Raife 81 12
Rain 63 3
Rainfarn 380 9
Rakel 168 61
Rakelstreicher 173
29–35
Rakelstreichmaschine
173 29–35
Rakete 228 2
Rakete 306 54
Rakete 255 65
Raketenapparat 228 1
Raketenkreuzer 259 21
Raketenkreuzer 259 41
Raketenstarter 258 49
Raketentrennmotoren
235 60
Raketenwerfer 255 70
Raketenwerfer 255 64
Raketenzerstörer 258 1
Raktentrennmotoren
235 62
Raktenzerstörer 258 38
Ralle 359 20
Rambate 218 49
Rammbär 226 38
Rammbohle 197 12
Rammbrunnen 269 60
Ramme 226 36
Rammgerüst 226 37
Rammgewicht 226 38
Rammler 73 18
Rammler 88 59
Rammspitze 269 61
Rammsporn 218 9
Rammstreb 144 36
Rampe 316 25
Rampe 312 8
Rampendekoration 271
67
Rampenlicht 316 26
Rand 166 11
Randbalken 119 3
Randbeet 52 18
Randbemerkung 185
68
Randbogen 287 42
Randeinstellung 249 12

Randinschrift 252 11
Randlösetaste 249 6
Randmeer 14 26
Randmesser 100 48
Randplatte 222 51
Randsteller 249 13, 14
Randwasser 12 32
Randzünderpartrone
305 35
Rangierbahnhof 206 42
Rangierfunkgerät 212
50
Rangiergleis 206 47
Rangierlok 206 43
Rangiermeister 206 45
Rangierstellwerk 206 44
Rangkronen 254 43–45
Ranschel 304 17
Ranscheln 304 18
Ranzen 260 9
Rappen 252 15
Rapport 128 21
Rapport 171 12
Rapputz 123 6
Raps 383 1
Rapunzel 57 38
Raschelmaschine 167
23
Raschelware 167 29
Rasen 51 33
Rasen 272 36
Rasenbankett 200
56
Rasenbesen 51 3
Rasenfläche 272 36
Rasenlüfter 56 15
Rasenmäher 56 31
Rasenrechen 51 4
Rasenschere 56 48
Rasensprenger 56 43
Rasensprenger 37 43
Rasentraktor 56 37
Rasiermesser 106 38
Rasierschneide 106 40
Rasierwasser 106 37
Raspel 260 55
Rassel 306 40
Rasselring 28 44
Raste 87 70
Rastermagazin 177 9
Rasterpunkt 178 39
Raststütze 188 51
Rateau 275 5
Ratsche 306 47
Raubbein 358 5
Raubschütz 86 29
Raubtier 307 56
Raubtiere 368 1–11
Raubtiere 367 11–22
Raubtiergang 307 51
Raubtiergitter 307 50
Raubtierhaus 356 10
Raubtierkäfig 307 49
Raubwild 86 22
Raubwildfalle 86 20
Raubwildfang 86 19
Rauchabsauger 255 59
Rauchabsauger 255 89
Rauchabweiser 258 59
Rauchabzug 38 81
Rauchabzug 353 21
Rauchabzugsrohr 258
44

Raucherbesteck 107 44
Rauchfang 137 7
Rauchfaß 332 38
Rauchfaßdeckel 332 40
Rauchfaßgarnitur 332 38
Rauchfaßkette 332 39
Rauchfaßschale 332 41
Rauchfleisch 96 3
Rauchgasfilter 152 13
Rauchkammertür 210
26
Rauchklappe 352 9
Rauchrohre 210 8
Rauchschwalbe 361 20
Rauchutensilien 107
Rauhbank 132 39
Rauhblattgewächs 69
13
Rauhhaarfilzhut 35 24
Rauhputz 123 6
Rauhwalzen 168 34
Rauke 61 16
Raumanzug 6 18–27
Raumanzughelm 6 22
Raumfähre 235 1–45
Raumfahrt 234
Raumfahrt 235
Raumfahrtmodul 235
70
Raumkapsel 234 65
Raumkapsel 6 10
Raumlaboratorium 235
65
Raummanöver-
Haupttrtriebwerk
235 44
Raummeter 84 16
Raumsprechgerät 22 34
Raumstation 235 65
Raumstütze 222 61
Raumteiler 42 19
Raumthermostat 38 78
Raupe 80 29
Raupe 82 47
Raupe 80 14
Raupe 80 8
Raupe 80 3
Raupe 80 23
Raupe 80 17
Raupe 80 24
Raupe 58 64
Raupe 80 48
Raupe 82 20
Raupe 82 44
Raupe 365 10
Raupe 82 31
Raupen 82 16
Raupenfahrwerk 200 3
Raupennest 80 7
Rauschbeere 377 23
Raute 346 35
Rautek-Griff 21 18
Rayonchef 271 60
Reagenzglas 350 34
Reagenzglasgestell 173
8
Reagenzglasgestell 350
35
Reagenzglashalter 350
35
Reaktionsbehälter 170
12

Reaktionsrohr 192 65
Reaktor 154 50
Reaktor 154 41
Reaktor 154 3
Reaktordruckbehälter
154 22
Reaktorgebäude 154 20
Reaktorkern 259 68
Reaktorkühlmittellei-
tung 154 29
Rebe 78 2–9
Rebenblatt 78 4
Rebenschädlinge 80
20–27
Rebenschere 78 11
Rebenstamm 78 6
Rebhuhn 88 70
Rebhuhnlocke 87 47
Reblaus 80 26
Reblauslanze 83 33
Rebstecken 78 7
Rebstock 78 2–9
Receiver 241 40
Receiver 318 18
Rechen 56 4
Rechen 66 23
Rechen 322 51
Rechenbefehlstasten
247 21
Recheneinheiten 177 70
Rechenkopfsäule 196 1
Rechenmaschine 309
80
Rechenmaschine 309
77
Rechenscheibe 114 57
Rechenscheibe 182 19
Rechensteine 47 14
Rechensteine 48 17
Rechenwerk 244 6
Rechenzentrum 244
rechte Außenspiegel
191 56
Rechteck 346 34
Rechteck-Treppen-
schliff 36 50
Rechteckflügel 229 16
Rechts-links-Doppel-
fang 171 47
Rechts-links-Doppel-
perlfang 171 48
Rechts-links-Fang 171
44
Rechts-links-Perlfang
171 45
Rechtschreibungsbuch
260 17
Rechtsmaschine 312 14
Reck 273 32
Reck 296 7
Reck 296 40–44, 59,
60
Reckriemen 296 47
Recksäule 296 9
Reckstange 296 8
Rednerpult 263 6
Reduktionszone 147 8
Reduzierstück 126 39
Reduzierventil 155 7
reelle Zahl 344 14
Reff 219 72
Reflektor 114 69
Reflektorantenne 224 11

Reflektorpedal **187** 78
Reflexhammer **22** 73
Reflexionsgoniometer **351** 28
Reflexspiegel **115** 33
Reflexsucher **117** 44
Reformieranlage **145** 71
Reformieranlage **145** 47
Refraktor **113** 16
Regal **271** 27
Regalaufsatz **43** 14
Regalwand **46** 1
Regatta **283** 1–18
Regattakurs **285** 14–24
Regattastrecke **285** 16
Regeldetri **345** 8–10
Regelgerät **178** 3
Regelkassetten **238** 45
Regelmodul **240** 11
Regelquerschnitt **200** 55
Regelturmtriebwagen **211** 41
Regelwidrigkeit **291** 50
Regen **8** 10
Regen **9** 32
Regenabfallrohr **37** 13
Regenbogen **7** 4
Regenbogenfarben **343** 14
Regenbogenhaut **19** 42
Regencape **41** 4
Regendüse **67** 27
Regenerieranlage **156** 37
Regengürtel **9** 55
Regenmantel **29** 31
Regenmesser **10** 44
Regenmesser **10** 38
Regenpfeiferartige **359** 19–21
Regenrohr **122** 29
Regenschirm **41** 15
Regenschirm **205** 12
Regentonne **52** 4
Regentrenchcoat **33** 57
Regenumhang **196** 26
Regenvogel **359** 27
Regenwolke **8** 10
Regenwurm **357** 24
Regenwurmköder **89** 67
Regenzinkhut **122** 102
Regieassistent **310** 46
Regieassistent **316** 43
Regieassistentin **310** 21
Regiebuch **316** 44
Regiefenster **238** 38
Regieraum **238** 17
Regietisch **316** 42
regionale Teil **342** 62
Regisseur **316** 40
Regisseur **310** 40
Register **326** 16
Registerschleife **326** 7
Registerschweller **326** 49
Registertaste **326** 39
Registertaste **324** 42
Registerzug **326** 6
Registerzug **325** 44
Registraturtheke **248** 2

Registriereinrichtung **177** 12
Registriergalvanometer **11** 44
Registriergerät **10** 61
Registriergerät **138** 19
Registrierkasse **271** 2
Registrierkasse **99** 93
Registrierpapier **27** 40
Registrierpapier **27** 34
Registrierpapier **27** 29
Reglerhandhebel **210** 52
Reglerventil **210** 13
Regner **55** 19
Regner **62** 29
Regula **334** 17
Regulator **109** 32
Regulator **210** 52
Reguliergestänge **190** 30
Regulierklappe **192** 63
Regulierventil **38** 75
Regulus **3** 17
Reh **88** 34
Rehblatter **87** 43
Rehbock **88** 28
Rehbock **86** 17
Rehfiepe **87** 43
Rehgeiß **88** 34
Rehkitz **88** 39
Rehsprung **295** 40
Rehsprung **302** 7
Rehwild **88** 28–39
Rehziemer **88** 35
Reibahle **109** 8
Reibahle **140** 31
Reibebrett **118** 57
Reiber **340** 13
Reiber **340** 63
Reiberstellung **340** 62
Reibfläche **107** 24
Reibschale **349** 9
Reichstaler **252** 6
Reifen **187** 30
Reifen **305** 86
Reifendrahtseilbahn **273** 53
Reifendruckprüfer **196** 17
Reifenfüllmesser **196** 20
Reifenprofil **189** 27
Reifenschaukel **273** 18
Reifrock **355** 83
Reifrock **355** 72
Reihe **345** 11
Reihenbezeichnung **252** 36
Reihenbezeichnung **252** 36
Reihenhaus **37** 58–63
Reihenmeßkammer **14** 63
Reiher **359** 18
Reineclaude **59** 24
Reinigungsautomat **109** 30
Reinigungsbrunnen **334** 68
Reinigungsbürste **247** 10
Reinigungsbürste **247** 7
Reinigungsflüssigkeit **111** 32
Reinigungsschnur **87** 64

Reinigungsseparator **76** 12
Reinigungswerg **87** 63
Reinöl **145** 35
Reinöltank **145** 34
Reinwasserbehälter **269** 13
Reis **98** 38
Reis **68** 29
Reisebüro **271** 24
Reisebüro **204** 28
Reisebus **194** 34
Reiseflugzeug **231** 1, 2
Reisegepäck **205** 7–12
Reisekahn **220** 10
Reiselektüre **205** 18
Reisende **208** 30
reisende Geschäftsmann **209** 29
Reisenden **205** 6
Reisenden **204** 24
Reiseomnibus **194** 17
Reisepaß **267** 13
Reisetasche **205** 10
Reisewagen **186** 39
Reisezugwagen **207** 1–21
Reisezugwagen **208** 3
Reiskorn **68** 30
Reiß **122** 89
Reißbahn **288** 75, 83
Reißbahnleine **288** 76
Reißboden **120** 11
Reißbrett **151** 1
Reißbrettverstellung **151** 5
Reißbühne **120** 11
Reißer **136** 35
Reißfeder **151** 49
Reißfedereinsatz **151** 58
Reißfedereinsatz **151** 61
Reißleine **288** 76
Reißverschluß **31** 55
Reißverschluß **260** 13
Reißzähne **200** 6
Reistenmühle **172** 84
Reitbahn **307** 21
Reiter **349** 33
Reiter **339** 25
Reiterauflage **349** 32
Reiterschiene **349** 31
Reiterstandarte **253** 13
Reitfrack **289** 4
Reitgerte **289** 22
Reitkappe **289** 18
Reitkunst **71** 1–6
Reitpony **75** 4
Reitsättel **71** 37–49
Reitschule **308** 2
Reitstock **177** 62
Reitstock **149** 29
Reitstock **150** 5
Reitstock **135** 7
Reitstockspitze **149** 26
Reittier **354** 2
Reittierstall **62** 2
Reizvogel **86** 48
Reklame **342** 56
Reklamefläche **118** 45
Reklameplakat **308** 50
Reklametafel **268** 43

Rektoskop **23** 16
Rektoskopie **23** 18
Relaispferde **186** 43
Relief **339** 33
Reliefziegel **333** 20
Reling **221** 121
Reling **222** 66
Remittent **250** 19
Remoulade **96** 29
Renaissance **335** 42–54
Renaissanceantiqua **342** 4
Renaissancekirche **335** 42
Renaissancepalast **335** 47
Rendezvous-Radarantenne **6** 42
Reneklode **59** 24
Rengespann **353** 15
Rennachter **283** 10
Rennanzug **301** 31
Rennaußenbordmotor **286** 23
Rennboote **283** 9–16
Rennbrille **303** 15
Renneiner **283** 16
Rennfahrerkabine **290** 7
Rennfahrertrikot **290** 9
Rennhaken **290** 21
Rennkieljacht **285** 35
Rennleitung **290** 4
Rennlenker **290** 18
Rennmaschine **290** 27
Rennmaschine **290** 16
Rennoverall **301** 43
Rennpferde **289** 51
Rennrad **290** 15, 16
Rennreifen **290** 19
Rennrodel **303** 13
Rennrodler **303** 12
Rennsattel **290** 17
Rennsportwagen **290** 36
Rennstock **301** 25
Rennwagen **290** 34–38
Rente **251** 11–19
Rentenauszahlschalter **236** 25
Rentier **353** 16
Reparaturbox **196** 22
Reparaturfahrzeug **195** 47
Reparaturfahrzeug **138** 36
Reparaturkai **222** 10
Reparaturnummer **195** 48
Repetierbüchse **87** 2
Reportagekamera **313** 26
Reportagetelefon **238** 23
Reporter **299** 50
Reproarm **115** 93
Reproduktionsgestell **115** 92
Reproduktionskamera **177** 1
Reproständer **115** 92
Reprostativ **115** 90
Reptilien **364** 27–41

Reptiliengehege 356 12
Requisiten 315 50
Reserveantrieb 214 64
Reserverad 194 33
Reserverad 191 25
Reservereifen 194 4
Resonanzkasten 324 63
Resonanzkasten 324 26
Resonanzkörper 322 29
Resonanzkörper 323 3
Respirator 26 25
Rest 344 24
Restaurant 266 1–29
Restaurant 233 50
Restauration 266 1–29
Restmenge 348 7
Resultat 344 23
Resultatwerk 309 82
Reticulum 3 48
Retorte 349 13
Retrostellung 115 84
Rettich 57 16
Rettung bei Eisunfällen
  21 28–33
Rettung Ertrinkender
  21 34–38
Rettungsboje 221 124
Rettungsboot 223 19
Rettungsboot 221 107
Rettungsboot 221 78
Rettungsboote 146 19
Rettungsbootsaufhän-
  gung 221 101–106
Rettungsfallschirme 235
  60
Rettungsfloß 286 19
Rettungshubschrauber
  256 18
Rettungshubschrauber
  221 20
Rettungshubschrauber
  228 16
Rettungsinsel 286 19
Rettungsinsel 228 19
Rettungsinseln 258 11
Rettungsleine 228 3
Rettungsleine 270 45
Rettungsring 280 3
Rettungsring 221 124
Rettungsschwimmer 21
  36
Rettungsseil 280 2
Rettungsstation 280
  46
Rettungstau 228 12
Rettungsturm 234 66
Rettungsübung 270
  1–46
Rettungswagen 270 19
Rettungswesen 228
Retuscheur 182 14
Retuscheur 161 19
Retuschiertisch 177 19
Reutherbrett 296 12
Reutherbrett 297 8
Revers 33 5
Revers 31 23
Revers 252 9
Reversbluse 30 9
Revier 86 1–8
Revolverdrehmaschine
  149 38
Revolverkopf 149 40

Revolverlochzange 100
  44
Revolverwechsel 166 5
Rezept 22 20
Rezepterneuerung 22 3
Rezeption 278 1
Rezeption 22 5
Rezipient 226 33
Rhesusaffe 368 12
Rhönrad 305 79
Rhombendodekaeder
  351 7
Rhomboeder 351 22
Rhomboid 346 36
Rhombus 36 59
Rhombus 346 35
Richtantenne 6 44
Richtantenne 6 4
Richtantennengruppe
  234 64
Richtaufsatz 255 45
Richtbaum 120 8
Richtfeuer 224 102
Richtfunkantenne 237
  51
Richtfunkantenne 224
  106
Richtkrone 120 8
Richtkurbel 255 48
Richtplatte 125 3
Richtstrecke 144 30
Richtungsanzeige 197
  39
Richtungsanzeiger 189
  37
Richtungsschild 205 38
Richtungsvoranzeige
  203 20
Richtungsvoranzeiger
  203 21
Ricke 88 34
Riedgras 53 17
Riefen 243 27
Riegel 140 39
Riemen 283 35–38
Riemen 283 14
Riemen 278 19
Riemen 290 22
Riemen 218 5
Riemenantrieb 165 33
Riemenauflage 283 29
Riemenblatt 283 38
Riemenboden 123 62
Riemenboote 283 9–15
Riemenbügel 87 5
Riemenhals 283 37
Riemenholm 283 35
Riese 308 20
Rieselblech 210 29
Rieselwerk 274 1
Riesendame 308 21
Riesenfelge 296 60
Riesenfigur 306 63
Riesenmuschelkrebs
  369 1
Riesenpinguin 359 4
Riesenrad 308 37
Riet 166 10
Rieteinzug 171 6
Rietkamm 166 10
Riffbildner 357 17
Riffelung 157 6
Riffelwalze 166 47

Rigel 3 13
Rikscha 353 34
Rikschakuli 353 35
Rillenherd-Durchstoßo-
  fen 139 1
Rillenwalze 130 30
Rind 73 1
Rind 95 14–37
Rinde 120 86
Rinde 370 8
Rindenbürste 56 23
Rinderbrust 95 23
Rinderfilet 95 24
Rinderstar 361 4
Rinderviertel 94 22
Rindshaut 354 11
Rindviehstall 62 7
Ring 36 4
Ring 332 17
Ring 350 15
Ring 251 3
Ring 305 31
Ring 299 35
Ringanker 120 34
Ringbuch 260 15
Ringe 296 4
Ringeinfassung 55 38
Ringelkrebs 81 6
Ringelnatter 364 38
Ringelpulli 30 20
Ringelschwänzchen 73
  12
Ringelspiel 308 2
Ringelspinner 80 13
Ringelwurm 357 20
Ringen 299 6–12
Ringen 296 55
Ringen 296 56
Ringen 296 50
Ringer 299 7
Ringfinger 19 67
Ringgraben 329 37
Ringhaken 300 39
Ringhefter 260 15
Ringkämpfer 299 7
Ringkampf 299 6–12
Ringkorn 305 50
Ringleitung 147 53
Ringlotte 59 24
Ringmaß 108 27
Ringmatte 299 12
Ringmauer 329 15
Ringmuskel 19 5
Ringmuskel des Mun-
  des 19 8
Ringofen 159 19
Ringpinsel 129 19
Ringrichter 299 41
Ringriegel 108 26
Ringscheiben 305
  30–33
Ringspant 235 47
Ringspinnmaschine 164
  45
Ringspinnmaschine 164
  34
Ringsteine 36 72–77
Ringstiftzahn 24 31
Ringstock 108 25
Ringtennis 280 31
Ringwade 90 25
Rinnenbügel 122 32
Rinnstein 198 10

Rippe 230 46
Rippe 123 36
Rippelmarken 13 41
Rippenknorpel 17 11
Ripsband 35 13
Risalit 335 43
Rispe 68 27
Rispe 370 69
Riß 300 3
Rißunterlage 128 17
Rist 19 61
Ristgriff 296 40
Ritter 358 52
Ritterburg 329 1
Ritterdach 122 50
Ritterrüstung 329
  38–65
Ritterschlag 329 66
Ritterschloß 329 1
Rittertum 329
Ritterwesen 329
Ritzel 143 92
Ritzer 341 21
Rizinus 380 14
Ro-Ro 225 39
Ro-Ro-Abfertigungsan-
  lage 226 20
Ro-Ro-Schiff 226 17
Ro-Ro-Spezialanlage
  226 20
Ro-Ro-Verkehr 225 39
Roadster 193 26
Roastbeef 95 17
Robben 367 18–22
Robinie 371 70
Roboter 273 36
Rocaille 336 13
Rock 31 24
Rock 33 2
Rockknopf 33 55
Rocklängenmesser 271
  40
Rockrunder 271 40
Rodeo 319
Rodeo 319 34
Rodeoreiter 319 39
Rödelung 119 66
Röhre 72 23
Röhrenblitzgerät 309 41
Röhreneinheit 26 17
Röhrenkessel 152 5
Röhrenlaus 358 13
Röhrenofen 145 36
Röhrenschicht 381 17
Römer 45 87
Römer 355 11
Römerin 355 7
römische Kunst 334
  53–60
römisches Kriegsschiff
  218 9–12
Röntgenassistentin 27
  11
Röntgenbildverstärker-
  gerät 27 16
Röntgengenerator 24 22
Röntgengerät 24 21
Röntgenkassettenhalte-
  rung 27 2
Röntgenröhre 27 18
Röntgenröhre 27 7
Röntgenstation 27
  1–35

Röntgenstativ 27 8
Röntgenstrahlung 1 56
Röntgenuntersuchungs-
tisch 27 1
Röstmais 68 31
Rösttrommel 98 71
Rötel 361 15
Rogen 89 12
Roggen 68 1
Roggenähre 68 2
Roggenbrötchen 97 16
Roggenmehl 97 52
Roggenmischbrot 97 8
Roggenrose 61 6
Rogner 89 13
Roh-Cyclohexanol 170
16
Rohbau 118 1–49
Rohbenzolerzeugung
156 41
Rohbenzoltank 156 42
Rohbramme 148 48
Roheisen 147 40
Roheisenabfluß 147 11
Roheisenabstich 147 11
Roheisenpfanne 147 21
Roheisenpfanne 147 42
Roheisenpfanne 147 12
Rohgewichtswaage 173
9
Rohkohlenbunker 144
41
Rohkostmenü 266 62
Rohling 135 21
Rohmaterial 169 1–12
Rohmateriallager 160 3
Rohmehlsilos 160 5
Rohmilchpumpe 76 3
Rohmilchsilotank 76 5
Rohmühle 160 4
Rohölaufbereitung 145
28–35
Rohölverarbeitung 145
36–64
Rohpapier 173 29
Rohphenolbehälter 156
40
Rohr 187 60
Rohr 136 32
Rohr 255 17
Rohr 255 2
Rohr 255 41
Rohr 50 64
Rohr 130 27
Rohrabschneider 126
84
Rohrband 126 53
Rohrbefestigung 126
53–57
Rohrbiegemaschine 125
28
Rohrbieger 126 82
Rohrblende 255 90
Rohrbock 126 11
Rohrbremse 255 52
Rohrfeder 341 23
Rohrführung 67 25
Rohrhaltemutter 255
11
Rohrkolben 378 21
Rohrkolbenschilf 136
27
Rohrlager 146 4

Rohrleitung 163 11
Rohrmatte 55 6
Rohrpaket 255 71
Rohrpanzerung 255 72
Rohrrahmen 188 9
Rohrrahmen 188 49
Rohrsägemaschine 126
10
Rohrschelle 122 31
Rohrschelle 126 56
Rohrschenkel 114 44
Rohrschleudern 173 11
Rohrschraubstock 126
81
Rohrstativ 114 42
Rohrstück 130 26
Rohrstütze 255 62
Rohrturm 155 43
Rohrung 123 71
Rohrvorholer 255 61
Rohrwechselklappe 255
35
Rohrweihe 362 13
Rohrwiege 255 60
Rohrzange 126 59
Rohrzange 140 68
Rohstahlblock 148 48
Rohstein 339 5
Rohstoffe 160 1
Rohtabakballen 83 13
Rohteerbehälter 156 32
Rohton 159 2
Rohwasser 269 4
Rokoko 336 9–13
Rokokofrisur 355 81
Rokokoornament 336
13
Rokokowand 336 9
Roll-on-Roll-off-Schiff
226 17
Roll-on-Roll-off-Ver-
kehr 225 39
Rolladen 37 28
Rolladenaussteller 37
29
Rollbahn 233 2
Rollbodenbunker 64 84
Rollbrett 273 51
Rolle 288 8
Rolle 297 19
Rolle 290 13
Rollen 89 59–64
Rollen 230 71
Rollenboden 316 4
Rollenböcke 157 26
Rollenbohrer 145 21
Rollenführung 201 4
Rollenheft 316 41
Rollenkabel 294 31
Rollenkette 187 36
Rollenkette 190 25
Rollenkopierautomat
249 32
Rollenkreis 288 3
Rollenkühlofen 162 18
Rollenlager 164 42
Rollenmagazin 249 33
Rollenmakulatur 128 5
Rollenquetscher 116 49
Rollenschneider 173 42
Rollenstern 180 3
Rollenstern 180 19
Rollentabak 107 18

Rollentisch 157 23
Rollfilm 114 19
Rollfilmspule 114 20
Rollgabelschlüssel 126
66
Rollgang 148 50
Rolli 30 7
Rolliermaschine 109 17
Rollierstuhl 109 17
Rollkragenpullover 30
2
Rollmatte 55 6
Rollmeise 361 9
Rollreifenfaß 154 77
Rollringfaß 130 13
Rollschiene 283 45
Rollschläuche 270 54
Rollschwanz 364 35
Rollschweller 326 49
Rollsichter 172 2
Rollsitz 283 41–50
Rollsprung 298 17
Rolltechnik 298 18
Rolltreppe 271 22
Rolltür 245 5
Rollweg 233 2
Rollwerk 336 8
Romanik 335 1–21
Rondell 252 43
Roro 225 39
Roro-Anlage 226 20
Roro-Schiff 226 17
Roro-Trailer 221 54
Rosapelikan 359 5
Rose 88 29
Rose 88 5
Rosendorn 60 18
Rosenhochstamm 52 21
Rosenklee 69 4
Rosenknospe 60 16
Rosenkohl 57 30
Rosenkranz 332 30
Rosenschere 56 50
Rosenschliff 36 45
Rosenstock 52 21
Rosenstock 52 13
Rosette 335 23
Rosinen 98 8
Roßbreiten 9 47
Roßhaarbezug 323 15
Roßhaarbürste 100 12
Roßharnisch 329 83–88
Roßkastanie 371 58
Roßkopf 329 42
Rost 308 33
Rostbratwurst 308 34
Rostweihe 362 13
Rot 276 44
Rotästige Kornelkirsche
373 30
Rotang 132 32
Rotationsachse 4 25, 27
Rotationsellipsoid 347
42
Rotationskolben 190 68
Rotationskolbenmotor
190 5
Rotationsmaschine 181
57
Rote Gauchheil 61 27
Rote Hühnermyrte 61
27
Roteisenstein 108 48

rote Karte 291 63
Rote Liste 22 23
Rote Magnolie 373 15
Rote Miere 61 27
Rote Milan 362 11
rote Mütze 205 43
Rote Ordensband 365 8
Rote Riesenkänguruh
366 3
rote Tuch 319 27
Rotfuchs 88 42
Rotfuchs 367 12
Rotkehlchen 361 15
Rotklee 69 1
Rotkohl 57 32
Rotkraut 57 32
Rotor 110 32
Rotor 264 3
Rotor 155 45
Rotor 287 18
Rotoren 232 22
Rotorkopf 232 13
Rotormesser 85 26
Rotorteller 178 26
Rotorträger 232 23
Rotschnabeltukan 363
6
Rotschwänzchen 360 3
Rotspecht 359 27
Rottier 88 1
Rottier 86 13
Rotvogel 361 14
Rotwein 98 64
Rotweinglas 45 83
Rotwild 88 1–27
Rotwurstring 99 56
Rouge 275 24
Rough 293 80
Roulett 275
Roulette 275
Roulettkessel 275 29
Roulettkugel 275 33
Roulettmaschine 275
10
Roulettmaschine 275
28
Roulettspieler 275 15
Roulettspielplan 275 17
Roulettspielsaal 275 1
Roulettspieltisch 275 8
Routineuntersuchung
22 3
Royalstag 219 13
Royalstengestag 219 13
Royalstengestagsegel
219 26
Rucksack 86 3
Rudel 86 15
Ruder 285 34
Ruder 283 51–53
Ruder 218 6
Ruder 88 75
Ruder 278 19
Ruder 218 24
Ruder 283 26
Ruder- und Propeller-
anlage 228 26
Ruderbank 283 28
Ruderblatt 283 53
Ruderblatt 284 34
Ruderblatt 222 69
Ruderblatt 221 43
Ruderblatt 283 53

Ruderboot **89** 27
Ruderer **283** 12
Ruderer **218** 3
Ruderfüßer **359** 5–10
Ruderfuß **359** 6
Rudergänger **224** 16
Ruderhaus **224** 14–38
Ruderjoch **283** 51
Ruderlagenanzeiger **224** 17
Rudern **283**
Ruderpinne **286** 24
Ruderregatta **283** 1–18
Ruderschaft **222** 68
Rudersklaven **218** 48
Rudersteven **222** 70
Rudertrainer **283** 20
Rübe **68** 45
Rübenaaskäfer **80** 45
Rübenälchen **80** 51
Rübenblatt **68** 47
Rübenbunker **64** 96
Rübenelevator **64** 94
Rübenelevatorband **64** 95
Rübenerntemaschine **64** 85–97
Rübengabel **66** 5
Rübenkörper **68** 45
Rübenkopf **68** 46
Rübenputzer **64** 89
Rücken **122** 86
Rücken **72** 29
Rücken **45** 56
Rücken **16** 22–25
Rücken **336** 26
Rückenflosse **364** 6
Rückenflug **288** 9
rückenfreie T-Shirt **31** 64
Rückenkamm **364** 21
Rückenkissen **42** 25
Rückenlage **295** 44
Rückenlehne **207** 66
Rückenlehne **191** 35
Rückenleimung **183** 14
Rückenmark **18** 25
Rückenmark **17** 48
Rückenmuskel **18** 59
Rückenriemen **71** 32
Rückenrollsprung **298** 16
Rückenschild **247** 38
Rückenschild **364** 29
Rückenspalter **94** 17
Rückenspeck **95** 40
Rückenvergoldung **183** 1
Rückgeldgeber **236** 28
Rückgrat **17** 2–5
Rückhalte **295** 51
Rückhandbogenwurf **305** 20
Rückhandschlag **293** 39
Rückholfeder **167** 37
Rückholfeder **192** 55
Rücklauf **38** 79
Rücklauf **126** 24
Rücklaufhahn **350** 49
Rücklaufleitung **38** 56
Rücklaufsammelleitung **38** 80
Rücklauftaste **249** 73

Rücklicht **187** 46
Rücklicht **189** 9
Rücklichteinheit **188** 38
Rückpositiv **326** 42
Rückpositiv **326** 5
Rückschläger **293** 18
Rückschläger **293** 50
Rückschlaghinderer **87** 14
Rückschlagschutz **132** 47
Rückschlagsicherung **157** 59
Rückseite **252** 9
Rücksitzbank **193** 22
Rückspiegel **189** 30
Rückspiegel **188** 35
Rückspülschieber **216** 61
Rückspulfreilauf **115** 27
Rückspulkurbel **114** 6
Rückspulkurbel **115** 12
Rückspulmitnehmer **115** 29
Rückstand **145** 43
Rücksteller **191** 77
Rückstoßdämpfer **255** 44
Rückstoßrohr **255** 27
Rückstoßverstärker **255** 34
Rückstrahler **187** 45
Rückstrahlglas **187** 86
Rückstrahlpedal **187** 78
Rückteilverstellung **114** 55
Rückwärtssalto **288** 50
Rückwasser **172** 26
Rückwickelkurbel **117** 93
Rückwickelkurbel **114** 6
Rüde **86** 33
Rüde **88**,42
Rüde **73** 16
Ruedo **319** 9
Rührbütte **173** 1
Rührer **349** 18
Rührlöffel **40** 3
Rührmaschine **97** 70
Rührmichnichtan **377** 11
Rührwerk **172** 47
Rührwerk **92** 46
Rüsche **31** 34
Rüschen **32** 44
Rüschenbesatz **32** 44
Rüschenkragen **31** 46
Rüschenschürze **31** 33
Rüssel **358** 56
Rüssel **88** 53
Rüssel **366** 21
Rüssel **73** 10
Rüsselkäfer **80** 49
Rüsselkäfer **80** 10
Rüsseltier **366** 20
Rüster **371** 49
Rüsthaken **329** 80
Rüttelflasche **119** 84
Rüttelschuh **91** 14
Ruftaste **127** 3
Rugby **292** 19

Rugbyball **292** 21
Ruine **15** 72
Ruke **61** 16
Rum **98** 57
Rumbakugeln **324** 59
Rummelplatz **308**
Rumpf **259** 42
Rumpf **288** 26
Rumpf **16** 22–41
Rumpf **230** 54
Rumpfbeuge **295** 33
Rumpfbeuge **295** 32
Rumpfbeuge **295** 34
Rumpfformen **285** 29–41
Rumpfnase **231** 16
Rumpfspitze **235** 20
Rumpftanks **257** 31
Rumpfverbindungsbeschlag **235** 4
Rumpfzentraltank **257** 30
Rundblätterige Steinbrech **375** 1
Rundbogen **336** 27
Rundbogeneingang **278** 39
Rundbogenfries **335** 9
Rundbrot **97** 6
Rundbrot **97** 7
Rundecke **42** 26
Rundeisen **340** 6
Rundeisen **143** 8
Rundeisenreifen **130** 3
Rundenzähler **290** 6
runde Tablett **44** 24
Rundfeile **108** 47
Rundfeile **140** 29
Rundfenster **335** 12
Rundfüller **79** 9
Rundfunk **238**
Rundfunk **239**
Rundfunk **240**
Rundfunkempfänger **309** 16
Rundfunkgerät **309** 16
Rundfunksendekomplex **238** 16–26
Rundgattheck **218** 25
Rundglasschneider **124** 22
Rundhölzer **219** 32–45
Rundholz **120** 77
Rundholz **157** 30
Rundholzleiter **273** 22
Rundholzpolter **85** 32
Rundholzpolter **157** 31
Rundhorizont **316** 9
Rundhorizont **310** 12
Rundhorn **137** 13
Rundkäfig **307** 49
Rundkäse **99** 42
Rundkolben **350** 38
Rundkugel **305** 37
Rundkuppe **143** 20
Rundlaufkran **154** 18
Rundlaufpilz **273** 8
Rundlochhammer **137** 36
Rundmagazin **114** 77
Rundmaschine **125** 30
Rundmaterialien **139** 1
Rundmedaillon **339** 36

Rundofen **161** 3
Rundpflaume **59** 24
Rundpinsel **338** 8
Rundplatte **178** 21
Rundplatte **334** 30
Rundplattengießwerk **178** 13
Rundschalttisch **150** 42
Rundschild **329** 57
Rundschliff **36** 43
Rundsichter **91** 26
Rundspantboot **286** 32–34
Rundstahl **119** 80
Rundstamm **120** 83
Rundstichel **340** 20
Rundstrahldüse **83** 23
Rundstrickmaschine **167** 1
Rundstücke **97** 13–16
Rundstuhl **167** 1
Rundthermometer **179** 4
Rundtischglasiermaschine **161** 16
Rundtischmaschine **150** 41
Rundtränke **74** 16
Rundwirkmaschine **97** 63
Rundzange **127** 50
Rundzange **137** 25
Rundzelt **278** 8
Runge **85** 47
Runge **213** 6
Rungenwagen **206** 24
Runke **61** 16
Runkelrübe **68** 44
Runkelrübe **69** 21
Runway **233** 1
Russe **81** 17
russische Dreigespann **186** 45
Russische Klee **69** 6
Rußsack **38** 34
Rustika **335** 51
Rute **70** 12
Rute **88** 47
Rute **322** 35
Rute **88** 49
Ruten **89** 49–58
Rutenhalter **89** 23
Rutenspitze **89** 35
Rutenteil **89** 54
Rutschbahn **273** 24
Rutschbahn **308** 40
Rutsche **226** 45
Rutscher **129** 30

S

S-Bahnzug **205** 25
S-Pfanne **122** 54
S-Rohr **323** 29
Saalbeleuchtungsregler **312** 17
Saalchef **275** 7
Saalschutz **263** 10
Saalverdunkler **312** 17
Saat **84** 9
Saatauslauf **65** 78
Saatbettbereitung **63** 31–41

Saatbettkombination 65 87
Saatbettkombination 63 41
Saatgut 83 52
Saatgut 83 15
Saatgut 63 12
Saatkamp 84 6
Saatkartoffel 68 39
Saatkorn 63 12
Saatkrähe 361 2
Saatleitungsrohr 65 77
Saatplatterbse 69 19
Saatschale 54 2
Saatschnellkäfer 80 37
Saatschnellkäfer 80 38
Saatwicke 69 18
Saatwucherblume 61 7
Sachbearbeiterin 248 7
Sachbearbeitertisch 248 11
Sack 339 29
Sackgeige 322 20
Sackkarren 206 14
Sackpfeife 322 8
Säbel 294 34
Säbel 294 20
Säbelfechten 294 19–24
Säbelfechter 294 19
Säbelhandschuh 294 21
Säbelmaske 294 22
Säen 63 10–12
Säge- und Hobelaggregat 133 38
Sägeblätter 157 3
Sägeblatt 120 62
Sägeblatt 260 54
Sägeblatt 157 47
Sägeblatt 150 16
Sägebügel 150 17
Sägebügel 138 25
Sägedach 121 20
Sägeente 359 15
Sägegans 359 15
Sägehalle 157 1
Sägekette 85 14
Sägekette 120 16
Sägenschärfmaschine 157 42
Sägensetzer 132 42
Säger 359 15
Sägeraspel 134 6
Sägerei 144 6
Sägeschiene 85 16
Sägeschlitten 132 71
Sägeschuppen 120 3
Sägewagen 133 38
Sägewerk 157
Sägezahnung 96 33
Säkasten 65 75
Sämann 63 10
Sämling 54 6
Sänger 315 22
Sängerin 315 23
Säschar 65 76
Sätuch 63 11
Säugetiere 366
Säugetiere 367
Säugetiere 368
Säugling 28 5
Säuglingsbadewanne 28 3

Säuglingspflege 28
Säule 120 25
Säule 168 16
Säule 334 8
Säule 334 9
Säule 334 10
Säule 347 34
Säulenführung 139 42
Säulenfuß 334 28–31
Säulengang 274 9
Säulengang 334 67
Säulenhals 334 22
Säulenschaft 334 26
Säulensockel 334 31
Säulenstativ 2 29
Säulenstativ 112 32
Säulenumgang 334 2
Säurebehälter 350 62
Safranköpfchen 361 10
Saftpresse 40 9
Sagittarius 4 61
Sagittarius 3 37
Sago 98 39
Sagopalme 383 58
Sahne 99 46
Sahnekännchen 265 21
Sahnengießer 265 21
Sahnerolle 97 17
Sahnetorte 97 24
Saite 324 14
Saite 324 6
Saite 322 55
Saite 322 44
Saiten 323 9
Saiten 323 61
Saitenbespannung 293 31
Saitenbezug 325 7
Saitenhalter 324 4
Saitenhalter 324 13
Saitenhalter 323 7
Saitenhammer 325 3
Saiteninstrumente 324 1–31
Saiteninstrumente 323 1–27
Sakralbau 337 21
Sakrament 332 35
Sakristan 330 58
Sakristei 331 13
Sakristeiglocke 330 46
Sakristeitür 330 17
Salamander 364 20–22
Salamander 364 22
Salat 57 36
Salatbesteck 45 24
Salatblatt 57 37
Salatgabel 45 68
Salatlöffel 45 67
Salatöl 98 24
Salatpflanzen 57 36–42
Salatschüssel 45 23
Salatteller 266 51
Salatzichorie 57 40
Salbentube 22 47
Salicional 326 23–30
Saline 15 32
Saline 274 1–7
Saling 284 13
Saling 223 37
Salon 223 26
Salta 276 20
Saltaspiel 276 20

Saltastein 276 21
Salto 282 42
Salto 297 15, 17, 18
Salweide 371 24
Salz 98 40
Salzbrötchen 97 14
Salzkuchen 97 13
Salzstange 97 31
Salzstreuer 266 77
Salzwasserleitung 145 33
Samen 58 37
Samen 59 8
Samen 371 65
Samen 371 20
Samen 383 5
Samen 375 28
Samen 58 23
Samen 57 7
Samen 54 3
Samen 372 9, 10, 15, 28, 54, 60, 71
Samen 372 57
Samen 372 37
Samenanlage 59 14
Samenanlage 58 39
Samenanlage 370 63
Samenblase 20 77
Samenhaar 383 19
Samenkapsel 61 5
Samenkapsel 378 5
Samenkern 58 23
Samenkorn 68 25
Samenkorn 68 15
samenkorn 68 13
Samenleiter 20 74
Sammelbalgfrucht 370 102
Sammelbehälter 172 26
Sammelbrunnen 269 4
Sammeldrahtheftmaschine 184 15
Sammelfrucht 58 28
Sammelhefter 184 15
Sammelheizung 38 38–81
Sammelkasten 164 44
Sammellattentuch 163 13
Sammelmulde 201 20
Sammelnußfrucht 370 100
Sammelsteinfrucht 370 101
Sammler 174 23
Sampan 353 31
Samtblume 60 20
Samurai 353 37
San-José-Schildlaus 80 35
Sand 15 6
Sand- und Knotenfang 173 13
Sandabfallrohre 210 15
Sandablagerung 216 52
Sandale 101 51
Sandalette 101 49
Sandbahn 290 24
Sandbahnrennen 290 24–28
Sandberg 273 66
Sandbett 123 8
Sandburg 280 35
Sanddom 210 14

Sandfang 269 25
Sandgrube 293 81
Sandkästen 212 59
Sandkasten 273 64
Sandkasten 212 76
Sandpapier 135 25
Sandsack 299 21
Sandsäcke 288 65
Sandsäcke 216 50
Sandschalter 211 32
Sandschaufel 331 36
Sandschleuder 172 22
Sandschleuder 172 56
Sandstreuerrohre 210 19
Sandstrohblume 377 3
Sanduhr 110 31
Sandwich 45 39
Sandwichgabel 45 76
Sanitäranlagen 278 5 u.
Sanitärtrakt 278 5 u.
Sanitäter 270 21
Sanitätsauto 270 19
Sanitätspanzer 255 79
Sanitätswache 204 44
Sanitätswache 308 61
Sanitätszelt 308 61
Sanktissimum 332 35
Sanktissimum 331 48
Sanskrit 341 9
Sapine 85 6
Sappel 85 6
Sappho-Kolibri 363 4
Sappie 85 6
Sardinenheber 45 78
Sarg 331 35
Sargkammer 333 5
Sargonsburg 333 29
Sargträger 331 40
Sarkophag 335 53
Satanspilz 379 12
Satellit 4 45
Satellitenfunk 237 52
Sattel 71 45–49
Sattel 12 16
Sattel 188 4
Sattel 323 20
Sattelachse 12 17
Sattelanhänger 206 59
Satteldach 121 1
Satteldach 37 5
Sattelfedern 187 23
Sattelgurt 289 11
Sattelkissen 71 49
Sattelknopf 71 46
Sattelplatz 307 12
Sattelschlepper 194 28
Sattelsitz 71 37
Sattelsitz 65 22
Sattelstütze 187 24
Sattelstützrohr 187 18
Satteltasche 187 25
Sattelzugmaschine 194 29
Saturn 4 49
Saturn-V-Trägerrakete 234 1
Satz 174 15
Satz 181 37
Satzform 181 36
Satzmagazine 174 21
Satzschiff 174 44
Satzschiff 174 12

Satzspiegel **185** 59
Satzstreifen **174** 34
Satzzeichen **342** 16–29
Sau **88** 51
Sau **86** 32
Sau **75** 41
Sau **73** 9
Saubohne **69** 15
Sauciere **45** 17
Sauergras **53** 17
Sauerkirsche **59** 5
Sauermilchtank **76** 42
Sauerstoff- und Wasser-
stofftanks **6** 6
Sauerstoffanschluß **141**
30
Sauerstoffatom **1** 13
Sauerstoffaufblaskon-
verter **147** 45–50
Sauerstoffbehälter **235**
46
Sauerstoffbehälter **257** 2
Sauerstoffdüse **350** 13
Sauerstoffflasche **200**
40
Sauerstoffflasche **141**
21
Sauerstoffflasche **27** 45
Sauerstoffflasche **141** 3
Sauerstoffgerät **270** 20
Sauerstofflanze **147** 49
Sauerstoffleitung **235**
51
Sauerstoffmolekül **242**
65
Sauerstoffnotgerät **6** 18
Sauerstoffschlauch **141**
10
Sauerstofftank **235** 57
Sauerstofftanks **6** 6
Sauerstoffumlaufleitung
235 56
Sauerstoffventil **141** 29
Sauerstoffzufuhr **350** 11
Sauerwurm **80** 24
Sauferkel **75** 42
Sauganleger **180** 72
Saugarm **184** 11
Saugbagger **216** 59
Saugelektroden **23** 29
Sauger **28** 20
Sauggeräuschdämpfer
190 16
Sauggutumschlag **226**
29
Saugkorb **269** 43
Saugkorb **269** 6
Saugkorb **67** 12
Saugkraftregulierung **50**
72
Saugleitung **38** 55
Saugleitung **269** 14
Saugleitung **269** 5
Saugleitung **269** 41
Saugleitung **270** 30
Saugleitung **316** 52
Saugmund **199** 43
Saugnapf **81** 37
Saugpumpe **216** 62
Saugrohr **10** 37
Saugrohr **190** 18
Saugrohrleitungen **226**
32

Saugscheibe **357** 21
Saugschlauch **50** 75
Saugschlauch **270** 67
Saugzuggebläse **152** 14
Saugzugventilator **199**
32
Sauhatz **86** 31
Saukraut **379** 5
Saum **73** 5
Saumdiele **118** 73, 74
Saumlatte **91** 3
Saumpfad **12** 46
Saumsattel **73** 4
Saumschwelle **120** 50
Sauna **281** 18
Saunaofen **281** 21
Saupacker **86** 33
Saurüde **86** 33
Saustall **75** 35
Saxophon **324** 69
SB-Gaststätte **266**
45–78
SB-Restaurant **266**
45–78
Scanner **177** 39
Schabefleisch **96** 16
Schaber **140** 63
Schaber **340** 17
Schabglocke **96** 42
Schabhobel **132** 27
Schabkunst **340** 14–24
Schablone **175** 55
Schablonenablage **245** 9
Schablonenaufbewah-
rungslade **245** 10
Schablonenaufnahme-
schacht **245** 8
Schablonenkasten **168**
60
Schablonenmesser **129**
43
Schablonentisch **175** 56
Schabotte **139** 17, 40
Schabotte **139** 31
Schabracke **329** 74
Schabrackenschakal
367 11
Schach **276** 1–16
Schachbrett **47** 20
Schachbrett **276** 1
Schachbrettafel **203** 30
Schachbrettornament
335 14
Schachbrettschliff **36** 66
Schachfelderbezeich-
nung **276** 6
Schachfiguren **276** 7
Schachfiguren **276** 4, 5
Schachmatt **276** 15
Schachpartie **265** 17
Schachspiel **276** 1–16
Schachspieler **265** 17
Schacht **154** 69
Schachtdeckel **38** 46
Schachtelteufel **306** 56
Schachtgebäude **144** 4
Schachtofen **147** 1
Schachtsumpf **144** 47
Schachuhr **276** 16
Schächerkreuz **332** 61
Schädel **261** 21
Schädel **261** 17
Schädel **261** 15

Schädel **17** 1
Schädel **17** 30–41
Schädeldach **261** 16
Schädeldach **261** 18
Schädelsammlung **261**
15
Schädlingsbekämpfung
83
Schäfchenwolke **8** 15
Schäfchenwolke **8** 14
Schäfte **166** 4
Schäftung **87** 3, 4, 6, 13
Schäleisen **85** 8
Schärenkreuzer **284** 60
Schärfkopf **157** 46
Schärfmesser **100** 51
Schärfscheibe **157** 45
Schaf **73** 13
Schafbock **73** 13
Schaffellmütze **353** 23
Schafgarbe **376** 15
Schafstall **75** 9
Schaft **140** 33
Schaft **143** 53
Schaft **143** 15
Schaft **305** 64
Schaft **333** 27
Schaftrand **101** 20
Schaftrollen **166** 36
Schaftspanner **166** 54
Schakal **367** 11
Schal **33** 65
Schalanken **71** 16
Schalboden **119** 54
Schalbrett **119** 76
Schalbretter **119** 18
Schale **88** 24
Schale **357** 29
Schalenaufbau der Erde
11 1–5
Schalenhaut **74** 60
Schalensitz **193** 11
Schalensitz **305** 90
Schalenskistiefel **301**
12
Schalensohle **101** 11
Schalenstern **10** 30
Schalenthermometer
116 13
Schalholz **119** 18
Schalholz **118** 41
Schalk **306** 38
Schallbecher **326** 22
Schallbecher **323** 42
Schallblase **364** 25
Schalldämpfer **211** 49
Schalldämpfer **305** 93
Schalldeckel **330** 21
Schalldose **309** 33
Schallkasten **322** 18
Schallkasten **324** 15
Schallkörper **324** 15
Schallkörper **324** 2
Schalloch **322** 22
Schalloch **324** 5
Schalloch **323** 6
Schalloch **331** 8
Schallöffnung **309** 19
Schallplatte **309** 32
Schallplatten **46** 15
Schallplatten **317** 24
Schallplatten-Abspiel-
apparatur **238** 24

Schallplattenfächer **241**
48
Schallplattenständer
309 36
Schallrose **324** 5
Schallschlucktrennwand
248 20
Schallschutzgehäuse
313 27
Schallschutzgehäuse
313 16–18, 27
Schallschutzkasten **310**
48
Schallschutzoberteil **313**
16
Schallschutzseitenwand
313 18
Schallschutzunterteil
313 17
Schallsender **224** 61
Schallstück **323** 48
Schallstück **323** 37
Schalltrichter **309** 34
Schalltrichter **323** 42
Schallwand **309** 17
Schallwellenausbreitung
7 14
Schallwellenimpuls **224**
62
Schalmei **322** 14
Schalmei **322** 3
Schalt- und Regelpult
311 12
Schaltanlage **157** 67
Schaltanlage **152** 19
Schaltanlage **93** 20
Schaltarmaturen **230** 26
Schaltbrett **180** 74
Schaltdrehgriff **188** 31
Schalter-Wertzeichen-
geber **236** 19
Schalterbeamte **204** 39
Schalterhalle **236** 1–30
Schalterschrank **237** 25
Schaltfeld **311** 17
Schaltfeld **311** 4
Schaltgabel **192** 42
Schaltgabel **192** 45
Schaltgetriebe **211** 50
Schalthahn **172** 9
Schalthaus **217** 45
Schalthebel **191** 91
Schalthebel **192** 46
Schaltiere **357** 27–36
Schaltkammer **153** 55
Schaltkassetten **238** 45
Schaltkasten **179** 33
Schaltkasten **150** 36
Schaltknöpfe **168** 40
Schaltknüppel **192** 46
Schaltknüppel **191** 91
Schaltkopf **192** 44
Schaltkupplung **227** 23
Schaltmechanismus **181**
26
Schaltpult **76** 11
Schaltpult **27** 10
Schaltpult **185** 2
Schaltpult **180** 16
Schaltpult **179** 10
Schaltpult **153** 1–6
Schaltpult **261** 37
Schalträder **168** 40

Schaltschaubild **92** 25
Schaltschema **192** 47
Schaltstangen **192** 41
Schalttafel **179** 17
Schalttafel **173** 43
Schalttafel **38** 67
Schalttrittbrett **168** 48
Schaltuhr **243** 18
Schaltung **178** 36
Schaltungen **242** 68–72
Schaltungsaufbau **242** 72
Schaltungskette **290** 20
Schaltwarte **92** 25
Schaltwarte **152** 28
Schaltwarte **153** 1–8
Schaltwerkantrieb **211** 13
Schalung **119** 54
Schalung **122** 61
Schalungssprieße **119** 13
Schalungsstütze **119** 86
Schalungsträger **119** 78
Scham **16** 39
Schamane **353** 24
Schambein **17** 20
Schambeinfuge **20** 65
Schamlaus **81** 40
Schamlippe **20** 87
Schamottedeckel **108** 9
Schamottestein **141** 16
Schanzkleid **222** 67
Schanzkleid **221** 120
Schanzkleid **223** 17
Schapel **355** 21
Schappelholz **119** 61
Schar **65** 58
Schar **65** 65
Schar **65** 7
Scharbe **359** 10
Scharbockskraut **375** 36
Schardrehkranz **200** 22
Scharfe Hahnenfuß **375** 8
Scharfeinstellung **115** 8
Scharfeinstellung **240** 30
scharfe Löffel **26** 52
scharfe Löffel **22** 50
Scharfe Mauerpfeffer **375** 21
Scharnierband **140** 49
Scharraum **74** 11
Scharriereisen **158** 37
Scharwachtturm **329** 17
Schattenbrett **55** 6
Schattenmatte **55** 6
Schattenmorelle **59** 5
Schattierbrett **55** 9
Schaubild **248** 36
Schaubude **308** 6
Schauer **8** 19
Schauer **9** 37
Schauerniederschlag **8** 19

Schaufelkammer **91** 36
Schaufelrad **178** 33
Schaufelsporn **255** 55
Schaufelstück **95** 30
Schaufelwalzen **178** 25
Schaufelzylinder **255** 56
Schaufenster **268** 10
Schaufensterauslage **98** 1
Schaufensterauslage **268** 11
Schaufensterdekoration **268** 12
Schaufensterfront **268** 42
Schaufler **88** 40
Schauglas **38** 62
Schaukelbrett **273** 40
Schaukelkufen **47** 16
Schaukelreck **307** 6
Schaukelsitz **273** 40
Schaukelstuhl **309** 61
Schaukelteddy **48** 30
Schauloch **148** 4
Schaumbad **49** 3
Schaumkrone **93** 31
Schaumlöffel **96** 43
Schaummarkierer **83** 9
Schaumstoffauflage **291** 20
Schaumstoffauflage **43** 10
Schaumstoffschwimmer **89** 46
Schaumstoffzunge **291** 24
Schaumwein **98** 63
Schauöffnung **312** 15
Schauöffnung **2** 16
Schauspieler **316** 37
Schauspielergarderobe **315** 43–52
Schauspielerin **316** 38
Schausteller **308** 10
Schaustellerbude **308** 24
Schaustellerwagen **206** 20
Schaustellerzelt **308** 24
Schautafel **22** 16
Schautafel **268** 3
Schauvitrine **271** 13
Scheck **289** 29
Schecke **355** 45
Scheibe **305** 66
Scheibenblüte **375** 32
Scheibenbremse **190** 74
Scheibenbremse **189** 32
Scheibenbremse **191** 18
Scheibenbremse **192** 48–55
Scheibenbremssattel **189** 33
Scheibenegge **65** 82
Scheibenhantel **299** 3
Scheibenhonig **77** 64
Scheibenqualle **357** 14
Scheibenrad **191** 14
Scheibensech **65** 69
Scheibensech **64** 66
Scheibenwischer **191** 41
Scheide **20** 86
Scheidenspekulum **23** 13

Scheidenspiegel **23** 13
Scheidetrichter **349** 3
Scheidtsche Kugel **349** 1
Scheine **252** 29–39
Scheinfrucht **384** 62
Scheinfrucht **58** 21
Scheinfrüchte **384** 12
Scheinfüßchen **357** 4
Scheinstamm **384** 30
Scheinwerfer **258** 28
Scheinwerfer **187** 7
Scheinwerfer **191** 20
Scheinwerfer **307** 3
Scheinwerfer **189** 10
Scheinwerferbrücke **310** 53
Scheinwerfereinstellung **195** 24
Scheinwerferhalter **187** 6
Scheinwerferschalter **191** 62
Scheitel **16** 1
Scheitel **347** 16
Scheitelbein **17** 31
Scheitelbrechwertmesser **111** 33
Scheitelhöhe **87** 77
Scheitelpunkt **347** 16
Scheitelpunkt **346** 1
Scheitelpunkte **347** 28
Scheitelrohr **187** 16
Scheitelwinkel **346** 8, 13
Scheitkeil **85** 4
Schelf **11** 8
Schellen **276** 45
Schellen **304** 26
Schellengeläut **304** 26
Schellenkappe **306** 39
Schellentamburin **324** 45
Schelm **306** 38
Schemazeichnung **260** 34
Schenkel **106** 37
Schenkel **171** 32
Schenkel **143** 2
Schenkel **346** 27
Schenkel **346** 7, 8
Schenkel **153** 17
Schenkelgefieder **362** 3
Schenkelnerv **18** 31
Schenkelschlagader **18** 19
Scher-Kehr-Technik **298** 21
Scherben **260** 61
Scherben **161** 21
Scherbretter **90** 13
Schere **88** 67
Schere **296** 51
Schere **260** 49
Schere **358** 41
Schere **71** 13
Schere **186** 30
Scherenblatt **106** 35
Scherenstraße **148** 74
Scherenstraße **148** 75

Scherenstromabnehmer **197** 23
Scherenwäschetrockner **50** 34
Scherfasernabsaugung **168** 43
Schergang **222** 44
Schermesser **168** 44
Schersprung **295** 39
Schersprung **298** 22
Scherzapfen **121** 85
Scherzartikel **306** 56
Scherzylinder **168** 44
Scheuerbürste **50** 56
Scheuereimer **50** 54
Scheuerleiste **258** 81
Scheuertuch **50** 55
Scheuklappe **71** 26
Schicht **118** 67
Schichtgeflecht **136** 3
Schichtgestein **13** 48
Schichtholzbank **84** 16
Schichtstufe **13** 49
Schichtvulkan **11** 15
Schichtwolke **8** 8
Schichtwolke **8** 9
Schichtwolke **8** 3
Schichtwolke **8** 4
Schichtwolke **8** 10
Schiebedach **193** 24
Schiebedachwagen **213** 22
Schiebedeckel **179** 2
Schiebegriffe **167** 41
Schiebeleiter **270** 14
Schiebemuffe **192** 35
Schiebemuffe **192** 32
Schieber **217** 55
Schieber **217** 53–56
Schiebergehäuse **217** 54
Schieberhaus **217** 42
Schieberhaus **217** 63
Schieberkasten **210** 31
Schieberstange **210** 30
Schiebetür **92** 47
Schiebetür **271** 50
Schiebetür **194** 8
Schiebetür **213** 15
Schiebetürenschrank **248** 38
Schiebkarre **118** 37
Schiebkarren **118** 37
Schieblehre **140** 52
Schieblehre **149** 67
Schied **77** 47
Schiedsrichter **293** 19
Schiedsrichter **293** 67
Schiedsrichter **293** 68
Schiedsrichter **291** 62
Schiedsrichter **292** 65
Schiedsrichtermikrophon **293** 21
Schiedsrichterstuhl **293** 20
Schiefblatt **53** 10
schiefe Falte **12** 13
Schieferdach **122** 61–89
Schieferdecker **122** 71
Schieferdeckung **122** 76–82
Schieferhammer **122** 73
Schieferschere **122** 84

Schieferstein 122 85
Schiefertafel 309 72
Schienbein 17 25
Schienbeinknöchel 19
    60
Schienbeinmuskel 18 47
Schienbeinnerv 18 32
Schienbeinschlagader
    18 20
Schienbeinschutz 142
    12
Schienbeinschutz 291
    34
Schienbeinschutz 302
    33
Schiene 136 24
Schiene 303 11
Schiene 21 12
Schiene 205 59
Schiene 202 1
Schiene 214 10
Schienenbergbahnen
    214 1–14
Schienenfahrzeuge 207
Schienenfahrzeuge 208
Schienenfahrzeuge 209
Schienenfahrzeuge 210
Schienenfahrzeuge 211
Schienenfahrzeuge 212
Schienenfahrzeuge 213
Schienenfuß 202 4
Schienenhobel 136 39
Schienenkopf 202 2
Schienenlasche 202 12
Schienenräumer 210 34
Schienenräummaschine
    213 17
Schienensteg 202 3
Schienenstoß 202 11
Schierling 379 4
Schießbude 308 58
Schießleine 228 3
Schießluke 86 52
Schießmeister 158 25
Schießscharte 329 18
Schießscheiben 305
    30–33
Schiff 3 45
Schiff 222 29
Schiff 228 10
Schiff 227 2
schiffbare Strom 15 45
Schiffbau 222
Schiffbauhalle 222 3 u.
Schiffbrücke 15 46
Schiffchen 102 20
Schiffchenarbeit 102 19
Schiffchenmütze 35 34
Schifferklavier 324 36
Schiffermütze 35 28
Schiffshebewerk 217
    29–38
Schiffshobel 132 28
Schiffsjunge 221 112
Schiffsküche 223 42
Schiffsneubau 222 30
Schiffsschaukel 308 41
Schiffsschraube 223 62
Schiffsschraube 222 72
Schiffsschraube 223 42
Schiffstapler 226 15
Schiffstrog 217 33
Schiffstypen 221

Schiffswerft 222 1–43
Schifter 121 61
Schikhara 337 26
Schild 88 79
Schild 88 71
Schild 354 10
Schild 88 55
Schildbogen 335 19
Schildbuckel 329 58
Schildchen 82 5
Schildchen 358 30
Schilddrüse 20 1
Schildhalter 254 16
Schildknorpel 20 3
Schildlaus 80 35
Schildmauer 329 19
Schildpanzer 329 65
Schildstachel 329 58
Schildvulkan 11 13
Schilf 136 27
Schilflilie 60 8
Schilfrohr 378 21
Schilftorf 13 17
Schilling 252 13
Schimäre 327 16
Schimpanse 368 14
Schinken 95 38
Schinkenspeck 95 53
Schinkenstück 95 51
Schirm 205 12
Schirm 357 15
Schirm 337 22
Schirmglucke 74 3
Schirmkappe 288 38
Schirmmütze 301 18
Schirmmütze 35 29
Schirmqualle 357 14
Schirmständer 41
    14
Schiwa 337 19
Schiwago-Mütze 35 33
Schlachter 94 1
Schlachter 96 38
Schlachterei 96 1–30
Schlachterei 319 13
Schlachtermolle 96 40
Schlachtfeld 15 93
Schlachthof 94
Schlachtschwein 94 11
Schlachttierteile 95
Schlachtvieh 94 2
Schlackenabfluß 147 9
Schlackenabstich 147 9
Schlackenabzug 152 8
Schlackenhaken 137 5
Schlackenhammer 142
    17
Schlackenhammer 141
    25
Schlackenkübel 147 10
Schlackenrinne 148 12
Schlächter 96 38
Schlächter 94 1
Schlächterei 96 1–30
Schlächtermesser 96
    31–37
Schläfe 16 6
Schläfenbein 17 33
Schläfenmuskel 19 3
Schläfenschlagader 18 3
Schläfenvene 18 4
Schläger 305 69
Schläger 293 29

Schlägerblatt 302 32
Schlägerfeld 292 51
Schlägergriff 293 46
Schlägerschaft 293 30
Schlägerschaft 302 31
Schlafanzug 32 17
Schlafanzug 29 23
Schlafanzug 32 21
Schlafdecke 43 8
Schlafhemd 32 37
Schlafmohn 380 15
Schlafpuppe 47 11
Schlafsack 278 30
Schlaftier 47 6
Schlafwagen 207 36
Schlafzimmer 43
Schlafzimmerlampe 43
    19
Schlafzimmerschrank
    43 1
Schlagarm 166 17
Schlagarmpuffer 166 65
Schlagbär 139 26
Schlagbesen 39 23
Schlagbohle 200 32
Schlagbohrer 134 43
Schlagbohrmaschine
    134 43
Schlagbolzen 87 21
Schlageisen 339 14
Schlagexzenter 166 66
Schlagfell 323 52
Schlagfläche 84 13
Schlagfläche 293 31
Schlaggewicht 110 28
Schlaggewicht 309 60
Schlaggitarre 324 73
Schlaghacke 66 24
Schlaghebel 255 4
Schlagholz 292 75
Schlagholz 339 12
Schlaginstrumente 323
    49–59
Schlaginstrumente 324
    47–58
Schlagkeule 292 62
Schlaglinie 292 71
Schlagmal 292 53
Schlagmann 283 12
Schlagmann 293 75
Schlagmann 292 74
Schlagmann 292 52
Schlagmaschine 97 70
Schlagrad 183 23
Schlagrahm 265 5
Schlagriemen 166 22
Schlagring 324 27
Schlagsahne 97 28
Schlagsahne 265 5
Schlagschere 125 26
Schlagschnur 128 45
Schlagstäbchen 322 19
Schlagstock 166 17
Schlagstock-Rückholfe-
    der 166 68
Schlagwerkkaffeemühle
    39 24
Schlagzeile 342 44
Schlagzeug 324 47–54
Schlagzeug 318 10
Schlagzeuger 318 11
Schlagzither 324 21
Schlammguß 11 51

Schlammkegel 11 51
Schlammsammler 210
    28
Schlange 297 48
Schlange 3 20
Schlange 353 48
Schlangen 364 38–41
Schlangenbeschwörer
    353 45
Schlangenbogen 302 12
Schlangenbogenschlinge
    302 16
Schlangenfibel 328 28
Schlangenkühler 349 6
Schlangenleib 327 2
Schlangenstern 369 11
Schlankformschlüpfer
    32 10
Schlapphut 355 55
Schlauch 50 75
Schlauch 187 30
Schlauchanschluß 83 30
Schlauchbeutel 76 29
Schlauchboot 258 82
Schlauchboot 279 27
Schlauchboot 278 14
Schlauchboot 228 18
Schlauchbrause 126 30
Schlauchfilter 83 54
Schlauchhahn 37 41
Schlauchhaspel 270 28
Schlauchklemme 40 20
Schlauchklemme 350
    30
Schlauchkupplung 270
    29
Schlauchleitung 270 30
Schlauchreifen 290 19
Schlauchwagen 270 53
Schlauchwagen 56 26
Schlauchware 167 9
Schlaufenverschluß 30
    41
Schlegel 118 54
Schlegel 322 34
Schlegel 323 56
Schlegel 339 21
Schlehdorn 374 27
Schlehe 374 27
Schleiche 364 37
Schleier 362 18
Schleier 332 20
Schleier 381 5
Schleiereule 362 17
Schleifarten 36 42–86
Schleifband 133 15
Schleife 304 17
Schleife 30 46
Schleife 171 39
Schleifen 129 28
Schleifen 304 18
Schleifbildner 312 30
Schleifer 321 16
Schleifgerät 138 7
Schleifholz 172 68
Schleifklotz 128 13
Schleifklotz 129 26
Schleiflade 326 12–14
Schleiflager 163 41
Schleifmaschine 140 18
Schleifmaschine 129 29
Schleifmaschinenbett
    150 6

Schleifmaschinentisch 150 7
Schleifpapier 128 14
Schleifpapier 129 25
Schleifrad 133 27
Schleifscheibe 100 6
Schleifscheibe 150 4
Schleifscheibe 340 46
Schleifscheibe 140 19
Schleifscheibe 138 8
Schleifscheibe 137 19
Schleifscheibe 157 43
Schleifscheiben 134 23
Schleifscheibenkombination 111 35
Schleifscheibenkombination 111 28
Schleifstaubabsaugung 133 28
Schleifstein 172 71
Schleifstücke 197 24
Schleifsupport 150 3
Schleiftisch 133 35
Schlepp 287 3
Schleppbügel 301 61
Schleppdach 37 55
Schleppe 289 49
Schleppe 355 80
Schleppen 227
Schlepper 65 20
Schlepper 62 38
Schlepper 67 17
Schlepper 227 16
Schlepper 227 5
Schlepperfahrer 62 39
Schleppflug 287 1
Schleppflugzeug 287 2
Schleppgaube 37 56
Schleppgaupe 37 56
Schleppgeschirre 227 6–15
Schlepphaken 227 27
Schleppjagd 289 41–49
Schleppkäpsel 227 9
Schleppkahn 216 25
Schleppklüse 227 11
Schlepplift 301 59
Schleppnetzfischerei 90 11–23
Schleppschiffer 216 26
Schleppseil 286 47
Schleppseil 216 24
Schleppseil 287 4
Schleppseil 301 63
Schleppspur 301 60
Schleppstart 287 1
Schlepptau 288 69
Schlepptender-Schnellzuglokomotive 210 38
Schlepptrosse 216 24
Schlepptrosse 227 8
Schleppwinde 258 86
Schleppwinde 227 7
Schleppzug 216 22
Schleuderakrobat 307 35
Schleuderbrett 307 36
Schleuderhonig 77 63
Schleudermühle 172 5
Schleudern 169 23
Schleudern 296 56
Schleudernummer 307

Schleudersitz 257 6, 7
Schleudervorhang 207 56
Schleuse 217 20
Schleusenkammer 217 20
Schleusentor 217 18
Schleusentunnel 235 71
Schleusenvorhafen 217 26
Schlichthammer 137 35
Schlichthobel 132 15
Schlichthobel 134 1
Schlichtmaschine 165 52
Schlichtplatte 125 4
Schlichtung 162 53
Schlickbank 227 3
Schlickerguß 161 15
Schliefer 366 24
Schließe 36 10
Schließfrüchte 370 97–10
Schließkopf 143 59
Schließkorb 204 3
Schließmuskel 77 17
Schließmuskel 20 63
Schließrahmen 181 38
Schließvorrichtung 90 27
Schließzeug 181 39
Schliff 36 48, 49
Schliffansatz 350 37
Schliffformen 111 35
Schliffformen 36 42–86
Schlinge 352 5
Schlinge 122 68
Schlinge 302 15
Schlinge 300 11
Schlingerkiel 222 47
Schlingpflanze 52 5
Schlitten 167 39
Schlitten 303 1
Schlittenhund 353 2
Schlittenrückführung 249 21
Schlittenschellen 304 26
Schlitterbahn 304 17
Schlittern 304 18
Schlittschuhe 302 20–25
Schlittschuhläufer 302 1
Schlittschuhlaufen 302 1–26
Schlittschuhsegeln 302 28
Schlittschuhsegler 302 27
Schlitzbrett 2 45
Schlitzfadenreiniger 165 20
Schlitzschraube 143 36
Schlitztrommel 165 10
Schlitzwams 355 33
Schloß 106 36
Schloß 87 9
Schloß 15 96
Schloß 167 6
Schloß 167 40
Schloßblech 140 36
Schlosser 140
Schlosser 140 1
Schlosserhahn 361 9

Schlosserhammer 140 23
Schlosserhammer 134 40
Schlosserschraubstock 126 80
Schlosserwerkstatt 140 1–22
Schloßmantel 167 13
Schloßpark 272 1–40
Schloßplatte 149 16
Schloßteile 167 14
Schlot 11 17
Schlotbrekzie 11 27
Schlüpfer 32 27
Schlüssel 140 33–35
Schlüssel 328 32
Schlüsselbein 17 6
Schlüsselbeinschlagader 18 7
Schlüsselbeinvene 18 8
Schlüsselblume 376 8
Schlüsselbrett 267 3
Schlüsselloch 140 40
Schlüsselweite 143 21
Schlupfbluse 31 61
Schlupfbrüter 74 28
Schlupfhemdchen 29 7
Schlupfteil 74 30
Schlußhahn 350 53
Schlußhocksprung 297 40
Schlußmann 300 27
Schlußrechnung 345 8–10
Schlußstein 336 23
Schlußstein 335 32
schmalfett 175 10
schmalfette Schrift 175 10
Schmalfilm 117
Schmalfilm-Spezialkamera 313 35
Schmalfilmkamera 117 1
Schmalfilmkamera 313 31
Schmalfilmprojektor 318 20
Schmalfilmprojektor 117 78
Schmalfilmtheatermaschine 312 52
Schmalreh 88 34
Schmalspurbahn 159 4
Schmaltier 88 1
Schmarotzer 68 4
Schmarotzer 68 4
Schmeißfliege 358 18
Schmelzbetrieb 148 1–12
Schmelzeinsatzhalter 127 35
Schmelzer 148 7
Schmelzgutaufgabe 162 31
Schmelzgutaufgabe 162 23
Schmelzkessel 170 30
Schmelzlöser 172 37
Schmelzofen 178 19
Schmelzofen 108 8
Schmelzofen 148 1

Schmelzsicherung 127 36
Schmelzspinnkopf 170 41
Schmelzwanne 162 14
Schmelzwanne 162 3
Schmerwurz 377 9
Schmetterball 293 17
Schmetterball 293 42
Schmetterling 82 15
Schmetterling 82 18
Schmetterling 82 45
Schmetterling 82 48
Schmetterling 297 25
Schmetterlinge 358 48–56
Schmetterlinge 365
Schmetterlingsblütler 57 1
Schmetterlingsschwimmen 282 34
Schmetterlingsstellung 285 4
Schmidkäfer 358 24
Schmied 137
Schmied 138
Schmiedefeuer 137 1–8
Schmiedehandhammer 137 23
Schmiedelufthammer 137 9
Schmiedemanipulator 139 32
Schmiedenagel 121 94
Schmiedeofen 139 47
Schmiedepresse 139 35
Schmiedesattel 139 38, 39
Schmiedesattel 139 14
Schmiedesattel 139 13
Schmiedewerkzeuge 137 22–39
Schmieröl 145 62
Schmierölraffinerie 145 67
Schmierpumpe 210 42
Schminkspiegel 315 43
Schminkstift 315 46
Schminktisch 315 45
Schminktuch 315 44
Schmirgelpapier 135 25
Schmirgelscheibe 24 36
Schmörkel 88 58
Schmuck 36
Schmuckband 35 14
Schmuckgarnitur 36 1
Schmuckgehänge 355 17
Schmuckgesteck 35 7
Schmuckkästchen 36 31
Schmuckkassette 36 31
Schmuckkasten 36 31
Schmuckreif 36 26
Schmuckring 36 27
Schmuckschatulle 36 31
Schmuckset 36 1
Schmucksteinanhänger 36 14
Schmucksteinarmband 36 25
Schmucksteinring 36 15
Schmucktanne 53 16
Schmuckuhr 36 33

Schmutzbehälter 199 47
schmutzige Wäsche 50 22
Schmutztitel 185 44
Schmutztitelblatt 185 43
Schmutzwasser-Hausanschlußleitung 198 26
Schnabel 88 84
Schnabelhöcker 359 17
Schnabelkerf 358 4
Schnabelschuhe 355 42
Schnabeltier 366 1
Schnake 358 16
Schnaps 98 56
Schnapsglas 45 90
Schnarrgans 359 15
Schnauzbart 34 8
Schnauze 70 3
Schnauzer 70 35
Schnauzer 34 8
Schnecke 97 38
Schnecke 323 17
Schnecke 17 63
Schnecke 357 27
Schneckenfrisur 34 37
Schneckengewinde 192 59
Schneckenhaus 357 29
Schneckenlenkung 192 56–59
Schneckennudel 97 38
Schneckenradsegment 192 57
Schnee 8 10
Schnee-Wald-Klima 9 56
Schneeanzug 29 38
Schneeball 304 15
Schneeballschlacht 304 14
Schneeband 300 4
Schneeblock 353 5
Schneebrille 300 18
Schneebrücke 300 24
Schneedecke 304 20
Schneefall 9 34
Schneefall 8 18
Schneefanggitter 38 8
Schneefangstütze 122 16
Schneegamaschen 300 55
Schneeglöckchen 60 1
Schneeglöggli 377 1
Schneehaufen 304 24
Schneehemd 300 6
Schneehütte 353 4
Schneekette 304 10
Schneekreuz 10 48
Schneelawine 304 1
Schneemann 304 13
Schneematsch 304 30
Schneepflug 304 9
Schneepflugtafeln 203 35
Schneeschaufel 304 23
Schneeschaufeln 304 22
Schneeschaufler 304 22
Schneeschippe 304 23
Schneeschippen 304 22
Schneeschipper 304 22

Schneeschleuder 213 17
Schneetreiben 304 4
Schneeverwehung 304 5
Schneewächte 300 20
Schneewehe 304 5
Schneezaun 304 6
Schneidapparat 173 44
Schneide 85 2
Schneide 45 57
Schneidehäuser 310 3
Schneideleiste 124 21
Schneidelineal 124 21
Schneidemaschine 131 5
Schneider 271 37
Schneiderbüste 103 6
Schneiderkreide 104 24
Schneiderkreide 271 39
Schneidermuskel 18 45
Schneidernähmaschine 103 8
Schneiderpuppe 103 6
Schneidersitz 295 11
Schneiderwerkstatt 268 17
Schneidetisch 311 42
Schneidetisch 117 96
Schneidevorrichtung 162 19
Schneidewinkel 124 20
Schneidezähne 19 16
Schneidezahn 19 34
Schneidkluppe 140 32
Schneidrollen 181 42
Schneidrost 141 14
Schneidscheiben 40 40
Schneidtrommel 64 34
Schneidwerk 169 30
Schneidwerk 64 8
Schneise 84 1
Schneise 15 112
schnell 321 28
Schnelladesystem 115 25
Schnellaufschlittschuh 302 20
schnelle Brüter 154 1
Schnelle Minensuchboot 258 84
Schnellfilteranlage 269 9
Schnellheizkathode 240 25
Schnellkäfer 80 37
Schnellkochplatte 39 15
Schnellkochtopf 40 21
Schnellkupplung 65 86
Schnellkupplungsrohr 67 28
Schnellprogrammtaste 195 12
Schnellruftasten 246 15
Schnellsäge 138 23
Schnellschalthebel 115 16
Schnellschußkamera 115 77
Schnellspannfutter 132 54
Schnelltrockenpresse 116 57
Schnelluntersuchungsgerät 79 20

Schnellverband 21 5
Schnellverstellzirkel 151 64
Schnellwaage 98 12
Schnellziehholster 264 24
Schnellzugabteil 207 43
Schnellzugslokomotive 205 35
Schnellzugwagen 207 1–21
Schnepfe 88 83
Schnitt 151 28
Schnitt 311 42–46
Schnittbildindikator 115 64
Schnittbildindikator 115 55
Schnittdrücker 100 9
Schnittholzplatz 157 32
Schnittkäsebetrieb 76 47
Schnittlauch 57 22
Schnittmeister 311 43
Schnittmenge 348 4
Schnittpunkt 346 1
Schnittverlaufsangabe 151 27
Schnitzelbehälter 170 40
Schnitzeljagd 289 41–49
Schnock 364 16
Schnorchel 259 90
Schnorchel 259 72
Schnorchel 279 11
Schnorchel 280 39
Schnürband 100 64
Schnürboden 222 3
Schnürboden 316 4
Schnürboden 120 11
Schnürbodenmeister 316 7
Schnürschuh 101 31
Schnürsenkel 291 32
Schnürung 171 22
Schnürung 171 9
Schnürung 171 23
Schnuller 28 15
Schnupftabak 107 20
Schnupftabaksdose 107 20
Schnurbaum 52 2
Schnurfangbügel 89 62
Schnurführung 89 60
Schnurgerüstecke 118 69
Schnurkreuz 118 70
Schnurstich 102 8
Schockernetz 89 94
Schöndruckwerk 181 48
Schönheitskönigin 306 64
Schönheitspflästerchen 306 24
Schönwetterwolke 8 1
Schöpfer 173 46
Schöpfform 173 48
Schöpfpumpe 269 7
Schöpfteil 45 63
Schöpfthermometer 92 53
Schokoladentafel 98 78

Schokoladentrüffel 98 86
Schokoladenüberzug 97 34
Scholle 63 7
Schoner 302 25
Schonerbrigg 220 14
Schonermast 220 15
Schonersegel 220 12
Schonrachenspanner 89 42
Schonung 84 10
Schopf 72 2
Schopfwalm 121 16
Schornstein 258 20
Schornstein 258 19
Schornstein 258 58
Schornstein 221 8
Schornstein 210 22
Schornstein 223 1
Schornstein 120 47
Schornstein 118 21
Schornstein 15 38
Schornstein 38 5
Schornstein 221 75
Schornstein 221 16
Schornstein 152 15
Schornstein 122 13
Schornstein 37 10
Schornstein 259 32
Schornstein 221 40
Schornsteineinfassung 122 14
Schornsteinfarben 223 2
Schornsteinfeger 38 31
Schornsteinkappe 258 59
Schornsteinkappe 258 21
Schornsteinmarke 223 2
Schornsteinverband 118 66
Schornsteinziegel 159 25
Schoßrock 355 76
Schote 61 23
Schote 61 20
Schote 370 93
Schote 378 33
Schoten 219 68
Schothorn 284 41
Schottel-Propeller 227 20
Schotter 205 61
Schotter 158 24
Schotterbett 205 61
Schotterterrasse 13 64
Schotterverteiler 200 31
Schotterwerk 158 18
Schrägaufzug 147 2
Schrägaufzug 159 5
Schrägaufzug 158 16
schräge Bauchmuskel 18 43
Schrägholm 287 33
Schrägkreuz 332 60
Schrägseil 215 47
Schrägseilbrücke 215 46
Schrägseilsystem 215 51
Schrägseilverankerung 215 48
Schrägverzahnung 143 89

Schrämstreb 144 34
Schränkeisen 132 42
Schragen 332 60
Schrankelement 42 7
Schrankelement 46 6
Schrankenposten 202
43
Schrankenwärter 202
42
Schrankfront 46 2
Schrankkoffer 267 29
Schrankwand 46 1
Schrankwand 42 1
Schrapperanlage 200 13
Schratsegel 219 20–31
Schraubdeckel 83 40
Schraubdeckel 115 11
Schraube 282 43
Schraube 119 75
Schraube 288 6
Schraube 165 36
Schraubel 370 76
Schrauben 143
Schrauben 134 39
Schraubenbolzen 121
98
Schraubenbund 143 33
Schraubendreher 195
23
Schraubendreher 126
69
Schraubendreher 127
46
Schraubendreher 140
62
Schraubendreher 134 4
Schraubenfeder 191 28
Schraubenfeder 192 68
Schraubenfeder 192 74
Schraubenpauke 323 57
Schraubenrad 192 34,
36, 39, 43
Schraubenschlitz 143 38
Schraubenschlüssel 195
44
Schraubenschutz 258 40
Schraubenschutzleiste
258 74
Schraubenschutzwulst
258 63
Schraubensteven 222
71
Schraubenwasser 223
58
Schraubenwelle 259 59
Schraubenwelle 223 65
Schraubenzieher 127 46
Schraubenzieher 126 69
Schraubenzieher 140 62
Schraubenzieher 134 4
Schraubenziehersatz
109 6
Schraubfassung 127 59
Schraubgewinde 50 50
Schraubsicherung 200 47
Schraubstahl 135 14
Schraubstock 109 28
Schraubstock 138 24
Schraubstollen 291 28
Schraubzwinge 260 47
Schraubzwinge 132 14
Schraubzwinge 120 66
Schrebergärtner 52 24

Schrebergarten 52 1–32
Schreibabteil 209 26
Schreibarm 10 12, 15
Schreibfeder 10 13
Schreibfenster 249 19
Schreibgeräte 341
21–26
Schreibhebel 10 7, 21
Schreibheft 47 24
Schreibheft 260 18
Schreibkopf 249 15
Schreibkopfdeckel 249
30
Schreibkraft 248 21
Schreibmaschine 248 22
Schreibmaschine 209 28
Schreibmaschine 309 79
Schreibmaschinenra-
diergummi 247 26
Schreibmaschinenschrift
342 9
Schreibmaschinentisch
245 25
Schreibmaschinentypen
247 7
Schreibpinsel 341 24
Schreibplatte 246 3
Schreibplatte 47 23
Schreibplatz 46 21
Schreibraum 177 49
Schreibschale 260 24
Schreibschale 246 9
Schreibschale 245 22
Schreibschrift 342
10–13
Schreibstempel 341 22
Schreibstift 245 21
Schreibtafel 47 13
Schreibtafel 48 16
Schreibtastenfeld 245
27
Schreibtisch 46 22
Schreibtisch 246 2
Schreibtischlampe 246
11
Schreibtischschublade
46 26
Schreibtischschublade
246 4
Schreibtischsessel 246 1
Schreibtischsessel 46 27
Schreibtischunter-
schrank 248 37
Schreibunterlage 260
25
Schreibunterlage 46 23
Schreibunterlage 246 6
Schreibwalze 249 18
Schreibwerkrückfüh-
rung 249 21
Schreiner 132 38
Schreinerei 132 1–73
Schrift 174 7
Schrift 341
Schrift 342
Schriftbild 175 42
Schriftbild 174 31
Schriften 341 1–20
Schriften 330 57
Schriftenstand 330 56
Schriftfeld 151 31
Schriftführer 263 26
Schriftfundament 181 17

Schriftgrade 175 18
Schrifthöhe 175 44
Schriftkasten 174 3
Schriftlinie 175 43
Schriftmatrizen 174 47
Schriftmatrizen 176 16
Schriftpinsel 129 41
Schriftsatz 175 1–17
Schriftschablone 151 69
Schriftscheibe 176 20
Schriftspeicher 242 37
Schriftverkehrsordner
22 12
Schrillader 81 8
Schrillapparat 81 8
Schritt 72 39
Schrittmacher 25 37
Schrittmacher 290 11
Schrittmacherkontrolle
25 40
Schrittmachermaschine
290 12
Schrittmachermotorrad
290 12
Schrittschaltmotor 110
17
Schrittüberschlag 297
26
Schröter 358 24
Schrotladung 87 51
Schrotlauf 87 27
Schrotmeißel 137 38
Schrotpatrone 87 49
Schrottkasten 141 15
Schrottmulde 147 26
Schrottzufuhr 147 65
Schrumpfkopf 352 30
Schrumpfring 130 24
Schruppfeile 134 9
Schrupphobel 132 16
Schubdüse 232 39, 45,
49, 55
Schubdüse 235 37, 64
Schubdüsen-Kraftstoff-
tanks 235 45
Schubfach 49 34
Schubgerüst 234 21
Schubkahn 221 94
Schubkarre 119 42
Schubkarre 118 37
Schubkarren 118 37
Schubkonus 234 35
Schublade 46 11
Schublade 43 18
Schublade 41 9
Schubleichter 221 94
Schubrahmen 200 30
Schubschiffverband 225
60
Schubschlepper 221 93
Schubschlitten 304 29
Schubstangenentmi-
stung 75 21
Schubsteuerungssystem
235 43
Schubträgergerüst 235
5, 6
Schubtrecker 221 93
Schubverband 221 92
Schüler 260 3
Schüleraquarelle 260 27
Schülerarbeiten 260
67–80

Schülereingabegerät
242 4
Schülersitz 257 6
Schülertisch 261 11
Schüreisen 38 41
Schürfkübel 200 17
Schürfkübelraupe 200
16
Schüttbetonwand 119 7
Schütte 226 45
Schüttgut 200 12
Schüttgutfrachter 226
30
Schüttgutumschlag 226
29
Schütz 217 77
Schütze 3 37
Schütze 4 61
Schütze 86 1
Schütze 102 26
Schützenauge 166 29
Schützenkasten 166 9
Schützenpanzer 255 91
Schützenstand 305 78
Schützenwehr 217
73–80
Schützenzeichen 305 65
Schuh-Mehrzweck-
Schrank 41 8
Schuhbürste 50 41
Schuhcremedose 50 39
Schuhcremetube 50 43
Schuhe 41 16
Schuhe 100 1
Schuhe 101
Schuhmacher 100
Schuhmacherraspel 100
49
Schuhmacherwerkstatt
100 1–68
Schuhpflegemittel 50
39–43
Schuhputzer 377 9
Schuhschnalle 101 52
Schuhspray 50 40
Schul-Laser 242 81
Schulbücher 47 25
Schule 261
Schule 260
Schulkinderkleidung 29
31–47
Schulmappe 260 7
Schulranzen 260 9
Schulreiten 71 1–6
Schulschiff 258 95
Schulschritt 71 2
Schultafel 260 29
Schultafelkreide 48 15
Schultasche 260 7
Schulter 16 22
Schulterblatt 72 18
Schulterblatt 17 7
Schulterblatt 16 23
Schulterbogen 336 33
Schulterdecker 229 3
Schultereisen 38 33
Schultergürtel 17 6, 7
Schulterhöhe 175 45
Schulterknöpfe 31 15
Schulterkragen 355 39
Schulterlandung 298 12
Schultermuskel 18 35
Schulterriemen 260 11

Schulterschutz 142 5
Schulterstativ 115 100
Schulterstütze 255 31
Schulterstütze 313 37
Schulterstütze 255 9, 39
Schultertuch 31 71
Schulturnen 297 7–14
Schulturnen 296 12–21
Schuppe 372 34, 42
Schuppe 364 11
Schuppenornament 335 15
Schuppenpanzer 329 64
Schuppentier 366 10
Schuß 171 43
Schußbolzen 94 4
Schußfaden 171 3, 15, 16
Schußkreis 292 16
Schußrips 171 13, 14
Schußspule 166 7
Schußwaffe 87 2
Schußwechselautomat 166 5
Schusterhammer 100 37
Schustermesser 100 50
Schusterwerkstatt 100 1–68
Schute 225 8
Schute 355 71
Schutenhut 355 71
Schutenhut 306 23
Schutthalde 12 45
Schuttstrom 11 47
Schutzanstrich 123 5
Schutzblech 180 58
Schutzblech 187 13, 43
Schutzbrille 140 21
Schutzbügel 64 55
Schutzbügel 83 20
Schutzdach 186 42
Schutzdeckel 322 27
Schutzgabel 307 54
Schutzgasschweißbrenner 142 33
Schutzgasschweißgerät 138 29
Schutzgaszuführung 142 34
Schutzgeländer 119 43
Schutzgitter 181 24
Schutzgitter 168 45
Schutzglas 142 4
Schutzhafen 216 14
Schutzhaube 138 9
Schutzhaube 140 20
Schutzhelm 84 23
Schutzhelm 127 48
Schutzhelm 140 22
Schutzhelm 158 10
Schutzhelm 264 21
Schutzhütte 300 1
Schutzisolierung 94 10
Schutzkappe 101 40
Schutzkleidung 270 46
Schutzkleidung 84 26
Schutzkontakt-Doppelsteckdose 127 6
Schutzkontaktsteckdose 127 5
Schutzkontaktstecker 127 9
Schutzleiste 165 31
Schutzmauer 356 4

Schutzpapier 114 21
Schutzschild 264 20
Schutzschild 218 17
Schutzschild 142 39
Schutzumschlag 185 37
Schutzvorrichtung 290 13
Schutzwand 122 35
Schutzwand 118 90
Schwabacher 342 2
Schwabbelscheibe 100 10
Schwabe 81 17
Schwabenkorn 68 24
Schwachholz 84 37
Schwachlauge 172 45
Schwachregner 62 29
Schwad 63 23
Schwadablage 63 19
Schwaden 63 23
Schwadmäher 63 19
Schwadrechen 64 44
Schwärmer 365 9
Schwärmer 82 27
Schwärmer 358 55
Schwalbe 361 20
Schwalbennest 259 19
Schwalbenschwanz 358 52
Schwamm 80 2
Schwamm 260 42
Schwamm 340 25
Schwamm 357 13
Schwammschale 260 41
Schwammspinner 80 1
Schwammtier 357 13
Schwan 3 23
Schwan 272 54
Schwan 359 16
Schwanenblume 378 39
Schwanenhals 87 48
Schwanz 362 8
Schwanz 72 38
Schwanz 88 49, 67, 75, 80
Schwanzflosse 367 29
Schwanzflosse 364 10
Schwanzstachel 358 43
Schwanzstück 95 34
Schwanzwelle 223 60
Schwappdämpfung 234 13
Schwarmnetz 77 54
Schwarte 88 56
Schwarte 120 96
Schwartling 120 96
Schwarz-Doppeldruckwerk 180 13
Schwarzamsel 361 13
Schwarzbeere 379 7
Schwarzbeere 377 23
Schwarzdeckenfertiger 200 43
Schwarzdorn 374 27
schwarze Feld 276 3
Schwarze Holunder 374 35
Schwarze Nachtschatten 379 5
Schwarzkollektor 155 29

Schwarzlaugenbehälter 172 29
Schwarzlaugenfilter 172 28
Schwarzpulver 87 53
Schwarzwälderuhr 109 31
Schwarzwild 88 51
Schwarzwurz 375 45
Schwarzwurzel 57 35
Schwebebahnen 214 15–38
Schwebebalken 297 2, 21
Schwebekippe 297 28
Schwedengreifer 157 29
Schwedenklee 69 3
Schwedenreuter 63 28
Schwefelkohlenstoff 169 8
Schwefelkohlenstoffinjektor 83 33
Schwefelkopf 107 23
Schwefelsäureerzeugung 156 34
Schwefelsäurezufuhr 156 33
Schwefelsäurezusetzung 170 23
Schwefelwasserstoffwascher 156 22
Schweif 72 38
Schweiffriemen 71 34
Schweifrübe 72 34
Schwein 95 38–54
Schwein 62 10
Schwein 73 9, 39
Schweinefett 96 5
Schweinefilet 95 44
Schweinehälfte 94 23
Schweinekamm 95 47
Schweinekotelett 95 46
Schweineschmalz 96 5
Schweinestall 62 8
Schweinestall 75 35
Schweinskopf 95 43
Schweinsohr 97 30
Schweinsohr 73 11
Schweinsrüssel 73 10
Schweißarme 142 30
Schweißbrenner 141 11, 19, 28
Schweißerbrille 141 24
Schweißerhandschuh 142 8, 32
Schweißerschutzhaube 142 3
Schweißhaubenglas 142 40
Schweißhund 70 42
Schweißkabel 142 19
Schweißmundstück 141 33
Schweißpaste 141 18
Schweißriemen 70 30
Schweißschutzschild 142 39
Schweißstab 141 12
Schweißtisch 141 13
Schweißtisch 142 21
Schweißtrafo 142 1
Schweißtransformator 125 29

Schweißtransformator 142 1, 27
Schweizer Käse 99 41
Schwelle 120 49
Schwelle 205 60
Schwellenrost 119 39
Schwellenschraube 202 7
Schweller 325 45
Schwellkörper 20 67
Schwellwerk 326 45
Schwemmkegel 13 9
Schwenk- und Radialbohrmaschine 150 18
Schwenkarm 104 27
Schwenkarmhaube 105 25
Schwenkbug 121 57
Schwenkdach 213 27
Schwenker 310 42
Schwenkflügel 256 9
Schwenkmotor 132 69
Schwenkrohr 172 10
Schwenkventil 126 36
Schwenkvorrichtung 65 73
Schwerathletik 299
Schwerbenzinfraktion 145 40
schwere Atomkern 1 35
schwere Maschine 189 43
Schwere Waffen 255 40–95
Schwergewichtsanker 286 15
Schwergutbaum 221 25
Schwergutbaum 221 62
Schwergutpfosten 221 24
Schwerkraftfüllstutzen 257 32
Schwerkraftrad 189 31
Schwerlastwagen 200 7
Schwerlastzug 194 20
Schwerpunkt 346 26
Schwerstgutfrachter 221 23
Schwert 279 3
Schwert 284 26
Schwert 185 29
Schwert 220 7
Schwertantenne 256 28
Schwertblume 60 8
Schwertel 60 11
Schwertjacht 285 37–41
Schwertkasten 284 24
Schwertleite 329 66
Schwertlilie 60 8
Schwertschlucker 308 26
Schwibbogen 335 28
Schwiele 72 27
Schwimmanschetten 281 7
Schwimmanstalt 282 1–32
Schwimmanzug 280 42
Schwimmarten 282 33–39
Schwimmatratze 280 17

Schwimmbad 282 1–32
Schwimmbad 223 23
Schwimmbagger 216 56
Schwimmbahn 282 31
Schwimmbalken 352 36
Schwimmdock 222 34–43
Schwimmdock 225 16
Schwimmeister 282 16
Schwimmen 282 17
Schwimmente 49 4
Schwimmente 28 10
Schwimmer 221 65
Schwimmer 217 34
Schwimmer 232 6
Schwimmer 126 15
Schwimmer 192 15
Schwimmer 216 12
Schwimmer 258 87
Schwimmerbecken 282 23
Schwimmerflugzeug 232 5
Schwimmerhebel 65 43
Schwimmerkammer 192 14
Schwimmerschacht 217 35
Schwimmflosse 279 18
Schwimmflosse 280 41
Schwimmfuß 359 6
Schwimmgürtel 282 19
Schwimmhaut 73 36
Schwimmhaut 359 7
Schwimmheber 226 31
Schwimmhose 280 43
Schwimmkappe 280 29
Schwimmkappe 280 44
Schwimmkissen 282 18
Schwimmkörper 224 71
Schwimmkran 226 48
Schwimmkran 225 10
Schwimmlehrer 282 16
Schwimmnatter 364 38
Schwimmring 281 6
Schwimmschüler 282 17
Schwimmsport 282
Schwimmstaffel 282 24–32
Schwimmstile 282 33–39
Schwimmtier 280 33
Schwimmunterricht 282 16–20
Schwimmweste 228 8
Schwimmweste 286 20
Schwinge 88 76
Schwingel 69 24
Schwingelement 110 9
Schwingen 297 39
Schwinghebel 67 34
Schwinghebel 190 33
Schwinghebelfeder 67 35
Schwinghebellagerung 190 34
Schwingmasse 110 32
Schwingquarz 110 15
Schwingsattel 188 21
Schwingungsdämpfer 190 26
Schwingungsdämpfer 214 55
Schwungbein 298 27

Schwungrad 104 15
Schwungrad 166 15
Schwungrad 100 24
Schwungrad 190 20
Schwungradregulator 224 56
Schwungstemme 296 57
Schwungtechnik 298 30
Scorpius 3 38
Scorpius 4 60
Scotchterrier 70 17
Script 310 45
Scriptgirl 310 39
Sech 65 10
Sechs-Kanal-Monitor 27 31
Sechs-Teller-Film- und Ton-Schneidetisch 117 96
Sechs-Uhr-Stellung 298 25
Sechsachteltakt 320 34
Sechseck 36 62
Sechseck 351 15
Sechsflächner 351 2
Sechskantmutter 143 18
Sechskantschraube 143 13
Sechstagefahrer 290 2
Sechstagerennen 290 2–7
Sechsvierteltakt 320 35
Sechszylinder-Unterflurdieselmotor 209 23
Sechzehn-Millimeter-Kamera 117 43
Sechzehntelnote 320 17
Sechzehntelpause 320 25
Sedilien 330 41
Sedimente 23 50
Sedimentgesteine 12 1
See 13 3, 26
Seeadler 362 5
Seeanemone 369 20
Seebäderschiff 221 15
Seebär 367 18
Seebeben 11 53
Seeblei 89 92
Seedrache 218 13–17
Seefallreep 221 91
Seefeder 369 4
Seefischerei 90
Seeflieger 359 11–14
Seegewässer 286 10–14
Seegras 378 54
Seegurke 369 18
Seehund 367 19
Seeigel 357 39
Seeigel 369 19
Seejungfer 358 3
Seekrähe 359 14
Seelenachse 87 38
Seelilie 369 3
Seelsorger 330 22
Seenotkreuzer 228 14
Seenotrettungskreuzer 221 18
Seeotter 367 17
Seepferdchen 364 18
Seeräuber 306 43
Seerose 51 18

Seerose 272 56
Seerose 378 14
Seeschwalbe 359 11
Seestern 357 38
Seestern 369 17
Seestier 327 47
Seeverschleppung 227 6
Seezeichen 224 68–10
Segel 20 48
Segelboot 273 29
Segelboot 285 29–49
Segelboot 284 10–48
Segelboot 278 12
Segelflug 287
Segelfluggelände 287 13
Segelflugzeug 287 3
Segeljolle 278 12
Segeln 284
Segeln 285
Segelschiff 219
Segelschiff 220
Segelstellungen 285 1–13
Segement 346 52
Segerkegel 161 6
Seggentorf 13 17
Segler 359 24
Seglermütze 35 29
Segment 357 25
Segmentfenster 335 50
Seher 88 43, 60
Sehne 305 59
Sehne 346 51
Sehnerv 77 23, 24
Sehnerv 19 51
sehr leise 321 36
sehr stark 321 39
Sehzeichenkollimator 111 46
Sehzeichenprojektor 111 47
Seidelbast 377 10
Seidenpflanzengewächs 53 15
Seidenraupe 358 50
Seidenspinner 358 48
Seife 49 22
Seifenkiste 273 33
Seifenschale 49 21
Seiher 269 32
Seil 300 12
Seilbahn 15 67
Seilbahnen 214 15–38
Seilbahngondel 214 52
Seilbahnstützen 214 76
Seildritte 300 27
Seile 299 36
Seilerste 300 25
Seilfähre 216 1
Seilfallschirm 287 7
Seilführung 201 7
Seilführungsrolle 85 39
Seilhüpfen 273 15
Seilrollautomat 301 62
Seilrollenaufzug 118 91
Seilschaft 300 22–27
Seilschließen 118 30
Seilschlinge 300 11
Seilschuh 214 33
Seilschwebebahnen 214 15–38
Seilspringen 273 15

Seiltänzerin 307 40
Seilverspannung 299 37
Seilwinde 85 38, 46
Seilwinde 255 69
Seilzweite 300 26
Seismologie 11
Seismometer 11 39
Seite 185 53
Seiten 346 26
Seitenansicht 151 18
Seitenblatt 71 40, 47
Seitendiele 123 10
Seiteneingang 331 15
Seitenfeintrieb 14 56
Seitenfenster 231 29
Seitenfenster 191 61
Seitenflosse 230 59
Seitenflosse 256 32
Seitenflosse 288 21
Seitenflosse 229 24
Seitenflosse 235 1
Seitengang 222 45
Seitengang 207 11
Seitengeflecht 136 18
Seitengordings 218 36
Seitengraben 216 37
Seitenholm 235 3
Seitenklemme 14 57
Seitenlampe 223 15
Seitenleitwerk 229 24, 25
Seitenleitwerk 230 58
Seitenlinie 292 17
Seitenlinie 293 3, 55
Seitenlinie 291 9
Seitenlinienrichter 293 24
Seitenmoräne 12 53
Seitenmotoren 228 29
Seitenpfeiler 335 13
Seitenpfette 121 39
Seitenpforte 335 13
Seitenportal 335 13
Seitenrevers 33 8
Seitenruder 288 22
Seitenruder 229 25
Seitenruder 259 95
Seitenruder 230 60
Seitenrudermaschine 257 23
Seitenruderpedale 257 10
Seitenruderpedale 230 27, 28
Seitenschale 188 48
Seitenschalung 119 55
Seitenscheibe 229 33
Seitenscheitel 34 14
Seitenschiff 334 63
Seitenschiff 335 2
Seitenschlitz 30 49
Seitenschlitzrock 30 51
Seitenschneider 127 51
Seitenschwert 283 63
Seitenschwert 220 7
Seitenschwimmen 282 36
Seitensproß 370 21
Seitentafel 260 53
Seitentank 222 37
Seitentasche 33 12
Seitenteil 100 61
Seitenträger 222 52

Seitentragrahmen **167** 20

Seitentragrahmen **165** 12

Seitentrawler **221** 46

Seitenüberschrift **342** 52

Seitenwagen **290** 30

Seitenwagengespann **290** 29

Seitenwand **213** 29

Seitenwanddrehtüren **213** 9

Seitenwegerung **222** 62

Seitenwurzel **370** 17

Seitenziffer **185** 63

Seitfußstoß **299** 19

Seitgrätschstellung **295** 3

Seithalte **295** 48

Seitlage **295** 46

Seitneigen **299** 29

Seitpferd **297** 1

Seitpferd **296** 5

Seitspagat **295** 14

Seitspannhang **296** 50

Seitstand **296** 22, 23

Seitwärtshaken **299** 33

Sekante **346** 54

Sekondbindung **294** 50

Sekretärinnenzimmer **245** 1–33

Sekt **98** 63

Sektflasche **99** 78

Sektgläser **45** 86

Sektkork **267** 58

Sektkübel **267** 59

Sektkühler **267** 59

Sektor **346** 54

Sektorenblende **313** 8

Sektschale **45** 86

Sekundärkreislauf **154** 45

Sekundärkreislauf **154** 7

Sekundärkreisumwälzpumpe **154** 8

Sekundärspiegel **5** 2

Sekundärstrom **232** 50

Sekundärstromkanal **232** 41, 44

Sekundärwicklung **153** 16

Sekundant **299** 44

Sekunde **321** 7

Sekundenanzeige **110** 21

Sekundenmesser **129** 39

Sekundentheodolit **112** 73

Selbstauslöser **309** 51

Selbstauslöser **115** 15

Selbstbedienung **196** 8

Selbstbedienungsgaststätte **266** 45–78

Selbstbedienungsgeschäft **99** 1–96

Selbstbedienungsrestaurant **266** 45–78

Selbstbedienungsspeisewagen **207** 73

Selbstbedienungtankstelle **196** 1–29

Selbsteinfädlung **165** 18

Selbstfahrlafetten **255** 49–74

Selbstfangspule **117** 80

Selbsthaltekette **65** 13

Selbstschenker **266** 1

Selbstsicherung **300** 10

Selbstspanner **87** 23

Selbsttränke **74** 16

Selbstwerker **134** 61

Selengleichrichter **312** 18

Selfservice-Station **196** 1–29

Sellerie **57** 27

Selterswasser **98** 87

Semibrevis **320** 13

Semifusa **320** 17

Semikolon **342** 19

Semiminima **320** 15

Semmeln **97** 13–16

Semmelpilz **381** 31

Sendeantenne **288** 88

Sendeleiter **238** 22

Sender **10** 62

Senderabstimmung **241** 39

Senf **98** 28

Senkel **118** 50

Senkkopf **143** 46

Senkrechte **346** 6

Senkrechtfrässpindel **150** 37

Senkrechtstrangguß **148** 24–29

Senkschraube **143** 28

Sennesblätter **380** 16

Sennesblätterstrauch **380** 16

Sensal **251** 4

Sense **66** 12

Sensenbart **66** 15

Sensenblatt **66** 13

Sensengriff **66** 17

Sensenschutz **66** 18

Sensenstiel **66** 16

Separatoren **172** 31

Septime **321** 12

Septimenakkord **321** 5

Septimole **321** 23

Septole **321** 23

Sequesterzange **26** 45

Serienzeichen **276** 38–45

Serpens **3** 20

Serpent **322** 13

Serradella **69** 11

Service Module **6** 2

Service Module **234** 56

Serviceplateau **105** 31

Servierbrett **265** 14

Servieren **293** 59

Serviererin **266** 18

Serviererin **265** 13

Serviertablett **265** 14

Serviertuch **267** 48

Serviette **45** 9

Servietten **266** 47

Serviettenring **45** 10

Servobremstrommel **192** 50

Sesampflanze **383** 45

Sessel **271** 35

Sessellift **214** 16–18

Set **44** 4

Setter **70** 41

Settrommel **174** 35

Setzcomputer **176** 10

Setzer **174** 5

Setzerei **174**

Setzerei **175**

Setzerei **176**

Setzhase **88** 59

Setzholz **56** 1

Setzkasten **55** 51

Setzkescher **89** 28

Setzkopf **143** 57

Setzlinie **174** 14

Setzreben **83** 15

Setzregal **174** 2

Setzstock **150** 30

Setzstück **315** 30

Setzstück **307** 57

Setzstück **316** 47

Setzstufe **123** 48

Setzstufe **123** 33

Seuchenflagge **253** 25

Sexfilme **318** 20

Sextant **224** 1

Sexte **321** 11

Sextole **321** 23

Sgraffito **338** 41

Shampooflasche **105** 32

Sharpie **284** 53

Sheddach **121** 20

Shorts **33** 25

Sichel **56** 8

Sichel **253** 21

Sicheldüne **13** 40

Sichelfedern **88** 68

Sichelflügel **229** 18

Sichelschwanz **73** 25

Sicherheitsbehälter **154** 21

Sicherheitsbeleuchtung **312** 6

Sicherheitsbügel **301** 58

Sicherheitsbügel **301** 53

Sicherheitsfahrschalter **211** 21

Sicherheitsfahrschalter **212** 13

Sicherheitskette **126** 3

Sicherheitsnetz **307** 14

Sicherheitsrohr **349** 7

Sicherheitsschloß **140** 44

Sicherheitsschlüssel **140** 48

Sicherheitsskibindung **301** 2

Sicherheitstürverschluß **50** 25

Sicherheitsventil **38** 70

Sicherheitsventil **210** 3

Sicherheitsverdeck **85** 36

Sicherungsautomat **41** 20

Sicherungsautomaten **127** 33

Sicherungsdruckknopf **127** 20

Sicherungsflügel **87** 8

Sicherungskasten **41** 19

Sicherungskasten **166** 23

Sicherungsmutter **187** 64

Sicherungspatrone **127** 36

Sicherungsschraubautomat **127** 19

Sichtfenster **28** 36, 49

Sichtfenster **25** 8

Sichtfensterkinderwagen **28** 34

Sichtschutz **199** 11

Sichtschutzzaun **281** 17

Sichtsignale **288** 52–54

Sichtweitenmeßgerät **10** 60

Sicken-, Bördel- und Drahteinlegemaschine **125** 25

Sickenhammer **125** 14

Sickenstock **125** 8

Sickerschacht **155** 16

Sickerwasserableitung **216** 37

Sideboard **44** 20

Siderostat **5** 16

Sieb **173** 14

Siebband **64** 69

Siebbein **17** 39

Siebengestirn **3** 26

Siebenpunkt **358** 37

Siebsauger **173** 15

Siebsaugwalze **173** 16

Siebtrommelpaar **163** 21

Siederohre **210** 17

Siedewasserprinzip **154** 49

Siedewürstchen **96** 8

Siedlung **37** 54–57

Siedlungshaus **37** 54

Siegelring **36** 40

Siegeranzeige **289** 38

Siegestrophäe **352** 30

Siegeszeichen **352** 15

Siegquote **289** 39

Siegwurz **60** 11

Sielengeschirr **71** 26–36

Siemens-Elektro-Niederschachtofen **147** 51–54

Siemens-Martin-Ofen **147** 21–30

Sifa **211** 21

Sifa **212** 13

Signalanlagen **203**

Signalanzeige **238** 30

Signalarm **203** 2

Signalbuchwimpel **253** 29

Signalelement **243** 60

Signalflaggen **253** 22–34

Signalgerät **14** 51

Signalhebel **203** 56, 62

Signalhorn **270** 7

Signalhorn **212** 70

Signalhorn **188** 53

Signallampe **315** 52

Signallampen **25** 6

Signalleine **223** 10

Signalmast **221** 7

Signalmast **225** 34

Signalspur **243** 59

Signalstag **223** 11

Signalstellung 203 4, 5, 10, 11
Signaltrommel 354 18
Signatur 175 47
Signet 185 48
Silberdraht 108 3
Silberfischchen 81 14
Silbermünze 328 37
Silbermünzen 252 1–28
Silberpappel 371 23
Silberscheibe 10 24
Silberschmied 108
Silberwaage 108 35
Silberwurz 51 7
Siliciumatom 1 14
Silo 225 68
Silobeschickungsrohr 62 12
Silotank 76 10
Silozelle 225 69
Silverdisk-Pyrheliometer 10 23
Sima 334 11
Simpelfransen 34 36
Simshobel 132 25
Sinaischrift 341 13
Sinanthropus 261 18
Singdrossel 361 16
Single-8-Kassette 117 39
Singvögel 360 1, 3, 4
Singvögel 361 1–20
Sinkkasten 198 23
Sinkkastenanschlußleitung 198 25
Sinningia 53 7
Sintersäule 13 82
Sinterterrassen 11 23
Sinus 346 32
Siphon 49 27
Siphon 126 26
Sirene 223 3
Sirene 366 23
Sirene 327 58
Sirius 3 14
Sister 322 21
Situla 328 34
Sitz 71 45
Sitz 24 24
Sitz 143 65
Sitzbank 41 10
Sitzbank 212 63
Sitzbank 281 38
Sitzbein 17 19
Sitzbrett 278 17
Sitzfläche 44 11
Sitzgruppe 268 60
Sitzgurt 300 57
Sitzkissen 47 8
Sitzkissen 42 23
Sitzpirouette 302 8
Sitzplätze 319 8
Sitzplatz 315 20
Sitzpolster 207 65
Sitzreifen 273 54
Sitzreihen 312 9
Sitzrohr 187 18
Sitzstufen 281 20
Sitztuch 281 25
Sixtbindung 294 48
Sixtdeckung 294 8
Sixtparade 294 8
Skala 349 23, 35

Skalp 352 15
Skalpell 26 43
Skateboard 273 51
Skeet 305 70–78
Skeet-Bockdoppelflinte 305 70
Skeetanlage 305 74
Skeetbohrung 305 71
Skeetschießen 305 70–78
Skeisel 220 32
Skeleton 303 22
Skeletonfahren 303 22–24
Skeletonfahrer 303 23
Skeletonschlitten 303 22
Skelett 17 1–29
Skelett 261 14
Skelettierfraß 80 8
Skene 334 45
Skeusel 220 32
Skibob 304 16
Skibrille 301 11
Skidder 85 34
Skifahren 301 1–72
Skiff 283 16
Skihelm 301 13
Skilauf 301 1–72
Skilift 301 57–63
Skimütze 35 39
Skimütze 301 10
Skipullover 33 52
Skischlepplift 214 15
Skisport 301
Skistock 301 5
Skistopper 301 56
Skiwachs 301 21
Skiwachsutensilien 301 21–24
Skizzenblock 338 35
Sklavenaufseher 218 47
Sklavengaleere 218 44–50
Skooter 308 63
Skooterbahn 308 62
Skorpion 3 38
Skorpion 4 60
Skorpion 358 40
Skript 310 45
Skriptgirl 310 39
Skull 283 17, 35–38
Skulptur 339 32
Skysegel 220 32
Slalomlauf 301 64
Slalomski 286 60
Slat 229 38
Slick 305 86
Slingpumps 101 53
Slip 32 15, 26
Slipform 32 8
Slipper 101 34
SM 6 2
SM-Haupttriebwerk 234 57
Smoking 33 7
Smokinghemd 32 43
Smokingschleife 33 11
Smokingschleife 32 47
SNCF 209 23
Société Nationale des Chemins de Fer Français 209 23

Sockel 44 23
Sockelleiste 123 63
Sockelplatte 123 21
Sockelschutzbrett 118 29
Sodawasserflasche 42 32
Söller 329 12
Sofa 42 24
Sofakissen 46 17
Sofakissen 42 27
Soffitte 316 12
Sofittenbeleuchtung 318 25
Sofittenlampe 318 26
Softrindleder 101 46
Sohlbank 120 33
Sohle 100 66
Sohle 65 6
Sohle 132 22
Sohlenleder 100 31
Sohlenpresse 100 14
Sohlental 13 55
Solarium 281 10
Solarzelle 155 34
Solarzellenausleger 10 66
Soldatengrab 331 32
Sole 274 3
so leise wie möglich 321 37
Solezuleitung 274 4
Soling 284 56
Solist 314 28
Sollkurseinsteller 224 18
Sollmaß 149 57
Sollwertgeber 197 27
Solomaschine 290 27
Solotänzer 314 28
Solstitium 3 8
Somalistrom 14 36
Sombrero 35 5
Sommerammer 361 7
Sommerbluse 31 22
Sommerdeich 216 48
Sommergoldhähnchen 361 10
Sommerhose 31 52
Sommerhut 29 16
Sommerhut 35 37
Sommerkäfig 356 11
Sommerkleid 31 9
Sommerkleidchen 29 13
Sommerkleidung 31
Sommerkönig 361 10
Sommerlaube 52 14
Sommermantel 31 20
Sommermonsun 9 52
Sommerpulli 31 67
Sommersolstitialpunkt 3 8
Sommersonnenwendepunkt 3 8
Sonargerät 259 40
Sonde 24 46
Sonderabteil 205 26
Sonderangebot 96 20
Sonderangebot 271 65
Sonderangebotskorb 96 18
Sonderpreistafel 96 19
Sonderstempelabdruck 236 59

Sondertisch 271 64
Sonderwagen 264 16
Sonne 3 2
Sonne 38 32
Sonne 4 29, 36–42
Sonnen- und Mondfinsternis 4 29–35
Sonnenbad 282 4
Sonnenbadende 281 12
Sonnenbahn 4 10–21
Sonnenbanner 253 20
Sonnenblende 313 3
Sonnenblume 51 35
Sonnenblume 61 13
Sonnenblume 69 20
Sonnenblume 52 7
Sonnenblumenöl 98 24
Sonnenbrille 111 6
Sonnenbrille 301 19
Sonnenbrillentasche 6 19
Sonnendach 274 14
Sonnendeck 223 22
Sonneneinstrahlung 155 18
Sonnenenergie 155 17
Sonnenenergienutzung 155 17–36
Sonnenfalle 55 17
Sonnenfinsternis 4 39
Sonnenflecken 4 37
Sonnenhut 35 5
Sonnenhut 29 16
Sonnenkälbchen 358 37
Sonnenkraftwerkselement 155 28
Sonnenobservatorium 5 29–33
Sonnenrand 4 39
Sonnenröschen 377 20
Sonnenscheibe 4 36
Sonnenscheibe 333 12
Sonnenschirm 268 61
Sonnenschirm 37 48
Sonnenschirm 272 58
Sonnensegel 221 116
Sonnensegellatte 221 118
Sonnensegelstütze 221 117
Sonnensensor 10 69
Sonnenspektrum 343 14
Sonnenspiegel 5 29
Sonnenstrahlen 4 9
Sonnensystem 4 42–52
Sonnentau 377 14
Sonnentierchen 357 7
Sonnenuhr 110 30
Sonnenwende 3 8
Sonnenziegel 155 32
Sopraporte 336 12
Sordine 323 10
Sortierer 172 57
Sortiermaschine 172 23
Sortierpolter 157 31
Sortimentseinsatz 134 39
Soßenlöffel 45 18
Soßenschüssel 45 17
so stark wie möglich 321 40
Souffleur 316 28

Souffleurkasten 316 27
Souffleuse 316 28
Souterrain 118 1
Souvenierteller 309 48
Sozia 268 36
Soziusfußraste 188 44
Spacelab 235 65
Space Shuttle-Orbiter 235 1–45
Spachtelmasse 128 3
Späneabsaugung 157 51
Späneauswurf 132 48
Späneblasrohr 140 17
Spagat 314 20
Spaghetti 98 32
Spalier 37 33
Spalierbaum 52 16
Spalierbogen 52 12
Spalierobstbäume 52 1, 2, 1
Spalt 5 13
spaltbares Element 1 49
Spaltbohrer 24 39
Spalte 185 65
Spalte 342 45
Spaltenlinie 342 47
Spaltenüberschrift 342 46
Spalter 94 18
Spalthammer 85 5
Spaltkapsel 370 94
Spaltklappe 229 47
Spaltpfropfen 54 36
Spaltsegment 5 14
Spaltung 224 89
Span 120 80
Span 136 12
Spanabstreifer 157 50
Spange 119 67
Spange 303 5
Spangenhelm 254 8
Spangenpumps 101 27
spanische Tritt 71 3
Spankorb 136 11
Spann 19 61
Spannbacke 149 36
Spannbarren 297 3
Spannbügel 133 9
Spanner 82 28
Spanner 166 54
Spanner 293 32
Spanngewicht 167 50
Spanngewichtsschacht 214 40
Spannhebel 115 15
Spannklinke 110 34
Spannleiste 167 49
Spannpratze 133 10
Spannrad 110 35
Spannrahmen 183 4
Spannreck 296 7
Spannreifen 324 56
Spannriegel 121 70
Spannriegel 168 13
Spannrippe 95 21
Spannrolle 133 12
Spannrolle 163 46
Spannschacht 214 40
Spannschieber 255 12
Spannschloß 202 31
Spannschloß 130 4
Spannschraube 293 33
Spannschraube 323 53

Spannseilscheibe 214 43
Spannstock 132 31
Spanntuch 116 59
Spannung 242 73
Spannungsmeßgerät 242 77
Spannungsprüfer 127 55
Spannungsregler 153 31
Spannungssucher 127 55
Spannungswandler 153 59
Spannvorrichtung 64 94
Spannvorrichtung 208 18
Spannvorrichtung 134 42
Spannwagen 157 12
Spannweite 229 2
Spannweite 215 14
Spannwirbel 325 17
Spannzange 157 13
Spant 230 55
Spant 285 51
Spant 283 49
Spant 222 58
Spargel 57 14
Spargelbeet 52 25
Spargelheber 45 77
Spargelmesser 56 10
Spark 69 12
Sparmannia 53 9
Sparren 121 28, 36
Sparren 122 19
Sparrendach 121 27
Sparrengesims 37 9
Sparrenkopf 121 45
Sparrenkopf 122 41
Sparringspartner 299 27
Spaßmacher 306 69
Spaßmacher 307 24
Spatel 24 50
Spatel 25 7
Spaten 56 2
Spatienkeile 174 24
Spationierung 175 13
Spaziergänger 272 26
Spazierstock 41 5
Specht 359 27
Spechtvogel 363 6
Speckmöwe 359 14
Speckseite 96 2
Speedway 290 24–28
Speere 352 40
Speerschleuder 328 5
Speerschleuder 352 40
Speerwurf 298 51–53
Speibecken 24 12
Speiche 17 13
Speiche 187 27
Speichen 189 24
Speichen 143 88
Speichenbeuger 18 40
Speichennerv 18 28
Speichennippel 187 29
Speichenrad 289 25
Speichenrand 19 69
Speichenschloß 187 49
Speichenstrecker 18 56
Speicher 225 7
Speichereinheit 242 9

Speichereinheit 176 11
Speichereinrichtung 316 2
Speichergestein 12 29
Speicherkompensator 165 51
Speicherschreibmaschine 245 26
Speichertasten 247 22
Speicherwurzel 370 79
Speichgriff 296 45
Speiseeis 308 31
Speisekarte 266 21
Speisekelch 332 48
Speisemorchel 381 26
Speisengefache 207 83
Speisenübersicht 266 65
Speiseöl 99 66
Speisepilze 381
Speiseraum 266 73
Speiseraum 207 32, 77
Speiseröhre 77 19
Speiseröhre 17 49
Speiseröhre 20 23, 40
Speisesaal 267 20
Speisesaal 223 44
Speisetäubling 381 23
Speiseventil 210 20
Speisewagen 207 22–32
Speisewagenküche 207 33
Speisewasser-Dampf-Kreislauf 154 45
Speisewasserleitung 154 12, 30
Speisewasserpumpe 210 9
Speisewasserpumpe 154 13
Speisewasservorwärmer 210 23
Speisezylinder 163 27, 52
Speispfanne 118 39
Spelt 68 24
Spelz 68 24
Spelze 68 11
Sperber 362 12
Sperlingstößer 362 12
Sperlingsvögel 361
Sperr-Reep 90 7
Sperren 291 51
Sperrgut 206 18
Sperrkette 99 95
Sperrung 175 13
Spezialfacette 111 38, 40, 41
Spezialflachwagen 213 33
Spezialtapetenkleister 128 24
Spezialverbrennungsgüter 199 36
Spezialwerkstatt 195 1–55
Sphinx 327 20
Sphinx 333 11
Spiegel 88 20
Spiegel 111 4
Spiegel 104 1
Spiegel 285 49
Spiegel 284 35
Spiegel 88 36, 74
Spiegel 49 33

Spiegel 1 65
Spiegel 224 6, 7
Spiegel 243 55
Spiegel 207 49
Spiegel 336 50
Spiegelblock 176 21
Spiegelbogenlampe 312 39
Spiegeleinrichtung 177 38
Spiegelgewölbe 336 49
Spiegelglasmanometer 349 20
Spiegelhäher 361 1
Spiegelheck 259 11
Spiegelheck 258 26
Spiegelheck 285 48
Spiegelheck 284 35
Spiegelheck 221 42
Spiegelkabinett 308 55
Spiegelkarpfen 364 4
Spiegellinsenscheinwerfer 316 48
Spiegelmeise 361 9
Spiegelobjektiv 115 50
Spiegelreflexkamera 114 22
Spiegelreflexsystem 115 31
Spiegelschrank 49 31
Spiegelsystem 176 24
Spiegelteleskop 113 1
Spiegelwand 317 28
Spiel 88 67, 80
Spielanzug 29 22
Spielbahn 293 79–82
Spielball 277 11
Spielbank 275 1
Spielbein 302 3
Spielbrett 276 1, 22
Spielbrett 292 30
Spielbude 308 44
Spielemagazin 47 18
Spielergruppe 48 20
Spielergruppe 305 25
Spielfeld 291 1
Spielfeld 292 40–58
Spielfilmatelier 310 26–60
Spielfläche 277 15
Spielflächenscheinwerfer 316 16
Spielhahn 88 66
Spielhöschen 29 21
Spielkarten 276 36
Spielkasino 275 1
Spielleiter 275 3
Spielleiter 316 40
Spielmarke 275 12
Spielmechanik 326 6–16
Spielplättchen 324 20
Spielplan 275 9
Spielsaal 275 1
Spielstand 293 38
Spielstein 276 18
Spieltisch 326 36–52
Spielventil 326 10
Spielwart 316 30
Spielwiese 272 44
Spielzelt 307 1
Spielzeug 48 21–32
Spielzeugauto 273 62

Spielzeugauto 47 38
Spielzeugbagger 273 65
Spielzeugente 273 30
Spierentonne 224 79
Spierstrauch 374 23
Spießeck 36 59
Spika 3 18
Spill 258 23
Spill 270 56
Spinat 57 29
Spindel 183 22
Spindel 150 27
Spindel 140 4
Spindel 164 43, 52
Spindel 126 32
Spindel 123 78
Spindelantrieb 164 31
Spindelbank 164 50
Spindelhaken 164 49
Spindelkasten 150 26
Spindelöl 145 61
Spindelschaft 164 46
Spindelstock 150 2
Spindelstock 149 2
Spinett 322 45
Spinnbad 169 15
Spinndrüsenregion 358 46
Spinndüse 169 14
Spinndüsen 170 42
Spinnen 358 44–46
Spinnenbeine 115 91
Spinnengewebe 358 47
Spinnennetz 273 46
Spinnennetz 358 47
Spinnentiere 358 40–47
Spinner 89 74, 75
Spinner 230 33
Spinnfaden 162 54
Spinnfasern 169 1–34
Spinnkuchen 169 18
Spinnorgan 164 51
Spinnpumpe 169 13
Spinnregler 164 38
Spinnring 164 54
Spinnweb 358 47
Spinnzentrifuge 169 17
Spion 41 29
Spiräe 374 23
Spiralbohrer 140 59
Spiralbohrer 134 49
Spirale 288 51
Spirale 297 50
Spiralverzahnung 143 93
Spirituosen 98 56–59
Spirituosen 318 19
Spiritusflamme 24 57
Spirograph 27 36
Spirographis 357 22
Spirometer 23 31
Spirometrie 27 36–50
Spitzbart 34 10
Spitzbein 95 38, 42, 48
Spitzboden 38 12
Spitzbogen 336 31
Spitzdocke 135 8
Spitze 31 32
Spitze 294 45
Spitze 70 20–22
Spitze 143 23, 54
Spitze 328 4
Spitzenabschneider 85 22

Spitzenarbeit 102 30
Spitzenbesatz 31 32
Spitzenblockzug 157 17
Spitzeneinsatz 151 54
Spitzengrund 102 16
Spitzenhaube 355 65
Spitzenring 89 52
Spitzenschuh 314 30
Spitzenumhang 355 66
Spitzgattheck 285 45
Spitzglas 45 85
Spitzgras 61 30
Spitzhacke 158 31
Spitzkumt 71 15
Spitzmaulnashorn 366 25
Spitzmaus 366 7
Spitzmeißel 140 25
Spitzmorchel 381 27
Spitzpyramide 333 1
Spitzschar 65 65
Spitzstichel 340 5
Spitztonne 224 76
Spitzwegerich 380 11
Spitzwinkelsitz 295 13
Spitzwinkelstütz 295 17
Spließ 122 48
Spließdach 122 45
Splint 143 19, 78
Splintholz 120 85
Splintholz 370 12
Splintloch 143 25
Splitt 158 23
Splitt 136 23
Splitterfänger 172 54
Splittstreuer 200 41
Spoiler 229 39
Spoilerkante 193 30
Sporader 72 28
Sporen 71 50, 51
Sporen 381 8, 13
Sporenschläuche 381 12, 13
Sporenständer 381 7
Sporn 88 82
Sporn 73 26
Sporn 256 23
Spornrad 256 27
Sport-(Trainings-)Anzug 33 27
Sport- und Kunstflugzweisitzer 288 18
Sport- und Reiseflugzeug 230 32–66
Sportangeln 89 20–94
Sportarten 305
Sportbericht 342 60
Sportboote 286 1–5
Sportboote 283 9–16
Sportcoupé 193 28
Sporteiner 283 54
Sportfallschirm 288 45
Sportfechten 294 1–33
Sportgewehre 305 40–49
Sporthose 291 57
Sportkabrio 193 26
Sportkabriolett 193 26
Sportkegeln 305 1–13
Sportlenker 188 45
Sportmunition 305 34–39
Sportnachricht 342 61

Sportreporter 299 50
Sportsäbel 294 34
Sportschlauchboot 278 14
Sportschlauchboot 286 1
Sportschuh 101 35
Sportsitz 193 11
Sportsitzbank 189 14
Sportstrumpf 291 58
Sportteil 342 57
Sportwaffen 87 1–40
Sportwagen 290 38
Sportwagen 28 37
Spottgestalt 306 63
Sprachlabor 261 35
Sprachrohr 283 21
Spraydose 106 23
Spraydüse 50 13
Sprechanlage 245 20
Sprechermikrophon 238 34
Sprecherraum 238 18
Sprechertisch 238 29
Sprechfunkgerät 230 22
Sprechfunkverkehr 230 29
Sprechkopf 241 59
Sprechmembran 204 38
Sprechmuschel 237 9
Sprechtaste 242 24
Sprechzimmer 23 1
Spreite 370 28
Spreite 68 20
Spreizklappen 229 49, 50
Sprenger 55 19
Sprenggurt 71 19
Sprengmeister 158 25
Sprengpatrone 158 27
Sprengring 143 34
Sprengschärfe 91 18
Sprengwerk 215 3
Sprieß 119 59
Sprietsegel 220 5
Springbein 358 11
Springbrunnen 272 21
Springen 297 45
Springen 298 9–41
Springer 276 11
Springer 322 50
Springermatt 276 15
Springerrechen 322 51
Springform 40 27
Springheuschrecke 358 8
Springlade 326 12–14
Springpferd 289 9
Springquelle 11 21
Springreifen 307 58
Springreiten 289 8–14
Springsattel 289 10
Springseil 273 16
Springspreizen 309 28
Sprinkler 55 19
Sprinter 298 5
Spritzapparat 181 10
Spritzbehälter 83 44
Spritzbrett 186 6
Spritzbrühebehälter 83 5
Spritzdecke 283 56
Spritze 22 54
Spritzen 129 36

Spritzen 129 28
Spritzflasche 349 8
Spritzkessel 129 31
Spritzmittelbehälter 83 39
Spritzpistole 181 34
Spritzpistole 129 37
Spritzpistole 83 18
Spritzpistole 129 32
Spritzrohr 83 29
Spritzrohr 172 72
Spritzsieb 340 24
Spritzventil 172 12
Spritzversteller 190 58
Sproß 370 19–25
Sproß 376 18
Sproß 54 17
Sproß 372 44, 46, 48, 49, 56
Sprosse 88 10
Sprosse 38 17
Sprossenleiter 38 15
Sprossenwand 296 20
Sprossenzahnstange 214 9
Sprosser 361 17
Sproßvogel 361 17
Spruchband 263 12
Sprudel 98 87
Sprudelbad 281 9
Sprühdose 22 60
Sprüheinrichtung 83 58
Sprühgerät 79 22
Sprühgerät 83 47
Sprühnebel 83 8
Sprühregen 9 33
Sprühwasserbehälter 83 57
Sprung 83 63
Sprung 289 21
Sprunganlage 282 5–10
Sprungbecken 282 11
Sprungbrett 282 9
Sprungbrett 297 8
Sprungbrett 296 12
Sprungerlaubnis 288 52
Sprungfallschirm 288 37
Sprunggelenk 72 37
Sprunggrube 298 39
Sprunghöhe 12 6
Sprunghügel 298 36
Sprungkasten 296 15, 16
Sprungkasten 297 9
Sprungkissen 296 36
Sprunglatte 298 14, 34
Sprunglatte 84 8
Sprunglauf 301 35
Sprungnetz 307 14
Sprungpferd 296 1, 48, 53
Sprungpferd 297 1, 22, 30–32
Sprungseil 297 43
Sprungski 286 62
Sprungski 301 38
Sprungstab 298 28
Sprungständer 298 13, 33
Sprungstiefel 301 41
Sprungtuch 270 18
Sprungtuch 297 11
Sprungturm 282 6
Sprungverbot 288 53, 54
Sprungwurf 292 3
Spülbecken 23 25
Spülbecken 39 35

Spülbecken **278** 6
Spülbord **283** 43
Spülbürste **50** 51
Spüle **97** 68
Spüle **39** 35
Spülhebel **49** 17
Spülkasten **126** 14
Spülkopf **145** 10
Spülleitung **145** 13
Spülplatz **39** 33–36
Spülpumpe **145** 16
Spülraum **207** 28
Spülrohr **126** 17
Spültrog **165** 49
Spülungen **22** 54
Spülventil **6** 25
Spülwanne **178** 1
Spürhund **70** 42
Spulen **169** 25
Spulenantriebswagen **164** 30
Spuleparm **117** 92
Spulenaufsteckgatter **164** 28
Spulengatter **164** 41
Spulengatter **165** 25
Spulenhalter **185** 17
Spulenhülse **166** 30
Spulenknopf **114** 27
Spulenkopf **162** 55
Spulenrahmen **165** 9
Spulentonband **241** 58
Spulentonbandgerät **241** 56
Spulenwäsche **170** 48
Spulerei **169** 25
Spulmaschine **169** 26
Spulwurm **81** 31
Spundbohle **217** 6
Spundfutter **135** 6
Spundloch **130** 7
Spundwand **119** 17
Spundwand **217** 5
Spur **86** 8
Spuranzeiger **65** 81
Spurkranzschmierung **211** 52
Spurmessung **195** 22
Spurstange **65** 47
Spurstangenhebel **192** 79
Squaw **352** 10
Staatsperücke **34** 2
Stabhochspringer **298** 29
Stabhochsprung **298** 28–36
stabile Seitenlage **21** 24
Stabilisationsfläche **117** 60
Stabilisator **256** 31
Stabilisator **192** 71
Stabilisator **116** 10
Stabilisator **305** 58
Stabilisierungsflossen **256** 22
Stabilisierungsflossen **234** 7
Stabilisierungspaneel **288** 49
Stablampe **6** 24
Stablampe **127** 26
Stabrost **163** 26
Stabtasche **283** 64

Stabwerk **335** 41
staccato **321** 34
Stachel **323** 22
Stachel **60** 18
Stachel **77** 11
Stachel **366** 6
Stachelbeerblüte **58** 6
Stachelbeere **58** 9
Stachelbeerspannerraupe **58** 5
Stachelbeerstrauch **52** 19
Stachelbeerstrauch **58** 1
Stachelbeerzweig **58** 2
Stachelbürste **105** 16
Stachelhäuter **357** 39
Stachelhäuter **369** 3, 11, 17–19
Stachelnuß **379** 8
Stachelscheide **77** 12
Stachelschwein **366** 13
Stadt **15** 51
Stadt **268**
Stadtautobahn **225** 54
Stadtmauer **333** 30
Stadtplan **204** 15
Stadtplan **268** 2
Städtebanner **218** 22
Ständer **88** 81
Ständer **175** 50
Ständer **150** 10, 21
Ständer **151** 37
Ständer **139** 10
Ständer **349** 29
Ständer **119** 47
Ständerbeute **77** 45–50
Ständerschlitten **353** 18
Stärkemesser **308** 11
Stärkeverstellung **100** 22
Staffelbruch **12** 8
Staffelei **3** 47
Stag **219** 10
Stagsegel **220** 2
Stahlbandarmierung **153** 50
Stahlbesen **324** 53
Stahlbetonbau **119** 1–89
Stahlbetonbogen **215** 50
Stahlbetonbrücke **215** 49
Stahlbetondecke **119** 8
Stahlbetonrahmen **119** 2
Stahlbetonrippendecke **123** 35
Stahlbetonskelett **119** 1
Stahlbetonständer **215** 61
Stahlbetonsturz **118** 13
Stahlbewehrung **123** 37
Stahlblechmulde **200** 8
Stahlblock **147** 33
Stahlbrückenring **89** 58
Stahldrahtarmierung **153** 50
Stahldrahtbürste **142** 18
Stahlgießpfanne **147** 31
Stahlgitterbrücke **215** 34
Stahlgittermast **214** 77
Stahlgriffel **341** 21

Stahlhalter **149** 21
Stahlkante **301** 4, 50
Stahlkugel **143** 70
Stahlleiter **270** 10
Stahlmeßkluppe **84** 21
Stahlpfahl **217** 4
Stahlrad-Glasschneider **124** 26
Stahlrohr **155** 30
Stahlrohrgerüst **119** 46
Stahlrohrmast **214** 78
Stahlrohrstütze **214** 78
Stahlrohrstuhl **41** 21
Stahlrunge **213** 6
Stahlsäge **134** 17
Stahlschiebedach **193** 24
Stahlspinne **5** 18
Stahlstempel **175** 36
Stahlstichel **175** 33
Stahlwalze **164** 10
Stahlwerk **147** 21–69
Stahlwinkel **108** 28
Stake **89** 30
Stake **136** 6
Stake **216** 16
Staket **52** 10
Stakfähre **216** 15
Stalagmit **13** 81
Stalaktit **13** 80
Stalaktitengewölbe **337** 17
Stalldünger **63** 15
Stallknecht **186** 27
Stallmeister **307** 31
Stallmiststreuer **62** 21
Stallmiststreuer **63** 39
Stallvollplatte **159** 27
Stamm **84** 19
Stamm **370** 2
Stammgast **266** 40
Stammholz **85** 41
Stammholzentrindung **85** 23
Stammholzhalter **157** 39
Stammholzschlepper **85** 34
Stammtisch **266** 39
Stammtöne **320** 45
Stampfbeton **118** 1
Stampfbohle **201** 2
Stampfer **349** 10
Stampflehmpackung **269** 39
Standardpendel **164** 45
Standarte **88** 47
Standarte **253** 14
Standarte **177** 11
Standartenverstellung **114** 51
Standbein **302** 2
Standbild **272** 10
Standbild **334** 5
Standdrehwerk **65** 73
Stande **89** 4
Stander **90** 15
Stander **253** 28
Standesabzeichen **319** 26
Standgerüst **14** 50
Standhahnmutternzange **126** 64

Standkampf **299** 6
Standkorrektion **10** 10
Standleiter **118** 86
Standlicht **191** 20
Standlichtschalter **191** 62
Standort **224** 45
Standrohr **37** 14
Standrohr **270** 26
Standrohr **173** 12
Standrohr **234** 25
Standrohr **145** 18
Standrohrkupplung **67** 5
Standseilbahn **214** 12
Standseilbahnwagen **214** 13
Standuhr **309** 56
Standuhr **110** 24
Standvogel **360** 4
Stange **88** 11, 30
Stange **323** 14
Stangenbohne **57** 8
Stangenbohne **52** 28
Stangenbohrer **120** 65
Stangenholz **84** 12
Stangenpferd **186** 46
Stangenzirkel **125** 11
Stapel **225** 42
Stapelanlage **180** 1
Stapelanleger **180** 48
Stapelausleger **180** 55
Stapelia **53** 15
Stapelkasten **76** 30
Stapelplatz **184** 12
Stapelstein **157** 37
Stapler **162** 20
Star **361** 4
Star **284** 55
stark **321** 38
stark ansetzend, leise weiterklingend **321** 41
Starkstromleitung **15** 113
Starkwindschicht **7** 5
Starmatz **361** 4
Starrachse **192** 65–71
Start **286** 28
Start **298** 1–6
Start- und Landebahn **287** 15
Start- und Landebahn **233** 1
Startanlage **209** 13
Startbahn **233** 1
Startbehälter **259** 26
Startblock **282** 27
Startblock **298** 1
Startboje **285** 14
Starter **282** 30
Starter **241** 30
Starterflagge **273** 34
Starterklappe **192** 6
Starternummer **289** 36
Startlinie **294** 3
Startlinie **286** 30
Startnummer **290** 28
Startnummer **289** 33
Startnummer **305** 84
Startnummer **301** 37
Startnummernschild **189** 18

Startpedal **188** 25
Startphase **234** 66
Startplatz **298** 3
Startrampe **255** 66
Startschiff **285** 15
Startsprung **282** 29
Starttonne **285** 14
Startzone **286** 29
Staßfurt-Flöz **154** 65
Staßfurt-Steinsalz **154** 66
stationäre Masse **11** 43
Stationärrolle **89** 32, 61
Stationsschild **205** 28
Stationstasten **243** 17
Stationstasten **309** 20
Statist **310** 29
Statisten **316** 39
Statistik **248** 36
Stativ **112** 2
Stativbein **114** 43
Stativfuß **112** 3
Stativgewindeanschluß **115** 30
Stativscheinwerfer **310** 52
Statue **339** 32
Statue **272** 10
Staubabscheider **92** 40
Staubabscheider **199** 31
Staubabscheider **172** 1
Staubbehälter **50** 86
Staubbeutel **59** 10
Staubbeutel **58** 45
Staubbeutelfüllanzeige **50** 61
Staubbeutelkassette **50** 62
Staubblatt **374** 3
Staubblatt **370** 57, 60
Staubblatt **372** 7, 18
Staubblatt **59** 10
Staubblatt **58** 45
Staubblatt **373** 2
Staubblüten **59** 39
Staubblütenkätzchen **59** 45
Staubblütenstand **59** 39
Staubecken **217** 39
Staubfänger **147** 14
Staubfilter **270** 59
Staubfüllanzeige **50** 73
Staubgefäß **58** 45
Staubhaube **133** 20
Staubkammer **172** 6
Staubkanal **163** 22
Staubkappe **187** 57, 82
Staublawine **304** 1
Staubpinsel **109** 18
Staubsack **147** 14
Staubsammelkasten **108** 45
Staubsaugtrichter **163** 10
Staubschutz **2** 48
Staubschutz **137** 30
Stauchklotz **137** 16
Staudamm **155** 38
Staude **52** 9
Staudenbeet **52** 22
Staudenbeet **55** 37
Staudenphlox **60** 14

Staumauer **217** 58
Stauraum **227** 26
Stauraum **228** 27
Staurohr **257** 1
Staurohr **256** 11
Stauschleuse **15** 69
Stausee **217** 57
Staustufe **217** 65–72
Stechapfel **379** 8
Stechapparat **77** 10–14
Stechbeitel **132** 7
Stechbeitel **134** 30
Stechdrehmeißel **149** 53
Stecher **87** 12
Stecher **88** 84
Stecher **166** 43
Stechfliege **81** 4
Stechhelm **254** 4
Stechhelm **329** 77
Stechkahn **283** 1
Stechkarren **206** 14
Stechlanze **329** 81
Stechmesser **94** 14
Stechmücke **358** 16
Stechpaddel **283** 34
Stechpaddel **218** 8
Stechpalme **374** 9
Stechrüssel **358** 17
Stechtartsche **329** 79
Stechzeug **329** 76
Steckachse **65** 33
Steckachse **189** 34
Steckbretter **273** 57
Steckdose **261** 12
Steckdose **127** 13
Steckfedern **35** 12
Steckling **54** 20, 24
Steckschriftkasten **174** 4
Stecktafel **242** 69
Steckverschluß **188** 2
Steert **90** 22
Steg **143** 4
Steg **111** 11
Steg **120** 15
Steg **15** 78
Steg **272** 46
Steg **181** 40
Steg **215** 18
Steg **322** 17
Steg **323** 5
Steg **283** 19
Stege **174** 8
Stegleitung **127** 44
stehende Falte **12** 12
stehende Gut **219** 10–19
Steher **290** 14
Stehermaschine **290** 15
Steherrennen **290** 11–15
Stehgeiger **267** 45
Stehkessel **210** 62
Stehkolben **350** 36
Stehkragen **30** 43
Stehlampe **46** 37
Stehleiter **129** 5
Stehplatzraum **197** 18
Stehsatz **174** 11
Stehsatzregal **174** 9
Stehschlitten **304** 29
Stehsieb **55** 13

Steigbügel **71** 43
Steigbügel **17** 61
Steigeisen **269** 28
Steigeisen **300** 48
Steigeisen-Kabelbindung **300** 52
Steigeisenriemen **300** 51
Steigeleiter **217** 8
Steigertrichter **148** 22
Steigleiter **38** 4
Steigleitung **126** 7
Steigleitung **269** 19
Steigrohre **145** 24
Steigübung **270** 1–46
Steigung **347** 12
Steilgewinde **149** 4
Steilhang **13** 28, 57
Steilkegelrefiner **172** 73
Steilküste **13** 25–31
Steilstufe **300** 2
Steilwand **12** 43
Steilwandfahrer **308** 54
Steilwandzelt **278** 36
Stein **110** 33
Steinabsonderung **64** 79
Steinbett **340** 64
Steinblock **339** 5
Steinbock **3** 36
Steinbock **367** 7
Steinbock **4** 62
Steinbrechgewächse **58** 1–15
Steinbruch **15** 87
Steinbruch **158**
Steinbrucharbeiter **158** 5
Steinbrücke **15** 50
Steinbrücke **215** 19
Steindruck **340** 26
Steindruckpresse **340** 60
Steine **276** 7
Steinfangmulde **64** 9
Steinfigur **272** 2
Steinforelle **364** 15
Steinfrucht **59** 41, 43, 49
Steinfrucht **370** 99
Steinfrucht **384** 40
Steinfrucht **382** 51
Steingabel **158** 33
Steingarten **51** 6
Steingarten **37** 40
Steingartenpflanzen **51** 7
Steinkauz **362** 19
Steinkistengrab **328** 17
Steinkohle **170** 1
Steinkohlenbergwerk **144**
Steinkohlenflöz **144** 50
Steinkohlengebirge **144** 49
Steinkohlengrube **144** 1–51
Steinkraut **61** 17
Steinkresse **61** 17
Steinlerche **361** 18
Steinmarder **367** 14
Steinmehl **158** 22
Steinmetz **158** 34
Steinmetzwerkzeug **158** 35–38
Steinmole **15** 48

Steinobst **59**
Steinobstgewächse **59** 1–36
Steinpackung **216** 55
Steinpackung **328** 39
Steinpilz **381** 16
Steinplatte **51** 17
Steinplatte **331** 61
Steinsalz **351** 2
Steinschärfvorrichtung **172** 70
Steinschlaghelm **300** 53
Steinschliff **340** 45
Steinschraube **143** 43
Steinschüttung **216** 51
Steinstapel **118** 40
Steinvase **272** 35
Steinzaun **337** 23
Steinzeitidol **328** 8
Steißbein **17** 5
Steißbein **20** 60
Stele **330** 43
Stele **334** 33
Stell **253** 22–34
Stellangel **90** 29
Stellbügel **65** 14
Stellenangebot **342** 70
Stellenanzeige **342** 70
Stellgewicht **202** 18
Stellhebel **165** 13
Stelling **222** 18
Stellmutter **143** 35
Stellrad **110** 23
Stellschmiege **120** 81
Stellschraube **119** 79
Stellschraube **323** 53
Stellschraube **143** 107
Stellstange **202** 20
Stellwagen **186** 37
Stellwarte **316** 1
Stellwartenzettel **316** 3
Stellwerk **203** 53, 61
Stelze **119** 67
Stelze **360** 9
Stelzenläufer **359** 19
Stelzenläufer **308** 49
Stemmapparat **120** 17
Stemmbrett **283** 47
Stemmeisen **120** 71
Stemmeisen **132** 7
Stemmtor **217** 19
Stempel **59** 13
Stempel **175** 35
Stempelbilder **236** 56–60
Stempelmaschine **236** 27, 47
Stempelschneider **175** 32
Stenge **223** 39
Stengel **370** 20
Stengellose Enzian **378** 13
Stengelgestag **219** 11
Stengewanten **219** 17
Stenoblock **245** 29
Stenogrammblock **248** 32
Stenogrammblock **245** 29
Steppanzug **29** 38
Steppdecke **43** 8
Steppenpferd **352** 4

Steppenschuppentier 366 10
Steppenzonen 9 54
Steppnaht 102 1
Steppnaht 30 17
Steppnaht 29 39
Steppnaht 31 45
Steppweste 30 16
Stereoanlage 42 9
Stereoanlage 241 13–48
Stereoanlage 317 23
Stereoboxen 241 14
Stereokassettendeck 241 33
Stereomeßkammer 112 71
Stereomikrophoneingänge 241 65
Stereoplanigraph 14 66
Stereoton 311 35
Stereotonaufnahme 310 30
Stereotop 14 64
sterile Gaze 22 58
sterile Tuch 26 38
Sterilisierraum 26 34–54
Sternbilder 3 9–48
Sternblume 60 4
Sternchen 185 61
Sterndolde 376 7
Sternenbanner 253 18
Sterngewölbe 336 44
Sternhaufen 3 26
Sternkarte 3 1–35
Sternnamen 3 9–48
Sternpunkt 153 22
Sternrad 340 39
Sternschaltung 153 20
Sternschnuppe 7 25
Sternwarte 5 1–16
Stert 91 32
Sterz 65 3
Stethoskop 23 35
Stetigschleifer 172 53. 66
Stetson 319 37
Stetsonhut 319 37
Steuer 283 26, 51–53
Steuer- und Kontrollfeld 311 8
Steuer- und Regelteil 153 1
Steueraggregat 178 29
Steuerantrieb 154 23
Steuerbanderole 107 26
Steuerblatt 283 53
Steuerbordlicht 286 11
Steuerbordsaling 286 9
Steuerbordstangen 224 99
Steuerbordtonnen 224 96
Steuereinheit 242 2
Steuerelemente 259 69
Steuerelemente 153 6
Steuerfedern 305 62
Steuerfeld 311 29
Steuergerät 26 7
Steuergerät 111 29
Steuergerät 241 40
Steuergerät 138 31
Steuergriff 230 24

Steuerhaus 223 18
Steuerhaus 224 14–38
Steuerhebel 201 8
Steuerhebel 316 58
Steuerjoch 283 51
Steuerknüppel 257 8
Steuerknüppel 288 14
Steuerknüppel 230 24
Steuerkopf 141 37
Steuerkopfrohr 187 14
Steuerleine 283 52
Steuerleine 288 41
Steuermann 303 20
Steuermann 283 11
Steuermann 218 2
Steuermarke 107 26
Steuerpult 93 1
Steuerpult 154 80
Steuerpult 146 28
Steuerpult 316 2
Steuerrad 224 15
Steuerrad 210 56
Steuerrad 191 37
Steuerraketengruppen 234 63
Steuerraketensatz 6 5
Steuerrohr 187 14
Steuerschalter 153 2
Steuerschraube 256 20
Steuerschraube 232 14
Steuerseil 271 53
Steuersitz 283 27
Steuerstäbe 154 24
Steuerstand 147 66
Steuerstrich 224 48
Steuerung 271 48
Steuerung 210 18
Steuerventil 153 52
Steven 258 3
Steven 285 40
Steven 221 14, 108
Steward 221 110
Stichbalken 120 42
Stichel 175 33
Stichleitung 192 22
Stichloch 80 12
Stichsäge 132 3
Stickel 78 7
Stickerei 29 29
Stickerei 30 42
Stickereisaum 355 67
Stickstoffdünger 63 14
Stickstoffoxydul 26 3
Stickstofftetroxidtank 234 59
Stiefel 326 17
Stiefel 100 57
Stiefelhose 289 5
Stiefelhose 30 44
Stiefelkappe 101 16
Stiefmütterchen 60 2
Stieglitz 360 1
Stiel 85 3
Stiel 121 40
Stiel 381 18
Stiel 120 25
Stiel 45 59, 62
Stiel 58 34, 61
Stiel 229 11
Stiel 137 30
Stiel 370 27
Stielauge 357 30
Stielkasserolle 40 16

Stielstich 102 4
Stier 73 1
Stier 3 25
Stier 254 15
Stier 4 54
Stierattrappe 319 3
Stiere 319 11
Stierkämpfer 319 10
Stierkämpferhut 319 29
Stierkampf 319
Stierkampfarena 319 5
Stierkapitell 333 28
Stiersäule 333 23
Stierställe 319 14
Stift 124 29
Stiftdraht 124 28
Stiftenklöbchen 109 16
Stiftenkopf 34 11
Stiftenzieher 100 47
Stifthammer 124 18
Stiftschlitz 143 49
Stiftschraube 143 22
Stiftzahn 24 31
Stilleben 338 27
Stillengürtel 9 47
Stille Ozean 14 19
Stilspringen 288 51
Stilus 341 25
Stimmer 322 11
Stimmgabelelement 110 9
Stimmgabelprinzip 110 6
Stimmhammer 325 20
Stimmkeil 325 21
Stimmkrücke 326 21
Stimmlappen 326 30
Stimmnagel 324 23
Stimmnagel 325 17
Stimmrolle 326 30
Stimmschlitz 326 33
Stimmschlüssel 325 20
Stimmschraube 323 59
Stimmstock 325 18
Stimmstock 324 22
Stimmvorrichtung 326 30
Stimmwirbel 325 17
Stimmzettel 263 20
Stinkvogel 359 25
Stirn 72 3
Stirn 16 4, 5
Stirn 336 24
Stirnaugen 77 2
Stirnbein 17 30
Stirnhöcker 16 4
Stirnhöhle 17 55
Stirnlampe 300 54
Stirnmuskel 19 4
Stirnriemen 71 9
Stirnschlagader 18 5
Stirntoupet 355 8
Stirnvene 18 6
Stirnwand 200 10
Stirnwand 213 10
Stirnwandschiebetür 207 19
Stirnwulst 16 5
Stock 84 14
Stockanker 286 15
Stockanker 222 79
Stockgeige 322 20
Stockgriff 301 6

Stockpresse 183 20
Stockschirm 205 12
Stockschwämmchen 381 33
Stockteller 301 8
Stockwerkanzeiger 271 49
Stockwerkpagode 337 1
Stockwerkpodium 316 34
Stöckelabsatz 101 28
Störklappe 287 38
Störklappe 229 39, 42
Stößel 24 48
Stößer 325 30
Stoff 168 33
Stoffabteilung 271 58
Stoffaufbereitungsanlage 172 79–86
Stoffauflauf 173 11
Stoffbahnen 104 2
Stoffballen 271 59
Stoffbürste 104 31
Stoffe 168 1–65
Stoffeingabe 236 31
Stoffelefant 47 6
Stoffhund 47 7
Stofflager 271 58
Stoffpumps 101 54
Stoffrest 103 16
Stoffrutsche 168 47
Stofftier 46 13
Stoffwasserpumpe 172 55
Stoffzuführungsstrecke 236 33
Stola 355 9
Stollen 42 2
Stollen 97 11
Stollen 46 4
Stollenanbauwand 42 1
Stopfbüchse 223 64
Stopfbüchse 145 26
Stopfen 67 36
Stopfenstange 148 10
Stopfer 107 46
Stoppelacker 63 33
Stoppelbart 34 23
Stoppelfeld 63 33
Stoppeln 34 23
Stopphärtebad 116 10
Stopptaste 249 73
Stoppuhr 238 62
Stoppuhr 238 31
Stoppzylinderpresse 181 20
Stoptaste 243 43
Storchschnabel 53 1
Storchschnabel 14 65
Storchschnabel 376 24
Storchschnepfe 359 19
Storchvogel 359 18
Store 42 35
Stoß 88 67, 75, 80
Stoß 128 20
Stoß 122 94
Stoß 362 8
Stoß 299 28
Stoßaxt 120 72
Stoßball 277 12
Stoßbesen 38 35
Stoßdämpfer 192 69
Stoßdämpfer 191 26

Stoßen 299 4
Stoßharpune 353 9
Stoßkragen 329 44
Stoßlade 124 31
Stoßöfen 148 69
Stoßschlitten 304 29
Stoßstange 193 33
Stoßstange 191 13
Stoßstrahl 11 35
Stoßwaffe 294 11, 36, 37
Stoßzahn 366 22
Stoßzunge 325 30
Strähler 135 14
Strähnenbürste 105 2
Strafraum 291 4
Strafstoß 291 40
Strafstoßmarke 291 6
Strahl 346 20
Strahlblüte 375 31
Strahlenbündel 346 19
Strahlenerzeugungssy-
stem 113 31
Strahlenkranz 332 37
Strahlenschutzkopf 2 31
Strahlenschutzmauer
154 74
Strahlenschutzmeßgerät
2 1
Strahlenteiler 240 35
Strahlenteilungsprisma
240 35
Strahlentierchen 357 8
Strahlflugzeuge 231
7–33
Strahlkopf 113 31
Strahlpumpe 210 41
Strahlrohr 83 22
Strahlrohr 270 33
Strahltrainer 257 1–41
Strahlturbine 231 26
Strahlturbinen 232
33–50
Strahlungseintritt 1 64
Strahlungsmeßgeräte 2
1–23
Strahlungsschutzrohr 10
36
Straight 305 17
Straight-Ball 305 17
Strampelanzug 29 23
Strampelhöschen 29 11
Strampelhose 28 24
Strand 13 35–44
Strandanzug 33 24
Strandanzug 280 19
Strandbad 280
Strandburg 280 35
Strandebene 13 35–44
Strandgeröll 13 29
Strandhafer 15 7
Strandhose 280 22
Strandhut 280 20
Strandjacke 280 21
Strandkanal 13 34
Strandkleidung 280
19–23
Strandkorb 280 36
Strandreiter 359 19
Strandschuh 280 23
Strandsee 13 44
Strandtasche 280 24
Strandterrasse 11 54
Strandwärter 280 34

Strandwall 13 35
Strandweizen 61 30
Strandzelt 280 45
Strandzone 281 2
Strang 71 35
Strang 71 22
Strangguß 148 24–29
Strangpresse 161 7
Strangpresse 159 11
Straps 318 28
Straße 37 61
Straße 200 55
Straße I. Ordnung 15
83
Straße II. Ordnung 15
36
Straße III. Ordnung 15
30
Straßenaufreißer 200
20
Straßenbahn 197
Straßenbahnfahrplan
268 27
Straßenbahnhaltestelle
268 25
Straßenbahnschienen
268 23
Straßenbahnzug 268 46
Straßenbau 200, 201
Straßenbaumaschinen
200 1–54
Straßenbeleuchtung 268
49
Straßenbesen 199 6
Straßenbesen 268 21
Straßenbrücke 15 55
Straßencafé 268 59
Straßendecke 217 1
Straßenecke 198 12
Straßenfahrer 290 8
Straßenhobel 200 19
Straßenkehrer 199 5
Straßenkehrer 268 20
Straßenkehrmaschine
199 39
Straßenkehrwagen 199
9
Straßenlampe 37 62
Straßenlampe 268 6
Straßenlaterne 268 6
Straßenlaterne 37 62
Straßenleuchte 37 62
Straßenleuchte 268 6
Straßennamen 268 7
Straßenquerschnitt 198
Straßenreinigung 199
Straßenreinigungswagen
304 8
Straßenrennen 290
8–10, 16, 24–28
Straßenschild 268 7
Straßenschmutz 268 22
Straßenüberfahrt 15 40
Straßenüberführung
268 48
Straße von Gibraltar 14
24
Stratocumulus 8 3
Stratokumulus 8 3
Stratosphäre 7 8
Stratosphärenflugzeug 7
15
Stratovulkan 11 15

Stratus 8 4
Strauß 359 2
Straußenfedern 254 30
Straußengelege 359 3
Straußvögel 359 1–3
Strebe 120 27, 54
Strebe 121 58, 69, 82
Strebe 144 33–37
Strebebogen 335 28
Strebepfeiler 335 27
Strebewerk 335 28
Strecke 86 38
Strecke 164 1
Strecke 346 16
Strecken 170 55
Streckenbänder 164 21
Streckenblock 203 59
Streckendiesellokomoti-
ve 212 1
Streckenkanne 164 20
Streckenmarkierung
289 19
Streckenmeßgerät 112 70
Streckennetzplan 204 33
Streckenvortriebsma-
schine 144 32
Streckenwärter 202 44
Streckerschicht 118 64
Streckerverband 118 60
Streckhang 296 33, 34
Strecksitz 295 10
Strecksprung 295 35
Streckstütz 296 38
Streckteich 89 6
Streckwalze 164 13
Streckwerk 164 21
Streckwerk 163 60
Streckwerkabdeckung
164 7
Streckzwirnerei 170 46
Streichanlage 173 31, 34
Streichbalken 120 40
Streichbaum 166 37
Streichblech 65 4, 64
Streichbürste 129 3
Streichdalben 222 35
Streichen 12 2
Streichholz 107 22
Streichholzschachtel
107 21
Streichholzständer 266
24
Streichinstrumente 323
1–27
Streichrad 322 26
Streichstange 118 26
Streifenbeamte 264 13
Streifenhyäne 368 1
Streifenwagen 264 10
Streifstange 165 38
Streitaxt 352 16
Streitaxt 328 19
Stretchbund 31 43
Stretchgürtel 31 63
Streuklappe 200 42
Streuscheibe 310 38
Streuschutz 148 40
Streuselgebäck 97 35
Strichätzung 178 42
Strichliste 151 32
Strichpunkt 342 19
Strichstärkenkennzeich-
nung 151 40

Strickbund 31 70
Strickbund 29 65
Strickerei 167
Strickhemd 33 36
Strickjacke 33 30
Strickjacke 31 50
Strickkleidchen 29 28
Strickkragen 33 31
Strickleiter 273 49
Strickleiter 221 91
Strickleiter 307 8
Strickmütze 35 10
Striegel 71 54
Stringer 222 50
Stringer 230 47, 57
Stripperin 318 27
Stripperkran 148 47
Striptease 318 27–32
Stripteasetänzerin 318
27
Stripteuse 318 27
Strömung 216 9
Strömungsweiser 216
43
Stroh 136 30
Strohballen 75 7
Strohballen 206 23
Strohballen 63 34
Strohballenpresse 63 35
Strohfiedel 324 61
Strohhut 35 35
Strohmatte 55 6
Strohpreßballen 63 34
Strohschwad 63 36
Strom 242 73
Stromabnehmer 194 41
Stromabnehmer 197 2
Stromabnehmer 207 24, 75
Stromabnehmer 211 2, 30
Stromabnehmerbügel
205 36
Stromanschluß 261 12
Stromfähre 216 10
Strominsel 216 4
Stromkabel 56 32
Stromkabel 198 19
Stromleiter 153 43
Strommesser 127 41
Strommeßgerät 242 77
Strompfeiler 215 21, 54
Strömschienen 152 29
Stromversorgung 115
79
Stromversorgungskabel
198 14
Stromwandler 153 58
Stromzuführung 142 25
Stromzufuhr 155 21
Strumpf 318 32
Strumpffabrik 167
1–66
Strumpffach 99 25
Strumpfhalter 32 6
Strumpfhose 29 42
Strumpfhose 355 47
Strumpfhose 32 12
Strumpfpackung 99 26
Strumpfwarenabteilung
271 17
Strumpfwirker 361 8
Stubben 84 14
Stubenwagen 28 30
Student 262 9

Studentenblume **60** 4, 20
Studentennelke **60** 6
Studentin **262** 10
Studio **338** 1–43
Studiowand **46** 1
Stück **168** 51
Stück **275** 12
Stückgüter **206** 4
Stückgut **206** 27
Stückgut **226** 11
Stückgut-Lkw **206** 15
Stückgutfrachter **225** 14
Stückgutfrachter **226** 13
Stückgutschuppen **225** 9
Stückgutunternehmer **206** 28
Stückgutwaage **206** 31
Stückgutwagen **206** 6
Stürmer **282** 50
Stürze **323** 37
Stütz **296** 28, 29
Stützbock **67** 7
Stütze **164** 42
Stützenfundament **214** 81
Stützengalgen **214** 80
Stützenschalung **119** 73
Stützenschalung **119** 11
Stützenschuh **214** 79
Stützkonstruktion **146** 38
Stützlager **91** 10
Stützpunkt **300** 1
Stützrad **65** 59
Stützrolle **270** 50
Stützschenkel **50** 37
Stützstange **307** 13
Stützverband **21** 10
Stützweite **215** 14
Stufe **50** 38
Stufe **38** 27
Stufe **300** 17
Stufenbarren **297** 3
Stufenbarren **297** 28, 29
Stufenboot **286** 38–41
Stufendach **337** 2
Stufengraukeil **343** 15
Stufenkäfig **74** 20
stufenlose Getriebe **163** 29
Stufenpyramide **352** 20
Stufenpyramide **333** 22
Stufenrad **143** 82
Stufentrenn-Retroraketen **234** 8
Stufentrenn-Retroraketen **234** 8
Stufenturm **333** 32
Stuhl **42** 34
Stuhlschlitten **304** 29
Stulpenstiefel **355** 58
Stumme Schwan **359** 16
Stumpen **107** 4
Stumpen **35** 2
Stumpftonne **224** 77
Stunden- und Minutenknopf **110** 3
Stundenachse **113** 15, 18
Stundenachse **5** 8
Stundenachsenantrieb **5** 7
Stundenglaszeichen **224** 78

Stupa **337** 21, 28
Stupfbürste **129** 18
Stupffarbe **129** 53
Stupfpinsel **129** 54
Sturmball **280** 4
Sturmball **225** 35
Sturmhaube **329** 60
Sturmhut **379** 1
Sturzbügel **188** 18
Sturzflugbremse **287** 38
Sturzhang **296** 36, 37
Sturzhelm **290** 3
Sturzhelm **289** 18
Sturzhelm **303** 14
Sturzmessung **195** 17, 21, 41
Sturzriegel **120** 57
Stute **73** 2
Stutzbart **34** 16
Stutzen **86** 30
Stutzer **306** 33
Stutzflügel **325** 40
Stutzperücke **34** 2
Stylobat **334** 32
Subkontraoktave **321** 42
Substanzbehälter **350** 61
Subsitut **99** 96
Substitut **99** 96
Subtrahend **344** 24
Subtrahieren **344** 24
Subtraktion **344** 24
Subvulkan **11** 20
Sucher **114** 14
Sucherausblick **114** 2
Sucherbild **115** 51
Suchereinblick **115** 22
Sucherfuß **114** 71
Sucherlichtschacht **115** 68
Sucherobjektiv **114** 25
Sucherokular **115** 22
Sucherokular **313** 6
Sucherschacht **114** 23
Suchjagd **86** 1–8
Sudhaus **92** 42–53
Sudprozeß **92** 42–53
Südäquatorialstrom **14** 34
Südamerika **14** 13
Südfrüchte **384**
Südliches Dreieck **3** 40
Südliches Kreuz **3** 44
südliche Sternhimmel **3** 36–48
Südliche Eismeer **14** 22
Südostpassat **9** 49
Südpol **14** 3
Südpunkt **4** 17
Südweinglas **45** 84
Südwester **228** 5
Südwester **35** 30
Süllrand **283** 59
Süßklee **69** 10
Süßwaren **98** 75–86
Sulfatbehälter **172** 36
Sulfatzellstoffabrik **172** 1–52
Sulfidierung **169** 9
Sulky **289** 24
Sultaninen **98** 8
Summanden **344** 23
Summe **344** 23

Summer **127** 15
Sumpfheide **377** 19
Sumpfporst **377** 21
Sumpfweihe **362** 13
Sundbrücke **215** 57
Super-8-Kompakt-kamera **117** 51
Super-8-Tonfilmkassette **117** 29
Super- und Normalbenzin **196** 1
Super-V-Rennsportwagen **290** 37
Superbenzin **145** 55
Superhet **309** 16
Superheterodynempfänger **309** 16
Supermarkt **99**
Suppenhuhn **99** 60
Suppenkelle **45** 14
Suppenlöffel **45** 61
Suppennudeln **99** 65
Suppenschöpflöffel **45** 14
Suppenschüssel **45** 15
Suppenteller **45** 5
Suppenteller **44** 6
Suppenterrine **44** 8
Suppenwürfel **98** 26
Suppenwürze **98** 30
Supplementwinkel **346** 14
Supraporte **336** 12
Surfboard **279** 1
Surfbrett **280** 15
Surfbrett **279** 1
Surfbrett **284** 5
Surfbrettfahren **280** 13
Surfer **280** 14
Surfer **279** 5
Surfing **279**
Sur le cou-de-pied **314** 14
Symmetrieachse **351** 4
Symmetrieachse **346** 25
Symmetrieebene **351** 5
Symmetriezentrum **351** 3
Synchronisation **311** 37–41
Synchronisiereinrichtung **153** 32
Synchronisierungsatelier **311** 37
Synchronkabel **313** 29
Synchronkamera **310** 19
Synchronkegel **192** 33
Synchronklappe **310** 21
Synchronkopf **243** 34
Synchronmotor **176** 19
Synchronregisseur **311** 38
Synchronsprecherin **311** 39
Synchronspur **243** 33
Synchronstart **117** 65
Synchronsteuergerät **117** 77
Synchronstudio **238** 28
Synchronzeitschaltuhr **24** 52
Synklinale **12** 18
Syrinx **322** 2

Systemkamera **115** 1–105
Systemresidenz-Plattenspeicher **176** 32
Systemüberwachung **234** 17
Systemzubehör **115** 43–10
Szene **316** 36
Szenenwiederholung **243** 42

T

T-Eisen **143** 3
T-Lage **288** 62
T-Leitwerk **229** 29
T-Leitwerk **287** 10
T-Schnitt **54** 32
T-Shirt **31** 38
T-Ständer **177** 29
T-Stück **126** 44
T-Stück **126** 47
Tabak **382** 43
Tabak **107** 25
Tabakasche **266** 5
Tabakblatt **382** 43
Tabakkäfer **81** 25
Tabaksbeutel **107** 43
Tabakwaren **107**
Tabakwarenkiosk **204** 47
Tabernakel **330** 42
Tableau **275** 9
Tablett **265** 14
Tablett **42** 30
Tablett **266** 19, 63
Tablettablage **266** 64
Tablettstapel **266** 45
Tabulatorlöschtaste **249** 8
Tabulatortaste **249** 6
Tacho **188** 19, 34
Tacho **191** 38
Tachograph **210** 54
Tachometer **181** 54
Tachometer **189** 40
Tachometer **188** 19, 34, 40
Tachometer **191** 38, 74
Tachometerantrieb **192** 38, 39
Tänzer **317** 18
Tänzerin **317** 17
Täschelkraut **61** 9
tätige Vulkan **11** 15
Tätowierung **306** 44
Täuberich **73** 33
Täufling **332** 7
Tafel **48** 16
Tafel **260** 29
Tafel **36** 46, 47, 72
Tafelberg **13** 59
Tafelglasherstellung **162** 1–20
Tafelklavier **325** 40
Tafelleuchter **45** 16
Tafelöl **98** 24
Tafelschere **125** 26
Tafelschmuck **45** 19
Tafelschwamm **260** 42
Tafeltuch **45** 2

Tafelwasser 98 87
Tafelzeichnung 260 33
Tafelzirkel 260 40
Tafelzubehör 45
Tagesanlagen 144 1–20
Tagescreme 99 27
Tagesdecke 43 7
Tageskarte 266 21
Tageskasse 271 2
Tageskilometerzähler 191 74, 77
Tageslichteinspuldose 116 5
Tageslichtfilmkassette 311 7
Tageslichtkassette 177 50
Tagesstempelabdruck 236 57
Tageszeichen 203 36
Tageszeitung 342 37–70
Tagetes 60 20
Tagfalter 365
Tagpfauenauge 365 2
Tagraubvögel 362 1–13
Tagundnachtgleiche 3 6, 7
Taifunrad 308 46
Taille 16 31
Taille 355 53
Takelung 219 1–72
Takt 320 28–42
Taktart 320 28–42
Taktmesser 325 19
Taktstock 315 27
Taktstrich 320 42
Talar 332 4
Talaue 13 62
Talformen 13 52–56
Talgletscher 12 49
Talgrund 13 67
Talje 221 27, 104
Taljenläufer 221 106
Tallandschaft 13 57–70
Tallehne 13 65
Talon 251 19
Talsohle 13 67
Talsohle 215 60
Talsperre 217 57–64
Talstation 214 39
Talstationsbahnsteig 214 51
Taltempel 333 8
Tambour 163 43
Tambour 173 35
Tambour 335 44
Tambourin 317 27
Tambourrost 163 55
Tamburin 324 30, 45
Tampon 340 22
Tamul 341 11
Tandem 186 50
Tangens 346 32
Tangente 322 43
Tangente 346 48
Tank 194 30
Tankauflieger 194 30–33
Tankbodenventil 38 49
Tankbodenwachs 145 60
Tankdecke 222 54

Tankentlüftung 234 44
Tanker 225 73
Tanklager 225 61
Tanklöschfahrzeug 270 51
Tanklöschwagen 270 51
Tankrandplatte 222 51
Tanksäule 196 1
Tankstelle 196
Tankwagen 233 22
Tankzug 194 28
Tankzwischenstück 234 16
Tannenklee 69 6
Tannennadel 372 11
Tannenpfeil 82 27
Tannenzapfen 372 2
Tanzfläche 317 16
Tanzflächenbeleuchtung 317 14
Tanzorchester 306 2
Tanzpaar 267 46
Tanzpaar 317 18
Tanzplatz 334 47
Tanzschmuck 354 36
Tanzstock 354 37
Tanztrommel 354 14
Tapete 128 18
Tapetenablösegerät 128 9
Tapetenandrückwalze 128 47
Tapetenbahn 128 19
Tapetenkleister 128 23
Tapetenleiste 128 29
Tapetennaht 128 20
Tapetenschaber 128 15
Tapetenschutzlack 128 32
Tapetenwechselgrund 128 4
Tapezierbürste 128 40
Tapezieren 128 18–53
Tapezierer 128
Tapeziererleiter 128 52
Tapeziergerätekleister 128 26
Tapezierkasten 128 33
Tapezierschere 128 34
Tapezierschiene 128 39
Tapeziertisch 128 31
Tapezierwischer 128 49
Tapir 366 26
Tasche 218 57
Taschendieb 308 16
Taschendiktiergerät 246 32
Taschendosimeter 2 15
Taschenfahrplan 205 45
Taschenfahrplan 204 42
Taschengeige 322 20
Taschenklappe 33 18
Taschenklemme 2 18
Taschenlampe 127 26
Taschenlampenbatterie 127 27
Taschenrechner 246 12
Taschenrechner 247 14
Taschensäge 127 52
Taschenschirm 41 12
Tassel 355 23
Tasso 125 23
Tastatur 174 37

Tastatur 176 2
Tastatur 236 44
Tastatur 249 2–6
Tastatur 325 4, 5
Taste 326 8
Tasten 325 4, 5
Tastenfeld 242 11
Tastenhebel 322 38, 49
Tasteninstrument 325 1
Tastenmechanik 325 22–39
Taster 174 32
Taster 176 4
Tastergerät 176 1
Tasterstützrad 64 88
Tastrad 64 86
Tastzirkel 339 3
Tastzirkel 135 18
Tatze 286 44
Tatze 368 4
Tatzelwurm 327 1
Taube 73 33
Taube 359 23
Taubenskabiose 375 29
Taubenwurfanlage 305 74
Taubgerste 61 28
Tauchbrille 280 38
Tauchen 279 7–27
Tauchen 282 38
Taucher 279 7
Taucherausrüstung 279 8–22
Tauchermaske 279 10
Tauchermesser 279 8
Taucheruhr 279 16
Tauchflosse 280 41
Tauchgerät 279 19
Tauchmaske 279 10
Tauchsieder 40 17
Tauchwalze 165 45
Taufbecken 332 11
Taufe 332 1
Taufkapelle 332 2
Taufkleid 332 8
Taufschleier 332 9
Taufstein 332 10
Taufwasser 332 12
Taukreuz 332 59
Taumelzellenwalze 64 75
Taurus 3 25
Taurus 4 54
Tausenderstelle 344 3
Tausendgüldenkraut 380 10
Tausendschön 60 21
Tausendstel 344 20
Tauwurm 357 24
Taxe 268 64
Taxenstand 268 63, 66
Taxentelefon 268 67
Taxi 233 32
Taxi 268 64
Taxischild 268 65
Taxistand 268 63
Taxiway 233 2
technische Daten 151 32
Teckel 70 39
Teclu-Brenner 350 4
TED-Bildplattensystem 243 37–45

Teddybär 28 46
Teddybär 273 26
Teddybär 309 12
Teddyjäckchen 29 44
Tee 382 9
Tee 99 69
TEE-(IC-)Zug 209 1–22
TEE-Zug 205 34
Teebeutel 98 68
Teeblatt 382 9
Teenagerkleidung 29 48–68
Teerdestillation 170 4
Teergewinnung 170 3
Teerkessel 200 47
Teerkocher 200 46
Teerspritzmaschine 200 46
Teestrauch 382 7
Teich 15 79
Teich 272 50
Teichkarpfen 364 4
Teichmönch 89 9
Teigteilmaschine 97 56, 63
Teigwaren 98 32–34
Teilbaum 167 25
Teil-Blütenkorb 378 12
Teilen 344 26
Teiler 344 26
Teilflach 351 24
Teilkreis 113 27
Teilkreis 351 32
Teilscheibe 167 26
Teilscheibe 151 51
Teilschiene 166 38
Teilungszahl 344 26
Teilwert 344 26
tektonische Beben 11 32–38
Telefon 246 13
Telefon 41 7
Telefon 248 9
Telefon 237
Telefonapparate 237 6–26
Telefonbenutzer 237 2
Telefonbildschirm 242 26
Telefonbuch 237 5
Telefonbuchse 249 67
Telefongehäuse 237 15
Telefonhäuschen 237 1
Telefonhausanschlußleitung 198 20
Telefonhörer 246 16
Telefonhörer 237 7
Telefonkabel 198 15
Telefonkabine 236 8
Telefonteilnehmer 237 2
Telefonzelle 237 1
Telefonzelle 204 46
Telefonzelle 236 8
Telefonzelle 268 56
Telefonzelle 251 10
Telefonzentrale 245 13
Telegabel 188 8, 41
Telegraf 237 31
Telegrafenapparat 237 31
Telegrafie 237 30

Telegrafie 237
Telekopie 245 2
Telekopiersystem 245 1
Telemetrieantenne 10 70
Teleobjektiv 115 48
Teleobjektiv 117 47
Teleskop 235 68
Teleskopfedergabel 189 23
Teleskopgabel 188 8
Teleskoprute 89 53
Telexanschluß 237 65
Teller 45 4, 5
Teller 44 6, 7
Teller 207 84
Tellerbürste 199 40
Tellerfuß 105 27
Tellergericht 266 17
Tellerrad 143 93
Tellerschleifpapier 134 25
Tellerstapel 266 11
Tempel 334 1, 49
Tempel 337 7
Tempelanlage 337 25
Tempelmauer 334 6
Tempelritter 329 73
Tempelturm 337 1, 26
Tempelturm 333 32
Temperafarbe 338 17
Temperaturangabe 9 8
Temperaturdosierung 191 84
Temperaturgeber 190 50
Temperaturlinie 7 37
Temperaturskala 7 36
Temperaturwähler 50 8
Tempest 284 54
Tender 258 92
Tenderbrücke 210 2
Tenderlok 210 65
Tenne 92 8
Tennis 293 1–42
Tennisball 293 28
Tennisnetz 293 13
Tennisplatz 293 1
Tennisschläger 41 13
Tennisschläger 293 29
Tennisschuh 101 36
Tennisspieler 293 16
Tenorhorn 323 39
Tenoroboen 323 38
Tenorposaune 323 46
Tenorschlüssel 320 11
Tentakel 357 16
tenuto 321 30
Teppichboden 43 23
Teppichboden 41 18
Teppichbürste 50 45
Teppichbürstvorsatz 50 79
Teppichkehrer 50 57
Teppichklopfvorsatz 50 79
Teppichschamponier-vorsatz 50 79
Teppichstange 37 51
Terassencafé 272 57
Terminal 233 15
Terminkalender 246 8
Terminplantafel 151 12
Terminuhr 110 19

Terpentinabscheider 172 14
Terra-Aquarium 356 14
Terrasse 37 36
Terrier 70 15–18
Terrine 45 15
Tertia 175 30
Tertiärkreislauf 154 10
Terz 321 8
Terzbindung 294 48
Terzdeckung 294 8
Terzel 86 46
Terzparade 294 8
Tetradrachme 252 1
Tetraeder 351 1
Teufel 306 14
Teufelskirsche 379 7
Teufelsscheibe 308 46
Text 175 31
Textildrucker 168 65
Textile Bindungen 171
Textilgeschäft 268 9
Textilglas 162 48–55
Textilglasprodukte 162 56–58
Textilien 168
Textplattenspeicher 176 33
Thaumatolampas diadema 369 4
Theater 315
Theater 334 44
Theater 316
Theaterbesucher 315 8
Theaterbillett 315 11
Theaterchor 315 21
Theaterfriseur 315 48
Theaterkarte 315 11
Theaterkartenverkaufs-stelle 271 26
Theaterkostüm 315 51
Theatermaschine 312 24
Theaterplatz 315 20
Theaterprobe 315 21–27
Theaterraum 315 14–27
Theatervorhang 316 23
Theaterwerkstatt 315 28–42
Theatron 334 44
Theke 267 54
Theke 266 1–11
Theke 317 9
Theodolit 14 52–62
Theorbe 324 1
Thermikschlauch 287 21
Thermiksegeln 287 20
Thermobürste 106 30
Thermograph 10 19, 51
Thermokauter 24 43
thermokonstante Was-serbad 23 48
Thermometer 10 25, 34
Thermometer 28 29
Thermometer 281 24
Thermometer 168 27
Thermometerhütte 10 49
Thermoschalter 190 63
Thermostatentwick-lungsschale 116 56

Thomasbirne 147 55–69
Thomaskonverter 147 55–69
Thorax 358 30
Thymele 334 48
Tiara 254 37
Tibeter 353 27
Tief 9 5
Tiefdecker 229 5, 14
Tiefdecker 231 1
Tiefdruck 182
Tiefdruckätzer 182 18
Tiefdruckgebiet 9 5
Tiefdruckverfahren 340 14–24
Tiefdruckwalze 182 17
Tiefdruckwalze 182 10
Tiefdruckzylinder 182 22
Tiefenabstimmung 241 43
Tiefeneinstellung 65 60
Tiefengestein 11 29
Tiefenlehre 140 54
Tiefenlehre 149 72
Tiefenlinien 15 11
Tiefenmagmatismus 11 29–31
Tiefenmesser 279 15
Tiefenmeßfühler 149 68
Tiefenmeßschieber 149 72
Tiefenmeßschieber 140 54
Tiefenregulierung 64 88
Tiefenruder 259 95, 96
Tiefensicherungsanlage 200 61
Tiefenskala 224 66
tiefe Teller 44 6
tiefe Teller 45 5
Tiefgefrierschrank 39 7
Tiefhalte 295 47
Tiefkühlbox 99 57
Tiefkühltruhe 98 74
Tiefkühltruhe 96 21
Tieflöffel 118 82
Tiefofen 148 46
Tiefofenkran 148 47
Tiefpumpe 145 23
Tiefschlag 299 34
Tiefseefauna 369
Tiefseegraben 11 12
Tiefseekabel 237 56
Tiefseemeduse 369 5
Tiefseetafel 11 10
Tiefstart 298 4
Tiefstoß 277 4
Tiefwasserstart 286 46
Tiegel 340 31
Tiegeldruckpresse 340 29
Tiegeldruckpresse 181 13, 29
Tiegelzange 180 11
Tiegelzange 350 32
Tierbändiger 307 52
Tiergehege 272 49
Tierhaus 356 10
Tierkreiszeichen 4 53–64
Tierlehrer 307 52

Tiernahrung 99 37
Tierschau 307 63
Tiger 368 5
Tilbury 186 44
Tilde 342 35
Timbales 324 57
Tinkturen 254 24–29
Tintenbeere 379 7
Tintenfaß 308 78
Tintenfisch 357 37
Tintenfisch 369 4
Tipi 352 7
Tippfehlerkorrektur-blatt 247 12
Tippfehlerkorrektur-flüssigkeit 247 13
Tiptank 256 30
Tiptank 231 9
Tisch 273 2
Tischbein 44 2
Tischbelag 141 16
Tischbohrwerk 150 25
Tischdame 267 43
Tischeinsatzplatten 115 95
Tischexhauster 108 43
Tischfarbwerk 181 8
Tischgesellschaft 267 40–43
Tischherr 267 42
Tischkalender 247 32
Tischkarte 45 13
Tischkasse 275 11
Tischkonsole 133 24
Tischläufer 46 35
Tischlampe 46 24
Tischlampe 246 35
Tischler 132
Tischler 133
Tischlerei 132 1 -73
Tischlerplatte 132 73
Tischlerwerkstatt 132 1–73
Tischlerwerkzeug 132 1–28
Tischlerwinkel 132 6
Tischleuchte 246 35
Tischleuchter 45 16
Tischnachbar 267 41
Tischplatte 44 3
Tischplatte 139 20
Tischsäule 26 6
Tischschmuck 266 78
Tischsockel 112 15
Tischstativ 115 99
Tischstaubsauger 108 43
Tischtennis 293 45–55
Tischtennisball 273 5
Tischtennisball 293 48
Tischtennisnetz 293 53
Tischtennisnetz 293 13
Tischtennisschläger 293 45
Tischtennisschläger 273 4
Tischtennisspiel 273 1
Tischtennisspieler 293 49
Tischtennistisch 293 52
Tischvorschubantrieb 150 34
Tischwäsche 271 57

Tischwurstfüller 96 49
Titan 327 37
Titelblatt 185 45
Titelei 185 43–47
Titelkampf 299 35–50
Titelseite 185 45
Tjalk 220 6
Toast 45 34
Toaster 40 30
Tochterboot 228 17
Tochterkompaß 224 52
Todesanzeige 342 68
Todesfahrer 308 54
Todesspirale 302 5
Töffel 101 47
Tölpel 359 9
Tönnchenpuppe 81 3
Töpfchen 28 47
Töpferwaren 308 66
Törtchen 97 20
Toga 355 13
Toilette 231 31
Toilette 126 14
Toilette 211 59
Toilette 49 12
Toiletten 268 62
Toiletten 317 31
Toiletten 278 5
Toilettenpapier 49 11
Toilettenpapierhalter 49 10
Toilettenwagen 233 22
Toilettenwasser 105 37
Toilettenwasser 106 9
Tollkirsche 379 1
Tomahawk 352 16
Tomate 57 12
Tomaten 99 82
Tomatenstaude 55 44
Tombola 306 11
Tomtom 324 49
Ton 159 2
Ton 339 31
Tonabnehmersystem 241 26
Tonanschlußleitung 117 8
Tonarm 241 21
Tonarmarretierung 241 27
Tonarmlift 241 28
Tonarmwaage 241 53
Tonarten 320 55–68
Tonassistent 310 57
Tonassistent 117 68
Tonaufnahme-Wahlschalter 117 13
Tonaufnahmegerät 310 24
Tonaufzeichnung 311 1–46
Tonaussteuerung 243 11
Tonaussteuerungsregler 117 16
Tonband 241 58
Tonbandgerät 308 37
Tonbandgerät 318 17
Tonbandgerät 317 21
Tonbandkassette 117 76
Tonbandkoffer 308 37
Tonbildner 339 6
Tondreieck 350 17

Tonerwalze 249 41
Tonfigur 339 7
Tonfilm 117 82
Tonfilmatelier 310 26–60
Tonfilmkamera 117 22
Tonfilmprojektor 312 24
Tonfilmprojektor 117 81
Tongrube 15 88
Tonhöhenabstimmer 241 31
Tonhohlplatte 159 26
Toningenieur 238 19
Tonkabel 311 41
Tonkamera 310 60
Tonkamera 311 6
Tonkanzelle 326 13
Tonkassette 242 17
Tonkin-Rohr 301 20
Tonkiste 339 30
Tonkodiereinrichtung 242 11–14
Tonkopf 243 35
Tonkopf 312 47
Tonkopfgehäuse 241 59
Tonkrug 260 78
Tonlampe 312 48
Tonleitern 320 45–49
Tonloch 323 33
Tonloch 324 34
Tonmasken 260 75
Tonmeister 310 23, 55
Tonmeister 311 36
Tonmeisterraum 310 54
Tonmischung 311 34–36
Tonmodul 240 14
Tonnenanker 224 73
Tonnengewölbe 336 38
Tonnenstein 224 73
Tonpfeife 107 34
Tonpiste 117 82
Tonplastiken 260 67
Tonregiepult 238 20, 41, 54
Tonregiepult 239 8
Tonregieraum 239 7
Tonregieraum 238 27
Tonrohre 269 35
Tonrolle 339 8
Tonspur 243 32
Tonstrang 159 14
Tonstreifen 311 44
Tonsur 331 57
Tontaubenschießen 305 70–78
Tontechnikerin 238 26
Tonteller 117 100, 101
Tontiegel 350 31
Tonträgerraum 238 1–6
Tonwelle 243 23
Topf 28 47
Topfdeckel 40 13
Topfhut 35 12
Topfkuchen 97 33
Topflappen 39 18
Topflappenhalter 39 17
Topfmarkt 308 64–66
Topfpflanze 44 25
Topfpflanze 55 25
Topfpflanze 39 37

Topgase 145 38
Topplicht 286 10
Toppnanten 219 47
Toppsegelschoner 220 11–13
Toppzeichen 224 78–98
Tor 337 11
Tor 118 46
Tor 301 65–67
Tor 291 35
Tor 302 37
Torbau 336 15
Torbau 333 9
Torbauten 334 7
Torero 319 21, 25
Torfballen 206 10
Torfmullballen 55 31
Torgraben 329 33
Torhaus 329 22
Torii 337 11
Torlauf 301 29
Torlinie 291 7
Tormann 291 10
Tormann 292 8
Tormann 302 36
Tormann 282 47
Tornistergerät 6 20
Toros 334 28
Torpedorohr 258 78
Torpedorohr 259 79
Torpfosten 291 37
Torraum 291 5
Torschütze 273 13
Torsionsnasse 287 39
Torso 339 7
Torstahl 119 82
Torstange 301 30
Torstütze 214 24
Torte 99 15
Torte 265 4
Torten 97 22–24
Tortenboden 97 47
Tortenplatte 97 25
Torus 334 28
Torwächter 292 73
Torwart 273 14
Torwart 291 10
Torwart 302 36
Torwarthandschuhe 291 19
Tosbecken 217 61
Totalisatorschalter 289 34
Totalitätszone 4 33
Totem 352 2
Totempfahl 352 1
Totenbahre 331 41
Totengräber 331 22
Totenhalle 331 21
Totenkopf 365 9
Totenkopfschwärmer 365 9
Totentempel 333 7
Totenvogel 362 19
Totholz 285 47
Totoanzeigetafel 289 35
Totokassen 289 34
Totolisatoranzeigetafel 289 35
Toupet 34 2
Tourenboot 283 26–33
Tourenlenker 187 2
Tourenmoped 188 24

Tourenzähler 167 43
Tourenzähler 166 2
Tourenzweier 283 61
Touristengruppe 272 28
Tower 233 17
Trab 72 41
Trabant 4 45
Trabdreß 289 26
Traber 289 28
Traberbahn 289 23
Traberpferd 289 28
Trabrennbahn 289 23
Trabrennen 289 23–40
Tracht 355 27
Trachten 71 41
Track 289 23
Träger 88 3
Trägerkleid 31 8
Trägerkleidchen 29 13
Trägheitsmeßwertgeber 6 43
Tränenbein 17 40
Tränende Herz 60 5
Tränengurke 88 14
Tränenhöhle 88 14
Tränkrinne 74 6
Trafo 152 39
Trafostation 92 21
Tragbahre 270 23
Tragbalken 119 57
tragbare EKG-Gerät 23 46
Tragbügel 241 2
Tragbütte 78 15
Tragegriff 21 22
Tragegürtel 282 19
Tragfläche 256 9
Tragfläche 288 27
Tragfläche 230 43
Tragfläche 287 29
Tragflächenanordnung 229 1–14
Tragflächenaufbau 257 27
Tragflächenformen 229 15–22
Tragflügel 288 27
Traggabel 148 15
Traggebälk 337 9
Traggestell 167 33
Traggriff 260 8
Traghenkel 129 8
Traghimmel 331 49
Tragkabel 215 40
Tragkabelverankerung 215 43
Tragkraftspritze 270 52
Tragkreuz 331 42
Tragladen 267 50
Traglast 73 5
Traglatte 120 45
Traglatte 123 67
Tragpfanne 148 14
Tragrahmen 65 90
Tragriemen 260 11
Tragriemenöse 115 9
Tragring 147 46
Tragrohr 64 51
Tragsäule 116 28
Tragsattel 73 4
Tragschicht 198 2
Tragschlauch 286 27
Tragseil 119 37

Tragseil 271 52
Tragseil 215 16
Tragseil 214 27, 38, 44
Tragseilbremse 214 71
Tragseillauflager 214 33
Tragseilschuh 214 58, 79
Tragseilspanngewicht 214 41
Tragseilverankerungspoller 214 59
Tragstiel 148 16
Tragtier 354 3
Trailer 278 20
Trailer 221 54
Trailerfähre 221 54
Trainer 292 57
Trainer 291 55
Trainingsgeräte 299 20–24
Trainingshose 33 29
Trainingsjacke 33 28
Trainingspartner 299 27
Trajekt 15 12
Trajekt 221 74
Traktate 330 57
Traktor 273 55
Traktor 62 38
Traktor 65 20
Traktur 326 6–16
Trampeltier 366 29
Trampolin 297 10, 17
Trampolin 282 10
Tranlampe 353 7
Trans-Europe-Express 205 34
Trans-Europe-Express-Intercity-Zug 209 1–22
Transformationsstufe 23 56
Transformator 153 9–18
Transformator 152 39
Transformator 211 10
Transformator[en]kessel 152 40
Transformatorenschaltung 153 19
Transmissometer 10 60
Transparentgummisohle 101 38
Transparentsohle 101 15
Transporteinrichtung 199 36
Transportfahrzeug 62 18
Transportflugzeug 256 24
Transportgriff 21 37
Transporthubschrauber 256 18
Transporthubschrauber 232 21
Transportierring 164 37
Transportleitung 145 35
Transportöse 152 48
Transportrolle 117 34
Transportschiene 133 41
Transportschlitten 157 52
Transportwagen 199 38
Transportwalze 162 11

Transportzahntrommel 115 26
Transtainerkran 226 2
Trapez 346 37
Trapez 307 6
Trapez-Kreuzschliff 36 58
Trapez-Treppenschliff 36 57
Trapezdraht 284 12
Trapezflügel 229 17
Trapezkünstler 307 7
Trapeztafel 203 25
Trapper 306 8
Trassant 250 21
Trassat 250 20
Tratte 250 12
Traube 78 5
Traube 370 68
Traubenhotte 78 15
Traubenmühle 78 17
Traubenwickler 80 22
Trauergäste 331 33
Trauermantel 365 5
Trauernde 331 33
Trauerschleier 331 39
Trauerweide 272 63
Traufe 121 4
Traufe 37 6
Traufe 122 92
Traufel 118 56
Traufenwascheinrichtung 169 29
Traufgebinde 122 49
Traufleiste 334 11
Traufplatte 122 5
Trauring 332 17
Trauringe 36 5
Trauringkästchen 36 6
Trauringmaschine 108 24
Trauung 332 14
Trauzeugen 332 23
Traveller 284 27
Traveller 164 55
Traverse 119 57
Traverse 152 37
Traverse 222 15
Trecker 65 20
Trefferanzeige 294 25–33
Treffflächen 294 51–53
Treffpunkt 233 29
Treibachse 210 37
Treibbeet 55 16
Treiber 86 37
Treiber 293 91
Treibhaus 55 4
Treibjagd 86 34–39
Treibnetz 90 25
Treibnetzfischerei 90 1–10
Treiböltank 223 80
Treibriemen 103 10
Treibschlag 293 83
Treibstoffbehälter 235 46
Treibstoffstandsensor 234 27
Treibstofftank 6 7, 29, 37
Treibstofftank 234 58
Treibstofftank 188 10, 28

Treibwasserpumpe 216 60
Treidelgleis 216 30
Treidelmast 216 28
Treidelmotor 216 29
Treideln 216 27
Trema 342 34
Tremse 61 1
Trenchcoat 33 57
Trennjalousie 25 9
Trennschicht 7 10
Trennschleifmaschine 125 16
Trennvorrichtungen 146 28
Trennwand 119 25
Trennwand 75 38
Trennwand 248 1
Trense 289 12
Treppe 123 75
Treppenabsatz 123 34–41
Treppenbau 123
Treppengeländer 38 25
Treppengeländer 123 22, 50
Treppenhaus 37 72
Treppenhausabdeckung 118 22
Treppenhausfenster 37 81
Treppenhausfenster 123 65
Treppenleiter 126 2
Treppenleuchte 41 22
Treppenloch 120 46
Treppenschliff 36 59
Treppenschraube 123 46
Treppenschritt 301 27
Treppenstufe 41 24
Treppenvorplatz 123 23
Tresor 246 22
Tresorraum 250 11
Tressenärmel 186 24
Tressenkragen 186 22
Tressenrock 186 23
Tretantrieb 188 25
Tretauto 273 55
Tretkurbel 187 41
Tretkurbel 188 25
Tretkurbellager 187 42
Tretlager 187 42
Tretnähmaschine 104 12
Tretnähmaschine 308 1
Tretschemel 325 46
Tretschlitten 304 29
Tretwerk 325 46
Trial 290 24–28
Triangel 323 49
Triangel 36 61
Triangelschliff 36 67
Triangulum 3 40
Tribbling 291 52
Tribüne 289 34
Trichter 78 18
Trichter 324 70
Trichter 350 16
Trichterkübel 147 5
Trickeinrichtung 310 59
Trickprogrammschalter 117 87

Tricktaste 117 84
Tricktrack 276 22
Triebachsvorgelege 64 30
Triebdrehgestell 197 9
Triebkopf 209 2
Triebradsatz 209 3
Triebwagen 214 1
Triebwagen 209 2
Triebwagenführerstand 208 14
Triebwagenzug 205 25
Triebwagenzug 209 1
Triebwerk 231 26
Triebwerk 6 30
Triebwerk 256 16
Triebwerk 288 35
Triebwerkraumstruktur 235 2
Triebwerksgondel 256 25
Triebwerksgondel 231 26
Triebwerkskardan 6 36
Triebwerkslufteinlauf 257 12
Triebwerksverkleidung 234 6
Triebwerkswiderlager 234 21
Triebzahnrad 214 8
Triebzug 209 1
Triforium 335 33
Triglyphe 334 15
trigonometrische Punkt 14 49
trigonometrische Punkt 15 71
Trikolore 253 16
Trikot 291 56
Trikot 299 25
Trikotfutter 101 17
Triller 321 17
Trilling 91 11
Trimaran 278 16
Trimmklappe 288 25, 30
Trinkbrunnen 205 33
Trinkflasche 290 10
Trinkhalme 266 46
Trinkkur 274 18
Trinkmilch 76 20
Trinkmilchtank 76 15
Trinkquelle 274 15–17
Trinkwasserleitung 198 22
Trinkwassersack 278 32
Trinkwassertank 146 16
Trinkwasserversorgung 269 1–66
Triole 321 23
Trippen 355 43
Trireme 218 9–12
Triton 327 40
Tritt 104 13
Tritt 186 13
Trittfolge 171 10
Trittsiegel 86 8
Trittstufe 123 32, 47
Trittstufe 197 15
Triumphbogen 334 34
Triumphbogen 334 71
Trizeps 18 38
Trochilus 334 29

Trockenautomat **50** 28
Trockenbatterie **127** 27
Trockenbeizung **83** 52
Trockenbügelautomat **50** 11
Trockendock **225** 17
Trockendock **222** 31–33
Trockenfilz **173** 23
Trockengeräte **50** 23–34
Trockengürtel **9** 54
Trockenhaube **105** 25
Trockenhaube **173** 27
Trockenkammer **159** 17
Trockenkammer **168** 28
Trockenkühlturm **154** 39
Trockenofen **180** 14, 27
Trockenschwimmen **282** 20
Trockensieb **173** 23
Trockenständer **308** 49
Trockental **13** 75
Trockenteilfeld **165** 54
Trockentrommel **50** 29
Trockentrommel **173** 33
Trockenzylinder **173** 22
Trocknen **169** 24
Trockner **170** 38
Trocknerauslauf **168** 30
Trödelmarkt **308** 60
Trog **173** 47
Trogdeckel **178** 37
Trogtor **217** 32
Troika **186** 45
Trolley **194** 42
Trolleybus **194** 40
Trolleybusanhänger **194** 44
Trombone **323** 46
Trommel **323** 51, 55
Trommel **10** 5, 16
Trommel **163** 43
Trommel **324** 47
Trommel **335** 44
Trommelbremse **188** 36
Trommelbremse **189** 11
Trommelbremse **189** 13
Trommelfell **17** 59
Trommelfell **323** 52
Trommelmühle **161** 1
Trommelpfanne **148** 6
Trommelschlegel **323** 54
Trommelstab **354** 19
Trommelstock **323** 54
Trompete **308** 54
Trompete **323** 43
Trompete **318** 6
Trompetennarzisse **60** 3
Trompeter **318** 7
Tropaeolum **53** 4
Tropengewächshaus **272** 65
Tropeninstitut **225** 28
Tropfen **36** 85
Tropfenplatte **334** 17
Tropfinfusionen **25** 13
Tropfinfusionen **26** 9
Tropfplatte **266** 2

Tropfring **283** 40
Tropfsteine **13** 81
Tropfsteinhöhle **13** 79
Tropfsteinsäule **13** 82
Tropftrichter **349** 3
Tropfwurz **60** 8
tropische Regengürtel **9** 53
Tropopause **7** 9
Troposphäre **7** 1
Trosse **227** 8
Trossel **164** 34
Trosselkops **165** 15
Trossenrichtung **227** 15
Trottellumme **359** 13
Trubausscheidung **93** 1–5
Truck **226** 8
Truck-to-truck-handling **226** 7
Truck-to-truck-Verkehr **225** 41
Trudeln **288** 7
Trüböltank **221** 71
Trüffel **381** 9
Trugdolde **370** 70
Truhenschrank **246** 20
Truthahn **73** 28
Truthenne **73** 28
Tschaitjahalle **337** 27
Tschaitja **337** 28
Tschibuk **107** 32
Tschinellen **323** 50
Tsetsefliege **81** 43
Tuba **323** 44
Tubaphon **324** 61
Tubenlinie **31** 14
Tubenständer **22** 46
Tubenverschluß **260** 52
Tuberose **60** 9
Tuberosität **80** 27
Tubus **111** 18
Tubus **113** 8
Tubus **10** 27
Tubusmittelteil **113** 9
Tuch **168** 39
Tuchballen **271** 59
Tuchbindung **171** 1, 24
Tuchcaban **33** 63
Tuchmantel **33** 66
Tuchmantel **30** 61
Tudorbogen **336** 37
Tüllarbeit **102** 15
Tülle **187** 59, 74
Tüllenbeil **328** 23
Tüllgrund **102** 16
Tüllspitze **102** 15
Tümmler **367** 23
Tüpfelfarn **377** 16
Tür **186** 11
Türaufzugsvorrichtung **139** 55
Türfach **39** 6
Türfenster **191** 22
Türgriff **191** 5
Türgriff **186** 12
Türkenbund **377** 4
türkischen Teller **323** 50
Türklinke **41** 28
Türmer **329** 9
Türrahmen **41** 26
Türschloß **41** 27
Türschloß **191** 6
Türschloß **140** 36–43

Türtaster **127** 2
Tüte **98** 49
Tuff **11** 19
Tuffwall **11** 26
Tukan **363** 6
Tumba **324** 55
Tumba **335** 53
Tumulus **328** 16
Tundrenklima **9** 57
Tuner **241** 37, 40
Tuner **317** 22
Tunika **30** 29
Tunika **355** 12
Tunikakleid **30** 29
Tunique **30** 29
Tunnel **15** 70
Tunnel **214** 6
Tunnelgürtel **31** 66
Tunnelofen **161** 5
Tupferhalter **23** 12
Tupferspender **22** 36
Turas **226** 23, 28
Turban **353** 46
Turbine **155** 39
Turbine **67** 20
Turbinen **232** 40, 47
Turbinen-Propeller-Flugzeug **231** 4
Turbinenanlage **146** 5
Turbinenanlage **209** 24
Turbineneinlauf **155** 40
Turbinengetriebe **209** 10
Turbinenhaus **217** 43
Turbinenhaus **152** 22
Turbinenluftstrahltriebwerke **232** 33–50
Turbinensatz **154** 33
Turbinentriebwerk **257** 15
Turbinentriebwerke **232** 17, 24
Turbinenüberwachungsschrank **153** 30
Turboluftstrahltriebwerk **231** 26
Turboluftstrahltriebwerke **232** 33–50
Turboprop-Triebwerk **256** 16
Turbopropflugzeug **231** 4
Turboproptriebwerk **231** 5
Turboproptriebwerk **232** 30, 51
Turm **258** 29, 67
Turm **276** 12
Turm **119** 34
Turm **259** 71
Turm **288** 4
Turmdrehkran **119** 31
Turmgrab **333** 21
Turmhelm **335** 7
Turmknauf **331** 5
Turmmast **221** 51
Turmrollen **145** 4
Turmrutschbahn **308** 40
Turmschwalbe **359** 24
Turmspringen **282** 40–45
Turmspringer **282** 5
Turnanzug **297** 51

Turngeräte **296** 1–11
Turngeräte **297** 1–6
Turnhemd **296** 61
Turnhose **296** 62
Turnier **329** 71
Turnierbogen **305** 54
Turnierfähnchen **254** 33
Turnkleidung **297** 52
Turnkleidung **296** 61–63
Turnschuh **101** 35
Turnschuhe **297** 52
Turnschuhe **296** 63
Turnüre **355** 69
Turteltaube **359** 23
Tuschebehälter **151** 63
Tuschefüller **151** 37
Tuschefüllereinsatz **151** 68
Tuschepatrone **151** 36
Tutu **314** 29
Twinset **31** 49
Tympanon **335** 26
Type **249** 29
Typenfeld **245** 27
Typenreiniger **247** 8
Typhon **223** 3
Typoskript **174** 6

U

U-Bahntunnel **198** 29
U-Boot **258** 64
U-Bootabwehrraketenwerfer **258** 30
U-Bootabwehrraketenwerfer **258** 50
U-Bootjagdtorpedorohr **258** 33
U-Eisen **143** 7
U-Jagdatom-U-boot **259** 54
U-Jagdraketensalvenwerfer **259** 24, 37
U-Jagdraketentorpedostarter **259** 51
U-Jagdtorpedofünflingssatz **259** 36
U-Rohr **349** 2
Ü-Wagen **239** 1–15
Über- und Unterdruckmanometer **349** 19
Überblattung **121** 89
Überbrückungsschalter **211** 25
Überdach **278** 22
Überdeckung **122** 100
Überdruckventil **40** 22
Überflurhydrant **270** 35
Übergabetrommeln **180** 36
Übergang **208** 11
Übergangsreduzierstück **126** 41
Übergangsstück **126** 38
Übergangswinkel **126** 49, 51
Übergardinen **44** 13
Übergrätschen **296** 49
Überhitzer **152** 9
Überkehrauslauf **64** 22

Überkehrschnecke **64** 21
überkippte Falte **12** 14
Überkleid **355** 36, 50
Überladeturm **64** 37
Überlappung **143** 56
Überlauf **38** 69
Überlauf **49** 25
Überlauf **269** 33
Überlaufbecken **272** 23
Überlaufbehälter **350** 60
Überlaufen **298** 7
Überlaufleitung **269** 20
Überlaufrechen **89** 5
Überlaufventil **49** 45
Überrollbügel **193** 13
Überrollbügel **65** 21
Überschallverkehrsflugzeug **231** 15
Überschiebung **12** 7
Überschläger **293** 75
Überschlag **297** 21, 25
Überschlag **296** 56
Überschlag **308** 43
Überschlagschaukel **308** 42
Überschwemmungsraum **216** 42
Überseefunk **237** 55
Übersetzfenster **207** 7
Übersichtsbeleuchtung **112** 52
Überspannungsableiter **152** 35
Überströmschlitz **242** 57
Übertagebauten **154** 70
Übertragungstuch **249** 40
Übertragungsvermerk **250** 25
Überwachungsfeld **203** 64
Überwachungsorgane **153** 9
Überwinterungsnest **80** 31
Überwurfmantel **355** 6
Überziehpullover **30** 4
Übungsheft **260** 4
Übungsturm **270** 3
Ufer **13** 4
Uferbefestigung **216** 51–55
Uferböschung **217** 28
Uferdamm **216** 49
Uferwellen **13** 36
UHF-Tuner **240** 6
Uhren **110**
Uhrengehäuse **309** 57
Uhrenpendel **309** 58
Uhrgehäuse **110** 26
Uhrgläser **109** 29
Uhrmacher **109** 20
Uhrmacherdrehstuhl **109** 20
Uhrwerk **110** 36
Uhu **86** 48
Uhu **362** 16
Uhuhütte **86** 51
UKW-Stationstasten **241** 38

ULCC **221** 1
Ulme **371** 49
Ultra large crudeoil carrier **221** 1
Umarmung **205** 53
Umbellula encrinus **369** 14
Umblatt **107** 6
Umdrehungszählwerk **309** 83
Umdrehungszahlwähler **241** 29
Umdruck-Adressiermaschine **245** 7
Umfang **346** 44
Umfangswinkel **346** 56
Umführungsschiene **214** 22
Umkehrring **115** 83
Umkleideraum **282** 3
Umkreis **346** 29
Umlaufbahnen **214** 15–24
Umlaufberg **13** 12
Umlaufkabine **214** 20
Umlaufölkühlung **312** 25
Umlaufprüfgerät **109** 24
Umlaufseil **214** 21
Umlaufspülung **179** 6
Umlegekragen **31** 69
Umlenkprismen **112** 13
Umlenkrolle **312** 29
Umlenkspiegel **113** 11
Umpflanzen **54** 5
Umrolltisch **238** 59
Umrolltisch **312** 21
Umsatzstatistik **248** 46
Umschalter **153** 13
Umschaltfeststeller **249** 5
Umschaltschieber **87** 24
Umschaltspindel **149** 34
Umschalttaste **50** 59
Umschalttaste **249** 3
Umschlagärmel **30** 6
Umschlagklappe **185** 38
Umschlagkragen **30** 5
Umschrift **342** 14
Umsetzen **54** 5
Umspannanlage **217** 46
Umspanner **152** 39
Umspulen **170** 50
Umsteiger **233** 27
Umwälzpumpe **154** 43
Umwälzpumpe **154** 54
Umwindstrecke **285** 24
Umwurf **355** 10
Unbekannte **345** 4
Unbekannte **345** 8
unbelichtete Film **117** 41
unbeschrankte Bahnübergang **202** 49
undurchlässige Gestein **12** 23
Unfallhilfe **21**
Unfallwagen **270** 19
Ungleichheitszeichen **345** 18
ungleichnamige Brüche **344** 19

Uni **262** 1–25
Uniform **264** 7
Union Jack **253** 15
Unitload **226** 9
Universalbagger **158** 13
Universalbrennschneidemaschine **141** 36
Universaldrehtisch **112** 17
Universalentzerrer **238** 48
Universalfilmkassetten **242** 44
Universalfräsmaschine **150** 32
Universalkletterhaken **300** 38
Universalkondensor **112** 66
Universalkühlwagen **213** 39
Universalladewagen **62** 40
Universalmeßkammer **112** 67
Universalreproduktionskamera **177** 24
Universalrundschleifmaschine **150** 1
Universalschneider **134** 28
Universalzentriergerät **111** 21
Universität **262**
Universitätsbibliothek **262** 11–25
Unke **364** 38
Unkräuter **61**
Unpaarhufer **366** 25–27
unpaarig gefiederte Blatt **59** 40
Unparteiische **299** 16
Unparteiische **291** 62
Unruh **110** 39
Unteramboß **139** 40
Unterarm **16** 46
Unterarmstand **295** 26
Unterbär **139** 7
Unterbau **200** 59
Unterbau **145** 2
Unterbau **334** 4
Unterbauch **16** 37
Unterbeton **123** 13
Unterbrecher **242** 49
Unterdeck **235** 28
Unterdeck **194** 37
Unterdeckfedern **362** 3
Unterdruckpumpe **190** 59
untere Hohlvene **18** 15
untere Hohlvene **20** 57
Untere Keuper **154** 57
Untere Muschelkalk **154** 60
Unterfadenumspuler **104** 16
Unterfeuer **224** 101
Unterflügel **229** 9
Unterflügeltank **256** 4
Unterflurhydrant **270** 25
Unterflurinstallation **127** 22

Unterflurstauraum **231** 21
Untergesenk **139** 14
Untergestell **177** 40
Untergestell **208** 5
Untergestell **113** 2
Untergestell **207** 3
Untergewand **355** 5, 37
Untergrätenmuskel **18** 53
Untergrundvorbehandlung **128** 1–17
Untergurt **121** 73, 79
Untergurt **215** 10
Unterhaltungselektronik **241**
Unterhemd **32** 7
Unterholz **84** 5
Unterhose **32** 29
Unterjacke **32** 25, 28
Unterkasten **148** 20
Unterkiefer **17** 35
Unterkieferbein **17** 35
Unterkieferdrüse **19** 11
Unterkühlungsbadewanne **228** 21
Unterkünfte **146** 33
Unterkunft **270** 2
Unterkunftshaus **300** 1
Unterlabium **326** 26
Unterlage **54** 33
Unterlagsplatte **202** 5
Unterlagsstoff **128** 5
Unterlegscheibe **143** 17
Unterleib **16** 37
Unterlid **19** 40
Unterlick **284** 40
Unterlippe **72** 10
Unterlippe **19** 26
Unterlippe **326** 26
Untermann **307** 29, 45
Untermaschinerie **316** 1–60
Untermauerung **123** 15
Unterputzinstallation **127** 5
Unterrichtstechnik **242**
Unterrock **32** 13
Unterrohr **187** 17
Unterschenkel **72** 36
Unterschenkel **16** 52
Unterschenkelbeuger **18** 61
Unterschenkelstrecker **18** 46
Unterschlitten **149** 24
Unterschnabel **359** 8
Unterschrank **42** 6
Unterschrank **39** 9
Unterschriftenmappe **245** 19
Unterschwung **296** 59
Unterseeboot **258** 64
Unterseil **214** 46
Untersetzung **172** 69
Untersetzungsgetriebe **232** 59
Untersetzungsgetriebe **259** 61

Untersimm 90 9
Unterspannungsdurch-
führung 152 44
Unterspannungswick-
lung 153 16
Unterspiegel 218 58
unterständige Frucht-
knoten 58 7
Unterstand 84 5
Unterstempel 252 41
Untersuchungsliege 23
4, 43
Untertageanlagen 144
21–51
Untertasse 44 30
Unterteller 45 3
Untertischkappsäge 157
24, 64
Untertitel 185 47
Untertitel 342 41
Untertritt 30 52
Unterwalze 148 55
Unterwasserblitzgerät
279 25
Unterwasserfotografie
279 23
Unterwassergehäuse
117 57
Unterwassergehäuse
279 24
Unterwasserjäger 280
37
Unterwasserkamera
279 24
Unterwasserverstärker
237 57
Unterwindventilator
199 33
Unterzange 163 65
Unterziehrolli 30 7
Unterziehstrickweste 33
53
Unterzug 119 3, 5
Unterzug 121 67
Unterzugschalung 119
12
Unterzylinder 164 10
Untiefe 224 87, 97
Unziale 341 17
Unzialis 341 17
Unzialschrift 341 17
Uranus 4 50
Urethroskop 23 20
Urhahn 88 72
Urne 331 31
Urnengrab 328 39
Urnengrab 331 30
Urnenschlitz 263 30
Ursa 3 29, 34
Urtierchen 357 1–12

V

V-Ausschnitt 31 68
V-Boden-Boot 286
35–37
V-Leitwerk 229 31
Vakuole 357 5
Vakuum 240 21

Vakuumanschluß 145
51
Vakuumbegasungsanla-
ge 83 11
Vakuumdeckel 177
35
Vakuumfilmhalter 177
8
Vakuumformung 162
28, 36
Vakuumkammer
2 52
Vakuumkammer 159
12
Vakuumkammer 83
12
Vakuumkessel 170 54
Vakuumlagerkessel 169
11
Vakuumpresse 161
7
Vakuumpumpe 269
8
Vakuumrahmen 182
2
Valander 380 7
Vamp 306 32
Vanillepflanze 382
46
Vanilleschote 382
48
Vanillestange 382
48
Variometer 230 14
Varioobjektiv 117 2
Varioobjektiv 313 23
Vase 161 18
Vase 334 37
Vater-unser-Perle 332
31
Vatermörder 355 74
VCR-Kassette 243 5
VCR-Kopftrommel 243
19
VCR-Spurschema 243
28
VCR-System 243 5–36
Velourssteppich 267 35
Velum 381 5
Vene 18 2
Ventil 38 73
Ventil 288 77, 82
Ventil 291 18
Ventil 187 31
Ventil 326 10
Ventil 324 66
Ventil 323 40
Ventilator 165 23
Ventilator 65 52
Ventilator 199 46
Ventilatorgebläse 165
4
Ventilatorschiene 165
6
Ventilhorn 323 41
Ventilierung 6 26
Ventilkappe 187 32
Ventilleine 288 78
Venus 4 44
Venusfliegenfalle 377
14
Veränderliche 345 14
Verankerung 216 13

Veranstalter 299 45
Verbandsflagge 286 6, 9
Verbandsmaterial 26 34
Verbandspäckchen 21 4
Verbandstisch 22 45
Verbindungsbrücke 235
49
Verbindungsdraht 298
44
Verbindungselement
248 48
Verbindungsflugzeug
256 24
Verbindungsstück 350
56
Verbrennungsmotoren
190
Verdächtige 264 32
Verdampfer 155 6
Verdeck 283 57
Verdeck 186 14
Verdeck 193 10
Verdichter 145 45
Verdrängerkörper 229
30
Verdrängungsboote 286
32–37
Veredlung 54 30–39
vereidigte Kursmakler
251 4
Vereinigung 224 90
Vereinigungsmenge 348
5, 6
Vereinsturnen 296
12–21
Vereinsturnen 297
7–14
Vereisungsgerät 22 63
Verfalltag 250 16
Vergaser 189 4
Vergaser 192 1–15
Vergißmeinnicht 378 26
Vergnügungsboot 283 1
Vergolde- und Präge-
presse 183 26
Vergolden 183 1
Vergolden 129 40
Vergolderkissen 129 50
Vergoldermesser 129
51
Vergrößerer 116 26
Vergrößerungsapparat
116 26
Vergrößerungsbelich-
tungsmesser 116 53
Vergrößerungsgerät
116 26
Vergrößerungskassette
116 35
Vergrößerungsrahmen
116 35
Verholspill 217 22
Verholtrosse 217 23
Verkäufer 98 13
Verkäufer 308 17
Verkäuferin 99 17
Verkäuferin 271 18
Verkäuferin 97 1
Verkäuferin 98 31
Verkaufskarree 271 42
Verkaufskorb 99 8
Verkaufsraum 99 4
Verkaufsraum 97 1–54

Verkaufsraum 111
1–19
Verkaufsregal 99 23
Verkaufsstand 47 28
Verkaufstheke 271 61
Verkehrsampel 268 52
Verkehrshubschrauber
264 1
Verkehrskontrolle 264
9
Verkehrspolizist 268 30
Verkehrsregelung 268
30
Verkehrsschutzarmbin-
de 199 7
Verkehrsstreife 264 9
Verkehrsüberwachung
264 1
Verkehrszeichen 268 66
Verkleidung 306 6–48
Verkleidungskonus 235
63
Verklicker 284 48
Verladebrücke 221 90
Verladebrücke 225 20
Verladerohr 226 34
verlängerte Mark 18 24
verlängerte Mark 17 47
Verlängerungspunkt
320 7
Verlängerungsschnur
127 10
Verlängerungsstange
151 57
Verlagssignet 185 48
Verlagszeichen 185 48
Verlandungszone 13 10
verlassene Bergwerk 15
35
Verlegerzeichen 185 48
Verleseband 64 81
Verletzte 21 18–23
Verlies 329 5
Verlosung 306 11
Vermehrung 54 14
Vermessung 14 46–62
Vermittlung 237 41
Verpackungsanlage 76
20
Verpackungsmaschine
76 36
Verpackungssack 288
44
Verpflanzen 54 5
Verputzarbeiten 118
83–91
Verreiber 249 51
Verreibwalzen 181 1
Verrier-Palmette 52 1
Verrohrung 145 20
Versal 175 11
Versalbuchstabe 175 11
Versammlung 263 8
Versammlungsleiter
263 1
Versatz 121 90, 91
Versatz 120 54
Versatzstück 315 30
Versatzstück 316 47
Verschlag 38 19
Verschlagwagen 213 28
Verschlußhebel 87 25
Verschlußkappe 151 40

Verschlußkegel 147 6
Verschlußponton 222 32
Verschlußregister 203 63
Verschlußriegel 117 62
Verschlußzeitenknopf 115 19
Verschnürung 206 12
Verschnürung 101 21
Verschraubung 126 42
Verschwertung 119 14
Versenköffnung 316 32
Versenkpodium 316 34
Versenkschacht 5 24
Versenktisch 316 33
Versenkwalze 217 68
Versetzen 54 5
versetzte Ansatz 128 22
Versetzungszeichen 320 50–54
Versicherungsbüro 268 40
Versorger 258 93
Verspannung 229 12
Verstärker 312 19
Verstärker 241 40
Verstärker 317 23
Verstärker- und Netz-geräteträger 238 3
Verstärkereinrichtung 310 59
Verstärkungsreifen 130 16
Verstärkungsrippe 200 9
Verstärkungsrippe 217 78
Versteifung 315 31
Versteigerungshalle 225 58
Verstellbügel 106 17
Verstellspindel 226 51
Verstellstange 49 43
Verstopfen 54 5
Verstrebung 119 51
Verstrebung 215 4
Verstrich 122 55
Versuchstriebwagenzug 209 23
Verteidiger 282 49
Verteidigungszone 293 66
Verteilungsnetz 269 22
Verteilungsrinne 274 3
Verteilungsstahl 119 69
Verteilungsstück 270 32
Vertiefstempel 108 18
Vertikal-Reproduk-tionskamera 177 32
Vertikalablenkmodul 240 8
Vertikale 215 36
Vertikaltrockenschleu-der 179 27
Vertragswerkstatt 195 1–55
Verunglückte 21 20
Vervielfachen 344 25
Vervielfältigungsauto-mat 176 32
Verwässerungszone 13 24

Verwaltungsgebäude 144 18
Verwaltungsgebäude 233 16
Verwaltungsgebäude 310 4
Verweiskarte 291 63
Verwerfung 12 4
Verwerfung 144 51
Verwerfungslinie 12 5
Verzahnungen 143 82–96
Verzierungen 321 14–22
Vesen 68 24
Veste 329 1
Vestibül 267 1–26
VHF-Tuner 240 6
Vibraphon 324 75
Vibrationsfertiger 201 10
Vibrationsreinigungs-maschine 109 23
Vibrationsschleifer 134 53
Vibrationssieb 158 21
Victoria regia 378 17
Video-Cassette-Recor-der-)System 243 5–36
Videocodierplatz 236 39
Videokassettenrecorder 243 7
Videokopf 243 26, 36
Videokopf-Bewegungs-richtung 243 30
Videomonitor 261 7
Videomonitor 238 2
Videorecorder 243 4
Videosignale 243 58
Videospur 243 31
Videotechnikerin 239 11
Vieh 73 1, 2
Viehbohne 69 15
Viehhaltung 75
Viehtransporter 221 68
Viehweide 62 44
Vieleck 346 40
Vielfachmeßgerät 242 73
Vielfachmeßgerät 127 41
Vielflächner 351 11
Vielle 322 25
Vielseilsystem 215 51
Vielzeller 357 13–39
Vielzweckregal 248 28
Vier-Familien-Doppel-haus 37 69–71
Vier-Zylinder-Boxer-motor 230 34
Vier-Zylinder-Diesel-motor 65 44
Vierachteltakt 320 31
Vierbackenfutter 149 35
vierblättrige Kleeblatt 69 5
Vierecke 346 33–39
Viereckregner 56 46
Vierer 283 9

Vierfachmagnetkopf 312 51
Vierfachsteckdose 127 8
Vierfarben-Bogenoff-setmaschine 180 30
Vierfarben-Rollenoffset-maschine 180 1, 18
Vierflächner 351 1
Vierfleckige Bohnenkä-fer 81 19
Viergang-Synchronge-triebe 192 28–47
Vierhalbetakt 320 33
Vierkanal-Balanceregel-ler 241 42
Vierkanal-Magnetton-zusatzgerät 312 50
Vierkanaldemodulator 241 45
Vierkanteisen 143 9
Vierkantholzhammer 132 5
Vierkanthorn 137 12
Vierkantschraube 143 39
Vierklang 321 5
Vierling 258 30
Viermast-Gaffelschoner 220 28
Viermastbark 220 29
Viermaster 220 28–31
Viermastvollschiff 220 31
Viermastzelt 307 1
Vierpaß 335 39
Vierradantrieb 194 1 40
Vierschaarbeetpflug 63 40
Vierspur-Tonbandgerät 242 13
Vierspurgerät 241 56
Viertaktmotor 242 45
Viertelnote 320 15
Viertelpause 320 23
Viertelzollband 238 5
viertürige Limousine 193 1
Vierundsechzigstelnote 320 19
Vierundsechzigstelpau-se 320 27
Vierundzwanzigflächner 351 12
Vierungsturm 335 6
Vierviertteltakt 320 32
Vierzylinder-Viertakt-motor 189 50
Vierzylindermaschine 189 49
Vierzylinderstreckwerk 164 9
Villenkolonie 15 28
Viola 322 23
Viola da Gamba 322 23
Violenbogen 322 24
Violinbogen 323 12
Violinbogenfibel 328 27
Violine 323 1
Violinsaiten 323 9
Violinschlüssel 320 8
Violoncello 323 16
Violone 322 23

Violone 323 23
Vipern 364 41
Virginal 322 45
Virginische Tabakpflan-ze 382 40
Virgo 3 18
Virgo 4 58
Vis-à-vis-Wagen 186 51
Visier 305 56
Visier 329 40
Visier 255 22, 36
Visiereinrichtung 87 65
Visierklappe 87 67
Visiermarke 87 68
Visierschieber 87 69
Viskose 169 1–12
Viskose-Lüfterkupp-lung 190 8
Viskosebecher 130 32
Viskosefasern 169 1–34
Viskosefilamentgarn 169 1–34
Viskosespinnfaserballen 169 34
Viskosespinnlösung 169 28–34
Viskosespinnmasse 169 13–27
Viskositätsmessung 129 38
Vitrine 46 9
Vitrine 44 26
Vitrinenregal 46 7
Vliesstoff 103 27
VLP-Bildplatte 243 51
Vögel 359
Vögel 360
Vögel 361
Vögel 362
Vögel 363
Völkerkunde 352
Völkerkunde 353
Völkerkunde 354
Vogelgehege 356 8
Vogelkirsche 59 5
Vogelkönig 361 12
Vogel Phönix 327 9
Vogelscheuche 52 27
Voith-Getriebe 212 74
Voith-Getriebe 209 14
Volant 191 37
Voliere 356 8
Volksmusikinstrumente 324 1–46
Volksrodel 303 1, 2
Volksschule 260 1–85
Vollbart 34 15
Vollcontainerschiff 226 5
Vollcontainerschiff 221 21
Volldrehpflug 65 62
Volleyball 293 58
Volleyballspiel 293 56–71
Vollflächner 351 2
Vollgalopp 72 44
Vollgatter 157 2
Vollglasrute 89 49
Vollkerf 358 10
Vollkonserven 96 25
Vollkornbrot 97 10, 48
Vollmantelgeschoß 87 55

Vollmattscheibe **115** 58, 59
Vollmond **4** 5
Vollpipette **350** 25
Vollschiff **220** 24–27
Vollwandträger **121** 72
Vollziegel **159** 20
Voltigereiter **307** 32
Voltigeur **307** 32
Volute **333** 26
Volute **334** 23
Volutengiebel **336** 5
Volutenpolster **334** 24
Vor-Bramsaling **219** 51
VOR-Leitkursanzeiger **230** 15
Vor-Marssaling **219** 50
Vor-Oberbramrah **219** 36
Vor-Oberbramsegel **219** 59
Vor-Obermarsrah **219** 34
Vor-Obermarssegel **219** 57
Vor-Royalrah **219** 37
Vor-Royalsegel **219** 60
Vor-Stengestagsegel **219** 20
Vor-Unterbramrah **219** 35
Vor-Unterbramsegel **219** 58
Vor-Untermarsrah **219** 33
Vor-Untermarssegel **219** 56
Voramboß **137** 14
Vorarm **72** 21
Vorbaugerüst **215** 62
Vorbauschneepflug **304** 9
Vorbelichtungslampe **177** 37
Vorbereitungsraum **261** 14–34
Vorbestellbuch **22** 11
Vorblasen **162** 24
Vorbramsegel **218** 52
Vorbramstenge **219** 4
Vorbrecher **158** 17
Vorbruttrommel **74** 29
Vorbühne **316** 25
Vordach **37** 67
Vordach **278** 28, 37
Vordarre **92** 16, 29
Vordeck **284** 10
Vordeck **223** 47
Vorderachsfederung **65** 49
Vorderachspendelbolzen **65** 48
Vorderachsträger **192** 84
Vorderansicht **151** 17
Vorderbein **82** 6
Vorderblatt **100** 60
Vordereckkegel **305** 1
vordere Längsfurche **20** 25
Vorderfalte **31** 25
Vorderflügel **358** 36
Vorderflug **329** 45

Vorderfuß **72** 22–26
Vorderfuß **303** 8
Vorderfußwurzel **72** 22
Vordergasse **305** 3, 5
Vordergassenkegel **305** 2, 4
Vorderhachse **95** 5, 8
Vorderhaxe **95** 5
Vorderhesse **95** 22, 28
Vorderkappe **100** 58
Vorderkastell **218** 19
Vorderknie **72** 22
Vorderlauf **88** 25, 64
Vorderlauf **70** 5
Vorderpfote **70** 6
Vorderpiek **227** 28
Vorderrad **186** 4
Vorderrad **187** 26–32
Vorderrad-Trommelbremse **188** 36
Vorderradantrieb **191** 52
Vorderradbremse **187** 5
Vorderradfahrwerk **191** 52
Vorderradgabel **187** 10–12
Vorderradnabe **187** 52
Vorderreißverschluß **29** 18
Vorderschaft **87** 13
Vorderseite **252** 8
Vordersitzkopfstütze **193** 7
Vorderspieler **293** 75
Vordertür **193** 5
Vorderzange **132** 30
Vordrossel **192** 6
Vorfach **260** 10
Vorfach **89** 78
Vorfeld **233** 3
Vorfeldstraße **233** 4
Vorflügel **229** 53
Vorfluter **216** 36
Vorführkabine **312** 12
Vorfußknochen **17** 28
Vorgarneinführung **164** 15
Vorgarten **37** 58
Vorgelegewelle **192** 37
Vorgeschichte **328**
Vorhängeschloß **38** 21
Vorhalle **334** 50
Vorhalte **295** 50
Vorhand **72** 18–27
Vorhandflugball **293** 41
Vorhandschlag **293** 40
Vorhang **316** 23
Vorhangbogen **336** 35
Vorhangzüge **315** 1–4
Vorhaut **20** 70
Vorherd **148** 5
Vorhörlautsprecher **238** 50
Vorhörtasten **238** 46
Vorhof **20** 45
Vorlagenfenster **249** 39
Vorlagenhalter **177** 22, 30
Vorlagenzylinder **177** 64
Vorlauf **38** 74
Vorlauf **126** 23

Vorlauf **155** 10
Vorlauftaste **249** 73
Vorlegebesteck **45** 70
Vorlegegabel **45** 70
Vorlegelöffel **45** 74
Vorlegemesser **45** 69
Vorleger **225** 63
Vorlegeschalthebel **149** 3
Vorlegeschloß **38** 21
Vorlesung **262** 1
Vorliek **284** 42
Vormaischer **92** 42
Vormannkabine **228** 31
Vormarsstenge **219** 3
Vormauerung **122** 39
Vormerkblatt **247** 34
Vormischraum **238** 54–59
Vormwindstrecke **285** 23
Vorpiek **227** 18
Vorplatz **41** 1–29
Vorratshaus **329** 13
Vorratsschädlinge **81**
Vorratsspule **117** 31
Vorratstank **146** 17
Vorratszellen **77** 35
Vorraum **207** 21
Vorraum **41** 1–29
Vorreißer **163** 53
Vorreißerrost **163** 54
Vorsager **316** 28
Vorsatz **185** 49
Vorsatzpapier **185** 49
Vorschäler **65** 11, 68
Vorschaumonitor **238** 60
Vorschiffquerschnitt **286** 33, 36, 40
Vorschlag **321** 14
Vorschlag **326** 31
Vorschlaghammer **137** 22
Vorschleifscheibe **111** 36
Vorschneider **65** 11
Vorschrifttasten **247** 21
Vorschub- **149** 9
Vorschubanzeiger **157** 9
Vorschubeinstellung **100** 28
Vorschubgetriebe **149** 10
Vorschubgetriebekasten **149** 8
Vorschubkette **172** 67
Vorschubkettenantrieb **172** 69
Vorschubklinke **157** 44
Vorschubmotoren **177** 43
Vorschubsattel **185** 4
Vorschubskala **157** 61
Vorschubspindel **149** 15
Vorschubwalze **157** 40
Vorschubwalzen **85** 19, 24
Vorschüler **48** 2
Vorschulerziehung **48** 1–20
Vorsetzhebel **167** 44
Vorsignalanzeige **203** 16

Vorsignalbaken **203** 26–29
Vorsignale **203** 7–24
Vorsignaltafel **203** 24
Vorsignalwiederholer **203** 17
Vorsortierer **172** 21
Vorsortierung **64** 82
Vorstag **284** 15
Vorstand **263** 1, 2
Vorstandstisch **263** 3
Vorstapelung **157** 25
Vorsteherdrüse **20** 76
Vorstenge **219** 3
Vorsteven **222** 74
Vorsteven **218** 4
Vorstopper **291** 12
Vorstraße **148** 70
Vorstreckteich **89** 6
Vortitel **185** 44
Vortragkreuz **330** 47
Vortragsbezeichnungen **321** 27–41
Vortragspult **262** 4
Vortriebsmaschinenanlage **209** 4
Vortrocknung **165** 50
Vorwärmer **145** 31
Vorwärmerdruckmesser **210** 43
Vorwärmgerät **212** 41
Vorwärmheizung **185** 30
Vorwickel-Filmzahntrommel **312** 26
Vorzeichen **344** 7, 8
Vorzeichen **320** 50–68
Vorzimmer **245** 1–33
Vorzwirnerei **170** 45
Voute **336** 10
Voute **119** 6
VSTOL-Flugzeuge **232** 26–32
VTOL-Flugzeug **232** 26
vulkanische Beben **11** 32–38
vulkanische Lockermassen **11** 19
Vulkanismus **11** 13–20
Vulkankrater **11** 16

W

Waage **3** 19
Waage **92** 32
Waage **95** 30, 31
Waage **47** 33
Waage **170** 29
Waage **4** 59
Waagebalken **322** 39
Waagebalken **349** 30
Waagepirouette **302** 9
waagerechte Bretterschalung **37** 84
Waagerechtfrässpindel **150** 39
Waagschale **40** 37
Wabe **77** 31–43
Wachhabende **221** 126
Wacholder **372** 47
Wacholderbeere **372** 52
Wachsbügler **301** 22

Wachsfigur 308 69
Wachsfigurenkabinett 308 68
Wachskerze 77 66
Wachskerzen 260 76
Wachskorken 301 23
Wachskratzeisen 301 24
Wachsmalstift 260 6
Wachsmalstifte 48 11
Wachspflaume 59 25
Wachsplättchen 77 25
Wachsplastik 339 26
Wachspuppe 308 69
Wachsstock 77 65
Wachtel 359 22
Wachtellocke 87 45
Wachtturm 329 4
Wade 16 53
Wadenbein 17 24
Wadenbeinknöchel 19 59
Wadenbeinmuskel 18 64
wadenlange Socke 32 34
Wadennerv 18 33
Wadenstecher 81 4
Wächte 300 20
Wägeglas 349 24
Wägeschale 349 25
Wähleinrichtung 237 42
Wähler 263 24
Wähler 237 42
Wählerin 263 22
Wählerkarte 263 19
Wählerkartei 263 18
Wählermotor 237 48
Wählscheibe 237 10
Wählscheibe 246 14
Wählscheibe 245 16
Wähltastatur 242 25
Währungstabelle 204 32
Wälzlager 143 69
Wälzsprung 298 23
Wälztechnik 298 24
Wärmeableitung 1 55
Wärmegewittern 8 17
Wärmekamin 182 5
Wärmepumpe 155 22
Wärmepumpensystem 155 1
Wärmeregulierungsklappen 10 65
Wärmeschutz 188 16
Wärmeschutzkleidung 270 46
Wärmeschutzschild 234 5, 20
Wärmespeicher 155 20
Wärmetauscher 259 66
Wärmetauscher 212 55
Wärmetauscher 209 15
Wärmetauscher 192 61
Wärmetauscher 154 6
Wärmetauscher 154 2
Wärmetauscher 172 19
Wärmetauscher 212 36
Wärmetauscheranlage 160 6
Wärmetransportmittel 155 31
Wärmflasche 309 88
Wäsche 32
Wäscheabteil 267 31
Wäschefach 43 2
Wäschehaken 38 22

Wäscheleine 38 23
Wäscheleine 50 33
Wäscherei 170 56
Wäscheschublade 47 22
Wäscheschublade 44 22
Wäscheständer 50 32
Wäschestampfer 309 68
Wäschetrockner 50 32
Wäschetruhe 50 21
Wässerungsgerät 116 15
Wässerungswanne 116 15
Waffel 97 45
Waffelautomat 40 34
Waffelbindung 171 29
Waffelmuster 171 29
Waffenleitradar 258 35
Waffenreinigungsgerät 87 61–64
Wagen 186 1–54
Wagen 191 1–56
Wagenabstützung 67 22
Wagenbug 197 3
Wagenfähre 15 47
Wagenheck 197 4
Wagenheizung 192 60–64
Wagenkasten 214 34
Wagenkasten 186 5
Wagenkasten 208 6
Wagenkasten 207 2
Wagenkupplung 208 16
Wagenladung 206 52
Wagenmeister 205 39
Wagenpark 206 25
Wagenrad 191 14
Wagenschlag 186 11
Wagentür 191 4
Wahl 263 16–30
Wahl 263
Wahlhelfer 263 17
Wahlkabine 263 23
Wahlkartei 263 18
Wahllokal 263 16
Wahlordnung 263 25
Wahlraum 263 16
Wahlredner 263 5
Wahlschild 263 13
Wahlurne 263 29
Wahlversammlung 263 1–15
Wahlvorsteher 263 28
Wahlzelle 263 23
wahren Rippen 17 9
Wahrsagerin 308 36
Waidwerk 86 1–52
Wald 84 1–34
Wald-, Moor- und Heidepflanzen 377
Waldarbeiter 84 18
Walddrossel 361 16
Walderdbeere 58 16
Waldfrostspanner 80 16
Waldgeißbart 377 5
Waldhorn 323 41
Waldkante 120 89
Waldlandindianer 352 19
Waldohreule 362 14
Waldschlepper 85 27
Waldschnepfe 88 83
Waldweg 15 102
Waldweg 84 3

Waldzecke 358 44
Wale 367 23–29
Walfisch 3 11
Wallach 73 2
Wallberg 11 24
Waller 364 12
Wallerfisch 364 12
Wallgraben 329 37
Walliser Hackbrett 322 34
Wallmoräne 12 53
Walmdach 121 10
Walmdach 37 64
Walmdach 121 60
Walmfläche 122 10
Walmfläche 121 11
Walmgaube 121 13
Walmkappe 122 9
Walmschifter 121 63
Walmziegel 122 8
Walnuß 59 41, 43
Walnußbaum 59 37–43
Walzasphalt-Trocken- und -Misch-Anlage 200 48
Walze 200 37
Walze 182 13
Walze 217 65
Walze 340 40
Walzenbewicklung 50 3
Walzenblende 255 81
Walzendrehknopf 249 22
Walzenentwicklungsmaschine 116 60
Walzenentwicklungsmaschine 182 9
Walzenführungsring 187 72
Walzenkorrektur 182 12
Walzenlager 148 60
Walzenlöser 249 24
Walzensatz 148 55
Walzenständer 148 57
Walzenstechknopf 249 25
Walzenstraße 148 66–75
Walzenwehr 217 65–72
Walzgerüst 148 56–60
Walzgut 148 51
Walzstück 148 51
Walzwerk 148 46–75
Walzwerk 159 9
Wamme 95 39
Wams 355 30, 41
Wand 12 43
Wand 300 2
Wandbalken 120 39
Wandbekleidung 310 15
Wandbild 43 20
Wandbild 246 28
Wandbild 338 40
Wandbrunnen 272 15
Wandelgang 315 13
Wandelhalle 274 9
Wandelhalle 315 13
Wandelschuldverschreibung 251 11–19
Wanderdüne 13 39
Wanderer 82 39

Wanderfalke 362 2
Wanderform 82 39
Wandergebläse 165 2
Wanderkajak 283 70
Wanderkino 312 52
Wanderrost 199 34
Wanderstiefel 101 18
Wandertransformator 152 39
Wandertransformator 152 30
Wanderzirkus 307 1–63
Wanderzweier 283 61
Wandfahrplan 204 18
Wandkachel 49 19
Wandkalender 22 17
Wandkalender 245 3
Wandkalender 248 42
Wandkarte 260 44
Wandlaus 81 39
Wandlerhebel 65 34
Wandleuchte 265 9
Wandleuchter 330 16
Wandlüfter 266 15
Wandpult 267 16
Wandputz 123 60
Wandregal 104 8
Wandscheibe 37 16
Wandschneidekelle 128 41
Wandschränkchen 22 40
Wandschreibpult 267 16
Wandspalierbaum 52 1
Wandspiegel 309 3
Wandsteckdose 39 26
Wandtafel 261 36
Wandtafel 260 29
Wanduhr 109 32
Wanduhr 309 87
Wandventilator 266 15
Wandwange 123 45
Wange 16 9
Wange 38 26
Wange 336 40
Wange 50 36
Wange 132 23
Wangenbein 16 8
Wangenfleck 73 23
Wangenmauer 217 80
Wangenschutz 255 30
Wankelscheibe 190 68
Wannenablauf 49 45
Want 284 18
Wanten 219 16
Wantenspanner 284 19
Wanthänger 284 14
Wanze 81 39
Wapiti 367 2
Wappen 254 1–6, 10–13
Wappenbeschreibung 254 17–23
Wappenfeld 254 18–23
Wappenfeldordnung 254 17–23
Wappenkunde 254 1–36
Wappenmantel 254 14
Wappenpfahl 352 1
Wappenschild 254 5
Wappentiere 254 16
Wappenzelt 254 14

Waran 364 31
Ware 168 36
Ware 167 29
Ware 166 12
Ware 271 10
Ware 167 48
Warenabzug 167 48
Warenausgabe 271 14
Warenbank 168 37
Warenbaum 166 20
Warenbehälter 167 10
Wareneinlauf 168 26
Warengestell 98 14
Warenhaus 271
Warenhaus 268 41
Warenkante 166 11
Warenkörbchen 271 15
Warenleitwalze 168 5
Warenregal 98 14
Warenregal 47 36
Warenschäfte 171 21
Warenschlauch 167 9
Warenstange 178 6
Warmbeet 55 16
warme Gericht 266 67
warme Meeresströmung
 14 28
Warmfront 9 26
Warmfronten 8 5–12
Warmhaltebox 28 21
Warmhalteplatte 45 45
Warmhalteteller 28 28
Warmhaus 55 4, 32
Warmluftverteilung 191
 87
Warmluftvorhang 271
 43
Warmmassivumfor-
 mung 139
Warmwasserbehälter 92
 10
Warmwasserbehälter
 172 18
Warmwasserboiler 38
 68
Warmwassergriff 126 28
Warmwasserhahn 49 26
Warmwasserheizung 38
 38–81
Warnblinklicht 230 64
Warnkreuz 202 41
Warnlicht 270 6
Warnlichtschalter 191
 68
Warnungstafel 280 6
Wartebank 205 54
Wartehalle 233 18, 28
Wartentafel 153 7
Warteraum 204 14
Warteraum 22 1
Wartesaal 204 14
Wartezimmer 22 1
Wartturm 329 4, 35
Wartungs- und Aberti-
 gungsfahrzeuge 233
 22
Warzenhof 16 29
Waschanlage 105 28
Waschanlage 157 21
Waschbär 368 9
Waschbecken 126 27
Waschbecken 106 12
Waschbecken 49 24

Waschbecken 278 6
Waschbeckenfuß 49 27
Waschbrett 309 70
Waschbütte 309 69
Wascheindicker 172 44
Waschetage 92 3, 27
Waschgeräte 50 23–34
Waschküchenfenster
 118 5
Waschküchentür 118 6
Waschmaschine 50 23
Waschöltank 156 43
Waschräume 278 5
Waschraum 207 15
Waschschlauch 196 23
Waschschüssel 309 65
Waschservice 309 64
Waschständer 309 67
Waschtisch 207 40
Waschtrommel 50 24
Waschvollautomat 50
 23
Waschwanne 309 69
Waschzettel 185 39
Wasser 12 32
Wasser- u. Sumpfpflan-
 zen 378 14–57
Wasser-und-Dampf-
 Fontäne 11 22
Wasserabfluß 269 57
Wasserablauf 89 8
Wasserabsaugung 281
 39
Wasseranschluß 261 4
Wasserassel 358 2
Wasserauffangbehälter
 92 5
Wasserbad 349 14
Wasserball 282 48
Wasserball 280 18
Wasserballspiel 282
 46–50
Wasserballtor 282 46
Wasserbassin 55 29
Wasserbau 217
Wasserbehälter 103 22
Wasserbehälter 152 17
Wasserbehälter 55 29
Wasserbehälter 316 51
Wasserbombenablauf-
 bühne 258 34
wasserdichte Uhren 109
 26
Wasserdüsenkanal 281
 40
Wasserfahrrad 280 12
Wasserfall 11 45
Wasserfall 272 9
Wasserfarbe 338 18
Wasserflugzeug 232 5
Wasserflugzeug 232 1
Wasserfontäne 272 62
Wasserfrau 327 23
wasserführende Schicht
 12 22
Wassergeflügel 272
 51–54
Wassergeräte 126
 12–25
Wasserglas 48 8
Wassergraben 356 3
Wassergraben 289 20
Wasserhahn 39 36

Wasserhahn 126 34
Wasserhahn 126 31
Wasserhaltung 144 46
Wasserhochbehälter
 269 18
Wasserhochreservoir
 269 18
Wasserhuhn 359 20
Wasserjagd 86 40
Wasserjungfer 358 3
Wasserjungfer 327 23
Wasserkanal 334 54
Wasserkanne 309 66
Wasserkanone 270 66
Wasserkanone 316 18
Wasserkasten 210 66
Wasserkasten 141 17
Wasserkasten 49 16
Wasserkessel 39 16
Wasserkissen 13 16
Wasserkühler 189 35
Wasserkühlung 148 28
Wasserkühlung 6 26
Wasserkugel 89 47
Wasserlauf 272 45
Wasserleitung 172 65
Wasserleitung 168 11
Wasserlicht 221 125
Wasserlilie 60 8
Wasserlinie 258 27
Wasserlinie 285 31
Wasserlinse 378 35
Wassermann 4 63
Wassermann 327 23
Wassermesser 269 53
Wassermeßgerät 97 58
Wassermischbatterie 39
 36
Wassermischgerät 97 58
Wassermolch 364 20
Wassermolekül 242 67
Wassermotte 358 12
Wassermühle 91 35–44
Wassermühle 15 77
Wassernachtigall 361
 14
Wassernatter 364 38
Wassernixe 327 23
Wassernymphe 327 23
Wasseroberfläche 228 11
Wasserpest 378 56
Wasserpfeife 107 42
Wasserpumpe 190 61
Wasserpumpenraum 92
 11
Wasserpumpenzange
 126 61
Wasserpumpenzange
 134 11
Wasserpumpenzange
 127 47
Wasserrad 91 35
Wasserreservoir 55 2
Wasserrohr 55 30
Wasserrohre 152 7
Wassersack 278 32
Wasserschale 261 33
Wasserschlange 3 16
Wasserschlange 364 38
Wasserschlauch 118 38
Wasserschlauch 196 23
Wasserschutzpolizei
 217 24

Wasserschwamm 340
 25
Wasserschwertel 60 8
Wasserschwertlilie 60 8
Wasserski 286 45–62
Wasserski 280 16
Wasserskiläufer 286
 49–55
Wasserskiläuferin 286
 45
Wasserskisprache 286
 49–55
Wasserskorpion 358 4
Wasserspeier 335 30
Wasserspiele 272 8
Wasserspringen 282
 40–45
Wasserspülanschluß
 179 5
Wasserstag 219 15
Wasserstandsanzeiger
 210 45
Wasserstandsanzeiger
 225 37
Wasserstandsmesser 38
 63
Wasserstandszeiger 349
 16
Wassersteckling 54 19
Wasserstoff 1 1
Wasserstoffatom 1 15
Wasserstoffatom 242 62
Wasserstoffballon 10 56
Wasserstoffbehälter 235
 46
Wasserstoffbombenex-
 plosion 7 12
Wasserstoffhauptzufuhr
 235 35
Wasserstoffkühler 153
 27
Wasserstoffleitung 235
 50
Wasserstofftank 235 54
Wasserstoffzuführung
 170 15
Wasserstoffzufuhr 350
 12
Wasserstrahl 272 22
Wassertreten 282 39
Wassertretrad 280 12
Wasserturm 15 81
Wasserturm 269 18
Wasserturm 144 14
Wasserüberfall 91 43
Wasseruhr 269 53
Wasservelo 280 12
Wasserversorgung 269
Wasservorwärmer 152
 10
Wasserwaage 118 55
Wasserwaage 126 79
Wasserwaage 134 29
Wasserwanze 358 4
Wasserwerfer 270 64
Wasserwolf 364 16
Wasserzähler 269 53
Wasserzufluß 269 54
Wasserzufluß 126 18
Wasserzuflußleitung 92
 48
Wasserzulauf 74 7
Wasserzulauf 89 7

Wasserzuleitung **103** 21
Wattengrenze **15** 9
Wattepackung **99** 28
wattierte Steppweste **30** 16
WC-Raum **207** 72
Weberei **165**
Weberei **166**
Webereivorbereitung **165** 1–57
Webfach **166** 40
Webkante **171** 20
Webkante **166** 11
Weblade **166** 41
Webrand **166** 11
Webschütz **166** 26
Webstuhl **166** 35
Webstuhlgestell **166** 24
Webstuhlrahmen **166** 24
Wechsel **250** 12
Wechsel **86** 16
Wechsel **121** 71
Wechsel **120** 41
Wechselaufbauten **213** 40
Wechselbalken **120** 41
Wechselbetrag **250** 18
Wechselfräser **100** 5
Wechselgeldkasse **236** 23
Wechselhebel **132** 56
Wechselklausel **250** 17
Wechselnehmer **250** 19
Wechselobjektive **115** 43
Wechselobjektive **112** 62
Wechselpritsche **194** 23
Wechselradschere **164** 40
Wechselräder **166** 19
Wechselräder **10** 14
Wechselräderkasten **149** 7
Wechselsieb **64** 19
Wechselsprechanlage **203** 69
Wechselsprechanlage **202** 48
Wechselsprechgerät **246** 10
Wechselstelle **204** 31
Wechselstempelmarke **250** 24
Wechselstromzähler **127** 32
Wechselsumme **250** 18
Wechseltierchen **357** 11
Wechselwinkel **346** 10
Wecke **97** 13–16
Wecken **97** 13–16
Wecker **110** 19
Weckglas **40** 25
Weckuhr **110** 19
Wedel **88** 19
Wega **3** 22
Wegeinfassung **272** 37
Wegeinfassung **51** 15
Wegmalve **376** 13
Wegrauke **61** 16
Wegwarte **376** 25

Wegweiser **15** 110
Wegwerffeuerzeug **107** 30
Wegwerfflasche **93** 29
Wegwerfwindeln **28** 22
Wehr **15** 66
Wehr **283** 60
Wehr **217** 65–72
Wehrgang **329** 20
Wehrhahn **359** 25
Wehrplatte **329** 8
Wehrsohle **217** 79
Weibchen **81** 32
weibliche Blüte **59** 38
weiblicher Blütenstand **68** 32
weibliche Geschlechtsorgane **20** 79–88
Weich-Keim-Etage **92** 8, 28
Weichbleikern **87** 56
Weichbodenmatte **296** 18
Weiche **16** 32
Weiche **202** 27
weiche Gaumen **19** 21
Weichenanlage **197** 37
Weichenantrieb **197** 43
Weichenantrieb **202** 35
Weichenhebel **203** 55
Weichenlaterne **202** 19
Weichenschaltsignal **197** 38
Weichensignal **202** 33
Weichensignal **202** 19
Weichensignale **203** 45–52
Weichensignalgeber **197** 39
Weichenspitzenverschluß **202** 28
Weichentrog **202** 34
Weichenzunge **202** 21
Weichleder-Objektivköcher **115** 105
Weichmais **68** 31
Weichselkirsche **59** 5
Weichstock **92** 8
Weichtiere **357** 27–36
Weichwasserkondensator **92** 6
Weidenruten **136** 14
Weidenstöcke **136** 15
Weidevieh **62** 45
Weidmann **86** 1
Weidmesser **87** 42
Weidsack **86** 3
Weidwerk **86** 1–52
Weigelie **373** 23
Weihnachtsstollen **97** 11
Weihrauchfaß **332** 38
Weihrauchlöffel **332** 43
Weihrauchschiffchen **332** 42
Weihwasserkessel **332** 47
Weihwedel **332** 54
Weiler **15** 101
Wein **98** 60–64
Weinbau **78**
Weinbauer **78** 13
Weinbaugelände **78** 1–21

Weinbeeren **78** 5
Weinbehälter **79** 3
Weinberg **78** 1
Weinberg **15** 65
Weinbergschlepper **83** 48
Weinbergschlepper **78** 21
Weinbergschnecke **357** 27
Weinbergsgelände **78** 1–21
Weinbrand **98** 59
Weinbrandbohne **98** 83
Weinbütte **78** 15
Weinflasche **99** 76
Weinflasche **79** 14
Weinflasche **266** 43
Weingarten **78** 1
Weingläser **45** 12
Weingläser **317** 7
Weinglas **79** 19
Weinglas **266** 33
Weinglas **44** 9
Weinkaraffe **266** 32
Weinkarte **266** 31
Weinkeller **79**
Weinkellner **266** 30
Weinküfer **79** 18
Weinküfermeister **79** 17
Weinkühler **266** 42
Weinleserin **78** 11
Weinlokal **266** 30–44
Weinpfahl **78** 7
Weinprobe **79** 16
Weinranke **78** 2
Weinrebe **78** 2–9
Weinrebenblatt **78** 4
Weinrestaurant **266** 30–44
Weinstock **78** 2–9
Weinstube **266** 30–44
Weinstütze **79** 15
Weintraube **78** 5
Weintrauben **99** 89
Weißblässe **359** 20
Weißbrötchen **97** 14
Weißbrot **97** 9, 12
Weißbuche **371** 63
Weißdrossel **361** 16
Weiße Bachstelze **360** 9
weiße Feld **276** 2
weiße Frackweste **33** 15
weiße Kittel **33** 56
Weiße Seerabe **359** 9
weiße Taste **325** 4
Weiße Wiesenklee **69** 2
Weißgoldschließe **36** 10
Weißklee **69** 2
Weißkohl **57** 32
Weißkraut **57** 32
Weißleim **134** 36
Weißtanne **372** 1
Weißwaren **271** 57
Weißwein **98** 60
Weißweinglas **45** 82
Weißzeugfutter **355** 57
Weitenänderungsmaschine **108** 24
Weitleistleisten **100** 55
Weitschlag **293** 83
Weitsprung **298** 37–41
Weitwinkelobjektiv **117** 48

Weitwinkelobjektiv **115** 45
Weitwurfring **89** 58
Weizen **68** 23
Weizenbrötchen **97** 14
Weizenkeimbrot **97** 48
Weizenkeimöl **98** 24
Weizenmehl **97** 52
Weizenmehl **99** 63
Wellasbestzementdach **122** 97
Wellasbestzementdeckung **122** 90–10
Welle **163** 24
Welle **164** 42
Welle **143** 61
Wellenbad **281** 1–9
Wellenbalken **254** 6
Wellenband **334** 39
Wellenbock **223** 61
Wellenbrecher **217** 16
Wellenbrecher **258** 7, 76
Wellenhose **223** 59
Wellenreiten **279** 1–6
Wellensegeln **287** 16
Wellentunnel **223** 66
Weller **364** 12
Welltafel **122** 98
Welpe **88** 42
Welpe **73** 16
Wels **364** 12
welsche Nuß **59** 43
Welsche Weidelgras **69** 26
Welschkraut **57** 33
Weltkarte **14** 10–45
Weltmeer **14** 19–26
Weltraum **7** 34
Weltraumfähre **235** 1–45
Wende **297** 30
Wende **302** 19
Wendeboje **285** 17
Wendeboje **286** 31
Wendegetriebe **212** 74
Wendehaken **85** 7
Wendehals **359** 27
Wendekreis des Krebses **3** 4
Wendekreise **14** 10
Wendelrutsche **144** 28
Wendeltreppe **123** 76
Wendeltreppe **123** 77
Wendemarke **285** 17
Wenden **285** 27
Wendepfahl **292** 79
Wendepunkt **347** 21
Wenderichter **282** 26
Wendeschiene **164** 17
Wendeschneidplatte **149** 46
Wendeschneidplatten **149** 45
Wendetrommel **64** 13
Wendevorrichtung **139** 43
Wendezeiger **230** 12
Werbeanzeige **342** 56
Werbediapositive **312** 23
Werbekalender **22** 10
Werbeplakat **98** 2
Werbeplakat **271** 25

Werbeplakat 204 10
Werbeplakat 268 71
Werbestempelabdruck
236 56
Werfer 292 50
Werfer 292 68
Werferplatte 292 69
Werft 222 1–43
Werftkran 225 24
Werftschuppen 225 23
Werkbank 125 10
Werkbank 140 7
Werkbank 134 41
Werkbank 137 21
Werkbrett 108 20
Werkbrett 136 7
Werkbrettfell 108 21
Werkhalle 222 4
Werkplatte 110 37
Werkraum 260 46–85
Werkstätten 310 6
Werkstatt 146 30
Werkstattor 120 5
Werkstück 139 46
Werkstück 104 25
Werkstück 142 28
Werkstück 141 20
Werkstück 133 44
Werkstück 139 32
Werkstück 139 28
Werkstück 140 6
Werkstückaufnahme-
tisch 150 20
Werkstückklemme 142
35
Werktisch 260 46
Werktisch 109 2
Werkzeug 119 77–89
Werkzeug 195 43
Werkzeugkasten 134 35
Werkzeugkasten 212 45
Werkzeugkoffer 127 49
Werkzeugmaschinen
150
Werkzeugmaschinen
149
Werkzeugschleifbock
137 18
Werkzeugschrank 134
1–34
Werkzeugsupport 150
13
Werkzeugtasche 187 25
Werkzeugwagen 195 42
Wermut 98 62
Wermut 380 4
Wertbezeichnung 252
32
Wertpapierbörse 251
1–10
Wertpapiere 251 11–19
Wertzeichenbogen 236
21
Wertzeichenmappe 236
20
Wespe 82 35
Wespentaille 355 53
Westaustralstrom 14 45
Weste 33 4
Weste 355 75
Westernstiefel 101 9
Westfassade 335 22
Westpunkt 4 15

Westwerk 335 22
Westwinddrift 14 44
Westwinde 9 50
Wetterbeobachtungs-
schiff 9 7
Wetterbeobachtungs-
stelle 9 7
Wetterbericht 342 65
Wettererscheinungen 9
30–39
Wetterfahne 331 4
Wetterfahne 121 26
Wetterkanal 144 22
Wetterkarte 9 1–39
Wetterkarte 342 66
Wetterkunde 8
Wetterkunde 9
Wetterleuchten 9 39
Wetterparka 29 66
Wettersatellit 10 64
Wetterschacht 144 21
Wetterschleuse 144 38
Wetterstation 9 7
Wetterwarte 225 33
Wettrudern 283 1–18
Wettschwimmer 282 28
Wetzstahl 94 16
Wetzstein 66 19
Whirlpool 93 2
Whiskyflasche 42 31
Whiskyglas 267 57
Wickel 370 77
Wickelgestell 163 48
Wickelkeule 153 36
Wickelkind 28 5
Wickelkleid 30 25
Wickelkommode 28 11
Wickelmulde 163 15
Wickelrock 31 13
Wickeltischaufsatz 28 4
Wickelumschlagbrett
163 19
Wickler 82 43
Wicklung 298 54
Widder 73 13
Widder 4 53
Widderpunkt 3 6
Widerdruckwerk 181
49
Widerhaken 89 80
Widerhaken 77 10
Widerhaken 143 44
Widerlager 215 29
Widerlager 221 29
Widerlager 336 20
Widerrist 70 11
Widerrist 72 17
Widerstand 242 73
Widerstand 153 56
Widmung 185 50
Wiedehopf 359 25
Wiederbelebung 21
24–27
Wiederbelebungsgerät
270 20
Wiedererhitzen 162 35
Wiedererhitzung 162 27
Wiedergabekopf 311 25
Wiederholung 310 35
Wiederholungszeichen
321 26

Wiederkäuer 367 1–10
Wiederkäuer 73 1
Wiederkäuer 366
28–30
Wiederkreuz 332 68
Wiege 340 19
Wiegebunker 225 22
Wiegeeisen 340 19
Wiegehäuschen 206 40
Wiegemesser 340 19
Wiegeplattform 22 67
Wiener 96 8
Wiese 15 18
Wiese 63 22
Wiesel 367 16
Wiesenaue 13 13
Wiesenblumen 375
Wiesenblumen 376
Wiesenflockenblume
376 12
Wiesenfuchsschwanz 69
27
Wiesenhafer 69 22
Wiesenknöterich 376 10
Wiesenschaumkraut
375 11
Wiesenschwingel 69 24
Wikingerdrache 218
13–17
Wikingerschiff 218
13–17
Wild 88
Wilddieb 86 29
Wilde 61 8
Wildente 272 51
Wildentenzug 86 41
Wilderer 86 29
Wilde Senf 61 18
Wilde Wein 51 5
Wilde Wein 374 16
Wildfrevler 86 29
Wildfutterstelle 86 28
Wildgatter 84 7
Wildgehege 272 49
Wildhafer 61 29
Wildkalb 88 1
Wildkanzel 86 14
Wildkirsche 59 5
Wildledergamaschen
352 17
Wildlederjacke 30 58
Wildsau 86 32
Wildschwan 359 16
Wildschwein 86 32
Wildschwein 88 51
Wildschweinjagd 86 31
Wildwagen 86 39
Wildwasser-Rennkajak
283 69
Wildwechsel 86 16
Wildzaun 199 13
Wilsonsche Nebelkam-
mer 2 24
Wimpel 253 29
Wimpel 280 11
Wimpelmast 280 10
Wimper 19 41
Wimper 357 10
Wimper 370 50
Wimperg 335 36
Wimperinfusorium 357 9
Wimpertierchen 357 9
Windbeutel 97 27

Windblütler 59 44–51
Windbrett 122 27
Winddielen 37 8
Winde 61 26
Winde 145 11
Windeisen 140 30
Windelhöschen 29 10
Windelhose 28 22
Windenhaus 226 54
Windenstart 287 5
Winderhitzer 147 15
Windfahne 9 10
Windfahne 55 36
Windfahne 10 32
Windfahne 331 4
Windflüchter 13 43
Windform 147 20
Windgeschwindigkeit
10 29
Windhafer 61 29
Windhunde 70 23, 24
Windkammer 326 12
Windkanal 326 11
Windkessel 269 50
Windkessel 269 17
Windkraftwerk 155 42
Windlade 326 12–14
Windleitung 148 2
Windmesser 10 28
Windmeßgerät 10 28
Windmotor 55 34
Windmühle 91 1–34
Windmühle 15 31
Windmühlenflügel 91 1
Windmühlengetriebe 91 11
Windmühlenhaube 91
30
Windpfeil 9 9
Windportal 215 38
Windrad 15 73
Windrad 308 15
Windrad 55 35
Windrichtung 9 9
Windrichtung 10 31
Windrichtungen 285
1–13
Windrispe 121 30
Windrute 91 2
Windsack 287 11
Windsack 322 9
Windschirm 354 35
Windschirm 5 15
Windschutz 223 17
Windschutzscheibe 255
97
Windschutzscheibe 191
21
Windstärke 9 10
Windstille 9 11
Windsurfer 284 1
Windsurfing 284 1–9
Windsysteme 9 46–52
Windtür 91 4
Windverführung 326 14
Windwerk 217 74
Windwerksbrücke 217
73
Windwerkshaus 217 71
Wingert 78 1
Winkel 346 8
Winkel 126 52
Winkelband 140 50
Winkeldeck 259 12

Winkeleisen **143** 1
Winkelfunktionen **346** 32
Winkelhaken **174** 13
Winkelhalbierende **346** 30
Winkelliegestütz **295** 24
Winkellineal **133** 19
Winkellineal **151** 4
Winkellineal **260** 37
Winkelmesser **260** 38
Winkelmeßgerät **14** 52–62
Winkelreibahle **125** 9
Winkelschere **125** 2
Winkelspiegel **177** 28
Winkelspinne **81** 9
Winkelsprung **295** 38
Winkelstütz **295** 16
Winkelsucher **115** 71
Winkeltrieb **91** 25
Winkelverschraubung
  126 45
Winkelverschraubung
  126 40
Winkelzange **137** 37
Winkelzeichen **345** 23
Winnetouhütte **273** 59
Winsch **258** 86
Winterblume **379** 3
Winterdeich **216** 32
Winterfutterstelle **86** 28
Wintergarten **259** 93
Wintergoldhähnchen
  361 10
Winterhafen **216** 14
Winterhose **30** 19
Winterkleid **30** 12
Winterkleidung **30**
Winterkönig **361** 12
Winterkohl **57** 34
Winterlandschaft **304**
Wintermantel **30** 61
Wintersaateule **80** 42
Wintersport **301**
Wintersport **302**
Wintersport **303**
Winterstiefel **101** 1
Winzer **78** 13
Wipfel **370** 4
Wippe **273** 35
Wippe **325** 32
Wippe **307** 59
Wippenschalter **127** 4
Wirbel **16** 1
Wirbel **323** 18
Wirbel **324** 11
Wirbelbrett **324** 19
Wirbelkasten **324** 10
Wirbelkasten **323** 19
Wirbelkeule **229** 30
Wirbellose Tiere **357**
Wirbelsäule **17** 2–5
Wirbelschwader **64**
  40–45
Wirbeltrommel **323** 51
Wirbelwender **64** 46–58
Wirkanlage **97** 57
Wirkerei **167**
Wirkwaren **271** 56
Wirsching **57** 33
Wirsing **57** 33
Wirsingkohl **57** 33
Wirtel **89** 77
Wirtel **135** 9
Wirtel **164** 48

Wirtschaft **266** 1–29
Wirtschaftsbahn **15** 90
Wirtschaftsgebäude **329**
Wisch-, Wasch- und
  Hupschalter **191** 60
Wisent **328** 9
Witterung **8**
Witwenschleier **331** 39
Wobbler **89** 69
Wochenendhaus **37**
  84–86
Wölbungsklappen **229**
  46–48
Wölbungssystem **335** 17
Wogenroß **218** 13–17
Wohlriechende Pfeifen-
  strauch **373** 9
Wohnanhänger **278** 52
Wohnhaus **62** 1
Wohnnetz **81** 10
Wohnräume **224** 108
Wohnräume **259** 84
Wohnräume **227** 19
Wohnwagen **278** 52
Wohnwagen **307** 34
Wohnwagenvorzelt **278** 57
Wohnzelt **353** 19
Wohnzimmer **42**
Woilach **51** 44
Wolf **367** 13
Wolfsbeere **379** 7
Wolfshund **70** 25
Wolfskirsche **379** 7
Wolken **8**
Wolkenfetzen **8** 12
Wolkenfetzen **8** 11
Wollblume **376** 9
Wollgras **377** 18
Wollhandkrabbe **358** 1
Wollklee **69** 6
Wollkraut **376** 9
Wollmütze **29** 57
Wollmütze **35** 26
Wood **293** 91
Wrack **224** 86
Wrack **224** 85
Wrack **224** 84
Wrasenabzug **39** 17
Wrasenabzug **46** 31
Wucherblume **61** 7
Wucherblume **61** 31
Wucherblume **376** 4
Wühlmaus **366** 17
Wühlmausfalle **83** 37
Würfel **351** 16
Würfel **351** 2
Würfel **351** 14
Würfel **347** 30
Würfel **276** 31
Würfelanke **108** 18
Würfelbecher **47** 42
Würfelbecher **276** 30
Würfelbindung **171** 11
Würfelblitz **114** 74
Würfelblitzgerät **114** 73
Würfelkapitell **335** 21
Würfeln **276** 29
Würfelspiel **276** 29
Würfelzucker **98** 53
Würmer **357** 20–26
Würstchen **96** 8
Würstchenbude **308** 32

Würzekühler **93** 5
Würzekühlung **93** 1–5
Würzpfanne **92** 52
Wüstenzonen **9** 54
Wüstenspringmaus **366**
  15
Wüstenwaran **364** 31
Wulst **254** 2
Wulst **334** 28
Wunde **21** 8
Wunderlampe **369** 4
Wundhaken **26** 50
Wundklee **69** 6
Wurf **66** 16
Wurfarm **305** 55
Wurfarten **305** 17–20
Wurfbrett **353** 8
Wurfgitter **55** 13
Wurfholz **352** 39
Wurfkontrolle **89** 64
Wurfkugel **305** 24
Wurflinie **292** 72
Wurfmal **292** 49
Wurfmesser **354** 15
Wurfnetz **89** 31
Wurfnummer **307** 43
Wurfpfeile **319** 22
Wurfrichtung **305** 77
Wurfriemen **352** 5
Wurfring **308** 47
Wurfsieb **118** 85
Wurftaubenschießen
  305 70–78
Wurm **58** 64
Wurmfarn **377** 16
Wurmfortsatz **20** 18
Wurmloch **58** 65
Wurmzüngler **364** 33
Wurstgabel **96** 44
Wurstküche **96** 31–59
Wurstmasse **96** 41
Wurstwaren **99** 56
Wurstwaren **98** 4
Wurstwaren **96** 6–11
Wurstzange **308** 35
Wurzel **347** 12
Wurzel **370** 16–18
Wurzel **68** 17
Wurzel **68** 45
Wurzel **383** 43
Wurzel **54** 21
Wurzel **19** 36
Wurzel **345** 2
Wurzelanschwellung **80**
  27
Wurzeldornen **370** 81
Wurzelexponent **345** 2
Wurzelfüßer **357** 1
Wurzelgalle **80** 27
Wurzelgrad **345** 2
Wurzelhaar **68** 18
Wurzelhaar **370** 18
Wurzelhaut **19** 28
Wurzelheber **24** 48
Wurzelklaus **80** 26
Wurzeln **370** 78–82
Wurzelrechnung **345** 2
Wurzelrippe **287** 32
Wurzelstock **84** 14
Wurzelstock **58** 18
Wurzelwert **345** 2
Wurzelzeichen **345** 2
Wurzelziehen **345** 2

X

x-Achse **347** 2
X-Kontakt **115** 14
X-Lage **288** 60
Xenon-Höchstdruck-
  lampe **312** 39
Xenonlampe **177** 17
Xenonlampengehäuse
  177 42
Xylographie **340** 1–13
Xylophon **324** 61

Y

y-Achse **347** 3
Ysop **374** 5

Z

Z-Antrieb **286** 2
Zackenornament **335**
  16
Zackenschutz **300** 50
Zaddelärmel **355** 46
Zähler **344** 15
Zählerschrank **127** 31
Zählrohr **2** 21
Zähluhr **163** 61
Zählwerk **224** 57
Zählwerk **269** 59
Zählwerk **271** 9
Zählwerk **269** 55
Zähne **167** 52
Zähnung **236** 62
Zäpfchen **19** 22
Zahl **344** 1–22
Zahlenbruch **344** 10
Zahlentasten **308** 76
Zahlenwimpel **253** 34
Zahlkarten **236** 27
Zahlmeisterbüro **223** 45
Zahlstelle **250** 22
Zahlteller **265** 3
Zahltisch **197** 33
Zahlung **271** 8
Zahlzeichen **344** 1
Zahn **143** 83
Zahn **19** 28–37
Zahnarzt **24**
Zahnarzthelferin **24** 18
Zahnbein **19** 31
Zahnbrücke **24** 26
Zahnbürsteneinsätze **49**
  30
Zahneisen **339** 13
Zahnersatz **24** 25
Zahnfleisch **19** 15
Zahnfüllung **24** 30
Zahngrund **143** 84
Zahnhobel **132** 17
Zahnkranz **187** 38
Zahnkranz **187** 74
Zahnkranz **143** 90
Zahnleiste **122** 26
Zahnmark **19** 32
Zahnpastapackung **99**
  31
Zahnprothese **24** 25

Zahnputzbecher 49 28
Zahnputzglas 49 28
Zahnrad 187 35
Zahnradbahnanhänger 214 5
Zahnradbergbahn 214 4, 5
Zahnradlokomotive 214 4
Zahnräder 143 82–96
Zahnreinigungsinstrumente 24 45
Zahnschmelz 19 30
Zahnschnitt 334 14
Zahnsegmente 249 31
Zahnspachtel 128 46
Zahnstangenbahnen 214 7–11
Zahnstocherbehälter 266 23
Zahnstumpf 24 27
Zahntrieb 112 39
Zahnung 174 30
Zange 139 33
Zange 121 49
Zangen 121 59
Zangen 358 25
Zangenbrett 132 33
Zangengriff 298 53
Zangenkran 148 47
Zangenschraubstock 140 10
Zap-Klappe 229 50
Zapfen 371 32
Zapfen 121 84
Zapfen 143 63
Zapfen 143 31
Zapfenachse 372 3
Zapfenschuppe 372 27
Zapfenschuppe 372 8
Zapfenschuppe 372 14
Zapfenschuppe 372 38
Zapfhahn 196 3
Zapfhahn 317 8
Zapfpistole 196 3
Zapfsäule 196 1
Zapfschlauch 196 2
Zapfstelle 274 17
Zapfwelle 64 49
Zapfwelle 65 31
Zapfwelle 63 21
Zapfwellengetriebe 65 38
Zapfwellenkupplung 65 40
Zapfwellenschaltung 65 40
Zapfwellenschaltung 65 23
Zarge 323 4
Zarge 322 33
Zarge 323 25
Zauberpfeife 354 42
Zaum 71 25
Zaumzeug 71 25
Zauneidechse 364 27
Zaunkönig 361 12
Zaunschlüpfer 361 12
Zebra 366 27
Zebrastreifen 198 11
Zebrastreifen 268 24
Zeche 144 1–51
Zechsteinletten 154 68
Zeder 372 65

Zehe 19 56
Zehenknochen 17 29
Zehennagel 19 57
Zehenstrecker 18 63
Zehn-Meter-Filmmagazin 115 80
Zehnerbruch 344 20
Zehnerlogarithmus 345 6
Zehnerstelle 344 3
Zehnfarben-Walzendruckmaschine 168 53
Zehnmeterplattform 282 7
Zehntel 344 20
Zehnzacker 300 48
Zeichen 345 15–24
Zeichenatelier 338
Zeichenblock 338 35
Zeichenbock 338 34
Zeichenerklärung 14 27–29
Zeichenkopf 151 3
Zeichenmaschine 151 2
Zeichenmaßstab 151 33
Zeichenstift 260 5
Zeichentisch 151 6
Zeichenwinkel 151 7
Zeichnerbüro 151
Zeichnung 151 16
Zeichnungsrolle 151 10
Zeigefinger 19 65
Zeiger 349 34
Zeiger 110 12, 13
Zeigeramboß 109 7
Zeigerwaage 204 5
Zeile 175 4
Zeileneinsteller 249 23
Zeilenhaus 37 77–81
Zeilenschalter 249 4
Zeilensetzmaschine 174 19
Zeisig 361 8
Zeising 90 5
Zeit 345 7
Zeitabgleichknopf 116 39
Zeitanzeige 289 40
Zeitball 280 5
Zeiteinstellrad 114 35
Zeitlupenregler 243 49
Zeitnehmer 282 24
Zeitnehmer 299 47
Zeitschriften 262 15
Zeitschriften 46 20
Zeitschriftenregal 262 15
Zeitskala 249 74
Zeitskalastop 249 75
Zeitteilung 10 17
Zeituhr 191 38
Zeituhr 212 16
Zeituhr 211 37
Zeituhr 191 79
Zeitung 265 25
Zeitung 181 56
Zeitung 205 51
Zeitung 342 37–70
Zeitungsaustragvorrichtung 182 29
Zeitungshalter 265 26
Zeitungskopf 342 39
Zeitungsleser 265 24

Zeitungsregal 262 16
Zeitungssatz 176 29
Zeitungsschrank 265 8
Zeitungsseite 342 37
Zeitungsständer 205 16
Zeitungsstapel 182 31
Zeitungsverkäufer 205 17
Zeitungsverkäufer 268 75
Zeitwaage 109 27
Zella 334 51
Zelle 91 36
Zelle 77 26–30
Zellenrad 91 35
Zellenring 234 49
Zellenring 234 45
Zellenzuteilapparat 172 3
Zellkern 357 2
Zellstoff 172 77–79
Zellstoffauflöser 172 80
Zellstoffblätter 169 4
Zellstoffblätter 169 2
Zellstoffkocher 172 7
Zelt 218 15
Zeltapsis 278 27
Zeltdach 121 22
Zelthering 278 24
Zeltlampe 278 29
Zeltleine 278 23
Zeltmast 307 2
Zeltpflock 278 24
Zeltpflockhammer 278 25
Zeltschere 218 14
Zeltspannleine 278 23
Zeltspannring 278 26
Zeltstadt 307 61
Zeltstange 352 8
Zeltstange 278 38
Zeltstütze 307 13
Zement 19 29
Zement 118 43
Zementbahnrennen 290 24–28
Zementestrich 123 14
Zementfabrik 160
Zementglattstrich 123 14
Zementleisteneinfassung 52 20
Zementmahlanlage 160 12
Zementpackmaschinen 160 16
Zementrohr 200 62
Zementsilo 119 30
Zementsilo 201 22
Zementsilo 160 15
Zementvorrattanks 146 15
Zementwerk 160
Zenit 4 11
Zentaur 327 52
Zentimeterteilung 247 36
Zentralabscheider 172 15
Zentralbau 334 55
Zentraleinheit 244 6
zentrale Schaltwarte 76 7

Zentralheizung 38 38–81
Zentralheizungskessel 38 57
Zentralheizungskörper 126 20
Zentralluk 259 86
Zentralsteckbuchse 195 39
Zentralstecker 195 2
Zentrier-, Saugerandrück- und Metallaufblockgerät 111 34
Zentrierring 240 23
Zentriersauger 111 23
Zentriersaugeraufnahme 111 22
Zentrifuge 23 59
Zentrifugendeckel 168 18
Zentriwinkel 346 55
Zentrum 346 43
Zerberus 327 29
Zerealien 68 1–37
Zerfall 1 28
Zerfaserung 169 6
Zero 275 18
Zertifikatsnummer 286 7
Zettel 165 29
Zettelbaum 165 29
Zettelbaum 165 42
Zettelkasten 245 23
Zettelkette 165 43
Zettelmaschine 165 22
Zettelmaschinengestell 165 27
ZF-Verstärkermodul 240 4
Zichorie 57 40
Zichorie 376 25
Zickzackornament 335 16
Zickzackschlitz 165 11
Ziege 73 14
Ziegel 159 16
Ziegeldach 122 1
Ziegelei 15 89
Ziegelei 159
Ziegelhammer 122 20
Ziegelofen 159 19
Ziegelpresse 159 11
Ziegelschneider 159 15
Ziegelstein 159 20
Ziegelsteinwand 118 8
Ziegelwerk 159
Ziegenbart 73 15
Zieget 86 43
Ziehbank 108 2
Ziehbrunnen 329 3
Ziehbrunnen 15 100
Ziehdüse 162 9
Ziehhacke 66 1
Ziehharmonika 324 36
Ziehmaschine 162 7
Ziel 286 28
Zielbahnhof 205 22
Zielboje 285 14
Zielfernrohr 305 49
Zielfernrohr 87 29
Zielfernrohr 14 48
Zielfernrohr 255 28
Zielkreis 288 57–59

Zielkreuz 288 52
Zielkreuz 288 56
Zielkugel 305 23
Ziellinie 286 30
Zielmarkierung 292 34
Zielpfahl 292 77
Zielrichter 290 5
Zielrichter 282 25
Zielscheiben 305 30–33
Zielscheinwerfer 255 82
Zielschild 197 20
Zielsprung 288 55
Zieltonne 285 14
Zielzeigereinrichtung
   255 74
Ziemer 88 35
Ziemer 88 18
Zierbäume 374
Zierbäume 373
Zierband 334 38
Ziergarten 51
Ziergarten 51 1–35
Ziergehänge 36 35
Ziergiebel 335 36
Zierkordel 29 37
Ziernaht 31 5
Zierstich 102 3
Ziersträucher 374
Ziersträucher 373
Zierstrauch 272 14
Ziertaschentuch 33 10
Zierverschnürung 29 37
Zifferblatt 110 25
Zifferblatt 269 58
Ziffern 344 1
Zifferntasten 247 18
Zifferntasten 271 3
Zigarette 107 12
Zigarettenautomat 268
   69
Zigarettenetui 107 10
Zigarettenmaschine 107
   15
Zigarettenpapierheft-
   chen 107 17
Zigarettenschachtel 107
   11
Zigarettenspitze 107 16
Zigarettenverkäufer
   308 51
Zigarettenwickler 107
   15
Zigarillo 107 3
Zigarre 107 2
Zigarren- und Zigaret-
   ten-Boy 267 49
Zigarrenabschneider
   107 9
Zigarrenanzünder 191
   88
Zigarrenetui 107 8
Zigarrenkiste 107 1
Zigeunerin 306 36
Zikkurat 333 32
Zimbal 322 32
Zimbel 322 32
Zimier 254 1, 11,
   30–36
Zimmerbock 358 38
Zimmerer 120 12
Zimmerer 120
Zimmererwerkstatt 120
   4

Zimmerflügel 325 40
Zimmerkellner 267 33
Zimmerlinde 53 9
Zimmermann 120
Zimmermann 120 12
Zimmermannsbleistift
   120 77
Zimmermannsbock 358
   38
Zimmermannshammer
   120 74
Zimmermannshut 120
   13
Zimmermannshut 35 38
Zimmernachweis 204
   28
Zimmerpflanze 53
Zimmerpflanzen 42 36
Zimmerpflanzen 248 14
Zimmerplatz 120 1–59
Zimmerschlüssel 267 9
Zimmerstutzen 305 35
Zimmertanne 53 16
Zimmertelefon 267 34
Zimt 382 25
Zimtbaum 382 22
Zimtrinde 382 25
Zingel 329 15
Zink 322 12
Zinke 45 60
Zinken 66 4
Zinkenegge 65 88
Zinkentragrohr 64 53
Zinkplatte 340 52
Zinkplatte 178 40
Zinkplatte 179 9
Zinkplatte 178 32
Zinn 162 17
Zinne 329 7
Zinnenkranz 329 6
Zinnie 60 22
Zinnsoldaten 309 52
Zins 345 7
Zinsen 345 7
Zinsfuß 345 7
Zinsrechnung 345 7
Zipfelmütze 35 39
Zippe 361 16
Zirbelkiefer 372 29
Zirkelschneider 124 22
Zirkumflex 342 32
Zirkumpolarsterne 3 5
Zirkus 307
Zirkusdiener 307 27
Zirkusdirektor 307 17
Zirkuskapelle 307 10
Zirkusloge 307 16
Zirkusnummer 307 25
Zirkuspferd 307 30
Zirkuswagen 307 34
Zirkuszelt 307 1
Zirrokumulus 8 14
Zirrostratus 8 7
Zirrus 8 6
Ziselierhammer 108 41
Zither 324 21
Zitronat 98 10
Zitrone 384 23
Zitronenfalter 365 4
Zitterpappel 371 21
Zitze 75 19
Zobel 30 60
Zobel 367 15

Zocker 89 76
Zodiakussymbole 4
   53–64
Zömeterium 331 59
Zöpfchen 319 26
Zollamt 217 24
Zolldurchlaß 225 5
Zollflaggen 253 35–38
zollfreier Einkauf 233 52
Zollgitter 225 3
Zollhaus 225 6
Zollkreuzer 221 100
Zollschranke 225 4
Zollstock 120 76
Zollstock 134 33
Zollstocktasche 33 49
Zoo 356
Zoobesucher 356 6
Zoologischer Garten
   356
Zoomeinstellung 112
   45
Zoomhebel 117 54
Zoomhebel 313 36
Zoomobjektiv 117 2
Zoomobjektiv 240 34
Zoomobjektiv 313 23
Zoomobjektiv 112 41
Zoomverstellhebel 313
   22
Zopf 34 6
Zopfband 34 7
Zopfband 355 78
Zopffrisur 34 30
Zopfmuster 30 39
Zopfperücke 34 5
Zopfperücke 355 77
Zopfschleife 34 7
Zopfschleife 355 78
Zopfstich 102 7
Zubehörschuh 114 4
Zubehörschuh 115 20
Zubringerbesen 199 44
Zubringerfeder 87 18
Zubringerschnecken 64
   25
Zuchtperlenarmband 36
   9
Zuchtperlencollier 36
   12
Zucker 98 53–55
Zuckerdose 44 32
Zuckergast 81 14
Zuckerhut 99 64
Zuckermais 68 31
Zuckerrohr 382 52
Zuckerrübe 68 44
Zuckerschälchen 265
   20
Zuckerschaumgebäck
   265 5
Zuckertang 378 48
Züge 316 8
Zügel 71 25
Zügel 71 33
Zügel 186 31
Zügelgurtbrücke 215 46
Zünd- und Lenkrad-
   schloß 191 75
Zündblättchen 306 49
Zündholz 107 22
Zündholzschachtel 107
   21

Zündholzständer 266
   24
Zündhütchen 87 59
Zündkerze 242 48
Zündkerze 190 35
Zündkopf 107 23
Zündschnur 158 28
Zündverteiler 190 27
Zündverteiler 190 9
Zündwinkeleinschub
   195 13
Zufahrtsrampe 199 15
Zuführlattentuch 163 8
Zug 87 36
Zug 323 47
Zugangsklappe 6 21
Zugangsleiter 6 35
Zugangsstraße 329 34
Zugbahnfunkgerät 212
   23
Zugband 215 44
Zugbrett 168 7
Zugbrücke 329 25
Zugdeichsel 64 61
Zugfahrzeug 194 21
Zughaken 65 19
Zughaken 270 49
Zughaken 145 9
Zughaken 71 14
Zughakenkette 65 17
Zugkaliber 87 37
Zugkoch 207 34
Zugkraftanzeige 211 26
Zugmaschine 65 20
Zugmesser 120 79
Zugöse 64 60
Zugposaune 323 46
Zugschalter 127 16
Zugseil 214 37
Zugseil 214 26
Zugseil 214 45
Zugseil 214 21
Zugseil 214 14
Zugseilantriebsscheibe
   214 62
Zugseilmuffe 214 73
Zugseilrolle 214 32
Zugseilrollenbatterie
   214 60
Zugseilspanngewicht
   214 42
Zugseiltragrollen 214
   49
Zugseilumlenkscheibe
   214 61
Zugsekretärin 209 27
Zugsekretariat 205 37
Zugsekretariat 209 25
Zugsicherung 212 14
Zugspindel 149 33
Zugstange 65 18
Zugstange 143 101
Zugstrebe 192 81
Zugverspätung 205 24
Zugvogel 360 7
Zugwalze 168 3
Zugwalze 168 6
Zuhaltung 246 23
Zuhaltung 140 38
Zuhaltungsfeder 140 42
Zuleitung 94 9

Zuleitung **173** 13
Zulu **354** 36
Zunge **101** 32
Zunge **17** 52
Zunge **19** 25
Zunge **326** 19
Zunge **322** 52
Zunge **100** 65
Zungenbein **20** 2
Zungennadel **167** 61
Zungennadel **167** 12
Zungennadelreihe **167** 27
Zungenpfeife **326** 17–22
Zungenstimme **326** 17–22
Zupfgeige **324** 12
Zupfinstrument **322** 21
Zusammentragestation **249** 60
Zusammenzählen **344** 23
Zusatz- und Anbaugeräte **134** 50–55
Zusatzbremse **212** 10
Zusatzbremsventil **211** 23
Zusatzflügel **203** 8
Zusatzlicht **203** 15
Zusatzsignale **203** 25–44
Zusatztank **232** 20
Zusatzwärmetauscher **212** 43
Zuschauer **308** 29
Zuschauergrenze **292** 40
Zuschauerplatz **315** 20
Zuschauerraum **315** 16–20
Zuschlag **136** 17
Zuschlagstoffe **119** 26
Zuschlagstoffe **118** 36
Zuschneideschablone **103** 13
Zuschneideschere **103** 3
Zuschneidetisch **103** 4
Zuspielton **117** 101
Zusteller **236** 53
Zustelltasche **236** 54
Zwackeisen **162** 44
Zwangsentlüftung **191** 30
Zwangsmischer **201** 23
Zwanzigflächner **351** 11
Zwecke **61** 30
Zweckgras **61** 30
Zwei-Band-Film- und Tonaufnahme **117** 70
Zwei-Band-Ton- und Filmwiedergabe **117** 75
Zwei-Scheiben-Wankelmotor **190** 5
Zweiachteltakt **320** 28
Zweibackenfutter **135** 10
Zweibein **255** 42
Zweibettkabine **223** 29
Zweidrahtoberleitung **194** 43
Zweier **283** 15

Zweierbob **303** 19
Zweifach-Hülsenkette **190** 49
Zweifach-Rollenkette **190** 10
Zweifachkombination **127** 7
Zweifamilienhaus **37** 64–68
zweiflügelige Fenster **37** 22
Zweiflügler **358** 16–20
Zweig **371** 25
Zweig **371** 59
Zweig **371** 10
Zweig **370** 6
Zweig **59** 19
Zweig **59** 48
Zweig **203** 47
Zweigangschaltung **188** 12
Zweigebündel **216** 53
Zweihalbetakt **320** 30
zweiköpfige Armmuskel **18** 37
Zweikreisbremsanlage **191** 72
Zweimaster **220** 11–17
Zweirad **187** 1
Zweiradwiege **214** 69
Zweiräder **188**
Zweirohrsystem **126** 22
Zweischlauch-Lungenautomat **279** 20
Zweiseilbahn **214** 30
Zweiseilbahn **214** 25
Zweispänner **186** 36
zweispaltige Satz **185** 64
Zweispur-Tonbandgerät **242** 12
Zweispurgerät **241** 56
Zweiständer-Langhobelmaschine **150** 8
Zweistärkenglas **111** 15
zweistrahlige Großraumflugzeug **231** 17
Zweitakt-Einzylindermotor **188** 26
Zweitaktgemischbehälter **196** 13
Zweitaktmotor **56** 30
Zweitaktmotor **242** 55
Zweitaktmotor **188** 7
Zweitaktmotor **305** 92
Zweite-Klasse-Teil **207** 10
zweiteilige Babydress **29** 12
zweiteilige Hausanzug **32** 17
zweiteilige Kleid **31** 11
zweiteilige Strickkleid **30** 33
zweite Raketenstufe **234** 18
zweite Zehe **19** 53
Zweitfrisur **105** 38
Zweitouren-Schnellpresse **181** 1
zweitürige Limousine **193** 25
Zweiunddreißigstelnote **320** 18

Zweiunddreißigstelpause **320** 26
Zweivierteltakt **320** 29
Zweiwalzen-(Duo-)Gerüst **148** 53
Zweiwalzenkrümler **65** 89
Zweiwegehahn **350** 49
Zweiwellen-Gasturbine **209** 23
Zweiwellentriebwerk **232** 51
Zweizehenfaultier **366** 11
Zweizylinderboxenmotor **189** 47
Zwerchfell **20** 9
Zwerchfell **20** 26
Zwerchhaus **329** 11
Zwergarkaden **335** 8
Zwergbohne **57** 8
Zwerge **308** 22
Zwergfalke **362** 1
Zwerghuhn **74** 56
Zwergkiefer **372** 21
Zwergobstbäume **52** 1, 2, 1
Zwergpudel **70** 36
Zwergschwalbe **359** 11
Zwetschge **59** 20
Zwetschgenbaum **59** 19–23
Zwetschgenkern **59** 23
Zwickmühle **276** 25
Zwieback **97** 54
Zwiebel **57** 24
Zwiebel **54** 28
Zwiebelgalle **82** 37
Zwiebelkuppel **121** 25
Zwiebelschale **57** 25
Zwiegriff **296** 42
Zwillinge **3** 28
Zwillinge **4** 55
Zwillingsätzmaschine **178** 30
Zwillingsflak **258** 31
Zwillingswadenmuskel **18** 62
Zwinge **45** 53
Zwingenknebel **260** 48
Zwinger **329** 31
Zwirl **135** 11
Zwirnkopse **164** 60
Zwirnmaschine **164** 57
Zwischenbalken **121** 54
Zwischenbildfenster **113** 37
Zwischenboden **123** 68
Zwischenboden **120** 43
Zwischenbodenauffüllung **123** 69
Zwischenbühne **145** 5
Zwischendeck **223** 76
Zwischendecke **123** 69
Zwischendecke **123** 61
Zwischenflansch **190** 39
Zwischenhängestück **316** 11
Zwischenhirn **18** 23
Zwischenlage **202** 6
Zwischenlatte **118** 89
Zwischenpodest **123** 52–62

Zwischenradwelle **190** 57
Zwischenraum **175** 17
Zwischenraum **320** 44
Zwischenriegel **120** 26
Zwischenriegel **120** 55
Zwischenrufer **263** 15
Zwischenschicht **11** 4
Zwischenschiene **202** 26
Zwischensparren **121** 56
Zwischenstiel **120** 51
Zwischenstütze **214** 29
Zwischenstützen **214** 76
Zwischentitel **185** 67
Zwischentubus **115** 81
Zwischenwelle **232** 57
Zwischenzelle **234** 31
Zwischenzelle **234** 36
Zwitterblüte **374** 10
Zwitterblüte **382** 14
Zwitterblüten **382** 12
Zwölffingerdarm **20** 43
Zwölffingerdarm **20** 14
Zwölfzacker **300** 48
Zyane **61** 1
Zyklone **9** 5
Zyklonwärmetauscher **160** 6
Zyklotron **2** 49
Zylinder **180** 79
Zylinder **140** 45
Zylinder **289** 6
Zylinder **350** 45
Zylinder **35** 36
Zylinder **347** 38
Zylinderausleger **177** 68
Zylinderdurchmesser **167** 16
Zylinderfarbwerk **181** 7
Zylinderfuß **178** 10
Zylinderhalsurne **328** 40
Zylinderhebung **181** 3
Zylinderhut **186** 25
Zylinderhut **35** 36
Zylinderkopf **242** 47
Zylinderkopf **190** 45
Zylinderkopfhaube **190** 48
Zylinderkopfschraube **143** 36
Zylinderkurbelgehäuse **190** 19
Zylinderlötgebläse **108** 16
Zylinderöl **145** 63
Zylinderprojektion **14** 9
Zylinderschloß **140** 44
Zylinderstift **143** 40
Zylindertemperaturanzeige **230** 9
Zylindertrockner **165** 50
Zylindertrockner **165** 53
Zylinderwalke **168** 1
Zymbal **322** 32
Zypergras **53** 17
Zypresse **372** 58

Der Duden in 10 Bänden

Das Standardwerk zur deutschen Sprache

Herausgegeben vom Wissenschaftlichen Rat der Dudenredaktion: Dr. Günther Drosdowski, Professor Dr. Paul Grebe, Dr. Rudolf Köster, Dr. Wolfgang Müller, Dr. Werner Scholze-Stubenrecht.

82 von 100 Menschen in Deutschland kennen den Duden. Das ist ein Bekanntheitsgrad, den der volkstümlichste deutsche Schauspieler mit Mühe erreicht. Aber die meisten von diesen 82 Menschen verstehen unter Duden die Rechtschreibung. Doch dieses berühmte Buch ist nur einer von 10 Bänden, die von Fachleuten „das" grundlegende Nachschlagewerk über unsere Gegenwartssprache genannt werden. Ein großes Wort – aber es trifft zu, denn in diesem Werk steckt eine bisher nicht gekannte Fülle praktischer Details: Hunderttausende von Hinweisen, Regeln, Antworten, Beispielen. Man darf deshalb ruhig und ohne Übertreibung sagen: Wer den Duden in 10 Bänden im Bücherregal stehen hat, kann jede Frage beantworten, die ihm zur deutschen Sprache gestellt wird.

Band 1:
Die Rechtschreibung
der deutschen Sprache und der Fremdwörter. Maßgebend in allen Zweifelsfällen. 792 Seiten.

Band 2:
Das Stilwörterbuch
der deutschen Sprache. Die Verwendung der Wörter im Satz. 846 Seiten.

Band 3:
Das Bildwörterbuch
der deutschen Sprache. Die Gegenstände und ihre Benennung. 792 Seiten.

Band 4:
Die Grammatik
der deutschen Gegenwartssprache. Unentbehrlich für richtiges Deutsch. 763 Seiten.

Band 5:
Das Fremdwörterbuch
Notwendig für das Verständnis fremder Wörter. 781 Seiten.

Band 6:
Das Aussprachewörterbuch
Unerläßlich für die richtige Aussprache. 791 Seiten.

Band 7:
Das Herkunftswörterbuch
Die Etymologie der deutschen Sprache. 816 Seiten.

Band 8:
Die sinn- und sachverwandten Wörter und Wendungen
Wörterbuch der treffenden Ausdrücke. 797 Seiten.

Band 9:
Die Zweifelsfälle der deutschen Sprache
Wörterbuch der sprachlichen Hauptschwierigkeiten. 784 Seiten.

Band 10:
Das Bedeutungswörterbuch
24 000 Wörter mit ihren Grundbedeutungen. Unentbehrlich für die Erweiterung des Wortschatzes. 815 Seiten.

Bibliographisches Institut
Mannheim/Wien/Zürich

Das große Duden-Wörterbuch in 6 Bänden

Die authentische Dokumentation der deutschen Gegenwartssprache

„Das große Duden-Wörterbuch der deutschen Sprache" ist das Ergebnis jahrzehntelanger sprachwissenschaftlicher Forschung der Dudenredaktion. Mit seinen exakten Angaben und Zitaten erfüllt es selbst höchste wissenschaftliche Ansprüche. Wie die großen Wörterbücher anderer Kulturnationen, z. B. der „Larousse" in Frankreich oder das „Oxford English Dictionary" in der englischsprachigen Welt, geht auch „Das große Duden-Wörterbuch" bei seiner Bestandsaufnahme auf die Quellen aus dem Schrifttum zurück. Es basiert auf mehr als drei Millionen Belegen aus der Sprachkartei der Dudenredaktion.

„Das große Duden-Wörterbuch der deutschen Sprache" erfaßt den Wortschatz der deutschen Gegenwartssprache mit allen Ableitungen und Zusammensetzungen so vollständig wie möglich. Es bezieht alle Sprach- und Stilschichten ein, alle landschaftlichen Varianten, auch die sprachlichen Besonderheiten in der Bundesrepublik Deutschland, in der DDR, in Österreich und in der deutschsprachigen Schweiz.

Besonders berücksichtigt dieses Wörterbuch die Fachsprachen. Dadurch schafft es eine sichere Basis für die Verständigung zwischen Fachleuten und Laien.

„Das große Duden-Wörterbuch der deutschen Sprache" ist ein Gesamtwörterbuch, das die verschiedenen Aspekte, unter denen der Wortschatz betrachtet werden kann, vereinigt. Es enthält alles, was für die Verständigung mit Sprache und das Verständnis von Sprache wichtig ist. Einerseits stellt es die deutsche Sprache so dar, wie sie in der zweiten Hälfte des 20. Jahrhunderts ist, zeigt die sprachlichen Mittel und ihre Funktion, andererseits leuchtet es die Vergangenheit aus, geht der Geschichte der Wörter nach und erklärt die Herkunft von Redewendungen und sprichwörtlichen Redensarten.

Duden – Das große Wörterbuch der deutschen Sprache in 6 Bänden

Über 500 000 Stichwörter und Definitionen auf etwa 3 000 Seiten. Mehr als 1 Million Angaben zu Aussprache, Herkunft, Grammatik, Stilschichten und Fachsprachen. Über 2 Millionen Beispiele und Zitate aus der Literatur der Gegenwart. Herausgegeben und bearbeitet vom Wissenschaftlichen Rat und den Mitarbeitern der Dudenredaktion unter Leitung von Günther Drosdowski.

Bibliographisches Institut
Mannheim/Wien/Zürich

Duden-Taschenbücher
Praxisnahe Helfer zu vielen Themen

Band 1:
Komma, Punkt und alle anderen Satzzeichen
Mit umfangreicher Beispielsammlung
Von Dieter Berger. 208 Seiten.
Sie finden in diesem Taschenbuch Antwort auf alle Fragen, die im Bereich der deutschen Zeichensetzung auftreten können.

Band 2:
Wie sagt man noch?
Sinn- und sachverwandte Wörter und Wendungen
Von Wolfgang Müller. 224 Seiten.
Hier ist der schnelle Ratgeber, wenn Ihnen gerade das passende Wort nicht einfällt oder wenn Sie sich im Ausdruck nicht wiederholen wollen. Er bietet Gruppen sinn- und sachverwandter Wörter und Wendungen zur Auswahl an.

Band 3:
Die Regeln der deutschen Rechtschreibung
An zahlreichen Beispielen erläutert
Von Wolfgang Mentrup. 232 Seiten.
Dieses Buch stellt die Regeln zum richtigen Schreiben der Wörter und Namen sowie die Regeln zum richtigen Gebrauch der Satzzeichen dar.

Band 4:
Lexikon der Vornamen
Herkunft, Bedeutung und Gebrauch von mehreren tausend Vornamen
Von Günther Drosdowski.

2., neu bearbeitete und erweiterte Auflage. 239 Seiten mit 74 Abbildungen.
Sie erfahren, aus welcher Sprache ein Name stammt, was er bedeutet und welche Persönlichkeiten ihn getragen haben.

Band 5:
Satz- und Korrekturanweisungen
Richtlinien für die Texterfassung. Mit ausführlicher Beispielsammlung.
4., erweiterte und verbesserte Auflage. Herausgegeben von der Dudenredaktion und der Dudensetzerei. 250 Seiten.
Dieses Taschenbuch enthält nicht nur die Vorschriften für den Schriftsatz und die üblichen Korrekturvorschriften, sondern auch Regeln für Spezialbereiche.

Band 6:
Wann schreibt man groß, wann schreibt man klein?
Regeln und ausführliches Wörterverzeichnis
Von Wolfgang Mentrup und weiteren Mitarbeitern der Dudenredaktion. 256 Seiten.
In diesem Taschenbuch finden Sie in mehr als 7 500 Artikeln Antwort auf die Frage „groß oder klein".

Band 7:
Wie schreibt man gutes Deutsch?
Eine Stilfibel
Von Wilfried Seibicke. 163 Seiten.
Dieses Buch enthält alle sprachlichen Erscheinungen, die für einen schlechten Stil charakteristisch sind und die man vermeiden kann, wenn man sich nur darum bemüht.

Bibliographisches Institut
Mannheim/Wien/Zürich

Duden-Taschenbücher

Praxisnahe Helfer zu vielen Themen

Band 8:
Wie sagt man in Österreich?
Wörterbuch der österreichischen Besonderheiten
Von Jakob Ebner. 268 Seiten.
Das Buch bringt eine Fülle an Information über alle sprachlichen Eigenheiten, durch die sich die deutsche Sprache in Österreich von dem in Deutschland üblichen Sprachgebrauch unterscheidet.

Band 9:
Wie gebraucht man Fremdwörter richtig?
Ein Wörterbuch mit mehr als 30 000 Anwendungsbeispielen
Von Karl-Heinz Ahlheim.
368 Seiten.
Mit 4 000 Stichwörtern ist dieses Taschenbuch eine praktische Stilfibel des Fremdwortes für den Alltagsgebrauch. Das Buch enthält die wichtigsten Fremdwörter des alltäglichen Sprachgebrauchs sowie häufig vorkommende Fachwörter aus den verschiedensten Bereichen.

Band 10:
Wie sagt der Arzt?
Kleines Synonymwörterbuch der Medizin
Von Karl-Heinz Ahlheim.
Medizinische Beratung Albert Braun. 176 Seiten.
Etwa 9 000 medizinische Fachwörter sind in diesem Buch in etwa 750 Wortgruppen von sinn- oder sachverwandten Wörtern zusammengestellt. Durch die Einbeziehung der gängigen volkstümlichen Bezeichnungen und Verdeutschungen wird es auch dem medizinischen Laien wertvolle Dienste leisten.

Band 11:
Wörterbuch der Abkürzungen
36 000 Abkürzungen und was sie bedeuten
2., neu bearbeitete und erweiterte Auflage.
Von Josef Werlin. 260 Seiten.
Berücksichtigt werden Abkürzungen, Kurzformen und Zeichen sowohl aus dem allgemeinen Bereich als auch aus allen Fachgebieten.

Band 13:
mahlen oder malen?
Gleichklingende, aber verschieden geschriebene Wörter. In Gruppen dargestellt und ausführlich erläutert
Von Wolfgang Mentrup. 191 Seiten.
Dieser Band behandelt ein schwieriges Rechtschreibproblem: Wörter, die gleich ausgesprochen, aber verschieden geschrieben werden.

Band 14:
Fehlerfreies Deutsch
Grammatische Schwierigkeiten verständlich erklärt
Von Dieter Berger. 200 Seiten.
Viele Fragen zur Grammatik erübrigen sich, wenn Sie dieses Taschenbuch besitzen: Es macht grammatische Regeln verständlich und führt den Benutzer zum richtigen Sprachgebrauch.

Bibliographisches Institut
Mannheim/Wien/Zürich

Duden-Taschenbücher
Praxisnahe Helfer zu vielen Themen

Band 15:
Wie sagt man anderswo?
Landschaftliche Unterschiede im deutschen Wortgebrauch
Von Wilfried Seibicke. 159 Seiten.
Dieses Buch stellt die geographische Mannigfaltigkeit des deutschen Wortschatzes dar. Es hat vor allem praktische Bedeutung und hilft Ihnen, wenn Sie mit den landschaftlichen Unterschieden in Wort- und Sprachgebrauch konfrontiert werden.

Band 17:
Leicht verwechselbare Wörter
In Gruppen dargestellt und ausführlich erläutert
Von Wolfgang Müller. 334 Seiten.
Etwa 1200 Gruppen von Wörtern, die aufgrund ihrer lautlichen Ähnlichkeit leicht verwechselt werden, sind in diesem Buch erläutert.

Band 18:
Wie schreibt man im Büro?
Ratschläge und Tips für die Arbeit mit der Schreibmaschine
2., völlig neu bearbeitete Auflage.
Von Charlotte Kinker. 176 Seiten.
Wie sollte der Arbeitsplatz eingerichtet werden? Welcher Maschinentyp ist bequemer, welcher rationeller? Dieses Buch gibt Sicherheit in allen technischen und formalen Fragen bei der Arbeit mit der Schreibmaschine.

Band 19:
Wie diktiert man im Büro?
Verfahren, Regeln und Technik des Diktierens
Von Wolfgang Manekeller.
237 Seiten.
„Wie diktiert man im Büro" gibt Sicherheit in allen organisatorischen und technischen Fragen des Diktierens, im kleinen Betrieb, im großen Büro, in Ämtern und Behörden.

Band 20:
Wie formuliert man im Büro?
Gedanke und Ausdruck – Aufwand und Wirkung
Von Wolfgang Manekeller.
282 Seiten.
Das vorliegende Buch zeigt dem Praktiker und Anfänger, wie Formulieren und Diktieren im Büro wieder Spaß machen kann. Es bietet Regeln, Empfehlungen und Übungstexte aus der Praxis. Formulieren und Diktieren wird dadurch leichter, der Stil wirkungsvoller.

Band 21:
Wie verfaßt man wissenschaftliche Arbeiten?
Systematische Materialsammlung – Bücherbenutzung – Manuskriptgestaltung
Von Klaus Poenicke und Ilse Wodke-Repplinger. 208 Seiten.
Das vorliegende Buch behandelt ausführlich und mit vielen praktischen Beispielen die formalen und organisatorischen Probleme des wissenschaftlichen Arbeitens.

Bibliographisches Institut
Mannheim/Wien/Zürich

Meyers Neues Lexikon

Das ideale Wissenszentrum für die 80er Jahre! Das Lexikon der »goldenen Mitte«.

Meyers Neues Lexikon in 8 Bänden, Atlasband und Jahrbücher

Rund 150 000 Stichwörter und 16 signierte Sonderbeiträge auf etwa 5 300 Seiten. Über 12 000 meist farbige Abbildungen und Zeichnungen im Text. Mehr als 1 000 Tabellen, Spezialkarten und Bildtafeln. Lexikon-Großformat 17,5 x 24,7 cm, in echtem Buckramleinen gebunden.

Dieses neue, praxisgerechte Lexikon für die 80er Jahre ist auf der Grundlage einer rund 150jährigen Lexikontradition und mit der Erfahrung und dem Wissen einer hochqualifizierten Redaktion entstanden. Die neue Konzeption des Werkes basiert auf »Meyers Enzyklopädischem Lexikon« in 25 Bänden, dem derzeit größten deutschen Lexikon. Die Auswahl der Stichwörter wurde zudem in Abstimmung mit der heute fast 3 Millionen Belege umfassenden Duden-Sprachkartei und dem hauseigenen Dokumentationsarchiv vorgenommen.
Und das sind die 8 besonderen Vorzüge des »Neuen Meyer«:

1. Die ideale Größe
8 Bände – das ist die ideale Mittelgröße für jeden. Sie bringt das optimale Gleichgewicht von hoher Stichwortzahl und Ausführlichkeit der Artikel. Die »goldene Mitte« für den Anspruchsvollen.

2. Die große Leistung
Der »Neue Meyer« bietet 150 000 Stichwörter auf etwa 5 300 Seiten. Das sind viele Millionen Einzelinformationen – viel mehr, als man von einem Werk dieser Größe erwartet.

3. Die große Tradition
Seit der Mitte des vorigen Jahrhunderts und bis heute ist »Meyer« ein Synonym für höchste Lexikonqualität.

4. Das moderne Konzept
Das Werk stellt eine gekonnte Verbindung von klassischem Wissensreichtum und höchster Aktualität in den wichtigen Themenbereichen unserer Zeit dar.

5. Die Klarheit der Artikel
Die sprachliche Klarheit und der übersichtliche Aufbau der Artikel zeichnen dieses Lexikon besonders aus. Auch komplizierteste Sachverhalte werden exakt und allgemeinverständlich dargestellt.

6. Die durchgehende Farbigkeit
Der »Neue Meyer« bringt über 12 000 meist farbige Abbildungen und Zeichnungen im Text, sowie mehr als 1 000 Tabellen, Spezialkarten und Bildtafeln.

7. Die Sonderbeiträge
16 prominente Persönlichkeiten schreiben Grundsätzliches, Kritisches und in die Zukunft Weisendes über ihren »Beruf«. Die Beiträge geben einen direkten Einblick in zeitgeschichtliche Prozesse.

8. Die aktuellen Jahrbücher
Die neuartige Erweiterung des Wissensangebots. Damit schließt der »Neue Meyer« die unvermeidliche Lücke zwischen gesichertem Lexikonwissen und dem Geschehen der jüngsten Vergangenheit.

Bibliographisches Institut
Mannheim/Wien/Zürich

Meyers Illustrierte Weltgeschichte

Das faszinierende Abenteuer der Menschheitsgeschichte in 20 Großbildbänden.

Meyers Illustrierte Weltgeschichte in 20 Bänden

Jeder Band 160 Seiten mit rund 130 meist farbigen, teils großformatigen Abbildungen sowie Karten und Skizzen. Format 22 x 27 cm.

Fesselnde Texte, großformatige Bilder, authentische Zeugnisse der Zeit lassen uns Geschichte erleben, wie sie wirklich war.

Hier werden auf rund 3 200 Seiten die großen Ereignisse der Weltgeschichte in ihrem wechselvollen Nebeneinander geschildert.

Im Mittelpunkt dieser farbenprächtigen Chronik steht der Mensch und die von ihm geschaffenen Werke. Jeder Band behandelt ein Schwerpunktthema und berichtet konsequent über Gemeinsames und Trennendes zwischen den Völkern der ganzen Erde. Über 2 500 meist farbige Abbildungen illustrieren das Erzählte und machen dieses spannende Geschichtswerk auch zu einem einmaligen optischen Erlebnis.

Band 1
Die Vorgeschichte (bis 3. Jt. v. Chr.)
Band 2
Die frühen Hochkulturen in Afrika und Asien (3. – 1. Jt. v. Chr.)
Band 3
Die Ausbreitung der Kultur durch Kaufleute und Krieger (17. – 1. Jh. v. Chr.)

Band 4
Die griechischen Stadtstaaten und asiatischen Großreiche (6. – 4. Jh. v. Chr.)
Band 5
Die hellenistische Welt (4. – 3. Jh. v. Chr.)
Band 6
Das römische Reich und die Großmächte in Asien (2. Jh. v. Chr. – 1. Jh. n. Chr.)
Band 7
Die spätantike Welt (1. – 3. Jh.)
Band 8
Die Zeit der Völkerwanderung (4. – 6. Jh.)
Band 9
Die Entstehung der großen Religionen (6. – 8. Jh.)
Band 10
Die Ausbildung des Feudalismus (9. – 10. Jh.)
Band 11
Der Aufstieg der Städte (11. – 12. Jh.)
Band 12
Das späte Mittelalter (13. – 14. Jh.)
Band 13
Die Zeit der Renaissance (15. Jh.)
Band 14
Die Reformation im Westen, neue Reiche im Osten (16. – 17. Jh.)
Band 15
Der absolutistische Staat (17.–18. Jh.)
Band 16
Der Aufstieg des Bürgertums (1763 – 1815)
Band 17
Der Kampf um nationale Einheit (1815 – 1870)
Band 18
Imperialismus, Bolschewismus, Faschismus (1870 – 1938)
Band 19
Der Zweite Weltkrieg, Koexistenz und Dritte Welt (1939 – 1978)
Band 20
Register, Bibliographie, Zeit- und Stammtafeln, Begriffswörterbuch

Bibliographisches Institut
Mannheim/Wien/Zürich

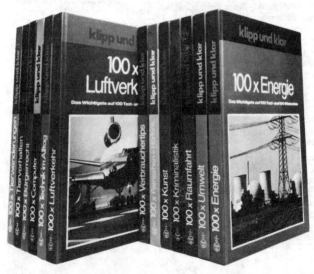

Für freundliche Unterstützung und Mitarbeit haben wir zu danken:

ADB GmbH, Bestwig; AEG-Telefunken, Abteilung Werbung, Wolfenbüttel; Agfa-Gevaert AG, Presse-Abteilung, Leverkusen; Eduard Ahlborn GmbH, Hildesheim; AID, Land- und Hauswirtschaftlicher Auswertungs- und Informationsdienst e. V., Bonn-Bad Godesberg; Arbeitsausschuß der Waldarbeitsschulen beim Kuratorium für Waldarbeit und Forsttechnik, Bad Segeberg; Arnold & Richter KG, München; Atema AB, Härnösand (Schweden); Audi NSU Auto-Union AG, Presseabteilung, Ingolstadt; Bêché & Grohs GmbH, Hückeswagen/Rhld.; Big Dutchman (Deutschland) GmbH, Bad Mergentheim und Calveslage über Vechta; Biologische Bundesanstalt für Land- und Forstwirtschaft, Braunschweig; Black & Decker, Idstein/Ts.; Braun AG, Frankfurt am Main; Bolex GmbH, Ismaning; Maschinenfabrik zum Bruderhaus GmbH, Reutlingen; Bund Deutscher Radfahrer e. V., Gießen; Bundesanstalt für Arbeit, Nürnberg; Bundesanstalt für Wasserbau, Karlsruhe; Bundesbahndirektion Karlsruhe, Presse- u. Informationsdienst, Karlsruhe; Bundesinnungsverband des Deutschen Schuhmacher-Handwerks, Düsseldorf; Bundeslotsenkammer, Hamburg; Bundesverband Bekleidungsindustrie e. V., Köln; Bundesverband der Deutschen Gas- und Wasserwirtschaft e. V., Frankfurt am Main; Bundesverband der Deutschen Zementindustrie e. V., Köln; Bundesverband Glasindustrie e. V., Düsseldorf; Bundesverband Metall, Essen-Kray und Berlin; Burkhardt + Weber KG, Reutlingen; Busatis-Werke KG, Remscheid; Claas GmbH, Harsewinkel; Copygraph GmbH, Hannover; Dr. Irmgard Correll, Mannheim; Daimler-Benz AG, Presse-Abteilung, Stuttgart; Dalex-Werke Niepenberg & Co. GmbH, Wissen; Elisabeth Daub, Mannheim; John Deere Vertrieb Deutschland, Mannheim; Deutsche Bank AG, Filiale Mannheim, Mannheim; Deutsche Gesellschaft für das Badewesen e. V., Essen; Deutsche Gesellschaft für Schädlingsbekämpfung mbH, Frankfurt am Main; Deutsche Gesellschaft zur Rettung Schiffbrüchiger, Bremen; Deutsche Milchwirtschaft, Molkerei- und Käserei-Zeitung (Verlag Th. Mann), Gelsenkirchen-Buer; Deutsche Eislauf-Union e. V., München; Deutscher Amateur-Box-Verband e. V., Essen; Deutscher Bob- und Schlittensportverband e. V., Berchtesgaden; Deutscher Eissport-Verband e. V., München; Deutsche Reiterliche Vereinigung e. V., Abteilung Sport, Warendorf; Deutscher Fechter-Bund e. V., Bonn; Deutscher Fußball-Bund, Frankfurt am Main; Deutscher Handball-Bund, Dortmund; Deutscher Hockey-Bund e. V., Köln; Deutscher Leichtathletik Verband, Darmstadt; Deutscher Motorsport Verband e. V., Frankfurt am Main; Deutscher Schwimm-Verband e. V., München; Deutscher Turner-Bund, Würzburg; Deutscher Verein von Gas- und Wasserfachmännern e. V., Eschborn; Deutscher Wetterdienst, Zentralamt, Offenbach; DIN Deutsches Institut für Normung e. V., Köln; Deutsches Institut für Normung e. V., Fachnormenausschuß Theatertechnik, Frankfurt am Main; Deutsche Versuchs- und Prüf-Anstalt für Jagd- und Sportwaffen e. V., Altenbeken-Buke; Friedrich Dick GmbH, Esslingen; Dr. Maria Dose, Mannheim; Dual Gebrüder Steidinger, St. Georgen/Schwarzwald; Durst AG, Bozen (Italien); Gebrüder Eberhard, Pflug- und Landmaschinenfabrik, Ulm; Gabriele Echtermann, Hemsbach; Dipl.-Ing. W. Ehret GmbH, Emmendingen-Kollmarsreute; Eichbaum-Brauereien AG, Worms/Mannheim; ER-WE-PA, Maschinenfabrik und Eisengießerei GmbH, Erkrath bei Düsseldorf; Escher Wyss GmbH, Ravensburg; Eumuco Aktiengesellschaft für Maschinenbau, Leverkusen; Euro-Photo GmbH, Willich; European Honda Motor Trading GmbH, Offenbach; Fachgemeinschaft Feuerwehrfahrzeuge und -geräte, Verein Deutscher Maschinenbau-Anstalten e. V., Frankfurt am Main; Fachnormenausschuß Maschinenbau im Deutschen Normenausschuß DNA, Frankfurt am Main; Fachnormenausschuß Schmiedetechnik in DIN Deutsches Institut für Normung e. V., Hagen; Fachverband des Deutschen Tapetenhandels e. V., Köln; Fachverband der Polstermöbelindustrie e. V., Herford; Fachverband Rundfunk und Fernsehen im Zentralverband der Elektrotechnischen Industrie e. V., Frankfurt am Main; Fahr AG Maschinenfabrik, Gottmadingen; Fendt & Co., Agrartechnik, Marktoberndorf; Fichtel & Sachs AG, Schweinfurt; Karl Fischer, Pforzheim; Heinrich Gerd Fladt, Ludwigshafen am Rhein; Forschungsanstalt für Weinbau, Gartenbau, Getränketechnologie und Landespflege, Geisenheim am Rhein; Förderungsgemeinschaft des Deutschen Bäckerhandwerks e. V., Bad Honnef; Forschungsinstitut der Zementindustrie, Düsseldorf; Johanna Förster, Mannheim; Stadtverwaltung Frankfurt am Main, Straßen- und Brückenbauamt, Frankfurt am Main; Freier Verband Deutscher Zahnärzte e. V., Bonn-Bad Godesberg; Fuji Photo Film (Europa) GmbH, Düsseldorf; Gesamtverband der Deutschen Maschen-Industrie e. V., Gesamtmasche, Stuttgart; Gesamtverband des Deutschen Steinkohlenbergbaus, Essen; Gesamtverband der Textilindustrie in der BRD, Gesamttextil, e. V., Frankfurt am Main; Geschwister-Scholl-Gesamtschule, Mannheim-Vogelstang; Eduardo Gomez, Mannheim; Gossen GmbH, Erlangen; Rainer Götz, Hemsbach; Grapha GmbH, Ostfildern; Ines Groh, Mannheim; Heinrich Groos, Geflügelzuchtbedarf, Bad Mergentheim; A. Gruse, Fabrik für Landmaschinen, Großberkel; Hafen Hamburg, Informationsbüro, Hamburg; Hagedorn Landmaschinen GmbH, Warendorf/Westf.; kino-hähnel GmbH, Erftstadt Liblar; Dr. Adolf Hanle, Mannheim; Hauptverband Deutscher Filmtheater e. V., Hamburg; Dr.-Ing. Rudolf Hell GmbH, Kiel; W. Helwig Söhne KG, Ziegenhain; Geflügelfarm Hipp, Mannheim; Gebrüder Holder, Maschinenfabrik, Metzingen; Horten Aktiengesellschaft, Düsseldorf; IBM Deutschland GmbH, Zentrale Bildstelle, Stuttgart; Innenministerium Baden-Württemberg, Pressestelle, Stuttgart; Industrieverband Gewebe, Frankfurt